建设项目竣工环境保护验收监测实用手册

实 用 手 册

中 册

环境保护部环境影响评价司
中 国 环 境 监 测 总 站 编

中国环境科学出版社·北京

目 录

第三章　产业政策

第四章 相关环境标准

第六章　名　录

相关环境标准

一

大气环境标准

中华人民共和国国家标准

环境空气质量标准

Ambient air quality standard

GB 3095—1996
代替 GB 3095—82

1 主题内容与适用范围

本标准规定了环境空气质量功能区划分、标准分级、污染物项目、取值时间及浓度限值，采样与分析方法及数据统计的有效性规定。

本标准适用于全国范围的环境空气质量评价。

2 引用标准

GB/T 15262	空气质量	二氧化硫的测定——甲醛吸收副玫瑰苯胺分光光度法
GB 8970	空气质量	二氧化硫的测定——四氯汞盐副玫瑰苯胺分光光度法
GB/T 15432	环境空气	总悬浮颗粒物测定——重量法
GB 6921	空气质量	大气飘尘浓度测定方法
GB/T 15436	环境空气	氮氧化物的测定——Saltzman 法
GB/T 15435	环境空气	二氧化氮的测定——Saltzman 法
GB/T 15437	环境空气	臭氧的测定——靛蓝二磺酸钠分光光度法
GB/T 15438	环境空气	臭氧的测定——紫外光度法
GB 9801	空气质量	一氧化碳的测定——非分散红外法
GB 8971	空气质量	苯并[a]芘的测定——乙酰化滤纸层析荧光分光光度法
GB/T 15439	环境空气	苯并[a]芘的测定——高效液相色谱法
GB/T 15264	环境空气	铅的测定——火焰原子吸收分光光度法
GB/T 15434	环境空气	氟化物的测定——滤膜氟离子选择电极法
GB/T 15433	环境空气	氟化物的测定——石灰滤纸氟离子选择电极法

3 定义

3.1 总悬浮颗粒物（TSP）

能悬浮在空气中，空气动力学当量直径≤100 μm 的颗粒物。

3.2 可吸入颗粒物（PM$_{10}$）

悬浮在空气中，空气动力学当量直径≤10 μm 的颗粒物。

3.3 氮氧化物（以 NO$_2$ 计）

空气中主要以一氧化氮和二氧化氮形式存在的氮的氧化物。

3.4 铅（Pb）

存在于总悬浮颗粒物中的铅及其化合物。

3.5 苯并[a]芘（B[a]P）

存在于可吸入颗粒物中的苯并[a]芘。

3.6 氟化物（以 F 计）

以气态及颗粒态形式存在的无机氟化物。

3.7 年平均

任何一年的日平均浓度的算术均值。

3.8 季平均

任何一季的日平均浓度的算术均值。

3.9 月平均

任何一月的日平均浓度的算术均值。

3.10 日平均

任何一日的平均浓度。

3.11 一小时平均

任何一小时的平均浓度。

3.12 植物生长季平均

任何一个植物生长季月平均浓度的算术均值。

3.13 环境空气

人群、植物、动物和建筑物所暴露的室外空气。

3.14 标准状态

温度为 273 K，压力为 101.325 kPa 时的状态。

4 环境空气质量功能区的分类和标准分级

4.1 环境空气质量功能区分类

一类区为自然保护区、风景名胜区和其他需要特殊保护的地区。

二类区为城镇规划中确定的居住区、商业交通居民混合区、文化区、一般工业区和农村地区。

三类区为特定工业区。

4.2 环境空气质量标准分级

环境空气质量标准分为三级。

一类区执行一级标准；

二类区执行二级标准；

三类区执行三级标准。

5　浓度限值

本标准规定了各项污染物不允许超过的浓度限值，见表1。

表1　各项污染物的浓度限值

污染物名称	取值时间	浓度限值			浓度单位
		一级标准	二级标准	三级标准	
二氧化硫 SO₂	年平均	0.02	0.06	0.10	mg/m³（标准状态）
	日平均	0.05	0.15	0.25	
	一小时平均	0.15	0.50	0.70	
总悬浮颗粒物 TSP	年平均	0.08	0.20	0.30	
	日平均	0.12	0.30	0.50	
可吸入颗粒物 PM₁₀	年平均	0.04	0.10	0.15	
	日平均	0.05	0.15	0.25	
氮氧化物 NOₓ	年平均	0.05	0.05	0.10	mg/m³（标准状态）
	日平均	0.10	0.10	0.15	
	一小时平均	0.15	0.15	0.30	
二氧化氮 NO₂	年平均	0.04	0.08	0.08	
	日平均	0.08	0.12	0.12	
	一小时平均	0.12	0.24	0.24	
一氧化碳 CO	日平均	4.00	4.00	6.00	
	一小时平均	10.00	10.00	20.00	
臭氧 O₃	一小时平均	0.16	0.20	0.20	
铅 Pb	季平均	1.50			μg/m³（标准状态）
	年平均	1.00			
苯并[a]芘 B[a]P	日平均	0.01			
氟化物 F	日平均	7[①]			μg/（dm²·d）
	一小时平均	20[①]			
	月平均	1.8[②]	3.0[③]		
	植物生长季平均	1.2[②]	2.0[③]		

注：①适用于城市地区；②适用于牧业区和以牧业为主的半农半牧区、蚕桑区；③适用于农业和林业区。

6　监测

6.1　采样

环境空气监测中的采样点、采样环境、采样高度及采样频率的要求，按《环境监测技术规范》（大气部分）执行。

6.2　分析方法

各项污染物分析方法，见表2。

表 2 各项污染物分析方法

污染物名称	分析方法	来源
二氧化硫	（1）甲醛吸收副玫瑰苯胺分光光度法 （2）四氯汞盐副玫瑰苯胺分光光度法 （3）紫外荧光法①	GB/T 15262—94 GB 8970—88
总悬浮颗粒物	重量法	GB/T 15432—95
可吸入颗粒物	重量法	GB 6921—86
氮氧化物（以 NO_2 计）	（1）Saltzman 法 （2）化学发光法②	GB/T 15436—95
二氧化氮	（1）Saltzman 法 （2）化学发光法②	GB/T 15435—95
臭氧	（1）靛蓝二磺酸钠分光光度法 （2）紫外光度法 （3）化学发光法③	GB/T 15437—95 GB/T 15438—95
一氧化碳	非分散红外法	GB 9801—88
苯并[a]芘	（1）乙酰化滤纸层析——荧光分光光度法 （2）高效液相色谱法	GB 8971—88 GB/T 15439—95
铅	火焰原子吸收分光光度法	GB/T 15264—94
氟化物（以 F 计）	（1）滤膜氟离子选择电极法④ （2）石灰滤纸氟离子选择电极法⑤	GB/T 15434—95 GB/T 15433—95

注：①②③分别暂用国际标准 ISO/CD 10498、ISO 7996、ISO 10313，待国家标准发布后，执行国家标准；
　　④用于日平均和一小时平均标准；
　　⑤用于月平均和植物生长季平均标准。

7 数据统计的有效性规定

各项污染物数据统计的有效性规定，见表 3。

表 3 各项污染物数据统计的有效性规定

污染物	取值时间	数据有效性规定
SO_2，NO_x，NO_2	年平均	每年至少有分布均匀的 144 个日均值 每月至少有分布均匀的 12 个日均值
TSP，PM_{10}，Pb	年平均	每年至少有分布均匀的 60 个日均值 每月至少有分布均匀的 5 个日均值
SO_2，NO_x，NO_2，CO	日平均	每日至少有 18 h 的采样时间
TSP，PM_{10}，B[a]P，Pb	日平均	每日至少有 12 h 的采样时间
SO_2，NO_x，NO_2，CO，O_3	一小时平均	每小时至少有 45 min 的采样时间
Pb	季平均	每季至少有分布均匀的 15 个日均值，每月至少有分布均匀的 5 个日均值
F	月平均	每月至少采样 15 d 以上
	植物生长季平均	每一个生长季至少有 70% 个月平均值
	日平均	每日至少有 12 h 的采样时间
	一小时平均	每小时至少有 45 min 的采样时间

8 标准的实施

8.1 本标准由各级环境保护行政主管部门负责监督实施。

8.2 本标准规定了小时、日、月、季和年平均浓度限值，在标准实施中各级环境保护行政主管部门应根据不同目的监督其实施。

8.3 环境空气质量功能区由地级市以上（含地级市）环境保护行政主管部门划分，报同级人民政府批准实施。

国家环境保护总局文件

关于发布《环境空气质量标准》（GB 3095—1996）修改单的通知

环发[2000]1 号

各省、自治区、直辖市环境保护局：

为防治大气环境污染，保护生态环境和人体健康，根据《中华人民共和国大气污染防治法》的规定，现发布《环境空气质量标准》（GB 3095—1996）修改单。本修改单自发布之日起实施。

附：《环境空气质量标准》（GB 3095—1996）修改单

《环境空气质量标准》（GB 3095—1996）修改单

一、取消氮氧化物（NO_x）指标

二、二氧化氮（NO_2）的二级标准

年平均浓度限值由 0.04 mg/m³ 改为 0.08 mg/m³；

日平均浓度限值由 0.08 mg/m³ 改为 0.12 mg/m³；

小时平均浓度限值由 0.12 mg/m³ 改为 0.24 mg/m³。

三、臭氧（O_3）

一级标准的小时平均浓度限值由 0.12 mg/m³ 改为 0.16 mg/m³；

二级标准的小时平均浓度限值由 0.16 mg/m³ 改为 0.20 mg/m³。

国家环境保护总局

2000 年 1 月 6 日

中华人民共和国国家标准

大气污染物综合排放标准

Integrated emission standard of air pollutants

GB 16297—1996

代替 GB 3548—83、GB 4276—84、GB 4277—84、

GB 4282—84、GB 4286—84、GB 4911—85、

GB 4912—85、GB 4913—85、GB 4916—85、

GB 4917—85、GBJ 4—73 各标准中的废气部分

前 言

根据《中华人民共和国大气污染防治法》第七条的规定，制定本标准。

本标准在 GBJ 4—73《工业"三废"排放试行标准》废气部分和有关其他行业性国家大气污染物排放标准的基础上制订。本标准在技术内容上与原有各标准有一定的继承关系，也有相当大的修改和变化。

本标准规定了 33 种大气污染物的排放限值，其指标体系为最高允许排放浓度、最高允许排放速率和无组织排放监控浓度限值。

国家在控制大气污染物排放方面，除本标准为综合性排放标准外，还有若干行业性排放标准共同存在，即除若干行业执行各自的行业性国家大气污染物排放标准外，其余均执行本标准。

本标准从 1997 年 1 月 1 日起实施。

下列各标准的废气部分由本标准取代，自本标准实施之日起，下列各标准的废气部分即行废除：

GBJ 4—73 工业"三废"排放试行标准

GB 3548—83 合成洗涤剂工业污染物排放标准

GB 4276—84 火炸药工业硫酸浓缩污染物排放标准

GB 4277—84 雷汞工业污染物排放标准

GB 4282—84 硫酸工业污染物排放标准

GB 4286—84 船舶工业污染物排放标准

GB 4911—85 钢铁工业污染物排放标准

GB 4912—85 轻金属工业污染物排放标准

GB 4913—85 重有色金属工业污染物排放标准

GB 4916—85 沥青工业污染物排放标准

GB 4917—85 普钙工业污染物排放标准

本标准的附录 A、附录 B、附录 C 都是标准的附录。

本标准由国家环境保护局科技标准司提出。

本标准由国家环境保护局负责解释。

1 主题内容与适用范围

1.1 主题内容

本标准规定了 33 种大气污染物的排放限值，同时规定了标准执行中的各种要求。

1.2 适用范围

1.2.1 在我国现有的国家大气污染物排放标准体系中，按照综合性排放标准与行业性排放标准不交叉执行的原则，锅炉执行 GB 13271—91《锅炉大气污染物排放标准》、工业炉窑执行 GB 9078—1996《工业炉窑大气污染物排放标准》、火电厂执行 GB 13223—1996《火电厂大气污染物排放标准》、炼焦炉执行 GB 16171—1996《炼焦炉大气污染物排放标准》、水泥厂执行 GB 4915—1996《水泥厂大气污染物排放标准》、恶臭物质排放执行 GB 14554—93《恶臭污染物排放标准》、汽车排放执行 GB 14761.1～14761.7—93《汽车大气污染物排放标准》、摩托车排气执行 GB 14621—93《摩托车排气污染物排放标准》，其他大气污染物排放均执行本标准。

1.2.2 本标准实施后再行发布的行业性国家大气污染物排放标准，按其适用范围规定的污染源不再执行本标准。

1.2.3 本标准适用于现有污染源大气污染物排放管理，以及建设项目的环境影响评价、设计、环境保护设施竣工验收及其投产后的大气污染物排放管理。

2 引用标准

下列标准所包含的条文，通过在本标准中引用而构成为本标准的条文。

GB 3095—1996 环境空气质量标准。

GB/T 16157—1996 固定污染源排气中颗粒物测定与气态污染物采样方法。

3 定义

本标准采用下列定义：

3.1 标准状态

指温度为 273 K，压力为 101 325 Pa 时的状态。本标准规定的各项标准值，均以标准状态下的干空气为基准。

3.2 最高允许排放浓度

指处理设施后排气筒中污染物任何 1 h 浓度平均值不得超过的限值；或指无处理设施排气筒中污染物任何 1 h 浓度平均值不得超过的限值。

3.3 最高允许排放速率（maximum allowable emission rate）

指一定高度的排气筒任何 1 h 排放污染物的质量不得超过的限值。

3.4 无组织排放

指大气污染物不经过排气筒的无规则排放。低矮排气筒的排放属有组织排放，但在一定条件下也可造成与无组织排放相同的后果。因此，在执行"无组织排放监控浓度限值"指标时，由低矮排气筒造成的监控点污染物浓度增加不予扣除。

3.5 无组织排放监控点

依照本标准附录 C 的规定，为判别无组织排放是否超过标准而设立的监测点。

3.6 无组织排放监控浓度限值

指监控点的污染物浓度在任何 1 h 的平均值不得超过的限值。

3.7 污染源

指排放大气污染物的设施或指排放大气污染物的建筑构造（如车间等）。

3.8 单位周界

指单位与外界环境接界的边界。通常应依据法定手续确定边界；若无法定手续，则按目前的实际边界确定。

3.9 无组织排放源

指设置于露天环境中具有无组织排放的设施，或指具有无组织排放的建筑构造（如车间、工棚等）。

3.10 排气筒高度

指自排气筒（或其主体建筑构造）所在的地平面至排气筒出口计的高度。

4 指标体系

本标准设置下列三项指标：

4.1 通过排气筒排放的污染物最高允许排放浓度。

4.2 通过排气筒排放的污染物，按排气筒高度规定的最高允许排放速率。

任何一个排气筒必须同时遵守上述两项指标，超过其中任何一项均为超标排放。

4.3 以无组织方式排放的污染物，规定无组织排放的监控点及相应的监控浓度限值。

该指标按照本标准第 9.2 条的规定执行。

5 排放速率标准分级

本标准规定的最高允许排放速率，现有污染源分为一、二、三级，新污染源分为二、三级。按污染源所在的环境空气质量功能区类别，执行相应级别的排放速率标准，即：

位于一类区的污染源执行一级标准（一类区禁止新、扩建污染源，一类区现有污染源改建时执行现有污染源的一级标准）；

位于二类区的污染源执行二级标准；

位于三类区的污染源执行三级标准。

6 标准值

6.1 1997 年 1 月 1 日前设立的污染源（以下简称为现有污染源）执行表 1 所列标准值。

6.2 1997 年 1 月 1 日起设立（包括新建、扩建、改建）的污染源（以下简称为新污染源）执行表 2 所列标准值。

6.3 按下列规定判断污染源的设立日期：

6.3.1 一般情况下应以建设项目环境影响报告书（表）批准日期作为其设立日期。

6.3.2 未经环境保护行政主管部门审批设立的污染源，应按补做的环境影响报告书（表）批准日期作为其设立日期。

表 1 现有污染源大气污染物排放限值

序号	污染物	最高允许排放浓度/（mg/m³）	最高允许排放速率/（kg/h）				无组织排放监控浓度限值	
			排气筒高度/m	一级	二级	三级	监控点	浓度/（mg/m³）
1	二氧化硫	1 200（硫、二氧化硫、硫酸和其他含硫化合物生产）	15	1.6	3.0	4.1	无组织排放源上风向设参照点，下风向设监控点 [1]	0.50（监控点与参照点浓度差值）
			20	2.6	5.1	7.7		
			30	8.8	17	26		
		700（硫、二氧化硫、硫酸和其他含硫化合物使用）	40	15	30	45		
			50	23	45	69		
			60	33	64	98		
			70	47	91	140		
			80	63	120	190		
			90	82	160	240		
			100	100	200	310		
2	氮氧化物	1 700（硝酸、氮肥和火炸药生产）	15	0.47	0.91	1.4	无组织排放源上风向设参照点，下风向设监控点	0.15（监控点与参照点浓度差值）
			20	0.77	1.5	2.3		
			30	2.6	5.1	7.7		
		420（硝酸使用和其他）	40	4.6	8.9	14		
			50	7.0	14	21		
			60	9.9	19	29		
			70	14	27	41		
			80	19	37	56		
			90	24	47	72		
			100	31	61	92		
3	颗粒物	22（碳黑尘、染料尘）	15	禁排	0.60	0.87	周界外浓度最高点 [2]	肉眼不可见
			20		1.0	1.5		
			30		4.0	5.9		
			40		6.8	10		
		80[3]（玻璃棉尘、石英粉尘、矿渣棉尘）	15	禁排	2.2	3.1	无组织排放源上风向设参照点，下风向设监控点	2.0（监控点与参照点浓度差值）
			20		3.7	5.3		
			30		14	21		
			40		25	37		
		150（其他）	15	2.1	4.1	5.9	无组织排放源上风向设参照点，下风向设监控点	5.0（监控点与参照点浓度差值）
			20	3.5	6.9	10		
			30	14	27	40		
			40	24	46	69		
			50	36	70	110		
			60	51	100	150		

序号	污染物	最高允许排放浓度/（mg/m³）	最高允许排放速率/（kg/h）				无组织排放监控浓度限值	
			排气筒高度/m	一级	二级	三级	监控点	浓度/（mg/m³）
4	氯化氢	150	15	禁排	0.30	0.46	周界外浓度最高点	0.25
			20		0.51	0.77		
			30		1.7	2.6		
			40		3.0	4.5		
			50		4.5	6.9		
			60		6.4	9.8		
			70		9.1	14		
			80		12	19		
5	铬酸雾	0.080	15	禁排	0.009	0.014	周界外浓度最高点	0.007 5
			20		0.015	0.023		
			30		0.051	0.078		
			40		0.089	0.13		
			50		0.14	0.21		
			60		0.19	0.29		
6	硫酸雾	1 000（火炸药厂） 70（其他）	15	禁排	1.8	2.8	周界外浓度最高点	1.5
			20		3.1	4.6		
			30		10	16		
			40		18	27		
			50		27	41		
			60		39	59		
			70		55	83		
			80		74	110		
7	氟化物	100（普钙工业） 11（其他）	15	禁排	0.12	0.18	无组织排放源上风向设参照点，下风向设监控点	20 μg/m³（监控点与参照点浓度差值）
			20		0.20	0.31		
			30		0.69	1.0		
			40		1.2	1.8		
			50		1.8	2.7		
			60		2.6	3.9		
			70		3.6	5.5		
			80		4.9	7.5		
8	氯气[4]	85	25	禁排	0.60	0.90	周界外浓度最高点	0.50
			30		1.0	1.5		
			40		3.4	5.2		
			50		5.9	9.0		
			60		9.1	14		
			70		13	20		
			80		18	28		

序号	污染物	最高允许排放浓度/（mg/m³）	最高允许排放速率/（kg/h）				无组织排放监控浓度限值	
			排气筒高度/m	一级	二级	三级	监控点	浓度/（mg/m³）
9	铅及其化合物	0.90	15	禁排	0.005	0.007	周界外浓度最高点	0.007 5
			20		0.007	0.011		
			30		0.031	0.048		
			40		0.055	0.083		
			50		0.085	0.13		
			60		0.12	0.18		
			70		0.17	0.26		
			80		0.23	0.35		
			90		0.31	0.47		
			100		0.39	0.60		
10	汞及其化合物	0.015	15	禁排	1.8×10^{-3}	2.8×10^{-3}	周界外浓度最高点	0.001 5
			20		3.1×10^{-3}	4.6×10^{-3}		
			30		10×10^{-3}	16×10^{-3}		
			40		18×10^{-3}	27×10^{-3}		
			50		27×10^{-3}	41×10^{-3}		
			60		39×10^{-3}	59×10^{-3}		
11	镉及其化合物	1.0	15	禁排	0.060	0.090	周界外浓度最高点	0.050
			20		0.10	0.15		
			30		0.34	0.52		
			40		0.59	0.90		
			50		0.91	1.4		
			60		1.3	2.0		
			70		1.8	2.8		
			80		2.5	3.7		
12	铍及其化合物	0.015	15	禁排	1.3×10^{-3}	2.0×10^{-3}	周界外浓度最高点	0.001 0
			20		2.2×10^{-3}	3.3×10^{-3}		
			30		7.3×10^{-3}	11×10^{-3}		
			40		13×10^{-3}	19×10^{-3}		
			50		19×10^{-3}	29×10^{-3}		
			60		27×10^{-3}	41×10^{-3}		
			70		39×10^{-3}	58×10^{-3}		
			80		52×10^{-3}	79×10^{-3}		
13	镍及其化合物	5.0	15	禁排	0.18	0.28	周界外浓度最高点	0.050
			20		0.31	0.46		
			30		1.0	1.6		
			40		1.8	2.7		
			50		2.7	4.1		
			60		3.9	5.9		
			70		5.5	8.2		
			80		7.4	11		

序号	污染物	最高允许排放浓度/（mg/m³）	最高允许排放速率/（kg/h）				无组织排放监控浓度限值	
			排气筒高度/m	一级	二级	三级	监控点	浓度/（mg/m³）
14	锡及其化合物	10	15	禁排	0.36	0.55	周界外浓度最高点	0.30
			20		0.61	0.93		
			30		2.1	3.1		
			40		3.5	5.4		
			50		5.4	8.2		
			60		7.7	12		
			70		11	17		
			80		15	22		
15	苯	17	15	禁排	0.60	0.90	周界外浓度最高点	0.50
			20		1.0	1.5		
			30		3.3	5.2		
			40		6.0	9.0		
16	甲苯	60	15	禁排	3.6	5.5	周界外浓度最高点	3.0
			20		6.1	9.3		
			30		21	31		
			40		36	54		
17	二甲苯	90	15	禁排	1.2	1.8	周界外浓度最高点	1.5
			20		2.0	3.1		
			30		6.9	10		
			40		12	18		
18	酚类	115	15	禁排	0.12	0.18	周界外浓度最高点	0.10
			20		0.20	0.31		
			30		0.68	1.0		
			40		1.2	1.8		
			50		1.8	2.7		
			60		2.6	3.9		
19	甲醛	30	15	禁排	0.30	0.46	周界外浓度最高点	0.25
			20		0.51	0.77		
			30		1.7	2.6		
			40		3.0	4.5		
			50		4.5	6.9		
			60		6.4	9.8		
20	乙醛	150	15	禁排	0.060	0.090	周界外浓度最高点	0.050
			20		0.10	0.15		
			30		0.34	0.52		
			40		0.59	0.90		
			50		0.91	1.4		
			60		1.3	2.0		
21	丙烯腈	26	15	禁排	0.91	1.4	周界外浓度最高点	0.75
			20		1.5	2.3		
			30		5.1	7.8		
			40		8.9	13		
			50		14	21		
			60		19	29		

序号	污染物	最高允许排放浓度/（mg/m³）	最高允许排放速率/（kg/h）				无组织排放监控浓度限值	
			排气筒高度/m	一级	二级	三级	监控点	浓度/（mg/m³）
22	丙烯醛	20	15	禁排	0.61	0.92	周界外浓度最高点	0.50
			20		1.0	1.5		
			30		3.4	5.2		
			40		5.9	9.0		
			50		9.1	14		
			60		13	20		
23	氰化氢 5)	2.3	25	禁排	0.18	0.28	周界外浓度最高点	0.030
			30		0.31	0.46		
			40		1.0	1.6		
			50		1.8	2.7		
			60		2.7	4.1		
			70		3.9	5.9		
			80		5.5	8.3		
24	甲醇	220	15	禁排	6.1	9.2	周界外浓度最高点	15
			20		10	15		
			30		34	52		
			40		59	90		
			50		91	140		
			60		130	200		
25	苯胺类	25	15	禁排	0.61	0.92	周界外浓度最高点	0.50
			20		1.0	1.5		
			30		3.4	5.2		
			40		5.9	9.0		
			50		9.1	14		
			60		13	20		
26	氯苯类	85	15	禁排	0.67	0.92	周界外浓度最高点	0.50
			20		1.0	1.5		
			30		2.9	4.4		
			40		5.0	7.6		
			50		7.7	12		
			60		11	17		
			70		15	23		
			80		21	32		
			90		27	41		
			100		34	52		
27	硝基苯类	20	15	禁排	0.060	0.090	周界外浓度最高点	0.050
			20		0.10	0.15		
			30		0.34	0.52		
			40		0.59	0.90		
			50		0.91	1.4		
			60		1.3	2.0		

序号	污染物	最高允许排放浓度/（mg/m³）	最高允许排放速率/（kg/h）				无组织排放监控浓度限值	
			排气筒高度/m	一级	二级	三级	监控点	浓度/（mg/m³）
28	氯乙烯	65	15	禁排	0.91	1.4	周界外浓度最高点	0.75
			20		1.5	2.3		
			30		5.0	7.8		
			40		8.9	13		
			50		14	21		
			60		19	29		
29	苯并[a]芘	0.50×10^{-3}（沥青、碳素制品生产和加工）	15	禁排	0.06×10^{-3}	0.09×10^{-3}	周界外浓度最高点	0.01（μg/m³）
			20		0.10×10^{-3}	0.15×10^{-3}		
			30		0.34×10^{-3}	0.51×10^{-3}		
			40		0.59×10^{-3}	0.89×10^{-3}		
			50		0.90×10^{-3}	1.4×10^{-3}		
			60		1.3×10^{-3}	2.0×10^{-3}		
30	光气6)	5.0	25	禁排	0.12	0.18	周界外浓度最高点	0.10
			30		0.20	0.31		
			40		0.69	1.0		
			50		1.2	1.8		
31	沥青烟	280（吹制沥青） 80（熔炼、浸涂） 150（建筑搅拌）	15	0.11	0.22	0.34	生产设备不得有明显的无组织排放存在	
			20	0.19	0.36	0.55		
			30	0.82	1.6	2.4		
			40	1.4	2.8	4.2		
			50	2.2	4.3	6.6		
			60	3.0	5.9	9.0		
			70	4.5	8.7	13		
			80	6.2	12	18		
32	石棉尘	2根（纤维）/cm³或20 mg/m³	15	禁排	0.65	0.98	生产设备不得有明显的无组织排放存在	
			20		1.1	1.7		
			30		4.2	6.4		
			40		7.2	11		
			50		11	17		
33	非甲烷总烃	150（使用溶剂汽油或其他混合烃类物质）	15	6.3	12	18	周界外浓度最高点	5.0
			20	10	20	30		
			30	35	63	100		
			40	61	120	170		

注：1）一般应于无组织排放源上风向2～50 m范围内设参照点，排放源下风向2～50 m范围内设监控点，详见本标准附录C。下同。

　　2）周界外浓度最高点一般应设于排放源下风向的单位周界外10 m范围内。如预计无组织排放的最大落地浓度点越出10 m范围，可将监控点移至该预计浓度最高点，详见附录C。下同。

　　3）均指含游离二氧化硅10%以上的各种尘。

　　4）排放氯气的排气筒不得低于25 m。

　　5）排放氰化氢的排气筒不得低于25 m。

　　6）排放光气的排气筒不得低于25 m。

表2　新污染源大气污染物排放限值

序号	污染物	最高允许排放浓度/（mg/m³）	最高允许排放速率/（kg/h）			无组织排放监控浓度限值	
			排气筒高度/m	二级	三级	监控点	浓度/（mg/m³）
1	二氧化硫	960（硫、二氧化硫、硫酸和其他含硫化合物生产）	15	2.6	3.5	周界外浓度最高点 [1]	0.40
			20	4.3	6.6		
			30	15	22		
			40	25	38		
		550（硫、二氧化硫、硫酸和其他含硫化合物使用）	50	39	58		
			60	55	83		
			70	77	120		
			80	110	160		
			90	130	200		
			100	170	270		
2	氮氧化物	1 400（硝酸、氮肥和火炸药生产）	15	0.77	1.2	周界外浓度最高点	0.12
			20	1.3	2.0		
			30	4.4	6.6		
			40	7.5	11		
		240（硝酸使用和其他）	50	12	18		
			60	16	25		
			70	23	35		
			80	31	47		
			90	40	61		
			100	52	78		
3	颗粒物	18（碳黑尘、染料尘）	15	0.51	0.74	周界外浓度最高点	肉眼不可见
			20	0.85	1.3		
			30	3.4	5.0		
			40	5.8	8.5		
		60 [2]（玻璃棉尘、石英粉尘、矿渣棉尘）	15	1.9	2.6	周界外浓度最高点	1.0
			20	3.1	4.5		
			30	12	18		
			40	21	31		
		120（其他）	15	3.5	5.0	周界外浓度最高点	1.0
			20	5.9	8.5		
			30	23	34		
			40	39	59		
			50	60	94		
			60	85	130		
4	氯化氢	100	15	0.26	0.39	周界外浓度最高点	0.20
			20	0.43	0.65		
			30	1.4	2.2		
			40	2.6	3.8		
			50	3.8	5.9		
			60	5.4	8.3		
			70	7.7	12		
			80	10	16		

序号	污染物	最高允许排放浓度/（mg/m³）	最高允许排放速率/（kg/h）			无组织排放监控浓度限值	
			排气筒高度/m	二级	三级	监控点	浓度/（mg/m³）
5	铬酸雾	0.070	15	0.008	0.012	周界外浓度最高点	0.006 0
			20	0.013	0.020		
			30	0.043	0.066		
			40	0.076	0.12		
			50	0.12	0.18		
			60	0.16	0.25		
6	硫酸雾	430（火炸药厂）	15	1.5	2.4	周界外浓度最高点	1.2
			20	2.6	3.9		
			30	8.8	13		
		45（其他）	40	15	23		
			50	23	35		
			60	33	50		
			70	46	70		
			80	63	95		
7	氟化物	90（普钙工业）	15	0.10	0.15	周界外浓度最高点	20（μg/m³）
			20	0.17	0.26		
			30	0.59	0.88		
		9.0（其他）	40	1.0	1.5		
			50	1.5	2.3		
			60	2.2	3.3		
			70	3.1	4.7		
			80	4.2	6.3		
8	氯气[3]	65	25	0.52	0.78	周界外浓度最高点	0.40
			30	0.87	1.3		
			40	2.9	4.4		
			50	5.0	7.6		
			60	7.7	12		
			70	11	17		
			80	15	23		
9	铅及其化合物	0.70	15	0.004	0.006	周界外浓度最高点	0.006 0
			20	0.006	0.009		
			30	0.027	0.041		
			40	0.047	0.071		
			50	0.072	0.11		
			60	0.10	0.15		
			70	0.15	0.22		
			80	0.20	0.30		
			90	0.26	0.40		
			100	0.33	0.51		

序号	污染物	最高允许排放浓度/（mg/m³）	最高允许排放速率/（kg/h）			无组织排放监控浓度限值	
			排气筒高度/m	二级	三级	监控点	浓度/（mg/m³）
10	汞及其化合物	0.012	15	$1.5×10^{-3}$	$2.4×10^{-3}$	周界外浓度最高点	0.001 2
			20	$2.6×10^{-3}$	$3.9×10^{-3}$		
			30	$7.8×10^{-3}$	$13×10^{-3}$		
			40	$15×10^{-3}$	$23×10^{-3}$		
			50	$23×10^{-3}$	$35×10^{-3}$		
			60	$33×10^{-3}$	$50×10^{-3}$		
11	镉及其化合物	0.85	15	0.050	0.080	周界外浓度最高点	0.040
			20	0.090	0.13		
			30	0.29	0.44		
			40	0.50	0.77		
			50	0.77	1.2		
			60	1.1	1.7		
			70	1.5	2.3		
			80	2.1	3.2		
12	铍及其化合物	0.012	15	$1.1×10^{-3}$	$1.7×10^{-3}$	周界外浓度最高点	0.000 8
			20	$1.8×10^{-3}$	$2.8×10^{-3}$		
			30	$6.2×10^{-3}$	$9.4×10^{-3}$		
			40	$11×10^{-3}$	$16×10^{-3}$		
			50	$16×10^{-3}$	$25×10^{-3}$		
			60	$23×10^{-3}$	$35×10^{-3}$		
			70	$33×10^{-3}$	$50×10^{-3}$		
			80	$44×10^{-3}$	$67×10^{-3}$		
13	镍及其化合物	4.3	15	0.15	0.24	周界外浓度最高点	0.040
			20	0.26	0.34		
			30	0.88	1.3		
			40	1.5	2.3		
			50	2.3	3.5		
			60	3.3	5.0		
			70	4.6	7.0		
			80	6.3	10		
14	锡及其化合物	8.5	15	0.31	0.47	周界外浓度最高点	0.24
			20	0.52	0.79		
			30	1.8	2.7		
			40	3.0	4.6		
			50	4.6	7.0		
			60	6.6	10		
			70	9.3	14		
			80	13	19		
15	苯	12	15	0.50	0.80	周界外浓度最高点	0.40
			20	0.90	1.3		
			30	2.9	4.4		
			40	5.6	7.6		

序号	污染物	最高允许排放浓度/（mg/m³）	最高允许排放速率/（kg/h）			无组织排放监控浓度限值	
			排气筒高度/m	二级	三级	监控点	浓度/（mg/m³）
16	甲苯	40	15	3.1	4.7	周界外浓度最高点	2.4
			20	5.2	7.9		
			30	18	27		
			40	30	46		
17	二甲苯	70	15	1.0	1.5	周界外浓度最高点	1.2
			20	1.7	2.6		
			30	5.9	8.8		
			40	10	15		
18	酚类	100	15	0.10	0.15	周界外浓度最高点	0.080
			20	0.17	0.26		
			30	0.58	0.88		
			40	1.0	1.5		
			50	1.5	2.3		
			60	2.2	3.3		
19	甲醛	25	15	0.26	0.39	周界外浓度最高点	0.20
			20	0.43	0.65		
			30	1.4	2.2		
			40	2.6	3.8		
			50	3.8	5.9		
			60	5.4	8.3		
20	乙醛	125	15	0.050	0.080	周界外浓度最高点	0.040
			20	0.090	0.13		
			30	0.29	0.44		
			40	0.50	0.77		
			50	0.77	1.2		
			60	1.1	1.6		
21	丙烯腈	22	15	0.77	1.2	周界外浓度最高点	0.60
			20	1.3	2.0		
			30	4.4	6.6		
			40	7.5	11		
			50	12	18		
			60	16	25		
22	丙烯醛	16	15	0.52	0.78	周界外浓度最高点	0.40
			20	0.87	1.3		
			30	2.9	4.4		
			40	5.0	7.6		
			50	7.7	12		
			60	11	17		

序号	污染物	最高允许排放浓度/（mg/m³）	最高允许排放速率/（kg/h）			无组织排放监控浓度限值	
			排气筒高度/m	二级	三级	监控点	浓度/（mg/m³）
23	氰化氢 4)	1.9	25	0.15	0.24	周界外浓度最高点	0.024
			30	0.26	0.39		
			40	0.88	1.3		
			50	1.5	2.3		
			60	2.3	3.5		
			70	3.3	5.0		
			80	4.6	7.0		
24	甲醇	190	15	5.1	7.8	周界外浓度最高点	12
			20	8.6	13		
			30	29	44		
			40	50	70		
			50	77	120		
			60	100	170		
25	苯胺类	20	15	0.52	0.78	周界外浓度最高点	0.40
			20	0.87	1.3		
			30	2.9	4.4		
			40	5.0	7.6		
			50	7.7	12		
			60	11	17		
26	氯苯类	60	15	0.52	0.78	周界外浓度最高点	0.40
			20	0.87	1.3		
			30	2.5	3.8		
			40	4.3	6.5		
			50	6.6	9.9		
			60	9.3	14		
			70	13	20		
			80	18	27		
			90	23	35		
			100	29	44		
27	硝基苯类	16	15	0.050	0.080	周界外浓度最高点	0.040
			20	0.090	0.13		
			30	0.29	0.44		
			40	0.50	0.77		
			50	0.77	1.2		
			60	1.1	1.7		
28	氯乙烯	36	15	0.77	1.2	周界外浓度最高点	0.60
			20	1.3	2.0		
			30	4.4	6.6		
			40	7.5	11		
			50	12	18		
			60	16	25		

序号	污染物	最高允许排放浓度/(mg/m³)	最高允许排放速率/(kg/h)			无组织排放监控浓度限值	
			排气筒高度/m	二级	三级	监控点	浓度/(mg/m³)
29	苯并[a]芘	0.30×10⁻³（沥青及碳素制品生产和加工）	15	0.050×10⁻³	0.080×10⁻³	周界外浓度最高点	0.008（µg/m³）
			20	0.085×10⁻³	0.13×10⁻³		
			30	0.29×10⁻³	0.43×10⁻³		
			40	0.50×10⁻³	0.76×10⁻³		
			50	0.77×10⁻³	1.2×10⁻³		
			60	1.1×10⁻³	1.7×10⁻³		
30	光气[5]	3.0	25	0.10	0.15	周界外浓度最高点	0.080
			30	0.17	0.26		
			40	0.59	0.88		
			50	1.0	1.5		
31	沥青烟	140（吹制沥青）/ 40（熔炼、浸涂）/ 75（建筑搅拌）	15	0.18	0.27	生产设备不得有明显的无组织排放存在	
			20	0.30	0.45		
			30	1.3	2.0		
			40	2.3	3.5		
			50	3.6	5.4		
			60	5.6	7.5		
			70	7.4	11		
			80	10	15		
32	石棉尘	1 根（纤维）/cm³ 或 10 mg/m³	15	0.55	0.83	生产设备不得有明显的无组织排放存在	
			20	0.93	1.4		
			30	3.6	5.4		
			40	6.2	9.3		
			50	9.4	14		
33	非甲烷总烃	120（使用溶剂汽油或其他混合烃类物质）	15	10	16	周界外浓度最高点	4.0
			20	17	27		
			30	53	83		
			40	100	150		

注：1）周界外浓度最高点一般应设置于无组织排放源下风向的单位周界外 10 m 范围内，若预计无组织排放的最大落地浓度点越出 10 m 范围，可将监控点移至该预计浓度最高点，详见附录 C。下同。

2）均指含游离二氧化硅超过 10% 以上的各种尘。

3）排放氯气的排气筒不得低于 25 m。

4）排放氰化氢的排气筒不得低于 25 m。

5）排放光气的排气筒不得低于 25 m。

7 其他规定

7.1 排气筒高度除须遵守表列排放速率标准值外，还应高出周围 200 m 半径范围的建筑 5 m 以上，不能达到该要求的排气筒，应按其高度对应的表列排放速率标准值严格 50% 执行。

7.2 两个排放相同污染物（不论其是否由同一生产工艺过程产生）的排气筒，若其距离小于其几何高度之和，应合并视为一根等效排气筒。若有三根以上的近距排气筒，且排放同一种污染物时，应以前两根的等效排气筒，依次与第三、四根排气筒取等效值。等效排气筒的有关参数计算方法见附录 A。

7.3 若某排气筒的高度处于本标准列出的两个值之间，其执行的最高允许排放速率以内插法计算，内插法的计算式见本标准附录 B；当某排气筒的高度大于或小于本标准列出的最大或最小值时，以外推法计算其最高允许排放速率，外推法计算式见本标准附录 B。

7.4 新污染源的排气筒一般不应低于 15 m。若某新污染源的排气筒必须低于 15 m 时，其排放速率标准值按 7.3 的外推计算结果再严格 50%执行。

7.5 新污染源的无组织排放应从严控制，一般情况下不应有无组织排放存在，无法避免的无组织排放应达到表 2 规定的标准值。

7.6 工业生产尾气确需燃烧排放的，其烟气黑度不得超过林格曼 1 级。

8 监测

8.1 布点

8.1.1 排气筒中颗粒物或气态污染物监测的采样点数目及采样点位置的设置，按 GB/T 16157—1996 执行。

8.1.2 无组织排放监测的采样点（即监控点）数目和采样点位置的设置方法，详见本标准附录 C。

8.2 采样时间和频次

本标准规定的三项指标，均指任何 1 h 平均值不得超过的限值，故在采样时应做到：

8.2.1 排气筒中废气的采样

以连续 1 h 的采样获取平均值；

或在 1 h 内，以等时间间隔采集 4 个样品，并计平均值。

8.2.2 无组织排放监控点的采样

无组织排放监控点和参照点监测的采样，一般采用连续 1 h 采样计平均值；

若浓度偏低，需要时可适当延长采样时间；

若分析方法灵敏度高，仅需用短时间采集样品时，应实行等时间间隔采样，采集 4 个样品计平均值。

8.2.3 特殊情况下的采样时间和频次

若某排气筒的排放为间断性排放，排放时间小于 1 h，应在排放时段内实行连续采样，或在排放时段内以等时间间隔采集 2～4 个样品，并计平均值；

若某排气筒的排放为间断性排放，排放时间大于 1 h，则应在排放时段内按 8.2.1 的要求采样；

当进行污染事故排放监测时，按需要设置的采样时间和采样频次，不受上述要求限制；

建设项目环境保护设施竣工验收监测的采样时间和频次，按国家环境保护局制定的建设项目环境保护设施竣工验收监测办法执行。

8.3 监测工况要求

8.3.1 在对污染源的日常监督性监测中，采样期间的工况应与当时的运行工况相同，排污单位的人员和实施监测的人员都不应任意改变当时的运行工况。

8.3.2 建设项目环境保护设施竣工验收监测的工况要求按国家环境保护局制定的建设项目环境保护设施竣工验收监测办法执行。

8.4 采样方法和分析方法

8.4.1 污染物的分析方法按国家环境保护局规定执行。

8.4.2 污染物的采样方法按 GB/T 16157—1996 和国家环境保护局规定的分析方法有关部分执行。

8.5 排气量的测定

排气量的测定应与排放浓度的采样监测同步进行，排气量的测定方法按 GB/T 16157—1996 执行。

9 标准实施

9.1 位于国务院批准划定的酸雨控制区和二氧化硫污染控制区的污染源，其二氧化硫排放除执行本标准外，还应执行总量控制标准。

9.2 本标准中无组织排放监控浓度限值，由省、自治区、直辖市人民政府环境保护行政主管部门决定是否在本地区实施，并报国务院环境保护行政主管部门备案。

9.3 本标准由县级以上人民政府环境保护行政主管部门负责监督实施。

等效排气筒有关参数计算

A1 当排气筒 1 和排气筒 2 排放同一种污染物，其距离小于该两个排气筒的高度之和时，应以一个等效排气筒代表该两个排气筒。

A2 等效排气筒的有关参数计算方法如下：

A2.1 等效排气筒污染物排放速率，按式（A1）计算：

$$Q = Q_1 + Q_2 \tag{A1}$$

式中：Q —— 等效排气筒某污染物排放速率；

Q_1，Q_2 —— 排气筒 1 和排气筒 2 的某污染物排放速率。

A2.2 等效排气筒高度按式（A2）计算：

$$h = \sqrt{\frac{1}{2}(h_1^2 + h_2^2)} \tag{A2}$$

式中：h —— 等效排气筒高度；

h_1，h_2 —— 排气筒 1 和排气筒 2 的高度。

A2.3 等效排气筒的位置：

等效排气筒的位置，应于排气筒 1 和排气筒 2 的连线上，若以排气筒 1 为原点，则等效排气筒距原点的距离按式（A3）计算：

$$x = a (Q - Q_1) / Q = a Q_2 / Q \tag{A3}$$

式中：x —— 等效排气筒距排气筒 1 的距离；

a —— 排气筒 1 至排气筒 2 的距离；

Q，Q_1，Q_2 —— 同 A2.1。

附录 B（标准的附录）

确定某排气筒最高允许排放速率的内插法和外推法

B1　某排气筒高度处于表列两高度之间，用内插法计算其最高允许排放速率，按式（B1）计算：

$$Q = Q_a + (Q_{a+1} - Q_a)(h - h_a) / (h_{a+1} - h_a) \tag{B1}$$

式中：Q —— 某排气筒最高允许排放速率；

　　　Q_a —— 比某排气筒低的表列限值中的最大值；

　　　Q_{a+1} —— 比某排气筒高的表列限值中的最小值；

　　　h —— 某排气筒的几何高度；

　　　h_a —— 比某排气筒低的表列高度中的最大值；

　　　h_{a+1} —— 比某排气筒高的表列高度中的最小值。

B2　某排气筒高度高于本标准表列排气筒高度的最高值，用外推法计算其最高允许排放速率。按式（B2）计算：

$$Q = Q_b (h/h_b)^2 \tag{B2}$$

式中：Q —— 某排气筒的最高允许排放速率；

　　　Q_b —— 表列排气筒最高高度对应的最高允许排放速率；

　　　h —— 某排气筒的高度；

　　　h_b —— 表列排气筒的最高高度。

B3　某排气筒高度低于本标准表列排气筒高度的最低值，用外推法计算其最高允许排放速率，按式（B3）计算：

$$Q = Q_c (h/h_c)^2 \tag{B3}$$

式中：Q —— 某排气筒的最高允许排放速率；

　　　Q_c —— 表列排气筒最低高度对应的最高允许排放速率；

　　　h —— 某排气筒的高度；

　　　h_c —— 表列排气筒的最低高度。

附录 C（标准的附录）

无组织排放监控点设置方法

C1　由于无组织排放的实际情况是多种多样的，故本附录仅对无组织排放监控点的设置进行原则性指导，实际监测时应根据情况因地制宜设置监控点。

C2　单位周界监控点的设置方法。

当本标准规定监控点设于单位周界时，监控点按下述原则和方法设置：

C2.1　下列各点为必须遵循的原则：

C2.1.1　监控点一般应设于周界外 10 m 范围内，但若现场条件不允许（例如周界沿河岸分布），可将监控点移至周界内侧。

C2.1.2　监控点应设于周界浓度最高点。

C2.1.3　若经估算预测，无组织排放的最大落地浓度区域超出 10 m 范围之外，将监控点设置在该区域之内。

C2.1.4　为了确定浓度的最高点，实际监控点最多可设置 4 个。

C2.1.5　设点高度范围为 1.5 m 至 15 m。

C2.2　下述设点方案仅为示意，供实际监测时参考。

C2.2.1　当具有明显风向和风速时，可参考图 C1 设点。

C2.2.2　当无明显风向和风速时，可根据情况于可能的浓度最高处设置 4 个点。

C2.3　由 4 个监控点分别测得的结果，以其中的浓度最高点计值。

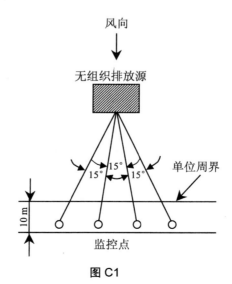

图 C1

C3 在排放源上、下风向分别设置参照点和监控点的方法

C3.1 下列各点为必须遵循的原则:

C3.1.1 于无组织排放源的上风向设参照点,下风向设监控点。

C3.1.2 监控点应设于排放源下风向的浓度最高点,不受单位周界的限制。

C3.1.3 为了确定浓度最高点,监控点最多可设 4 个。

C3.1.4 参照点应以不受被测无组织排放源影响,可以代表监控点的背景浓度为原则。参照点只设 1 个。

C3.1.5 监控点和参照点距无组织排放源最近不应小于 2 m。

C3.2 下述设点方案仅为示意,供实际监测时参考。

C3.2.1 当具有明显风向和风速时,可参考图 C2 设点。

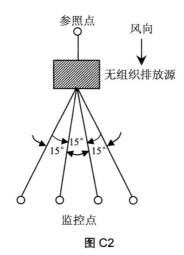

图 C2

C3.3 按上述参考方案的监测结果,以 4 个监控点中的浓度最高点测值与参照点浓度之差计值。

中华人民共和国国家标准

恶臭污染物排放标准

Emission standards for odor pollutants

GB 14554—93

代替 GBJ 4—73[1)]

为贯彻《中华人民共和国大气污染防治法》，控制恶臭污染物对大气的污染，保护和改善环境，制定本标准。

1 主题内容与适用范围

1.1 主题内容

本标准分年限规定了八种恶臭污染物的一次最大排放限值、复合恶臭物质的臭气浓度限值及无组织排放源的厂界浓度限值。

1.2 适用范围

本标准适用于全国所有向大气排放恶臭气体单位及垃圾堆放场的排放管理以及建设项目的环境影响评价、设计、竣工验收及其建成后的排放管理。

2 引用标准

GB 3095 大气环境质量标准

GB 12348 工业企业厂界噪声标准

GB/T 14675 空气质量 恶臭的测定 三点比较式臭袋法

GB/T 14676 空气质量 三甲胺的测定 气相色谱法

GB/T 14677 空气质量 甲苯、二甲苯、苯乙烯的测定 气相色谱法

GB/T 14678 空气质量 硫化氢、甲硫醇、甲硫醚、二甲二硫的测定 气相色谱法

GB/T 14679 空气质量 氨的测定 次氯酸钠——水杨酸分光光度法

GB/T 14680 空气质量 二硫化碳的测定 二乙胺分光光度法

3 名词术语

3.1 恶臭污染物 odor pollutants

注：1） 本标准代替 GBJ 4—73 中硫化氢、二硫化碳指标部分。

指一切刺激嗅觉器官引起人们不愉快及损害生活环境的气体物质。

3.2　臭气浓度　odor concentration

指恶臭气体（包括异味）用无臭空气进行稀释，稀释到刚好无臭时，所需的稀释倍数。

3.3　无组织排放源

指没有排气筒或排气筒高度低于 15 m 的排放源。

4　技术内容

4.1　标准分级

本标准恶臭污染物厂界标准值分三级。

4.1.1　排入 GB 3095 中一类区的执行一级标准，一类区中不得建新的排污单位。

4.1.2　排入 GB 3095 中二类区的执行二级标准。

4.1.3　排入 GB 3095 中三类区的执行三级标准。

4.2　标准值

4.2.1　恶臭污染物厂界标准值是对无组织排放源的限值，见表 1。

1994 年 6 月 1 日起立项的新、扩、改建设项目及其建成后投产的企业执行二级、三级标准中相应的标准值。

表 1　恶臭污染物厂界标准值

序号	控制项目	单位	一级	二级		三级	
				新扩改建	现有	新扩改建	现有
1	氨	mg/m³	1.0	1.5	2.0	4.0	5.0
2	三甲胺	mg/m³	0.05	0.08	0.15	0.45	0.80
3	硫化氢	mg/m³	0.03	0.06	0.10	0.32	0.60
4	甲硫醇	mg/m³	0.004	0.007	0.010	0.020	0.035
5	甲硫醚	mg/m³	0.03	0.07	0.15	0.55	1.10
6	二甲二硫	mg/m³	0.03	0.06	0.13	0.42	0.71
7	二硫化碳	mg/m³	2.0	3.0	5.0	8.0	10
8	苯乙烯	mg/m³	3.0	5.0	7.0	14	19
9	臭气浓度	无量纲	10	20	30	60	70

4.2.2　恶臭污染物排放标准值，见表 2。

表 2　恶臭污染物排放标准值

序号	控制项目	排气筒高度/m	排放量/（kg/h）
1	硫化氢	15	0.33
		20	0.58
		25	0.90
		30	1.3
		35	1.8
		40	2.3
		60	5.2
		80	9.3
		100	14
		120	21

序号	控制项目	排气筒高度/m	排放量/（kg/h）
2	甲硫醇	15	0.04
		20	0.08
		25	0.12
		30	0.17
		35	0.24
		40	0.31
		60	0.69
3	甲硫醚	15	0.33
		20	0.58
		25	0.90
		30	1.3
		35	1.8
		40	2.3
		60	5.2
4	二甲二硫醚	15	0.43
		20	0.77
		25	1.2
		30	1.7
		35	2.4
		40	3.1
		60	7.0
5	二硫化碳	15	1.5
		20	2.7
		25	4.2
		30	6.1
		35	8.3
		40	11
		60	24
		80	43
		100	68
		120	97
6	氨	15	4.9
		20	8.7
		25	14
		30	20
		35	27
		40	35
		60	75
7	三甲胺	15	0.54
		20	0.97
		25	1.5
		30	2.2
		35	3.0
		40	3.9
		60	8.7
		80	15
		100	24
		120	35

序号	控制项目	排气筒高度/m	排放量/（kg/h）
8	苯乙烯	15	6.5
		20	12
		25	18
		30	26
		35	35
		40	46
		60	104
		排气筒高度，m	标准值（无量纲）
9	臭气浓度	15	2 000
		25	6 000
		35	15 000
		40	20 000
		50	40 000
		≥60	60 000

5 标准的实施

5.1 排污单位排放（包括泄漏和无组织排放）的恶臭污染物，在排污单位边界上规定监测点（无其他干扰因素）的一次最大监测值（包括臭气浓度）都必须低于或等于恶臭污染物厂界标准值。

5.2 排污单位经烟、气排气筒（高度在 15 m 以上）排放的恶臭污染物的排放量和臭气浓度都必须低于或等于恶臭污染物排放标准。

5.3 排污单位经排水排出并散发的恶臭污染物和臭气浓度必须低于或等于恶臭污染物厂界标准值。

6 监测

6.1 有组织排放源监测

6.1.1 排气筒的最低高度不得低于 15 m。

6.1.2 凡在表 2 所列两种高度之间的排气筒，采用四舍五入方法计算其排气筒的高度。表 2 中所列的排气筒高度系指从地面（零地面）起至排气口的垂直高度。

6.1.3 采样点：有组织排放源的监测采样点应为臭气进入大气的排气口，也可以在水平排气道和排气筒下部采样监测，测得臭气浓度或进行换算求得实际排放量。经过治理的污染源监测点设在治理装置的排气口，并应设置永久性标志。

6.1.4 有组织排放源采样频率应按生产周期确定监测频率，生产周期在 8 h 以内的，每 2 h 采集一次，生产周期大于 8 h 的，每 4 h 采集一次，取其最大测定值。

6.2 无组织排放源监测

6.2.1 采样点

厂界的监测采样点，设置在工厂厂界的下风向侧，或有臭气方位的边界线上。

6.2.2 采样频率

连续排放源相隔 2 h 采一次，共采集 4 次，取其最大测定值。

间歇排放源选择在气味最大时间内采样，样品采集次数不少于 3 次，取其最大测定值。

6.3 水域监测

水域（包括海洋、河流、湖泊、排水沟、渠）的监测，应以岸边为厂界边界线，其采样点设置、采样频率与无组织排放源监测相同。

6.4 测定

标准中各单项恶臭污染物与臭气浓度的测定方法，见表3。

表3 恶臭污染物与臭气浓度测定方法

序号	控制项目	测定方法
1	氨	GB/T 14679
2	三甲胺	GB/T 14676
3	硫化氢	GB/T 14678
4	甲硫醇	GB/T 14678
5	甲硫醚	GB/T 14678
6	二甲二硫醚	GB/T 14678
7	二硫化碳	GB/T 14680
8	苯乙烯	GB/T 14677
9	臭气浓度	GB/T 14675

附录 A（补充件）

排放浓度、排放量的计算

A1 排放浓度

$$C = \frac{g}{V_{nd}} \times 10^6 \qquad (A1)$$

式中：C——恶臭污染物的浓度，mg/m³（干燥的标准状态）；

g——采样所得的恶臭污染物的重量，g；

V_{nd}——采样体积，L（干燥的标准状态）。

A2 排放量

$$G = C \cdot Q_{snd} \times 10^{-6} \qquad (A2)$$

式中：G——恶臭污染物的排放量，kg/h；

Q_{snd}——烟囱或排气筒的气体流量，m³（干燥的标准状态）/h。

附加说明

本标准由国家环境保护局科技标准司提出。

本标准由天津市环境保护科学研究所、北京市机电研究所环保技术研究所主编。

本标准主要起草人石磊、王延吉、李秀荣、姜菊、王鸿志、卫红梅。

本标准由国家环境保护局负责解释。

中华人民共和国国家标准

锅炉大气污染物排放标准

Emission standard of air pollutants for coal-burning oil-burning gas-fired boiler

GB 13271—2001

代替 GB 13271—91，GWPB 3—1999

前 言

为贯彻《中华人民共和国环境保护法》和《中华人民共和国大气污染防治法》，控制锅炉污染物排放，防治大气污染，制定本标准。

本标准是对 GB 13271—91《锅炉大气污染物排放标准》的修订。

标准修订的主要内容是：进一步明确了标准的适用范围，增加了容量<0.7 MW（1t/h）自然通风燃煤锅炉烟尘、烟气黑度、二氧化硫的最高允许排放浓度限值；增加了燃油、燃气锅炉烟尘、烟气黑度、二氧化硫、氮氧化物的最高允许排放浓度限值。

本标准内容（包括实施时间）等同于 1999 年 12 月 3 日国家环境保护总局发布的《锅炉大气污染物排放标准》（GWPB 3—1999），自本标准实施之日起，代替 GWPB 3—1999。

——本标准由国家环境保护总局科技标准司提出；

——本标准 1983 年 9 月首次发布，1992 年 5 月第一次修订；

——本标准由国家环境保护总局负责解释。

1 范围

本标准分年限规定了锅炉烟气中烟尘、二氧化硫和氮氧化物的最高允许排放浓度和烟气黑度的排放限值。

本标准适用于除煤粉发电锅炉和单台出力大于 45.5 MW（65 t/h）发电锅炉以外的各种容量和用途的燃煤、燃油和燃气锅炉排放大气污染物的管理，以及建设项目环境影响评价、设计、竣工验收和建成后的排污管理。

使用甘蔗渣、锯末、稻壳、树皮等燃料的锅炉，参照本标准中燃煤锅炉大气污染物最高允许排放浓度执行。

2　引用标准

下列标准所包含的条文，通过在本标准中引用而构成本标准的条文。

GB 3095—1996　环境空气质量标准

GB 5468—91　锅炉烟尘测试方法

GB/T 16157—1996　固定污染源排气中颗粒物测定与气态污染物采样方法

3　定义

3.1　标准状态

锅炉烟气在温度为 273 K，压力为 101 325 Pa 时的状态，简称"标态"。本标准规定的排放浓度均指标准状态下干烟气中的数值。

3.2　烟尘初始排放浓度

指自锅炉烟气出口处或进入净化装置前的烟尘排放浓度。

3.3　烟尘排放浓度

指锅炉烟气经净化装置后的烟尘排放浓度。未安装净化装置的锅炉，烟尘初始排放浓度即是锅炉烟尘排放浓度。

3.4　自然通风锅炉

自然通风是利用烟囱内、外温度不同所产生的压力差，将空气吸入炉膛参与燃烧，把燃烧产物排向大气的一种通风方式。采用自然通风方式，不用鼓、引风机机械通风的锅炉，称之为自然通风锅炉。

3.5　收到基灰分

以收到状态的煤为基准，测定的灰分含量，亦称"应用基灰分"，用"A_{ar}"表示。

3.6　过量空气系数

燃料燃烧时实际空气消耗量与理论空气需要量之比值，用"α"表示。

4　技术内容

4.1　适用区域划分类别

本标准中的一类区和二、三类区是指 GB 3095—1996《环境空气质量标准》中所规定的环境空气质量功能区的分类区域。

本标准中的"两控区"是指《国务院关于酸雨控制区和二氧化硫污染控制区有关问题的批复》中所划定的酸雨控制区和二氧化硫污染控制区的范围。

4.2　年限划分

本标准按锅炉建成使用年限分为两个阶段，执行不同的大气污染物排放标准。

Ⅰ时段：2000 年 12 月 31 日前建成使用的锅炉；

Ⅱ时段：2001 年 1 月 1 日起建成使用的锅炉（含在Ⅰ时段立项未建成或未运行使用的锅炉和建成使用锅炉中需要扩建、改造的锅炉）。

4.3　锅炉烟尘最高允许排放浓度和烟气黑度限值，按表 1 的时段规定执行。

表1 锅炉烟尘最高允许排放浓度和烟气黑度限值

锅炉类别		适用区域	烟尘排放浓度/（mg/m³）		烟气黑度（林格曼黑度，级）
			Ⅰ时段	Ⅱ时段	
燃煤锅炉	自然通风锅炉[＜0.7 MW（1t/h）]	一类区	100	80	1
		二、三类区	150	120	
	其他锅炉	一类区	100	80	1
		二类区	250	200	
		三类区	350	250	
燃油锅炉	轻柴油、煤油	一类区	80	80	1
		二、三类区	100	100	
	其他燃料油	一类区	100	80*	1
		二、三类区	200	150	
燃气锅炉		全部区域	50	50	1

*一类区禁止新建以重油、渣油为燃料的锅炉。

4.4 锅炉二氧化硫和氮氧化物最高允许排放浓度，按表2的时段规定执行。

表2 锅炉二氧化硫和氮氧化物最高允许排放浓度

锅炉类别		适用区域	SO_2排放浓度/（mg/m³）		NO_x排放浓度/（mg/m³）	
			Ⅰ时段	Ⅱ时段	Ⅰ时段	Ⅱ时段
燃煤锅炉		全部区域	1 200	900	/	/
燃油锅炉	轻柴油、煤油	全部区域	700	500	/	400
	其他燃料油	全部区域	1 200	900*	/	400*
燃气锅炉		全部区域	100	100	/	400

* 一类区禁止新建以重油、渣油为燃料的锅炉。

4.5 燃煤锅炉烟尘初始排放浓度和烟气黑度限值，根据锅炉销售出厂时间，按表3的时段规定执行。

表3 燃煤锅炉烟尘初始排放浓度和烟气黑度限值

锅炉类别		燃煤收到基灰分/%	烟尘初始排放浓度/（mg/m³）		烟气黑度（林格曼黑度，级）
			Ⅰ时段	Ⅱ时段	
层燃锅炉	自然通风锅炉[＜0.7MW（1t/h）]	/	150	120	1
	其他锅炉[≤2.8 MW（4t/h）]	Aar≤25%	1 800	1 600	1
		Aar＞25%	2 000	1 800	
	其他锅炉[＞2.8 MW（4t/h）]	Aar≤25%	2 000	1 800	1
		Aar＞25%	2 200	2 000	
沸腾锅炉	循环流化床锅炉	/	15 000	15 000	1
	其他沸腾锅炉	/	20 000	18 000	
抛煤机锅炉		/	5 000	5 000	1

4.6 其他规定

4.6.1 燃煤、燃油（燃轻柴油、煤油除外）锅炉房烟囱高度的规定。

4.6.1.1 每个新建锅炉房只能设一根烟囱，烟囱高度应根据锅炉房装机总容量，按表4规定执行。

表4　燃煤、燃油（燃轻柴油、煤油除外）锅炉房烟囱最低允许高度

锅炉房装机总容量	MW	<0.7	0.7～<1.4	1.4～<2.8	2.8～<7	7～<14	14～<28
	t/h	<1	1～<2	2～<4	4～<10	10～<20	20～≤40
烟囱最低允许高度	m	20	25	30	35	40	45

4.6.1.2 锅炉房装机总容量大于 28 MW（40 t/h）时，其烟囱高度应按批准的环境影响报告书（表）要求确定，但不得低于 45 m。新建锅炉房烟囱周围半径 200 m 距离内有建筑物时，其烟囱应高出最高建筑物 3 m 以上。

4.6.2 燃气、燃轻柴油、煤油锅炉烟囱高度的规定

燃气、燃轻柴油、煤油锅炉烟囱高度应按批准的环境影响报告书（表）要求确定，但不得低于 8 m。

4.6.3 各种锅炉烟囱高度如果达不到 4.6.1、4.6.2 的任何一项规定时，其烟尘、SO_2、NO_x 最高允许排放浓度，应按相应区域和时段排放标准值的 50% 执行。

4.6.4 ≥0.7 MW（1 t/h）的各种锅炉烟囱应按 GB 5468—91 和 GB/T 16157—1996 的规定设置便于永久采样监测孔及其相关设施，自本标准实施之日起，新建成使用（含扩建、改造）单台容量≥14 MW（20 t/h）的锅炉，必须安装固定的连续监测烟气中烟尘、SO_2 排放浓度的仪器。

5 监测

5.1 监测锅炉烟尘、二氧化硫、氮氧化物排放浓度的采样方法应按 GB 5468 和 GB/T 16157 规定执行。二氧化硫、氮氧化物的分析方法按国家环境保护总局规定执行。（在国家颁布相应标准前，暂时采用《空气与废气监测分析方法》，中国环境科学出版社出版）。

5.2 实测的锅炉烟尘、二氧化硫、氮氧化物排放浓度，应按表 5 中规定的过量空气系数 α 进行折算。

表5　各种锅炉过量空气系数折算值

锅炉类型	折算项目	过量空气系数
燃煤锅炉	烟尘初始排放浓度	$\alpha = 1.7$
	烟尘、二氧化硫排放浓度	$\alpha = 1.8$
燃油、燃气锅炉	烟尘、二氧化硫、氮氧化物排放浓度	$\alpha = 1.2$

6 标准实施

6.1 位于两控区内的锅炉，二氧化硫排放除执行本标准外，还应执行所在控制区规定的总量控制标准。

6.2 本标准由县级以上人民政府环境保护主管部门负责监督实施。

中华人民共和国国家标准

工业炉窑大气污染物排放标准

Emission standard of air pollutants for industrial kiln and furnace

GB 9078—1996
代替 GB 4286—84、GB 4911—85
GB 4912—85、GB 4913—85
GB 4916—85 等 5 项标准的
工业炉窑部分和 GB 9078—88

前　言

根据《中华人民共和国大气污染防治法》第七条的规定，制定本标准。

本标准在原有《工业炉窑烟尘排放标准》（GB 9078—88）和其他行业性有关国家大气污染物排放标准（工业炉窑部分）的基础上修订。本标准在技术内容上与原有各标准有一定的继承关系，亦有相当大的修改和变化。

本标准规定了 10 类 19 种工业炉窑烟（粉）尘浓度、烟气黑度、6 种有害污染物的最高允许排放浓度（或排放限值）和无组织排放烟（粉）尘的最高允许浓度。

本标准从 1997 年 1 月 1 日起实施；

本标准从实施之日起，同时代替：

GB 4286—84《船舶工业污染物排放标准》（有关工业炉窑部分）；

GB 4911—85《钢铁工业污染物排放标准》（有关工业炉窑部分）；

GB 4912—85《轻金属工业污染物排放标准》（有关工业炉窑部分）；

GB 4913—85《重有色金属工业污染物排放标准》（有关工业炉窑部分）；

GB 4916—85《沥青工业污染物排放标准》（有关工业炉窑部分）；

GB 9078—88《工业炉窑烟尘排放标准》。

本标准从实施之日起，GB 9078—88 同时废止，其他上述各标准中的有关工业炉窑部分亦同时废止。本标准由国家环境保护局科技标准司提出。

本标准由国家环境保护局负责解释。

1 范围

本标准按年限规定了工业炉窑烟尘、生产性粉尘、有害污染物的最高允许排放浓度、烟气黑度的排放限值。

本标准适用于除炼焦炉、焚烧炉、水泥厂以外使用固体、液体、气体燃料和电加热的工业炉窑的管理，以及工业炉窑建设项目的环境影响评价、设计、竣工验收及其建成后的排放管理。

2 引用标准

下列标准所包含的条文，通过在本标准中引用而构成为本标准的条文。

GB 3095—1996 环境空气质量标准

GB/T 16157—1996 固定污染源排气中颗粒物的测定与气态污染物采样方法

3 定义

本标准采用下列定义：

3.1 工业炉窑

工业炉窑是指在工业生产中用燃料燃烧或电能转换产生的热量，将物料或工件进行冶炼、焙烧、烧结、熔化、加热等工序的热工设备。

3.2 标准状态

指烟气在温度为 273 K，压力为 101 325 Pa 时的状态，简称"标态"。本标准规定的排放浓度均指标准状态下的干烟气中的数值。

3.3 无组织排放

凡不通过烟囱或排气系统而泄漏烟尘、生产性粉尘和有害污染物，均称无组织排放。

3.4 过量空气系数

燃料燃烧时实际空气需要量与理论空气需要量之比值。

3.5 掺风系数

冲天炉掺风系数是指从加料口等处进入炉体的空气量与冲天炉工艺理论空气需要量之比值。

4 技术内容

4.1 排放标准的适用区域

4.1.1 本标准分为一级、二级、三级标准，分别与 GB 3095 中的环境空气质量功能区相对应：

一类区执行一级标准；

二类区执行二级标准；

三类区执行三级标准。

4.1.2 在一类区内，除市政、建筑施工临时用沥青加热炉外，禁止新建各种工业炉窑，原有的工业炉窑改建时不得增加污染负荷。

4.2 1997 年 1 月 1 日前安装（包括尚未安装，但环境影响报告书（表）已经批准）的各种工业炉窑，烟尘及生产性粉尘最高允许排放浓度、烟气黑度限值按表1规定执行。

表 1

序号	炉窑类别		标准级别	排放限值	
				烟（粉）尘浓度/（mg/m³）	烟气黑度（林格曼级）
1	熔炼炉	高炉及高炉出铁场	一	100	/
			二	150	/
			三	200	/
		炼钢炉及混铁炉（车）	一	100	/
			二	150	/
			三	200	/
		铁合金熔炼炉	一	100	/
			二	150	/
			三	250	/
		有色金属熔炼炉	一	100	/
			二	200	/
			三	300	/
2	熔化炉	冲天炉、化铁炉	一	100	1
			二	200	1
			三	300	1
		金属熔化炉	一	100	1
			二	200	1
			三	300	1
		非金属熔化、冶炼炉	一	100	1
			二	250	1
			三	400	1
3	铁矿烧结炉	烧结机（机头、机尾）	一	100	/
			二	150	/
			三	200	/
		球团竖炉带式球团	一	100	/
			二	150	/
			三	250	/
4	加热炉	金属压延、锻造加热炉	一	100	1
			二	300	1
			三	350	1
		非金属加热炉	一	100	1
			二	300	1
			三	350	1
5	热处理炉	金属热处理炉	一	100	1
			二	300	1
			三	350	1
		非金属热处理炉	一	100	1
			二	300	1
			三	350	1
6	干燥炉、窑		一	100	1
			二	250	1
			三	350	1

序号	炉窑类别		标准级别	排放限值	
				烟（粉）尘浓度/（mg/m³）	烟气黑度（林格曼级）
7	非金属焙（锻）烧炉窑（耐火材料窑）		一	100	1
			二	300	1
			三	400	2
8	石灰窑		一	100	1
			二	250	1
			三	400	1
9	陶瓷搪瓷砖瓦窑	隧道窑	一	100	1
			二	250	1
			三	400	1
		其他窑	一	100	1
			二	300	1
			三	500	2
10	其他炉窑		一	150	1
			二	300	1
			三	400	1

注：栏中斜线系指不监测项目，下同。

4.3　1997 年 1 月 1 日起通过环境影响报告书（表）批准的新建、改建、扩建的各种工业炉窑，其烟尘及生产性粉尘最高允许排放浓度、烟气黑度限值，按表 2 规定执行。

表 2

序号	炉窑类别		标准级别	排放限值	
				烟（粉）尘浓度/（mg/m³）	烟气黑度（林格曼级）
1	熔炼炉	高炉及高炉出铁场	一	禁排	/
			二	100	/
			三	150	/
		炼钢炉及混铁炉（车）	一	禁排	/
			二	100	/
			三	150	/
		铁合金熔炼炉	一	禁排	/
			二	100	/
			三	200	/
		有色金属熔炼炉	一	禁排	/
			二	100	/
			三	200	/
2	熔化炉	冲天炉、化铁炉	一	禁排	/
			二	150	1
			三	200	1
		金属熔化炉	一	禁排	/
			二	150	1
			三	200	1
		非金属熔化、冶炼炉	一	禁排	/
			二	200	1
			三	300	1

序号	炉窑类别		标准级别	排放限值	
				烟（粉）尘浓度/（mg/m³）	烟气黑度（林格曼级）
3	铁矿烧结炉	烧结机（机头、机尾）	一	禁排	/
			二	100	/
			三	150	/
		球团竖炉带式球团	一	禁排	/
			二	100	/
			三	150	/
4	加热炉	金属压延、锻造加热炉	一	禁排	/
			二	200	1
			三	300	1
		非金属加热炉	一	50*	1
			二	200	1
			三	300	1
5	热处理炉	金属热处理炉	一	禁排	/
			二	200	1
			三	300	1
		非金属热处理炉	一	禁排	/
			二	200	1
			三	300	1
6	干燥炉、窑		一	禁排	/
			二	200	1
			三	300	1
7	非金属焙（锻）烧炉窑（耐火材料窑）		一	禁排	/
			二	200	1
			三	300	2
8	石灰窑		一	禁排	/
			二	200	1
			三	350	1
9	陶瓷搪瓷砖瓦窑	隧道窑	一	禁排	/
			二	200	1
			三	300	1
		其他窑	一	禁排	/
			二	200	1
			三	400	2
10	其他炉窑		一	禁排	/
			二	200	1
			三	300	1

注：* 仅限于市政、建筑施工临时用沥青加热炉。

4.4 各种工业炉窑（不分其安装时间），无组织排放烟（粉）尘最高允许浓度，按表3 规定执行。

表3

设置方式	炉窑类别	无组织排放烟（粉）尘最高允许浓度/（mg/m³）
有车间厂房	熔炼炉、铁矿烧结炉	25
	其他炉窑	5
露天（或有顶无围墙）	各种工业炉窑	5

4.5　各种工业炉窑的有害污染物最高允许排放浓度按表4规定执行。

表 4

序号	有害污染物名称		标准级别	1997年1月1日前安装的工业炉窑 排放浓度/（mg/m³）	1997年1月1日起新、改、扩建的工业炉窑 排放浓度/（mg/m³）
1	二氧化硫	有色金属冶炼	一	850	禁排
			二	1 430	850
			三	4 300	1 430
		钢铁烧结冶炼	一	1 430	禁排
			二	2 860	2 000
			三	4 300	2 860
		燃煤（油）炉窑	一	1 200	禁排
			二	1 430	850
			三	1 800	1 200
2	氟及其化合物 （以 F 计）		一	6	禁排
			二	15	6
			三	50	15
3	铅	金属熔炼	一	5	禁排
			二	30	10
			三	45	35
		其他	一	0.5	禁排
			二	0.10	0.10
			三	0.20	0.10
4	汞	金属熔炼	一	0.05	禁排
			二	3.0	1.0
			三	5.0	3.0
		其他	一	0.008	禁排
			二	0.010	0.010
			三	0.020	0.010
5	铍及其化合物 （以 Be 计）		一	0.010	禁排
			二	0.015	0.010
			三	0.015	0.015
6	沥青油烟		一	10	5*
			二	80	50
			三	150	100

注：* 仅限于市政、建筑施工临时用沥青加热炉。

4.6　烟囱高度

4.6.1　各种工业炉窑烟囱（或排气筒）最低允许高度为 15 m。

4.6.2　1997年1月1日起新建、改建、扩建的排放烟（粉）尘和有害污染物的工业炉窑，其烟囱（或排气筒）最低允许高度除应执行 4.6.1 和 4.6.3 规定外，还应按批准的环境影响报告书要求确定。

4.6.3 当烟囱（或排气筒）周围半径 200 m 距离内有建筑物时，除应执行 4.6.1 和 4.6.2 规定外，烟囱（或排气筒）还应高出最高建筑物 3 m 以上。

4.6.4 各种工业炉窑烟囱（或排气筒）高度如果达不到 4.6.1、4.6.2 和 4.6.3 的任何一项规定时，其烟（粉）尘或有害污染物最高允许排放浓度，应按相应区域排放标准值的 50% 执行。

4.6.5 1997 年 1 月 1 日起新建、改建、扩建的工业炉窑烟囱（或排气筒）应设置永久采样、监测孔和采样监测用平台。

5 监测

5.1 测试工况：测试在最大热负荷下进行，当炉窑达不到或超过设计能力时，也必须在最大生产能力的热负荷下测定，即在燃料耗量较大的稳定加温阶段进行。一般测试时间不得少于 2 h。

5.2 实测的工业炉窑的烟（粉）尘、有害污染物排放浓度，应换算为规定的掺风系数或过量空气系数时的数值：

冲天炉（冷风炉，鼓风温度≤400℃）掺风系数规定为 4.0；

冲天炉（热风炉，鼓风温度>400℃）掺风系数规定为 2.5；

其他工业炉窑过量空气系数规定为 1.7。

熔炼炉、铁矿烧结炉按实测浓度计。

5.3 无组织排放烟尘及生产性粉尘监测点，设置在工业炉窑所在厂房门窗排放口处，并选浓度最大值。若工业炉窑露天设置（或有顶无围墙），监测点应选在距烟（粉）尘排放源 5 m，最低高度 1.5 m 处任意点，并选浓度最大值。

6 标准实施

6.1 本标准由县级以上人民政府环境保护行政主管部门负责监督实施。

6.2 位于国务院批准划定的酸雨控制区和二氧化硫污染控制区内的各种工业炉窑，SO_2 的排放除执行本标准外，还应执行总量控制标准。

中华人民共和国国家标准

火电厂大气污染物排放标准

Emission standard of air pollutants for thermal power plants

GB 13223—2003
代替 GB 13223—1996

前　言

为贯彻《中华人民共和国环境保护法》和《中华人民共和国大气污染防治法》，防治火电厂大气污染物排放造成的污染，保护生活环境和生态环境，改善环境质量，促进火力发电行业的技术进步和可持续发展，制定本标准。

自本标准各时段排放限值实施之日起，代替国家污染物排放标准《火电厂大气污染物排放标准》（GB 13223—1996）中相应的内容。

本标准对《火电厂大气污染物排放标准》（GB 13223—1996）主要做了如下修改：调整了大气污染物排放浓度限值；取消了按除尘器类型和燃煤灰分、硫分含量规定不同排放浓度限值的做法；规定了现有火力发电锅炉达到更加严格的排放限值的时限；调整了折算火电厂大气污染物排放浓度的过量空气系数。

按有关法律规定，本标准具有强制执行的效力。

本标准所替代的历次版本发布情况为：GB 13223—1991、GB 13223—1996。

本标准由国家环境保护总局科技标准司提出。

本标准由中国环境科学研究院、国电环境保护研究所等单位起草。

本标准国家环境保护总局 2003 年 12 月 23 日批准。

本标准自 2004 年 1 月 1 日实施。

本标准由国家环境保护总局解释。

1　主要内容与适用范围

本标准按时间段规定了火电厂大气污染物最高允许排放限值，适用于现有火电厂的排放管理以及火电厂建设项目的环境影响评价、设计、竣工验收和建成运行后的排放管理。

本标准适用于使用单台出力 65 t/h 以上除层燃炉、抛煤机炉外的燃煤发电锅炉；各种容量的煤粉发电锅炉；单台出力 65 t/h 以上燃油发电锅炉；以及各种容量的燃气轮机组的火电厂。单台出力 65 t/h 以上采用甘蔗渣、锯末、树皮等生物质燃料的发电锅炉，参照本标准中以煤矸石等为主要燃料的资源综合利用火力发电锅炉的污染物排放控制要求执行。

本标准不适用于各种容量的以生活垃圾、危险废物为燃料的火电厂。

2 规范性引用文件

下列文件中的条款通过本标准的引用而成为本标准的条款。凡是注日期的引用文件，其随后所有的修改单（不包括勘误的内容）或修订版均不适用于本标准，然而，鼓励根据本标准达成协议的各方研究是否可使用这些文件的最新的版本。凡是不注日期的引用文件，其最新版本适用于本标准。

GB/T 16157 固定污染源排气中颗粒物测定与气态污染物采样方法

HJ/T 42 固定污染源排气中氮氧化物的测定——紫外分光光度法

HJ/T 43 固定污染源排气中氮氧化物的测定——盐酸萘乙二胺分光光度法

HJ/T 56 固定污染源排气中二氧化硫的测定——碘量法

HJ/T 57 固定污染源排气中二氧化硫的测定——定电位电解法

HJ/T 75 火电厂烟气排放连续监测技术规范

空气和废气监测分析方法（中国环境科学出版社 2003 年第四版）

3 术语和定义

本标准采用下列术语和定义。

3.1 火电厂 thermal power plant

燃烧固体、液体、气体燃料的发电厂。

3.2 坑口电厂 coal mine mouth power plant

位于煤矿附近，以皮带运输机、汽车或煤矿铁路专用线运输燃煤的发电厂。

3.3 标准状态 standard condition

烟气在温度为 273 K，压力为 101 325 Pa 时的状态，简称"标态"。本标准中所规定的大气污染物的排放浓度均指标准状态下干烟气的数值。

3.4 烟气排放连续监测 continuous emissions monitoring

烟气排放连续监测是指对火电厂排放的烟气进行连续、实时跟踪监测。

3.5 过量空气系数 excess air coefficient

燃料燃烧时，实际空气供给量与理论空气需要量之比值，用"α"表示。

3.6 干燥无灰基挥发分 volatile matter （dry ash-free basis）

以假想无水、无灰状态的煤为基准，将煤样在规定条件下隔绝空气加热，并进行水分和灰分校正后的质量损失，称之干燥无灰基挥发分，用"V_{daf}"表示。

3.7 西部地区 western region

西部地区是指重庆市、四川省、贵州省、云南省、西藏自治区、陕西省、甘肃省、青海省、宁夏回族自治区、新疆维吾尔自治区、广西壮族自治区、内蒙古自治区。

4 污染物排放控制要求

4.1 时段的划分

本标准分三个时段，对不同时期的火电厂建设项目分别规定了排放控制要求；

1996 年 12 月 31 日前建成投产或通过建设项目环境影响报告书审批的新建、扩建、改建火电厂建设项目，执行第 1 时段排放控制要求。

1997 年 1 月 1 日起至本标准实施前通过建设项目环境影响报告书审批的新建、扩建、改建火电厂建设项目，执行第 2 时段排放控制要求。

自 2004 年 1 月 1 日起，通过建设项目环境影响报告书审批的新建、扩建、改建火电厂建设项目（含在第 2 时段中通过环境影响报告书审批的新建、扩建、改建火电厂建设项目，自批准之日起满 5 年，在本标准实施前尚未开工建设的火电厂建设项目），执行第 3 时段排放控制要求。

4.2　污染物排放限值

4.2.1　烟尘最高允许排放浓度和烟气黑度限值

各时段火力发电锅炉烟尘最高允许排放浓度和烟气黑度执行表 1 规定的限值。

4.2.2　二氧化硫最高允许排放浓度限值

各时段火力发电锅炉二氧化硫最高允许排放浓度执行表 2 规定的限值。第 3 时段位于西部非两控区的燃用特低硫煤（入炉燃煤收到基硫分小于 0.5%）的坑口电厂锅炉须预留烟气脱除二氧化硫装置空间。

表 1　火力发电锅炉烟尘最高允许排放浓度和烟气黑度限值　　　　单位：mg/m³

时段	烟尘最高允许排放浓度					烟气黑度（林格曼黑度，级）
	第 1 时段		第 2 时段		第 3 时段	
实施时间	2005 年 1 月 1 日	2010 年 1 月 1 日	2005 年 1 月 1 日	2010 年 1 月 1 日	2004 年 1 月 1 日	2004 年 1 月 1 日
燃煤锅炉	300① 600②	200	200① 500②	50 100③ 200④	50 100③ 200④	1.0
燃油锅炉	200	100	100	50	50	

注：①县级及县级以上城市建成区及规划区内的火力发电锅炉执行该限值。

②县级及县级以上城市建成区及规划区以外的火力发电锅炉执行该限值。

③在本标准实施前，环境影响报告书已批复的脱硫机组，以及位于西部非两控区的燃用特低硫煤（入炉燃煤收到基硫分小于 0.5%）的坑口电厂锅炉执行该限值。

④以煤矸石等为主要燃料（入炉燃料收到基低位发热量小于等于 12 550 kJ/kg）的资源综合利用火力发电锅炉执行该限值。

表 2　火力发电锅炉二氧化硫最高允许排放浓度　　　　单位：mg/m³

时段	第 1 时段		第 2 时段		第 3 时段
实施时间	2005 年 1 月 1 日	2010 年 1 月 1 日	2005 年 1 月 1 日	2010 年 1 月 1 日	2004 年 1 月 1 日
燃煤锅炉及燃油锅炉	2 100①	1 200①	2 100 1 200②	400 1 200②	400 800③ 1 200④

注：①该限值为全厂第 1 时段火力发电锅炉平均值。

②在本标准实施前，环境影响报告书已批复的脱硫机组，以及位于西部非两控区的燃用特低硫煤（入炉燃煤收到基硫分小于 0.5%）的坑口电厂锅炉执行该限值。

③以煤矸石等为主要燃料（入炉燃料收到基低位发热量小于等于 12 550 kJ/kg）的资源综合利用火力发电锅炉执行该限值。

④位于西部非两控区内的燃用特低硫煤（入炉燃煤收到基硫分小于 0.5%）的坑口电厂锅炉执行该限值。

在本标准实施前，环境影响报告书已批复的第 2 时段脱硫机组，自 2015 年 1 月 1 日起，执行 400 mg/m³ 的限值，其中以煤矸石等为主要燃料（入炉燃料收到基低位发热量小于等于 12 550 kJ/kg）的资源综合利用火力发电锅炉执行 800 mg/m³ 的限值。

4.2.3 氮氧化物最高允许排放浓度限值

火力发电锅炉及燃气轮机组氮氧化物最高允许排放浓度执行表 3 规定的限值。第 3 时段火力发电锅炉须预留烟气脱除氮氧化物装置空间。液态排渣煤粉炉执行 $V_{daf}<10\%$ 的氮氧化物排放浓度限值。

表3 火力发电锅炉及燃气轮机组氮氧化物最高允许排放浓度　　单位：mg/m³

时段		第 1 时段	第 2 时段	第 3 时段
实施时间		2005 年 1 月 1 日	2005 年 1 月 1 日	2004 年 1 月 1 日
燃煤锅炉	$V_{daf}<10\%$	1 500	1 300	1 100
	$10\%\leqslant V_{daf}\leqslant20\%$	1 100	650	650
	$V_{daf}>20\%$			450
燃油锅炉		650	400	200
燃气轮机组	燃油			150
	燃气			80

4.3 全厂二氧化硫最高允许排放速率

4.3.1 全厂二氧化硫最高允许排放速率的计算

新建、改建的扩建属于第 3 时段的火电厂建设项目，在满足 4.2 中规定的排放浓度限值要求时，还须同时满足火电厂全厂二氧化硫最高允许排放速率限值要求。火电厂全厂二氧化硫最高允许排放速率按公式（1）～（3）计算。

$$Q = P \times \overline{U} \times H_g^2 \times 10^{-3} \tag{1}$$

$$\overline{U} = \frac{1}{N} \sum_{i=1}^{N} U_i \tag{2}$$

$$H_g = \sqrt{\frac{1}{N} \sum_{i=1}^{N} H_{ei}^2} \tag{3}$$

式中：Q—— 全厂二氧化硫允许排放速率，kg/h；

P —— 排放控制系数；

$\overline{U}$ —— 各烟囱出口处环境风速的平均值，m/s；

H_g —— 全厂烟囱等效单源高度，m；

H_{ei} —— 第 i 个烟囱的有效高度，m；

U_i —— 第 i 个烟囱出口处的环境风速，m/s；按附录 A 规定计算。

烟囱的有效高度计算方法如下：

$$H_e = H_s + \Delta H \tag{4}$$

式中：H_e—— 烟囱有效高度，m；

H_s—— 烟囱几何高度，m；当烟囱几何高度超过 240 m 时，仍按 240 m 计算；

ΔH —— 烟气抬升高度，m，按附录 A 规定计算。

4.3.2 P 值的确定

各地区最高允许排放控制系数 P 执行表 4 中给出的限值。

表 4 各地区最高允许排放控制系数 P 限值

区域	北京、天津、河北、辽宁、上海、江苏、浙江、福建、山东、广东、海南	山西、吉林、黑龙江、安徽、江西、河南、湖北、湖南	重庆、四川、贵州、云南、西藏、陕西、甘肃、青海、宁夏、新疆、内蒙古、广西
重点城市建成区及规划区①	≤2.6	≤3.8	≤5.1
一般城市建成区及规划区②	≤6.7	≤8.2	≤9.7
城市建成区和规划区外	≤11.5	≤13.3	≤15.4

注：①重点城市是指国务院批复的大气污染防治重点城市；
②一般城市是指县级及县级以上的城市。

4.3.3 烟囱高度

地方环境保护行政主管部门可以根据具体情况规定烟囱高度最低限值。

5 监测

5.1 大气污染物的监测分析方法

火电厂大气污染物的监测应在机组运行负荷的 75% 以上进行。

5.1.1 火电厂大气污染物的采样方法

火电厂大气污染物的采样方法执行 GB/T 16157《固定污染源排气中颗粒物测定与气态污染物采样方法》的规定。

5.1.2 火电厂大气污染物的分析方法

火电厂大气污染物的分析方法见表 5。

表 5 火电厂大气污染物分析方法

序号	分析项目	大气污染物分析方法
1	烟尘	GB/T 16157 重量法
2	烟气黑度	林格曼黑度图法《空气和废气监测分析方法》 测烟望远镜法《空气和废气监测分析方法》 光电测烟仪法《空气和废气监测分析方法》
3	二氧化硫	HJ/T 56 碘量法 HJ/T 57 定电位电解法 自动滴定碘量法《空气和废气监测分析方法》 非分散红外吸收法《空气和废气监测分析方法》 电导率法《空气和废气监测分析方法》
4	氮氧化物	HJ/T 42 紫外分光光度法 HJ/T 43 盐酸萘乙二胺分光光度法 定电位电解法《空气和废气监测分析方法》 非分散红外吸收法《空气和废气监测分析方法》

5.2 大气污染物的过量空气系数折算值

实测的火电厂烟尘、二氧化硫和氮氧化物排放浓度，必须执行 GB/T 16157 规定按公式（5）进行折算，燃煤锅炉按过量空气系数 α=1.4 进行折算；燃油锅炉按过量空气系数 α=1.2 进行折算；燃气轮机组按过量空气系数 α=3.5 进行折算。

$$C = C' \times (\alpha' / \alpha) \tag{5}$$

式中：C ——折算后的烟尘、二氧化硫和氮氧化物排放浓度，mg/m^3；

C' ——实测的烟尘、二氧化硫和氮氧化物排放浓度，mg/m^3；

α' ——实测的过量空气系数；

α ——规定的过量空气折算系数。

5.3 全厂第 1 时段火力发电锅炉二氧化硫平均浓度计算

全厂第 1 时段火力发电锅炉二氧化硫平均浓度按公式（6）计算。

$$C = (C_1 \times V_1 + C_2 \times V_2 + \cdots + C_n \times V_n) / (V_1 + V_2 + \cdots + V_n) \tag{6}$$

式中：C ——全厂第 1 时段火力发电锅炉二氧化硫平均浓度，mg/m^3；

C_1，C_2，C_n——按 5.2 中的方法折算后的第 1 时段中第 1，2，n 台火力发电锅炉二氧化硫浓度，mg/m^3；

V_1，V_2，V_n——第 1 时段中第 1，2，n 台火力发电锅炉排烟率（标态），m^3/s。

5.4 气态污染物浓度换算

本标准中 1 μmol/mol（1 ppm）二氧化硫相当于 2.86 mg/m^3 二氧化硫质量浓度。氮氧化物质量浓度以二氧化氮计，按 1 μmol/mol（1 ppm）氮氧化物相当于 2.05 mg/m^3，将体积浓度换算成质量浓度。

5.5 烟气排放的连续监测

5.5.1 火力发电锅炉须装设符合 HJ/T 75 要求的烟气排放连续监测仪器。

5.5.2 火电厂大气污染物的连续监测按 HJ/T 75 中的规定执行。

5.5.3 烟气排放连续监测装置经省级以上人民政府环境保护行政主管部门验收合格后，在有效期内其监测数据为有效数据。

6 标准实施

6.1 本标准由县级以上人民政府环境保护行政主管部门负责监督实施。

6.2 火电厂大气污染物排放除执行本标准外，还须执行国家和地方总量排放控制指标。

附录 A（规范性附录）

烟气抬升高度计算方法

A.1　烟气抬升高度的计算：

烟气抬升高度按公式（A1）～（A5）计算。

当 $Q_H \geq 21\,000$ kJ/s，且$\Delta T \geq 35$ K 时：

$$城市、丘陵：\Delta H = 1.303 Q_H^{1/3} H_S^{2/3} / U_S \tag{A1}$$

$$平原农村：\Delta H = 1.427 Q_H^{1/3} H_S^{2/3} / U_S \tag{A2}$$

当 $2\,100$ kJ$\leq Q_H \leq 21\,000$ kJ/s，且$\Delta T \geq 35$ K 时：

$$城市、丘陵：\Delta H = 0.292 Q_H^{3/5} H_S^{2/5} / U_S \tag{A3}$$

$$平原农村：\Delta H = 0.332 Q_H^{3/5} H_S^{2/5} / U_S \tag{A4}$$

当 $Q_H < 2\,100$ kJ/s，或$\Delta T < 35$ K 时：

$$\Delta H = 2(1.5 V_S d + 0.010 Q_H)/U_S \tag{A5}$$

式中：ΔT —— 烟囱出口处烟气温度与环境温度之差，K，计算方法见 A.1.1；

　　　Q_H —— 烟气热释放率，kJ/s，计算方法见 A.1.2；

　　　U_S —— 烟囱出口处的环境风速，m/s，计算方法见 A.1.3；

　　　V_S —— 烟囱出口处实际烟速，m/s；

　　　d —— 烟囱出口内径，m。

其他符号意义同本标准 4.3.1。

A.1.1　烟囱出口处烟气温度与环境温度之差 ΔT

烟囱出口处烟气温度与环境温度之差 ΔT 按公式（A6）计算。

$$\Delta T = T_s - T_a \tag{A6}$$

式中：T_s ——烟囱出口处烟气温度，K，可用烟囱入口处烟气温度按－5℃/100 m 递减率换算所得值；

　　　T_a ——烟囱出口处环境平均温度，K，可用电厂所在地附近的气象台、站定时观测最近五年地面平均气温代替。

A.1.2　烟气热释放率 Q_H 的计算

烟气热释放率 Q_H 按公式（A7）计算。

$$Q_H = C_p V_0 \Delta T \tag{A7}$$

式中：C_p——烟气平均定压比热：1.38 kJ/（m³·K）；

　　　V_0——排烟率（标态），m³/s。当一座烟囱连接多台锅炉时，该烟囱的 V_0 为所连接的各锅炉该项数值之和。

A.1.3　烟囱出口处环境风速的计算

烟囱出口处环境风速按公式（A8）计算。

$$U_s = \overline{U}_{10}\left(\frac{H_s}{10}\right)^{0.15} \tag{A8}$$

式中：U_s——烟气抬升计算风速，m/s；

　　　$\overline{U}_{10}$——地面 10 m 高度处平均风速，m/s，采用电厂所在地最近的气象台、站最近五年观测的距地面 10 m 高度处的风速平均值；当 $\overline{U}_{10} < 2.0$ m/s 时，取 $\overline{U}_{10} = 2.0$ m/s；

　　　H_s——烟囱几何高度，m。

中华人民共和国国家标准

水泥工业大气污染物排放标准

Emission standard of Air pollutants for cement industry

GB 4915—2004
代替 GB 4915—1996

前　言

为贯彻《中华人民共和国大气污染防治法》，控制水泥工业的大气污染物排放，促进水泥工业产业结构调整，制订本标准。

本标准按以下规定的日期，代替 GB 4915—1996《水泥厂大气污染物排放标准》。

——新建生产线：自 2005 年 1 月 1 日起；

——现有生产线：自 2006 年 7 月 1 日起。

本标准与 GB 4915—1996《水泥厂大气污染物排放标准》相比，主要修改如下：

——标准适用范围扩大至水泥工业生产全过程：不仅包括水泥制造（含粉磨站），还包括矿山开采和现场破碎。矿山开采和现场破碎按标准规定的时间不再执行 GB 16297—1996《大气污染物综合排放标准》。标准名称相应修改为《水泥工业大气污染物排放标准》；

——增加规定了水泥制品生产的颗粒物排放要求；

——统一回转窑、立窑的排放限值；

——不再按环境空气质量功能区规定排放限值；

——对现有生产线，不再按不同建立时间规定不同的排放限值，统一现有生产线标准，并设置达标过渡期；进一步加严新建生产线的排放标准；

——增加对水泥窑焚烧危险废物的排放要求；

——增加了环保相关管理规定，修订了同步运转率和排气筒高度的有关规定；

——增加了水泥窑及其他热力设备排气筒安装烟气排放连续监测装置的规定；

——增加了标准实施的有关规定。

按有关法律规定，本标准具有强制执行的效力。

本标准所替代的历次版本为：GB 4915—85、GB 4915—1996。

本标准由国家环境保护总局科技标准司提出。

标准委托起草单位：中国环境科学研究院环境标准研究所、中国建材集团合肥水泥研究设计院、中国材料工业科工集团公司。

本标准国家环境保护总局 2004 年 12 月 29 日批准。

本标准自 2005 年 1 月 1 日实施。

本标准由国家环境保护总局解释。

1 范围

本标准规定了水泥工业各生产设备排气筒大气污染物排放限值、作业场所颗粒物无组织排放限值，以及环保相关管理规定等。本标准也规定了水泥制品生产的颗粒物排放要求。

本标准适用于对现有水泥工业企业及水泥制品生产企业的大气污染物排放管理，以及对新建、改建、扩建水泥矿山、水泥制造和水泥制品生产线的环境影响评价、设计、竣工验收及其建成后的大气污染物排放管理。

2 规范性引用文件

下列文件中的条款通过本标准的引用而成为本标准的条款。凡是不注日期的引用文件，其最新版本适用于本标准。

GB 16297—1996　大气污染物综合排放标准

GB 18484　危险废物焚烧污染控制标准

GB/T 16157　固定污染源排气中颗粒物测定与气态污染物采样方法

GB/T 15432　环境空气　总悬浮颗粒物的测定——重量法

HJ/T 42　固定污染源排气中氮氧化物的测定——紫外分光光度法

HJ/T 43　固定污染源排气中氮氧化物的测定——盐酸萘乙二胺分光光度法

HJ/T 55　大气污染物无组织排放监测技术导则

HJ/T 56　固定污染源排气中二氧化硫的测定——碘量法

HJ/T 57　固定污染源排气中二氧化硫的测定——定电位电解法

HJ/T 67　大气固定污染源　氟化物的测定——离子选择电极法

HJ/T 76　固定污染源排放烟气连续监测系统技术要求及检测方法

HJ/T 77　多氯代二苯并二噁英和多氯代二苯并呋喃的测定——同位素稀释高分辨毛
　　　　细管气相色谱/高分辨质谱法

3 术语和定义

下列术语和定义适用于本标准。

3.1 标准状态

指温度为 273 K，压力为 101 325 Pa 时的状态，简称"标态"。本标准规定的大气污染物排放浓度均指标准状态下干烟气中的数值。

3.2 最高允许排放浓度

指处理设施后排气筒中污染物任何 1 小时浓度平均值不得超过的限值；或指无处理设施排气筒中污染物任何 1 小时浓度平均值不得超过的限值。

3.3 单位产品排放量

指各设备生产每吨产品所排放的有害物重量，单位 kg/t。产品产量按污染物监测时段的设备实际小时产出量计算，如水泥窑、熟料冷却机以熟料产出量计算，生料磨以生料产出量计算，水泥磨以水泥产出量计算，煤磨以产生的煤粉计算，烘干机、烘干磨以产生的干物料计算。对于窑磨一体机，在窑磨联合运转时，以磨机产生的物料量计算，在水泥窑单独运转时，以水泥窑产出的熟料量计算。

3.4 无组织排放

指大气污染物不经过排气筒的无规则排放，主要包括作业场所物料堆放、开放式输送扬尘和管道、设备的含尘气体泄漏等。

低矮排气筒的排放属有组织排放，但在一定条件下也可造成与无组织排放相同的后果，因此在执行"无组织排放监控点浓度限值"指标时，由低矮排气筒造成的监控点污染物浓度增加不予扣除。

3.5 无组织排放监控点浓度限值

指监控点的污染物浓度在任何 1 小时的平均值不得超过的限值。

3.6 排气筒高度

指自排气筒（或其主体建筑构造）所在的地平面至排气筒出口计的高度。

3.7 水泥窑

指水泥熟料煅烧设备，通常包括回转窑和立窑两大类。

3.8 窑磨一体机（*In-line kiln/raw mill*）

指把水泥窑废气引入物料粉磨系统，利用废气余热烘干物料，窑和磨排出的废气同用一台除尘设备进行处理的窑磨联合运行的系统。

3.9 烘干机、烘干磨、煤磨和冷却机

烘干机指各种型式物料烘干设备；烘干磨指物料烘干兼粉磨设备；煤磨指各种型式煤粉制备设备；冷却机指各种类型（筒式、箅式等）冷却熟料设备。

3.10 破碎机、磨机、包装机和其他通风生产设备

破碎机指各种破碎块粒状物料设备；磨机指各种物料粉磨设备系统（不包括烘干磨和煤磨）；包装机指各种型式包装水泥设备（包括水泥散装仓）；其他通风生产设备指除上述主要生产设备以外的需要通风的生产设备，其中包括物料输送设备、料仓和各种类型贮库等。

3.11 水泥制品生产

指预拌混凝土和混凝土预制件的生产，不包括建筑施工现场搅拌混凝土的过程。

3.12 现有生产线、新建生产线

现有生产线是指本标准实施之日（2005 年 1 月 1 日）前已建成投产或环境影响报告书已通过审批的水泥矿山、水泥制造、水泥制品生产线。

新建生产线是指本标准实施之日（2005 年 1 月 1 日）起环境影响报告书通过审批的新、改、扩建水泥矿山、水泥制造、水泥制品生产线。

4 排放限值

4.1 生产设备排气筒大气污染物排放限值

4.1.1 在 2006 年 7 月 1 日前，现有水泥厂（含粉磨站）各生产设备（设施）排气筒中

的大气污染物排放仍执行 GB 4915—1996；现有水泥矿山和水泥制品厂仍执行 GB 16297—1996。

自 2006 年 7 月 1 日起至 2009 年 12 月 31 日止，现有生产线各生产设备（设施）排气筒中的颗粒物和气态污染物最高允许排放浓度及单位产品排放量不得超过表 1 规定的限值。

自 2010 年 1 月 1 日起，现有生产线各生产设备（设施）排气筒中的颗粒物和气态污染物最高允许排放浓度及单位产品排放量不得超过表 2 规定的限值。

4.1.2 自 2005 年 1 月 1 日起，新建生产线各生产设备（设施）排气筒中的颗粒物和气态污染物最高允许排放浓度及单位产品排放量不得超过表 2 规定的限值。

4.1.3 水泥窑焚烧危险废物时，排气中颗粒物、二氧化硫、氮氧化物、氟化物依照水泥窑建设时间，分别执行表 1 或表 2 规定的排放限值；其他污染物执行 GB 18484《危险废物焚烧污染控制标准》规定的排放限值，但二噁英允许排放浓度最高为 0.1 ng TEQ/m³。

4.2 作业场所颗粒物无组织排放限值

现有水泥厂（含粉磨站）颗粒物无组织排放，在 2006 年 7 月 1 日前仍执行 GB 4915—1996；现有水泥制品厂仍执行 GB 16297—1996。

自 2006 年 7 月 1 日起现有生产线，自 2005 年 1 月 1 日起新建生产线，作业场所颗粒物无组织排放监控点浓度不得超过表 3 规定的限值。

表 1

生产过程	生产设备	颗粒物		二氧化硫		氮氧化物（以 NO₂ 计）		氟化物（以总氟计）	
		排放浓度/（mg/m³）	单位产品排放量/（kg/t）	排放浓度/（mg/m³）	单位产品排放量/（kg/t）	排放浓度/（mg/m³）	单位产品排放量/（kg/t）	排放浓度/（mg/m³）	单位产品排放量/（kg/t）
矿山开采	破碎机及其他通风生产设备	50	—	—	—	—	—	—	—
水泥制造	水泥窑及窑磨一体机*	100	0.30	400	1.20	800	2.40	10	0.03
	烘干机、烘干磨、煤磨及冷却机	100	0.30	—	—	—	—	—	—
	破碎机、磨机、包装机及其他通风生产设备	50	0.04	—	—	—	—	—	—
水泥制品生产	水泥仓及其他通风生产设备	50	—	—	—	—	—	—	—

*指烟气中 O₂ 含量 10%状态下的排放浓度。

表 2

生产过程	生产设备	颗粒物		二氧化硫		氮氧化物（以 NO₂ 计）		氟化物（以总氟计）	
		排放浓度/（mg/m³）	单位产品排放量/（kg/t）	排放浓度/（mg/m³）	单位产品排放量/（kg/t）	排放浓度/（mg/m³）	单位产品排放量/（kg/t）	排放浓度/（mg/m³）	单位产品排放量/（kg/t）
矿山开采	破碎机及其他通风生产设备	30	—	—	—	—	—	—	—
水泥制造	水泥窑及窑磨一体机*	50	0.15	200	0.60	800	2.40	5	0.015
	烘干机、烘干磨、煤磨及冷却机	50	0.15	—	—	—	—	—	—
	破碎机、磨机、包装机及其他通风生产设备	30	0.024	—	—	—	—	—	—
水泥制品生产	水泥仓及其他通风生产设备	30	—	—	—	—	—	—	—

注：*指烟气中 O₂ 含量 10%状态下的排放浓度及单位产品排放量。

表 3

作业场所	颗粒物无组织排放监控点	浓度限值*¹/（mg/m³）
水泥厂（含粉磨站）水泥制品厂	厂界外 20 m 处	1.0（扣除参考值*²）

注：*¹ 指监控点处的总悬浮颗粒物（TSP）一小时浓度值。

*² 参考值含义见第 6.2.1 条。

5 其他管理规定

5.1 颗粒物无组织排放控制要求

5.1.1 水泥矿山、水泥制造和水泥制品生产过程，应采取有效措施，控制颗粒物无组织排放。

5.1.2 新建生产线的物料处理、输送、装卸、贮存过程应当封闭，对块石、黏湿物料、浆料以及车船装、卸料过程也可采取其他有效抑尘措施。

5.1.3 现有生产线对干粉料的处理、输送、装卸、贮存应当封闭；露天储料场应当采取防起尘、防雨水冲刷流失的措施；车船装、卸料时，应采取有效措施防止扬尘。

5.2 非正常排放和事故排放控制要求

5.2.1 除尘装置应与其对应的生产工艺设备同步运转。应分别计量生产工艺设备和除尘装置的年累计运转时间，以除尘装置年运转时间与生产工艺设备的年运转时间之比，考核同步运转率。

5.2.2 新建水泥窑应保证在生产工艺波动情况下除尘装置仍能正常运转，禁止非正常排放。现有水泥窑采用的除尘装置，其相对于水泥窑通风机的年同步运转率不得小于99%。

5.2.3 因除尘装置故障造成事故排放，应采取应急措施使主机设备停止运转，待除尘装置检修完毕后共同投入使用。

5.3 排气筒高度要求

5.3.1 除提升输送、储库下小仓的除尘设施外，生产设备排气筒（含车间排气筒）一律不得低于 15 m。

5.3.2 以下生产设备排气筒高度还应符合表 4 中的规定。

5.3.3 若现有水泥生产线生产设备排气筒达不到表 4 规定的高度，其大气污染物排放应加严控制。排放限值按下式计算。

$$C = C_0 \cdot \frac{h^2}{h_0^2}$$

式中：C——实际允许排放浓度（标准状态），mg/m^3；

C_0——表 1 或表 2 规定的允许排放浓度（标准状态），mg/m^3；

h——实际排气筒高度，m；

h_0——表 4 规定的排气筒高度，m。

表 4

生产设备名称	水泥窑及窑磨一体机				烘干机、烘干磨煤磨及冷却机			破碎机、磨机、包装机及其他通风生产设备
单线（机）生产能力/（t/d）	≤240	>240~700	>700~1 200	>1 200	≤500	>500~1 000	>1000	高于本体建筑物 3 m 以上
最低允许高度/m	30	45*	60	80	20	25	30	

*现有立窑排气筒仍按 35 m 要求。

5.4 其他规定

5.4.1 不得采用、使用《中华人民共和国大气污染防治法》第十九条规定的严重污染大气环境的落后生产工艺和设备。

5.4.2 禁止在环境空气质量一类功能区内开采矿山、生产水泥及其制品。

5.4.3 水泥窑不得用于焚烧重金属类危险废物。

水泥窑焚烧医疗废物应遵守《医疗废物集中处置技术规范》的要求。

利用水泥窑焚烧危险废物，其水泥窑或窑磨一体机的烟气处理应采用高效布袋除尘器。

6 监测

6.1 排气筒中大气污染物的监测

6.1.1 生产设备排气筒应设置永久采样孔并符合 GB/T 16157 规定的采样条件。

6.1.2 排气筒中颗粒物或气态污染物的监测采样应按 GB/T 16157 执行。

6.1.3 对于日常监督性监测,采样期间的工况应与当时正常工况相同。排污单位人员和实施监测人员不得任意改变当时的运行工况。以任何连续 1 小时的采样获得平均值,或在任何 1 小时内,以等时间间隔采集 3 个以上样品,计算平均值。

建设项目环境保护设施竣工验收监测的工况要求和采样时间频次按国家环境保护总局制定的建设项目环境保护设施竣工验收监测办法和规范执行。

6.1.4 水泥工业大气污染物分析方法见表 5。

表 5

序号	分析项目	手动分析测定方法	自动分析测定方法
1	颗粒物	GB/T 16157　重量法	HJ/T 76　固定污染源排放烟气连续监测系统技术要求及检测方法
2	二氧化硫	HJ/T 56　碘量法	
		HJ/T 57　定电位电解法	
3	氮氧化物	HJ/T 42　紫外分光光度法	
		HJ/T 43　盐酸萘乙二胺分光光度法	
4	氟化物	HJ/T 67　离子选择电极法	—
5	二噁英	HJ/T 77　色谱－质谱联用法	—

6.1.5 新、改、扩建水泥生产线,水泥窑及窑磨一体机排气筒(窑尾)应当安装烟气颗粒物、二氧化硫和氮氧化物连续监测装置;冷却机排气筒(窑头)应当安装烟气颗粒物连续监测装置;对现有水泥生产线,应按地方环境保护行政主管部门的规定安装连续监测装置。

连续监测装置需满足 HJ/T 76《固定污染源排放烟气连续监测系统技术要求及检测方法》的要求。烟气排放连续监测装置经县级以上人民政府环境保护行政主管部门验收后,在有效期内其监测数据为有效数据。以小时平均值作为连续监测达标考核的依据。

6.2 厂界外颗粒物无组织排放的监测

6.2.1 在厂界外 20 m 处(无明显厂界,以车间外 20 m 处)上风方与下风方同时布点采样,将上风方的监测数据作为参考值。

6.2.2 监测按 HJ/T 55《大气污染物无组织排放监测技术导则》的规定执行。

6.2.3 颗粒物测定方法采用 GB/T 15432《环境空气　总悬浮颗粒物的测定——重量法》。

7 标准实施

7.1 本标准由县级以上人民政府环境保护行政主管部门负责监督实施。

7.2 地方环境保护行政主管部门应根据环境管理要求,考虑水泥工业结构调整和企业达标情况,制定现有水泥生产线烟气连续监测装置的安装计划并予以公布。

7.3 各省、自治区、直辖市人民政府环境保护部门可根据本地环境管理的需求,提请省级人民政府批准,并报国家环境保护行政主管部门备案,提前实施表 1 或表 2 规定的限值。

中华人民共和国国家标准

炼焦炉大气污染物排放标准

Emission standard of air pollutants for coke oven

GB 16171—1996

前 言

根据《中华人民共和国大气污染防治法》第七条的规定，制定本标准。

本标准分年限规定了机械化炼焦炉无组织排放的颗粒物、苯可溶物和苯并[a]芘的最高允许排放浓度与非机械化炼焦炉颗粒物、二氧化硫、苯并[a]芘、林格曼黑度的最高允许排放浓度和吨产品污染物最高允许排放量。

本标准从 1997 年 1 月 1 日起实施。

本标准由国家环境保护局科技标准司提出。

本标准由国家环境保护局负责解释。

1 范围

本标准分年限规定了机械化炼焦炉无组织排放的大气污染物最高允许排放浓度与非机械化炼焦炉大气污染物最高允许排放浓度、吨产品污染物最高允许排放量。

本标准适用于现有机械化炼焦炉和非机械化炼焦炉的排放管理，以及建设项目的环境影响评价、设计、竣工验收及其建成投产后的排放管理。

2 引用标准

下列标准所包含的条文，通过在本标准中引用而构成为本标准的条文。

GB 3090—1996 环境空气质量标准

GB/T 16157—1996 固定污染源排气中颗粒物测定与气态污染物采样方法

3 定义

本标准采用下列定义：

3.1 标准状态

指烟气温度为 273 K，压力为 101 325 Pa 时的状态，本标准中污染物排放浓度均指标准状态干烟气中的数值。

3.2 非机械化炼焦炉

本标准所指的非机械化炼焦炉是：以洗精煤为原料有配煤工艺；成焦率≥70%；炉体严密、内外燃供热；烟气集中排放，焦炉烟囱高度不低于 25 m。

4 技术内容

4.1 排放标准的适用区域

4.1.1 本标准分为一、二、三级标准，分别与 GB 3095 的环境空气质量功能区相对应：

一类区执行一级标准；

二类区执行二级标准；

三类区执行三级标准。

4.1.2 自本标准实施之日起，禁止在 GB 3095 中一类区新建、扩建机械化炼焦炉和非机械化炼焦炉；改建项目不得增加排污量。

4.2 排放标准

4.2.1 1997 年 1 月 1 日之前通过环境影响报告书（表）审批的机械化炼焦炉，无组织排放的大气污染物最高允许排放浓度按表 1 执行。

表 1 现有机械化炼焦炉大气污染物排放标准　　　　　　　单位：mg/m³

标准级别	一级			二级			三级		
污染物	颗粒物	苯可溶物（BSO）	苯并[a]芘（B[a]P）	颗粒物	苯可溶物（BSO）	苯并[a]芘（B[a]P）	颗粒物	苯可溶物（BSO）	苯并[a]芘（B[a]P）
排放标准值	1.0	0.25	0.001 0	3.5	0.80	0.004 0	5.0	1.20	0.005 5

4.2.2 1997 年 1 月 1 日起通过环境影响报告书（表）审批的机械化炼焦炉，无组织排放的大气污染物最高允许排放浓度按表 2 执行。

表 2 新建机械化炼焦炉大气污染物排放标准　　　　　　　单位：mg/m³

标准级别	二级			三级		
污染物	颗粒物	苯可溶物（BSO）	苯并[a]芘（B[a]P）	颗粒物	苯可溶物（BSO）	苯并[a]芘（B[a]P）
排放标准值	2.5	0.60	0.002 5	3.5	0.80	0.004 0

4.2.3 1997 年 1 月 1 日之前已经投产的但未执行环境影响评价制度的机械化炼焦炉，应根据补做的环境影响报告书（表）通过审批的时间，确定无组织排放的大气污染物最高允许排放浓度按表 1 或表 2 执行。

4.2.4 1997 年 1 月 1 日之前通过环境影响报告书（表）审批的非机械化炼焦炉，大气污染物最高允许排放浓度、吨产品污染物排放量和林格曼黑度按表 3 执行。

4.2.5 1997 年 1 月 1 日起通过环境影响报告书（表）审批的非机械化炼焦炉，大气污染物最高允许排放浓度、吨产品污染物排放量和林格曼黑度按表 4 执行。

表3　现有非机械化炼焦炉大气污染物排放标准

污染物	单位	排放标准值		
		一级	二级	三级
颗粒物	mg/m³（标态）	100	300	350
	kg/t（焦）	1.2	3.5	4.0
二氧化硫（SO₂）	mg/m³（标态）	240	500	600
	kg/t（焦）	3.0	5.5	6.5
苯并[a]芘（B[a]P）	mg/m³（标态）	1.00	2.0	3.00
	kg/t（焦）	0.010	0.020	0.025
林格曼黑度	级	≤1	≤1	≤1

表4　新建非机械化炼焦炉大气污染物排放标准

污染物	单位	排放标准值	
		二级	三级
颗粒物	mg/m³（标态）	250	300
	kg/t（焦）	3.0	3.5
二氧化硫（SO₂）	mg/m³（标态）	400	450
	kg/t（焦）	4.5	5.0
苯并［a］芘（B［a］P）	mg/m³（标态）	1.50	2.00
	kg/t（焦）	0.015	0.020
林格曼黑度	级	≤1	≤1

4.2.6　1997年1月1日之前已经投产的但未执行环境影响评价制度的非机械化炼焦炉，应根据补做的环境影响报告书（表）通过审批的时间，确定大气污染物最高允许排放浓度、吨产品污染物排放量和林格曼黑度按表3或表4执行。

4.3　其他规定

机械化炼焦炉的荒煤气不得直接排入大气，应于1998年1月1日之前在荒煤气放散管顶部安装自动放散点火装置。

5　监测

5.1　采样点

机械化炼焦炉无组织排放的采样点位于焦炉炉顶煤塔侧第1至第4孔炭化室上升管旁。非机械化炼焦炉应按GB/T 16157的规定确定采样点。

5.2　采样频率

5.2.1　机械化炼焦炉应在正常生产状况时进行采样，采用中流量采样器（无罩、无分级采样头），在焦炉炉顶的连续采样时间为4 h/次。

5.2.2　非机械化炼焦炉应在≥60%的焦炉孔数处于点火、结焦期时进行采样及林格曼黑度的测定。

5.3　监测方法

本标准中林格曼黑度的监测方法可选用林格曼黑度烟气浓度图、测烟望远镜和照相法；苯可溶物（BSO）的监测方法，采用附录A《苯可溶物（BSO）的测定——重量法》；

二氧化硫（SO_2）的监测方法参照执行《空气和废气监测分析方法》中碘量法或甲醛缓冲溶液吸收——盐酸副玫瑰苯胺分光光度法；苯并[a]芘的监测方法参照执行 GB 8971—88《大气飘尘中苯并[a]芘（B[a]p）的测定方法》或《空气和废气监测分析方法》中推荐的高效液相色谱法；待国家环境保护局颁布相应方法标准后，执行相应标准。

5.4 统计

非机械化炼焦炉的焦炭产量以设计产量为准。

6 标准实施

本标准由县级以上人民政府环境保护行政主管部门负责监督实施。

附录 A（标准的附录）

苯可溶物（BSO）的测定——重量法

A1 原理

使一定体积的空气，通过已恒重的玻璃纤维滤膜、空气中颗粒物被阻留在滤膜上，将滤膜置于脂肪抽提器中，用苯作溶剂进行提取，根据提取前、后滤膜重量之差及采样体积，可计算出苯可溶物的浓度。

A2 试剂

A2.1 苯：分析纯。

A3 仪器、设备和材料

A3.1 中流量采样器：流量 50～150 L/min，滤膜直径 80～100 mm。

A3.2 分析天平：感量 0.01 mg。

A3.3 超细玻璃纤维滤膜。

A3.4 脂肪抽提器：容积 100 ml。

A3.5 高温炉。

A3.6 恒温水浴。

A3.7 干燥器：内装干燥剂。

A3.8 表面皿。

A3.9 滤膜贮存袋及贮存盒。

A3.10 布氏漏斗：ϕ100 mm。

A3.11 抽滤瓶。

A3.12 抽气瓶。

A4 试验条件

A4.1 平衡室放置在天平室内，平衡室温度在 20～25℃之间，温度变化小于±3℃，相对湿度小于 50%，变化小于 5%。天平室温度应维持在 15～35℃之间；相对湿度应小于 50%。

A4.2 将玻璃纤维滤膜放入高温炉中，在 300℃温度下灼烧 2 h，取出滤膜，冷至室温后，放入干燥器中。

A4.3 滤膜在称重前需在平衡室内平衡 24 h，然后在规定的条件下迅速称重，滤膜从平衡室内取出 30 s 内称完，读数准确至 0.01 mg。记下滤膜的编号和重量 W_0，将滤膜平展地放在光滑洁净的纸袋内，然后贮于盒内备用。采样前不能弯曲和折叠滤膜。

A5　测定步骤

A5.1　采样

（1）采样前，将滤膜从盒中取出，装在采样头上，备好采样器。

（2）启动采样器，将流量调节在 100～120 L/min。

（3）采样 5 min 后和采样结束前 5 min，各记一次大气压力、温度和流量。

（4）一般采样 4 h 以上，关闭采样器，记录采样时间。

（5）采样后，用镊子小心取下滤膜，使采样面向内，将其对折好，放回原纸袋并贮于盒内。

取采过样的滤膜时，应注意滤膜是否有物理性损坏及采样过程中是否有漏气现象，若发现类似现象，则此样品滤膜作废。

A5.2　样品的测定

（1）把采样后的滤膜放在平衡室内，平衡 24 h，然后迅速称重 W_1，称量不得超过 30 s。

（2）把滤膜折叠好，（避免在提取时颗粒物漏进萃取剂中），放入洁净干燥的脂肪抽提器的抽出筒中，标好相应的编号。

（3）向脂肪抽提器的蒸馏瓶中倒入 60 ml 苯，装上抽出筒和冷凝器，将脂肪抽提器置于 90℃恒温水浴上，加热回流，接通冷却水，第一次满流开始记时，抽提 6 h。

（4）停止加热，稍冷、取出滤膜，放入干净的表面皿上，标好相应的编号，放入通风柜中，使苯挥发后，放入平衡室内。

（5）如发现有残渣漏进苯溶剂中，需用布氏漏斗将溶剂中的残渣滤在滤膜上，并入残渣中。

（6）滤膜在平衡室平衡 24 h，然后迅速称重 W_2，30 s 内完成。

A6　计算

$$苯可溶物浓度（mg/m^3）= \frac{W_1 - W_2}{V_0} \tag{A1}$$

式中：W_1——采样后滤膜重量，mg；

　　　W_2——提取后滤膜重量，mg；

　　　V_0——标准状态下采样体积，m^3。

$$V_0 = V \times \frac{P \times 273}{101\,325 \times (273 + t)} \tag{A2}$$

式中：V——采样体积，m^3；

　　　P——采样时的压力，Pa；

　　　t——采样时的平均温度，℃。

中华人民共和国国家标准

危险废物焚烧污染控制标准

Pollution control standard for hazardous wastes incineration

GB 18484—2001
代替 GWKB 2—1999

前 言

为贯彻《中华人民共和国环境保护法》和《中华人民共和国固体废物污染环境防治法》,加强对危险废物的污染控制,保护环境,保障人体健康,特制定本标准。

本标准从我国的实际情况出发,以集中连续型焚烧设施为基础,涵盖了危险废物焚烧全过程的污染控制,对具备热能回收条件的焚烧设施要考虑热能的综合利用。

本标准由国家环保总局污染控制司提出。

本标准由国家环保总局科技标准司归口。

本标准由中国环境监测总站和中国科技大学负责起草。

本标准内容(包括实施时间)等同于 1999 年 12 月 3 日国家环境保护总局发布的《危险废物焚烧污染控制标准》(GWKB 2—1999),自本标准实施之日起,代替 GWKB 2—1999。

本标准由国家环境保护总局负责解释。

1 范围

本标准从危险废物处理过程中环境污染防治的需要出发,规定了危险废物焚烧设施场所的选址原则、焚烧基本技术性能指标、焚烧排放大气污染物的最高允许排放限值、焚烧残余物的处置原则和相应的环境监测等。

本标准适用于除易爆和具有放射性以外的危险废物焚烧设施的设计、环境影响评价、竣工验收以及运行过程中的污染控制管理。

2 引用标准

以下标准所含条文,在本标准中被引用即构成本标准的条文,与本标准同效。

GHZB 1—1999 地表水环境质量标准

GB 3095—1996　环境空气质量标准

GB/T 16157—1996　固定污染源排气中颗粒物测定与气态污染物采样方法

GB 15562.2—1995　环境保护图形标志　固体废物贮存（处置）场

GB 8978—1996　污水综合排放标准

GB 12349—90　工业企业厂界噪声标准

HJ/T 20—1998　工业固体废物采样制样技术规范

当上述标准被修订时，应使用其最新版本。

3　术语

3.1　危险废物

是指列入国家危险废物名录或者根据国家规定的危险废物鉴别标准和鉴别方法判定的具有危险特性的废物。

3.2　焚烧

指焚化燃烧危险废物使之分解并无害化的过程。

3.3　焚烧炉

指焚烧危险废物的主体装置。

3.4　焚烧量

焚烧炉每小时焚烧危险废物的重量。

3.5　焚烧残余物

指焚烧危险废物后排出的燃烧残渣、飞灰和经尾气净化装置产生的固态物质。

3.6　热灼减率

指焚烧残渣经灼热减少的质量占原焚烧残渣质量的百分数。其计算方法如下：

$$P = \frac{A-B}{A} \times 100\%$$

式中：P —— 热灼减率，%；

　　　A —— 干燥后原始焚烧残渣在室温下的质量，g；

　　　B —— 焚烧残渣经 600℃（±25℃）3 h 灼热后冷却至室温的质量，g。

3.7　烟气停留时间

指燃烧所产生的烟气从最后的空气喷射口或燃烧器出口到换热面（如余热锅炉换热器）或烟道冷风引射口之间的停留时间。

3.8　焚烧炉温度

指焚烧炉燃烧室出口中心的温度。

3.9　燃烧效率（CE）

指烟道排出气体中二氧化碳浓度与二氧化碳和一氧化碳浓度之和的百分比。用以下公式表示：

$$CE = \frac{[CO_2]}{[CO_2]+[CO]} \times 100\%$$

式中：$[CO_2]$ 和 $[CO]$ —— 分别为燃烧后排气中 CO_2 和 CO 的浓度。

3.10　焚毁去除率（DRE）

指某有机物质经焚烧后所减少的百分比。用以下公式表示：

$$DRE = \frac{W_i - W_0}{W_i} \times 100\%$$

式中：W_i —— 被焚烧物中某有机物质的重量；

W_0 —— 烟道排放气和焚烧残余物中与 W_i 相应的有机物质的重量之和。

3.11 二噁英类

多氯代二苯并-对-二噁英和多氯代二苯并呋喃的总称。

3.12 二噁英毒性当量（TEQ）

二噁英毒性当量因子（TEF）是二噁英毒性同类物与 2，3，7，8-四氯代二苯并-对-二噁英对 Ah 受体的亲和性能之比。二噁英毒性当量可以通过下式计算：

$$TEQ = \Sigma （二噁英毒性同类物浓度 \times TEF）$$

3.13 标准状态

指温度在 273.16 K，压力在 101.325 kPa 时的气体状态。本标准规定的各项污染物的排放限值，均指在标准状态下以 11% O_2（干空气）作为换算基准换算后的浓度。

4 技术要求

4.1 焚烧厂选址原则

4.1.1 各类焚烧厂不允许建设在 GHZB 1 中规定的地表水环境质量 I 类、II 类功能区和 GB 3095 中规定的环境空气质量一类功能区，即自然保护区、风景名胜区和其他需要特殊保护地区。集中式危险废物焚烧厂不允许建设在人口密集的居住区、商业区和文化区。

4.1.2 各类焚烧厂不允许建设在居民区主导风向的上风向地区。

4.2 焚烧物的要求

除易爆和具有放射性以外的危险废物均可进行焚烧。

4.3 焚烧炉排气筒高度

4.3.1 焚烧炉排气筒高度见表 1。

表 1　焚烧炉排气筒高度

焚烧量（kg/h）	废物类型	排气筒最低允许高度/m
≤300	医院临床废物	20
	除医院临床废物以外的第4.2条规定的危险废物	25
300～2 000	第4.2条规定的危险废物	35
2 000～2 500	第4.2条规定的危险废物	45
≥2 500	第4.2条规定的危险废物	50

4.3.2 新建集中式危险废物焚烧厂焚烧炉排气筒周围半径 200 m 内有建筑物时，排气筒高度必须高出最高建筑物 5 m 以上。

4.3.3 对有几个排气源的焚烧厂应集中到一个排气筒排放或采用多筒集合式排放。

4.3.4 焚烧炉排气筒应按 GB/T 16157 的要求，设置永久采样孔，并安装用于采样和测量的设施。

4.4　焚烧炉的技术指标

4.4.1　焚烧炉的技术性能要求见表2。

4.4.2　焚烧炉出口烟气中的氧气含量应为6%～10%（干气）。

4.4.3　焚烧炉运行过程中要保证系统处于负压状态，避免有害气体逸出。

4.4.4　焚烧炉必须有尾气净化系统、报警系统和应急处理装置。

4.5　危险废物的贮存

4.5.1　危险废物的贮存场所必须有符合GB 15562.2的专用标志。

4.5.2　废物的贮存容器必须有明显标志，具有耐腐蚀、耐压、密封和不与所贮存的废物发生反应等特性。

表2　焚烧炉的技术性能指标

废物类型＼指标	焚烧炉温度/ ℃	烟气停留时间/ s	燃烧效率/ %	焚毁去除率/ %	焚烧残渣的热灼减率/%
危险废物	≥1 100	≥2.0	≥99.9	≥99.99	＜5
多氯联苯	≥1 200	≥2.0	≥99.9	≥99.999 9	＜5
医院临床废物	≥850	≥1.0	≥99.9	≥99.99	＜5

4.5.3　贮存场所内禁止混放不相容危险废物。

4.5.4　贮存场所要有集排水和防渗漏设施。

4.5.5　贮存场所要远离焚烧设施并符合消防要求。

5　污染物（项目）控制限值

5.1　焚烧炉大气污染物排放限值

焚烧炉排气中任何一种有害物质浓度不得超过表3中所列的最高允许限值。

5.2　危险废物焚烧厂排放废水时，其水中污染物最高允许排放浓度按GB 8978执行。

5.3　焚烧残余物按危险废物进行安全处置。

5.4　危险废物焚烧厂噪声执行GB 12349。

表3　危险废物焚烧炉大气污染物排放限值[1]

序号	污　染　物	不同焚烧容量时的最高允许排放浓度限值/（mg/m³）		
		≤300（kg/h）	300～2 500（kg/h）	≥2 500（kg/h）
1	烟气黑度	林格曼Ⅰ级		
2	烟尘	100	80	65
3	一氧化碳（CO）	100	80	80
4	二氧化硫（SO$_2$）	400	300	200
5	氟化氢（HF）	9.0	7.0	5.0
6	氯化氢（HCl）	100	70	60
7	氮氧化物（以NO$_2$计）	500		
8	汞及其化合物（以Hg计）	0.1		
9	镉及其化合物（以Cd计）	0.1		

序号	污 染 物	不同焚烧容量时的最高允许排放浓度限值/（mg/m³）		
		≤300（kg/h）	300～2 500（kg/h）	≥2 500（kg/h）
10	砷、镍及其化合物（以 As+Ni 计）[2]	1.0		
11	铅及其化合物（以 Pb 计）	1.0		
12	铬、锡、锑、铜、锰及其化合物（以 Cr+Sn+Sb+Cu+Mn 计）[3]	4.0		
13	二噁英类	0.5 TEQ ng/m³		

1）在测试计算过程中，以 11% O_2（干气）作为换算基准。换算公式为：

$$c = \frac{10}{21 - O_s} \times c_s$$

式中：c —— 标准状态下被测污染物经换算后的浓度，mg/m³；

O_s —— 排气中氧气的浓度，%；

c_s —— 标准状态下被测污染物的浓度，mg/m³。

2）指砷和镍的总量。

3）指铬、锡、锑、铜和锰的总量。

6 监督监测

6.1 废气监测

6.1.1 焚烧炉排气筒中烟尘或气态污染物监测的采样点数目及采样点位置的设置，执行 GB/T 16157。

6.1.2 在焚烧设施于正常状态下运行 1 h 后，开始以 1 次/h 的频次采集气样，每次采样时间不得低于 45 min，连续采样三次，分别测定。以平均值作为判定值。

6.1.3 焚烧设施排放气体按污染源监测分析方法执行（见表4）。

表 4　焚烧设施排放气体的分析方法

序号	污染物	分析方法	方法来源
1	烟气黑度	林格曼烟度法	GB/T 5468—91
2	烟尘	重量法	GB/T 16157—1996
3	一氧化碳（CO）	非分散红外吸收法	HJ/T 44—1999
4	二氧化硫（SO_2）	甲醛吸收副玫瑰苯胺分光光度法	1）
5	氟化氢（HF）	滤膜·氟离子选择电极法	1）
6	氯化氢（HCl）	硫氰酸汞分光光度法	HJ/T 27—1999
		硝酸银容量法	1）
7	氮氧化物	盐酸萘乙二胺分光光度法	HJ/T 43—1999
8	汞	冷原子吸收分光光度法	1）
9	镉	原子吸收分光光度法	1）
10	铅	火焰原子吸收分光光度法	1）
11	砷	二乙基二硫代氨基甲酸银分光光度法	1）
12	铬	二苯碳酰二肼分光光度法	1）
13	锡	原子吸收分光光度法	1）
14	锑	5-Br-PADAP 分光光度法	1）
15	铜	原子吸收分光光度法	1）
16	锰	原子吸收分光光度法	1）
17	镍	原子吸收分光光度法	1）
18	二噁英类	色谱—质谱联用法	2）

1）《空气和废气监测分析方法》. 北京：中国环境科学出版社，1990。

2）《固体废弃物试验分析评价手册》. 北京：中国环境科学出版社，1992：332～359。

6.2 焚烧残渣热灼减率监测

6.2.1 样品的采集和制备方法执行 HJ/T 20。

6.2.2 焚烧残渣热灼减率的分析采用重量法。依据本标准"3.6"所列公式计算，取三次平均值作为判定值。

7 标准实施

（1）自 2000 年 3 月 1 日起，二噁英类污染物排放限值在北京市、上海市、广州市执行。自 2003 年 1 月 1 日起在全国执行。

（2）本标准由县级以上人民政府环境保护行政主管部门负责监督与实施。

中华人民共和国国家标准

生活垃圾焚烧污染控制标准

Standard for pollution control on the munielpal solid waste incineration

GB 18485—2001
代替 HJ/T 18—1996，GWKB 3—2000

前　言

为贯彻《中华人民共和国固体废物污染环境防治法》，减少生活垃圾焚烧造成的二次污染，特制定本标准。

本标准内容（包括实施时间）等同于 2000 年 2 月 29 日国家环境保护总局发布的《生活垃圾焚烧污染控制标准》（GWKB 3—2000），自本标准实施之日起，代替 GWKB 3—2000。

本标准的附录 A 是标准的附录。

本标准由国家环境保护总局负责解释。

1 范围

本标准规定了生活垃圾焚烧厂选址原则、生活垃圾入厂要求、焚烧炉基本技术性能指标、焚烧厂污染物排放限值等要求。

本标准适用于生活垃圾焚烧设施的设计、环境影响评价、竣工验收以及运行过程中污染控制及监督管理。

2 引用标准

以下标准所含条文，在本标准中被引用而构成本标准条文，与本标准同效。

GB 14554—93　恶臭污染物排放标准

GB 8978—1996　污水综合排放标准

GB 12348—90　工业企业厂界噪声标准

GB 5085.3—1996　危险废物鉴别标准——浸出毒性鉴别

GB 5086.1～5086.2—1997　固体废物——浸出毒性浸出方法

GB/T 15555.1～15555.11—1995　固体废物——浸出毒性测定方法

GB/T 16157—1996　固定污染源排气中颗粒物测定与气态污染物采样方法

GB 5468—91　锅炉烟尘测试方法

HJ/T 20—1998　工业固体废物采样制样技术规范

当上述标准被修订时，应使用其最新版本。

3　定义

3.1　危险废物

列入国家危险废物名录或者根据国家规定的危险废物鉴别标准和鉴别方法认定的具有危险性的废物。

3.2　焚烧炉

利用高温氧化作用处理生活垃圾的装置。

3.3　处理量

单位时间焚烧炉焚烧垃圾的质量。

3.4　烟气停留时间

燃烧气体从最后空气喷射口或燃烧器到换热面（如余热锅炉换热器等）或烟道冷风引射口之间的停留时间。

3.5　焚烧炉渣

生活垃圾焚烧后从炉床直接排出的残渣。

3.6　热灼减率

焚烧炉渣经灼热减少的质量占原焚烧炉渣质量的百分数，其计算方法如下：

$$P = \frac{A-B}{A} \times 100\%$$

式中：P —— 热灼减率，100%；

　　　A —— 干燥后的原始焚烧炉渣在室温下的质量，g；

　　　B —— 焚烧炉渣经 600±25℃　3 h 灼热，然后冷却至室温后的质量，g。

3.7　二噁英类

多氯代二苯并-对-二噁英和多氯代二苯并呋喃的总称。

3.8　二噁英类毒性当量（TEQ）

二噁英类毒性当量因子（TEF）是二噁英类毒性同类物与 2，3，7，8-四氯代二苯并-对-二噁英对 Ah 受体的亲和性能之比。二噁英类毒性当量可以通过下式计算：

$$TEQ = \Sigma（二噁英毒性同类物浓度 \times TEF）$$

3.9　标准状态

烟气温度为 273.16 K，压强为 101 325 Pa 时的状态。

4　生活垃圾焚烧厂选址原则

生活垃圾焚烧厂选址应符合当地城乡建设总体规划和环境保护规划的规定，并符合当地的大气污染防治、水资源保护、自然保护的要求。

5 生活垃圾入厂要求

危险废物不得进入生活垃圾焚烧厂处理。

6 生活垃圾贮存技术要求

进入生活垃圾焚烧厂的垃圾应贮存于垃圾贮存仓内。

垃圾贮存仓应具有良好的防渗性能。贮存仓内部应处于负压状态，焚烧炉所需的一次风应从垃圾贮存仓抽取。垃圾贮存仓还必须附设污水收集装置，收集沥滤液和其他污水。

7 焚烧炉技术要求

7.1 焚烧炉技术性能指标

焚烧炉技术性能要求见表1。

7.2 焚烧炉烟囱技术要求

7.2.1 焚烧炉烟囱高度要求

焚烧炉烟囱高度应按环境影响评价要求确定，但不能低于表2规定的高度。

表1　焚烧炉技术性能指标

项目	烟气出口温度/℃	烟气停留时间/s	焚烧炉渣热灼减率/%	焚烧炉出口烟气中氧含量/%
指标	≥850	≥2	≤5	6～12
	≥1 000	≥1		

表2　焚烧炉烟囱高度要求

处理量/（t/d）	烟囱最低允许高度/m
<100	25
100～300	40
>300	60

* 在同一厂区内如同时有多台垃圾焚烧炉，则以各焚烧炉处理量总和作为评判依据。

7.2.2 焚烧炉烟囱周围半径200 m距离内有建筑物时，烟囱应高出最高建筑物3 m以上，不能达到该要求的烟囱，其大气污染物排放限值应按表3规定的限值严格50%执行。

7.2.3 由多台焚烧炉组成的生活垃圾焚烧厂，烟气应集中到一个烟囱排放或采用多筒集合式排放。

7.2.4 焚烧炉的烟囱或烟道应按 GB/T 16157 的要求，设置永久采样孔，并安装采样监测用平台。

7.3 生活垃圾焚烧炉除尘装置必须采用袋式除尘器。

8 生活垃圾焚烧厂污染排放限值

8.1 焚烧炉大气污染物排放限值

焚烧炉大气污染物排放限值见表3。

8.2 生活垃圾焚烧厂恶臭厂界排放限值

氨、硫化氢、甲硫醇和臭气浓度厂界排放限值根据生活垃圾焚烧厂所在区域,分别按照 GB 14554 表 1 相应级别的指标值执行。

8.3 生活垃圾焚烧厂工艺废水排放限值

生活垃圾焚烧厂工艺废水必须经废水处理系统处理,处理后的水应优先考虑循环再利用,必须排放时,废水中污染物最高允许排放浓度按 GB 8978 执行。

表 3 焚烧炉大气污染物排放限值 [1)]

序号	项 目	单 位	数值含义	限 值
1	烟尘	mg/m³	测定均值	80
2	烟气黑度	林格曼黑度,级	测定值 [2)]	1
3	一氧化碳	mg/m³	小时均值	150
4	氮氧化物	mg/m³	小时均值	400
5	二氧化硫	mg/m³	小时均值	260
6	氯化氢	mg/m³	小时均值	75
7	汞	mg/m³	测定均值	0.2
8	镉	mg/m³	测定均值	0.1
9	铅	mg/m³	测定均值	1.6
10	二噁英类	ng TEQ/m³	测定均值	1.0

注:1) 本表规定的各项标准限值,均以标准状态下含11% O_2 的干烟气为参考值换算。

2) 烟气最高黑度时间,在任何 1 h 内累计不得超过 5 min。

9 其他要求

9.1 焚烧残余物的处置要求

9.1.1 焚烧炉渣与除尘设备收集的焚烧飞灰应分别收集、贮存和运输。

9.1.2 焚烧炉渣按一般固体废物处理,焚烧飞灰应按危险废物处理。其他尾气净化装置排放的固体废物按 GB 5085.3 危险废物鉴别标准判断是否属于危险废物,如属于危险废物,则按危险废物处理。

9.2 生活垃圾焚烧厂噪声控制限值

生活垃圾焚烧厂噪声控制限值按 GB 12348 执行。

10 监测方法

10.1 监测工况要求

在对焚烧炉进行日常监督性监测时,采样期间的工况应与正常运行工况相同,生活垃圾焚烧厂的人员和实施监测的人员都不应任意改变运行工况。

10.2 焚烧炉性能检验

10.2.1 烟气停留时间根据焚烧炉设计书检验。

10.2.2 出口温度用热电偶在燃烧室出口中心处测量。

10.2.3 焚烧炉渣热灼减率的测定

按 HJ/T 20 采样制样技术规范采样，依据本标准 3.7 所列公式计算，取平均值作为判定值。

10.2.4 氧气浓度测定按 GB/T 16157 中的有关规定执行。

10.3 烟尘和烟气监测

10.3.1 烟尘和烟气的采样方法

10.3.1.1 烟尘和烟气的采样点和采样方法按 GB/T 16157 中的有关规定执行。

10.3.1.2 本标准规定的小时均值是指以连续 1 h 的采样获取的平均值，或在 1 h 内，以等时间间隔至少采取 3 个样品计算的平均值。

本标准规定测定均值是指以等时间间隔至少采取 3 个样品计算的平均值。

10.3.2 监测方法

焚烧炉大气污染物监测方法见表 4。

表 4   焚烧炉大气污染物监测方法

序号	项目	监测方法	方法来源
1	烟尘	重量法	GB/T 16157—1996
2	烟气黑度	林格曼烟度法	GB 5468—91
3	一氧化碳	非色散红外吸收法	HJ/T 44—1999
4	氮氧化物	紫外分光光度法	HJ/T 42—1999
5	二氧化硫	甲醛吸收——副玫瑰苯胺分光光度法	1）
6	氯化氢	硫氰酸汞分光光度法	HJ/T 27—1999
7	汞	冷原子吸收法分光光度法	1）
8	镉	原子吸收分光光度法	1）
9	铅	原子吸收分光光度法	1）
10	二噁英类	色谱—质谱联用法	2）

注：1）暂时采用《空气和废气监测分析方法》（中国环境科学出版社，北京，1990 年），待国家环境保护总局发布相应标准后，按标准执行。

2）暂时采用《固体废弃物试验分析评价手册》（中国环境科学出版社，北京，1992 年），待国家环境保护总局发布相应标准后，按标准执行。

10.4 固体废物浸出毒性测定方法

其他尾气净化装置排放的固体废物按 GB 5086.1～5086.2 做浸出试验，按 GB/T 15555.1～15555.11 浸出毒性测定方法测定。

11 标准实施

11.1 自本标准实施之日起，二噁英类污染物排放限值在北京市、上海市、广州市、深圳市试行。2003 年 6 月 1 日起在全国执行。

11.2 本标准由县级以上人民政府环境保护行政主管部门负责监督实施。

附录 A（标准的附录）

二口恶英同类物毒性当量因子表

PCDDs	TEF	PCDFs	TEF
2，3，7，8-TCDD	1.0	2，3，7，8-TCDF	0.1
1，2，3，7，8-P_5CDD	0.5	1，2，3，7，8-P_5CDF	0.05
		2，3，4，7，8-P_5CDF	0.5
2，3，7，8-取代 H_6CDD	0.1	2，3，7，8-取代 H_6CDF	0.1
1，2，3，4，6，7，8-H_7CDD	0.01	2，3，7，8-取代 H_7CDF	0.01
OCDD	0.001	OCDF	0.001

注：PCDDs：多氯代二苯并-对-二噁英（Polychlorinated dibenzo-*p*-dioxins）；

PCDFs：多氯代二苯并呋喃（Polychlorinated dibenzofurans）。

中华人民共和国国家标准

饮食业油烟排放标准（试行）

Emission standard of cooking fume

GB 18483—2001
代替 GWPB 5—2000

前　言

为贯彻《中华人民共和国大气污染防治法》，防治饮食业油烟对大气环境和居住环境的污染，制定本标准。

本标准规定了饮食业单位油烟的最高允许排放浓度和油烟净化设备的最低去除效率。

本标准内容（包括实施时间）等同于 2000 年 2 月 29 日国家环境保护总局发布的《饮食业油烟排放标准》（试行）（GWPB 5—2000），自本标准实施之日起，代替 GWPB 5—2000。

本标准由国家环境保护总局负责解释。

1 主题内容与适用范围

1.1 主题内容
本标准规定了饮食业单位油烟的最高允许排放浓度和油烟净化设施的最低去除效率。

1.2 适用范围
1.2.1 本标准适用于城市建成区。
1.2.2 本标准适用于现有饮食业单位的油烟排放管理，以及新设立饮食业单位的设计、环境影响评价、环境保护设施竣工验收及其经营期间的油烟排放管理；排放油烟的食品加工单位和非经营性单位内部职工食堂，参照本标准执行。
1.2.3 本标准不适用于居民家庭油烟排放。

2 引用标准

下列标准所包含的条文，通过在本标准中引用而构成为本标准的条文：
GB 3095—1996　环境空气质量标准

GB/T 16157—1996　固定污染源排气中颗粒物和气态污染物采样方法

GB 14554—1993　恶臭污染物排放标准

3 定义

本标准采用下列定义

3.1 标准状态

指温度为 273 K，压力为 101 325 Pa 时的状态。本标准规定的浓度标准值均为标准状态下的干烟气数值。

3.2 油烟

指食物烹饪、加工过程中挥发的油脂、有机质及其加热分解或裂解产物，统称为油烟。

3.3 城市

与《中华人民共和国城市规划法》关于城市的定义相同，即：国家按行政建制设立的直辖市、市、镇。

3.4 饮食业单位

处于同一建筑物内，隶属于同一法人的所有排烟灶头，计为一个饮食业单位。

3.5 无组织排放

未经任何油烟净化设施净化的油烟排放。

3.6 油烟去除效率

指油烟经净化设施处理后，被去除的油烟与净化之前的油烟的质量的百分比。

$$P = \frac{c_{前} \times Q_{前} - c_{后} \times Q_{后}}{c_{前} \times Q_{前}} \times 100\%$$

式中：P ——油烟去除效率，%；

$c_{前}$——处理设施前的油烟浓度，mg/m³；

$Q_{前}$——处理设施前的排风量，m³/h；

$c_{后}$——处理设施后的油烟浓度，mg/m³；

$Q_{后}$——处理设施后的排风量，m³/h。

4 标准限值

4.1　饮食业单位的油烟净化设施最低去除效率限值按规模分为大、中、小三级；饮食业单位的规模按基准灶头数划分，基准灶头数按灶的总发热功率或排气罩灶面投影总面积折算。每个基准灶头对应的发热功率为 1.67×10^8 J/h，对应的排气罩灶面投影面积为 1.1 m²。饮食业单位的规模划分参数见表 1。

表 1　饮食业单位的规模划分

规模	小型	中型	大型
基准灶头数	≥1，<3	≥3，<6	≥6
对应灶头总功率（10⁸J/h）	1.67，<5.00	≥5.00，<10	≥10
对应排气罩灶面总投影面积（m²）	≥1.1，<3.3	≥3.3，<6.6	≥6.6

4.2 饮食业单位油烟的最高允许排放浓度和油烟净化设施最低去除效率，按表 2 的规定执行。

表 2　饮食业单位的油烟最高允许排放浓度和油烟净化设施最低去除效率

规模	小型	中型	大型
最高允许排放浓度（mg/m³）	2.0		
净化设施最低去除效率（%）	60	75	85

5 其他规定

5.1 排放油烟的饮食业单位必须安装油烟净化设施，并保证操作期间按要求运行。油烟无组织排放视同超标。

5.2 排气筒出口段的长度至少应有 4.5 倍直径（或当量直径）的平直管段。

5.3 排气筒出口朝向应避开易受影响的建筑物。油烟排气筒的高度、位置等具体规定由省级环境保护部门制定。

5.4 排烟系统应做到密封完好，禁止人为稀释排气筒中污染物浓度。

5.5 饮食业产生特殊气味时，参照《恶臭污染物排放标准》臭气浓度指标执行。

6 监测

6.1 采样位置

采样位置应优先选择在垂直管段。应避开烟道弯头和断面急剧变化部位。采样位置应设置在距弯头、变径管下游方向不小于 3 倍直径，和距上述部件上游方向不小于 1.5 倍直径处，对矩形烟道，其当量直径 $D=2AB/(A+B)$，式中 A、B 为边长。

6.2 采样点

当排气管截面积小于 0.5m² 时，只测一个点，取动压中位值处；超过上述截面积时，则按 GB/T 16157—1996 有关规定进行。

6.3 采样时间和频次

执行本标准规定的排放限值指标体系时，采样时间应在油烟排放单位正常作业期间，采样次数为连续采样 5 次，每次 10 min。

6.4 采样工况

样品采集应在油烟排放单位作业（炒菜、食品加工或其他产生油烟的操作）高峰期进行。

6.5 分析结果处理

五次采样分析结果之间，其中任何一个数据与最大值比较，若该数据小于最大值的四分之一，则该数据为无效值，不能参与平均值计算。数据经取舍后，至少有三个数据参与平均值计算。若数据之间不符合上述条件，则需重新采样。

6.6 监测排放浓度时，应将实测排放浓度折算为基准风量时的排放浓度：

$$c_{基} = c_{测} \times \frac{Q_{测}}{nq_{基}}$$

式中：$c_基$——折算为单个灶头基准排风量时的排放浓度，mg/m^3；

$\quad$ $Q_测$——实测排风量，m^3/h；

$\quad$ $c_测$——实测排放浓度，mg/m^3；

$\quad$ $q_基$——单个灶头基准排风量，大、中、小型均为 2 000 m^3/h；

$\quad$ n ——折算的工作灶头个数。

7 标准实施

7.1 安装并正常运行符合 4.2 要求的油烟净化设施视同达标。县级以上环保部门可视情况需要，对饮食单位油烟排放状况进行监督监测。

7.2 新老污染源执行同一标准值。本标准实施之日之前已开业的饮食业单位或已批准设立的饮食业单位为现有饮食业单位，未达标的应限期达标排放。本标准实施之日起批准设立的饮食业单位为新饮食业单位，应按"三同时"要求执行本标准。

7.3 油烟净化设施须经国家认可的单位检测合格才能安装使用。

7.4 本标准由县级以上人民政府环境保护行政主管部门负责监督实施。

附录 A（标准的附录）

饮食业油烟采样方法及分析方法

金属滤筒吸收和红外分光光度法测定油烟的采样及分析方法

A.1 原理

用等速采样法抽取油烟排气筒内的气体，将油烟吸附在油烟雾采集头内。将收集了油烟的采集滤芯置于带盖的聚四氟乙烯套筒中，回实验室后用四氯化碳作溶剂进行超声清洗，移入比色管中定容，用红外分光光度法测定油烟的含量。

油烟的含量由波数分别为 2 930 cm^{-1}（CH$_2$ 基团中 C—H 键的伸缩振动）、2 960 cm^{-1}（CH$_3$ 基团中 C—H 键的伸缩振动）和 3 030 cm^{-1}（芳香环中 C—H 键的伸缩振动）谱带处的吸光度 A_{2930}、A_{2960} 和 A_{3030} 进行计算。

A.2 试剂

A.2.1 四氯化碳（CCl$_4$）：在 2 600～3 300 cm^{-1} 之间扫描吸光度值不超过 0.03（4 cm 比色皿），一般情况下，分析纯四氯化碳蒸馏一次便能满足要求。

A.2.2 高温回流食用花生油（或菜籽油、调和油等）。高温回流油的方法：在 500 ml 三颈瓶中加入 300 ml 的食用油，插入量程为 500℃的温度计，先控制温度于 120℃，敞口加热 30 min，然后在其正上方安装一空气冷凝管，升温至 300℃，回流 2 h，即得标准油。

A.3 仪器和设备

A.3.1 仪器：红外分光仪，能在 3 400 cm^{-1} 至 2 400 cm^{-1} 之间吸光值进行扫描操作，并配合 4 cm 带盖石英比色皿。

A.3.2 超声清洗器。

A.3.3 容量瓶：50 ml、25 ml。

A.3.4 油烟采样器与滤筒。

A.3.5 比色管：25 ml。

A.3.6 带盖聚四氟乙烯圆柱形套筒。

A.3.7 烟尘测试仪，其采样系统技术指标要求参照 GB/T 16157—1996。

A.4 采样和样品保存

A.4.1 采样：

采样布点、采样时间和频次、采样工况均见标准正文中。

A.4.1.1 采样步骤

参照 GB/T 16157—1996 的烟尘等速采样步骤进行。

（1）采样前，先检查系统的气密性。

（2）加热用于湿度测量的全加热采样管，润湿干湿球，测出干、湿球温度和湿球负压；测量烟气温度、大气压和排气筒直径；测量烟气动、静压等条件参数。

（3）确定等速采样流量及采样嘴直径。

（4）装采样嘴及滤筒。装滤筒时需小心将滤筒直接从聚四氟乙烯套筒中倒入采样头内，特别注意不要污染滤筒表面。

（5）将采样管放入烟道内，封闭采样孔。

（6）设置采样时间，开机。

（7）记录或打印采样前后累积体积、采样流量、表头负压、温度及采样时间。记录滤筒号。

（8）油烟采样器采集油烟。

A.4.2　样品保存：收集了油烟的滤筒应立即转入聚四氟乙烯清洗杯中，盖紧杯盖；样品若不能在 24 h 内测定，可保存在冰箱的冷藏室中（≤4℃）保存 7 d。

A.5 试验条件

A.5.1　滤筒在清洗完后，应置于通风无尘处晾干；

A.5.2　采样前后均保证没有其他带油渍的物品污染滤筒。

A.6 样品测定步骤

（1）把采样后的滤筒用重蒸后的四氟化碳溶剂 12 ml，浸泡在聚四氟乙烯清洗杯中，盖好清洗杯盖；

（2）把清洗杯置于超声仪中，超声清洗 10 min；

（3）把清洗液转移到 25 ml 比包管中；

（4）再在清洗杯中加入 6 ml 四氯化碳超声清洗 5 min；

（5）把清洗液同样转移到上述 25 ml 比色管中；

（6）再用少许四氯化碳清洗滤筒及聚四氟乙烯杯二次，一并转移到上述 25 ml 比色管中，加入四氯化碳稀释至刻度标线；

（7）红外分光光度法测定：测定前先预热红外测定仪 1 h 以上，调节好零点和满刻度，固定某一组校正系数；

（8）标准系列配制：在精度为十万分之一的天平上准确称取回流好的相应的食用油标准样品 1 g 于 50 ml 容量瓶中，用重蒸（控制温度 70～74℃）后的分析纯 CCl_4 稀释至刻度，得高浓度标准溶液 A。取 A 溶液 1.00 ml 于 50 ml 容量瓶中用上述 CCl_4 稀释至刻度，得标准中间液 B。移取一定量的 B 溶液于 25 ml 容量瓶中，用 CCl_4 稀释至刻度配成标准系列（浓度范围 0～60 mg/L）。

（9）样品测定：用适量的 CCl_4 浸泡聚四氟乙烯杯中的采样滤筒，盖上并旋紧杯盖后，将杯置于超声器上清洗 5 min，将清洗液倒入 25 ml 比色管中，再用适量的 CCl_4 清洗滤筒 2 次，将清洗液一并转入比色管中，稀释至刻度，即得到样品溶液。将样品溶液置于 4 cm 比色皿中，即可进行红外分光试验。

A.7 结果计算

A.7.1 油烟治理效率计算公式

见附录 B 及标准正文中 3.7 节。

A.7.2 油烟排放浓度计算公式

$$c_{测} = \frac{c_{溶液} \times V / 1\,000}{V_0}$$

式中：$c_{测}$——油烟排放浓度，mg/m³；

$c_{溶液}$——滤筒清洗液油烟浓度，mg/L；

V——滤筒清洗液稀释定容体积，ml；

V_0——标准状态下干烟气采样体积，m³，其计算方法可以参考 GB/T 16157—1996。

油烟采样器技术规范

测量精度：±0.02 mg/m³

重现性：CV%≤1.8

工作温度范围：0～100℃

油烟采集效率：≥95%

外型尺寸：滤筒长度 56.00±0.05 mm

              滤筒直径 17.00±0.05 mm

电源电压：220 V

油烟去除效率的测定方法

油烟净化设施的去除效率测定分为两种情况：

（1）安装在油烟排烟管道中的油烟净化设施，通过同时测定净化前后油烟排放浓度与风量即可按标准正文 3.6 中公式计算油烟去除效率。

（2）安装在排烟罩上净化设施，则需在进行效率测试前，确定一个稳定的抽烟发生源，然后测定出安装与不安装净化设施时的油烟排放浓度与风量，再按标准正文 3.6 中公式计算油烟去除效率。

中华人民共和国国家标准

储油库大气污染物排放标准

Emission standard of air pollutant for bulk gasoline terminals

GB 20950—2007

前 言

为贯彻《中华人民共和国环境保护法》和《中华人民共和国大气污染防治法》，保护环境，保障人体健康，改善大气环境质量，制定本标准。

本标准根据国际上针对汽油储、运、销过程中的油气排放采用系统控制的先进方法，同时考虑中国储油库的实际情况，参考有关国家的污染物排放法规的相关技术内容，规定了储油库汽油油气排放限值、控制技术要求和检测方法。

按照有关法律规定，本标准具有强制执行的效力。

本标准为首次发布。

本标准由国家环境保护总局科技标准司提出。

本标准主要起草单位：北京市环境保护科学研究院、国家环保总局环境标准研究所。

本标准国家环境保护总局 2007 年 4 月 26 日批准。

本标准自 2007 年 8 月 1 日起实施。

本标准由国家环境保护总局解释。

1 范围

本标准规定了储油库在储存、收发汽油过程中油气排放限值、控制技术要求和检测方法。本标准适用于现有储油库汽油油气排放管理，以及储油库新、改、扩建项目的环境影响评价、设计、竣工验收和建成后的汽油油气排放管理。

2 规范性引用文件

本标准内容引用了下列文件中的条款。凡是不注日期的引用文件，其有效版本适用于本标准。

GB 50074　　　　石油库设计规范

GB/T 16157　　　固定污染源排气中颗粒物测定与气态污染物采样方法

HJ/T 38　　　　固定污染源排气中非甲烷总烃的测定　气相色谱法

3 术语与定义

下列术语和定义适用于本标准。

3.1 储油库 bulk gasoline terminal

由储油罐组成并通过管道、船只或油罐车等方式收发汽油的场所（含炼油厂）。

3.2 油气 gasoline vapor

储油库储存、装卸汽油过程中产生的挥发性有机物气体（非甲烷总烃）。

3.3 油气排放浓度 vapor emission concentration

标准状态下（温度 273 K，压力 101.3 kPa），排放每 m³ 干气中所含非甲烷总烃的质量，单位为 g/m³。

3.4 发油 gasoline loading

从储油库把油品装入油罐车。

3.5 收油 gasoline receiving

向储油库储罐注油。

3.6 底部装油 bottom loading

从油罐汽车的罐底部将油发装入罐内。

3.7 浮顶罐 floating roof tank

顶盖漂浮在油面上的油罐，包括内浮顶罐和外浮顶罐。

3.8 油气回收处理装置 vapor recovery processing equipment

通过吸附、吸收、冷凝、膜分离等方法将发油过程产生的油气进行回收处理的装置。

3.9 油气收集系统泄漏点 vapor collection system leakage point

与发油设施配套的油气收集系统可能发生泄漏的部位，如油气回收密封式快速接头、铁路罐车顶装密封罩、阀门、法兰等。

3.10 烃类气体探测器 hydrocarbon gas detector

基于光离子化、红外等原理的可快速显示空气中油气浓度的便携式检测仪器。

4 发油油气排放控制和限值

4.1 储油库应采用底部装油方式，装油时产生的油气应进行密闭收集和回收处理。油气回收系统和回收处理装置应进行技术评估并出具报告，评估工作主要包括：调查分析技术资料；核实应具备的相关认证文件；检测至少连续 3 个月的运行情况；列出油气回收系统设备清单。完成技术评估的单位应具备相应的资质，所提供的技术评估报告应经由国家有关主管部门审核批准。

4.2 排放限值

4.2.1 油气密闭收集系统（以下简称油气收集系统）任何泄漏点排放的油气体积分数浓度不应超过 0.05%，每年至少检测 1 次，检测方法见附录 A。

4.2.2 油气回收处理装置（以下简称处理装置）的油气排放浓度和处理效率应同时符合表 1 规定的限值，排放口距地平面高度应不低于 4 m，每年至少检测 1 次，检测方法见附录 B。

表 1 处理装置油气排放限值

油气排放浓度/g/m³	≤25
油气处理效率/%	≥95

4.2.3 底部装油结束并断开快速接头时，汽油泄漏量不应超过 10 ml，泄漏检测限值为泄漏单元连续 3 次断开操作的平均值。

4.2.4 储油库油气收集系统应设置测压装置，收集系统在收集油罐车罐内的油气时对罐内不宜造成超过 4.5 kPa 的压力，在任何情况下都不应超过 6 kPa。

4.2.5 储油库防溢流控制系统应定期进行检测，检测方法按有关专业技术规范执行。

4.2.6 储油库给铁路罐车装油时应采用顶部浸没式或底部装油方式，顶部浸没式装油管出油口距罐底高度应小于 200 mm。

4.3 技术措施

4.3.1 底部装油和油气输送接口应采用 *DN*100 mm 的密封式快速接头。

4.3.2 应对进、出处理装置的气体流量进行监测，流量计应具备连续测量和数据至少存储 1 年的功能并符合安全要求。

4.3.3 应建立油气收集系统和处理装置的运行规程，每天记录气体流量、系统压力、发油量，记录防溢流控制系统定期检测结果，随时记录油气收集系统和处理装置的检修事项。编写年度运行报告并附带上述原始记录，作为储油库环保检测报告的组成部分。

5 汽油储存油气排放控制

5.1 储油库储存汽油应按 GB 50074 采用浮顶罐储油。

5.2 新、改、扩建的内浮顶罐，浮盘与罐壁之间应采用液体镶嵌式、机械式鞋形、双封式等高效密封方式；新、改、扩建的外浮顶罐，浮盘与罐壁之间应采用双封式密封，且初级密封采用液体镶嵌式、机械式鞋形等高效密封方式。

5.3 浮顶罐所有密封结构不应有造成漏气的破损和开口，浮盘上所有可开启设施在非需要开启时都应保持不漏气状态。

6 标准实施

6.1 储油库油气排放控制标准实施区域和时限见表 2。

表 2 储油库油气排放控制标准实施区域和时限

地区	实施日期
北京市、天津市、河北省设市城市及其他地区承担上述城市加油站汽油供应的储油库	2008 年 5 月 1 日
长江三角洲和珠江三角洲设市城市注及其他地区承担上述城市加油站汽油供应的储油库	2010 年 1 月 1 日
其他设市城市及承担相应城市加油站汽油供应的储油库	2012 年 1 月 1 日

注：长江三角洲地区包括：上海市、江苏省 8 个市、浙江省 7 个市，共 16 市。江苏省 8 个市，包括：南京市、苏州市、无锡市、常州市、镇江市、扬州市、泰州市、南通市；浙江省 7 个市，包括：杭州市、嘉兴市、湖州市、舟山市、绍兴市、宁波市、台州市。

珠江三角洲地区 9 个市，包括：广州市、深圳市、珠海市、东莞市、中山市、江门市、佛山市、惠州市、肇庆市。

6.2 按表 2 实施日期，可有 2 年过渡期允许顶部装油和底部装油系统同时存在。

6.3 省级人民政府可根据本地对环境质量的要求和经济技术条件提前实施，并报国家环境保护行政主管部门备案。

6.4 本标准由各级人民政府环境保护行政主管部门监督实施。

附录 A（规范性附录）

收集系统泄漏浓度检测方法

A.1 安全要求

应严格遵守储油库有关安全方面的规章制度。

A.2 检测方法

A.2.1 泄漏浓度检测应在发油相对集中时段进行。

A.2.2 使用烃类气体探测器对油气收集系统可能的泄漏点进行检测，探头距泄漏点（面）25 mm，移动速度 4 cm/s。发现超过限值的泄漏点（面）应再检测 2 次，以 3 次平均值作为检测结果。

A.2.3 检测应在环境风速小于 3m/s 气象条件下进行。

A.3 检测设备

A.3.1 烃类气体探测器。检测分辨率体积分数不低于 0.01%，应经过中国质量、安全和环保等部门认证。

A.3.2 探测管。烃类气体探测器应备有长度不小于 200 mm 的探测管。

A.3.3 风速计。测量范围 0～10 m/s，检测分辨率不低于 0.1 m/s。

附录 B（规范性附录）

处理装置油气排放检测方法

B.1 安全要求

应严格遵守储油库有关安全方面的规章制度。

B.2 检测条件

B.2.1 处理装置进、出口应设置采样位置和操作平台。

B.2.2 采样位置应优先选择在垂直或水平管段上，采样位置距上下游的弯头、阀门、变径管距离不应小于 3 倍管道直径。

B.2.3 在选定的采样位置上应开设带法兰的采样孔，如图 B.1 所示。采样孔内径 40 mm，孔管高度 35 mm，用法兰盖板密封。法兰尺寸：法兰盘直径 100 mm；法兰孔距法兰圆心半径 40 mm；法兰厚度 6 mm；法兰孔内径 8 mm，4 个对称布置。

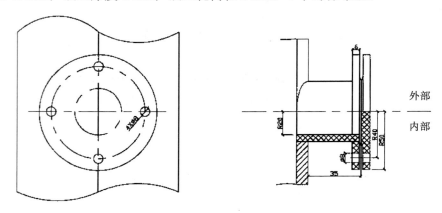

图 B.1 带有法兰盖板的采样孔示意图

B.2.4 操作平台面积应不小于 1.5 m²，并设有 1.1 m 高的护栏，采样孔距平台地面高度 1.2～1.3 m。如果采样位置距地平面高度低于 1.5 m，可不设置监测操作平台和护栏。

B.2.5 采样孔和操作平台的安装应与油气回收处理工程同时完成和验收。

B.3 检测方法

B.3.1 处理装置排放浓度和处理效率的检测应在环境温度不低于 20℃、发油相对集中的时段进行。

B.3.2 同步检测处理装置进、出口油气浓度，每台处理装置都应进行检测。采样时间不少于 1 h，可连续采样或等时间间隔采样，等时间间隔采集的样品数不少于 3 个，取平均值作为检测结果。

B.3.3 采样方面的其他要求按 GB/T 16157 执行。

B.3.4 样品分析方法按 HJ/T 38 执行。

B.3.5 处理装置处理效率按下面公式计算。

$$E = \left[1 - \frac{(1-\varphi_1)C_2}{(1-\varphi_2)C_1} \right] \times 100\% \tag{B.1}$$

式中：E——处理装置处理效率；

$\quad C_1$——标态下进口干排气中油气质量浓度，g/m^3；

$\quad \varphi_1$——标态下进口干排气中油气体积分数；

$\quad C_2$——标态下出口干排气中油气质量浓度，g/m^3；

$\quad \varphi_2$——标态下出口干排气中油气体积分数。

干排气中油气体积分数 □ 按下面公式计算。

$$\varphi = \frac{22.4C}{1\,000\,M} \tag{B.2}$$

式中：φ——标态下干排气中油气体积分数；

$\quad C$——标态下干排气中油气质量浓度，g/m^3；

$\quad 22.4$——标态下摩尔数和体积量的转换系数，L/mol；

$\quad M$——干排气中油气的平均分子量，进口取 65，出口取 45。

标态下干排气中油气浓度 C 按下面公式计算。

$$C = C_{样} \frac{273 + t_f}{273} \cdot \frac{101\,300}{B_a - P_{fv}} \tag{B.3}$$

式中：$C_{样}$——样品中油气质量浓度（以碳计），g/m^3；

$\quad t_f$——室温，℃；

$\quad B_a$——大气压力，Pa；

$\quad P_{fv}$——在 t_f 时饱和水蒸气压力，Pa。

B.3.6 在测量了处理装置进出口气体温度、压力和水分含量后，也可根据流量计给出的流量按 GB/T 16157 中规定的方法计算处理效率。

B.4 检测设备

B.4.1 采样接头。应备有与处理装置进、出口采样孔连接的通用采样接头，采样接头与采样孔的连接方式可根据不同的采样方法自行设计，但采样接头上置入采样孔管内的采样管长度不小于 35 mm，样品途经采样管和其他部件进入收集器的距离不宜超过 300 mm，采样管内径均为 5 mm。建议进口采样接头上连接一个节流阀。

B.4.2 用针筒采样可参考下面的采样接头：

a) 进口采样接头为一法兰盖板，尺寸与采样孔法兰一致。在法兰盖板中心位置穿过法兰盖板密封焊接一段采样管，置入采样孔管的采样管长度 35 mm，另一侧长度 20 mm并连接节流阀，节流阀另一侧可再连接长度 20 mm 的采样管。采样管内径均为 5 mm。

b）出口采样接头除不连接节流阀和与之连接的另一侧采样管外，与进口采样接头完全相同。

B.4.3 采样接头材质。采样接头宜选用铜、铝或其他不发生火花、静电的材料。

附录 C（资料性附录）

储油库油气排放检测报告

储油库名称：_____

储油库地址：_____

储油库负责人：_____ 联系电话：_____

表 C.1 油气收集系统油气泄漏检测记录表

检测目的：　　　　　　　□验收　　　　　　　□抽查　　　　　　　□年度检查

序号	测漏点	泄漏浓度	是否达标
1			
2			
3			
4			
5			
6			
7			
8			
9			
10			
标准限值		0.05%	

建议和结论：

检测人：　　　　　　　　　　　　　　　　检测日期：

表 C.2 油气处理装置排放检测记录表

检测目的: □验收 □抽查 □年度检查

1. 处理方法		7. 储油库汽油储油规模（t）	
2. 生产厂家		8. 检测期间发油量（t/h）	
3. 装置型号		9. 上次检测记录的各处理装置进、出口气体累计流量合计数（m³）进口	进口: 出口:
4. 处理能力（m³/h）		10. 本次检测记录的各处理装置进、出口气体累计流量合计数（m³）进口	进口: 出口:
5. 装置数量（个）		11. 上次测试至本次测之间的汽油发油总量（t）	
6. 环境温度（℃）		12. 气液比（m³/t） （注:（10－9）/11 的值）	进口: 出口:

处理装置编号	样品编号	进口油气浓度（g/m³）	进口油气体积分数（%）	出口油气浓度（g/m³）	出口油气体积分数（%）	处理效率（%）	是否达标
1	1						
	2						
	3						
	4						
	5						
	平均值						
2	1						
	2						
	3						
	4						
	5						
	平均值						
标准限值		/	/	25	/	25	/

建议和结论:

检测人: 检测日期:

表 C.3 底部装油汽油泄漏检测记录表

检测目的：	□验收	□抽查	□年度检查
发油臂编号	检测编号	汽油泄漏量（ml）	是否达标
	1		
	2		
	3		
	平均值		
	1		
	2		
	3		
	平均值		
	1		
	2		
	3		
	平均值		
	1		
	2		
	3		
	平均值		
	1		
	2		
	3		
	平均值		
标准限值		10 ml	

建议和结论：

检测人： 检测日期：

表 C.4 油气收集系统压力检测记录表

检测目的：	□验收	□抽查	□年度检查

油气收集系统压力（Pa）	
是否达标	
标准限值	4.5 kPa

建议和结论：

检测人： 检测日期：

表 C.5 其他项目检查记录表

检测目的：	□验收	□抽查	□年度检查

是否有防溢流控制系统定期检测记录		
铁路罐车装油采用的方式	顶部装油	底部装油
铁路罐车浸没式装油高度是否按标准执行		
处理装置进、出口是否安装了气体流量计		
是否有运行规程和标准规定的运行记录		

建议和结论：

检测人： 检测日期：

检测报告结论：＿＿＿＿＿＿＿＿＿＿＿＿＿＿＿＿＿＿＿＿＿＿＿＿＿＿＿＿
＿＿
＿＿

检测单位：＿＿＿＿＿＿＿＿＿＿＿＿＿ 电 话：＿＿＿＿＿＿＿＿＿＿＿

地 址：＿＿＿＿＿＿＿＿＿＿＿＿＿＿＿＿＿＿＿＿＿＿＿＿＿＿＿＿＿＿

检测单位负责人：＿＿＿＿＿＿＿＿＿＿＿ 报告日期：＿＿＿＿＿＿＿＿＿＿＿

中华人民共和国国家标准

加油站大气污染物排放标准

Emission standard of air pollutant for gasoline filling stations

GB 20952—2007

前　言

为贯彻《中华人民共和国环境保护法》和《中华人民共和国大气污染防治法》，保护环境，保障人体健康，改善大气环境质量，制定本标准。

本标准根据国际上针对汽油储、运、销过程中的油气排放采用系统控制的先进方法，同时考虑中国加油站的实际情况，参考有关国家的污染物排放法规的相关技术内容，规定了加油站汽油油气排放限值、控制技术要求和检测方法。

按照有关法律规定，本标准具有强制执行的效力。

本标准为首次发布。

本标准由国家环境保护总局科技标准司提出。

本标准主要起草单位：北京市环境保护科学研究院、国家环保总局环境标准研究所。

本标准国家环境保护总局 2007 年 4 月 26 日批准。

本标准自 2007 年 8 月 1 日起实施。

本标准由国家环境保护总局解释。

1 范围

本标准规定了加油站汽油油气排放限值、控制技术要求和检测方法。

本标准适用于现有加油站汽油油气排放管理，以及新、改、扩建加油站项目的环境影响评价、设计、竣工验收及其建成后的汽油油气排放管理。

2 规范性引用文件

本标准内容引用了下列文件中的条款。凡是不注日期的引用文件，其有效版本适用于本标准。GB 50156 汽车加油加气站设计与施工规范。

3 术语与定义

下列术语和定义适用于本标准。

3.1 加油站 gasoline filling station

为汽车油箱充装汽油的专门场所。

3.2 油气 gasoline vapor

加油站加油、卸油和储存汽油过程中产生的挥发性有机物（非甲烷总烃）。

3.3 油气排放浓度 vapor emission concentration

标准状态下（温度 273 K，压力 101.3 kPa），排放每 m³ 干气中所含非甲烷总烃的质量，单位为 g/m³。

3.4 加油站油气回收系统 vapor recovery system for gasoline filling station

加油站油气回收系统由卸油油气回收系统、汽油密闭储存、加油油气回收系统、在线监测系统和油气排放处理装置组成。该系统的作用是将加油站在卸油、储油和加油过程中产生的油气，通过密闭收集、储存和送入油罐汽车的罐内，运送到储油库集中回收变成汽油。

3.5 卸油油气回收系统 vapor recovery system for unloading gasoline

将油罐汽车卸汽油时产生的油气，通过密闭方式收集进入油罐汽车罐内的系统。

3.6 加油油气回收系统 vapor recovery system for filling gasoline

GB 20952—2007 将给汽车油箱加汽油时产生的油气，通过密闭方式收集进入埋地油罐的系统。

3.7 溢油控制措施 overfill protection measurement

采用截流阀或浮筒阀或其他防溢流措施，控制卸油时可能发生的溢油。

3.8 埋地油罐 underground storage tank

完全埋设在地面以下的储油罐。

3.9 压力/真空阀 pressure/vacuum valve

又称 P/V 阀、通气阀、机械呼吸阀，可调节油罐内外压差，使油罐内外气体相通的阀门。

3.10 液阻 dynamic back pressure

凝析液体滞留在油气管线内或因其他原因造成气体通过管线时的阻力。

3.11 密闭性 vapor recovery system tightness

油气回收系统在一定气体压力状态下的密闭程度。

3.12 气液比 air to liquid volume ratio

加油时收集的油气体积与同时加入油箱内的汽油体积的比值。

3.13 真空辅助 vacuum-assist

加油油气回收系统中利用真空发生装置辅助回收加油过程中产生的油气。

3.14 在线监测系统 on-line monitoring system

在线监测加油油气回收过程中的气液比以及油气回收系统的密闭性和管线液阻是否正常的系统，当发现异常时可提醒操作人员采取相应的措施，并能记录、储存、处理和传输监测数据。

3.15 油气排放处理装置 **vapor emission processing equipment**

针对加油油气回收系统部分排放的油气,通过采用吸附、吸收、冷凝、膜分离等方法对这部分排放的油气进行回收处理的装置。

4 油气排放控制和限值

4.1 加油站卸油、储油和加油时排放的油气,应采用以密闭收集为基础的油气回收方法进行控制。

4.2 技术评估

4.2.1 加油油气回收系统应进行技术评估并出具报告,评估工作主要包括:调查分析技术资料;核实应具备的相关认证文件;评估多个流量和多枪的气液比;检测至少连续 3 个月的运行情况;给出控制效率大于等于 90%的气液比范围;列出油气回收系统设备清单。

4.2.2 油气排放处理装置(以下简称处理装置)和在线监测系统应进行技术评估并出具报告,评估工作主要包括:调查分析技术资料;核实应具备的相关认证文件;在国内或国外实际使用情况的资料证明;检测至少连续 3 个月的运行情况。

4.2.3 完成技术评估的单位应具备相应的资质,所提供的技术评估报告应经由国家有关主管部门审核批准。

4.3 排放限值

4.3.1 加油油气回收管线液阻检测值应小于表 1 规定的最大压力限值。液阻应每年检测 1 次,检测方法见附录 A。

表 1 加油站油气回收管线液阻最大压力限值

通入氮气流量/(L/min)	最大压力/Pa
18.0	40
28.0	90
38.0	155

4.3.2 油气回收系统密闭性压力检测值应大于等于表 2 规定的最小剩余压力限值。密闭性应每年检测 1 次,检测方法见附录 B。

4.3.3 各种加油油气回收系统的气液比均应在大于等于 1.0 和小于等于 1.2 范围内,但对气液比进行检测时的检测值应符合技术评估报告给出的范围。依次检测每支加油枪的气液比,安装和未安装在线监测系统的加油站应按附录 C 规定的加油流量检测气液比。气液比应每年至少检测 1 次,检测方法见附录 C。

表 2 加油站油气回收系统密闭性检测最小剩余压力限值   单位:Pa

储罐油气空间/L	受影响的加油枪数				
	1~6	7~12	13~18	19~24	>24
1 893	182	172	162	152	142
2 082	199	189	179	169	159
2 271	217	204	194	184	177

储罐油气空间/L	受影响的加油枪数				
	1～6	7～12	13～18	19～24	＞24
2 460	232	219	209	199	192
2 650	244	234	224	214	204
2 839	257	244	234	227	217
3 028	267	257	247	237	229
3 217	277	267	257	249	239
3 407	286	277	267	257	249
3 596	294	284	277	267	259
3 785	301	294	284	274	267
4 542	329	319	311	304	296
5 299	349	341	334	326	319
6 056	364	356	351	344	336
6 813	376	371	364	359	351
7 570	389	381	376	371	364
8 327	396	391	386	381	376
9 084	404	399	394	389	384
9 841	411	406	401	396	391
10 598	416	411	409	404	399
11 355	421	418	414	409	404
13 248	431	428	423	421	416
15 140	438	436	433	428	426
17 033	446	443	441	436	433
18 925	451	448	446	443	441
22 710	458	456	453	451	448
26 495	463	461	461	458	456
30 280	468	466	463	463	461
34 065	471	471	468	466	466
37 850	473	473	471	468	468
56 775	481	481	481	478	478
75 700	486	486	483	483	483
94 625	488	488	488	486	486

注：如果各储罐油气管线连通，则受影响的加油枪数等于汽油加油枪总数。否则，仅统计通过油气管线与被检测储罐相连的加油枪数。

4.3.4　处理装置的油气排放浓度应小于等于 25 g/m³，排放口距地平面高度应不低于 4 m。排放浓度每年至少检测 1 次，检测方法见附录 D。

4.3.5　不同类型的在线监测系统，应按照评估或认证文件的规定进行校准检测。在线监测系统应每年至少校准检测 1 次，检测方法参见附录 E。

5　技术措施

5.1　卸油油气排放控制

5.1.1　应采用浸没式卸油方式，卸油管出油口距罐底高度应小于 200 mm。

5.1.2　卸油和油气回收接口应安装 $DN100\ mm$ 的截流阀、密封式快速接头和帽盖，现有加油站已采取卸油油气排放控制措施但接口尺寸不符的可采用变径连接。

5.1.3　连接软管应采用 $DN100\ mm$ 的密封式快速接头与卸油车连接，卸油后连接软管内不能存留残油。

5.1.4　所有油气管线排放口应按 GB 50156 的要求设置压力/真空阀。

5.1.5　连接排气管的地下管线应坡向油罐，坡度不应小于 1%，管线直径不小于 DN 50 mm。

5.1.6　未采取加油和储油油气回收技术措施的加油站，卸油时应将量油孔和其他可能造成气体短路的部位密封，保证卸油产生的油气密闭置换到油罐汽车罐内。

5.2　储油油气排放控制

5.2.1　所有影响储油油气密闭性的部件，包括油气管线和所连接的法兰、阀门、快接头以及其他相关部件都应保证在小于 750 Pa 时不漏气。

5.2.2　埋地油罐应采用电子式液位计进行汽油密闭测量，宜选择具有测漏功能的电子式液位测量系统。

5.2.3　应采用符合相关规定的溢油控制措施。

5.3　加油油气排放控制

5.3.1　加油产生的油气应采用真空辅助方式密闭收集。

5.3.2　油气回收管线应坡向油罐，坡度不应小于1%。

5.3.3　新、改、扩建的加油站在油气管线覆土、地面硬化施工之前，应向管线内注入 10 L 汽油并检测液阻。

5.3.4　加油软管应配备拉断截止阀，加油时应防止溢油和滴油。

5.3.5　油气回收系统供应商应向有关设计、管理和使用单位提供技术评估报告、操作规程和其他相关技术资料。

5.3.6　应严格按规程操作和管理油气回收设施，定期检查、维护并记录备查。

5.3.7　当汽车油箱油面达到自动停止加油高度时，不应再向油箱内加油。

5.4　在线监测系统和处理装置

5.4.1　在线监测系统应能够监测气液比和油气回收系统压力，具备至少储存 1 年数据、远距离传输和超标预警功能，通过数据能够分析油气回收系统的密闭性、油气回收管线的液阻和处理装置的运行情况。

5.4.2　在线监测系统对气液比的监测：超出 0.9 至 1.3 范围时轻度警告，若连续 7d 处于轻度警告状态应报警；超出 0.6 至 1.5 范围时重度警告，若连续 24 h 处于重度警告状态应报警。在线监测系统对系统压力的监测：超过 300 Pa 时轻度警告，若连续 30 d 处于轻度警告状态应报警；超过 700 Pa 时重度警告，若连续 7 d 处于重度警告状态应报警。

5.4.3　处理装置压力感应值宜设定在超过+150 Pa 时启动，低于−150 Pa 时停止。

5.4.4　处理装置应符合国家有关噪声标准。

5.5　设备匹配和标准化连接

5.5.1　油气回收系统、处理装置、在线监测系统应采用标准化连接。

5.5.2　在进行包括加油油气排放控制在内的油气回收设计和施工时，无论是否安装处理装置或在线监测系统，均应同时将各种需要埋设的管线事先埋设。

6 标准实施

6.1 卸油油气排放控制标准实施区域和时限见表 3。

表 3 卸油油气排放控制标准实施区域和时限

地区	实施日期
北京市、天津市、河北省设市城市	2008 年 5 月 1 日
长江三角洲和珠江三角洲地区设市城市^注	2010 年 1 月 1 日
其他设市城市	2012 年 1 月 1 日

注：长江三角洲地区包括：上海市、江苏省 8 个市、浙江省 7 个市，共 16 市。江苏省 8 个市，包括：南京市、苏州市、无锡市、常州市、镇江市、扬州市、泰州市、南通市；浙江省 7 个市，包括：杭州市、嘉兴市、湖州市、舟山市、绍兴市、宁波市、台州市。

珠江三角洲地区 9 个市，包括：广州市、深圳市、珠海市、东莞市、中山市、江门市、佛山市、惠州市、肇庆市。

6.2 储油、加油油气排放控制标准实施区域和时限见表 4。

表 4 储油、加油油气排放控制标准实施区域和时限

地区	实施日期
北京、天津全市范围，河北省设市城市建成区	2008 年 5 月 1 日
上海、广州全市范围，其他长江三角洲和珠江三角洲设市城市建成区，臭氧浓度监测超标城市建成区	2010 年 1 月 1 日
其他设市城市建成区	2015 年 1 月 1 日

6.3 按照表 4 中储油、加油油气排放控制标准的实施区域和时限，位于城市建成区的加油站应安装处理装置。

6.4 按照表 4 中储油、加油油气排放控制标准的实施区域和时限，符合下列条件之一的加油站应安装在线监测系统：

　a）年销售汽油量大于 8 000 t 的加油站；

　b）臭氧浓度超标城市年销售汽油量大于 5 000 t 的加油站；

　c）省级环境保护局确定的其他需要安装在线监测系统的加油站。

6.5 省级人民政府可根据本地对环境质量的要求和经济技术条件提前实施，并报国家环境保护行政主管部门备案。

6.6 本标准由各级人民政府环境保护行政主管部门监督实施。

附录 A（规范性附录）

液阻检测方法

A.1 适用范围

本附录适用于加油机至埋地油罐的地下油气回收管线液阻检测，并应对每台加油机至埋地油罐的地下油气回收管线进行液阻检测。

特别注意：检测时应严格执行加油站有关安全生产的规定。

A.2 检测原理和概述

A.2.1 以规定的氮气流量向油气回收管线内充入氮气，模拟油气通过油气回收管线。

A.2.2 用压力表或同等装置检测气体通过管线的液体阻力，了解管线内因各种原因对气体产生阻力的程度，用来判断是否影响油气回收。

A.3 偏差和干扰

A.3.1 相关油气管线的任何泄漏会导致液阻测量值偏低。

A.3.2 如果等待氮气流量稳定的时间少于 30 s 就开始检测，会产生错误的液阻测量值。

A.4 检测设备

A.4.1 氮气和氮气瓶。使用商用等级氮气，带有两级压力调节器和一个 6.9 kPa 泄压阀的高压氮气瓶。

A.4.2 压力表。使用 A.5.1、A.5.2 和 A.5.3 描述的压力表。

A.4.3 浮子流量计。使用 A.5.4 描述的浮子流量计，与压力表共同组装成液阻检测装置（参见图 A.1 所示）。

A.4.4 秒表。使用 A.5.5 描述的秒表。

A.4.5 三通检测接头。预留在加油油气回收立管上用来检测的设备（参见图 A.2 所示）。

A.4.6 软管。用于液阻检测装置氮气出口与三通检测接头的连接，通过软管向油气回收管线充入氮气。

A.4.7 接地装置。设备和安装方法应符合有关规定。

A.5 灵敏度、范围和精度

A.5.1 提供的压力表应能够测量液阻最大值和最小值。A.5.2 和 A.5.3 描述了推荐的机械式或电子式压力表的量程范围。

A.5.2　机械式压力表表盘最小直径 100 mm，满量程范围 0～250 Pa，精度为满量程的 2%，最小刻度为 5 Pa。

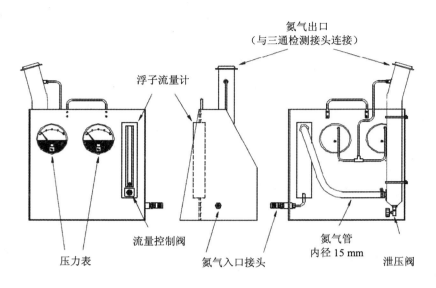

图 A.1　液阻和密闭性检测装置示意图

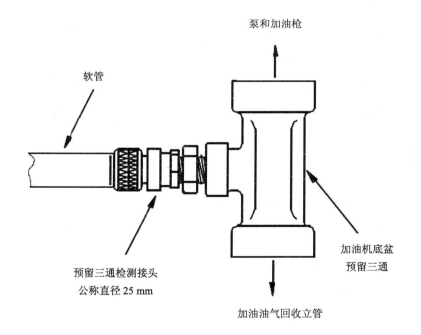

图 A.2　三通检测接头示意图

A.5.3　电子式压力测量装置满量程范围 0～2.5 kPa，精度为满量程的 0.5%；满量程范围 0～5.0 kPa，精度为满量程的 0.25%。

A.5.4　浮子流量计的量程范围为 0～100 L/min，精度为满量程的 2%，最小刻度为 2 L/min。

A.5.5 秒表精度在 0.2 s 之内。

A.5.6 所有计量仪器应按计量标准校准。

A.6 检测程序

A.6.1 打开被检测加油机的底盆，找到预留在加油油气回收立管上的三通和检测接头。

A.6.2 通过软管将液阻检测装置与三通检测接头连接。

A.6.3 氮气瓶接地，将氮气管与液阻检测装置的氮气入口接头连接。

A.6.4 开启对应油罐的卸油油气回收系统油气接口阀门。

A.6.5 如检测新、改、扩建加油站，应在油气管线覆土、地面硬化施工之前向管线内注入 10 L 汽油。

A.6.6 开启氮气瓶，设置低压调节器的压力为 35 kPa。用浮子流量计控制阀调节氮气流量，从表 1 中最低氮气流量开始，分别检测 3 个流量对应的液阻。在读取压力表数值之前，氮气流量稳定的时间应大于 30 s。

A.6.7 如果 3 个液阻检测值中有任何 1 个大于表 1 规定的最大压力限值，则加油站液阻检测不合格。如果因压力表指针抖动无法确定检测数值时，则认定液阻检测不合格。

A.6.8 取下三通检测接头上连接的软管，恢复原来油气回收管线的连接。

A.6.9 关闭对应油罐的油气接口阀门。

A.7 检测记录

油气回收管线液阻检测结果记录参见附录 F 中的表 F.1。

附录 B（规范性附录）

密闭性检测方法

B.1 适用范围

本附录适用于加油站油气回收系统密闭性检测。

特别注意：检测时应严格执行加油站有关安全生产的规定。

B.2 检测原理和概述

B.2.1 用氮气对油气回收系统加压至 500 Pa，允许系统压力衰减。检测 5 min 后的剩余压力值与表 2 规定的最小剩余压力限值进行比较，如果低于限值，表明系统泄漏程度超出允许范围。

B.2.2 对新、改、扩建加油站，该检测应在油气回收系统安装完毕达到使用要求后进行。

B.2.3 检测在加油油气回收立管处进行。

B.3 偏差和干扰

B.3.1 只能用气态氮气进行检测。充入系统的氮气流量超过 100 L/min 会引起检测结果的偏差。

B.3.2 如果油气回收系统装有处理装置，检测时应关闭收集单元和处理装置的电源。

B.3.3 如果在这项检测之前的 24 h 内进行过气液比检测，那么密闭性检测结果将无效。

B.3.4 电子式压力计存在热偏差，至少应有 15 min 的预热过程，接着还要做 5 min 的漂移检查。如果漂移超过了 2.5 Pa，此仪器将不能使用。

B.3.5 若油气回收管线上使用了单向阀或采用的真空辅助装置使气体在系统中不能反向导通而影响整个系统进行密闭性检测时，应设置一段带有切断阀的短接管路。

B.4 检测设备

B.4.1 氮气和氮气瓶。同 A.4.1。

B.4.2 压力表。使用 B.5.1、B.5.2 描述的压力表。

B.4.3 浮子流量计。同 A.4.3，与压力表共同组装成密闭性检测装置（参见图 A.1 所示）。

B.4.4 秒表。同 A.4.4。

B.4.5 三通检测接头。同 A.4.5。

B.4.6 软管。同 A.4.6。

B.4.7　接地装置。同 A.4.7。

B.4.8　泄漏探测溶液。任何能用于探测气体泄漏的溶液，用于检验系统组件的密闭性。

B.5　灵敏度、范围和精度

B.5.1　机械式压力表表盘最小直径 100 mm，量程范围 0～750 Pa，精度为满量程的2%，最小刻度 25 Pa。

B.5.2　电子式压力测量装置满量程范围 0～2.5 kPa，精度为满量程的 0.5%；满量程范围 0～5.0 kPa，精度为满量程的 0.25%。

B.5.3　单体油罐的最小油气空间应为 3 800 L 或占油罐容积的 25%，二者取较小值。连通油罐的最大合计油气空间不应超过 95 000 L。以上均不包括所有油气管线的容积。

B.5.4　充入的氮气流量范围为 30～100 L/min。

B.5.5　浮子流量计同 A.5.4。

B.5.6　秒表同 A.5.5。

B.5.7　所有计量仪器应按计量标准校准。

B.6　检测前程序

B.6.1　应遵循下列安全警示：

B.6.1.1　只允许使用氮气给系统加压。

B.6.1.2　应安装一个 6.9 kPa 的泄压阀，防止储罐内压力过高。

B.6.1.3　向系统充入氮气过程中应接地线。

B.6.2　如果不遵循以下的时间和行为限制，将会导致该检测结果无效。

B.6.2.1　在检测之前的 24 h 内没有进行气液比的检测。

B.6.2.2　在检测之前 3 h 内或在检测过程中，不得有大批量油品进出储油罐。

B.6.2.3　在检测之前 30 min 和检测过程中不得为汽车加油。

B.6.2.4　检测前 30 min 计时，同时测量储油罐油气空间的压力，如果压力超过 125 Pa，应释放压力。完成 30 min 计时后，在向系统充入氮气之前，如果有必要，应再次降低储油罐油气空间压力，使其不超过 125 Pa。

B.6.2.5　所检测的加油站应属于正常工作的加油站。检查压力/真空阀是否良好，处理装置是否关闭，所有加油枪都正确地挂在加油机上。

B.6.3　测量每个埋地油罐当前的储油量，并且从加油站记录中获得每个埋地油罐的实际容积。用实际容积减去当前的储油量，计算出每个埋地油罐的油气空间。

B.6.4　确认储油罐的油面至少比浸没式卸油管的最底部出口高出 100 mm。

B.6.5　如果排气管上安装了阀门，要求在检测期间全部开启。

B.6.6　检测在油气回收管线立管处进行，打开被检测加油机的底盆，找到预留的三通和检测接头。

B.6.7　所有的压力测量装置在检测之前应使用标准压力表或倾斜压力计进行校准。分别对满量程的 20%、50% 和 80% 进行校准，精度应在每个校准点的 2% 之内，校准频率不超过 90 d。

B.6.8   用公式 B.1 计算将系统加压至 500 Pa 大约所需要的时间。

B.6.9   用软管将密闭性检测装置与氮气瓶、三通检测接头连接。开通短接管路上的切断阀。读取油罐和地下管线的初始压力，如果初始压力大于 125 Pa，通过释放压力使油罐和地下管线的压力小于 125 Pa。

B.6.10   任何电子式压力计在使用前应先做预热和漂移检查（见 B.3.4）。

B.7 检测程序

B.7.1   向油气回收系统（或独立子系统）充压。打开氮气瓶阀门，设置低压调节器的压力为 35 kPa，调节氮气流量在 30～100 L/min 范围，开启秒表。充压至约 550 Pa，在充压过程中如果到达 500 Pa 所需的时间已超过公式 B.1 计算值的 2 倍，则停止检测，说明系统不具备检测条件。

B.7.2   充压至约 550 Pa 时关闭氮气阀门，调节泄压阀使压力降至 500 Pa 初始压力时开启秒表。

B.7.3   每隔 1 min 记录 1 次系统压力。5 min 之后，记录最终的系统压力。

B.7.4   根据加油站的安全规定释放油气回收系统压力。

B.7.5   取下三通检测接头上连接的软管，恢复原来油气回收管线的连接。

B.7.6   如果油气回收系统由若干独立的油气回收子系统组成，那么每个独立子系统都应做密闭性检测。

B.8 检测后程序

将 5 min 之后的系统压力检测值与表 2 最小剩余压力限值进行比较，判定加油站是否符合标准。如果实际油气空间数值处于表 2 中所列两油气空间数值之间时，用内插公式 B.2 计算最小剩余压力限值。

B.9 计算公式

B.9.1   将系统油气空间的压力从 0 提高到 500 Pa 所需的最少时间通过公式 B.1 计算：

$$t = \frac{V}{(265)F} \tag{B.1}$$

式中：t——将系统中油气空间的压力提高至 500 Pa 所需的最少时间；

V——检测所影响的油气空间，L；

F——充入系统的氮气流量，L/min；

265——压力和油气空间转换系数。

B.9.2   如果实际油气空间数值处于表 2 中所列两油气空间数值之间时，用内插公式 B.2 计算最小剩余压力限值：

$$P = \frac{(V - V_n)(P_{n+1} - P_n)}{V_{n+1} - V_n} + P_n \tag{B.2}$$

式中：P——实际油气空间对应的最小剩余压力限值，Pa；

V——实际油气空间数值，L；

V_n——表 2 中小于且与实际油气空间数值 V 相邻的值，L；

V_{n+1}——表 2 中大于且与实际油气空间数值 V 相邻的值，L；

P_n——表 2 中与 V_n 对应的最小剩余压力限值，Pa；

P_{n+1}——表 2 中与 V_{n+1} 对应的最小剩余压力限值，Pa。

B.10 检测记录

密闭性检测结果记录参见附录 F 中的表 F.2。

附录 C（规范性附录）

气液比检测方法

C.1 适用范围

本附录适用于加油站加油油气回收系统的气液比检测。

特别注意：检测时应严格执行加油站有关安全生产的规定。

C.2 检测原理和概述

在加油枪的喷管处安装一个密合的适配器。该适配器与气体流量计连接，气流先通过气体流量计，然后进入加油枪喷管上的油气收集孔。所计量的气体体积与加油机同时计量的汽油体积的比值称为气液比。通过气液比的检测，可以了解油气回收系统的回收效果。

C.3 偏差和干扰

C.3.1 如果加油枪喷管与适配器因各种原因不能良好的匹配，则不能进行检测。

C.3.2 如果被检测加油枪的加油流量不能达到 20 L/min 以上，则不能进行检测。

C.3.3 如果与被检测加油枪共用一个真空泵的其他加油枪被密封了，会使检测结果产生偏差。

C.3.4 如果被检测的加油枪使汽油进入检测装置，则此加油枪的气液比检测值将被认作无效。

C.3.5 检测前，不要排空加油软管气路和加油机油气管中的汽油，否则将使检测结果产生偏差。

C.3.6 在气液比检测之前，气液比适配器的 O 型圈应正确润滑，否则将使检测结果产生偏差。

C.4 检测设备

C.4.1 适配器。使用一个和加油枪匹配的气液比适配器，该适配器应能将加油枪的油气收集孔隔离开，并通过一根耐油软管与气体流量计连接，适配器安装（参见图 C.1 所示）。

C.4.2 气体流量计。使用涡轮式或同等流量计测量回收气体体积，气体流量计安装（参见图 C.1 所示）。

C.4.3 气体流量计入口三通管。三通管用于连接油气回路管和气体平衡管（参见图 C.1 所示）。

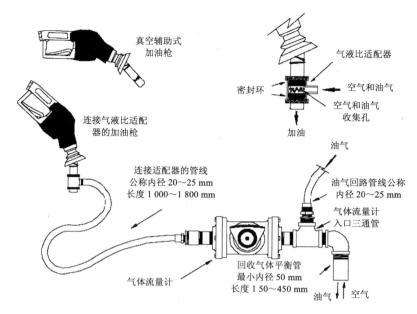

图 C.1　气体流量计和气液比适配器安装示意图

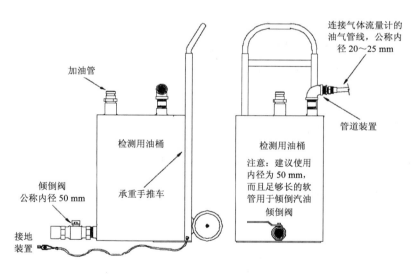

图 C.2　检测用油桶部件安装示意图

C.4.4　液体流量计。使用加油机上的流量计测量检测期间所加汽油的体积。

C.4.5　检测用油桶。满足防火安全的便携式容器，用于盛装检测期间所加出的汽油，材料和使用应满足消防安全要求。检测用油桶及配套管线、部件（参见图 C.2 和图 C.3 所示）。

C.4.6　秒表。同 A.4.4。

C.4.7　润滑剂。油脂或喷雾型润滑剂，确保气液比适配器 O 型圈和加油枪喷管间的密封。

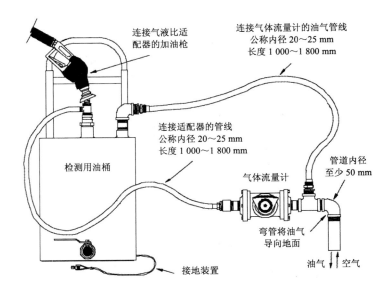

图 C.3　气液比检测装置安装示意图

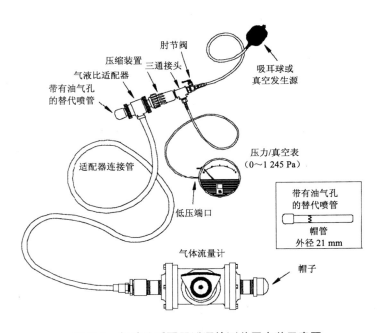

图 C.4　气液比适配器泄漏检测装置安装示意图

C.5　灵敏度、范围和精度

C.5.1　气体流量计最小量程不大于 10 L/min，最大量程范围 120～1 400 L/min，分辨率小于 0.2 L，精度为读数的 ±5%，气体流量为 7.5 L/min 和 375 L/min 时的压降值分别不大于 10 Pa 和 175 Pa。

C.5.2　连接适配器和气体流量计的软管长度在 1 000～1 800 mm 范围。

C.5.3　气体流量计入口连通管的内径至少 50 mm，连通管进气管道长度在 150～450 mm 范围。

C.5.4　检测用油桶容积至少 80 L。

C.5.5　秒表同 A.5.5 。

C.5.6　所有计量仪器应按计量标准校准。

C.6　检测前程序

在开始下面的检测程序之前，按照评估报告列出的油气回收系统设备清单进行逐项检查，如缺项则不能进行气液比检测。

C.6.1　按图 C.3 安装检测用油桶部件和气体流量计，保证接地装置正确连接。

C.6.2　如果有其他加油枪与被检测加油枪共用一个真空泵，气液比检测应在其他加油枪都没有被密封的情况下进行。

C.6.3　气体流量计每年至少校准 1 次，每次维修之后也应进行校准，校准的流量分别为 15、30 和 45 L/min，应保存一份最近的校准记录。

C.6.4　确保加油枪喷管与检测用油桶上的加油管之间是密封的。

C.6.5　检查气液比适配器上的 O 型圈是否良好和完全润滑。

C.6.6　按图 C.4 所示，用一个替代喷管与气液比适配器连接，目的是对气液比适配器进行一次检测前泄漏检查。产生一个 1 245 Pa 的真空压力后，开启秒表，并在接触面和其他潜在的泄漏点喷上泄漏探测溶液。应没有气泡生成，或 3 min 之后真空压力保持在 1 230 Pa 以上。没有通过泄漏检查的检测装置不能用于气液比检测。

C.6.7　检测前检查压力/真空阀是否良好，处理装置是否关闭。

C.6.8　装配好检测用油桶和气液比检测装置之后，向油桶中加油 15～20 L，使油桶具备含有油气的初始条件，在每个站开始检测之前都应完成这项初始条件设置。

C.7　检测程序

C.7.1　依次检测每支加油枪的气液比。按图 C.3 正确连接气液比适配器和加油枪喷管，将加油枪的油气收集孔包裹起来，并且确保连接紧密。

C.7.2　在表 F.3 中记录每次检测之前气体流量计的最初读数。

C.7.3　将秒表复位。将加油机上的示值归零。

C.7.4　确定检测时的加油流量。安装在线监测系统的加油站，将加油枪分别开启至加油机允许的最大流量和 20～30 L/min 范围内的某一流量，每支加油枪获得 2 个气液比；未安装在线监测系统的加油站，仅将加油枪开启至加油机允许的最大流量，每支加油枪获得 1 个气液比。开始往检测用油桶中加油，确保在加油过程中加油枪喷管与检测用油桶（确定已经接地）上的加油管之间是密封的。当加油机开始加油时开启秒表。

C.7.5　加入 15～20 L 汽油。

C.7.6　同时停止秒表计时和加油。

C.7.7　每一次检测之后在表 F.3 中记录以下信息：

a）加油机编号；

b）汽油标号；

c）加油枪的型号和序列号；

d）气体流量计的最初读数，L；

e）加油机流量计上的最初读数，L；

f）气体流量计的最终读数，L；

g）加油机流量计上的最终读数，L；

h）加油时间，s。

C.7.8　如果按公式 C.1 计算出的气液比在标准限值范围内，则被测加油枪气液比检测达标。

C.7.9　如果气液比不在标准限值范围内，而气液比检测值与限值的差小于或等于 0.1 时，应再做 2 次气液比检测，但之间不要对加油管线或油气回收管线做任何调整。为了保证测量的准确，允许对气液比检测装置进行必要的调整，包括气液比适配器和加油枪。如果对气液比检测装置进行了调整，那么这条枪前一次的检测结果作废。对 3 次检测结果做算术平均。如果气液比平均值在给出的限值范围内，则该加油枪气液比检测达标。如果平均值在限值范围之外，说明该加油枪气液比检测不达标。

C.7.10　如果气液比不在规定的限值范围内，而且气液比检测值与限值的差大于 0.1，则被测加油点气液比检测不达标。

C.7.11　为了避免汽油的积聚，在每次检测之后，将气体流量计和检测用油桶部件之间软管，以及气液比适配器和气体流量计之间软管中凝结的汽油排净。

C.8　检测后程序

C.8.1　从加油枪上拆下气液比适配器。

C.8.2　谨慎地把加出的汽油倒回相应的汽油储罐，并且在倒油之前一直保持检测用油桶接地。在没有得到加油站业主的同意，不要在油桶中混合不同标号的汽油。如果不同标号的汽油在油桶中混合了，应将混合汽油倒回低标号的储油罐。

C.8.3　在最终得出气液比检测是否达标之前，按照 C.6.6 对适配器进行一次检测后泄漏检查。如果检测装置不能通过泄漏检查，那么气液比检测期间获得的所有数据都将无效。

C.8.4　在运输之前，将气体流量计的入口和出口小心地密封上，以防止外来异物进入流量计。

C.8.5　检测完成之后，注意运输和保管检测用设备。

C.9　计算公式

C.9.1　气液比计算公式：

$$A\!\!\diagup\!\!L = \frac{y(V_f - V_i)}{G_f - G_i} \qquad (\text{C.1})$$

式中：A/L——气液比，无量纲；

　　y——气体流量计的修正因子，见公式 C.3；

　　V_i——气体流量计的最初读数，L；

V_f——气体流量计的最终读数，L；

G_i——加油机流量计上的最初读数，L；

G_f——加油机流量计上的最终读数，L。

C.9.2 气液比检测过程中的加油流量计算公式：

$$Q_g = \left[\frac{G_f - G_i}{t} \right] \times 60 \tag{C.2}$$

式中：Q_g——加油流量，L/min；

G_i——加油机流量计上的最初读数，L；

G_f——加油机流量计上的最终读数，L；

t——加油时间，s；

60——分钟和秒的转换因子，s/min。

C.9.3 修正气体流量计观测值的修正因子计算公式：

$$y = \left[\frac{V_r}{V_m} \right] \tag{C.3}$$

式中：y——气体流量计观测值的修正因子，无量纲；

V_r——气体流量计当前校准的真实体积，L；

V_m——气体流量计相应的观测值，L。

C.10 检测记录

气液比检测结果记录参见附录 F 中的表 F.3。

附录 D（规范性附录）

处理装置油气排放检测方法

D.1 适用范围

本附录适用于处理装置油气排放浓度的检测。

特别注意：检测时应严格执行加油站有关安全生产的规定。

D.2 检测条件

D.2.1 处理装置出口应设置采样位置和操作平台。

D.2.2 采样位置应优先选择在垂直或水平管段上，采样位置距上下游的弯头、阀门、变径管距离不应小于 3 倍管道直径。

D.2.3 在选定的采样位置上应开设带法兰的采样孔，如图 D.1 所示。采样孔内径 40 mm（如果油气排放管直径小于采样孔管，采样孔管可与排放管取同样的管径，但不能改变其他尺寸），孔管高度 35 mm，用法兰盖板密封。法兰尺寸：法兰盘直径 100 mm；法兰孔距法兰圆心半径 40 mm；法兰厚度 6 mm；法兰孔内径 8 mm，4 个对称布置。

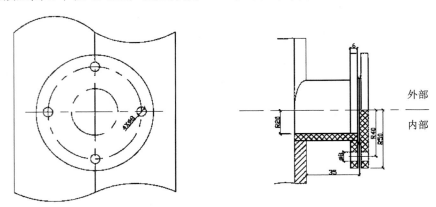

图 D.1 带有法兰盖板的采样孔示意图

D.2.4 操作平台面积应不小于 1.5 m²，并设有 1.1 m 高的护栏，采样孔距平台地面高度 1.2～1.3 m。如果采样位置距地平面高度低于 1.5 m，可不设置监测操作平台和护栏。

D.2.5 采样孔和操作平台的安装应与油气回收处理工程同时完成和验收。

D.3 检测方法

D.3.1 处理装置排放浓度的检测应在环境温度不低于 20℃、加油相对集中的时段进行。

D.3.2 每台处理装置都应进行检测，每台处理装置的采样时间不少于 30 min，可连续采样或等时间间隔采样，等时间间隔采集的样品数不少于 3 个。

D.3.3 采样方面的其他要求按 GB/T 16157 执行。

D.3.4 分析方法按 HJ/T 38 执行。

D.4 检测设备

D.4.1 采样接头。应备有与处理装置出口采样孔连接的通用采样接头，采样接头与采样孔的连接方式可根据不同的采样方法自行设计，但采样接头上置入采样孔管内的采样管长度应在 35 mm 至 40 mm 之间，样品途经采样管和其他部件进入收集器的距离不宜超过 300 mm，采样管内径均为 5 mm。

D.4.2 用针筒采样可参考下面的采样接头。采样接头为一法兰盖板，尺寸与采样孔法兰一致。在法兰盖板中心位置穿过法兰盖板密封焊接一段采样管，置入采样孔管的采样管长度 38 mm，另一侧长度 20 mm，采样管内径均为 5 mm。

D.4.3 采样接头材质。采样接头宜选用铜、铝或其他不发生火花、静电的材料。

D.5 检测记录

处理装置油气排放检测结果记录参见附录 F 中的表 F.4。

附录 E（资料性附录）

在线监测系统校准方法

E.1 适用范围

本附录适用于加油站油气回收在线监测系统的校准。

E.2 在线检测系统的原理和概述

E.2.1 在加油机内的油气回收管路上串联气体流量计，通过测量回收的油气体积并与该油气体积对应的液体汽油体积比较，以此监测油气回收过程中的气液比。

E.2.2 在连通油气储存空间的油气回收管线上安装压力传感器，通过测量压力值的变化，监测油气回收系统的密闭性。

E.2.3 流量计和压力传感器所采集的数据被送入数据处理系统，在油气回收系统处于非正常工作状态时，监测系统将发出警告，若在警告期间内仍未采取处理措施，系统将报警并采取停止加油措施。

E.3 压力传感器校准测试程序

步骤 1 记录加油机和安装的压力传感器序列号。

步骤 2 除去压力传感器环境基准端口阀门上的帽盖，将阀门旋转 90°打开，使阀门通大气。

步骤 3 在控制台前端面板上打开诊断模式菜单，进入智能传感器校准菜单，记录压力值。

步骤 4 观测压力值是否在±50 Pa 之间。若压力阀不在此范围内，将阀门位置保留在步骤 2 描述的位置，依照压力传感器安装指南更换传感器，然后按步骤 3 重新进行测试至符合压力值范围。

步骤 5 盖上压力传感器环境基准端口阀门的帽盖，将阀门旋转 90°恢复关闭状态，此时箭头指向油气空间感应端口。

步骤 6 按下模式键，退出智能传感器校准菜单。注意：不要对传感器进行校准!

E.4 流量计校准测试程序

步骤 1 从控制台上打印前一天的气液比值在线监测日报。

步骤 2 选择被测试的加油机并在记录表上标明加油机序列号和加油枪数目。记录油气流量计的序列号，依照本标准 4.3.3，在加油流量为 20～30 L/min 范围内检测气液比。

步骤 3 将检测结果与上述在线监测日报的平均气液比值进行比较。

GB 20952—2007 通过：若差值在±0.15 范围内，在记录表上记录此流量计通过测试，重复步骤 2 测试下一个流量计。

继续：若差值不在±0.15 范围内，则进行步骤 4。

步骤 4 依照步骤 2 再进行两次气液比检测，取三次结果的平均值。

步骤 5 将三次气液比检测结果平均值与上述在线监测日报的平均气液比值进行比较。

通过：若差值在±0.15 范围内，在记录表上记录此流量计通过测试，重复步骤 2 测试下一个流量计。

继续：若差值不在±0.15 范围内，则进行步骤 6。

步骤 6 若此流量计还监测其他加油枪，在另一加油枪上重复步骤 2。若另一加油枪的测试也未通过步骤 2-5，进行步骤 7。

步骤 7 更换流量计并在记录表上标明其序列号，在控制台上对该加油机的以上两支加油枪进行"修复后清零测试"设置。

步骤 8 更换新的流量计后，在某一加油枪上重复三次步骤 2 测试并记录其平均值。

步骤 9 在之后的几天内打印某天的气液比值在线监测日报，将平均气液比值与步骤 8 中的三次测试平均值进行比较。

通过：若差值在±0.15 范围内，则此流量计通过测试。

继续：若差值不在±0.15 范围内，则重复全部油气流量计测试步骤直到测试结果通过。

E.5 检测记录

校准测试记录分别参见附录 F 中的表 F.5 和表 F.6。

附录 F（资料性附录）

加油站检测报告

加油站名称：_____

加油站地址：_____

加油站负责人：_____ 电话：_____

油气回收系统名称：_____ 编号：_____

表 F.1　液阻检测记录表

检测目的：　　　　　□验收　　　　　□抽查　　　　　□年度检查

加油机编号	汽油标号	液阻压力			是否达标
		18.0 L/min	28.0 L/min	38.0 L/min	
液阻最大压力限值（Pa）		40	90	155	

建议和结论：

检测人：　　　　　　　　　　　　　　　检测日期：

表 F.2　密闭性检测记录表

检测目的：　　　　□验收　　　　　　　□抽查　　　　□年度检查

检测前泄漏检查	初始/最终压力（Pa）：_1 245_ / ____					技术评估报告给出的气液比限值范围			
检测后泄漏检查	初始/最终压力（Pa）：_1 245_ / ____								
加油枪编号	加油枪品牌和型号	加油体积（L）	加油时间（s）	实际加油流量	气体流量计最初读数（L）	气体流量计量终读数（L）	回收油气体积（L）	气液比	是否达标

建议和结论：

检测人：　　　　　　　　　　　　　检测日期：

表 F.3　处理装置油气排放检测报告表

检测目的：　　　　□验收　　　　　　　□抽查　　　　　　　□年度检查

环境温度（℃）		装置型号				
大气压（kPa）		装置品牌				
处理方法		生产厂家				

处理装置编号	油气排放浓度（g/m³）					是否达标
	样品 1	样品 2	样品 3	样品 4	平均值	
标准限值	25					/

建议和结论：

检测人：　　　　　　　　　　　　检测日期：

表 F.4　在线监测系统压力传感器环境基准测试记录表

检测目的：　　　　□验收　　　　　　　□抽查　　　　　　　□年度检查

检测单位名称		检测单位电话	
步骤 1	压力传感器安装位置＿＿＿＿＿＿ 加油枪总数＿＿＿＿＿＿	压力传感器序列号 ＿＿＿＿＿＿	
步骤 2	环境基准端口帽盖打开？ 环境基准端口阀门打开？		
步骤 3	未校准的传感器压力数值＿＿＿＿＿Pa （由控制台读数）		
步骤 4	压力值若不在±50 Pa 范围，则： 　更换压力传感器，新传感器序列号＿＿＿＿＿ 　新传感器环境基准端口阀门打开？＿＿＿＿＿ 　新传感器压力数值＿＿＿＿＿Pa 　新传感器压力值是否在±50 Pa 范围？		
步骤 5	环境基准端口帽盖是否盖上？ 环境基准端口阀门是否恢复至油气空间端口？		
步骤 6	是否按下模式键以退出"智能传感器校准"菜单？		

检测人：　　　　　　　　　　　　检测日期：

表 F.5 油气流量计测试记录表

检测目的： □验收 □抽查 □年度检查

检测单位名称	检测单位电话	检测人员

加油机序列号_____ 加油枪数目_____ 流量计序列号_____

步骤1	在线监测系统气液比日报平均值		
步骤2	在加油流量为 20～30 L/min 范围内检测气液比（同一支加油枪的第一次检测）	加油枪序列号 _____ 气液比检测结果_____	加油枪序列号_____ 气液比检测结果_____
步骤3	步骤1值减去步骤2值	差值_____	差值_____
	若差值在±0.15 范围则通过否则继续步骤4	通过 继续步骤4	通过 继续步骤4
步骤4	在加油流量为 20～30 L/min 范围内检测气液比（同一支加油枪的第二次检测）	气液比检测结果_____	气液比检测结果_____
	在加油流量为 20～30 L/min 范围内检测气液比（同一支加油枪的第三次检测）	气液比检测结果_____	气液比检测结果_____
	三次检测平均值	气液比检测结果_____	气液比检测结果_____
步骤5	步骤1值减去步骤4平均值	差值_____	差值_____
	若差值在±0.15 范围则通过否则继续步骤6或7	通过 继续步骤6或7	通过 继续步骤6或7
步骤6	若此流量计还监测其他加油枪，使用步骤 2 第二个加油枪序列号数据栏，若该加油枪的测试也未通过步骤2～5，则进行步骤7		

测试日期_____

步骤7	是否更换了流量计？		
	新流量计序列号_____		
	是否已在控制台上对以上两支加油枪进行"修复后清零测试"设置？		

加油机序列号_____ 加油枪序列号_____ 加油枪序列号_____

步骤8	在加油流量为 20～30 L/min 范围内检测气液比（同一支加油枪的第一次检测）	气液比检测结果_____	气液比检测结果_____
	在加油流量为 20～30 L/min 范围内检测气液比（同一支加油枪的第二次检测）	气液比检测结果_____	气液比检测结果_____
	在加油流量为 20～30 L/min 范围内检测气液比（同一支加油枪的第三次检测）	气液比检测结果_____	气液比检测结果_____
	三次检测平均值	气液比检测结果_____	气液比检测结果_____

重要提示：等待新流量计的在线监测系统气液比日报平均值结果（至少等待一天）。

测试日期_____

加油机序列号_____		加油枪序列号_____	加油枪序列号_____
步骤9	在线监测系统气液比日报平均值结果		
	步骤9数值减去步骤8平均值	差值_____	差值_____
	通过若差值在±0.15 范围则通过否则未通过	通过 未通过	通过 未通过

检测报告结论：_____

_____

_____

检测单位：_____ 电话：_____

地　址：_____

检测单位负责人：_____ 报告日期：_____

中华人民共和国环境保护行业标准

固定源废气监测技术规范

Technical specifications for emission monitoring of stationary source

HJ/T 397—2007

前　言

为贯彻《中华人民共和国环境保护法》和《中华人民共和国大气污染防治法》，防治大气环境污染，改善环境质量，制定本标准。

本标准规定了在烟道、烟囱及排气筒等固定污染源排放废气中，颗粒物与气态污染物监测的手工采样和测定技术方法，以及便携式仪器监测方法。对固定源废气监测的准备、废气排放参数的测定、排气中颗粒物和气态污染物采样与测定方法、监测的质量保证等做了相应的规定。

本标准的附录 A 为资料性附录。

本标准为首次发布。

本标准由国家环境保护总局科技标准司提出。

本标准主要起草单位：中国环境监测总站、北京市环境保护监测中心。

本标准国家环境保护总局 2007 年 12 月 7 日批准。

本标准自 2008 年 3 月 1 日起实施。

本标准由国家环境保护总局解释。

1 范围

本标准规定了在烟道、烟囱及排气筒等固定污染源排放废气中，颗粒物与气态污染物监测的手工采样和测定技术方法，以及便携式仪器监测方法。对固定源废气监测的准备、废气排放参数的测定、排气中颗粒物和气态污染物采样与测定方法、监测的质量保证等做了相应的规定。

本标准适用于各级环境监测站，工业、企业环境监测专业机构及环境科学研究部门等开展固定污染源废气污染物排放监测，建设项目竣工环保验收监测，污染防治设施治理效果监测，烟气连续排放监测系统验证监测，清洁生产工艺及污染防治技术研究性监测等。

2 规范性引用文件

本标准内容引用了下列文件中的条款。凡是不注日期的引用文件，其有效版本适用于本标准。

GB/T 16157 固定污染源排气中颗粒物测定与气态污染物采样方法

HJ/T 47 烟气采样器技术条件

HJ/T 48 烟尘采样器技术条件

ISO 12141 固定污染源排放　低浓度颗粒物（烟尘）质量浓度的测定　手工重量法

3 术语和定义

下列术语和定义适用于本标准。

3.1 污染源　pollution source

排放大气污染物的设施或建筑构造（如车间等）。

3.2 固定源 stationary source

燃煤、燃油、燃气的锅炉和工业炉窑以及石油化工、冶金、建材等生产过程中产生的废气通过排气筒向空气中排放的污染源。

3.3 颗粒物 particulates

燃料和其他物质在燃烧、合成、分解以及各种物料在机械处理中所产生的悬浮于排放气体中的固体和液体颗粒状物质。

3.4 气态污染物　gaseous pollutants

以气体状态分散在排放气体中的各种污染物。

3.5 工况　operation condition

装置和设施生产运行的状态。

3.6 等速采样　isokinetic sampling

将采样嘴平面正对排气气流，使进入采样嘴的气流速度与测定点的排气流速相等。

3.7 标准状态下的干排气　dry flue gas of standard conditions

温度为 273.15 K，压力为 101 325 Pa 条件下不含水分的排气。

3.8 过量空气系数　excess air coefficient

燃料燃烧时实际空气供给量与理论空气需要量之比值。

4 监测准备

4.1 监测方案的制订

4.1.1 收集相关的技术资料，了解产生废气的生产工艺过程及生产设施的性能、排放的主要污染物种类及排放浓度大致范围，以确定监测项目和监测方法。

4.1.2 调查污染源的污染治理设施的净化原理、工艺过程、主要技术指标等，以确定监测内容。

4.1.3 调查生产设施的运行工况，污染物排放方式和排放规律，以确定采样频次及采样时间。

4.1.4 现场勘察污染源所处位置和数目，废气输送管道的布置及断面的形状、尺寸，废气输送管道周围的环境状况，废气的去向及排气筒高度等，以确定采样位置及采样点数量。

4.1.5 收集与污染源有关的其他技术资料。

4.1.6 根据监测目的、现场勘察和调查资料，编制切实可行的监测方案。监测方案的内容应包括污染源概况、监测目的、评价标准、监测内容、监测项目、采样位置、采样频次及采样时间、采样方法和分析测定技术、监测报告要求、质量保证措施等。对于工艺过程较为简单，监测内容较为单一，经常性重复的监测任务，监测方案可适当简化。

4.2 监测条件的准备

4.2.1 根据监测方案确定的监测内容，准备现场监测和实验室分析所需仪器设备。属于国家强制检定目录内的工作计量器具，必须按期送计量部门检定，检定合格，取得检定证书后方可用于监测工作。测试前还应进行校准和气密性检验，使其处于良好的工作状态。

4.2.2 被测单位应积极配合监测工作，保证监测期间生产设备和治理设施正常运行，工况条件符合监测要求。

4.2.3 在确定的采样位置开设采样孔，设置采样平台，采样平台应有足够的工作面积，保证监测人员安全及方便操作。

4.2.4 设置监测仪器设备需要的工作电源。

4.2.5 准备现场采样和实验室所需的化学试剂、材料、器具、记录表格和安全防护用品。

4.3 对污染源的工况要求

4.3.1 在现场监测期间，应有专人负责对被测污染源工况进行监督，保证生产设备和治理设施正常运行，工况条件符合监测要求。

4.3.2 通过对监测期间主要产品产量、主要原材料或燃料消耗量的计量和调查统计，以及与相应设计指标的比对，核算生产设备的实际运行负荷和负荷率。

4.3.3 相关标准中对监测时工况有规定的，按相关标准的规定执行。

4.3.4 除相关标准另有规定，对污染源的日常监督性监测，采样期间的工况应与平时的正常运行工况相同。

4.3.5 建设项目竣工环境保护验收监测应在工况稳定、生产负荷达到设计生产能力的75%以上（含75%）情况下进行。对于无法调整工况达到设计生产能力的75%以上负荷的建设项目，（1）可以调整工况达到设计生产能力75%以上的部分，验收监测应在满足75%以上负荷或国家及地方标准中所要求的生产负荷的条件下进行；（2）无法调整工况达到设计生产能力75%以上的部分，验收监测应在主体工程稳定、环保设施运行正常，并征得环保主管部门同意的情况下进行，同时注明实际监测时的工况。国家、地方相关标准对生产负荷另有规定的按规定执行。

5 采样位置与采样点

5.1 采样位置

5.1.1 采样位置应避开对测试人员操作有危险的场所。

5.1.2 采样位置应优先选择在垂直管段，应避开烟道弯头和断面急剧变化的部位。采样位置应设置在距弯头、阀门、变径管下游方向不小于 6 倍直径，和距上述部件上游方向不小于 3 倍直径处。对矩形烟道，其当量直径 $D=2AB/（A+B）$，式中 A、B 为边长。采样断面的气流速度最好在 5 m/s 以上。

5.1.3 测试现场空间位置有限，很难满足上述要求时，可选择比较适宜的管段采样，但采样断面与弯头等的距离至少是烟道直径的 1.5 倍，并应适当增加测点的数量和采样频次。

5.1.4 对于气态污染物，由于混合比较均匀，其采样位置可不受上述规定限制，但应避开涡流区。如果同时测定排气流量，采样位置仍按 5.1.2 选取。

5.1.5 必要时应设置采样平台，采样平台应有足够的工作面积使工作人员安全、方便地操作。平台面积应不小于 1.5 m²，并设有 1.1 m 高的护栏和不低于 10 cm 的脚部挡板，采样平台的承重应不小于 200 kg/m²，采样孔距平台面约为 1.2～1.3 m。

5.2 采样孔和采样点

5.2.1 采样孔

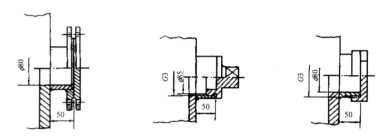

a）带有盖板的采样孔　b）带有管堵的采样孔　c）带有管帽的采样孔

图 1　几种封闭形式的采样孔

5.2.1.1 在选定的测定位置上开设采样孔，采样孔的内径应不小于 80 mm，采样孔管长应不大于 50 mm。不使用时应用盖板、管堵或管帽封闭（图 1）。当采样孔仅用于采集气态污染物时，其内径应不小于 40 mm。

5.2.1.2 对正压下输送高温或有毒气体的烟道，应采用带有闸板阀的密封采样孔（图 2）。

5.2.1.3 对圆形烟道，采样孔应设在包括各测点在内的互相垂直的直径线上（图 3）。对矩形或方形烟道，采样孔应设在包括各测点在内的延长线上（图 4、图 5）。

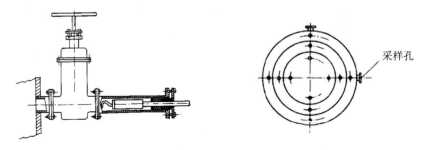

图 2　带有闸板阀的密封采样孔　　　图 3　圆形断面的测定点

5.2.2　采样点的位置和数目

5.2.2.1　圆形烟道

a）将烟道分成适当数量的等面积同心环，各测点选在各环等面积中心线与呈垂直相交的两条直径线的交点上，其中一条直径线应在预期浓度变化最大的平面内，如当测点在弯头后，该直径线应位于弯头所在的平面 $A—A$ 内（图6）。

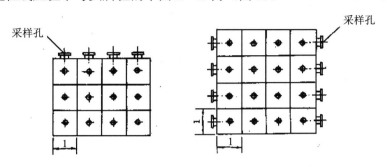

图4　长方形断面的测定点　　图5　正方形断面的测定点

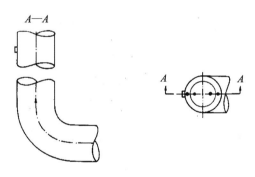

图6　圆形烟道弯头后的测点

b）对符合 5.1.2 要求的烟道。可只选预期浓度变化最大的一条直径线上的测点。

c）对直径小于 0.3 m、流速分布比较均匀、对称并符合 5.1.2 要求的小烟道，可取烟道中心作为测点。

d）不同直径的圆形烟道的等面积环数、测量直径数及测点数见表 1，原则上测点不超过 20 个。

表 1　圆形烟道分环及测点数的确定

烟道直径/m	等面积环数	测量直径数	测点数
<0.3			1
0.3～0.6	1～2	1～2	2～8
0.6～1.0	2～3	1～2	4～12
1.0～1.2	3～4	1～2	6～16
2.0～4.0	4～5	1～2	8～20
>4.0	5	1～2	10～20

e）测点距烟道内壁的距离见图 7，按表 2 确定。当测点距烟道内壁的距离小于 25 mm 时，取 25 mm。

5.2.2.2 矩形或方形烟道

a）将烟道断面分成适当数量的等面积小块，各块中心即为测点。小块的数量按表 3 的规定选取。原则上测点不超过 20 个。b）烟道断面面积小于 0.1 m²，流速分布比较均匀、对称并符合 5.1.2 要求的，可取断面中心作为测点。

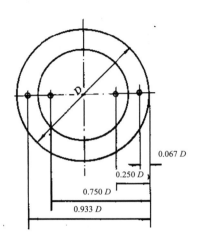

0.067 D
0.250 D
0.750 D
0.933 D

图 7　采样点距烟道内壁距离

表 2　测点距烟道内壁的距离（以烟道直径 D 计）

测点号	环数				
	1	2	3	4	5
1	0.146	0.067	0.044	0.033	0.026
2	0.854	0.250	0.146	0.105	0.082
3		0.750	0.296	0.194	0.146
4		0.933	0.704	0.323	0.226
5			0.854	0.677	0.342
6			0.956	0.806	0.658
7				0.895	0.774
8				0.967	0.854
9					0.918
10					0.974

表 3　矩（方）形烟道的分块和测点数

烟道断面积/m²	等面积小块长边长度/m	测点总数
＜0.1	＜0.32	1
0.1～0.5	＜0.35	1～4
0.5～1.0	＜0.50	4～6
1.0～4.0	＜0.67	6～9

烟道断面积/m²	等面积小块长边长度/m	测点总数
4.0～9.0	<0.75	9～16
>9.0	≤1.0	16～20

6 排气参数的测定

6.1 排气温度的测定

6.1.1 测量位置和测点

按 5.2.1 和 5.2.2 确定，一般情况下可在靠近烟道中心的一点测定。

6.1.2 仪器

a）热电偶或电阻温度计，其示值误差不大于±3℃。

b）水银玻璃温度计，精确度应不低于 2.5%，最小分度值应不大于 2℃。

6.1.3 测定步骤

将温度测量单元插入烟道中测点处，封闭测孔，待温度计读数稳定后读数。使用玻璃温度计时，注意不可将温度计抽出烟道外读数。

6.2 排气中水分含量的测定

6.2.1 测量位置和测点

按 5.2.1 和 5.2.2 确定，一般情况下可在靠近烟道中心的一点测定。

6.2.2 干湿球法

（1）原理。使气体在一定的速度下流经干、湿球温度计，根据干、湿球温度计的读数和测点处排气的压力，计算出排气的水分含量。

（2）仪器。干湿球法测定装置见图 8。

1）采样管。

2）干湿球温度计。精确度应不低于 1.5%，最小分度值应不大于 1℃。

3）真空压力表。精确度应不低于 4%，用于测定流量计前气体压力。

4）转子流量计。精确度应不低于 2.5%。

5）抽气泵。当流量为 40 L/min 时，其抽气能力应能克服烟道及采样系统阻力。当流量计量装置放在抽气泵出口时，抽气泵应不漏气。

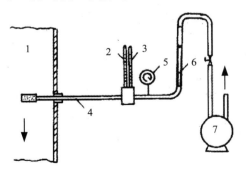

1—烟道；2—干球温度计；3—湿球温度计；4—保温采样管；

5—真空压力表；6—转子流量计；7—抽气泵

图 8 干湿球法测定排气水分含量装置

（3）测定步骤：

1）检查湿球温度计的湿球表面纱布是否包好，然后将水注入盛水容器中。

2）打开采样孔，清除孔中的积灰。将采样管插入烟道中心位置，封闭采样孔。

3）当排气温度较低或水分含量较高时，采样管应保温或加热数分钟后，再开动抽气泵，以 15 L/min 流量抽气。

4）当干、湿球温度计读数稳定后，记录干球和湿球温度。

5）记录真空压力表的压力。

（4）计算：

排气中水分含量按式（1）计算：

$$\varphi_{sw} = \frac{P_{bv} - 0.000\,67(t_c - t_b)(P_a + P_b)}{P_a + P_s} \times 100 \tag{1}$$

式中：φ_{sw}——排气中水分体积分数，%；

P_{bv}——温度为 t_b 时饱和水蒸气压力（根据 t_b 值，由空气饱和时水蒸气压力表中查得），Pa；

t_b——湿球温度，℃；

t_c——干球温度，℃；

P_b——通过湿球温度计表面的气体压力，Pa；

P_a——大气压力，Pa；

P_s——测点处排气静压，Pa。

基于干湿球法原理的含湿量自动测量装置，其微处理器控制传感器测量、采集湿球、干球表面温度以及通过湿球表面的压力及排气静压等参数，同时由湿球表面温度导出该温度下的饱和水蒸气压力，结合输入的大气压，根据公式自动计算出烟气含湿量。

6.2.3 冷凝法

按 GB/T 16157 中 5.2.2 的规定。

6.2.4 重量法

按 GB/T 16157 中 5.2.4 的规定。

6.3 排气中 CO、CO_2、O_2 等气体成分的测定

6.3.1 采样位置及测点

按 5.2.1 和 5.2.2 确定，一般情况下可在靠近烟道中心的一点测定。

6.3.2 奥氏气体分析仪法测定 CO、CO_2、O_2

按 GB/T 16157—1996 中 5.3.2 的规定。

6.3.3 电化学法测定 O_2

a）原理。被测气体中的氧气，通过传感器半透膜充分扩散进入铅镍合金—空气电池内。经电化学反应产生电能，其电流大小遵循法拉第定律与参加反应的氧原子摩尔数成正比，放电形成的电流经过负载形成电压，测量负载上的电压大小得到氧的体积分数。

b）仪器：

1）测氧仪，由气泵、流量控制装置、控制电路及显示屏组成。

2）采样管及样气预处理器。

c）测定步骤。按仪器使用说明书的要求连接气路，并对气路系统进行漏气检查，开

启仪器气泵，当仪器自检完毕，表明工作正常后，将采样管插入被测烟道中心或靠近中心处，抽取烟气进行测定，待氧含量读数稳定后，读取数据。

6.3.4 热磁式氧分仪法测定 O_2

a）原理。氧受磁场吸引的顺磁性比其他气体强许多，当顺磁性气体在不均匀磁场中，且具有温度梯度时，就会形成气体对流，这种现象称为热磁对流，或称为磁风。磁风的强弱取决于混合气体中含氧量多少。通过把混合气体中氧含量的变化转换成热磁对流的变化，再转换成电阻的变化，测量电阻的变化，就可得到氧的体积分数。

b）仪器：

1）热磁式氧分仪。

2）采样管及样气预处理器。

c）测定步骤。按仪器使用说明书的要求连接气路，并对气路系统进行漏气检查。开启仪器气泵，当仪器自检完毕，表明工作正常后，将采样管插入被测烟道中心或靠近中心处，抽取烟气进行测定，待指示稳定后读取氧含量数据。

6.3.5 氧化锆氧分仪法测定 O_2

a）原理。利用氧化锆材料添加一定量的稳定剂以后，通过高温烧成，在一定温度下成为氧离子固体电解质。在该材料两侧焙烧上铂电极，一侧通气样，另一侧通空气，当两侧氧分压不同时，两电极间产生浓差电动势，构成氧浓差电池。由氧浓差电池的温度和参比气体氧分压，便可通过测量仪表测量出电动势，换算出被测气体的氧的体积分数。

b）仪器：

1）氧化锆氧分仪。

2）采样管及样气预处理器。

c）测定步骤。按仪器使用说明书的要求连接气路，并对气路系统进行漏气检查。接通电源，按仪器说明书要求的加热时间使监测器加热炉升温。开启仪器气泵，当仪器自检完毕，表明工作正常后，将采样管插入被测烟道中心或靠近中心处，抽取烟气进行测定，待指示稳定后读取氧含量数据。

6.4 排气密度和气体分子质量的计算

排气密度和气体分子质量的计算按 GB/T 16157—1996 中第 6 章规定。

6.5 排气流速、流量的测定

6.5.1 测量位置及测点

按照 5.2.1 和 5.2.2 的要求选定。

6.5.2 原理

排气的流速与其动压的平方根成正比，根据测得某测点处的动压、静压以及温度等参数，由式（2）（见 6.5.5.1）计算出排气流速。

6.5.3 仪器

（1）标准型皮托管。标准型皮托管的构造如图 9 所示。它是一个弯成 90°的双层同心圆管，前端呈半圆形，正前方有一开孔，与内管相通，用来测定全压。在距前端 6 倍直径处外管壁上开有一圈孔径为 1 mm 的小孔，通至后端的侧出口，用来测定排气静压。按照上述尺寸制作的皮托管其修正系数 Kp 为 0.99 ± 0.01。标准型皮托管的测孔很小，当烟道内颗粒物浓度大时，易被堵塞。它适用于测量较清洁的排气。

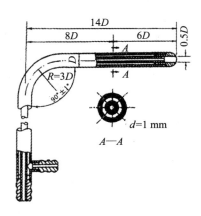

图 9　标准型皮托管

（2）S 形皮托管。S 形皮托管的构造见图 10，它是由两根相同的金属管并联组成。测量端有方向相反的两个开口，测定时，面向气流的开口测得的压力为全压，背向气流的开口测得的压力小于静压。按图 10 设计制作的 S 形皮托管其修正系数 K_p 为 0.84±0.01。制作尺寸与上述要求有差别的 S 形皮托管的修正系数需进行校正。其正、反方向的修正系数相差应不大于 0.01。S 形皮托管的测压孔开口较大，不易被颗粒物堵塞，且便于在厚壁烟道中使用。

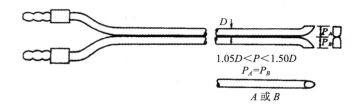

图 10　S 形皮托管

（3）U 型压力计。U 型压力计用于测定排气的全压和静压，其最小分度值应不大于 10 Pa。

（4）斜管微压计。斜管微压计用于测定排气的动压，其精确度应不低于 2%，其最小分度值应不大于 2 Pa。

（5）大气压力计。最小分度值应不大于 0.1 kPa。

（6）流速测定仪。由皮托管、温度传感器、压力传感器、控制电路及显示屏组成。皮托管同 6.5.3（1）和（2），温度传感器同 6.1.2，动压测量压力传感器同 HJ/T 48 中 6.3.4.2，静压测量压力传感器同 HJ/T 48 中 6 .3.4.3。

6.5.4　测定步骤

6.5.4.1　用皮托管、斜管微压计和 U 型压力计测量

（1）准备工作

1）将微压计调整至水平位置。

2）检查微压计液柱中有无气泡。

3）检查微压计是否漏气。向微压计的正压端（或负压端）入口吹气（或吸气），迅速封闭该入口，如微压计的液柱面位置不变，则表明该通路不漏气。

4）检查皮托管是否漏气。用橡皮管将全压管的出口与微压计的正压端连接，静压管的出口与微压计的负压端连接。由全压管测孔吹气后，迅速堵严该测孔，如微压计的液柱面位置不变，则表明全压管不漏气；再将静压测孔用橡皮管或胶布密封，然后打开全压测孔，此时微压计液柱将跌落至某一位置，如果液面不继续跌落，则表明静压管不漏气。

（2）测量气流的动压（图11）

1）将微压计的液面调整到零点。

2）在皮托管上标出各测点应插入采样孔的位置。

3）将皮托管插入采样孔。使用 S 型皮托管时，应使开孔平面垂直于测量断面插入。如断面上无涡流，微压计读数应在零点左右。使用标准皮托管时，在插入烟道前，切断皮托管和微压计的通路，以避免微压计中的酒精被吸入到连接管中，使压力测量产生错误。

4）在各测点上，使皮托管的全压测孔正对着气流方向，其偏差不得超过 10°，测出各点的动压，分别记录在表中。重复测定一次，取平均值。

5）测定完毕后，检查微压计的液面是否回到原点。

（3）测量排气的静压（图11）

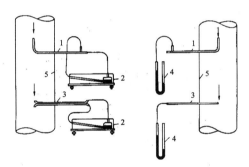

1—标准皮托管；2—斜管微压计；3—S 型皮托管；4—U 型压力计；5—烟道

图 11　动压及静压的测定装置

1）将皮托管插入烟道近中心处的一个测点。

2）使用 S 型皮托管测量时只用其一路测压管。其出口端用胶管与 U 型压力计一端相连，将 S 型皮托管插入到烟道近中心处，使其测量端开口平面平行于气流方向，所测得的压力即为静压。

（4）测量排气的温度

（5）测量大气压力

使用大气压力计直接测出。

6.5.4.2　用流速测定仪测量

按照仪器使用说明书的要求进行操作，由流速测定仪自动测定烟道断面各测点的排气温度、动压、静压和环境大气压，根据测得的参数仪器自动计算出各点的流速。

6.5.5 排气流速的计算

6.5.5.1 测点流速计算

测点气流速度 V_s 按式（2）计算：

$$V_s = K_p \sqrt{\frac{2P_d}{\rho_s}} = 128.9 K_p \sqrt{\frac{(273 + t_s)P_d}{M_s(P_a + P_s)}} \qquad (2)$$

当干排气成分与空气近似，排气露点温度在 35～55℃、排气的绝对压力在 97～103 kPa 时，V_s 可按式（3）计算：

$$V_s = 0.076 K_p \sqrt{273 + t_s} \times \sqrt{P_d} \qquad (3)$$

对于接近常温、常压条件下（$t_s = 20℃$，$P_a + P_s = 101\ 325\ \text{Pa}$），通风管道的空气流速 V_a 按式（4）计算：

$$V_s = 1.29 K_p \sqrt{P_d} \qquad (4)$$

式中：V_s——湿排气的气体流速，m/s；

V_a——常温常压下通风管道的空气流速，m/s；

P_a——大气压力，Pa；

K_p——皮托管修正系数；

P_d——排气动压，Pa；

P_s——排气静压，Pa；

ρ_s——湿排气的密度，kg/m³；

M_s——湿排气的分子质量，kg/kmol；

t_s——排气温度，℃。

6.5.5.2 平均流速的计算

烟道某一断面的平均流速 $\overline{V}_s$ 可根据断面上各测点测出的流速 V_{si}，由式（5）计算：

$$\overline{V}_s = \frac{\sum\limits_{i=1}^{n} V_{si}}{n} = 128.9 K_p \sqrt{\frac{273 + t_s}{M_s(P_a + P_s)}} \times \frac{\sum\limits_{i=1}^{n} \sqrt{P_{di}}}{n} \qquad (5)$$

式中：P_{di}——某一测点的动压，Pa；

n——测点的数目。

当干烟气成分与空气近似，排气露点温度在 35～55℃、排气的绝对压力在 97～103 kPa 时，某一断面的平均流速 $\overline{V}_s$ 按式（6）计算：

$$\overline{V}_s = 0.076 K_p \sqrt{273 + t_s} \times \frac{\sum\limits_{i=1}^{n} \sqrt{P_{di}}}{n} \qquad (6)$$

对于接近常温、常压条件下（$t_s = 20℃$，$P_a + P_s = 101\ 325\ \text{Pa}$），通风管道中某一断面的平均空气流速 $\overline{V}_a$ 按式（7）计算：

$$\overline{V}_a = 1.29 K_p \frac{\sum\limits_{i=1}^{n} \sqrt{P_{di}}}{n} \tag{7}$$

6.5.6　排气流量的计算

6.5.6.1　工况下湿排气流量 Q_s 按式（8）计算：

$$Q_s = 3\,600 \times F \times \overline{V}_s \tag{8}$$

式中：Q_s——工况下湿排气流量，m³/h；

　　　F——测定断面面积，m²；

　　　$\overline{V}_s$——测定断面湿排气平均流速，m/s。

6.5.6.2　标准状态下干排气流量 Q_{sn} 按式（9）计算：

$$Q_{sn} = Q_s \times \frac{P_a + P_s}{101\,325} \times \frac{273}{273 + t_s}(1 - \varphi_{sw}) \tag{9}$$

式中：Q_{sn}——标准状态下干排气流量，m³/h；

　　　P_a——大气压力，Pa；

　　　P_s——排气静压，Pa；

　　　t_s——排气温度，℃；

　　　φ_{sw}——排气中水分体积分数，%。

6.5.6.3　常温常压条件下，通风管道中的空气流量 Q_a 按式（10）计算：

$$Q_a = 3\,600 \times F \times \overline{V}_a \tag{10}$$

式中：Q_a——通风管道中的空气流量，m³/h。

7　颗粒物的测定

7.1　采样位置和采样点

按照 5.1 和 5.2 确定。

7.2　原理

将烟尘采样管由采样孔插入烟道中，使采样嘴置于测点上，正对气流，按颗粒物等速采样原理，抽取一定量的含尘气体。根据采样管滤筒上所捕集到的颗粒物量和同时抽取的气体量，计算出排气中颗粒物浓度。

7.3　采样原则

7.3.1　等速采样。颗粒物具有一定的质量，在烟道中由于本身运动的惯性作用，不能完全随气流改变方向，为了从烟道中取得有代表性的烟尘样品，需等速采样，即气体进入采样嘴的速度应与采样点的烟气速度相等，其相对误差应在 10%以内。气体进入采样嘴的速度大于或小于采样点的烟气速度都将使采样结果产生偏差。

7.3.2　多点采样。由于颗粒物在烟道中的分布是不均匀的，要取得有代表性的烟尘样品，必须在烟道断面按一定的规则多点采样。

7.4　采样方法

7.4.1　移动采样。用一个滤筒在已确定的采样点上移动采样，各点的采样时间相同，求出采样断面的平均浓度。

7.4.2　定点采样。每个测点上采一个样，求出采样断面的平均浓度，并可了解烟道断面上颗粒物浓度变化情况。

7.4.3　间断采样。对有周期性变化的排放源，根据工况变化及其延续时间，分段采样，然后求出其时间加权平均浓度。

7.5　维持等速采样的方法

7.5.1　维持颗粒物等速采样的方法有普通型采样管法（预测流速法）、皮托管平行测速采样法、动压平衡型采样管法和静压平衡型采样管法四种。可根据不同测量对象状况，选用其中的一种方法。有条件的，应尽可能采用自动调节流量烟尘采样仪，以减少采样误差，提高工作效率。

7.5.2　普通型采样管法（预测流速法）按 GB/T 16157—1996 中 8.3 的规定。

7.5.3　皮托管平行测速采样法按 GB/T 16157—1996 中 8.4 的规定。

7.5.4　动压平衡型采样管法按 GB/T 16157—1996 中 8.5 的规定。

7.5.5　静压平衡型采样管法按 GB/T 16157—1996 中 8.6 的规定。

7.6　皮托管平行测速自动烟尘采样仪

7.6.1　原理

仪器的微处理测控系统根据各种传感器检测到的静压、动压、温度及含湿量等参数，计算烟气流速，选定采样嘴直径，采样过程中仪器自动计算烟气流速和等速跟踪采样流量，控制电路调整抽气泵的抽气能力，使实际流量与计算的采样流量相等，从而保证了烟尘自动等速采样（图 12）。

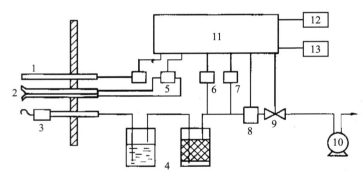

1—热电偶或热电阻温度计；2—皮托管；3—采样管；4—除硫干燥器；5—微压传感器；6—压力传感器；7—温度传感器；8—流量传感器；9—流量调节装置；10—抽气泵；11—微处理系统；12—微型打印机或接口；13—显示器

图 12　皮托管平行测速自动烟尘采样仪

7.6.2　采样前准备工作

a）滤筒处理和称重。用铅笔将滤筒编号，在 105～110℃烘烤 1 h，取出放入干燥器中，在恒温恒湿的天平室中冷却至室温，用感量 0.1 mg 天平称量，两次称量重量之差应不超过 0.5 mg。当滤筒在 400℃以上高温排气中使用时，为了减少滤筒本身减重，应预先在 400℃高温箱中烘烤 1 h，然后放入干燥器中冷却至室温，称量至恒重。放入专用的容器中保存。

b）检查所有的测试仪器功能是否正常，干燥器中的硅胶是否失效。

c）检查系统是否漏气，如发现漏气，应再分段检查，堵漏，直至合格。

7.6.3 采样步骤

a）采样系统连接。用橡胶管将组合采样管的皮托管与主机的相应接嘴连接，将组合采样管的烟尘取样管与洗涤瓶和干燥瓶连接，再与主机的相应接嘴连接。

b）仪器接通电源，自检完毕后，输入日期、时间、大气压、管道尺寸等参数。仪器计算出采样点数目和位置，将各采样点的位置在采样管上做好标记。

c）打开烟道的采样孔，清除孔中的积灰。

d）仪器压力测量进行零点校准后，将组合采样管插入烟道中，测量各采样点的温度、动压、静压、全压及流速，选取合适的采样嘴。

e）含湿量测定装置注水，并将其抽气管和信号线与主机连接，将采样管插入烟道，测定烟气中水分含量。

f）记下滤筒的编号，将已称重的滤筒装入采样管内，旋紧压盖，注意采样嘴与皮托管全压测孔方向一致。

g）设定每点的采样时间，输入滤筒编号，将组合采样管插入烟道中，密封采样孔。

h）使采样嘴及皮托管全压测孔正对气流，位于第一个采样点。启动抽气泵，开始采样。第一点采样时间结束，仪器自动发出信号，立即将采样管移至第二采样点继续进行采样。依此类推，顺序在各点采样。采样过程中，采样器自动调节流量保持等速采样。

i）采样完毕后，从烟道中小心地取出采样管，注意不要倒置。用镊子将滤筒取出，放入专用的容器中保存。

j）用仪器保存或打印出采样数据。

7.6.4 样品分析

采样后的滤筒放入 105℃ 烘箱中烘烤 1 h，取出放入干燥器中，在恒温恒湿的天平室中冷却至室温，用感量 0.1 mg 天平称量至恒重。采样前后滤筒重量之差，即为采取的颗粒物量。

8 气态污染物采样

8.1 采样位置和采样点

8.1.1 采样位置。原则上应符合 5.1 的规定。

8.1.2 采样点。由于气态污染物在采样断面内，一般是混合均匀的，可取靠近烟道中心的一点作为采样点。

8.2 采样方法

8.2.1 化学法采样

8.2.1.1 原理

通过采样管将样品抽入到装有吸收液的吸收瓶或装有固体吸附剂的吸附管、真空瓶、注射器或气袋中，样品溶液或气态样品经化学分析或仪器分析得出污染物含量。

8.2.1.2 采样系统

a）吸收瓶或吸附管采样系统。由采样管、连接导管、吸收瓶或吸附管、流量计量箱和抽气泵等部件组成，见图 13。当流量计量箱放在抽气泵出口时，抽气泵应严密不漏气。

根据流量计量和控制装置的类型，烟气采样器可分为孔板流量计采样器、累计流量计采样器和转子流量计采样器。

b）真空瓶或注射器采样系统。由采样管、真空瓶或注射器、洗涤瓶、干燥器和抽气泵等组成，见图 14 和图 15。

8.2.1.3 包括有机物在内的某些污染物，在不同烟气温度下，或以颗粒物或以气态污染物形式存在。采样前应根据污染物状态，确定采样方法和采样装置。如系颗粒物则按颗粒物等速采样方法采样。

8.2.2 仪器直接测试法采样

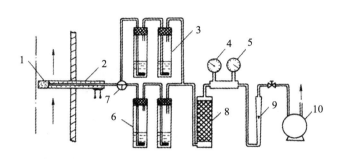

1—烟道；2—加热采样管；3—旁路吸收瓶；4—温度计；5—真空压力表；6—吸收瓶；7—三通阀；8—干燥器；9—流量计；10—抽气泵

图 13　烟气采样系统

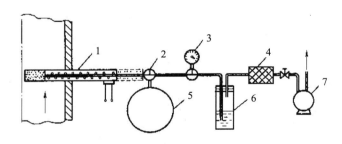

1—加热采样管；2—三通阀；3—真空压力表；4—过滤器；5—真空瓶；6—洗涤瓶；7—抽气泵

图 14　真空瓶采样系统

8.2.2.1 原理

通过采样管、颗粒物过滤器和除湿器，用抽气泵将样气送入分析仪器中，直接指示被测气态污染物的含量。

8.2.2.2 采样系统

由采样管、颗粒物过滤器、除湿器、抽气泵、测试仪和校正用气瓶等部分组成，见图 16。

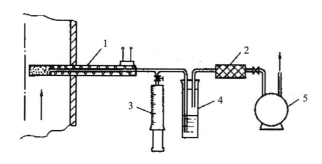

1—加热采样管；2—过滤器；3—注射器；4—洗涤瓶；5—抽气泵

图 15 注射器采样系统

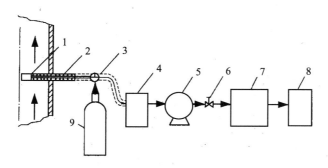

1—滤料；2—加热采样管；3—三通阀；4—除湿器；5—抽气泵；6—调节阀；

7—分析仪；8—记录器；9—标准气瓶

图 16 仪器直接测试法采样系统

8.3 采样装置

按 GB/T 16157—1996 中 9.3 的规定。

8.4 采样步骤

8.4.1 使用吸收瓶或吸附管采样系统采样

8.4.1.1 采样管的准备与安装

a）清洗采样管，使用前清洗采样管内部，干燥后再用。

b）更换滤料，当填充无碱玻璃棉或其他滤料时，充填长度为 20～40 mm。

c）采样管插入烟道近中心位置，进口与排气流动方向成直角。如使用入口装有斜切口套管的采样管，其斜切口应背向气流。

d）采样管固定在采样孔上，应不漏气。

e）在不采样时，采样孔要用管堵或法兰封闭。

8.4.1.2 吸收瓶或吸附管与采样管、流量计量箱的连接

a）吸收液、吸收瓶、吸附管按实验室化学分析操作要求进行准备，并用记号笔记上样品编号。

b）按图 13 所示，用连接管将采样管、吸收瓶或吸附管、流量计量箱和抽气泵连接，连接管应尽可能短。

c）采样管与吸收瓶和流量计量箱连接，应使用球形接头或锥形接头连接。

d）准备一定量的吸收瓶，各装入规定量的吸收液，其中两个作为旁路吸收瓶使用。

e）为防止吸收瓶磨口处漏气，可以用硅密封脂涂抹。

f）吸收瓶和旁路吸收瓶在入口处，用玻璃三通阀连接。

g）吸收瓶或吸附管应尽量靠近采样管出口处，当吸收液温度较高而对吸收效率有影响时，应将吸收瓶放入冷水槽中冷却。

h）采样管出口至吸收瓶或吸附管之间连接管要用保温材料保温，当管线长时，须采取加热保温措施。

i）用活性碳、高分子多孔微球作吸附剂时，如烟气中水分含量体积百分数大于 3%，为了减少烟气水分对吸附剂吸附性能的影响，应在吸附管前串接气水分离装置，除去烟气中的水分。

8.4.1.3 漏气试验

a）将各部件按图 13 连接。

b）关上采样管出口三通阀，打开抽气泵抽气，使真空压力表负压上升到 13 kPa，关闭抽气泵一侧阀门，如压力计压力在 1 min 内下降不超过 0.15 kPa，则视为系统不漏气。

c）如发现漏气，要重新检查、安装，再次检漏，确认系统不漏气后方可采样。

8.4.1.4 采样操作

a）预热采样管。打开采样管加热电源，将采样管加热到所需温度。

b）置换吸收瓶前采样管路内的空气。正式采样前，令排气通过旁路吸收瓶采样 5 min，将吸收瓶前管路内的空气置换干净。

c）采样。接通采样管路，调节采样流量至所需流量进行采样，采样期间应保持流量恒定，波动应不大于±10%。使用累计流量计采样器时，采样开始要记录累计流量计读数。

d）采样时间。视待测污染物浓度而定，但每个样品采样时间一般不少于 10 min。

e）采样结束。切断采样管至吸收瓶之间气路，防止烟道负压将吸收液与空气抽入采样管。使用累计流量计采样器时，采样结束要记录累计流量计读数。

f）样品贮存。采集的样品应放在不与被测物产生化学反应的容器内，容器要密封并注明样品号。

8.4.1.5 采样时应详细记录采样时工况条件、环境条件和样品采集数据（采样流量、采样时间、流量计前温度、流量计前压力、累计流量计读数等）。

8.4.1.6 采样后应再次进行漏气检查，如发现漏气，应修复后重新采样。

8.4.1.7 在样品贮存过程中，如采集在样品中的污染物浓度随时间衰减，应在现场随时进行分析。

8.4.2 使用真空瓶或注射器采样

8.4.2.1 真空瓶、注射器安装

a）真空瓶与注射器在安装前要进行漏气检查。

1）真空瓶漏气检查：将真空瓶与真空压力表连接，抽气减压到绝对压力为 1.33 kPa，放置 1 h 后，如果瓶内绝对压力不超过 2.66 kPa，则视为不漏气。

2）注射器漏气检查：用水将注射器活栓润湿后，吸入空气至刻度 1/4 处，用橡皮帽堵严进气孔，反复把活栓推进拉出几次，如活栓每次都回到原来的位置，可视为不漏气。

b）在真空瓶内放入适量的吸收液，用真空泵将真空瓶减压，直至吸收液沸腾，关闭旋塞，采样前用真空压力表测量并记下真空瓶内绝对压力。

c）取 100 ml 的洗涤瓶，内装洗涤液，如待测气体系酸性，则装入 5 mol/L 氢氧化钠溶液，如系碱性，则装入 3 mol/L 硫酸溶液洗涤气体。

d）真空瓶或注射器与其他部件连接，使用球形或锥形接头连接。

e）将真空瓶或注射器按图 14 和图 15 连接，真空瓶和注射器要尽量靠近采样管。

f）采样系统漏气检查，堵死采样管出口端连接管，打开抽气泵抽气，至真空压力表压力升到 13 kPa 时，关上抽气泵一侧阀门，如压力表压力在 1 min 内下降不超过 0.15 kPa，则视为系统不漏气。

8.4.2.2 采样

a）采样前，打开抽气泵以 1 L/min 流量抽气约 5 min，置换采样系统的空气。

b）打开真空瓶旋塞，使气体进入真空瓶，然后关闭旋塞，将真空瓶取下。使用注射器时，打开注射器阀门，抽动活栓，将气样一次抽入预定刻度，关闭注射器进口阀门，取下注射器倒立存放。

c）采样时记下采样的工况、环境温度和大气压力。

8.4.3 使用仪器直接测试法采样

8.4.3.1 检测仪的检定和校准

仪器应按期送国家授权的计量部门进行检定，并根据仪器的使用频率定期进行校准。校准时使用不同浓度的标准气，按仪器说明书规定的程序校准仪器的满档和零点，再用仪器量程中点值附近浓度的标准气体复检。

8.4.3.2 采样系统的连接和安装

a）检查并清洁采样预处理器的颗粒物过滤器，除湿器和输气管路，必要时更换滤料。

b）按照使用说明书连接采样管、采样预处理器和检测仪的气路和电路。

c）连接管线要尽可能短，当必须使用较长管线时，应注意防止样气中水分冷凝，必要时应对管线加热。

8.4.3.3 采样和测定

a）将采样管置于环境空气中，接通仪器电源，仪器自检并校正零点后，自动进入测定状态。

b）将采样管插入烟道中，将采样孔堵严使之不漏气，抽取烟气进行测定，待仪器读数稳定后即可记录（打印）测试数据。

c）读数完毕将采样管从烟道取出置于环境空气中，抽取干净空气直至仪器示值符合说明书要求后，将采样管插入烟道进行第二次测试。

d）重复 b）、c）步骤，直至测试完毕。

e）测定结束后，将采样管从烟道取出置于环境空气中，抽取干净空气直至仪器示值符合说明书要求后，自动或手动关机。

8.4.3.4 不同的检测仪器，操作步骤有差异，应严格按照仪器说明书操作。

9 采样体积计算

9.1 使用转子流量计时的采样体积计算

9.1.1 当转子流量计前装有干燥器时，标准状态下干排气采气体积按式（11）计算：

$$V_{nd} = 0.27Q'_r \sqrt{\frac{P_a + P_r}{M_{sd}(273 + t_r)}} \times t \qquad (11)$$

式中：V_{nd}——标准状态下干采气体积，L；

　　　Q'_r——采样流量，L/min；

　　　M_{sd}——干排气气体分子质量，kg/kmol；

　　　P_a——大气压力，Pa；

　　　P_r——转子流量计前气体压力，Pa；

　　　t_r——转子流量计前气体温度，℃；

　　　t——采样时间，min。

9.1.2 当被测气体的干气体分子质量近似于空气时，标准状态下干气体体积按式（12）计算：

$$V_{nd} = 0.05Q'_r \sqrt{\frac{P_a + P_r}{(273 + t_r)}} \times t \qquad (12)$$

9.2 使用干式累积流量计时的采样体积计算

使用干式累积流量计，流量计前装有干燥器，标准状态下干排气采气体积按式（13）计算：

$$V_{nd} = K(V_2 - V_1)\frac{273}{273 + t_d} \times \frac{P_a + P_d}{101\,325} \qquad (13)$$

式中：V_1、V_2——采样前后累积流量计的读数，L；

　　　t_d——流量计前气体温度，℃；

　　　P_d——流量计前气体压力，Pa；

　　　K——流量计的修正系数。

9.3 使用注射器时的采样体积计算

使用注射器采样时，标准状态下干采气体积按式（14）计算：

$$V_{nd} = V_f \frac{273}{273 + t_f} \times \frac{P_a + P_{fv}}{101\,325} \qquad (14)$$

式中：V_f——室温下注射器采样体积，L；

　　　t_f——室温，℃；

　　　P_{fv}——在 t_f 时饱和水蒸气压力，Pa。

9.4 使用真空瓶时的采样体积计算

使用真空瓶采样时，标准状态下干采气体积按式（15）计算：

$$V_{nd} = (V_b - V_1)\frac{273}{101\,325}\left(\frac{P_f - P_{fv}}{273 + t_f} - \frac{P_i - P_{iv}}{273 + t_i}\right) \qquad (15)$$

式中：V_b——真空瓶容积，L；

　　　V_1——吸收液容积，L；

P_f——采样后放置至室温，真空瓶内压力，Pa；

t_f——测 P_f 时的室温，℃；

P_i——采样前真空瓶内压力，Pa；

t_i——测 P_i 时的室温，℃；

P_{fv}——在 t_f 时的饱和水蒸气压力，Pa；

P_{iv}——在 t_i 时的饱和水蒸气压力，Pa。

注：被吸收液吸收的样品，由于体积很小而忽略不计。

10 采样频次和采样时间

10.1 确定采样频次和采样时间的依据

10.1.1 相关标准和规范的规定和要求。

10.1.2 实施监测的目的和要求。

10.1.3 被测污染源污染物排放特点、排放方式及排放规律，生产设施和治理设施的运行状况。

10.1.4 被测污染源污染物排放浓度的高低和所采用的监测分析方法的检出限。

10.2 采样频次和采样时间

10.2.1 相关标准中对采样频次和采样时间有规定的，按相关标准的规定执行。

10.2.2 除相关标准另有规定，排气筒中废气的采样以连续 1 h 的采样获取平均值，或在 1 h 内，以等时间间隔采集 3～4 个样品，并计算平均值。

10.2.3 特殊情况下的采样时间和频次：若某排气筒的排放为间断性排放，排放时间小于 1 h，应在排放时段内实行连续采样，或在排放时段内等间隔采集 2～4 个样品，并计算平均值；若某排气筒的排放为间断性排放，排放时间大于 1 h，则应在排放时段内按10.2.2 的要求采样。

10.2.4 一般污染源的监督性监测每年不少于 1 次，如被国家或地方环境保护行政主管部门列为年度重点监管的排污单位，每年监督性监测不少于 4 次。

10.2.5 建设项目竣工环境保护验收监测的采样时间和频次，按国家环境保护总局发布的相关建设项目竣工环境保护验收技术规范执行。

10.2.6 当进行污染事故排放监测时，应按需要设置采样时间和采样频次，不受上述要求的限制。

11 监测分析方法

11.1 选择分析方法的原则

11.1.1 监测分析方法的选用应充分考虑相关排放标准的规定、被测污染源排放特点、污染物排放浓度的高低、所采用监测分析方法的检出限和干扰等因素。

11.1.2 相关排放标准中有监测分析方法的规定时，应采用标准中规定的方法。

11.1.3 对相关排放标准未规定监测分析方法的污染物项目，应选用国家环境保护标准、环境保护行业标准规定的方法。

11.1.4 在某些项目的监测中，尚无方法标准的，可采用国际标准化组织（ISO）或其他国家的等效方法标准，但应经过验证合格，其检出限、准确度和精密度应能达到质控要求。

11.2 固定源部分废气监测分析方法见附录 A。

12 监测结果表示及计算

12.1 监测结果表示及计算

监测结果表示及计算应根据相关排放标准的要求来确定。

12.2 污染物排放浓度

12.2.1 污染物排放以标准状况下干排气量的质量浓度（mg/m³ 或 μg/m³）表示。

12.2.2 污染物排放质量浓度按式（16）进行计算：

$$\rho' = \frac{m}{V_{nd}} \times 10^6 \tag{16}$$

式中：ρ'——污染物排放质量浓度，mg/m³；

　　V_{nd}——标准状况下采集干排气的体积，L；

　　m——采样所得污染物的质量，g。

当监测仪器测定结果以体积分数（10^{-6} 或 10^{-9}）表示时，应将此浓度换算成质量浓度（mg/m³ 或 μg/m³），按式（17）进行换算：

$$\rho' = \frac{M}{22.4}\varphi \tag{17}$$

式中：ρ'——污染物质量浓度，mg/m³ 或 μg/m³；

　　M——污染物的摩尔质量，g；

　　22.4——污染物的摩尔体积，L；

　　φ——污染物的体积分数，10^{-6} 或 10^{-9}。

12.2.3 污染物平均排放质量浓度按式（18）进行计算：

$$\bar{\rho}' = \frac{\sum\limits_{i=1}^{n}\rho'}{n} \tag{18}$$

式中：$\bar{\rho}'$——污染物平均排放质量浓度，mg/m³；

　　n——采集的样品数。

12.2.4 周期性变化的生产设备，若需确定时间加权平均质量浓度，按式（19）计算：

$$\bar{\rho}' = \frac{\rho'_1 t_1 + \rho'_2 t_2 + \cdots + \rho'_n t_n}{t_1 + t_2 + \cdots + t_n} \tag{19}$$

式中：$\bar{\rho}'$——污染物时间加权平均排放质量浓度，mg/m³；

　　ρ_1'，ρ_2'，$\cdots$，ρ_n'——污染物在 t_1，t_2，$\cdots$，t_n 时段内的质量浓度，mg/m³；

　　t_1，t_2，$\cdots$，t_n——监测时间段，min。

12.3 污染物折算排放浓度

12.3.1 在计算燃料燃烧设备污染物的排放质量浓度时，应依照所执行的标准要求，将实测的污染物质量浓度折算为标准规定的过量空气系数下的排放质量浓度，按式（20）进行折算：

$$\overline{\rho} = \overline{\rho}' \, \frac{\alpha'}{\alpha} \tag{20}$$

式中：$\overline{\rho}$ ——折算成过量空气系数为α时的污染物排放质量浓度，mg/m^3；

　　　　$\overline{\rho}'$ ——污染物实测排放质量浓度，mg/m^3；

　　　　α' ——实测过量空气系数；

　　　　α ——有关排放标准中规定的过量空气系数。

12.3.2　根据所用含氧量测定仪器的精度和数据处理的要求，过量空气系数按式（21）、式（22）或式（23）计算：

$$\alpha = \frac{20.9}{20.9 - \varphi(O_2)} \tag{21}$$

或
$$\alpha = \frac{21}{21 - \varphi(O_2)} \tag{22}$$

或
$$\alpha = \frac{21}{21 - 79 \, \dfrac{\varphi(O_2) - 0.5\varphi(CO)}{100 - [\varphi(O_2) + \varphi(CO_2) + \varphi(CO)]}} \tag{23}$$

式中：$\varphi(O_2)$、$\varphi(CO_2)$、$\varphi(CO)$——排气中氧、二氧化碳、一氧化碳的体积分数。

12.4　废气排放量

12.4.1　废气排放量以单位时间排放的标准状态下干废气体积表示，其单位为 m^3/h。

12.4.2　工况下的湿废气排放量按式（24）计算：

$$Q_S = 3\,600 \times F \times V_S \tag{24}$$

式中：Q_S ——测量工况下湿排气的排放量，m^3/h；

　　　　F ——管道测定断面面积，m^2；

　　　　V_S ——管道测定断面湿排气的平均流速，m/s。

12.4.3　标准状态下干废气排放量按式（25）计算：

$$Q_{sn} = Q_s \times \frac{P_a + P_s}{101\,325} \times \frac{273}{273 + t_s} \times (1 - \varphi_{sw}) \tag{25}$$

式中：Q_{sn} ——标准状态下干排气量，m^3/h；

　　　　P_a ——大气压力，Pa；

　　　　P_s ——排气静压，Pa；

　　　　t_s ——排气温度，℃；

　　　　φ_{sw} ——排气中水分体积分数，%。

12.5　污染物排放速率

污染物排放速率以单位小时污染物的排放量表示，其单位为 kg/h。污染物排放速率按式（26）计算：

$$G = \overline{\rho}' \times Q_{sn} \times 10^{-6} \tag{26}$$

式中：G ——污染物排放速率，kg/h；

　　　　$\overline{\rho}'$ ——污染物实测排放质量浓度，mg/m^3；

　　　　Q_{sn} ——标准状态下干排气量，m^3/h。

12.6　净化装置的性能

12.6.1 根据净化装置进口和出口气流中污染物的排放量计算其净化效率，按式（27）计算：

$$\eta = \left(\frac{G_J - G_C}{G_J}\right) \times 100\% = \left(\frac{Q_J \rho_J - Q_C \rho_C}{Q_J \rho_J}\right) \times 100\% \tag{27}$$

式中：η——净化设备的净化效率，%；

G_J、G_C——净化装置进口和出口污染物排放速率，kg/h；

ρ_J、ρ_C——净化装置进口和出口污染物排放质量浓度，mg/m³；

Q_J、Q_C——净化装置进口和出口标准状态下干排气量，m³/h。

12.6.2 气流经过净化装置所产生的压力损失称为净化装置的阻力，净化装置的阻力按式（28）计算：

$$\Delta P = P_J - P_C \tag{28}$$

式中：ΔP——净化装置的阻力，Pa；

P_J——净化装置进口端管道中废气全压，Pa；

P_C——净化装置出口端管道中废气全压，Pa。

12.6.3 净化装置的漏风率按风量平衡法测定，漏风率按式（29）计算：

$$E = \left(1 - \frac{Q_C}{Q_J}\right) \times 100\% \tag{29}$$

式中：E——净化装置的漏风率，%；

Q_C——净化装置出口标准状态下干排气量，m³/h；

Q_J——净化装置进口标准状态下干排气量，m³/h。

13 质量保证和质量控制

13.1 仪器的检定和校准

13.1.1 属于国家强制检定目录内的工作计量器具，必须按期送计量部门检定，检定合格，取得检定证书后方可用于监测工作。

13.1.2 排气温度测量仪表、斜管微压计、空盒大气压力计、真空压力表（压力计）、转子流量计、干式累积流量计、采样管加热温度、分析天平、采样嘴、皮托管系数等至少半年自行校正一次。校正方法按 GB/T 16157 中 12 执行。

13.1.3 定电位电解法烟气（SO₂、NOₓ、CO）测定仪，应根据仪器使用频率，每 3 个月至半年校准一次。在使用频率较高的情况下，应增加校准次数。用仪器量程中点值附近浓度的标准气校准，若仪器示值偏差不高于±5%，则为合格。

13.1.4 测氧仪至少每季度检查校验一次，使用高纯氮检查其零点，用干净的环境空气应能调整其示值为 20.9%（在高原地区应按照当地空气含氧量标定）。

13.1.5 定电位电解法烟气测定仪和测氧仪的电化学传感器寿命一般为 1～2 年，若发现传感器性能明显下降或已失效，必须及时更换传感器，送计量部门重新检定后方可使用。

13.1.6 自动烟尘采样仪和含湿量测定装置的温度计、电子压差计、流量计应定期进行校准。

13.2　监测仪器设备的质量检验

13.2.1　监测仪器设备的质量应达到相关标准的规定，烟气采样器的技术要求见 HJ/T 47，烟尘采样器的技术要求见 HJ/T 48。

13.2.2　对微压计、皮托管和烟气采样系统进行气密性检验，按 GB/T 16157 中 5.2.2.3 进行检漏试验。当系统漏气时，应再分段检查、堵漏或重新安装采样系统，直到检验合格。

13.2.3　空白滤筒称量前应检查外表有无裂纹、孔隙或破损，有则应更换滤筒，如果滤筒有挂毛或碎屑，应清理干净。当用刚玉滤筒采样时，滤筒在空白称重前，要用细砂纸将滤筒口磨平整，以保证滤筒安装后的气密性。

13.2.4　应严格检查皮托管和采样嘴，发现变形或损坏者不能使用。

13.2.5　气态污染物采样，要根据被测成分的存在状态和特性，选择合适的采样管、连接管和滤料。采样管材质应不吸收且不与待测污染物起化学反应，不被排气成分腐蚀，能在排气温度和气流下保持足够的机械强度。滤料应选择不吸收且不与待测污染物起化学反应的材料，并能耐受高温排气。连接管应选择不吸收且不与待测污染物起化学反应，并便于连接与密封的材料。

13.2.6　吸收瓶应严密不漏气，多孔筛板吸收瓶鼓泡要均匀，在流量为 0.5 L/min 时，其阻力应在 5 kPa±0.7 kPa。

13.3　现场监测的质量保证

13.3.1　排气参数的测定

a）监测期间应有专人负责监督工况，污染源生产设备、治理设施应处于正常的运行工况，其工况条件应满足 4.3 的规定。

b）在进行排气参数测定和采样时，打开采样孔后应仔细清除采样孔短接管内的积灰，再插入测量仪器或采样探头，并严密堵住采样孔周围缝隙以防止漏气。

c）排气温度测定时，应将温度计的测定端插入管道中心位置，待温度指示值稳定后读数，不应将温度计抽出管道外读数。

d）排气水分含量测定时，采样管前端应装有颗粒物过滤器，采样管应有加热保温措施。应对系统的气密性进行检查。对于直径较大的烟道，应将采样管尽量深地插入烟道，减少采样管外露部分，以防水汽在采样管中冷凝，造成测定结果偏低。

e）用奥氏气体分析仪测定烟气成分时，必须按 CO_2、O_2、CO 的顺序进行测定，操作过程应防止吸收液和封闭液窜入梳形管中。

f）使用微压计测定排气压力时，事先须将仪器调整水平，检查微压计液柱内有无气泡，液面调至零点；对皮托管、微压计和系统进行气密性检查。

g）测定排气压力时，应首先进行零点校准。测定时皮托管的全压孔要正对气流方向，偏差不得超过 10°。

13.3.2　颗粒物的采样

a）颗粒物的采样必须按照等速采样的原则进行，尽可能使用微电脑自动跟踪采样仪，以保证等速采样的精度，减少采样误差。

b）采样位置应尽可能选择气流平稳的管段，采样断面最大流速与最小流速之比不宜大于 3 倍，以防仪器的响应跟不上流速的变化，影响等速采样的精度。

c）在湿式除法除尘或脱硫器出口采样，采样孔位置应避开烟气含水（雾）滴的管段。

d）采样系统在现场连接安装好以后，应对采样系统进行气密性检查，发现问题及时解决。

e）采样嘴应先背向气流方向插入管道，采样时采样嘴必须对准气流方向，偏差不得超过 10°。采样结束，应先将采样嘴背向气流，迅速抽出管道，防止管道负压将尘粒倒吸。

f）锅炉烟尘采样，须多点采样，原则上每点采样时间不少于 3 min，各点采样时间应相等，或每台锅炉测定时所采集样品累计的总采气量不少于 1 m³。每次采样，至少采集 3 个样品，取其平均值。

g）滤筒在安放和取出采样管时，须使用镊子，不得直接用手接触，避免损坏和沾污，若不慎有脱落的滤筒碎屑，须收齐放入滤筒中；滤筒安放要压紧固定，防止漏气；采样结束，从管道抽出采样管时不得倒置，取出滤筒后，轻轻敲打前弯管并用毛刷将附在管内的尘粒刷入滤筒中，将滤筒上口内折封好，放入专用容器中保存，注意在运送过程中切不可倒置。

h）在采集硫酸雾、铬酸雾等样品时，由于雾滴极易沾在采样嘴和弯管内壁，且很难脱离，采样前应将采样嘴和弯管内壁清洗干净，采样后用少量乙醇冲洗采样嘴和弯管内壁，合并在样品中，尽量减少样品损失，保证采样的准确性。

i）采集多环芳烃和二噁英类，采样管材质应为硼硅酸盐玻璃、石英玻璃或钛金属合金，宜使用石英滤筒（膜），采样后滤筒（膜）不可烘烤。

j）用手动采样仪采样过程中，要经常检查和调整流量，普通型采样管法采样前后应重复测定废气流速，当采样前后流速变化大于 20% 时，样品作废，重新采样。

k）当采集高浓度颗粒物时，发现测压孔或采样嘴被尘粒沾堵时，应及时清除。

l）为保证监测质量，测定低浓度颗粒物宜采用 ISO 12141 方法。

13.3.3 气态污染物的采样

a）废气采样时，应对废气被测成分的存在状态及特性、可能造成误差的各种因素（吸附、冷凝、挥发等），进行综合考虑，来确定适宜的采样方法（包括采样管和滤料材质的选择、采样体积、采样管和导管加热保温措施等）。

b）采集废气样品时，采样管进气口应靠近管道中心位置，连接采样管与吸收瓶的导管应尽可能短，必要时要用保温材料保温。

c）采样前，在采样系统连接好以后，应对采样系统进行气密性检查，如发现漏气应分段检查，找出问题，及时解决。

d）使用吸收瓶或吸附管系统采样时，吸收装置应尽可能靠近采样管出口，采样前使排气通过旁路 5 min，将吸收瓶前管路内的空气彻底置换；采样期间保持流量恒定，波动不大于 10%；采样结束，应先切断采样管至吸收瓶之间的气路，以防管道负压造成吸收液倒吸。

e）用碘量法测定烟气二氧化硫，采样必须使用加热采样管（加热温度 120℃），吸收瓶用冰浴或冷水浴控制吸收液温度，以提高吸收效率。

f）对湿法脱硫装置进行脱硫效率的测定，应在正常运行条件下进行，同时测定洗涤液的 pH 值。在报出脱硫效率测定结果时，应注明洗涤液的 pH 值。

g）采样结束后，立即封闭样品吸收瓶或吸附管两端，尽快送实验室进行分析。在样品运送和保存期间，应注意避光和控温。

h）用便携式仪器直接监测烟气中污染物，为了防止采样气体中水分在连接管和仪器中冷凝干扰测定，输气管路应加热保温，配置烟气预处理装置，对采集的烟气进行过滤、除湿和气液分离。除湿装置应使除湿后气体中被测污染物的损失不大于 5%。

i）用便携式烟气分析仪对烟气二氧化硫、氮氧化物等测试，应选择抗负压能力大于烟道负压的仪器，否则会使仪器采样流量减小，测试浓度值将偏低，甚至测不出来。

j）用定电位电解法烟气分析仪对烟气二氧化硫、氮氧化物等测试，应在仪器显示浓度值变化趋于稳定后读数，读数完毕将采样探头取出，置于环境空气中，清洗传感器至仪器读数在 20 mg/m³ 以下时，再将采样探头插入烟道进行第二次测试。在测试完全结束后，应将仪器置于干净的环境空气中，继续抽气吹扫传感器，直至仪器示值符合说明书要求后再关机。

k）用定电位电解法烟气分析仪进行烟气监测，仪器应一次开机直至测试完全结束，中途不能关机重新启动以免仪器零点变化，影响测试准确性。

13.4　实验室分析质量保证

13.4.1　属于国家强制检定目录内的实验室分析仪器及设备必须按期送计量部门检定，检定合格，取得检定证书后方可用于样品分析工作。

13.4.2　分析用的各种试剂和纯水的质量必须符合分析方法的要求。

13.4.3　应使用经国家计量部门授权生产的有证标准物质进行量值传递。标准物质应按要求妥善保存，不得使用超过有效期的标准物质。

13.4.4　送实验室的样品应及时分析，否则必须按各项目的要求保存，并在规定的期限内分析完毕。每批样品至少应做一个全程空白样，实验室内进行质控样、平行样或加标回收样品的测定。

13.4.5　滤筒（膜）的称量应在恒温、恒湿的天平室中进行，应保持采样前和采样后称量条件一致。

固定源部分废气污染物监测分析方法

固定源排气中部分污染物监测分析方法如表 A.1 所示。

表 A.1　固定源部分废气污染物监测分析方法

序号	监测项目	方法标准名称	方法标准编号
1	二氧化硫	固定污染源排气中二氧化硫的测定　碘量法	HJ/T 56
		固定污染源排气中二氧化硫的测定　定电位电解法	HJ/T 57
2	氮氧化物	固定污染源排气中氮氧化物的测定　紫外分光光度法	HJ/T 42
		固定污染源排气中氮氧化物的测定　盐酸萘乙二胺分光光度法	HJ/T 43
3	氯化氢	固定污染源排气中氯化氢的测定　硫氰酸汞分光光度法	HJ/T 27
4	硫酸雾	硫酸浓缩尾气　硫酸雾的测定　铬酸钡比色法	GB 4920
5	氟化物	固定污染源排气　氟化物的测定　离子选择电极法	HJ/T 67
6	氯气	固定污染源排气中氯气的测定　甲基橙分光光度法	HJ/T 30
7	氰化氢	固定污染源排气中氰化氢的测定　异烟酸-吡唑啉酮分光光度法	HJ/T 28
8	光气	固定污染源排气中光气的测定　苯胺紫外分光光度法	HJ/T 31
9	沥青烟	固定污染源排气中沥青烟的测定　重量法	HJ/T 45
10	一氧化碳	固定污染源排气中一氧化碳的测定　非色散红外吸收法	HJ/T 44
		固定污染源排气中颗粒物测定与气态污染物采样方法（奥氏气体分析仪法）	GB/T 16157
11	颗粒物	重量法	本标准第 7 章
		固定污染源排气中颗粒物测定与气态污染物采样方法	GB/T 16157
		固定污染源排放　低浓度颗粒物（烟尘）质量浓度的测定　手工重量法	ISO 12141
12	石棉尘	固定污染源排气中石棉尘的测定　镜检法	HJ/T 41
13	饮食业油烟	饮食业油烟排放标准（试行）　附录 A	GB 18483
14	镉及其化合物	大气固定污染源　镉的测定　火焰原子吸收分光光度法	HJ/T 64.1
		大气固定污染源　镉的测定　石墨炉原子吸收分光光度法	HJ/T 64.2
		大气固定污染源　镉的测定　对-偶氮苯重氮氨基偶氮苯磺酸分光光度法	HJ/T 64.3
15	镍及其化合物	大气固定污染源　镍的测定　火焰原子吸收分光光度法	HJ/T 63.1
		大气固定污染源　镍的测定　石墨炉原子吸收分光光度法	HJ/T 63.2
		大气固定污染源　镍的测定　丁二酮肟-正丁醇萃取分光光度法	HJ/T 63.3
16	锡及其化合物	大气固定污染源　锡的测定　石墨炉原子吸收分光光度法	HJ/T 65
17	铬酸雾	固定污染源排气中铬酸雾的测定　二苯基碳酰二肼分光光度法	HJ/T 29
18	氯乙烯	固定污染源排气中氯乙烯的测定　气相色谱法	HJ/T 34

序号	监测项目	方法标准名称	方法标准编号
19	非甲烷总烃	固定污染源排气中非甲烷总烃的测定 气相色谱法	HJ/T 38
20	甲醇	固定污染源排气中甲醇的测定 气相色谱法	HJ/T 33
21	氯苯类	固定污染源排气中氯苯类的测定 气相色谱法	HJ/T 39
		大气固定污染源 氯苯类化合物的测定 气相色谱法	HJ/T 66
22	酚类	固定污染源排气中酚类化合物的测定 4-氨基安替比林分光光度法	HJ/T 32
23	苯胺类	大气固定污染源 苯胺类的测定 气相色谱法	HJ/T 68
24	乙醛	固定污染源排气中乙醛的测定 气相色谱法	HJ/T 35
25	丙烯醛	固定污染源排气中丙烯醛的测定 气相色谱法	HJ/T 36
26	丙烯腈	固定污染源排气中丙烯腈的测定 气相色谱法	HJ/T 37
27	苯并[a]芘	固定污染源排气中苯并[a]芘的测定 高效液相色谱法	HJ/T 40
28	二噁英类	多氯代二苯并二噁英和多氯代二苯并呋喃的测定 同位素稀释高分辨毛细管气相色谱/高分辨质谱法	HJ/T 77
29	烟气黑度	固定污染源排放 烟气黑度的测定 林格曼烟气黑度图法	HJ/T398

中华人民共和国环境保护行业标准

固定污染源监测质量保证与质量控制技术规范（试行）

HJ/T 373—2007

Technical specifications of quality assurance and quality control for monitoring of stationary pollution source （on trial ）

前　言

为贯彻《中华人民共和国环境保护法》、《中华人民共和国水污染防治法》和《中华人民共和国大气污染防治法》，规范污染源监测，确保监测数据和信息的准确可靠，制定本标准。

本标准规定了固定污染源废水排放、废气排放手工监测和比对监测过程中采样及测定的质量保证和质量控制的技术要求。

本标准为指导性标准。

本标准由国家环境保护总局科技标准司提出。

本标准主要起草单位：中国环境监测总站、沈阳市环境监测中心站。

本标准国家环境保护总局 2007 年 11 月 12 日批准。

本标准自 2008 年 1 月 1 日起实施。

本标准由国家环境保护总局解释。

1 适用范围

本标准规定了固定污染源废水排放、废气排放手工监测和比对监测过程中采样及测定的质量保证和质量控制的技术要求。

本标准适用于固定污染源废水、废气污染物排放的环境监测工作。

2 规范性引用文件

本标准内容引用了下列文件中的条款，凡是不注日期的引用文件，其有效版本适用于本标准。

GB 8978—1996 污水综合排放标准

GB 12998—91 水质　采样技术指导

GB 16297—1996 大气污染物综合排放标准

GB/T 16157—1996 固定污染源排气中颗粒物测定与气态污染物采样方法

HJ/T 75—2007 固定污染源烟气排放连续监测技术规范（试行）

HJ/T 76—2007 固定污染源烟气排放连续监测系统技术要求及检测方法（试行）

HJ/T 91—2002 地表水和污水监测技术规范

HJ/T 92—2002 水污染物排放总量监测技术规范

HJ/T 355—2007 水污染源在线监测系统运行与考核技术规范（试行）

HJ/T 356—2007 水污染源在线监测系统数据有效性判别技术规范（试行）

《环境监测人员持证上岗考核制度》（环发[2006]114 号）

3　术语和定义

下列术语和定义适用于本标准。

3.1　质量保证

环境监测过程的全面质量管理，包含了保证环境监测数据准确、可靠的全部活动和措施。

3.2　质量控制

指用以满足环境监测质量需求所采取的操作技术和活动。

3.3　比对监测

指为了验证水、气在线自动监测仪监测结果的准确性，采用手工监测方法与在线自动监测仪器法同步监测，用手工监测结果作为验证在线自动监测数据的依据。其手工监测方法应采用国家标准方法或其他现行有效方法。

3.4　现场-实验室质控

指按照固定程序，质控样品与实际样品同步采集、同步分析的过程。其质控结果可以用来判断监测结果误差是否产生于现场采样或是实验室分析环节。

4　废水监测质量保证和质量控制技术要求

4.1　监测人员

监测人员应经培训，并按照《环境监测人员持证上岗考核制度》要求持证上岗。

4.2　监测仪器与设备

4.2.1　仪器与设备的检定和校准

属于国家强制检定的仪器与设备，应依法送检，并在检定合格有效期内使用；属于非强制检定的仪器与设备应按照相关校准规程自行校准或核查，或送有资质的计量检定机构进行校准，校准合格并在有效期内使用。每年应对仪器与设备检定及校准情况进行核查，未按规定检定或校准的仪器与设备不得使用。

4.2.2　仪器与设备的运行和维护

制订仪器与设备年度核查计划，并按计划执行，保证在用仪器与设备运行正常。

监测仪器与设备应定期维护保养，应制定仪器与设备管理程序和操作规程，使用时做好仪器与设备使用记录，保证仪器与设备处于完好状态。每台仪器与设备均应有责任人负责日常管理，责任人应有监督仪器与设备使用操作规范性的权利与义务。

4.2.3 质控检查

每季度现场抽查仪器与设备使用情况和使用记录。检查仪器与设备运行状况是否正常，仪器与设备使用是否按操作规程要求执行，检查仪器与设备使用记录是否真实规范。抽查仪器与设备年度核查执行情况，确认仪器与设备核查使用的标准样品有效。仪器与设备年度核查方法应符合相关标准或检验规程的要求。

4.3 工况核查

4.3.1 运行状况核查

运行状况核查时，应记录企业生产情况、污染物治理设施运行情况。其中企业生产情况包括一个季度（月）的生产记录、产品产量、原材料使用量等；污染物治理设施运行情况主要包括现场流量计使用、药剂存贮与使用、板框压滤机的使用、污泥存贮情况及处置记录等。

监测现场记录应由两名或两名以上的监测人员签字确认，必要时还须被监测的企业人员一同签字确认。

4.3.2 能耗核查

4.3.2.1 核查用水量和排水量

核查企业总用水量时，应记录企业一个季度（月）内生产报表、实际生产量和当日生产量。对供水有计量装置的企业，应查看水表或水费单，记录用水量；无计量装置的企业，记录新鲜水水泵流量及水泵运行时间，计算用水量，或采用单位产品水耗计算用水量。当企业实际用水量与提供用水量不符时，应现场核实。

排水量可根据企业废水排放流量计进行核查。若无流量计，可将用水量扣除水量损耗，测算其排水量。

4.3.2.2 核查产量及能耗

记录能源（电、煤、油等）、生产原料消耗情况，记录企业单位产品能耗及产量，核查企业在监测时的生产负荷。工况核查记录可参考附录 A。

4.4 样品采集

4.4.1 监测项目

监测项目执行 GB 8978—1996 及有关行业水污染物排放标准。

4.4.2 采样频次

采样频次按国家有关污染源监测技术规范的规定执行。

4.4.3 采样点位

废水采样点位设在排污单位外排口。原则上外排口应设置在厂界外，如设置于厂界内,溢流口及事故口排水必须能够纳入采样点位排水中。有毒有害污染物采样点位应设置在车间排放口。

采样口为多个企业共用时，采样点应设在其他企业排放污水未汇集处。若一个企业有多个排放口，应对多个排放口同时采样并测定流量。

对污染物治理设施或处理单元监测，应在各种污染物治理设施入口和出口设置采样点。若企业存在未经处理直接排放的废水，则应对企业废水处理设施和未经处理的废水混合点进行监测。

采样前应检查并确定采样点的设置是否符合要求,并按 HJ/T 91—2002 中 5.1.2 和 5.1.3 的规定执行采样点登记与管理。

采样记录中应详细记录采样点位具体位置，绘制采样点位图，采样记录可参见附录 A 中相关表格。

4.4.4 采样断面及位置

水深大于 1 m 时，应在表层下 1/4 深度处采样；水深小于或等于 1 m 时，应在水深的 1/2 处采样，采样位置应靠近采样断面的中心并符合 HJ/T 92—2002 中 6.3.2 的要求。

4.4.5 采样器具

4.4.5.1 采样器具的要求

采样器具应能够标记采样深度，材质和结构应符合 GB 12998—91 的规定。

4.4.5.2 采样器具的清洗

采样器具的清洗按 HJ/T 91—2002 中 4.2.3.1 的要求执行。

4.4.5.3 采样瓶抽检

采样人员定期抽检采样瓶并记录，质控人员随机核查。每批已清洗的采样瓶抽取 3%，检测其待测项目（不包括溶解氧、生化需氧量、细菌等特殊项目）能否检出。若检出，可根据该项目分析精度要求确定是否合格。一旦发现不合格采样瓶，应立即对采样瓶来源及清洗状况进行调查，找出原因，给予纠正。

4.4.6 样品采集、保存、运输和记录

样品采集、保存、运输和记录应符合 HJ/T 91—2002 中 5.2.2 和 5.2.3 的规定。采样现场质量保证措施应符合 HJ/T 92—2002 中 9.2 的要求。样品采集记录可参考附录 A。

4.5 分析实验室的基础条件

分析实验室的基础条件应符合 HJ/T 91—2002 中 11.5 的规定，同一实验房间内不得安排相互影响的监测项目。

4.6 实验室分析质量控制

4.6.1 分析测试

4.6.1.1 分析方法

分析方法按 GB 8978—1996 和有关行业排放标准的规定执行。若监测项目的分析方法未在上述标准中作出规定，其分析测试方法可参见 HJ/T 91—2002 中 6.2 的规定。

开展新的分析项目和分析方法时，应对该项目的分析方法进行适用性检验，了解和掌握分析方法的原理和条件。

4.6.1.2 稀释操作

当样品浓度超过检测上限并需要稀释时，宜移取 10.00 ml（包含 10.00 ml）以上样品进行稀释，并尽可能一次完成。对于必须逐级稀释的高浓度样品，应在稀释前制订逐级稀释操作方案。

4.6.2 实验室内质量控制

4.6.2.1 全程序空白

每批次监测样品应做全程序空白样品，以判断分析结果的准确性。可根据分析方法的需要，在分析结果中扣除全程序空白值对监测结果进行修正。全程序空白值的测定方法见 HJ/T 91—2002 中 11.6.1.1 的规定。

4.6.2.2 精密度控制

采用平行样测定结果判定分析的精密度时，每批次监测应采集不少于 10%的平行样，

样品数量少于 10 个时，至少做 1 份样品的平行样。若测定平行双样的相对偏差在允许范围内，最终结果以双样测定值的平均值报出；若测试结果超出规定允许偏差的范围，在样品允许保存期内，再加测一次，监测结果取相对偏差符合质控指标的两个监测值的平均值。否则该批次监测数据失控，应予以重测。部分项目控制要求见表 1。

相对偏差按式（1）、式（2）计算：

$$相对偏差（\%）=\frac{x_i-\overline{x}}{\overline{x}}\times100\% \qquad (1)$$

$$\overline{x}=\sum_{i=1}^{n}x_i/n \qquad (2)$$

式中：x_i——第 i 次测量值；

$\overline{x}$ —— n 次测量平均值；

n——测量次数。

表 1 废水监测部分项目精密度控制指标

项目	样品含量范围/（mg/L）	允许相对偏差/%
化学需氧量	5～50	≤20
	50～100	≤15
	>100	≤10
氨氮	0.02～0.1	≤20
	0.1～1.0	≤15
	>1.0	≤10
总氮	0.025～1.0	≤10
	>1.0	≤5
总氰化物	≤0.05	≤20
	0.05～0.5	≤15
	>0.5	≤10
六价铬 总铬	≤0.01	≤15
	0.01～1.0	≤10
	>1.0	≤5
总铅 总铜 总锌 总锰	≤0.05	≤30
	0.05～1.0	≤25
	>1.0	≤15
总镉	≤0.005	≤20
	0.005～0.1	≤15
	>0.1	≤10
总砷	<0.05	≤20
	>0.05	≤10
总汞	≤0.001	≤30
	0.001～0.005	≤20
	>0.005	≤15
总磷 磷酸盐	≤0.025	≤25
	0.025～0.6	≤10
	>0.6	≤5
挥发酚	≤0.05	≤25
	0.05～1.0	≤15
	>1.0	≤10

项目	样品含量范围/（mg/L）	允许相对偏差/%
阴离子表面活性剂	≤0.2	≤25
	0.2～0.5	≤20
	＞0.5	≤20
硝酸盐氮	＜0.5	≤25
	0.5～4	≤20
	＞4	≤15
五日生化需氧量	＜3	≤25
	3～100	≤20
	＞100	≤15
有机磷农药类	—	≤20
苯系物	—	≤20
挥发性卤代烃	—	≤20
氯苯类	—	≤20
硝基苯类	—	≤30
酚类	—	≤50
酞酸酯类	—	≤30
多环芳烃	—	≤30

4.6.2.3 准确度控制

实验室分析准确度可采用分析标准样品、自配标准溶液或实验室内加标回收中的任意一种方法来控制。

在对每批次样品进行分析时，需对一个已知浓度的标准样品或自配标准溶液进行同步测定，若标准样品测试结果超出保证值范围，或自配标准溶液分析结果相对误差超出±10%，应查找原因，予以纠正。部分项目加标回收率控制要求见表2。

表2 废水监测部分项目加标回收率范围控制指标

项目	样品含量范围/（mg/L）	加标回收率/%
氨氮	0.02～0.1	90～110
	0.1～1.0	90～105
	＞1.0	90～105
总氮	0.025～1.0	90～110
	＞1.0	95～105
总氰化物	≤0.05	85～115
	0.05～0.5	90～110
	＞0.5	90～110
六价铬 总铬	≤0.01	85～115
	0.01～1.0	90～110
	＞1.0	90～110
总铅 总铜 总锌 总锰	≤0.05	80～120
	0.05～1.0	85～115
	＞1.0	90～110
总镉	≤0.005	85～115
	0.005～0.1	90～110
	＞0.1	90～110
总砷	＜0.05	85～115
	＞0.05	90～110

项目	样品含量范围/（mg/L）	加标回收率/%
总汞	≤0.001	85～115
	0.001～0.005	90～110
	>0.005	90～110
总磷 磷酸盐	≤0.025	85～115
	0.025～0.6	90～110
	>0.6	90～110
挥发酚	≤0.05	85～115
	0.05～1.0	90～110
	>1.0	90～110
阴离子表面活性剂	≤0.2	80～120
	0.2～0.5	85～115
	>0.5	85～110
硝酸盐氮	<0.5	85～115
	0.5～4	90～110
	>4	95～110
有机磷农药类	—	70～130
苯系物（非顶空法）	—	80～120
挥发性卤代烃（非顶空法）	—	80～120
氯苯类（非顶空法）	—	75～130
硝基苯类	—	30～120
酚类（色谱法）	—	10～120
酞酸酯类	—	70～120
多环芳烃	—	30～130

4.6.2.4 现场-实验室质控

4.6.2.4.1 实施条件

仲裁监测或重大项目验收监测，可采取本条（4.6.2.4）规定的控制方法。

4.6.2.4.2 现场工作

每一批次样品采集一个现场-实验室质控样品进行质控核查。

在同一采样点上采集平行样，记为 A 样。同时按照样品采集操作程序，将实验室所用纯水采入空的样品容器中，用作现场空白样，记为 B 样。

将 A 样分为 A1 和 A2 两份子样，再将 A1 样分成两份，其中一份加入一定浓度待测物的标准溶液制成 A1 标现，另一份带回实验室做相同处理，制成实验室加标样 A1 标实。保留 A2 样。

将 B 样分为三份，一份现场加标制成样品 B 标现，一份实验室加标制成样品 B 标实，另保留 B 样一份。

4.6.2.4.3 实验室工作

测定实验室空白及标准样品，所得结果应符合实验室内常规质量控制指标要求，证明实验室测试处于受控状态。

测定 B、B 标现与 B 标实。如果 B 标现回收率失控，而 B 标实回收率合格，则误差产生于样品运交实验室前；若 B 标实回收率失控，而 B 标现回收率合格，证明在实验室内制作加标样品 B 标实时产生误差。

测定 A2、A1 标实、A1 标现样品。如果 A 标现回收率失控，而 A 标实回收率合格，则误差产生于样品运交实验室前；若 A 标实回收率失控，而 A 标现回收率合格，证明在实验室内制作加标样品 A 标实时产生误差。

4.6.2.5 有机分析质控要求

4.6.2.5.1 分析方法

国内无适合的标准分析方法时，可参考采用国外等效方法。采用国外等效分析方法时，须严格执行方法中质控要求。

4.6.2.5.2 分析仪器性能校准

对分析仪器按规定的方法进行校准。仪器校准应在分析当天或按仪器要求执行。质谱仪校准内容包括质量数、离子丰度等。

4.6.2.5.3 标准曲线核查

样品分析当天或仪器每运行 12 小时，应用标准溶液对标准曲线进行核查。通常情况下，若标准溶液的分析结果与标准值相对误差不超过 20%，原标准曲线可继续使用；若分析方法中对标准曲线核查有明确要求，则按方法要求执行。发现标准曲线失控，应立即重新绘制曲线。

4.6.3 实验室间质量控制

实验室间质量控制可采取密码样考核、能力验证等方式实施，每年应至少进行一次。质量控制记录可参考附录 A。

4.7 标准样品、化学试剂与试液

监测过程中使用的环境标准样品、化学试剂和试液应是具有研究和生产能力的单位或机构生产，并经国家行政管理部门批准的有效产品。

4.8 总量测量

监测废水总量时，应在采样同时测定废水流量及废水平均浓度，监测方法按 HJ/T 92—2002 的要求执行。

4.9 监测报告

监测报告应执行三级审核制度。审核范围应包括样品采集、交接、实验室分析原始记录、数据报表等。原始记录中应包括质控措施的记录。质控样品测试结果合格，质控核查结果无误，监测报告方可通过审核。

4.10 废水在线监测系统比对监测质量保证和质量控制技术要求

4.10.1 比对监测条件

在线自动监测仪器应通过获得国家环境保护总局检测资质认可的检测机构适用性检测，其设备运行应满足 HJ/T 355—2007 中相关要求。

4.10.2 比对监测质控基本要求

4.10.2.1 比对监测数据对

每次监测时，手工监测与在线监测数据对不少于 3 对。

4.10.2.2 采样点位

比对监测与在线连续监测采样时间及采样点位置应保证一致，比对监测过程中应尽可能保证比对样品均匀一致。

4.10.2.3 样品分析

比对监测实验室分析样品应在 HJ/T91—2002 要求的样品保质期内完成测定，实验室质控要求见本标准 4.6 的规定。

4.10.2.4 数据质量、数据有效性和缺失数据处理

比对监测数据质量、数据有效性和缺失数据处理按 HJ/T 356—2007 中第 4 章、第 6 章和第 7 章的规定执行。

5 废气监测质量保证和质量控制技术要求

5.1 监测人员

按本标准 4.1 的要求执行。

5.2 监测仪器与设备

5.2.1 仪器与设备的检定和校准

除执行本标准 4.2 要求外，还应符合以下要求：

GB/T 16157—1996 中 12.2 规定的仪器与设备，应依据标准至少半年自行校准一次。

定电位电解法烟气（SO_2、NO_x、CO）测定仪应在每次使用前校准。采用仪器量程 20%～30%、50%～60%、80%～90% 处浓度或与待测物相近浓度的标准气体校准，若仪器示值偏差不高于 ±5%，测定仪可以使用。至少每季度对测氧仪校准一次，采用高纯氮校正其零点。用纯净空气调整测氧仪示值，在标准大气压下其示值为 20.9%。

定电位电解法烟气测定仪和测氧仪的电化学传感器寿命一般为 1 到 2 年，到期后应及时更换。在有效使用期内若发现传感器性能明显下降或已失效，须及时更换传感器，更换后测定仪应重新检定后方可使用。

5.2.2 仪器与设备的运行和维护

采样仪器与设备须有专人管理及维护，每次使用后应对仪器与设备全面检查，清洁或修理。对于失效的消耗品（如干燥剂）及时更换，清洁仪器，检查电源及接线，发现破损及时修补。每次采样结束后，将采样器接通电源，通干燥清洁空气 15 分钟，去除采样路径中可能存在的含湿废气。

每台仪器与设备应备有专门的使用维护记录，记录要全面，应包含仪器与设备检定、校准、使用、维护等相关信息。

5.2.3 质量检验

对微压计、皮托管和烟气采样系统进行气密性检验，检查漏气的方法按照 GB/T 16157—1996《固定污染源排气中颗粒物测定与气态污染物采样方法》中 5.2.2.3 的规定执行。当系统漏气时，应再分段检查、堵漏或重新安装采样系统，直到检验合格。

气态污染物采样前，确认采样管材质及滤料不吸收且不与待测污染物起化学反应，不被排气成分腐蚀，并能耐受高温排气。

采样前检查仪器与设备预处理装置（除湿剂、气液分离装置、滤纸或滤膜）是否有效。各连接管不可存在折点或堵塞。

吸收瓶应严密不漏气，多孔筛板吸收瓶发泡要均匀，在流量为 0.5 L/min 时，其阻力应（5±0.7）kPa。

5.3 工况核查

5.3.1 核定风量

核定风量时，应在采样同时记录鼓风机和引风机的风压、风量等信息。初步核算实测风量与风机额定风量的合理性，若存在不合理情况（如实测风量大于风机额定风量），应立即现场核实。

5.3.2 核定二氧化硫排放量

监测二氧化硫时，可通过核算燃料含硫量，初步核定二氧化硫排放浓度。应现场向被测单位索要入炉煤质检验数据报告，根据煤质含硫量核算二氧化硫实测浓度与物料平衡测算浓度的符合度；如需自测煤质含硫量，应采集现场入炉混合煤样，检测煤质含硫量，核算二氧化硫实测浓度与物料平衡测算浓度的符合度。若两者相差大于±50%，应立即查找原因，必要时重新监测或增加抽测频次。现场测算时，脱硫效率按设计量和生产工艺取值。

二氧化硫测算可参考公式（3）、（4）。

燃煤二氧化硫排放量（t）=1.6×燃煤量（t）×全硫分%×（1-脱硫效率%）　　（3）

燃油二氧化硫排放量（t）=2.0×燃油量（t）×全硫分%×（1-脱硫效率%）　　（4）

燃气二氧化硫排放量：燃烧100万立方米燃气约产生630千克二氧化硫。

5.3.3 核定烟尘排放量

核定烟尘排放量时，应在现场调查企业燃料类型、除尘器设计除尘效率等参数，测算排放的烟尘量。若实测烟尘量与测算烟尘量相差大于±50%，应立即查找原因，必要时重新监测或增加抽测频次。烟尘排放量可参照公式（5）计算。

烟尘排放量（kg）=煤（油）消耗量（t）×烟尘排放系数（kg/t）×[1-除尘效率（%）]　　（5）

普通工业锅炉的烟尘排放参考系数见表3。

表3　普通工业锅炉的烟尘排放参考系数

煤型	参考系数	煤型	参考系数	煤型	参考系数
抚顺煤	73.29	阜新煤	69.43	本溪煤	66.86
烟台煤	79.71	辽源煤	81.50	通化煤	91.29
铁法煤	73.93	南票煤	90.00	沈北煤	87.43
舒兰煤	101.6	蛟河煤	11.19	延边煤	10.6
鸡西煤	75.86	双鸭山煤	63.00	开滦煤	93.86
包头西山煤	61.71	大同煤	25.71	阳泉煤	74.57
原油	0.56	重油	1.60	—	—

5.3.4 核定工业粉尘排放量

核算粉尘排放量时，有净化处理装置的计算去除量，否则全部为排放量。若实测粉尘量与测算烟粉量相差大于±50%，应立即查找原因，必要时重新监测或增加抽测频次。工业粉尘排放量可参考公式（6）、（7）计算。

工业粉尘去除量（kg）=工业产品年产量（t）×系数（kg/t）×去除效率（%）　　（6）

工业粉尘排放量（kg）=工业产品年产量（t）×系数（kg/t）×[1-去除效率（%）]　　（7）

计算粉尘排放量时，可参考表4系数：

表4　工业粉尘排放参考系数

工艺类型	参考系数	工艺类型	参考系数	工艺类型	参考系数
焦碳	1.4~5.0	铁精矿烧结	4~20	旋转窑	100
高炉生铁	50~100	铅鼓风炉熔炼	33~35	水泥	50~100
竖窑	10	冲天炉生铁铸造	8.9~10	石棉	40~80

注：水泥行业因生产窑和除尘器不同，烟尘排放系数差异较大：竖窑与布袋除尘法参考系数取上限值；横窑和静电除尘法参考系数取下限值；竖窑与静电除尘法或横窑与布袋除尘法参考系数取中值。

5.3.5 核定氮氧化物排放量

核定氮氧化物排放量时，可现场测算氮氧化物排放量，与实测氮氧化物浓度对比，若两者相差大于±50%，应立即现场复核，查找原因。燃料燃烧过程中氮氧化物排放量可参考公式（8）计算。

$$氮氧化物排放量（kg）=燃料消耗量（t）×排放系数（kg/t）\quad（8）$$

计算燃烧过程中氮氧化物排放量时，可参考表5系数。

表5 燃烧过程中氮氧化物排放参考系数

燃料种类	参考系数	燃料种类	参考系数	燃料种类	参考系数
煤	10.1	焦碳	9.0	原油	5.0
汽油	16.7	煤油	7.46	柴油	9.62
燃料油	5.84	天然气	20.85 千克/万标立米	煤气 千克/万标立米	9.5

生产工艺过程产生的氮氧化物排放量可按公式（9）计算。

$$生产工艺过程中氮氧化物排放量（kg）=工业产品年产量（t）×排放系数（kg/t）\quad（9）$$

计算工艺过程中氮氧化物排放量时，可参考表6中参考系数。

表6 生产工艺过程中氮氧化物排放参考系数

工艺类型	参考系数	工艺类型	参考系数	工艺类型	参考系数
铁合金	0.05	轧钢	0.04	制浆与造纸	1.5
碳黑	0.4	生铁出渣	0.076	—	—

5.3.6 燃煤量测算

测算燃煤量消耗时，应现场向被测单位索要入炉煤质检验数据报告，根据煤质热值及锅炉蒸发量（吨位），测算单位小时燃煤量；如需自测煤质热值，应采集现场入炉混合煤样，检测煤质热值。若实际燃煤量与测算量相差超过±25%，应再次核实现场工况，必要时重新监测或增加抽测频次。煤质热值测试结果确定的工况可作为工况系数的参考依据。测算方法可参考附录B。

5.3.7 热工仪表核查

记录锅炉热工仪表输入及输出量，通过热水量及热水升高温度计算热耗量，测算实际生产负荷。与测试要求负荷比较，若存在较大差异（超过±25%），不能达到测试工况要求时，应立即现场核查，予以纠正。热工仪表核查确定的工况可作为工况系数的参考依据。测算方法可参考附录B。

5.3.8 非燃烧工艺工况核查

非燃烧工艺工业生产可通过实际生产原材料的消耗、产品产量与相关的设计指标进行比较，计算其生产负荷。

工况核查记录可参考附录A。

5.4 样品采集

5.4.1 监测项目

监测项目执行 GB/T 16297—1996 及有关行业大气污染物排放标准。

5.4.2　采样点位

采样位置和采样点的设置按 GB/T 16157—1996 中 4.2 的规定执行。

5.4.3　采样频次和采样时间

采样频次和采样时间按国家有关污染源监测技术规范的规定执行。

5.4.4　采样方法

采样方法按 GB/T 16157—1996 的规定执行。

5.4.5　采样质量控制

5.4.5.1　排气参数的测定过程

排气参数测定和样品采集之前，应对采样系统的密封性进行检测。采样系统密封性的技术参数应符合仪器说明书中的要求。

温度测量时，监测点尽量位于烟道中心。温度计最小刻度应至少为 1℃，实测温度应在全量程 10%～90%的范围内。

用奥氏气体分析仪测定烟气成分时，应按 CO_2、O_2、CO 的顺序进行测定，不得反向操作，并及时记录操作程序。

排气压力测定时，应先调节零点，进行气密性复查，S 型皮托管的全压孔要正对气流方向，偏差不得超过 10 度。

5.4.5.2　颗粒物的采样

颗粒物的采样原则上采用等速采样方法。

现场监测的流量、断面、压力等数据应与生产设备的实际情况进行核实。当监测断面不规范时，可根据断面实际情况按照布点要求适当增加监测点位数量。采样过程跟踪率要求达到 1.0±0.1，否则应重新采样。

采用固定流量采样时，应随时检查流量，发现偏离应及时调整。采样后应重复测定废气流速，当采样前后流速变化大于±20%时，应重新采样。

5.4.5.3　气态污染物的采样

除执行 5.4.5.2 要求外，还应达到以下要求。

气态污染物采样时，应根据被测成分的状态及特性选择冷却、加热、保温措施，并按照分析方法中规定的最低检出浓度选择合适的采样体积。

使用吸收瓶或吸附管系统采样时，吸收或吸附装置应尽可能靠近采样管出口，并采用多级吸收或吸附。当末级吸收或吸附检测结果大于吸收或吸附总量 10%时，应重新设定采样参数进行监测。

当采样管道为负压时，不可用带有转子流量计的采样器采样。

测定去除效率时，处理设施前后应同时采样。不能同时采样时，各运行参数及工况控制误差均不得大于±5%。

现场直接定量测试的仪器应注意零点变化，测试前后应测量零点，当零点发生漂移大于仪器规定指标时，需重新测定。

5.4.5.4　吸收瓶抽检

使用吸收液采集气态污染物时，应定期对吸收瓶抽检。每批已清洗的吸收瓶抽取 5%检测其待测物质，若检出，可根据该项目分析精度要求确定吸收瓶是否合格。一旦发现不合格吸收瓶，应立即对吸收瓶来源及清洗状况进行调查，找出原因，给予纠正。质控记录可参考附录 A。

5.4.6 采样记录

采样记录应全面、详细，可参考附录 A。

5.5 实验室分析质量控制

实验室分析用的各种试剂和纯水的质量应符合分析方法的要求。监测样品应及时分析，否则必须按监测项目的要求保存，并在规定的期限内分析完毕。每批样品应至少做一个全程空白样，实验室内应进行质控样品的测定。

5.6 标准样品、化学试剂与试液

按本标准 4.7 的规定执行。

5.7 监测报告

按本标准 4.9 的规定执行。

5.8 烟气在线监测系统比对监测质量保证和质量控制技术要求

5.8.1 比对监测条件

在线自动监测仪器设备运行应满足 HJ/T 75—2007 和 HJ/T 76—2007 的相关要求。

5.8.2 比对监测质控基本要求

5.8.2.1 比对监测数据对

每次手工监测和在线监测比对监测数据：气态污染物对不少于 6 对，颗粒物、流速、烟温等样品不少于 3 对。

5.8.2.2 采样点位

比对监测采样点位应尽可能与自动在线监测设备保证一致，手工采样位置应满足 HJ/T 75—2007 中第 6 章规定。

5.8.2.3 样品分析

样品分析应满足分析方法的质量保证与质量控制的要求。

5.8.2.4 数据质量要求

气态污染物比对监测结果判定时，应用至少 6 个数据的手工测试平均值与同时段烟气自动在线监测仪器的分钟平均值进行准确度计算，计算方法参见 HJ/T 75—2007 附录 A 中公式（21）～公式（26）。颗粒物、流速、烟温等样品比对数量至少 3 对（指代表整个烟道断面的平均值），比对监测结果应满足 HJ/T 75—2007 中 7.4 的要求。

附录 A （资料性附录）

固定污染源监测质量保证与质量控制记录

样品编号	采样口名称	采样项目	断面面积/m₂	流速/(m/s)	采样点水深	采样断面类型（或形状）	采样时间	样品气味	样品颜色	固定剂	原水样 pH 值	加固定剂后pH 值

企业废水采样记录

采样点位置：（文字描述）

采样点位置图：

注：采样断面类型包括排水井、排水明渠、暗渠、集水区等；采样断面形状指圆形、矩形、梯形等。

采样人：　　　　　　　　　　　企业接待人员：　　　　　　　　　　　校核人：

_____企业_____排口废水监测现场工况

项目	现场情况	情况说明
企业类型	企业排放废水类型	
排污管线	排污口位置图	
	采样点是否在渠道较直、水量稳定、上游无污水汇入处	
	若不符合上述要求，请说明布点位置及理由	
	采样口是否为多企业共用一个排口或一个企业多个排口中之一	
	若存在上述情况，说明实际采样点位置及设置理由	
采样频次设定	采样频次设定是否符合企业废水排放规律	
	企业排放规律	
流量测量	企业废水排放流量-时间属于哪种类型	波动较小　波动有规律　波动无规律
	采用测量方法	
治理设施运行	治理设施是否运行	
	运行记录是否全面	
	运行状况是否良好	
生产负荷	调查企业生产报表及生产记录，测算生产负荷	
	监测时实际生产负荷	
	是否相符，若不相符，说明现场核实结果	
	企业用水量与排水量是否相符	
	若不相符，说明现场核实结果	

记录人：　　　　　　　　　　　校核人：　　　　　　　　　　　日期：

企业_____ 排口水质监测质控记录

项目	质控内容	质控结果	确认人
采样瓶	抽检时间		
	抽检数量		
	是否存在检出		
	若存在检出，处理办法及结果		
平行样	平行样数量		
	是否达到10%		
	平行结果合格率		
	出现问题的纠正措施		
全程序空白样品	全程序空白样品数量		
	全程序空白样品检测结果是否异常		
	若存在异常，说明解决办法		
样品运送及保存	采样瓶材质		
	样品是否加固定剂		
	样品是否冷藏保存		
	样品采集至分析的保存时间		
	采样瓶抽检结果		

监测人员：　　　　　　检查人员：　　　　　　日期：

企业废气化学法采样记录

监测的仪器设备名称及编号：

样品编号	项目名称	采样时间	采样点位	流量/（L/min）	气温/℃	废气温度/℃	气压/kPa	风向	吸收液体积/ml

原材料消耗：

生产负荷：

采样点位置：（文字描述）

采样点位置图：

采样人：

企业接待人：

校核人：

企业＿＿＿＿＿＿　排放烟气监测现场工况

项目	现场情况	情况说明
企业类型	企业产生及排放废气设施类型	
采样点位置	采样点位置图（可附）	
	采样点设置是否符合要求	
	若采样环境不符合要求，实际采样点位设置及理由	
	采样口大小	
采样频次	采样频次	
	采样频次是否与废气排放规律相符合	
	若不符合请说明理由	
	样品采集时间及平行测定次数	
流量测量	测量点数量	
	测量点位置	
	布点是否符合技术规范要求	
	若不符合请说明布点理由	
生产负荷	企业生产负荷是否与正常生产相同（工业炉窑生产负荷是否在最大热负荷状态）	
	若监测时生产负荷与正常生产负荷不同，说明实施措施	
脱硫效率	湿法脱硫时，洗涤液的 pH 值是否为碱性	
测算	风机风量数值及实测风量是否一致，若不一致说明核查结果	
	二氧化硫及氮氧化物预算量与实测量是否一致，若不一致说明核查结果	
	耗煤量测算与实际是否一致，若不一致说明核查结果	
	热能（热工仪表）测算与实际是否一致，若不一致说明核查结果	

记录人：　　　　　　　　　　校核人：　　　　　　　　　　日期：

烟气监测质控记录

项目	质控要求	结果	确认人
采样装置	采用哪种采样装置		
	是否有除湿除酸装置		
	采集高温高压气体时采样管外是否配置加温保暖装置		
	导管是否选用优质硅胶管		
	测量排气水分时，采样管前是否装有颗粒物过滤装置		
采样口	采样前是否清理采样口		
	检测采样孔是否漏气		
	不监测时采样口是否封闭		
采样	用烟尘测试仪测试时，采管口是否避开涡流区		
	化学法采样时是否倒吸		
	化学法采样期间校核流量次数		
	采集平行样数量		
监测仪器	仪器使用前是否用流量校准仪进行校准		
	使用烟尘测试仪测试，是否按要求对传感器进行校准		
	使用烟尘测试仪后是否对仪器进行保养及维护		
	保养方法		

监测人员：

检查人员：

日期：

附录 B （资料性附录）

锅炉运行负荷核查方法

B.1 蒸汽锅炉

B.1.1 蒸汽锅炉负荷

蒸汽锅炉的负荷,是指锅炉的蒸发量,即锅炉在单位时间内能产生多少重量的蒸汽,单位为 t/h。

B.1.2 蒸汽流量表法

在吨位较大的锅炉上,一般都配有蒸汽流量表,通过流量表便可以直接计算出锅炉每小时产汽量。测试前应校准流量表。

B.1.3 量水箱法

对于吨位小的锅炉常用量水箱法计算锅炉运行负荷。该法是利用测量水箱中的水位变化计算出锅炉的给水量,折算出锅炉的蒸发量。给水量按公式 B（1）计算

给水量（t）=水位差（m）×水箱面积（m²）×水密度（吨/m³）　　　B（1）

一般应用两只水箱,一只为量水箱,一只为耗水箱。量水箱应位于耗水箱的上面,其容积应不小于 0.5 立方米,耗水箱容积应比量水箱稍大一些。水箱装好后应校准量水箱,校准方法可用重量法。量水箱的进水管和出水管口径不能太小,以保证放满和排空所需的时间比耗水箱所需要的时间小。用此法记录水量时供水管路和水泵不能漏水,如发现漏水,必须及时检修,修好后方可使用。

B.1.4 水表法

锅炉给水量的测定亦可用水表法,常用自来水水表。由于锅炉给水往往是间断的,加之水表本身也有较大的误差,这些会影响测量结果的精度。为了准确地测量出给水量,可连续几小时记录水表读数,然后算出平均每小时给水量,最后确定出锅炉的蒸发量。在用水表法测定锅炉蒸发量时,锅炉绝对不允许排污,连续排污也要停止。

B.2 热水锅炉

热水锅炉的负荷指锅炉单位时间内产生多少热量,单位为 MJ/h。旧制单位为 kcal/h,1kcal=4.186kJ。旧制 $60×10^4$ kcal/h 相当于 1 t/h 的蒸汽,换算成法定计量单位 MW（兆瓦）,相当于 0.7 MW。计算方法见下式:

$$60×10^4 \text{ kcal/h}×4.186 \text{ kJ/kcal}=2\,512 \text{ MJ/h}$$

$$\frac{2\,512 \text{ MJ}}{3\,600 \text{ S}}=0.697\,8 \text{ MJ/S} ≈ 0.7 \text{ MW}$$

热水锅炉负荷按公式 B（2）计算:

$$Q=\frac{G(i_c-i_j)×10^{-3}}{3\,600} \qquad\qquad B（2）$$

式中：Q——热水锅炉的运行负荷，MW；

$\quad\quad G$——循环水量，kg/h；

$\quad\quad i_c$——出水热焓，kJ/kg，需查阅饱和水和饱和蒸汽热焓值；

$\quad\quad i_j$——回水热焓，kJ/kg，需查阅饱和水和饱和蒸汽热焓值。

根据水的热力学性质，在常用温度范围内，（$i_c - i_j$）值与[4.186×（$t_c - t_i$）]值的误差在 0.1% 范围内，因此在查找饱和水和饱和蒸汽热焓值有困难时，热水锅炉的运行负荷，亦可按公式 B（3）计算：

$$Q = \frac{4.186 \times G \times (i_c - i_j)}{3\,600} \quad\quad\quad B（3）$$

式中：i_c——锅炉出水温度，℃；

$\quad\quad i_j$——锅炉回水温度，℃。

可见只要掌握 G、i_c、i_j 三项参数，即可计算出热水锅炉的发热量，三项参数的测量方法如下：a）循环水量在回水管上安一块热水流量表，较大吨位的锅炉有的本身就带有流量表。如条件允许，亦可用超声波流量计计量循环水量。b）出水和回水温度在出水管和回水管上分别装上较精密的带套管的温度计，定期记录出水和回水温度，算出平均温度。

B.3 运行负荷的间接控制法

前两章介绍的均为直接控制法。若条件不具备时，亦可用间接控制法即燃煤量控制法。首先确定出额定负荷下锅炉燃煤量 B_0，再根据锅炉的实际燃煤量 B，便可估算出锅炉负荷率，可按公式 B（4）计算：

$$E = \frac{B}{B_0} \times 100\% \quad\quad\quad B（4）$$

式中：E——锅炉负荷率，%；

$\quad\quad B$——锅炉实际燃煤量，kg/h；

$\quad\quad B_0$——额定负荷下锅炉燃煤量，kg/h。

额定负荷下燃煤量可用下述两种方法计算：

a）通过蒸汽和水在不同温度、压力下的热焓计算额定负荷下的燃煤量。

对于蒸汽锅炉按公式 B（5）计算：

$$B_0 = \frac{D(i'' - i' - \frac{rW}{100})}{Q_L \times \eta_z} \text{ 或 } B_0 = \frac{D(i'' - i')}{Q_L \times \eta_z} \quad\quad\quad B（5）$$

对于热水锅炉按公式 B（6）计算：

$$B_0 = \frac{G(i_c - i_j)}{Q_L \times \eta_w} \quad\quad\quad B（6）$$

式中：D——锅炉额定蒸发量，kg/h；

$\quad\quad i''$——蒸汽锅炉在某绝对工作压力下的饱和蒸汽热焓，kJ/kg，需查阅饱和水和饱和蒸汽焓；

$\quad\quad i'$——给水热焓，kJ/kg，需查阅饱和水和饱和蒸汽焓；

Q_L——燃料低位发热值，kJ/kg；

η_z——蒸汽锅炉热效率，%，取 60%～70%；

η_w——热水锅炉热效率，%，取 60%～70%；

r——汽化潜热，kJ/kg，需查阅汽化潜热值；

W——蒸汽湿度，%。

b）根据额定负荷下的有效利用热，求额定负荷下的燃煤量，按公式 B（7）计算：

$$B_0 = \frac{Q_0}{Q_L \times \eta} \qquad\qquad B（7）$$

式中：Q_0——额定负荷下的有效利用热，kJ/h。

1）对于蒸汽锅炉 Q_0 按每千克蒸汽需要 2 512 kJ 的热量计算，如计算 2 t/h 锅炉的 Q_0：

$$Q_0 = 2\,512 \times 2\,000 = 5\,024 \times 10^3\,\text{kJ/h}$$

2）对于热水锅炉 Q_0 按每兆瓦需要 36×10^5 kJ/h 热量，如计算 0.7 MW 的锅炉在额定负荷下的发热量 Q_0：

$$Q_0 = 36 \times 10^5 \times 0.7 = 25.2 \times 10^5\,\text{kJ/h}$$

中华人民共和国环境保护行业标准

危险废物（含医疗废物）焚烧处置设施二噁英排放监测技术规范

HJ/T 365—2007

Technical guideline of monitoring on dioxins emission from hazardous waste（including medical waste）incinerators

前　言

为贯彻《中华人民共和国环境保护法》和《中华人民共和国固体废物污染环境防治法》，保护环境，保障人体健康，规范危险废物焚烧设施、医疗废物焚烧设施排放的废气中二噁英类污染物的监测，控制危险废物焚烧和医疗废物焚烧对环境的污染，制订本标准。

本标准为指导性标准。

本标准由国家环境保护总局科技标准司提出。

本标准起草单位：国家环境分析测试中心。

本标准国家环境保护总局 2007 年 11 月 1 日批准。

本标准自 2008 年 1 月 1 日起实施。

本标准由国家环境保护总局解释。

1　适用范围

本标准规定了危险废物焚烧处置设施二噁英排放监测的点位布设、采样时的运行工况、采样器材、分析方法、质量保证和质量控制、数据处理、结果表达和监测报告等技术要求。

本标准适用于危险废物焚烧处置设施、医疗废物焚烧处理设施和水泥窑共处置危险废物设施建设项目竣工环境保护验收、监督性监测过程中的二噁英类监测。委托监测应参照本标准执行。

生活垃圾焚烧设施二噁英排放监测可参照本标准执行。

2 规范性引用文件

本标准内容引用了下列文件中的条款。凡是不注日期的引用文件，其有效版本适用于本标准。

GB/T 16157　固定污染源排气中颗粒物测定与气态污染物采样方法

HJ/T 48　烟尘采样器技术条件

HJ/T 77　多氯代二苯并二噁英和多氯代二苯并呋喃的测定同位素稀释高分辨毛细管气相色谱/高分辨质谱法

HJ/T 176　危险废物集中焚烧处置工程建设技术规范

HJ/T 177　医疗废物集中焚烧处置工程技术规范

HJ/T 256　建设项目竣工环境保护验收技术规范水泥制造

3 术语和定义

3.1 危险废物（Hazardous Waste）

是指列入国家危险废物名录或者根据国家规定的危险废物鉴别标准和鉴别方法认定的具有危险特性的固体废物。

3.2 医疗废物（Medical Waste）

是指医疗卫生机构在医疗、预防、保健以及其他相关活动中产生的具有直接或间接感染性、毒性以及其他危害性的废物。

3.3 焚烧炉（Incinerator）

指通过燃烧方式使危险废物和医疗废物分解并无害化的成套装置。

3.4 二噁英类（Dioxins）

多氯代二苯并-对-二噁英和多氯代二苯并呋喃的总称。

3.5 毒性当量因子（Toxicity Equivalency Factor，TEF）二噁英毒性同类物与 2,3,7,8-四氯代二苯并-对-二噁英对 Ah 受体的亲和性能之比。

3.6 二噁英毒性当量（Toxicity Equivalency Quantity，TEQ）

二噁英毒性当量可以通过下式计算：

$$TEQ = \sum （二噁英同类物浓度 \times TEF）$$

3.7 标准状态（Standard State）

温度为 273.16 K、压力为 101.325 kPa 时的气体状态。

4 方法原理

利用过滤和吸附原理，等速采集样品，采集的样品经提取和净化，用高分辨气相色谱-高分辨质谱联用仪（HRGC-HRMS）进行定性和定量分析。

5 监测技术程序

5.1 准备阶段

5.1.1 监测前，应该进行必要的资料收集或现场调查，确认采样现场符合本标准规定的采样条件。

5.1.2 采样器具应采用技术成熟的市售成套废气二噁英类采样装置，或者自行研制的经过验证的采样装置。采样装置应包括采样管（嘴）、滤筒（纸）、冷却系统、气相吸附柱、采样泵、流量计等部分。

5.1.3 应按照 GB/T 16157 的要求准备测量烟气压力、流速、温度、含氧量、CO 浓度、含湿量等参数的仪器和装置。

5.2 编制监测计划

5.2.1 实施监测前，应制订监测计划。

5.2.2 监测计划应包括对所监测企业或设施的调查情况、采样点位与频次、质量保证措施、人员、联系方法、样品采集和分析、经费等内容。

5.2.3 验收监测和监督性监测，监测计划须经有关部门审核后方可实施。其他委托监测项目，监测计划应符合本标准的要求。

5.3 采样和采样频次

5.3.1 采样前应了解现场状况，测定排放废气的压力、流速、温度、含氧量、CO 浓度、含湿量等参数。

5.3.2 每个样品的采样量应不小于最低采样量，最低采样量的估算见本标准第 6.4.3 条，采样时间应不少于 2 h。

5.3.3 每个采样点位每次至少采集 3 个样品，连续采样，分别测定，以平均值作为报告结果。

5.3.4 危险废物和医疗废物焚烧设施在运行期间，每年应至少对焚烧设施进行一次二噁英排放的监督性监测。

6 现场监测要求

6.1 焚烧炉运行工况

6.1.1 危险废物处理设施建设项目竣工环境保护验收

6.1.1.1 验收监测采样期间焚烧设施应处于正常运行工况状态。连续运行式焚烧设施采样前应稳定运行至少 4 h，间歇式焚烧设施采样前应稳定运行 1 h 以上。

6.1.1.2 验收监测采样期间焚烧设施生产负荷达到设计的 75%（含）以上的情况下监测数据有效。监测期间被监测方应监控生产负荷，负荷小于 75%，通知监测人员停止监测。

6.1.1.3 按照 HJ/T 176 和 HJ/T 177 中"工程施工及验收"的要求以及 HJ/T 256 的规定进行二噁英类的监测和分析。

6.1.2 监督性监测

任何生产负荷下，监督性监测结果超标可作为实施相关环境保护管理措施的依据。生产负荷达不到设计的 75%等验收工况要求时，监督性监测结果达标，不能作为判定焚烧设施性能和处理效果的证明数据。

6.1.3 运行工况信息的记录

监测取样期间，监测方应监控并记录覆盖监测活动全程的工况信息，包括：焚烧对象、生产负荷、二燃室温度、废气处理设施状况、投放药剂量、辅助燃料、鼓风量等参数，并记录含氧量、一氧化碳浓度等在线测量数据。所有信息应经被监测方确认签字。

6.2 采样点位

被监测方应按照 GB/T 16157 的规定设置采样孔。当实际条件不能满足 GB/T 16157 要求时，采样孔应选在较长的直段烟道上，与弯头或变截面处的距离不得小于烟道当量直径的 1.5 倍。矩形烟道，其当量直径 $D=2A \cdot B/(A+B)$，式中 A、B 为边长。

应在采样孔的正下方约 1 米处设置不小于 3 m² 的带护栏的安全监测平台，并设置永久电源（220V）以便放置采样设备、进行采样操作。

6.3 采样设备的技术指标应符合 HJ/T 48 和本标准附录 B 的要求，并通过计量检定。

6.4 样品的采集

6.4.1 采样步骤

6.4.1.1 采样前进行现场调查，测定排放废气的参数，以确定采样嘴的大小，并按 6.4.3 的要求估算采样体积。

6.4.1.2 连接采样装置，检查系统气密性。

6.4.1.3 添加采样内标。测量排气温度、流速、压力、含湿量等参数。

6.4.1.4 将采样管插入烟道，封闭采样孔，使采样嘴对准气流方向（其与气流方向偏差不得大于 10°），开启采样泵，并迅速调整流量至等速采样流量。采样期间流量与测点流速的相对误差应在 −5%～+10%范围内，每隔 60 min 对等速采样流量作必要的调整，或采用全程等速跟踪采样模式进行样品采集。若滤筒（纸）阻力增大到无法保持等速采样，则应更换滤筒（纸）后继续采样。采样过程中，液体冷却部分应浸在冰水浴中或采用冷却水循环装置降温，温度保持在 5℃以下，气相吸附柱温度保持在 30℃以下。气相吸附柱应注意避光。

6.4.1.5 达到所需的采样量后，迅速抽出采样管，停止采样泵，记录起止时间和采样体积等参数。

6.4.1.6 拆卸采样装置时应尽量避免阳光直接照射。取出滤筒（纸）保存在专用容器中，用丙酮、甲苯冲洗采样管和连接管，冲洗液与吸收瓶中的冷凝液一并保存在棕色试剂瓶中，气相吸附柱两端密封后避光保存。样品应尽快送至实验室分析。

6.4.2 采样记录应包括下列内容：a）样品采集日期，采样人员。b）被监测企业的状况，运行状况，采样点位置。c）烟气的基本状况，温度，含湿量，静压，流速，标干流量、含氧量等。d）采样条件，烟气采样器的构成，检漏试验结果，流量，采样时间，烟气采集量等。e）采样期间的运行工况记录等。

6.4.3 废气样品的采样体积废气样品的最小采样体积，由下式计算得出：

$$V = \frac{Q_{DL}}{1\,000} \times \frac{y}{x} \times \frac{V_E}{V_E'} \times \frac{1}{C_{DL}}$$

式中：V——废气样品的最小采样体积；

Q_{DL}——方法的检出下限，pg；

y——仪器分析用样品的体积，μL；

x——GC-MS 的进样量，μL；

V_E——提取液的总体积，mL；

V_E'——提取液的分取量，mL；

C_{DL}——废气样品的检出下限，ng/m³。

其中，

$$C_{DL} = \frac{D_L}{1\,000} \times \frac{\upsilon}{\upsilon_i} \times \frac{1}{V_{sd}}$$

式中：C_{DL}——样品检出限，ng/m³；

D_L——方法检出限，pg；

υ——最终分析样品的定容体积，μL；

υ_i——进样量，μL；

V_{sd}——废气采样量，m³。

6.5 样品运输和保存

样品应避光运输。样品运抵实验室交接后应尽快处理分析，如需保存应按着相关标准的规定执行。

7 质量保证和质量控制措施

7.1 人员要求

所有参与二噁英类排放监测的人员，应掌握二噁英类采样及分析的原理，了解监测技术规范，持证上岗。采样人员须通过岗前培训，掌握二噁英类采样技术和现场采样安全规则。实验室分析测试人员，应通过专门的二噁英类分析技术培训，正确熟练地掌握二噁英类分析的基本原理和质量控制程序，掌握并按照标准操作程序进行实验工作。

7.2 实验室要求

7.2.1 标准操作程序（SOP）实验室应按照（但不限于）以下项目制定标准操作程序手册，标准操作程序应详细、易懂，相关人员必须完全了解标准操作程序。a）采样前的调查，采样，前处理操作，监测的准备，样品净化、保管等方法。b）分析用试剂、标准物质等的准备，标准溶液的准备、保管以及使用方法。c）分析仪器的分析条件设定、调整、操作程序。d）分析方法全过程的记录（包括电子文件）。

7.2.2 实验室内功能区划分

二噁英类分析实验室应是专用实验室，并按照不同的功能划分区域。严格区分样品的前处理区和高分辨率色质联机分析区。二噁英类分析仪器应专用专管。

7.2.3 实验室资质要求

实验室须经国家计量认证合格或取得合格实验室认可资质，每年应至少参加一次国际或国内实验室比对试验。

7.3 方法有效性评价

7.3.1 样品的采集和保管

7.3.1.1 采样装置应根据实验的要求充分地清洗后使用。

7.3.1.2 安装工具和采样装置部件应清洗干净减少污染。采样时液体冷凝部分需保持在低于5℃的温度状态。过滤和气相吸附柱单元应避光。

7.3.1.3 气体流量计应达到分析方法规定的精确度要求，并且定期校准。

7.3.1.4 采集的样品要有代表性，废气采样应当避开采样对象的不稳定工作阶段。

7.3.1.5 样品的保管为了防止采集后的样品受外界污染以及分解等，应放入密封及遮光的容器内保管。

7.3.2 试样制备

7.3.2.1 样品提取前应充分干燥。

7.3.2.2 为保证萃取效率，实验前应确认选择的溶剂以及萃取条件。

7.3.2.3 硫酸处理后，应确保萃取液无色。

7.3.2.4 硅胶柱和多层硅胶柱应使用含所有二噁英异构体的飞灰提取液进行分离试验，确认分离条件。

7.3.2.5 氧化铝和活性炭硅胶使用前应使用含所有二噁英异构体的飞灰提取液进行分离试验，确认分离效果。

7.3.3 仪器分析，使用高分辨率色质联机（HRGC-HRMS）进行二噁英的定性和定量分析。

7.4 数据可靠性保证

7.4.1 仪器稳定性检查

定期确认内标准物质的响应因子和绘制工作曲线时相比有无变化，二噁英类的各氯代异构体和内标准物质的相对响应因子变动，与绘制工作曲线时的相对响应因子比较变动在±20%之内。

7.4.2 工作曲线的测定

用标准物质与相应内标物质的峰面积之比和标准物质溶液中标准物质与内标物质的浓度比制作工作曲线，计算出相对响应因子（RRF），各浓度的 RRF 变动应符合 HJ/T 77 的要求。

7.4.3 操作空白值的测定

操作空白试验是确认样品前处理等分析操作过程的污染程度，建立对测定不产生干扰的测定环境，确保分析数据的可信性而实施的，应在测试前充分掌握操作空白值，保证随时可以提供操作空白试验数据。

7.4.4 平行样的测定

为了确保样品前处理操作及仪器分析等的可信性，在同一条件下用 2 台仪器同时采集相同的气体，得到两个平行样品，分别测定。求出两个测定值的平均值，各测定值的相对偏差应在 30 %之内。

平行样品测定频度以 10%左右为宜。若条件不许可，可以省略平行样品的采集。但是实验室应能够提供平行样实验数据。

7.5 数据的管理

7.5.1 异常值的处理

测定设备的灵敏度变化很大时，测定值的可靠性存在问题，须重新测定或重新采样。出现异常值时，应充分探讨产生原因并做记录，防止以后再度发生。

7.5.2 测定操作的记录 测定时应记录、整理并保存下列信息：

a）采样器调试、校准及采样所使用的工具。b）采样材料和试剂的准备、处理和保存条件等。c）采样记录，采样方法、采样点、采样日期、气压。烟气流速、压力、温度、含氧量、CO 浓度、含湿量、采样装置检漏结果、采样时段和采样量等。d）样品前处理操作。e）分析仪器的调谐、校准和操作。f）定性和定量的所有信息。

7.6 质量管理报告 二噁英类分析实验室应每年至少制作一份分析质量管理报告备查，

并能够随时提供样品

分析的全部谱图。应记录下列有关质量管理的信息并与数据一起报告。

a）SOP 所规定的下列事项

（1）日常维护、调整记录（装置的校正等）。气体流量计的校准。

（2）标准物质的生产厂商以及溯源，分析仪器的分析条件设定和结果。

b）检出限的测定结果。

c）空白试验及平行样测定的结果。

d）前处理操作等的回收试验验证结果。

e）分析仪器的分辨率和灵敏度变化。

f）操作记录（样品采集、前处理以及分析的相关记录）。

g）样品分析的全部谱图和其他应提供的材料。

8 数据处理、结果表达和监测报告

8.1 数据处理

8.1.1 色谱峰的检出确认进样内标：分析样品中进样内标的峰面积应为标准溶液中进样内标峰面积的 70%以上。色谱峰检出：对信噪比 S/N>3 以上的色谱峰进行定性和定量分析。峰面积：对上述检出的色谱峰进行峰面积计算。

8.1.2 定性分析二噁英同系物：两监测离子的色谱峰面积之比与标准物质的相应比值一致，并在理论离子强度比的±15%以内的色谱峰被定性为二噁英类物质。

2,3,7,8-位氯代异构体：色谱峰的保留时间应与标准物质一致（±3 s 以内），相对于内标物质的相对保留时间亦与标准物质一致（±2 s 以内）。

8.1.3 定量分析，采用内标法计算废气样品中的二噁英类异构体浓度（C_i）。

废气样品要进行氧气浓度校正，用实测浓度 C_i 求出换算浓度 C。

$$C = \frac{21 - O_n}{21 - O_s} \times C_i$$

式中：C——二噁英类换算浓度，ng/m³（0℃，101.325 kPa）；

O_n——换算氧气浓度，11%；

O_s——废气中的氧气浓度，%（若废气中氧气浓度超过 20%，则取 O_s=20）；

C_i——废气中的二噁英实测浓度，ng/m³（0℃，101.325 kPa）。

8.1.4 回收率确认净化内标的回收率和采样内标的回收率应满足分析方法的规定。

8.2 结果表达和监测报告

8.2.1 监测报告宜采用表格的形式（参见附录 E），报告中应包括处理对象、监测地点、工况信息、实测浓度、换算浓度、所采用的毒性当量因子以及毒性当量浓度等内容。工况信息应包括，焚烧对象、设计处理能力和监测期间的生产负荷、二燃室温度、废气处理设施的状况和工艺流程示意图、投放药剂量、辅助燃料、鼓风量等。

8.2.2 监测报告中应以附录的形式提供被检测设施的运行记录：调查设施当日投料记录、压力温度等工艺参数记录（如无法打印则由双方签字确认并在备注里注明），以及采样过程中被监测设施的自动在线监测数据记录和现场照片。

应保存的数据内容包括：

a）样品号和其他标识号；

b）采样记录及采样现场的照片；

c）分析日期和时间；

d）空白试验；

e）提取和净化记录；

f）提取液分取情况；

g）内标添加记录；

h）进样前的样品体积及进样体积；

i）仪器和操作条件；

j）色谱图、电子文件和其他原始数据记录；

k）结果报告；

l）其他相关资料。

8.2.3 测定对象包括各个 2,3,7,8-位氯代异构体、四氯-八氯二噁英（TCDDs/Fs～OCDD/F）的同系物及其总和。

2,3,7,8-位氯代异构体的实测浓度进一步换算为毒性当量浓度（TEQ），毒性当量浓度为实测浓度与该异构体的毒性当量因子的乘积。实测浓度单位以 ng/m^3 表示，毒性当量浓度单位以 TEQ ng/m^3 表示。

废气中的二噁英类分析流程

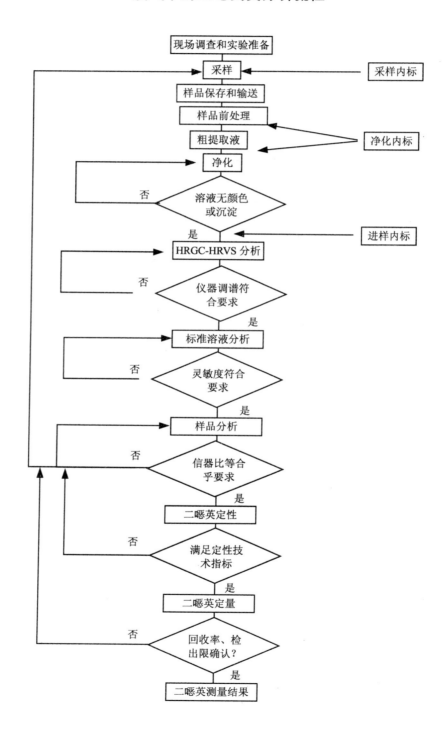

附录 B

废气中二噁英类的采样装置要求

B.1　废气二噁英采样装置应包括采样管、滤筒（纸）、液体吸收部分、气相吸附柱、
采样泵、流量计等部分（图 B.1 和图 B.2、图 B.3、图 B.4）。

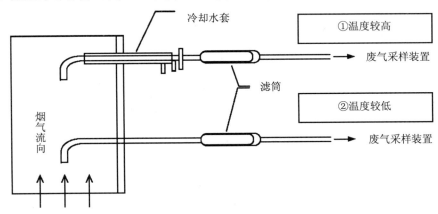

图 B.1

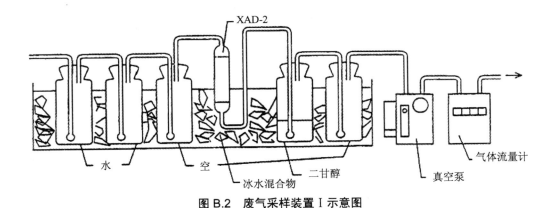

图 B.2　**废气采样装置Ⅰ示意图**

B.2　废气采样装置的一般要求：a）等速采样的相对误差在 -5%～+10% 的范围以内。
b）能充分地捕集废气中的二噁英类。c）装置内部不会产生二噁英类的二次合成或分解。
d）样品采集结束后的操作不能发生二噁英类的损失。e）采样装置必须能够防止灰尘对
样品的污染。

B.3　废气采样装置各部分的具体要求

B.3.1　采样管材料为硼硅酸盐玻璃、石英玻璃或钛金属合金，当废气温度高于 500℃
时，应使用带冷却水套的采样管。采样嘴的内径应不小于 4 mm±0.1 mm。采样管内表面
应光滑流畅。

B.3.2 石英或玻璃纤维滤筒（纸），要求对粒径大于 0.3 μm 颗粒物的阻留效率超过99.95%。使用之前须处理，处理后的滤筒（纸）密封保存。每批滤筒（纸）应抽样进行二噁英类空白试验。

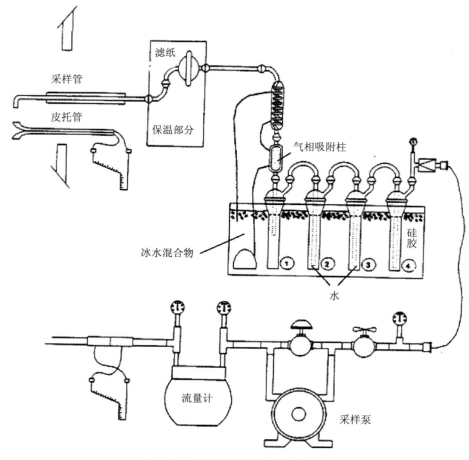

图 B.3　废气采样装置Ⅱ示意图

　　滤筒托架用硼硅酸盐玻璃或石英玻璃制成，尺寸要与滤筒（纸）相匹配，应便于滤筒（纸）的取放，接口处密封良好。

　　B.3.3 液体冷却部分由 4～5 只 0.5～1 L 的吸收瓶组成，吸收瓶应按图 B.2 和图 B.3的要求串联。

　　B.3.4 气相吸附管应为内径 30～50 mm、长 70～200 mm、容量 100～150 mL 的玻璃管，可装填 20～40g 吸附材料。最常见的吸附材料为 XAD-2 树脂。

　　B.3.5 采样泵在装有滤筒（纸）和气相吸附剂时应能达到 10～40 L/min 的流量，可连续运行 8 小时以上，具有流量调节功能。

　　B.3.6 采用湿式或干式气体流量计，量程 10～40 L/min，精度 0.1 L/min。应定期对流量计进行校准。在流量计前测量气体温度和压力。

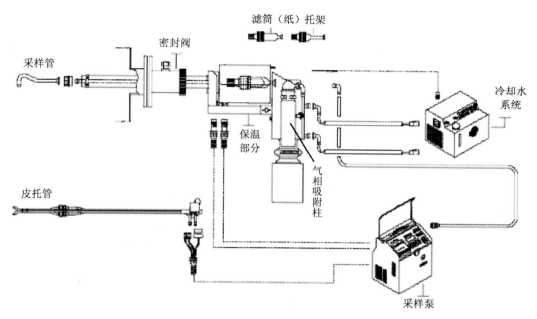

图 B.4 废气采样装置Ⅲ示意图

二噁英测定对象的表示方法

氯取代数	PCDDs		PCDFs	
	同系物	异构体	同系物	异构体
四氯	T_4CDDs	$2,3,7,8\text{-}T_4CDD$	T_4CDFs	$2,3,7,8\text{-}T_4CDF$
五氯	P_5CDDs	$1,2,3,7,8\text{-}P_5CDD$	P_5CDFs	$1,2,3,7,8\text{-}P_5CDF$ $2,3,4,7,8\text{-}P_5CDF$
六氯	H_6CDDs	$1,2,3,4,7,8\text{-}H_6CDD$ $1,2,3,4,7,8\text{-}H_6CDF$ $1,2,3,7,8,9\text{-}H_6CDD$ $1,2,3,7,8,9\text{-}H_6CDF$ 其他 H_6CDDs	H_6CDFs	$1,2,3,6,7,8\text{-}H_6CDD$ $1,2,3,6,7,8\text{-}H_6CDF$ $2,3,4,6,7,8\text{-}H_6CDF$ $1,2,3,4,6,7,8\text{-}H_7CDF$
七氯	H_7CDDs	$1,2,3,4,6,7,8\text{-}H_7CDD$	H_7CDFs	$1,2,3,4,7,8,9\text{-}H_7CDF$
八氯	OCDD	$1,2,3,4,6,7,8,9\text{-}OCDD$	OCDF	$1,2,3,4,6,7,8,9\text{-}OCDF$
Σ（四氯至八氯）	$\Sigma PCDDs$		$\Sigma PCDFs$	
	Σ（PCDDs+PCDFs）			

附录 D

二噁英的毒性当量因子（TEF）

	异构体	WHO-TEF（1998）	WHO-TEF（2005）	I-TEF
PCDDs	2,3,7,8-T$_4$CDD	1	1	1
	1,2,3,7,8-P$_5$CDD	1	1	0.5
	1,2,3,4,7,8-H$_6$CDD	0.1	0.1	0.1
	1,2,3,6,7,8-H$_6$CDD	0.1	0.1	0.1
	1,2,3,7,8,9-H$_6$CDD	0.1	0.1	0.1
	1,2,3,4,6,7,8-H$_7$CDD	0.01	0.01	0.01
	OCDD	0.000 1	0.000 3	0.001
	其他 PCDDs	0	0	0
PCDFs	2,3,7,8-T$_4$CDF	0.1	0.1	0.1
	1,2,3,7,8-P$_5$CDF	0.05	0.03	0.05
	2,3,4,7,8-P$_5$CDF	0.5	0.3	0.5
	1,2,3,4,7,8-H$_6$CDF	0.1	0.1	0.1
	1,2,3,6,7,8-H$_6$CDF	0.1	0.1	0.1
	1,2,3,7,8,9-H$_6$CDF	0.1	0.1	0.1
	2,3,4,6,7,8-H$_6$CDF	0.1	0.1	0.1
	1,2,3,4,6,7,8-H$_7$CDF	0.01	0.01	0.01
	1,2,3,4,7,8,9-H$_7$CDF	0.01	0.01	0.01
	OCDF	0.000 1	0.000 3	0.001
	其他 PCDFs	0	0	0

可以根据监测的要求使用不同的 TEF 来计算二噁英类的浓度，在监测报告中须注明使用的 TEF 的版本。

结果报告表

危险废物焚烧设施检测结果报告表

二噁英类		实测浓度（C_s）ng/m³	换算浓度（C）ng/m³	毒性当量浓度（TEQ）ngTEQ/m³
多氯二苯并对二噁英	2,3,7,8-T_4CDD			×
	T_4CDDs			
	1,2,3,7,8-P_5CDD			×
	P_5CDDs			
	1,2,3,4,7,8-H_6CDD			×
	1,2,3,6,7,8-H_6CDD			×
	1,2,3,7,8,9-H_6CDD			×
	H_6CDDs			
	1,2,3,4,6,7,8-H_7CDD			×
	H_7CDDs			
	OCDD			×
	PCDDs 总量			
多氯二苯并呋喃	2,3,7,8-T_4CDF			×
	T_4CDFs			
	1,2,3,7,8-P_5CDF			×
	2,3,4,7,8-P_5CDF			×
	P_5CDFs			
	1,2,3,4,7,8-H_6CDF			×
	1,2,3,6,7,8-H_6CDF			×
	1,2,3,7,8,9-H_6CDF			×
	2,3,4,6,7,8-H_6CDF			×
	H_6CDFs			
	1,2,3,4,6,7,8-H_7CDF			×
	1,2,3,4,7,8,9-H_7CDF			×
	H_7CDFs			
	OCDF			×
	PCDFs 总量			
二噁英类总量（PCDDs+PCDFs）				

注：1. 实测浓度（C_s）：二噁英类浓度测定值（ng/m³）。

2. 换算浓度（C）：二噁英类浓度的 11% 含氧量换算值（ng/m³，O_2=11%）。

$$C = \frac{21-11}{21-O_s} \times C_s \qquad (O_s=\underline{\quad}\%)$$

3. 毒性当量浓度（TEQ）：2,3,7,8-T_4CDD 毒性当量（ng/ TEQ/m³）。

4. 毒性当量因子（TEF）：使用的 TEF。

5. 检出限：当实测浓度低于检出限时用 "N.D." 表示。

6. 表中的二噁英类浓度均为标准状态下的数值，样品的烟气采样量为_____m。

中华人民共和国环境保护行业标准

燃煤锅炉烟尘和二氧化硫排放总量核定技术方法
——物料衡算法（试行）

Technical method for checking and ratifying the emission gross of soot and SO₂ for coal-burning boiler—Method of balanced calculation between materials and products

HJ/T 69—2001

前　言

为贯彻《中华人民共和国大气污染防治法》，实施大气主要污染物排放总量控制和排污许可证制度，制定本技术方法。

本方法是通过核定锅炉煤耗量及污染物排污系数来衡算锅炉污染物排放总量的方法。

本方法由国家环境保护总局科技标准司提出。

本方法由天津市环境保护局和北京市劳动保护科学研究所负责起草。

本方法由国家环境保护总局解释。

本标准主要起草人：陈隆　庄德安　刘洁　程秀菊　王玮　邵德智

1 范围

本标准适用于《锅炉大气污染物排放标准》（GWPB3—1999）规定的、单台容量≤14 MW（20 t/h）的各种用途的燃煤锅炉烟尘和二氧化硫排放总量的污染管理。　本方法规定了燃煤锅炉煤耗量核定系数计算方法，煤耗量核定计量方法，烟尘及二氧化硫排污系数及其排放总量的计算方法。

2 引用标准

下列标准所包含的条文，通过在本标准中引用而构成本方法的条文。GWPB 3—1999 锅炉大气污染物排放标准　GB 10180—88 工业锅炉热工测试规范　GB 5468—91 锅炉烟尘测试方法　GB1576—1996 低压锅炉水质标准 GB/T 16157—1996 固定污染源排气中颗粒物测定与气态污染物采样方法。GB/T 213—1996 煤的发热量测定方法 GB/T 214—1996 煤中全硫的测定方法当上述标准被修订时，应使用其最新版本。

3 定义

3.1 煤的收到基低位发热量 以收到状态的煤为基准，测定和计算的低位发热量称为煤的收到基低位发热量，用 $Q_{net,ar}$ 表示，单位为 kJ/kg。

3.2 煤的收到基灰分含量 以收到状态的煤为基准，测定的灰分含量称为煤的收到基灰分含量，用 A_{ar} 表示，单位为%。

3.3 煤的收到基硫分含量 以收到状态的煤为基准，测定的全硫分含量称为煤的收到基硫分含量，用 S_{ar} 表示，单位为%。

3.4 蒸汽锅炉煤耗量核定系数 蒸汽锅炉某运行时段内的煤耗量 B，与该时段内锅炉给量水 D_{gs} 间的比值称为这台蒸汽锅炉的煤耗量核定系数，用 K_2 表示，单位为 t/t。

3.5 热水锅炉煤耗量核定系数 热水锅炉某运行时段内的煤耗量 B，与该时段内锅炉供热量 Q 间的比值称为这台热水锅炉的煤耗量核定系数，用 K_3 表示，单位为 t/GJ。

3.6 产污和排污系数 燃煤锅炉产污和排污系数是指每耗用一吨煤产生和排放污染物的量。未装净化装置的锅炉，产污系数等于排污系数。

4 技术要求

4.1 锅炉煤耗量核定计量计算方法

4.1.1 蒸汽锅炉煤耗量核定计量计算方法，蒸汽锅炉煤耗量 B 可按下式计算：

$$B = D_{gs}K_2 \tag{1}$$

式中：D_{gs}——蒸汽锅炉给水量，t;

K_2——蒸汽锅炉煤耗量核定系数，t/t。

4.1.1.1 蒸汽锅炉给水计量装置安装原则见图 1。测锅给水流量的流量传感器应装于锅炉给水调节阀后，省煤器入口前给水管道上，若给水管道呈垂直方向，水流方向应自下而上流经流量传感器。

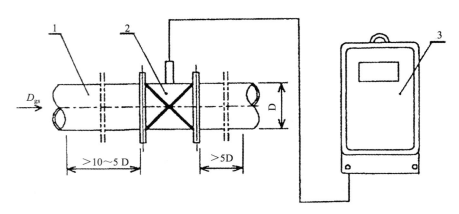

1—锅炉给水管道；2—涡轮或涡街流量计；3—涡轮或涡街流量计二次表

图 1 蒸汽锅炉给水计量装置安装原则系统图

4.1.1.2 蒸汽锅炉给水量 D_{gs} 计算方法

蒸汽锅炉给水量 D_{gs} 可按下式计算：

$$D_{gs} = \frac{N}{K_1 V} \qquad (2)$$

式中：N——流量计流量传感器发出的流量脉冲数，次；

$\quad\quad K_1$——流量计仪表系数，流量计出厂"检定证书"给出的检定值，次/m³；

$\quad\quad V$——未饱和水的比容，m³/t，按流经流量计的水温及压力由表1查取。

表 1　未饱和水的比容 V

流经流量计水的温度（℃）	流经流量计水的绝对压力 P（MPa）									
	0.11	0.2	0.3	0.4	0.6	0.8	1.0	1.5	2.0	2.5
0	1.000 2	1.000 1	1.000 1	1.000 0	0.999 9	0.999 8	0.999 7	0.999 5	0.999 2	0.999 0
10	1.000 2	1.000 2	1.000 1	1.000 1	1.000 0	0.999 9	0.999 8	0.999 5	0.999 3	0.999 1
20	1.001 7	1.001 6	1.001 6	1.001 5	1.001 4	1.001 4	1.001 3	1.001 0	1.000 8	1.000 6
30	1.004 3	1.004 2	1.004 2	1.004 1	1.004 0	1.004 0	1.003 9	1.003 6	1.003 4	1.003 2
40	1.007 8	1.007 7	1.007 7	1.007 6	1.007 5	1.007 5	1.007 4	1.007 1	1.006 9	1.006 7
50	1.012 1	1.012 0	1.012 0	1.011 9	1.011 8	1.011 8	1.011 7	1.011 4	1.011 2	1.011 0
60	1.017 1	1.017 1	1.017 0	1.017 0	1.016 9	1.016 8	1.016 7	1.016 5	1.016 2	1.016 0
70	1.022 8	1.022 8	1.022 7	1.022 7	1.022 6	1.022 5	1.022 4	1.022 2	1.021 9	1.021 7
80	1.029 2	1.029 1	1.029 1	1.029 0	1.028 9	1.028 8	1.028 7	1.028 5	1.028 2	1.028 0
90	1.036 1	1.036 1	1.036 0	1.036 0	1.035 9	1.035 8	1.035 7	1.035 4	1.035 2	1.034 9
100	1.043 7	1.043 7	1.043 6	1.043 6	1.043 4	1.043 3	1.043 2	1.043 0	1.042 7	1.042 4
110		1.051 8	1.051 8	1.051 7	1.051 6	1.051 5	1.051 4	1.051 1	1.050 8	1.050 6
120		1.060 6	1.060 6	1.060 5	1.060 4	1.060 3	1.060 2	1.059 9	1.059 6	1.059 3
130			1.070 0	1.069 9	1.069 8	1.069 7	1.069 6	1.069 3	1.069 0	1.068 7
140				1.080 0	1.079 9	1.079 8	1.079 6	1.079 3	1.079 0	1.078 7
150					1.090 7	1.090 6	1.090 4	1.090 1	1.087 9	1.089 4
160						1.102 1	1.101 9	1.101 6	1.101 2	1.100 8
170							1.114 4	1.114 3	1.113 9	1.113 5	1.113 1
180									1.127 1	1.126 6	1.126 2

注：绝对压力 P=表压+0.1MPa。

4.1.1.3 蒸汽锅炉煤耗量核定系数 K_2 计算方法，蒸汽锅炉煤耗量核定系数 K_2 可按下式计算：

$$K_2 = \frac{i'' - \dfrac{S_{gs}}{S_g}\gamma - i_{gs}}{\dfrac{\eta}{100}Q_{net,ar}} \qquad (3)$$

式中：i''——锅炉平均工作压力下的饱和蒸汽焓，kJ/kg；

$\quad\quad \gamma$——锅炉平均工作压力下水的汽化潜热，kJ/kg；

$\quad\quad i_{gs}$——锅炉给水平均温度下的给水焓，kJ/kg；

$\quad\quad S_{gs}$——锅炉给水氯根浓度，mg/L；

$\quad\quad S_g$——锅炉锅水氯根浓度，mg/L；

η——蒸汽锅炉运行热效率，%；

$Q_{net,ar}$——煤的收到基低位发热量，kJ/kg。

4.1.1.3.1 饱和蒸汽表（表 2）

锅炉平均工作压力下的饱和蒸汽焓 i'' 及水的汽化潜热 γ 由表 2 查取。

表 2　饱和蒸汽表

绝对压力 P（MPa）	饱和温度（℃）	焓（kJ/kg）	
		i''	γ
0.1	99.63	2 675.4	2 257.9
0.101 325	100.00	2 676.0	2 256.9
0.15	111.37	2 693.4	2 226.2
0.20	120.23	2 706.3	2 201.6
0.25	127.43	2 716.4	2 181.0
0.3	133.54	2 724.7	2 163.2
0.4	143.62	2 737.6	2 133.0
0.5	151.84	2 747.5	2 107.4
0.6	158.84	2 755.5	2 085.0
0.7	164.96	2 762.0	2 064.9
0.8	170.41	2 767.5	2 046.5
0.9	175.36	2 772.1	2 029.5
1.0	179.88	2 776.2	2 013.6
1.2	187.96	2 782.7	1 984.3
1.4	195.04	2 787.8	1 957.7
1.6	201.37	2 791.7	1 933.2
1.8	207.11	2 794.8	1 910.3
2.0	212.37	2 797.2	1 888.6
2.5	223.94	2 800.9	1 839.0
3.0	233.84	2 802.3	1 793.9

4.1.1.3.2 锅炉给水焓 i_{gs} 可按锅炉给水温度平均值乘以系数 4.186 8 计算，单位为 kJ/kg。

4.1.1.3.3 锅炉给水氯根浓度 S_{gs} 和锅水氯根浓度 S_g 取锅炉房每台锅炉自身某月水质化验记录数据的算术平均值。氯化物的测定按"GB 1576—1996 低压锅炉水质标准"中附录 A7 规定的"硝酸银容量法"测定（见附录 A），对无此项水质化验记录数据的锅炉，可按此法对该炉运行过程中相邻两次定期排污时间区段中期的锅炉给水和锅水进行氯根浓度测定。分别测三次，取平均值。

4.1.1.3.4　锅炉运行热效率 η 值取实测数据，或参照当地能源测试部门对同类型锅炉实测数据选用。对不具备实测条件的地区可按锅炉出厂文件中标明的锅炉设计效率值向下浮动若干个百分点作为该炉的运行热效率值。下浮值见表 3。

表 3　锅炉运行热效率下浮值

锅炉容量（t/h 或 MW）	≤2 或 1.4	4～8 或 2.8～5.6	≥10 或 7
下浮值（%）	8	5	3

4.1.1.3.5 煤的收到基低位发热量 $Q_{net,ar}$ 值取锅炉使用单位每个批次进煤发热量实测数据，或对锅炉使用单位进煤凭单审核后，采用凭单上发热量数据。当最新批次进煤发热量数据与上一次数据相差 1 000 kJ/kg 时，需重新核定 K_2 值。

4.1.1.3.6 蒸汽锅炉煤耗量核定系数查算表蒸汽锅炉煤耗量核定系数 K_2 计算公式中分子部分的前两项为 $i'' - \dfrac{S_{gs}}{S_g}\gamma$，为简化查"饱和蒸汽表"及有关计算，特编制该"查算表"（见附录 B）。根据该表查得的数值代入 K_2 计算公式，计算 K_2 值：查表时如果锅炉的工作压力均值或锅炉给水氯根浓度与锅水氯根浓度比值 S_{gs}/S_g 介于表中给定各档数值之间，则用"内插法"处理。

4.1.2 热水锅炉煤耗量核定计量计算方法，热水锅炉煤耗量 B 可按下式计算：

$$B = QK_3 \tag{4}$$

式中：Q——热水锅炉的供热量，GJ；

K_3——热水锅炉煤耗量核定系数，t/GJ。

4.1.2.1 热水锅炉供热量计量装置安装原则见图 2。测热水锅炉循环流量的流量传感器应装于回水（或出水）总管上，若回水（或出水）总管呈垂直方向，水流方向应自下而上流经流量计。

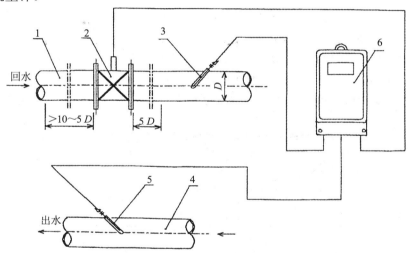

1—热水锅炉回水（或出水）总管；2—涡轮或涡街流量计；3—测回水温度的铜电阻温度计；4—热水锅炉出水总管；
5—测出水温度的铜电阻温度计；6—热水锅炉供热量计量仪表

图 2　热水锅炉供热量计量装置安装原则系统图

4.1.2.2 热水锅炉供热量 Q 可按下式计算：

$$Q = G(i_{cs} - i_{js}) \times 10^{-6} \tag{5}$$

式中：G——热水锅炉循环水量，kg（按 4.1.1.2 条规定的计算值乘以 10^3）；

i_{cs}——热水锅炉出水焓，kJ/kg（按热水锅炉出水温度值乘以系数 4.186 8 计算）；

i_{js}——热水锅炉进水焓，kJ/kg（按热水锅炉进水温度值乘以系数 4.186 8 计算）。

4.1.2.3 热水锅炉煤耗量核定系数 K_3 计算方法，热水锅炉煤耗量核定系数 K_3 可按下式计算：

$$K_3 = \frac{10^3}{\frac{\eta}{100} Q_{\text{net,ar}}}$$ （6）

式中：η——热水锅炉运行热效率，%（依照 4.1.1.3.4 确定）；

$Q_{\text{net,ar}}$——煤的收到基低位发热量，kJ/kg（依照 4.1.1.3.5 确定）。

热水锅炉煤耗量核定系数表，根据热水锅炉运行热效率及燃用煤种的收到基低位发热量即可从热水锅炉煤耗量核定系数表（见附录 C）中直接查到该热水锅炉的煤耗量核定系数 K_3 值。如果热水锅炉运行热效率 η 值或燃煤收到基低位发热量 $Q_{\text{net,ar}}$ 值介于表中给定各档数值之间，则用"内插法"处理。

4.2 锅炉烟尘及二氧化硫产污系数和排污系数计算方法

4.2.1 烟尘产污系数和排污系数计算方法

4.2.1.1 烟尘产污系数计算方法烟尘产污系数 K_c' 可按下式计算：

$$K_c' = 10 A_{\text{ar}} a_{\text{fh}} \frac{1}{(1 - \frac{C_{\text{fh}}}{100})}$$ （7）

式中：A_{ar}——煤收到基灰分含量，%；

a_{fh}——烟尘中的灰量占入炉煤总灰量的重量份额。层燃炉取 0.1；抛煤机炉取 0.25；沸腾炉取 0.55；

C_{fh}——烟尘中固定碳含量的百分数，%。层燃炉取 30；抛煤机炉取 45；沸腾炉取 3。不同燃烧方式燃用不同灰分含量煤时的烟尘产污系数 K_c' 也可按表 4 所列选用。如煤中灰分含量介于表中两档数值之间，可用"内插法"处理。

表 4　不同燃烧方式燃用不同灰分含量燃煤时烟尘产污系数 K_c'　　　单位：kg/t

A_{ar}/%	10	15	20	25	30	35	40	45	50
层燃炉	14.29	21.43	28.57	35.72	42.68	50.00			
抛煤机炉		68.18	90.91	113.64	136.37	159.09	181.82	204.55	
沸腾炉				141.75	170.10	198.45	226.80	255.15	283.50

4.2.1.2 烟尘排污系数计算方法

烟尘排污系数 K_c 可按下式计算：

$$K_c = K_c'(1 - \frac{\eta_c}{100})$$ （8）

式中：K_c'——烟尘产污系数，kg/t；

η_c——除尘器的除尘效率，%（由实测确定）。

不同燃烧方式燃用不同灰分含量煤时的烟尘排污系数 K_c 也可按表 5～表 7 所列选用。如煤中灰分含量介于表中两档数值之间，可用"内插法"处理。

表5　层燃炉烟尘排污系数 K_c 　　　　　　　单位：kg/t

A_{ar}（%）		10	15	20	25	30	35
除尘器类型	除尘效率 η_c（%）	$K_c = 1.428\,6\,A_{ar}(1-\dfrac{\eta_c}{100})$					
单筒旋风	65	5.00	7.50	10.00	12.50	15.00	17.50
	75	3.57	5.36	7.14	8.93	10.71	12.50
	85	2.14	3.21	4.29	5.36	6.43	7.50
多管旋风	70	4.29	6.43	8.57	10.71	12.86	15.00
	80	2.86	4.29	5.71	7.14	8.57	10.00
	92	1.14	1.71	2.29	2.86	3.43	4.00
湿法除尘	85	2.14	3.21	4.29	5.36	6.43	7.50
	90	1.43	2.14	2.86	3.57	4.29	5.00
	95	0.71	1.07	1.43	1.79	2.14	2.50

表6　抛煤机炉烟尘排污系数 K_c 　　　　　　　单位：kg/t

A_{ar}（%）		15	20	25	30	35	40	45
除尘器类型	除尘效率 η_c（%）	$K_c = 4.545\,5\,A_{ar}(1-\dfrac{\eta_c}{100})$						
多管旋风	84	10.91	14.55	18.18	21.82	25.45	29.09	32.73
	88	8.18	10.91	13.64	16.36	19.09	21.82	24.55
	94	4.09	5.45	6.82	8.18	9.55	10.91	12.27
湿式除尘	87	8.86	11.82	14.77	17.73	20.68	23.64	26.59
	92	5.45	7.27	9.09	10.91	12.73	14.55	16.36
	97	2.05	2.73	3.41	4.09	4.77	5.46	6.14

表7　沸腾炉烟尘排污系数 K_c 　　　　　　　单位：kg/t

A_{ar}（%）		25	30	35	40	45	50
除尘器类型	除尘效率 η_c（%）	$K_c = 5.67\,A_{ar}(1-\dfrac{\eta_c}{100})$					
多管加湿法除尘	97	4.25	5.10	5.95	6.80	7.65	8.51
	98	2.84	3.40	3.97	4.54	5.10	5.67
	99	1.42	1.71	1.98	2.27	2.55	2.84
静电除尘	99	1.42	1.71	1.98	2.27	2.55	2.84
	99.2	1.13	1.36	1.59	1.81	2.04	2.27
	99.5	0.71	0.85	0.99	1.13	1.28	1.42

4.2.2　二氧化硫产污系数和排污系数计算方法

4.2.2.1　二氧化硫产污系数计算方法

二氧化硫产污系数 K'_{SO_2} 可按下式计算

$$K'_{SO_2} = 0.2\,S_{ar}P \qquad\qquad （9）$$

式中：S_{ar}——煤收到基硫分含量，%；

　　　　P——燃煤中硫的转化率，%（一般取 80）。

燃煤锅炉燃用不同硫分含量煤时的二氧化硫产污系数 K'_{SO_2} 也可按表 8 选用。如煤中硫分含量介于表中两档数值之间，可用"内插法"处理。

表 8　燃煤锅炉二氧化硫产污系数 K'_{SO_2} 　　　单位：kg/t

S_{ar}（%）	0.5	1.0	1.5	2.0	2.5	3.0
K'_{SO_2}	8.0	16.0	24.0	32.0	40.0	48.0

4.2.2.2　二氧化硫排污系数计算方法　二氧化硫排污系数 K'_{SO_2} 可按下式计算：

$$K_{SO_2} = K'_{SO_2}\left(1 - \frac{\eta_{SO_2}}{100}\right) \tag{10}$$

式中：K'_{SO_2}——二氧化硫产污系数，kg/t；

　　　　η_{SO_2}——脱硫措施的脱硫效率，%（由实测确定）。

燃煤锅炉燃用不同硫分含量煤时的二氧化硫排污系数 K_{SO_2} 也可按表 9 选用。如煤中硫分含量和脱硫效率介于表中两档数值之间，可用"内插法"处理。

表 9　燃煤锅炉二氧化硫排污系数 K_{SO_2} 　　　单位：kg/t

η_{SO_2}（%）	S_{ar}（%）					
	3.0	0.5	1.0	1.5	2.0	2.5
10	7.20	14.40	21.60	28.80	36.00	43.20
20	6.40	12.80	19.20	25.60	32.00	38.40
30	5.60	11.20	16.80	22.40	28.00	33.60
40	4.80	9.60	14.40	19.20	24.00	28.80
50	4.00	8.00	12.00	16.00	20.00	24.00
60	3.20	6.40	9.60	12.80	16.00	19.20
70	2.40	4.80	7.20	9.60	12.00	14.40
80	1.60	3.20	4.80	6.40	8.00	9.60
90	0.80	1.60	2.40	3.20	4.00	4.80

4.3　煤锅炉烟尘及二氧化硫排放总量计算方法

4.3.1　锅炉烟尘排放总量计算方法

锅炉烟尘排放总量 G_c 可按下式计算：

$$G_c = BK_c \tag{11}$$

式中：B——锅炉煤耗量，t；

　　　　K_c——烟尘排污系数，kg/t。

4.3.2　锅炉二氧化硫排放总量计算方法

锅炉二氧化硫排放总量 G_{SO_2} 可按下式计算：

$$G_{SO_2} = BK_{SO_2} \tag{12}$$

式中：B——锅炉煤耗量，t；

    K_{SO_2}——二氧化硫排污系数，kg/t。

4.4 关于产污系数和排污系数的使用说明，本方法所列的产污系数和排污系数是在对燃煤锅炉产污量和排污量进行大量实测基础上，通过物料平衡提出的。但对锅炉使用单位而言，影响"系数"的因素，如燃煤品位，污染控制技术及稳定性、锅炉运行管理水平等有可能随时间而变化，故对已确定的系数需定期调整。

5. 技术方法的实施

本方法由县级以上人民政府环境保护行政主管部门监督实施。

氯化物的测定（硝酸银容量法）

GB 1576—1996《低压锅炉水质》附录 A7 氯化物的测定（硝酸银容量法），内容如下：

A7.1 概要

适用于测定氯化物含量为 5～100 mg/L 的水样。在中性或弱碱性溶液中，氯化物与硝酸银作用生成白色氯化银沉淀，过量的硝酸银与铬酸钾作用生成砖红色铬酸银沉淀，使溶液显橙色，即为滴定终点。

A7.2 试剂及配制

A7.2.1 氯化钠标准溶液（1 mL 含 1 mg 氯离子）：取基准试剂或优级纯的氯化钠 3～4 g 置于瓷坩埚内。于高温炉内升温至 500℃灼烧 10 min，然后放入干燥器内冷却至室温，准确称取 1.649 g 氯化钠，先溶于少量蒸馏水，然后稀释至 1 000 mL。

A7.2.2 硝酸银标准溶液（1 mL 相当于 1 mg 氯离子）：称取 5.0 g 硝酸银溶于 1 000 mL 蒸馏水中，以氯化钠标准溶液标定。标定方法如下。

于三个锥形瓶中，用移液管分别注入 10 mL 氯化钠标准溶液，再各加入 90 mL 蒸馏水及 1.0 mL 10%铬酸钾指示剂，均用硝酸银标准溶液滴定至橙色，分别记录硝酸银标准溶液的消耗量 V，以平均值计算，但三个平行试验数值间的相对误差应小于 0.25%。另取 100 mL 蒸馏水做空白试验，除不加氯化钠标准溶液外，其他步骤同上，记录硝酸银标准溶液的消耗量 V_1。

硝酸银浓度 T（mgCl⁻/mL）按式 A（8）计算：

$$T = \frac{10 \times 1}{V - V_1} \text{ mg/mL} \qquad\qquad A（8）$$

式中：V_1——空白试验消耗硝酸银标准溶液的体积，mL；

　　　V——氯化钠标准溶液消耗硝酸银标准溶液的平均体积，mL；

　　　10——氯化钠标准溶液的体积，mL；

　　　1——氯化钠标准溶液的浓度，mg/mL。

最后调整硝酸银溶液浓度，使其成为 1 mL 相当 1 mgCl⁻的标准溶液。

A7.2.3 10%铬酸钾指示剂。

A7.2.4 1%酚酞指示剂（以乙醇为溶剂）。

A7.2.5 0.1 mol/L 氢氧化钠溶液。

A7.2.6 0.1 mol/L 硫酸溶液。

A7.3 测定方法

A7.3.1 量取 100 mL 水样于锥形瓶中，加 2～3 滴 1%酚酞指示剂，若显红色，即用硫酸溶液中和至无色。若不显红色，则用氢氧化钠溶液中和至微红色，然后以硫酸溶液滴回至无色，再加入 1.0 mL 10%铬酸钾指示剂。

A7.3.2 用硝酸银标准溶液滴定至橙色，记录硝酸银标准溶液的消耗体积 V_1。同时做空白试验（方法同 A7.2.2），记录硝酸银标准溶液的消耗体积 V_2。氯化物（Cl⁻）含量按式 A（9）计算：

$$Cl^- = \frac{(V_1 - V_2) \times 1.0}{V_s} \times 1\,000 \text{ mg/L} \qquad A（9）$$

式中：V_1——滴定水样消耗硝酸银溶液的体积，mL；

V_2——滴定空白水样消耗硝酸银溶液的体积，mL；

1.0——硝酸银标准溶液的滴定度，1 mL 相当于 1 mgCl⁻；

V_s——水样的体积，mL。

A7.4 测定水样时注意事项

A7.4.1 当水样中氯离子含量大于 100 mg/L 时，须按表 A8 中规定的体积取水样，用蒸馏水稀释至 100 mL 后测定。

表 A8　氯化物的含量和取水样体积

水样 Cl⁻含量，mg/L	101～200	201～400	401～1 000
取水样体积，mL	50	25	10

A7.4.2 当水样中硫离子（S^{2-}）含量大于 5 mg/L，铁、铝含量大于 3 mg/L 或颜色太深时，应事先用过氧化氢脱色处理（每升水加 20 mL），并煮沸 10 min 后过滤。如颜色仍不消失，可于 100 mL 水样中加 1 g 碳酸钠然后蒸干，将干涸物用蒸馏水溶解后进行测定。

A7.4.3 如水样中氯离子含量小于 5 mg/L 时，可将硝酸银溶液稀释为 1 mL 相当于 0.5 mgCl⁻后使用。

A7.4.4 为了便于观察终点，可另取 100 mL 水样加 1 mL 铬酸钾指示剂作对照。

A7.4.5 混浊水样，应事先进行过滤。

附录 B　蒸汽锅炉煤耗量核定系数

蒸汽锅炉煤耗量核定系数查算表

$$i'' - \frac{S_{ga}}{S}\gamma \quad (\text{kJ/kg})$$

绝对压力 (MPa) \ $\frac{S_{ga}}{S}$	0.030	0.050	0.070	0.090	0.110	0.130	0.150	0.170	0.190	0.210	0.230	0.250	0.270	0.290	0.310	0.330	0.350	0.370	0.390
0.101 325	2 608.3	2 563.2	2 518.0	2 472.9	2 427.7	2 382.6	2 337.5	2 292.3	2 247.2	2 202.1	2 156.9	2 111.8	2 066.6	2 021.5	1 976.4	1 931.2	1 886.1	1 840.9	1 795.8
0.15	2 626.6	2 582.1	2 537.6	2 493.0	2 448.5	2 404.0	2 359.5	2 314.9	2 270.4	2 225.9	2 181.4	2 136.8	2 092.3	2 047.8	2 003.3	1 958.8	1 914.2	1 869.7	1 825.2
0.2	2 640.3	2 596.2	2 552.2	2 508.2	2 464.1	2 420.1	2 376.1	2 332.0	2 288.0	2 244.0	2 199.9	2 155.9	2 111.9	2 067.8	2 023.8	1 979.8	1 935.7	1 891.7	1 847.7
0.25	2 651.0	2 607.3	2 563.7	2 520.1	2 476.5	2 432.9	2 389.2	2 345.6	2 302.0	2 258.4	2 214.8	2 171.1	2 127.5	2 083.9	2 040.3	1 996.7	1 953.0	1 909.4	1 865.8
0.3	2 659.8	2 616.5	2 573.3	2 530.0	2 486.7	2 443.5	2 400.2	2 357.0	2 313.7	2 270.4	2 227.2	2 183.9	2 140.6	2 097.4	2 054.1	2 010.8	1 967.6	1 924.3	1 881.1
0.4	2 673.6	2 631.0	2 588.3	2 545.6	2 503.0	2 460.3	2 417.7	2 375.0	2 332.3	2 289.7	2 247.0	2 204.4	2 161.7	2 119.0	2 076.4	2 033.7	1 991.1	1 948.4	1 905.7
0.5	2 684.3	2 642.1	2 600.0	2 557.8	2 515.7	2 473.5	2 431.4	2 389.2	2 347.1	2 304.9	2 262.8	2 220.6	2 178.5	2 136.4	2 094.2	2 052.1	2 009.9	1 967.8	1 925.6
0.6	2 692.9	2 651.2	2 609.6	2 567.9	2 526.1	2 484.4	2 442.8	2 401.1	2 359.4	2 317.6	2 275.9	2 234.2	2 192.6	2 150.9	2 109.1	2 067.4	2 025.8	1 984.1	1 942.3
0.7	2 700.1	2 658.8	2 617.5	2 576.2	2 534.9	2 493.6	2 452.3	2 411.0	2 369.7	2 328.4	2 287.1	2 245.8	2 204.5	2 163.2	2 121.9	2 080.6	2 039.3	1 998.0	1 956.7
0.8	2 706.1	2 665.2	2 624.2	2 583.3	2 542.4	2 501.5	2 460.5	2 419.6	2 378.7	2 337.7	2 296.8	2 255.9	2 214.9	2 174.0	2 133.1	2 092.2	2 051.2	2 010.3	1 969.4
0.9	2 711.2	2 670.6	2 630.0	2 589.4	2 548.9	2 508.3	2 467.7	2 427.1	2 386.5	2 345.9	2 305.3	2 264.7	2 224.1	2 183.5	2 143.0	2 102.4	2 061.8	2 021.2	1 980.6
1.0	2 715.8	2 675.5	2 635.2	2 595.0	2 554.7	2 514.4	2 474.2	2 433.9	2 393.6	2 353.3	2 313.1	2 272.8	2 232.5	2 192.3	2 152.0	2 111.7	2 071.4	2 031.2	1 990.9
1.1	2 719.5	2 679.6	2 639.6	2 599.6	2 559.6	2 519.6	2 479.6	2 439.7	2 399.7	2 359.7	2 319.7	2 279.8	2 239.8	2 199.8	2 159.8	2 119.8	2 079.9	2 039.9	1 999.9
1.3	2 726.2	2 686.8	2 647.3	2 607.9	2 568.5	2 529.1	2 489.7	2 450.2	2 410.8	2 371.4	2 332.0	2 292.6	2 253.1	2 213.7	2 174.3	2 134.9	2 095.4	2 056.0	2 016.6
1.5	2 731.4	2 692.5	2 653.6	2 614.7	2 575.8	2 536.9	2 498.0	2 459.1	2 420.2	2 381.2	2 342.3	2 303.4	2 264.5	2 225.6	2 186.7	2 147.8	2 108.9	2 070.0	2 031.1
1.7	2 735.6	2 697.2	2 658.8	2 620.3	2 581.9	2 543.5	2 505.0	2 466.6	2 428.2	2 389.7	2 351.3	2 312.9	2 274.4	2 236.0	2 197.5	2 159.1	2 120.7	2 082.2	2 043.8
1.9	2 739.0	2 701.0	2 663.0	2 625.0	2 587.1	2 549.1	2 511.1	2 473.1	2 435.1	2 397.1	2 359.1	2 321.1	2 283.1	2 245.1	2 207.2	2 169.2	2 131.2	2 093.2	2 055.2
2.1	2 741.5	2 704.0	2 666.4	2 628.8	2 591.2	2 553.7	2 516.1	2 478.5	2 440.9	2 403.4	2 365.8	2 328.2	2 290.7	2 253.1	2 215.5	2 177.9	2 140.4	2 102.8	2 065.2
2.6	2 746.3	2 709.7	2 673.1	2 636.5	2 599.9	2 563.3	2 526.7	2 490.1	2 453.5	2 416.9	2 380.3	2 343.7	2 307.1	2 270.5	2 233.9	2 197.3	2 160.7	2 124.1	2 087.5

附录 C 热水锅炉煤耗量核定

热水锅炉煤耗量核定系数表

K_3(t/GJ)

$Q_{net,ar}$ (kJ/kg) η(%)	14 400	15 200	16 000	16 800	17 600	18 400	19 200	20 000	20 800	21 600	22 400	23 200	24 000	24 800	25 600	26 400	27 200	28 000	28 800	29 600
40	0.173 6	0.164 5	0.156 2	0.148 8	0.142 0	0.135 9	0.130 2	0.125 0	0.120 2	0.115 7	0.111 6	0.107 8	0.104 2	0.100 8	0.097 7	0.094 7	0.091 9	0.089 3	0.086 8	0.084 5
42	0.165 3	0.156 6	0.148 8	0.141 7	0.135 3	0.129 4	0.124 0	0.119 0	0.114 5	0.110 2	0.106 3	0.102 6	0.992	0.096 0	0.093 0	0.090 2	0.087 5	0.085 0	0.082 7	0.080 4
44	0.157 8	0.149 5	0.142 0	0.135 3	0.129 1	0.123 5	0.118 4	0.113 6	0.109 3	0.105 2	0.101 5	0.098 0	0.094 7	0.091 6	0.088 8	0.086 1	0.083 6	0.081 2	0.078 9	0.076 8
46	0.151 0	0.143 0	0.135 9	0.129 4	0.123 5	0.118 1	0.113 2	0.108 7	0.104 5	0.100 6	0.097 0	0.093 7	0.090 6	0.087 7	0.084 9	0.082 3	0.079 9	0.077 6	0.075 5	0.073 4
48	0.144 7	0.137 1	0.130 2	0.124 0	0.118 4	0.113 2	0.108 5	0.104 2	0.100 2	0.096 5	0.093 0	0.089 8	0.086 8	0.084 0	0.081 4	0.078 9	0.076 6	0.074 4	0.072 3	0.070 4
50	0.138 9	0.131 6	0.125 0	0.119 0	0.113 6	0.108 7	0.104 2	0.100 0	0.096 2	0.092 6	0.089 3	0.086 2	0.083 3	0.080 6	0.078 1	0.075 8	0.073 5	0.071 4	0.069 4	0.067 6
52	0.133 5	0.126 5	0.120 2	0.114 5	0.109 3	0.104 5	0.100 2	0.009 2	0.092 5	0.089 0	0.085 9	0.082 9	0.080 1	0.077 5	0.075 1	0.072 8	0.070 7	0.068 7	0.066 8	0.065 0
54	0.128 6	0.121 8	0.115 7	0.110 2	0.105 2	0.100 6	0.096 5	0.092 6	0.089 0	0.085 7	0.082 7	0.079 8	0.077 2	0.074 7	0.072 3	0.070 1	0.068 1	0.066 1	0.064 3	0.062 6
56	0.124 0	0.117 5	0.111 6	0.106 3	0.101 5	0.097 0	0.093 0	0.089 3	0.859	0.082 7	0.079 7	0.077 0	0.074 4	0.072 0	0.069 8	0.067 6	0.065 7	0.063 8	0.062 0	0.060 3
58	0.119 7	0.113 4	0.107 8	0.102 6	0.098 0	0.093 7	0.089 8	0.086 2	0.082 9	0.079 8	0.077 0	0.074 3	0.071 8	0.069 5	0.067 3	0.065 3	0.063 4	0.061 6	0.059 9	0.058 2
60	0.115 7	0.109 6	0.104 2	0.099 2	0.094 7	0.090 6	0.086 8	0.083 3	0.080 1	0.077 2	0.074 4	0.071 8	0.069 4	0.067 2	0.065 1	0.063 1	0.061 3	0.059 5	0.057 9	0.056 3
62	0.112 0	0.106 1	0.100 8	0.096 0	0.091 6	0.087 7	0.084 0	0.080 6	0.077 5	0.074 7	0.072 0	0.069 5	0.067 2	0.065 0	0.063 0	0.061 1	0.059 3	0.057 6	0.056 0	0.054 5
64	0.108 5	0.102 8	0.097 7	0.093 0	0.088 8	0.084 9	0.081 4	0.078 1	0.075 1	0.072 3	0.069 8	0.067 3	0.065 1	0.063 0	0.061 0	0.059 2	0.057 4	0.055 8	0.054 3	0.052 8
66	0.105 2	0.099 7	0.094 7	0.090 2	0.086 1	0.082 3	0.078 9	0.075 8	0.072 8	0.070 1	0.067 6	0.065 3	0.063 1	0.061 1	0.059 2	0.057 4	0.055 7	0.054 1	0.052 6	0.051 2
68	0.102 1	0.096 7	0.091 9	0.087 5	0.083 6	0.079 9	0.076 6	0.073 5	0.070 7	0.068 1	0.065 7	0.063 4	0.061 3	0.059 3	0.057 4	0.055 7	0.054 1	0.052 5	0.051 1	0.049 7
70	0.099 2	0.094 0	0.089 3	0.085 0	0.081 2	0.077 6	0.074 4	0.071 4	0.068 7	0.066 1	0.063 8	0.061 6	0.059 5	0.057 6	0.055 8	0.054 1	0.052 5	0.051 0	0.049 6	0.048 3
72	0.096 5	0.091 4	0.086 8	0.082 7	0.078 9	0.075 5	0.072 3	0.069 4	0.066 8	0.064 3	0.062 0	0.059 9	0.057 9	0.056 0	0.054 3	0.052 6	0.051 1	0.049 6	0.048 2	0.046 9
74	0.093 8	0.088 9	0.084 5	0.080 4	0.076 8	0.073 4	0.070 4	0.067 6	0.065 0	0.062 6	0.060 3	0.058 2	0.056 3	0.054 5	0.052 8	0.051 2	0.049 7	0.048 3	0.046 9	0.045 7
76	0.091 4	0.086 6	0.082 2	0.079 3	0.074 8	0.071 5	0.068 5	0.065 8	0.063 3	0.060 9	0.058 7	0.056 7	0.054 8	0.053 1	0.051 4	0.049 8	0.048 4	0.047 0	0.045 7	0.044 5
78	0.089 0	0.084 3	0.080 1	0.076 3	0.072 8	0.069 7	0.066 8	0.064 1	0.061 6	0.059 4	0.057 2	0.055 3	0.053 4	0.051 7	0.050 0	0.048 6	0.047 1	0.045 8	0.044 5	0.043 3
80	0.086 8	0.082 2	0.078 1	0.074 4	0.071 0	0.067 9	0.065 1	0.062 5	0.060 1	0.057 9	0.058 8	0.053 9	0.052 1	0.050 4	0.048 8	0.047 3	0.046 0	0.044 6	0.043 4	0.042 2
82	0.084 7	0.080 2	0.076 2	0.072 6	0.069 3	0.066 3	0.063 5	0.061 0	0.058 6	0.056 5	0.054 4	0.052 6	0.050 8	0.049 2	0.047 6	0.046 2	0.044 8	0.043 6	0.042 3	0.040 2
84	0.082 7	0.078 3	0.074 4	0.070 9	0.067 6	0.064 7	0.062 0	0.059 5	0.057 2	0.055 1	0.053 1	0.051 3	0.049 6	0.048 0	0.046 5	0.045 1	0.043 8	0.042 5	0.041 3	0.041 2

光气及光气化产品生产安全规程

（Safety regulations for the production of phosgene and phosgenation products）

GB 19041—2003

2003-03-13 发布
2003-10-01 实施

前　言

本标准是在劳动和劳动安全行业标准 LD31—1992《光气及光气化产品生产安全规程》基础上制定的。与 LD31—1992 相比主要变化如下：

——更加突出和明确了对生产和设计的安全要求；

——列出了光气及光气化装置，不同规模应保持最小的安全防护距离；

——删除了与已有国家标准重复的条文；

——强调了预防重大事故的事前、事中科学的安全管理程序；

——简化了常规仪表的装设规定，突出了必装的安全防护仪表；

——删除原标准重复性的附录 A、附录 B。

本标准的附录 A 为资料性附录。

本标准由国家安全生产监督管理局提出。

本标准由中国化工学会化工安全专业委员会归口。

本标准负责起草单位：化学工业第二设计院。

本标准主要起草人：许祖龙、闫少伟、万世破、杨在建、潘国平、鲍焕霞。

1 范围

本标准规定了光气及光气化产品生产和生产装置设计的安全要求。

本标准适用于光气及光气化产品生产装置的新建、扩建和改建。

2 规范性引用文件

下列文件中的条款通过本标准的引用而成为本标准的条款。凡是注日期的引用文件，其随后所有的修改单（不包括勘误的内盗）或修订版均不适用于本标准，然而，鼓励根据本标准达成协议的各方研究是否可使用这些文件的最新版本。凡是不注日期的引用文件，其最新版本适用于本标准。

GB 16297 大气污染物综合排放标准

工业企业设计卫生标准

工业场所有害因素职业接触限值

危险化学品安全管理条例

使用有毒物品作业场所劳动保护条例

压力容器安全技术监察规程

3 术语和定义

下列术语和定义适用于本标准。

3.1 交通要塞（key access path）

高速公路及一、二级公路、铁路和航道的干线。

3.2 安全防护距离（safety distance）

从光气及光气化产品生产装置的边界开始计算，至人员相对密集区域边界之间的最小允许距离。

3.3 光气化产品（phosgenation products）

光气与一种或一种以上的化学物质进行化学反应的生成物。

4 一般规定和安全设计原则

4.1 一般规定

新建、扩建和改建工程项目的申报，按国家有关法律、法规执行。

4.2 安全设计原则

4.2.1 新建工程项目应符合下列要求：

a）不应设置在地震动峰值加速度大于 0.3 g 地区（即地震基本烈度八度以上地区）。

b）不应设置在人口密集的居住区及城镇全年最大频率风向的上风侧 2 000 m 之内。

c）光气及光气化生产装置应保持表 1 所示安全防护距离，并符合下列规定：

表 1 安全防护距离

序号	装置系统光气（折纯）总量/kg	安全防护距离/m
1	<3 000	1 000
2	3 000~5 000	1 500
3	>5 000	2 000

d）在 500 m 半径范围内居民无居民，在大于 500 m 的安全防护距离范围内不准兴建居民区、商业区等，零散居民不应超过 200 人。

e）装置与交通要道的安全防护距离不应少于 500 m。

4.2.2 对于老厂扩建、改建工程，在 500 m 半径范围内的其他工厂可维持现状，居民必须迁出。但装置系统光气（折纯）总量应小于 300 kg。等于或超过 300 kg 按 4.2.1 执行。

4.2.3 光气及光气化生产装置应集中布置在厂区的下风侧并形成独立的生产区，该装置与厂围墙的距离不应少于 100 m。

4.2.4 光气及光气化生产车间空气中光气及光气化产品的允许浓度必须符合《工业场

所有害因素职业接触限值》要求。

4.2.5 严禁从外地或本地区的其他生产厂运输光气和异氰酸甲酯为原料进行产品生产。属危险光气化产品的运输必须执行国家有关法律、法规。

5 工艺及设备的安全要求

5.1 工艺的安全要求

5.1.1 一氧化碳含水量不宜大于 50 mg/m³，氯气含水量不宜大于 50 mg/m³。

5.1.2 光气合成及光气化的设备、管道系统必须保持干燥，应避免水分混入。

5.2 设备的安全要求

5.2.1 含光气物料的转动设备应使用性能可靠的密封装置，宜设局部排风设施。

5.2.2 含光气物料设备的腐蚀裕度应根据生产条件来确定。碳钢或低合金钢的腐蚀裕度不宜少于 3 mm。

5.2.3 含光气物料的压力容器设计必须符合《压力容器安全技术监察规程》，设备不宜使用视镜，如必须使用时，应选用带保护罩的视镜，并设有局部排风设施。

5.2.4 液态光气、异氰酸甲酯、氯甲酸甲酯等剧毒物料（其主要危险性参见附录 A）贮槽类的设备台数及单台贮存量应降至最低，并符合下列要求：

a）贮槽的总贮量必须严格控制，单台贮槽的容积不应大于 5 m³。

b）单台贮槽的装料系数应控制在应 75%以下。

c）必须设有相应系统容量的事故槽。

d）贮槽的出料管不宜侧接或底接。

e）贮槽应装设安全阀，在安全阀前装设爆破片，安全阀后必须接到应急破坏系统。宜在片与阀之间装超压报警器。

f）液态光气贮槽的材质应采用 16 MnR 钢。

异氰酸甲酯贮槽严禁使用普通碳钢或含有铜、锌、锡的合金材料制造的设备、仪表和零配件。宜采用搪玻璃等耐腐蚀设备。

氯甲酸甲酯贮槽宜采用搪玻璃等耐腐蚀设备。

g）宜采用双壁槽。

5.2.5 含光气物料的压力容器中，热交换器和列管式光气合成反应器的管子与管板的连接处宜进行氦渗透检验。

5.2.6 液态光气和异氰酸甲酯等装置系统要严格控制水的混入，其冷却和输送应采取下列措施：

a）冷却器、冷凝器和贮槽的冷却宜采用非水性液体作冷却剂。如使用水或水性溶液作冷却剂，必须有可靠的防护措施。

b）当用水或水性溶液作贮槽冷却剂时，禁止槽内设冷却盘管。

c）由贮槽向各生产岗位输送物料不宜采用气压输送，当采用密封性能可靠的耐腐蚀泵输送时，泵的数量应降至最低。

5.2.7 当计划停车时，必须在停车前将设备内的物料全部处理完毕。设备、管道检修时，必须放净物料，进行气体置换取样分析合格，方可操作。操作时应有专人监护，严禁在无人监护时进行操作。

6 管道的安全要求

6.1 输送含光气的物料应采用无缝钢管，并宜采用套管。

输送异氰酸甲酯宜采用不锈钢管和阀门。其密封材料应使用聚四氟乙烯或石棉橡胶板，不应使用聚氯乙烯、橡胶等其他材料。

输送氯甲酸甲酯宜采用搪玻璃或其他耐腐蚀材料的管道或阀门。

6.2 含光气物料管道连接应采用对焊焊接，开车之前应做气密性试验。严禁采用丝扣连接。焊缝要求 100%射线探伤检验并做消除应力处理。

6.3 对含光气物料的管道系统应划分区域，设置事故紧急切断阀。

6.4 输送光气及含光气物料，其管道的安装敷设应符合下列要求：

a）支撑和固定应充分考虑热应力以及振动和摩擦的影响，应有防撞击的措施。

b）穿墙或楼板时应装设在套管内。

c）严禁穿过生活间、办公室和直接埋地，也不应敷设在管沟内。

d）室外的气态光气输送管道，宜有伴热保温设施。

e）输送管道不宜安设放净阀。如必须安设，其排出口必须接至尾气破坏处理系统。

f）输送液态光气及含光气物料管道不宜设置玻璃视镜，如必须安设应加防护罩，镜前后应加切断阀。

7 设备布置的安全要求

7.1 设备的布置应便于隔离操作、通风排毒和事故处理，应留有足够宽度的操作面和安全疏散通道。

7.2 光气及光气化装置均必须设置隔离操作室。

7.3 液态光气、异氰酸甲酯、氯甲酸甲酯的贮槽类及其输送泵宜布置在封闭式单独房间里，槽四周应设围堰，其高度不应低于 20 cm，堰内容量应大于槽容量，并有防渗漏层。室内应设强制通风系统，排出气体必须引至事故应急破坏系统处理。

8 尾气回收及破坏处理系统

8.1 光气及光气化生产过程中排出的含有光气及其他与毒气体必须经过回收及破坏处理，经过破坏处理后的尾气，必须通过高空排放筒排入大气，排放尾气应精足 GB 16297 的规定。

8.2 生产中经过回收处理的含有少量光气的尾气，连同其他装置排出的有毒气体（包括安全泄压装置、取样阀、排净阀和导淋阀的排气，弹性软管排毒系统等排气）可采用催化分解或碱液破坏处理。

9 紧急停在和应急破坏处理系统

9.1 光气合成及光气化反应装置必须设有事故状态下的紧急停车系统和应急破坏处理系统。应急破坏处理系统在正常生产状况下应保持运行。

9.2 光气及光气化生产系统一旦出现异常现象或发生光气及其剧毒产品泄漏事故时，应通过自控联锁装置启动紧急停车并自动连接应急破坏处理系统，并按下列步骤处理：

a）切断所有进出生产装置的物料，将反应装置迅速冷却降温，且系统泄压，使生产装置处于能量最低状态。

b）立即将发生事故设备内的剧毒物料导入事故槽内。

c）如有溢漏的少量液体物料，可以使用氨水、稀碱液喷淋；也可以先用吸有煤油的锯末（硅藻土、活性炭均可）覆盖，然后再用消石灰覆盖。

d）启动通风排毒系统，将事政部位的有毒气体排至处理系统。该系统的装置处理能力应在 30 min 内消除事故部位绝大部分的有毒气体。

e）可在事故现场进行喷氨或喷蒸汽，以加速有毒气体的破坏。在高空排放筒内宜采用喷入氨气或蒸汽，以中和残余的光气。

10 电气和仪表的安全要求

10.1 光气及光气化产品生产装置的供电应设有双电源。紧急停车系统、尾气破坏处理和应急破坏处理系统应配备柴油发电机，要求在 30 s 内自启动供电。

10.2 光气及光气化产品生产装置区域必须设置光气、氯气、一氧化碳监测及超限报警仪表，还应设置事故状态下能自启动紧急停车和应急破坏处理的自控仪表系统。

11 厂房的安全要求

11.1 光气及光气化生产厂房必须与生活间及办公室隔离。

11.2 生产厂房每层面积小于等于 100 m² 时，不应少于两个出入口；每层面积大于 100 m² 时，不应少于三个出入口；二层以上的厂房，每层必须有一个楼梯直通室外。

11.3 封闭式光气及光气化产品生产厂房应设机械排气系统，重要设备，如光气化反应器等，宜设局部排风罩，排气必须接入应急破坏处理系统。

11.4 敞开式厂房应在可能泄漏光气部位设置可移动式弹性软管负压排气系统，将有毒气体送至破坏处理系统。

11.5 隔离操作控制室内应保持良好的正压通风护态。取风口应设在远离污染源处。

11.6 光气及光气化产品生产车间必须配备洗眼器和淋洗设备。

12 安全管理

12.1 光气及光气化产品生产厂应结合本厂生产工艺，制定出本厂的安全技术规程和安全生产管理制度。

12.2 直接接触光气及光气化产品的生产、使用、贮存、运输等操作人员应按有关规定经过专业培训，考试合格后方可上岗。

12.3 设备必须定期检查及维修，每年应对含光气物料工艺设备进行腐蚀监测，对信号报警系统和通讯系统进行测试，应始终处于良好的工作状态。对其装置每年进行一次安全评价。

12.4 光气及光气化产品的生产、使用、贮存、运输等现场应配备有效的防护用具（见表 2），光气监测器材及消防器材。

表2　防护用具配置表

名　称	种　类	常用数	备用数
防毒面罩	防毒过滤式	与操作人数相同	按操作人数的30%配置
隔离式防毒面具	送风隔离式☆	与紧急事故处理及救护人数相同	按操作人数的30%配置
隔离式防毒面具	空气隔离式	与紧急事故处理及救护人数相同	按操作人数的30%配置
防护服	橡胶或乙烯材料	与紧急事故处理及救护人数相同	按操作人数的30%配置
防护手套	橡胶或乙烯材料	与操作人数相同	按操作人数的30%配置
防护靴	橡胶或乙烯材料	与操作人数相同	按操作人数的30%配置

☆　宜设送风隔离式防毒面具。

12.5　工厂内必须安设风向标，其位置和高度应设在本厂职工和附近范围（500 m）内人员容易看到的位置。

13　卫生防护及事故应急救援

13.1　光气及光气化产品生产应按有关法律、法规要求，制定事故应急救援预案。事故应急救援预案至少应包括以下内容：

　　a）厂区基本情况；

　　b）危险化学品的数量及分布图；

　　c）指挥机构的职责及分工；

　　d）装备、通讯联络方式及信号规定；

　　e）应急救援专业队伍的任务及演练；

　　f）预防事故措施；

　　g）事故处理；

　　h）紧急安全疏散；

　　i）工程抢险抢修；

　　j）现场医疗救护；

　　k）社会支援。

13.2　工厂应按《工业企业设计卫生标准》的规定设置职业卫生及职业病防治管理机构，并配备有救护经验的医务人员及必要的急救设备和药品。

13.3　工厂应设置有毒气体防护站或紧急救援站，并配备监测人员与仪器设备。

13.4　工厂应按《使用有毒物品作业场所劳动保护条例》的要求，预防、控制和消除职业中毒危害，保护从事光气及光气化产品生产人员的生命安全和身体健康。

附录 A（资料性附录）

光气及部分剧毒光气化产品的主要危险特性

A.1 光气

分子式 $COCl_2$；纯品为无色气体，沸点 8.2℃。工业品略带黄色，有不愉快的霉干草味，不燃，剧毒。

表 A.1　所示在不同浓度下人体的反应

序号	光气浓度/（mg/m³）	人体反应
1	2	可嗅到气味
2	8	嗅到强烈气味
3	5～10	长期接触有生命危险
4	20	1 min 内可引起咳嗽
5	40	1 min 内可引起眼睛和呼吸道强烈刺激
6	50	30～60 min 有生命危险
7	80	1～2 min 内对肺严重损害
8	100	30 min 内有生命危险

A.2 异氰酸甲酯（MIC）

分子式 CH_3NCO，由光气与一甲胺化合而成，为无色、易挥发、易燃液体，沸点 38.1℃，爆炸极限 5.3%～26%，剧毒。吸入后会引起肺部的纤维化，从而使支气管堵塞，产生肺水肿。中毒症状为胸痛、发烧、呼吸困难等。

MIC 对人的反应为：

——空气中浓度为 5～10 mg/m³ 时，对黏膜有刺激。

——空气中浓度为 50 mg/m³ 时，不能持久。

——皮肤上接触到该物料后，会引起灼伤、组织坏死和穿孔。

A.3 氯甲酸甲酯

分子式 $ClCOOCH_3$；由光气与甲醇化合而成，为无色液体，沸点 71.4℃，闪点 12.2℃，易燃，有强腐蚀性和催泪性，有毒。遇高温分解放出有剧毒的光气，其毒性约为氯的 2.6 倍。直接与之接触可引起皮肤和黏膜的坏死，吸入微量气体对眼、鼻、咽喉有明显刺激症状。当空气中浓度达 210 mg/m³ 时，接触一定时间会引起上呼吸道和肺的炎症，浓度更高时可引致肺水肿。

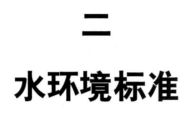

中华人民共和国国家标准

地表水环境质量标准

Environmental quality standard for surface water

GB 3838—2002 代替
GB 3838—88，GHZB 1—1999

前　言

　　为贯彻《中华人民共和国环境保护法》和《中华人民共和国水污染防治法》，防治水污染，保护地表水水质，保障人体健康，维护良好的生态系统，制定本标准。

　　本标准将标准项目分为：地表水环境质量标准基本项目、集中式生活饮用水地表水源地补充项目和集中式生活饮用水地表水源地特定项目。地表水环境质量标准基本项目适用于全国江河、湖泊、运河、渠道、水库等具有使用功能的地表水水域；集中式生活饮用水地表水源地补充项目和特定项目适用于集中式生活饮用水地表水源地一级保护区和二级保护区。集中式生活饮用水地表水源地特定项目由县级以上人民政府环境保护行政主管部门根据本地区地表水水质特点和环境管理的需要进行选择，集中式生活饮用水地表水源地补充项目和选择确定的特定项目作为基本项目的补充指标。

　　本标准项目共计 109 项，其中地表水环境质量标准基本项目 24 项，集中式生活饮用水地表水源地补充项目 5 项，集中式生活饮用水地表水源地特定项目 80 项。

　　与 GHZB 1—1999 相比，本标准在地表水环境质量标准基本项目中增加了总氮一项指标，删除了基本要求和亚硝酸盐、非离子氨及凯氏氮三项指标，将硫酸盐、氯化物、硝酸盐、铁、锰调整为集中式生活饮用水地表水源地补充项目，修订了 pH、溶解氧、氨氮、总磷、高锰酸盐指数、铅、粪大肠菌群等七个项目的标准值，增加了集中式生活饮用水地表水源地特定项目 40 项。本标准删除了湖泊水库特定项目标准值。

　　县级以上人民政府环境保护行政主管部门及相关部门根据职责分工，按本标准对地表水各类水域进行监督管理。

　　与近海水域相连的地表水河口水域根据水环境功能按本标准相应类别标准值进行管理，近海水功能区水域根据使用功能按《海水水质标准》相应类别标准值进行管理。批准划定的单一渔业水域按《渔业水质标准》进行管理；处理后的城市污水及与城市污水水质相近的工业废水用于农田灌溉用水的水质按《农田灌溉水质标准》进行管理。

《地面水环境质量标准》（GB 3838—83）为首次发布，1988 年为第一次修订，1999 年为第二次修订，本次为第三次修订。本标准自 2002 年 6 月 1 日起实施，《地面水环境质量标准》（GB 3838—88）和《地表水环境质量标准》（GHZB 1—1999）同时废止。

本标准由国家环境保护总局科技标准司提出并归口。

本标准由中国环境科学研究院负责修订。

本标准由国家环境保护总局于 2002 年 4 月 26 日批准。

本标准由国家环境保护总局负责解释。

1 范围

1.1 本标准按照地表水环境功能分类和保护目标，规定了水环境质量应控制的项目及限值，以及水质评价、水质项目的分析方法和标准的实施与监督。

1.2 本标准适用于中华人民共和国领域内江河、湖泊、运河、渠道、水库等具有使用功能的地表水水域。具有特定功能的水域，执行相应的专业用水水质标准。

2 引用标准

《生活饮用水卫生规范》（卫生部，2001）和本标准表 4～表 6 所列分析方法标准及规范中所含条文在本标准中被引用即构成为本标准条文，与本标准同效。当上述标准和规范被修订时，应使用其最新版本。

3 水域功能和标准分类

依据地表水水域环境功能和保护目标，按功能高低依次划分为五类：

Ⅰ类 主要适用于源头水、国家自然保护区；

Ⅱ类 主要适用于集中式生活饮用水地表水源地一级保护区、珍稀水生生物栖息地、鱼虾类产卵场、仔稚幼鱼的索饵场等；

Ⅲ类 主要适用于集中式生活饮用水地表水源地二级保护区、鱼虾类越冬场、洄游通道、水产养殖区等渔业水域及游泳区；

Ⅳ类 主要适用于一般工业用水区及人体非直接接触的娱乐用水区；

Ⅴ类 主要适用于农业用水区及一般景观要求水域。

对应地表水上述五类水域功能，将地表水环境质量标准基本项目标准值分为五类，不同功能类别分别执行相应类别的标准值。水域功能类别高的标准值严于水域功能类别低的标准值。同一水域兼有多类使用功能的，执行最高功能类别对应的标准值。实现水域功能与达功能类别标准为同一含义。

4 标准值

4.1 地表水环境质量标准基本项目标准限值见表 1。

表 1 地表水环境质量标准基本项目标准限值　　　　　　　　单位：mg/L

序号	项目 / 标准值 / 分类	I 类	II 类	III 类	IV 类	V 类
1	水温/℃	人为造成的环境水温变化应限制在：周平均最大温升≤1　周平均最大温降≤2				
2	pH 值（无量纲）	6～9				
3	溶解氧 ≥	饱和率90%（或7.5）	6	5	3	2
4	高锰酸盐指数 ≤	2	4	6	10	15
5	化学需氧量（COD） ≤	15	15	20	30	40
6	五日生化需氧量（BOD_5） ≤	3	3	4	6	10
7	氨氮（NH_3-N） ≤	0.15	0.5	1.0	1.5	2.0
8	总磷（以 P 计） ≤	0.02（湖、库0.01）	0.1（湖、库0.025）	0.2（湖、库0.05）	0.3（湖、库0.1）	0.4（湖、库0.2）
9	总氮（湖、库，以 N 计） ≤	0.2	0.5	1.0	1.5	2.0
10	铜 ≤	0.01	1.0	1.0	1.0	1.0
11	锌 ≤	0.05	1.0	1.0	2.0	2.0
12	氟化物（以 F^- 计） ≤	1.0	1.0	1.0	1.5	1.5
13	硒 ≤	0.01	0.01	0.01	0.02	0.02
14	砷 ≤	0.05	0.05	0.05	0.1	0.1
15	汞 ≤	0.000 05	0.000 05	0.000 1	0.001	0.001
16	镉 ≤	0.001	0.005	0.005	0.005	0.01
17	铬（六价） ≤	0.01	0.05	0.05	0.05	0.1
18	铅 ≤	0.01	0.01	0.05	0.05	0.1
19	氰化物 ≤	0.005	0.05	0.2	0.2	0.2
20	挥发酚 ≤	0.002	0.002	0.005	0.01	0.1
21	石油类 ≤	0.05	0.05	0.05	0.5	1.0
22	阴离子表面活性剂 ≤	0.2	0.2	0.2	0.3	0.3
23	硫化物 ≤	0.05	0.1	0.2	0.5	1.0
24	粪大肠菌群/（个/L） ≤	200	2 000	10 000	20 000	40 000

4.2 集中式生活饮用水地表水源地补充项目标准限值见表2。

表 2 集中式生活饮用水地表水源地补充项目标准限值　　　　　　　　单位：mg/L

序号	项目	标准值
1	硫酸盐（以 SO_4^{2-} 计）	250
2	氯化物（以 Cl^- 计）	250
3	硝酸盐（以 N 计）	10
4	铁	0.3
5	锰	0.1

4.3 集中式生活饮用水地表水源地特定项目标准限值见表3。

5 水质评价

5.1 地表水环境质量评价应根据应实现的水域功能类别，选取相应类别标准，进行单因子评价，评价结果应说明水质达标情况，超标的应说明超标项目和超标倍数。

5.2 丰、平、枯水期特征明显的水域，应分水期进行水质评价。

5.3 集中式生活饮用水地表水源地水质评价的项目应包括表1中的基本项目、表2中的补充项目以及由县级以上人民政府环境保护行政主管部门从表3中选择确定的特定项目。

表3　集中式生活饮用水地表水源地特定项目标准限值　　　　单位：mg/L

序号	项目	标准值	序号	项目	标准值
1	三氯甲烷	0.06	41	丙烯酰胺	0.000 5
2	四氯化碳	0.002	42	丙烯腈	0.1
3	三溴甲烷	0.1	43	邻苯二甲酸二丁酯	0.003
4	二氯甲烷	0.02	44	邻苯二甲酸二（2-乙基己基）酯	0.008
5	1,2-二氯乙烷	0.03	45	水合肼	0.01
6	环氧氯丙烷	0.02	46	四乙基铅	0.000 1
7	氯乙烯	0.005	47	吡啶	0.2
8	1,1-二氯乙烯	0.03	48	松节油	0.2
9	1,2-二氯乙烯	0.05	49	苦味酸	0.5
10	三氯乙烯	0.07	50	丁基黄原酸	0.005
11	四氯乙烯	0.04	51	活性氯	0.01
12	氯丁二烯	0.002	52	滴滴涕	0.001
13	六氯丁二烯	0.000 6	53	林丹	0.002
14	苯乙烯	0.02	54	环氧七氯	0.000 2
15	甲醛	0.9	55	对硫磷	0.003
16	乙醛	0.05	56	甲基对硫磷	0.002
17	丙烯醛	0.1	57	马拉硫磷	0.05
18	三氯乙醛	0.01	58	乐果	0.08
19	苯	0.01	59	敌敌畏	0.05
20	甲苯	0.7	60	敌百虫	0.05
21	乙苯	0.3	61	内吸磷	0.03
22	二甲苯①	0.5	62	百菌清	0.01
23	异丙苯	0.25	63	甲萘威	0.05
24	氯苯	0.3	64	溴氰菊酯	0.02
25	1,2-二氯苯	1.0	65	阿特拉津	0.003
26	1,4-二氯苯	0.3	66	苯并[a]芘	2.8×10^{-6}
27	三氯苯②	0.02	67	甲基汞	1.0×10^{-6}
28	四氯苯③	0.02	68	多氯联苯⑥	2.0×10^{-5}
29	六氯苯	0.05	69	微囊藻毒素-LR	0.001
30	硝基苯	0.017	70	黄磷	0.003

序号	项目	标准值	序号	项目	标准值
31	二硝基苯④	0.5	71	钼	0.07
32	2,4-二硝基甲苯	0.000 3	72	钴	1.0
33	2,4,6-三硝基甲苯	0.5	73	铍	0.002
34	硝基氯苯⑤	0.05	74	硼	0.5
35	2,4-二硝基氯苯	0.5	75	锑	0.005
36	2,4-二氯苯酚	0.093	76	镍	0.02
37	2,4,6-三氯苯酚	0.2	77	钡	0.7
38	五氯酚	0.009	78	钒	0.05
39	苯胺	0.1	79	钛	0.1
40	联苯胺	0.000 2	80	铊	0.000 1

注：① 二甲苯：指对-二甲苯、间-二甲苯、邻-二甲苯。
　　② 三氯苯：指1,2,3-三氯苯、1,2,4-三氯苯、1,3,5-三氯苯。
　　③ 四氯苯：指1,2,3,4-四氯苯、1,2,3,5-四氯苯、1,2,4,5-四氯苯。
　　④ 二硝基苯：指对-二硝基苯、间-二硝基苯、邻-二硝基苯。
　　⑤ 硝基氯苯：指对-硝基氯苯、间-硝基氯苯、邻-硝基氯苯。
　　⑥ 多氯联苯：指PCB-1016、PCB-1221、PCB-1232、PCB-1242、PCB-1248、PCB-1254、PCB-1260。

6 水质监测

6.1 本标准规定的项目标准值，要求水样采集后自然沉降 30 min，取上层非沉降部分按规定方法进行分析。

6.2 地表水水质监测的采样布点、监测频率应符合国家地表水环境监测技术规范的要求。

6.3 本标准水质项目的分析方法应优先选用表4～表6规定的方法，也可采用 ISO 方法体系等其他等效分析方法，但须进行适用性检验。

7 标准的实施与监督

7.1 本标准由县级以上人民政府环境保护行政主管部门及相关部门按职责分工监督实施。

7.2 集中式生活饮用水地表水源地水质超标项目经自来水厂净化处理后，必须达到《生活饮用水卫生规范》的要求。

7.3 省、自治区、直辖市人民政府可以对本标准中未作规定的项目，制定地方补充标准，并报国务院环境保护行政主管部门备案。

表4　地表水环境质量标准基本项目分析方法

序号	项目	分析方法	最低检出限/（mg/L）	方法来源
1	水温	温度计法		GB 13195—91
2	pH 值	玻璃电极法		GB 6920—86
3	溶解氧	碘量法	0.2	GB 7489—87
		电化学探头法		GB 11913—89
4	高锰酸盐指数		0.5	GB 11892—89

序号	项目	分析方法	最低检出限/（mg/L）	方法来源
5	化学需氧量	重铬酸盐法	10	GB 11914—89
6	五日生化需氧量	稀释与接种法	2	GB 7488—87
7	氨氮	纳氏试剂比色法	0.05	GB 7479—87
		水杨酸分光光度法	0.01	GB 7481—87
8	总磷	钼酸铵分光光度法	0.01	GB 11893—89
9	总氮	碱性过硫酸钾消解紫外分光光度法	0.05	GB 11894—89
10	铜	2,9-二甲基-1,10-菲啰啉分光光度法	0.06	GB 7473—87
		二乙基二硫代氨基甲酸钠分光光度法	0.010	GB 7474—87
		原子吸收分光光度法（螯合萃取法）	0.001	GB 7475—87
11	锌	原子吸收分光光度法	0.05	GB 7475—87
12	氟化物	氟试剂分光光度法	0.05	GB 7483—87
		离子选择电极法	0.05	GB 7484—87
		离子色谱法	0.02	HJ/T 84—2001
13	硒	2,3-二氨基萘荧光法	0.000 25	GB 11902—89
		石墨炉原子吸收分光光度法	0.003	GB/T 15505—1995
14	砷	二乙基二硫代氨基甲酸银分光光度法	0.007	GB 7485—87
		冷原子荧光法	0.000 06	1)
15	汞	冷原子吸收分光光度法	0.000 05	GB 7468—87
		冷原子荧光法	0.000 05	1)
16	镉	原子吸收分光光度法（螯合萃取法）	0.001	GB 7475—87
17	铬（六价）	二苯碳酰二肼分光光度法	0.004	GB 7467—87
18	铅	原子吸收分光光度法（螯合萃取法）	0.01	GB 7475—87
19	氰化物	异烟酸-吡唑啉酮比色法	0.004	GB 7487—87
		吡啶-巴比妥酸比色法	0.002	
20	挥发酚	蒸馏后 4-氨基安替比林分光光度法	0.002	GB 7490—87
21	石油类	红外分光光度法	0.01	GB/T 16488—1996
22	阴离子表面活性剂	亚甲蓝分光光度法	0.05	GB 7494—87
23	硫化物	亚甲基蓝分光光度法	0.005	GB/T 16489—1996
		直接显色分光光度法	0.004	GB/T 17133—1997
24	粪大肠菌群	多管发酵法、滤膜法		1)

注：暂采用下列分析方法，待国家方法标准公布后，执行国家标准。
　　1)《水和废水监测分析方法（第3版）》，北京：中国环境科学出版社，1989。

表5　集中式生活饮用水地表水源地补充项目分析方法

序号	项目	分析方法	最低检出限/（mg/L）	方法来源
1	硫酸盐	重量法	10	GB 11899—89
		火焰原子吸收分光光度法	0.4	GB 13196—91
		铬酸钡光度法	8	1）
		离子色谱法	0.09	HJ/T 84—2001
2	氯化物	硝酸银滴定法	10	GB 11896—89
		硝酸汞滴定法	2.5	1）
		离子色谱法	0.02	HJ/T 84—2001
3	硝酸盐	酚二磺酸分光光度法	0.02	GB 7480—87
		紫外分光光度法	0.08	1）
		离子色谱法	0.08	HJ/T 84—2001
4	铁	火焰原子吸收分光光度法	0.03	GB 11911—89
		邻菲啰啉分光光度法	0.03	1）
5	锰	高碘酸钾分光光度法	0.02	GB 11906—89
		火焰原子吸收分光光度法	0.01	GB 11911—89
		甲醛肟光度法	0.01	1）

注：暂采用下列分析方法，待国家方法标准发布后，执行国家标准。

1）《水和废水监测分析方法（第3版）》，北京：中国环境科学出版社，1989。

表6　集中式生活饮用水地表水源地特定项目分析方法

序号	项目	分析方法	最低检出限/（mg/L）	方法来源
1	三氯甲烷	顶空气相色谱法	0.000 3	GB/T 17130—1997
		气相色谱法	0.000 6	2）
2	四氯化碳	顶空气相色谱法	0.000 05	GB/T 17130—1997
		气相色谱法	0.000 3	2）
3	三溴甲烷	顶空气相色谱法	0.001	GB/T 17130—1997
		气相色谱法	0.006	2）
4	二氯甲烷	顶空气相色谱法	0.008 7	2）
5	1,2-二氯乙烷	顶空气相色谱法	0.012 5	2）
6	环氧氯丙烷	气相色谱法	0.02	2）
7	氯乙烯	气相色谱法	0.001	2）
8	1,1-二氯乙烯	吹出捕集气相色谱法	0.000 018	2）
9	1,2-二氯乙烯	吹出捕集气相色谱法	0.000 012	2）
10	三氯乙烯	顶空气相色谱法	0.000 5	GB/T 17130—1997
		气相色谱法	0.003	2）
11	四氯乙烯	顶空气相色谱法	0.000 2	GB/T 17130—1997
		气相色谱法	0.001 2	2）
12	氯丁二烯	顶空气相色谱法	0.002	2）
13	六氯丁二烯	气相色谱法	0.000 02	2）
14	苯乙烯	气相色谱法	0.01	2）
15	甲醛	乙酰丙酮分光光度法	0.05	GB 13197—91
		4-氨基-3-联氨-5-巯基-1,2,4-三氮杂茂（AHMT）分光光度法	0.05	2）

序号	项目	分析方法	最低检出限/（mg/L）	方法来源
16	乙醛	气相色谱法	0.24	2）
17	丙烯醛	气相色谱法	0.019	2）
18	三氯乙醛	气相色谱法	0.001	2）
19	苯	液上气相色谱法	0.005	GB 11890—89
		顶空气相色谱法	0.000 42	2）
20	甲苯	液上气相色谱法	0.005	GB 11890—89
		二硫化碳萃取气相色谱法	0.05	
		气相色谱法	0.01	2）
21	乙苯	液上气相色谱法	0.005	GB 11890—89
		二硫化碳萃取气相色谱法	0.05	
		气相色谱法	0.01	2）
22	二甲苯	液上气相色谱法	0.005	GB 11890—89
		二硫化碳萃取气相色谱法	0.05	
		气相色谱法	0.01	2）
23	异丙苯	顶空气相色谱法	0.003 2	2）
24	氯苯	气相色谱法	0.01	HJ/T 74—2001
25	1,2-二氯苯	气相色谱法	0.002	GB/T 17131—1997
26	1,4-二氯苯	气相色谱法	0.005	GB/T 17131—1997
27	三氯苯	气相色谱法	0.000 04	2）
28	四氯苯	气相色谱法	0.000 02	2）
29	六氯苯	气相色谱法	0.000 02	2）
30	硝基苯	气相色谱法	0.000 2	GB 13194—91
31	二硝基苯	气相色谱法	0.2	2）
32	2,4-二硝基甲苯	气相色谱法	0.000 3	GB 13194—91
33	2,4,6-三硝基甲苯	气相色谱法	0.1	2）
34	硝基氯苯	气相色谱法	0.000 2	GB 13194—91
35	2,4-二硝基氯苯	气相色谱法	0.1	2）
36	2,4-二氯苯酚	电子捕获-毛细色谱法	0.000 4	2）
37	2,4,6-三氯苯酚	电子捕获-毛细色谱法	0.000 04	2）
38	五氯酚	气相色谱法	0.000 04	GB 8972—88
		电子捕获-毛细色谱法	0.000 024	2）
39	苯胺	气相色谱法	0.002	2）
40	联苯胺	气相色谱法	0.000 2	3）
41	丙烯酰胺	气相色谱法	0.000 15	2）
42	丙烯腈	气相色谱法	0.10	2）
43	邻苯二甲酸二丁酯	液相色谱法	0.000 1	HJ/T 72—2001
44	邻苯二甲酸二（2-乙基己基）酯	气相色谱法	0.000 4	2）
45	水合肼	对二甲氨基苯甲醛直接分光光度法	0.005	2）
46	四乙基铅	双硫腙比色法	0.000 1	2）
47	吡啶	气相色谱法	0.031	GB/T 14672—93
		巴比土酸分光光度法	0.05	2）
48	松节油	气相色谱法	0.02	2）

序号	项目	分析方法	最低检出限/（mg/L）	方法来源
49	苦味酸	气相色谱法	0.001	2)
50	丁基黄原酸	铜试剂亚铜分光光度法	0.002	2)
51	活性氯	N，N-二乙基对苯二胺（DPD）分光光度法	0.01	2)
		3,3',5,5'-四甲基联苯胺比色法	0.005	2)
52	滴滴涕	气相色谱法	0.000 2	GB 7492—87
53	林丹	气相色谱法	4×10^{-6}	GB 7492—87
54	环氧七氯	液-液萃取气相色谱法	0.000 083	2)
55	对硫磷	气相色谱法	0.000 54	GB 13192—91
56	甲基对硫磷	气相色谱法	0.000 42	GB 13192—91
57	马拉硫磷	气相色谱法	0.000 64	GB 13192—91
58	乐果	气相色谱法	0.000 57	GB 13192—91
59	敌敌畏	气相色谱法	0.000 06	GB 13192—91
60	敌百虫	气相色谱法	0.000 051	GB 13192—91
61	内吸磷	气相色谱法	0.002 5	2)
62	百菌清	气相色谱法	0.000 4	2)
63	甲萘威	高效液相色谱法	0.01	2)
64	溴氰菊酯	气相色谱法	0.000 2	2)
		高效液相色谱法	0.002	2)
65	阿特拉津	气相色谱法		3)
66	苯并[a]芘	乙酰化滤纸层析荧光分光光度法	4×10^{-6}	GB 11895—89
		高效液相色谱法	1×10^{-6}	GB 13198—91
67	甲基汞	气相色谱法	1×10^{-8}	GB/T 17132—1997
68	多氯联苯	气相色谱法		3)
69	微囊藻毒素-LR	高效液相色谱法	0.000 01	2)
70	黄磷	钼-锑-抗分光光度法	0.002 5	2)
71	钼	无火焰原子吸收分光光度法	0.002 31	2)
72	钴	无火焰原子吸收分光光度法	0.001 91	2)
73	铍	铬菁R分光光度法	0.000 2	HJ/T 58—2000
		石墨炉原子吸收分光光度法	0.000 02	HJ/T 59—2000
		桑色素荧光分光光度法	0.000 2	2)
74	硼	姜黄素分光光度法	0.02	HJ/T 49—1999
		甲亚胺-H分光光度法	0.2	2)
75	锑	氢化原子吸收分光光度法	0.000 25	2)
76	镍	无火焰原子吸收分光光度法	0.002 48	2)
77	钡	无火焰原子吸收分光光度法	0.006 18	2)
78	钒	钽试剂（BPHA）萃取分光光度法	0.018	GB/T 15503—1995
		无火焰原子吸收分光光度法	0.006 98	2)
79	钛	催化示波极谱法	0.000 4	2)
		水杨基荧光酮分光光度法	0.02	2)
80	铊	无火焰原子吸收分光光度法	4×10^{-6}	2)

注：暂采用下列分析方法，待国家方法标准发布后，执行国家标准。
　1)《水和废水监测分析方法（第3版）》，北京：中国环境科学出版社，1989。
　2)《生活饮用水卫生规范》，中华人民共和国卫生部，2001。
　3)《水和废水标准检验法（第15版）》，北京：中国建筑工业出版社，1985。

中华人民共和国国家标准

地下水质量标准

Quality standard for ground water

GB/T 14848—93

1 引言

为保护和合理开发地下水资源，防止和控制地下水污染，保障人民身体健康，促进经济建设，特制定本标准。

本标准是地下水勘察评价、开发利用和监督管理的依据。

2 主题内容与适用范围

2.1 本标准规定了地下水的质量分类、地下水质量监测、评价方法和地下水质量保护。

2.2 本标准适用于一般地下水，不适用于地下热水、矿水、盐卤水。

3 引用标准

GB 5750 生活饮用水标准检验方法。

4 地下水质量分类及质量分类指标

4.1 地下水质量分类

依据我国地下水水质现状、人体健康基准值及地下水质量保护目标，并参照了生活饮用水，工业、农业用水水质要求，将地下水质量划分为五类。

Ⅰ类 主要反映地下水化学组分的天然低背景含量。适用于各种用途。

Ⅱ类 主要反映地下水化学组分的天然背景含量。适用于各种用途。

Ⅲ类 以人体健康基准值为依据。主要适用于集中式生活饮用水水源及工、农业用水。

Ⅳ类 以农业和工业用水要求为依据。除适用于农业和部分工业用水外，适当处理后可作生活饮用水。

Ⅴ类 不宜饮用，其他用水可根据使用目的选用。

4.2 地下水质量分类指标（见表1）。

表 1　地下水质量分类指标

项目序号	标准值　类别　项目	I 类	II 类	III 类	IV 类	V 类
1	色（度）	≤5	≤5	≤15	≤25	>25
2	嗅和味	无	无	无	无	有
3	浑浊度（度）	≤3	≤3	≤3	≤10	>10
4	肉眼可见物	无	无	无	无	有
5	pH		6.5～8.5		5.5～6.5，8.5～9	<5.5，>9
6	总硬度（以 $CaCO_3$，计）（mg/L）	≤150	≤300	≤450	≤550	>550
7	溶解性总固体（mg/L）	≤300	≤500	≤1 000	≤2 000	>2 000
8	硫酸盐（mg/L）	≤50	≤150	≤250	≤350	>350
9	氯化物（mg/L）	≤50	≤150	≤250	≤350	>350
10	铁（Fe）（mg/L）	≤0.1	≤0.2	≤0.3	≤1.5	>1.5
11	锰（Mn）（mg/L）	≤0.05	≤0.05	≤0.1	≤1.0	>1.0
12	铜（Cu）（mg/L）	≤0.01	≤0.05	≤1.0	≤1.5	>1.5
13	锌（Zn）（mg/L）	≤0.05	≤0.5	≤1.0	≤5.0	>5.0
14	钼（Mo）（mg/L）	≤0.001	≤0.01	≤0.1	≤0.5	>0.5
15	钴（Co）（mg/L）	≤0.005	≤0.05	≤0.05	≤1.0	>1.0
16	挥发性酚类（以苯酚计）（mg/L）	≤0.001	≤0.001	≤0.002	≤0.01	>0.01
17	阴离子合成洗涤剂（mg/L）	不得检出	≤0.1	≤0.3	≤0.3	>0.3
18	高锰酸盐指数（mg/L）	≤1.0	≤2.0	≤3.0	≤10	>10
19	硝酸盐（以 N 计）（mg/L）	≤2.0	≤5.0	≤20	≤30	>30
20	亚硝酸盐（以 N 计）（mg/L）	≤0.001	≤0.01	≤0.02	≤0.1	>0.1
21	氨氮（NH_4）（mg/L）	≤0.02	≤0.02	≤0.2	≤0.5	>0.5
22	氟化物（mg/L）	≤1.0	≤1.0	≤1.0	≤2.0	>2.0
23	碘化物（mg/L）	≤0.1	≤0.1	≤0.2	≤1.0	>1.0
24	氰化物（mg/L）	≤0.001	≤0.01	≤0.05	≤0.1	>0.1
25	汞（Hg）（mg/L）	≤0.000 05	≤0.000 5	≤0.001	≤0.001	>0.001
26	砷（As）（mg/L）	≤0.005	≤0.01	≤0.05	≤0.05	>0.05
27	硒（Se）（mg/L）	≤0.01	≤0.01	≤0.01	≤0.1	>0.1
28	镉（Cd）（mg/L）	≤0.000 1	≤0.001	≤0.01	≤0.01	>0.01
29	铬（六价）（Cr^{6+}）（mg/L）	≤0.005	≤0.01	≤0.05	≤0.1	>0.1
30	铅（Pb）（mg/L）	≤0.005	≤0.01	≤0.05	≤0.1	>0.1
31	铍（Be）（mg/L）	≤0.000 02	≤0.000 1	≤0.000 2	≤0.001	>0.001
32	钡（Ba）（mg/L）	≤0.01	≤0.1	≤1.0	≤4.0	>4.0
33	镍（Ni）（mg/L）	≤0.005	≤0.05	≤0.05	≤0.1	>0.1
34	滴滴涕（μg/L）	不得检出	≤0.005	≤1.0	≤1.0	>1.0
35	六六六（μg/L）	≤0.005	≤0.05	≤5.0	≤5.0	>5.0
36	总大肠菌群（个/L）	≤3.0	≤3.0	≤3.0	≤100	>100
37	细菌总数（个/ml）	≤100	≤100	≤100	≤1 000	>1 000
38	总 σ 放射性（Bq/L）	≤0.1	≤0.1	≤0.1	>0.1	>0.1
39	总 β 放射性（Bq/L）	≤0.1	≤1.0	≤1.0	>1.0	>1.0

根据地下水各指标含量特征，分为五类，它是地下水质量评价的基础。以地下水为水源的各类专门用水，在地下水质量分类管理基础上，可按有关部门用水标准进行管理。

5 地下水水质监测

5.1 各地区应对地下水水质进行定期检测。检验方法，按国家标准 GB 5750《生活饮用水标准检验方法》执行。

5.2 各地地下水监测部门，应在不同质量类别的地下水域设立监测点进行水质监测，监测频率不得少于每年二次（丰、枯水期）。

5.3 监测项目为：pH、氨氮、硝酸盐、亚硝酸盐、挥发性酚类、氰化物、砷、汞、铬（六价）、总硬度、铅、氟、镉、铁、锰、溶解性总固体、高锰酸盐指数、硫酸盐、氯化物、大肠菌群，以及反映本地区主要水质问题的其他项目。

6 地下水质量评价

6.1 地下水质量评价以地下水水质调查分析资料或水质监测资料为基础，可分为单项组分评价和综合评价两种。

6.2 地下水质量单项组分评价，按本标准所列分类指标，划分为五类，代号与类别代号相同，不同类别标准值相同时，从优不从劣。

例：挥发性酚类Ⅰ、Ⅱ类标准值均为 0.001 mg/L，若水质分析结果为 0.001 mg/L 时，应定为Ⅰ类，不定为Ⅱ类。

6.3 地下水质量综合评价，采用加附注的评分法。具体要求与步骤如下：

6.3.1 参加评分的项目，应不少于本标准规定的监测项目，但不包括细菌学指标。

6.3.2 首先进行各单项组分评价，划分组分所属质量类别。

6.3.3 对各类别按下列规定（表2）分别确定单项组分评价分值 F_i。

表 2

类别	Ⅰ	Ⅱ	Ⅲ	Ⅳ	Ⅴ
F_i	0	1	3	6	10

6.3.4 按式（1）和式（2）计算综合评价分值 F。

$$F = \sqrt{\frac{\overline{F}^2 + F_{max}^2}{2}} \tag{1}$$

$$\overline{F} = \frac{1}{n} \sum_{i=1}^{n} F_i \tag{2}$$

式中：$\overline{F}$ ——各单项组分评分值 F_i 的平均值；

F_{max} ——各单项组分评价分值 F_i 中的最大值；

n ——项数。

6.3.5 根据 F 值，按以下规定（表3）划分地下水质量级别，再将细菌学指标评价类别注在级别定名之后。如"优良（Ⅱ类）""较好（Ⅲ类）"。

表3

级别	优良	良好	较好	较差	极差
F	<0.80	0.80~<2.50	2.50~<4.25	4.25~<7.20	>7.20

6.4 使用两次以上的水质分析资料进行评价时，可分别进行地下水质量评价，也可根据具体情况，使用全年平均值和多年平均值或分别使用多年的枯水期、丰水期平均值进行评价。

6.5 在进行地下水质量评价时，除采用本方法外，也可采用其他评价方法进行对比。

7 地下水质量保护

7.1 为防止地下水污染和过量开采、人工回灌等引起的地下水质量恶化，保护地下水水源，必须按《中华人民共和国水污染防治法》和《中华人民共和国水法》有关规定执行。

7.2 利用污水灌溉、污水排放、有害废弃物（城市垃圾、工业废渣、核废料等）的堆放和地下处置，必须经过环境地质可行性论证及环境影响评价，征得环境保护部门批准后方能施行。

附加说明

本标准由中华人民共和国地质矿产部提出。

本标准由地质矿产部地质环境管理司、地质矿产部水文地质工程地质研究所归口。

本标准由地质矿产部地质环境管理司、地质矿产部水文地质工程地质研究所、全国环境水文地质总站、吉林省环境水文地质总站、河南省水文地质总站、陕西省环境水文地质总站、广西壮族自治区环境水文地质总站、江西省环境地质大队负责起草。

本标准主要起草人李梅玲、张锡根、阎葆瑞、李京森、苗长青、吕水明、沈小珍、席文跃、多超美、雷觐韵。

中华人民共和国国家标准

海水水质标准

Sea water quality standard

UCD 551463

GB 3097—1997 代替 GB 3097—82

1 主题内容与标准适用范围

本标准规定了海域各类使用功能的水质要求。

本标准适用于中华人民共和国管辖的海域。

2 引用标准

下列标准所含条文，在本标准中被引用即构成本标准的条文，与本标准同效。

GB 12763.4—91 海洋调查规范 海水化学要素观测

HY 003—91 海洋监测规范

GB 12763.2—91 海洋调查规范 海洋水文观测

GB 7467—87 水质 六价铬的测定 二苯碳酰二肼分光光度法

GB 7485—87 水质 总砷的测定 二乙基二硫代氨基甲酸银分光光度法

GB 11910—89 水质 镍的测定 丁二酮肟分光光度法

GB 11912—89 水质 镍的测定 火焰原子吸收分光光度法

GB 13192—91 水质 有机磷农药的测定 气相色谱法

GB 11895—89 水质 苯并[a]芘的测定 乙酰化滤纸层析荧光分光光度法

当上述标准被修订时，应使用其最新版本。

3 海水水质分类与标准

3.1 海水水质分类

按照海域的不同使用功能和保护目标，海水水质分为四类：

第一类 适用于海洋渔业水域，海上自然保护区和珍稀濒危海洋生物保护区。

第二类 适用于水产养殖区，海水浴场，人体直接接触海水的海上运动或娱乐区，以及与人类食用直接有关的工业用水区。

第三类 适用于一般工业用水区，滨海风景旅游区。

第四类 适用于海洋港口水域，海洋开发作业区。

3.2 海水水质标准

各类海水水质标准列于表1。

4 海水水质监测

4.1 海水水质监测样品的采集、贮存、运输和预处理按 GB 12763.4—91 和 HY 003—91 的有关规定执行。

4.2 本标准各项目的监测，按表2的分析方法进行。

表 1 海水水质标准

序号	项目		第一类	第二类	第三类	第四类
1	漂浮物质		海面不得出现油膜、浮沫和其他漂浮物质			海面无明显油膜、浮沫和其他漂浮物质
2	色、臭、味		海水不得有异色、异臭、异味			海水不得有令人厌恶和感到不快的色、臭、味
3	悬浮物质		人为增加的量≤10	人为增加的量≤100		人为增加的量≤150
4	大肠菌群（个/L）	≤	10 000 供人生食的贝类增养殖水质≤700			—
5	粪大肠菌群（个/L）	≤	2 000 供人生食的贝类增养殖水质≤140			—
6	病原体		供人生食的贝类养殖水质不得含有病原体			
7	水温（℃）		人为造成的海水温升夏季不超过当时当地1℃，其他季节不超过2℃	人为造成的海水温升不超过当时当地4℃		
8	pH		7.8～8.5 同时不超出该海域正常变动范围的0.2 pH单位	6.8～8.8 同时不超出该海域正常变动范围的0.5 pH单位		
9	溶解氧	>	6	5	4	3
10	化学需氧量（COD）	≤	2	3	4	5
11	五日生化需氧量（BOD_5）	≤	1	3	4	5
12	无机氮（以 N 计）	≤	0.20	0.30	0.40	0.50
13	非离子氨（以 N 计）	≤	0.020			
14	活性磷酸盐（以 P 计）	≤	0.015	0.030		0.045
15	汞	≤	0.000 05	0.000 2		0.000 5
16	镉	≤	0.001	0.005		0.010
17	铅	≤	0.001	0.005	0.010	0.050
18	六价铬	≤	0.005	0.010	0.020	0.050
19	总铬	≤	0.05	0.10	0.20	0.50
20	砷	≤	0.020	0.030		0.050
21	铜	≤	0.005	0.010		0.050
22	锌	≤	0.020	0.050	0.10	0.50
23	硒	≤	0.010	0.020		0.050

序号	项目		第一类	第二类	第三类	第四类
24	镍	≤	0.005	0.010	0.020	0.050
25	氰化物	≤	0.005	0.10		0.20
26	硫化物（以 S 计）	≤	0.02	0.05	0.10	0.25
27	挥发性酚	≤	0.005	0.010		0.050
28	石油类	≤	0.05	0.30		0.50
29	六六六	≤	0.001	0.002	0.003	0.005
30	滴滴涕	≤	0.000 05	0.000 1		
31	马拉硫磷	≤	0.000 5	0.001		
32	甲基对硫磷	≤	0.000 5	0.001		
33	苯并（a）芘（µg/L）≤		0.002 5			
34	阴离子表面活性剂（以 LAS 计）		0.03	0.10		
35	放射性核素（Bq/L）	^{60}Co	0.03			
		^{90}Cr	4			
		^{106}Rn	0.2			
		^{134}Cs	0.6			
		^{137}Cs	0.7			

表 2　海水水质分析方法

序号	项目	分析方法	最低检出限/（mg/L）	引用标准
1	漂浮物质	目测法		
2	色、臭、味	比色法 感官法		GB 12763.2—91 HY 003.4—91
3	悬浮物质	重量法	2	HY 003.4—91
4	大肠菌群	（1）发酵法　（2）滤膜法		HY 003.9—91
5	粪大肠菌群	（1）发酵法　（2）滤膜法		HY 003.9—91
6	病原体	（1）微孔滤膜吸附法[1,a] （2）沉淀病毒浓聚法[1,a] （3）透析法[1,a]		
7	水温	（1）水温的铅直连续观测 （2）标准层水温观测		GB 12763.2—91 GB 12763.2—91
8	pH	（1）pH 计电测法 （2）pH 比色法		GB 12763.4—91 HY 003.4—91
9	溶解氧	碘量滴定法	0.042	GB 12763.4—91
10	化学需氧量（COD）	碱性高锰酸钾法	0.15	HY 003.4—91
11	五日生化需氧量（BOD$_5$）	五日培养法		HY 003.4—91
12	无机氮[2]（以 N 计）	氮：（1）靛酚蓝法	0.7×10^{-3}	GB 12763.4—91
		（2）次溴酸钠氧化法	0.4×10^{-3}	GB 12763.4—91
		亚硝酸盐：重氮-偶氮法	0.3×10^{-3}	GB 12763.4—91
		硝酸盐：（1）锌-镉还原法	0.7×10^{-3}	GB 12763.4—91
		（2）铜镉柱还原法	0.6×10^{-3}	GB 12763.4—91

序号	项目	分析方法	最低检出限/（mg/L）	引用标准
13	非离子氨[3]（以 N 计）	按附录 B 进行换算		
14	活性磷酸盐（以 P 计）	（1）抗坏血酸还原的磷钼兰法	0.62×10^{-3}	GB 12763.4—91
		（2）磷钼兰萃取分光光度法	1.4×10^{-3}	HY 003.4—91
15	汞	（1）冷原子吸收分光光度法	$0.008\,6 \times 10^{-3}$	HY 003.4—91
		（2）金捕集冷原子吸收光度法	0.002×10^{-3}	HY 003.4—91
16	镉	（1）无火焰原子吸收分光光度法	0.014×10^{-3}	HY 003.4—91
		（2）火焰原子吸收分光光度法	0.34×10^{-3}	HY 003.4—91
		（3）阳极溶出伏安法	0.7×10^{-3}	HY 003.4—91
		（4）双硫腙分光光度法	1.1×10^{-3}	HY 003.4—91
17	铅	（1）无火焰原子吸收分光光度法	0.19×10^{-3}	HY 003.4—91
		（2）阳极溶出伏安法	4.0×10^{-3}	HY 003.4—91
		（3）双硫腙分光光度法	2.6×10^{-3}	HY 003.4—91
18	六价铬	二苯碳酰二肼分光光度法	4.0×10^{-3}	GB 7467—87
19	总铬	（1）二苯碳酰二肼分光光度法	1.2×10^{-3}	HY 003.4—91
		（2）无火焰原子吸收分光光度法	0.91×10^{-3}	HY 003.4—91
20	砷	（1）砷化氢-硝酸银分光光度法	1.3×10^{-3}	HY 003.4—91
		（2）氢化物发生原子吸收分光光度法	1.2×10^{-3}	HY 003.4—91
		（3）二乙基二硫代氨基甲酸银分光光度法	7.0×10^{-3}	GB 7485—87
21	铜	（1）无火焰原子吸收分光光度法	1.4×10^{-3}	HY 003.4—91
		（2）二乙氨基二硫代甲酸钠分光光度法	4.9×10^{-3}	HY 003.4—91
		（3）阳极溶出伏安法	3.7×10^{-3}	HY 003.4—91
22	锌	（1）火焰原子吸收分光光度法	16×10^{-3}	HY 003.4—91
		（2）阳极溶出伏安法	6.4×10^{-3}	HY 003.4—91
		（3）双硫腙分光光度法	9.2×10^{-3}	HY 003.4—91
23	硒	（1）荧光分光光度法	0.73×10^{-3}	HY 003.4—91
		（2）二氨基联苯胺分光光度法	1.5×10^{-3}	HY 003.4—91
		（3）催化极谱法	0.14×10^{-3}	HY 003.4—91
24	镍	（1）丁二酮肟分光光度法	0.25	GB 11910—89
		（2）无火焰原子吸收分光光度法[1.b]	0.03×10^{-3}	
		（3）火焰原子吸收分光光度法	0.05	GB 11912—89
25	氰化物	（1）异烟酸-吡唑啉酮分光光度法	2.1×10^{-3}	HY 003.4—91
		（2）吡啶-巴比土酸分光光度法	1.0×10^{-3}	HY 003.4—91
26	硫化物（以 S 计）	（1）亚甲基蓝分光光度法	1.7×10^{-3}	HY 003.4—91
		（2）离子选择电极法	8.1×10^{-3}	HY 003.4—91
27	挥发性酚	4-氨基安替比林分光光度法	4.8×10^{-3}	HY 003.4—91
28	石油类	（1）环己烷萃取荧光分光光度法	9.2×10^{-3}	HY 003.4—91
		（2）紫外分光光度法	60.5×10^{-3}	HY 003.4—91
		（3）重量法	0.2	HY 003.4—91
29	六六六[4]	气相色谱法	1.1×10^{-6}	HY 003.4—91

序号	项目		分析方法	最低检出限/（mg/L）	引用标准
30	滴滴涕 4)		气相色谱法	3.8×10^{-6}	HY 003.4—91
31	马拉硫磷		气相色谱法	0.64×10^{-3}	GB 13192—91
32	甲基对硫磷		气相色谱法	0.42×10^{-3}	GB 13192—91
33	苯并（a）芘		乙酰化滤纸层析-荧光分光光度法	2.5×10^{-6}	GB 11895—89
34	阴离子表面活性剂（以 LAS 计）		亚甲基兰分光光度法	0.023	HY 003.4—91
35	放射性核素 Bq/L	^{60}Co	离子交换-萃取-电沉积法	2.2×10^{-3}	HY/T 003.8—91
		^{90}Sr	（1）HDEHP 萃取-β 计数法	1.8×10^{-3}	HY/T 003.8—91
			（2）离子交换-β 计数法	2.2×10^{-3}	HY/T 003.8—91
		^{106}Ru	（1）四氯化碳萃取-镁粉还原-β 计数法	3.0×10^{-3}	HY/T 003.8—91
			（2）γ 能谱法 1.c	4.4×10^{-3}	
		^{134}Cs	γ 能谱法，参见 ^{137}Cs 分析法		
		^{137}Cs	（1）亚铁氰化铜-硅胶现场富集-γ 能谱法	1.0×10^{-3}	HY/T 003.8—91
			（2）磷钼酸铵-碘铋酸铯-β 计数法	3.7×10^{-3}	HY/T 003.8—91

注：1. 暂时采用下列分析方法，待国家标准发布后执行国家标准。

　　　a.《水和废水标准检验法》，第 15 版，北京：中国建筑工业出版社，1985：805～827。

　　　b.环境科学，7（6）：75～79，1986。

　　　c.《辐射防护手册》，北京：原子能出版社，2，1988：259。

　　2. 见附录 A。

　　3. 见附录 B。

　　4. 六六六和 DDT 的检出限系指其四种异物体检出限之和。

5　混合区的规定

　　污水集中排放形成的混合区，不得影响邻近功能区的水质和鱼类洄游通道。

无机氮的计算

无机氮是硝酸盐氮、亚硝酸盐氮和氨氮的总和，无机氮也称"活性氮"，或简称"三氮"。

在现行监测中，水样中的硝酸盐、亚硝酸盐和氨的浓度是以 μmol/L 表示总和。而本标准规定无机氮是以氮（N）计，单位采用 mg/L，因此，按下式计算无机氮：

$$c（N）=14×10^{-3}[c（NO_3-N）+c（NO_2-N）+c（NH_3-N）]$$

式中：$c（N）$——无机氮浓度，以 N 计，mg/L；

$c（NO_3-N）$——用监测方法测出的水样中硝酸盐的浓度，μmol/L；

$c（NO_2-N）$——用监测方法测出的水样中亚硝酸盐的浓度，μmol/L；

$c（NH_3-N）$——用监测方法测出的水样中氨的浓度，μmol/L。

附录 B（标准的附录）

非离子氨换算方法

按靛酚蓝法，次溴酸钠氧化法（GB 12763.4—91）测定得到的氨浓度（NH₃—N）看作是非离子氨与离子氨浓度的总和，非离子氨在氨的水溶液中的比例与水温、pH 值以及盐度有关。可按下述公式换算出非离子氨的浓度。

$$c（NH_3）=14×10^{-5}c（NH_3-N）·f$$

$$f=100/(10^{pK_a^{S·T}-pH}+1)$$

$$pK_a^{S·T}=9.245+0.002\ 949\ S+0.032\ 4（298-T）$$

式中：f——氨的水溶液中非离子氨的摩尔百分比；

$c（NH_3）$——现场温度、pH、盐度下，水样中非离子氨的浓度（以 N 计），mg/L；

$c（NH_3-N）$——用监测方法测得的水样中氨的浓度，μmol/L；

T——海水温度，K；

S——海水盐度；

pH——海水的 pH；

$pK_a^{S·T}$——温度为 T（T=273+t），盐度为 S 的海水中的 NH_4^+ 的解离平衡常数 $K_a^{S·T}$ 的负对数。

附加说明：

本标准由国家海洋局第三海洋研究所和青岛海洋大学负责起草。

本标准主要起草人：黄自强、张克、许昆灿、隋永年、孙淑媛、陆贤昆、林庆礼。

中华人民共和国国家标准

农田灌溉水质标准

Standards for irrigation water quality

GB 5084—2005
代替 GB 5084—92

前　言

为贯彻执行《中华人民共和国环境保护法》，防止土壤、地下水和农产品污染，保障人体健康，维护生态平衡，促进经济发展，特制定本标准。本标准的全部技术内容为强制性。

本标准将控制项目分为基本控制项目和选择性控制项目。基本控制项目适用于全国以地表水、地下水和处理后的养殖业废水及以农产品为原料加工的工业废水为水源的农田灌溉用水；选择性控制项目由县级以上人民政府环境保护和农业行政主管部门，根据本地区农业水源水质特点和环境、农产品管理的需要进行选择控制，所选择的控制项召作为基本控制项目的补充指标。

本标准控制项目共计 27 项，其中农田灌溉用水水质基本控制项目 16 项，选择性控制项目 11 项。

本标准与 GB 5084—1992 相比，删除了凯氏氮、总磷两项指标。修订了五日生化需氧量、化学需氧量、悬浮物、氯化物、总镉、总铅、总铜、粪大肠菌群数和蛔虫卵数等 9 项指标。

本标准由中华人民共和国农业部提出。

本标准由中华人民共和国农业部归口并解释。

本标准由农业部环境保护科研监测所负责起草。

本标准主要起草人：王德荣、张泽、徐应明、宁安荣、沈跃。

本标准于 1985 年首次发布，1992 年第一次修订，本次为第二次修订。

农田灌溉水质标准

1 范围

本标准规定了农田灌溉水质要求、监测和分析方法。

本标准适用于全国以地表水、地下水和处理后的养殖业废水及以农产品为原料加工的工业废水作为水源的农田灌溉用水。

2 规范性引用文件

下列文件中的条款通过本标准的引用而成为本标准的条款。凡是注日期的引用文件，其随后所有的修改单（不包括勘误的内容）和修订版均不适用于本标准。然而，鼓励根据本标准达成协议的各方研究是否可使用这些文件的最新版本。凡是不注日期的引用文件，其最新版本适用于本标准。

GB/T 5750—1985 生活饮用水标准检验法

GB/丁 6920 水质 pH 值的测定 玻璃电极法

GB/T 7467 水质 六价铬的测定 二苯碳酰二肼分光光度法

GB/T 7468 水质 总汞的测定 冷原子吸收分光光度法

GB/丁 7479 水质 铜、锌、铅、镉的测定 原子吸收分光光度法

GB/丁 7484 水质 氟化物的测定 离子选择电极法

GB/T 7485 水质 总砷的测定 二乙基二硫代氨基甲酸银分光光度法

GB/T 7486 水质 氰化物的测定 第一部分 总氰化物的测定

GB/T 7488 水质 五日生化需氧量(BOD5)的测定 稀释与接种法

GB/T 7490 水质 挥发酚的测定 蒸馏后 4—氨基安替比林分光光度法

GB/T 7494 水质 阴离子表面活性剂的测定 亚甲蓝分光光度法

GB/T11896 水质 氯化物的测定 硝酸银滴定法

GB/T11901 水质 悬浮物的测定 重量法

GB/T11902 水质 硒的测定 2，3—二氨基萘荧光法

GB/T 11914 水质 化学需氧量的测定 重铬酸盐法

GB/T11934 水源水中乙醛、丙烯醛卫生检验标准方法 气相色谱法

GB/T11937 水源水中苯系物卫生检验标准方法 气相色谱法

GB/T 13195 水质 水温的测定 温度计或颠倒温度计测定法

GB/T16488 水质 石油类和动植物油的测定 红外光度法

GB/T16489 水质 硫化物的测定 亚甲基蓝分光光度法

HJ/T 49 水质 硼的测定 姜黄素分光光度法

HJ/T 50 水质 三氯乙醛的测定 吡唑啉酮分光光度法

HJ/T51 水质 全盐量的测定 重量法

NY/T 396 农用水源环境质量检测技术规范

3 技术内容

3.1 农田灌溉用水水质应符合表1、表2的规定。

表 1　农田灌溉用水水质基本控制项目标准值

序号	项目类别	作物种类		
		水作	旱作	蔬菜
1	五日生化需氧量/（mg/L）　　≤	60	100	40[a]，15[b]
2	化学需氧量/（mg/L）　　≤	150	200	100[a]，60[b]
3	悬浮物/（mg/L）　　≤	80	100	60[a]，15[b]
4	阴离子表面活性剂/（mg/L）　≤	5	8	5
5	水温/℃　　≤	25		
6	pH	5.5～8.5		
7	全盐量/（mg/L）　　≤	1000[c]（非盐碱土地区），2000[c]（盐碱土地区）		
8	氯化物/（mg/L）　　≤	350		
9	硫化物/（mg/L）　　≤	1		
10	总汞/（mg/L）　　≤	0.001		
11	镉/（mg/L）　　≤	0.01		
12	总砷/（mg/L）　　≤	0.05	0.1	0.05
13	铬（六价）/（mg/L）　　≤	0.1		
14	铅/（mg/L）　　≤	0.2		
15	粪大肠菌群数/（个/100mL）　≤	4 000	4 000	2 000[a]，1 000[b]
16	蛔虫卵数/（个/L）　　≤	2		2[a]，1[b]

a 加工、烹调及去皮蔬菜。
b 生食类蔬菜、瓜类和草本水果。
c 具有一定的水利灌排设施，能保证一定的排水和地下水径流条件的地区，或有一定淡水资源能满足冲洗土体中盐分的地区，农田灌溉水质全盐量指标可以适当放宽。

表 2　农田灌溉用水水质选择性控制项目标准值

序 号	项 目 类 别	作 物 种 类		
		水 作	旱 作	蔬 菜
1	铜/（mg/L）　　≤	0.5		1
2	锌/（mg/L）　　≤	2		
3	硒/（mg/L）　　≤	0.02		
4	氟化物/（mg/L）　　≤	2（一般地区），3（高氟区）		
5	氰化物/（mg/L）　　≤	0.5		
6	石油类/（mg/L）　　≤	5	10	1
7	挥发酚/（mg/L）　　≤	1		
8	苯/（mg/L）　　≤	2.5		
9	三氯乙醛/（mg/L）≤	1	0.5	0.5
10	丙烯醛/（mg/L）　　≤	0.5		
11	硼/（mg/L）　　≤	1[a]（对硼敏感作物），2[b]（对硼耐受性较强的作物），3[c]（对硼耐受性强的作物）		

a 对硼敏感作物，如黄瓜、豆类、马铃薯、笋瓜、韭菜、洋葱、柑橘等。
b 对硼耐受性较强的作物，如小麦、玉米、青椒、小白菜、葱等。
c 对硼耐受性强的作物，如水稻、萝卜、油菜、甘蓝等。

3.2　向农田灌溉渠道排放处理后的养殖业废水及以农产品为原料加工的工业废水，应保证其下游最近灌溉取水点的水质符合本标准。

3.3　当本标准不能满足当地环境保护需要或农业生产需要时，省、自治区、直辖市人民政府可以补充本标准中未规定的项目或制定严于本标准的相关项目，作为地方补充标准，并报国务院环境保护行政主管部门和农业行政主管部门备案。

4　监测与分析方法

4.1　监测

4.1.1　农田灌溉用水水质基本控制项目，监测项目的布点监测频率应符合 NY/T 396 的要求。

4.1.2　农田灌溉用水水质选择性控制项目，由地方主管部门根据当地农业水源的来源和可能的污染物种类选择相应的控制项目，所选择的控制项目监测布点和频率应符合 NY/T 396 的要求。

4.2　分析方法

本标准控制项目分析方法按表 3 执行。

表3　农田灌溉水质控制项目分析方法

序号	分析项目	测定方法	方法来源
1	生化需氧量（BOD$_5$）	稀释与接种法	GB/T 7488
2	化学需氧量	重铬酸盐法	GB/T 11914
3	悬浮物	重量法	GB/T 11901
4	阴离子表面活性剂	亚甲蓝分光光度法	GB/T 7494
5	水温	温度计或颠倒温度计测定法	GB/T 13195
6	pH	玻璃电极法	GB/T 6920
7	全盐量	重量法	HJ/T51
8	氯化物	硝酸银滴定法	GB/T 11896
9	硫化物	亚甲基蓝分光光度法	GB/T 16489
10	总汞	冷原子吸收分光光度法	GB/T 7468
11	镉	原子吸收分光光度法	GB/T 7475
12	总砷	二乙基二硫代氨基甲酸银分光光度法	GB/T 7485
13	铬（六价）	二苯碳酰二肼分光光度法	GB/T 7467
14	铅	原子吸收分光光度法	GB/T 7475
15	铜	原子吸收分光光度法	GB/T 7475
16	锌	原子吸收分光光度法	GB/T 7475
17	硒	2,3-二氨基萘荧光法	GB/T 11902
18	氟化物	离子选择电极法	GB/T 7484
19	氰化物	硝酸银滴定法	GB/T 7486
20	石油类	红外光度法	GB/T 16488
21	挥发酚	蒸馏后 4-氨基安替比林分光光度法	GB/T 7490
22	苯	气相色谱法	GB/T 11937
23	三氯乙醛	吡唑啉酮分光光度法	HJ/T 50
24	丙烯醛	气相色谱法	GB/T 11934
25	硼	姜黄素分光光度法	HJ/T 49
26	粪大肠菌群数	多管发酵法	GB/T 5750—1985
27	蛔虫卵数	沉淀集卵法 [a]	《农业环境监测实用手册》第三章中"水质　污水蛔虫卵的测定　沉淀集卵法"

a 暂采用此方法，待国家方法标准颁布后，执行国家标准。

中华人民共和国国家标准

渔业水质标准

Water quality standard for fisheries

GB 11607—89

为贯彻执行中华人民共和国《环境保护法》《水污染防治法》《海洋环境保护法》和《渔业法》，防止和控制渔业水域水质污染，保证鱼、虾、贝、藻类正常生长、繁殖和水产品的质量，特制定本标准。

1 主题内容与适用范围

本标准适用于鱼虾类的产卵场、索饵场、越冬场、洄游通道和水产增养殖区等海、淡水的渔业水域。

2 引用标准

GB 5750　生活饮用水标准检验法

GB 6920　水质　pH 值的测定　玻璃电极法

GB 7467　水质　六价铬的测定　二苯碳酰二肼分光光度法

GB 7468　水质　总汞测定　冷原子吸收分光光度法

GB 7469　水质　总汞测定　高锰酸钾-过硫酸钾消除法　双硫腙分光光度法

GB 7470　水质　铅的测定　双硫腙分光光度法

GB 7471　水质　镉的测定　双硫腙分光光度法

GB 7472　水质　锌的测定　双硫腙分光光度法

GB 7474　水质　铜的测定　二乙基二硫代氨基甲酸钠分光光度法

GB 7475　水质　铜、锌、铅、镉的测定　原子吸收分光光度法

GB 7479　水质　铵的测定　纳氏试剂比色法

GB 7481　水质　氨的测定　水杨酸分光光度法

GB 7482　水质　氟化物的测定　茜素磺酸锆目视比色法

GB 7484　水质　氟化物的测定　离子选择电极法

GB 7485　水质　总砷的测定　二乙基二硫代氨基甲酸银分光光度法

GB 7486　水质　氰化物的测定　第一部分：总氰化物的测定

GB 7488　水质　五日生化需氧量（BOD$_5$）　稀释与接种法

GB 7489　水质　溶解氧的测定　碘量法

GB 7490　水质　挥发酚的测定　蒸馏后 4-氨基安替比林分光光度法

GB 7492　水质　六六六、滴滴涕的测定　气相色谱法

GB 8972　水质　五氯酚钠的测定　气相色谱法

GB 9803　水质　五氯酚的测定　藏红 T 分光光度法

GB 11891　水质　凯氏氮的测定

GB 11901　水质　悬浮物的测定　重量法

GB 11910　水质　镍的测定　丁二铜肟分光光度法

GB 11911　水质　铁、锰的测定　火焰原子吸收分光光度法

GB 11912　水质　镍的测定　火焰原子吸收分光光度法

3　渔业水质要求

3.1　渔业水域的水质，应符合渔业水质标准（见表 1）。

表 1　渔业水质标准　　　　　　　　　　　　单位：mg/L

项目序号	项　目	标　准　值
1	色、臭、味	不得使鱼、虾、贝、藻类带有异色、异臭、异味
2	漂浮物质	水面不得出现明显油膜或浮沫
3	悬浮物质	人为增加的量不得超过 10，而且悬浮物质沉积于底部后，不得对鱼、虾、贝类产生有害的影响
4	pH 值	淡水 6.5～8.5，海水 7.0～8.5
5	溶解氧	连续 24 h 中，16 h 以上必须大于 5，其余任何时候不得低于 3，对于鲑科鱼类栖息水域冰封期其余任何时候不得低于 4
6	生化需氧量（5 d、20℃）	不超过 5，冰封期不超过 3
7	总大肠菌群	不超过 5 000 个/L（贝类养殖水质不超过 500 个/L）
8	汞	≤0.000 5
9	镉	≤0.005
10	铅	≤0.05
11	铬	≤0.1
12	铜	≤0.01
13	锌	≤0.1
14	镍	≤0.05
15	砷	≤0.05
16	氰化物	≤0.005
17	硫化物	≤0.2
18	氟化物（以 F⁻计）	≤1
19	非离子氨	≤0.02
20	凯氏氮	≤0.05
21	挥发性酚	≤0.005
22	黄磷	≤0.001
23	石油类	≤0.05
24	丙烯腈	≤0.5

项目序号	项　　目	标　准　值
25	丙烯醛	≤0.02
26	六六六（丙体）	≤0.002
27	滴滴涕	≤0.001
28	马拉硫磷	≤0.005
29	五氯酚钠	≤0.01
30	乐果	≤0.1
31	甲胺磷	≤1
32	甲基对硫磷	≤0.000 5
33	呋喃丹	≤0.01

3.2　各项标准数值系指单项测定最高允许值。

3.3　标准值单项超标，即表明不能保证鱼、虾、贝正常生长繁殖，并产生危害，危害程度应参考背景值、渔业环境的调查数据及有关渔业水质基准资料进行综合评价。

4　渔业水质保护

4.1　任何企、事业单位和个体经营者排放的工业废水、生活污水和有害废弃物，必须采取有效措施，保证最近渔业水域的水质符合本标准。

4.2　未经处理的工业废水、生活污水和有害废弃物严禁直接排入鱼、虾类的产卵场、索饵场、越冬场和鱼、虾、贝、藻类的养殖场及珍贵水生动物保护区。

4.3　严禁向渔业水域排放含病原体的污水；如需排放此类污水，必须经过处理和严格消毒。

5　标准实施

5.1　本标准由各级渔政监督管理部门负责监督与实施，监督实施情况，定期报告同级人民政府环境保护部门。

5.2　在执行国家有关污染物排放标准中，如不能满足地方渔业水质要求时，省、自治区、直辖市人民政府可制订严于国家有关污染排放标准的地方污染物排放标准，以保证渔业水质的要求，并报国务院环境保护部门和渔业行政主管部门备案。

5.3　本标准以外的项目，若对渔业构成明显危害时，省级渔政监督管理部门应组织有关单位制订地方补充渔业水质标准，报省级人民政府批准，并报国务院环境保护部门和渔业行政主管部门备案。

5.4　排污口所在水域形成的混合区不得影响鱼类洄游通道。

6　水质监测

6.1　本标准各项目的监测要求，按规定分析方法（见表2）进行监测。

6.2　渔业水域的水质监测工作，由各级渔政监督管理部门组织渔业环境监测站负责执行。

表2　渔业水质分析方法

序号	项　目	测　定　方　法	试验方法标准编号
3	悬浮物质	重量法	GB 11901
4	pH 值	玻璃电极法	GB 6920
5	溶解氧	碘量法	GB 7489
6	生化需氧量	稀释与接种法	GB 7488
7	总大肠菌群	多管发酵法滤膜法	GB 5750
8	汞	冷原子吸收分光光度法	GB 7468
		高锰酸钾-过硫酸钾消解　双硫腙分光光度法	GB 7469
9	镉	原子吸收分光光度法	GB 7475
		双硫腙分光光度法	GB 7471
10	铅	原子吸收分光光度法	GB 7475
		双硫腙分光光度法	GB 7470
11	铬	二苯碳酰二肼分光光度法（高锰酸盐氧化）	GB 7467
12	铜	原子吸收分光光度法	GB 7475
		二乙基二硫代氨基甲酸钠分光光度法	GB 7474
13	锌	原子吸收分光光度法	GB 7475
		双硫腙分光光度法	GB 7472
14	镍	火焰原子吸收分光光度法	GB 11912
		丁二铜肟分光光度法	GB 11910
15	砷	二乙基二硫代氨基甲酸银分光光度法	GB 7485
16	氰化物	异烟酸-吡啶啉酮比色法　吡啶-巴比妥酸比色法	GB 7486
17	硫化物	对二甲氨基苯胺分光光度法[1]	
18	氟化物	茜素磺酸锆目视比色法	GB 7482
		离子选择电极法	GB 7484
19	非离子氨[2]	纳氏试剂比色法	GB 7479
		水杨酸分光光度法	GB 7481
20	凯氏氮		GB 11891
21	挥发性酚	蒸馏后 4-氨基安替比林分光光度法	GB 7490
22	黄磷		
23	石油类	紫外分光光度法[1]	
24	丙烯腈	高锰酸钾转化法[1]	
25	丙烯醛	4-己基间苯二酚分光光度法[1]	
26	六六六（丙体）	气相色谱法	GB 7492
27	滴滴涕	气相色谱法	GB 7492
28	马拉硫磷	气相色谱法[1]	
29	五氯酚钠	气相色谱法	GB 8972
		藏红剂分光光度法	GB 9803
30	乐果	气相色谱法[3]	
31	甲胺磷		
32	甲基对硫磷	气相色谱法[3]	
33	呋喃丹		

注：暂时采用下列方法，待国家标准发布后，执行国家标准。

1) 渔业水质检验方法为农牧渔业部 1983 年颁布。

2) 测得结果为总氨浓度，然后按表 A1、表 A2 换算为非离子氨浓度。

3) 地面水水质监测检验方法为中国医学科学院卫生研究所 1978 年颁布。

附录 A（补充件）

总氨换算表

表 A.1　氨的水溶液中非离子氨的百分比

温度/℃	pH 值								
	6.0	6.5	7.0	7.5	8.0	8.5	9.0	9.5	10.0
5	0.013	0.040	0.12	0.39	1.2	3.8	11	28	56
10	0.019	0.059	0.19	0.59	1.8	5.6	16	37	65
15	0.027	0.087	0.27	0.86	2.7	8.0	21	46	73
20	0.040	0.13	1.40	1.2	3.8	11	28	56	80
25	0.057	0.18	1.57	1.8	5.4	15	36	64	85
30	0.080	0.25	2.80	2.5	7.5	20	45	72	89

表 A.2　总氨（$NH_4^+ + NH_3$）浓度，其中非离子氨浓度 0.020 mg/L（NH_3）　　单位：mg/L

温度/℃	pH 值								
	6.0	6.5	7.0	7.5	8.0	8.5	9.0	9.5	10.0
5	160	51	16	5.1	1.6	0.53	0.18	0.071	0.036
10	110	34	11	3.4	1.1	0.36	0.13	0.054	0.031
15	73	23	7.3	2.3	0.75	0.25	0.093	0.043	0.027
20	50	16	5.1	1.6	0.52	0.18	0.070	0.036	0.025
25	35	11	3.5	1.1	0.37	0.13	0.055	0.031	0.024
30	25	7.6	2.5	0.81	0.27	0.099	0.045	0.028	0.022

附加说明：

本标准由国家环境保护局标准处提出。

本标准由渔业水质标准修订组负责起草。

本标准委托农业部渔政渔港监督管理局负责解释。

中华人民共和国国家标准

城市污水再生利用　城市杂用水水质

Reuse of recycling water for urban —— Water quality standard for
urban miscellaneous water consumption

GB/T 18920—2002

前　言

　　为贯彻我国水污染防治和水资源开发方针，提高水利用率，做好城市节约用水工作，合理利用水资源，实现城市污水资源化，减轻污水对环境的污染，促进城市建设和经济建设可持续发展，中华人民共和国建设部组织编制了《城市污水再生利用》标准。

　　《城市污水再生利用》目前拟分为五部分：

　　《城市污水再生利用　分类》

　　《城市污水再生利用　城市杂用水水质》

　　《城市污水再生利用　景观环境用水水质》

　　《城市污水再生利用　补充水源水质》

　　《城市污水再生利用　工业用水水质》

　　本标准为第二部分。

　　本标准是在 CJ/T 48—1999 生活杂用水水质标准基础上编制的。本标准主要变化如下：

　　（1）用水类别增加消防及建筑施工杂用水；

　　（2）水质项目增加溶解氧，删除了氯化物、总硬度、化学需氧量、悬浮物；

　　（3）水质类别由 2 个增加到 5 个；

　　（4）水质指标值进行了相应调整。

　　本标准自实施之日起，CJ/T 48—1999 同时废止。

　　本标准由中华人民共和国建设部提出。

　　本标准由建设部给水排水产品标准化技术委员会归口。

　　本标准由中国市政工程中南设计研究院负责起草。

　　本标准主要起草人：张怀宇、李树苑、杨文进、张小平、魏桂珍、张赐承。

1 范围

本标准规定了城市杂用水水质标准、采样及分析方法。本标准适用于厕所便器冲洗、道路清扫、消防、城市绿化、车辆冲洗、建筑施工杂用水。

2 规范性引用文件

下列文件中的条款通过本标准的引用而成为本标准的条款。凡是注日期的引用文件，其随后所有的修改单（不包括勘误的内容）或修订版均不适用于本标准，然而，鼓励根据本标准达成协议的各方研究是否可使用这些文件的最新版本。凡是不注日期的引用文件，其最新版本适用于本标准。

GB/T 3181　漆膜颜色标准

GB/T 5750　生活饮用水标准检验法

GB/T 7488　水质　五日生化需氧量（BOD_5）的测定　稀释与接种法（neq ISO 5815）

GB/T 7489　水质　溶解氧的测定　碘量法（neq ISO 5813—83）

GB/T 7494　水质　阴离子表面活性剂的测定　亚甲基蓝分光光度法（neq ISO 7875—1）

GB/T 11898　水质　游离氯和总氯的测定　N,N-二乙基-1,4-苯二胺分光光度法（eqv ISO 7393—2）

GB/T 11913　水质　溶解氧的测定　电化学探头法（idt ISO 5814—84）

GB/T 12997　水质　采样方案设计技术规定[idt ISO 5667/1-80（E）]

GB/T 12998　水质　采样技术指导（neq ISO 5667/2—82）

GB/T 12999　水质　采样　样品的保存和管理技术规定（neq ISO 5667/3—85）

JGJ 63　　混凝土拌合用水标准

3 术语和定义

本标准采用下列术语和定义：

3.1 城市

设市城市和建制镇。

3.2 城市杂用水

用于冲厕、道路清扫、消防、城市绿化、车辆冲洗、建筑施工的非饮用水。

3.2.1 冲厕杂用水

公共及住宅卫生间便器冲洗的用水。

3.2.2 道路清扫杂用水

道路灰尘抑制、道路扫除的用水。

3.2.3 消防杂用水

市政及小区消火栓系统的用水。

3.2.4 城市绿化杂用水

除特种树木及特种花卉以外的公园、道边树及道路隔离绿化带、运动场、草坪，以及相似地区的用水。

3.2.5 建筑施工杂用水

建筑施工现场的土壤压实、灰尘抑制、混凝土冲洗、混凝土拌合的用水。

4 水质指标

城市杂用水的水质应符合表 1 的规定。混凝土拌合用水还应符合 JGJ 63 的有关规定。

表 1 城市杂用水水质标准

序号	项目	冲厕	道路清扫、消防	城市绿化	车辆冲洗	建筑施工
1	pH	6.0～9.0				
2	色（度）≤	30				
3	嗅	无不快感				
4	浊度 NTU）≤	5	10	10	5	20
5	溶解性总固体（mg/L）≤	1 500	1 500	100	1 000	—
6	五日生化需氧量（BOD$_5$）（mg/L）≤	10	15	20	10	15
7	氨氮（mg/L）≤	10	10	20	·10	20
8	阴离子表面活性剂（mg/L）≤	1.0	1.0	1.0	0.5	1.0
9	铁（mg/L）≤	0.3	—	—	0.3	—
	锰（mg/L）≤	0.1	—	—	0.1	—
	溶解氧（mg/L）≥	1.0				
	总余氯（mg/L）	接触 30 min 后≥1.0，管网末端≥0.2				
	总大肠菌群（个/L）≤	3				

5 采样及分析方法

5.1 采样及保管

水质采样的设计、组织按 GB/T 12997 及 GB/T 12998 规定。样品的保管按 GB/T 12999 规定。

5.2 分析方法

分析方法按表 2 规定。

表 2 城市杂用水标准水质项目分析方法

序号	项目	测定方法	执行标准
1	pH	pH 电位法	GB/T 5750
2	色	铂-钴标准比色法	GB/T 5750
3	浊度	分光光度法 目视比浊法	GB/T 5750
4	溶解性总固体	重量法（烘干温度 180℃±1℃）	GB/T 5750
5	五日生化需氧量（BOD$_5$）	稀释与接种法	GB/T 7488
6	氨氮	纳氏试剂比色法	GB/T 5750
7	阴离子表面活性剂	亚甲蓝分光光度法	GB/T 7494
8	铁	二氮杂菲分光光度法原子吸收分光光度法	GB/T 5750
9	锰	过硫酸铵分光光度法原子吸收分光光度法	GB/T 5750

序号	项目	测定方法	执行标准
10	溶解氧	碘量法	GB/T 7489
		电化学探头法	GB/T 11913
11	总余氯	邻联甲苯铵比色法 邻联甲苯铵—亚砷酸盐比色法 N,N-二乙基对苯二胺— 硫酸亚铁铵滴定法	GB/T 5750
12	总大肠菌群	N,N-二乙基-1,4-基二胺分光光度法	GB/T 11898
		多管发酵法	GB/T 5750

5.3 水质监测

城市杂用水的采样检测频率应符合表 3 的规定。

表 3　城市杂用水采样检测频率

序号	项目	采样检测频率
1	pH	每日 1 次
2	色	每日 1 次
3	浊度	每日 2 次
4	嗅	每日 1 次
5	溶解性总固体	每周 1 次
6	生化需氧量（BOD$_5$）	每周 1 次
7	氨氮	每周 1 次
8	阴离子表面活性剂	每周 1 次
9	铁	每周 1 次
10	锰	每周 1 次
11	溶解氧	每日 1 次
12	总余氯	每日 2 次
13	总大肠菌群	每周 3 次

6 标准的实施与监督

6.1 本标准由县级以上人民政府城市杂用水行政主管部门及相关部门负责统一监督和检查执行情况。

6.2 城市杂用水的水质项目与水质标准，应符合本标准的规定。地方或行业标准不得宽于本标准或与本标准相抵触。

6.3 城市杂用水管道、水箱等设备外部应涂天酞蓝色，并于显著位置标注"杂用水"字样，以免误饮、误用。

中华人民共和国国家标准

城市污水再生利用　景观环境用水水质

The reuse of urban recycling water—Water quality standard for scenic environment use

GB/T 18921—2002

前　言

为贯彻我国水污染防治和水资源开发方针、提高用水效率，做好城镇节约用水工作，合理利用水资源，实现城镇污水资源化，减轻污水对环境的污染，促进城镇建设和经济建设可持续发展，制定《城市污水再生利用》系列标准。

《城市污水再生利用》系列标准目前拟分为五项：

——《城市污水再生利用　分类》

——《城市污水再生利用　城市杂用水水质》

——《城市污水再生利用　景观环境用水水质》

——《城市污水再生利用　补充水源水质》

——《城市污水再生利用　工业用水水质》

本标准为第三项。

本标准是在 CJ/T 95—2000《再生水回用于景观水体的水质标准》的基础上制定的。

本标准与 CJ/T95—2000 相比主要变化如下：

——提出了再生水的使用准则。

——根据《城市污水再生利用　分类》将再生水的应用范围及使用方式进行了重新界定，以景观环境用水取代了原来的景观水体，明确了水景类作为景观环境用水的一部分的概念。

——细分了景观环境用水的类别，将原来的 CJ/T 95—2000 中的人体非直接接触和人体非全身性接触替换为观赏性景观环境用水和娱乐性景观环境用水两大类别，同时每个类别又根据水质要求的不同而被分为河道类、湖泊类与水景类用水。

——放宽了消毒途径，对于不需要通过管道输送再生水的现场回用情况，不限制采用加氯以外的其他消毒方式。

——考虑了与人群健康密切相关的毒理学指标。

水质指标共计 14 项，对原来的 CJ/T 95—2000 中的水质指标进行了部分调整（增加了 3 项：浊度、溶解氧、氨氮；删减了 5 项：化学需氧量、溶解性铁、总锰、全盐量、氯化物；替换了 2 项；以粪大肠菌群替换了大肠菌群，以总氮替换了凯氏氮）。

——增加了"参考文献"。

本标准自实施之日起，CJ/T 95—2000 同时废止。

本标准由中华人民共和国建设部提出。

本标准由建设部给水排水产品标准化技术委员会归口。

本标准由中国市政工程华北设计研究院负责起草。

本标准主要起草人：陈立、杨坤、宋晓倩、何永平、范洁。

引　言

本标准制定的目的在于满足缺水地区对娱乐性水环境的需要。

再生水作为景观环境用水不同于天然景观水体（GB 3838—2002《地表水环境质量标准》中的 V 类水域），它可以全部由再生水组成，或大部分由再生水组成；而天然景观水体只接受少量的污水，其污染物本底值很低，水体稀释自净能力较强。因此，本标准的内容不仅包括水质指标，还包括了使用原则和控制措施。

本标准在水质指标的确定方面以考虑它的美学价值及人的感官接受能力为主，在控制措施上以增强水体的自净能力为主导思想，着重强调水体的流动性。

1 范围

本标准规定了作为景观环境用水的再生水水质指标和再生水利用方式。

2 规范性引用文件

下列文件中的条款通过本标准的引用而成为本标准的条款。凡是注日期的引用文件，其随后所有的修改单（不包括勘误的内容）或修订版均不适用于本标准，然而，鼓励根据本标准达成协议的各方研究是否可使用这些文件的最新版本。凡是不注日期的引用文件，其最新版本适用于本标准。

GB/T 6920　水质　pH 值的测定　玻璃电极法

GB/T 7466　水质　总铬的测定

GB/T 7467　水质　六价铬的测定　二苯碳酰二肼分光光度法

GB/T 7468　水质　总汞的测定　冷原子吸收分光光度法（eqv ISO 5666-1～3）

GB/T 7472　水质　锌的测定　双硫腙分光光度法

GB/T 7474　水质　铜的测定　二乙基二硫化氨基甲酸钠分光光度法

GB/T 7475　水质　铜、锌、铅、镉的测定　原子吸收分光光谱法

GB/T 7478　水质　铵的测定　蒸馏和滴定法

GB/T 7485　水质　总砷的测定　二乙基二硫代氨基甲酸银分光光度法（neq ISO 6595）

GB/T 7486　水质　氰化物的测定　第一部分：总氰化物的测定

GB/T 7488　水质　五日生化需氧量（BOD_5）的测定　稀释与接种法（neq ISO 5815）

GB/T 7489 水质 溶解氧的测定 碘量法（eqv ISO 5813）

GB/T 7490 水质 挥发酚的测定 蒸馏后 4-氨基安替组织机构分光光度法（eqv ISO 6439）

GB/T 7494 水质 阴离子表面活性剂的测定 亚甲蓝分光光度法（neq ISO 7875-1）

GB/T 8972 水质 五氯酚的测定 气相色谱法

GB/T 9803 水质 五氯酚的测定 藏红 T 分光光度法

GB/T 11889 水质 苯胺类化合物的测定 N-（1-萘基）乙二胺偶氮分光光度法

GB/T 11890 水质 苯系物的测定 气相色谱法

GB/T 11893 水质 总磷的测定 钼酸铵分光光度法

GB/T 11894 水质 总氮的测定 碱性过硫酸钾消解紫外分光光度法

GB/T 11895 水质 苯并[a]芘的测定 乙酰化滤纸层析荧光分光光度法

GB/T 11898 水质 游离氯和总氯的测定 N,N-二乙基-1,4-苯二胺分光光度法（eqv ISO 7393-2）

GB/T 11901 水质 悬浮物的测定 重量法

GB/T 11902 水质 硒的测定 2,3-二氨基萘荧光法

GB/T 11903 水质 色度的测定（neq ISO 7887）

GB/T 11906 水质 锰的测定 高碘酸钾分光光度法

GB/T 11907 水质 银的测定 火焰原子吸收分光光度法

GB/T 11910 水质 镍的测定 丁二酮肟分光光度法

GB/T 11911 水质 铁、锰的测定 火焰原子吸收分光光度法

GB/T 11912 水质 镍的测定 火焰原子吸收分光光度法

GB/T 11913 水质 溶解氧的测定 电化学控头法（idt ISO 5814）

GB/T 13192 水质 有机磷农药的测定 气相色谱法

GB/T 13194 水质 硝基苯、硝基甲苯、硝基氯苯、二硝基甲苯的测定 气相色谱法

GB/T 13197 水质 甲醛的测定 乙酰丙酮分光光度法

GB/T 13200 水质 浊度的测定（neq ISO 7027）

GB/T 14204 水质 烷基汞的测定 气相色谱法

GB/T 15959 水质 可吸附有机卤素（AOX）的测定 微库仑法

GB/T 16488 水质 石油类和动植物油的测定 红外光度法

3 术语与定义

本标准采用下列术语和定义。

3.1 再生水 reclaimed water

指污水经适当再生工艺处理后具有一定使用功能的水。

3.2 景观环境用水 scenic environment use

指满足景观需要的环境用水，即用于营造城市景观水体和各种水景构筑物的水的总称。

3.3 观赏性景观环境用水 aesthetic environment use

指人体非直接接触的景观环境用水，包括不设娱乐设施的景观河道、景观湖泊及其他观赏性景观用水。它们由再生水组成或部分由再生水组成（另一部分由天然沙漠呈自来水组成）。

3.4 娱乐性景观环境用水 rcereational environment use

指人体非全身性接触的景观环境用水，包括设有娱乐设施的景观河道、景观湖泊及其他娱乐性景观用水。它们由再生水组成或部分由再生水组成（另一部分由天然水或自来水组成）。

3.5 河道类水体 watercourse

指景观河道类连续流动水体。

3.6 湖泊类水体 impoundment

指景观湖泊类非连续流动水体。

3.7 水景类用水 waterscape

指用于人造瀑布、喷泉、娱乐、观赏等设施的用水。

3.8 水力停留时间 hydraulic rentention time

再生水在景观河道内的平均停留时间。

3.9 静止停留时间 withhold time

湖泊类水体非换水（即非连续流动）期间的停留时间。

4 技术内容

4.1 再生水作为景观环境用水时，其指标限值应满足表1的规定。

4.2 对于以城市污水为水源的再生水，除应满足表1各项指标外，其化学毒理学指标还应符合表2中的要求。

表 1 景观环境用水的再生水水质标准

序号	项　目	观赏性景观环境用水			娱乐性景观环境用水		
		河道类	湖泊类	水景类	河道类	湖泊类	水景类
1	基本要求	无漂浮物，无令人不愉快的嗅和味					
2	pH 值（无量纲）	6~9					
3	五日生化需氧量（BOD_5）≤	10			6		6
4	悬浮物（SS）　≤	20		10		—[a]	
5	浊度（NTU）　≤	—[a]			5.0		
6	溶解氧　≥	1.5			2.0		
7	总磷（以 P 计）≤	1.0	0.5		1.0		0.5
8	总氮　≤	15					
9	氨氮（以 N 计）　≤	5					
10	粪大肠菌群（个/L）　≤	10 000	2 000		500		不得检出
11	余氯[b]　≥	0.05					
12	色度（度）　≤	30					
13	石油类　≤	1.0					
14	阴离子表面活性剂　≤	0.5					

序号	项 目	观赏性景观环境用水			娱乐性景观环境用水		
		河道类	湖泊类	水景类	河道类	湖泊类	水景类

注 1：对于需要通过管道输送再生水的非现场回用情况采用加氯消毒方式；而对于现场回用情况不限制消毒方式。

注 2：若使用未经过除磷脱氮的再生水作为景观环境用水，鼓励使用本标准的各方在回用地点积极探索通过人工培养具有观赏价值水生植物的方法，使景观水体的氮磷满足表 1 的要求，使再生水中的水生植物有经济合理的出路。

a "—" 表示对此项无要求。

b 氯接触时间不应低于 30 min 的余氯。对于非加氯消毒方式无此项要求。

表 2 选择控制项目最高允许排放浓度（以日均值计）

序号	选择控制项目	标准值	序号	选择控制项目	标准值
1	总汞	0.01	26	甲基对硫磷	0.2
2	烷基汞	不得检出	27	五氯酚	0.5
3	总镉	0.05	28	三氯甲烷	0.3
4	总铬	1.5	29	四氯化碳	0.03
5	六价铬	0.5	30	三氯乙烯	0.8
6	总砷	0.5	31	四氯乙烯	0.1
7	总铅	0.5	32	苯	0.1
8	总镍	0.5	33	甲苯	0.1
9	总铍	0.001	34	邻-二甲苯	0.4
10	总银	0.1	35	对-二甲苯	0.1
11	总铜	1.0	36	间-二甲苯	0.4
12	总锌	2.0	37	乙苯	0.1
13	总锰	2.0	38	氯苯	0.3
14	总硒	0.1	39	对-二氯苯	0.4
15	苯并[a]芘	0.000 03	40	邻-二氯苯	1.0
16	挥发酚	0.1	41	对硝基氯苯	0.5
17	总氰化物	0.5	42	2,4-二硝基氯苯	0.5
18	硫化物	1.0	43	苯酚	0.3
19	甲醛	1.0	44	间-甲酚	0.1
20	苯胺类	0.5	45	2,4-二氯酚	0.6
21	硝基苯类	2.0	46	2,4,6-三氯酚	0.6
22	有机磷农药（以 P 计）	0.5	47	邻苯二甲酸二丁酯	0.1
23	马拉硫磷	1.0	48	邻苯二甲酸二辛酯	0.1
24	乐果	0.5	49	丙烯腈	2.0
25	对硫磷	0.05	50	可吸附有机卤化物（以 Cl 计）	1.0

5 再用水利用方式

5.1 污水再生水厂的水源宜优先选用生活污水或不包含重污染工业废水在内的城市污水。

5.2 当完全使用再生水时，景观河道类水体的水力停留时间宜在 5 天以内。

5.3 完全使用再生水作为景观湖泊类水体，在水温超过 25℃时，其水体静止停留时间不宜超过 3 天；而在水温不超过 25℃，则可适当延长水体静止停留时间，冬季可延长水体静止停留时间至一个月左右。

5.4 当加设表曝类装置增强水面扰动时，可酌情延长河道类水体水为停留时间和湖泊类水体静止停留时间。

5.5 流动换水方式宜采用低进高出。

5.6 应充分注意两类水体底泥淤积情况，进行季节性或定期性清淤。

6 其他规定

6.1 由再生水组成的两类景观水体中的水生动、植物仅可观赏，不得食用。

6.2 不应在含有再生水的景观水体中游泳和洗浴。

6.3 不应将含有再生水的景观环境水用于饮用和生活洗涤。

7 取样与监测

7.1 取样要求

水质取样点宜设在污水再生水厂总出水口，总出水口宜设再生水水量计量装置。在有条件的情况下，应逐步实现再生水例采样和在线监测。

7.2 监测频率

其中，pH 值、BOD_5、悬浮物、总氮、氨氮、石油类、阴离子表面活性剂为周检项目；浊度、溶解氧、总磷、粪大肠菌群、余氯、色度为日检项目。

7.3 监测分析法

本标准采用的监测分析方法见表 3，化学毒理学指标监测方法见表 4。

表 3　监测分析方法表

序号	项目	测定方法	方法来源
1	pH 值	玻璃电极法	GB/T 6920
2	五日生化需氧量（BOD_5）	稀释与接种法	GB/T 7488
3	悬浮物	重量法	GB/T 11901
4	浊度	比浊法	GB/T 13200
5	溶解氧	碘量法	GB/T 7489
		电化学探头法	GB/T 11913
6	总磷（TP）	钼酸铵分光光度法	GB/T 11893
7	总氮（TN）	碱性过硫酸钾消解紫外分光光度法	GB/T 11894
8	氨氮	蒸馏滴定法	GB/T 7478
9	粪大肠菌群	多管发酵法	水和废水监测
		滤膜法	分析方法
10	余氯	N,N-二乙基-1,4-苯二胺分光光度法	GB/T 11898
11	色度	铂钴比色法	GB/T 11903
12	石油	红外光度法	GB/T 16488
13	阴离子表面活性剂	亚甲蓝分光光度法	GB/T 7494

注：暂采用《水和废水监测分析方法》，中国环境科学出版社，待国家标准发布后，执行国家标准。

表4 化学毒理学指标监测分析方法表

序号	控制项目	测定方法	方法来源
1	总汞	冷原子吸收光度法	GB/T 7468
2	烷基汞	气相色谱法	GB/T 14204
3	总镉	原子吸收分光光谱法	GB/T 7475
4	总铬	高锰酸钾氧化-二苯碳酸二肼分光光度法	GB/T 7466
5	六价铬	二苯碳酰二肼分光光度法	GB/T 7467
6	总砷	二乙基二硫代氨基甲酸银分光光度法	GB/T 7485
7	总铅	原子吸收分光光谱法	GB/T 7475
8	总镍	火焰原子吸收分光光度法	GB/T 11912
		丁二酮肟分光光度法	GB/T 11910
9	总铍	活性炭吸附—铬天菁 S 光度法	水和废水监测分析方法
10	总银	火焰原子吸收分光光谱法	GB/T 11907
11	总铜	原子吸收分光光谱法	GB/T 7475
		二乙基二硫化氨基甲酸钠分光光度法	GB/T 7474
12	总锌	原子吸收分光光谱法	GB/T 7475
		双硫腙分光光度法	GB/T 7472
13	总锰	火焰原子吸收分光光度法	GB/T 11911
		高碘酸钾分光光度法	GB/T 11906
14	总硒	2,3-二氨基萘荧光法	GB/T 11902
15	苯并[a]芘	乙酰化滤纸层析荧光分光光度法	GB/T 11895
16	挥发酚	蒸馏后用 4-氨基安替比林分光光度法	GB/T 7490
17	总氰化物	硝酸银滴定法	GB/T 7486
18	硫化物	碘量法（高浓度）	水和废水监测分析方法
		对氨基二甲基苯胺光度法（低浓度）	水和废水监测分析方法
19	甲醛	乙酰丙酮分光光度法	GB/T 13197
20	苯胺类	N-（1-萘基）乙二胺偶氮分光光度法	GB/T 11889
21	硝基苯类	气相色谱法	GB/T 13194
22	有机磷农药（以 P 计）	气相色谱法	GB/T 13192
23	马拉硫磷	气相色谱法	GB/T 13192
24	乐果	气相色谱法	GB/T 13192
25	对硫磷	气相色谱法	GB/T 13192
26	甲基对硫磷	气相色谱法	GB/T 13192
27	五氯酚	气相色谱法	GB/T 8972
		藏红 T 分光光度法	GB/T 9803
28	三氯甲烷	气相色谱法	水和废水监测分析方法
29	四氯化碳	气相色谱法	水和废水监测分析方法
30	三氯乙烯	气相色谱法	水和废水监测分析方法
31	四氯乙烯	气相色谱法	水和废水监测分析方法
32	苯	气相色谱法	GB/T 11890
33	甲苯	气相色谱法	GB/T 11890
34	邻-二甲苯	气相色谱法	GB/T 11890
35	对-二甲苯	气相色谱法	GB/T 11890
36	间-二甲苯	气相色谱法	GB/T 11890

序号	控制项目	测定方法	方法来源
37	乙苯	气相色谱法	GB/T 11890
38	氯苯	气相色谱法	水和废水监测分析方法
39	对二氯苯	气相色谱法	水和废水监测分析方法
40	邻二氯苯	气相色谱法	水和废水监测分析方法
41	对硝基氯苯	气相色谱法	GB/T 13194
42	2,4-二硝基氯苯	气相色谱法	GB/T 13194
43	苯酚	气相色谱法	水和废水监测分析方法
44	间-甲酚	气相色谱法	水和废水监测分析方法
45	2,4-二氯酚	气相色谱法	水和废水监测分析方法
46	2,4,6-三氯酚	气相色谱法	水和废水监测分析方法
47	邻苯二甲酸二丁酯	气相、液相色谱法	水和废水监测分析方法
48	邻苯二甲酸二辛酯	气相、液相色谱法	水和废水监测分析方法
49	丙烯腈	气相色谱法	水和废水监测分析方法
50	可吸附有机卤化物（AOX）（以 Cl 计）	微库仑法	GB/T 15959

注：暂采用《水和废水监测分析方法》，中国环境科学出版社，待国家标准发布后，执行国家标准。

7.4 跟踪监测

鼓励使用本标准的各方在回用地点对使用再生水的景观河道、景观湖泊和水景进行水体水质、底泥及周围空气的跟踪监测，及时发现再生水回用中的问题。

8 标准实施与监督

8.1 监督方法

本标准由各级建设管理部门负责监督实施与管理。

8.2 地方标准

鼓励使用本标准的各方根据各自的具体情况，开展再生水回用于景观环境的研究，必要时制定严于本标准的地方性标准。报国家主管部门备案。

中华人民共和国国家标准

污水综合排放标准

Integrated wastewater discharge standard

GB 8978—1996
代替 GB 8978—88

为贯彻《中华人民共和国环境保护法》、《中华人民共和国水污染防治法》和《中华人民共和国海洋环境保护法》，控制水污染，保护江河、湖泊、运河、渠道、水库和海洋等地面水以及地下水水质的良好状态，保障人体健康，维护生态平衡，促进国民经济和城乡建设的发展，特制定本标准。

1 主题内容与适用范围

1.1 主题内容

本标准按照污水排放去向，分年限规定了 69 种水污染物最高允许排放浓度及部分行业最高允许排水量。

1.2 适用范围

本标准适用于现有单位水污染物的排放管理，以及建设项目的环境影响评价、建设项目环境保护设施设计、竣工验收及其投产后的排放管理。

按照国家综合排放标准与国家行业排放标准不交叉执行的原则，造纸工业执行《造纸工业水污染物排放标准（GB 3544—92）》，船舶执行《船舶污染物排放标准（GB 3552—83）》，船舶工业执行《船舶工业污染物排放标准（GB 4286—84）》，海洋石油开发工业执行《海洋石油开发工业含油污水排放标准（GB 4914—85）》，纺织染整工业执行《纺织染整工业水污染物排放标准（GB 4287—92）》，肉类加工工业执行《肉类加工工业水污染物排放标准（GB 13457—92）》，合成氨工业执行《合成氨工业水污染物排放标准（GB 13458—92）》，钢铁工业执行《钢铁工业水污染物排放标准（GB 13456—92）》，航天推进剂使用执行《航天推进剂水污染物排放标准（GB 14374—93）》，兵器工业执行《兵器工业水污染物排放标准（GB 14470.1～14470.3—93 和 GB 4274～4279—84）》，磷肥工业执行《磷肥工业水污染物排放标准（GB 15580—95）》，烧碱、聚氯乙烯工业执行《烧碱、聚氯乙烯工业水污染物排放标准（GB 15581—95）》，其他水污染物排放均执行本标准。

1.3 本标准颁布后，新增加国家行业水污染物排放标准的行业，按其适用范围执行相应的国家水污染物行业标准，不再执行本标准。

2 引用标准

下列标准所包含的条文，通过在本标准中引用而构成为本标准的条文。

GB 3097—82　海水水质标准

GB 3838—88　地面水环境质量标准

GB 8703—88　辐射防护规定

3 定义

3.1 污水

指在生产与生活活动中排放的水的总称。

3.2 排水量

指在生产过程中直接用于工艺生产的水的排放量。不包括间接冷却水、厂区锅炉、电站排水。

3.3 一切排污单位

指本标准适用范围所包括的一切排污单位。

3.4 其他排污单位

指在某一控制项目中，除所列行业外的一切排污单位。

4 技术内容

4.1 标准分级

4.1.1 排入 GB 3838 Ⅲ类水域（划定的保护区和游泳区除外）和排入 GB 3097 中二类海域的污水，执行一级标准。

4.1.2 排入 GB 3838 中Ⅳ、Ⅴ类水域和排入 GB 3097 中三类海域的污水，执行二级标准。

4.1.3 排入设置二级污水处理厂的城镇排水系统的污水，执行三级标准。

4.1.4 排入未设置二级污水处理厂的城镇排水系统的污水，必须根据排水系统出水受纳水域的功能要求，分别执行 4.1.1 和 4.1.2 的规定。

4.1.5 GB 3838 中Ⅰ、Ⅱ类水域和Ⅲ类水域中划定的保护区，GB 3097 中一类海域，禁止新建排污口，现有排污口应按水体功能要求，实行污染物总量控制，以保证受纳水体水质符合规定用途的水质标准。

4.2 标准值

4.2.1 本标准将排放的污染物按其性质及控制方式分为二类。

4.2.1.1 第一类污染物，不分行业和污水排放方式，也不分受纳水体的功能类别，一律在车间或车间处理设施排放口采样，其最高允许排放浓度必须达到本标准要求（采矿行业的尾矿坝出水口不得视为车间排放口）。

4.2.1.2 第二类污染物，在排污单位排放口采样，其最高允许排放浓度必须达到本标准要求。

4.2.2 本标准按年限规定了第一类污染物和第二类污染物最高允许排放浓度及部分行业最高允许排水量，分别为：

4.2.2.1 1997年12月31日之前建设（包括改、扩建）的单位，水污染物的排放必须同时执行表1、表2、表3的规定。

表1 第一类污染物最高允许排放浓度 单位：mg/L

序号	污 染 物	最高允许排放浓度
1	总汞	0.05
2	烷基汞	不得检出
3	总镉	0.1
4	总铬	1.5
5	六价铬	0.5
6	总砷	0.5
7	总铅	1.0
8	总镍	1.0
9	苯并（a）芘	0.000 03
10	总铍	0.005
11	总银	0.5
12	总α放射性	1 Bq/L
13	总β放射性	10 Bq/L

表2 第二类污染物最高允许排放浓度

（1997年12月31日之前建设的单位） 单位：mg/L

序号	污染物	适用范围	一级标准	二级标准	三级标准
1	pH	一切排污单位	6～9	6～9	6～9
2	色度（稀释倍数）	染料工业	50	180	—
		其他排污单位	50	80	—
3	悬浮物（SS）	采矿、选矿、选煤工业	100	300	—
		脉金选矿	100	500	—
		边远地区砂金选矿	100	800	—
		城镇二级污水处理厂	20	30	—
		其他排污单位	70	200	400
4	五日生化需氧量（BOD_5）	甘蔗制糖、苎麻脱胶、湿法纤维板工业	30	100	600
		甜菜制糖、酒精、味精、皮革、化纤浆粕工业	30	150	600
		城镇二级污水处理厂	20	30	—
		其他排污单位	30	60	300

序号	污染物	适用范围	一级标准	二级标准	三级标准
5	化学需氧量（COD）	甜菜制糖、焦化、合成脂肪酸、湿法纤维板、染料、洗毛、有机磷农药工业	100	200	1 000
		味精、酒精、医药原料药、生物制药、苎麻脱胶、皮革、化纤浆粕工业	100	300	1 000
		石油化工工业（包括石油炼制）	100	150	500
		城镇二级污水处理厂	60	120	—
		其他排污单位	100	150	500
6	石油类	一切排污单位	10	10	30
7	动植物油	一切排污单位	20	20	100
8	挥发酚	一切排污单位	0.5	0.5	2.0
9	总氰化合物	电影洗片（铁氰化合物）	0.5	5.0	5.0
		其他排污单位	0.5	0.5	1.0
10	硫化物	一切排污单位	1.0	1.0	2.0
11	氨氮	医药原料药、染料、石油化工工业	15	50	—
		其他排污单位	15	25	—
12	氟化物	黄磷工业	10	20	20
		低氟地区（水体含氟量＜0.5 mg/L）	10	20	30
		其他排污单位	10	10	20
13	磷酸盐（以 P 计）	一切排污单位	0.5	1.0	—
14	甲醛	一切排污单位	1.0	2.0	5.0
15	苯胺类	一切排污单位	1.0	2.0	5.0
16	硝基苯类	一切排污单位	2.0	3.0	5.0
17	阴离子表面活性剂（LAS）	合成洗涤剂工业	5.0	15	20
		其他排污单位	5.0	10	20
18	总铜	一切排污单位	0.5	1.0	2.0
19	总锌	一切排污单位	2.0	5.0	5.0
20	总锰	合成脂肪酸工业	2.0	5.0	5.0
		其他排污单位	2.0	2.0	5.0
21	彩色显影剂	电影洗片	2.0	3.0	5.0
22	显影剂及氧化物总量	电影洗片	3.0	6.0	6.0
23	元素磷	一切排污单位	0.1	0.3	0.3
24	有机磷农药（以 P 计）	一切排污单位	不得检出	0.5	0.5
25	粪大肠菌群数	医院*、兽医院及医疗机构含病原体污水	500 个/L	1 000 个/L	5 000 个/L
		传染病、结核病医院污水	100 个/L	500 个/L	1 000 个/L
26	总余氯（采用氯化消毒的医院污水）	医院*、兽医院及医疗机构含病原体污水	＜0.5**	＞3（接触时间≥1 h）	＞2（接触时间≥1 h）
		传染病、结核病医院污水	＜0.5**	＞6.5（接触时间≥1.5 h）	＞5（接触时间≥1.5 h）

注：*指 50 个床位以上的医院。

　　**加氯消毒后须进行脱氯处理，达到本标准。

表3　部分行业最高允许排水量

（1997 年 12 月 31 日之前建设的单位）

序号	行业类别				最高允许排水量或最低允许水重复利用率
1	矿山工业	有色金属系统选矿			水重复利用率 75%
		其他矿山工业采矿、选矿、选煤等			水重复利用率 90%（选煤）
		脉金选矿	重选		16.0 m³/t（矿石）
			浮选		9.0 m³/t（矿石）
			氰化		8.0 m³/t（矿石）
			碳浆		8.0 m³/t（矿石）
2	焦化企业（煤气厂）				1.2 m³/t（焦炭）
3	有色金属冶炼及金属加工				水重复利用率 80%
4	石油炼制工业（不包括直排水炼油厂）加工深度分类：　A．燃料型炼油厂　B．燃料＋润滑油型炼油厂　C．燃料＋润滑油型＋炼油化工型炼油厂（包括加工高含硫原油页岩油和石油添加剂生产基地的炼油厂）		A		>500 万 t，1.0 m³/t（原油）250 万～500 万 t，1.2 m³/t（原油）<250 万 t，1.5 m³/t（原油）
			B		>500 万 t，1.5 m³/t（原油）250 万～500 万 t，2.0 m³/t（原油）<250 万 t，2.0 m³/t（原油）
			C		>500 万 t，2.0 m³/t（原油）250 万～500 万 t，2.5 m³/t（原油）<250 万 t，2.5 m³/t（原油）
5	合成洗涤剂工业	氯化法生产烷基苯			200.0 m³/t（烷基苯）
		裂解法生产烷基苯			70.0 m³/t（烷基苯）
		烷基苯生产合成洗涤剂			10.0 m³/t（产品）
6	合成脂肪酸工业				200.0 m³/t（产品）
7	湿法生产纤维板工业				30.0 m³/t（板）
8	制糖工业	甘蔗制糖			10.0 m³/t（甘蔗）
		甜菜制糖			4.0 m³/t（甜菜）
9	皮革工业	猪盐湿皮			60.0 m³/t（原皮）
		牛干皮			100.0 m³/t（原皮）
		羊干皮			150.0 m³/t（原皮）
10	发酵、酿造工业	酒精工业	以玉米为原料		100.0 m³/t（酒精）
			以薯类为原料		80.0 m³/t（酒精）
			以糖蜜为原料		70.0 m³/t（酒精）
		味精工业			600.0 m³/t（味精）
		啤酒工业（排水量不包括麦芽水部分）			16.0 m³/t（啤酒）
11	铬盐工业				5.0 m³/t（产品）
12	硫酸工业（水洗法）				15.0 m³/t（硫酸）
13	苎麻脱胶工业				500 m³/t（原麻）或 750 m³/t（精干麻）
14	化纤浆粕				本色：150 m³/t（浆）漂白：240 m³/t（浆）
15	粘胶纤维工业（单纯纤维）	短纤维（棉型中长纤维、毛型中长纤维）			300 m³/t（纤维）
		长纤维			800 m³/t（纤维）
16	铁路货车洗刷				5.0 m³/辆
17	电影洗片				5 m³/1 000 m（35 mm 的胶片）
18	石油沥青工业				冷却池的水循环利用率 95%

4.2.2.2 1998 年 1 月 1 日起建设（包括改、扩建）的单位，水污染物的排放必须同时执行表 1、表 4、表 5 的规定。

4.2.2.3 建设（包括改、扩建）单位的建设时间，以环境影响评价报告书（表）批准日期为准划分。

4.3 其他规定

4.3.1 同一排放口排放两种或两种以上不同类别的污水，且每种污水的排放标准又不同时，其混合污水的排放标准按附录 A 计算。

4.3.2 工业污水污染物的最高允许排放负荷量按附录 B 计算。

4.3.3 污染物最高允许年排放总量按附录 C 计算。

4.3.4 对于排放含有放射性物质的污水，除执行本标准外，还须符合 GB 8703—88《辐射防护规定》。

表 4 第二类污染物最高允许排放浓度
（1998 年 1 月 1 日后建设的单位）

单位：mg/L

序号	污染物	适用范围	一级标准	二级标准	三级标准
1	pH	一切排污单位	6~9	6~9	6~9
2	色度（稀释倍数）	一切排污单位	50	80	—
3	悬浮物（SS）	采矿、选矿、选煤工业	70	300	—
		脉金选矿	70	400	—
		边远地区砂金选矿	70	800	—
		城镇二级污水处理厂	20	30	—
		其他排污单位	70	150	400
4	五日生化需氧量（BOD_5）	甘蔗制糖、苎麻脱胶、湿法纤维板、染料、洗毛工业	20	60	600
		甜菜制糖、酒精、味精、皮革、化纤浆粕工业	20	100	600
		城镇二级污水处理厂	20	30	—
		其他排污单位	20	30	300
5	化学需氧量（COD）	甜菜制糖、合成脂肪酸、湿法纤维板、染料、洗毛、有机磷农药工业	100	200	1 000
		味精、酒精、医药原料药、生物制药、苎麻脱胶、皮革、化纤浆粕工业	100	300	1 000
		石油化工工业（包括石油炼制）	60	120	500
		城镇二级污水处理厂	60	120	—
		其他排污单位	100	150	500
6	石油类	一切排污单位	5	10	20
7	动植物油	一切排污单位	10	15	100
8	挥发酚	一切排污单位	0.5	0.5	2.0
9	总氰化合物	一切排污单位	0.5	0.5	1.0
10	硫化物	一切排污单位	1.0	1.0	1.0
11	氨氮	医药原料药、染料、石油化工工业	15	50	—
		其他排污单位	15	25	—

序号	污染物	适用范围	一级标准	二级标准	三级标准
12	氟化物	黄磷工业	10	15	20
		低氟地区（水体含氟量＜0.5mg/L）	10	20	30
		其他排污单位	10	10	20
13	磷酸盐（以P计）	一切排污单位	0.5	1.0	—
14	甲醛	一切排污单位	1.0	2.0	5.0
15	苯胺类	一切排污单位	1.0	2.0	5.0
16	硝基苯类	一切排污单位	2.0	3.0	5.0
17	阴离子表面活性剂（LAS）	一切排污单位	5.0	10	20
18	总铜	一切排污单位	0.5	1.0	2.0
19	总锌	一切排污单位	2.0	5.0	5.0
20	总锰	合成脂肪酸工业	2.0	5.0	5.0
		其他排污单位	2.0	2.0	5.0
21	彩色显影剂	电影洗片	1.0	2.0	3.0
22	显影剂及氧化物总量	电影洗片	3.0	3.0	6.0
23	元素磷	一切排污单位	0.1	0.1	0.3
24	有机磷农药（以P计）	一切排污单位	不得检出	0.5	0.5
25	乐果	一切排污单位	不得检出	1.0	2.0
26	对硫磷	一切排污单位	不得检出	1.0	2.0
27	甲基对硫磷	一切排污单位	不得检出	1.0	2.0
28	马拉硫磷	一切排污单位	不得检出	5.0	10
29	五氯酚及五氯酚钠（以五氯酚计）	一切排污单位	5.0	8.0	10
30	可吸附有机卤化物（AOX）（以Cl计）	一切排污单位	1.0	5.0	8.0
31	三氯甲烷	一切排污单位	0.3	0.6	1.0
32	四氯化碳	一切排污单位	0.03	0.06	0.5
33	三氯乙烯	一切排污单位	0.3	0.6	1.0
34	四氯乙烯	一切排污单位	0.1	0.2	0.5
35	苯	一切排污单位	0.1	0.2	0.5
36	甲苯	一切排污单位	0.1	0.2	0.5
37	乙苯	一切排污单位	0.4	0.6	1.0
38	邻-二甲苯	一切排污单位	0.4	0.6	1.0
39	对-二甲苯	一切排污单位	0.4	0.6	1.0
40	间-二甲苯	一切排污单位	0.4	0.6	1.0
41	氯苯	一切排污单位	0.2	0.4	1.0
42	邻-二氯苯	一切排污单位	0.4	0.6	1.0
43	对-二氯苯	一切排污单位	0.4	0.6	1.0
44	对-硝基氯苯	一切排污单位	0.5	1.0	5.0
45	2,4-二硝基氯苯	一切排污单位	0.5	1.0	5.0

序号	污染物	适用范围	一级标准	二级标准	三级标准
46	苯酚	一切排污单位	0.3	0.4	1.0
47	间-甲酚	一切排污单位	0.1	0.2	0.5
48	2,4-二氯酚	一切排污单位	0.6	0.8	1.0
49	2,4,6-三氯酚	一切排污单位	0.6	0.8	1.0
50	邻苯二甲酸二丁酯	一切排污单位	0.2	0.4	2.0
51	邻苯二甲酸二辛酯	一切排污单位	0.3	0.6	2.0
52	丙烯腈	一切排污单位	2.0	5.0	5.0
53	总硒	一切排污单位	0.1	0.2	0.5
54	粪大肠菌群数	医院*、兽医院及医疗机构含病原体污水	500 个/L	1 000 个/L	5 000 个/L
		传染病、结核病医院污水	100 个/L	500 个/L	1 000 个/L
55	总余氯（采用氯化消毒的医院污水）	医院*、兽医院及医疗机构含病原体污水	<0.5**	>3（接触时间≥1 h）	>2（接触时间≥1 h）
		传染病、结核病医院污水	<0.5**	>6.5（接触时间≥1.5 h）	>5（接触时间≥1.5 h）
56	总有机碳（TOC）	合成脂肪酸工业	20	40	—
		苎麻脱胶工业	20	60	—
		其他排污单位	20	30	—

注：其他排污单位：指除在该控制项目中所列行业以外的一切排污单位。

　*指 50 个床位以上的医院。

　**加氯消毒后须进行脱氯处理，达到本标准。

表5　部分行业最高允许排水量

（1998 年 1 月 1 日后建设的单位）

序号	行业类别			最高允许排水量或最低允许水重复利用率
1	矿山工业	有色金属系统选矿		水重复利用率 75%
		其他矿山工业采矿、选矿、选煤等		水重复利用率 90%（选煤）
		脉金选矿	重选	16.0 m³/t（矿石）
			浮选	9.0 m³/t（矿石）
			氰化	8.0 m³/t（矿石）
			碳浆	8.0 m³/t（矿石）
2	焦化企业（煤气厂）			1.2 m³/t（焦炭）
3	有色金属冶炼及金属加工			水重复利用率 80%
4	石油炼制工业（不包括直排水炼油厂）加工深度分类： A. 燃料型炼油厂 B. 燃料+润滑油型炼油厂 C. 燃料+润滑油型+炼油化工型炼油厂（包括加工高含硫原油页岩油和石油添加剂生产基地的炼油厂）	A		>500 万 t，1.0 m³/t（原油） 250 万~500 万 t，1.2 m³/t（原油） <250 万 t，1.5 m³/t（原油）
		B		>500 万 t，1.5 m³/t（原油） 250 万~500 万 t，2.0 m³/t（原油） <250 万 t，2.0 m³/t（原油）
		C		>500 万 t，2.0 m³/t（原油） 250 万~500 万 t，2.5 m³/t（原油） <250 万 t，2.5 m³/t（原油）

序号	行业类别			最高允许排水量或最低允许水重复利用率
5	合成洗涤剂工业		氯化法生产烷基苯	200.0 m³/t（烷基苯）
			裂解法生产烷基苯	70.0 m³/t（烷基苯）
			烷基苯生产合成洗涤剂	10.0 m³/t（产品）
6	合成脂肪酸工业			200.0 m³/t（产品）
7	湿法生产纤维板工业			30.0 m³/t（板）
8	制糖工业		甘蔗制糖	10.0 m³/t（甘蔗）
			甜菜制糖	4.0 m³/t（甜菜）
9	皮革工业		猪盐湿皮	60.0 m³/t（原皮）
			牛干皮	100.0 m³/t（原皮）
			羊干皮	150.0 m³/t（原皮）
10	发酵、酿造工业	酒精工业	以玉米为原料	100.0 m³/t（酒精）
			以薯类为原料	80.0 m³/t（酒精）
			以糖蜜为原料	70.0 m³/t（酒精）
		味精工业		600.0 m³/t（味精）
		啤酒行业（排水量不包括麦芽水部分）		16.0 m³/t（啤酒）
11	铬盐工业			5.0 m³/t（产品）
12	硫酸工业（水洗法）			15.0 m³/t（硫酸）
13	苎麻脱胶工业			500.0 m³/t（原麻）
				750 m³/t（精干麻）
14	粘胶纤维工业单纯纤维	短纤维（棉型中长纤维、毛型中长纤维）		300.0 m³/t（纤维）
		长纤维		800.0 m³/t（纤维）
15	化纤浆粕			本色：150 m³/t（浆）；漂白：240 m³/t（浆）
16	制药工业医药原料药		青霉素	4 700 m³/t（青霉素）
			链霉素	1 450 m³/t（链霉素）
			土霉素	1 300 m³/t（土霉素）
			四环素	1 900 m³/t（四环素）
			洁霉素	9 200 m³/t（洁霉素）
			金霉素	3 000 m³/t（金霉素）
			庆大霉素	20 400 m³/t（庆大霉素）
			维生素 C	1 200 m³/t（维生素 C）
			氯霉素	2 700 m³/t（氯霉素）
			新诺明	2 000 m³/t（新诺明）
			维生素 B_1	3 400 m³/t（维生素 B_1）
			安乃近	180 m³/t（安乃近）
			非那西汀	750 m³/t（非那西汀）
			呋喃唑酮	2 400 m³/t（呋喃唑酮）
			咖啡因	1 200 m³/t（咖啡因）

序号	行业类别		最高允许排水量或最低允许水重复利用率
17	有机磷农药工业*	乐果**	700 m³/t（产品）
		甲基对硫磷（水相法）**	300 m³/t（产品）
		对硫磷（P_2S_5法）**	500 m³/t（产品）
		对硫磷（$PSCl_3$法）**	550 m³/t（产品）
		敌敌畏（敌百虫碱解法）	200 m³/t（产品）
		敌百虫	40 m³/t（产品）（不包括三氯乙醛生产废水）
		马拉硫磷	700 m³/t（产品）
18	除草剂工业*	除草醚	5 m³/t（产品）
		五氯酚钠	2 m³/t（产品）
		五氯酚	4 m³/t（产品）
		2-甲 4-氯	14 m³/t（产品）
		2,4-D	4 m³/t（产品）
		丁草胺	4.5 m³/t（产品）
		绿麦隆（以 Fe 粉还原）	2 m³/t（产品）
		绿麦隆（以 Na_2S 还原）	3 m³/t（产品）
19	火力发电工业		3.5 m³/（MW·h）
20	铁路货车洗刷		5.0 m³/辆
21	电影洗片		5 m³/1 000 m（35 mm 胶片）
22	石油沥青工业		冷却池的水循环利用率 95%

注：*产品按 100%浓度计。

　　**不包括 P_2S_5、$PSCl_3$、PCl_3 原料生产废水。

5 监测

5.1 采样点

采样点应按 4.2.1.1 及 4.2.1.2 第一、二类污染物排放口的规定设置，在排放口必须设置排放口标志、污水水量计量装置和污水比例采样装置。

5.2 采样频率

工业污水按生产周期确定监测频率。生产周期在 8 h 以内的，每 2 h 采样一次；生产周期大于 8 h 的，每 4 h 采样一次。其他污水采样，24 h 不少于 2 次。最高允许排放浓度按日均值计算。

5.3 排水量

以最高允许排水量或最低允许水重复利用率来控制，均以月均值计。

5.4 统计

企业的原材料使用量、产品产量等，以法定月报表或年报表为准。

5.5 测定方法

本标准采用的测定方法见表 6。

表6 测定方法

序号	项 目	测定方法	方法来源
1	总汞	冷原子吸收光度法	GB 7468—87
2	烷基汞	气相色谱法	GB/T 14204—93
3	总镉	原子吸收分光光度法	GB 7475—87
4	总铬	高锰酸钾氧化-二苯碳酸二肼分光光度法	GB 7466—87
5	六价铬	二苯碳酸二肼分光光度法	GB 7467—87
6	总砷	二乙基二硫代氨基甲酸银分光光度法	GB 7485—87
7	总铅	原子吸收分光光度法	GB 7475—87
8	总镍	火焰原子吸收分光光度法	GB 11912—89
		丁二酮肟分光光度法	GB 19910—89
9	苯并[a]芘	乙酰化滤纸层析荧光分光光度法	GB 11895—89
10	总铍	活性炭吸附-铬天菁 S 光度法	1)
11	总银	火焰原子吸收分光光度法	GB 11907—89
12	总 α	物理法	2)
13	总 β	物理法	2)
14	pH 值	玻璃电极法	GB 6920—86
15	色度	稀释倍数法	GB 11903—89
16	悬浮物	重量法	GB 11901—89
17	生化需氧量（BOD$_5$）	稀释与接种法	GB 7488—87
		重铬酸钾紫外光度法	待颁布
18	化学需氧量（COD）	重铬酸钾法	GB 11914—89
19	石油类	红外光度法	GB/T 16488—1996
20	动植物油	红外光度法	GB/T 16488—1996
21	挥发酚	蒸馏后用 4-氨基安替比林分光光度法	GB 7490—87
22	总氰化物	硝酸银滴定法	GB 7486—87
23	硫化物	亚甲基蓝分光光度法	GB/T 16489—1996
24	氨氮	纳氏试剂比色法	GB 7478—87
		蒸馏和滴定法	GB 7479—87
25	氟化物	离子选择电极法	GB 7484—87
26	磷酸盐	钼蓝比色法	1)
27	甲醛	乙酸丙酮分光光度法	GB 13197—91
28	苯胺类	N-（1-萘基）乙二胺偶氮分光光度法	GB 11889—89
29	硝基苯类	还原-偶氮比色法或分光光度法	1)
30	阴离子表面活性剂	亚甲基蓝分光光度法	GB 7494—87
31	总铜	原子吸收分光光度法	GB 7475—87
		二乙基二硫化氨基甲酸钠分光光度法	GB 7474—87
32	总锌	原子吸收分光光度法	GB 7475—87
		双硫腙分光光度法	GB 7472—87
33	总锰	火焰原子吸收分光光度法	GB 11911—89
		高碘酸钾分光光度法	GB 11906—89
34	彩色显影剂	169 成色剂法	3)
35	显影剂及氧化物总量	碘-淀粉比色法	3)
36	元素磷	磷钼蓝比色法	3)

序号	项　目	测定方法	方法来源
37	有机磷农药（以 P 计）	有机磷农药的测定	GB 13192—91
38	乐果	气相色谱法	GB 13192—91
39	对硫磷	气相色谱法	GB 13192—91
40	甲基对硫磷	气相色谱法	GB 13192—91
41	马拉硫磷	气相色谱法	GB 13192—91
42	五氯酚及五氯酚钠（以五氯酚计）	气相色谱法 藏红 T 分光光度法	GB 8972—88 GB 9803—88
43	可吸附有机卤化物（AOX）（以 Cl 计）	微库仑法	GB/T 15959—95
44	三氯甲烷	气相色谱法	待颁布
45	四氯化碳	气相色谱法	待颁布
46	三氯乙烯	气相色谱法	待颁布
47	四氯乙烯	气相色谱法	待颁布
48	苯	气相色谱法	GB 11890—89
49	甲苯	气相色谱法	GB 11890—89
50	乙苯	气相色谱法	GB 11890—89
51	邻-二甲苯	气相色谱法	GB 11890—89
52	对-二甲苯	气相色谱法	GB 11890—89
53	间-二甲苯	气相色谱法	GB 11890—89
54	氯苯	气相色谱法	待颁布
55	邻二氯苯	气相色谱法	待颁布
56	对二氯苯	气相色谱法	待颁布
57	对-硝基氯苯	气相色谱法	GB 13194—91
58	2,4-二硝基氯苯	气相色谱法	GB 13194—91
59	苯酚	气相色谱法	待颁布
60	间-甲酚	气相色谱法	待颁布
61	2,4-二氯酚	气相色谱法	待颁布
62	2,4,6-三氯酚	气相色谱法	待颁布
63	邻苯二甲酸二丁酯	气相、液相色谱法	待制定
64	邻苯二甲酸二辛酯	气相、液相色谱法	待制定
65	丙烯腈	气相色谱法	待制定
66	总硒	2,3-二氨基萘荧光法	GB 11902—89
67	粪大肠菌群数	多管发酵法	1)
68	余氯量	N,N-二乙基-1,4-苯二胺分光光度法 N,N-二乙基-1,4-苯二胺滴定法	GB 11898—89 GB 11897—89
69	总有机碳（TOC）	非色散红外吸收法 直接紫外荧光法	待制定 待制定

注：暂采用下列方法，待国家标准发布后，执行国家标准。
1)《水和废水监测分析方法（第三版）》，北京：中国环境科学出版社，1989。
2)《环境监测技术规范（放射性部分）》，国家环境保护局。
3) 详见附录 D。

6 标准实施监督

6.1 本标准由县级以上人民政府环境保护行政主管部门负责监督实施。

6.2 省、自治区、直辖市人民政府对执行国家水污染物排放标准不能保证达到水环境功能要求时，可以制定严于国家水污染物排放标准的地方水污染物排放标准，并报国家环境保护行政主管部门备案。

附录 A（标准的附录）

关于排放单位在同一个排污口排放两种或两种以上工业污水，且每种工业污水中同一污染物的排放标准又不同时，可采用如下方法计算混合排放时该污染物的最高允许排放浓度（$C_{混合}$）。

$$C_{混合} = \frac{\sum_{i=1}^{n} C_i Q_i Y_i}{\sum_{i=1}^{n} Q_i Y_i} \qquad (A1)$$

式中：$C_{混合}$ —— 混合污水某污染物最高允许排放浓度，mg/L；

C_i —— 不同工业污水某污染物最高允许排放浓度，mg/L；

Q_i —— 不同工业的最高允许排水量，m³/t（产品）（本标准未作规定的行业，其最高允许排水量由地方环保部门与有关部门协商确定）；

Y_i —— 某种工业产品产量（t/d，以月平均计）。

附录 B（标准的附录）

工业污水污染物最高允许排放负荷计算：

$$L_{负}=C\times Q\times 10^{-3} \tag{B1}$$

式中：$L_{负}$ ——工业污水污染物最高允许排放负荷，kg/t（产品）；

C —— 某污染物最高允许排放浓度，mg/L；

Q —— 某工业的最高允许排水量，m^3/t（产品）。

附录 C（标准的附录）

某污染物最高允许年排放总量的计算：

$$L_{总} = L_{负} \times Y \times 10^{-3} \qquad\qquad (C1)$$

式中：$L_{总}$ —— 某污染物最高允许年排放量，t/a；

$L_{负}$ —— 某污染物最高允许排放负荷，kg/t（产品）；

Y —— 核定的产品年产量，t（产品）/a。

附录 D（标准的附录）

D1 彩色显影剂总量的测定——169 成色剂法

洗片的综合废水中存在的彩色显影剂很难检测出来，国内外介绍的方法一般都仅适用于显影水洗水中的显影剂检测。本方法可以快速地测出综合废水中的彩色显影剂。当废水中同时存在多种彩色显影剂时，用此法测出的量是多种彩色显影剂的总量。

D1.1 原理

电影洗片废水中的彩色显影剂可被氧化剂氧化，其氧化物在碱性溶液中遇到水溶性成色剂时，立即偶合形成染料。不同结构的显影剂（TSS，CD-2，CD-3）与 169 成色剂偶合成染料时，其最大吸收的光谱波长均在 550 nm 处，并在 0～10 mg/L 范围内符合比耳定律。

以 TSS 为例，反应如下：

（品红染料）

D1.2 仪器及设备

721 型或类似型号分光光度计及 1 cm 比色槽。

50 ml、100 ml 及 1 000 ml 的容量瓶。

D1.3　试剂

D1.3.1　0.5%成色剂：称取 0.5 g 169 成色剂置于有 100 ml 蒸馏水的烧杯中。在搅拌下，加入 1~2 粒氢氧化钠，使其完全溶解。

D1.3.2　混合氧化剂溶液：将 $CuSO_4 \cdot 5H_2O$ 0.5 g，Na_2CO_3 5.0 g，$NaNO_2$ 5.0 g 以及 NH_4Cl 5.0 g 依次溶解于 100 ml 蒸馏水中。

D1.3.3　标准溶液：精确称取照相级的彩色显影剂（生产中使用最多的一种）100 mg，溶解于少量蒸馏水中。其已溶入 100 mg Na_2SO_3 作保护剂，移入 1 L 容量瓶中，并加蒸馏水至刻度。此标准溶液相当 0.1mg/ ml，必须在使用前配制。

D1.4　步骤

D1.4.1　标准曲线的制作。

在 6 个 50 ml 容量瓶中，分别加入以下不同量的显影剂标准液。

编号	加入标准液的毫升数	相当显影剂含量/（mg/L）
0	0	0
1	1	2
2	2	4
3	3	6
4	4	8
5	5	10

以上 6 个容量瓶中皆加入 1 ml 成色剂溶液，并用蒸馏水加至刻度。分别加入 1 ml 混合氧化剂溶液，摇匀。在 5 min 内在分光光度计 550 nm 处测定其不同试样生成染料的光密度（以编号 0 为零），绘制不同显影剂含量的相应光密度曲线。横坐标分别为 2 mg/L，4 mg/L，6 mg/L，8 mg/L，10 mg/L。

D1.4.2　水样的测定。

取 2 份水样（一般为 20 ml）分别置于两个 50 ml 的容量瓶中。一个为测定水样，另一个为空白试验。在前者测定水样中加 1 ml 成色剂溶液。然后分别在两个瓶中加蒸馏水至刻度，其他步骤同标准曲线的制作。以空白液为零，测出水样的光密度，在标准曲线中查出相应的浓度。

D1.5　计算

$$\text{从标准曲线中查出的浓度} \times \frac{50}{a} = \text{废水中彩色显影剂的总量（mg/L）} \quad （D1）$$

式中：a —— 废水取样的毫升数。

D1.6　注意事项

D1.6.1　生成的品红染料在 8 min 之内光密度是稳定的，故宜在染料生成后 5 min 之内测定。

D1.6.2　本方法不包括黑白显影剂。

D2　显影剂及其氧化物总量的测定方法

电影洗印废水中存在不同量的赤血盐漂白液，将排放的显影剂部分或全部氧化，因此，废水中一种情况是存在显影剂及其氧化物，另一种情况是只存在大量的氧化物而无显影剂。本方法测出的结果在第一种情况下是废水中显影剂及氧化物的总量，在第二种情况下是废水中原有显影剂氧化物的含量。

D2.1 原理

通常使用的显影剂，大都具有对苯二酚、对氨基酚、对苯二胺类的结构。经氧化水解后都能得到对苯二醌。利用溴或氯溴将显影剂氧化成显影剂氧化物，再用碘量法进行碘—淀粉比色法测定。

以米吐尔为例：

醌是较强的氧化剂。在酸性溶液中，碘离子定量还原对苯二醌为对苯二酚。所释出的当量碘，可用淀粉发生蓝色进行比色测定。

D2.2 仪器和设备

721 或类似型号分光光度计及 2 cm 比色槽，恒温水浴锅，50 mL 容量瓶，2 mL、5 mL 及 10 mL 刻度吸管。

D2.3 试剂

D2.3.1　0.1 mol/L 溴酸钾—溴化钾溶液：称取 2.8 g 溴酸钾和 4.0 g 溴化钾，用蒸馏水稀释至 1 L。

D2.3.2　1∶1 磷酸：磷酸加一倍蒸馏水。

D2.3.3 饱和氯化钠溶液：称取 40 g 氯化钠，溶于 100 mL 蒸馏水中。

D2.3.4　20%溴化钾溶液：称取 20 g 溴化钾，溶于 100 mL 蒸馏水中。

D2.3.5　5%苯酚溶液：取苯酚 5 mL，溶于 100 mL 蒸馏水中。

D2.3.6　5%碘化钾溶液：称取 5 g 碘化钾，溶于 100 mL 蒸馏水中。（用时配制，放暗处）

D2.3.7　0.2%淀粉溶液：称 1 g 可溶性淀粉，加少量水搅匀，注入沸腾的 500 mL 水中，继续煮沸 5 min。夏季可加水杨酸 0.2 g。

D2.3.8 配制标准液：准确称取对苯二酚（分子量为 110.11 g）0.276 g，如果是照相级米吐尔（分子量为 344.40 g）可称取 0.861 g，照相级 TSS（分子量为 262.33 g）可称取 0.656 g，

（或根据所使用药品的分子量及纯度另行计算），溶于 25 mL 的 6 N HCl 中，移入 250 mL 容量瓶中，用蒸馏水加至刻度。此溶液浓度为 0.010 0 mol/L。

D2.4 步骤

D2.4.1 标准曲线的制作

D2.4.1.1 取标准液 25 mL，加蒸馏水稀释至 1 000 mL，此液浓度为 0.000 25 mol/L，即每毫升含对苯二酚 0.25 μmol（甲液）。

D2.4.1.2 取甲液 25 mL 用蒸馏水稀释至 250 mL，此溶液浓度为 0.000 025 mol/L，即每毫升含对苯二酚 0.025 μmol（乙液）。

D2.4.1.3 取 6 个 50 mL 容量瓶，分别加入标准稀释液（乙液）0，0.1，0.2，0.3，0 4，0.5 μmol 对苯二酚（即 4.0，8.0，12.0，16.0，20.0 mL 乙液），加入适量蒸馏水，使各容量瓶中大约为 20 ml 溶液。

D2.4.1.4 用刻度吸管加入 1：1 磷酸 2 mL。

D2.4.1.5 用吸管取饱和氯化钠溶液 5 mL。

D2.4.1.6 用吸管取 0.1 mol/L 溴酸钾-溴化钾溶液 2 mL，尽可能不要沾在瓶壁上。用极少量的水冲洗瓶壁并摇匀。溶液应是氯溴的浅黄色。放入 35℃恒温水浴锅内，放置 15 min。

D2.4.1.7 吸取 20%溴化钾溶液 2 mL，沿瓶壁周围加入容量瓶中。摇匀后放在 35℃水溶中 5～10 min。

D2.4.1.8 用滴管快速加入 5%苯酚溶液 1 mL，立即摇匀，使溴的颜色褪去（如慢慢加入则易生成白色沉淀，无法比色）。

D2.4.1.9 降温；放自来水中降温 3 min。

D2.4.1.10 用吸管加入新配制的 5%碘化钾溶液 2 mL，冲洗瓶壁；放入暗柜 5 min。

D2.4.1.11 吸取 0.2%淀粉指示剂 10 ml，加入容量瓶中，用蒸馏水加至刻度，加盖摇匀后，放暗柜中 20 min。

D2.4.1.12 将发色试液分别放入 2 cm 比色槽中，在分光光度计 570 nm 处，以试剂空白为零，分别测出 5 个溶液的光密度，并绘制出标准曲线。横坐标分别为 0.1，0.2，0.3，0.4，0.5 μmoL/50 mL。

D2.4.2 水样的测定

取水样适量（约 l～10 mL）放入 50 mL 容量瓶中，并加蒸馏水至 20 mL 左右，于另一个 50 mL 容量瓶中加 20 mL 蒸馏水做空白试剂。以下按步骤 D2.4.1.4～D2.4.1.12 进行，测出水样的光密度，在曲线上查出 50 mL 中所含微克分子数。

D2.4.3 需排除干扰的水样测定

当水样中含有六价铬离子而影响测定时，可用 NaNO$_2$ 将 Cr^{6+} 还原成 Cr^{3+}，用过量的尿素去除多余的 NaNO$_2$ 对本实验的干扰，即可达到消除铬干扰的目的。

准确取适量的水样（约 1～10 mL），放入 50 mL 容量瓶中，加入蒸馏水至 20 mL 左右，加入 1：1 磷酸 2 mL，再加入 3 滴 10% NaNO$_2$，充分振荡，放入 35℃恒温水溶中 15 min。再加入 20%尿素 2 mL，充分振荡，放入 35℃水溶中 10 min。以下操作按步骤 D2.4.1.5～D2.4.1.12 进行，测出光密度，在曲线上查出 50 ml 中所含微克分子数。

D2.5 计算

水样中显影剂及氧化物总量 C（以对苯二酚计）按式（D2）计算：

$$C = \frac{50\text{mL中}\mu\text{mol数}\times 110}{\text{取样体积(mL)}}\times 1\,000(\text{mg/L})$$ （D2）

D2.6 注意事项

D2.6.1 本试验步骤多，时间长，因此要求操作仔细认真。

D2.6.2 所用玻璃器皿必须用清洁液洗净。

D2.6.3 水浴温度要准确在 35℃±1℃，每个步骤反应时间要准确控制。

D2.6.4 加入溴酸钾—溴化钾后，必须用蒸馏水冲洗容量瓶壁，否则残留溴酸钾与碘化钾作用生成碘，使光密度增加。

D2.6.5 在无铬离子的废水中，水样可不必处理，直接进行测定。

D2.6.6 水样如太浓，则预先稀释再进行测定。

D3 元素磷的测定——磷钼蓝比色法

D3.1 原理

元素磷经苯萃取后氧化形成的钼磷酸为氯化亚锡还原成蓝色铬合物。灵敏度比钒钼磷酸比色法高，并且易于富集，富集后能提高元素磷含量小于 0.1 mg/L 时检测的可靠性，并减少干扰。

水样中含砷化物、硅化物和硫化物的量分别为元素磷含量的 100 倍、200 倍和 300 倍时，对本方法无明显干扰。

D3.2 仪器和试剂：

D3.2.1 仪器：分光光度计：3 cm 比色皿。

D3.2.2 比色管：50 mL。

D3.2.3 分液漏斗：60 mL，125 mL，250 mL。

D3.2.4 磨口锥形瓶：250 mL。

D3.2.5 试剂：以下试剂均为分析纯：苯、高氯酸、溴酸钾、溴化钾、甘油、氯化亚锡、钼酸铵、磷酸二氢钾、醋酸丁酯、硫酸、硝酸、无水乙醇、酚酞指示剂。

D3.3 溶液的配制

D3.3.1 磷酸二氢钾标准溶液：准确称取 0.439 4 g 干燥过的磷酸二氢钾，溶于少量水中，移入 1 000 mL 容量瓶中，定容。此溶液 PO_4^{-3}—P 含量为 0.1 mg/mL。取 10 mL 上述溶液于 1 000 mL 容量瓶中，定容，得到 PO_4^{-3}—P 含量为 1 μg/mL 的磷酸二氢钾标准溶液。

D3.3.2 溴酸钾-溴化钾溶液：溶解 10 g 溴酸钾和 8 g 溴化钾于 400 mL 水中。

D3.3.3 2.5%钼酸铵溶液：称取 2.5 g 钼酸铵，加 1∶1 硫酸溶液 70 mL，待钼酸铵溶解后再加入 30 mL 水。

D3.3.4 2.5%氯化亚锡甘油溶液：溶解 2.5 g 氯化亚锡于 100 mL 甘油中（可在水浴中加热，促进溶解）。

D3.3.5 5%钼酸铵溶液：溶解 12.5 g 钼酸铵于 150 mL 水中，溶解后将此液缓慢地倒入 100 ml 1∶5 的硝酸溶液中。

D3.3.6 1%氯化亚锡溶液：溶解 1 g 氯化亚锡于 15 mL 盐酸中，加入 85 mL 水及 1.5 g 抗坏血酸（可保存 4～5 天）。

D3.3.7 1∶1 硫酸溶液、1∶5 硝酸溶液、20%氢氧化钠溶液。

D3.4　测定步骤：

D3.4.1　废水中元素磷含量大于 0.05 mg/L 时，采取水相直接比色，按下列规定操作。

D3.4.1.1　水样预处理：

（a）萃取：移取 10～100 mL 水样于盛有 25 mL 苯的 125 mL 或 250 mL 的分液漏斗中，振荡 5 min 后静置分层。将水相移入另一盛有 15 mL 苯的分液漏斗中，振荡 2 min 后静置，弃去水相，将苯相并入第一支分液漏斗中。加入 15 mL 水，振荡 1 min 后静置，弃去水相，苯相重复操作水洗 6 次。

（b）氧化：在苯相中加入 10～15 mL 溴酸钾—溴化钾溶液，2 mL 1∶1 硫酸溶液振荡 5 min，静置 2 min 后加入 2 mL 高氯酸，再振荡 5 min，移入 250 mL 锥形瓶内，在电热板上缓缓加热以驱赶过量高氯酸和除溴（勿使样品溅出或蒸干），至白烟减少时，取下冷却。加入少量水及 1 滴酚酞指示剂，用 20%氢氧化钠溶液中和至呈粉红色，加 1 滴 1∶1 硫酸溶液至粉红色消失，移入容量瓶中，用蒸馏水稀释至刻度（据元素磷的含量确定稀释体积）。

D3.4.1.2　比色

移取适量上述的稀释液于 50 ml 比色管中，加 2 mL 2.5%钼酸铵溶液及 6 滴 2.5%氯化亚锡甘油溶液，加水稀释至刻度，混匀，于 20～30℃放置 20～30 min，倾入 3 cm 比色皿中，在分光光度计 690 nm 波长处，以试剂空白为零，测光密度。

D3.4.1.3　直接比色工作曲线的绘制：

（a）移取适量的磷酸二氢钾标准溶液，使 PO_4^{3-}—P 的含量分别为 0，1，3，5，7……17 μg 于 50 mL 比色管中，测光密度。

（b）以 PO_4^{3-}—P 含量为横坐标，光密度为纵坐标，绘制直接比色工作曲线。

D3.4.2　废水中元素磷含量小于 0.05 mg/L 时，采用有机相萃取比色。按下列规定操作：

D3.4.2.1　水样预处理：

萃取比色：移取适量的氧化稀释液于 60 mL 分液漏斗已含有 3 mL 的 1∶5 硝酸溶液中，加入 7 mL 15%钼酸铵溶液和 10 mL 醋酸丁酯，振荡 1 min，弃去水相，向有机相加 2 mL 1%氯化亚锡溶液，摇匀，再加入 1 mL 无水乙醇，轻轻转动分液漏斗，使水珠下降，放尽水相，将有机相倾入 3 cm 比色皿中，在分光光度计 630 或 720 nm 波长处，以试剂空白为零测光密度。

D3.4.2.2.　有机相萃取比色工作曲线的绘制：

（a）移取适量的磷酸二氢钾标准溶液，使 PO_4^{3-}—P 含量分别为 1，2，3，4，5 μg 于 60 mL 分液漏斗中，加入少量的水，以下按上节萃取比色步骤进行。

（b）以 PO_4^{3-}—P 含量为横坐标，光密度为纵坐标，绘制有机相萃取比色工作曲线。

D3.5　计算：

用式（D3）计算直接比色和有机相萃取比色测得 1 L 废水中元素磷的毫克数。

$$P = \frac{G}{\dfrac{V_1}{V_2} \times V_3} \tag{D3}$$

式中：G —— 从工作曲线查得元素磷量，μg；

V_1 —— 取废水水样体积，mL；

V_2 —— 废水水样氧化后稀释体积，mL；

V_3 —— 比色时取稀释液的体积，mL。

D3.6 精确度：

平行测定两个结果的差数，不应超过较小结果的 10%。

取平行测定两个结果的算术平均值作为样品中元素磷的含量，测定结果取两位有效数字。

D3.7 样品保存：

采样后调节水样 pH 值为 6~7，可于塑料瓶或玻璃瓶贮存 48 h。

关于发布《污水综合排放标准》（GB 8978—1996）中石化工业 COD 标准值修改单的通知

（1999 年 12 月 15 日 国家环境保护总局文件 [1999]285 号）

各省、自治区、直辖市环境保护局：

为贯彻《中华人民共和国环境保护法》、《中华人民共和国水污染防治法》和《中华人民共和国海洋环境保护法》，防治水污染，现发布《污水综合排放标准》（GB 8978—1996）中石化工业 COD 标准值修改单（见附件），本修改单自发布之日起实施，请遵照执行。

附件：

《污水综合排放标准》（GB 8978—1996）中石化工业 COD 标准值修改单

1997 年 12 月 31 日之前建设（包括改、扩）的石化企业，COD 一级标准值由 100 mg/L 调整为 120 mg/L，有单独外排口的特殊石化装置的 COD 标准值按照一级 160 mg/L，二级 250 mg/L 执行，特殊石化装置指：丙烯腈纶、乙内酰胺、环氧氯丙烷、环氧丙烷、间甲酚、BHT、PTA、萘系列和催化剂生产装置。

中华人民共和国国家标准

制浆造纸工业水污染物排放标准

Discharge standard of water pollutants for pulp and paper industry

GB 3544—2008 代替 GB 3544—2001

前　言

为贯彻《中华人民共和国环境保护法》、《中华人民共和国水污染防治法》、《中华人民共和国海洋环境保护法》、《国务院关于落实科学发展观　加强环境保护的决定》等法律、法规和《国务院关于编制全国主体功能区规划的意见》，保护环境，防治污染，促进制浆造纸工业生产工艺和污染治理技术的进步，制定本标准。

本标准规定了制浆造纸工业企业水污染物排放限值、监测和监控要求。为促进区域经济与环境协调发展，推动经济结构的调整和经济增长方式的转变，引导工业生产工艺和污染治理技术的发展方向，本标准规定了水污染物特别排放限值。

本标准中的污染物排放浓度均为质量浓度。

制浆造纸工业企业排放大气污染物（含恶臭污染物）、环境噪声适用相应的国家污染物排放标准，产生固体废物的鉴别、处理和处置适用国家固体废物污染控制标准。

本标准首次发布于 1983 年，1992 年第一次修订，2001 年第二次修订。

此次修订主要内容：

1．根据落实国家环境保护规划、履行国际公约和环境保护管理与执法工作的需要，调整了排放标准体系，增加了控制排放的污染物项目，提高了污染物排放控制要求；

2．规定了污染物排放监控要求和水污染物排放基准排水量；

3．将可吸附有机卤素指标调整为强制执行项目。

自本标准实施之日起，《造纸工业水污染物排放标准》（GB 3544—2001）、《关于修订〈造纸工业水污染物排放标准〉的公告》（环发[2003]152 号）废止。

本标准由环境保护部科技标准司组织制订。

本标准由山东省环境保护局、山东省环境规划研究院、环境保护部环境标准研究所、山东省环境保护科学研究设计院等单位起草。

本标准环境保护部 2008 年 4 月 29 日批准。

本标准自 2008 年 8 月 1 日起实施。

本标准由环境保护部解释。

1 适用范围

本标准规定了制浆造纸企业或生产设施水污染物排放限值。

本标准适用于现有制浆造纸企业或生产设施的水污染物排放管理。

本标准适用于对制浆造纸工业建设项目的环境影响评价、环境保护设施设计、竣工环境保护验收及其投产后的水污染物排放管理。

本标准适用于法律允许的污染物排放行为。新设立污染源的选址和特殊保护区域内现有污染源的管理，按照《中华人民共和国大气污染防治法》、《中华人民共和国水污染防治法》、《中华人民共和国海洋环境保护法》、《中华人民共和国固体废物污染环境防治法》、《中华人民共和国放射性污染防治法》、《中华人民共和国环境影响评价法》等法律、法规、规章的相关规定执行。

本标准规定的水污染物排放控制要求适用于企业向环境水体的排放行为。

企业向设置污水处理厂的城镇排水系统排放废水时，有毒污染物可吸附有机卤素（AOX）、二噁英在本标准规定的监控位置执行相应的排放限值；其他污染物的排放控制要求由企业与城镇污水处理厂根据其污水处理能力商定或执行相关标准，并报当地环境保护主管部门备案；城镇污水处理厂应保证排放污染物达到相关排放标准要求。

建设项目拟向设置污水处理厂的城镇排水系统排放废水时，由建设单位和城镇污水处理厂按前款的规定执行。

2 规范性引用文件

本标准内容引用了下列文件或其中的条款。

GB/T 6920—1986　　水质　pH 值的测定　玻璃电极法

GB/T 7478—1987　　水质　铵的测定　　蒸馏和滴定法

GB/T 7479—1987　　水质　铵的测定　　纳氏试剂比色法

GB/T 7481—1987　　水质　铵的测定　　水杨酸分光光度法

GB/T 7488—1987　　水质　五日生化需氧量（BOD_5）的测定　稀释与接种法

GB/T 11893—1989　　水质　总磷的测定　钼酸铵分光光度法

GB/T 11894—1989　　水质　总氮的测定　碱性过硫酸钾消解紫外分光光度法

GB/T 11901—1989　　水质　悬浮物的测定　重量法

GB/T 11903—1989　　水质　色度的测定　稀释倍数法

GB/T 11914—1989　　水质　化学需氧量的测定　重铬酸盐法

GB/T 15959—1995　　水质　可吸附有机卤素（AOX）的测定　微库仑法

HJ/T 77—2001　　　　多氯代二苯并二噁英和多氯代二苯并呋喃的测定　同位素稀释高分辨毛细管气相色谱/高分辨质谱法

HJ/T 83—2001　　　水质　可吸附有机卤素（AOX）的测定　离子色谱法

HJ/T 195—2005　　　水质　氨氮的测定　气相分子吸收光谱法

HJ/T 199—2005　　　水质　总氮的测定　气相分子吸收光谱法

HJ/T 399—2007　　　水质　化学需氧量的测定　快速消解分光光度法

《污染源自动监控管理办法》(国家环境保护总局令 第 28 号)

《环境监测管理办法》(国家环境保护总局令 第 39 号)

3 术语和定义

下列术语和定义适用于本标准。

3.1 制浆造纸工业

指以植物(木材、其他植物)或废纸等为原料生产纸浆,及(或)以纸浆为原料生产纸张、纸板等产品的工业。

3.2 现有企业

指本标准实施之日前已建成投产或环境影响评价文件已通过审批的制浆造纸企业或生产设施。

3.3 新建企业

指本标准实施之日起环境影响评价文件通过审批的新建、改建和扩建制浆造纸工业建设项目。

3.4 制浆企业

指单纯进行制浆生产的企业,以及纸浆产量大于纸张产量,且销售纸浆量占总制浆量 80%及以上的制浆造纸企业。

3.5 造纸企业

指单纯进行造纸生产的企业,以及自产纸浆量占纸浆总用量 20%及以下的制浆造纸企业。

3.6 制浆和造纸联合生产企业

指除制浆企业和造纸企业以外、同时进行制浆和造纸生产的制浆造纸企业。

3.7 废纸制浆和造纸企业

指自产废纸浆量占纸浆总用量 80%及以上的制浆造纸企业。

3.8 排水量

指生产设施或企业向企业法定边界以外排放的废水的量,包括与生产有直接或间接关系的各种外排废水(如厂区生活污水、冷却废水、厂区锅炉和电站排水等)。

3.9 单位产品基准排水量

指用于核定水污染物排放浓度而规定的生产单位纸浆、纸张(板)产品的废水排放量上限值。

4 水污染物排放控制要求

4.1 自 2009 年 5 月 1 日起至 2011 年 6 月 30 日止,现有制浆造纸企业执行表 1 规定的水污染物排放限值。

4.2 自 2011 年 7 月 1 日起,现有制浆造纸企业执行表 2 规定的水污染物排放限值。

4.3 自 2008 年 8 月 1 日起,新建制浆造纸企业执行表 2 规定的水污染物排放限值。

表1 现有企业水污染物排放浓度限值及单位产品基准排水量

单位：mg/L（pH值、色度除外）

序号	污染物项目	制浆企业	制浆和造纸联合生产企业		造纸企业	污染物排放监控位置
			废纸制浆和造纸企业	其他制浆和造纸企业		
1	pH 值	6~9	6~9	6~9	6~9	企业废水总排放口
2	色度（稀释倍数）	80	50	50	50	
3	悬浮物	70	50	50	50	
4	五日生化需氧量（BOD_5）	50	30	30	30	
5	化学需氧量（COD_{Cr}）	200	120	150	100	
6	氨氮	15	10	10	10	
7	总氮	18	15	15	15	
8	总磷	1.0	1.0	1.0	1.0	
9	可吸附有机卤素（AOX）	15	15	15	15	车间或生产设施废水排放口
单位产品（浆）基准排水量/（m³/t）		80	20	60	20	排水量计量位置与污染物排放监控位置一致

说明：

1. 可吸附有机卤素（AOX）指标适用于采用含氯漂白工艺的情况。

2. 纸浆量以绝干浆计。

3. 核定制浆和造纸联合生产企业单位产品实际排水量，以企业纸浆产量与外购商品浆数量的总和为依据。

4. 企业漂白非木浆产量占企业纸浆总用量的比重大于60%的，单位产品（浆）基准排水量为80 m³/t。

表2 新建企业水污染物排放限值

单位：mg/L（pH值、色度、二噁英除外）

		污染物项目	制浆企业	制浆和造纸联合生产企业	造纸企业	污染物排放监控位置
排放限值	1	pH 值	6~9	6~9	6~9	企业废水总排放口
	2	色度（稀释倍数）	50	50	50	
	3	悬浮物	50	30	30	
	4	五日生化需氧量（BOD_5）	20	20	20	
	5	化学需氧量（COD_{Cr}）	100	90	80	
	6	氨氮	12	8	8	
	7	总氮	15	12	12	
	8	总磷	0.8	0.8	0.8	
	9	可吸附有机卤素（AOX）	12	12	12	车间或生产设施废水排放口
	10	二噁英/（pgTEQ/L）	30	30	30	排水量计量位置与污染物排放监控位置一致
单位产品（浆）基准排水量/（m³/t）			50	40	20	

说明：

1. 可吸附有机卤素（AOX）和二噁英指标适用于采用含氯漂白工艺的情况。

2. 纸浆量以绝干浆计。

3. 核定制浆和造纸联合生产企业单位产品实际排水量，以企业纸浆产量与外购商品浆数量的总和为依据。

4. 企业自产废纸浆量占企业纸浆总用量的比重大于80%的，单位产品基准排水量为20 m³/t（浆）。

5. 企业漂白非木浆产量占企业纸浆总用量的比重大于60%的，单位产品基准排水量为60 m³/t（浆）。

4.4 根据环境保护工作的要求，在国土开发密度较高、环境承载能力开始减弱，或水环境容量较小、生态环境脆弱，容易发生严重水环境污染问题而需要采取特别保护措施的地区，应严格控制企业的污染物排放行为，在上述地区的企业执行表 3 规定的水污染物特别排放限值。

执行水污染物特别排放限值的地域范围、时间，由国务院环境保护行政主管部门或省级人民政府规定。

表 3　水污染物特别排放限值

单位：mg/L（pH 值、色度、二噁英除外）

污染物项目		制浆企业	制浆和造纸联合生产企业	造纸企业	污染物排放监控位置
排放限值	1　pH 值	6～9	6～9	6～9	企业废水总排放口
	2　色度（稀释倍数）	50	50	50	
	3　悬浮物	20	10	10	
	4　五日生化需氧量（BOD_5）	10	10	10	
	5　化学需氧量（COD_{Cr}）	80	60	50	
	6　氨氮	5	5	5	
	7　总氮	10	10	10	
	8　总磷	0.5	0.5	0.5	
	9　可吸附有机卤素（AOX）	8	8	8	车间或生产设施废水排放口
	10　二噁英/（pgTEQ/L）	30	30	30	
单位产品（浆）基准排水量/（m³/t）		30	25	10	排水量计量位置与污染物排放监控位置一致

说明：

1．可吸附有机卤素（AOX）和二噁英指标适用于采用含氯漂白工艺的情况。

2．纸浆量以绝干浆计。

3．核定制浆和造纸联合生产企业单位产品实际排水量，以企业纸浆产量与外购商品浆数量的总和为依据。

4．企业自产废纸浆量占企业纸浆总用量的比重大于 80%的，单位产品基准排水量为 15 m³/t（浆）。

4.5 水污染物排放浓度限值适用于单位产品实际排水量不高于单位产品基准排水量的情况。若单位产品实际排水量超过单位产品基准排水量，须按公式（1）将实测水污染物浓度换算为水污染物基准水量排放浓度，并以水污染物基准水量排放浓度作为判定排放是否达标的依据。产品产量和排水量统计周期为一个工作日。

在企业的生产设施同时生产两种以上产品、可适用不同排放控制要求或不同行业国家污染物排放标准，且生产设施产生的污水混合处理排放的情况下，应执行排放标准中规定的最严格的浓度限值，并按公式（1）换算水污染物基准水量排放浓度：

$$C_{基} = \frac{Q_{总}}{\sum Y_i \cdot Q_{i基}} \cdot C_{实} \qquad （1）$$

式中：$C_{基}$——水污染物基准水量排放浓度，mg/L；

$Q_{总}$——排水总量，t；

Y_i——第 i 种产品产量，t；

$Q_{i基}$——第 i 种产品的单位产品基准排水量，m³/t；

$C_实$——实测水污染物排放浓度，mg/L。

若 $Q_总$ 与 $\sum Y_i \cdot Q_{i基}$ 的比值小于 1，则以水污染物实测浓度作为判定排放是否达标的依据。

5 水污染物监测要求

5.1 对企业排放废水采样应根据监测污染物的种类，在规定的污染物排放监控位置进行，有废水处理设施的，应在该设施后监控。在污染物排放监控位置须设置永久性排污口标志。

5.2 新建企业应按照《污染源自动监控管理办法》的规定，安装污染物排放自动监控设备，并与环境保护主管部门的监控设备联网，保证设备正常运行。各地现有企业安装污染物排放自动监控设备的要求由省级环境保护行政主管部门规定。

5.3 对企业污染物排放情况进行监测的频次、采样时间等要求，按国家有关污染源监测技术规范的规定执行。

表4 水污染物浓度测定方法标准

序号	污染物项目	方法标准名称	方法标准编号
1	pH 值	水质 pH 值的测定 玻璃电极法	GB/T 6920—1986
2	色度	水质 色度的测定 稀释倍数法	GB/T 11903—1989
3	悬浮物	水质 悬浮物的测定 重量法	GB/T 11901—1989
4	五日生化需氧量	水质 五日生化需氧量（BOD₅）的测定 稀释与接种法	GB/T 7488—1987
5	化学需氧量	水质 化学需氧量的测定 重铬酸盐法	GB/T 11914—1989
		水质 化学需氧量的测定 快速消解分光光度法	HJ/T 399—2007
6	氨氮	水质 铵的测定 蒸馏和滴定法	GB/T 7478—1987
		水质 铵的测定 纳氏试剂比色法	GB/T 7479—1987
		水质 铵的测定 水杨酸分光光度法	GB/T 7481—1987
		水质 氨氮的测定 气相分子吸收光谱法	HJ/T 195—2005
7	总氮	水质 总氮的测定 碱性过硫酸钾消解紫外分光光度法	GB/T 11894—1989
		水质 总氮的测定 气相分子吸收光谱法	HJ/T 199—2005
8	总磷	水质 总磷的测定 钼酸铵分光光度法	GB/T 11893—1989
9	可吸附有机卤素（AOX）	水质 可吸附有机卤素（AOX）的测定 微库仑法	GB/T 15959—1995
		水质 可吸附有机卤素（AOX）的测定 离子色谱法	HJ/T 83—2001
10	二噁英	水质 多氯代二苯并二噁英和多氯代二苯并呋喃的测定同位素稀释高分辨毛细管气相色谱/高分辨质谱法	HJ/T 77—2001

二噁英指标每年监测一次。

5.4 企业产品产量的核定，以法定报表为依据。

5.5 对企业排放水污染物浓度的测定采用表4所列的方法标准。

5.6 企业须按照有关法律和《环境监测管理办法》的规定，对排污状况进行监测，并保存原始监测记录。

6 实施与监督

6.1 本标准由县级以上人民政府环境保护行政主管部门负责监督实施。

6.2 在任何情况下，制浆造纸企业均应遵守本标准的水污染物排放控制要求，采取必要措施保证污染防治设施正常运行。各级环保部门在对企业进行监督性检查时，可以现场即时采样或监测的结果，作为判定排污行为是否符合排放标准以及实施相关环境保护管理措施的依据。在发现企业耗水或排水量有异常变化的情况下，应核定企业的实际产品产量和排水量，按本标准的规定，换算水污染物基准水量排放浓度。

中华人民共和国国家标准

合成氨工业水污染物排放标准

Discharge standard of water pollutants for ammonia industry

GB 13458—2001
代替 GB 13458—92，GWPB 4—1999

前　言

为贯彻执行《中华人民共和国环境保护法》、《中华人民共和国水污染防治法》和《中华人民共和国海洋环境保护法》，促进合成氨工业生产工艺和污染治理技术的进步，防治水污染，制定本标准。

本标准根据合成氨工业现有成熟的清洁生产工艺和水污染治理技术为依托，以控制合成氨工业水污染物排放负荷为基点，分两个时间段规定了不同装置工程能力的合成氨工业吨氨最高允许日均水污染物排放量、最高允许排放浓度和吨氨最高允许日均排水量。

本标准主要在以下几方面对原标准做了修订：（1）标准时间段从三个改为两个；（2）对氨氮的标准值进行了调整；（3）从以原料结构和工程能力划分企业类别改为以合成氨工业的产品类别和单套装置工程能力划分企业类别。

本标准内容（包括实施时间）等同于 1999 年 12 月 3 日国家环境保护总局发布的《合成氨工业水污染物排放标准》（GWPB 4—1999），自本标准实施之日起，代替 GWPB 4—1999。

本标准首次发布为 1992 年，本次为第一次修订。

《地面水环境质量标准》（GB 3838—1988）正在进行修订，在 GB 3838—1988 修订稿出台之前，本标准引用标准暂执行《地表水环境质量标准》（GHZB 1—1999）。

本标准由国家环境保护总局负责解释。

1 主题内容与适用范围

1.1 主题内容

本标准按生产工艺和废水排放去向，分两个时间段规定了合成氨工业吨氨最高允许日均水污染物排放量、最高允许排放浓度和吨氨最高允许日均排水量。

1.2 适用范围

本标准适用于合成氨企业（包括合成氨、尿素、硝酸氨、碳酸氢氨）的排放管理，以及建设项目环境影响评价、设计、竣工验收及其建成后的排放管理。

2 引用标准

下列标准所包含的条文，通过在本标准中被引用即构成为本标准的条文，与本标准同效。

GB 3097—1997　海水水质标准

GHZB 1—1999　地表水环境质量标准

GB 6920—86　水质　pH值的测定　玻璃电极法

GB 7478—87　水质　铵的测定　蒸馏和滴定法

GB 7479—87　水质　铵的测定　纳氏试剂比色法

GB 7487—87　水质　氰化物的测定　第二部分：氰化物的测定

GB 7490—87　水质　挥发酚的测定　蒸馏后4-氨基安替比林分光光度法

GB 11901—89　水质　悬浮物的测定　重量法

GB 11914—89　水质　化学需氧量的测定　重铬酸盐法

GB/T 16488—1996　水质　石油类的测定　红外光度法

GB/T 16489—1996　水质　硫化物的测定　亚甲基蓝分光光度法

当上述标准被修订时，应使用其最新版本。

3 技术内容

3.1 企业类别

合成氨企业按单套装置工程能力分为：

大型企业：年产量≥30万t氨；

中型企业：6万t氨≤年产量<30万t氨；

小型企业：年产量<6万t氨。

3.2 标准分级

3.2.1 排入GB 3838中Ⅲ类水域（水体保护区除外）和GB 3097中二类海域的废水，执行一级标准。

3.2.2 排入GB 3838中Ⅳ、Ⅴ类水域，GB 3097中三、四类海域的废水，执行二级标准。

3.2.3 排入未设置二级污水处理厂的城镇排水系统的废水，必须根据排水系统出水受纳水域的功能区类别，分别执行3.2.1和3.2.2的规定。

3.2.4 排入设置二级污水处理厂的城镇排水系统的废水，应达到地方规定的污水处理厂进水标准。

3.3 标准值

3.3.1　2000年12月31日之前建设（包括改、扩建）的单位，水污染物的排放按表1执行。

表 1　合成氨工业水污染物最高允许排放限值
（2000 年 12 月 31 日之前建设（包括改、扩建）的单位）

			氨氮		化学需氧量		氰化物		SS		石油类		挥发酚		硫化物		排水量/(m³/t)*	pH
			mg/L	kg/t*	mg/L	kg/t*	mg/L	kg/t*	mg/L	kg/t*	mg/L	kg/t*	mg/L	kg/t*	mg/L	kg/t*		
大型	尿素硝氨	一级	60	0.6	150	1.50	0.30	0.003	70	0.70	10.0	0.10	0.20	0.002	1.00	0.01	10	6~9
		二级	100	1.0														
中型	尿素硝氨碳氨	一级	60	3.6	150	9.0	1.0	0.06	100	6.00	10.0	0.60	0.20	0.012	1.00	0.06	60	
		二级	100	6.0														
小型	尿素硝氨碳氨	一级	70	3.5	150	7.50	1.0	0.05	200	10.0	10.0	0.50	0.20	0.01	1.00	0.05	50	
		二级	150	7.5	200	14.0												
	碳氨	一级	40	2.0	150	7.5	1.0	0.05	200	10.0	10.0	0.50	0.20	0.01	1.00	0.05		
		二级	60	3.0	200	10.0												

*t 为 NH₃ 的量。

3.3.2　2001 年 1 月 1 日起建设（包括改、扩建）的单位，水污染物的排放按表 2 执行。

表 2　合成氨工业水污染物最高允许排放限值
（2001 年 1 月 1 日之后建设（包括改、扩建）的单位）

		氨氮		化学需氧量		氰化物		SS		石油类		挥发酚		硫化物		排水量/(m³/t*)	pH
		mg/L	kg/t*	mg/L	kg/t*	mg/L	kg/t*	mg/L	kg/t*	mg/L	kg/t*	mg/L	kg/t*	mg/L	kg/t*		
大型	尿素硝氨	40	0.4	100	1.0	0.2	0.002	60	0.6	5	0.05	0.1	0.001	0.50	0.005	10	6~9
中型	尿素硝氨碳氨	70	3.5	150	7.5	1.0	0.05	100	5.0	5	0.25	0.1	0.005	0.50	0.025	50	

*t 为 NH₃ 的量。

3.3.3 建设（包括改、扩建）单位的建设时间，以环境影响评价报告书（表）批准日期为准。

3.3.4 排水量只计生产直接排水。

4 监测与实施

4.1 废水量测定与采样

在废水排放口应设置永久性排放口标志，必须安装废水连续计量装置和污水比例采样装置。

4.2 采样频率

按 24 h 为一个生产周期，日常监测每 4 h 采样一次。

4.3 排污量的计算

合成氨产品的产量以法定月报表为准，根据产品产量和测定的排水量及水污染物排放量，计算企业吨氨日均排水量和吨氨日均污染物排放量。

4.4 测定方法

本标准的测定方法见表 3。

表 3　污染物项目的测定方法

序号	项目	方法名称	方法来源
1	pH 值	玻璃电极法	GB 6920—86
2	悬浮物	重量法	GB 11901—89
3	石油类	红外光度法	GB/T 16488—1996
4	挥发酚	蒸馏后用 4-氨基安替比林分光光度法	GB 7490—87
5	硫化物	亚甲基蓝分光光度法	GB/T 16489—1996
6	氰化物	蒸馏后异烟酸-吡唑啉酮比色法	GB 7487—87
7	化学需氧量	重铬酸盐法	GB 11914—89
8	氨氮	蒸馏和滴定法 纳氏试剂比色法	GB 7478—87 GB 7479—87

5 标准实施与监督

5.1 本标准由县级以上人民政府环境保护行政主管部门负责监督实施。

5.2 省、自治区、直辖市人民政府对执行国家水污染物排放标准不能保证达到地方水环境功能要求时，可以制定严于国家水污染物排放标准的地方水污染物排放标准，并报国家环境保护行政主管部门备案。

中华人民共和国国家标准

磷肥工业水污染物排放标准

Discharge standard of water pollutants for phosphate fertilizer industry

GB 15580—95
代替 GB 4917—85 废水部分

为贯彻执行《中华人民共和国环境保护法》和《中华人民共和国水污染防治法》，促进磷肥工业企业生产工艺改革，污染治理技术的进步，防治水污染，特制定本标准。

1 主题内容与适用范围

1.1 主题内容

本标准按照生产工艺和废水排放去向，分年限规定了磷肥工业水污染物最高允许排放浓度和吨产品最高允许排水量。

1.2 适用范围

本标准适用于磷肥工业（包括磷铵和硝酸磷肥）企业的排放管理，以及建设项目环境影响评价、设计、竣工验收及其建成后的排放管理。

2 引用标准

GB 3097　海水水质标准

GB 3838　地面水环境质量标准

GB 6920　水质 pH 值的测定　玻璃电极法

GB 7483　水质 氟化物的测定　氟试剂分光光度法

GB 7484　水质 氟化物的测定　离子选择电极法

GB 11901　水质 悬浮物的测定　重量法

3 技术内容

3.1 工艺分类

本标准按磷肥工业的生产产品和工艺分以下五类：

a.过磷酸钙（简称普钙）；

b.钙镁磷肥；

c.磷铵（包括湿法磷酸生产部分）；

d.重过磷酸钙（包括湿法磷酸生产）；

e.硝酸磷肥。

3.2 企业规模

3.2.1 生产规模按年生产万吨实物量（设计能力）划分，见表1。

表1　生产规模划分

类别＼规模	大型/（万吨/年）	中型/（万吨/年）	小型/（万吨/年）
过磷酸钙	≥50	≥20	＜20
钙镁磷肥	≥50	≥20	＜20
磷铵	≥24	≥12	＜20
重过磷酸钙	≥40	≥20	＜20

注：硝酸磷肥不分规模。

3.3 标准分级

按排入水域的类别划分标准级别。

3.3.1 排入 GB 3838 中Ⅲ类水域（水体保护区除外），GB 3097 中三类海域的废水，执行一级标准。

3.3.2 排入 GB 3838 中Ⅳ、Ⅴ类水域，GB 3097 中四类海域的废水，执行二级标准。

3.3.3 排入设置二级污水处理厂的城镇下水管网的废水，执行三级标准。

3.3.4 排入未设置二级污水处理厂的城镇下水管网的废水，必须根据下水道出水受纳水域的功能要求，分别执行 3.3.1 和 3.3.2 的规定。

3.3.5 GB 3838 中Ⅰ、Ⅱ类水域和Ⅲ类水域中的水体保护区，GB 3097 中二类海域，禁止新建排污口，扩建、改建项目不得增加排污量。对现有排污企业，要对现有排污削减排污量，保证水体的功能要求。

3.4 标准值

本标准按照不同年限分别规定了磷肥工业水污染物最高允许排放浓度和吨产品最高允许排水量。

3.4.1 生产过磷酸钙和钙镁磷肥的企业污水排放标准分二个控制时段：1998 年 1 月 1 日之前所有企业执行表 2 中的Ⅰ时段；1998 年 1 月 1 日起所有企业执行表 2 中的Ⅱ时段。

3.4.2 生产磷铵、重过磷酸钙和硝酸磷肥的企业，污水排放标准分三个控制时段；1989 年 1 月 1 日之前建设的企业执行表 3 中的Ⅰ时段；1989 年 1 月 1 日至 1996 年 6 月 30 日之间建设的企业执行表 3 中的Ⅱ时段；1996 年 7 月 1 日后建设的企业执行表 3 中的Ⅲ时段。

3.4.3 应根据建设的企业环境影响评价报告书（表）批准日期按 3.4.2 条的规定确定标准执行年限；未经环境保护行政主管部门审批建设的企业，应按补做的环境影响评价报告书（表）批准日期确定标准的执行年限。

3.5 其他规定

3.5.1 污染物最高允许排放浓度按日均值计算，吨产品最高允许排水量按月均值计算。吨产品最高允许排水量不包括车间冷却水，厂区及生活排水及厂内锅炉、电站排水。

3.5.2 如磷肥企业非单一产品污水一并处理排放（如两种以上磷肥产品污水或硫酸、黄磷污水），或磷肥工业废水与其他污水（生活污水及非生产排水）一并排放，则污水排放口污染物最高允许排放浓度按附录 A 计算。吨产品最高允许排放水量则必须在各产品车间排口测定。

表 2　过磷酸钙、钙镁磷肥企业水污染物最高允许排放限值

类别	规模	级别	时间段 指标	Ⅰ时段（1998 年 1 月 1 日之前）				Ⅱ时段（1998 年 1 月 1 日起）			
				污染物最高允许排放浓度/（mg/L）		pH	排水量 m³/t 产品	污染物最高允许排放浓度/（mg/L）		pH	排水量 m³/t 产品
				氟化物 1)（以 F 计）	悬浮物			氟化物 1)（以 F 计）	悬浮物		
过磷酸钙（普钙）	大型	一级		15	100			15	80		
		二级		25	200	6～9	0.45	20	150	6～9	0.3
		三级		40	400			40	300		
	中型	一级		15	100			15	80		
		二级		25	200	6～9	0.6	20	150	6～9	0.45
		三级		40	400			40	300		
	小型	一级		15	100			15	80		
		二级		25	250	6～9	0.9	20	150	6～9	0.6
		三级		40	400			40	300		
钙镁磷肥	大型	一级		15	100			15	80		
		二级		35	200	6～9	1.0	30	150	6～9	0.4
		三级		40	400			40	300		
	中型	一级		15	100			15	80		
		二级		35	200	6～9	1.5	30	150	6～9	0.75
		三级		40	400			40	300		
	小型	一级		15	100			15	80		
		二级		35	250	6～9	2.0	30	150	6～9	1.0
		三级		40	400			40	300		

注：1）氟化物指可溶性氟。

4　监测

4.1　采样点

采样点应设在各种产品生产厂或车间（包括副产品生产装置）的废水处理设施排水口，排放口应设置废水计量装置和排放口标志。

4.2　采样频率

按生产周期确定监测频率，生产周期在 8 h 以内，每 2 h 采集一次；生产周期大于 8 h 的，每 4 h 采集一次。

4.3　测定方法

本标准采用的测定方法见表 4。

表 3　磷铵、重过磷酸钙、硝酸磷肥企业水污染物最高允许排放限值

类别	规模	级别	I 时段（1989 年 1 月 1 日之前）					II 时段（1989 年 1 月 1 日至 1996 年 6 月 30 日之间）					III 时段（1996 年 7 月 1 日起）				
			污染物最高允许排放浓度（mg/L）			pH	排水量 m³/t 产品	污染物最高允许排放浓度（mg/L）			pH	排水量 m³/t 产品	污染物最高允许排放浓度（mg/L）			pH	排水量 m³/t 产品
			氟化物[1]（以 F 计）	磷酸盐[1]（以 P 计）	悬浮物			氟化物[1]（以 F 计）	磷酸盐[1]（以 P 计）	悬浮物			氟化物[1]（以 F 计）	磷酸盐[1]（以 P 计）	悬浮物		
磷铵和重过磷酸钙	大型	一级	15	50	100	6~9	1.0	15	35	80	6~9	0.5	10	20	30	6~9	0.3
		二级	25	70	200			20	50	100			15	35	50		
		三级	40	100	400			40	70	300			30	50	200		
	中型	一级	15	50	100	6~9	2.0	15	35	80	6~9	0.75	10	20	30	6~9	0.4
		二级	25	70	200			20	50	100			15	35	50		
		三级	40	100	400			40	70	300			30	50	200		
	小型	一级	15	50	150	6~9	3.0	15	35	80	6~9	1.0	10	20	30	6~9	0.6
		二级	30	70	200			20	50	100			15	35	50		
		三级	40	100	400			40	70	300			30	50	200		
硝酸磷肥		一级	15	50	100	6~9	1.0	15	35	80	6~9	1.0	10	20	30	6~9	1.0
		二级	25	70	200			20	50	100			15	35	50		
		三级	40	100	400			40	70	300			30	50	200		

注：1) 均指可溶性。

表4 测定方法

序号	项目	方法	方法来源
1	pH 值	玻璃电极法	GB 6920
2	悬浮物	重量法	GB 11901
3	氟化物	氟试剂分光光度法	GB 7483
		离子选择电极法	GB 7484
4	磷酸盐	钼蓝比色法	1)

注：1）暂时采用《水和废水监测分析方法》第三版（1989），待国家颁布方法标准后，执行国家标准。

5 标准的实施监督

本标准由各级人民政府环境保护行政主管部门负责监督实施。

混合污水排放口污染物最高允许排放浓度计算方法

$$C = \frac{\sum Q_i C_i + \sum Q_j C_j}{\sum Q_i + \sum Q_j} \qquad (A1)$$

$$Q_i = W_i q_i \qquad (A2)$$

式中：C —— 污染物最高允许排放浓度，mg/L；

　　　Q_i —— 某一产品一定时间内最高允许排水量，m^3；

　　　C_i —— 某一产品的某一污染物的最高允许排放浓度，mg/L；

　　　W_i —— 某一产品一定时间内的产量，t；

　　　q_i —— 某一产品单位产量最高允许排水量，m^3/t；

　　　Q_j —— 其他某种污水一定时间的排水量，m^3；

　　　C_j —— 其他某种污水的某一污染物的排放浓度，mg/L。

注：i=1，2，3，…表示非单一产品污水中第 i 种污水。

　　j=1，2，3，…表示其他污水（生活及非生产直接排水）中第 j 种污水。

附加说明：

本标准由国家环境保护局科技标准司提出。

本标准由中国环境科学研究院标准所、化工部上海化工研究院负责起草。

本标准主要起草人：邹兰、郭双令、俞守业、郑韶青、夏青。

本标准由国家环境保护局负责解释。

中华人民共和国国家标准

纺织染整工业水污染物排放标准

Discharge standard of water pollutants for dyeing and finishing of textile industry

GB 4287—92
代替 GB 4287—84 及
GB 8978—88
纺织印染工业部分

为贯彻《中华人民共和国环境保护法》、《中华人民共和国水污染防治法》和《中华人民共和国海洋环境保护法》，促进纺织染整行业生产工艺和污染治理技术的进步，防治水污染，制定本标准。

1 主题内容与适用范围

1.1 主题内容

本标准按照纺织染整企业的废水排放去向，分年限规定了纺织染整工业水污染物最高允许排放浓度及排水量。

1.2 适用范围

本标准适用于纺织染整工业企业的排放管理，以及建设项目的环境影响评价、设计、竣工验收及其建成后的排放管理。

本标准不适用于洗毛、麻脱胶、煮茧和化纤原料蒸煮等工序所产生的废水。

2 引用标准

GB3097　海水水质标准

GB3838　地面水环境质量标准

GB6920　水质　pH 值的测定　玻璃电极法

GB7467　水质　六价铬的测定　二苯碳酰二肼分光光度法

GB7474　水质　铜的测定　二乙基二硫代氨基甲酸钠分光光度法

GB7475　水质　铜、锌、铅、镉的测定　原子吸收分光光度法

GB7478　水质　铵的测定　蒸馏和滴定法

GB7479　水质　铵的测定　纳氏试剂比色法

GB7481　水质　铵的测定　水杨酸分光光度法

GB7488　水质　五日生化需氧量（BOD_5）的测定　稀释与接种法

GB8978 污水综合排放标准

GB11903 水质 色度的测定法

GB11914 水质 化学需氧量的测定 重铬酸盐法

3 术语

3.1 染整 dyeing and finishing

对纺织材料（纤维、纱、线和织物）进行以化学处理为主的工艺过程。染整包括预处理、染色、印花和整理。俗称印染。

3.2 纺织品 textile

纺织工业产品，包括各类机织物、无纺织布、各种缝纫包装用线、绣花线、绒线以及绳类、带类等。

4 技术内容

4.1 标准分级

本标准分三级：

4.1.1 排入 GB 3838 中Ⅲ类水域（水体保护区除外），GB 3097 中二类海域的废水，执行一级标准。

4.1.2 排入 GB 3838 中Ⅳ、Ⅴ类水域，GB 3097 中三类海域的废水，执行二级标准。

4.1.3 排入设置二级污水处理厂的城镇下水道的废水，执行三级标准。

4.1.4 排入未设置二级污水处理厂的城镇下水道的废水，必须根据下水道出水受纳水域的功能要求，分别执行 4.1.1 和 4.1.2 的规定。

4.1.5 GB 3838 中Ⅰ、Ⅱ类水域和Ⅲ类水域中的水体保护区，GB 3097 中一类海域，禁止新建排污口，扩建、改建项目不得增加排污量。

4.2 标准值

本标准按照不同年限分别规定了纺织染整工业水污染物最高允许排放浓度和最高允许排水量。

4.2.1 1989 年 1 月 1 日之前立项的纺织染整工业建设项目及其建成后投产的企业按表 1 执行。

表 1

分级	最高允许排水量 m³/百米布	最高允许排放浓度，mg/L									
		生化需氧量（BOD$_5$）	化学需氧量（COD$_{Cr}$）	色度（稀释倍数）	pH 值	悬浮物	氨氮	硫化物	六价铬	铜	苯胺类
Ⅰ级		60	180	80	6～9	100	25	1.0	0.5	0.5	2.0
Ⅱ级	2.5	80	240	160	6～9	150	40	2.0	0.5	1.0	3.0
Ⅲ级		300	500	—	6～9	400	—	2.0	0.5	2.0	5.0

4.2.2 1989 年 1 月 1 日至 1992 年 6 月 30 日之间立项的纺织染整工业建设项目及其建成后投产的企业按表 2 执行。

表2

分级	最高允许排水量 m³/百米布	最高允许排放浓度，mg/L									
		生化需氧量（BOD₅）	化学需氧量（COD_{Cr}）	色度（稀释倍数）	pH 值	悬浮物	氨氮	硫化物	六价铬	铜	苯胺类
Ⅰ级	2.5	30	100	50	6～9	70	15	1.0	0.5	0.5	1.0
Ⅱ级		60	180	100	6～9	150	25	1.0	0.5	1.0	2.0
Ⅲ级		300	500	—	6～9	400	—	2.0	0.5	2.0	5.0

4.2.3 1992 年 7 月 1 日起立项的纺织染整工业建设项目及其建成后投产的企业按表 3 执行。

表3

分级	最高允许排水量 m³/百米布 [1]		最高允许排放浓度，mg/L										
	缺水区	丰水区 [2]	生化需氧量（BOD₅）	化学需氧量（COD_{Cr}）	色度（稀释倍数）	pH 值	悬浮物	氨氮	硫化物	六价铬	铜	苯胺类	二氧化氯
Ⅰ级	—	—	25	100	40	6～9	70	15	1.0	0.5	0.5	1.0	0.5
Ⅱ级	2.2	2.5	40	180	80	6～9	100	25	1.0	0.5	1.0	2.0	0.5
Ⅲ级			300	500	—	6～9	400	—	2.0	0.5	2.0	5.0	0.5

注：1）百米布排水量的布幅以 914 mm 计；宽幅布按比例折算。

2）水源取自长江、黄河、珠江、湘江、松花江等大江、大河为丰水区；取用水库、地下水及国家水资源行政主管部门确定为缺水区的地区为缺水区。

5 监测

5.1 采样点

采样点应在企业废水排放口（六价铬在车间或车间处理设施排出口采样），排放口应设置废水水量计量装置和永久性标志。

5.2 采样频率

按生产周期确定监测频率，生产周期在 8 h 以内的，每 2 h 采集一次；生产周期大于 8 h 的，每 4 h 采集一次。最高允许排放浓度按日均值计算。

5.3 排水量

排水量不包括冷却水及生产区非生产用水，其最高允许排水量按月均值计算。

5.4 统计

企业原材料使用量、产品产量等，以法定月报表或年报表为准。

6 测定

本标准采用的测定方法，见表4。

表 4

序 号	项 目	测 定 方 法	方法标准号
1	生化需氧量（BOD_5）	稀释与接种法	GB 7488
2	化学需氧量（COD_{Cr}）	重铬酸盐法	GB 11914
3	色度	稀释倍数法	GB 11903
4	pH 值	玻璃电极法	GB 6920
5	氨氮（NH_3-N）	蒸馏-中和滴定法	GB 7478
		纳氏试剂比色法	GB 7479
		水杨酸分光光度法	GB 7481
6	硫化物	碘量法（高浓度）[1]	
		对氨基二甲基苯胺	
		比色法（低浓度）	
7	六价铬	二苯碳酰二肼分光光度法	GB 7467
8	铜	原子吸收分光光度法	GB 7475
		二乙基二硫化氨基	GB 7474
		甲酸钠分光光度法	
9	苯胺类	重氮偶合比色法或分光光度法 [1]	
10	二氧化氯	连续滴定碘量法 [2]	

注：1）见《水和废水监测分析方法》（第三版），北京：中国环境科学出版社。
    2）废水中二氧化氯测定方法见附录 A（参考件）。
  （1）、（2）两项分析方法暂时采用，待国家标准发布后，执行国家标准。

7 标准实施监督

    本标准由各级人民政府环境保护行政主管部门负责监督实施。

附录 A（参考件）

废水中二氧化氯监测分析方法连续滴定碘量法

A1 适用范围

本法适用于亚漂设备及含有大量亚氯酸盐的废水。

A2 原理

二氧化氯和亚氯酸根均是氧化剂，它们都能氧化碘离子而析出碘，继而用硫代硫酸钠滴定-碘量法，但在不同的 pH 值条件下，氧化数变化不同。

在 pH=7，$ClO_2 + I^- \rightarrow ClO_2^- + \frac{1}{2}I_2$，氧化数由 4→3

在 pH=1～3，$ClO_2 + 5HI \rightarrow H^+ + Cl^- + 2H_2O + 2\frac{1}{2}I_2$，氧化数由 4→−1

$HClO_2 + 4HI \rightarrow 2I_2 + HCl + 2H_2O$，氧化数由 3→1

因此，可一次采样，控制不同 pH 值连续滴定来测定二氧化氯和亚氯酸根。

A3 试剂

A3.1 硫代硫酸钠标准液：$c(Na_2S_2O_3)=0.1$ mol/L。溶解 25 g 硫代硫酸钠（$Na_2S_2O_3 \cdot 5H_2O$）于 1 L 新煮沸的蒸馏水中，至少存放二周之后，用碘酸钾或重铬酸钾标定。最初必须存放一段时间，是为了使所含的亚硫酸氢盐离子氧化。使用煮沸的蒸馏水，并加入几毫升三氯甲烷，以使细菌分解作用减小到最低限度，以下述两种方法中任选一种来标定。

A3.2 碘酸盐溶液：溶解 3.249 g 无水碘酸氢钾（一级试剂）或 3.567 g 碘酸钾（在 103℃±2℃温度下干燥 1 h）于蒸馏水中，转入 1 000 mL 容量瓶稀至标线，即为 $c=0.100\ 00$ mol/L 溶液，贮存于具玻璃塞瓶内。

于 80 mL 蒸馏水中，边搅拌边加入 1 mL 浓硫酸，10.00 mL $c=0.100\ 00$ mol/L 的碘酸氢钾和 1 g 碘化钾，立即用 c（$Na_2S_2O_3$）$=0.1$ mol/L 溶液滴至淡黄色，加入 1 ml 0.5 g/100 mL 淀粉指示剂，继续滴到蓝色消失为止。

A3.3 重铬酸盐溶液：溶解 4.904 g 无水重铬酸钾（一级试剂）于蒸馏水中，转入 1 000 mL 容量瓶并稀至标线，即为 c（$1/6K_2Cr_2O_7$）$=0.100\ 0$ mol/L 的溶液，贮存于具玻璃塞瓶内，用 10.00 mL 重铬酸钾标准溶液代替碘酸盐标准溶液，在暗处放置 6 min 后用 c（$Na_2S_2O_3$）$=0.1$ mol/L 溶液滴定，方法同前。

$$硫代硫酸钠的浓度(mol/L) = \frac{1}{所消耗硫代硫酸钠毫升数}$$

A3.4 硫代硫酸钠标准滴定液：用新煮沸过的蒸馏水将上述硫代硫酸钠标准液稀释至 0.010 0 或 0.050 0 mol/L。

A3.5 0.5 g/100 mL 淀粉指示剂：于 0.5 g 淀粉中，加入少许冷水调成糊状，倾入 100 mL 沸腾的蒸馏水中搅拌，然后沉淀过夜。应用上层清液，加入 0.125 g 水杨酸，0.4 g 氯化锌防腐。

A3.6 碘化钾晶体。

A3.7 c（NaOH）=0.1 mol/L 氢氧化钠溶液：溶解 4 g 氢氧化钠于 1 L 蒸馏水中。

A3.8 （1+1）硫酸。

A3.9 缓冲溶液（pH＝7）：称取 34.0 g 磷酸二氢钾和 35.5 g 磷酸氢二钠于烧杯中，加水溶解后稀释至 1 L。

A4 测定步骤

取量 0.5 mL（或适量）水样，用 0.1 mol/L 氢氧化钠调至近中性，加缓冲液 5 mL 和 1 g 碘化钾，用 0.010 0 mol/L 硫代硫酸钠溶液滴至淡黄色，加 1 mL 0.5 g/100 mL 淀粉指示剂，继续滴至蓝色消失，记下读数 a，加 3 mL（1+1）硫酸（pH 调至 1～3），溶液又呈蓝色，继续滴至无色，消耗硫代硫酸钠标液为 b 毫升，若亚氯酸盐含量很高，可改用 0.050 0 mol/L 或适当浓度硫代硫酸钠标液滴定。

A5 计算公式

$$二氧化氯(ClO_2，mg/L) = \frac{a \cdot c}{V} \times 67\,450$$

$$亚氯酸根(ClO_2^-，mg/L) = \frac{(b-4a) \cdot c}{V} \times \frac{1}{4} \times 67\,450$$

式中：V——水样体积，mL；

c——硫代硫酸钠标准滴定液浓度，mol/L；

a——第一次滴定所消耗硫代硫酸钠标准滴定液体积，mL；

b——第二次滴定所消耗硫代硫酸钠标准滴定液体积，mL。

A6 参考资料

A6.1 《国外水和空气质量标准》，史安详等译，中国建筑工业出版社，1980 年。

A6.2 《国外环境标准选编》，吉林图书馆编译，中国标准出版社，1984 年。

A6.3 中-德水环境标准研讨会资料（内部），1986 年 10 月 13～21 日北京。

A6.4 《工业毒理学手册》，E.R.普龙克特博士著。张德荣译，四川科学技术出版社，1985 年。

A6.5 《工业毒理学实验方法》，工业《毒理学实验方法》编写组编，上海科技出版社，1979 年。

A6.6 《空气和水中痕量二氧化氯的测定》，奚旦立、陈季华、张尧君、朱庆华、上海环境科学 4 卷 8 期 29 页，1985 年。

A6.7 《二氧化氯（ClO₂）对金鱼的毒性实验》，张益储、徐爱莲，环境污染与防治，第 17 页，1984 年。

　　A6.8　《亚氯酸钠漂白和废气检测与治理》，徐玉如等，纺织学报，1986 年。

　　A6.9　《二氧化氯毒性实验报告（内部）》，上海市劳动卫生职业病研究所毒理研究室，1985 年 4 月。

　　A6.10　《"亚漂"（二氧化氯）作业工人健康调查》，上海市化工职业病防治研究所，1986 年。

　　A6.11　《二氧化氯废气治理的研究（内部）》，王飞珊等，1986 年。

附加说明：

本标准由国家环境保护局科技标准司提出。

本标准由中国纺织大学、中国环境科学研究院环境标准研究所负责起草。

本标准主要起草人：奚旦立、陈季华、安华、龚铭祖、邹兰。

本标准由国家环境保护局负责解释。

中华人民共和国国家标准

钢铁工业水污染物排放标准

Discharge standard of water pollutants for iron and steel industry

GB 13456—92
代替 GB 4911—85 废水部分及
GB 8978—88 钢铁工业部分

为贯彻《中华人民共和国环境保护法》、《中华人民共和国水污染防治法》、《中华人民共和国海洋环境保护法》，促进生产工艺和污染治理技术的进步，防治水污染，制定本标准。

1 主题内容与适用范围

1.1 主题内容

本标准按照生产工艺和废水排放去向，分年限规定了钢铁企业的吨产品废水排放量和主要污染物最高允许排放浓度。

1.2 适用范围

本标准适用于钢铁工业的企业排放管理，以及建设项目的环境影响评价、设计、竣工验收及其建成后的排放管理。

2 引用标准

GB 3097 海水水质标准

GB 3838 地面水环境质量标准

GB 4918 工业废水 总硝基化合物的测定 分光光度法

GB 4919 工业废水 总硝基化合物的测定 气相色谱法

GB 6920 水质 pH 值的测定 玻璃电极法

GB 7467 水质 六价铬的测定 二苯碳酰二肼分光光度法

GB 7472 水质 锌的测定 双硫腙分光光度法

GB 7475 水质 铜、锌、铅、镉的测定 原子吸收分光光度法

GB 7478 水质 铵的测定 蒸馏和滴定法

GB 7479 水质 铵的测定 纳氏试剂比色法

GB 7481 水质 铵的测定 水杨酸分光光度法

GB 7487 水质 氰化物的测定 第二部分：氰化物的测定

GB 7490 水质 挥发酚的测定 蒸馏后 4-氨基安替比林分光光度法

GB 7491 水质 挥发酚的测定 蒸馏后溴化容量法

GB 8978 污水综合排放标准

GB 11901 水质 悬浮物的测定 重量法

GB 11914 水质 化学需氧量的测定 重铬酸盐法

3 技术内容

3.1 工艺分类

本标准按钢铁工业生产工艺，并结合生产产品分以下 8 类 15 种：

a. 选矿：重选和磁选（不包括浮选厂）；

b. 烧结：烧结和球团；

c. 焦化：包括化工产品在内的焦化厂；

d. 炼铁：炼铁厂（指普铁）；

e. 炼钢：转炉炼钢和电炉炼钢；

f. 连铸：连铸厂（车间）；

g. 轧钢：钢坯、型钢、线材、热轧板带、钢管和冷轧板带；

h. 钢铁联合企业：指烧结、焦化、炼铁、炼钢和轧钢等的基本平衡的钢铁企业。

3.2 标准分级

本标准分三级。

3.2.1 排入 GB 3838 中Ⅲ类水域（水体保护区除外），GB 3097 中二类海域的废水，执行一级标准。

3.2.2 排入 GB 3838 中Ⅳ、Ⅴ类水域，GB 3097 中三类海域的废水，执行二级标准。

3.2.3 排入设置二级污水处理厂的城镇下水道的废水，执行三级标准。

3.2.4 排入未设置二级污水处理厂的城镇下水道的废水，必须根据下水道出水受纳水域的功能要求，分别执行 3.2.1 和 3.2.2 的规定。

3.2.5 GB 3838 中Ⅰ、Ⅱ类水域和Ⅲ类水域中的水体保护区，GB 3097 中一类海域，禁止新建排污口，扩建、改建项目不得增加排污量。

3.3 标准值

本标准按照不同年限分别规定了钢铁工业废水最低允许循环利用率、吨产品最高允许排水量、水污染物最高允许排放浓度。

3.3.1 1989 年 1 月 1 日之前立项的钢铁工业建设项目及其建成后投产的企业按表 1 执行。

表 1

行业类别	分级	最低允许水循环利用率	污染物最高允许排放浓度/（mg/L）						
			pH 值	悬浮物	挥发酚	氰化物	化学需氧量(COD$_{Cr}$)	油类	六价铬	总硝基化合物
冶金系统选矿	一级	大、中(75%)，小(60%)	6～9	150	1.0	0.5	150	15		
	二级			400	1.0	0.5	200	20		3.0
	三级				2.0	1.0	500	30		5.0

行业类别	分级	最低允许水循环利用率	污染物最高允许排放浓度/（mg/L）							
			pH 值	悬浮物	挥发酚	氰化物	化学需氧量(COD$_{Cr}$)	油类	六价铬	总硝基化合物
钢铁、铁合金、钢铁联合企业（不包括选矿厂）[1]	一级	缺水区[2] (85%) 丰水区[2] (60%)	6～9	150	1.0	0.5	150	15	0.5	
	二级			300	1.0	0.5	200	20	0.5	
	三级			400	2.0	1.0	500	30		

注：1）包括以单独工艺生产并设有自己单独外排口的企业。

　　2）丰水区：水源取自长江、黄河、珠江、湘江、松花江等大江、大河为丰水区；

　　　　缺水区：水源取自水库、地下水及国家水资源行政主管部门确定为缺水的地区为缺水区。

　　3.3.2　1989 年 1 月 1 日至 1992 年 6 月 30 日之间立项的钢铁工业建设项目及建成后投产的企业按表 2 执行。

表 2

行业类别	分级	最低允许水循环利用率	污染物最高允许排放浓度/（mg/L）								
			pH	悬浮物	挥发酚	氰化物	化学需氧量(COD$_{Cr}$)	油类	六价铬	锌	氨氮[2]
黑色冶金系统选矿	一级	90%	6～9	70	0.5	0.5	100	10		2.0	
	二级			300	0.5	0.5	150	10		4.0	
	三级			400	2.0	1.0	500	30		5.0	
钢铁各工艺、铁合金、钢铁联合企业(不包括选矿厂)[1]	一级	缺水区[3] (90%)	6～9	70	0.5	0.5	100	10	0.5	2.0	15.0
	二级			200	0.5	0.5	150	10	0.5	4.0	40.0
	三级	丰水区[3] (80%)		400	2.0	1.0	500	30		5.0	150

注：1）包括以单独工艺生产并设有自己单独外排口的企业。

　　2）焦化的氨氮指标 1994 年 1 月 1 日执行。

　　3）丰水区：水源取自长江、黄河、珠江、湘江、松花江等大江、大河为丰水区。

　　缺水区：水源取自水库、地下水及国家水资源行政主管部门确定为缺水的地区为缺水区。

　　3.3.3 1992 年 7 月 1 日起立项的钢铁工业建设项目及建成后投产的企业按表 3 执行。

4　监测

　　4.1　采样点

　　采样点应在企业废水排放口（六价铬在车间或车间处理设施排出口采样），排放口应设置废水水量计量装置和永久性标志。

　　4.2　采样频率

　　采样频率应按生产周期确定监测频率，生产周期在 8 h 以内的，每 2 h 采集一次；生产周期大于 8 h 的，每 4 h 采集一次。废水污染物最高允许排放浓度按日均值计算。

　　4.3　排水量

　　排水量应包括生产排水量和间接冷却水量。吨产品废水允许排水量按月均值计算。

　　4.4　统计

　　企业原材料使用量、产品产量等，以法定月报表或年报表为准。

　　4.5　测定

　　本标准采用的测定方法按表 4 执行。

表3

生产工艺	分类	分级	排水量[1] (m³/t 产品)[2] 缺水区[3]	排水量[1] (m³/t 产品)[2] 丰水区[3]	pH值	悬浮物 (mg/L)	挥发酚 (mg/L)	氰化物 (mg/L)	化学需氧量(COD_Cr) (mg/L)	油类 (mg/L)	六价铬 (mg/L)	氨氮 (mg/L)	锌 (mg/L)
a 选矿	重、磁选	一级	0.7	0.7	6~9	70							
		二级				300							
		三级				400							
b 烧结	烧结	一级	0.01	0.01	6~9	70							
		二级				150							
		三级				400							
	球团	一级	0.005	0.005	6~9	70							
		二级				150							
		三级				400							
c 焦化	焦化[4]	一级	3.0 (7)	4.0 (7)	6~9	70	0.5	0.5	100	8		15	
		二级				150	0.5	0.5	150	10		25	
		三级				400	2.0	1.0	500	30		40	
d 炼铁	炼铁	一级	3.0	10.0	6~9	70							2.0
		二级				150							4.0
		三级				400							5.0
e 炼钢	转炉	一级	1.5	5.0	6~9	70							
		二级				150							
		三级				400							
	电炉	一级	1.2	5.0	6~9	70							
		二级				150							
		三级				400							
f 连铸	连铸	一级	1.0	2.0	6~9	70							
		二级				150							
		三级				400							
g 轧钢	钢坯	一级	1.5	3.0	6~9	70				8			
		二级				150				10			
		三级				400				30			
	型钢	一级	3.0	6.0	6~9	70				8			
		二级				150				10			
		三级				400				30			
	线材	一级	2.5	4.5	6~9	70				8			
		二级				150				10			
		三级				400				30			
	热轧板带	一级	4.0	8.0	6~9	70				8			
		二级				150				10			
		三级				400				30			
	钢管	一级	4.0	10.0	6~9	70				8			
		二级				150				10			
		三级				400				30			
	冷轧板带	一级	3.0	6.8	6~9	70				8	0.5		
		二级				150				10	0.5		
		三级				400				30	1.0		
h 联合企业	钢铁联合企业	一级	10	20	6~9	70	0.5	0.5	100	8	0.5	10	2.0
		二级				150	0.5	0.5	150	10	0.5	25	4.0
		三级				400	2.0	1.0	500	30	1.0	40	5.0

注：1）由于农业灌溉需要，允许多排放的水量，不计算在执法的指标之内。
　　2）选矿为原矿、烧结为烧结矿、焦化为焦炭、炼铁为生铁、炼钢为粗钢、连铸为钢坯、轧钢为钢材、钢铁联合企业为粗钢。
　　3）丰水区：水源取自长江、黄河、珠江、湘江、松花江等大江、大河为丰水区。
　　缺水区：水源取自水库、地下水及国家水资源行政主管部门确定为缺水的地区为缺水区。
　　4）使用地下水作冷却介质，排水指标均为 7 m³/t 产品（不采用冷冻水）。焦化的氨氮指标 1994 年 1 月 1 日执行（表格空白栏没有数值）。

表4

序号	项目	测定方法	方法标准号
1	挥发酚	蒸馏后用 4-氨基安替比林分光光度法	GB 7490
		蒸馏后用溴化容量法	GB 7491
2	氰化物	异烟酸-吡唑啉酮比色法	GB 7487
3	化学需氧量	重铬酸盐法	GB 11914
4	六价铬	二苯碳酰二肼分光光度法	GB 7467
5	氨氮（NH$_3$-N）	蒸馏和滴定法	GB 7478
		纳氏试剂比色法	GB7479
		水杨酸分光光度法	GB 7481
6	pH 值	玻璃电极法	GB 6920
7	悬浮物	重量法	GB 11901
8	锌	原子吸收分光光度法	GB 7475
		双硫腙分光光度法	GB 7472
9	总硝基化合物	分光光度法	GB 4918
		气相色谱法	GB 1919

5 标准实施监督

本标准由各级人民政府环境保护行政主管部门负责监督实施。

附加说明：

本标准由国家环境保护局科技标准司提出。

本标准由冶金部建筑研究总院、北京钢铁设计研究总院、中国环境科学研究院环境标准研究所、重庆钢铁设计研究院、鞍山黑色冶金矿山设计研究院、鞍山焦化耐火材料设计研究院负责起草。

本标准主要起草人：刘宏明、张宏、宋伟民、滕静、孙同九、张勤、曾正平、傅轶铭、韩应健、张凤玉。

本标准由国家环境保护局负责解释。

中华人民共和国国家标准

城镇污水处理厂污染物排放标准

Discharge standard of pollutants for municipal wastewater treatment plant

GB 18918—2002

前 言

为贯彻《中华人民共和国环境保护法》、《中华人民共和国水污染防治法》、《中华人民共和国海洋环境保护法》、《中华人民共和国大气污染防治法》、《中华人民共和国固体废物污染环境防治法》，促进城镇污水处理厂的建设和管理，加强城镇污水处理厂污染物的排放控制和污水资源化利用，保障人体健康，维护良好的生态环境，结合我国《城市污水处理及污染防治技术政策》，制定本标准。

本标准规定了城镇污水处理厂出水、废气和污泥中污染物的控制项目和标准值。

本标准自实施之日起，城镇污水处理厂水污染物、大气污染物的排放和污泥的控制一律执行本标准。

排入城镇污水处理厂的工业废水和医院污水，应达到 GB 8978《污水综合排放标准》、相关行业的国家排放标准、地方排放标准的相应规定限值及地方总量控制的要求。

本标准为首次发布。

本标准由国家环境保护总局科技标准司提出。

本标准由北京市环境保护科学研究院、中国环境科学研究院负责起草。

本标准由国家环境保护总局 2002 年 12 月 2 日批准。

本标准由国家环境保护总局负责解释。

1 范围

本标准规定了城镇污水处理厂出水、废气排放和污泥处置（控制）的污染物限值。

本标准适用于城镇污水处理厂出水、废气排放和污泥处置（控制）的管理。

居民小区和工业企业内独立的生活污水处理设施污染物的排放管理，也按本标准执行。

2 规范性引用文件

下列标准中的条文通过本标准的引用即成为本标准的条文，与本标准同效。

GB 3838　地表水环境质量标准

GB 3097　海水水质标准

GB 3095　环境空气质量标准

GB 4284　农用污泥中污染物控制标准

GB 8978　污水综合排放标准

GB 12348　工业企业厂界噪声标准

GB 16297　大气污染物综合排放标准

HJ/T 55　大气污染物无组织排放监测技术导则

当上述标准被修订时，应使用其最新版本。

3 术语和定义

3.1 城镇污水（municipal wastewater）

指城镇居民生活污水，机关、学校、医院、商业服务机构及各种公共设施排水，以及允许排入城镇污水收集系统的工业废水和初期雨水等。

3.2 城镇污水处理厂（municipal wastewater treatment plant）

指对进入城镇污水收集系统的污水进行净化处理的污水处理厂。

3.3 一级强化处理（enhanced primary treatment）

在常规一级处理（重力沉降）基础上，增加化学混凝处理、机械过滤或不完全生物处理等，以提高一级处理效果的处理工艺。

4 技术内容

4.1 水污染物排放标准

4.1.1 控制项目及分类

4.1.1.1 根据污染物的来源及性质，将污染物控制项目分为基本控制项目和选择控制项目两类。基本控制项目主要包括影响水环境和城镇污水处理厂一般处理工艺可以去除的常规污染物，以及部分一类污染物，共 19 项。选择控制项目包括对环境有较长期影响或毒性较大的污染物，共计 43 项。

4.1.1.2 基本控制项目必须执行。选择控制项目，由地方环境保护行政主管部门根据污水处理厂接纳的工业污染物的类别和水环境质量要求选择控制。

4.1.2 标准分级

根据城镇污水处理厂排入地表水域环境功能和保护目标，以及污水处理厂的处理工艺，将基本控制项目的常规污染物标准值分为一级标准、二级标准、三级标准。一级标准分为 A 标准和 B 标准。部分一类污染物和选择控制项目不分级。

4.1.2.1 一级标准的 A 标准是城镇污水处理厂出水作为回用水的基本要求。当污水处理厂出水引入稀释能力较小的河湖作为城镇景观用水和一般回用水等用途时，执行一级标准的 A 标准。

4.1.2.2 城镇污水处理厂出水排入国家和省确定的重点流域及湖泊、水库等封闭、半封闭水域时，执行一级标准的 A 标准，排入 GB 3838 地表水Ⅲ类功能水域（划定的饮用水源保护区和游泳区除外）、GB 3097 海水二类功能水域时，执行一级标准的 B 标准。

4.1.2.3 城镇污水处理厂出水排入 GB 3838 地表水Ⅳ、Ⅴ类功能水域或 GB 3097 海水三、四类功能海域，执行二级标准。

4.1.2.4 非重点控制流域和非水源保护区的建制镇的污水处理厂，根据当地经济条件和水污染控制要求，采用一级强化处理工艺时，执行三级标准。但必须预留二级处理设施的位置，分期达到二级标准。

4.1.3 标准值

4.1.3.1 城镇污水处理厂水污染物排放基本控制项目，执行表 1 和表 2 的规定。

表 1　基本控制项目最高允许排放浓度（日均值）　　　　单位：mg/L

序号	基本控制项目		一级标准		二级标准	三级标准
			A 标准	B 标准		
1	化学需氧量（COD）		50	60	100	120[①]
2	生化需氧量（BOD$_5$）		10	20	30	60[①]
3	悬浮物（SS）		10	20	30	50
4	动植物油		1	3	5	20
5	石油类		1	3	5	15
6	阴离子表面活性剂		0.5	1	2	5
7	总氮（以 N 计）		15	20	—	—
8	氨氮（以 N 计）[②]		5（8）	8（15）	25（30）	—
9	总磷（以 P 计）	2005 年 12 月 31 日前建设的	1	1.5	3	5
		2006 年 1 月 1 日起建设的	0.5	1	3	5
10	色度（稀释倍数）		30	30	40	50
11	pH		6～9			
12	粪大肠菌群数（个/L）		10^3	10^4	10^4	—

注：①下列情况下按去除率指标执行：当进水 COD 大于 350 mg/L 时，去除率应大于 60%；BOD 大于 160 mg/L 时，去除率应大于 50%。

　　②括号外数值为水温＞12℃时的控制指标，括号内数值为水温≤12℃时的控制指标。

表 2　部分一类污染物最高允许排放浓度（日均值）　　　　单位：mg/L

序号	项　目	标准值
1	总汞	0.001
2	烷基汞	不得检出
3	总镉	0.01
4	总铬	0.1
5	六价铬	0.05
6	总砷	0.1
7	总铅	0.1

4.1.3.2 选择控制项目按表 3 的规定执行。

表3 选择控制项目最高允许排放浓度（日均值）　　　　单位：mg/L

序号	选择控制项目	标准值	序号	选择控制项目	标准值
1	总镍	0.05	23	三氯乙烯	0.3
2	总铍	0.002	24	四氯乙烯	0.1
3	总银	0.1	25	苯	0.1
4	总铜	0.5	26	甲苯	0.1
5	总锌	1.0	27	邻-二甲苯	0.4
6	总锰	2.0	28	对-二甲苯	0.4
7	总硒	0.1	29	间-二甲苯	0.4
8	苯并[a]芘	0.000 03	30	乙苯	0.4
9	挥发酚	0.5	31	氯苯	0.3
10	总氰化物	0.5	32	1,4-二氯苯	0.4
11	硫化物	1.0	33	1,2-二氯苯	1.0
12	甲醛	1.0	34	对硝基氯苯	0.5
13	苯胺类	0.5	35	2,4-二硝基氯苯	0.5
14	总硝基化合物	2.0	36	苯酚	0.3
15	有机磷农药（以P计）	0.5	37	间-甲酚	0.1
16	马拉硫磷	1.0	38	2,4-二氯酚	0.6
17	乐果	0.5	39	2,4,6-三氯酚	0.6
18	对硫磷	0.05	40	邻苯二甲酸二丁酯	0.1
19	甲基对硫磷	0.2	41	邻苯二甲酸二辛酯	0.1
20	五氯酚	0.5	42	丙烯腈	2.0
21	三氯甲烷	0.3	43	可吸附有机卤化物（AOX）（以Cl计）	1.0
22	四氯化碳	0.03			

4.1.4 取样与监测

4.1.4.1 水质取样在污水处理厂处理工艺末端排放口。在排放口应设污水水量自动计量装置、自动比例采样装置，pH、水温、COD 等主要水质指标应安装在线监测装置。

4.1.4.2 取样频率为至少每 2 h 一次，取 24 h 混合样，以日均值计。

4.1.4.3 监测分析方法按表 4 或国家环境保护总局认定的替代方法、等效方法执行。

表4 水污染物监测分析方法

序号	控制项目	测定方法	测定下限/（mg/L）	方法来源
1	化学需氧量（COD）	重铬酸盐法	30	GB 11914—89
2	生化需氧量（BOD）	稀释与接种法	2	GB 7488—87
3	悬浮物（SS）	重量法		GB 11901—89
4	动植物油	红外光度法	0.1	GB/T 16488—1996
5	石油类	红外光度法	0.1	GB/T 16488—1996
6	阴离子表面活性剂	亚甲蓝分光光度法	0.05	GB 7494—87
7	总氮	碱性过硫酸钾-消解紫外分光光度法	0.05	GB 11894—89

序号	控制项目	测定方法	测定下限/（mg/L）	方法来源
8	氨氮	蒸馏和滴定法	0.2	GB 7478—87
9	总磷	钼酸铵分光光度法	0.01	GB 11893—89
10	色度	稀释倍数法		GB 11903—89
11	pH 值	玻璃电极法		GB 6920—86
12	粪大肠菌群数	多管发酵法		1)
13	总汞	冷原子吸收分光光度法	0.000 1	GB 7468—87
		双硫腙分光光度法	0.002	GB 7469—87
14	烷基汞	气相色谱法	10 ng/L	GB/T 14204—93
15	总镉	原子吸收分光光度法(螯合萃取法)	0.001	GB 7475—87
		双硫腙分光光度法	0.001	GB 7471—87
16	总铬	高锰酸钾氧化-二苯碳酰二肼分光光度法	0.004	GB 7466—87
17	六价铬	二苯碳酰二肼分光光度法	0.004	GB 7467—87
18	总砷	二乙基二硫代氨基甲酸银分光光度法	0.007	GB 7485—87
19	总铅	原子吸收分光光度法(螯合萃取法)	0.01	GB 7475—87
		双硫腙分光光度法	0.01	GB 7470—87
20	总镍	火焰原子吸收分光光度法	0.05	GB 11912—89
		丁二酮肟分光光度法	0.25	GB 11910—89
21	总铍	活性炭吸附——铬天菁 S 光度法		1)
22	总银	火焰原子吸收分光光度法	0.03	GB 11907—89
		镉试剂 2B 分光光度法	0.01	GB 11908—89
23	总铜	原子吸收分光光度法	0.01	GB 7475—87
		二乙基二硫氨基甲酸钠分光光度法	0.01	GB 7474—87
24	总锌	原子吸收分光光度法	0.05	GB 7475—87
		双硫腙分光光度法	0.005	GB 7472—87
25	总锰	火焰原子吸收分光光度法	0.01	GB 11911—89
		高碘酸钾分光光度法	0.02	GB 11906—89
26	总硒	2,3-二氨基萘荧光法	0.25 μg/L	GB 11902—89
27	苯并[a]芘	高压液相色谱法	0.001 μg/L	GB 13198—91
		乙酰化滤纸层析荧光分光光度法	0.004 μg/L	GB 11895—89
28	挥发酚	蒸馏后 4-氨基安替比林分光光度法	0.002	GB 7490—87
29	总氰化物	硝酸银滴定法	0.25	GB 7486—87
		异烟酸-吡唑啉酮比色法	0.004	GB 7486—87
		吡啶-巴比妥酸比色法	0.002	GB 7486—87
30	硫化物	亚甲基蓝分光光度法	0.005	GB/T 16489—1996
		直接显色分光光度法	0.004	GB/T 17133—1997
31	甲醛	乙酰丙酮分光光度法	0.05	GB 13197—91
32	苯胺类	N-(1-萘基)乙二胺偶氮分光光度法	0.03	GB 11889—89
33	总硝基化合物	气相色谱法	5 μg/L	GB 4919—85
34	有机磷农药(以 P 计)	气相色谱法	0.5 μg/L	GB 13192—91
35	马拉硫磷	气相色谱法	0.64 μg/L	GB 13192—91
36	乐果	气相色谱法	0.57 μg/L	GB 13192—91

序号	控制项目	测定方法	测定下限/ （mg/L）	方法来源
37	对硫磷	气相色谱法	0.54 μg/L	GB 13192—91
38	甲基对硫磷	气相色谱法	0.42 μg/L	GB 13192—91
39	五氯酚	气相色谱法	0.04 μg/L	GB 8972—88
		藏红 T 分光光度法	0.01	GB 9803—88
40	三氯甲烷	顶空气相色谱法	0.30 μg/L	GB/T 17130—1997
41	四氯化烷	顶空气相色谱法	0.05 μg/L	GB/T 17130—1997
42	三氯乙烯	顶空气相色谱法	0.50 μg/L	GB/T 17130—1997
43	四氯乙烯	顶空气相色谱法	0.2 μg/L	GB/T 17130—1997
44	苯	气相色谱法	0.05	GB 11890—89
45	甲苯	气相色谱法	0.05	GB 11890—89
46	邻-二甲苯	气相色谱法	0.05	GB 11890—89
47	对-二甲苯	气相色谱法	0.05	GB 11890—89
48	间-二甲苯	气相色谱法	0.05	GB 11890—89
49	乙苯	气相色谱法	0.05	GB 11890—89
50	氯苯	气相色谱法		HJ/T 74—2001
51	1,4 二氯苯	气相色谱法	0.005	GB/T 17131—1997
52	1,2 二氯苯	气相色谱法	0.002	GB/T 17131—1997
53	对硝基氯苯	气相色谱法		GB 13194—91
54	2,4-二硝基氯苯	气相色谱法		GB 13194—91
55	苯酚	液相色谱法	1.0 μg/L	1）
56	间-甲酚	液相色谱法	0.8 μg/L	1）
57	2,4-二氯酚	液相色谱法	1.1 μg/L	1）
58	2,4,6-三氯酚	液相色谱法	0.8 μg/L	1）
59	邻苯二甲酸二丁酯	气相、液相色谱法		HJ/T 72—2001
60	邻苯二甲酸二辛酯	气相、液相色谱法		HJ/T 72—2001
61	丙烯腈	气相色谱法		HJ/T 73—2001
62	可吸附有机卤化物 （AOX）（以 Cl 计）	微库化法	10 μg/L	GB/T 15959—1995
		离子色谱法		HJ/T 83—2001

注：暂采用下列方法，待国家方法标准发布后，执行国家标准。

1）《水和废水监测分析方法（第三版、第四版）》，北京：中国环境科学出版社。

4.2 大气污染物排放标准

4.2.1 标准分级

根据城镇污水处理厂所在地区的大气环境质量要求和大气污染物治理技术和设施条件，将标准分为三级。

4.2.1.1 位于 GB 3095 一类区的所有（包括现有和新建、改建、扩建）城镇污水处理厂，自本标准实施之日起，执行一级标准。

4.2.1.2 位于 GB 3095 二类区和三类区的城镇污水处理厂，分别执行二级标准和三级标准。其中 2003 年 6 月 30 日之前建设（包括改、扩建）的城镇污水处理厂，实施标准的时间为 2006 年 1 月 1 日；2003 年 7 月 1 日起新建（包括改、扩建）的城镇污水处理厂，自本标准实施之日起开始执行。

4.2.1.3 新建（包括改、扩建）城镇污水处理厂周围应建设绿化带，并设有一定的防护距离，防护距离的大小由环境影响评价确定。

4.2.2 标准值

城镇污水处理厂废气的排放标准值按表 5 的规定执行。

表5 厂界（防护带边缘）废气排放最高允许浓度 单位：mg/m³

序 号	控 制 项 目	一级标准	二级标准	三级标准
1	氨	1.0	1.5	4.0
2	硫化氢	0.03	0.06	0.32
3	臭气浓度（无量纲）	10	20	60
4	甲烷（厂区最高体积浓度，%）	0.5	1	1

4.2.3 取样与监测

4.2.3.1 氨、硫化氢、臭气浓度监测点设于城镇污水处理厂厂界或防护带边缘的浓度最高点；甲烷监测点设于厂区内浓度最高点。

4.2.3.2 监测点的布置方法与采样方法按 GB 16297 中附录 C 和 HJ/T 55 的有关规定执行。

4.2.3.3 采样频率，每 2 h 采样一次，共采集 4 次，取其最大测定值。

4.2.3.4 监测分析方法按表 6 执行。

表6 大气污染物监测分析方法

序号	控制项目	测定方法	方法来源
1	氨	次氯酸钠-水杨酸分光光度法	GB/T 14679—93
2	硫化氢	气相色谱法	GB/T 14678—93
3	臭气浓度	三点比较式臭袋法	GB/T 14675—93
4	甲烷	气相色谱法	CJ/T 3037—95

4.3 污泥控制标准

4.3.1 城镇污水处理厂的污泥应进行稳定化处理，稳定化处理后应达到表 7 的规定。

表7 污泥稳定化控制指标

稳定化方法	控制项目	控制指标
厌氧消化	有机物降解率（%）	＞40
好氧消化	有机物降解率（%）	＞40
好氧堆肥	含水率（%）	＜65
	有机物降解率（%）	＞50
	蠕虫卵死亡率（%）	＞95
	粪大肠菌群菌值	＞0.01

4.3.2 城镇污水处理厂的污泥应进行污泥脱水处理，脱水后污泥含水率应小于80%。

4.3.3 处理后的污泥进行填埋处理时，应达到安全填埋的相关环境保护要求。

4.3.4 处理后的污泥农用时，其污染物含量应满足表8的要求。其施用条件须符合 GB 4284 的有关规定。

表8 污泥农用时污染物控制标准限值

序号	控 制 项 目	最高允许含量/（mg/kg）	
		酸性土壤（pH<6.5）	中性和碱性土壤（pH≥6.5）
1	总镉	5	20
2	总汞	5	15
3	总铅	300	1 000
4	总铬	600	1 000
5	总砷	75	75
6	总镍	100	200
7	总锌	2 000	3 000
8	总铜	800	1 500
9	硼	150	150
10	石油类	3 000	3 000
11	苯并[a]芘	3	3
12	多氯代二苯并二噁英/多氯代二苯并呋喃（PCDD/PCDF 单位：ng/kg）	100	100
13	可吸附有机卤化物（AOX）（以 Cl 计）	500	500
14	多氯联苯（PCB）	0.2	0.2

4.3.5 取样与监测

4.3.5.1 取样方法，采用多点取样，样品应有代表性，样品重量不小于 1kg。

4.3.5.2 监测分析方法按表9执行。

表9 污泥特性及污染物监测分析方法

序号	控制项目	测定方法	方法来源
1	污泥含水率	烘干法	1）
2	有机质	重铬酸钾法	1）
3	蛔虫卵死亡率	显微镜法	GB 7959—87
4	粪大肠菌群菌值	发酵法	GB 7959—87
5	总镉	石墨炉原子吸收分光光度法	GB/T 17141—1997
6	总汞	冷原子吸收分光光度法	GB/T 17136—1997
7	总铅	石墨炉原子吸收分光光度法	GB/T 17141—1997
8	总铬	火焰原子吸收分光光度法	GB/T 17137—1997
9	总砷	硼氢化钾-硝酸银分光光度法	GB/T 17135—1997
10	硼	姜黄素比色法	2）
11	矿物油	红外分光光度法	2）
12	苯并[a]芘	气相色谱法	2）

序号	控制项目	测定方法	方法来源
13	总铜	火焰原子吸收分光光度法	GB/T 17138—1997
14	总锌	火焰原子吸收分光光度法	GB/T 17138—1997
15	总镍	火焰原子吸收分光光度法	GB/T 17139—1997
16	多氯代二苯并二噁英/多氯代二苯并呋喃（PCDD/PCDF）	同位素稀释高分辨毛细管气相色谱/高分辨质谱法	HJ/T 77—2001
17	可吸附有机卤化物（AOX）		待定
18	多氯联苯（PCB）	气相色谱法	待定

注：暂采用下列方法，待国家方法标准发布后，执行国家标准。
1)《城镇垃圾农用监测分析方法》。
2)《农用污泥监测分析方法》。

　　4.4　城镇污水处理厂噪声控制按 GB 12348 执行。

　　4.5　城镇污水处理厂的建设（包括改、扩建）时间以环境影响评价报告书批准的时间为准。

5　其他规定

　　城镇污水处理厂出水作为水资源用于农业、工业、市政、地下水回灌等方面不同用途时，还应达到相应的用水水质要求，不得对人体健康和生态环境造成不利影响。

6　标准的实施与监督

　　6.1　本标准由县级以上人民政府环境保护行政主管部门负责监督实施。

　　6.2　省、自治区、直辖市人民政府对执行国家污染物排放标准不能达到本地区环境功能要求时，可以根据总量控制要求和环境影响评价结果制定严于本标准的地方污染物排放标准，并报国家环境保护行政主管部门备案。

关于发布《城镇污水处理厂污染物排放标准》

（GB 18918—2002）修改单的公告

（2006 年 5 月 8 日　国家环境保护总局）

为贯彻《中华人民共和国水污染防治法》，加强对城镇污水处理厂建设和运行的管理，改善城镇水环境质量，现发布《城镇污水处理厂污染物排放标准》（GB 18918—2002）修改单，本修改单自发布之日起实施。

特此公告。

附件：

《城镇污水处理厂污染物排放标准》（GB 18918—2002）修改单

4.1.2.2　修改为：城镇污水处理厂出水排入国家和省确定的重点流域及湖泊、水库等封闭、半封闭水域时，执行一级标准的 A 标准，排入 GB 3838 地表水Ⅲ类功能水域（划定的饮用水源保护区和游泳区除外）、GB 3097 海水二类功能水域时，执行一级标准的 B 标准。

中华人民共和国国家标准

煤炭工业污染物排放标准

Emission standard for pollutants from coal industry

GB 20426—2006 部分
代替 GB 8978—1996
GB 16297—1996

前　言

为控制原煤开采、选煤及其所属煤炭贮存、装卸场所的污染物排放，保障人体健康，保护生态环境，促进煤炭工业可持续发展，根据《中华人民共和国环境保护法》、《中华人民共和国水污染防治法》、《中华人民共和国大气污染防治法》和《中华人民共和国固体废物污染环境防治法》，制定本标准。

本标准主要包括如下内容：

——规定了采煤废水和选煤废水污染物排放限值；

——规定了煤炭工业地面生产系统大气污染物排放限值和无组织排放限值；

——规定了煤矸石堆置场管理技术要求；

——规定了煤炭矿井水资源化利用指导性技术要求。

新建生产线自 2006 年 10 月 1 日起、现有生产线自 2007 年 10 月 1 日起，煤炭工业水污染物排放按本标准执行，不再执行 GB 8978—1996《污水综合排放标准》；煤炭工业大气污染物排放按本标准执行，不再执行 GB 16297—1996《大气污染物综合排放标准》；煤矸石堆置场污染物控制和管理按本标准规定的技术要求执行。

按有关法律规定，本标准具有强制执行的效力。

本标准为首次发布。

本标准由国家环境保护总局科技标准司提出。

本标准起草单位：国家环境保护总局环境标准研究所、中国矿业大学（北京）、煤炭科学研究总院杭州环境保护研究所、兖矿集团有限公司、煤炭科学研究总院唐山分院。

本标准国家环境保护总局 2006 年 9 月 1 日批准。

本标准自 2006 年 10 月 1 日起实施。

本标准由国家环境保护总局解释。

1 适用范围

本标准规定了原煤开采、选煤水污染物排放限值，煤炭地面生产系统大气污染物排放限值，以及煤炭采选企业所属煤矸石堆置场、煤炭贮存、装卸场所污染物控制技术要求。

本标准适用于现有煤矿（含露天煤矿）、选煤厂及其所属煤矸石堆置场、煤炭贮存、装卸场所污染防治与管理，以及煤炭工业建设项目环境影响评价、环境保护设施设计、竣工环境保护验收及其投产后的污染防治与管理。

本标准适用于法律允许的污染物排放行为，新设立生产线的选址和特殊保护区域内现有生产线的管理，按《中华人民共和国大气污染防治法》第十六条、《中华人民共和国水污染防治法》第二十条和第二十七条、《中华人民共和国海洋环境保护法》第三十条、《饮用水水源保护区污染防治管理规定》的相关规定执行。

2 规范性引用文件

下列标准的条款通过本标准的引用而成为本标准的条文，与本标准同效。凡不注明日期的引用文件，其最新版本适用于本标准。

GB 3097　　　　海水水质标准
GB 3838　　　　地表水环境质量标准
GB 5084　　　　农田灌溉水质标准
GB 5086.1～2　固体废物浸出毒性浸出方法
GB/T 6920　　　水质　pH 值的测定　玻璃电极法
GB/T 7466　　　水质　总铬的测定
GB/T 7467　　　水质　六价铬的测定　二苯碳酰二肼分光光度法
GB/T 7468　　　水质　总汞的测定　冷原子吸收分光光度法
GB/T 7470　　　水质　铅的测定　双硫腙分光光度法
GB/T 7471　　　水质　镉的测定　双硫腙分光光度法
GB/T 7472　　　水质　锌的测定　双硫腙分光光度法
GB/T 7475　　　水质　铜、锌、铅、镉的测定　原子吸收分光光度法
GB/T 7484　　　水质　氟化物的测定　离子选择电极法
GB/T 7485　　　水质　总砷的测定　二乙基二硫代氨基甲酸银分光光度法
GB/T 8970　　　空气质量二氧化硫的测定　四氯汞盐-盐酸副玫瑰苯胺比色法
GB/T 11901　　水质　悬浮物的测定　重量法
GB/T 11911　　水质　铁、锰的测定　火焰原子吸收分光光度法
GB/T 11914　　水质　化学需氧量的测定　重铬酸盐法
GB/T 15432　　环境空气总悬浮颗粒物的测定　重量法
GB/T 16157　　固定污染源排气中颗粒物测定　与气态污染物采样方法
GB/T 16488　　水质　石油类和动植物油的测定　红外光度法
GB 18599　　　一般工业固体废物贮存、处置场污染控制标准
HJ/T 55　　　　大气污染物无组织排放监测技术导则

HJ/T 91　　　　地表水和污水监测技术规范

3　术语和定义

下列术语与定义适用于本标准。

3.1　煤炭工业 coal industry
煤炭工业指原煤开采和选煤行业。

3.2　煤炭工业废水 coal industry waste water
煤炭开采和选煤过程中产生的废水，包括采煤废水和选煤废水。

3.3　采煤废水 mine drainage
煤炭开采过程中，排放到环境水体的煤矿矿井水或露天煤矿疏干水。

3.4　酸性采煤废水 acid mine drainage
在未经处理之前，pH 值小于 6.0 或者总铁浓度大于或等于 10.0 mg/L 的采煤废水。

3.5　高矿化度采煤废水 mine drainage of high mineralization
矿化度（无机盐总含量）大于 1 000 mg/L 的采煤废水。

3.6　选煤 coal preparation
利用物理、化学等方法，除掉煤中杂质，将煤按需要分成不同质量、规格产品的加工过程。

3.7　选煤厂 coal preparation plant
对煤炭进行分选，生产不同质量、规格产品的加工厂。

3.8　选煤废水 coal preparation waste water
在选煤厂煤泥水处理工艺中，洗水不能形成闭路循环，需向环境排放的那部分废水。

3.9　大气污染物排放浓度 air pollutants emission concentration
指在温度 273 K，压力 101 325 Pa 时状态下，排气筒中污染物任何 1 小时的平均浓度，单位为：mg/m^3（标）或 mg/Nm^3。

3.10　煤矸石 coal slack
采、掘煤炭生产过程中从顶、底板或煤夹矸混入煤中的岩石和选煤厂生产过程中排出的洗矸石。

3.11　煤矸石堆置场 waste heap
堆放煤矸石的场地和设施。

3.12　现有生产线 existing facility
本标准实施之日前已建成投产或环境影响报告书已通过审批的煤矿矿井、露天煤矿、选煤厂以及所属贮存、装卸场所。

3.13　新（扩、改）建生产线 new facility
本标准实施之日起环境影响报告书通过审批的新、扩、改煤矿矿井、露天煤矿、选煤厂以及所属贮存、装卸场所。

4　煤炭工业水污染物排放限值和控制要求

4.1　煤炭工业废水有毒污染物排放限值
煤炭工业[包括现有及新（扩、改）建煤矿、选煤厂]废水有毒污染物排放浓度不得超过表 1 规定的限值。

表 1　煤炭工业废水有毒污染物排放限值

序号	污染物	日最高允许排放浓度/（mg/L）
1	总汞	0.05
2	总镉	0.1
3	总铬	1.5
4	六价铬	0.5
5	总铅	0.5
6	总砷	0.5
7	总锌	2.0
8	氟化物	10
9	总α放射性	1　Bq/L
10	总β放射性	10　Bq/L

4.2　采煤废水排放限值

现有采煤生产线自 2007 年 10 月 1 日起，执行表 2 规定的现有生产线排放限值；在此之前过渡期内仍执行 GB 8978—1996《污水综合排放标准》。自 2009 年 1 月 1 日起执行表 2 规定的新（扩、改）建生产线排放限值。

新（扩、改）建采煤生产线自本标准实施之日 2006 年 10 月 1 日起，执行表 2 规定的新（扩、改）建生产线排放限值。

表 2　采煤废水污染物排放限值

序号	污染物	日最高允许排放浓度/（mg/L）（pH 值除外）	
		现有生产线	新建（扩、改建）生产线
1	pH 值	6～9	6～9
2	总悬浮物	70	50
3	化学需氧量（COD$_{Cr}$）	70	50
4	石油类	10	5
5	总铁	7	6
6	总锰[1]	4	4

注（1）：总锰限值仅适用于酸性采煤废水。

4.3　选煤废水排放限值

现有选煤厂自 2007 年 10 月 1 日起，执行表 3 规定的现有生产线排放限值；在此之前过渡期内仍执行 GB 8978—1996《污水综合排放标准》。自 2009 年 1 月 1 日起，应实现水路闭路循环，偶发排放应执行表 3 规定新（扩、改）建生产线排放限值。

新（扩、改）建选煤厂，自本标准实施之日起，应实现水路闭路循环，偶发排放应执行表 3 规定新（扩、改）建生产线排放限值。

4.4　煤炭开采（含露天开采）水资源化利用技术规定

4.4.1　对于高矿化度采煤废水，除执行表 2 限值外，还应根据实际情况深度处理和综合利用。高矿化度采煤废水用作农田灌溉时，应达到 GB 5084 规定的限值要求。

表3　选煤废水污染物排放限值

序号	污染物	日最高允许排放浓度/（mg/L）（pH值除外）	
		现有生产线	新（扩、改）建生产线
1	pH 值	6～9	6～9
2	悬浮物	100	70
3	化学需氧量（COD$_{Cr}$）	100	70
4	石油类	10	5
5	总铁	7	6
6	总锰	4	4

4.4.2　在新建煤矿设计中应优先选择矿井水作为生产水源，用于煤炭洗选、井下生产用水、消防用水和绿化用水等。

4.4.3　建设坑口燃煤电厂、低热值燃料综合利用电厂，应优先选择矿井水作为供水水源优选方案。

4.4.4　建设和发展其他工业用水项目，应优先选用矿井水作为工业用水水源；可以利用的矿井水未得到合理、充分利用的，不得开采和使用其他地表水和地下水水源。

5　煤炭工业地面生产系统大气污染物排放限值和控制要求

5.1　现有生产线自 2007 年 10 月 1 日起，排气筒中大气污染物不得超过表4规定的限值；在此之前过渡期内仍执行 GB 16297—1996《大气污染物综合排放标准》。新（扩、改）建生产线，自本标准实施之日起，排气筒中大气污染物不得超过表4规定的限值。

5.2　煤炭工业除尘设备排气筒高度应不低于 15 m。

5.3　煤炭工业作业场所无组织排放限值。

表4　煤炭工业大气污染物排放限值

污染物	生产设备	
	原煤筛分、破碎、转载点等除尘设备	煤炭风选设备通风管道、筛面、转载点等除尘设备
颗粒物	80 mg/Nm³ 或设备去除效率＞98%	80 mg/Nm³ 或设备去除效率＞98%

现有生产线在 2007 年 10 月 1 日起，煤炭工业作业场所污染物无组织排放监控点浓度不得超过表 4 规定的限值。在此之前过渡期内仍执行 GB 16297—1996《大气污染物综合排放标准》。新（扩、改）建生产线，自本标准实施之日起，作业场所颗粒物无组织排放监控点浓度不得超过表 5 规定的限值。

表5　煤炭工业无组织排放限值

污染物	监控点	作业场所	
		煤炭工业所属装卸场所	煤炭贮存场所、煤矸石堆置场
		无组织排放限值/（mg/Nm³）（监控点与参考点浓度差值）	无组织排放限值/（mg/Nm³）（监控点与参考点浓度差值）
颗粒物	周界外浓度最高点[1]	1.0	1.0
二氧化硫		—	0.4

注（1）：周界外浓度最高点一般应设置于无组织排放源下风向的单位周界外 10 m 范围内，若预计无组织排放的最大落地浓度点越出 10 m 范围，可将监控点移至该预计浓度最高点。

6 煤矸石堆置场污染控制和其他管理规定

6.1 煤矿煤矸石应集中堆置，每个矿井宜设立一个煤矸石堆置场。煤矸石堆置场选址应符合 GB 18599 的有关要求。

6.2 煤矸石应因地制宜，综合利用，如可用于修筑路基、平整工业场地、烧结煤矸石砖、充填塌陷区、采空区等。不宜利用的煤矸石堆置场应在停用后三年内完成覆土、压实稳定化和绿化等封场处理。

6.3 建井期间排放的煤矸石临时堆置场，自投产之日起不得继续使用。临时堆置场停用后一年内完成封场处理。临时堆置场关闭与封场处理应符合 GB 18599 的有关要求。

6.4 煤矸石堆置场应采取有效措施，防止自燃。已经发生自燃的煤矸石堆场应及时灭火。

6.5 煤矸石堆置场应构筑堤、坝、挡土墙等设施，堆置场周边应设置排洪沟、导流渠等，防止降水径流进入煤矸石堆置场，避免流失、坍塌的发生。

6.6 按照 GB 5086 规定的方法进行浸出试验，煤矸石属于 GB 18599 所定义 II 类一般工业固体废物的煤矸石堆置场，应采取防渗透的技术措施。

6.7 露天煤矿采场、排土场使用期间，应通过定期喷洒水或化学剂等措施，抑制粉尘的产生。

7 监测

7.1 水污染物监测

7.1.1 煤炭工业废水采样点应设置在排污单位废水处理设施排放口（有毒污染物在车间或车间处理设施排放口采样），按规定设置标志。采样口应设置废水计量装置，宜设置废水在线监测设备。

7.1.2 采样频率

采煤废水和选煤废水，采样应在正常生产条件下进行，每 3 h 采样一次；每次监测至少采样 3 次。任何一次 pH 值测定值不得超过标准规定的限值范围，其他污染物浓度排放限值以测定均值计。

7.1.3 监测频率

采煤废水和选煤废水应每月监测一次。

如发现煤炭工业废水超过表 1 中所列的任何一项有毒污染物限值指标，应报告县级以上人民政府环境保护行政主管部门，并持续进行监测，监测频率每月至少 1 次。

7.1.4 监督性监测参照 HJ/T 91 执行。

7.1.5 水样在采用重铬酸钾法测定 COD_{Cr} 值之前，采用中速定量滤纸去除水样中煤粉的干扰。

7.1.6 本标准采用的污染物测定方法按表 6 执行。

7.2 大气污染物监测

7.2.1 排气筒中大气污染物的采样点数目及采样点位置的设置，按 GB/T 16157 规定执行。

7.2.2 对于大气污染物日常监督性监测，采样期间的工况应为正常工况。排污单位和实施监测人员不得随意改变当时的运行工况。以连续 1 h 的采样获得平均值，或在 1 h 内，以等时间间隔采集 4 个或以上样品，计算平均值。

建设项目环境保护竣工验收监测的工况要求和采样时间频次按国家环境保护主管部门制定的建设项目环境保护设施竣工验收监测办法和规范执行。

7.2.3　无组织排放监测按 HJ/T 55 的规定执行。

7.2.4　颗粒物测定方法采用 GB/T 15432；二氧化硫测定方法采用 GB/T 8970。

表 6　污染物项目测定方法

序号	项目	测定方法	最低检出浓度（量）	方法来源
1	pH 值	玻璃电极法	0.1（pH 值）	GB/T 6920
2	悬浮物	重量法	4 mg/L	GB/T 11901
3	化学需氧量（CODCr）	重铬酸盐法（过滤后）	5 mg/L	GB/T 11914
4	石油类	红外光度法	0.1 mg/L	GB/T 16488
5	总铁、总锰	火焰原子吸收分光光度法	0.03 mg/L、0.01 mg/L	GB/T 11911
6	总α放射性、总β放射性	物理法	0.05 Bq/L	《环境监测技术规范（放射性部分）》，国家环境保护总局
7	总汞	冷原子吸收分光光度法	0.1 μg/L	GB/T 7468
8	总镉	双硫腙分光光度法	1 μg/L	GB/T 7471
9	总铬	高锰酸钾氧化－二苯碳酰二肼分光光度法	0.004 mg/L	GB/T 7466
10	六价铬	二苯碳酰二肼分光光度法	0.004 mg/L	GB/T 7467
11	总铅	原子吸收分光光度法 双硫腙分光光度法	10 μg/L 0.01 mg/L	GB/T 7475 GB/T 7470
12	总砷	二乙基二硫代氨基甲酸银分光光度法	0.007 mg/L	GB/T 7485
13	总锌	原子吸收分光光度法 双硫腙分光光度法	0.02 mg/L 0.005 mg/L	GB/T 7475 GB/T 7472
14	氟化物	离子选择电极法	0.05 mg/L	GB/T 7484

8　标准实施监督

8.1　本标准 2006 年 10 月 1 日起实施。

8.2　本标准由县级以上人民政府环境保护行政保护主管部门负责监督实施。

中华人民共和国国家标准

杂环类农药工业水污染物排放标准

Effluent Standards of Pollutants for Heterocyclic Pesticides Industry

GB 21523—2008

前 言

为贯彻《中华人民共和国环境保护法》、《中华人民共和国水污染防治法》和《国务院关于落实科学发展观 加强环境保护的决定》，加强对农药工业污染物的产生和排放控制，促进农药工业技术进步，改善环境质量，保障人体健康，制定本标准。

本标准以杂环类农药工业清洁生产工艺及治理技术为依据，结合污染物的生态影响，规定了杂环类农药吡虫啉、三唑酮、多菌灵、百草枯、莠去津、氟虫腈原药生产过程中污染物排放的控制项目、排放限值，适用于杂环类农药吡虫啉、三唑酮、多菌灵、百草枯、莠去津、氟虫腈原药生产企业水污染物排放管理。

为促进地区经济与环境协调发展，推动经济结构的调整和经济增长方式的转变，引导工业生产工艺和污染治理技术的发展方向，本标准规定了水污染物特别排放限值。

杂环类农药工业企业排放大气污染物（含恶臭污染物）、环境噪声适用相应的国家污染物排放标准，产生固体废物的鉴别、处理和处置适用国家固体废物污染物控制标准。

自本标准实施之日起，杂环类农药吡虫啉、三唑酮、多菌灵、百草枯、莠去津、氟虫腈原药生产企业水污染物排放按本标准执行，不再执行《污水综合排放标准》（GB 8978—1996）。除上述六种原药以外的其他杂环类农药生产企业水污染物排放仍执行《污水综合排放标准》（GB 8978—1996）。

本标准附录 A～附录 J 为规范性附录。

本标准为首次发布。

按照有关法律规定，本标准具有强制执行的效力。

本标准由环境保护部科技标准司组织制订。

本标准起草单位：环境保护部南京环境科学研究所、沈阳化工研究院。

本标准环境保护部 2008 年 3 月 17 日批准。

本标准自 2008 年 7 月 1 日实施。

本标准由环境保护部解释。

1　适用范围

本标准规定了杂环类农药吡虫啉、三唑酮、多菌灵、百草枯、莠去津、氟虫腈原药生产过程中水污染物排放限值。

本标准适用于吡虫啉、三唑酮、多菌灵、百草枯、莠去津、氟虫腈原药生产企业的污染物排放控制和管理，以及建设项目的环境影响评价、建设项目环境保护设施设计、竣工验收及其运营期的排放管理。

本标准同时适用于环保行政主管部门对生产企业的污染物排放进行监督管理。

本标准只适用于法律允许的水污染物排放行为。新设立的杂环类农药工业企业的选址和特殊保护区域内现有污染源的管理，按照《中华人民共和国水污染防治法》、《中华人民共和国海洋环境保护法》和《中华人民共和国环境影响评价法》等法律的相关规定执行。

本标准规定的水污染物排放控制要求适用于企业向地表水体的排放行为。莠去津、氟虫腈排放浓度限值也适用于向设置污水处理厂的城镇排水系统排放；现有企业向设置污水处理厂的城镇排水系统排放其他水污染物时，其排放控制要求由杂环类农药工业企业与城镇污水处理厂根据其污水处理能力商定或执行相关标准，并报当地环境保护主管部门备案；建设项目拟向设置污水处理厂的城镇污水排水系统排放水污染物时，其排放控制要求由建设单位与城镇污水处理厂商定或执行相关标准，由依法具有审批权的环境保护主管部门批准。

2　规范性引用文件

本标准内容引用了下列文件中的条款。凡是不注日期的引用文件，其有效版本适用于本标准。

GB/T 6920—86　水质　pH 值的测定　玻璃电极法

GB/T 7478—87　水质　铵的测定　蒸馏和滴定法

GB/T 7479—87　水质　铵的测定　纳氏试剂比色法

GB/T 7483—87　水质　氟化物的测定　氟试剂分光光度法

GB/T 7484—87　水质　氟化物的测定　离子选择电极法

GB/T 7486—87　水质　氰化物的测定　第一部分：总氰化物的测定

GB/T 11889—89　水质　苯胺类的测定　N-（1-萘基）乙二胺偶氮分光光度法

GB/T 11890—89　水质　苯系物的测定　气相色谱法

GB/T 11893—89　水质　总磷的测定　钼酸铵分光光度法

GB/T 11894—89　水质　总氮的测定　碱性过硫酸钾消解紫外分光光度法

GB/T 11901—89　水质　悬浮物的测定　重量法

GB/T 11903—89　水质　色度的测定

GB/T 11914—89　水质　化学需氧量的测定　重铬酸盐法

GB/T 13197—91　水质　甲醛的测定　乙酰丙酮分光光度法

GB/T14672—93　水质　吡啶的测定　气相色谱法

GB/T 15959—1995　水质　可吸附有机卤素（AOX）的测定　微库仑法

HJ/T 70—2001 高氯废水 化学需氧量的测定 氯气校正法

HJ/T 132—2003 高氯废水 化学需氧量的测定 碘化钾碱性高锰酸钾法

《污染源自动监控管理办法》（国家环境保护总局令 第 28 号）

《环境监测管理办法》（国家环境保护总局令 第 39 号）

3 术语和定义

下列术语和定义适用于本标准。

3.1 吡虫啉

中文通用名：吡虫啉，英文通用名：imidacloprid，其他名称：咪蚜胺、蚜虱净，化学名：1-[（6-氯-吡啶）甲基]-4,5-二氢-N-硝基-1-氢咪唑-2-胺，分子式：$C_9H_{10}ClN_5O_2$，相对分子质量：255.7。CAS 号：138261-41-3，化学结构式：

3.2 三唑酮

中文通用名：三唑酮，英文通用名：triadimefon，其他名称：百里通、粉锈宁，化学名：1-（4-氯苯氧基）-3,3-二甲基-1-（1,2,4-三唑-1-基）-2-丁酮，分子式：$C_{14}H_{16}ClN_3O_2$，相对分子质量：293.8。CAS 号：43121-43-3，化学结构式：

3.3 多菌灵

中文通用名：多菌灵，英文通用名：carbendazim，其他名称：苯骈咪唑 44 号、棉萎灵。化学名称：苯骈咪唑-2-氨基甲酸甲酯，分子式：$C_9H_9N_3O_2$，相对分子质量：191.2。CAS 号：10605-21-7，化学结构式：

3.4 百草枯

中文通用名：百草枯，英文通用名：paraquat，其他名称：克芜踪、对草快。化学名称：1,1′-二甲基-4,4′-联吡啶阳离子盐，分子式：$C_{12}H_{14}Cl_2N_2$，相对分子质量：257.2。CAS 号：1910-42-5，化学结构式：

3.5 莠去津

中文通用名：莠去津，英文通用名：atrazine，其他名称：阿特拉津、莠去尽、园保净。化学名称：2-氯-4-乙胺基-6-异丙胺基-1,3,5-三嗪，分子式：$C_8H_{14}ClN_5$，相对分子质量：215.7。CAS号：1912-24-9，化学结构式：

3.6 氟虫腈

中文通用名：氟虫腈，英文通用名：fipronil，其他名称：锐劲特。化学名称：（RS)-5-氨基-1-（2,6-二氯-a,a,a-三氟-对-甲苯基）-4-三氟甲基亚磺酰基吡唑-3-腈，分子式：$C_{12}H_4Cl_2F_6N_4OS$，相对分子质量：437.2。CAS号：120068-37-3，化学结构式：

3.7 现有企业

本标准实施之日前建成投产或环境影响评价文件已通过审批的杂环类（吡虫啉、三唑酮、多菌灵、百草枯、莠去津、氟虫腈）原药生产企业或生产设施。

3.8 新建企业

本标准实施之日起环境影响评价文件通过审批的新、改、扩建的杂环类（吡虫啉、三唑酮、多菌灵、百草枯、莠去津、氟虫腈）原药生产建设项目。

3.9 排水量

指生产设施或企业排放到企业法定边界外的废水量。包括与生产有直接或间接关系的各种外排废水（含厂区生活污水、冷却废水、厂区锅炉和电站废水等）。

3.10 单位产品基准排水量

指用于核定水污染物排放浓度而规定的生产单位农药产品的废水排放量上限值。

4 水污染物排放控制要求

4.1 排放限值

4.1.1 现有企业自2008年7月1日起执行表1规定的水污染物排放质量浓度限值。

4.1.2 现有企业自2009年7月1日起执行表2规定的水污染物排放质量浓度限值。

4.1.3 新建企业自2008年7月1日起执行表2规定的水污染物排放质量浓度限值。

4.1.4 根据环境保护工作的要求，在国土开发密度已经较高、环境承载能力开始减弱，或环境容量较小、生态环境脆弱，容易发生严重环境污染问题而需要采取特别保护措施的地区，应严格控制企业的污染物排放行为，在上述地区的杂环类农药工业现有企业和新建企业执行表3规定的水污染物特别排放限值。

表 1　现有企业水污染物排放限值　　　　单位：mg/L（pH 值、色度除外）

序号	污染物项目	排放质量浓度限值						污染物排放监控位置
		吡虫啉原药生产企业	三唑酮原药生产企业	多菌灵原药生产企业	百草枯原药生产企业	莠去津原药生产企业	氟虫腈原药生产企业	
1	pH 值	6～9	6～9	6～9	6～9	6～9	6～9	企业废水处理设施总排放口
2	色度（稀释倍数）	50	50	50	50	50	50	
3	悬浮物	70	70	70	70	70	70	
4	化学需氧量（COD_{Cr}）	150	150	150	150	150	100	
5	氨氮	15	15	15	15	15	15	
6	总氰化合物	—	—	—	0.5	—	0.5	
7	氟化物	—	—	—	—	—	10	
8	甲醛	—	—	—	—	—	1.0	
9	甲苯	—	—	—	—	—	0.1	
10	氯苯	—	—	—	—	—	0.2	
11	可吸附有机卤化物（AOX）						1.0	
12	苯胺类						1.0	
13	2-氯-5-氯甲基吡啶	5					—	
14	咪唑烷	15						
15	吡虫啉	10	—					
16	三唑酮		5					
17	对氯苯酚	—	1					
18	多菌灵			5				
19	邻苯二胺	—	—	3	—			
20	吡啶				5			
21	百草枯离子	—	—	—	0.1			
22	2,2':6',2"-三联吡啶	—	—	—	不得检出 [1]	—	—	
23	莠去津	—	—	—	—	5	—	生产设施或车间排放口
24	氟虫腈	—	—	—	—	—	0.05	
单位产品基准排水量/（m³/t 产品）		200	25	150	30	40	230	排水量计量位置与污染物排放监控位置相同

1）2,2':6',2"-三联吡啶检出限：0.08 mg/L。

表2 新建企业水污染物排放限值 单位：mg/L（pH 值、色度除外）

序号	污染物项目	排放质量浓度限值						污染物排放监控位置
		吡虫啉原药生产企业	三唑酮原药生产企业	多菌灵原药生产企业	百草枯原药生产企业	莠去津原药生产企业	氟虫腈原药生产企业	
1	pH 值	6～9	6～9	6～9	6～9	6～9	6～9	企业废水处理设施总排放口
2	色度（稀释倍数）	30	30	30	30	30	30	
3	悬浮物	50	50	50	50	50	50	
4	化学需氧量（COD$_{Cr}$）	100	100	100	100	100	100	
5	氨氮	10	10	10	10	10	10	
6	总氰化合物	—	—	—	0.4	—	0.5	
7	氟化物	—	—	—	—	—	10	
8	甲醛	—	—	—	—	—	1.0	
9	甲苯	—	—	—	—	—	0.1	
10	氯苯	—	—	—	—	—	0.2	
11	可吸附有机卤化物（AOX）	—	—	—	—	—	1.0	
12	苯胺类						1.0	
	2-氯-5-氯甲基							
13	吡啶	2						
14	咪唑烷	10						
15	吡虫啉	5						
16	三唑酮	—	2	—	—	—	—	
17	对氯苯酚	—	0.5	—	—	—	—	
18	多菌灵	—	—	2	—	—	—	
19	邻苯二胺	—	—	2	—	—	—	
20	吡啶	—	—	—	2	—	—	
21	百草枯离子	—	—	—	0.03	—	—	
22	2,2′:6′,2″-三联吡啶	—	—	—	不得检出[1]	—	—	
23	莠去津	—	—	—	—	3	—	生产设施或车间排放口
24	氟虫腈	—	—	—	—	—	0.04	
	单位产品基准排水量/（m³/t）	150	20	120	18	20	200	排水量计量位置与污染物排放监控位置相同

注：1）2,2′:6′,2″-三联吡啶检出限：0.08 mg/L。

表3　水污染物特别排放限值　　　　单位：mg/L（pH 值、色度除外）

序号	污染源项目	排放质量浓度限值						污染物排放监控位置
		吡虫啉原药生产企业	三唑酮原药生产企业	多菌灵原药生产企业	百草枯原药生产企业	莠去津原药生产企业	氟虫腈原药生产企业	
1	pH 值	6～9	6～9	6～9	6～9	6～9	6～9	企业废水处理设施总排放口
2	色度（稀释倍数）	20	20	20	20	20	20	
3	悬浮物	30	30	30	30	30	30	
4	化学需氧量（COD_{Cr}）	80	80	80	80	80	80	
5	总磷	0.5	0.5	0.5	0.5	0.5	0.5	
6	总氮	15	15	15	15	15	15	
7	氨氮	5	5	5	5	5	5	
8	总氰化合物	—	—	—	0.2	—	0.2	
9	氟化物	—	—	—	—	—	5	
10	甲醛	—	—	—	—	—	0.5	
11	甲苯	—	—	—	—	—	0.06	
12	氯苯	—	—	—	—	—	0.1	
13	可吸附有机卤化物（AOX）	—	—	—	—	—	0.5	
14	苯胺类	—	—	—	—	—	0.5	
15	2-氯-5-氯甲基吡啶	1	—	—	—	—	—	
16	咪唑烷	5	—	—	—	—	—	
17	吡虫啉	3	—	—	—	—	—	
18	三唑酮	—	1	—	—	—	—	
19	对氯苯酚	—	0.3	—	—	—	—	
20	多菌灵	—	—	1	—	—	—	企业废水处理设施
21	邻苯二胺	—	—	1	—	—	—	
25	莠去津	—	—	—	—	1	—	生产设施或车间排放口
26	氟虫腈	—	—	—	—	—	0.01	
	单位产品基准排水量（m³/t）	150	20	120	18	20	100	排水量计量位置与污染物排放监控位置相同

注：1）2,2′:6′,2″-三联吡啶检出限：0.08 mg/L。

4.2 基准水量排放质量浓度的换算

4.2.1 水污染物排放质量浓度限值适用于单位产品实际排水量不高于单位产品基准排水量的情况。若单位产品实际排水量超过单位产品基准排水量，应按污染物单位产品基准排水量将实测水污染物质量浓度换算为水污染物基准水量排放质量浓度，并以水污染物基准水量排放质量浓度作为判定排放是否达标的依据。产品产量和排水量统计周期为一个工作日。

4.2.2 在企业的生产设施同时生产两种以上产品、可适用不同排放控制要求或不同行业国家污染物排放标准，且生产设施产生的废水混合处理排放的情况下，应执行排放标准中规定的最严格的质量浓度限值，并按式（1）换算水污染物基准水量排放质量浓度：

$$\rho_{基} = \frac{Q_{总}}{\sum Y_i \times Q_{i基}} \times \rho_{实}$$

式中：$\rho_{基}$——水污染物基准水量排放质量浓度，mg/L；

　　　$Q_{总}$——排水总量，t；

　　　Y_i——某产品产量，t；

　　　$Q_{i基}$——某产品的单位产品基准排水量，t/t；

　　　$\rho_{实}$——实测水污染物质量浓度，mg/L。

若 $Q_{总}$ 与 $\sum Y_i \times Q_{i基}$ 的比值小于1，则以水污染物实测质量浓度作为判定排放是否达标的依据。

4.3　生产过程中的水污染控制要求

4.3.1　对各工段产生的废水应分别进行集中处理。

4.3.2　严格实施"清污分流"，对废水贮池、管网进行防腐、防渗漏处理，避免废水渗漏到清水下水管网中；加强管理，增加集水池，杜绝地面冲洗水、设备冲洗水进入清水沟，把这类废水引入稀废水收集池。

4.3.3　在蒸馏后的产品抽滤操作过程中应采取有效措施控制产品流失，以减少悬浮物的产生量，提高产品回收率。

4.3.4　莠去津生产过程产生的废水应在储池中停留7 d以上，以沉降悬浮物。

5　监测要求

5.1　对企业排放废水采样应根据监测污染物的种类，在规定的污染物排放监控位置进行。在污染物排放监控位置须设置排污口标志。

5.2　新建企业应按照《污染源自动监控管理办法》的规定，安装污染物排放自动监控设备，与环保部门监控设备联网，并保证设备正常运行。各地现有企业安装污染物排放自动监控设备的要求由省级环境保护主管部门规定。

5.3　对企业污染物排放情况进行监测的频次、采样时间等要求，按国家有关污染源监测技术规范的规定执行。

5.4　企业产品产量的核定，以法定报表为依据。

5.5　企业须按照有关法律和《环境监测管理办法》的规定，对排污状况进行监测，并保存原始监测记录。

5.6　对企业排放水污染物浓度的测定采用表4所列的方法标准。

6　标准实施与监督

6.1　本标准由县级以上人民政府环境保护行政主管部门负责监督实施。

6.2　在任何情况下，企业均应遵守本标准规定的污染物排放控制要求，采取必要措施保证污染防治设施正常运行。各级环保部门在对企业进行监督性检查时，可以将现场即时采样或监测的结果，作为判定排污行为是否符合排放标准以及实施相关环境保护管理措施的依据。在发现企业耗水或排水量有异常变化的情况下，应核定企业的实际产品产量和排水量，按本标准的规定，换算水污染物基准水量排放质量浓度。

6.3 执行水污染物特别排放限值的地域范围、时间，由国务院环境保护主管部门或省级人民政府规定。

表4　水污染物项目分析方法

序号	污染物项目	分析方法标准名称	标准编号
1	pH 值	水质　pH 值的测定　玻璃电极法	GB 6920—1986
2	化学需氧量	水质　化学需氧量的测定　重铬酸盐法[1)]	GB 11914—1989
		高氯废水　化学需氧量的测定　氯气校正法	HJ/T 70—2001
		高氯废水　化学需氧量的测定　碘化钾碱性高锰酸钾法	HJ/T 132—2003
3	悬浮物	水质　悬浮物的测定　重量法	GB 11901—1989
4	色度	水质　色度的测定	GB 11903—1989
5	氨氮	水质　铵的测定　蒸馏和滴定法	GB 7478—1987
		水质　铵的测定　纳氏试剂比色法	GB 7479—1987
6	总磷	水质　总磷的测定　钼酸铵分光光度法	GB 11893—1989
7	总氮	水质　总氮的测定　碱性过硫酸钾消解分光光度法	GB 11894—1989
8	2-氯-5-氯甲基吡啶	水质　吡啶的测定　气相色谱法	GB /T 14672—1993
9	吡虫啉	废水中吡虫啉农药的测定　液相色谱法	附录 A
10	咪唑烷	废水中咪唑烷的测定　气相色谱法	附录 B
11	三唑酮	废水中三唑酮的测定　气相色谱法	附录 C
12	对氯苯酚	废水中对氯苯酚的测定　液相色谱法	附录 H
13	多菌灵	废水中多菌灵的测定　气相色谱法	附录 D
14	邻苯二胺	水质　苯胺类的测定　N-（1-萘基）乙二胺偶氮分光光度法	GB/T 11889—1989
15	总氰化物	水质　氰化物的测定　第一部分：总氰化物的测定	GB 7486—1987
16	吡啶	水质　吡啶的测定　气相色谱法	GB/T 14672—1993
17	百草枯离子	废水中百草枯离子的测定　液相色谱法	附录 E
18	2，2':6'，2″-三联吡啶	废水中 2,2':6',2″-三联吡啶的测定　气相色谱-质谱法	附录 F
19	莠去津	废水中莠去津的测定　气相色谱法	附录 G
20	甲醛	水质　甲醛的测定　乙酰丙酮分光光度法	GB 13197—1991
21	甲苯	水质　苯系物的测定　气相色谱法	GB 11890—1989
22	氯苯	水质　苯系物的测定　气相色谱法	GB 11890—1989
23	氟化物	水质　氟化物的测定　氟试剂分光光度法	GB 7483—1987
		水质　氟化物的测定　离子选择电极法	GB 7484—1987
24	可吸附有机卤素（AOX）	水质　可吸附有机卤素（AOX）的测定　微库仑法	GB/T 15959—1995
25	氟虫腈	废水中氟虫腈的测定　气相色谱法	附录 I

注：1）测定莠去津生产废水样品 COD_{Cr} 时，注意下列事项：

a. 不经稀释直接测试的水样（COD_{Cr} 值在 700 mg/L 以下的），在重铬酸钾加入量为 5.0 mL、10.0 mL 时，取样量分别不得低于 10.0 mL、20.0 mL；

b. 取样量为 10.0 mL、20.0 mL 时硫酸汞加入量分别为 1.5 g、3.0 g。

附录 A（规范性附录）

废水中吡虫啉农药的测定　液相色谱法

A.1　方法原理

吡虫啉的测定采用液相色谱分析法。液相色谱分离系统由两相——固定相和流动相组成。固定相可以是吸附剂、化学键合固定相（或在惰性载体表面涂上一层液膜）、离子交换树脂或多孔性凝胶；流动相是各种溶剂。被分离混合物由流动相液体推动进入色谱柱，根据各组分在固定相及流动相中的吸附能力、分配系数、离子交换作用或分子尺寸大小的差异进行分离。分离后的组分依次流入检测器的流通池，检测器把各组分浓度转变成电信号，经过放大，用记录器记录下来就得到色谱图。色谱图是定性、定量分析的依据。

取一定体积含吡虫啉的废水，用微孔过滤器过滤，以甲醇-水溶液为流动相，以 $5\mu m$ C_{18} 填料为固定相的色谱柱和紫外检测器，对废水中的吡虫啉进行液相色谱分离和测定。

A.2　适用范围

本方法可用于工业废水中吡虫啉含量测定。仪器最小检出量（以 S/N=3 计）为 5.0×10^{-10} g，方法最低测定质量浓度为 0.1 mg/L。

A.3　试剂

标准品，吡虫啉（＞99.0%），化学结构式：

甲醇，HPLC 级；
超纯水，电导＞10 μs。

A.4　仪器设备

液相色谱仪：配置 UV 检测器和色谱数据处理系统；
针头式过滤器滤膜孔径：0.45 μm；
色谱柱：4.6 mm×250 mm C_{18} 柱。

A.5 测定步骤

A.5.1 农药标准溶液的配制

称取吡虫啉标样 0.01 g（精确到 0.000 1 g），置于 100 mL 容量瓶中，用甲醇溶解并定容，摇匀；准确吸取 2.00 mL 上述溶液，于另一个 100 mL 容量瓶中，加甲醇稀释并定容，摇匀，制得 2.00 mg/L 吡虫啉标准溶液。

A.5.2 试样溶液的制备

取一定量的废水样，经针头式过滤器过滤后，直接进液相色谱测定。若废水样中吡虫啉浓度较高，可经甲醇稀释一定倍数后，待 HPLC 测定。

A.5.3 测定

1）液相色谱测定条件

流动相：甲醇+水=60+40；

流速：0.40 mL/min；

柱温：室温（±2℃）；

检测波长：270 nm；

进样量：50 μL；

保留时间：约 8.2 min。

典型色谱图见图 A.1。

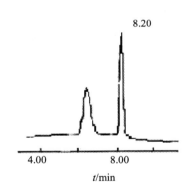

图 A.1　吡虫啉液相色谱图

2）色谱分析

在上述色谱条件下，待仪器稳定后，连续进标样溶液数次，直至相邻两次吡虫啉峰面积相对变化小于 5%后，按照标样溶液、试样溶液、试样溶液、标样溶液的顺序进样分析。

A.6 计算

将测得的试样溶液以及试样前后标样溶液中吡虫啉的峰面积分别进行平均。

废水试样中吡虫啉的质量浓度ρ（mg/L）按式（A.1）计算：

$$\rho = A_1 \times \rho_0 / A_0 \times D \qquad (A.1)$$

式中：A_1——试样溶液中吡虫啉峰面积的平均值；

A_0——标样溶液中吡虫啉峰面积的平均值；

ρ_0——标样溶液中吡虫啉的质量浓度，mg/L；

D——稀释倍数。

两次平行测定结果之差，应不大于 5%，取其算术平均值作为测定结果。

A.7 方法的精密度和准确度

对添加吡虫啉质量浓度为 0.50～10.0 mg/L 的试样进行重复测定，相对标准偏差为 1.7%～3.5%、添加回收率为 94.5%～98.9%。

附录 B（规范性附录）

废水中咪唑烷的测定　气相色谱法

B.1 方法原理

咪唑烷的测定采用气相色谱分析法。气相色谱分析法是以惰性气体作为流动相，利用试样中各组分在色谱柱中的气相和固定相间的分配系数不同进行分离。汽化后的试样被载气带入色谱柱中运行时，组分就在其中的两相间进行反复多次的分配（吸附－脱附－放出），由于固定相对各种组分的吸附能力不同（即保留作用不同），各组分在色谱柱中的运行速度就不同，经过一定的柱长后，便彼此分离，顺序进入检测器，产生的离子流信号经放大后，在记录器上形成各组分的色谱峰，根据色谱峰进行定性定量测定。

取一定体积含咪唑烷的废水，经丙酮稀释、无水硫酸钠干燥，丙酮定容后，使用壁涂 DB-5（5%苯基甲基硅酮固定相）毛细管色谱柱和氮磷检测器，对废水中的咪唑烷进行气相色谱分离和测定。

B.2 适用范围

本方法可用于工业废水中咪唑烷含量的测定。仪器最小检出量（以 S/N=3 计）2.0×10^{-10} g，方法最低测定质量浓度 0.2 mg/L。

B.3 仪器设备

气相色谱仪：配置 NP 检测器和色谱数据处理系统；

分析天平：精度 ±0.000 1 g；

色谱柱：石英毛细管柱，10 m×0.53 mm，膜厚 2.65 μm，固定相 5%苯基甲基硅酮；

氮吹仪。

B.4 试剂

标准品：咪唑烷（>95.%），化学结构式：

丙酮：分析纯，重蒸一次；

无水硫酸钠：分析纯。

B.5 测定步骤

B.5.1 标准溶液的配制

称取咪唑烷标准品 0.01 g（精确到 0.000 1 g），于 100 mL 容量瓶中，用丙酮溶解并定容，摇匀；准确吸取 2.00 mL 上述溶液，于另一个 100 mL 容量瓶中，加丙酮稀释并定容，摇匀，制得 2.00 mg/L 咪唑烷标准溶液。

B.5.2 试样溶液的制备

取 10.0 mL 废水样，置于 1 000 mL 容量瓶中，用丙酮稀释并定容，摇匀；吸取上述溶液 5.00 mL 于 50 mL 三角烧瓶中，加适量无水硫酸钠吸去水分后，经氮吹仪吹干，加丙酮定容至一定体积，待气相色谱测定。

B.5.3 测定

（1）色谱条件

温度：柱温起始温度 100℃，以 10℃/min 的速率升至 220℃，保持 5 min 后回到 100℃，保持 1 min；汽化室 250℃；检测室 300℃；

气体流速：载气（氮气）15 mL/min，氢气 2.0 mL/min，空气 60 mL/min；

进样方式：无分流进样；

进样体积：1 μL；

保留时间：约 8.7 min。

典型色谱图见图 B.1。

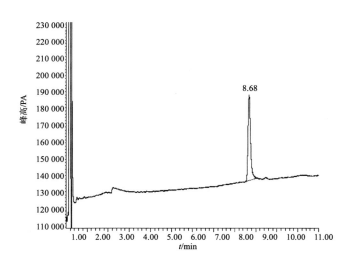

图 B.1 咪唑烷气相色谱图

（2）色谱分析

在上述色谱条件下，待仪器稳定后，连续进标样溶液数次，直至相邻两次咪唑烷峰面积相对变化小于 10%后，按照标样溶液、试样溶液、试样溶液、标样溶液的顺序进样分析。

B.6 计算

将测得的试样溶液以及试样前后标样溶液中咪唑烷的峰面积分别进行平均。

废水试样中咪唑烷的质量浓度ρ（mg/L）按式（B.1）计算：

$$\rho = \frac{A_1 \times \rho_0 \times v_1}{A_0} \times 20 \qquad \text{（B.1）}$$

式中：A_1——试样溶液中咪唑烷峰面积的平均值；

A_0——标样溶液中咪唑烷峰面积的平均值；

ρ_0——标样溶液中咪唑烷的质量浓度，mg/L；

v_1——定容体积，mL。

两次平行测定结果之差，应不大于10%，取其算术平均值作为测定结果。

B.7 方法的精密度和准确度

对添加咪唑烷质量浓度为 2.00～10.0 mg/L 的试样进行重复测定，相对标准偏差为5.6%～12.5%、添加回收率为82.7%～90.7%。

附录 C（规范性附录）

废水中三唑酮的测定 气相色谱法

C.1 方法原理

三唑酮的测定采用气相色谱分析法。气相色谱分析法是以惰性气体作为流动相，利用试样中各组分在色谱柱中的气相和固定相间的分配系数不同进行分离。汽化后的试样被载气带入色谱柱中运行时，组分就在其中的两相间进行反复多次的分配（吸附—脱附—放出），由于固定相对各种组分的吸附能力不同（即保留作用不同），各组分在色谱柱中的运行速度就不同，经过一定的柱长后，便彼此分离，顺序进入检测器，产生的离子流信号经放大后，在记录器上形成各组分的色谱峰，根据色谱峰进行定性定量测定。

含有三唑酮的水样经有机溶剂提取、浓缩后，使用壁涂 DB-5（5%苯基甲基硅酮固定相）毛细管色谱柱和氮磷检测器，对水样中的三唑酮进行气相色谱分离和测定。

C.2 适用范围

本方法可用于工业废水和地表水中三唑酮含量的测定。仪器最小检出量（以 S/N=3 计）为 1.0×10^{-10} g，方法最低测定质量浓度为 0.001 mg/L。

C.3 试剂

标准品：三唑酮（＞97%），化学结构式：

丙酮、甲苯、无水硫酸钠：均为分析纯。

C.4 仪器设备

气相色谱仪：配制 NP 检测器和色谱数据处理系统；

色谱柱：长 10 m 内径为 0.53 mm 液膜厚度 2.65 μm，固定相为 5%苯基甲基硅酮的石英毛细管柱；

旋转蒸发仪；

具塞三角瓶：250 mL；

分液漏斗：250 mL。

C.5 测定步骤

C.5.1 标准溶液的配制

准确称取三唑酮标准品 0.01 g（精确到 0.000 1 g），置于 100 mL 容量瓶中，用丙酮溶解并定容，摇匀；吸取上述溶液 1.00 mL 于另一个 100 mL 容量瓶中，用甲苯稀释并定容，制得 1.00 mg/L 三唑酮标准溶液。

C.5.2 试样溶液的制备

准确量取一定体积的水样于 250 mL 分液漏斗中，加甲苯振荡提取 3 次后，合并甲苯相，经旋转蒸发仪蒸发浓缩至一定体积，待气相色谱测定。

C.5.3 测定

（1）色谱测定条件

柱温：程序升温，起始温度 80℃，保持 0 min；程序 1 速率 5℃/min，升温至 100℃，保持 1 min；

程序 2 速率 20℃/min，升温至 200℃，保持 5 min；程序 3 回到 80℃，保持 1 min；

汽化室温度：250℃；检测室温度：300℃；

气体流速：载气（氮气）15 mL/min，氢气 2.0 mL/min，空气 60 mL/min；

进样方式：无分流进样；

进样体积：1 μL；

保留时间：约 10.7 min。

典型色谱图见图 C.1。

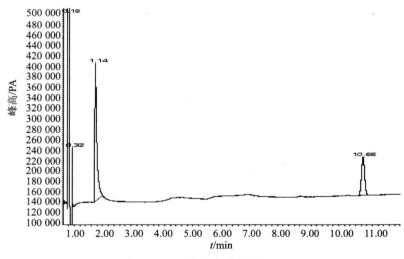

图 C.1　三唑酮气相色谱图

（2）色谱分析

在上述色谱条件下，待仪器稳定后，连续进标样溶液数次，直至相邻两次三唑酮峰面积相对变化小于 10%后，按照标样溶液、试样溶液、试样溶液、标样溶液的顺序进样分析。

C.6　计算

将测得的试样溶液以及试样前后标样溶液中三唑酮的峰面积分别进行平均。

废水试样中三唑酮的质量浓度ρ（mg/L）按式（C.1）计算：

$$\rho = \frac{A_1 \times \rho_0 \times v_1}{A_0 \times v_w} \tag{C.1}$$

式中：A_1——试样溶液中三唑酮峰面积的平均值；

　　　A_0——标样溶液中三唑酮峰面积的平均值；

　　　ρ_0——标样溶液中三唑酮的质量浓度，mg/L；

　　　v_1——定容体积，mL；

　　　v_w——量取水样体积，mL。

两次平行测定结果之差，应不大于10%，取其算术平均值作为测定结果。

C.7　方法的精密度和准确度

对添加三唑酮浓度为0.20～5.00 mg/L的水样进行重复测定，相对标准偏差为3.3%～7.9%、添加回收率为96.7%～98.3%。

附录 D（规范性附录）

废水中多菌灵的测定 气相色谱法

D.1 方法原理

多菌灵的测定采用气相色谱分析法。气相色谱分析法是以惰性气体作为流动相，利用试样中各组分在色谱柱中的气相和固定相间的分配系数不同进行分离。汽化后的试样被载气带入色谱柱中运行时，组分就在其中的两相间进行反复多次的分配（吸附—脱附—放出），由于固定相对各种组分的吸附能力不同（即保留作用不同），各组分在色谱柱中的运行速度就不同，经过一定的柱长后，便彼此分离，顺序进入检测器，产生的离子流信号经放大后，在记录器上形成各组分的色谱峰，根据色谱峰进行定性定量测定。

含有多菌灵的水样经有机溶剂提取、浓缩后，使用壁涂 DB-5（5%苯基甲基硅酮固定相）毛细管色谱柱和氮磷检测器，对水样中的多菌灵进行气相色谱分离和测定。

D.2 适用范围

本方法可用于工业废水和地表水中多菌灵的测定。仪器最小检出量（以 S/N=3 计）为 1.0×10^{-9}g，方法最低测定质量浓度为 0.01 mg/L。

D.3 试剂

标准品：多菌灵（＞95.%），化学结构式：

丙酮、乙醇、乙酸乙酯、无水硫酸钠等均为分析纯。

D.4 仪器设备

气相色谱仪，配置 NP 检测器和色谱数据处理系统；

色谱柱：长 10 m 内径为 0.53 mm 液膜厚度 2.65 μm，固定相为 5%苯基甲基硅酮的石英毛细管柱；

旋转蒸发仪；

具塞三角瓶：250 mL；

分液漏斗：250 mL。

D.5　测定步骤

D.5.1　标准溶液的配制

准确称取 0.01 g 的多菌灵标准品（精确到 0.000 1 g），置于 100 mL 容量瓶中，用乙醇溶解并定容，摇匀；吸取上述溶液 2.00 mL 于另一个 100 mL 容量瓶中，用乙酸乙酯稀释并定容，摇匀，制得 2 mg/L 多菌灵标准溶液。

D.5.2　试样溶液的制备

准确吸取一定量水样于 250 mL 分液漏斗中，加乙酸乙酯振荡提取 3 次后，合并有机相，经旋转蒸发仪蒸发浓缩至一定体积，待气相色谱测定。

D.5.3　测定

（1）色谱测定条件

温度条件：柱温，起始温度 120℃，以 10℃/min 的速率升至 250℃，保持 5 min 后回到 100℃，保持 1 min；汽化室 250℃；检测室 300℃。

气体流速：载气（氮气）15 mL/min，氢气 2.0 mL/min，空气 60 mL/min。

进样方式：无分流进样。

进样体积：1 μL。

保留时间：约 5.7 min。

典型色谱图见图 D.1。

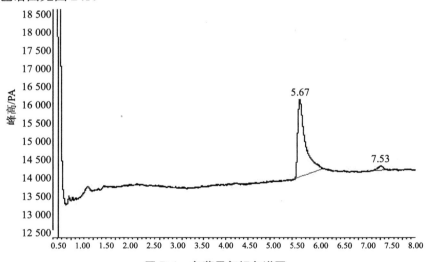

图 D.1　多菌灵气相色谱图

（2）色谱分析

在上述色谱条件下，待仪器稳定后，连续进标样溶液数次，直至相邻两次多菌灵峰面积相对变化小于 10%后，按照标样溶液、试样溶液、试样溶液、标样溶液的顺序进样分析。

D.6　计算

将测得的试样溶液以及试样前后标样溶液中多菌灵的峰面积分别进行平均。

废水试样中多菌灵的质量浓度ρ（mg/L）按式（D.1）计算：

$$\rho = \frac{A_1 \times \rho_0 \times v_1}{A_0 \times v_w} \qquad (D.1)$$

式中：A_1——试样溶液中多菌灵峰面积的平均值；

$\quad\quad A_0$——标样溶液中多菌灵峰面积的平均值；

$\quad\quad \rho_0$——标样溶液中多菌灵的质量浓度，mg/L；

$\quad\quad v_1$——定容体积，mL；

$\quad\quad v_w$——量取水样体积，mL。

D.7 方法的精密度和准确度

对添加多菌灵质量浓度为 0.50～10.0 mg/L 的水样进行重复测定，相对标准偏差为 2.6%～5.5%、添加回收率为 90.7%～95.7%。

附录 E（规范性附录）

废水中百草枯离子的测定 液相色谱法

E.1 方法原理

百草枯离子的测定采用液相色谱分析法。液相色谱分离系统由两相——固定相和流动相组成。固定相可以是吸附剂、化学键合固定相（或在惰性载体表面涂上一层液膜）、离子交换树脂或多孔性凝胶；流动相是各种溶剂。被分离混合物由流动相液体推动进入色谱柱，根据各组分在固定相及流动相中的吸附能力、分配系数、离子交换作用或分子尺寸大小的差异进行分离。分离后的组分依次流入检测器的流通池，检测器把各组分浓度转变成电信号，经过放大，用记录器记录下来就得到色谱图。色谱图是定性、定量分析的依据。

取一定体积含有百草枯离子的废水，用针头过滤器过滤，以辛磺酸钠-乙腈-缓冲溶液为流动相，在以 Spherisorb Pheny、5 μm 为填料的色谱柱和紫外可变波长检测器，对废水中的百草枯离子进行液相色谱分离和测定。

E.2 适用范围

本方法适用于工业废水和地面水中百草枯离子的测定，仪器最小检出量（以 S/N=3 计）为 10^{-12} g，方法最低测定质量浓度为 10 μg/L。

E.3 试剂

百草枯二氯化物标样（使用前须在 120℃干燥 4 h 以上）：含量≥98.0%，化学结构式：

$$CH_3 - N^+ \quad\quad {}^+H - CH_3 \quad 2Cl^-$$

乙腈：色谱纯；
二乙胺：分析纯；
磷酸：分析纯；
浓盐酸：分析纯；
1-辛磺酸钠：分析纯；
水：新蒸二次蒸馏水。

E.4 仪器

液相色谱仪：具有紫外可变波长检测器和定量进样阀；
色谱数据处理机或色谱工作站；

色谱柱：3.2 mm（id）×250 mm 不锈钢柱，内装耐酸，pH≤2，苯基 C$_{18}$ 色谱柱 5 μm 填充物；

过滤器：滤膜孔径约 0.45 μm；

微量进样器：50 μL。

E.5 液相色谱操作条件

流动相流量：0.5 mL/min；

柱温：室温（温差变化应不大于 2℃）；

检测波长：258 nm；

进样体积：20 μL；

保留时间：百草枯离子约 6.5 min。

典型的百草枯离子液相色谱图见图 E.1。

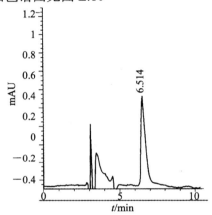

图 E.1 百草枯离子液相色谱图

E.6 测定步骤

E.6.1 标样溶液的制备

称取百草枯二氯化物标样 0.005 g（精确至 0.000 02 g），置于 500 mL 容量瓶中，加水溶解并定容，摇匀；用移液管吸取 1 mL 上述溶液，置于另一个 100 mL 容量瓶中，加水定容，摇匀。

E.6.2 试样溶液的制备

取废水试样，用一次性过滤器过滤，过滤后的样品应立即进样。

E.6.3 流动相制备

称取 3.64 g 辛磺酸钠，溶于 900 mL 二次蒸馏水中，加入 16 mL 磷酸，再用二乙胺调至 pH=2，再加入 100 mL 乙腈，混合均匀后，用 0.45 μm 滤膜过滤，超声处理 10 min。

E.6.4 测定

在上述色谱条件下，待仪器稳定后，连续注入数针标样溶液，直至相邻两针百草枯离子峰面积相对变化小于 1.5%后，按照标样溶液、试样溶液、试样溶液、标样溶液的顺序进样分析。

E.7　计算

将测得的两针试样溶液以及试样前后两针标样溶液中百草枯的峰面积分别进行平均。废水试样中百草枯的质量浓度ρ_1（μg/L）按式（E.1）计算：

$$\rho_1 = A_1 \times \rho_0 / A_0 \qquad (E.1)$$

式中：A_1——废水样品中百草枯峰面积的平均值；

　　　A_0——标样溶液中百草枯峰面积的平均值；

　　　ρ_0——标样溶液中百草枯的质量浓度，μg/L。

两次平行测定结果之差，应不大于 1.0%，取其算术平均值作为测定结果。

E.8　方法的精密度和准确度

对添加百草枯离子质量浓度为 16～76 μg/L 的水样进行重复测定，相对标准偏差为 0.06%，添加回收率为 91.4%～107%。

废水中 2,2′:6′,2″-三联吡啶的测定　气相色谱-质谱法

F.1 方法原理

2,2′:6′,2″-三联吡啶的测定采用气相色谱-质谱分析法。气相色谱分析法是以惰性气体作为流动相，利用试样中各组分在色谱柱中的气相和固定相间的分配系数不同进行分离。汽化后的试样被载气带入色谱柱中运行时，组分就在其中的两相间进行反复多次的分配（吸附—脱附—放出），由于固定相对各种组分的吸附能力不同（即保留作用不同），各组分在色谱柱中的运行速度就不同，经过一定的柱长后，便彼此分离，顺序进入检测器，产生的离子流信号经放大后，在记录器上形成各组分的色谱峰，根据色谱峰进行定性定量测定。

质谱法是通过将所研究的混合物或者单体裂解成离子，然后使形成的离子按质荷比（m/e）进行分离，经检测和记录系统得到离子的质荷比和相对强度的谱图（质谱图），根据质谱图进行定性定量分析。质谱法的特点是分析快速、灵敏、分辨率高、样品用量少且分析对象范围广。气相色谱-质谱联用，使复杂有机混合的分离与鉴定能快速同步地一次完成。

含有 2,2′:6′,2″-三联吡啶的水样经过氢氧化钠、乙酸乙酯处理后，采用 GC-MS 进行定性与定量测定。

F.2 适用范围

本方法适用于工业废水和地面水中 2,2′:6′,2″-三联吡啶的测定，仪器最小检出量（以 S/N=3 计）为 8×10^{-11} g，方法的检出限为 0.08 mg/L。

F.3 试剂

2,2′:6′,2″-三联吡啶标准样品：纯度＞98%，化学结构式：

乙酸乙酯：色谱纯；

氢氧化钠溶液：1 mol/L；

二苯-2-甲基吡啶：纯度＞99%；

F.4 仪器

气质联用仪器：GC-MS 测试仪，裂分/进样系统，使用裂分模式，带有自动进样器；色谱柱：CPSi18，0.25（i.d.）mm×30 m×0.25 μm 毛细管柱。

F.5 样品溶液的制备

取 2.0 g（大约 14 mL）百草枯二氯化物水样，放入 14 mL 的带盖玻璃瓶中，加 2.0 mL 1 mol/L 的氢氧化钠溶液，小心振荡（不能沾到瓶盖上）后再加入 6 mL 乙酸乙酯，并摇匀。将此玻璃瓶放入一个抗溶剂腐蚀的带盖子的并且密封的塑料试管中，离心 2min，取上层液体（溶液 A）。

F.6 操作条件

温度条件：程序升温：初始 150℃保持 1 min；

程序 1：40℃/min 迅速升到 260℃；

程序 2：2℃/min 迅速升到 270℃；

程序 3：40℃/min 升到 320℃，保持 2 min；

进样口温度：300℃；

接口温度：300℃；

MS 源温度：250℃；

载气流速：150℃时氦气流速为 42 cm/sec（恒压模式，1.1×10^5 Pa（16psi），真空修正）；

质量扫描范围：全扫描，35-290 u（原子质量单位）；

离子模式及电压：El+，70eV；

电子多极电压：500V。

为了初步检测水样是否含有 2,2':6',2"-三联吡啶，可选用如下典型测试条件（一次进样）：

分流比：27∶1；

进样体积：2 μL。

一次进样后，可能水样中 2,2':6',2"-三联吡啶含量过低，受到仪器检测灵敏度限制，此时可改变分流比及进样体积以增大进样量（二次进样），典型的测试条件如下所示：

分流比：1∶1；

进样体积：1 μL；

典型的 2,2':6',2″-三联吡啶总离子流色谱图及质谱图分别如图 F.1 及图 F.2 所示。

F.7 测定

取制备后的溶液 A 进行 GC-MS 分析，m/z233，m/z205 的碎片峰对应 2,2':6',2″-三联吡啶的碎片峰。

对添加 2,2':6',2″-三联吡啶质量浓度小于 1.0 mg/L 的水样进行重复测定，相对标准偏差小于 30%，添加回收率为 70%～130%。

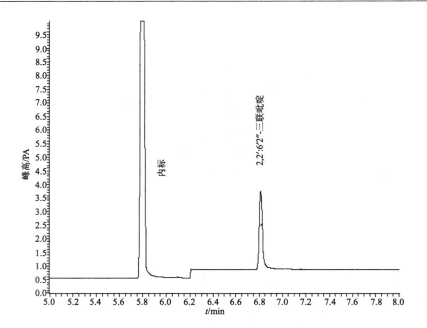

图 F.1　2,2':6',2"-三联吡啶总离子流色谱图

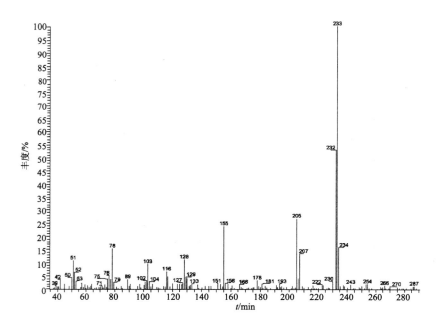

图 F.2　2,2':6',2"-三联吡啶质谱图

附录 G（规范性附录）

废水中莠去津的测定 气相色谱法

G.1 方法原理

莠去津的测定采用气相色谱分析法。气相色谱分析法是以惰性气体作为流动相，利用试样中各组分在色谱柱中的气相和固定相间的分配系数不同进行分离。汽化后的试样被载气带入色谱柱中运行时，组分就在其中的两相间进行反复多次的分配（吸附—脱附—放出），由于固定相对各种组分的吸附能力不同（即保留作用不同），各组分在色谱柱中的运行速度就不同，经过一定的柱长后，便彼此分离，顺序进入检测器，产生的离子流信号经放大后，在记录器上形成各组分的色谱峰，根据色谱峰进行定性定量测定。

含莠去津的水样用有机溶剂萃取后，使用壁涂 5%苯基聚硅氧烷的毛细管柱和氢火焰离子检测器，对水样中的莠去津进行气相色谱分离和测定。

G.2 适用范围

本方法适用于工业废水和地面水中莠去津的测定,仪器最小检出量为 10^{-12} g（以 S/N=3 计），方法最低测定质量浓度为 0.25 μg/L。

G.3 仪器

气相色谱仪：具有氢火焰离子检测器和色谱数据处理机；
色谱柱：30 m×0.25 mm 毛细管柱，壁涂 5%苯基聚硅氧烷，膜厚 0.25 μm；
旋转蒸发仪。

G.4 试剂

莠去津标准品：纯度 98.3%，化学结构式：

氯仿：分析纯并经过一次蒸馏；
二氯甲烷：分析纯并经过一次蒸馏；
正己烷：分析纯并经过一次蒸馏；
丙酮：分析纯并经过一次蒸馏；
二次蒸馏水。

G.5 气相色谱操作条件

温度：柱温：180 ℃，气化温度：300 ℃，检测器温度：300℃；
气体流速（mL/min）：载气（氮气）：约 30；氢气约 30；空气约 400；
分流比：30∶1；
进样体积：1 μL；
保留时间：莠去津约 10.3 min。
典型的莠去津的气相色谱图见图 G.1。

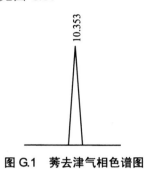

图 G.1 莠去津气相色谱图

G.6 测定步骤

G.6.1 标样溶液的制备

准确称取适量的莠去津标准品，用丙酮溶解配成 1 000 mg/L 的贮备液，然后根据需要稀释成适当质量浓度的标准工作液。

G.6.2 水样溶液的制备

准确量取 200 mL 莠去津水样，用 3×50 mL 三氯甲烷萃取，在旋转蒸发仪（40℃）中蒸出大部分的溶剂后，定容至 10 mL，随后进行 GC 测定。

G.6.3 测定

在上述色谱操作条件下，待仪器稳定后，连续注入数针标样溶液，直至相邻两针莠去津峰面积相对变化小于 1.5%后，按照标样溶液、试样溶液、试样溶液、标样溶液的顺序进样分析。

G.6.4 计算

将测得的两针试样溶液以及试样前后两针标样溶液中莠去津的峰高（或峰面积）分别计算平均值。试样中莠去津的质量浓度 ρ（mg/L）按式（G.1）计算：

$$\rho = \frac{\rho_{标} \times V_{标} \times H_{样} \times V_{终}}{V_{样} \times H_{标} \times V_{w}}$$

式中：ρ——水样中莠去津的质量浓度，mg/L；

　　$\rho_{标}$——标样溶液的质量浓度，mg/L；

　　$V_{标}$——标样溶液的进样体积，μL；

　　$V_{终}$——有机相溶液的定容体积，mL；

　　$V_{样}$——有机相溶液的进样体积，mL；

$H_标$——标样溶液的峰高，mm，或峰面积，mm^2；

$H_样$——有机相溶液的峰高，mm，或峰面积，mm^2；

V_W——水样体积，L。

G.6.5　允许差

两次平行测定结果之差，应不大于 1.0%，取其算术平均值作为测定结果。

G.6.6　方法的精密度和准确度

对添加莠去津质量浓度为 2.0～40 mg/L 的水样进行重复测定，相对标准偏差为 2.08%，回收率为 96.2%～103%。

废水中对氯苯酚的测定　液相色谱法

H.1　方法原理

对氯苯酚的测定采用液相色谱分析法。液相色谱分离系统由两相——固定相和流动相组成。固定相可以是吸附剂、化学键合固定相（或在惰性载体表面涂上一层液膜）、离子交换树脂或多孔性凝胶；流动相是各种溶剂。被分离混合物由流动相液体推动进入色谱柱，根据各组分在固定相及流动相中的吸附能力、分配系数、离子交换作用或分子尺寸大小的差异进行分离。分离后的组分依次流入检测器的流通池，检测器把各组分质量浓度转变成电信号，经过放大，用记录器记录下来就得到色谱图。色谱图是定性、定量分析的依据。

含对氯苯酚的水样经 0.45 μm 膜过滤后，直接进液相色谱（C18 反相柱，紫外检测器）测定。

H.2　适用范围

本方法可用于工业废水和地表水中对氯苯酚的测定。仪器最小检出量（以 S/N=3 计）为 2.0×10^{-10} g，方法最低测定质量浓度为 0.01 mg/L。

H.3　试剂

标准品：对氯苯酚（＞95.%），化学结构式：

乙腈：色谱纯；
磷酸：分析纯。

H.4　仪器设备

液相色谱仪，配置紫外检测器和色谱数据处理系统；
色谱柱：4.6 mm×250 mm 5μm 反相 C_{18} 柱。

H.5　测定步骤

H.5.1　标准溶液的配制
称取 0.100 0 g 对氯苯酚标准品（精确到 0.000 1 g），置于 100 mL 容量瓶中，用乙腈溶解并定容，摇匀；吸取上述溶液 1.00 mL 于另一个 100 mL 容量瓶中，用乙腈稀释并定容，摇匀，制得 10 mg/L 对氯苯酚标准溶液。

H.5.2　试样溶液的制备

取一定量的水样，经 0.45 μm 水膜过滤后，直接进液相色谱测定。若废水样中对氯苯酚浓度较高，可用纯水稀释一定倍数、滤膜过滤后，待液相色谱测定。

H.5.3　测定

（1）液相谱测定条件

流动相：乙腈：水（磷酸调节 pH 值为 3.0）＝85∶15，流速为 1.0 mL/min；

进样体积：20 μL；

保留时间：约 3.07 min；

典型色谱图见图 H.1。

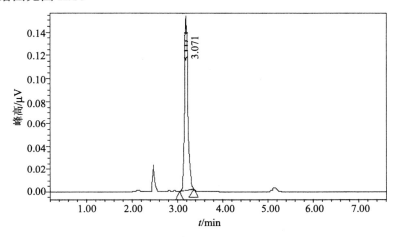

图 H.1　对氯苯酚液相色谱图

（2）色谱分析

在上述色谱条件下，待仪器稳定后，连续进标样溶液数次，直至相邻两次对氯苯酚峰面积相对变化小于 10%后，按照标样溶液、试样溶液、试样溶液、标样溶液的顺序进样分析。

H.6　计算

将测得的试样溶液以及试样前后标样溶液中对氯苯酚的峰面积分别进行平均。

废水试样中对氯苯酚的质量浓度 ρ（mg/L）按式（H.1）计算：

$$\rho = \frac{A_1 \times \rho_0}{A_0} \times D \qquad (H.1)$$

式中：A_1——试样溶液中对氯苯酚峰面积的平均值；

A_0——标样溶液中对氯苯酚峰面积的平均值；

ρ_0——标样溶液中对氯苯酚的质量浓度，mg/L；

D——稀释倍数。

H.7 方法的精密度和准确度

对添加对氯苯酚质量浓度为 0.05～10.0 mg/L 的水样进行重复测定，相对标准偏差为 2.6%～5.5%，回收率为 95.0%～102%。

附录 I（规范性附录）

废水中氟虫腈的测定　气相色谱法

I.1 方法原理

氟虫腈的测定采用气相色谱分析法。气相色谱分析法是以惰性气体作为流动相，利用试样中各组分在色谱柱中的气相和固定相间的分配系数不同进行分离。汽化后的试样被载气带入色谱柱中运行时，组分就在其中的两相间进行反复多次的分配（吸附—脱附—放出），由于固定相对各种组分的吸附能力不同（即保留作用不同），各组分在色谱柱中的运行速度就不同，经过一定的柱长后，便彼此分离，顺序进入检测器，产生的离子流信号经放大后，在记录器上形成各组分的色谱峰，根据色谱峰进行定性定量测定。

含有氟虫腈的水样用正己烷萃取后，使用壁涂 5%苯基聚硅氧烷的毛细管柱和电子捕获检测器（ECD），对水样中的氟虫腈进行气相色谱分离和测定。

I.2 适用范围

本方法适用于工业废水和地面水中氟虫腈的测定。仪器最小检出量为 5×10^{-13}g（以 S/N=3 计），最低测定质量浓度为 0.002 5 μg/L，适用质量浓度为 12～120 μg/L。

I.3 仪器

I.3.1　气相色谱仪：具有电子捕获检测器（ECD）和色谱数据处理机；

I.3.2　色谱柱：石英毛细管色谱柱（30 m×0.25 mm×0.25 μm）；

I.3.3　旋转蒸发仪。

I.4 试剂

I.4.1　正己烷：分析纯并经过一次重蒸馏；

I.4.2　丙酮：分析纯并经过一次重蒸馏；

I.4.3　二次蒸馏水；

I.4.4　氟虫腈标准品：纯度≥97%，化学结构式：

I.5 气相色谱操作条件

I.5.1 柱温：初始温度 180℃，以 5℃/min 的速率升至 230℃，保持 2 min；

I.5.2 温度：气化室 260℃，检测器 300℃；

I.5.3 气体流速（mL/min）：氮气约 1.5；

I.5.4 分流比：不分流；

I.5.5 进样体积：1 μL；

I.5.6 保留时间：氟虫腈约 9.9 min。

上述气相色谱操作条件，系典型操作参数。可根据不同仪器特点，对给定的操作参数作适当的调整，以期获得最佳效果。典型的氟虫腈的气相色谱图见图 I.1。

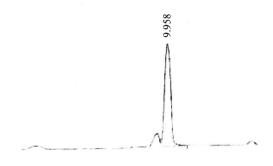

图 I.1　氟虫腈气相色谱图

I.6 测定步骤

I.6.1　标样溶液的制备

准确称取适量的氟虫腈标准品，用丙酮溶解配成 100 mg/L 的贮备液，然后根据需要用正己烷稀释成适当质量浓度的标准工作液。

I.6.2　水样溶液的制备

准确量取 20 mL 氟虫腈水样，用 20 mL 正己烷萃取两次，合并有机相，在旋转蒸发仪（40℃）中蒸出大部分的正己烷后定容至 10 mL，随后进行 GC 测定。

I.6.3　测定

在上述色谱操作条件下，待仪器稳定后，连续注入数针标样溶液，直至相邻两针氟虫腈峰面积相对变化小于 10%后，按照标样溶液、试样溶液、试样溶液、标样溶液的顺序进样分析。

I.7 计算

将测得的两针试样溶液以及试样前后两针标样溶液中氟虫腈的峰面积分别进行平均。试样中氟虫腈的质量浓度ρ（μg/L）按（I.1）式计算：

$$\rho = \frac{\rho_{标} \times H_{样} \times V_{终}}{H_{标} \times V_W} \tag{I.1}$$

式中：ρ——水样中氟虫腈的质量浓度，μg/L；

$\rho_{标}$——标样溶液的质量浓度，μg/L；

$V_{终}$——有机相溶液的定容体积，mL；

$H_{标}$——标样溶液的峰高或峰面积；

$H_{样}$——有机相溶液的峰高或峰面积；

V_W——水样体积，mL。

I.8 方法的精密度和准确度

对添加氟虫腈质量浓度为 5～25 μg/L 的水样进行重复测定，相对标准偏差为 2.95%～5.13%，回收率为 91.7%～103%。

中华人民共和国国家标准

合成革与人造革工业污染物排放标准

Emission standard of pollutants for synthetic leather and
artificial leather industry

GB 21902—2008

前　言

为贯彻《中华人民共和国环境保护法》、《中华人民共和国水污染防治法》、《中华人民共和国大气污染防治法》、《中华人民共和国海洋环境保护法》,《国务院关于落实科学发展观　加强环境保护的决定》等法律、法规和《国务院关于编制全国主体功能区规划的意见》,保护环境,防治污染,促进合成革与人造革工业生产工艺和污染治理技术的进步,制定本标准。

本标准规定了合成革与人造革企业水和大气污染物排放限值、监测和监控要求。为促进区域经济与环境协调发展,推动经济结构的调整和经济增长方式的转变,引导工业生产工艺和污染治理技术的发展方向,本标准规定了水污染物特别排放限值。

本标准中的污染物排放浓度均为质量浓度。

合成革与人造革工业企业排放恶臭污染物、环境噪声适用相应的国家污染物排放标准,产生固体废物的鉴别、处理和处置适用国家固体废物污染控制标准。

本标准为首次发布。

自本标准实施之日起,合成革与人造革工业企业的水和大气污染物排放控制按本标准的规定执行,不再执行《污水综合排放标准》(GB 8978—1996)和《大气污染物综合排放标准》(GB 16297—1996)中的相关规定。

本标准由环境保护部科技标准司组织制订。

本标准主要起草单位:温州市环境监测中心站、温州市环境保护设计科学研究院、温州人造革有限公司、环境保护部环境标准研究所。

本标准环境保护部 2008 年 4 月 29 日批准。

本标准自 2008 年 8 月 1 日起实施。

本标准由环境保护部解释。

1 适用范围

本标准规定了合成革与人造革工业企业特征生产工艺和装置的水和大气污染物排放限值。

本标准适用于现有合成革与人造革工业企业特征生产工艺和装置的水和大气污染物排放管理。

本标准适用于对合成革与人造革工业建设企业的环境影响评价、环境保护设施设计、竣工环境保护验收及其投产后的水和大气污染物排放管理。

本标准适用于法律允许的污染物排放行为。新设立污染源的选址和特殊保护区域内现有污染源的管理，按照《中华人民共和国大气污染防治法》、《中华人民共和国水污染防治法》、《中华人民共和国海洋环境保护法》、《中华人民共和国固体废物污染环境防治法》、《中华人民共和国放射性污染防治法》、《中华人民共和国环境影响评价法》等法律、法规、规章的相关规定执行。

本标准规定的水污染物排放控制要求适用于企业向环境水体的排放行为。

企业向设置污水处理厂的城镇排水系统排放废水时，其污染物的排放控制要求由企业与城镇污水处理厂根据其污水处理能力商定或执行相关标准，并报当地环境保护主管部门备案；城镇污水处理厂应保证排放污染物达到相关排放标准要求。

建设项目拟向设置污水处理厂的城镇排水系统排放废水时，由建设单位和城镇污水处理厂按前款的规定执行。

2 规范性引用文件

本标准内容引用了下列文件或其中的条款。

GB/T 6920—1986　水质　pH 值的测定　玻璃电极法

GB/T 7478—1987　水质　铵的测定　蒸馏和滴定法

GB/T 7479—1987　水质　铵的测定　纳氏试剂比色法

GB/T 7481—1987　水质　铵的测定　水杨酸分光光度法

GB/T 11890—1989　水质　苯系物的测定　气相色谱法

GB/T 11893—1989　水质　总磷的测定　钼酸铵分光光度法

GB/T 11894—1989　水质　总氮的测定　碱性过硫酸钾消解紫外分光光度法

GB/T 11901—1989　水质　悬浮物的测定　重量法

GB/T 11903—1989　水质　色度的测定

GB/T 11914—1989　水质　化学需氧量的测定　重铬酸盐法

GB/T 16758—1997　排风罩的分类及技术条件

GB/T 16157—1996　固定污染源排气中颗粒物测定与气态污染物采样方法

GBZ/T 160.62—2004　工作场所空气有毒物质测定　酰胺类化合物

GBZ/T 160.55—2004　工作场所空气有毒物质测定　脂肪族酮类化合物

GBZ/T 160.42—2007　工作场所空气有毒物质测定　芳香烃类化合物

HJ/T 195—2005　水质　氨氮的测定　气相分子吸收光谱法

HJ/T 199—2005　水质　总氮的测定　气相分子吸收光谱法

HJ/T 399—2007　水质　化学需氧量的测定　快速消解分光光度法

《污染源自动监控管理办法》（国家环境保护总局令　第 28 号）

《环境监测管理办法》（国家环境保护总局令　第 39 号）

3　术语和定义

下列术语和定义适用于本标准。

3.1　合成革

指以人工合成方式在以织布、无纺布（不织布）、皮革等材料的基布上形成聚氨酯树脂的膜层或类似皮革的结构，外观像天然皮革的一种材料。

3.2　人造革

指以人工合成方式在以织布、无纺布（不织布）等材料的基布（也包括没有基布）上形成聚氯乙烯等树脂的膜层或类似皮革的结构，外观像天然皮革的一种材料。

3.3　特征生产工艺和装置

指为生产聚氯乙烯合成革、聚氨酯合成革而进行的干法工艺、湿法工艺、后处理加工（表面涂饰、印刷、压花、磨皮、干揉、湿揉、植绒等）、二甲基甲酰胺精馏以及超细纤维合成革生产工艺及与这些工艺相关的烟气处理、综合利用、污染治理等装置，也包括生产其他合成革的上述类似生产工艺及与这些工艺相关的装置，不包括企业中纺织及其染色工艺及与这些工艺相关的装置。

3.4　干法工艺

指利用加热使（附着于基布上的）树脂熟成固化的生产工艺。

3.5　湿法工艺

指利用凝结、水洗使附着于基布上的树脂凝结固化的生产工艺。

3.6　现有企业

指本标准实施之日前已建成投产或环境影响评价文件已通过审批的合成革与人造革企业或设施。

3.7　新建企业

指本标准实施之日起环境影响评价文件通过审批的新建、改建和扩建合成革与人造革建设项目。

3.8　排水量

指生产设施或企业向企业法定边界以外排放的废水的量。包括与生产有直接或间接关系的各种外排废水（包括厂区生活污水、冷却废水、厂区锅炉和电站排水等）。

3.9　单位产品基准排水量

指用于核定水污染物排放浓度而规定的生产单位合成革、人造革产品的废水排放量上限值。

3.10　挥发性有机物

指常压下沸点低于 250℃，或者能够以气态分子的形态排放到空气中的所有有机化合物（不包括甲烷），简写作 VOCs。

3.11　（废气）收集装置

收集生产过程中产生的废气以及引导废气到排气筒或者治理装置，以防止废气无组织排放的机械排风系统。收集装置按排风罩的类别分为包围型和敞开型。采用密闭罩、半密闭罩的为包围型，采用除密闭罩、半密闭罩外的伞形罩、环形罩、侧吸罩等排风罩的为敞开型。

注：对设施进行密封、对容器加盖以控制废气产生或散逸，可视为兼有收集装置和治理装置的功能。

3.12　企业边界

指合成革与人造革工业企业的法定边界。若无法定边界，则指实际边界。

3.13　标准状态

指温度为 273.15K、压力为 101 325 Pa 时的状态。本标准规定的大气污染物排放浓度限值均以标准状态下的干气体为基准。

4　污染物排放控制要求

4.1　水污染物排放控制要求

4.1.1　自 2009 年 1 月 1 日起至 2010 年 6 月 30 日止，现有企业执行表 1 规定的水污染物排放限值。

表 1　现有企业水污染物排放浓度限值及单位产品基准排放量　　单位：mg/L（pH 值、色度除外）

序号	污染物项目		限值	污染物排放监控位置
1	pH 值		6～9	
2	色度（稀释倍数）		50	
3	悬浮物		70	
4	化学需氧量（COD_{Cr}）		100	
5	氨氮		15	企业废水总排放口
6	总氮		30	
7	总磷		1.0	
8	甲苯		0.1	
9	二甲基甲酰胺（DMF）		5	
单位产品（产品面积）基准排水量/（m³/万 m²）	湿法工艺	70		排水量计量位置与污染物排放监控位置一致
	其他	20		

4.1.2　现有企业自 2010 年 7 月 1 日起执行表 2 规定的水污染物排放限值。

4.1.3　新建企业自 2008 年 8 月 1 日起执行表 2 规定的水污染物排放限值。

表 2　新建企业水污染物排放浓度限值及单位产品基准排水量

序号	污染物项目		限值	污染物排放监控位置
1	pH 值		6～9	
2	色度（稀释倍数）		50	
3	悬浮物		40	
4	化学需氧量（COD_{Cr}）		80	
5	氨氮		8	企业废水总排放口
6	总氮		15	
7	总磷		1.0	
8	甲苯		0.1	
9	二甲基甲酰胺（DMF）		2	
单位产品（产品面积）基准排水量（m³/万 m²）	湿法工艺	50		排水量计量位置与污染物排放监控位置一致
	其他	15		

4.1.4 根据环境保护工作的要求，在国土开发密度较高、环境承载能力开始减弱，或水环境容量较小、生态环境脆弱，容易发生严重水环境污染问题而需要采取特别保护措施的地区，应严格控制企业的污染物排放行为，在上述地区的企业执行表 3 规定的水污染物特别排放限值。

执行水污染物特别排放限值的地域范围、时间，由国务院环境保护主管部门或省级人民政府规定。

表 3　水污染物特别排放限值　　　　单位：mg/L（pH 值、色度除外）

序号	污染物项目		限值	污染物排放监控位置
1	pH 值		6～9	企业废水总排放口
2	色度（稀释倍数）		30	
3	悬浮物		20	
4	化学需氧量（COD_{Cr}）		60	
5	氨氮		3	
6	总氮		15	
7	总磷		0.5	
8	甲苯		0.1	
9	二甲基甲酰胺（DMF）		1	
单位产品（产品面积）基准排水量/（m³/万 m²）	湿法工艺	40		排水量计量位置与污染物排放监控位置一致
	其他	10		

4.1.5 水污染物排放限值适用于单位产品实际排水量不高于单位产品基准排水量的情况。若单位产品实际排水量超过单位产品基准排水量，须按式（1）将实测水污染物浓度换算为水污染物基准水量排放浓度，并以水污染物基准水量排放浓度作为判定排放是否达标的依据。产品产量和排水量统计周期为一个工作日。

在企业的生产设施同时生产两种以上产品、可适用不同排放控制要求或不同行业国家污染物排放标准，且生产设施产生的污水混合处理排放的情况下，应执行排放标准中规定的最严格的浓度限值，并按式（1）换算水污染物基准水量排放浓度：

$$\rho_{基} = \frac{Q_{总}}{\sum Y_i Q_{i基}} \times \rho_{实} \qquad (1)$$

式中：$\rho_{基}$——水污染物基准水量排放质量浓度，mg/L；

　　　$Q_{总}$——排水总量，m³；

　　　Y_i——某种产品面积的产量，万 m²；

　　　$Q_{i基}$——某种产品的单位产品面积基准排水量，m³/万 m²；

　　　$\rho_{实}$——实测水污染物排放浓度，mg/L。

若 $Q_{总}$ 与 $\sum Y_i Q_{i基}$ 的比值小于 1，则以水污染物实测浓度作为判定排放是否达标的依据。

4.2　大气污染物排放控制要求

4.2.1 自 2009 年 1 月 1 日至 2010 年 6 月 30 日，现有企业执行表 4 规定的大气污染物排放限值。

表 4　现有企业大气污染物排放浓度限值　　　　　　　　　单位：mg/m³

序号	污染物项目	生产工艺	限值	污染物排放监控位置
1	DMF	聚氯乙烯工艺	—	
		聚氨酯湿法工艺	50	车间或生产设施排气筒
		聚氨酯干法工艺	50	车间或生产设施排气筒
		后处理工艺	—	
		其他	—	
2	苯	聚氯乙烯工艺	10	车间或生产设施排气筒
		聚氨酯湿法工艺	—	
		聚氨酯干法工艺	10	车间或生产设施排气筒
		后处理工艺	10	车间或生产设施排气筒
		其他	10	
3	甲苯	聚氯乙烯工艺	40	车间或生产设施排气筒
		聚氨酯湿法工艺	—	
		聚氨酯干法工艺	40	车间或生产设施排气筒
		后处理工艺	40	车间或生产设施排气筒
		其他设施	40	车间或生产设施排气筒
4	二甲苯	聚氯乙烯工艺	70	车间或生产设施排气筒
		聚氨酯湿法工艺	—	
		聚氨酯干法工艺	70	车间或生产设施排气筒
		后处理工艺	70	车间或生产设施排气筒
		其他	70	车间或生产设施排气筒
5	VOCs	聚氯乙烯工艺	200	车间或生产设施排气筒
		聚氨酯湿法工艺	—	—
		聚氨酯干法工艺	350 （不含 DMF）	车间或生产设施排气筒
		后处理工艺	350	车间或生产设施排气筒
		其他	350	车间或生产设施排气筒
6	颗粒物	聚氯乙烯工艺	25	车间或生产设施排气筒
		聚氨酯湿法工艺	—	
		聚氨酯干法工艺	—	
		后处理工艺	—	
		其他	—	

4.2.2　自 2010 年 7 月 1 日起，现有企业执行表 5 规定的大气污染物排放限值。

4.2.3　自 2008 年 8 月 1 日起，新建企业执行表 5 规定的大气污染物排放限值。

表 5　新建企业大气污染物排放浓度限值　　　　　　　　　单位：mg/m³

序号	污染物项目	生产工艺	限值	污染物排放监控位置
1	DMF	聚氯乙烯工艺	—	
		聚氨酯湿法工艺	50	车间或生产设施排气筒
		聚氨酯干法工艺	50	
		后处理工艺	—	
		其他	—	

序号	污染物项目	生产工艺	限值	污染物排放监控位置
2	苯	聚氯乙烯工艺	2	车间或生产设施排气筒
		聚氨酯湿法工艺	—	车间或生产设施排气筒
		聚氨酯干法工艺	2	
		后处理工艺	2	
		其他	2	
3	甲苯	聚氯乙烯工艺	30	车间或生产设施排气筒
		聚氨酯湿法工艺	—	
		聚氨酯干法工艺	30	
		后处理工艺	30	
		其他设施	30	
4	二甲苯	聚氯乙烯工艺	40	车间或生产设施排气筒
		聚氨酯湿法工艺	—	
		聚氨酯干法工艺	40	
		后处理工艺	40	
		其他	40	
5	VOCs	聚氯乙烯工艺	150	车间或生产设施排气筒
		聚氨酯湿法工艺	—	—
		聚氨酯干法工艺	200（不含 DMF）	
		后处理工艺	200	
		其他	200	
6	颗粒物	聚氯乙烯工艺	10	—
		聚氨酯湿法工艺	—	—
		聚氨酯干法工艺	—	—
		后处理工艺	—	—
		其他	—	—

4.2.4 厂界无组织排放执行表 6 规定的限值。

表 6 现有企业和新建企业厂界无组织排放限值 单位：mg/m³

序号	污染物项目	限值
1	DMF	0.4
2	苯	0.10
3	甲苯	1.0
4	二甲苯	1.0
5	VOCs	10
6	颗粒物	0.5

4.2.5 产生空气污染物的生产工艺和装置必须设立局部或整体气体收集系统和集中净化处理装置，净化后的气体由排气筒排放，收集系统的设置可参考附录 A。

4.2.6 一般排气筒高度应不低于 15 m，并高出周围 200 m 半径范围的建筑 3 m 以上，不能达到该要求的排气筒，应按排放限值严格 50%执行。

4.3 其他控制要求

4.3.1 废水处理设施、废气收集装置和治理装置必须按照设计和调试确定的参数条件运行。

对于采用水洗涤回收方式的 DMF 治理装置的废气处理系统，回收液 DMF 质量分数不得低于 10%，除非符合设计和调试的参数要求并有技术文件和运行记录证实。

4.3.2 盛放含有 VOCs 物料的容器必须安装密封盖。

4.3.3 废水处理设施、废气收集装置和治理装置运行时，企业必须对主要参数进行记录。

记录内容要求示例[1]：采用水洗涤回收治理装置的废气处理系统，主要参数包括回收液浓度和数量、各洗涤槽洗涤循环水量、循环水温度、处理的废气风量（或风机转速）、运行时间。

记录内容要求示例[2]：采用冷凝回收治理装置的废气处理系统，主要参数回收液量、处理的废气风量（或风机转速）、运行时间及冷凝液进出口温度。

4.3.4 配料、磨皮、抛光等处理产生的粉尘以及其他工艺过程中产生的颗粒物，应收集并采用适当的除尘设施进行处理。

4.3.5 生产设施应采取合理的通风措施，不得故意稀释排放。在国家未规定单位产品基准排气量之前，暂以实测浓度作为判定是否达标的依据。

5 污染物监测要求

5.1 污染物监测一般性要求

5.1.1 对企业废水、废气采样应根据监测污染物的种类，在规定的污染物排放监控位置进行，有废水、废气处理设施的，应在该设施后监控。在污染物排放监控位置应设置永久性排污口标志。

5.1.2 新建企业应按照《污染源自动监控管理办法》的规定，安装污染物排放自动监控设备，并与环境保护主管部门的监控设备联网，保证设备正常运行。各地现有企业安装污染物排放自动监控设备的要求由省级环境保护主管部门规定。

5.1.3 对企业污染物排放情况进行监督性监测的频次、采样时间等要求，按国家有关污染源监测技术规范的规定执行。

5.1.4 企业产品产量的核定，以法定报表为依据。

5.1.5 企业须按照有关法律和《环境监测管理办法》的规定，对排污状况进行监测，并保存原始监测记录。

5.2 水污染物监测要求

对企业排放水污染物浓度的测定采用表 7 所列的方法标准。

表 7 水污染物浓度测定方法标准

序号	污染物项目	方法标准名称	方法标准编号
1	pH 值	水质 pH 值的测定 玻璃电极法	GB/T 6920—1986
2	色度	水质 色度的测定	GB/T 11903—1989
3	悬浮物	水质 悬浮物的测定 重量法	GB/T 11901—1989
4	化学需氧量	水质 化学需氧量的测定 重铬酸盐法	GB/T 11914—1989

序号	污染物项目	方法标准名称		方法标准编号
5	氨氮	水质 化学需氧量的测定 快速消解分光光度法		HJ/T 399—2007
		水质 铵的测定 蒸馏和滴定法		GB/T 7478—1987
		水质 铵的测定 纳氏试剂比色法		GB/T 7479—1987
		水质 铵的测定 水杨酸分光光度法		GB/T 7481—1987
		水质 氨氮的测定 气相分子吸收光谱法		HJ/T 195—2005
6	总氮	水质 总氮的测定 碱性过硫酸钾消解紫外分光光度法		GB/T 11894—1989
		水质 总氮的测定 气相分子吸收光谱法		HJ/T 199—2005
7	总磷	水质 总磷的测定 钼酸铵分光光度法		GB/T 11893—1989
8	甲苯	水质 苯系物的测定 气相色谱法		GB/T 11890—1989
9	DMF	工作场所空气有毒物质测定 酰胺类化合物		GBZ/T 160.62—2004 [注]

注：测定方法标准暂参考所列方法，待国家发布相应的方法标准并实施后，停止使用。

5.3 大气污染物监测要求

对企业排放大气污染物浓度的测定采用表 8 所列的方法。

表 8 大气污染物浓度测定方法标准

序号	污染物项目	方法标准名称		方法来源
1	DMF	工作场所空气有毒物质测定 酰胺类化合物		GBZ/T 160.62—2004 [注]
2	苯	工作场所空气有毒物质测定 芳香烃类化合物		GBZ/T 160.42—2007 [注]
3	甲苯	工作场所空气有毒物质测定 芳香烃类化合物		GBZ/T 160.42—2007 [注]
4	二甲苯	工作场所空气有毒物质测定 芳香烃类化合物		GBZ/T 160.42—2007 [注]
5	VOCs	VOCs 监测技术导则		附录 C
6	颗粒物	排气中颗粒物的测定		附录 B

注：测定方法标准暂参考所列方法，待国家发布相应的方法标准并实施后，停止使用。

说明：测定暂无适用方法标准的污染物项目，使用附录所列方法，待国家发布相应的方法标准并实施后，停止使用。

6 实施与监督

6.1 本标准由县级以上人民政府环境保护主管部门负责监督实施。

6.2 在任何情况下，合成革与人造革生产企业均应遵守本标准的污染物排放控制要求，采取必要措施保证污染防治设施正常运行。各级环保部门在对企业进行监督性检查时，可以现场即时采样或监测的结果，作为判定排污行为是否符合排放标准以及实施相关环境保护管理措施的依据。在发现设施耗水或排水量有异常变化的情况下，应核定设施的实际产品产量和排水量，按本标准的规定，换算水污染物基准水量排放浓度。

附录 A（资料性附录）

废气收集要求

A.1 有机废气收集要求

A.1.1　产生 VOCs 的生产设施（部位），如果同时符合以下条件（按 A.2 测试评价），则应按表 A.1 规定的设施采用废气收集装置。

a）设施的监控位置散逸的所有 VOCs 质量浓度大于或等于 50 mg/m³；

b）从设施散逸的 VOCs 速率大于或等于 100 g/h。

A.1.2　废气的收集装置应尽可能采用包围型，包围型可以代替敞开型和密封型式。

表 A.1　废气收集装置规定

类别	生产设施	收集装置		收集装置技术要求
		现有企业	新建企业	
聚氯乙烯生产线	烘箱、涂覆区域	包围型		包围型： 控制风速≥0.4 m/s 敞开型： 控制风速≥0.6 m/s
	密炼机、开炼机、其他烘干装置 涂覆区域和烘箱之间的贴合、传输区域	敞开型		
聚氨酯干法工艺	烘箱、涂覆区域	包围型		
	涂覆区域和烘箱之间的贴合、传输区域	敞开型	包围型	
	所有配料设施或整个配料区域	容器密封或包围型		
聚氨酯湿法工艺	预含浸槽、含浸槽、凝固槽	包围型或密封		
	水洗槽	密封		
	烘箱、涂覆区、预含浸后烘干（六轮烫辊）	包围型		
后处理工艺	涂饰区域、印刷区域、烘箱	包围型		
	涂饰印刷区域同烘箱之间的传输区域	敞开型	包围型	
	其他产生 VOCs 的主要操作区域	敞开型		

注：包围型（半密闭罩、密闭罩）排风罩的控制风速指排风罩开口面位置的风速。敞开型排风罩的控制风速指排风罩吸引 VOCs 的逸散范围内，距该排风罩开口面最远距离的作业位置的风速。

A.2 废气收集系统的设计评价

A.2.1　废气的收集系统应按照规范设计施工和调试。

A.2.2　新建企业废气收集系统的设计应有完整的设计说明书和必要的计算过程。现有企业的废气收集系统应按设计方法重新进行计算和评估。

对现有废气收集系统的改造按新建企业的方法进行设计和计算评估。局部改造应考虑对整体设计指标的符合性。

按原设计要求修复废气收集系统不必进行评估。

A.2.3　废气收集系统的设计或评估结论应提供以下材料。

a）设计文件（应列出必要的计算依据和计算过程）；

b）竣工验收文件；

c）设计单位出具的关于是否符合本标准 A.1 要求的结论。

A.3　废气收集系统的测量

A.3.1　测量时，相连的整个收集系统必须全部启动。所有的生产设施和收集装置应处于正常工作状态。

A.3.2　控制风速的直接测量

A.3.2.1　按照《排风罩的分类及技术条件》（GB/T 16758—1997）附录 A 的方法测定。

A.3.2.2　可以采用热球风速仪或其他微风风速仪测量风速，风速仪的最小测量值不得大于 0.1 m/s。

A.3.2.3　半密闭罩的控制风速测点在排风罩的开口面的中央位置。

如适用，密闭罩的控制风速测点在排风罩的开口面的中央位置。

敞开型排风罩的测点分别在各个方向距排风罩开口面最远的作业位置（或延伸的边缘）周围 5 cm 范围内，在风速最大的位置测量。每个方向距排风罩开口面最远距离的作业位置的测量结果均应满足本标准表中的技术要求。

A.3.2.4　测量时应注意不要受外部通风的干扰，必要时应关闭有干扰的排风机、窗户等。

A.3.2.5　如测量数值不稳定，可取 1 min 的平均值。

A.3.3　可以采用间接方式测量控制风速，如测定通风风量，并于相应的设计参数对照或再计算控制风速值。

A.4　收集条件的评价

A.4.1　监控位置散逸的 VOCs 质量浓度

A.4.1.1　采用监测的方法测定散逸的 VOCs 质量浓度。

A.4.1.2　监控位置

散发 VOCs 的物料处于敞开的方式时，监控位置应选择离物料表面 10 cm 的位置。散发 VOCs 的物料处于半封闭的方式时，监控位置应选择离开口面内侧 10 cm 的位置，如该位置离物料表面小于 10 cm 或者开口面宽度小于 10 cm，则选择开口面。

监控点的分布在监测位置表面要有代表性，并应包括 VOCs 预期浓度最大的位置，至少两个点。

A.4.1.3　监测时，生产设施应在生产预期在该处排放浓度最大的产品，并且连续正常生产。

A.4.1.4　按附录 C 方法测定 VOCs 质量浓度，VOCs 质量浓度是所有有机污染物质量浓度之和。监测时不得使用加强通风的设施。VOCs 质量浓度为数值最大的两个测点的平均值。

A.4.2　散逸的 VOCs 速率

A.4.2.1 散逸面积测量

对于敞开的方式，测量离物料表面 10 cm 的包络面面积。对于封闭或半封闭的方式，测量开口面面积。

A.4.2.2 散逸的 VOCs 速率可按式（A.1）计算。

$$G=3.6\times V \cdot \rho \cdot S \qquad (A.1)$$

式中：G——散逸的 VOCs 速率，g/h；

V——设定的气流散逸速度，敞开式的取 0.6 m/s，封闭、半封闭式的取 0.4 m/s；

ρ——按 A.4.1 测定的散逸的 VOCs 质量浓度，mg/m³；

S——按 A.4.2.1 测定的散逸面积，m²。

A.4.2.3 散逸的 VOCs 速率也可以按物料衡算的方法确定，并以生产预期在该处排放质量浓度最大的产品时的状态为准。

排气中颗粒物的监测方法

本附录规定了合成革工业聚氯乙烯工艺有组织排放废气中颗粒物的监测方法。

B.1 方法说明

聚氯乙烯合成革生产中废气中含有增塑剂。常用的增塑剂的沸点很高，在废气中主要以液态颗粒物的形态存在。本方法以测定颗粒物的含量作为增塑剂排放质量浓度指标。

B.2 采样

按 GB/T 16157—1996 规定的方法采样，每次监测每个断面至少采集 3 个滤筒样品。

B.3 样品的运输和存放

采样后，将吸附了颗粒物的玻璃纤维滤筒放入专用盒中保存，置于清洁的容器内运输和保存。样品在 25℃以下避光处可保存 1 周。

B.4 分析和计算

采样后的滤筒放入 65±5℃烘箱中烘烤 2 h，然后放入干燥器中冷却 30 min，称量。采样前后滤筒重量之差即为采集的颗粒物质量。

计算实测的颗粒物质量浓度，取平均质量浓度值。

附录 C（规范性附录）

VOCs 监测技术导则

警告——使用本方法的人员应有正规实验室工作的实践经验，熟悉气相色谱和（或）固定污染源废气的采样方法。本方法并未指出所有可能的安全问题。使用者有责任采取适当的安全和卫生措施，并保证符合国家有关法规规定的条件。在有可能爆炸的环境下，要特别注意仪器和操作的安全性。

C.1 适用范围

本附录规定了有组织排放废气中 VOCs 的监测方法。环境空气中的 VOCs 和 DMF 监测也可参照本附录中的相关方法。

C.2 方法概述

C.2.1 相关的标准和依据

1）美国 EPA Method 1 8。

2）GB/T 16157—1996 固定污染源排气中颗粒物测定与气态污染物采样方法。

C.2.2 方法的选择

C.2.2.1 本标准中的 VOCs 质量浓度是指所有 VOCs 质量浓度的算术和（规定不包含 DMF 的除外）。可以选择以下一种方式实施监测：

1）采用一种监测方法测定所有预期的有机物；

2）采用多种特定监测方法分别测定所有预期的有机物。

C.2.2.2 应选用表 C.1 所列的监测方法或其他经环境保护部批准适用于本标准的方法。

C.2.2.3 方法选择时应根据规定确认 VOCs 是否包含 DMF。

C.2.2.4 所有的方法均应符合本附录 C.3 的基本要求。

表 C.1 VOCs 监测方法

序号	项目	测定方法	方法来源
1	DMF	气相色谱法	GBZ/T 160.62—2004
2	甲苯、二甲苯	气相色谱法	GBZ/T 160.42—2007
3	2-丁酮	气相色谱法	GBZ/T 160.55—2006
4	VOCs	气相色谱法	本附录 C.4

C.2.3 预期有机物的调查

本行业有机废气的具体组成与原材料配方有关。监测时应首先调查分析有机废气的组成类别、浓度范围，并列出预期的有机物。预期的有机物应占所有 VOCs 总量的 95%

以上。

废气中的常见有机污染物参见表 C.2。

本标准中测定方法适用于排气中的有机物成分已知的情况，如可能存在未知的有机物，应进行必要的预监测。

表 C.2　合成革工业排放废气中的常见有机污染物

工艺类别	常见有机污染物
聚氯乙烯工艺	苯、甲苯、DMF、邻苯二甲酸二丁酯、邻苯二甲酸二辛酯、癸二酸二辛酯、乙酸丁酯、2-丁醇、环己酮、氯乙烯单体
聚氨酯干法工艺	DMF、甲苯、苯、2-丁酮、丙酮、异丙醇、二甲苯、乙苯、乙酸乙酯、乙酸丁酯、二甲基环己烷
聚氨酯湿法工艺	DMF、甲苯
DMF 精馏	DMF、二甲胺
后处理工艺	DM F、甲苯、苯、2-丁酮、二甲苯、乙苯、乙酸乙酯、乙酸丁酯、丙酮、异丙醇、丙醇

C.3　基本要求

C.3.1　测定范围

方法的测定范围是由多方面所决定的，如采样体积、吸附剂浓缩、样品稀释、检测器的灵敏度等。有组织排放监测每种有机物的检出限不宜高于 1 mg/m³。

C.3.2　采样

C.3.2.1　采样应符合 GB/T 16157—1996 的规定，具体污染物的采样还应根据该污染物的监测方法执行。

C.3.2.2　监测采样时，收集废气至该排气筒的所有生产线应在正常稳定生产状态。

C.3.2.3　采样方法应能够采集所有预期的污染物。可以按分析方法的要求对不同的污染物分别采样。

C.3.2.4　采样体积和采样时间可根据实际监测情况确定。

C.3.2.5　如采用不同于方法规定的采样方式，如改变吸附剂或吸收液，应作论证并符合质量控制/质量保证的要求。

C.3.2.6　注意事项

a）部分废气的温度较高，应考虑温度对采样及监测的影响。

b）部分废气的湿度较高，应考虑消除湿度对采样及监测的影响。

c）使用固体吸附采样方法，不得超出吸附管的穿透量和穿透体积。

C.3.3　分析

采用色谱分析方法时，为得到更佳的结果，可以不限于某种方法的具体要求而选择下述的技术偏离，但所有偏离必须符合质量控制/质量保证的要求。

a）选择不同的溶剂或稀释比例；

b）选择不同的色谱柱；

c）选择不同的色谱分析条件；

d）选择不同类型的检测器。

C.3.4 结果计算

VOCs 测定结果按式（C.1）计算，小于检出限的有机物不参与计算。结果应注明是否包含 DMF。

$$\rho_{(VOC)} = \sum_{i=1}^{n} \rho_i \qquad (C.1)$$

式中：$\rho_{(VOC)}$——VOCs 质量浓度，mg/m³；

ρ_i——鉴定并定量测定的第 i 种 VOCs 质量浓度，mg/m³。

C.3.5 质量保证和控制

C.3.5.1 应按方法规定的要求执行质量保证和质量控制措施。

C.3.5.2 实际操作偏离方法规定要求的，必须符合方法的基本原则要求。方法没有具体规定的，应参考 GB/T 16157—1996 和本附录 C.4.5 的要求执行。

C.4 VOCs 的监测

C.4.1 原理

根据情况选用一种方法采样，用气相色谱分离定性，并用相应的检测器定量，如：FID、PID、ECD 或其他合适的检测原则，必要时应用 GC/MS 鉴定有机物。

本方法的测定下限与采样方式和检测器的灵敏度有关。吸附采样方式可以浓缩样品从而降低检出限。不同的检测器的灵敏度会有所不同。对于直接式或气袋方式采样，要求检测器的检出限在 10^{-6}（体积分数）以下。方法的测定上限是由检测器的满量程和色谱柱的过载量决定的。用惰性气体稀释样品和减少进样体积可以扩展测定上限。另外，高沸点化合物的冷凝问题也会影响测定上限。

本方法不能检测高分子量的聚合物、在分析之前会聚合的物质以及在排气筒或仪器条件下蒸汽压过低的物质。

C.4.2 试剂和材料

C.4.2.1 标准气体或液体有机化合物：作为校准的有机物纯物质，应为色谱纯，如果为分析纯，需经纯化处理，以保证色谱分析无杂峰。

C.4.2.2 萃取溶剂：色谱纯；

C.4.2.3 钢瓶气体：载气、氧气和燃气（如需）；

C.4.2.4 零气：小于检出限或小于 10^{-6}（体积分数）。

C.4.3 仪器

仪器同具体方法相关，这里仅列出主要仪器，根据方法选取。

C.4.3.1 气相色谱仪：配备适当的检测器、色谱柱、温控进样器、程序温控柱箱、记录仪，气体分析时需配备六通阀、定量管。

C.4.3.2 气体采样器：1.0 L/min，参见 GB/T 16157—1996 中 9.3 的要求。

C.4.3.3 采样管：带不锈钢、硬质玻璃或聚四氟乙烯材料的采样管，若烟道气中含有颗粒物，需要滤膜或玻璃棉滤料过滤。

C.4.3.4 连接管：聚四氟乙烯材料，用于采样气体管路的连接，接头也需用不锈钢或聚四氟乙烯材料。

C.4.3.5　吸附管：见 GB/T 16157—1996 中 9.3.5。

C.4.3.6　气袋：聚四氟乙烯材料。

C.4.4　采样和分析方法

根据安全和污染源的现场条件，可以选择以下一种合适的采样和分析步骤。但是某些条件下只能采用气袋采样法或吸附管采样法。

C.4.4.1　气袋采样法

在本方法中，气袋放在一个刚性的气密箱中，对箱子抽气，被测气体就采集到了气袋中。

C.4.4.1.1　采样

如图 C.1 连接采样系统。对气袋和气密箱进行检漏。采样前把采样连接管和真空连接管直接连接。将采样管的末端放到排气管道的中心，然后启动泵，调整适当的流量。充分清洗管路后，将真空连接管连接气袋，直到流量显示为零为止。然后把采样连接管和真空连接管连接到采样位置，开始采样。采样到气袋体积的 80%左右，关掉泵，密封好气袋，拆下采样连接管，拆下真空连接管。记录排气温度、大气压、环境温度、采样流量和起始结束时间。气袋和气密箱应避免阳光直射。

也可以参照以上的真空箱法，在采样连接管和气袋之间放置泵和调节阀，泵和调节阀的内部材料应不会和废气发生反应。在连接到气袋之前检漏，用废气清洗管路，并抽空气袋后开始抽取气体充入气袋。

在采样时发现气袋中有冷凝而又不能直接分析时，采样时应加热气袋，并在所有后续操作时保持适当的温度。也可以在收集样品气体时，采用同时稀释的方法采集到四氟乙烯气袋中。

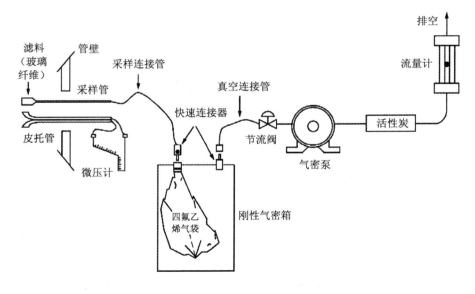

图 C.1　真空箱气袋法采样装置示意图

C.4.4.1.2　气袋样品的分析

C.4.4.1.2.1　色谱柱的选择

根据预计的排放有机物（种类、浓度），选择一条能提供分离良好的出峰较快的色谱柱。可以通过文献检索、色谱柱制造商、调查污染源排放等方式了解有关的信息。

C.4.4.1.2.2 色谱操作条件的建立

使用标准，试验确定仪器的分析条件，即对预计的分析物质有良好的分离和最短的分析时间。

C.4.4.1.2.3 校准曲线

应有所有目标化合物的标准校准气体。可用 2%准确度的钢瓶标准气，最好选用 1%准确度的标准气。或者采用高质量浓度的标准气和稀释系统来配置的多点校准气体。每种有机物至少需要三种不同质量浓度的标准气体。可以使用混合标准物质。

清洗进样定量管 30 s，使定量管的压力跟大气压相同，然后打开进样阀进样分析。做三次平行样，偏差应在 5%的平均值范围内。如达不到要求，加做样品或改进条件直到符合为止。然后分析其他两种浓度的标准，建立校准曲线。所有样品分析完了后，做样品中等水平的标准气体。假如偏差超过 5%，则需要再分析其他质量浓度标准，做前分析和后分析的联合校准曲线。假如两种响应因子偏差小于 5%，可以用分析前校准曲线来计算。

C.4.4.1.2.4 分析步骤

分析样品时，气袋通过一小段聚四氟乙烯管连接到进样器。用已知样品峰的保留时间确认所有的峰。对于不能被鉴定且面积超过总面积的 5%的出峰，应用 GC/MS 鉴定；或做进一步的 GC 分析，并通过同已知物质比较保留时间来按估计最可能的化合物计算。

若气袋保持高温的话，需测定湿度。

假如气体质量浓度太高，可使用较小的定量管或稀释进样。

C.4.4.1.3 计算

按式（C.2）计算标准状态下每一种有机物的质量浓度。

$$\rho_C = \frac{\rho_s P_0 T_i}{P_i T_0 (1 - X_{SW})_R} \tag{C.2}$$

式中：ρ_C——标准状态下干空气中有机物的质量浓度，mg/m^3；

　　　ρ_s——通过校准曲线得到的有机物的质量浓度，mg/m^3；

　　　P_0——标准状态大气压，101.325 kPa；

　　　T_i——样品分析时的进样器温度，K；

　　　P_i——样品分析时的大气压或进样器的气压，kPa；

　　　T_0——标准状态下的温度，273.15 K；

　　　X_{SW}——排气中水分含量（体积分数）；

　　　R——回收试验得出的回收率，量纲为一。

C.4.4.2 仪器直接测试采样法

参考 GB/T 16157—1996 中 9.2.2、9.4.3 的方法采样。

步骤

建立合适的气相色谱操作条件。

连接采样系统。确保所有接口紧密，打开采样管和采样连接管的加热装置，使其温度超过 110℃。进行 3 点校准，建立校准曲线。当所有样品分析完后，重做每种化合物的中间水平的校准气体分析。每一种化合物分析前后的响应系数的相对偏差如不大于 5%，可直接用分析前的校准曲线；相对偏差如大于 5%，则需再分析其他浓度的校准气体，并采用分析前后校准确定的联合校准曲线。

将采样管的末端放到排气管道的中心，抽取气体。彻底清洗采样管、连接管、定量管后，用校准时的条件进样分析，用校准曲线计算。其他可参考气袋采样法。

C.4.4.3　吸附管采样法

符合回收试验要求的任何吸附剂都可以使用。一些吸附剂的主要干扰物是水蒸气。如果存在水蒸气干扰，可在吸附管前加一个冰浴的小型撞击式水分收集器。水分收集器收集的水应同时分析。水分收集器和吸附管都要做回收试验。回收量的和应符合要求。

C.4.4.3.1　采样

参考 GB/T 16157—1996 中 9.4.1 的方法采样。

注意：采样前应估计废气的质量浓度和采样体积，避免发生吸附穿透（样气的相对湿度超过 2%～3%，吸附管的吸附量将急剧下降）。

C.4.4.3.2　样品的分析

C.4.4.3.2.1　校准

按仪器说明操作气相色谱仪。对建立的优化条件应文件化，并确保所有操作在此优化条件进行。

如果使用热脱附，按 C.4.4.1.2 准备气体标准。如果使用溶剂脱附，需准备在脱附溶剂中的液体标准。至少使用 3 个不同的标准，并选择合适的质量浓度。

C.4.4.3.2.2　按校准的条件分析样品。

C.4.4.3.3　计算

按式（C.3）计算标准状态下每一种有机物的质量浓度。

$$\rho_C = \frac{m}{V_{nd}R} \tag{C.3}$$

式中：ρ_C——标准状态下干空气中有机物的质量浓度，mg/m^3；

　　　　m——通过校准曲线得到的吸附管（包括水分收集器）中的有机物的质量，μg；

　　　　V_{nd}——标准状态下干采气体积，L；

　　　　R——回收试验得出的回收率，量纲为一。

C.4.5　质量控制和质量保证

C.4.5.1　回收试验

在预测和识别所有相关的污染物后，应就相关的污染物对采样系统做适当回收试验。

C.4.5.1.1　气袋采样的回收试验

通常在分析 3 个样品后，选择一个气袋样品作为加标回收试验的样品，贴上标签。在气袋中加入含有所有目标化合物的混合物（气态或液态）。理论上，加标的浓度应在已测 3 个气袋样品平均值的 40%～60%；假如气袋样品中某一目标化合物没有被检测到，加标量应该为该化合物的检出限的 5 倍。经过同现场样品气袋同样的保存时间后，分析加标气袋 3 次。按式（C.4）计算每一加标物的平均回收率（R）。

$$R = \frac{t - u}{S} \tag{C.4}$$

式中：R——平均回收率，量纲为一。

t——加标后测定的总质量浓度，mg/m³。

u——未加标测定的质量浓度，mg/m³。

S——加标的理论质量浓度，mg/m³。

平均回收率的有效范围为：0.70＜R＜1.30。如果 R 值达不到要求，本采样技术不适用。

C.4.5.1.2 仪器直接测试采样的回收试验

完成校准步骤后，用一种中等质量浓度水平的标准气体，至少含有一种目标化合物的校准气体，分别加入采样管的进口（或尽可能地接近的位置，但必须在滤料前）和分析仪器的进口，重复 3 次测试。通过采样管进口的校准气体平均响应值同直接进入仪器分析的平均响应值之差应在 10%以内。若二者相差超过 10%，需彻底地检漏，重新分析经过采样系统的标准气体直到符合标准为止。

C.4.5.1.3 吸附管采样的回收试验

按照吸附管采样法，在采样现场进行回收研究。使用两套完全相同的采样装置，一套加标，另一套不加标。在烟道中并列两采样管，采样管应放在同一断面上，相距 2.5 cm。采样前在加标装置的吸附管中加入所有预计的化合物（气态或液态）。加标量应是不加标装置收集量的 40%～60%。两套装置同时采集管道气体，使用相同的仪器和方法分析两套装置采集的吸附管样品，重复测试共 3 次。按式（C.5）计算每一加标物质的平均回收率（R）。

$$R = \frac{(t-u) \times V_S}{S} \qquad (C.5)$$

式中：R——平均回收率，量纲为一；

t——加标样品测定的质量浓度，mg/m³；

u——未加标样品测定的质量浓度，mg/m³；

V_S——加标样品的采样体积，L；

S——加标物质的质量，μg。

平均回收率的有效范围为：0.70＜R＜1.30。如果 R 值达不到要求，本采样技术不适用。

C.4.5.2 质控样品分析

准备好校准曲线后，立即分析质控样品。质控样品分析结果误差应在 10%内。

C.4.5.3 吸附管采样法的其他要求

C.4.5.3.1 （可选）测试样品吸附效率。如果可能穿透，应测试吸附效率。吸附管后部分的结果超过总量（前后部分之和）的 10%，则认为已经穿透。

C.4.5.3.2 采样器或流量计应按规定校准。采样后流量变化大于 5%，但不大于 20%，应进行修正；流量变化大于 20%，应重新采样。

C.4.6 方法的性能指标

由于不同污染源的样品含有不同的物质，因此不能有精确的检出下限。典型的气相色谱技术有 5%～10%的相对偏差。

本方法精密度：平行样偏差在不大于 5%。

本方法准确度：偏差在不大于 10%。

C.4.7　干扰和消除

C.4.7.1　溶剂干扰的消除方法：选择合适的色谱柱；选择合适的检测器；通过改变流量和温升程序来改变保留时间。

C.4.7.2　定期分析无烃空气或氮气的空白实验以保证分析系统没有被污染。

C.4.7.3　高浓度和低浓度的样品或标准物质交替分析时可能出现交叉污染，最好的解决办法是在分析不同类型样品时彻底地清洗 GC 进样器。

C.4.7.4　当样品中含有水蒸气时，测定水蒸气含量并修正气态有机物的质量浓度。

C.4.7.5　每个样品的气相色谱分析时间必须足够长，以保证所有峰都能洗脱。

中华人民共和国国家标准

羽绒工业水污染物排放标准

Discharge standard of water pollutants for down industry

GB 21901—2008

前　言

为贯彻《中华人民共和国环境保护法》、《中华人民共和国水污染防治法》、《中华人民共和国海洋环境保护法》、《国务院关于落实科学发展观 加强环境保护的决定》等法律、法规和《国务院关于编制全国主体功能区规划的意见》，保护环境，防治污染，促进羽绒工业生产工艺和污染治理技术的进步，制定本标准。

本标准规定了羽绒工业企业水污染物排放限值、监测和监控要求。为促进区域经济与环境协调发展，推动经济结构的调整和经济增长方式的转变，引导工业生产工艺和污染治理技术的发展方向，本标准规定了水污染物特别排放限值。

本标准中的污染物排放浓度均为质量浓度。

羽绒工业企业排放大气污染物（含恶臭污染物）、环境噪声适用相应的国家污染物排放标准，产生固体废物的鉴别、处理和处置适用国家固体废物污染控制标准。

本标准为首次发布。

自本标准实施之日起，羽绒工业企业的水污染物排放控制按本标准的规定执行，不再执行《污水综合排放标准》（GB 8978—1996）中的相关规定。

本标准由环境保护部科技标准司组织制订。

本标准主要起草单位：中国羽绒工业协会、环境保护部环境标准研究所。

本标准环境保护部 2008 年 4 月 29 日批准。

本标准自 2008 年 8 月 1 日起实施。

本标准由环境保护部解释。

1 适用范围

本标准规定了羽绒企业或生产设施水污染物排放限值。

本标准适用于现有羽绒企业或生产设施的水污染物排放管理。

本标准适用于对羽绒工业建设项目的环境影响评价、环境保护设施设计、竣工环境保护验收及其投产后的水污染物排放管理。

本标准适用于法律允许的污染物排放行为。新设立污染源的选址和特殊保护区域内现有污染源的管理，按照《中华人民共和国大气污染防治法》、《中华人民共和国水污染防治法》、《中华人民共和国海洋环境保护法》、《中华人民共和国固体废物污染环境防治法》、《中华人民共和国放射性污染防治法》、《中华人民共和国环境影响评价法》等法律、法规、规章的相关规定执行。

本标准规定的水污染物排放控制要求适用于企业向环境水体的排放行为。

企业向设置污水处理厂的城镇排水系统排放废水时，其污染物的排放控制要求由企业与城镇污水处理厂根据其污水处理能力商定或执行相关标准，并报当地环境保护主管部门备案；城镇污水处理厂应保证排放污染物达到相关排放标准要求。

建设项目拟向设置污水处理厂的城镇排水系统排放废水时，由建设单位和城镇污水处理厂按前款的规定执行。

2 规范性引用文件

本标准内容引用了下列文件或其中的条款。

GB/T 6920—1986　水质　pH 值的测定　玻璃电极法

GB/T 7478—1987　水质　铵的测定　蒸馏和滴定法

GB/T 7479—1987　水质　铵的测定　纳氏试剂比色法

GB/T 7481—1987　水质　铵的测定　水杨酸分光光度法

GB/T 7488—1987　水质　五日生化需氧量（BOD_5）的测定　稀释与接种法

GB/T 7494—1987　水质　阴离子表面活性剂的测定　亚甲蓝分光光度法

GB/T 11893—1989　水质　总磷的测定　钼酸铵分光光度法

GB/T 11894—1989　水质　总氮的测定　碱性过硫酸钾消解紫外分光光度法

GB/T 11901—1989　水质　悬浮物的测定　重量法

GB/T 11914—1989　水质　化学需氧量的测定　重铬酸盐法

GB/T 16488—1996　水质　石油类和动植物油的测定　红外光度法

HJ/T 195—2005　　水质　氨氮的测定　气相分子吸收光谱法

HJ/T 199—2005　　水质　总氮的测定　气相分子吸收光谱法

HJ/T 399—2007　　水质　化学需氧量的测定　快速消解分光光度法

《污染源自动监控管理办法》（国家环境保护总局令　第 28 号）

《环境监测管理办法》（国家环境保护总局令　第 39 号）

3 术语和定义

下列术语和定义适用于本标准。

3.1　羽绒工业

指将鹅、鸭的羽毛、羽绒经水洗和高温烘干消毒工艺生产符合国家相关产品质量标准的水洗羽毛绒产品，并将其作为填充料生产各种羽绒制品（包括各式羽绒服装及羽绒被、枕、褥、垫、睡袋等）的工业。

羽绒工业包括以下三种企业类型：水洗羽毛绒加工企业，羽绒制品加工企业，水洗羽毛绒与羽绒制品联合生产企业。

3.2 现有企业

指本标准实施之日前已建成投产或环境影响评价文件已通过审批的羽绒生产企业或设施。

3.3 新建企业

指本标准实施之日起环境影响评价文件通过审批的新建、改建和扩建羽绒工业建设项目。

3.4 排水量

指生产设施或企业向企业法定边界以外排放的废水的量,包括与生产有直接或间接关系的各种外排废水(如厂区生活污水、冷却废水、厂区锅炉和电站排水等)。

3.5 单位产品基准排水量

指用于核定水污染物排放浓度而规定的生产单位水洗羽毛绒产品(含水率≤13%)的废水排放量上限值。

4 水污染物排放控制要求

4.1 自 2009 年 1 月 1 日起至 2010 年 6 月 30 日止,现有企业执行表 1 规定的水污染物排放限值。

4.2 自 2010 年 7 月 1 日起,现有企业执行表 2 规定的水污染物排放限值。

4.3 自 2008 年 8 月 1 日起,新建企业执行表 2 规定的水污染物排放限值。

表 1 现有企业水污染物排放浓度限值及单位产品基准排水量 单位:mg/L(pH 值除外)

序号	污染物项目	限值	污染物排放监控位置
1	pH 值	6~9	
2	悬浮物	70	
3	五日生化需氧量(BOD₅)	20	
4	化学需氧量(CODCr)	100	
5	氨氮	15	企业废水总排放口
6	总氮	20	
7	总磷	0.5	
8	阴离子表面活性剂	5	
9	动植物油	10	
单位产品基准排水量/(m³/t)		90	排水量计量位置与污染物排放监控位置一致

注:单位产品基准排水量适用于水洗羽毛绒加工企业和水洗羽毛绒与羽绒制品联合生产企业。

表 2 新建企业水污染物排放浓度限值及单位产品基准排水量 单位:mg/L(pH 值除外)

序号	污染物项目	限值	污染物排放监控位置
1	pH 值	6~9	
2	悬浮物	50	
3	五日生化需氧量(BOD₅)	15	企业废水总排放口
4	化学需氧量(CODCr)	80	
5	氨氮	12	
6	总氮	16	

序号	污染物项目	限值	污染物排放监控位置
7	总磷	0.5	
8	阴离子表面活性剂	3	企业废水总排放口
9	动植物油	5	
单位产品基准排水量/（m³/t）		60	排水量计量位置与污染物排放监控位置一致
注：单位产品基准排水量适用于水洗羽毛绒加工企业和水洗羽毛绒与羽绒制品联合生产企业。			

4.4 根据环境保护工作的要求，在国土开发密度较高、环境承载能力开始减弱，或水环境容量较小、生态环境脆弱，容易发生严重水环境污染问题而需要采取特别保护措施的地区，应严格控制企业的污染排放行为，在上述地区的企业执行表 3 规定的水污染物特别排放限值。

执行水污染物特别排放限值的地域范围、时间，由国务院环境保护主管部门或省级人民政府规定。

表3　水污染物特别排放限值　　　　　　　　单位：mg/L（pH 值除外）

序号	污染物项目	限值	污染物排放监控位置
1	pH 值	6～9	
2	悬浮物	20	
3	五日生化需氧量（BOD$_5$）	10	
4	化学需氧量（COD$_{Cr}$）	50	
5	氨氮	5	企业废水总排放口
6	总氮	10	
7	总磷	0.5	
8	阴离子表面活性剂	1	
9	动植物油	3	
单位产品基准排水量/（m³/t）		30	排水量计量位置与污染物排放监控位置一致
注：单位产品基准排水量适用于水洗羽毛绒加工企业和水洗羽毛绒与羽绒制品联合生产企业。			

4.5 水污染物排放浓度限值适用于单位产品实际排水量不高于单位产品基准排水量的情况。若单位产品实际排水量超过单位产品基准排水量，须按式（1）将实测水污染物浓度换算为水污染物基准水量排放浓度，并以水污染物基准水量排放浓度作为判定排放是否达标的依据。产品产量和排水量统计周期为一个工作日。

在企业的生产设施同时生产两种以上产品，可适用不同排放控制要求或不同行业国家污染物排放标准，且生产设施产生的污水混合处理排放的情况下，应执行排放标准中规定的最严格的浓度限值，并按式（1）换算水污染物基准水量排放浓度。

$$\rho_{基} = \frac{Q_{总}}{\sum Y_i \times Q_{i基}} \times \rho_{实} \tag{1}$$

式中：$\rho_{基}$——水污染物基准水量排放浓度，mg/L；

$Q_{总}$——排水总量，m³；

Y_i——第 i 种产品产量，t；

$Q_{i基}$——第 i 种产品的单位产品基准排水量，m³/t；

$\rho_{实}$——实测水污染物排放浓度，mg/L。

若 $Q_{总}$ 与 $\sum Y_i \times Q_{i基}$ 的比值小于1，则以水污染物实测浓度作为判定排放是否达标的依据。

5 水污染物监测要求

5.1 对企业排放废水的采样应根据监测污染物的种类，在规定的污染物排放监控位置进行，有废水处理设施的，应在该设施后监控。在污染物排放监控位置应设置永久性排污口标志。

5.2 新建企业应按照《污染源自动监控管理办法》的规定，安装污染物排放自动监控设备，并与环境保护主管部门的监控设备联网，保证设备正常运行。各地现有企业安装污染物排放自动监控设备的要求由省级环境保护主管部门规定。

5.3 对企业水污染物排放情况进行监测的频次、采样时间等要求，按国家有关污染源监测技术规范的规定执行。

5.4 企业产品产量的核定，以法定报表为依据。

5.5 对企业排放水污染物浓度的测定采用表4所列的方法标准。

表4 水污染物浓度测定方法标准

序号	污染物项目	方法标准名称		方法标准编号
1	pH 值	水质	pH 值的测定 玻璃电极法	GB/T 6920—1986
2	悬浮物	水质	悬浮物的测定 重量法	GB/T 11901—1989
3	五日生化需氧量	水质	五日生化需氧量（BOD$_5$）的测定 稀释与接种法	GB/T 7488—1987
4	化学需氧量	水质	化学需氧量的测定 重铬酸盐法	GB/T 11914—1989
		水质	化学需氧量的测定 快速消解分光光度法	HJ/T 399—2007
5	氨氮	水质	铵的测定 蒸馏和滴定法	GB/T 7478—1987
		水质	铵的测定 纳氏试剂比色法	GB/T 7479—1987
		水质	铵的测定 水杨酸分光光度法	GB/T 7481—1987
		水质	氨氮的测定 气相分子吸收光谱法	HJ/T 195—2005
6	总氮	水质	总氮的测定 碱性过硫酸钾消解紫外分光光度法	GB/T 11894—1989
		水质	总氮的测定 气相分子吸收光谱法	HJ/T 199—2005
7	总磷	水质	总磷的测定 钼酸铵分光光度法	GB/T 11893—1989
8	阴离子表面活性剂	水质	阴离子表面活性剂的测定 亚甲蓝分光光度法	GB/T 7494—1987
9	动植物油	水质	石油类和动植物油的测定 红外光度法	GB/T 16488—1996

5.6 企业须按照有关法律和《环境监测管理办法》的规定，对排污状况进行监测，并保存原始监测记录。

6 实施与监督

6.1 本标准由县级以上人民政府环境保护主管部门负责监督实施。

6.2 在任何情况下，羽绒生产企业均应遵守本标准的水污染物排放控制要求，采取必要措施保证污染防治设施正常运行。各级环保部门在对企业进行监督性检查时，可以现场即时采样或监测的结果，作为判定排污行为是否符合排放标准以及实施相关环境保护管理措施的依据。在发现企业耗水或排水量有异常变化的情况下，应核定企业的实际产品产量和排水量，按本标准规定，换算水污染物基准水量排放浓度。

中华人民共和国国家标准

电镀污染物排放标准

Emission standard of pollutants for electroplating

GB 21900—2008

前　言

为贯彻《中华人民共和国环境保护法》、《中华人民共和国水污染防治法》、《中华人民共和国大气污染防治法》、《中华人民共和国海洋环境保护法》,《国务院关于落实科学发展观　加强环境保护的决定》等法律法规和《国务院关于编制全国主体功能区规划的意见》,保护环境,防治污染,促进电镀生产工艺和污染治理技术的进步,制定本标准。

本标准规定了电镀企业水和大气污染物排放限值、监测和监控要求。为促进区域经济与环境协调发展,推动经济结构的调整和经济增长方式的转变,引导工业生产工艺和污染治理技术的发展方向,本标准规定了水污染物特别排放限值。

本标准中的污染物排放浓度均为质量浓度。

电镀企业排放恶臭污染物、环境噪声适用相应的国家污染物排放标准,产生固体废物的鉴别、处理和处置适用国家固体废物污染控制标准。

本标准为首次发布。

自本标准实施之日起,电镀企业水和大气污染物排放控制按本标准的规定执行,不再执行《污水综合排放标准》(GB 8978—1996)和《大气污染物综合排放标准》(GB 16297—1996)中的相关规定。

本标准由环境保护部科技标准司组织制订。

本标准主要起草单位:北京中兵北方环境科技发展有限责任公司、环境保护部环境标准研究所、中国兵器工业集团公司、石家庄市环境监测中心站、北京电镀协会、内蒙古北方重工业集团有限公司。

本标准环境保护部 2008 年 4 月 29 日批准。

本标准自 2008 年 8 月 1 日起实施。

本标准由环境保护部解释。

1 适用范围

本标准规定了电镀企业和拥有电镀设施的企业的电镀水污染物和大气污染物排放限值。

本标准适用于现有电镀企业的水污染物和大气污染物排放管理。

本标准适用于对电镀企业建设项目的环境影响评价、环境保护设施设计、竣工环境保护验收及其投产后的水、大气污染物排放管理。

本标准也适用于阳极氧化表面处理工艺设施。

本标准适用于法律允许的污染物排放行为。新设立污染源的选址和特殊保护区域内现有污染源的管理，按照《中华人民共和国大气污染防治法》、《中华人民共和国水污染防治法》、《中华人民共和国海洋环境保护法》、《中华人民共和国固体废物污染环境防治法》、《中华人民共和国放射性污染防治法》、《中华人民共和国环境影响评价法》等法律、法规、规章的相关规定执行。

本标准规定的水污染物排放控制要求适用于企业向环境水体的排放行为。

企业向设置污水处理厂的城镇排水系统排放废水时，有毒污染物总铬、六价铬、总镍、总镉、总银、总铅、总汞在本标准规定的监控位置执行相应的排放限值；其他污染物的排放控制要求由企业与城镇污水处理厂根据其污水处理能力商定或执行相关标准，并报当地环境保护主管部门备案；城镇污水处理厂应保证排放污染物达到相关排放标准要求。

建设项目拟向设置污水处理厂的城镇排水系统排放废水时，由建设单位和城镇污水处理厂按前款的规定执行。

2 规范性引用文件

本标准内容引用了下列文件或其中的条款。

GB/T 6920—1986　水质　pH 值的测定　玻璃电极法

GB/T 7466—1987　水质　总铬的测定　高锰酸钾氧化-二苯基碳酰二肼分光光度法

GB/T 7467—1987　水质　六价铬的测定　二苯碳酰二肼分光光度法

GB/T 7468—1987　水质　总汞的测定　冷原子吸收分光光度法

GB/T 7469—1987　水质　总汞的测定　高锰酸钾-过硫酸钾消解法双硫腙分光光度法

GB/T 7470—1987　水质　铅的测定　双硫腙分光光度法

GB/T 7471—1987　水质　镉的测定　双硫腙分光光度法

GB/T 7472—1987　水质　锌的测定　双硫腙分光光度法

GB/T 7473—1987　水质　铜的测定　2,9-二甲基-1,10 菲啰啉分光光度法

GB/T 7474—1987　水质　铜的测定　二乙基二硫代氨基甲酸钠分光光度法

GB/T 7475—1987　水质　铜、锌、铅、镉的测定　原子吸收分光光度法

GB/T 7478—1987　水质　铵的测定　蒸馏和滴定法

GB/T 7479—1987　水质　铵的测定　纳氏试剂比色法

GB/T 7481—1987　水质　铵的测定　水杨酸分光光度法

GB/T 7483—1987　水质　氟化物的测定　氟试剂分光光度法

GB/T 7484—1987　水质　氟化物的测定　离子选择电极法

GB/T 7486—1987　水质　氰化物的测定　第一部分：总氰化物的测定

GB/T 11893—1989　水质　总磷的测定　钼酸铵分光光度法

GB/T 11894—1989　水质　总氮的测定　碱性过硫酸钾消解紫外分光光度法

GB/T 11901—1989　水质　悬浮物的测定　重量法

GB/T 11907—1989　水质　银的测定　火焰原子吸收分光光度法

GB/T 11908—1989　水质　银的测定　镉试剂 2B 分光光度法

GB/T 11910—1989　水质　镍的测定　丁二酮肟分光光度法

GB/T 11911—1989　水质　铁、锰的测定　火焰原子吸收分光光度法

GB/T 11912—1989　水质　镍的测定　火焰原子吸收分光光度法

GB/T 11914—1989　水质　化学需氧量的测定　重铬酸钾法

GB/T 16157—1996　固定污染源排气中颗粒物的测定与气态污染物采样方法

GB/T 16488—1996　水质　石油类和动植物油的测定　红外光度法

GB 18871—2002　电离辐射防护与辐射源安全基本标准

HJ/T 27—1999　固定污染源排气中氯化氢的测定　硫氰酸汞分光光度法

HJ/T 28—1999　固定污染源排气中氰化氢的测定　异烟酸-吡唑啉酮分光光度法

HJ/T 29—1999　固定污染源排气中铬酸雾的测定　二苯基碳酰二肼分光光度法

HJ/T 42—1999　固定污染源排气中氮氧化物的测定　紫外分光光度法

HJ/T 43—1999　固定污染源排气中氮氧化物的测定　盐酸萘乙二胺分光光度法

HJ/T 67—2001　大气固定污染源　氟化物的测定　离子选择电极法

HJ/T 84—2001　水质　无机阴离子的测定　离子色谱法

HJ/T 195—2005　水质　氨氮的测定　气相分子吸收光谱法

HJ/T 199—2005　水质　总氮的测定　气相分子吸收光谱法

HJ/T 345—2007　水质　总铁的测定　邻菲啰啉分光光度法（试行）

HJ/T 399—2007　同其他标准

《污染源自动监控管理办法》（国家环境保护总局令　第 28 号）

《环境监测管理办法》（国家环境保护总局令　第 39 号）

3　术语和定义

下列术语和定义适用于本标准。

3.1　电镀

指利用电解方法在零件表面沉积均匀、致密、结合良好的金属或合金层的过程。包括镀前处理（去油、去锈）、镀上金属层和镀后处理（钝化、去氢）。

3.2　现有企业

指本标准实施之日前已建成投产或环境影响评价文件已通过审批的电镀企业或生产设施。

3.3　新建企业

指本标准实施之日起环境影响评价文件通过审批的新建、改建和扩建电镀设施建设项目。

3.4　镀锌

指将零件浸在镀锌溶液中作为阴极，以锌板作为阳极，接通直流电源后，在零件表面沉积金属锌镀层的过程。

3.5　镀铬

指将零件浸在镀铬溶液中作为阴极，以铅合金作为阳极，接通直流电源后，在零件表面沉积金属铬镀层的过程。

3.6　镀镍

指将零件浸在金属镍盐溶液中作为阴极，以金属镍板作为阳极，接通直流电源后，在零件表面沉积金属镍镀层的过程。

3.7　镀铜

指将零件浸在金属铜盐溶液中作为阴极，以电解铜作为阳极，接通直流电源后，在零件表面沉积金属铜镀层的过程。

3.8　阳极氧化

指将金属或合金的零件作为阳极，采用电解的方法使其表面形成氧化膜的过程。对钢铁零件表面进行阳极氧化处理的过程，称为发蓝。

3.9　单层镀

指通过一次电镀，在零件表面形成单金属镀层或合金镀层的过程。

3.10　多层镀

指进行二次以上的电镀，在零件表面形成复合镀层的过程。如钢铁零件镀防护—装饰性铬镀层，需先镀中间镀层（镀铜、镀镍、镀低锡青铜等）后再镀铬。

3.11　排水量

指生产设施或企业向企业法定边界以外排放的废水的量，包括与生产有直接或间接关系的各种外排废水（如厂区生活污水、冷却废水、厂区锅炉和电站排水等）。

3.12　单位产品基准排水量

指用于核定水污染物排放浓度而规定的生成单位面积镀件镀层的废水排放量上限值。

3.13　排气量

指企业生产设施通过排气筒向环境排放的工艺废气的量。

3.14　单位产品基准排气量

指用于核定废气污染物排放浓度而规定的生产单位面积镀件镀层的废气排放量的上限值。

3.15　标准状态

指温度为 273.15 K、压力为 101 325 Pa 时的状态。本标准规定的大气污染物排放浓度限值均以标准状态下的干气体为基准。

4 污染物排放控制要求

4.1　水污染物排放控制要求

4.1.1　自 2009 年 1 月 1 日起至 2010 年 6 月 30 日止，现有企业执行表 1 规定的水污染物排放限值。

4.1.2　自 2010 年 7 月 1 日起，现有企业执行表 2 规定的水污染物排放限值。

4.1.3　自 2008 年 8 月 1 日起，新建企业执行表 2 规定的水污染物排放限值。

4.1.4　根据环境保护工作的要求，在国土开发密度较高、环境承载能力开始减弱，或水环境容量较小、生态环境脆弱，容易发生严重水环境污染问题而需要采取特别保护措施的地区，应严格控制设施的污染排放行为，在上述地区的企业执行表 3 规定的水污染物特别排放限值。

表 1　现有企业水污染物排放浓度限值及单位产品基准排水量

单位：mg/L（pH 值除外）

序号	污染物项目		限值	污染物排放监控位置
1	总铬		1.5	车间或生产设施废水排放口
2	六价铬		0.5	
3	总镍		1.0	
4	总镉		0.1	
5	总银		0.5	
6	总铅		1.0	
7	总汞		0.05	
8	总铜		1.0	企业废水总排放口
9	总锌		2.0	
10	总铁		5.0	
11	总铝		5.0	
12	pH 值		6～9	
13	悬浮物		70	
14	化学需氧量（COD_{Cr}）		100	
15	氨氮		25	
16	总氮		30	
17	总磷		1.5	
18	石油类		5.0	
19	氟化物		10	
20	总氰化物（以 CN^- 计）		0.5	
单位产品（镀件镀层）基准排水量/（L/m²）	多层镀	750		排水量计量位置与污染物排放监控位置一致
	单层镀	300		

表 2　新建企业水污染物排放浓度限值及单位产品基准排水量

单位：mg/L（pH 值除外）

序号	污染物项目	限值	污染物排放监控位置
1	总铬	1.0	车间或生产设施废水排放口
2	六价铬	0.2	
3	总镍	0.5	
4	总镉	0.05	
5	总银	0.3	
6	总铅	0.2	
7	总汞	0.01	
8	总铜	0.5	企业废水总排放口
9	总锌	1.5	
10	总铁	3.0	

序号	污染物项目		限值	污染物排放监控位置
11	总铝		3.0	
12	pH 值		6～9	
13	悬浮物		50	
14	化学需氧量（COD_{Cr}）		80	
15	氨氮		15	企业废水总排放口
16	总氮		20	
17	总磷		1.0	
18	石油类		3.0	
19	氟化物		10	
20	总氰化物（以 CN^- 计）		0.3	
单位产品（镀件镀层）基准排水量/（L/m²）	多层镀		500	排水量计量位置与污染物排放监控位置一致
	单层镀		200	

　　执行水污染物特别排放限值的地域范围、时间，由国务院环境保护主管部门或省级人民政府规定。

　　4.1.5　对于排放含有放射性物质的污水，除执行本标准外，还应符合 GB 18871—2002 的规定。

　　4.1.6　水污染物排放浓度限值适用于单位产品实际排水量不高于单位产品基准排水量的情况。若单位产品实际排水量超过单位产品基准排水量，须按式（1）将实测水污染物浓度换算为水污染物基准水量排放浓度，并以水污染物基准水量排放浓度作为判定排放是否达标的依据。产品产量和排水量统计周期为一个工作日。

表 3　水污染物特别排放限值

单位：mg/L（pH 值除外）

序号	污染物项目		限值	污染物排放监控位置
1	总铬		0.5	
2	六价铬		0.1	
3	总镍		0.1	
4	总镉		0.01	车间或生产设施废水排放口
5	总银		0.1	
6	总铅		0.1	
7	总汞		0.005	
8	总铜		0.3	
9	总锌		1.0	
10	总铁		2.0	
11	总铝		2.0	
12	pH 值		6～9	
13	悬浮物		30	
14	化学需氧量（COD_{Cr}）		50	企业废水总排放口
15	氨氮		8	
16	总氮		15	
17	总磷		0.5	
18	石油类		2.0	
19	氟化物		10	
20	总氰化物（以 CN^- 计）		0.2	
单位产品（镀件镀层）基准排水量/（L/m²）	多层镀		250	排水量计量位置与污染物排放监控位置一致
	单层镀		100	

在企业的生产设施同时生产两种以上产品、可适用不同排放控制要求或不同行业国家污染物排放标准，且生产设施产生的污水混合处理排放的情况下，应执行排放标准中规定的最严格的浓度限值，并按式（1）换算水污染物基准水量排放浓度。

$$\rho_{基} = \frac{Q_{总}}{\sum Y_i \cdot Q_{i基}} \cdot \rho_{实} \qquad （1）$$

式中：$\rho_{基}$——水污染物基准水量排放浓度，mg/L；

  $Q_{总}$——排水总量，m^3；

  Y_i——某种镀件镀层的产量，m^2；

  $Q_{i基}$——某种镀件的单位产品基准排水量，m^3/m^2；

  $\rho_{实}$——实测水污染物排放浓度，mg/L。

若 $Q_{总}$ 与 $\sum Y_i \cdot Q_{i基}$ 的比值小于 1，则以水污染物实测浓度作为判定排放是否达标的依据。

4.2　大气污染物排放控制要求

4.2.1　自 2009 年 1 月 1 日起至 2010 年 6 月 30 日止，现有企业执行表 4 规定的大气污染物排放限值。

表 4　现有企业大气污染物排放浓度限值　　　　单位：mg/m^3

序号	污染物项目	排放限值	污染物排放监控位置
1	氯化氢	50	
2	铬酸雾	0.07	
3	硫酸雾	40	车间或生产设施排气筒
4	氮氧化物	240	
5	氰化氢	1.0	
6	氟化物	9	

4.2.2　自 2010 年 7 月 1 日起现有企业执行表 4 规定的大气污染物排放限值。

4.2.3　自 2008 年 8 月 1 日起新建企业执行表 5 规定的大气污染物排放限值。

4.2.4　现有和新建企业单位产品基准排气量按表 6 的规定执行。

表 5　新建企业大气污染物排放浓度限值　　　　单位：mg/m^3

序号	污染物项目	排放限值	污染物排放监控位置
1	氯化氢	30	
2	铬酸雾	0.05	
3	硫酸雾	30	车间或生产设施排气筒
4	氮氧化物	200	
5	氰化氢	0.5	
6	氟化物	7	

4.2.5　产生空气污染物的生产工艺装置必须设立局部气体收集系统和集中净化处理装置，净化后的气体由排气筒排放。排气筒高度不低于 15 m，排放含氰化氢气体的排气筒高度不低于 25 m。排气筒高度应高出周围 200 m 半径范围的建筑 5 m 以上；不能达到

该要求高度的排气筒，应按排放限值的 50%执行。

4.2.6　大气污染物排放浓度限值适用于单位产品实际排气量不高于单位产品基准排气量的情况。若单位产品实际排气量超过单位产品基准排气量，须将实测大气污染物浓度换算为大气污染物基准气量排放浓度，并以大气污染物基准气量排放浓度作为判定排放是否达标的依据。大气污染物基准气量排放浓度的换算，可参照采用水污染物基准水量排放浓度的计算公式。

产品产量和排气量统计周期为一个工作日。

表 6　单位产品镀件镀层基准排气量　　单位：m^3/m^2

序号	工艺种类	基准排气量	排气量计量位置
1	镀锌	18.6	车间或生产设施排气筒
2	镀铬	74.4	
3	其他镀种（镀铜、镀镍等）	37.3	
4	阳极氧化	18.6	
5	发蓝	55.8	

5　污染物监测要求

5.1　污染物监测的一般要求

5.1.1　对企业排放废水和废气的采样，应根据监测污染物的种类，在规定的污染物排放监控位置进行，有废水、废气处理设施的，应在该设施后监控。在污染物排放监控位置须设置永久性排污口标志。

5.1.2　新建设施应按照《污染源自动监控管理办法》的规定，安装污染物排放自动监控设备，并与环保部门的监控中心联网，并保证设备正常运行。各地现有企业安装污染物排放自动监控设备的要求由省级环境保护行政主管部门规定。

5.1.3　对企业污染物排放情况进行监测的频次、采样时间等要求，按国家有关污染源监测技术规范的规定执行。

5.1.4　镀件镀层面积的核定，以法定报表为依据。

5.1.5　企业应按照有关法律和《环境监测管理办法》的规定，对排污状况进行监测，并保存原始监测记录。

5.2　水污染物监测要求

对企业排放水污染物浓度的测定采用表 7 所列的方法标准。

表 7　水污染物浓度测定方法标准

序号	污染物项目	方法标准名称	方法标准编号
1	总铬	水质　总铬的测定　高锰酸钾氧化-二苯基碳酰二肼分光光度法	GB/T 7466—1987
2	六价铬	水质　六价铬的测定　二苯碳酰二肼分光光度法	GB/T 7467—1987
3	总镍	水质　镍的测定　丁二酮肟分光光度法	GB/T 11910—1989
		水质　镍的测定　火焰原子吸收分光光度法	GB/T 11912—1989

序号	污染物项目	方法标准名称	方法标准编号
4	总镉	水质　镉的测定　双硫腙分光光度法	GB/T 7471—1987
		水质　铜、锌、铅、镉的测定　原子吸收分光光度法	GB/T 7475—1987
5	总银	水质　银的测定　火焰原子吸收分光光度法	GB/T 11907—1989
		水质　银的测定　镉试剂 2B 分光光度法	GB/T 11908—1989
6	总铅	水质　铅的测定　双硫腙分光光度法	GB/T 7470—1987
		水质　铜、锌、铅、镉的测定　原子吸收分光光度法	GB/T 7475—1987
7	总汞	水质　汞的测定　冷原子吸收分光光度法	GB/T 7468—1987
		水质　汞的测定　高锰酸钾-过硫酸钾消解法双硫腙分光光度法	GB/T 7469—1987
8	总铜	水质　铜的测定　2，9-二甲基-1，10 菲啰啉分光光度法	GB/T 7473—1987
		水质　铜的测定　二乙基二硫代氨基甲酸钠分光光度法	GB/T 7474—1987
		水质　铜、锌、铅、镉的测定　原子吸收分光光度法	GB/T 7475—1987
9	总锌	水质　锌的测定　双硫腙分光光度法	GB/T 7472—1987
		水质　铜、锌、铅、镉的测定　原子吸收分光光度法	GB/T 7475—1987
10	总铁	水质　铁、锰的测定　火焰原子吸收分光光度法	GB/T 11911—1989
		水质　铁的测定　邻菲啰啉分光光度法（试行）	HJ/T 345—2007
11	总铝	水质　铝的测定　间接火焰原子吸收法	见附录 A
		水质　铝的测定　电感耦合等离子发射光谱法	见附录 B
12	pH 值	水质　pH 值的测定　玻璃电极法	GB/T 6920—1986
13	悬浮物	水质　悬浮物的测定　重量法	GB/T 11901—1989
14	化学需氧量	水质　化学需氧量的测定　重铬酸钾法	GB/T 11914—1989
15	氨氮	水质　氨氮的测定　蒸馏和滴定法	HJ/T 399 GB/T 7478—1987
		水质　铵的测定　纳氏试剂比色法	GB/T 7479—1987
		水质　铵的测定　水杨酸分光光度法	GB/T 7481—1987
		水质　氨氮的测定　气相分子吸收光谱法	HJ/T 195—2005
16	总氮	水质　总氮的测定　碱性过硫酸钾消解紫外分光光度法	GB/T 11894—1989
		水质　总氮的测定　气相分子吸收光谱法	HJ/T 199—2005
17	总磷	水质　总磷的测定　钼酸铵分光光度法	GB/T 11894—1989
18	石油类	水质　石油类和动植物油的测定　红外光度法	GB/T 16488—1996
19	氟化物	水质　氟化物的测定　氟试剂分光光度法	GB/T 7483—1987
		水质　氟化物的测定　离子选择电极法	GB/T 7484—1987
		水质　无机阴离子的测定　离子色谱法	HJ/T 84—2001
20	总氰化物	水质　氰化物的测定　硝酸银滴定法	GB/T 7486—1987
		水质　氰化物的测定　第一部分　总氰化物的测定	GB/T 7487—1987

说明：测定暂无适用方法标准的污染物项目，使用附录所列方法，待国家发布相应的方法标准并实施后，停止使用。

5.3　大气污染物监测要求

5.3.1　采样点的设置与采样方法按 GB/T 16157—1996 执行。

5.3.2　对企业排放大气污染物浓度的测定采用表 8 所列的方法标准。

表8　大气污染物浓度测定方法标准

序号	污染物项目	方法标准名称	方法标准编号
1	氯化氢	固定污染源排气中氯化氢的测定　硫氰酸汞分光光度法	HJ/T 27—1999
2	铬酸雾	固定污染源排气中铬酸雾的测定　二苯基碳酰二肼分光光度法	HJ/T 29—1999
3	硫酸雾	废气中硫酸雾的测定　铬酸钡分光光度法	见附录C
		废气中硫酸雾的测定　离子色谱法	见附录D
4	氮氧化物	固定污染源排气中氮氧化物的测定　盐酸萘乙二胺分光光度法	HJ/T 43—1999
		固定污染源排气中氮氧化物的测定　紫外分光光度法	HJ/T 42—1999
5	氰化氢	固定污染源排气中氰化氢的测定　异烟酸-吡唑啉酮分光光度法	HJ/T 28—1999
6	氟化物	大气固定污染源氟化物的测定　离子选择电极法	HJ/T 67—2001

说明：测定暂无适用方法标准的污染物项目，使用附录所列方法，待国家发布相应的方法标准并实施后，停止使用。

6　实施与监督

6.1　本标准由县级以上人民政府环境保护主管部门负责监督实施。

6.2　在任何情况下，电镀企业均应遵守本标准的污染物排放控制要求，采取必要措施保证污染防治设施正常运行。各级环保部门在对设施进行监督性检查时，可以现场即时采样或监测的结果，作为判定排污行为是否符合排放标准以及实施相关环境保护管理措施的依据。在发现设施耗水或排水量、排气量有异常变化的情况下，应核定设施的实际产品产量、排水量和排气量，按本标准的规定，换算水污染物基准水量排放浓度和大气污染物基准气量排放浓度。

附录 A（规范性附录）

水质　铝的测定　间接火焰原子吸收法

1 方法原理

在 pH4.0～5.0 的乙酸-乙酸钠缓冲介质中及在 1-（2-吡啶偶氮）-2-萘酚（PAN）存在的条件下，Al^{3+} 与 Cu（Ⅱ）-EDTA 发生定量交换，反应式如下：

$$Cu（Ⅱ）-EDTA + PAN + Al^{3+} \longrightarrow Cu（Ⅱ）-PAN + Al（Ⅲ）-EDTA$$

生成物 Cu（Ⅱ）-PAN 可被氯仿萃取，用空气-乙炔火焰测定水相中剩余的铜，从而间接测定铝的含量。

2 干扰及消除

K^+、Na^+（各 10 mg），Ca^{2+}、Mg^{2+}、Fe^{2+}（各 200 μg），Cr^{3+}（125 μg），Zn^{2+}、Mn^{2+}、Mo^{6+}（各 50 μg），PO_4^{3-}、Cl^-、NO_3^-、SO_4^{2-}（各 1 mg）不干扰 20 μg Al^{3+} 的测定。

Cr^{6+} 超过 125 μg 稍有干扰，Cu^{2+}、Ni^{2+} 干扰严重，但在加入 Cu（Ⅱ）-EDTA 前，先加入 PAN，则 50 μg Cu^{2+} 及 5 μg Ni^{2+} 无干扰。Fe^{3+} 干扰严重，加入抗坏血酸可使 Fe^{3+} 还原为 Fe^{2+}，从而消除干扰。F^- 与 Al^{3+} 形成很稳定的络合物，加入硼酸可消除其干扰。

3 方法的适用范围

本方法测定范围为 0.1～0.8 mg/L，可用于地表水、地下水、饮用水及污染较轻的废水中铝的测定。

4 仪器及工作条件

① 原子吸收分光光度计。

② 铜空心阴极灯。

③ 工作条件：按仪器使用说明书调节仪器至测定 Cu 的最佳工作状态。波长：324.7 nm，火焰种类：空气-乙炔，贫燃焰。

5 试剂

（1）铝标准贮备液：准确称取预先磨细并在硅胶干燥器中放置 3 d 以上的 $KAl(SO_4)_2 \cdot 12H_2O$（AR）1.759 g，用 0.5%H_2SO_4 溶液溶解，并定容至 100 ml，此液含铝 1.000 mg/ml。

（2）铝标准使用液：临用前，用 0.05% H_2SO_4 溶液将铝标准贮备液逐级稀释，使成为含铝 10 μg/ml 的标准使用液。

（3）0.01 mol/L 乙二胺四乙酸（EDTA）溶液：称取乙二胺四乙酸二钠 0.372 g，溶于 100 ml 水中（使用时稀释 10 倍）。

（4）0.1 mg/ml 铜溶液：称取预先磨细并在硅胶干燥器中放置 3 d 以上的 $Cu(NO_3)_2 \cdot 3H_2O$ 0.039 g 溶于 100 ml 水中。

（5）1-（2-吡啶偶氮）-2-萘酚（PAN）：0.1%乙醇溶液。

（6）乙酸-乙酸钠缓冲溶液，pH4.5：称取乙酸钠（$CH_3COONa \cdot 3H_2O$）32 g，溶于适量水中，加入冰乙酸 24ml，稀释至 500ml，用 pH 计加以校准。

（7）Cu（Ⅱ）-EDTA 溶液：吸取 0.001 mol/L EDTA 溶液 50 ml 于 250 ml 锥形瓶中，加乙酸-乙酸钠缓冲溶液（pH4.5）5 ml，0.1%PAN 乙醇溶液 5 滴，加热至 60～70℃，用 0.1 mg/ml 铜溶液滴定，至颜色由黄变紫红，过量 3 滴，待溶液冷至室温，用 20 ml 三氯甲烷萃取，弃去有机相。水相即为 Cu（Ⅱ）-EDTA 溶液，备用。

（8）95%乙醇，分析纯。

（9）三氯甲烷，分析纯。

（10）0.1%百里香酚蓝的 20%乙醇溶液。

（11）2%硼酸溶液。

（12）5%抗坏血酸溶液（临用时现配）。

6 步骤

（1）样品的预处理

取水样 100 ml 于 250 ml 烧杯中，加入 HNO_3 5 ml，置于电热板上消解，待溶液约剩 10 ml 时，加入 2%的硼酸溶液 5 ml，继续消解，蒸至近干。取下稍冷，加入 5%抗坏血酸 10 ml，转至 100 ml 容量瓶中，用水定容。

（2）试液的制备

准确转移试样 0.5～30 ml（使 $Al^{3+} \leqslant 50$ μg）于 50 ml 比色管中，加入 1 滴百里香酚蓝指示剂，用（1+1）氨水调至刚刚变黄，然后依次加入 pH4.5 的乙酸-乙酸钠缓冲溶液 5 ml，95%乙醇 6 ml，0.1% PAN 溶液 1 ml，摇匀。准确加入 Cu（Ⅱ）-EDTA 溶液 5 ml，用水定容至刻度，摇匀。在约 80℃ 水浴中加热 10 min，冷却至室温，用 10 ml 三氯甲烷萃取 1 min，静置分层，水相待测。

（3）试液的测定

按仪器使用说明书调节仪器至最佳工作状态，测定水相中铜的吸光度。测定波长为 324.7 nm，通带宽度 1.3 nm，空气-乙炔火焰。

（4）校准曲线的绘制

于 7 支 50 ml 比色管中，加入铝标准使用液 0、0.5、1.0、2.0、3.0、4.0 ml，以下操作同试液制备。按试液的测定条件测其吸光度，并绘制铜吸光度-铝量（μg）曲线。

7 计算

$$\rho_{(铝)} = \frac{m}{V} \qquad\qquad (A.1)$$

式中：$\rho_{(铝)}$——铝的质量浓度，mg/L；

m ——从校准曲线上查得样品中铝量，（μg）；

V——取样的体积，ml。

8 精密度和准确度

六个实验室对含 Al³⁺0.5 mg/L 的统一样品进行分析，测定的平均值为 0.50 mg/L，室内相对标准偏差为 4.95%；室间相对标准偏差为 4.95%。

9 注意事项

（1）配制铝标准溶液前，应先将 $KAl(SO_4)_2×12 H_2O$ 在玛瑙研钵中研碎，平铺于培养皿中，在硅胶干燥器中放置 3 d，以除去湿存水，再进行称量。

（2）需挑选刻度线和塞之间空间较大的比色管，以便于萃取。

（3）如水样含量低，在消解水样时，可将样品适当浓缩。

（4）消解到最后时，应尽量降低溶液中酸的浓度，否则在下一步调酸度时会因加入的氨水太多，使体积增大，超出 50 ml 刻度线。

附录 B（规范性附录）

水质 铝的测定 电感耦合等离子发射光谱法（ICP-AES）

1 方法原理

等离子体发射光谱法可以同时测定样品中多元素的含量。当氩气通过等离子体火炬时，经射频发生器所产生的交变电磁场使其电离、加速并与其他氩原子碰撞。这种连锁反应使更多的氩原子电离，形成原子、离子、电子的粒子混合气体，即等离子体。等离子体火炬可达 6 000～8 000 K 的高温。过滤或消解处理过的样品经进样器中的雾化器被雾化并由氩载气带入等离子体火炬中，气化的样品分子在等离子体火炬的高温下被原子化、电离、激发。不同元素的原子在激发或电离时可发射出特征光谱，所以等离子体发射光谱可用来定性测定样品中存在的元素。特征光谱的强弱与样品中原子浓度有关，与标准溶液进行比较，即可定量测定样品中各元素的含量。

2 干扰及消除

ICP-AES 法通常存在的干扰大致可分为两类：一类是光谱干扰，主要包括连续背景和谱线重叠干扰；另一类是非光谱干扰，主要包括化学干扰、电离干扰、物理干扰以及去溶剂干扰等，在实际分析过程中各类干扰很难截然分开。在一般情况下，必须予以补偿和校正。

此外，物理干扰一般由样品的粘滞程度及表面张力变化而致；尤其是当样品中含有大量可溶盐或样品酸度过高，都会对测定产生干扰。消除此类干扰的最简单方法是将样品稀释。

① 基体元素的干扰：优化实验条件选择出最佳工作参数，无疑可减少 ICP-AES 法的干扰效应，但由于废水成分复杂，大量元素与微量元素间含量差别很大，因此来自大量元素的干扰不容忽视。表 B.1 列出了待测元素在建议的分析波长下的主要光谱干扰。

表 B.1 元素间干扰

测定元素	测定波长/nm	干扰元素
Al	308.21	Mn、V、Na
	396.15	Ca、Mo

② 干扰的校正：校正元素间干扰的方法很多，化学富集分离的方法效果明显并可提高元素的检出能力，但操作手续繁冗且易引入试剂空白；基体匹配法（配制与待测样品基体成分相似的标准溶液）效果十分令人满意。此种方法对于测定基体成分固定的样品，是理想的消除干扰的方法，但存在高纯试剂难以解决的问题，而且废水的基体成分变化

莫测，在实际分析中，标准溶液的配制工作将是十分麻烦的；比较简单并且目前经常采用的方法是背景扣除法（凭实验，确定扣除背景的位置及方式）及干扰系数法。当存在单元素干扰时，可按式 $k_i = \dfrac{Q'-Q}{Q_I}$ 求得干扰系数。式中 K_I 是干扰系数；Q' 是干扰元素加分析元素的含量；Q 是分析元素的含量；Q_i 是干扰元素的含量。通过配制一系列已知干扰元素含量的溶液在分析元素波长的位置测定其 Q'，根据上述公式求出 K_i，然后进行人工扣除或计算机自动扣除。鉴于水的主要成分为 K、Na、Ca、Mg、Fe 等元素。因此，可依据所用仪器的性能及待测废水的成分选择适当的元素谱线和适当的修正干扰的方法予以消除。

3 方法的适用范围

本方法适用于地表水和污水中 Al 元素溶解态及元素总量的测定。

①溶解态元素：未经酸化的样品中，能通过 0.45 μm 滤膜的元素成分。

②元素总量：未经过滤的样品，经消解后测得的元素浓度。即样品中溶解态和悬浮态两部分元素浓度的总和。

ICP-AES 法一般把元素检出限的 5 倍作为方法定量浓度的下限，其校准曲线有较大的线性范围，在多数情况下可达 3～4 个数量级，这就可以用同一条校准曲线同时分析样品中从痕量到较高浓度的各种元素。表 B.2 给出了一般仪器宜采用的元素特征谱线波长及检出限。

表 B.2 测定元素推荐波长及检出限

测定元素	波长/nm	检出限/（mg/L）
Al	308.21	0.1
	396.15	0.09

4 仪器及主要工作参数

① 仪器：电感耦合等离子发射光谱仪和一般实验室仪器以及相应的辅助设备。常用的电感耦合等离子发射光谱仪通常分为多道式及顺序扫描式两种。

② 主要工作参数：影响 ICP-AES 法分析特性的因素很多，但主要工作参数有三个，即高频功率、载气流量及观测高度。对于不同的分析项目及分析要求，上述三项参数存在一定差异。表 B.3 列出了一般仪器采用通用的气动雾化器时，同时测定多种元素的工作参数折中值范围，供使用时参考。

表 B.3 工作参数折中值范围

高频动率/kW	反射功率/W	观测高度/mm	载气流量/（L/min）	等离子气流量/（L/min）	进样量/（ml/min）	测量时间/s
1.0～1.4	<5	6～16	1.0～1.5	1.0～1.5	1.5～3.0	1～20

5　试剂

除非另有说明，分析时均使用符合国家标准或专业标准的分析纯试剂、去离子水或同等纯度的水。所用试剂对被测元素浓度的影响应小至忽略不计。

1）硝酸（HNO₃）：ρ=1.42 g/ml，优级纯。

2）盐酸（HCl）：ρ=1.19 g/ml，优级纯。

3）（1+1）硝酸溶液。

4）氩气：钢瓶气，纯度不低于99.9%。

5）标准溶液：

① 单元素标准贮备液的配制：ICP-AES法所用的标准溶液，一般采用高纯金属（>99.99%）或组成一定的盐类（基准物质）溶解配制成1.00 mg/ml的标准贮备液。市售的金属有板状、线状、粒状、海绵状或粉末状等。为了称量方便，需将其切屑（粉末状除外），切屑时应防止由于剪切或车床切削带来的沾污，一般先用稀HCl或稀HNO₃迅速洗涤金属以除去表面的氧化物及附着的污物，然后用水洗净。为干燥迅速，可用丙酮等挥发性强的溶剂进一步洗涤，以除去水分，最后用纯氩或氮气吹干。贮备溶液配制酸度保持在0.1 mol/L以上（见表B.4）。

② 单元素中间标准溶液的配制：取表B.4中单元素标准贮备液，稀释成0.10 mg/ml。

表B.4　单元素标准贮备液配制方法

元素	质量浓度/（mg/ml）	配制方法
Al	1.00	称取1.000 0 g金属铝，用150 ml HCl（1+1）加热溶解，煮沸，冷却后用水定容至1 L

6　步骤

（1）样品预处理

① 测定溶解态元素：样品采集后立即通过0.45 μm滤膜过滤，弃去初始的50~100 ml溶液，收集所需体积的滤液并用（1+1）硝酸把溶液调节至pH<2。废水试样加入硝酸至含量达到1%。

② 测定元素总量：取一定体积的均匀样品（污水取含悬浮物的均匀水样，地表水自然沉降30 min取上层非沉降部分），加入（1+1）硝酸若干毫升（视取样体积而定，通常每100 ml样品加5.0 ml硝酸）置于电热板上加热消解，确保溶液不沸腾，缓慢加热至近干（注意：防止把溶液蒸至干涸）取下冷却，反复进行这一过程，直到试样溶液颜色变浅或稳定不变。冷却后，加入硝酸若干毫升，再加入少量水，置电热板上继续加热使残渣溶解。冷却后用水定容至原取样体积，使溶液保持5%的硝酸酸度。

③ 空白溶液：取与样品相同体积的水按相同的步骤制备试剂空白溶液。

（2）样品测定

将预处理好的样品及空白溶液，在仪器最佳工作参数条件下，按照仪器使用说明书的有关规定，两点标准化后，做样品及空白测定。扣除背景或以干扰系数法修正干扰。

7 计算

① 扣除空白值后的元素测定值即为样品中该元素的质量浓度。

② 如果试样在测定之前进行了富集或稀释，应将测定结果除以或乘以一个相应的倍数。

③ 测定结果最多保留三位有效数字，单位以 mg/L 计。

8 精密度和准确度

① 三个实验室对同一个质控样各进行 11 次重复测定，测定结果的室内相对标准偏差为 5.5%，室间相对标准偏差为 10.2%（见表 B.5）。

表 B.5　三个实验室对质控标样测定结果统计

元素	Al
标准值/（mg/L）	0.819
测定均值/（$\bar{x}$）	0.842
相对误差/（%）	+2.8
室内标准偏差/（mg/L）	0.046
室内相对偏差/（%）	5.5
室间标准偏差/（mg/L）	0.084
室间相对偏差/（%）	10.2

② 三个实验室对同一种实际废水样品进行 11 次重复测定，测定结果的室内相对标准偏差为 7.9%，室间相对标准偏差为 15.8%；回收率为 103%。结果列于表 B.6。

表 B.6　三个实验室对同一个实际废水样品重复 11 次测定结果统计

元素	Al
测定均值/（$\bar{x}$）	0.567
室内标准偏差/（mg/L）	0.045
室内相对偏差/（%）	7.9
室间标准偏差/（mg/L）	0.087
室间相对偏差/（%）	15.8
平均回收率/（%）	103

③ 三个实验室分别对冶金、化工、焦化、食品加工、木材加工、石化、化肥、制药、造纸、日化、含磷农药、电镀、有机染色、荆马河及奎河 15 种实际水样进行了多次重复测定，各元素的室内相对标准偏差＜20%。

9 注意事项

① 仪器要预热 1 h，以防波长漂移。

② 测定所使用的所有容器需清洗干净后，用 10% 的热硝酸荡洗后，再用自来水冲洗、去离子水反复冲洗，以尽量降低空白背景。

③ 若所测定样品中某些元素含量过高，应立即停止分析，并用 2%硝酸＋0.05% TritonX-100 溶液来冲洗进样系统。将样品稀释后，继续分析。

④ 含量太低的元素，可浓缩后测定。

⑤ 如测定非溶解态元素，可把未通过 0.45 μm 滤膜的元素残存物，经 HNO_3＋HCl 混酸消解后，按本方法测定，亦可由元素总量减去可溶态元素含量而得。

⑥ 成批量测定样品时，每 10 个样品为一组，加测一个待测元素的质控样品，用以检查仪器的漂移程度。当质控样品测定值超出允许范围时，需用标准溶液对仪器重新调整，然后再继续测定。

附录 C（规范性附录）

废气中硫酸雾的测定 铬酸钡分光光度法

1 原理

用玻璃纤维滤筒进行等速采样，用水浸取，除去阳离子。在弱酸性溶液中，样品溶液中的硫酸根离子与铬酸钡悬浊液发生以下交换反应：

$$SO_4^{2-} + BaCrO_4 \longrightarrow BaSO_4 \downarrow CrO_4^{2-}$$
$$(黄色)$$

在氨—乙醇溶液中，分离除去硫酸钡及过量的铬酸钡，反应释放出的黄色铬酸根离子与硫酸根浓度成正比，根据颜色深浅，用分光光度法测定。

2 干扰及消除

样品中有钙、锶、镁、锆、钍等金属阳离子共存时对测定有干扰，通过阳离子树脂柱交换处理后可除去干扰。

测定范围：5～120 mg/m³。

3 仪器

① 酸式滴定管：25 ml。

② 玻璃漏斗：直径 60 mm。

③ 中性定量滤纸。

④ 玻璃棉。

⑤ 电炉或电热板。

⑥ 烟尘采样器。

⑦ 过氯乙烯滤膜、中速定量滤纸、慢速定量滤纸。

⑧ 紫外或近紫外分光光度计。

4 试剂

① 玻璃纤维滤筒。

② 阳离子交换树脂（732 型等均可）200 g。

③ 氢氧化铵溶液 c（NH_4OH）=6.0 mol/L：量取 160 ml 浓氨水，用水稀释至 400 ml。

④ 氯化钙—氨溶液：称取 1.1 g 氯化钙，用少量 1 mol/L 盐酸溶液溶解后，加 6.0 mol/L 氢氧化铵溶液至 400 ml。若浑浊应过滤。

⑤ 酸性铬酸钡悬浊液：称取 0.50 g 铬酸钡，溶于 200 ml 含有 0.42 ml 浓盐酸和 14.7 ml 冰乙酸的水中，得悬浊液。贮存于聚乙烯塑料瓶中，使用前充分摇匀。

⑥ 硫酸钾标准溶液：称取 1.778 g 硫酸钾（优级纯，105～110℃烘干 2 h），溶解于水，

移入 1 000 ml 容量瓶中，用水稀释至标线，摇匀。此溶液每毫升相当于含 1 000 μg 硫酸。临用时，用水稀释成每毫升含 100.0 μg 硫酸的标准溶液。

⑦ 偶氮胂III指示剂：称取 0.40 g 偶氮胂III，溶解于 100 ml 水中，放置过夜后取上清液贮于棕色瓶中，在冷暗处保存，可使用一个月。

5 采样

按国家有关污染源监测技术规范规定的采样方法，用玻璃纤维滤筒，等速采样 5～30 min。

6 步骤

（1）样品溶液的制备

将采样后的滤筒撕碎放入 250 ml 锥形瓶中，加 100 ml 水浸没，瓶口上放一玻璃漏斗，于电炉或电热板上加热近沸，约 30 min 后取下，冷却后将浸出液用中速定量滤纸滤入 250 ml 容量瓶中，用 20～30 ml 水洗涤锥形瓶及滤筒残渣 3～4 次，洗涤液并入容量瓶中，用 pH 试纸试验，加 1.0 mol/L 或 0.10 mol/L 氢氧化钠溶液中和至溶液 pH7～9，再用水稀释至标线。

（2）空白滤筒溶液的制备

另取与采样用同批滤筒 2～3 个，撕碎放入 250 ml 锥形瓶中，同上法制备空白滤筒溶液。

（3）阳离子树脂柱的制备及样品处理

① 将 25 ml 酸式滴定管洗净，在底层加入 5～10 mm 高的玻璃棉，再放入经洗净处理好的阳离子交换树脂，高度 150～200 mm。水面应略高于树脂，防止气泡进入而降低柱效。先用去离子水洗涤一下，在上口端放一小玻璃漏斗，下端放 1 个 50 ml 小烧杯，即可自上端加入样品溶液进行交换处理，最初流出的 30 ml 溶液弃去不用，然后将滤液收集在容量瓶中待测。

② 同法处理空白滤筒溶液。

（4）标准曲线的绘制

取 8 支 25 ml 具塞比色管，按表 C.1 配置标准系列。

向各管中分别加入铬酸钡悬浊液 2.0 ml，混匀，再加氯化钙—氨溶液 1.00 ml 混匀，加 95%乙醇 10.0 ml，混匀，立即放入 15℃以下冷水浴中冷却 10 min，取出用一层慢速定量滤纸（上层）和一层过氯乙烯滤膜（下层）过滤（或用两层慢速定量滤纸过滤），弃去 2～3 ml 初滤液，然后将滤液收集在比色管中。于波长 372（或 370）nm 处，用 1 cm 比色皿，以水为参比，测定吸光度。以吸光度对硫酸含量（μg），绘制标准曲线。

表 C.1　硫酸钾标准系列

管号	0	1	2	3	4	5	6	7
硫酸钾标准溶液（ml）	0	0.50	1.00	2.00	3.00	4.00	5.00	6.00
水（ml）	10.00	9.50	9.00	8.00	7.00	6.00	5.00	4.00
硫酸含量（μg）	0	50	100	200	300	400	500	600

（5）样品测定

吸取适量经处理的样品溶液（浓度低时取 10.00 ml，浓度高时，取 2～5 ml），置于 25 ml 具塞比色管中，加水至 10.00 ml，以下步骤同标准曲线的绘制。

另取经处理的空白滤筒溶液 10.00 ml，同法测定，计算出每个滤筒所含硫酸的量（μg）。

7 计算

$$\rho(\mathrm{H_2SO_4}) = \left[\frac{W \times V_t}{V_a} - d \right] \times \frac{1}{V_{\mathrm{nd}}}$$

式中：$\rho(\mathrm{H_2SO_4})$ ——硫酸雾质量浓度，mg/m³；

W——测定时所取样品溶液中硫酸含量，μg；

V_t——样品溶液总体积，ml；

V_a——测定时所取样品溶液体积，ml；

d——每个空白滤筒所含硫酸的量，μg；

V_{nd}——标准状态下干气的采样体积，L。

8 说明

① 实验表明，当硫酸雾质量浓度高、含湿量大时，须进行等速采样。例如硫酸雾质量浓度在 100～400 mg/m³ 范围内，烟气含湿量在 25%以上，采样速度（采样嘴流速）超过烟道气流速 30%时，所得结果比等速采样时偏低 20%，和烟尘等速采样规律一致。在经多级净化之后，硫酸雾质量浓度在 10 mg/m³ 以下，烟气含湿量在 20%以下时，等速采样与以二倍于烟气流速的流速采样，所得结果无明显差异。在已知排气中硫酸雾和含湿量都不高时，以 15～25 L/min 流量恒流采样即可。因样品中硫酸浓度不高，可用分光光度法或离子色谱法测定。

② 实验表明，在滤筒后串联两个内装吸收液的冲击式吸收瓶采集硫酸雾，一般情况下吸收液中均检不出硫酸。当烟气中硫酸雾在 1 000 mg/m³ 以上，含湿量在 30%以上时，采取强制冷却收集冷凝水进行测定的方法，水中硫酸雾的含量，最高时相当于 23 mg/m³，这时滤筒的阻留效率在 98%左右。浓度低、含湿量低时，阻留效率高，一般在 99%以上，低浓度时接近 100%。因此，在高浓度、高温度、高湿度情况下，采样时可采取强制冷却收集冷凝水测定和滤筒阻留量相加的办法，提高采样效率。在一般情况下，单用超细玻璃纤维滤筒阻留，可达到较好的效果，而不必用其他滤料多级捕集。

③ 在溶液中加氯化钙—氨溶液、乙醇，并在冷水中冷却 10 min，可降低硫酸钡及铬酸钡的溶解度，使方法的重现性好，试剂空白值低而且稳定。

④ 在测定吸光度前，采用上层用慢速定量滤纸、下层用过氯乙烯滤膜过滤，速度快、效果好、试剂空白值低，方法重现性好。也可采用 0.45 μm 微孔滤膜抽气过滤。

⑤ 铬酸钡的精制：称取 5.0 g 氯化钡，3.0 g 重铬酸钾，分别溶解于 50 ml 水中，混合，生成铬酸钡沉淀。加浓盐酸 16.7 ml，再加水至 500 ml，加热到 70～80℃，使之溶解。加 0.1%溴百里酚蓝指示剂 3 滴，用 2 mol/L 氢氧化铵中和至溶液呈蓝色，沉淀析出。

以倾注法用温热的水洗涤沉淀 2～3 次，再用冷水洗涤 2～3 次，经 0.45 μm 微孔滤膜抽滤。在 105～110℃干燥 2 h，于研钵中研细，在广口瓶中保存。

⑥ 在本法中，不可往样品溶液中加酚酞指示剂，可用 pH 试纸试验，用氢氧化钠中和样品溶液至 pH7～9 后定容至 250 ml。因酚酞在氢氧化铵溶液中为红色，妨碍分光光度法测定铬酸根离子。

废气中硫酸雾的测定 离子色谱法

1 原理

用玻璃纤维滤筒进行等速采样，用水浸取，除去阳离子。

样品溶液注入离子色谱仪，基于待测阴离子对低容量强碱性阴离子交换树脂（交换柱）的相对亲和力不同而彼此分开。被分离的阴离子随淋洗液流经强酸性阳离子树脂（抑制柱）时，被转换为高电导的酸型，淋洗液组分（Na_2CO_3—$NaHCO_3$）则转变成电导率很低的碳酸（清除背景电导），用电导检测器测定转变为相应酸型的阴离子，与标准溶液比较，根据保留时间定性，峰高或峰面积定量。

2 干扰及消除

样品中有钙、锶、镁、锆、钍、铜、铁等金属阳离子共存时对测定有干扰，通过阳离子树脂柱交换处理后可除去干扰。

测定范围：0.3～500 mg/m³。

3 仪器

① 酸式滴定管：25 ml。

② 玻璃漏斗：直径 60 mm。

③ 中性定量滤纸。

④ 玻璃棉。

⑤ 电炉或电热板。

⑥ 烟尘采样器。

⑦ 抽气过滤装置及 0.45 μm 微孔滤膜。

⑧ 玻璃或聚乙烯塑料注射器：1 ml。

⑨ 离子色谱仪：具电导检测器。

4 试剂

① 玻璃纤维滤筒。

② 阳离子交换树脂（732 型等均可）200 g。

③ 去离子水电导小于 1 μS/cm。凡进入离子色谱仪的水，须经过 0.45 μm 微孔滤膜过滤。

④ 淋洗贮备液，碳酸钠溶液 c（Na_2CO_3）＝0.400 mol/L：称取 21.198 g 无水碳酸钠（优级纯），溶解于水，移入 500 ml 容量瓶中，用水稀释至标线，摇匀。

⑤ 淋洗液，碳酸钠溶液 c（Na_2CO_3）＝0.004 00 mol/L：临用时，用水将贮备液稀

释 100 倍。

⑥ 硫酸钾标准溶液：称取 1.814 g 硫酸钾（优级纯，105～110℃烘干 2 h），溶解于水，移入 1 000 ml 容量瓶中，用水稀释至标线，摇匀。此溶液每毫升含 1 000 μg 硫酸根离子。临用时，用淋洗液（0.004 mol/L 碳酸钠溶液）稀释成每毫升含 100.0 μg 硫酸根离子的中间贮备液，然后吸取 25.00 ml 此溶液，置于 100 ml 容量瓶中，用 0.004 mol/L 碳酸钠溶液稀释至标线，摇匀。此溶液为每毫升含 25.0 μg 硫酸根离子的标准使用溶液。

⑦ 再生液：按仪器使用说明书规定的方法配制。

5 采样

按国家有关污染源监测技术规范规定的采样方法，用玻璃纤维滤筒，等速采样 5～30 min。

6 步骤

（1）样品溶液的制备

将采样后的滤筒撕碎放入 250 ml 锥形瓶中，加 100 ml 水浸没，瓶口上放一玻璃漏斗，于电炉或电热板上加热近沸，约 30 min 后取下，冷却后将浸出液用中速定量滤纸滤入 250 ml 容量瓶中，用 20～30 ml 水洗涤锥形瓶及滤筒残渣 3～4 次，洗涤液并入容量瓶中，用 pH 试纸试验，加 1.0 mol/L 或 0.10 mol/L 氢氧化钠溶液中和至溶液 pH7～9，再用水稀释至标线。

（2）空白滤筒溶液的制备

另取与采样用同批滤筒 2～3 个，撕碎放入 250 ml 锥形瓶中，同上述方法制备空白滤筒溶液。

（3）阳离子树脂柱的制备及样品处理

① 将 25ml 酸式滴定管洗净，在底层加入 5～10 mm 高的玻璃棉，再放入经洗净处理好的阳离子交换树脂，高度 150～200 mm。水面应略高于树脂，防止气泡进入而降低柱效。先用去离子水洗涤一下，在上口端放一小玻璃漏斗，下端放 1 个 50 ml 小烧杯，即可自上端加入样品溶液进行交换处理，最初流出的 30 ml 溶液弃去不用，然后将滤液收集在容量瓶中待测。

② 同法处理空白滤筒溶液。

（4）色谱条件

淋洗液：0.004 mol/L 碳酸钠溶液；流速：2 ml/min；纸速：4 mm/min；柱温：室温（不低于 18℃）±0.5℃；进样体积：100 μl。

（5）标准曲线的绘制

取六个 10 ml 容量瓶，按表 D.1 配制标准系列。

表 D.1　硫酸钾标准系列

瓶号	0	1	2	3	4	5
25.0 μg/ml 标准使用溶液（ml）	0	2.00	4.00	6.00	8.00	10.00
硫酸根离子质量浓度（μg/ml）	0	5.0	10.0	15.0	20.0	25.0

用淋洗液稀释至 10 ml 标线，摇匀，注入离子色谱仪，测量保留时间和峰高。以峰高对硫酸根离子浓度（μg/ml），绘制标准曲线。

（6）样品测定将样品溶液用 0.45 μm 微孔滤膜抽气过滤，滤液注入离子色谱仪，在与绘制标准曲线相同的条件下测定。

用 0.45 μm 微孔滤膜抽取过滤空白滤筒溶液，同法测定，计算出每个空白滤筒所含硫酸根离子的量（μg）。

7 计算

$$\rho(H_2SO_4) = \frac{\rho \cdot V_t - d}{V_{nd}} \times \frac{98.08}{96.06}$$

式中：$\rho(H_2SO_4)$ ——硫酸雾质量浓度，mg/m³；

$\quad\quad \rho$—— 样品溶液中硫酸根离子质量浓度，μg/ml；

$\quad\quad V_t$——样品溶液总体积，ml；

$\quad\quad d$——每个空白滤筒所含硫酸根离子的量，μg；

$\quad\quad$ 98.08 ——1 mol 硫酸雾分子的质量，g；

$\quad\quad$ 96.06 ——1 mol 硫酸根离子的质量，g；

$\quad\quad V_{nd}$——标准状态下干气的采样体积，L。

当用外标法定量时，ρ由下式计算：

$$\rho = K \cdot h$$

式中：K—— 校正因子，即标准溶液中硫酸根离子质量浓度与峰高的比值，μg/（ml·mm）；

$\quad\quad h$—— 样品溶液峰高，mm。

8 说明

① 实验表明，当硫酸雾浓度高、含湿量大时，须进行等速采样。例如硫酸雾浓度在 100～400 mg/m³ 范围内，烟气含湿量在 25%以上，采样速度（采样嘴流速）超过烟道气流速 30%时，所得结果比等速采样时偏低 20%，和烟尘等速采样规律一致。在经多级净化之后，硫酸雾浓度在 10 mg/m³ 以下，烟气含湿量在 20%以下时，等速采样与以两倍于烟气流速的流速采样，所得结果无明显差异。在已知排气中硫酸雾和含湿量都不高时，以 15～25 L/min 流量恒流采样即可。因样品中硫酸浓度不高，可用分光光度法或离子色谱法测定。

② 实验表明，在滤筒后串联两个内装吸收液的冲击式吸收瓶采集硫酸雾，一般情况下吸收液中均检不出硫酸。当烟气中硫酸雾在 1 000 mg/m³ 以上，含湿量在 30%以上时，采取强制冷却收集冷凝水进行测定的方法，水中硫酸雾的含量，最高时相当于 23 mg/m³，这时滤筒的阻留效率在 98%左右。浓度低、含湿量低时，阻留效率高，一般在 99%以上，低浓度时接近 100%。因此，在高浓度、高温度、高湿度情况下，采样时可采取强制冷却收集冷凝水测定和滤筒阻留量相加的办法，提高采样效率。在一般情况下，单用超细玻璃纤维滤筒阻留，可达到较好的效果，而不必用其他滤料多级捕集。

③ 用外标法定量时，所用标准溶液浓度应与被测样品溶液浓度相近，否则测定误差较大。

中华人民共和国国家标准

皂素工业水污染物排放标准

The discharge standard of water pollutants for sapogenin industry

GB 20425—2006 部分代替 GB 8978—1996

前　言

为贯彻《中华人民共和国环境保护法》、《中华人民共和国水污染防治法》和《中华人民共和国海洋环境保护法》，促进我国皂素工业的可持续发展和污染防治水平的提高，保障人体健康，维护生态平衡，制定本标准。

本标准自实施之日起，皂素工业企业污染物排放执行本标准，不再执行《污水综合排放标准》（GB 8978）中相关的排放限值。

本标准为首次发布。

按有关法律规定，本标准具有强制执行的效力。

本标准由国家环境保护总局科技标准司提出。

本标准起草单位：武汉化工学院、湖北省环保局、湖北省十堰市环保局。

本标准国家环境保护总局 2006 年 9 月 1 日批准。

本标准自 2007 年 1 月 1 日起实施。

本标准由国家环境保护总局解释。

1 适用范围

本标准分两个时间段规定了皂素工业企业吨产品日均最高允许排水量，水污染控制指标日均浓度限值和吨产品最高水污染物允许排放量。

本标准适用于生产皂素和只生产皂素水解物的工业企业的水污染物排放管理，以及皂素工业建设项目环境影响评价、建设项目环境保护设施设计、竣工验收及其投产后的水污染控制与管理。

本标准适用于法律允许的污染物排放行为，新设立生产线的选址和特殊保护区域内现有生产线的管理，按《中华人民共和国水污染防治法》第二十条和第二十七条、《中华人民共和国海洋环境保护法》第三十条、《饮用水水源保护区污染防治管理规定》的相关规定执行。

2 规范性引用文件

下列标准中的条文通过本标准的引用而成为本标准的条文，与本标准同效。

GB 3097 海水水质标准

GB 3838 地表水环境质量标准

GB 6920 水质 pH 值的测定 玻璃电极法

GB 7478 水质 铵的测定 蒸馏和滴定法

GB 7488 水质 五日生化需氧量的测定 稀释与接种法

GB 11893 水质 总磷的测定 钼酸铵分光光度法

GB 11896 水质 氯化物的测定 硝酸银滴定法

GB 11901 水质 悬浮物的测定 重量法

GB 11903 水质 色度的测定

GB 11914 水质 化学需氧量的测定 重铬酸盐法

当上述标准被修订时，应使用其最新版本。

3 定义

3.1 皂素工业企业：指利用黄姜、穿地龙等薯蓣类植物以及剑麻、番麻等各种植物为原料通过生物化工方法生产成品皂素或水解物的所有工业企业。其皂素产量和吨产品排污量以月为单位进行核算。

3.2 水解物：指通过酸解过程、洗涤并干燥后形成的皂素与渣的混合物。

3.3 排水量：指在生产的酸解过程中的洗涤液及允许排放的原料冲洗水的总排放量。

3.4 洗涤液：指在生产过程的酸解后分离得到的液体和直接用于洗涤水解物的各次工艺用水。第一次洗涤液是指酸解后分离得到的液体，也称"头道液"。

3.5 原料冲洗水：指在黄姜、穿地龙等植物原料的粉粹过程中直接用于冲洗的生产用水。

3.6 冷却水：指从水解物中提取皂素过程中起间接冷却作用回收汽油的工艺用水。

3.7 皂素渣：指用汽油等萃取剂从水解物中提取皂素后残留的固形物。

3.8 现有皂素企业：指本标准实施之日前建成或批准环境影响报告书的企业。

3.9 新建皂素企业：指本标准实施之日起批准环境影响报告书的新建、改建、扩建皂素企业。

4 污染物排放控制要求

4.1 现有皂素企业：2007 年 1 月 1 日至 2008 年 12 月 31 日，执行表 1 的规定；自 2009 年 1 月 1 日起，执行表 2 的规定。

4.2 新建（包括改、扩建）皂素企业：自本标准实施之日起执行表 2 的规定。

表1 现有皂素企业水污染排放控制限值

污染物项目	化学需氧量（COD_Cr）		五日生化需氧量（BOD_5）		悬浮物（SS）		氨氮		氯化物（Cl⁻）		总磷①		排水量	pH 值	色度②/倍
	kg/t	mg/L	kg/t	mg/L	kg/t	mg/L	kg/t	mg/L	kg/t	mg/L	kg/t	mg/L	m³/t		
标准限值	240	400	36	60	60	100	72	120	360	600	0.6	1.0	600	6～9	100

注：①产品为皂素；②总磷、色度为参考指标。

表2 新建皂素企业水污染排放控制限值

污染物项目	化学需氧量（COD_Cr）		五日生化需氧量（BOD_5）		悬浮物（SS）		氨氮		氯化物（Cl⁻）		总磷①		排水量	pH 值	色度②/倍
	kg/t	mg/L	kg/t	mg/L	kg/t	mg/L	kg/t	mg/L	kg/t	mg/L	kg/t	mg/L	m³/t		
标准限值	120	300	20	50	28	70	32	80	120	300	0.2	0.5	400	6～9	80

注：①产品为皂素；②色度为参考指标。

5 采样与监测

5.1 采样点

采样点设在企业废水排放口。在排放口必须设置污水流量连续计量装置和污水比例采样装置。企业必须安装化学需氧量在线监测装置。

5.2 采样频率

采样频率按生产周期确定。生产周期在 8 小时以内的，每 2 小时采集一次，日采样不低于 4 次；生产周期大于 8 小时的，每 4 小时采集一次，日采样不低于 6 次，排放浓度取日均值。

5.3 排污量的计算

皂素产品的产量以法定月报表为准，月排水量以流量连续计量装置测定数值为准，水污染物排放浓度的月均值根据该月日均值累积数与该月天数计算，由产品产量和测定的排水量及水污染物排放浓度，计算企业吨皂素排水量和吨皂素的污染物排放量。

5.4 测定方法

本标准采用的测定方法按表 3 执行。

表3 水污染控制指标测定方法

序号	项目	测定方法	方法标准号
1	五日生化需氧（BOD_5）	稀释与接种法	GB 7488
2	化学需氧量（COD_Cr）	重铬酸钾法	GB 11914
3	悬浮物（SS）	重量法	GB 11901
4	pH 值	玻璃电极法	GB 6920
5	氨氮	蒸馏和滴定法	GB 7478
6	色度	稀释倍数法	GB 11903

序号	项目	测定方法	方法标准号
7	总磷	钼酸铵分光光度法	GB 11893
8	氯化物	硝酸银滴定法	GB 11896

6 其他控制措施

6.1 原料冲洗水应经沉淀处理后回用。

6.2 冷却水应循环使用。

6.3 允许直接对综合废水进行处理达到本标准要求，提倡对第一次洗涤液（头道液）首先回收其中的糖类等物质后，再进行生化处理并达到本标准要求。

7 标准实施与监督

7.1 本标准由县级以上人民政府环境保护行政主管部门负责监督实施，定期对企业执行本标准的情况进行检查与审核。

7.2 县级人民政府环境保护主管部门负责对企业、环境监测站上报的各种监测数据进行审核和管理。

中华人民共和国国家标准

味精工业污染物排放标准

The discharge standard of pollutants for monosodium glutamate industry

GB 19431—2004

前　言

为贯彻《中华人民共和国环境保护法》、《中华人民共和国水污染防治法》、《中华人民共和国海洋环境保护法》、《中华人民共和国大气污染防治法》、《中华人民共和国固体废物污染环境防治法》，加强对味精工业污染物的排放控制，保障人体健康，维护生态平衡，制定本标准。

本标准主要有以下特点：1. 适用于味精工业企业水污染物、大气污染物排放管理、噪声污染控制和固体废物处理处置的管理；2. 以味精工业清洁生产工艺及治理技术为依据，确定味精工业企业水污染物排放标准值；3. 现有排放源分时间段规定水污染物排放标准值；4. 本标准中水污染物排放标准不分级。

本标准自实施之日起，代替《污水综合排放标准》（GB 8978—1996）中味精工业水污染物排放标准部分。

本标准为首次发布。

本标准由国家环境保护总局科技标准司提出并归口。

本标准由中国环境科学研究院、轻工业环境保护研究所负责起草。

本标准由国家环境保护总局 2004 年 1 月 18 日批准。

本标准由国家环境保护总局负责解释。

1 范围

本标准规定了味精工业企业水污染物、恶臭污染物排放标准值，明确了味精工业企业执行的大气污染物排放标准、厂界噪声标准和固体废物处理处置标准。水污染物排放标准值分年限规定了水污染物日均最高允许排放浓度、吨产品污染物排放量以及日均最高吨产品排水量。

本标准适用于味精生产企业以及利用半成品生产谷氨酸企业的水污染物、大气污染物排放管理、厂界噪声污染控制和固体废物处理处置管理，以及味精工业建设项目环境影响评价、建设项目环境保护设施设计、竣工验收及其投产后的污染控制与管理。

2 规范性引用文件

下列标准中的条文通过本标准的引用而成为本标准的条文，与本标准同效。

GB 18599　一般工业固体废物贮存、处置场污染控制标准

GB 14554　恶臭污染物排放标准

GB 13223　火电厂大气污染物排放标准

GB 13271　锅炉大气污染物排放标准

GB 12349　工业企业厂界噪声测量方法

GB 12348　工业企业厂界噪声标准

GB 3838　地表水环境质量标准

GB 3097　海水水质标准

HJ/T 55　大气污染物无组织排放监测技术导则

GB/T 11914　水质　化学需氧量的测定　重铬酸盐法

GB/T 11901　水质　悬浮物的测定　重量法

GB/T 7488　水质　五日生化需氧量的测定　稀释与接种法

GB/T 7479　水质　氨氮的测定　纳氏试剂比色法

GB/T 7478　水质　铵的测定　蒸馏和滴定法

GB/T 6920　水质　pH值的测定　玻璃电极法

当上述标准被修订时，应使用其最新版本。

3 定义

排水量：指在生产过程中直接用于生产工艺的水的排放量。

4 技术内容

4.1 水污染物排放标准

4.1.1 排入GB 3838 中Ⅲ类水域（水体保护区除外）、Ⅳ、Ⅴ类水域和GB 3097 中二、三、四类海域的味精工业企业废水，应执行本标准规定的标准值。

4.1.2 排入设置二级污水处理厂城镇排水系统的味精工业企业的废水，应达到负责审批该污水处理厂的环境保护行政主管部门核定的排放要求。

4.1.3 排入未设置二级污水处理厂的城镇排水系统的味精工业企业的废水，应执行4.1.1 的规定。

4.1.4 标准值。

4.1.4 1 2003 年12 月31 日之前建设的味精生产企业，从本标准实施之日起，其水污染物的排放按表 1 的规定执行，从 2007 年 1 月 1 日起，其水污染物的排放按表 2 的规定执行。

4.1.4.2 2004 年 1 月 1 日起建设（包括改、扩建）的项目，从本标准实施之日起，水污染物的排放按表 2 的规定执行。

4.1.4.3 建设（包括改、扩建）项目的建设时间，应以环境影响评价报告书（表）批

准日期为准。

表 1　味精工业水污染物排放标准值

（2003 年 12 月 31 日之前建设的项目）

污染物 项目	化学需氧量 （COD_Cr）		五日生化需氧量 （BOD_5）		悬浮物 （SS）		氨氮（NH_3-N）		排水量	pH 值
	kg/t	mg/L	kg/t	mg/L	kg /t	mg/L	kg/t	mg/L	m³/t	
标准值	75	300	25	100	37.5	150	17.5	70	250	6～9

注：产品为味精。

4.1.5　采样与监测。

4.1.5.1　采样点。

采样点设在企业废水排放口。在排放口必须设置永久性排污口标志、污水流量连续计量装置和污水比例采样装置。企业必须安装化学需氧量在线监测装置。

4.1.5.2　采样频率。

采样频率按生产周期确定。生产周期在 8 h 以内的，每 2 h 采集一次；生产周期大于 8 h 的，每 4 小时采集一次，排放浓度取日均值。

表 2　味精工业水污染物排放标准值

（2004 年 1 月 1 日起建设（包括改、扩建）的项目）

污染物 项目	化学需氧量 （COD_Cr）		五日生化需氧量 （BOD_5）		悬浮物（SS）		氨氮（NH_3-N）		排水量	pH 值
	kg/t	mg/L	kg/t	mg/L	kg /t	mg/L	kg/t	mg/L	m³/t	
标准值	30	200	12	80	15	100	7.5	50	150	6～9

注：产品为味精。

4.1.5.3　产品产量的统计。

产品产量以法定月报表或年报表为准。根据企业实际正常生产天数，计算出产品的日均产量。

4.1.5.4　测定。

本标准采用的测定方法按表 3 执行。

表 3　水污染物项目测定方法

序号	项目	测定方法	方法标准号
1	五日生化需氧量（BOD_5）	稀释与接种法	GB/T 7488
2	化学需氧量（COD_Cr）	重铬酸钾法	GB/T 11914
3	悬浮物（SS）	重量法	GB/T 11901
4	pH 值	玻璃电极法	GB/T 6920
5	氨氮（NH_3-N）	蒸馏和滴定法 纳氏试剂比色法	GB/T 7478 GB/T 7479

4.2 大气污染物排放标准

4.2.1 拥有自备锅炉的味精企业，其锅炉大气污染物排放执行《锅炉大气污染物排放标准》（GB 13271）。

拥有自备火电厂的味精企业，其电厂锅炉大气污染物排放执行《火电厂大气污染物排放标准》（GB 13223）。

4.2.2 恶臭污染物排放标准

4.2.2.1 标准分级

根据味精企业所在地区的大气环境质量要求和大气污染物治理技术和设施条件，将标准分为三级。

4.2.2.1.1 位于GB 3095 一类区的所有味精企业（包括现有和新建、改建、扩建），自本标准实施之日起，执行一级标准。

4.2.2.1.2 位于GB 3095 二类区和三类区的味精企业，分别执行二级标准和三级标准。其中 2003 年 12 月 31 日之前建设的味精企业，实施标准的时间为 2007 年 1 月 1 日；2004 年 1 月 1 日起新建（包括改、扩建）的味精企业，自本标准实施之日起开始执行。

4.2.2.2 标准值

味精企业恶臭污染物排放标准值按表 4 的规定执行。

表 4　厂界（防护带边缘）废气排放最高允许浓度　　单位：mg/m³

序号	控制项目	一级标准	二级标准	三级标准
1	硫化氢	0.03	0.06	0.32
2	臭气浓度（无量纲）	10	20	60

4.2.2.3 取样与监测

4.2.2.3.1 硫化氢、臭气浓度监测点设于味精企业厂界防护带边缘的浓度最高点。

4.2.2.3.2 监测点的布置方法与采样方法按GB 16297 中附录C 和HJ/T 55 的有关规定执行。

4.2.2.3.3 采样频率，每两小时采样一次，共采集 4 次，取其最大测定值。

4.2.2.3.4 监测分析方法按表 5 执行。

表 5　恶臭污染物监测分析方法

序号	控制项目	测定方法	方法来源
1	硫化氢	气相色谱法	GB/T 14678
2	臭气浓度（无量纲）	三点比较式臭袋法	GB/T 14675

4.3 厂界噪声控制标准

厂界噪声执行《工业企业厂界噪声标准》（GB 12348）。

4.4 固体废弃物回收标准

炉渣等可回收利用的固体废物回收处理率应达到 95% 以上。对于一般工业固体废物处理处置应执行《一般工业固体废物贮存、处置场污染控制标准》（GB 18599）。

5　标准实施与监督

5.1　本标准由县级以上人民政府环境保护行政主管部门负责监督实施。

5.2　省、自治区、直辖市人民政府对执行国家污染物排放标准不能保证达到环境功能要求时，可以制订严于国家污染物排放标准的地方污染物排放标准，并报国家环境保护行政主管部门备案。

中华人民共和国国家标准

烧碱、聚氯乙烯工业水污染物排放标准

Discharge standard of water pollutants for caustic alkali and polyvinyl chloride industry

GB 15581—95
代替 GB 8978—88 烧碱部分

为贯彻执行《中华人民共和国环境保护法》、《中华人民共和国水污染防治法》、《中华人民共和国海洋环境保护法》，促进烧碱、聚氯乙烯工业生产工艺和污染治理技术进步，防治水污染，特制订本标准。

1 主题内容与适用范围

1.1 主题内容

本标准按照生产工艺和废水排放去向，分年限规定了烧碱、聚氯乙烯工业水污染物最高允许排放浓度和吨产品最高允许排水量。

1.2 适用范围

本标准适用于烧碱、聚氯乙烯工业（包括以食盐为原料的水银电解法、隔膜电解法和离子交换膜电解法生产液碱、固碱和氯氢处理过程，以及以氢气、氯气、乙烯、电石为原料的聚氯乙烯等产品）企业的排放管理，以及建设项目环境影响评价、设计、竣工验收及其建成后的排放管理。本标准不适用于苛化法烧碱。

2 引用标准

GB 3097　海水水质标准

GB 3838　地面水环境质量标准

GB 6920　水质　pH 值的测定　玻璃电极法

GB 7468　水质　总汞的测定　冷原子吸收分光光度法

GB 7469　水质　总汞的测定　高锰酸钾—过硫酸钾消解法　双硫腙分光光度法

GB 7488　水质　五日生化需氧量（BOD_5）的测定　稀释与接种法

GB 8978　污水综合排放标准

GB 11897　水质　游离氯和总氯的测定　N，N—二乙基—1，4—苯二胺滴定法

GB 11898　水质　游离氯和总氯的测定　N，N—二乙基—1，4—苯二胺分光光度法

GB 11901　水质　悬浮物的测定　重量法

GB 11914　水质　化学需氧量的测定　重铬酸盐法

3 术语

3.1 烧碱工业废水
指以食盐水为原料采用水银电解法、隔膜电解法、离子交换膜电解法生产液碱、固碱和氯氢处理过程所排放的废水。

3.1.1 水银电解法
指以食盐水为原料采用水银电解槽生产液碱、固碱及氯氢处理过程的生产工艺。

3.1.2 隔膜电解法
指以食盐水为原料采用隔膜电解槽生产液碱、固碱和氯氢处理过程的生产工艺，废水包括打网水、含氯废水和含碱废水。

3.1.2.1 打网水
本标准所指打网水是清洗隔膜电解槽及修槽冲洗排水。

3.1.3 离子交换膜电解法
指以食盐水为原料采用离子交换膜电解槽生产液碱、固碱及氯氢处理过程的生产工艺。废水包括含氯废水和含碱废水。

3.2 聚氯乙烯工业废水
指以氯气、氢气、乙烯、电石为原料生产聚氯乙烯，生产工艺过程排放的废水。

3.2.1 电石法
指以电石、氯气和氢气为原料生产聚氯乙烯的生产工艺，废水包括电石废水和聚氯乙烯废水。

3.2.1.1 电石废水
指以电石为原料生产氯乙烯单体过程排放的电石渣浆（液）和废水。

3.2.2 乙烯氧氯化法
指以氯气、乙烯、氧气为原料采用乙烯氧氯化法生产聚氯乙烯的生产工艺。

4 技术内容

4.1 企业类型
按产品加工类别分为：烧碱企业、聚氯乙烯企业。

4.1.1 烧碱企业按生产工艺分为：水银电解法、隔膜电解法、离子交换膜电解法。

4.1.2 聚氯乙烯企业按生产工艺分为：电石法聚氯乙烯、乙烯氧氯化法聚氯乙烯。

4.2 标准分级
按排入水域的类别划分标准级别。

4.2.1 排入 GB 3838 中Ⅲ类水域（水体保护区除外）、GB 3097 中三类海域的废水，执行一级标准。

4.2.2 排入 GB 3838 中Ⅳ、Ⅴ类水域、GB 3097 中四类海域的废水，执行二级标准。

4.2.3 排入设置二级污水处理厂的城镇下水管网的废水，执行三级标准。

4.2.4 排入未设置二级污水处理厂的城镇下水管网的废水，必须根据下水道出水受纳水域的功能要求，分别执行 4.2.1 和 4.2.2 的规定。

4.2.5 GB 3838 中Ⅰ、Ⅱ类水域和Ⅲ类水域中的水体保护区，GB 3097 中二类海域，

禁止新建排污口，扩建、改建项目不得增加排污量。

4.3 标准值

本标准按照不同年限分别规定了烧碱、聚氯乙烯工业水污染物最高允许排放浓度和吨产品最高允许排水量。

4.3.1 1989 年 1 月 1 日之前建设的烧碱企业按表 1 执行、聚氯乙烯企业按表 2 执行。

表 1　烧碱企业水污染物最高允许排放限值

（1989 年 1 月 1 日前建设的企业）

生产方法	级别	项目 最高允许排放浓度/（mg/L）				吨产品排水量/（m³/t）	pH 值
		汞	石棉	活性氯	悬浮物		
水银电解法	一级	0.05	—	10	100	2	6~9
	二级	0.05	—	10	150		
	三级	0.05	—	10	300		
隔膜电解法	一级	—	50	35	100	7	
	二级	—	70	35	200		
	三级	—	70	35	300		
离子交换膜电解法	一级	—	—	10	100	2	
	二级	—	—	10	200		
	三级	—	—	10	300		

表 2　聚氯乙烯企业水污染物最高允许排放限值

（1989 年 1 月 1 日前建设的企业）

生产方法	废水类别	级别	项目 最高允许排放浓度/（mg/L）						吨产品排水量/（m³/t）	pH 值
			总汞	氯乙烯	化学需氧量(COD$_{Cr}$)	生化需氧量(BOD$_5$)	悬浮物	硫化物		
电石法	电石废水	一级	—	—	—	—	100	1	8	6~9
		二级	—	—	—	—	250	2		
		三级	—	—	—	—	400	2		
	聚氯乙烯废水	一级	0.05	—	150	60	100	—	5	
		二级	0.05	—	200	80	250	—		
		三级	0.05	—	500	300	400	—		
乙烯氧氯化法		一级	—	5	100	30	100	—	7	
		二级	—	10	150	60	200	—		
		三级	—	10	500	300	400	—		

4.3.2 1989 年 1 月 1 日至 1996 年 6 月 30 日之间建设的烧碱企业按表 3 执行、聚氯乙烯企业按表 4 执行。

4.3.3 1996 年 7 月 1 日起建设的烧碱企业按表 5 执行、聚氯乙烯企业按表 6 执行。

4.3.4 应根据建设的企业环境影响评价报告书（表）的批准日期分别按 4.3.1、4.3.2 和 4.3.3 规定确定标准执行年限；未经环境保护行政主管部门审批建设的企业，应按补做的环境影响报告书（表）的批准日期确定标准的执行年限。

4.4 其他规定

4.4.1 烧碱废水中不允许排入盐泥水。

4.4.2 污染物最高允许排放浓度按日均值计算，吨产品最高允许排水量按月均值计算。吨产品最高允许排水量不包括间接冷却水、厂区生活污水及厂内锅炉、电站排水。

4.4.3 若烧碱和聚氯乙烯企业为非单一产品废水混合排放，或烧碱、聚氯乙烯工业废水与其他废水（如生活污水及其他排水）混合排放，则废水排放口污染物最高允许排放浓度按附录 A 计算。吨产品最高允许排水量则必须在各车间排放口测定。

4.4.4 污泥、固体废物及废液应合理处置。

表 3　烧碱企业水污染物最高允许排放限值

（1989 年 1 月 1 日至 1996 年 6 月 30 日建设的企业）

生产方法	级别	最高允许排放浓度/（mg/L）				吨产品排水量/（m³/t）	pH 值
		汞	石棉	活性氯	悬浮物		
水银电解法	一级	0.05	—	5	70	1.5	
	二级	0.05	—	5	150		
	三级	0.05	—	5	300		
隔膜电解法	一级	—	50	35	70	7	6～9
	二级	—	50	35	150		
	三级	—	70	35	300		
离子交换膜电解法	一级	—	—	5	70	1.5	
	二级	—	—	5	150		
	三级	—	—	5	300		

表 4　聚氯乙烯企业水污染物最高允许排放限值

（1989 年 1 月 1 日至 1996 年 6 月 30 日建设的企业）

生产方法	废水类别	级别	最高允许排放浓度/（mg/L）						吨产品排水量/（m³/t）	pH 值
			总汞	氯乙烯	化学需氧量(COD_Cr)	生化需氧量(BOD_5)	悬浮物	硫化物		
电石法	电石废水	一级	—	—	—	—	70	1	8	
		二级	—	—	—	—	200	1		
		三级	—	—	—	—	400	2		
	聚氯乙烯废水	一级	0.03	2	100	60	70	—	4	6～9
		二级	0.03	5	150	80	200	—		
		三级	0.03	5	500	250	400	—		
乙烯氧氯化法		一级	—	2	80	30	70	—	5	
		二级	—	2	100	60	150	—		
		三级	—	5	500	250	350	—		

表5 烧碱企业水污染物最高允许排放限值

（1996年7月1日起建设的企业）

生产方法 \ 级别	项目	最高允许排放浓度/（mg/L）			吨产品排水量/（m³/t）	pH值
		石棉	活性氯	悬浮物		
隔膜电解法	一级	50	20	70	5	6~9
	二级	50	20	150		
	三级	70	20	300		
离子交换膜电解法	一级	—	2	70	1.5	
	二级	—	2	100		
	三级	—	2	300		

表6 聚氯乙烯企业水污染物最高允许排放限值

（1996年7月1日起建设的企业）

生产方法	废水类别	级别	总汞	氯乙烯	化学需氧量(COD_Cr)	生化需氧量(BOD_5)	悬浮物	硫化物	吨产品排水量/（m³/t）	pH值
电石法	电石废水	一级	—	—	—	—	70	1	5	6~9
		二级	—	—	—	—	200	1		
		三级	—	—	—	—	400	2		
	聚氯乙烯废水	一级	0.005	2	100	30	70	—	4	
		二级	0.005	2	150	60	150	—		
		三级	0.005	2	500	250	250	—		
乙烯氧氯化法		一级	—	2	80	30	70	—	5	
		二级	—	2	100	60	150	—		
		三级	—	2	500	250	250	—		

5 监测

5.1 采样点

汞、石棉、活性氯、氯乙烯应在车间废水处理设施排放口采样，其他污染物在厂排放口采样，所有排放口应设置废水计量装置和排放口标志。

5.2 采样频率

按生产周期确定采样频率，生产周期在8 h以内，每2 h采样一次，生产周期大于8 h的，每4 h采样一次。

5.3 产量的统计

企业的产品产量、原材料使用量等，以法定月报表或年报表为准。

5.4 测定方法

本标准采用的测定方法见表7。

表7 测定方法

序号	项目	方 法	方法来源
1	pH 值	玻璃电极法	GB 6920
2	悬浮物	重量法	GB 11901
3	化学需氧量（COD_{Cr}）	重铬酸盐法	GB 11914
4	硫化物	对氨基二四基苯胺比色法 [1]	—
5	汞	冷原子吸收分光光度法 高锰酸钾—过硫酸钾消解法 双硫腙分光光度法	GB 7468 GB 7469
6	生化需氧量（BOD_5）	稀释与接种法	GB 7488
7	活性氯	N，N—二乙基—1，4—苯二胺滴定法 N，N—二乙基—1，4—苯二胺光度法	GB 11897 GB 11898
8	氯乙烯	气相色谱法 [2]	—
9	石棉	重量法 [3]	GB 11901

注：1）暂采用《水和废水监测分析方法》，国家有关方法标准颁布后，执行国家标准。

2）暂采用附录 B 规定的顶空气相色谱法，国家方法标准颁布后，执行国家标准。

3）暂采用重量法，国家方法标准颁布后，执行国家标准。

6 标准实施监督

本标准由各级人民政府环境保护行政主管部门负责监督实施。

混合废水排放口污染物最高允许排放浓度计算方法

$$C = \frac{\sum Q_i C_i + \sum Q_j C_j}{\sum Q_i + \sum Q_j} \qquad (A1)$$

$$Q_i = W_i q_i \qquad (A2)$$

式中：C —— 污染物最高允许排放浓度，mg/L；

Q_i —— 某一产品一定时间内最高允许排水量，m³；

C_i —— 某一产品的某一污染物的最高允许排放浓度，mg/L；

W_i —— 某一产品一定时间内的产量，t；

q_i —— 某一产品单位产量最高允许排水量，m³/t；

C_j —— 其他某种废水的某一污染物的排放浓度，mg/L；

Q_j —— 其他某种废水一定时间的排水量，m³。

注：$i=1$，2，3，…；表示非单一产品废水中第 i 种废水。

$j=1$，2，3，…；表示其他废水（生活及非生产直接排水）中第 j 种废水。

附录B（补充件）

水中氯乙烯的测定方法 顶空气相色谱法

B.1 仪器

B.1.1 气相色谱仪，带 FID 检测器。

B.1.2 恒温水浴，控温精度±1℃。

B.1.3 气液平衡管（50 ml 比色管，总体积 75 ml）。

B.1.4 注射器：1 ml，5 ml 注射器，10～100 ml 微量注射器。

B.1.5 医用反口橡皮塞。

B.2 试剂

B.2.1 甲醇，优级纯。

B.2.2 色谱柱载体：GDX—103（30～60 目）。

B.2.3 氯乙烯，纯度 96%以上。

B.2.4 氯乙烯标准贮备液：取 10 ml 容量瓶加入约 9.8 ml 甲醇，开口放置 10 min，称重，准确至 0.1 mg。用带气密阀的注射器吸取 5 ml 氯乙烯，在甲醇液面上方 5 mm 处缓缓注入液面上。重新称重，稀释至刻度，盖好塞，摇匀。由净增重量计算氯乙烯浓度，再经适当稀释成中间溶液备用。

B.3 步骤

B.3.1 标准曲线的绘制

取若干支 50 ml 比色管，注入 75 ml 纯水，用微量注射器分取不同体积的中间溶液于比色管中，使浓度分别为 0.2，0.4，0.6，0.8，1.0 μg/L。用反口塞封口，细铁丝勒紧。在反口塞上抽一长针头，针尖在 50 ml 刻度处，另插一短针头，通过三通与通气系统相连。在恒定压力下，由短针向比色管内通入氮气，水由长针冒出，使水面降到 50 ml 刻度处，立即拔出长针，停止通气拔出短针。将比色管放入 40℃恒温水浴中平衡 40 min，用预热到 40℃的注射器抽取液上气体 1 ml，进色谱仪分析，记录峰高。每个比色管只能取气一次。同样用不加样品的纯水测定空白，绘制浓度—峰高校准曲线。

B.3.2 取样

将水样平稳地沿管壁流入 50 ml 比色管，全部充满不留空间，塞上反口塞，用细铁丝勒紧，带回实验室。

B.3.3 测定

将取回样品按上述步骤进行排水，恒温平衡后，抽取 1 ml 进色谱仪测定，记录峰高。

B.3.4 色谱条件

色谱柱：$\phi 4$ mm×2 m 玻璃柱，内装 GDX—103。

柱温：50℃。

检测器温度：150℃。

载气：高纯氮 50 ml/min。

氢气：50 ml/min。

空气：500 ml/min。

B.3.5 计算

$$氯乙烯浓度（\mu g/L）＝C_i \frac{h_2}{h_1} \tag{B1}$$

式中：C_i ——氯乙烯标准溶液浓度，$\mu g/L$；

h_1——标准溶液峰高，mm；

h_2——相同进样量的样品峰高，mm。

附加说明：

本标准由国家环境保护局科技标准司提出。

本标准由中国环境科学研究院标准所、锦西化工研究院负责起草。

本标准主要起草人：邓福山、夏青、曹万君、曲秀兰。

本标准由国家环境保护局负责解释。

中华人民共和国国家标准

肉类加工工业水污染物排放标准

Discharge standards of water pollutants for meat packing industry

GB 13457—92
代替 GB 8978—88
肉类联合加工工业部分

为贯彻《中华人民共和国环境保护法》、《中华人民共和国水污染防治法》和《中华人民共和国海洋环境保护法》，促进生产工艺和污染治理技术的进步，防治水污染，制定本标准。

1 主题内容与适用范围

1.1 主题内容

本标准按废水排放去向，分年限规定了肉类加工企业水污染物最高允许排放浓度和排水量等指标。

1.2 适用范围

本标准适用于肉类加工工业的企业排放管理，以及建设项目的环境影响评价、设计、竣工验收及其建成后的排放管理。

2 引用标准

GB 3097 海水水质标准

GB 3838 地面水环境质量标准

GB 5749 生活饮用水卫生标准

GB 5750 生活饮用水标准检验法

GB 6920 水质 pH 值的测定 玻璃电极法

GB 7478 水质 铵的测定 蒸馏和滴定法

GB 7479 水质 铵的测定 纳氏试剂比色法

GB 7481 水质 铵的测定 水杨酸分光光度法

GB 7488 水质 五日生化需氧量（BOD$_5$）的测定 稀释与接种法

GB 8978 污水综合排放标准

GB 11901 水质 悬浮物的测定 重量法

GB 11914 水质 化学需氧量的测定 重铬酸盐法

3 术语

3.1 活屠重
指被屠宰畜、禽的活重。

3.2 原料肉
指作为加工肉制品原料的冻肉或鲜肉。

4 技术内容

4.1 加工类别
按肉类加工企业的加工类别分为：

a. 畜类屠宰加工；

b. 肉制品加工；

c. 禽类屠宰加工。

4.2 标准分级
按排入水域的类别划分标准级别。

4.2.1 排入 GB 3838 中Ⅲ类水域（水体保护区除外），GB 3097 中二类海域的废水，执行一级标准。

4.2.2 排入 GB 3838 中Ⅳ、Ⅴ类水域，GB 3097 中三类海域的废水，执行二级标准。

4.2.3 排入设置二级污水处理厂的城镇下水道的废水，执行三级标准。

4.2.4 排入未设置二级污水处理厂的城镇下水道的废水，必须根据下水道出水受纳水域的功能要求，分别执行 4.2.1 和 4.2.2 的规定。

4.2.5 GB 3838 中Ⅰ、Ⅱ类水域和Ⅲ类水域中的水体保护区，GB 3097 中一类海域，禁止新建排污口，扩建、改建项目不得增加排污量。

4.3 标准值
本标准按照不同年限分别规定了肉类加工企业的排水量和水污染物最高允许排放浓度等指标，标准值分别规定为：

4.3.1 1989 年 1 月 1 日之前立项的建设项目及其建成后投产的企业按表 1 执行。

表 1

污染物 级别 标准值	悬浮物			生化需氧量 (BOD$_5$)			化学需氧量 (COD$_{Cr}$)			动植物油			氨氮			pH 值			大肠菌群数 （个/L）			排水量/ （m³/t） （活屠重、原料肉）		
	一级	二级	三级	一级	二级	三级	一级	二级	三级	一级	二级	三级	一级	二级	三级	一级	二级	三级	一级	二级	三级	一级	二级	三级
排放浓度 （mg/L）	100	250	400	60	80	300	120	160	500	30	40	100	25	40	—	6～9			5 000	—	—	7.2		

4.3.2 1989 年 1 月 1 日至 1992 年 6 月 30 日之间立项的建设项目及其建成后投产的企业按表 2 执行。

表2

污染物 级别 标准值	悬浮物			生化需氧量 (BOD$_5$)			化学 需氧量 (COD$_{Cr}$)			动植物油			氨氮			pH 值			大肠菌 群数（个/L）			排水量/ （m³/t） （活屠重、 原料肉）		
	一级	二级	三级	一级	二级	三级	一级	二级	三级	一级	二级	三级	一级	二级	三级	一级	二级	三级	一级	二级	三级	一级	二级	三级
排放浓度 （mg/L）	70	200	400	30	60	300	100	120	500	20	20	100	15	25	—	6~9			5 000	—	—	6.5		

4.3.3 1992 年 7 月 1 日起立项的建设项目及其建成后投产的企业按表 3 执行。

4.4 其他规定

4.4.1 表 1、表 2 和表 3 中所列污染物最高允许排放浓度，按日均值计算。

4.4.2 污泥与固体废物应合理处理。

4.4.3 工艺参考指标为行业内部考核评价企业排放状况的主要参数。

4.4.4 有分割肉、化制等工序的企业，每加工 1 t 原料肉，可增加排水量 2 m³。

4.4.5 加工蛋品的企业，每加工 1 t 蛋品，可增加排水量 5 m³。

4.4.6 回用水应符合回用水水质标准。

4.4.7 在执行三级标准时，若二级污水处理厂运行条件允许，生化需氧量（BOD$_5$）可放宽至 600 mg/L，化学需氧量（COD$_{Cr}$）可放宽至 1 000 mg/L，但需经当地环境保护行政主管部门认定。

4.4.8 非单一加工类别的企业，其污染物最高允许排放浓度、排水量和污染物排放量限值，以一定时间内的各种原料加工量为权数，加权平均计算。计算方法见附录 A。

4.4.9 表 1、表 2 中禽类屠宰加工的排水量参照表 3 执行。

5 监测

5.1 采样点

采样点应在肉类加工企业的废水排放口，排放口应设置废水水量计量装置和设立永久性标志。

5.2 采样频率

按生产周期确定监测频率。生产周期在 8 h 以内的，每 2 h 采样一次；生产周期大于 8 h 的，每 4 h 采样一次。

5.3 排水量

排水量只计直接生产排水，不包括间接冷却水、厂区生活排水及厂内锅炉、电站排水，若不符合以上条件时，应改建排放口；排水量按月均值计算。

5.4 统计

企业原材料使用量、产品产量等，以法定月报表和年报表为准。

5.5 测定方法

本标准采用的测定方法按表 4 执行。

表 3

加工类别	浓度与总量	悬浮物 mg/L 一级	悬浮物 二级	悬浮物 三级	BOD₅ 一级	二级	三级	CODCr 一级	二级	三级	动植物油 一级	二级	三级	氨氮 一级	二级	三级	pH值 一级	二级	三级	大肠菌群数 个/L 一级	二级	三级	排水量 一级	二级	三级	油脂回收率%	血液回收率%	肠胃内容物回收率%	毛羽回收率%	废水回收率%
畜类屠宰加工	排放浓度 mg/L	60	120	400	30	60	300	80	120	500	15	20	60	15	25	—	6.0~8.5			5 000	10 000	—	6.5			≥75	≥80	≥60	≥90	≥15
	排放总量 kg/t（活屠重）	0.4	0.8	2.6	0.2	0.4	2.0	0.5	0.8	3.3	0.1	0.13	0.4	0.1	0.16	—														
肉制品加工	排放浓度 mg/L	60	100	350	25	50	300	80	120	500	15	20	60	15	20	—	6.0~8.5			5 000	10 000	—	5.8			≥75	—	—	—	≥15
	排放总量 kg/t（原料肉）	0.35	0.6	2.0	0.15	0.3	1.7	0.45	0.7	2.9	0.09	0.12	0.35	0.09	0.12	—														
禽类屠宰加工	排放浓度 mg/L	60	100	300	25	40	250	70	100	500	15	20	50	15	20	—	6.0~8.5			5 000	10 000	—	18.0			≥75	≥80	≥50	≥90	≥15
	排放总量 kg/t（活屠重）	1.1	1.8	5.4	0.45	0.72	4.5	1.20	1.8	9.0	0.27	0.36	0.9	0.27	0.36	—														

（排水量单位：(m³/t)（活屠重）/(m³/t)（原料肉）；工艺参考指标包括：油脂回收率%、血液回收率%、肠胃内容物回收率%、毛羽回收率%、废水回收率%）

表4

序 号	项 目	方 法	方法来源
1	pH 值	玻璃电极	GB 6920
2	悬浮物	重量法	GB 11901
3	五日生化需氧量（BOD_5）	稀释与接种法	GB 7488
4	化学需氧量（COD_{Cr}）	重铬酸钾法	GB 11914
5	动植物油	重量法	1)
6	氨氮	蒸馏和滴定法	GB 7478
		纳氏试剂比色法	GB 7479
		水杨酸分光光度法	GB 7481
7	大肠菌群数	发酵法	GB 5750

注：1）暂时采用《环境监测分析方法》（城乡建设环境保护部环境保护局，1983）。待国家颁布相应的方法标准后，执行国家标准。

6 标准实施监督

本标准由各级人民政府环境保护行政主管部门负责监督实施。

非单一加工企业污染物限值计算方法

A.1 污染物最高允许排放浓度按式（A.1）计算：

$$C = \frac{\sum Q_i W_i C_i}{\sum Q_i W_i} \tag{A.1}$$

A.2 排水量按式（A.2）计算：

$$Q = \frac{\sum Q_i W_i}{\sum W_i} \tag{A.2}$$

A.3 污染物排放量按式（A.3）计算：

$$T = \frac{\sum T_i W_i}{\sum W_i} \tag{A.3}$$

式中：C —— 污染物最高允许排放浓度，mg/L；

Q —— 排水量，m³/t（活屠重）或 m³/t（原料肉）；

T —— 污染物排放量，kg/t（活屠重）或 kg/t（原料肉）；

Q_i —— 某一加工类别加工单位重量原料允许排水量，m³/t（活屠重）或 m³/t（原料肉）；

W_i —— 某一加工类别一定时间内原料加工量，t（活屠重）或 t（原料肉）；

C_i —— 某一加工类别的某一污染物的最高允许排放浓度，mg/L；

T_i —— 某一加工类别加工单位重量原料允许污染物排放量，kg/t（活屠重）或 kg/t（原料肉）。

附加说明：

本标准由国家环境保护局科技标准司提出。

本标准由商业部《肉类加工工业水污染物排放标准》编制组、中国环境科学研究院环境标准研究所负责起草。

本标准主要起草人：牛景金、王嘉儒、周晓明、孟宪亭、邹首民、王守伟、许俊森等。

本标准由国家环境保护局负责解释。

中华人民共和国国家标准

制糖工业水污染物排放标准

Discharge standard of water pollutants for sugar industry

GB 21909—2008

前 言

为贯彻《中华人民共和国环境保护法》、《中华人民共和国水污染防治法》、《中华人民共和国海洋环境保护法》、《国务院关于落实科学发展观 加强环境保护的决定》等法律、法规和《国务院关于编制全国主体功能区规划的意见》，保护环境，防治污染，促进制糖工业生产工艺和污染治理技术的进步，制定本标准。

本标准规定了制糖工业企业水污染物排放限值、监测和监控要求。为促进区域经济与环境协调发展，推动经济结构的调整和经济增长方式的转变，引导工业生产工艺和污染治理技术的发展方向，本标准规定了水污染物特别排放限值。

本标准中的污染物排放浓度均为质量浓度。

制糖工业企业排放大气污染物（含恶臭污染物）、环境噪声适用相应的国家污染物排放标准，产生固体废物的鉴别、处理和处置适用国家固体废物污染控制标准。

本标准为首次发布。

自本标准实施之日起，制糖工业企业的水污染物排放控制按本标准的规定执行，不再执行《污水综合排放标准》（GB 8978—1996）中的相关规定。

本标准由环境保护部科技标准司组织制订。

本标准主要起草单位：中国轻工业清洁生产中心、环境保护部环境标准研究所、中国糖业协会、国家糖业质量监督检验中心。

本标准环境保护部 2008 年 4 月 29 日批准。

本标准自 2008 年 8 月 1 日起实施。

本标准由环境保护部解释。

1 适用范围

本标准规定了制糖企业或生产设施水污染物排放限值。

本标准适用于现有制糖企业或生产设施的水污染物排放管理。

本标准适用于对制糖工业建设项目的环境影响评价、环境保护设施设计、竣工环境保护验收及其投产后的水污染物排放管理。

本标准适用于法律允许的污染物排放行为。新设立污染源的选址和特殊保护区域内现有污染源的管理，按照《中华人民共和国大气污染防治法》、《中华人民共和国水污染防治法》、《中华人民共和国海洋环境保护法》、《中华人民共和国固体废物污染环境防治法》、《中华人民共和国放射性污染防治法》、《中华人民共和国环境影响评价法》等法律、法规、规章的相关规定执行。

本标准规定的水污染物排放控制要求适用于企业向环境水体的排放行为。

企业向设置污水处理厂的城镇排水系统排放废水时，其污染物的排放控制要求由企业与城镇污水处理厂根据其污水处理能力商定或执行相关标准，并报当地环境保护主管部门备案；城镇污水处理厂应保证排放污染物达到相关排放标准要求。

建设项目拟向设置污水处理厂的城镇排水系统排放废水时，由建设单位和城镇污水处理厂按前款的规定执行。

2 规范性引用文件

本标准内容引用了下列文件或其中的条款。

GB/T 6920—1986　水质　pH 值的测定　玻璃电极法

GB/T 7478—1987　水质　铵的测定　蒸馏和滴定法

GB/T 7479—1987　水质　铵的测定　纳氏试剂比色法

GB/T 7481—1987　水质　铵的测定　水杨酸分光光度法

GB/T 7488—1987　水质　五日生化需氧量（BOD_5）的测定　稀释与接种法

GB/T 11893—1989　水质　总磷的测定　钼酸铵分光光度法

GB/T 11894—1989　水质　总氮的测定　碱性过硫酸钾消解紫外分光光度法

GB/T 11901—1989　水质　悬浮物的测定　重量法

GB/T 11914—1989　水质　化学需氧量的测定　重铬酸盐法

HJ/T 195—2005　水质　氨氮的测定　气相分子吸收光谱法

HJ/T 199—2005　水质　总氮的测定　气相分子吸收光谱法

HJ/T 399—2007　水质　化学需氧量的测定　快速消解分光光度法

《污染源自动监控管理办法》（国家环境保护总局令　第 28 号）

《环境监测管理办法》（国家环境保护总局令　第 39 号）

3 术语和定义

下列术语和定义适用于本标准。

3.1　甘蔗制糖

以甘蔗的蔗茎为原料，通过物理和化学的方法，去除杂质、提取出含高纯度蔗糖的食糖成品的过程。

3.2　甜菜制糖

以甜菜的块根为原料，通过物理和化学的方法，去除杂质、提取出含高纯度蔗糖的食糖成品的过程。

3.3 现有企业

指本标准实施之日前已建成投产或环境影响评价文件已通过审批的制糖企业或生产设施。

3.4 新建企业

指本标准实施之日起环境影响评价文件通过审批的新建、改建和扩建制糖工业建设项目。

3.5 排水量

指生产设施或企业向企业法定边界以外排放的废水的量，包括与生产有直接或间接关系的各种外排废水（如厂区生活污水、冷却废水、厂区锅炉和电站排水等）。

3.6 单位产品基准排水量

指用于核定水污染物排放浓度而规定的生产单位糖产品的废水排放量上限值。

4 水污染物排放控制要求

4.1 自 2009 年 5 月 1 日起至 2010 年 6 月 30 日止，现有企业执行表 1 规定的水污染物排放限值。

4.2 自 2010 年 7 月 1 日起，现有企业执行表 2 规定的水污染物排放限值。

4.3 自 2008 年 8 月 1 日起，新建企业执行表 2 规定的水污染物排放限值。

表 1 现有企业水污染物排放浓度限值及单位产品基准排水量　单位：mg/L（pH 值除外）

序号	污染物项目	限值		污染物排放监控位置
		甘蔗制糖	甜菜制糖	
1	pH 值	6~9	6~9	企业废水总排放口
2	悬浮物	100	120	
3	五日生化需氧量（BOD_5）	40	50	
4	化学需氧量（COD_{Cr}）	120	150	
5	氨氮	15	15	
6	总氮	20	20	
7	总磷	1.0	1.0	
单位产品（糖）基准排水量/（m^3/t）		68	32	排水量计量与污染物排放监控位置一致

表 2 新建企业水污染物排放浓度限值及单位产品基准排水量　单位：mg/L（pH 值除外）

序号	污染物项目	限值		污染物排放监控位置
		甘蔗制糖	甜菜制糖	
1	pH 值	6~9	6~9	企业废水总排放口
2	悬浮物	70	70	
3	五日生化需氧量（BOD_5）	20	20	
4	化学需氧量（COD_{Cr}）	100	100	
5	氨氮	10	10	
6	总氮	15	15	
7	总磷	0.5	0.5	
单位产品（糖）基准排水量/（m^3/t）		51	32	排水量计量与污染物排放监控位置一致

4.4 根据环境保护工作的要求，在国土开发密度较高、环境承载能力开始减弱，或水环境容量较小、生态环境脆弱，容易发生严重水环境污染问题而需要采取特别保护措施的地区，应严格控制企业的污染排放行为，在上述地区的企业执行表 3 规定的水污染物特别排放限值。

执行水污染物特别排放限值的地域范围、时间，由国务院环境保护主管部门或省级人民政府规定。

表 3　水污染物特别排放限值　　单位：mg/L（pH 值除外）

序号	污染物项目	限值		污染物排放监控位置
		甘蔗制糖	甜菜制糖	
1	pH 值	6～9	6～9	企业废水总排放口
2	悬浮物	10	10	
3	五日生化需氧量（BOD₅）	10	10	
4	化学需氧量（CODcr）	50	50	
5	氨氮	5	5	
6	总氮	8	8	
7	总磷	0.5	0.5	
单位产品（糖）基准排水量/（m³/t）		34	20	排水量计量与污染物排放监控位置一致

4.5 水污染物排放浓度限值适用于单位产品实际排水量不高于单位产品基准排水量的情况。若单位产品实际排水量超过单位产品基准排水量，须按式（1）将实测水污染物浓度换算为水污染物基准水量排放浓度，并以水污染物基准水量排放浓度作为判定排放是否达标的依据。产品产量和排水量统计周期为一个工作日。

在企业的生产设施同时生产两种以上产品、可适用不同排放控制要求或不同行业国家污染物排放标准，且生产设施产生的污水混合处理排放的情况下，应执行排放标准中规定的最严格的浓度限值，并按公式（1）换算水污染物基准水量排放浓度。

$$C_{基} = \frac{Q_{总}}{\sum Y_i \cdot Q_{i基}} \cdot C_{实} \tag{1}$$

式中：$C_{基}$——水污染物基准水量排放浓度，mg/L；

$Q_{总}$——排水总量，m³；

Y_i——第 i 种产品产量，t；

$Q_{i基}$——第 i 种产品的单位产品基准排水量，m³/t；

$C_{实}$——实测水污染物排放浓度，mg/L。

若 $Q_{总}$ 与 $\sum Y_i \cdot Q_{i基}$ 的比值小于 1，则以水污染物实测浓度作为判定排放是否达标的依据。

5 水污染物监测要求

5.1 对企业排放废水的采样应根据监测污染物的种类，在规定的污染物排放监控位置进行，有废水处理设施的，应在该设施后监控。在污染物排放监控位置须设置永久性排污口标志。

5.2 新建企业应按照《污染源自动监控管理办法》的规定，安装污染物排放自动监控设备，并与环境保护主管部门的监控设备联网，保证设备正常运行。各地现有企业安装污染物排放自动监控设备的要求由省级环境保护主管部门规定。

5.3 对企业水污染物排放情况进行监测的频次、采样时间等要求，按国家有关污染源监测技术规范的规定执行。

5.4 企业产品产量的核定，以法定报表为依据。

5.5 对企业排放水污染物浓度的测定采用表4所列的方法标准。

5.6 企业须按照有关法律和《环境监测管理办法》的规定，对排污状况进行监测，并保存原始监测记录。

表4 水污染物浓度测定方法标准

序号	污染物项目	方法标准名称	方法标准编号
1	pH 值	水质 pH 值的测定 玻璃电极法	GB/T 6920—1986
2	悬浮物	水质 悬浮物的测定 重量法	GB/T 11901—1989
3	五日生化需氧量	水质 五日生化需氧量（BOD₅）的测定 稀释与接种法	GB/T 7488—1987
4	化学需氧量	水质 化学需氧量的测定 重铬酸盐法	GB/T 11914—1989
		水质 化学需氧量的测定 快速消解分光光度法	HJ/T 399—2007
5	氨氮	水质 铵的测定 蒸馏和滴定法	GB/T 7478—1987
		水质 铵的测定 纳氏试剂比色法	GB/T 7479—1987
		水质 铵的测定 水杨酸分光光度法	GB/T 7481—1987
		水质 氨氮的测定 气相分子吸收光谱法	HJ/T 195—2005
6	总氮	水质 总氮的测定 碱性过硫酸钾消解紫外分光光度法	GB/T 11894—1989
		水质 总氮的测定 气相分子吸收光谱法	HJ/T 199—2005
7	总磷	水质 总磷的测定 钼酸铵分光光度法	GB/T 11893—1989

6 标准实施与监督

6.1 本标准由县级以上人民政府环境保护主管部门负责监督实施。

6.2 在任何情况下，制糖企业均应遵守本标准规定的水污染物排放控制要求，采取必要措施保证污染防治设施正常运行。各级环保部门在对企业进行监督性检查时，可以现场即时采样或监测的结果，作为判定排污行为是否符合排放标准以及实施相关环境保护管理措施的依据。在发现企业耗水或排水量有异常变化的情况下，应核定企业的实际产品产量和排水量，按本标准规定，换算水污染物基准水量排放浓度。

中华人民共和国国家标准

柠檬酸工业污染物排放标准

The discharge standards of pollutants for citric acid industry

GB 19430—2004

前 言

为贯彻《中华人民共和国环境保护法》、《中华人民共和国水污染防治法》、《中华人民共和国海洋环境保护法》、《中华人民共和国大气污染防治法》、《中华人民共和国固体废物污染环境防治法》，加强对柠檬酸工业污染物的排放控制，保障人体健康，维护生态平衡，制订本标准。

本标准主要有以下特点：1. 适用于柠檬酸工业企业水污染物、大气污染物排放管理、噪声污染控制和固体废物处理处置的管理；2. 以柠檬酸工业清洁生产工艺及治理技术为依据，确定柠檬酸工业企业水污染物排放标准值；3. 现有排放源分阶段执行水污染物排放标准；4. 本标准中水污染物排放标准不分级。

本标准自实施之日起，代替《污水综合排放标准》（GB 8978—1996）中柠檬酸工业水污染物排放标准部分。

本标准为首次发布。

本标准由国家环境保护总局科技标准司提出。

本标准由中国环境科学研究院、轻工业环境保护研究所负责起草。

本标准由国家环境保护总局 2004 年 1 月 18 日批准。

本标准由国家环境保护总局负责解释。

1 范围

本标准规定了柠檬酸工业企业的水污染物、恶臭污染物排放标准值，明确了柠檬酸工业企业执行的大气污染物排放标准、厂界噪声控制标准和固体废弃物处理处置标准。水污染物排放标准值分年限规定了水污染物日均最高允许排放浓度、吨产品污染物排放量以及日均最高吨产品排水量。

本标准适用于柠檬酸工业企业的水污染物、大气污染物排放管理、厂界噪声污染控制和固体废弃物处理处置管理，以及柠檬酸建设项目环境影响评价、建设项目环境保护设施设计、竣工验收及其投产后的污染物排放管理。

2 规范性引用文件

下列标准中的条文通过本标准的引用而成为本标准的条文，与本标准同效。

GB 18599 一般工业固体废物贮存、处置场污染控制标准

GB 14554 恶臭污染物排放标准

GB 13223 火电厂大气污染物排放标准

GB 13271 锅炉大气污染物排放标准

GB 12349 工业企业厂界噪声测量方法

GB 12348 工业企业厂界噪声标准

GB 3838 地表水环境质量标准

GB 3097 海水水质标准

GB 11914 水质 化学需氧量的测定 重铬酸盐法

GB 11901 水质 悬浮物的测定 重量法

GB 7488 水质 五日生化需氧量（BOD_5）的测定 稀释与接种法

GB 6920 水质 pH值的测定 玻璃电极法

当上述标准被修订时，应使用其最新版本。

3 定义

排水量：指在生产过程中直接用于生产工艺的水的排放量。

4 技术内容

4.1 水污染物排放标准

4.1.1 排入GB 3838 中Ⅲ类水域（水体保护区除外）、Ⅳ、Ⅴ类水域和GB 3097 中二、三、四类海域的柠檬酸工业企业废水，应执行本标准规定的标准值。

4.1.2 排入设置二级污水处理厂的城镇排水系统的柠檬酸工业企业废水，应达到负责审批该污水处理厂环境影响评价报告书的环境保护行政主管部门核定的排放要求。

4.1.3 排入未设置二级污水处理厂的城镇排水系统的柠檬酸工业企业废水，应执行4.1.1 的规定。

4.1.4 标准值

4.1.4.1 2003 年 12 月 31 日之前建设的柠檬酸工业企业，从本标准实施之日起，其水污染物的排放按表 1 的规定执行，从 2006 年 1 月 1 日起，其水污染物的排放按表 2 的规定执行。

4.1.4.2 2004 年 1 月 1 日起建设（包括改、扩建）的柠檬酸企业，从本标准实施之日起，水污染物的排放按表 2 的规定执行。

4.1.4.3 建设项目（包括改、扩建）的建设时间，以环境影响评价报告书（表）批准日期为准。

4.1.5 采样与监测

4.1.5.1 采样点

采样点设在企业废水排放口。在排放口必须设置永久性排污口标志、污水流量连续计量装置和污水比例采样装置。企业必须安装化学需氧量在线监测装置。

表 1   柠檬酸工业水污染物排放标准值

（2003 年 12 月 31 日之前的建设项目）

污染物项目	五日生化需氧量（BOD₅）		化学需氧量（COD_Cr）		氨氮（NH₃-N）		悬浮物（SS）		排水量	pH 值
	kg/t	mg/L	kg/t	mg/L	kg /t	mg/L	kg /t	mg/L	m³/t	
标准值	10	100	30	300	1.5	15	10	100	100	6～9

注：产品指柠檬酸。

表 2   柠檬酸工业水污染物排放标准值

[2004 年 1 月 1 日起建设（包括改、扩建）的项目]

污染物项目	五日生化需氧量（BOD₅）		化学需氧量（COD_Cr）		氨氮（NH₃-N）		悬浮物（SS）		排水量	pH 值
	kg/t	mg/L	kg/t	mg/L	kg /t	mg/L	kg /t	mg/L	m³/t	
标准值	6.4	80	12	150	1.2	15	6.4	80	80	6～9

注：产品指柠檬酸。

4.1.5.2 采样频率

采样频率按生产周期确定。生产周期在 8 h 以内的，每 2 h 采集一次；生产周期大于 8 h 的，每 4 h 采集一次，排放浓度取日均值。

4.1.5.3 产品产量的统计

产品产量以法定月报表或年报表为准。根据企业实际正常生产天数，计算出产品的日均产量。

4.1.5.4 测定

本标准采用的测定方法按表 3 执行。

表 3   污染物项目测定方法

序号	项目	测定方法	方法标准号
1	五日生化需氧量（BOD₅）	稀释与接种法	GB/T 7488
2	化学需氧量（COD_Cr）	重铬酸钾法	GB/T 11914
3	悬浮物（SS）	重量法	GB/T 11901
4	pH 值	玻璃电极法	GB/T 6920
5	氨氮（NH₃-N）	蒸馏和滴定法	GB/T 7478
		纳氏试剂比色法	GB/T 7479

4.2 大气污染物排放标准

4.2.1 拥有自备锅炉的柠檬酸企业，其大气污染物排放执行《锅炉大气污染物排放标准》（GB 13271）。

拥有自备火电厂的柠檬酸企业，其大气污染物排放执行《火电厂大气污染物排放标准》（GB 13223）。

4.2.2 恶臭污染物排放标准

4.2.2.1 标准分级

根据柠檬酸企业所在地区的大气环境质量要求和大气污染物治理技术和设施条件，将标准分为三级。

4.2.2.1.1 位于GB 3095 一类区的所有柠檬酸企业（包括现有和新建、改建、扩建），自本标准实施之日起，执行一级标准。

4.2.2.1.2 位于GB 3095 二类区和三类区的柠檬酸企业，分别执行二级标准和三级标准。其中 2003 年 12 月 31 日之前建设（包括改、扩建）的柠檬酸项目，实施标准的时间为 2007 年 1 月 1 日；2004 年 1 月 1 日起新建（包括改、扩建）的柠檬酸企业，自本标准实施之日起开始执行。

4.2.2.2 标准值

柠檬酸企业恶臭污染物排放标准值按表 4 的规定执行。

表 4　厂界废气（防护带边缘）排放最高允许浓度　　　　　单位：mg/m^3

序号	控制项目	一级标准	二级标准	三级标准
1	硫化氢	0.03	0.06	0.32
2	臭气浓度（无量纲）	10	20	60

4.2.2.3 取样与监测

4.2.2.3.1 硫化氢、臭气浓度监测点设于柠檬酸企业厂界防护带边缘的浓度最高点。

4.2.2.3.2 监测点的布置方法与采样方法按GB 16297 中附录C 和HJ/T 55 的有关规定执行。

4.2.2.3.3 采样频率，每两小时采样一次，共采集 4 次，取其最大测定值。

4.2.2.3.4 监测分析方法按表 5 执行。

表 5　恶臭污染物监测分析方法

序号	控制项目	测定方法	方法来源
1	硫化氢	气相色谱法	GB/T 14678
2	臭气浓度（无量纲）	三点比较式臭袋法	GB/T 14675

4.3 厂界噪声控制标准

厂界噪声执行《工业企业厂界噪声标准》（GB 12348）。

4.4 固体废物处理处置标准

炉渣等可回收利用的固体废物回收处理率应达到 95%以上，对于一般工业固体废物处理处置应执行《一般工业固体废物贮存、处置场污染控制标准》（GB 18599）。

5 标准的实施与监督

5.1 本标准由县级以上人民政府环境保护行政主管部门负责监督实施。

5.2 省、自治区、直辖市人民政府对执行国家污染物排放标准不能保证达到环境功能要求时，可以制定严于国家污染物排放标准的地方污染物排放标准，并报国家环境保护行政主管部门备案。

中华人民共和国国家标准

啤酒工业污染物排放标准

Discharge standard of pollutants for beer industry

GB 19821—2005
部分代替 GB 8978—1996

前　言

为贯彻《中华人民共和国环境保护法》、《中华人民共和国水污染防治法》和《中华人民共和国海洋环境保护法》，促进啤酒工业生产工艺和污染治理技术进步，加强啤酒企业污染物的排放控制，防治污染，保障人体健康，维护良好的生态环境，结合我国啤酒行业的相关政策，制定本标准。

本标准规定了啤酒工业污染物排放浓度限值和单位产品污染物排放量。

本标准自实施之日起，替代 GB 8978—1996 中相关规定。

本标准为首次发布。

本标准由国家环境保护总局科技标准司提出。

本标准由中国环境科学研究院和中国酿酒工业协会共同起草。

本标准由国家环境保护总局 2005 年 7 月 18 日批准。

本标准 2006 年 1 月 1 日起实施。

本标准由国家环境保护总局负责解释。

1 范围

本标准规定了啤酒工业污染物排放浓度限值和单位产品污染物排放量。

本标准适用于现有啤酒工业的污染物排放管理，以及新、扩、改建啤酒工业建设项目环境影响评价、环境保护设施设计、竣工验收及其投产后的污染控制与管理。

本标准适用范围为啤酒与麦芽生产过程中产生的污染物控制与管理。

2 规范性引用文件

下列文件中的条款通过本标准的引用而成为本标准的条款。凡是不注日期的引用文件，其最新版本适用于本标准。

GB 3097　海水水质标准

GB 3838　地表水环境质量标准

GB 6920　水质　pH 值的测定　玻璃电极法

GB 7488　水质　五日生化需氧量（BOD₅）的测定　稀释与接种法

GB 11901　水质　悬浮物的测定　重量法

GB 11914　水质　化学需氧量的测定　重铬酸盐法

GB 7478　水质　铵的测定　蒸馏和滴定法

GB 7479　水质　铵的测定　纳氏试剂比色法

GB 11893　水质　总磷的测定　钼酸铵分光光度法

GB 8978　污水综合排放标准

GB 13271　锅炉大气污染物排放标准

GB 12348　工业企业厂界噪声标准

GB 18599　一般工业固体废物贮存，处置污染控制标准

3　术语和定义

下列术语和定义适用于本标准。

3.1　啤酒企业

指以麦芽为主要原料，经糖化、发酵、过滤、灌装等工艺生产啤酒的企业。

3.2　麦芽企业

指以大麦为原料，经浸麦、发芽、干燥、除根等工艺生产啤酒麦芽的企业。

3.3　单位产品污染物排放量

指在生产过程中，每生产 1 000 L 啤酒或 1 t 麦芽，直接由生产工艺排出的污染物量，以 kg/kl 或 kg/t 计。

3.4　约当产量

指当月啤酒实际产量根据在制品（本期酿造未灌装或前期酒液本月灌装）数量调整以后的产量。

3.5　现有企业与新建企业

现有企业是指 2006 年 1 月 1 日前已投入生产和批准环境影响报告书的啤酒生产企业和麦芽生产企业。

新建企业是指 2006 年 1 月 1 日起新建、扩建、改建的啤酒生产企业和麦芽生产企业。

4　技术内容

4.1　啤酒工业废水无论处理与否均不得排入《地表水环境质量标准》（GB 3838）中规定的 Ⅰ、Ⅱ 类水域和Ⅲ类水域的饮用水源保护区和游泳区，不得排入《海水水质标准》（GB 3097）中规定的一类海域的海洋渔业水域、海洋自然保护区。

4.2　排入建有并投入运营的二级污水处理厂的城镇排水系统的啤酒工业废水，执行表 1 预处理标准的规定。

4.3　处理后排入自然水体的啤酒工业废水，执行表 1 排放标准的规定。

4.4　标准值。

自 2006 年 1 月 1 日起，新建企业的废水排放执行表 1 的排放限值。

自 2006 年 1 月 1 日起至 2008 年 4 月 30 日止，现有企业的废水排放仍执行 GB 8978—1996 的规定，自 2008 年 5 月 1 日起，现有企业的废水排放执行表 1 的排放限值。

表 1   啤酒生产企业水污染物排放最高允许限值

项目	单位	工业类别			
		啤酒企业		麦芽企业	
		预处理标准	排放标准	预处理标准	排放标准
COD_{Cr}	浓度标准值/（mg/L）	500	80	500	80
	单位产品污染物排放量*	—	0.56	—	0.4
BOD_5	浓度标准值/（mg/L）	300	20	300	20
	单位产品污染物排放量*	—	0.14	—	0.1
SS	浓度标准值/（mg/L）	400	70	400	70
	单位产品污染物排放量*	—	0.49	—	0.35
氨氮	浓度标准值/（mg/L）		15		15
	单位产品污染物排放量*		0.105		0.075
总磷	浓度标准值/（mg/L）		3		3
	单位产品污染物排放量*		0.021		0.015
pH 值		6~9	6~9	6~9	6~9

注：* 对于啤酒企业，单位为 kg/kl；对于麦芽企业，单位为 kg/t。

4.5   监测。

4.5.1   采样点设在企业废水排放口，在排放口必须设置排放口标志。废水水量计量装置和 pH 值、COD 水质指标应安装连续自动监测装置。监测数据应即时传输给当地环保部门。

4.5.2   采样频率按每 4 h 采集一次，一日采样 6 次。

4.5.3   污染物排放浓度以日均值计。单位产品污染物排放量以月计。

4.5.4   监测分析方法按表 2 或国家环境保护总局认定的替代方法、等效方法执行。

4.6   啤酒工业企业生产过程中产生的废渣以及污水处理过程中产生的污泥，有条件再利用的，必须由企业回收利用或送有能力利用的企业回收再利用；无条件再利用的，必须由企业进行无害化处理或送到有处理能力的专业处理处置单位集中无害化处理。废渣和污泥的回收利用不得造成二次污染。无害化处理必须符合《一般工业固体废物贮存、处置场污染控制标准》（GB 18599）的要求。

4.7   啤酒工业企业大气污染物和噪声排放执行《锅炉大气污染物排放标准》（GB 13271）和《工业企业厂界噪声标准》（GB 12348）的要求。

表 2   水污染物监测分析方法

序号	控制项目	测定方法	方法来源
1	化学需氧量（COD_{Cr}）	重铬酸钾法	GB 11914
2	生化需氧量（BOD_5）	稀释与接种法	GB 7488
3	悬浮物（SS）	重量法	GB 11901

序号	控制项目	测定方法	方法来源
4	pH 值	玻璃电极法	GB 6920
5	氨氮	蒸馏和滴定法	GB 7478
		纳氏试剂比色法	GB 7479
6	总磷	钼酸铵分光光度法	GB 11893

5 标准的实施与监督

5.1 本标准自 2006 年 1 月 1 日起实施。

5.2 本标准由县级以上人民政府环境保护行政主管部门负责监督实施。

5.3 当执行本标准仍不能满足当地环境保护需要，并造成环境污染损害时，可以制定更严格的地方污染物排放标准，啤酒工业企业应执行地方污染物排放标准。

中华人民共和国国家标准

医疗机构水污染物排放标准

Discharge standard of water pollutants for medical organization

GB 18466—2005
代替 GB 18466—2001
部分代替 GB 8978—1996

前 言

为贯彻《中华人民共和国环境保护法》、《中华人民共和国水污染防治法》、《中华人民共和国海洋环境保护法》、《中华人民共和国大气污染防治法》、《中华人民共和国传染病防治法》，加强对医疗机构污水、污水处理站废气、污泥排放的控制和管理，预防和控制传染病的发生和流行，保障人体健康，维护良好的生态环境，制定本标准。

本标准规定了医疗机构污水及污水处理站产生的废气和污泥的污染物控制项目及其排放限值、处理工艺与消毒要求、取样与监测和标准的实施与监督等。

本标准自实施之日起，代替《污水综合排放标准》（GB 8978—1996）中有关医疗机构水污染物排放标准部分，并取代《医疗机构污水排放要求》（GB 18466—2001）。新、扩、改建医疗机构自本标准实施之日起按本标准实施管理，现有医疗机构在 2007 年 12 月 31 日前达到本标准要求。

本标准的附录 A、附录 B、附录 C、附录 D、附录 E 和附录 F 为规范性附录。

本标准为首次发布。

本标准由国家环境保护总局科技标准司提出并归口。

本标准委托北京市环境保护科学研究院和中国疾病预防控制中心起草。

本标准由国家环境保护总局 2005 年 7 月 27 日批准。

本标准 2006 年 1 月 1 日起实施。

本标准由国家环境保护总局负责解释。

1 范围

本标准规定了医疗机构污水、污水处理站产生的废气、污泥的污染物控制项目及其排放和控制限值、处理工艺和消毒要求、取样与监测和标准的实施与监督。

本标准适用于医疗机构污水、污水处理站产生污泥及废气排放的控制，医疗机构建设项目的环境影响评价、环境保护设施设计、竣工验收及验收后的排放管理。当医疗机构的办公区、非医疗生活区等污水与病区污水合流收集时，其综合污水排放均执行本标准。建有分流污水收集系统的医疗机构，其非病区生活区污水排放执行 GB 8978 的相关规定。

2　规范性引用文件

下列标准和本标准表5、表6所列分析方法标准及规范所含条文在本标准中被引用即构成为本标准的条文，与本标准同效。当上述标准和规范被修订时，应使用其最新版本。

GB 8978　　污水综合排放标准

GB 3838　　地表水环境质量标准

GB 3097　　海水水质标准

GB 16297　　大气污染物综合排放标准

HJ/T 55　　大气污染物无组织排放监测技术导则

HJ/T 91　　地表水和污水检测技术规范

3　术语和定义

本标准采用下列定义。

3.1　医疗机构　medical organization

指从事疾病诊断、治疗活动的医院、卫生院、疗养院、门诊部、诊所、卫生急救站等。

3.2　医疗机构污水　medical organization wastewater

指医疗机构门诊、病房、手术室、各类检验室、病理解剖室、放射室、洗衣房、太平间等处排出的诊疗、生活及粪便污水。当医疗机构其他污水与上述污水混合排出时一律视为医疗机构污水。

3.3　污泥　sludge

指医疗机构污水处理过程中产生的栅渣、沉淀污泥和化粪池污泥。

3.4　废气　waste gas

指医疗机构污水处理过程中产生的有害气体。

4　技术内容

4.1　污水排放要求

4.1.1　传染病和结核病医疗机构污水排放一律执行表1的规定。

4.1.2　县级及县级以上或20张床位及以上的综合医疗机构和其他医疗机构污水排放执行表2的规定。直接或间接排入地表水体和海域的污水执行排放标准，排入终端已建有正常运行城镇二级污水处理厂的下水道的污水，执行预处理标准。

4.1.3　县级以下或20张床位以下的综合医疗机构和其他所有医疗机构污水经消毒处理后方可排放。

表 1 传染病、结核病医疗机构水污染物排放限值（日均值）

序号	控制项目	标准值
1	粪大肠菌群数/（MPN/L）	100
2	肠道致病菌	不得检出
3	肠道病毒	不得检出
4	结核杆菌	不得检出
5	pH	6～9
6	化学需氧量（COD） 　　浓度/（mg/L） 　　最高允许排放负荷/[g/（床位·d）]	 60 60
7	生化需氧量（BOD） 　　浓度/（mg/L） 　　最高允许排放负荷/[g/（床位·d）]	 20 20
8	悬浮物（SS） 　　浓度/（mg/L） 　　最高允许排放负荷/[g/（床位·d）]	 20 20
9	氨氮/（mg/L）	15
10	动植物油/（mg/L）	5
11	石油类/（mg/L）	5
12	阴离子表面活性剂/（mg/L）	5
13	色度/（稀释倍数）	30
14	挥发酚/（mg/L）	0.5
15	总氰化物/（mg/L）	0.5
16	总汞/（mg/L）	0.05
17	总镉/（mg/L）	0.1
18	总铬/（mg/L）	1.5
19	六价铬/（mg/L）	0.5
20	总砷/（mg/L）	0.5
21	总铅/（mg/L）	1.0
22	总银/（mg/L）	0.5
23	总α/（Bq/L）	1
24	总β/（Bq/L）	10
25	总余氯 [1]，[2]/（mg/L） （直接排入水体的要求）	0.5

注：1）采用含氯消毒剂消毒的工艺控制要求为：消毒接触池的接触时间≥1.5 h，接触池出口总余氯
6.5～10 mg/L。

2）采用其他消毒剂对总余氯不作要求。

表 2 综合医疗机构和其他医疗机构水污染物排放限值（日均值）

序号	控制项目	排放标准	预处理标准
1	粪大肠菌群数/（MPN/L）	500	5 000
2	肠道致病菌	不得检出	—
3	肠道病毒	不得检出	—
4	pH 值	6～9	6～9
5	化学需氧量（COD） 　　浓度/（mg/L） 　　最高允许排放负荷/[g/（床位·d）]	 60 60	 250 250

序号	控制项目	排放标准	预处理标准
6	生化需氧量（BOD） 浓度/（mg/L） 最高允许排放负荷/[g/（床位·d）]	20 20	100 100
7	悬浮物（SS） 浓度/（mg/L） 最高允许排放负荷/[g/（床位·d）]	20 20	60 60
8	氨氮/（mg/L）	15	—
9	动植物油/（mg/L）	5	20
10	石油类/（mg/L）	5	20
11	阴离子表面活性剂/（mg/L）	5	10
12	色度/（稀释倍数）	30	—
13	挥发酚/（mg/L）	0.5	1.0
14	总氰化物/（mg/L）	0.5	0.5
15	总汞/（mg/L）	0.05	0.05
16	总镉/（mg/L）	0.1	0.1
17	总铬/（mg/L）	1.5	1.5
18	六价铬/（mg/L）	0.5	0.5
19	总砷/（mg/L）	0.5	0.5
20	总铅/（mg/L）	1.0	1.0
21	总银/（mg/L）	0.5	0.5
22	总α/（Bq/L）	1	1
23	总β/（Bq/L）	10	10
24	总余氯[1,2]/（mg/L）	0.5	—

注：1）采用含氯消毒剂消毒的工艺控制要求为：
　　排放标准：消毒接触池接触时间≥1 h，接触池出口总余氯3～10 mg/L。
　　预处理标准：消毒接触池接触时间≥1 h，接触池出口总余氯2～8 mg/L。
　　2）采用其他消毒剂对总余氯不作要求。

4.1.4　禁止向 GB 3838 Ⅰ、Ⅱ类水域和Ⅲ类水域的饮用水保护区和游泳区，GB 3097 一、二类海域直接排放医疗机构污水。

4.1.5　带传染病房的综合医疗机构，应将传染病房污水与非传染病房污水分开。传染病房的污水、粪便经过消毒后方可与其他污水合并处理。

4.1.6　采用含氯消毒剂进行消毒的医疗机构污水，若直接排入地表水体和海域，应进行脱氯处理，使总余氯小于 0.5 mg/L。

4.2　废气排放要求

4.2.1　污水处理站排出的废气应进行除臭除味处理，保证污水处理站周边空气中污染物达到表 3 要求。

表3　污水处理站周边大气污染物最高允许浓度

序号	控制项目	标准值
1	氨/（mg/m³）	1.0
2	硫化氢/（mg/m³）	0.03
3	臭气浓度/（无量纲）	10
4	氯气/（mg/m³）	0.1
5	甲烷（指处理站内最高体积分数/%）	1

4.2.2 传染病和结核病医疗机构应对污水处理站排出的废气进行消毒处理。

4.3 污泥控制与处置

4.3.1 栅渣、化粪池和污水处理站污泥属危险废物，应按危险废物进行处理和处置。

4.3.2 污泥清掏前应进行监测，达到表4要求。

表4 医疗机构污泥控制标准

医疗机构类别	粪大肠菌群数/（MPN/g）	肠道致病菌	肠道病毒	结核杆菌	蛔虫卵死亡率/%
传染病医疗机构	≤100	不得检出	不得检出	—	>95
结核病医疗机构	≤100	—	—	不得检出	>95
综合医疗机构和其他医疗机构	≤100	—	—	—	>95

5 处理工艺与消毒要求

5.1 医疗机构病区和非病区的污水，传染病区和非传染病区的污水应分流，不得将固体传染性废物、各种化学废液弃置和倾倒排入下水道。

5.2 传染病医疗机构和综合医疗机构的传染病房应设专用化粪池，收集经消毒处理后的粪便排泄物等传染性废物。

5.3 化粪池应按最高日排水量设计，停留时间为24~36 h。清掏周期为180~360 d。

5.4 医疗机构的各种特殊排水应单独收集并进行处理后，再排入医院污水处理站。

5.4.1 低放射性废水应经衰变池处理。

5.4.2 洗相室废液应回收银，并对废液进行处理。

5.4.3 口腔科含汞废水应进行除汞处理。

5.4.4 检验室废水应根据使用化学品的性质单独收集，单独处理。

5.4.5 含油废水应设置隔油池处理。

5.5 传染病医疗机构和结核病医疗机构污水处理宜采用二级处理+消毒工艺或深度处理+消毒工艺。

5.6 综合医疗机构污水排放执行排放标准时，宜采用二级处理+消毒工艺或深度处理+消毒工艺；执行预处理标准时宜采用一级处理或一级强化处理+消毒工艺。

5.7 消毒剂应根据技术经济分析选用，通常使用的有：二氧化氯、次氯酸钠、液氯、紫外线和臭氧等。采用含氯消毒剂时按表1、表2要求设计。

5.7.1 采用紫外线消毒，污水悬浮物浓度应小于10 mg/L，照射剂量30~40 mJ/cm²，照射接触时间应大于10 s或由试验确定。

5.7.2 采用臭氧消毒，污水悬浮物浓度应小于20 mg/L，臭氧用量应大于10 mg/L，接触时间应大于12 min或由试验确定。

6 取样与监测

6.1 污水取样与监测

6.1.1 应按规定设置科室处理设施排出口和单位污水外排口，并设置排放口标志。

6.1.2 表1第16~22项，表2第15~21项在科室处理设施排出口取样，总α、总β

在衰变池出口取样监测。其他污染物的采样点一律设在排污单位的外排口。

医疗机构污水外排口处应设污水计量装置，并宜设污水比例采样器和在线监测设备。

6.1.3 监测频率

6.1.3.1 粪大肠菌群数每月监测不得少于 1 次。采用含氯消毒剂消毒时，接触池出口总余氯每日监测不得少于 2 次（采用间歇式消毒处理的，每次排放前监测）。

6.1.3.2 肠道致病菌主要监测沙门氏菌、志贺氏菌。沙门氏菌的监测，每季度不少于 1 次；志贺氏菌的监测，每年不少于 2 次。其他致病菌和肠道病毒按 6.1.3.3 规定进行监测。结核病医疗机构根据需要监测结核杆菌。

6.1.3.3 收治了传染病病人的医院应加强对肠道致病菌和肠道病毒的监测。同时收治的感染上同一种肠道致病菌或肠道病毒的甲类传染病病人数超过 5 人或乙类传染病病人数超过 10 人或丙类传染病病人数超过 20 人时，应及时监测该种传染病病原体。

6.1.3.4 理化指标监测频率：pH 每日监测不少于 2 次，COD 和 SS 每周监测 1 次，其他污染物每季度监测不少于 1 次。

6.1.3.5 采样频率：每 4 小时采样 1 次，一日至少采样 3 次，测定结果以日均值计。

6.1.4 监督性监测按 HJ/T 91 执行。

6.1.5 监测分析方法按表 5 和附录执行。

6.1.6 污染物单位排放负荷计算见附录 F。

表5 水污染物监测分析方法

序号	控制项目	测定方法	测定下限/（mg/L）	方法来源
1	粪大肠菌群数	多管发酵法		附录 A
2	沙门氏菌			附录 B
3	志贺氏菌			附录 C
4	结核杆菌			附录 E
5	总余氯	N，N—二乙基—1,4—苯二胺分光光度法		GB 11898
		N，N—二乙基—1,4—苯二胺滴定法		GB 11897
6	化学需氧量（COD）	重铬酸盐法	30	GB 11914
7	生化需氧量（BOD）	稀释与接种法	2	GB 7488
8	悬浮物（SS）	重量法		GB 11901
9	氨氮	蒸馏和滴定法	0.2	GB 7478
		比色法	0.05	GB 7479
10	动植物油	红外光度法	0.1	GB/T 16488
11	石油类	红外光度法	0.1	GB/T 16488
12	阴离子表面活性剂	亚甲蓝分光光度法	0.05	GB 7494
13	色度	稀释倍数法		GB 11903
14	pH 值	玻璃电极法		GB 6920
15	总汞	冷吸收分光光度法	0.000 1	GB 7468
		双硫腙分光光度法	0.002	GB 7469
16	挥发酚	蒸馏后 4—氨基安替比林分光光度法	0.002	GB 7490
17	总氰化物	硝酸银滴定法	0.25	GB 7486
		异烟酸—吡唑啉酮比色法	0.004	GB 7486
		吡啶—巴比妥酸比色法	0.002	GB 7486

序号	控制项目	测定方法	测定下限/（mg/L）	方法来源
18	总镉	原子吸收分光光度法（螯合萃取法）	0.001	GB 7475
		双硫腙分光光度法	0.001	GB 7471
19	总铬	高锰酸钾氧化—二苯碳酰二肼分光光度法	0.004	GB 7466
20	六价铬	二苯碳酰二肼分光光度法	0.004	GB 7467
21	总砷	二乙基二硫代氨基甲酸银分光光度法	0.007	GB 7485
22	总铅	原子吸收分光光度法（螯合萃取法）	0.01	GB 7475
		双硫腙分光光度法	0.01	GB 7470
23	总银	原子吸收分光光度法	0.03	GB/T 1555.2
		镉试剂 2B 分光光度法	0.01	GB 11908
24	总α	厚源法	0.05Bq/L	EJ/T 1075
25	总β	蒸发法		EJ/T 900

6.2 大气取样与监测

6.2.1 污水处理站大气监测点的布置方法与采样方法按 GB 16297 中附录 C 和 HJ/T 55 的有关规定执行。

6.2.2 采样频率，每 2 h 采样一次，共采集 4 次，取其最大测定值。每季度监测一次。

6.2.3 监测分析方法按表 6 执行。

表 6 大气污染物监测分析方法

序号	控制项目	测定方法	方法来源
1	氨	次氯酸钠—水杨酸分光光度法	GB/T 14679
2	硫化氢	气相色谱法	GB/T 14678
3	臭气浓度（无量纲）	三点比较式臭袋法	GB/T 14675
4	氯气	甲基橙分光光度法	HJ/T 30
5	甲烷	气相色谱法	CJ/T 3037

6.3 污泥取样与监测

6.3.1 取样方法，采用多点取样，样品应有代表性，样品重量不小于 1 kg。清掏前监测。

6.3.2 监测分析方法见附录 A、附录 B、附录 C、附录 D 和附录 E。

7 标准的实施与监督

7.1 本标准由县级以上人民政府环境保护行政主管部门负责监督实施。

7.2 省、自治区、直辖市人民政府对执行本标准不能达到本地区环境功能要求时，可以根据总量控制要求和环境影响评价结果制定严于本标准的地方污染物排放标准。

附录 A（规范性附录）

医疗机构污水和污泥中粪大肠菌群的检验方法

A.1 仪器和设备

A.1.1 高压蒸汽灭菌器。

A.1.2 干燥灭菌箱。

A.1.3 培养箱：37℃。

A.1.4 恒温水浴箱。

A.1.5 电炉。

A.1.6 天平。

A.1.7 灭菌平皿。

A.1.8 灭菌刻度吸管。

A.1.9 酒精灯。

A.2 培养基和试剂

A.2.1 乳糖胆盐培养液

A.2.1.1 成分

蛋白胨	20 g
猪胆盐（或牛、羊胆盐）	5 g
乳糖	5 g
0.4%溴甲酚紫水溶液	2.5 ml
蒸馏水	1 000 ml

A.2.1.2 制法

将蛋白胨、猪胆盐及乳糖溶解于 1 000 ml 蒸馏水中，调整 pH 到 7.4，加入指示剂，充分混匀，分装于内有倒管的试管中。115℃灭菌 20 min。贮存于冷暗处备用。

A.2.2 三倍浓度乳糖胆盐培养液

A.2.2.1 成分

蛋白胨	60 g
猪胆盐（或牛、羊胆盐）	15 g
乳糖	15 g
0.4%溴甲酚紫水溶液	7.5 ml
蒸馏水	1 000 ml

A.2.2.2 制法

制法同附录 A.2.1.2。

A.2.3 伊红亚甲基蓝培养基（EMB 培养基）

A.2.3.1 成分

蛋白胨	10 g
乳糖	10 g
磷酸氢二钾	2 g
琼脂	20 g
2%伊红水溶液	20 ml
0.5%美蓝水溶液	13 ml
蒸馏水	1 000 ml

A.2.3.2 制法

将琼脂加到 900 ml 蒸馏水中，加热溶解，然后加入磷酸氢二钾和蛋白胨，混匀使溶解，再加入蒸馏水补足至 1 000 ml，调整 pH 至 7.2～7.4。趁热用脱脂棉和纱布过滤，再加入乳糖，混匀，定量分装于烧瓶内，115℃灭菌 20 min。作为储备培养基贮存于冷暗处备用。

临用时，加热融化储备培养基，待冷至 60℃左右，根据烧瓶内培养基的容量，加入一定量的已灭菌的 2%伊红水溶液和 0.5%美蓝水溶液，充分摇匀（防止产生气泡）。倾注平皿备用。

A.2.4 乳糖蛋白胨培养液

A.2.4.1 成分

蛋白胨	10 g
牛肉膏	3 g
乳糖	5 g
氯化钠	5 g
1.6%溴甲酚紫乙醇溶液	1 ml
蒸馏水	1 000 ml

A.2.4.2 制法

将蛋白胨、牛肉膏、乳糖及氯化钠加热溶解于 1 000 ml 蒸馏水中，调整 pH 到 7.2～7.4，加入 1.6%溴甲酚紫乙醇溶液 1 ml，充分混匀，分装于内有倒管的试管中。115℃灭菌 20 min。贮存于冷暗处备用。

A.2.5 革兰氏染色液

A.2.5.1 结晶紫染色液

结晶紫	1 g
95%乙醇溶液	20 ml
1%草酸铵水溶液	1 000 ml

将结晶紫溶于乙醇中，然后与草酸铵水溶液混合。

A.2.5.2 革兰氏碘液

碘	1 g
碘化钾	2 g
蒸馏水	300 ml

将碘与碘化钾混合,加入蒸馏水少许,充分摇匀,待完全溶解,再加入蒸馏水至300 ml。

A.2.5.3 脱色液

95%乙醇。

A.2.5.4 沙黄复染液

沙黄	1 g
95%乙醇	2 g
蒸馏水	90 ml

将沙黄溶于95%乙醇中,然后用蒸馏水稀释。

A.2.6 染色法

染色的基本步骤为:1)涂片:在载玻片上滴加一滴生理盐水,用灭菌的接种环取菌落少许,与生理盐水混匀,涂布成薄膜;2)干燥:在室温中使自然干燥;3)固定:将涂片迅速通过火焰 2~3 次,以载玻片反面接触皮肤,热而不烫为度;4)染色:滴加结晶紫染色液,染色 1 min,水洗;5)媒染:滴加革兰氏碘液,作用 1 min,水洗;6)脱色:滴加 95%乙醇脱色,约 30 s,水洗;7)复染:滴加复染液,复染 1 min,水洗。

革兰氏阳性菌染色后呈紫色,革兰氏阴性菌染色后呈红色。

注:亦可用 1:10 稀释的石碳酸复红染色液作复染剂,复染时间为 10 s。

A.3 检验程序

检验程序见图 A.1。

A.4 操作步骤

A.4.1 样品准备

A.4.1.1 污水

污水样品应至少取 200 ml,使用前应充分混匀。

根据预计的污水样品中粪大肠菌群数确定污水样品接种量。粪大肠菌群数量相对较少的接种量一般为 10 ml、1 ml、0.1 ml。粪大肠菌群数较多时接种量为 1 ml、0.1 ml、0.01 ml 或 0.1 ml、0.01 ml、0.001 ml 等。

接种量少于 1 ml 时,水样应制成稀释样品后供发酵试验使用。接种量为 0.1 ml、0.01 ml 时,取稀释比分别为 1:10、1:100。其他接种量的稀释比依此类推。

1:10 稀释样品的制作方法为:吸取 1 ml 水样,注入到盛有 9 ml 灭菌水的试管中,混匀,制成 1:10 稀释样品。因此,取 1 ml 1:10 稀释样品,等于取 0.1 ml 污水样品。其他稀释比的稀释样品同法制作。

注 1:若样品为经过氯消毒的污水,应在采样后立即用 5%硫代硫酸钠溶液充分中和余氯。

A.4.1.2 污泥

污泥样品应至少取 200 g,使用前应充分混匀。

根据预计的污泥样品中粪大肠菌群数量确定污泥样品接种量。粪大肠菌群数量相对较少的污泥样品接种量一般为 0.1 g、0.01 g、0.001 g。粪大肠菌群数量较多时接种量为 0.01 g、0.001 g、0.000 1 g 或 0.001 g、0.000 1 g、0.000 01 g 等。

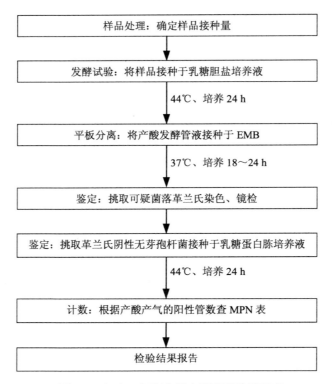

图 A.1 污水、污泥中粪大肠菌群检验程序

污泥样品应制成稀释样品后供发酵试验使用。接种量 0.1 g、0.01 g、0.001 g 的稀释样品制作方法如下：取 20 g 污泥样品，加入到三角烧瓶中，加灭菌水使成 200 ml，混匀，制成 1∶10 稀释样品。吸取 1∶10 稀释样品 1 ml，注入到盛有 9 ml 灭菌水的试管中，混匀，制成 1∶100 稀释样品。按同法制成 1∶1 000 稀释样品。接种 1 ml 1∶10、1∶100、1∶1 000 稀释样品等于接种 0.1 g、0.01 g、0.001 g 污泥样品。

注 1：若样品为经过氯消毒的污泥，应在采样后立即用 5%硫代硫酸钠溶液充分中和余氯。

A.4.2 发酵试验

将样品接种于装有乳糖胆盐培养液的试管（内有小倒管）中，44℃培养 24 h。样品接种体积以及管内乳糖胆盐培养液的浓度与体积根据以下条件确定：

样品为污水时，取三个接种量、每个接种量的样品分别接种于 5 个试管内，共需 15 个试管。试管内乳糖胆盐培养液的浓度与体积应根据接种量确定。若接种量为 10 ml，吸取 10 ml 样品接种于装有 5 ml 三倍浓度乳糖胆盐培养液的试管内；若接种量为 1 ml 时，吸取 1 ml 样品接种于装有 10 ml 普通浓度乳糖胆盐培养液的试管内；若接种量少于 1 ml 时，吸取 1 ml 稀释样品接种于装有 10 ml 普通浓度乳糖胆盐培养液的试管内。

样品为污泥时，取三个接种量、每个接种量的稀释样品分别接种于 3 个试管内，共需 9 个试管。9 个试管中，各装有 10 ml 乳糖胆盐培养液。各个试管接种稀释样品体积均为 1 ml。

A.4.3 平板分离

大肠杆菌分解乳糖产酸时培养液变色、产气时小倒管内出现气泡。经 24 h 培养后，将产酸的试管内培养液分别划线接种于 EMB 培养基上。置于 37℃培养箱中，培养 18～24 h。

A.4.4 鉴定

挑选可疑粪大肠菌群菌落，进行革兰氏染色和镜检。可疑菌落有：1) 深紫黑色，具有金属光泽的菌落；2) 紫黑色，不带或略带金屑光泽的菌落；3) 淡紫红色，中心色较深的菌落。

上述涂片镜检的菌落如为革兰氏阴性无芽孢杆菌，则挑取上述典型菌落 1～3 个接种于盛有 5 ml 乳糖蛋白胨培养液倒管和倒管的试管内，置于 44℃培养箱中培养 24 h。产酸产气试管为粪大肠菌群阳性管。

A.5 计数

根据证实有粪大肠菌群存在的阳性管数，查表 A.1 或表 A.2 可得 100 ml 污水或 1 g 污泥中粪大肠菌群 MPN 值。

由于表 A.1 和表 A.2 是按一定的三个 10 倍浓度差接种量设计的（污水接种量为 10 ml、1 ml 和 0.1 ml，污泥接种量为 0.1 g、0.01 g 和 0.001 g），当采用其他三个 10 倍浓度差接种量时，需要修正表内 MPN 值，具体方法如下：

表内所列污水（污泥）最大接种量增加 10 倍时表内 MPN 值相应降低 10 倍；污水（污泥）最大接种量减少 10 倍时表内 MPN 值相应增加 10 倍。如污水接种量改为 1 ml、0.1 ml 和 0.01 ml 时，表 A.1 内 MPN 值相应增加 10 倍。其他的三个 10 倍浓度差接种量的 MPN 值相应类推。

由于表 A.1 内 MPN 值的单位为每 100 ml 污水样品中 MPN 值，而污水以 1 L 为报告单位，因此，需将查表 A.1 得到的 MPN 值乘上 10，换算成 1 L 污水样品中的 MPN 值。

表 A.1　污水中粪大肠菌群最可能数（MPN）检索表

（污水样品接种量为 5 份 10 ml 水样，5 份 1 ml 水样和 5 份 0.1 ml 水样）

阳性管数			每 100 ml 水样中 MPN	阳性管数			每 100 ml 水样中 MPN	阳性管数			每 100 ml 水样中 MPN
接种 10 ml 水样	接种 1 ml 水样	接种 0.1 ml 水样		接种 10 ml 水样	接种 1 ml 水样	接种 0.1 ml 水样		接种 10 ml 水样	接种 1 ml 水样	接种 0.1 ml 水样	
0	0	0	0	2	0	0	5	4	0	0	13
0	0	1	2	2	0	1	7	4	0	1	17
0	0	2	4	2	0	2	9	4	0	2	21
0	0	3	5	2	0	3	12	4	0	3	25
0	0	4	7	2	0	4	14	4	0	4	30
0	0	5	9	2	0	5	16	4	0	5	36
0	1	0	2	2	1	0	7	4	1	0	17
0	1	1	4	2	1	1	9	4	1	1	21
0	1	2	6	2	1	2	12	4	1	2	26
0	1	3	7	2	1	3	14	1	1	3	31
0	1	4	9	2	1	4	17	4	1	4	36
0	1	5	11	2	1	5	19	4	1	5	42
0	2	0	4	2	2	0	9	4	2	0	22

阳性管数			每100 ml水样中MPN	阳性管数			每100 ml水样中MPN	阳性管数			每100 ml水样中MPN
接种10 ml水样	接种1 ml水样	接种0.1 ml水样		接种10 ml水样	接种1 ml水样	接种0.1 ml水样		接种10 ml水样	接种1 ml水样	接种0.1 ml水样	
0	2	1	6	2	2	1	12	4	2	1	26
0	2	2	7	2	2	2	14	4	2	2	32
0	2	3	9	2	2	3	17	4	2	3	38
0	2	4	11	2	2	4	19	4	2	4	44
0	2	5	13	2	2	5	22	4	2	5	50
0	3	0	6	2	3	0	12	4	3	0	27
0	3	1	7	2	3	1	14	4	3	1	33
0	3	2	9	2	3	2	17	4	3	2	39
0	3	3	11	2	3	3	20	4	3	3	45
0	3	4	13	2	3	4	22	4	3	4	52
0	3	5	15	2	3	5	25	4	3	5	59
0	4	0	8	2	4	0	15	4	4	0	34
0	4	1	9	2	4	1	17	4	4	1	40
0	4	2	11	2	4	2	20	4	4	2	47
0	4	3	13	2	4	3	23	4	4	3	54
0	4	4	15	2	4	4	25	4	4	4	62
0	4	5	17	2	4	5	28	4	4	5	69
0	5	0	9	2	5	0	17	4	5	0	41
0	5	1	11	2	5	1	20	4	5	1	48
0	5	2	13	2	5	2	23	4	5	2	56
0	5	3	15	2	5	3	26	4	5	3	64
0	5	4	17	2	5	4	29	4	5	4	72
0	5	5	19	2	5	5	32	4	5	5	81
1	0	0	2	3	0	0	8	5	0	0	23
1	0	1	4	3	0	1	11	5	0	1	31
1	0	2	6	3	0	2	13	5	0	2	43
1	0	3	8	3	0	3	16	5	0	3	58
1	0	4	10	3	0	4	20	5	0	4	76
1	0	5	12	3	0	5	23	5	0	5	95
1	1	0	4	3	1	0	11	5	1	0	33
1	1	1	6	3	1	1	14	5	1	1	46
1	1	2	8	3	1	2	17	5	1	2	63
1	1	3	10	3	1	3	20	5	1	3	84
1	1	4	12	3	1	4	23	5	1	4	110
1	1	5	14	3	1	5	27	5	1	5	130
1	2	0	6	3	2	0	14	5	2	0	49
1	2	1	8	3	2	1	17	5	2	1	70
1	2	2	10	3	2	2	20	5	2	2	94
1	2	3	12	3	2	3	24	5	2	3	120
1	2	4	15	3	2	4	27	5	2	4	150

阳性管数			每100 ml水样中MPN	阳性管数			每100 ml水样中MPN	阳性管数			每100 ml水样中MPN
接种10 ml水样	接种1 ml水样	接种0.1 ml水样		接种10 ml水样	接种1 ml水样	接种0.1 ml水样		接种10 ml水样	接种1 ml水样	接种0.1 ml水样	
1	2	5	17	3	2	5	31	5	2	5	180
1	3	0	8	3	3	0	17	5	3	0	79
1	3	1	10	3	3	1	21	5	3	1	110
1	3	2	12	3	3	2	24	5	3	2	140
1	3	3	15	3	3	3	28	5	3	3	180
1	3	4	17	3	3	4	32	5	3	4	210
1	3	5	19	3	3	5	36	5	3	5	250
1	4	0	11	3	4	0	21	5	4	0	130
1	4	1	13	3	4	1	24	5	4	1	170
1	4	2	15	3	4	2	28	5	4	2	220
1	4	3	17	3	4	3	32	5	4	3	280
1	4	4	19	3	4	4	36	5	4	4	350
1	4	5	22	3	4	5	40	5	4	5	430
1	5	0	13	3	5	0	25	5	5	0	240
1	5	1	15	3	5	1	29	5	5	1	350
1	5	2	17	3	5	2	32	5	5	2	540
1	5	3	19	3	5	3	37	5	5	3	920
1	5	4	22	3	5	4	41	5	5	4	1 600
1	5	5	24	3	5	5	45	5	5	5	>1 600

表A.2 污泥中粪大肠菌群最可能数（MPN）检索表

（污泥样品接种量为3份0.1 g泥样，3份0.01 g泥样和3份0.001 g泥样）

阳性管数			每1 g泥样中MPN	阳性管数			每1 g泥样中MPN	阳性管数			每1 g泥样中MPN
接种0.1 g污样管	接种0.01 g污样管	接种0.001 g污样管		接种0.1 g污样管	接种0.01 g污样管	接种0.001 g污样管		接种0.1 g污样管	接种0.01 g污样管	接种0.001 g污样管	
0	0	0	<3	1	2	0	11	3	0	0	23
0	0	1	3	1	2	1	15	3	0	1	39
0	0	2	6	1	2	2	20	3	0	2	64
0	0	3	9	1	2	3	24	3	0	3	95
0	1	0	3	1	3	0	16	3	1	0	43
0	1	1	6.1	1	3	1	20	3	1	1	75
0	1	2	9.2	1	3	2	24	3	1	2	120
0	1	3	12	1	3	3	29	3	1	3	160
0	2	0	6.2	2	0	0	9.1	3	2	0	93
0	2	1	9.3	2	0	1	14	3	2	1	150
0	2	2	12	2	0	2	20	3	2	2	210
0	2	3	16	2	0	3	26	3	2	3	290
0	3	0	9.4	2	1	0	15	3	3	0	240
0	3	1	13	2	1	1	20	3	3	1	460

阳性管数			每 1 g 泥样中 MPN	阳性管数			每 1 g 泥样中 MPN	阳性管数			每 1 g 泥样中 MPN
接种 0.1 g 污样管	接种 0.01 g 污样管	接种 0.001 g 污样管		接种 0.1 g 污样管	接种 0.01 g 污样管	接种 0.001 g 污样管		接种 0.1 g 污样管	接种 0.01 g 污样管	接种 0.001 g 污样管	
0	3	2	16	2	1	2	27	3	3	2	1 100
0	3	3	19	2	1	3	34	3	3	3	>1 100
1	0	0	3.6	2	2	0	21				
1	0	1	7.2	2	2	1	28				
1	0	2	11	2	2	2	35				
1	0	3	15	2	2	3	42				
1	1	0	7.3	2	3	0	29				
1	1	1	11	2	3	1	36				
1	1	2	15	2	3	2	44				
1	1	3	19	2	3	3	53				

A.6 检验结果报告

根据粪大肠菌群 MPN 值，报告 1 L 污水或 1 g 污泥样品中粪大肠菌群 MPN 值。

附录 B（规范性附录）

医疗机构污水和污泥中沙门氏菌的检验方法

B.1 仪器和设备

B.1.1 高压蒸汽灭菌器。

B.1.2 干燥灭菌箱。

B.1.3 培养箱。

B.1.4 恒温水浴箱。

B.1.5 电炉。

B.1.6 天平。

B.1.7 灭菌平皿。

B.1.8 灭菌刻度吸管。

B.1.9 酒精灯。

B.2 培养基和试剂

B.2.1 亚硒酸盐增菌液（SF 增菌液）

B.2.1.1 成分

胰蛋白胨（或多价胨）	10 g
磷酸氢二钠（Na_2HPO_3）	16 g
磷酸二氢钠（NaH_2PO_3）	2.5 g
乳糖	4 g
亚硒酸氢钠	4 g
蒸馏水	1 000 ml

B.2.1.2 制法

除亚硒酸氢钠外，将以上各成分放入蒸馏水中，加热溶化。再加入亚硒酸氢钠，待完全溶解后，调整 pH 到 7.0～7.1，分装于三角烧杯内。121℃灭菌 15 min 备用。

B.2.2 二倍浓度亚硒酸盐增菌液（二倍浓度 SF 增菌液）

B.2.2.1 成分

除蒸馏水改为 500 ml 外，其他成分同附录 B.2.1.1。

B.2.2.2 制法

制法同附录 B.2.1.2。

B.2.3 SS 培养基

B.2.3.1 基础培养基

B.2.3.1.1 成分

牛肉膏	5 g
示胨	5 g
三号胆盐	3.5 g
琼脂	17 g
蒸馏水	1 000 ml

B.2.3.1.2 制法

将牛肉膏、示胨和胆盐溶解于 400 ml 蒸馏水中。将琼脂加到 600 ml 蒸馏水中，煮沸使其溶解。再将二者混合，121℃灭菌 15 min，保存备用。

B.2.3.2 完成培养基

B.2.3.2.1 成分

基础培养基	1 000 ml
乳糖	10 g
柠檬酸钠	8.5 g
硫代硫酸钠	8.5 g
10%柠檬酸铁溶液	10 ml
1%中性红溶液	2.5 ml
0.1%煌绿溶液	0.33 ml

B.2.3.2.2 制法

加热溶化基础培养基，按比例加入除中性红和煌绿溶液以外的各成分，充分混合均匀，调整 pH 到 7.0，加入中性红和煌绿溶液，倾注平板。

注：制好的培养基宜当日使用，或保存于冰箱内于 18 h 内使用。煌绿溶液配好后应在 10 天以内使用。

B.2.4 亚硫酸铋琼脂培养基（BS 培养基）

B.2.4.1 基础培养基

B.2.4.1.1 成分

蛋白胨	10 g
牛肉膏	5 g
氯化钠	5 g
琼脂	20 g
蒸馏水	1 000 ml

B.2.4.1.2 制法

加热溶解各成分，按每份 100 ml 的量分装于 250 ml 三角瓶中，121℃灭菌 20 min 备用。

B.2.4.2 亚硫酸铋贮备液

B.2.4.2.1 成分

柠檬酸铋铵	2 g
亚硫酸钠	20 g
磷酸氢二钠	10 g
葡萄糖	10 g

蒸馏水	200 ml

B.2.4.2.2 制法

将柠檬酸铋铵溶解于 50 ml 沸水中，同时将亚硫酸钠溶解于 100 ml 沸水中，混合两液并煮沸 3 min，趁热加入磷酸氯二钠搅拌至溶解。冷却后，加入剩余的 50 ml 葡萄糖水溶液，贮存于冰箱中。

B.2.4.3 柠檬酸铁煌绿贮备液

B.2.4.3.1 成分

柠檬酸铁	2 g
煌绿（1%水溶液）	25 ml
蒸馏水	200 ml

B.2.4.3.2 制法

将上述成分溶解于水中，盛于已灭菌的玻璃瓶内，贮存于冰箱。

B.2.4.4 完成培养基

B.2.4.4.1 成分

基础培养基	100 ml
亚硫酸铋贮备液	20 ml
柠檬酸铁煌绿贮备液	4.5 ml

B.2.4.4.2 制法

加热融化基础培养基并冷却至 50℃，同时分别加热亚硫酸铋贮备液和柠檬酸铁煌绿贮备液至 50℃。在无菌操作下将后者加入到前者去，充分混合，无菌倾入已灭菌的培养皿中。

B.2.5 三糖铁琼脂培养基（TSI 培养基）

B.2.5.1 成分

蛋白胨	20 g
牛肉膏	5 g
乳糖	10 g
蔗糖	10 g
葡萄糖	1 g
氯化钠	5 g
硫酸亚铁铵	0.2 g
硫代硫酸钠	0.2 g
琼脂	12 g
酚红	0.025 g
蒸馏水	1 000 ml

B.2.5.2 制法

将除琼脂和酚红以外的各成分溶解于蒸馏水中，调 pH 到 7.4。加入琼脂，加热煮沸，再加入 0.2%酚红水溶液 12.5 ml，摇匀。分装试管，装量宜多些，以便得到较高的底层。121℃灭菌 15 min。放置高层斜面备用。

B.2.6 沙门氏菌诊断血清

B.3 检验程序

检验程序见图 B.1。

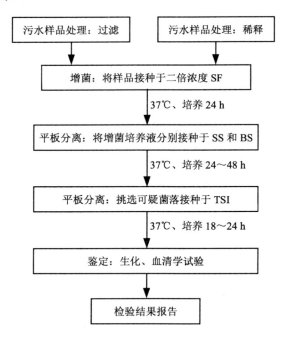

图 B.1 污水、污泥中沙门氏菌检验程序

B.4 操作步骤

B.4.1 样品处理和增菌

B.4.1.1 污水

取 200 ml 污水，用灭菌滤膜进行抽滤。用 100 ml 二倍浓度 SF 增菌液把滤膜上截留的杂质洗脱到灭菌三角烧瓶内，充分摇匀，置于 37℃恒温培养箱，增菌培养 12～24 h。

注：若样品为经过氯消毒的污水，应在采样后立即用 5%硫代硫酸钠溶液充分中和余氯。

B.4.1.2 污泥

用灭菌匙称取污泥 20 g，放入灭菌容器内，加入 200 ml 灭菌水，充分混匀，制成 1：10 混悬液。吸取上述 1：10 混悬液 100 ml，加入到装有 100 ml 二倍浓度 SF 增菌液的已灭菌的三角烧瓶内，摇匀，置于 37℃恒温培养箱，增菌培养 24 h。

注：若样品为经过氯消毒的污泥，应在采样后立即用 5%硫代硫酸钠溶液充分中和余氯。

B.4.2 平板分离

取上述增菌培养液，分别接种于 SS 培养基平板和 BS 培养基平板，置于 37℃培养箱中，培养 24～48 h。观察各平板上生长的菌落形态。

挑取在 SS 培养基平板上呈无色透明或中间有黑心，直径 1～2 mm 的菌落；挑取在 BS 培养基平板上呈黑色的菌落或灰绿色的可疑肠道病原菌菌落。每个平板最少挑取 5 个菌落，接种于 TSI 培养基中，置于 37℃培养箱中，培养 18～24 h。

B.4.3 鉴定

B.4.3.1 血清学试验

在 TSI 培养基中，如不发酵乳糖，发酵葡萄糖产酸产气或只产酸不产气，一般产生硫化氢，有动力者，先与沙门氏 A—F 群 O 多价血清作玻璃片凝集，凡与多价 O 血清凝集者，再与 O 因子血清凝集，以确定所属群别，然后用 H 因子血清，确定血清型。双向菌株应证实两相的 H 抗原，有 Vi 抗原的菌型（伤寒和丙型副伤寒沙门氏菌）应用 Vi 因子血清检验。

B.4.3.2 生化试验

应进行葡萄糖、甘露醇、麦芽糖、乳糖、蔗糖、靛基质、硫化氢、动力、尿素试验。沙门氏菌属中除伤寒沙门氏菌和鸡沙门氏菌不产气外，通过发酵葡萄糖、产气、均发酵甘露醇和麦芽糖（但猪沙门氏菌、雏沙门氏菌不发酵麦芽糖），不分解乳糖、蔗糖，尿素酶和靛基质为阴性，通常产生硫化氢。除鸡、雏沙门氏菌和伤寒沙门氏菌的 O 型菌株无动力外，通常均有动力。

如遇多价 O 血清不凝集而一般生化反应符合上述情况时，可加做侧金盏花醇、水杨素和氰化钾试验，沙门氏菌均为阴性。

B.5 检验结果报告

根据检验结果，报告一定体积的样品中存在或不存在沙门氏菌。

附录 C（规范性附录）

医疗机构污水及污泥中志贺氏菌的检验方法

C.1 仪器和设备

C.1.1 高压蒸汽灭菌器。

C.1.2 干燥灭菌箱。

C.1.3 培养箱。

C.1.4 恒温水浴箱。

C.1.5 电炉。

C.1.6 天平。

C.1.7 灭菌平皿。

C.1.8 灭菌刻度吸管。

C.1.9 酒精灯。

C.2 培养基和培养液

C.2.1 革兰氏阴性增菌液（GN 增菌液）

C.2.1.1 成分

胰蛋白胨（或多价胨）	20 g
葡萄糖	1 g
甘露醇	2 g
枸橼酸钠	5 g
去氧胆酸钠	0.5 g
磷酸氢二钾	16 g
磷酸二氢钾	2.5 g
氯化钠	5 g
蒸馏水	1 000 ml

C.2.1.2 制法

将以上各成分加入蒸馏水中溶化，调整 pH 至 7.0，煮沸过滤，115℃下灭菌 20 min。贮存于冷暗处备用。

C.2.2 二倍浓度革兰氏阴性增菌液（二倍浓度 GN 增菌液）

C.2.2.1 成分

除蒸馏水改为 500 ml 外，其他成分同附录 C.2.1.1。

C.2.2.2 制法

制法同附录 C.2.1.2。

C.2.3 SS 培养基

同附录 B.2.3。

C.2.4 伊红亚甲基蓝琼脂培养基（EMB 培养基）

同附录 A.2.3。

C.2.5 三糖铁琼脂（TSI 培养基）

同附录 B.2.5。

C.2.6 志贺氏菌诊断血清

C.3 检验程序

检验程序见图 C.1。

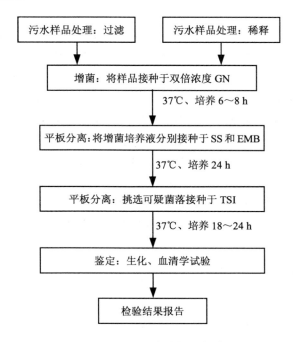

图 C.1 污水、污泥中志贺氏菌检验程序

C.4 操作步骤

C.4.1 样品处理和增菌培养

C.4.1.1 污水

取 200 ml 污水，用灭菌滤膜进行抽滤。用 100 ml 二倍浓度 GN 增菌液把滤膜上截留的杂质洗脱到已灭菌的三角烧瓶内，摇匀，置于 37℃恒温培养箱，增菌培养 6～8 h。

注：若样品为经过氯消毒的污水，应在采样后立即用 5%硫代硫酸钠溶液充分中和余氯。

C.4.1.2 污泥

取污泥 30 g，放入灭菌容器内，加入 300 ml 灭菌水，充分混匀制成 1∶10 混悬液。吸取上述 1∶10 混悬液 100 ml，加入到装有 100 ml 二倍浓度 GN 增菌液的已灭菌的三角烧瓶内，搅匀，置于 37℃恒温培养箱中，增菌培养 6～8 h。

注：若样品为经过氯消毒的污泥，应在采样后立即用 5%硫代硫酸钠溶液充分中和余氯。

C.4.2 分离

取上述增菌培养液，分别接种 SS 培养基平板和 EMB 培养基平板，置于 37℃培养箱中培养 24 h。

挑取在 SS 培养基平板和 EMB 培养基平板上呈无色透明，直径 1～1.5ml 的可疑肠道病原菌菌落。每个平板最少挑取 5 个菌落，接种于 TSI 培养基，置于 37℃培养箱中培养 18～24 h。

挑取在 TSI 中，葡萄糖产酸不产气，无动力，不产生硫化氢，上层斜面乳糖不分解的菌株，可做血清学和生化试验。

C.4.3 鉴定

C.4.3.1 血清学试验

志贺氏菌属分为四个群，先与多价血清做玻璃片凝集试验，如为阳性，再分别与 A、B、C、D 群血清凝集，并进一步与分型血清做玻璃片凝集，最后确定其血清型。

C.4.3.2 生化试验

应进行葡萄糖、甘露醇、麦芽糖、乳糖、蔗糖、靛基质、硫化氢、动力、尿素试验。志贺氏菌属能分解葡萄糖，但不产气（福氏志贺氏菌 6 型有时产生少量气体），一般不能分解乳糖和蔗糖，宋内氏志贺氏菌对乳糖和蔗糖迟缓发酵产酸。志贺氏菌属均不产生硫化氢，不分解尿素，无动力。对甘露醇、麦芽糖的发酵及靛基质的产生，则因菌株不同而异。

如遇多价血清玻璃片凝集试验为阴性，而生化反应符合上述情况时，可加做肌醇、水杨酸、V—P、枸橼酸盐、氰化钾等试验。志贺氏菌属均为阴性反应。

C.5 检验结果报告

根据检验结果，报告一定体积的样品中存在或不存在志贺氏菌。

附录 D（标准的附录）

医疗机构污泥中蛔虫卵的检验方法

D.1 仪器和设备

D.1.1 离心机。

D.1.2 金属筛：60 目。

D.1.3 显微镜。

D.1.4 恒温培养箱。

D.1.5 高压蒸汽灭菌器。

D.1.6 冰箱。

D.1.7 振荡器。

D.2 培养基和试剂

D.2.1 3%福尔马林溶液或3%盐酸溶液

D.2.2 饱和硝酸钠溶液（比重 1.38～1.40）或饱和氯化钠溶液

D.2.3 30%次氯酸钠溶液

D.3 检验程序

蛔虫卵检验程序见图 D.1。

D.4 操作步骤

D.4.1 采样及样品处理

样品采集后应立即送到实验室检验。若不能立即检验时，可在100 g污泥中加入5ml 3%福尔马林或 3%盐酸溶液，在 4～10℃冰箱内保存。若样品为经过氯消毒的污泥，应在现场取样后立即用 5%硫代硫酸钠溶液充分中和余氯。

D.4.2 蛔虫卵收集

D.4.2.1 分离

将100 g污泥样品和50 ml 5%氢氧化钠溶液，分别注入三角烧杯内，置于振荡器上，以 200～300/min 速度振荡 30 min，然后静置 30 min，以使蛔虫卵不再黏附在污泥上。

D.4.2.2 水洗

将上述样品分装在离心管内，以 2 000～2 500 转/min 的转速离心 5 min。倒去离心管上部的液体，加入容量为沉淀物 10 倍的蒸馏水，混匀，以 2 000～2 500 转/min 的转速离心 5 min，如此反复数次，直至沉淀物上面的液体接近透明。

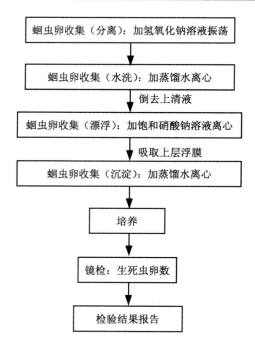

图 D.1　污泥中蛔虫卵检验程序

D.4.2.3　漂浮

离心管内注入饱和硝酸钠溶液或饱和氯化钠溶液，搅匀，以 2 000～2 500 转/min 的转速离心 5 min。

注 1：由于蛔虫卵的相对密度小于饱和硝酸钠溶液和饱和氯化钠溶液的相对密度，管内绝大多数的蛔虫卵会浮聚在液面上。

注 2：氯化钠溶液投加量以大于沉淀物量 20 倍为宜。

注 3：根据污泥性状，可以调整离心转速或时间。

D.4.2.4　沉淀

反复吸取管中浮膜转移至另一离心管中，加入 10 倍水量的蒸馏水，搅匀，以 5 000 转/min 的转速离心 5min，慢慢吸去上清液。

注：由于蛔虫卵比水的相对密度大，蛔虫卵将沉在管底内。

D.4.3　培养

在离心管中，加入 2～3 ml 无菌的生理盐水或自来水和几滴 3%福尔马林溶液，摇匀，转移至试管或直接置于 24～26℃恒温箱，培养 20 天。培养中，若溶液量少于 2 ml 时，应及时补充生理盐水或自来水。

D.4.4　镜检

培养后，将样品静置 30 ml 后吸去试管内上层较浑浊的液体，加入约为沉淀物两倍量的蒸馏水或 30%次氯酸钠溶液，混匀，在显微镜下计数死活蛔虫卵数。

注 1：活虫卵经过 20 天的培养会逐渐发育到幼虫期，而死虫卵则在同一条件下仍然保持单细胞期或停留于某一发育阶段，故可以区别。

注 2：30%次氯酸钠溶液能使虫卵最外层蛋白质壳逐渐溶解，便于在显微镜下清晰观察卵内的幼虫。

D.5 蛔虫卵死亡率计算

按下式计算蛔虫卵死亡率:

$$A = \frac{m}{m+n} \times 100$$

式中：A——蛔虫卵死亡率，%；

m——死亡蛔虫卵数；

n——存活蛔虫卵数。

D.6 检验结果报告

根据检验结果，报告 100 g 污泥中蛔虫卵死亡率。

医疗机构污水和污泥中结核杆菌的检验方法

E.1 仪器和设备

E.1.1 电炉。

E.1.2 恒温水浴箱。

E.1.3 高压蒸汽灭菌器。

E.1.4 滤菌器。

E.1.5 离心机。

E.1.6 恒温培养箱。

E.1.7 乙酸纤维膜：孔径为 0.3～0.7 μm。

E.1.8 玻璃漏斗 G2：孔径为 10～15 μm。

E.1.9 玻璃漏斗 G4：孔径为 3～4 μm。

E.1.10 酒精灯。

E.2 培养基和试剂

E.2.1 改良罗氏培养基

E.2.1.1 成分

磷酸二氢钾	2.4 g
硫酸镁	0.24 g
枸橼酸镁	0.6 g
谷氨酸钠	1.2 g
甘油	12 ml
淀粉	30 g
蒸馏水	600 ml
鸡蛋液（包括蛋清和蛋黄）	1 000 ml
20%孔雀绿	20 ml

E.2.1.2 制法

将磷酸二氢钾、硫酸镁、枸橼酸钠、谷氨酸钠、甘油及蒸馏水混合于烧杯内，放在沸水浴中加热溶解。加入淀粉继续加热 1 h，摇动使其溶解，待冷却至 50℃加鸡蛋液及孔雀绿，溶解，混匀。制成斜面，保持温度 90℃，灭菌 1 h。

E.2.2 小川氏培养基

E.2.2.1 成分

甲液：无水磷酸二氢钾	1 g

味精	1 g	
蒸馏水	100 ml	
乙液：全蛋液	200 ml	
甘油	6 ml	
2%孔雀绿	6 ml	

E.2.2.2 制法

　　甲、乙两液混合分装试管内。制成斜面，保持温度 90℃灭菌 1 h。

E.2.3 pH 为 7.0 的磷酸盐缓冲液（1 mol/L）。

E.2.4 10%吐温（Tween）80 水溶液加等量 30%过氧化氢溶液。

E.2.5 4%硫酸溶液。

E.3　检验程序

　　结核杆菌检验程序见图 E.1。

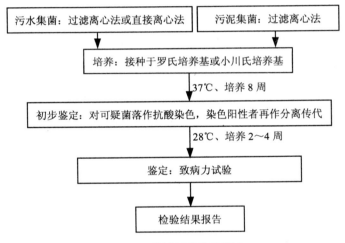

图 E.1　结核杆菌检验程序

E.4　操作步骤

　　E.4.1 集菌

　　污水集菌可采用过滤离心法或直接离心法，污泥集菌可采用过滤离心法。

　　E.4.1.1 污水样品

　　过滤离心法：用经煮沸消毒的乙酸纤维滤膜（孔径 0.3～0.7 μm）抽滤，安装严密后，取污水样 500 ml 抽滤，根据悬浮物的多少，一份水样需更换数张滤膜，将同一份水样滤膜集中于小烧杯内。根据滤膜的多少用 100～200 ml 4%硫酸溶液反复冲洗，静置 30 min 后，收集洗液于离心管中，3 000 r/min，离心 30 min，弃去上清液，沉淀物中加 1 ml 灭菌生理盐水混合均匀后，供接种用。

　　直接离心法：水样 500 ml，分装于 50 ml 或 200 ml 灭菌离心管中，3 000 r/min，离心 30 min。同一份水样的沉淀物集中于试管内，加等量 4%硫酸处理 30 min，供接种用。

如体积过大，再次离心浓缩后接种。

> 注：若样品为经过氯消毒的污水，应在采样后立即用 5%硫代硫酸钠溶液充分中和余氯。

E.4.1.2 污泥样品

过滤离心法：取污泥 10 g 加 100 ml 蒸馏水冲洗过滤（滤纸漏斗），再经玻璃漏斗 G2（孔径 10～15 μm）和 G4（孔径 3～4 μm）抽滤，最后经滤膜（孔径 0.45～0.7 μm）抽滤。取下滤膜，用 4%硫酸 3 ml，充分振摇冲洗 30 min。

> 注：若样品为经过氯消毒的污泥，应在采样后立即用 5%硫代硫酸钠溶液充分中和余氯。

E.4.2 接种

污水的集菌液：全部接种于改良罗氏培养基或小川氏培养基培养管内斜面上，每支培养管接种 0.1 ml。

污泥的集菌液：吸取两个 0.1 ml，分别接种于改良罗氏培养基或小川氏培养基培养管内斜面上。

E.4.3 培养

已接种的培养基置于 37℃培养箱内培养。培养 2 周后开始观察结果，每周观察 2 次。一般需要培养 8 周。

分离菌株：在罗氏培养基上呈淡黄色或无色的粗糙型菌落，作抗酸染色，阳性者作分离传代。分离传代菌株如生长速度在两周以上，则需作菌型鉴定；应用耐热触酶试验和传代培养于 28℃培养 2～4 周，观察是否生长，用此方法即可进行初步鉴定。

E.4.4 致病力试验

耐热触酶反应阴性，28℃不生长之菌落为可疑结核杆菌。于小白鼠尾静脉接种 1 mg 菌量（5 mg/ml 菌液，每只动物接种 0.2 ml），死亡时观察病变或 8 周后解剖脏器发现典型结核病变者可确认为检出结核杆菌。其耐热触酶试验方法如下：

取菌落 3～5 mg 分散于 0.5 ml 磷酸盐缓冲液中，置 68℃水浴中 20 min 后取出。冷却后加吐温 80 h 和过氧化氢溶液混合液 0.5 ml。

发生气泡为阳性，30 min 不产生气泡者为阴性。人型、牛型结核杆菌，胃分枝杆菌和海鱼分枝杆菌为阴性，其他非典型抗酸菌和非致病抗酸菌为阳性。人型、牛型结核杆菌在 28℃培养不生长，胃分枝杆菌和海鱼分枝杆菌 28℃培养能生长。

E.5 检验结果报告

根据检验结果，报告一定体积的样品中存在或不存在结核杆菌。

附录 F（规范性附录）

医疗机构污水污染物（COD、BOD、SS）单位排放负荷计算方法

水污染物单位排放负荷计算公式：

$$L = C \times Q / N$$

式中：L——水污染物单位排放负荷，g/（床·d）；

C——污染物排放浓度，mg/L；

Q——日排水量，m³/d；

N——床位数，床。

中华人民共和国国家标准

船舶工业污染物排放标准

Emission standard for pollutants
from shipbuilding industry

GB 4286—84

为贯彻《中华人民共和国环境保护法（试行）》，防治船舶工业废水、废气对环境的污染，特制定本标准。

本标准适用于全国船舶工业的船厂、造机厂、仪表厂、武备厂等。

1 标准的分级、分类

1.1 船舶工业污染物排放标准分为二级：

第一级：是指新建、扩建、改建企业，自本标准实施之日起立即执行的标准。

第二级：是指现有企业，自本标准实施之日起立即执行的标准。

1.2 船舶工业污染物排放标准按污染源所在地分为两类：

第一类：是指大、中城市市区及文物、自然保护地区。

第二类：是指上述地区以外其他地区。

2 标准值

2.1 电镀废水污染物排放标准

2.1.1 船舶工业电镀每平方米镀件的镀液带出量最高允许值和镀件每平方米的镀液污染物最高允许排出量，应符合表 1 规定。

表 1　镀件的镀液带出量和镀液污染物排出量最高允许值

编号	镀种		镀件特征	电镀液最高允许带出量/（L/m²）		电镀液污染物最高允许排出量/（mg/m²）		
				第一级	第二级	污染物名称	第一级	第二级
	镀铬							
1	a. 硬铬		一般的	4.30×10^{-5}	0.028	Cr^{6+}	56	3.64×10^3
			复杂的	6.15×10^{-5}	0.08	Cr^{6+}	80	10.4×10^3
	b. 装饰铬		一般的	1.53×10^{-5}	0.02	Cr^{6+}	20	2.6×10^3

编号	镀种	镀件特征	电镀液最高允许带出量/(L/m²)		电镀液污染物最高允许排出量/(mg/m²)		
			第一级	第二级	污染物名称	第一级	第二级
2	镀锌						
	a. 胺盐镀锌	船用大件	12.5×10^{-5}	0.03	Zn^{2+}	30	0.72×10^3
		一般的	10.0×10^{-5}	0.024	Zn^{2+}	24	0.57×10^3
	b. 酸性镀锌	船用大件	6.12×10^{-5}	0.03	Zn^{2+}	30	1.47×10^3
		一般的	4.90×10^{-5}	0.024	Zn^{2+}	24	1.17×10^3
	c. 氰化镀锌	一般的	6.67×10^{-5}	0.024	Zn^{2+}	24	0.86×10^3
3	镀铜						
	a. 焦磷酸盐镀铜	一般的	4.33×10^{-5}	0.026	Cu^{2+}	13	0.78×10^3
	b. 酸性镀铜	一般的	5.20×10^{-5}	0.026	Cu^{2+}	13	0.65×10^3
4	镀镍						
	硫酸镍镀镍	一般的	2.22×10^{-5}	0.014	Ni^{2+}	14	0.82×10^3
5	氰化镀镉	船用大件	6.82×10^{-5}	0.06	Cd^{2+}	30	2.64×10^3
		船用大件	3.75×10^{-5}	0.06	CN^-	30	4.80×10^3
		一般的	1.59×10^{-5}	0.014	Cd^{2+}	7	0.62×10^3
		一般的	0.88×10^{-5}	0.014	CN^-	7	1.12×10^3

2.1.2 船舶工业电镀镀件漂洗水最高允许耗水量应符合表2规定。

表2 电镀镀件漂洗水最高允许耗水量 （L/m² 镀件）

编号	镀种	镀件特征	最高允许耗水量	
			第一级	第二级
1	镀铬			
	a. 硬铬	一般的	16	68
		复杂的	22	97
	b. 装饰铬	一般的	6	24
2	镀锌			
	a. 胺盐镀锌	船用大件	5	16
		一般的	4	13
	b. 酸性镀锌	船用大件	4	22
		一般的	4	18
	c. 氰化镀锌	一般的	4	15
3	镀铜			
	a. 焦磷酸镀铜	一般的	6	21
	b. 酸性镀铜	一般的	5	20
4	镀镍			
	硫酸镍镀镍	一般的	3	12
5	镀镉			
	a. 氰化镀镉	船用大件	15*	60*
		一般的	3*	14*
	b. 氰化镀镉	船用大件	18**	80**
		一般的	4**	19**

*Cd^{2+}漂洗水。
**CN^-漂洗水。

2.1.3 船舶工业电镀废水排放标准应符合表3规定。

表3　船舶工业电镀废水排放标准

编号	项　目	第一、二级排放标准	
		任何一日最大值	连续三十日平均值
1	pH	6～9	6～9
2	六价铬（以 Cr^{6+} 计），mg/L	0.5	0.3～0.5*
3	三价铬（以 Cr^{3+} 计），mg/L	1.2	0.5
4	锌及其化合物（以 Zn^{2+} 计），mg/L	7.5	5.0
5	铜及其化合物（以 Cu^{2+} 计），mg/L	1.5	1.0
6	镍及其化合物（以 Ni^{2+} 计），mg/L	1.5	1.0
7	镉及其化合物（以 Cd^{2+} 计），mg/L	0.15	0.1
8	氰化物（以 CN^- 计），mg/L	1.5	1.0

*离子交换法处理废水时，采用0.3，化学法、电解法及其他方法处理废水时，采用0.5。

2.2 废气污染物排放标准

2.2.1 船用钢材及船体分段防锈底漆喷涂车间废气排放口有机溶剂排放浓度和每平方米钢材有机溶剂排放量，应符合表4规定。

表4　有机溶剂排放标准*

级别	有机溶剂种类 \ 排气口高度/m → 项目	最高允许排放浓度**/（mg/标 m³）			最高允许排放量***/（g/m²）		
		15	25	35	15	25	35
第一级	甲苯	500	700	1 000	3	5	7
	二甲苯	400	600	800	2	4	6
	苯	200	300	400	1	2	3
第二级	甲苯	5 000	7 000	10 000	25	50	75
	二甲苯	4 000	6 000	8 000	20	35	65
	苯	2 000	3 000	4 000	10	20	30

*表4中排放标准值，适用于有机溶剂重量组分为10%～40%的所有船用底漆。
**最高允许排放浓度系指废气排放口任何一次测定结果的最大允许值，单位为每标准立方米废气中有机溶剂的重量毫克数。
***最高允许排放量系指采样测定时间内，平均每喷涂 1 m² 钢材表面，在排放废气中所含有机溶剂的重量克数。

2.2.2 船用钢材预处理喷、抛丸除锈装置，粉尘最高允许排放浓度和处理每平方米钢材粉尘最高允许排放量，应符合表 5 规定。船体分段喷、抛丸清理除锈设施粉尘排放浓度及排放量，应符合表6规定。

2.2.3 中、小型炼钢炉排放的烟尘量，应符合表7规定。

表5 钢材预处理粉尘排放标准

级别 ＼ 项目	最高允许排放浓度/（mg/m³）	最高允许排放量/（kg/m²）
第一级	150	0.05～0.10
第二级	200	0.10～0.20

表6 船体分段喷、抛丸房粉尘排放标准

喷、抛丸房容积，m³ ＼ 项目 ＼ 级别	最高允许排放浓度/（mg/m³）			最高允许排放量/（kg/h）		
	1 000 以下	1 000～3 000	3 000～5 000	1 000 以下	1 000～3 000	3 000～5 000
第一级	150	150	150	8	10	15
第二级	200	200	200	15	20	30

*粉尘最高允许排放量系指喷、抛丸房全部通风除尘系统平均每小时排入室外大气的粉尘总重量。

表7 炼钢炉烟尘排放标准

公称容量，t ＼ 排放口高度，m ＼ 项目	最高允许排放浓度/（mg/标 m³）				最高允许排放量/（kg/t 钢）			
	10	20	30	40	10	20	30	40
1.5	150	150			0.70	0.80		
3～5	150	150	200		0.60	0.65	0.70	
10		150	200			0.55	0.60	
20		150	200	200		0.28	0.30	0.35
30			200	200			0.23	0.25

2.2.4 熔铜炉产生的烟尘主要成分为氧化锌，其排放量应符合表8规定。

表8 熔铜炉氧化锌粉尘排放标准

类别 ＼ 公称容量，t ＼ 项目	最高允许排放浓度/（mg/标准立方米）					最高允许排放量/（kg/t 黄铜）				
	0.5 以下	0.5～1.0	1.0～5.0	5.0～15	15 以上	0.5 以下	0.5～1.0	1.0～5.0	5.0～15	15 以上
第一类	200	200	100	100	100	1.0	0.7	0.4	0.3	0.2
第二类	400	400	200	200	200	2.0	1.5	0.8	0.6	0.4

2.2.5 冲天炉烟尘排放量，应符合表9规定。

表 9 冲天炉烟尘排放标准

类别	冲天炉熔化率/ （t/h）	最高允许排放浓度/ （mg/标 m³）	最高允许 排放量/（kg/h）	最低烟囱 高度/（m）
第一类	5 以下	200	2.4	15
	10	200	4.8	18
	15	200	7.1	21
	20	200	9.6	24
第二类	5 以下	400	4.8	15
	10	400	9.6	18
	15	400	14.2	21
	20	400	19.2	24

3 其他规定

3.1 表 1、表 2 中标准值的取得，要求生产中记录完成的电镀面积量（m²/班）和浸入镀液中的非电镀面积量（m²/班）。漂洗水耗用量要以每镀种漂洗水管上的专用水表读数为准（1/班）。

3.2 表 3 中规定的标准值的采样，以废水处理装置出口或漂洗槽出口（外排）为准。

3.3 表 7、表 8、表 9 中的标准值，第一级同第二级。即对于现有企业及新建、扩建、改建企业，自本标准实施之日起均立即执行本表中同一标准值。

3.4 当执行本标准不符合当地情况时，应以地方环境标准的规定为准。

4 标准的监测

制定本标准监测分析方法的依据是《船舶工业污染物监测分析方法》。

附加说明：

本标准由原国务院环境保护领导小组提出。

本标准由中国船舶工业总公司第九设计研究院负责起草。

本标准委托中国船舶工业总公司解释。

中华人民共和国国家标准

混装制剂类制药工业水污染物排放标准

Discharge standard of water pollutants for pharmaceutical industry Mixing/Compounding and formulation category

GB 21908—2008

前 言

为贯彻《中华人民共和国环境保护法》、《中华人民共和国水污染防治法》、《中华人民共和国海洋环境保护法》、《国务院关于落实科学发展观 加强环境保护的决定》等法律、法规和《国务院关于编制全国主体功能区规划的意见》，保护环境，防治污染，促进制药工业生产工艺和污染治理技术的进步，制定本标准。

本标准规定了混装制剂类制药工业企业水污染物排放限值、监测和监控要求。为促进区域经济与环境协调发展，推动经济结构的调整和经济增长方式的转变，引导工业生产工艺和污染治理技术的发展方向，本标准规定了水污染物特别排放限值。

本标准中的污染物排放浓度均为质量浓度。

混装制剂类制药工业企业排放大气污染物（含恶臭污染物）、环境噪声适用相应的国家污染物排放标准，产生固体废物的鉴别、处理和处置适用国家固体废物污染控制标准。

自本标准实施之日起，混装制剂类制药工业企业的水污染物排放控制按本标准的规定执行，不再执行《污水综合排放标准》（GB 8978—1996）中的相关规定。

本标准为首次发布。

本标准由环境保护部科技标准司组织制订。

本标准主要起草单位：河北省环境科学研究院、环境保护部环境标准研究所。

本标准环境保护部 2008 年 4 月 29 日批准。

本标准自 2008 年 8 月 1 日起实施。

本标准由环境保护部解释。

1 适用范围

本标准规定了混装制剂类制药工业企业或生产设施水污染物排放限值。

本标准适用于现有混装制剂类药企业或生产设施的水污染物排放管理。

本标准适用于对混装制剂类制药工业建设项目的环境影响评价、环境保护设施设计、竣工环境保护验收和建成投产后的水污染物排放管理。

通过混合、加工和配制，将药物活性成分制成兽药的生产企业的水污染防治和管理也适用于本标准。

本标准不适用于中成药制药企业。

本标准适用于法律允许的污染物排放行为。新设立的污染源的选址和特殊保护区域内现有污染源的管理，按照《中华人民共和国大气污染防治法》、《中华人民共和国水污染防治法》、《中华人民共和国海洋环境保护法》、《中华人民共和国固体废物污染环境防治法》、《中华人民共和国放射性污染防治法》、《中华人民共和国环境影响评价法》等法律的相关规定执行。

本标准规定的水污染物排放控制要求适用于企业向环境水体的排放行为。

企业向设置污水处理厂的城镇排水系统排放废水时，其污染物的排放控制要求由企业与城镇污水处理厂根据其污水处理能力商定或执行相关标准，并报当地环境保护主管部门备案；城镇污水处理厂应保证排放污染物达到相关排放标准要求。

建设项目拟向设置污水处理厂的城镇排水系统排放废水时，由建设单位和城镇污水处理厂按前款的规定执行。

2 规范性引用文件

本标准内容引用了下列文件或其中的条款。

GB/T 6920—1986　水质　pH值的测定　玻璃电极法
GB/T 7478—1987　水质　铵的测定　蒸馏和滴定法
GB/T 7479—1987　水质　铵的测定　纳氏试剂比色法
GB/T 7481—1987　水质　铵的测定　水杨酸分光光度法
GB/T 7488—1987　水质　五日生化需氧量（BOD_5）的测定　稀释与接种法
GB/T 11893—1989　水质　总磷的测定　钼酸铵分光光度法
GB/T 11894—1989　水质　总氮的测定　碱性过硫酸钾消解紫外分光光度法
GB/T 11901—1989　水质　悬浮物的测定　重量法
GB/T 11914—1989　水质　化学需氧量的测定　重铬酸盐法
GB/T 13193—1991　水质　总有机碳（TOC）的测定　非色散红外线吸收法
GB/T 15441—1995　水质　急性毒性的测定　发光细菌法
HJ/T 71—2001　水质　总有机碳的测定　燃烧氧化—非分散红外吸收法
HJ/T 195—2005　水质　氨氮的测定　气相分子吸收光谱法
HJ/T 199—2005　水质　总氮的测定　气相分子吸收光谱法
HJ/T 399—2007　水质　化学需氧量的测定　快速消解分光光度法
《污染源自动监控管理办法》（国家环境保护总局令　第28号）
《环境监测管理办法》（国家环境保护总局令　第39号）

3 术语和定义

下列术语和定义适用于本标准。

3.1 混装制剂类制药

指用药物活性成分和辅料通过混合、加工和配制，形成各种剂型药物的过程。

3.2 现有企业

本标准实施之日前已建成投产或环境影响评价文件已通过审批的混装制剂类制药企业或生产设施。

3.3 新建企业

本标准实施之日起环境影响评价文件通过审批的新建、改建和扩建混装制剂类制药工业建设项目。

3.4 排水量

指生产设施或企业向企业法定边界以外排放的废水的量。包括与生产有直接或间接关系的各种外排废水（含厂区生活污水、冷却废水、厂区锅炉和电站排水等）。

3.5 单位产品基准排水量

指用于核定水污染物排放浓度而规定的生产单位产品的废水排放量上限值。

4 水污染物排放控制要求

4.1 自 2009 年 1 月 1 日起至 2010 年 6 月 30 日止，现有企业执行表 1 规定的水污染物排放浓度限值。

表 1　现有企业水污染物排放浓度限值及单位产品基准排水量　　单位：mg/L（pH 值除外）

序号	污染物项目	限值	污染物排放监控位置
1	pH 值	6~9	
2	悬浮物	50	
3	五日生化需氧量（BOD_5）	20	
4	化学需氧量（COD_{Cr}）	80	
5	氨氮	15	企业废水总排放口
6	总氮	30	
7	总磷	1.0	
8	总有机碳	30	
9	急性毒性（$HgCl_2$ 毒性当量）	0.07	
单位产品基准排水量/（m^3/t）		300	排水量计量位置与污染物排放监控位置一致

4.2 自 2010 年 7 月 1 日起，现有企业执行表 1 规定的水污染物排放浓度限值。

4.3 自 2008 年 8 月 1 日起，新建企业执行表 2 规定的水污染物排放浓度限值。

4.4 根据环境保护工作的要求，在国土开发密度较高、环境承载能力开始减弱，或水环境容量较小、生态环境脆弱，容易发生严重水环境污染问题而需要采取特别保护措施的地区，应严格控制企业的污染物排放行为，在上述地区的企业执行表 3 规定的水污染染物特别排放限值。

执行水污染物特别排放限值的地域范围、时间，由国务院环境保护主管部门或省级人民政府规定。

表2 新建企业水污染物排放浓度限值及单位产品基准排水量 单位：mg/L（pH 值除外）

序号	污染物项目	限值	污染物排放监控位置
1	pH 值	6～9	
2	悬浮物	30	
3	五日生化需氧量（BOD$_5$）	15	
4	化学需氧量（COD$_{Cr}$）	60	
5	氨氮	10	企业废水总排放口
6	总氮	20	
7	总磷	0.5	
8	总有机碳	20	
9	急性毒性（HgCl$_2$ 毒性当量）	0.07	
单位产品基准排水量/（m³/t）		300	排水量计量位置与污染物排放监控位置一致

表3 水污染物特别排放限值 单位：mg/L（pH 值除外）

序号	污染物项目	限值	污染物排放监控位置
1	pH 值	6～9	
2	悬浮物	10	
3	五日生化需氧量（BOD$_5$）	10	
4	化学需氧量（COD$_{Cr}$）	50	
5	氨氮	5	企业废水总排放口
6	总氮	15	
7	总磷	0.5	
8	总有机碳	15	
9	急性毒性（HgCl$_2$ 毒性当量）	0.07	
单位产品基准排水量/（m³/t）		300	排水量计量位置与污染物排放监控位置一致

4.5 基准水量排放浓度换算

4.5.1 水污染物排放浓度限值适用于单位产品实际排水量不高于单位产品基准排水量的情况。若单位产品实际排水量超过单位产品基准排水量，须按式（1）将实测水污染物浓度换算为水污染物基准水量排放浓度，并以水污染物基准水量排放浓度作为判定排放是否达标的依据。产品产量和排水量统计周期为一个工作日。

4.5.2 在企业的生产设施同时生产两种以上产品、可适用不同排放控制要求或不同行业国家污染物排放标准，且生产设施产生的污水混合处理排放的情况下，应执行排放标准中规定的最严格的浓度限值，并按式（1）换算水污染物基准水量排放浓度。

$$\rho_{基} = \frac{Q_{总}}{\sum Y_i \cdot Q_{i基}} \cdot \rho_{实} \qquad (1)$$

式中：$\rho_{基}$——水污染物基准水量排放浓度，mg/L；

$Q_{总}$——排水总量，m³；

Y_i——第 i 种产品产量，t；

$Q_{i基}$——第 i 种产品的单位产品基准排水量，m³/t；

$\rho_{实}$——实测水污染物排放浓度，mg/L。

若 $Q_{总}$ 与 $\sum Y_i Q_{i基}$ 的比值小于 1，则以水污染物实测浓度作为判定排放是否达标的依据。

5 水污染物监测要求

5.1 对企业排放废水的采样应根据监测污染物的种类，在规定的污染物排放监控位置进行，有废水处理设施的，应在该设施后监控。在污染物排放监控位置应设置永久性排污口标志。

5.2 新建企业应按照《污染源自动监控管理办法》的规定，安装污染物排放自动监控设备，并与环境保护主管部门的监控设备联网，保证设备正常运行。各地现有企业安装污染物排放自动监控设备的要求由省级环境保护主管部门规定。

5.3 对企业水污染物排放情况进行监测的频次、采样时间等要求，按国家有关污染源监测技术规范的规定执行。

5.4 企业产品产量的核定，以法定报表为依据。

5.5 对企业排放水污染物浓度的测定采用表 4 所列的方法标准。

5.6 企业须按照有关法律和《环境监测管理办法》的规定，对排污状况进行监测，并保存原始监测记录。

表 4 水污染物浓度测定方法标准

序号	污染物项目	方法标准名称		方法标准编号
1	pH 值	水质	pH 值的测定 玻璃电极法	GB/T 6920—1986
2	悬浮物	水质	悬浮物的测定 重量法	GB/T 11901—1989
3	五日生化需氧量	水质	五日生化需氧量（BOD₅）的测定 稀释与接种法	GB/T 7488—1987
4	化学需氧量	水质	化学需氧量的测定 重铬酸盐法	GB/T 11914—1989
		水质	化学需氧量的测定 快速消解分光光度法	HJ/T 399—2007
5	氨氮	水质	铵的测定 蒸馏和滴定法	GB/T 7478—1987
		水质	铵的测定 纳氏试剂比色法	GB/T 7479—1987
		水质	铵的测定 水杨酸分光光度法	GB/T 7481—1987
		水质	氨氮的测定 气相分子吸收光谱法	HJ/T 195—2005
6	总氮	水质	总氮的测定 碱性过硫酸钾消解紫外分光光度法	GB/T 11894—1989
		水质	总氮的测定 气相分子吸收光谱法	HJ/T 199—2005
7	总磷	水质	总磷的测定 钼酸铵分光光度法	GB/T 11893—1989
8	总有机碳	水质	总有机碳（TOC）的测定 非色散红外线吸收法	GB/T 13193—1991
		水质	总有机碳的测定 燃烧氧化－非分散红外吸收法	HJ/T 71—2001
9	急性毒性	水质	急性毒性的测定 发光细菌法	GB/T 15441—1995

6 实施与监督

6.1 本标准由县级以上人民政府环境保护主管部门负责监督实施。

6.2 在任何情况下，混装制剂类制药生产企业均应遵守本标准规定的水污染物排放控制要求，采取必要措施保证污染防治设施正常运行。各级环保部门在对企业进行监督性检查时，可以现场即时采样或监测的结果，作为判定排污行为是否符合排放标准以及实施相关环境保护管理措施的依据。在发现企业耗水或排水量有异常变化的情况下，应核定企业的实际产品产量和排水量，按本标准的规定，换算水污染物基准水量排放浓度。

中华人民共和国国家标准

生物工程类制药工业水污染物排放标准

Discharge standard of water pollutants for pharmaceutical industry Bio-pharmaceutical category

GB 21907—2008

前 言

为贯彻《中华人民共和国环境保护法》、《中华人民共和国水污染防治法》、《中华人民共和国海洋环境保护法》、《国务院关于落实科学发展观 加强环境保护的决定》等法律、法规和《国务院关于编制全国主体功能区规划的意见》，保护环境，防治污染，促进制药工业生产工艺和污染治理技术的进步，制定本标准。

本标准规定了生物工程类制药工业企业水污染物排放限值、监测和监控要求。为促进区域经济与环境协调发展，推动经济结构的调整和经济增长方式的转变，引导工业生产工艺和污染治理技术的发展方向，本标准规定了水污染物特别排放限值。

本标准中的污染物排放浓度均为质量浓度。

生物工程类制药工业企业排放大气污染物（含恶臭污染物）、环境噪声适用相应的国家污染物排放标准，产生固体废物的鉴别、处理和处置适用国家固体废物污染控制标准。

自本标准实施之日起，生物工程类制药工业企业的水污染物排放控制按本标准的规定执行，不再执行《污水综合排放标准》（GB 8978—1996）中的相关规定。

本标准附录 A 为规范性附录。

本标准为首次发布。

本标准由环境保护部科技标准司组织制订。

本标准主要起草单位：华东理工大学、上海市生物医药行业协会、河北省环境科学研究院、环境保护部环境标准研究所、中国医药生物技术协会、上海市环境保护局。

本标准环境保护部 2008 年 4 月 29 日批准。

本标准自 2008 年 8 月 1 日起实施。

本标准由环境保护部解释。

1 适用范围

本标准规定了生物工程类制药企业或生产设施水污染物排放限值。

本标准适用于现有生物工程类制药企业或生产设施的水污染排放管理。

本标准适用于对生物工程类制药工业建设项目的环境影响评价、环境保护设施设计、竣工环境保护验收及其投产后的水污染物排放管理。

本标准适用于采用现代生物技术方法（主要是基因工程技术等）制备作为治疗、诊断等用途的多肽和蛋白质类药物、疫苗等药品的企业。本标准不适用于利用传统微生物发酵技术制备抗生素、维生素等药物的生产企业。生物工程类制药的研发机构可参照本标准执行。利用相似生物工程技术制备兽用药物的企业的水污染物防治与管理也适用于本标准。

本标准适用于法律允许的污染物排放行为。新设立污染源的选址和特殊保护区域内现有污染源的管理，按照《中华人民共和国大气污染防治法》、《中华人民共和国水污染防治法》、《中华人民共和国海洋环境保护法》、《中华人民共和国固体废物污染环境防治法》、《中华人民共和国放射性污染防治法》、《中华人民共和国环境影响评价法》等法律的相关规定执行。

本标准规定的水污染物排放控制要求适用于企业向环境水体的排放行为。

企业向设置污水处理厂的城镇排水系统排放废水时，其污染物的排放控制要求由企业与城镇污水处理厂根据其污水处理能力商定或执行相关标准，并报当地环境保护主管部门备案；城镇污水处理厂应保证排放污染物达到相关排放标准要求。

建设项目拟向设置污水处理厂的城镇排水系统排放废水时，由建设单位和城镇污水处理厂按前款的规定执行。

2 规范性引用文件

本标准内容引用了下列文件或其中的条款。

GB/T 6920—1986　水质　pH 值的测定　玻璃电极法

GB/T 7478—1987　水质　铵的测定　蒸馏和滴定法

GB/T 7479—1987　水质　铵的测定　纳氏试剂比色法

GB/T 7481—1987　水质　铵的测定　水杨酸分光光度法

GB/T 7488—1987　水质　五日生化需氧量（BOD_5）的测定　稀释与接种法

GB/T 7490—1987　水质　挥发酚的测定　蒸馏后用 4-氨基安替比林分光光度法

GB/T 11893—1989　水质　总磷的测定　钼酸铵分光光度法

GB/T 11894—1989　水质　总氮的测定　碱性过硫酸钾消解紫外分光光度法

GB/T 11897—1989　水质　游离氯和总氯的测定　N,N-二乙基-1,4-苯二胺滴定法

GB/T 11898—1989　水质　游离氯和总氯的测定　N,N-二乙基-1,4-苯二胺分光光度法

GB/T 11901—1989　水质　悬浮物的测定　重量法

GB/T 11903—1989　水质　色度的测定

GB/T 11914—1989　水质　化学需氧量的测定　重铬酸盐法

GB/T 13193—1991　水质　总有机碳（TOC）的测定　非色散红外线吸收法

GB/T 13197—1991 水质　甲醛的测定　乙酰丙酮分光光度法

GB/T 15441—1995 水质　急性毒性的测定　发光细菌法

GB/T 16488—1996 水质　石油类和动植物油的测定　红外光度法

HJ/T 71—2001 水质　总有机碳的测定　燃烧氧化—非分散红外吸收法

HJ/T 195—2005 水质　氨氮的测定　气相分子吸收光谱法

HJ/T 199—2005 水质　总氮的测定　气相分子吸收光谱法

HJ/T 347—2007 水质　粪大肠菌群的测定　多管发酵和滤膜法（试行）

HJ/T 399—2007　水质　化学需氧量的测定　快速消解分光光度法

《污染源自动监控管理办法》（国家环境保护总局令　第 28 号）

《环境监测管理办法》（国家环境保护总局令　第 39 号）

3　术语和定义

下列术语和定义适用于本标准。

3.1　生物工程类制药

指利用微生物、寄生虫、动物毒素、生物组织等，采用现代生物技术方法（主要是基因工程技术等）进行生产，作为治疗、诊断等用途的多肽和蛋白质类药物、疫苗等药品的过程，包括基因工程药物、基因工程疫苗、克隆工程制备药物等。

3.2　现有企业

本标准实施之日前已建成投产或环境影响评价文件已通过审批的生物工程类制药生产企业或生产设施。

3.3　新建企业

本标准实施之日起环境影响评价文件通过审批的新建、改建和扩建生物工程类制药工业建设项目。

3.4　排水量

指生产设施或企业向企业法定边界以外排放的废水的量。包括与生产有直接或间接关系的各种外排废水（含厂区生活污水、冷却废水、厂区锅炉和电站废水等）。

3.5　单位产品基准排水量

指用于核定水污染物排放浓度而规定的生产单位产品的污水排放量上限值。

4　水污染物排放控制要求

4.1　排放限值

4.1.1　自 2009 年 1 月 1 日起至 2010 年 6 月 30 日止，现有企业执行表 1 规定的水污染物排放浓度限值。

4.1.2　自 2010 年 7 月 1 日起，现有企业执行表 1 规定的水污染物排放浓度限值。

4.1.3　自 2008 年 8 月 1 日起，新建企业执行表 2 规定的水污染物排放浓度限值。

4.1.4　根据环境保护工作的要求，在国土开发密度较高、环境承载能力开始减弱，或水环境容量较小、生态环境脆弱，容易发生严重水环境污染问题而需要采取特别保护措施的地区，应严格控制企业的污染物排放行为，在上述地区的企业执行表 3 规定的水污染物特别排放限值。

执行水污染物特别排放限值的地域范围、时间，由国务院环境保护主管部门或省级
人民政府规定。

表1 现有企业水污染物排放浓度限值

单位：mg/L（pH值、色度、粪大肠菌群数除外）

序号	污染物项目	限值	污染物排放监控位置
1	pH值	6～9	
2	色度（稀释倍数）	80	
3	悬浮物	70	
4	五日生化需氧量（BOD$_5$）	30	
5	化学需氧量（COD$_{Cr}$）	100	
6	动植物油	10	
7	挥发酚	0.5	
8	氨氮	15	
9	总氮	50	企业废水总排放口
10	总磷	1.0	
11	甲醛	2.0	
12	乙腈	3.0	
13	总余氯（以Cl计）	0.5	
14	粪大肠菌群数[1]/（MPN/L）	500	
15	总有机碳（TOC）	30	
16	急性毒性（HgCl$_2$毒性当量）	0.07	

注：1）消毒指示微生物指标。

表2 新建企业水污染物排放浓度限值

单位：mg/L（pH值、色度、粪大肠菌群数除外）

序号	污染物项目	限值	污染物排放监控位置
1	pH值	6～9	
2	色度（稀释倍数）	50	
3	悬浮物	50	
4	五日生化需氧量（BOD$_5$）	20	
5	化学需氧量（COD$_{Cr}$）	80	
6	动植物油	5	
7	挥发酚	0.5	
8	氨氮	10	
9	总氮	30	
10	总磷	0.5	
11	甲醛	2.0	企业废水总排放口
12	乙腈	3.0	
13	总余氯（以Cl计）	0.5	
14	粪大肠菌群数[1]/（MPN/L）	500	
15	总有机碳（TOC）	30	
16	急性毒性（HgCl$_2$毒性当量）	0.07	

注：1）消毒指示微生物指标。

表3 水污染物特别排放浓度限值

单位：mg/L（pH值、色度、粪大肠菌群数除外）

序号	污染物项目	限值	污染物排放监控位置
1	pH 值	6～9	
2	色度（稀释倍数）	30	
3	悬浮物	10	
4	五日生化需氧量（BOD$_5$）	10	
5	化学需氧量（COD$_{Cr}$）	50	
6	动植物油	1.0	
7	挥发酚	0.5	
8	氨氮	5	企业废水总排放口
9	总氮	15	
10	总磷	0.5	
11	甲醛	1.0	
12	乙腈	2.0	
13	总余氯（以 Cl 计）	0.5	
14	粪大肠菌群数[1]/（MPN/L）	100	
15	总有机碳（TOC）	15	
16	急性毒性（HgCl$_2$ 毒性当量）	0.07	

注：1）消毒指示微生物指标。

4.2 基准水量排放浓度换算

4.2.1 生产不同类别的生物工程类制药产品，其单位产品基准排水量见表4。

表4 生物工程类制药工业企业单位产品基准排水量

单位：m^3/kg

序号	药物种类	单位产品基准排水量	排水量计量位置
1	细胞因子[1]、生长因子、人生长激素	80 000	
2	治疗性酶[2]	200	排水量计量位置与污染物排放监控位置一致
3	基因工程疫苗	250	
4	其他类	80	

注 1）：细胞因子主要指干扰素类、白介素类、肿瘤坏死因子及相类似药物。

2）：治疗性酶主要指重组溶栓剂、重组抗凝剂、重组抗凝血酶、治疗用酶及相类似药物。

4.2.2 水污染物排放浓度限值适用于单位产品实际排水量不高于单位产品基准排水量的情况。若单位产品实际排水量超过单位产品基准排水量，须按式（1）将实测水污染物浓度换算为水污染物基准水量排放浓度，并以水污染物基准水量排放浓度作为判定排放是否达标的依据。产品产量和排水量统计周期为一个工作日。

在企业的生产设施同时生产两种以上产品、可适用不同排放控制要求或不同行业国家污染物排放标准，且生产设施产生的污水混合处理排放的情况下，应执行排放标准中规定的最严格的浓度限值，并按式（1）换算水污染物基准水量排放浓度。

$$\rho_{基} = \frac{Q_{总}}{\sum Y_i \cdot Q_{i基}} \cdot \rho_{实} \tag{1}$$

式中：$\rho_{基}$——水污染物基准水量排放浓度，mg/L；

　　　$Q_{总}$——排水总量，m³；

　　　Y_i——第 i 种产品产量，t；

　　　$Q_{i基}$——第 i 种产品的单位产品基准排水量，m³/t；

　　　$\rho_{实}$——实测水污染物排放浓度，mg/L。

若 $Q_{总}$ 与 $\sum Y_i \cdot Q_{i基}$ 的比值小于 1，则以水污染物实测浓度作为判定排放是否达标的依据。

4.3　其他控制要求

涉及生物安全性的废水、废液等须进行灭活灭菌后才能进入相应的收集处理系统。

5 水污染物监测要求

5.1　对企业排放废水的采样应根据监测污染物的种类，在规定的污染物排放监控位置进行，有废水处理设施的，应在该设施后监控。在污染物排放监控位置应设置永久性排污口标志。

5.2　新建企业应按照《污染源自动监控管理办法》的规定，安装污染物排放自动监控设备，并与环境保护主管部门的监控设备联网，保证设备正常运行。各地现有企业安装污染物排放自动监控设备的要求由省级环境保护主管部门规定。

5.3　对企业水污染物排放情况进行监测的频次、采样时间等要求，按国家有关污染源监测技术规范的规定执行。

5.4　企业产品产量的核定，以法定报表为依据。

5.5　对企业排放水污染物浓度的测定采用表 5 所列的方法标准。

5.6　企业须按照有关法律和《环境监测管理办法》的规定，对排污状况进行监测，并保存原始监测记录。

6 实施与监督

6.1　本标准由县级以上人民政府环境保护主管部门负责监督实施。

6.2　在任何情况下，生物工程类制药生产企业均应遵守本标准规定的水污染物排放控制要求，采取必要措施保证污染防治设施正常运行。各级环保部门在对企业进行监督性检查时，可以现场即时采样或监测的结果，作为判定排污行为是否符合排放标准以及实施相关环境保护管理措施的依据。在发现企业耗水或排水量有异常变化的情况下，应核定企业的实际产品产量和排水量，按本标准规定，换算水污染物基准水量排放浓度。

表5　水污染物浓度测定方法标准

序号	污染物项目	方法标准名称		方法标准编号
1	pH 值	水质　pH 值的测定　玻璃电极法		GB/T 6920—1986
2	色度	水质　色度的测定		GB/T 11903—1989
3	悬浮物	水质　悬浮物的测定　重量法		GB/T 11901—1989
4	五日生化需氧量	水质　五日生化需氧量（BOD$_5$）的测定　稀释与接种法		GB/T 7488—1987
5	化学需氧量	水质　化学需氧量的测定　重铬酸盐法		GB/T 11914—1989
6	动植物油	水质　化学需氧量的测定　快速消解分光光度法		HJ/T 399—2007
		水质　石油类和动植物油的测定　红外光度法		GB/T 16488—1996
7	挥发酚	水质　挥发酚的测定　蒸馏后用 4-氨基安替比林分光光度法		GB/T 7490—1987
8	氨氮	水质　铵的测定　蒸馏和滴定法		GB/T 7478—1987
		水质　铵的测定　纳氏试剂比色法		GB/T 7479—1987
		水质　铵的测定　水杨酸分光光度法		GB/T 7481—1987
		水质　氨氮的测定　气相分子吸收光谱法		HJ/T 195—2005
9	总氮	水质　总氮的测定　碱性过硫酸钾消解紫外分光光度法		GB/T 11894—1989
		水质　总氮的测定　气相分子吸收光谱法		HJ/T 199—2005
10	总磷	水质　总磷的测定　钼酸铵分光光度法		GB/T 11893—1989
11	甲醛	水质　甲醛的测定　乙酰丙酮分光光度法		GB/T 13197—1991
12	乙腈	吹脱捕集气相色谱法		附录 A
13	总余氯	水质　游离氯和总氯的测定　N,N-二乙基-1,4-苯二胺滴定法		GB/T 11897—1989
		水质　游离氯和总氯的测定　N,N-二乙基-1,4-苯二胺分光光度法		GB/T 11898—1989
14	粪大肠菌群数	水质　粪大肠菌群的测定　多管发酵和滤膜法		HJ/T 347—2007
15	总有机碳	水质　总有机碳（TOC）的测定　非色散红外线吸收法		GB/T 13193—1991
		水质　总有机碳的测定　燃烧氧化−非分散红外吸收法		HJ/T 71—2001
16	急性毒性	水质　急性毒性的测定　发光细菌法		GB/T 15441—1995

注：测定暂无适用方法标准的污染物项目，使用附录所列方法，待国家发布相应的方法标准并实施后，停止使用。

附录 A（规范性附录）

乙腈的测定 吹脱捕集气相色谱法（P&T-GC-FID）

A.1 方法原理

通过吹脱管用氮气（或氢气）将水样中的挥发性有机物（Volatile Organic Compounds，VOCs）连续吹脱出来，通过气流带入并吸附于捕集管中，将水样中的 VOCs 全部吹脱出来以后，停止对水样的吹脱并迅速加热捕集管，将捕集管中的 VOCs 热吹脱附出来，进入气相色谱仪。气相色谱仪采用在线冷柱头进样，使热脱附的 VOCs 冷凝浓缩，然后快速加热进样。

A.2 干扰及消除

用 P&T-GC-FID 法测定水中挥发性有机物时，水样中的半挥发性有机物不会干扰分析测定。

A.3 方法的适用范围

本方法用于江、河、湖等地表水中的挥发性有机物的测定，也适用于污水中挥发性有机物的测定，但样品要做适当的稀释。乙腈的最低检出限为 0.02 μg/L。

A.4 水样采集与保存

用水样荡洗玻璃采样瓶三次，将水样沿瓶壁缓缓倒入瓶中，滴加盐酸使水样 pH<2，瓶中不留顶上空间和气泡，然后将样品置于 4℃无有机气体干扰的区域保存，在采样 14 d 内分析。

A.5 仪器

1）气相色谱仪：氢火焰离子化检测器（FID）。

2）吹脱捕集装置。

3）吹脱管：5 mL，25 mL。

4）捕集管：Tenax/Silica Gel/Ch arcoal。

5）气密性注射器：5 mL，25 mL。

6）样品瓶：40 mL 棕色螺口玻璃瓶。

7）微量注射器：1 μL，9 μL。

A.6 试剂

1）VOCs 混合标准样品：VOCs1 混标（24 种）和 VOCs2 混标（54 种）。根据需要购买不同含量的浓标混合贮备液。

2）纯水：二次蒸馏水，在使用前用高纯氮气吹 10 min，验证无干扰后方可使用。

3）内标：对溴氟苯，浓度为 100 μg/mL。

4）保护剂：盐酸（1∶1），抗坏血酸（分析纯）。

A.7 步骤

1）色谱条件

毛细管色谱柱：60 m×0.25 mm（内径），膜厚 1.0 μm。

柱温：40℃ ⟶ （1 min）⟶ 4℃/min ⟶ 100℃（6 min）⟶
10℃/min ⟶ 200℃（5 min）。

进样温度：180℃；检测器温度：220℃。

载气：高纯 N_2，1.7 mL/min。

燃烧气：H_2，35 mL/min。

助燃气：空气，350 mL/min。

进样方式：不分流进样。

2）吹脱捕集条件

吹脱时间 8 min，捕集温度 35℃，解析温度 180℃，解析时间 6 min，烘烤温度 220℃，烘烤时间 25 min，吹脱气体为高纯 N_2，吹脱流速 40 mL/min。

3）工作曲线

取适量 VOCs1 混标，用纯水配制质量浓度为 0.4、0.8、4.0、10.0、50.0 μg/L 的标准溶液，另取适量 VOCs2 混标，用纯水配制质量浓度为 0.1、1.0、5.0、10.0、50.0 μg/L 的标准溶液，分别进样，记录峰的保留时间和峰高（或峰面积），绘制工作曲线。

4）样品测定

用气密性注射器吸取 25 mL 水样，加入 1 μL 内标（质量浓度为 4 μg/L），注入吹脱管，进行分析测定，记录色谱峰的保留时间和峰高（或峰面积）。

5）定量计算

记录每个化合物的峰高（或峰面积），通过校准曲线查得水样中各化合物的质量浓度。

6）标准样品的色谱图

如下图所示。

A.8 精密度和准确度

将质量浓度为 4.0 μg/L 的 VOCs1 乙腈混合标样和质量浓度为 5.0 μg/L 的 VOCs2 乙腈混合标样分别测定七次，由测定结果计算相对标准偏差和回收率。

VOCs1 乙腈混合标样相对标准偏差为 3.6%，回收率为 103%。

A.9 注意事项

1）采样瓶最好为棕色瓶，样品采集后即处于密闭体系，并应尽快分析。

2）若样品中含有余氯，在采样时应加入相当于所采水样重量 0.5% 的抗坏血酸，将样品中的余氯除去。

3）样品采集、分析过程中做好质量控制和质量保证工作，保证测试数据的准确性。

4）污水样品要采用 5 mL 的吹脱管。

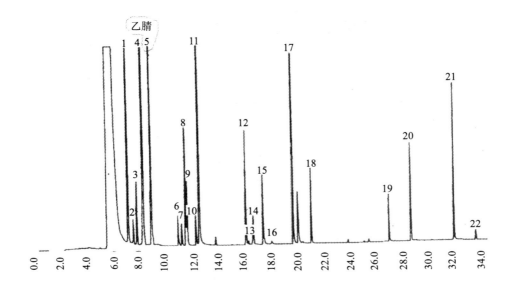

中华人民共和国国家标准

中药类制药工业水污染物排放标准

Discharge standard of water pollutants for pharmaceutical
industry Chinese traditional medicine category

GB 21906—2008

前 言

为贯彻《中华人民共和国环境保护法》、《中华人民共和国水污染防治法》、《中华人民共和国海洋环境保护法》、《国务院关于落实科学发展观 加强环境保护的决定》等法律、法规和《国务院关于编制全国主体功能区规划的意见》，保护环境，防治污染，促进制药工业生产工艺和污染治理技术的进步，制定本标准。

本标准规定了中药类制药企业或生产设施水污染物排放限值。

本标准适用于现有中药类制药企业或生产设施的水污染物排放管理。

本标准适用于对中药类制药工业企业排放大气污染物（含恶臭污染物）、环境噪声适用相应的国家污染物排放标准，产生固体废物的鉴别、处理和处置适用国家固体废物污染控制标准。

自本标准实施之日起，中药类制药工业企业的水污染物排放控制按本标准的规定执行，不再执行《污水综合排放标准》（GB 8978—1996）中的相关规定。

本标准为首次发布。

本标准由环境保护部科技标准司组织制订。

本标准主要起草单位：中国环境科学研究院、中国中药协会、河北省环境科学研究院。

本标准环境保护部 2008 年 4 月 29 日批准。

本标准自 2008 年 8 月 1 日起实施。

本标准由环境保护部解释。

1 适用范围

本标准规定了中药类制药企业或生产设施水污染物排放限值。

本标准适用于现有中药类制药企业或生产设施的水污染物排放管理。

本标准适用于对中药类制药工业建设项目的环境影响评价、环境保护设施设计、竣工环境保护验收及其投产后的水污染物排放管理。

本标准适用于以药用植物和药用动物为主要原料，按照国家药典，生产中药饮片和中成药各种剂型产品的制药工业企业。藏药、蒙药等民族传统医药制药工业企业以及与中药类药物相似的兽药生产企业的水污染防治与管理也适用于本标准。当中药类制药工业企业提取某种特定药物成分时，应执行提取类制药工业水污染物排放标准。

本标准适用于法律允许的污染物排放行为。新设立污染源的选址和特殊保护区域内现有污染源的管理，按照《中华人民共和国大气污染防治法》、《中华人民共和国水污染防治法》、《中华人民共和国海洋环境保护法》、《中华人民共和国固体废物污染环境防治法》、《中华人民共和国放射性污染防治法》、《中华人民共和国环境影响评价法》等法律、法规、规章的相关规定执行。

本标准规定的水污染物排放控制要求适用于企业向环境水体的排放行为。

企业向设置污水处理厂的城镇排水系统排放废水时，有毒污染物总汞、总砷在本标准规定的监控位置执行相应的排放限值；其他污染物的排放控制要求由企业与城镇污水处理厂根据其污水处理能力商定或执行相关标准，并报当地环境保护主管部门备案；城镇污水处理厂应保证排放污染物达到相关排放标准要求。

建设项目拟向设置污水处理厂的城镇排水系统排放废水时，由建设单位和城镇污水处理厂按前款的规定执行。

2 规范性引用文件

本标准内容引用了下列文件或其中的条款。

GB/T 6920—1986　水质　pH 值的测定　玻璃电极法

GB/T 7468—1987　水质　总汞的测定　冷原子吸收分光光度法

GB/T 7478—1987　水质　铵的测定　蒸馏和滴定法

GB/T 7479—1987　水质　铵的测定　纳氏试剂比色法

GB/T 7481—1987　水质　铵的测定　水杨酸分光光度法

GB/T 7485—1987　水质　总砷的测定　二乙基二硫代氨基甲酸银分光光度法

GB/T 7486—1987　水质　氰化物的测定　第一部分：总氰化物

GB/T 7488—1987　水质　五日生化需氧量（BOD_5）的测定　稀释与接种法

GB/T 11893—1989　水质　总磷的测定　钼酸铵分光光度法

GB/T 11894—1989　水质　总氮的测定　碱性过硫酸钾消解紫外分光光度法

GB/T 11901—1989　水质　悬浮物的测定　重量法

GB/T 11903—1989　水质　色度的测定

GB/T 11914—1989　水质　化学需氧量的测定　重铬酸盐法

GB/T 13193—1991　水质　总有机碳（TOC）的测定　非色散红外线吸收法

GB/T 15441—1995　水质　急性毒性的测定　发光细菌法

GB/T 16488—1996　水质　石油类和动植物油的测定　红外光度法

HJ/T 71—2001　水质　总有机碳的测定　燃烧氧化—非分散红外吸收法

HJ/T 195—2005　水质　氨氮的测定　气相分子吸收光谱法

HJ/T 199—2005 水质 总氮的测定 气相分子吸收光谱法

HJ/T 399—2007 水质 化学需氧量的测定 快速消解分光光度法

《污染源自动监控管理办法》（国家环境保护总局令 第 28 号）

《环境监测管理办法》（国家环境保护总局令 第 39 号）

3 术语和定义

下列术语和定义适用于本标准。

3.1 中药制药

指以药用植物和药用动物为主要原料，根据国家药典，生产中药饮片和中成药各种剂型产品的过程。

3.2 现有企业

本标准实施之日前已建成投产或环境影响评价文件已通过审批的中药类制药企业或生产设施。

3.3 新建企业

本标准实施之日起环境影响评价文件通过审批的新建、改建和扩建中药类制药工业建设项目。

3.4 排水量

指生产设施或企业向企业法定边界以外排放的废水的量。包括与生产有直接或间接关系的各种外排废水（含厂区生活污水、冷却废水、厂区锅炉和电站废水等）。

3.5 单位产品基准排水量

指用于核定水污染物排放浓度而规定的生产单位产品的废水排放量上限值。

4 水污染物排放控制要求

4.1 自 2009 年 1 月 1 日起至 2010 年 6 月 30 日止，现有企业执行表 1 规定的水污染物排放浓度限值。

4.2 自 2010 年 7 月 1 日起，现有企业执行表 1 规定的水污染物排放浓度限值。

4.3 自 2008 年 8 月 1 日起，新建企业执行表 2 规定的水污染物排放浓度限值。

4.4 根据环境保护工作的要求，在国土开发密度较高、环境承载能力开始减弱，或水环境容量较小、生态环境脆弱，容易发生严重水环境污染问题而需要采取特别保护措施的地区，应严格控制企业的污染物排放行为，在上述地区的企业执行表 3 规定的水污染物特别排放限值。

执行水污染物特别排放限值的地域范围、时间，由国务院环境保护主管部门或省级人民政府规定。

4.5 水污染物排放浓度限值适用于单位产品实际排水量不高于单位产品基准排水量的情况。若单位产品实际排水量超过单位产品基准排水量，须按式（1）将实测水污染物浓度换算为水污染物基准水量排放浓度，并以水污染物基准水量排放浓度作为判定排放是否达标的依据。产品产量和排水量统计周期为一个工作日。

表 1　现有企业水污染物排放浓度限值及单位产品基准排水量

单位：mg/L（pH 值、色度除外）

序号	污染物项目	限值	污染物排放监控位置
1	pH 值	6～9	企业废水总排放口
2	色度（稀释倍数）	80	
3	悬浮物	70	
4	五日生化需氧量（BOD_5）	30	
5	化学需氧量（COD_{Cr}）	130	
6	动植物油	10	
7	氨氮	10	
8	总氮	30	
9	总磷	1.0	
10	总有机碳（TOC）	30	
11	总氰化物	0.5	
12	急性毒性（$HgCl_2$ 毒性当量）	0.07	
13	总汞	0.05	车间或生产设施废水排放口
14	总砷	0.5	
单位产品基准排水量/（m³/t）		300	排水量计量位置与污染物排放监控位置一致

表 2　新建企业水污染物排放浓度限值及单位产品基准排水量

单位：mg/L（pH 值、色度除外）

序号	污染物项目	限值	污染物排放监控位置
1	pH 值	6～9	企业废水总排放口
2	色度（稀释倍数）	50	
3	悬浮物	50	
4	五日生化需氧量（BOD_5）	20	
5	化学需氧量（COD_{Cr}）	100	
6	动植物油	5	
7	氨氮	8	
8	总氮	20	
9	总磷	0.5	
10	总有机碳（TOC）	25	
11	总氰化物	0.5	
12	急性毒性（$HgCl_2$ 毒性当量）	0.07	
13	总汞	0.05	车间或生产设施废水排放口
14	总砷	0.5	
单位产品基准排水量/（m³/t）		300	排水量计量位置与污染物排放监控位置一致

表 3　水污染物特别排放浓度限值

单位：mg/L（pH 值、色度除外）

序号	污染物项目	限值	污染物排放监控位置
1	pH 值	6～9	
2	色度（稀释倍数）	30	
3	悬浮物	15	
4	五日生化需氧量（BOD$_5$）	15	
5	化学需氧量（COD$_{Cr}$）	50	
6	动植物油	5	企业废水总排放口
7	氨氮	5	
8	总氮	15	
9	总磷	0.5	
10	总有机碳（TOC）	20	
11	总氰化物	0.3	
12	急性毒性（HgCl$_2$ 毒性当量）	0.07	
13	总汞	0.01	车间或生产设施废水排放口
14	总砷	0.1	
单位产品基准排水量/（m³/t）		300	排水量计量位置与污染物排放监控位置一致

4.6　在企业的生产设施同时生产两种以上类别的产品、可适用不同排放控制要求或不同行业国家污染物排放标准，且生产设施产生的污水混合处理排放的情况下，应执行排放标准中规定的最严格的浓度限值，并按式（1）换算水污染物基准水量排放浓度。

$$\rho_{基} = \frac{Q_{总}}{\sum Y_i \cdot Q_{i基}} \cdot \rho_{实} \tag{1}$$

式中：$\rho_{基}$——水污染物基准水量排放浓度，mg/L；

$Q_{总}$——排水总量，m³；

Y_i——第 i 种产品产量，t；

$Q_{i基}$——第 i 种产品的单位产品基准排水量，m³/t；

$\rho_{实}$——实测水污染物排放浓度，mg/L。

若 $Q_{总}$ 与 $\sum Y_i \cdot Q_{i基}$ 的比值小于 1，则以水污染物实测浓度作为判定排放是否达标的依据。

5　水污染物监测要求

5.1　对企业排放废水的采样应根据监测污染物的种类，在规定的污染物排放监控位置进行，有废水处理设施的，应在该设施后监控。在污染物排放监控位置应设置永久性排污口标志。

5.2　新建企业应按照《污染源自动监控管理办法》的规定，安装污染物排放自动监控设备，并与环境保护主管部门的监控设备联网，保证设备正常运行。各地现有企业安装污染物排放自动监控设备的要求由省级环境保护主管部门规定。

5.3　对企业水污染物排放情况进行监测的频次、采样时间等要求，按国家有关污染源监测技术规范的规定执行。

　　5.4　企业产品产量的核定，以法定报表为依据。

　　5.5　对企业排放水污染物浓度的测定采用表4所列的方法标准。

　　5.6　企业须按照有关法律和《环境监测管理办法》的规定，对排污状况进行监测，并保存原始监测记录。

表4　水污染物浓度测定方法标准

序号	污染物项目	方法标准名称		方法标准编号
1	pH 值	水质　pH 值的测定　玻璃电极法		GB/T 6920—1986
2	色度	水质　色度的测定		GB/T 11903—1989
3	悬浮物	水质　悬浮物的测定　重量法		GB/T 11901—1989
4	五日生化需氧量	水质　五日生化需氧量（BOD$_5$）的测定　稀释与接种法		GB/T 7488—1987
5	化学需氧量	水质　化学需氧量的测定　重铬酸盐法		GB/T 11914—1989
6	动植物油	水质　化学需氧量的测定　快速消解分光光度法		HJ/T 399—2007
		水质　石油类和动植物油的测定　红外光度法		GB/T 16488—1996
7	氨氮	水质　铵的测定　蒸馏和滴定法		GB/T 7478—1987
		水质　铵的测定　纳氏试剂比色法		GB/T 7479—1987
		水质　铵的测定　水杨酸分光光度法		GB/T 7481—1987
		水质　氨氮的测定　气相分子吸收光谱法		HJ/T 195—2005
8	总氮	水质　总氮的测定　碱性过硫酸钾消解紫外分光光度法		GB/T 11894—1989
		水质　总氮的测定　气相分子吸收光谱法		HJ/T 199—2005
9	总磷	水质　总磷的测定　钼酸铵分光光度法		GB/T 11893—1989
10	总有机碳	水质　总有机碳（TOC）的测定　非色散红外线吸收法		GB/T 13193—1991
		水质　总有机碳的测定　燃烧氧化-非分散红外吸收法		HJ/T 71—2001
11	总氰化物	水质　氰化物的测定　第一部分：总氰化物		GB/T 7486—1987
12	总汞	水质　总汞的测定　冷原子吸收分光光度法		GB/T 7468—1987
13	总砷	水质　总砷的测定　二乙基二硫代氨基甲酸银分光光度法		GB/T 7485—1987
14	急性毒性	水质　急性毒性的测定　发光细菌法		GB/T 15441—1995

6　实施与监督

　　6.1　本标准由县级以上人民政府环境保护主管部门负责监督实施。

　　6.2　在任何情况下，中药类制药生产企业均应遵守本标准规定的水污染物排放控制要求，采取必要措施保证污染防治设施正常运行。各级环保部门在对企业进行监督检查时，可以现场即时采样或监测的结果，作为判定排污行为是否符合排放标准以及实施相关环境保护管理措施的依据。在发现企业耗水或排水量有异常变化的情况下，应核定企业的实际产品产量和排水量，按本标准规定，换算水污染物基准水量排放浓度。

中华人民共和国国家标准

提取类制药工业水污染物排放标准

Discharge standard of water pollutants for pharmaceutical industry extraction products category

GB 21905—2008

前　言

　　为贯彻《中华人民共和国环境保护法》、《中华人民共和国水污染防治法》、《中华人民共和国海洋环境保护法》、《国务院关于落实科学发展观　加强环境保护的决定》等法律、法规和《国务院关于编制全国主体功能区规划的意见》，保护环境，防治污染，促进制药工业生产工艺和污染治理技术的进步，制定本标准。

　　本标准规定了提取类制药工业企业水污染物的排放限值、监测和监控要求。为促进区域经济与环境协调发展，推动经济结构的调整和经济增长方式的转变，引导工业生产工艺和污染治理技术的发展方向，本标准规定了水污染物特别排放限值。

　　本标准中的污染物排放浓度均为质量浓度。

　　提取类制药工业企业排放大气污染物（含恶臭污染物）、环境噪声适用相应的国家污染物排放标准，产生固体废物的鉴别、处理和处置适用国家固体废物污染控制标准。

　　自本标准实施之日起，提取类制药工业企业的水污染物排放控制按本标准的规定执行，不再执行《污水综合排放标准》（GB 8978—1996）中的相关规定。

　　本标准为首次发布。

　　本标准由环境保护部科技标准司组织制订。

　　本标准主要起草单位：河北省环境科学研究院、环境保护部环境标准研究所。

　　本标准环境保护部 2008 年 4 月 29 日批准。

　　本标准自 2008 年 8 月 1 日起实施。

　　本标准由环境保护部解释。

1 适用范围

　　本标准规定了提取类制药（不含中药）企业或生产设施水污染物的排放限值。

　　本标准适用于现有提取类制药企业或生产设施的水污染物排放管理。

本标准适用于对提取类制药工业建设项目的环境影响评价、环境保护设施设计、竣工环境保护验收及其投产后的水污染物排放管理。

与提取类制药生产企业生产药物结构相似的兽药生产企业的水污染防治和管理也适用于本标准。

本标准适用于不经过化学修饰或人工合成提取的生化药物、以动植物提取为主的天然药物和海洋生物提取药物生产企业。本标准不适用于用化学合成、半合成等方法制得的生化基本物质的衍生物或类似物、菌体及其提取物、动物器官或组织及小动物制剂类药物的生产企业。

本标准适用于法律允许的污染物排放行为。新设立污染源的选址和特殊保护区域内现有污染源的管理，按照《中华人民共和国大气污染防治法》、《中华人民共和国水污染防治法》、《中华人民共和国海洋环境保护法》、《中华人民共和国固体废物污染环境防治法》、《中华人民共和国放射性污染防治法》、《中华人民共和国环境影响评价法》等法律的相关规定执行。

本标准规定的水污染物排放控制要求适用于企业向环境水体的排放行为。

企业向设置污水处理厂的城镇排水系统排放废水时，其污染物的排放控制要求由企业与城镇污水处理厂根据其污水处理能力商定或执行相关标准，并报当地环境保护主管部门备案；城镇污水处理厂应保证排放污染物达到相关排放标准要求。

建设项目拟向设置污水处理厂的城镇排水系统排放废水时，由建设单位和城镇污水处理厂按前款的规定执行。

2 规范性引用文件

本标准内容引用了下列文件或其中的条款。

GB/T 6920—1986　水质　pH 值的测定　玻璃电极法

GB/T 7478—1987　水质　铵的测定　蒸馏和滴定法

GB/T 7479—1987　水质　铵的测定　纳氏试剂比色法

GB/T 7481—1987　水质　铵的测定　水杨酸分光光度法

GB/T 7488—1987　水质　五日生化需氧量（BOD_5）的测定　稀释与接种法

GB/T 11893—1989　水质　总磷的测定　钼酸铵分光光度法

GB/T 11894—1989　水质　总氮的测定　碱性过硫酸钾消解紫外分光光度法

GB/T 11901—1989　水质　悬浮物的测定　重量法

GB/T 11903—1989　水质　色度的测定

GB/T 11914—1989　水质　化学需氧量的测定　重铬酸盐法

GB/T 13193—1991　水质　总有机碳（TOC）的测定　非色散红外线吸收法

GB/T 15441—1995　水质　急性毒性的测定　发光细菌法

GB/T 16488—1996　水质　石油类和动植物油的测定　红外光度法

HJ/T 71—2001　水质　总有机碳的测定　燃烧氧化-非分散红外吸收法

HJ/T 195—2005　水质　氨氮的测定　气相分子吸收光谱法

HJ/T 199—2005　水质　总氮的测定　气相分子吸收光谱法

HJ/T 399—2007　水质　化学需氧量的测定　快速消解分光光度法

《污染源自动监控管理办法》（国家环境保护总局令 第 28 号）

《环境监测管理办法》（国家环境保护总局令 第 39 号）

3 术语和定义

下列术语和定义适用于本标准。

3.1 提取类制药

指运用物理的、化学的、生物化学的方法，将生物体中起重要生理作用的各种基本物质经过提取、分离、纯化等手段制造药物的过程。

3.2 现有企业

本标准实施之日前已建成投产或环境影响评价文件已通过审批的提取类制药企业或生产设施。

3.3 新建企业

本标准实施之日起环境影响评价文件通过审批的新建、改建和扩建提取类制药工业建设项目。

3.4 排水量

指生产设施或企业向企业法定边界以外排放的废水的量，包括与生产有直接或间接关系的各种外排废水（含厂区生活污水、冷却废水、厂区锅炉和电站废水等）。

3.5 单位产品基准排水量

指用于核定水污染物排放浓度而规定的生产单位产品的污水排放量上限值。

4 水污染物排放控制要求

4.1 自 2009 年 1 月 1 日起至 2010 年 6 月 30 日止，现有企业执行表 1 规定的水污染物排放浓度限值。

4.2 自 2010 年 7 月 1 日起，现有企业执行表 1 规定的水污染物排放浓度限值。

4.3 自 2008 年 8 月 1 日起，新建企业执行表 2 规定的水污染物排放浓度限值。

表 1 现有企业水污染物排放浓度限值及单位产品基准排水量

单位：mg/L（pH 值、色度除外）

序号	污染物项目	限值	污染物排放监控位置
1	pH 值	6～9	
2	色度（稀释倍数）	80	
3	悬浮物	70	
4	五日生化需氧量（BOD_5）	30	
5	化学需氧量（COD_{Cr}）	150	
6	动植物油	10	企业废水总排放口
7	氨氮	20	
8	总氮	40	
9	总磷	1.0	
10	总有机碳（TOC）	50	
11	急性毒性（$HgCl_2$ 毒性当量）	0.07	
单位产品基准排水量/（m^3/t）		500	排水量计量位置与污染物排放监控位置一致

表2 新建企业水污染物排放浓度限值及单位产品基准排水量

单位：mg/L（pH 值、色度除外）

序号	污染物项目	限值	污染物排放监控位置
1	pH 值	6～9	
2	色度（稀释倍数）	50	
3	悬浮物	50	
4	五日生化需氧量（BOD$_5$）	20	
5	化学需氧量（COD$_{Cr}$）	100	
6	动植物油	5	企业废水总排放口
7	氨氮	15	
8	总氮	30	
9	总磷	0.5	
10	总有机碳（TOC）	30	
11	急性毒性（HgCl$_2$毒性当量）	0.07	
	单位产品基准排水量/（m^3/t）	500	排水量计量位置与污染物排放监控位置一致

4.4　根据环境保护工作的要求，在国土开发密度较高、环境承载能力开始减弱，或水环境容量较小、生态环境脆弱，容易发生严重水环境污染问题而需要采取特别保护措施的地区，应严格控制企业的污染物排放行为，在上述地区的企业执行表 3 规定的水污染物特别排放限值。

表3 水污染物特别排放浓度限值

单位：mg/L（pH 值、色度除外）

序号	污染物项目	限值	污染物排放监控位置
1	pH 值	6～9	
2	色度（稀释倍数）	30	
3	悬浮物	10	
4	五日生化需氧量（BOD$_5$）	10	
5	化学需氧量（COD$_{Cr}$）	50	
6	动植物油	5	企业废水总排放口
7	氨氮	5	
8	总氮	15	
9	总磷	0.5	
10	总有机碳（TOC）	15	
11	急性毒性（HgCl$_2$毒性当量）	0.07	
	单位产品基准排水量/（m^3/t）	500	排水量计量位置与污染物排放监控位置一致

执行水污染物特别排放限值的地域范围、时间，由国务院环境保护主管部门或省级人民政府规定。

4.5　水污染物排放浓度限值适用于单位产品实际排水量不高于单位产品基准排水量的情况。若单位产品实际排水量超过单位产品基准排水量，须按式（1）将实测水污染物浓度换算为水污染物基准水量排放浓度，并以水污染物基准水量排放浓度作为判定排放是否达标的依据。产品产量和排水量统计周期为一个工作日。

在企业的生产设施同时生产两种以上产品、可适用不同排放控制要求或不同行业国家污染物排放标准，且生产设施产生的污水混合处理排放的情况下，应执行排放标准中规定的最严格的浓度限值，并按式（1）换算水污染物基准水量排放浓度。

$$\rho_{基} = \frac{Q_{总}}{\sum Y_i \cdot Q_{i基}} \cdot \rho_{实} \tag{1}$$

式中：$\rho_{基}$——水污染物基准水量排放浓度，mg/L；

$Q_{总}$——排水总量，m^3；

Y_i——第 i 种产品产量，t；

$Q_{i基}$——第 i 种产品的单位产品基准排水量，m^3/t；

$\rho_{实}$——实测水污染物排放浓度，mg/L。

若 $Q_{总}$ 与 $\sum Y_i \cdot Q_{i基}$ 的比值小于 1，则以水污染物实测浓度作为判定排放是否达标的依据。

5 水污染物监测要求

5.1 对企业排放废水的采样应根据监测污染物的种类，在规定的污染物排放监控位置进行，有废水处理设施的，应在该设施后监控。污染物排放监控位置应设置永久性排污口标志。

5.2 新建企业应按照《污染源自动监控管理办法》的规定，安装污染物排放自动监控设备，并与环境保护主管部门的监控设备联网，保证设备正常运行。各地现有企业安装污染物排放自动监控设备的要求由省级环境保护主管部门规定。

5.3 对企业水污染物排放情况进行监测的频次、采样时间等要求，按国家有关污染源监测技术规范的规定执行。

5.4 企业产品产量的核定，以法定报表为依据。

5.5 对企业排放水污染物浓度的测定采用表 4 所列的方法标准。

表 4 水污染物浓度测定方法标准

序号	污染物项目	方法标准名称	方法标准编号
1	pH 值	水质 pH 值的测定 玻璃电极法	GB/T 6920—1986
2	色度	水质 色度的测定	GB/T 11903—1989
3	悬浮物	水质 悬浮物的测定 重量法	GB/T 11901—1989
4	五日生化需氧量	水质 五日生化需氧量（BOD$_5$）的测定 稀释与接种法	GB/T 7488—1987
5	化学需氧量	水质 化学需氧量的测定 重铬酸盐法	GB/T 11914—1989
6	动植物油	水质 化学需氧量的测定 快速消解分光光度法	HJ/T 399—2007
		水质 石油类和动植物油的测定 红外光度法	GB/T 16488—1996
7	氨氮	水质 铵的测定 蒸馏和滴定法	GB/T 7478—1987
		水质 铵的测定 纳氏试剂比色法	GB/T 7479—1987
		水质 铵的测定 水杨酸分光光度法	GB/T 7481—1987
		水质 氨氮的测定 气相分子吸收光谱法	HJ/T 195—2005
8	总氮	水质 总氮的测定 碱性过硫酸钾消解紫外分光光度法	GB/T 11894—1989
		水质 总氮的测定 气相分子吸收光谱法	HJ/T 199—2005

序号	污染物项目	方法标准名称	方法标准编号
9	总磷	水质 总磷的测定 钼酸铵分光光度法	GB/T 11893—1989
10	总有机碳	水质 总有机碳（TOC）的测定 非色散红外线吸收法	GB/T 13193—1991
		水质 总有机碳的测定 燃烧氧化—非分散红外吸收法	HJ/T 71—2001
11	急性毒性	水质 急性毒性的测定 发光细菌法	GB/T 15441—1995

5.6 企业须按照有关法律和《环境监测管理办法》的规定，对排污状况进行监测，并保存原始监测记录。

6 实施与监督

6.1 本标准由县级以上人民政府环境保护主管部门负责监督实施。

6.2 在任何情况下，提取类制药生产企业均应遵守本标准规定的水污染物排放控制要求，采取必要措施保证污染防治设施正常运行。各级环保部门在对企业进行监督性检查时，可以现场即时采样或监测的结果，作为判定排污行为是否符合排放标准以及实施相关环境保护管理措施的依据。在发现企业耗水或排水量有异常变化的情况下，应核定企业的实际产品产量和排水量，按本标准的规定，换算水污染物基准水量排放浓度。

中华人民共和国国家标准

化学合成类制药工业水污染物排放标准

Discharge standard of water pollutants for pharmaceutical
industry chemical synthesis products category

GB 21904—2008

前 言

为贯彻《中华人民共和国环境保护法》、《中华人民共和国水污染防治法》、《中华人民共和国海洋环境保护法》、《国务院关于落实科学发展观 加强环境保护的决定》等法律、法规和《国务院关于编制全国主体功能区规划的意见》，保护环境，防治污染，促进制药工业生产工艺和污染治理技术的进步，制定本标准。

本标准规定了化学合成类制药工业企业水污染物排放限值、监测和监控要求。为促进区域经济与环境协调发展，推动经济结构的调整和经济增长方式的转变，引导工业生产工艺和污染治理技术的发展方向，本标准规定了水污染物特别排放限值。

本标准中的污染物排放浓度均为质量浓度。

化学合成类制药工业企业排放大气污染物（含恶臭污染物）、环境噪声适用相应的国家污染物排放标准，产生固体废物的鉴别、处理和处置适用国家固体废物污染控制标准。

自本标准实施之日起，化学合成类制药工业企业的水污染物排放控制按本标准的规定执行，不再执行《污水综合排放标准》（GB 8978—1996）中的相关规定。

本标准为首次发布。

本标准由环境保护部科技标准司组织制订。

本标准主要起草单位：哈尔滨工业大学、河北省环境科学研究院、环境保护部环境标准研究所。

本标准环境保护部 2008 年 4 月 29 日批准。

本标准自 2008 年 8 月 1 日起实施。

本标准由环境保护部解释。

1 适用范围

本标准规定了化学合成类制药企业或生产设施水污染物的排放限值。

本标准适用于现有化学合成类制药企业或生产设施的水污染物排放管理。

本标准适用于对化学合成类制药工业建设项目的环境影响评价、环境保护设施设计、竣工环境保护验收及其投产后的水污染防治和管理。

本标准也适用于专供药物生产的医药中间体工厂（如精细化工厂）。与化学合成类药物结构相似的兽药生产企业的水污染防治与管理也适用于本标准。

本标准适用于法律允许的污染物排放行为。新设立污染源的选址和特殊保护区域内现有污染源的管理，按照《中华人民共和国大气污染防治法》、《中华人民共和国水污染防治法》、《中华人民共和国海洋环境保护法》、《中华人民共和国固体废物污染环境防治法》、《中华人民共和国放射性污染防治法》、《中华人民共和国环境影响评价法》等法律、法规、规章的相关规定执行。

本标准规定的水污染物排放控制要求适用于企业向环境水体的排放行为。

企业向设置污水处理厂的城镇排水系统排放废水时，有毒污染物总镉、烷基汞、六价铬、总砷、总铅、总镍、总汞在本标准规定的监控位置执行相应的排放限值；其他污染物的排放控制要求由企业与城镇污水处理厂根据其污水处理能力商定或执行相关标准，并报当地环境保护主管部门备案；城镇污水处理厂应保证排放污染物达到相关排放标准要求。

建设项目拟向设置污水处理厂的城镇排水系统排放废水时，由建设单位和城镇污水处理厂按前款的规定执行。

2 规范性引用文件

本标准内容引用了下列文件或其中的条款。

GB/T 6920—1986 水质 pH 值的测定 玻璃电极法

GB/T 7467—1987 水质 六价铬的测定 二苯碳酰二肼分光光度法

GB/T 7468—1987 水质 总汞的测定 冷原子吸收分光光度法

GB/T 7472—1987 水质 锌的测定 双硫腙分光光度法

GB/T 7474—1987 水质 铜的测定 二乙基二硫代氨基甲酸钠分光光度法

GB/T 7475—1987 水质 铜、锌、铅、镉的测定 原子吸收分光光度法

GB/T 7478—1987 水质 铵的测定 蒸馏和滴定法

GB/T 7479—1987 水质 铵的测定 纳氏试剂比色法

GB/T 7481—1987 水质 铵的测定 水杨酸分光光度法

GB/T 7485—1987 水质 总砷的测定 二乙基二硫代氨基甲酸银分光光度法

GB/T 7486—1987 水质 氰化物的测定 第一部分：总氰化物的测定

GB/T 7488—1987 水质 五日生化需氧量（BOD_5）的测定 稀释与接种法

GB/T 7490—1987 水质 挥发酚的测定 蒸馏后 4-氨基安替比林分光光度法

GB/T 11889—1989 水质 苯胺类化合物的测定 N-（1-萘基）乙二胺偶氮分光光度法

GB/T 11893—1989 水质 总磷的测定 钼酸铵分光光度法

GB/T 11894—1989 水质 总氮的测定 碱性过硫酸钾消解紫外分光光度法

GB/T 11901—1989 水质 悬浮物的测定 重量法

GB/T 11903—1989　水质　色度的测定

GB/T 11910—1989　水质　镍的测定　丁二酮肟分光光度法

GB/T 11912—1989　水质　镍的测定　火焰原子吸收分光光度法

GB/T 11914—1989　水质　化学需氧量的测定　重铬酸盐法

GB/T 13193—1991　水质　总有机碳（TOC）的测定　非色散红外线吸收法

GB/T 13194—1991　水质　硝基苯、硝基甲苯、硝基氯苯、二硝基甲苯的测定　气相色谱法

GB/T 14204—1993　水质　烷基汞的测定　气相色谱法

GB/T 15441—1995　水质　急性毒性的测定　发光细菌法

GB/T 16489—1996　水质　硫化物的测定　亚甲基蓝分光光度法

GB/T 17130—1997　水质　挥发性卤代烃的测定　顶空气相色谱法

GB/T 17133—1997　水质　硫化物的测定　直接显色分光光度法

HJ/T 70 —2001　高氯废水　化学需氧量的测定　氯气校正法

HJ/T 71 —2001　水质　总有机碳的测定　燃烧氧化－非分散红外吸收法

HJ/T 132 —2003　高氯废水　化学需氧量的测定　碘化钾碱性高锰酸钾法

HJ/T 195—2005　水质　氨氮的测定　气相分子吸收光谱法

HJ/T 199—2005　水质　总氮的测定　气相分子吸收光谱法

HJ/T 399—2007　水质　化学需氧量的测定　快速消解分光光度法

《污染源自动监控管理办法》（国家环境保护总局令　第 28 号）

《环境监测管理办法》（国家环境保护总局令　第 39 号）

3　术语和定义

下列术语和定义适用于本标准。

3.1　化学合成类制药

采用一个化学反应或者一系列化学反应生产药物活性成分的过程。

3.2　现有企业

本标准实施之日前已建成投产或环境影响评价文件已通过审批的化学合成类制药企业或生产设施。

3.3　新建企业

本标准实施之日起环境影响评价文件通过审批的新建、改建和扩建化学合成类制药工业建设项目。

3.4　排水量

指生产设施或企业向企业法定边界以外排放的废水的量，包括与生产有直接或间接关系的各种外排废水（含厂区生活污水、冷却废水、厂区锅炉和电站排水等）。

3.5　单位产品基准排水量

指用于核定水污染物排放浓度而规定的生产单位产品的废水排放量上限值。

4　水污染物排放控制要求

4.1　排放限值

4.1.1　自 2009 年 1 月 1 日起至 2010 年 6 月 30 日止，现有企业执行表 1 规定的水污染物排放浓度限值。

4.1.2　自 2010 年 7 月 1 日起，现有企业执行表 1 规定的水污染物排放浓度限值。

4.1.3　自 2008 年 8 月 1 日起，新建企业执行表 2 规定的水污染物排放浓度限值。

表 1　现有企业水污染物排放浓度限值

单位：mg/L（pH 值、色度除外）

序号	污染物项目	限值	污染物排放监控位置
1	pH 值	6～9	企业废水总排放口
2	色度（稀释倍数）	50	
3	悬浮物	70	
4	五日生化需氧量（BOD$_5$）	40（35）	
5	化学需氧量（COD$_{Cr}$）	200（180）	
6	氨氮（以 N 计）	40（30）	
7	总氮	50（40）	
8	总磷	2.0	
9	总有机碳	60（50）	
10	急性毒性（HgCl$_2$ 毒性当量）	0.07	
11	总铜	0.5	
12	总锌	0.5	
13	总氰化物	0.5	
14	挥发酚	0.5	
15	硫化物	1.0	
16	硝基苯类	2.0	
17	苯胺类	2.0	
18	二氯甲烷	0.3	
19	总汞	0.05	车间或生产设施废水排放口
20	烷基汞	不得检出*	
21	总镉	0.1	
22	六价铬	0.5	
23	总砷	0.5	
24	总铅	1.0	
25	总镍	1.0	

注：* 烷基汞检出限：10 ng/L。
括号内排放限值适用于同时生产化学合成类原料药和混装制剂的联合生产企业。

表 2　新建企业水污染物排放浓度限值

单位：mg/L（pH 值、色度除外）

序号	污染物项目	限值	污染物排放监控位置
1	pH 值	6～9	企业废水总排放口
2	色度（稀释倍数）	50	
3	悬浮物	50	
4	五日生化需氧量（BOD$_5$）	25（20）	
5	化学需氧量（COD$_{Cr}$）	120（100）	
6	氨氮（以 N 计）	25（20）	
7	总氮	35（30）	

序号	污染物项目	限值	污染物排放监控位置
8	总磷	1.0	企业废水总排放口
9	总有机碳	35（30）	
10	急性毒性（HgCl$_2$毒性当量）	0.07	
11	总铜	0.5	
12	总锌	0.5	
13	总氰化物	0.5	
14	挥发酚	0.5	
15	硫化物	1.0	
16	硝基苯类	2.0	
17	苯胺类	2.0	
18	二氯甲烷	0.3	
19	总汞	0.05	车间或生产设施废水排放口
20	烷基汞	不得检出*	
21	总镉	0.1	
22	六价铬	0.5	
23	总砷	0.5	
24	总铅	1.0	
25	总镍	1.0	

注：*烷基汞检出限：10 ng/L。
括号内排放限值适用于同时生产化学合成类原料药和混装制剂的联合生产企业。

4.1.4 根据环境保护工作的要求，在国土开发密度较高、环境承载能力开始减弱，或水环境容量较小、生态环境脆弱，容易发生严重水环境污染问题而需要采取特别保护措施的地区，应严格控制企业的污染物排放行为，在上述地区的企业执行表 3 规定的水污染物特别排放限值。

执行水污染物特别排放限值的地域范围、时间，由国务院环境保护主管部门或省级人民政府规定。

表 3　水污染物特别排放浓度限值

单位：mg/L（pH 值、色度除外）

序号	污染物项目	限值	污染物排放监控位置
1	pH 值	6～9	企业废水总排放口
2	色度（稀释倍数）	30	
3	悬浮物	10	
4	五日生化需氧量（BOD$_5$）	10	
5	化学需氧量（COD$_{Cr}$）	50	
6	氨氮	5	
7	总氮	15	
8	总磷	0.5	
9	总有机碳	15	
10	急性毒性（HgCl$_2$毒性当量）	0.07	
11	总铜	0.5	
12	总锌	0.5	
13	总氰化物	不得检出[1]	

序号	污染物项目	限值	污染物排放监控位置
14	挥发酚	0.5	企业废水总排放口
15	硫化物	1.0	
16	硝基苯类	2.0	
17	苯胺类	1.0	
18	二氯甲烷	0.2	
19	总汞	0.05	车间或生产设施废水排放口
20	烷基汞	不得检出 [2]	
21	总镉	0.1	
22	六价铬	0.3	
23	总砷	0.3	
24	总铅	1.0	
25	总镍	1.0	

注：1）总氰化物检出限：0.25 mg/L。
  2）烷基汞检出限：10 ng/L。

4.2 基准水量排放浓度换算

4.2.1 生产不同类别的化学合成类制药产品，其单位产品基准排水量见表4。

表4 化学合成类制药工业单位产品基准排水量　　　　单位：m³/t

序号	药物种类	代表性药物	单位产品基准排水量
1	神经系统类	安乃近	88
		阿司匹林	30
		咖啡因	248
		布洛芬	120
2	抗微生物感染类	氯霉素	1 000
		磺胺嘧啶	280
		呋喃唑酮	2 400
		阿莫西林	240
		头孢拉定	1 200
3	呼吸系统类	愈创木酚甘油醚	45
4	心血管系统类	辛伐他汀	240
5	激素及影响内分泌类	氢化可的松	4 500
6	维生素类	维生素 E	45
		维生素 B$_1$	3 400
7	氨基酸类	甘氨酸	401
8	其他类	盐酸赛庚啶	1 894

注：排水量计量位置与污染物排放监控位置相同。

4.2.2 水污染物排放浓度限值适用于单位产品实际排水量不高于单位产品基准排水量的情况。若单位产品实际排水量超过单位产品基准排水量，须按式（1）将实测水污染物浓度换算为水污染物基准水量排放浓度，并以水污染物基准水量排放浓度作为判定排放是否达标的依据。产品产量和排水量统计周期为一个工作日。

在企业的生产设施同时生产两种以上产品、可适用不同排放控制要求或不同行业国家污染物排放标准，且生产设施产生的污水混合处理排放的情况下，应执行排放标准中规定的最严格的浓度限值，并按式（1）换算水污染物基准水量排放浓度。

$$\rho_{\text{基}} = \frac{Q_{\text{总}}}{\sum Y_i \cdot Q_{i\text{基}}} \cdot \rho_{\text{实}} \tag{1}$$

式中：$\rho_{\text{基}}$——水污染物基准水量排放浓度，mg/L；

$Q_{\text{总}}$——排水总量，m^3；

Y_i——第 i 种产品产量，t；

$Q_{i\text{基}}$——第 i 种产品的单位产品基准排水量，m^3/t；

$\rho_{\text{实}}$——实测水污染物排放浓度，mg/L。

若 $Q_{\text{总}}$ 与 $\sum Y_i \cdot Q_{i\text{基}}$ 的比值小于 1，则以水污染物实测浓度作为判定排放是否达标的依据。

5 水污染物监测要求

5.1 对企业排放废水的采样应根据监测污染物的种类，在规定的污染物排放监控位置进行，有废水处理设施的，应在该设施后监控。在污染物排放监控位置应设置永久性排污口标志。

5.2 新建企业应按照《污染源自动监控管理办法》的规定，安装污染物排放自动监控设备，并与环境保护主管部门的监控设备联网，保证设备正常运行。各地现有企业安装污染物排放自动监控设备的要求由省级环境保护主管部门规定。

5.3 对企业水污染物排放情况进行监测的频次、采样时间等要求，按国家有关污染源监测技术规范的规定执行。

5.4 企业产品产量的核定，以法定报表为依据。

5.5 对企业排放水污染物浓度的测定采用表 5 所列的方法标准。

5.6 企业须按照有关法律和《环境监测管理办法》的规定，对排污状况进行监测，并保存原始监测记录。

表 5　水污染物浓度方法标准

序号	污染物项目	方法标准名称	方法标准编号
1	pH 值	水质　pH 值的测定　玻璃电极法	GB/T 6920—1986
2	色度	水质　色度的测定	GB/T 11903—1989
3	悬浮物	水质　悬浮物的测定　重量法	GB/T 11901—1989
4	化学需氧量	水质　化学需氧量的测定　重铬酸盐法	GB/T 11914—1989
		水质　化学需氧量的测定　快速消解分光光度法	HJ/T 399—2007
		高氯废水　化学需氧量的测定　氯气校正法	HJ/T 70—2001
		高氯废水　化学需氧量的测定　碘化钾碱性高锰酸钾法	HJ/T 132 —2003
5	五日生化需氧量	水质　五日生化需氧量（BOD_5）的测定　稀释与接种法	GB/T 7488—1987
6	总氮	水质　总氮的测定　碱性过硫酸钾消解紫外分光光度法	GB/T 11894—1989
		水质　总氮的测定　气相分子吸收光谱法	HJ/T 199—2005
7	总磷	水质　总磷的测定　钼酸铵分光光度法	GB/T 11893—1989

序号	污染物项目	方法标准名称	方法标准编号
8	氨氮	水质 铵的测定 蒸馏和滴定法	GB/T 7478—1987
		水质 铵的测定 水杨酸分光光度法	GB/T 7481—1987
		水质 铵的测定 纳氏试剂比色法	GB/T 7479—1987
		水质 氨氮的测定 气相分子吸收光谱法	HJ/T 195—2005
9	总有机碳	水质 总有机碳（TOC）的测定 非色散红外线吸收法	GB/T 13193—1991
		水质 总有机碳的测定 燃烧氧化－非分散红外吸收法	HJ/T 71—2001
10	急性毒性	水质 急性毒性的测定 发光细菌法	GB/T 15441—1995
11	总汞	水质 总汞的测定 冷原子吸收分光光度法	GB/T 7468—1987
12	总镉	水质 铜、锌、铅、镉的测定 原子吸收分光光度法	GB/T 7475—1987
13	烷基汞	水质 烷基汞的测定 气相色谱法	GB/T 14204—1993
14	六价铬	水质 六价铬的测定 二苯碳酰二肼分光光度法	GB/T 7467—1987
15	总砷	水质 总砷的测定 二乙基二硫代氨基甲酸银分光光度法	GB/T 7485—1987
16	总铅	水质 铜、锌、铅、镉的测定 原子吸收分光光度法	GB/T 7475—1987
17	总镍	水质 镍的测定 丁二酮肟分光光度法	GB/T 11910—1989
		水质 镍的测定 火焰原子吸收分光光度法	GB/T 11912—1989
18	总铜	水质 铜、锌、铅、镉的测定 原子吸收分光光度法	GB/T 7475—1987
		水质 铜的测定 二乙基二硫代氨基甲酸钠分光光度法	GB/T 7474—1987
19	总锌	水质 锌的测定 双硫腙分光光度法	GB/T 7472—1987
		水质 铜、锌、铅、镉的测定 原子吸收分光光度法	GB/T 7475—1987
20	总氰化物	水质 氰化物的测定 第一部分 总氰化物的测定	GB/T 7486—1987
21	挥发酚	水质 挥发酚的测定 蒸馏后4-氨基安替比林分光光度法	GB/T 7490—1987
22	硫化物	水质 硫化物的测定 亚甲基蓝分光光度法	GB/T 16489—1996
		水质 硫化物的测定 直接显色分光光度法	GB/T 17133—1997
23	硝基苯类	水质 硝基苯、硝基甲苯、硝基氯苯、二硝基甲苯的测定 气相色谱法	GB/T 13194—1991
24	苯胺类	水质 苯胺类化合物的测定 N-（1-萘基）乙二胺偶氮分光光度法	GB/T 11889—1989
25	二氯甲烷	水质 挥发性卤代烃的测定 顶空气相色谱法	GB/T 17130—1997

6 实施与监督

6.1 本标准由县级以上人民政府环境保护主管部门负责监督实施。

6.2 在任何情况下，化学合成类制药生产企业均应遵守本标准规定的水污染物排放控制要求，采取必要措施保证污染防治设施正常运行。各级环保部门在对企业进行监督性检查时，可以现场即时采样或监测的结果，作为判定排污行为是否符合排放标准以及实施相关环境保护管理措施的依据。在发现企业耗水或排水量有异常变化的情况下，应核定企业的实际产品产量和排水量，按本标准的规定，换算水污染物基准水量排放浓度。

中华人民共和国国家标准

发酵类制药工业水污染物排放标准

Discharge standard of water pollutants for pharmaceutical industry fermentation
products category

GB 21903—2008

前　言

为贯彻《中华人民共和国环境保护法》、《中华人民共和国水污染防治法》、《中华人民共和国海洋环境保护法》、《国务院关于落实科学发展观　加强环境保护的决定》等法律、法规和《国务院关于编制全国主体功能区规划的意见》，保护环境，防治污染，促进制药工业生产工艺和污染治理技术的进步，制定本标准。

本标准规定了发酵类制药工业企业水污染物排放限值、监测和监控要求。为促进区域经济与环境协调发展，推动经济结构的调整和经济增长方式的转变，引导工业生产工艺和污染治理技术的发展方向，本标准规定了水污染物特别排放限值。

本标准中的污染物排放浓度均为质量浓度。

发酵类制药工业企业排放大气污染物（含恶臭污染物）、环境噪声适用相应的国家污染物排放标准，产生固体废物的鉴别、处理和处置适用国家固体废物污染控制标准。

自本标准实施之日起，发酵类制药工业企业的水污染物排放控制按本标准的规定执行，不再执行《污水综合排放标准》（GB 8978—1996）中的相关规定。

本标准为首次发布。本标准由环境保护部科技标准司组织制订。

本标准主要起草单位：华北制药集团环境保护研究所、河北省环境科学研究院、环境保护部环境标准研究所、中国化学制药工业协会。

本标准环境保护部 2008 年 4 月 29 日批准。

本标准自 2008 年 8 月 1 日起实施。

本标准由环境保护部解释。

1 适用范围

本标准规定了发酵类制药企业或生产设施水污染物的排放限值。

本标准适用于现有发酵类制药企业或生产设施的水污染物排放管理。

本标准适用于对发酵类制药工业建设项目的环境影响评价、环境保护设施设计、竣工环境保护验收及其投产后的水污染管理。

与发酵类药物结构相似的兽药生产企业的水污染防治与管理也适用于本标准。

本标准适用于法律允许的污染物排放行为。新设立污染源的选址和特殊保护区域内现有污染源的管理，按照《中华人民共和国大气污染防治法》、《中华人民共和国水污染防治法》、《中华人民共和国海洋环境保护法》、《中华人民共和国固体废物污染环境防治法》、《中华人民共和国放射性污染防治法》、《中华人民共和国环境影响评价法》等法律、法规、规章的相关规定执行。

本标准规定的水污染物排放控制要求适用于企业向环境水体的排放行为。

企业向设置污水处理厂的城镇排水系统排放废水时，其污染物的排放控制要求由企业与城镇污水处理厂根据其污水处理能力商定或执行相关标准，并报当地环境保护主管部门备案；城镇污水处理厂应保证排放污染物达到相关排放标准要求。

建设项目拟向设置污水处理厂的城镇排水系统排放废水时，由建设单位和城镇污水处理厂按前款的规定执行。

2　规范性引用文件

本标准内容引用了下列文件或其中的条款。

GB/T 6920—1986　水质　pH 值的测定　玻璃电极法

GB/T 7472—1987　水质　锌的测定　双硫腙分光光度法

GB/T 7475—1987　水质　铜、锌、铅、镉的测定　原子吸收分光光度法

GB/T 7478—1987　水质　铵的测定　蒸馏和滴定法

GB/T 7479—1987　水质　铵的测定　纳氏试剂比色法

GB/T 7481—1987　水质　铵的测定　水杨酸分光光度法

GB/T 7486—1987　水质　氰化物的测定　第一部分　总氰化物的测定

GB/T 7488—1987　水质　五日生化需氧量（BOD_5）的测定　稀释与接种法

GB/T 11893—1989　水质　总磷的测定　钼酸铵分光光度法

GB/T 11894—1989　水质　总氮的测定　碱性过硫酸钾消解紫外分光光度法

GB/T 11901—1989　水质　悬浮物的测定　重量法

GB/T 11903—1989　水质　色度的测定

GB/T 11914—1989　水质　化学需氧量的测定　重铬酸盐法

GB/T 13193—1991　水质　总有机碳（TOC）的测定　非色散红外线吸收法

GB/T 15441—1995　水质　急性毒性的测定　发光细菌法

HJ/T 71—2001　水质　总有机碳的测定　燃烧氧化—非分散红外吸收法

HJ/T 195—2005　水质　氨氮的测定　气相分子吸收光谱法

HJ/T 199—2005　水质　总氮的测定　气相分子吸收光谱法

HJ/T 399—2007　水质　化学需氧量的测定　快速消解分光光度法

《污染源自动监控管理办法》（国家环境保护总局令　第 28 号）

《环境监测管理办法》（国家环境保护总局令　第 39 号）

3 术语和定义

下列术语和定义适用于本标准。

3.1 发酵类制药

指通过发酵的方法产生抗生素或其他的活性成分，然后经过分离、纯化、精制等工序生产出药物的过程，按产品种类分为抗生素类、维生素类、氨基酸类和其他类。其中，抗生素类按照化学结构又分为 β-内酰胺类、氨基糖苷类、大环内酯类、四环素类、多肽类和其他。

3.2 现有企业

本标准实施之日前已建成投产或环境影响评价文件已通过审批的发酵类制药企业或生产设施。

3.3 新建企业

本标准实施之日起环境影响评价文件通过审批的新建、改建、扩建发酵类制药工业建设项目。

3.4 排水量

指生产设施或企业向企业法定边界以外排放的废水的量，包括与生产有直接或间接关系的各种外排废水（含厂区生活污水、冷却废水、厂区锅炉和电站排水等）。

3.5 单位产品基准排水量

指用于核定水污染物排放浓度而规定的生产单位产品的废水排放量上限值。

4 水污染物排放控制要求

4.1 排放限值

4.1.1 自 2009 年 1 月 1 日起至 2010 年 6 月 30 日止，现有企业执行表 1 规定的水污染物排放浓度限值。

4.1.2 自 2010 年 7 月 1 日起，现有企业执行表 1 规定的水污染物排放浓度限值。

4.1.3 自 2008 年 8 月 1 日起，新建企业执行表 2 规定的水污染物排放浓度限值。

表 1 现有企业水污染物排放浓度限值

单位：mg/L（pH 值、色度除外）

序号	污染物项目	限值	污染物排放监控位置
1	pH 值	6～9	
2	色度（稀释倍数）	80	
3	悬浮物	100	
4	五日生化需氧量（BOD_5）	60（50）	
5	化学需氧量（COD_{Cr}）	200（180）	
6	氨氮	50（45）	企业废水总排放口
7	总氮	100（90）	
8	总磷	2.0	
9	总有机碳	60（50）	
10	急性毒性（$HgCl_2$ 毒性当量）	0.07	
11	总锌	4.0	
12	总氰化物	0.5	

注：括号内排放限值适用于同时生产发酵类原料药和混装制剂的联合生产企业。

表2 新建企业水污染物排放浓度限值

单位：mg/L（pH 值、色度除外）

序号	污染物项目	限值	污染物排放监控位置
1	pH 值	6～9	企业废水总排放口
2	色度（稀释倍数）	60	
3	悬浮物	60	
4	五日生化需氧量（BOD_5）	40（30）	
5	化学需氧量（COD_{Cr}）	120（100）	
6	氨氮	35（25）	
7	总氮	70（50）	
8	总磷	1.0	
9	总有机碳	40（30）	
10	急性毒性（$HgCl_2$ 毒性当量）	0.07	
11	总锌	3.0	
12	总氰化物	0.5	

注：括号内排放限值适用于同时生产发酵类原料药和混装制剂的联合生产企业。

表3 水污染物特别排放浓度限值

单位：mg/L（pH 值、色度除外）

序号	污染物项目	限值	污染物排放监控位置
1	pH 值	6～9	企业废水总排放口
2	色度（稀释倍数）	30	
3	悬浮物	10	
4	五日生化需氧量（BOD_5）	10	
5	化学需氧量（COD_{Cr}）	50	
6	氨氮	5	
7	总氮	15	
8	总磷	0.5	
9	总有机碳	15	
10	急性毒性（$HgCl_2$ 毒性当量）	0.07	
11	总锌	0.5	
12	总氰化物	不得检出	

注：总氰化物检出限为 0.25 mg/L。

4.1.4 根据环境保护工作的要求，在国土开发密度较高、环境承载能力开始减弱，或水环境容量较小、生态环境脆弱，容易发生严重水环境污染问题而需要采取特别保护措施的地区，应严格控制企业的污染物排放行为，在上述地区的企业执行表 3 规定的水污染物特别排放限值。

执行水污染物特别排放限值的地域范围、时间，由国务院环境保护主管部门或省级人民政府规定。

4.2 基准水量排放浓度换算

4.2.1 生产不同类别的发酵类制药产品，其单位产品基准排水量见表 4。

表4 发酵类制药工业企业单位产品基准排水量

单位：m³/t

序号	药品种类		代表性药物	单位产品基准排水量
1	抗生素	β—内酰胺类	青霉素	1 000
			头孢菌素	1 900
			其他	1 200
		四环类	土霉素	750
			四环素	750
			去甲基金霉素	1 200
			金霉素	500
			其他	500
		氨基糖苷类	链霉素、双氢链霉素	1 450
			庆大霉素	6 500
			大观霉素	1 500
			其他	3 000
		大环内酯类	红霉素	850
			麦白霉素	750
			其他	850
		多肽类	卷曲霉素	6 500
			去甲万古霉素	5 000
			其他	5 000
		其他类	洁霉素、阿霉素、利福霉素等	6 000
2	维生素		维生素 C	300
			维生素 B$_{12}$	115 000
			其他	30 000
3	氨基酸		谷氨酸	80
			赖氨酸	50
			其他	200
4	其他			1 500

注：排水量计量位置与污染物排放监控位置相同。

4.2.2 水污染物排放浓度限值适用于单位产品实际排水量不高于单位产品基准排水量的情况。若单位产品实际排水量超过单位产品基准排水量，须按式（1）将实测水污染物浓度换算为水污染物基准水量排放浓度，并以水污染物基准水量排放浓度作为判定排放是否达标的依据。产品产量和排水量统计周期为一个工作日。

在企业的生产设施同时生产两种以上产品、可适用不同排放控制要求或不同行业国家污染物排放标准，且生产设施产生的污水混合处理排放的情况下，应执行排放标准中规定的最严格的浓度限值，并按式（1）换算水污染物基准水量排放浓度。

$$\rho_{基} = \frac{Q_{总}}{\sum Y_i \cdot Q_{i基}} \cdot \rho_{实} \tag{1}$$

式中：$\rho_{基}$——水污染物基准水量排放浓度，mg/L；

$Q_{总}$——排水总量，m³；

Y_i——第 i 种产品产量，t；

$Q_{i基}$——第 i 种产品的单位产品基准排水量，m³/t；

$\rho_{实}$——实测水污染物排放浓度，mg/L。

若 $Q_{总}$ 与 $\sum Y_i \cdot Q_{i基}$ 的比值小于 1，则以水污染物实测浓度作为判定排放是否达标的依据。

5 水污染物监测要求

5.1　对企业排放废水的采样应根据监测污染物的种类，在规定的污染物排放监控位置进行，有废水处理设施的，应在该设施后监控。在污染物排放监控位置应设置永久性排污口标志。

5.2　新建企业应按照《污染源自动监控管理办法》的规定，安装污染物排放自动监控设备，并与环境保护主管部门的监控设备联网，保证设备正常运行。各地现有企业安装污染物排放自动监控设备的要求由省级环境保护主管部门规定。

5.3　对企业水污染物排放情况进行监测的频次、采样时间等要求，按国家有关污染源监测技术规范的规定执行。

5.4　企业产品产量的核定，以法定报表为依据。

5.5　对企业排放水污染物浓度的测定采用表 5 所列的方法标准。

表 5　水污染物浓度测定方法标准

序号	污染物项目	方法标准名称	方法标准编号
1	pH 值	水质　pH 值的测定　玻璃电极法	GB/T 6920—1986
2	色度	水质　色度的测定	GB/T 11903—1989
3	悬浮物	水质　悬浮物的测定　重量法	GB/T 11901—1989
4	五日生化需氧量	水质　五日生化需氧量（BOD₅）的测定　稀释与接种法	GB/T 7488—1987
5	化学需氧量	水质　化学需氧量的测定　重铬酸盐法	GB/T 11914—1989
6	氨氮	水质　化学需氧量的测定　快速消解分光光度法	HJ/T 399—2007
		水质　铵的测定　蒸馏和滴定法	GB/T 7478—1987
		水质　铵的测定　纳氏试剂比色法	GB/T 7479—1987
		水质　铵的测定　水杨酸分光光度法	GB/T 7481—1987
		水质　氨氮的测定　气相分子吸收光谱法	HJ/T 195—2005
7	总氮	水质　总氮的测定　碱性过硫酸钾消解紫外分光光度法	GB/T 11894—1989
		水质　总氮的测定　气相分子吸收光谱法	HJ/T 199—2005
8	总磷	水质　总磷的测定　钼酸铵分光光度法	GB/T 11893—1989
9	总有机碳	水质　总有机碳（TOC）的测定　非色散红外线吸收法	GB/T 13193—1991
		水质　总有机碳的测定　燃烧氧化－非分散红外吸收法	HJ/T 71—2001
10	总锌	水质　锌的测定　双硫腙分光光度法	GB/T 7472—1987
		水质　铜、锌、铅、镉的测定　原子吸收分光光度法	GB/T 7475—1987
11	总氰化物	水质　氰化物的测定　第一部分　总氰化物的测定	GB/T 7486—1987
12	急性毒性	水质　急性毒性的测定　发光细菌法	GB/T 15441—1995

5.6　企业须按照有关法律和《环境监测管理办法》的规定，对排污状况进行监测，并保存原始监测记录。

6　实施与监督

6.1　本标准由县级以上人民政府环境保护主管部门负责监督实施。

6.2　在任何情况下，发酵类制药生产企业均应遵守本标准规定的水污染物排放控制要求，采取必要措施保证污染防治设施正常运行。各级环保部门在对企业进行监督性检查时，可以现场即时采样或监测的结果，作为判定排污行为是否符合排放标准以及实施相关环境保护管理措施的依据。在发现企业耗水或排水量有异常变化的情况下，应核定企业的实际产品产量和排水量，按本标准的规定，换算水污染物基准水量排放浓度。

三

噪声和振动环境标准

中华人民共和国国家标准

声环境质量标准

Environmental quality standanrd for noise

GB 3096—2008
代替 GB 3096—93，GB/T 14623—93

前　言

为贯彻《中华人民共和国环境噪声污染防治法》，防治噪声污染，保障城乡居民正常生活、工作和学习的声环境质量，制定本标准。

本标准是对《城市区域环境噪声标准》（GB 3096—93）和《城市区域环境噪声测量方法》（GB/T 14623—93）的修订，与原标准相比主要修改内容如下：

——扩大了标准适用区域，将乡村地区纳入标准适用范围；

——将环境质量标准与测量方法标准合并为一项标准；

——明确了交通干线的定义，对交通干线两侧 4 类区环境噪声限值作了调整；

——提出了声环境功能区监测和噪声敏感建筑物监测的要求。

本标准于 1982 年首次发布，1993 年第一次修订，本次为第二次修订。

自本标准实施之日起，GB 3096—93 和 GB/T 14623—93 废止。

本标准的附录 A 为资料性附录；附录 B、附录 C 为规范性附录。

本标准由环境保护部科技标准司组织制定。

本标准起草单位：中国环境科学研究院、北京市环境保护监测中心、广州市环境监测中心站。

本标准环境保护部 2008 年 7 月 30 日批准。

本标准自 2008 年 10 月 1 日起实施。

本标准由环境保护部解释。

1 适用范围

本标准规定了五类声环境功能区的环境噪声限值及测量方法。

本标准适用于声环境质量评价与管理。

机场周围区域受飞机通过（起飞、降落、低空飞越）噪声的影响，不适用于本标准。

2 规范性引用文件

本标准内容引用了下列文件或其中的条款。凡是不注日期的引用文件，其有效版本适用于本标准。

GB 3785　声级计的电、声性能及测试方法

GB/T 15173　声校准器

GB/T 15190　城市区域环境噪声适用区划分技术规范

GB/T 17181　积分平均声级计

GB/T 50280　城市规划基本术语标准

JTG B01　公路工程技术标准

3 术语和定义

下列术语和定义适用于本标准。

3.1　A 声级　A-weighted sound pressure level

用 A 计权网络测得的声压级，用 L_A 表示，单位 dB（A）。

3.2　等效连续 A 声级 equivalent continuous A-weighted sound pressure level

简称为等效声级，指在规定测量时间 T 内 A 声级的能量平均值，用 $L_{Aeq,T}$ 表示（简写为 L_{eq}），单位 dB（A）。除特别指明外，本标准中噪声限值皆为等效声级。

根据定义，等效声级表示为：

$$L_{eq} = 10 \lg \left(\frac{1}{T} \int_0^T 10^{0.1 \cdot L_A} \, dt \right)$$

式中：L_A——t 时刻的瞬时 A 声级；

　　　T——规定的测量时间段。

3.3　昼间等效声级 day-time equivalent sound level、夜间等效声级 night-time equivalent sound level

在昼间时段内测得的等效连续 A 声级称为昼间等效声级，用 L_d 表示，单位 dB（A）。

在夜间时段内测得的等效连续 A 声级称为夜间等效声级，用 L_n 表示，单位 dB（A）。

3.4　昼间 day-time、夜间 night-time

根据《中华人民共和国环境噪声污染防治法》，"昼间"是指 6:00 至 22:00 之间的时段；"夜间"是指 22:00 至次日 6:00 之间的时段。

县级以上人民政府为环境噪声污染防治的需要（如考虑时差、作息习惯差异等）而对昼间、夜间的划分另有规定的，应按其规定执行。

3.5　最大声级 maximum sound level

在规定的测量时间段内或对某一独立噪声事件，测得的 A 声级最大值，用 L_{max} 表示，单位 dB（A）。

3.6　累积百分声级 percentile level

用于评价测量时间段内噪声强度时间统计分布特征的指标，指占测量时间段一定比例的累积时间内 A 声级的最小值，用 L_N 表示，单位为 dB（A）。最常用的是 L_{10}、L_{50} 和 L_{90}，其含义如下：

L_{10}——在测量时间内有 10%的时间 A 声级超过的值，相当于噪声的平均峰值；

L_{50}——在测量时间内有 50%的时间 A 声级超过的值，相当于噪声的平均中值；

L_{90}——在测量时间内有 90%的时间 A 声级超过的值，相当于噪声的平均本底值。

如果数据采集是按等间隔时间进行的，则 L_N 也表示有 N%的数据超过的噪声级。

3.7 城市 city、城市规划区 urban planning area

城市是指国家按行政建制设立的直辖市、市和镇。

由城市市区、近郊区以及城市行政区域内其他因城市建设和发展需要实行规划控制的区域，为城市规划区。

3.8 乡村 rural area

乡村是指除城市规划区以外的其他地区，如村庄、集镇等。

村庄是指农村村民居住和从事各种生产的聚居点。

集镇是乡、民族乡人民政府所在地和经县级人民政府确认由集市发展而成的作为农村一定区域经济、文化和生活服务中心的非建制镇。

3.9 交通干线 traffic artery

指铁路（铁路专用线除外）、高速公路、一级公路、二级公路、城市快速路、城市主干路、城市次干路、城市轨道交通线路（地面段）、内河航道。应根据铁路、交通、城市等规划确定。以上交通干线类型的定义参见附录 A。

3.10 噪声敏感建筑物 noise-sensitive buildings

指医院、学校、机关、科研单位、住宅等需要保持安静的建筑物。

3.11 突发噪声 burst noise

指突然发生、持续时间较短，强度较高的噪声。如锅炉排气、工程爆破等产生的较高噪声。

4 声环境功能区分类

按区域的使用功能特点和环境质量要求，声环境功能区分为以下五种类型：

0 类声环境功能区：指康复疗养区等特别需要安静的区域。

1 类声环境功能区：指以居民住宅、医疗卫生、文化教育、科研设计、行政办公为主要功能，需要保持安静的区域。

2 类声环境功能区：指以商业金融、集市贸易为主要功能，或者居住、商业、工业混杂，需要维护住宅安静的区域。

3 类声环境功能区：指以工业生产、仓储物流为主要功能，需要防止工业噪声对周围环境产生严重影响的区域。

4 类声环境功能区：指交通干线两侧一定距离之内，需要防止交通噪声对周围环境产生严重影响的区域，包括 4a 类和 4b 类两种类型。4a 类为高速公路、一级公路、二级公路、城市快速路、城市主干路、城市次干路、城市轨道交通（地面段）、内河航道两侧区域；4b 类为铁路干线两侧区域。

5 环境噪声限值

5.1 各类声环境功能区适用表 1 规定的环境噪声等效声级限值。

表 1　环境噪声限值　　　　　　　　　　　　　　　　单位：dB（A）

声环境功能区类别		时段	
		昼间	夜间
0 类		50	40
1 类		55	45
2 类		60	50
3 类		65	55
4 类	4a 类	70	55
	4b 类	70	60

5.2　表 1 中 4b 类声环境功能区环境噪声限值，适用于 2011 年 1 月 1 日起环境影响评价文件通过审批的新建铁路（含新开廊道的增建铁路）干线建设项目两侧区域。

5.3　在下列情况下，铁路干线两侧区域不通过列车时的环境背景噪声限值，按昼间 70 dB（A）、夜间 55 dB（A）执行：

　　a）穿越城区的既有铁路干线；

　　b）对穿越城区的既有铁路干线进行改建、扩建的铁路建设项目。

　　既有铁路是指 2010 年 12 月 31 日前已建成运营的铁路或环境影响评价文件已通过审批的铁路建设项目。

5.4　各类声环境功能区夜间突发噪声，其最大声级超过环境噪声限值的幅度不得高于 15 dB（A）。

6　环境噪声监测要求

6.1　测量仪器

测量仪器精度为 2 型及 2 型以上的积分平均声级计或环境噪声自动监测仪器，其性能需符合 GB 3758 和 GB/T 17181 的规定，并定期校验。测量前后使用声校准测量仪器的示值偏差不得大于 0.5 dB，否则测量无效。声校准器应满足 GB/T 15173 对 1 级或 2 级声校准器的要求。测量时传声器应加防风罩。

6.2　测点选择

根据监测对象和目的，可选择以下三种测点条件（指传声器所置位置）进行环境噪声的测量：

　　a）一般户外

距离任何反射物（地面除外）至少 3.5 m 外测量，距地面高度 1.2 m 以上。必要时可置于高层建筑上，以扩大监测受声范围。使用监测车辆测量，传声器应固定在车顶部 1.2 m 高度处。

　　b）噪声敏感建筑物户外

在噪声敏感建筑物外，距墙壁或窗户 1 m 处，距地面高度 1.2 m 以上。

　　c）噪声敏感建筑物室内

距离墙面和其他反射面至少 1 m，距窗约 1.5 m 处，距地面 1.2～1.5 m。

6.3　气象条件

测量应在无雨雪、无雷电天气，风速 5 m/s 以下时进行。

6.4 气象条件

根据监测对象和目的，环境噪声监测分为声环境功能区监测和噪声敏感建筑物监测两种类型，分别采用附录 B 和附录 C 规定的监测方法。

6.5 测量记录

测量记录应包括以下事项：

a）日期、时间、地点及测定人员；

b）使用仪器型号、编号及其校准记录；

c）测定时间内的气象条件（风向、风速、雨雪等天气状况）；

d）测量项目及测定结果；

e）测量依据的标准；

f）测点示意图；

g）声源及运行工况说明（如交通噪声测量的交通流量等）；

h）其他应记录的事项。

7 声环境功能区的划分要求

7.1 城市声环境功能区的划分

城市区域应按照 GB/T 15190 的规定划分声环境功能区，分别执行本标准规定的 0、1、2、3、4 类声环境功能区环境噪声限值。

7.2 乡村声环境功能的确定

乡村区域一般不划分声环境功能区，根据环境管理的需要，县级以上人民政府环境保护行政主管部门可按以下要求确定乡村区域适用的声环境质量要求：

a）位于乡村的康复疗养区执行 0 类声环境功能区要求；

b）村庄原则上执行 1 类声环境功能区要求，工业活动较多的村庄以及有交通干线经过的村庄（指执行 4 类声环境功能区要求以外的地区）可局部或全部执行 2 类声环境功能区要求；

c）集镇执行 2 类声环境功能区要求；

d）独立于村庄、集镇之外的工业、仓储集中区执行 3 类声环境功能区要求；

e）位于交通干线两侧一定距离（参考 GB/T 151908.3 规定）内的噪声敏感建筑物执行 4 类声环境功能区要求。

8 标准的实施要求

本标准由县级以上人民政府环境保护行政主管部门负责组织实施。

为实施本标准，各地应建立环境噪声监测网络与制度、评价声环境质量状况、进行信息通报与公示、确定达标区和不达标区、制订达标区维持计划与不达标区噪声削减计划，因地制宜改善声环境质量。

附录 A（资料性附录）

不同类型交通干线的定义

A.1 铁路

以动力集中方式或动力分散方式牵引，行驶于固定钢轨线路上的客货运输系统。

A.2 高速公路

根据 JTG B01，定义如下。

专供汽车分向、分车道行驶，并应全部控制出入的多车道公路，其中：

四车道高速公路应能适应将各种汽车折合成小客车的年平均日交通量 25 000～55 000 辆；

六车道高速公路应能适应将各种汽车折合成小客车的年平均日交通量 45 000～80 000 辆；

八车道高速公路应能适应将各种汽车折合成小客车的年平均日交通量 60 000～100 000 辆。

A.3 一级公路

根据 JTG B01，定义如下。

供汽车分向、分车道行驶，并可根据需要控制出入的多车道公路，其中：

四车道一级公路应能适应将各种汽车折合成小客车的年平均日交通量 15 000～30 000 辆；

六车道一级公路应能适应将各种汽车折合成小客车的年平均日交通量 25 000～55 000 辆。

A.4 二级公路

根据 JTG B01，定义如下：

供汽车行驶的双车道公路。

双车道二级公路应能适应将各种汽车折合成小客车的年平均日交通量 5 000～15 000 辆。

A.5 城市快速路

根据 GB/T 50280，定义如下：

城市道路中设有中央分隔带，具有四条以上机动车道，全部或部分采用立体交叉与控制出入，供汽车以较高速度行驶的道路，又称汽车专用道。

城市快速路一般在特大城市或大城市中设置，主要起联系城市内各主要地区、沟通对外联系的作用。

A.6 城市主干路

联系城市各主要地区（住宅区、工业区以及港口、机场和车站等客货运中心等），承担城市主要交通任务的交通干道，是城市道路网的骨架。主干路沿线两侧不宜修建过多的车辆和行人出入口。

A.7 城市次干路

城市各区域内部的主要道路，与城市主干路结合成道路网，起集散交通的作用兼有服务功能。

A.8 城市轨道交通

以电能为主要动力，采用钢轮—钢轨为导向的城市公共客运系统。按照运量及运行方式的不同，城市轨道交通分为地铁、轻轨以及有轨电车。

A.9 内河航道

船舶、排筏可以通航的内河水域及其港口。

附录 B（规范性附录）

声环境功能区监测方法

B.1 监测目的

评价不同声环境功能区昼间、夜间的声环境质量，了解功能区环境噪声时空分布特征。

B.2 定点监测法

B.2.1 监测要求

选择能反映各类功能区声环境质量特征的监测点 1 至若干个，进行长期定点监测，每次测量的位置、高度应保持不变。对于 0、1、2、3 类声环境功能区，该监测点应为户外长期稳定、距地面高度为声场空间垂直分布的可能最大值处，其位置应能避开反射面和附近的固定噪声源；4 类声环境功能区监测点设于 4 类区内第一排噪声敏感建筑物户外交通噪声空间垂直分布的可能最大值处。

声环境功能区监测每次至少进行一昼夜 24 h 的连续监测，得出每小时及昼间、夜间的等效声级 L_{eq}、L_d、L_n 和最大声级 L_{max}。用于噪声分析目的，可适当增加监测项目，如累积百分声级 L_{10}、L_{50}、L_{90} 等。监测应避开节假日和非正常工作日。

B.2.2 监测结果评价

各监测点位测量结果独立评价，以昼间等效声级 L_d 和夜间等效声级 L_n 作为评价各监测点位声环境质量是否达标的基本依据。一个功能区设有多个监测点的，应按点次分别统计昼间、夜间的达标率。

B.2.3 环境噪声自动监测系统

全国重点环保城市以及其他有条件的城市和地区宜设置环境噪声自动监测系统，进行不同声环境功能区监测点的连续自动监测。

环境噪声自动监测系统主要由自动监测子站和中心站及通信系统组成，其中自动监测子站由全天候户外传声器、智能噪声自动监测仪器、数据传输设备等构成。

B.3 普查监测法

B.3.1 0～3 类声环境功能区普查监测

B.3.1.1 监测要求

将要普查监测的某一声环境功能区划分成多个等大的正方格，网格要完全覆盖住被普查的区域，且有效网格总数应多于 100 个。监测点应设在每一个网格的中心，监测点条件为一般户外条件。

监测分别在昼间工作时间和夜间 22:00—24:00（时间不足可顺延）进行。在前述测量时间内，每次每个监测点测量 10 min 的等效声级 L_{eq}，同时记录噪声主要来源。监测应避开节假日和非正常工作日。

B.3.1.2 监测结果评价

将全部网格中心监测点测得的 10 min 的等效声级 L_{eq} 做算术平均运算，所得到的平均值代表某一声环境功能区的总体环境噪声水平，并计算标准偏差。

根据每个网格中心的噪声值及对应的网格面积，统计不同噪声影响水平下的面积百分比，以及昼间、夜间的达标面积比例。有条件可估算受影响人口。

B.3.2 4 类声环境功能区普查监测

B.3.2.1 监测要求

以自然路段、站场、河段等为基础，考虑交通运行特征和两侧噪声敏感建筑物分布情况，划分典型路段（包括河段）。在每个典型路段对应的 4 类区边界上（指 4 类区内无噪声敏感建筑物存在时）或第一排噪声敏感建筑物户外（指 4 类区内有噪声敏感建筑物存在时）选择 1 个测点进行噪声监测。这些监测点应与站、场、码头、岔路口、河流汇入口等相隔一定的距离，避开这些地点的噪声干扰。

监测分昼、夜两个时段进行。分别测量如下规定时间内的等效声级 L_{eq} 和交通流量，对铁路、城市轨道交通线路（地面段），应同时测量最大声级 L_{max}，对道路交通噪声应同时测量累积百分声级 L_{10}、L_{50}、L_{90}。

根据交通类型的差异，规定的测量时间为：

铁路、城市轨道交通（地面段）、内河航道两侧：昼、夜各测量不低于平均运行密度的 1 h 值，若城市轨道交通（地面段）的运行车次密集，测量时间可缩短至 20 min。高速公路、一级公路、二级公路、城市快速路、城市主干路、城市次干路两侧：昼、夜各测量不低于平均运行密度的 20 min 值。

监测应避开节假日和非正常工作日。

B.3.2.2 监测结果评价

将某条交通干线各典型路段测得的噪声值，按路段长度进行加权算术平均，以此得出某条交通干线两侧 4 类声环境功能区的环境噪声平均值。也可对某一区域内的所有铁路、确定为交通干线的道路、城市轨道交通（地面段）、内河航道按前述方法进行长度加权统计，得出针对某一区域某一交通类型的环境噪声平均值。

根据每个典型路段的噪声值及对应的路段长度，统计不同噪声影响水平下的路段百分比，以及昼间、夜间的达标路段比例。有条件可估算受影响人口。

对某条交通干线或某一区域某一交通类型采取抽样测量的，应统计抽样路段比例。

附录 C（规范性附录）

噪声敏感建筑物监测方法

C.1　监测目的

了解噪声敏感建筑物户外（或室内）的环境噪声水平，评价是否符合所处声环境功能区的环境质量要求。

C.2　监测要求

监测点一般设于噪声敏感建筑物户外。不得不在噪声敏感建筑物室内监测时，应在门窗全打开状况下进行室内噪声测量，并采用较该噪声敏感建筑物所在声环境功能区对应环境噪声限值低 10 dB（A）的值作为评价依据。

对敏感建筑物的环境噪声监测应在周围环境噪声源正常工作条件下测量，视噪声源的运行工况，分昼、夜两个时段连续进行。根据环境噪声源的特征，可优化测量时间：

a）受固定噪声源的噪声影响

稳态噪声测量 1 min 的等效声级 L_{eq}；

非稳态噪声测量整个正常工作时间（或代表性时段）的等效声级 L_{eq}。

b）受交通噪声源的噪声影响

对于铁路、城市轨道交通（地面段）、内河航道，昼、夜各测量不低于平均运行密度的 1 h 等效声级 L_{eq}，若城市轨道交通（地面段）的运行车次密集，测量时间可缩短至 20 min。

对于道路交通，昼、夜各测量不低于平均运行密度的 20 min 等效声级 L_{eq}。

c）受突发噪声的影响

以上监测对象夜间存在突发噪声的，应同时监测测量时段内的最大声级 L_{max}。

C.3　监测结果评价

以昼间、夜间环境噪声源正常工作时段的 L_{eq} 和夜间突发噪声 L_{max} 作为评价噪声敏感建筑物户外（或室内）环境噪声水平，是否符合所处声环境功能区的环境质量要求的依据。

中华人民共和国国家标准

工业企业厂界环境噪声排放标准

Emisson standard for industrial enterprises noise at boundary

GB 12348—2008
代替 GB 12348—90，GB 12349—90

前　言

为贯彻《中华人民共和国环境保护法》和《中华人民共和国环境噪声污染防治法》，防治工业企业噪声污染，改善声环境质量，制定本标准。

本标准是对 GB 12348—90《工业企业厂界噪声标准》和 GB 12349—90《工业企业厂界噪声测量方法》的第一次修订。与原标准相比主要修订内容如下：

——将《工业企业厂界噪声标准》（GB 12348—90）和《工业企业厂界噪声测量方法》（GB 12349—90）合并为一个标准，名称改为《工业企业厂界环境噪声排放标准》；

——修改了标准的适用范围、背景值修正表；

——补充了 0 类区噪声限值、测量条件、测点位置、测点布设和测量记录；

——增加了部分术语和定义、室内噪声限值、背景噪声测量、测量结果和测量结果评价的内容。本标准于 1990 年首次发布，本次为第一次修订。

本标准自实施之日起代替《工业企业厂界噪声标准》（GB 12348—90）和《工业企业厂界噪声测量方法》（GB 12349—90）。

本标准由环境保护部科技标准司组织制定。

本标准起草单位：中国环境监测总站、天津市环境监测中心、福建省环境监测中心站。

本标准环境保护部 2008 年 7 月 17 日批准。

本标准自 2008 年 10 月 1 日起实施。

本标准由环境保护部解释。

1 适用范围

本标准规定了工业企业和固定设备厂界环境噪声排放限值及其测量方法。

本标准适用于工业企业噪声排放的管理、评价及控制。机关、事业单位、团体等对外环境排放噪声的单位也按本标准执行。

2 规范性引用文件

本标准内容引用了下列文件或其中的条款。凡是不注日期的引用文件，其有效版本适用于本标准。

GB 3096　声环境质量标准

GB 3785　声级计电、声性能及测试方法

GB/T 3241　倍频程和分数倍频程滤波器

GB/T 15173　声校准器

GB/T 15190　城市区域环境噪声适用区划分技术规范

GB/T 17181　积分平均声级计

3 术语和定义

下列术语和定义适用于本标准。

3.1 工业企业厂界环境噪声 industrial enterprises noise

指在工业生产活动中使用固定设备等产生的、在厂界处进行测量和控制的干扰周围生活环境的声音。

3.2 A 声级 A-weighted sound pressure level

用 A 计权网络测得的声压级，用 L_A 表示，单位 dB（A）。

3.3 等效连续 A 声级 equivalent continuous A-weighted sound pressure level

简称为等效声级，指在规定测量时间 T 内 A 声级的能量平均值，用 $L_{Aeq,\,T}$ 表示（简写为 L_{eq}），单位 dB（A）。除特别指明外，本标准中噪声值皆为等效声级。

根据定义，等效声级表示为：

$$L_{eq} = 10 \lg\left(\frac{1}{T} \int_0^T 10^{0.1 \cdot L_A}\, \mathrm{d}t \right)$$

式中：L_A——t 时刻的瞬时 A 声级；

　　　T——规定的测量时间段。

3.4 厂界 boundary

由法律文书（如土地使用证、房产证、租赁合同等）中确定的业主所拥有使用权（或所有权）的场所或建筑物边界。各种产生噪声的固定设备的厂界为其实际占地的边界。

3.5 噪声敏感建筑物 niose-sensitive buildings

指医院、学校、机关、科研单位、住宅等需要保持安静的建筑物。

3.6 昼间 day-time、夜间 night-time

根据《中华人民共和国环境噪声污染防治法》，"昼间"是指 6:00 至 22:00 之间的时段；"夜间"是指 22:00 至次日 6:00 之间的时段。

县级以上人民政府为环境噪声污染防治的需要（如考虑时差、作息习惯差异等）而对昼间、夜间的划分另有规定的，应按其规定执行。

3.7 频发噪声 frequent noise

指频繁发生、发生的时间和间隔有一定规律、单次持续时间较短、强度较高的噪声，

如排气 噪声、货物装卸噪声等。

3.8 偶发噪声 sporadic noise

指偶然发生、发生的时间和间隔无规律、单次持续时间较短、强度较高的噪声。如短促鸣笛、工程爆破噪声等。

3.9 最大声级 maximum sound level

在规定测量时间内对频发或偶发噪声事件测得的 A 声级最大值，用 L_{max} 表示，单位 dB（A）。

3.10 倍频带声压级 sound pressure level in octave bands

采用符合 GB/T 3241 规定的倍频程滤波器所测量的频带声压级，其测量带宽和中心频率成正比。本标准采用的室内噪声频谱分析倍频带中心频率为 31.5 Hz、63 Hz、125 Hz、250 Hz、500 Hz，其覆盖频率范围为 22～707 Hz。

3.11 稳态噪声 steady noise

在测量时间内，被测声源的声级起伏不大于 3 dB（A）的噪声。

3.12 非稳态噪声 non-steady noise

在测量时间内，被测声源的声级起伏大于 3 dB（A）的噪声。

3.13 背景噪声 background noise

被测量噪声源以外的声源发出的环境噪声的总和。

4 环境噪声排放限值

4.1 厂界环境噪声排放限值

4.1.1 工业企业厂界环境噪声不得超过表 1 规定的排放限值。

表 1 工业企业厂界环境噪声排放限值   单位：dB（A）

厂界外声环境功能区类别	时 段	
	昼 间	夜 间
0	50	40
1	55	45
2	60	50
3	65	55
4	70	55

4.1.2 夜间频发噪声的最大声级超过限值的幅度不得高于 10 dB（A）。

4.1.3 夜间偶发噪声的最大声级超过限值的幅度不得高于 15 dB（A）。

4.1.4 工业企业若位于未划分声环境功能区的区域，当厂界外有噪声敏感建筑物时，由当地县级以上人民政府参照 GB 3096 和 GB/T 15190 的规定确定厂界外区域的声环境质量要求，并执行相应的厂界环境噪声排放限值。

4.1.5 当厂界与噪声敏感建筑物距离小于 1 m 时，厂界环境噪声应在噪声敏感建筑物的室内测量，并将表 1 中相应的限值减 10 dB（A）作为评价依据。

4.2 结构传播固定设备室内噪声排放限值

当固定设备排放的噪声通过建筑物结构传播至噪声敏感建筑物室内时，噪声敏感建筑物室内等效声级不得超过表 2 和表 3 规定的限值。

表2　结构传播固定设备室内噪声排放限值（等效声级）　　单位：dB（A）

噪声敏感建筑物所处声环境功能区类别	A类房间		B类房间	
时段	昼间	夜间	昼间	夜间
0	40	30	40	30
1	40	30	45	35
2、3、4	45	35	50	40

说明：A类房间——指以睡眠为主要目的，需要保证夜间安静的房间，包括住宅卧室、医院病房、宾馆客房等。

　　　B类房间——指主要在昼间使用，需要保证思考与精神集中、正常讲话不被干扰的房间，包括学校教室、会议室、办公室、住宅中卧室以外的其他房间等。

表3　结构传播固定设备室内噪声排放限值（倍频带声压级）　　单位：dB（A）

噪声敏感建筑所处声环境功能区类别	时段	房间类型 倍频带中心频率/Hz	室内噪声倍频带声压级限值				
			31.5	63	125	250	500
0	昼间	A、B类房间	76	59	48	39	34
	夜间	A、B类房间	69	51	39	30	24
1	昼间	A类房间	76	59	48	39	34
		B类房间	79	63	52	44	38
	夜间	A类房间	69	51	39	30	24
		B类房间	72	55	43	35	29
2、3、4	昼间	A类房间	79	63	52	44	38
		B类房间	82	67	56	49	43
	夜间	A类房间	72	55	43	35	29
		B类房间	76	59	48	39	34

5 测量方法

5.1 测量仪器

5.1.1 测量仪器为积分平均声级计或环境噪声自动监测仪，其性能应不低于 GB 3785 和 GB/T17181 对 2 型仪器的要求。测量 35 dB 以下的噪声应使用 1 型声级计，且测量范围应满足所测量噪声的需要。校准所用仪器应符合 GB/T 15173 对 1 级或 2 级声校准器的要求。当需要进行噪声的频谱分析时，仪器性能应符合 GB/T 3241 中对滤波器的要求。

5.1.2 测量仪器和校准仪器应定期检定合格，并在有效使用期限内使用；每次测量前、后必须在测量现场进行声学校准，其前、后校准示值偏差不得大于 0.5 dB，否则测量结果无效。

5.1.3 测量时传声器加防风罩。

5.1.4 测量仪器时间计权特性设为"F"挡，采样时间间隔不大于 1 s。

5.2 测量条件

5.2.1 气象条件：测量应在无雨雪、无雷电天气，风速为 5 m/s 以下时进行。不得不在特殊气象条件下测量时，应采取必要措施保证测量准确性，同时注明当时所采取的措施及气象情况。

5.2.2 测量工况：测量应在被测声源正常工作时间进行，同时注明当时的工况。

5.3 测点位置

5.3.1 测点布设

根据工业企业声源、周围噪声敏感建筑物的布局以及毗邻的区域类别，在工业企业厂界布设多个测点，其中包括距噪声敏感建筑物较近以及受被测声源影响大的位置。

5.3.2 测点位置一般规定

一般情况下，测点选在工业企业厂界外 1m、高度 1.2 m 以上、距任一反射面距离不小于 1 m 的位置。

5.3.3 测点位置其他规定

5.3.3.1 当厂界有围墙且周围有受影响的噪声敏感建筑物时，测点应选在厂界外 1 m、高于围墙 0.5 m 以上的位置。

5.3.3.2 当厂界无法测量到声源的实际排放状况时（如声源位于高空、厂界设有声屏障等），应按 5.3.2 设置测点，同时在受影响的噪声敏感建筑物户外 1 m 处另设测点。

5.3.3.3 室内噪声测量时，室内测量点位设在距任一反射面至少 0.5 m 以上、距地面 1.2 m 高度处，在受噪声影响方向的窗户开启状态下测量。

5.3.3.4 固定设备结构传声至噪声敏感建筑物室内，在噪声敏感建筑物室内测量时，测点应距任一反射面至少 0.5 m 以上、距地面 1.2 m、距外窗 1 m 以上，窗户关闭状态下测量。被测房间内的其他可能干扰测量的声源（如电视机、空调机、排气扇以及镇流器较响的日光灯、运转时出声的时钟等）应关闭。

5.4 测量时段

5.4.1 分别在昼间、夜间两个时段测量。夜间有频发、偶发噪声影响时同时测量最大声级。

5.4.2 被测声源是稳态噪声，采用 1 min 的等效声级。

5.4.3 被测声源是非稳态噪声，测量被测声源有代表性时段的等效声级，必要时测量被测声源整个正常工作时段的等效声级。

5.5 背景噪声测量

5.5.1 测量环境：不受被测声源影响且其他声环境与测量被测声源时保持一致。

5.5.2 测量时段：与被测声源测量的时间长度相同。

5.6 测量记录

噪声测量时需做测量记录。记录内容应主要包括：被测量单位名称、地址、厂界所处声环境功能区类别、测量时气象条件、测量仪器、校准仪器、测点位置、测量时间、测量时段、仪器校准值（测前、测后）、主要声源、测量工况、示意图（厂界、声源、噪声敏感建筑物、测点等位置）、噪声测量值、背景值、测量人员、校对人、审核人等相关信息。

5.7 测量结果修正

5.7.1 噪声测量值与背景噪声值相差大于 10 dB（A）时，噪声测量值不做修正。

5.7.2 噪声测量值与背景噪声值相差在 3～10 dB（A）之间时，噪声测量值与背景噪声值的差值取整后，按表4进行修正。

表4　测量结果修正表 单位：dB（A）

差值	3	4～5	6～10
修正值	−3	−2	−1

5.7.3　噪声测量值与背景噪声值相差小于 3 dB（A）时，应采取措施降低背景噪声后，视情况按 5.7.1 或 5.7.2 执行；仍无法满足前二款要求的，应按环境噪声监测技术规范的有关规定执行。

6　测量结果评价

6.1　各个测点的测量结果应单独评价。同一测点每天的测量结果按昼间、夜间进行评价。

6.2　最大声级 $L_{\max}$ 直接评价。

7　标准实施监督

本标准由县级以上人民政府环境保护行政主管部门负责监督实施。

中华人民共和国国家标准

社会生活环境噪声排放标准

Emission standard for community noise

GB 22337—2008

前　言

为贯彻《中华人民共和国环境保护法》和《中华人民共和国环境噪声污染防治法》，防治社会生活噪声污染，改善声环境质量，制定本标准。

本标准根据现行法律对社会生活噪声污染源达标排放义务的规定，对营业性文化娱乐场所和商业经营活动中可能产生环境噪声污染的设备、设施规定了边界噪声排放限值和测量方法。

本标准为首次发布。

本标准由环境保护部科技标准司组织制定。

本标准起草单位：北京市劳动保护科学研究所、北京市环境保护局、广州市环境监测中心站。

本标准环境保护部 2008 年 7 月 17 日批准。

本标准自 2008 年 10 月 1 日起实施。

本标准由环境保护部解释。

1 适用范围

本标准规定了营业性文化娱乐场所和商业经营活动中可能产生环境噪声污染的设备、设施边界噪声排放限值和测量方法。

本标准适用于对营业性文化娱乐场所、商业经营活动中使用的向环境排放噪声的设备、设施的管理、评价与控制。

2 规范性引用文件

本标准内容引用了下列文件或其中的条款。凡是不注日期的引用文件，其有效版本适用于本标准。

GB 3785 声级计的电、声性能及测试方法

GB/T 3241　倍频程和分数倍频程滤波器

GB/T 15173　声校准器

GB/T 17181　积分平均声级计

3　术语和定义

下列术语和定义适用于本标准。

3.1　社会生活噪声　community noise

指营业性文化娱乐场所和商业经营活动中使用的设备、设施产生的噪声。

3.2　噪声敏感建筑物　noise-sensitive buildings

指医院、学校、机关、科研单位、住宅等需要保持安静的建筑物。

3.3　A 声级　A–weighted sound pressure level

用 A 计权网络测得的声压级，用 L_A 表示，单位 dB（A）。

3.4　等效声级　equivalent continuous A–weighted sound pressure level

等效连续 A 声级的简称，指在规定测量时间 T 内 A 声级的能量平均值，用 $L_{Aeq, T}$ 表示（简写为 L_{eq}），单位 dB（A）。除特别指明外，本标准中噪声限值皆为等效声级。

根据定义，等效声级表示为：

$$L_{eq} = 10 \lg(\frac{1}{T} \int_0^T 10^{0.1 \cdot L_A} \, dt)$$

式中：L_A——t 时刻的瞬时 A 声级；

　　　　T——规定的测量时间段。

3.5　边界　boundary

由法律文书（如土地使用证、房产证、租赁合同等）中确定的业主所拥有使用权（或所有权）的场所或建筑物边界。各种产生噪声的固定设备、设施的边界为其实际占地的边界。

3.6　背景噪声　background noise

被测量噪声源以外的声源发出的环境噪声的总和。

3.7　倍频带声压级　sound pressure level in octave bands

采用符合 GB/T 3241 规定的倍频程滤波器所测量的频带声压级，其测量带宽和中心频率成正比。本标准采用的室内噪声频谱分析倍频带中心频率为 31.5 Hz、63 Hz、125 Hz、250 Hz、500 Hz，其覆盖频率范围为 22～707 Hz。

3.8　昼间　day-time、夜间　night-time

根据《中华人民共和国环境噪声污染防治法》，"昼间"是指 6:00 至 22:00 之间的时段；"夜间"是指 22:00 至次日 6:00 之间的时段。

县级以上人民政府为环境噪声污染防治的需要（如考虑时差、作息习惯差异等）而对昼间、夜间的划分另有规定的，应按其规定执行。

4　环境噪声排放限值

4.1　边界噪声排放限值

4.1.1　社会生活噪声排放源边界噪声不得超过表 1 规定的排放限值。

表1　社会生活噪声排放源边界噪声排放限值　　　　单位：dB（A）

边界外声环境功能区类别	时段	
	昼间	夜间
0	50	40
1	55	45
2	60	50
3	65	55
4	70	55

4.1.2　在社会生活噪声排放源边界处无法进行噪声测量或测量的结果不能如实反映其对噪声敏感建筑物的影响程度的情况下，噪声测量应在可能受影响的敏感建筑物窗外1 m 处进行。

4.1.3　当社会生活噪声排放源边界与噪声敏感建筑物距离小于 1 m 时，应在噪声敏感建筑物的室内测量，并将表1 中相应的限值减 10 dB（A）作为评价依据。

4.2　结构传播固定设备室内噪声排放限值

4.2.1　在社会生活噪声排放源位于噪声敏感建筑物内情况下，噪声通过建筑物结构传播至噪声敏感建筑物室内时，噪声敏感建筑物室内等效声级不得超过表 2 和表 3 规定的限值。

表2　结构传播固定设备室内噪声排放限值（等效声级）　　　单位：dB（A）

噪声敏感建筑所处声环境功能区类别 \ 房间类型 时段	A 类房间		B 类房间	
	昼间	夜间	昼间	夜间
0	40	30	40	30
1	40	30	45	35
2、3、4	45	35	50	40

说明：A 类房间——指以睡眠为主要目的，需要保证夜间安静的房间，包括住宅卧室、医院病房、宾馆客房等。

B 类房间——指主要在昼间使用，需要保证思考与精神集中、正常讲话不被干扰的房间，包括学校教室、会议室、办公室、住宅中卧室以外的其他房间等。

表3　结构传播固定设备室内噪声排放限值（倍频带声压级）　　　单位：dB（A）

噪声敏感建筑所处声环境功能区类别	时段	倍频带中心频率/Hz \ 房间类型	室内噪声倍频带声压级限值				
			31.5	63	125	250	500
0	昼间	A、B 类房间	76	59	48	39	34
	夜间	A、B 类房间	69	51	39	30	24
1	昼间	A 类房间	76	59	48	39	34
		B 类房间	79	63	52	44	38
	夜间	A 类房间	69	51	39	30	24
		B 类房间	72	55	43	35	29

噪声敏感建筑所处声环境功能区类别	时段	倍频带中心频率/Hz 房间类型	室内噪声倍频带声压级限值				
			31.5	63	125	250	500
2、3、4	昼间	A 类房间	79	63	52	44	38
		B 类房间	82	67	56	49	43
	夜间	A 类房间	72	55	43	35	29
		B 类房间	76	59	48	39	34

4.2.2 对于在噪声测量期间发生非稳态噪声（如电梯噪声等）的情况，最大声级超过限值的幅度不得高于 10 dB（A）。

5 测量方法

5.1 测量仪器

5.1.1 测量仪器为积分平均声级计或环境噪声自动监测仪，其性能应不低于 GB 3785 和 GB/T 17181 对 2 型仪器的要求。测量 35 dB 以下的噪声应使用 1 型声级计，且测量范围应满足所测量噪声的需要。校准所用仪器应符合 GB/T 15173 对 1 级或 2 级声校准器的要求。当需要进行噪声的频谱分析时，仪器性能应符合 GB/T 3241 中对滤波器的要求。

5.1.2 测量仪器和校准仪器应定期检定合格，并在有效使用期限内使用；每次测量前、后必须在测量现场进行声学校准，其前、后校准示值偏差不得大于 0.5 dB，否则测量结果无效。

5.1.3 测量时传声器加防风罩。

5.1.4 测量仪器时间计权特性设为"F"挡，采样时间间隔不大于 1 s。

5.2 测量条件

5.2.1 气象条件：测量应在无雨雪、无雷电天气，风速为 5 m/s 以下时进行。不得不在特殊气象条件下测量时，应采取必要措施保证测量的准确性，同时注明当时所采取的措施及气象情况。

5.2.2 测量工况：测量应在被测声源正常工作时间进行，同时注明当时的工况。

5.3 测点位置

5.3.1 测点布设

根据社会生活噪声排放源、周围噪声敏感建筑物的布局以及毗邻的区域类别，在社会生活噪声排放源边界布设多个测点，其中包括距噪声敏感建筑物较近以及受被测声源影响大的位置。

5.3.2 测点位置一般规定

一般情况下，测点选在社会生活噪声排放源边界外 1 m、高度 1.2 m 以上、距任一反射面距离不小于 1 m 的位置。

5.3.3 测点位置其他规定

5.3.3.1 当边界有围墙且周围有受影响的噪声敏感建筑物时，测点应选在边界外 1 m、高于围墙 0.5 m 以上的位置。

5.3.3.2 当边界无法测量到声源的实际排放状况时（如声源位于高空、边界设有声屏障等），应按 5.3.2 设置测点，同时在受影响的噪声敏感建筑物户外 1 m 处另设测点。

5.3.3.3 室内噪声测量时，室内测量点位设在距任一反射面至少 0.5 m 以上、距地面

1.2 m 高度处，在受噪声影响方向的窗户开启状态下测量。

5.3.3.4 社会生活噪声排放源的固定设备结构传声至噪声敏感建筑物室内，在噪声敏感建筑物室内测量时，测点应距任一反射面至少 0.5 m 以上、距地面 1.2 m、距外窗 1 m 以上，窗户关闭状态下测量。被测房间内的其他可能干扰测量的声源（如电视机、空调机、排气扇以及镇流器较响的日光灯、运转时出声的时钟等）应关闭。

5.4 测量时段

5.4.1 分别在昼间、夜间两个时段测量。夜间有频发、偶发噪声影响时同时测量最大声级。

5.4.2 被测声源是稳态噪声，采用 1 min 的等效声级。

5.4.3 被测声源是非稳态噪声，测量被测声源有代表性时段的等效声级，必要时测量被测声源整个正常工作时段的等效声级。

5.5 背景噪声测量

5.5.1 测量环境：不受被测声源影响且其他声环境与测量被测声源时保持一致。

5.5.2 测量时段：与被测声源测量的时间长度相同。

5.6 测量记录

噪声测量时需做测量记录。记录内容应主要包括：被测量单位名称、地址、边界所处声环境功能区类别、测量时气象条件、测量仪器、校准仪器、测点位置、测量时间、测量时段、仪器校准值（测前、测后）、主要声源、测量工况、示意图（边界、声源、噪声敏感建筑物、测点等位置）、噪声测量值、背景值、测量人员、校对人、审核人等相关信息。

5.7 测量结果修正

5.7.1 噪声测量值与背景噪声值相差大于 10 dB（A）时，噪声测量值不做修正。

5.7.2 噪声测量值与背景噪声值相差在 3~10 dB（A）之间时，噪声测量值与背景噪声值的差值取整后，按表 4 进行修正。

表 4 测量结果修正表 单位：dB（A）

差值	3	4~5	6~10
修正值	−3	−2	−1

5.7.3 噪声测量值与背景噪声值相差小于 3 dB（A）时，应采取措施降低背景噪声后，视情况按 5.7.1 或 5.7.2 执行；仍无法满足前二款要求的，应按环境噪声监测技术规范的有关规定执行。

6 测量结果评价

6.1 各个测点的测量结果应单独评价。同一测点每天的测量结果按昼间、夜间进行评价。

6.2 最大声级 L_{max} 直接评价。

7 标准实施监督

本标准由县级以上人民政府环境保护行政主管部门负责监督实施。

中华人民共和国国家标准

机场周围飞机噪声环境标准

Standard of aircraft noise for environment around airport

GB 9660—88

本标准为贯彻《中华人民共和国环境保护法（试行）》，控制飞机噪声对周围环境的危害而制定的。

1 主题内容与适用范围

本标准规定了机场周围飞机噪声的环境标准。

本标准适用于机场周围受飞机通过所产生噪声影响的区域。

2 引用标准

GB 9661 机场周围飞机噪声测量方法。

3 评价量

本标准采用一昼夜的计权等效连续感觉噪声级作为评价量，用 L_{WECPN} 表示，单位为 dB。

4 标准值和适用区域

单位：dB（A）

适用区域	标准值
一类区域	≤70
二类区域	≤75

一类区域：特殊住宅区；居住、文教区。

二类区域：除一类区域以外的生活区。

本标准适用的区域地带范围由当地人民政府划定。

5 测量方法

5.1 本标准是户外允许噪声级。测点要选在户外平坦开阔的地方，传声器高于地面 1.2 m、离开其他反射壁面 1.0 m 以上。

5.2 测量方法、计算方法、测量仪器等按 GB 9661 的规定执行。

附加说明：

本标准由国家环境保护局大气处提出。

本标准由中国科学院声学研究所负责起草。

本标准主要起草人：郑大瑞、蔡秀兰、张玉海、赵仁兴、郭秀兰。

本标准由国家环境保护局负责解释。

中华人民共和国国家标准

铁路边界噪声限值及其测量方法

Emission standard and measurement methods of railway noise on the boundary siongside railway line

GB 12525－90

1 主题内容与适用范围

本标准规定了城市铁路边界处铁路噪声的限值及其测量方法。

本标准适用对城市铁路边界噪声的评价。

2 引用标准

GB 3785 声级计的电、声性能及测量方法

GB 3222 城市环境噪声测量方法

3 名词术语

3.1 铁路噪声　railway noise

系指机车车辆运行中所产生的噪声。

3.2 铁路边界　boundary alongside railway line

系指距铁路外侧轨道中心线 30 m 处。

3.3 背景噪声　background noise

系指无机车车辆通过时测点的环境噪声。

4 铁路边界噪声限值

表 1　等效声级 L_{eq}［dB(A)］

昼间	70
夜间	70

注：本限值中昼间、夜间的时间由当地人民政府按当地习惯和季节变化划定。

5 测量方法

5.1 测点原则上选在铁路边界高于地面 1.2 m，距反射物不小于 1 m 处。

5.2 测量条件

5.2.1 测量仪器：应符合 GB 3785 中规定的 II 型或 II 型以上的积分声级计或其他相同精度的测量仪器。测量时用"快挡"，采样间隔不大于 1 s。

5.2.2 气象条件：应符合 GB 3222 中规定的气象条件，选在无雨雪的天气中进行测量。仪器应加风罩，四级风以上停止测量。

5.3 测量内容及测量值

5.3.1 测量时间：昼夜、夜间各选在接近其机车车辆运行平均密度的某一个小时，用其分别代表昼间、夜间。必要时，昼间或夜间分别进行全时段测量。

5.3.2 用积分声级计（或具有同功能的其他测量仪器）读取 1 h 的等效声级（A）：dB。

5.4 背景噪声应比铁路噪声低 10 dB(A)以上，若两者声级差值小于 10 dB(A)，按表 2 修正。

表 2 单位：dB（A）

差值	3	4～5	6～9
修正值	−3	−2	−1

6 测量报告

测量报告应包括以下内容：

a. 测量仪器；

b. 测量环境（测点距轨面相对高度 m，几股线路，测点与轨道之间的地面状况，如土地、草地等）；

c. 车流密度（每小时通过机车车辆数）；

d. 背景噪声声级；

e. 1 h 的等效声级。

附录 A（参考件）

测量记录表

铁路边界噪声测量记录表				年　月　日
编号		地点		时　分至 时　分
几股线路		车流密度		距轨面距离　m
测点与轨道间地面状况				
测点仪器				
等效声级		dB(A)		
背景噪声声级		dB(A)		

测量者＿＿＿＿＿＿

附加说明：

本标准由国家环境保护局提出。

本标准主要起草人：郑天恩、王四德、何庆慈、李秀萍。

本标准由国家环境保护局解释。

中华人民共和国国家标准

城市轨道交通车站站台声学要求和测量方法

Acoustical requirement and measurement on station platform of urban rail transit

GB 14227—2006

前　言

本标准第 4 章为强制性的，其余为推荐性的。

本标准同时代替 GB14227—1993《地下铁道车站站台噪声限值》和 GB/T14228—1993《地下铁道车站站台噪声测量》。

本标准与 GB14227—1993 和 GB/T14228—1993 相比主要变化如下：

——调整了标准名称；

——适用范围增加了轻轨；

——调整了地铁车站站台的噪声限值，制定了轻轨车站站台的噪声限值；

——调整了混响时间的规定。

本标准由中华人民共和国建设部提出。

本标准由建设部标准定额研究所归口。

本标准由铁道科学研究院负责起草，北京市地铁运营公司、广州市地下铁道总公司、南车四方机车车辆股份有限公司等单位参加起草。

本标准主要起草人：焦大化、辜小安、刘扬、马筠、肖彦君、余哲夫、许韵武、谭绍军。

本标准所代替标准的历次版本发布情况为：

——GB14227—1993，GB/T 14228—1993。

1 范围

本标准规定了城市轨道交通车站列车进、出站时站台的噪声限值、混响时间、测量方法和试验报告的主要内容。

本标准适用于城市轨道交通系统中地铁和轻轨车站的声学环境设计和评价。

2 规范性引用文件

下列文件中的条款通过本标准的引用而成为本标准的条款。凡是注日期的引用文件，其随后所有的修改单（不包括勘误的内容）或修订版均不适用于本标准，然而，鼓励根据本标准达成协议的各方研究是否可使用这些文件的最新版本。凡是不注日期的引用文件，其最新版本适用于本标准。

GB/T 3785　声级计电、声性能及测试方法

GB/T 8170　数值修约规则

GB/T 15173　声校准器

GB/T 17181　积分平均声级计

GBJ 76　厅堂混响时间测量规范

3 术语和定义

下列术语和定义适用于本标准。

3.1 等效声级　equivalent sound pressure level

在规定的时间内，某一连续稳态声的 A 计权声压，具有与时变的噪声相同的均方 A 计权声压，则这一连续稳态声的声级就是此时变噪声的等效声级。

注 1：等效声级的单位用分贝（dB）表示。

注 2：等效声级的计算见式（1）：

$$L_{Aeq,T} = 10 \lg \left[\frac{1}{t_2 - t_1} \int_{t_1}^{t_2} \frac{p_A^2(t)}{p_0^2} dt \right] \tag{1}$$

式中：$L_{Aeq,T}$——等效声级，单位为分贝（dB）；

　　　$t_2 - t_1$——规定的时间间隔，单位为秒（s）；

　　　$p_A(t)$——噪声瞬时 A 计权声压，单位为帕（Pa）；

　　　p_0——基准声压（20 μPa）。

注 3：当 A 计权声压用 A 声级 L_{pA}（dB）表示时，则计算公式见式（2）：

$$L_{Aeq,T} = 10 \lg \left[\frac{1}{t_2 - t_1} \int_{t_1}^{t_2} 10^{0.1 L_{pA}} dt \right] \tag{2}$$

[GB/T 3947—1996，定义 13.7]

3.2 混响时间　reverberation time

声音已达到稳定后停止声源，平均声能密度自原始值衰变到其百万分之一（60 dB）所需要的时间。[GB/T 3947—1996，定义 12.47]

3.3 背景噪声　background noise

没有列车通过时站台上的噪声。

3.4 车组　set of cars

编成固定基本德国单元、可在轨道上独立运行的车辆组合体。

3.5 列车　train

以在运营线路上运行为目的而编组的由一个或多个车组组成的集合体。

4 声学要求

4.1 地铁和轻轨车站列车进、出站时站台上噪声等效声级 L_{eq} 的最大允许限值应符合表 1 的要求。

表 1　车站站台最大允许噪声限值　　　　　单位：dB

列车运行状态	噪声限值
列车进站	80
列车出站	80

4.2 地铁和轻轨车站站台上 500 Hz 倍频程中心频率混响时间的最大允许限值为 1.5 s。

5 噪声测量方法

5.1 测量的量
噪声测量的量为列车进站、出站时规定测量条件下的快挡等效声级 L_{eq}。

5.2 测量仪器
5.2.1 测量应采用 1 型积分式声级计，其性能应符合 GB/T 3785、GB/T 17181 的规定，也可采用性能等效的其他仪器。声极校准器性能应符合 GB/T 15173 的规定。

5.2.2 测量前应使用 1 型声级校准器校准声级计。测量结束后再用声极校准器检查声级计示值，偏差应不大于 0.5 dB，否则测量无效。

5.2.3 声级计和声级校准器应经国家认可的计量单位检定合格，并在有效期限使用。

5.3 环境条件
5.3.1 露天站台测量时，应选择在无雨、无雪、风速小于 5 m/s 的气象条件下测量。

5.3.2 测点周围 2 m 以内不应有声反射物。

5.3.3 测量时应避开会车。

5.3.4 测量时站台的背景噪声应低于被测噪声 10 dB 以上，否则应按表 2 进行修正。差值小于 5 dB 时应重新测量。

表 2　背景噪声修正值　　　　　单位：dB

站台噪声与背景噪声的声级差值	站台噪声声级的修正值
＞10	0
6～10	−1
5	−2

5.3.5 测量时应避免受到广播等各种非列车运行噪声的干扰。如受到影响，应在测量报告中说明。

5.4 传声器位置
测量时传声器应置于车站站台中部、距地面高度为 1.6 m 的位置。传声器前端应朝向被测列车轨道一侧，其轴向与线路方向垂直。测量时传声器应使用风罩。

5.5 测量时间间隔

5.5.1 列车进站的测量时间间隔为列车头部进站到停止的时间。

5.5.2 列车出站的测量时间间隔为列车起致力到列车尾部离站的时间。

5.6 测量次数

每种列车运行状态的测量次数不应少于 10 次。

5.7 数据处理

每种列车运行状态的测量数据经算术平均后，按照 GB/T 8170 的规则修约到整数位的数值作为评定值。

6 混响时间测量方法

6.1 混响时间的测量按照 GBJ 76 的方法进行，同时还应符合本标准的规定。

6.2 测量混响时间所选取的倍频程中心频率为 500 Hz。

6.3 测量时站台应保持空场状态。

6.4 测点应在站台上有代表性的位置布设，并应偏离站台纵向中心线 1.5 m。测点应不少于 3 个。传声器距地面高度应为 1.6 m。

6.5 测量用声源应置于站台一端，距地面高度应为 1.5 m。

7 试验报告

试验报告至少应包括以下内容：

a)　测量地点；

b)　测量仪器：名称，型号，编号，检定日期；

c)　食品校冷记录；

d)　测站位置；

e)　背景噪声；

f)　测量数据和结果：L_{eq}，测量时间间隔，混响时间，数据处理结果等；

g)　测量过程中可能影响结果的情况说明；

h)　测量日期、测量者。

参考文献

[1]   GB/T 1.1—2000   标准化工作导则   第 1 部分：标准的结构和编写规划.

[2]   GB/T 20001.1—2001   标准编写规划   第 1 部分：术语.

[3]   GB/T 3947—1996   声学名词术语.

[4]   ISO/DIS   3095：2001   Railway application-Acoustics-Measurement of noise emtted by rail bound vehicles.

[5]   ISO/DIS 3381：2001   Railway application-Acoustics-Measurement of noise inside rail-bound vehicles.

中华人民共和国国家标准

城市区域环境振动标准

Standard of environmental vibration in urban area

GB 10070—88

1 主题内容与适用范围

本标准为贯彻《中华人民共和国环境保护法（试行）》，控制城市环境振动污染而制定。

本标准规定了城市区域环境振动的标准值及适用地带范围和监测方法。

本标准适用于城市区域环境。

2 引用标准

GB 10071　城市区域环境振动测量方法

3 标准值及适用地带范围

3.1　标准值

3.1.1　城市各类区域铅垂向 Z 振级标准值列于下表。

单位：dB（A）

适用地带范围	昼间	夜间
特殊住宅区	65	65
居民、文教区	70	67
混合区、商业中心区	75	72
工业集中区	75	72
交通干线道路两侧	75	72
铁路干线两侧	80	80

3.1.2　本标准值适用于连续发生的稳态振动、冲击振动和无规则振动。

3.1.3　每日发生几次的冲击振动，其最大值昼间不允许超过标准值 10 dB，夜间不超过 3 dB。

3.2　适用地带范围的划定

3.2.1　"特殊住宅区"是指特别需要安宁的住宅区。

3.2.2　"居民、文教区"是指纯居民区和文教、机关区。

3.2.3 "混合区"是指一般商业与居民混合区；工业、商业、少量交通与居民混合区。

3.2.4 "商业中心区"是指商业集中的繁华地区。

3.2.5 "工业集中区"是指在一个城市或区域内规划明确确定的工业区。

3.2.6 "交通干线道路两侧"是指车流量每小时 100 辆以上的道路两侧。

3.2.7 "铁路干线两侧"是指距每日车流量不少于 20 列的铁道外轨 30 m 外两侧的住宅区。

3.2.8 本标准适用的地带范围，由地方人民政府划定。

3.3 本标准昼间、夜间的时间由当地人民政府按当地习惯和季节变化划定。

4 监测方法

4.1 测量点在建筑物室外 0.5 m 以内振动敏感处，必要时测量点置于建筑物室内地面中央，标准值均取表中的值。

4.2 铅垂向 Z 振级的测量及评价量的计算方法，按国家标准 GB 10071 有关条款的规定执行。

附加说明：

本标准由国家环境保护局大气处提出。

本标准由《城市区域环境振动标准》编制组起草。

本标准主要起草人：战嘉恺、陈道常、唐瑞荣、熊光凌、涂瑞和。

本标准由国家环境保护局负责解释。

四

土壤和固体废物环境质量标准

中华人民共和国国家标准

土壤环境质量标准

Environmental quality standard for soils

GB 15618—1995

为贯彻《中华人民共和国环境保护法》，防止土壤污染，保护生态环境，保障农林生产，维护人体健康，制定本标准。

1 主题内容与适用范围

1.1 主题内容

本标准按土壤应用功能、保护目标和土壤主要性质，规定了土壤中污染物的最高允许浓度指标值及相应的监测方法。

1.2 适用范围

本标准适用于农田、蔬菜地、茶园、果园、牧场、林地、自然保护区等地的土壤。

2 术语

2.1 土壤：指地球陆地表面能够生长绿色植物的疏松层。

2.2 土壤阳离子交换量：指带负电荷的土壤胶体，借静电引力而对溶液中的阳离子所吸附的数量，以每千克干土所含全部代换性阳离子的厘摩尔（按一价离子计）数表示。

3 土壤环境质量分类和标准分级

3.1 土壤环境质量分类

根据土壤应用功能和保护目标，划分为三类：

Ⅰ类主要适用于国家规定的自然保护区（原有背景重金属含量高的除外）、集中式生活饮用水源地、茶园、牧场和其他保护地区的土壤，土壤质量基本上保持自然背景水平。

Ⅱ类主要适用于一般农田、蔬菜地、茶园、果园、牧场等土壤，土壤质量基本上对植物和环境不造成危害和污染。

Ⅲ类主要适用于林地土壤及污染物容量较大的高背景值土壤和矿产附近等地的农田土壤（蔬菜地除外）。土壤质量基本上对植物和环境不造成危害和污染。

3.2 标准分级

一级标准 为保护区域自然生态，维持自然背景的土壤环境质量的限制值。

二级标准 为保障农业生产，维护人体健康的土壤限制值。

三级标准　为保障农林业生产和植物正常生长的土壤临界值。

3.3　各类土壤环境质量执行标准的级别规定如下：

Ⅰ类土壤环境质量执行一级标准；

Ⅱ类土壤环境质量执行二级标准；

Ⅲ类土壤环境质量执行三级标准。

4　标准值

本标准规定的三级标准值，见表1。

表1　土壤环境质量标准值

单位：mg/kg

项　目 级　别 土壤 pH 值	一级	二级			三级
	自然背景	＜6.5	6.5～7.5	＞7.5	＞6.5
镉　　　　　　≤	0.20	0.30	0.30	0.60	1.0
汞　　　　　　≤	0.15	0.30	0.50	1.0	1.5
砷　水田　　　≤	15	30	25	20	30
旱地　　　≤	15	40	30	25	40
铜　农田等　　≤	35	50	100	100	400
果园　　　≤	—	150	200	200	400
铅　　　　　　≤	35	250	300	350	500
铬　水田　　　≤	90	250	300	350	400
旱地　　　≤	90	150	200	250	300
锌　　　　　　≤	100	200	250	300	500
镍　　　　　　≤	40	40	50	60	200
六六六　　　　≤	0.05	0.50			1.0
滴滴涕　　　　≤	0.05	0.50			1.0

注：①重金属（铬主要是三价）和砷均按元素量计，适用于阳离子交换量＞5 cmol（＋）/kg 的土壤，若≤5 cmol（＋）/kg，
　　其标准值为表内数值的半数。

　　②六六六为四种异构体总量，滴滴涕为四种衍生物总量。

　　③水旱轮作地的土壤环境质量标准，砷采用水田值，铬采用旱地值。

5　监测

5.1　采样方法：土壤监测方法参照国家环保局的《环境监测分析方法》、《土壤元素的近代分析方法》（中国环境监测总站编）的有关章节进行。国家有关方法标准颁布后，按国家标准执行。

5.2　分析方法按表2执行。

表2　土壤环境质量标准选配分析方法

序号	项目	测定方法	检测范围/（mg/kg）	注释	分析方法来源
1	镉	土样经盐酸-硝酸-高氯酸（或盐酸-硝酸-氢氟酸-高氯酸）消解后， （1）萃取-火焰原子吸收法测定 （2）石墨炉原子吸收分光光度法测定	0.025 以上 0.005 以上	土壤总镉	①、②
2	汞	土样经硝酸-硫酸-五氧化二钒或硫、硝酸-高锰酸钾消解后，冷原子吸收法测定	0.004 以上	土壤总汞	①、②
3	砷	（1）土样经硫酸-硝酸-高氯酸消解后，二乙基二硫代氨基甲酸银分光光度法测定 （2）土样经硝酸-盐酸-高氯酸消解后，硼氢化钾-硝酸银分光光度法测定	0.5 以上 0.1 以上	土壤总砷	①、② ②
4	铜	土样经盐酸-硝酸-高氯酸（或盐酸-硝酸-氢氟酸-高氯酸）消解后，火焰原子吸收分光光度法测定	1.0 以上	土壤总铜	①、②
5	铅	土样经盐酸-硝酸-氢氟酸-高氯酸消解后， （1）萃取-火焰原子吸收法测定 （2）石墨炉原子吸收分光光度法测定	0.4 以上 0.06 以上	土壤总铅	②
6	铬	土样经硫酸-硝酸-氢氟酸消解后， （1）高锰酸钾氧化，二苯碳酰二肼光度法测定 （2）加氯化铵液，火焰原子吸收分光光度法测定	1.0 以上 2.5 以上	土壤总铬	①
7	锌	土样经盐酸-硝酸-高氯酸（或盐酸-硝酸-氢氟酸-高氯酸）消解后，火焰原子吸收分光光度法测定	0.5 以上	土壤总锌	①、②
8	镍	土样经盐酸-硝酸-高氯酸（或盐酸-硝酸-氢氟酸-高氯酸）消解后，火焰原子吸收分光光度法测定	2.5 以上	土壤总镍	②
9	六六六和滴滴涕	丙酮-石油醚提取，浓硫酸净化，用带电子捕获检测器的气相色谱仪测定	0.005 以上		GB/T 14550—1993
10	pH	玻璃电极法（土：水=1.0：2.5）	—		②
11	阳离子交换量	乙酸铵法等	—		③

注：分析方法除土壤六六六和滴滴涕有国标外，其他项目待国家方法标准发布后执行，现暂采用下列方法：
　　①《环境监测分析方法》，1983，城乡建设环境保护部环境保护局；
　　②《土壤元素的近代分析方法》，1992，中国环境监测总站编，中国环境科学出版社；
　　③《土壤理化分析》，1978，中国科学院南京土壤研究所编，上海科技出版社。

6　标准的实施

6.1　本标准由各级人民政府环境保护行政主管部门负责监督实施，各级人民政府的有关行政主管部门依照有关法律和规定实施。

6.2　各级人民政府环境保护行政主管部门根据土壤应用功能和保护目标会同有关部门划分本辖区土壤环境质量类别，报同级人民政府批准。

附加说明

　　本标准由国家环境保护局科技标准司提出。

　　本标准由国家环境保护局南京环境科学研究所负责起草，中国科学院地理研究所、北京农业大学、中国科学院南京土壤研究所等单位参加。

　　本标准主要起草人：夏家淇、蔡道基、夏增禄、王宏康、武玫玲、梁伟等。

　　本标准由国家环境保护局负责解释。

中华人民共和国国家标准

危险废物鉴别标准　腐蚀性鉴别

Identification standards for hazardous wastes　Identification for corrosivity

GB 5085.1—2007
代替 GB 5085.1—1996

前　言

　　为贯彻《中华人民共和国环境保护法》和《中华人民共和国固体废物污染环境防治法》，防治危险废物造成的环境污染，加强对危险废物的管理，保护环境，保障人体健康，制定本标准。

　　本标准是国家危险废物鉴别标准的组成部分。国家危险废物鉴别标准规定了固体废物危险特性技术指标，危险特性符合标准规定的技术指标的固体废物属于危险废物，须依法按危险废物进行管理。国家危险废物鉴别标准由以下7个标准组成：

　　1. 危险废物鉴别标准　通则
　　2. 危险废物鉴别标准　腐蚀性鉴别
　　3. 危险废物鉴别标准　急性毒性初筛
　　4. 危险废物鉴别标准　浸出毒性鉴别
　　5. 危险废物鉴别标准　易燃性鉴别
　　6. 危险废物鉴别标准　反应性鉴别
　　7. 危险废物鉴别标准　毒性物质含量鉴别

　　本标准对《危险废物鉴别标准　腐蚀性鉴别》（GB 5085.1—1996）进行了修订，主要内容是增加了钢材腐蚀的鉴别标准及检测方法。

　　按照有关法律规定，本标准具有强制执行的效力。

　　本标准由国家环境保护总局科技标准司提出。

　　本标准起草单位：中国环境科学研究院固体废物污染控制技术研究所、环境标准研究所。

　　本标准国家环境保护总局 2007年3月27日批准。

　　本标准自2007年10月1日起实施，《危险废物鉴别标准　腐蚀性鉴别》（GB 5085.1—1996）同时废止。

本标准由国家环境保护总局解释。

1 范围

本标准规定了腐蚀性危险废物的鉴别标准。

本标准适用于任何生产、生活和其他活动中产生的固体废物的腐蚀性鉴别。

2 规范性引用文件

下列文件中的条款通过 GB 5085 的本部分的引用而成为本标准的条款。凡是不注日期的引用文件，其最新版本适用于本标准。

GB/T 699　优质碳素结构钢

GB/T 15555.12—1995　固体废物　腐蚀性测定　玻璃电极法

HJ/T298　危险废物鉴别技术规范

JB/T 7901　金属材料实验室均匀腐蚀全浸试验方法

3 鉴别标准

符合下列条件之一的固体废物，属于危险废物。

3.1　按照GB/T 15555.12—1995的规定制备的浸出液，pH≥12.5，或者pH≤2.0。

3.2　在55℃条件下，对GB/T 699中规定的20号钢材的腐蚀速率≥6.35 mm/a。

4 实验方法

4.1　采样点和采样方法按照HJ/T 298的规定进行。

4.2　第3.1条所列的pH值测定按照GB/T 15555.12—1995的规定进行。

4.3　第3.2条所列的腐蚀速率测定按照JB/T 7901的规定进行。

5 标准实施

本标准由县级以上人民政府环境保护行政主管部门负责监督实施。

中华人民共和国国家标准

危险废物鉴别标准　急性毒性初筛

Identification standards for hazardous wastes　Screening test for acute toxicity

GB 5085.2—2007
代替 GB 5085.2—1996

前　言

为贯彻《中华人民共和国环境保护法》和《中华人民共和国固体废物污染环境防治法》，防治危险废物造成的环境污染，加强对危险废物的管理，保护环境，保障人体健康，制定本标准。

本标准是国家危险废物鉴别标准的组成部分。国家危险废物鉴别标准规定了固体废物危险特性技术指标，危险特性符合标准规定的技术指标的固体废物属于危险废物，须依法按危险废物进行管理。国家危险废物鉴别标准由以下7个标准组成：

1. 危险废物鉴别标准　通则
2. 危险废物鉴别标准　腐蚀性鉴别
3. 危险废物鉴别标准　急性毒性初筛
4. 危险废物鉴别标准　浸出毒性鉴别
5. 危险废物鉴别标准　易燃性鉴别
6. 危险废物鉴别标准　反应性鉴别
7. 危险废物鉴别标准　毒性物质含量鉴别

本标准对《危险废物鉴别标准　急性毒性初筛》（GB 5085.2—1996）进行了修订，主要内容是：

——用《化学品测试导则》中指定的急性经口毒性试验、急性经皮毒性试验和急性吸入毒性试验取代了原标准附录中的"危险废物急性毒性初筛试验方法"。

——对急性毒性初筛鉴别值进行了调整。

按照有关法律规定，本标准具有强制执行的效力。

本标准由国家环境保护总局科技标准司提出。

本标准起草单位：中国环境科学研究院固体废物污染控制技术研究所、环境标准研究所。

本标准国家环境保护总局2007年3月27日批准。

本标准自2007年10月1日起实施,《危险废物鉴别标准 急性毒性初筛》(GB 5085.2—1996)同时废止。

本标准由国家环境保护总局解释。

1 范围

本标准规定了急性毒性危险废物的初筛标准。

本标准适用于任何生产、生活和其他活动中产生的固体废物的急性毒性鉴别。

2 规范性引用文件

下列文件中的条款通过 GB 5085 的本部分的引用而成为本标准的条款。凡是不注日期的引用文件,其最新版本适用于本标准。

HJ/T 153 化学品测试导则

HJ/T298 危险废物鉴别技术规范

3 术语和定义

下列术语和定义适用于本标准。

3.1 口服毒性半数致死量 LD_{50} LD_{50}(median lethal dose)for acute oral toxicity

是经过统计学方法得出的一种物质的单一计量,可使青年白鼠口服后,在14 d内死亡一半的物质剂量。

3.2 皮肤接触毒性半数致死量 LD_{50} LD_{50} for acute dermal toxicity

是使白兔的裸露皮肤持续接触24 h,最可能引起这些试验动物在14 d内死亡一半的物质剂量。

3.3 吸入毒性半数致死浓度 LC_{50} LC_{50} for acute toxicity on inhalation

是使雌雄青年白鼠连续吸入1 h,最可能引起这些试验动物在14 d内死亡一半的蒸汽、烟雾或粉尘的浓度。

4 鉴别标准

符合下列条件之一的固体废物,属于危险废物。

4.1 经口摄取:固体 LD_{50}≤200 mg/kg,液体 LD_{50}≤500 mg/kg。

4.2 经皮肤接触:LD_{50}≤1 000 mg/kg。

4.3 蒸汽、烟雾或粉尘吸入:LC_{50}≤10 mg/L。

5 实验方法

5.1 采样点和采样方法按照HJ/T 298的规定进行。

5.2 经口LD_{50}、经皮LD_{50}和吸入LC_{50}的测定按照HJ/T 153中指定的方法进行。

6 标准实施

本标准由县级以上人民政府环境保护行政主管部门负责监督实施。

危险废物鉴别标准　　浸出毒性鉴别

Identification standards for hazardous wastes　Identification for extraction toxicity

GB 5085.3—2007
代替 GB 5085.3—1996

前　言

为贯彻《中华人民共和国环境保护法》和《中华人民共和国固体废物污染环境防治法》，防治危险废物造成的环境污染，加强对危险废物的管理，保护环境，保障人体健康，制定本标准。

本标准是国家危险废物鉴别标准的组成部分。国家危险废物鉴别标准规定了固体废物危险特性技术指标，危险特性符合标准规定的技术指标的固体废物属于危险废物，须依法按危险废物进行管理。国家危险废物鉴别标准由以下 7 个标准组成：

1. 危险废物鉴别标准　　通则
2. 危险废物鉴别标准　　腐蚀性鉴别
3. 危险废物鉴别标准　　急性毒性初筛
4. 危险废物鉴别标准　　浸出毒性鉴别
5. 危险废物鉴别标准　　易燃性鉴别
6. 危险废物鉴别标准　　反应性鉴别
7. 危险废物鉴别标准　　毒性物质含量鉴别

本标准对《危险废物鉴别标准　浸出毒性鉴别》（GB 5085.3—1996）进行了修订，主要内容是：

——在原标准 14 个鉴别项目的基础上，增加了 36 个鉴别项目。新增项目主要是有机类毒性物质。

——修改了毒性物质的浸出方法。

——修改了部分鉴别项目的分析方法。

按有关法律规定，本标准具有强制执行的效力。

本标准由国家环境保护总局科技标准司提出。

本标准起草单位：中国环境科学研究院固体废物污染控制技术研究所、环境标准研究所。

本标准国家环境保护总局 2007 年 3 月 27 日批准。

本标准自 2007 年 10 月 1 日起实施，《危险废物鉴别标准　浸出毒性鉴别》（GB 5085.3—1996）同时废止。

本标准由国家环境保护总局解释。

1 范围

本标准规定了以浸出毒性为特征的危险废物鉴别标准。

本标准适用于任何生产、生活和其他活动中产生固体废物的浸出毒性鉴别。

2 规范性引用文件

下列文件中的条款通过 GB 5085 本部分的引用而成为本标准的条款。凡是不注日期的引用文件，其最新版本适用于本标准。

HJ/T 299　　　固体废物　浸出毒性浸出方法　硫酸硝酸法

HJ/T 298　　　危险废物鉴别技术规范

3 鉴别标准

按照 HJ/T 299 制备的固体废物浸出液中任何一种危害成分含量超过表 1 中所列的浓度限值，则判定该固体废物是具有浸出毒性特征的危险废物。

表 1　浸出毒性鉴别标准值

序号	危害成分项目	浸出液中危害成分质量浓度限值/（mg/L）	分析方法
		无机元素及化合物	
1	铜（以总铜计）	100	附录 A、B、C、D
2	锌（以总锌计）	100	附录 A、B、C、D
3	镉（以总镉计）	1	附录 A、B、C、D
4	铅（以总铅计）	5	附录 A、B、C、D
5	总铬	15	附录 A、B、C、D
6	铬（六价）	5	GB/T 15555.4—1995
7	烷基汞	不得检出 [1]	GB/T 14204—1993
8	汞（以总汞计）	0.1	附录 B
9	铍（以总铍计）	0.02	附录 A、B、C、D
10	钡（以总钡计）	100	附录 A、B、C、D
11	镍（以总镍计）	5	附录 A、B、C、D
12	总银	5	附录 A、B、C、D
13	砷（以总砷计）	5	附录 C、E
14	硒（以总硒计）	1	附录 B、C、E
15	无机氟化物（不包括氟化钙）	100	附录 F
16	氰化物（以 CN⁻ 计）	5	附录 G
		有机农药类	
17	滴滴涕	0.1	附录 H
18	六六六	0.5	附录 H

序号	危害成分项目	浸出液中危害成分质量浓度限值/（mg/L）	分析方法
19	乐果	8	附录 I
20	对硫磷	0.3	附录 I
21	甲基对硫磷	0.2	附录 I
22	马拉硫磷	5	附录 I
23	氯丹	2	附录 H
24	六氯苯	5	附录 H
25	毒杀芬	3	附录 H
26	灭蚁灵	0.05	附录 H
非挥发性有机化合物			
27	硝基苯	20	附录 J
28	二硝基苯	20	附录 K
29	对硝基氯苯	5	附录 L
30	2,4-二硝基氯苯	5	附录 L
31	五氯酚及五氯酚钠（以五氯酚计）	50	附录 L
32	苯酚	3	附录 K
33	2,4-二氯苯酚	6	附录 K
34	2,4,6-三氯苯酚	6	附录 K
35	苯并[a]芘	0.000 3	附录 K、M
36	邻苯二甲酸二丁酯	2	附录 K
37	邻苯二甲酸二辛酯	3	附录 L
38	多氯联苯	0.002	附录 N
挥发性有机化合物			
39	苯	1	附录 O、P、Q
40	甲苯	1	附录 O、P、Q
41	乙苯	4	附录 P
42	二甲苯	4	附录 O、P
43	氯苯	2	附录 O、P
44	1,2-二氯苯	4	附录 K、O、P、R
45	1,4-二氯苯	4	附录 K、O、P、R
46	丙烯腈	20	附录 O
47	三氯甲烷	3	附录 Q
48	四氯化碳	0.3	附录 Q
49	三氯乙烯	3	附录 Q
50	四氯乙烯	1	附录 Q

注：1. "不得检出" 指甲基汞＜10 ng/L，乙基汞＜20 ng/L。

4　实验方法

4.1　采样点和采样方法按照 HJ/T 298 进行。

4.2　无机元素及其化合物的样品（除六价铬、无机氟化物、氰化物外）的前处理方法参照附录 S；六价铬及其化合物的样品的前处理方法参照附录 T。

4.3　有机样品的前处理方法参照附录 U、附录 V、附录 W。

4.4　各危害成分项目的测定，除执行规定的标准分析方法外，暂按附录中推荐的方法执行；待适用于测定特定危害成分项目的国家环境保护标准发布后，按标准的规定执行。

5　标准实施

本标准由县级以上人民政府环境保护行政主管部门负责监督实施。

固体废物　元素的测定　电感耦合等离子体原子发射光谱法

Solid Waste—Determination of Elements—Inductively Coupled Plasma-Atomic Emission Spectrometry (ICP-AES)

A.1　范围

本方法适用于固体废物和固体废物浸出液中银（Ag）、铝（Al）、砷（As）、钡（Ba）、铍（Be）、钙（Ca）、镉（Cd）、钴（Co）、铬（Cr）、铜（Cu）、铁（Fe）、钾（K）、镁（Mg）、锰（Mn）、钠（Na）、镍（Ni）、铅（Pb）、锑（Sb）、锶（Sr）、钍（Th）、钛（Ti）、铊（Tl）、钒（V）、锌（Zn）等元素的电感耦合等离子体原子发射光谱法测定。

本方法对各种元素的检出限和测定波长见表 A.1。

表 A.1　测定元素推荐波长及检出限

测定元素	波长/nm	检出限/（mg/L）	测定元素	波长/nm	检出限/（mg/L）
Al	308.21	0.1	Cu	327.39	0.01
	396.15	0.09	Fe	238.20	0.03
As	193.69	0.1		259.94	0.03
Ba	233.53	0.004	K	766.49	0.5
	455.40	0.003	Mg	279.55	0.002
Be	313.04	0.0003		285.21	0.02
	234.86	0.005	Mn	257.61	0.001
Ca	317.93	0.01		293.31	0.02
	393.37	0.002	Na	589.59	0.2
Cd	214.44	0.003	Ni	231.60	0.01
	226.50	0.003	Pb	220.35	0.05
Co	238.89	0.005	Sr	407.77	0.001
	228.62	0.005	Ti	334.94	0.005
Cr	205.55	0.01		336.12	0.01
	267.72	0.01	V	311.07	0.01
Cu	324.75	0.01	Zn	213.86	0.006

本方法使用时可能存在的主要干扰见表 A.2。

表 A.2 元素间干扰

测定元素	测定波长/nm	干扰元素	测定元素	测定波长/nm	干扰元素
Al	308.21	Mn、V、Na	Cr	202.55	Fe、Mo
	396.15	Ca、Mo		267.72	Mn、V、Mg
As	193.69	Al、P		283.56	Fe、Mo
Be	313.04	Ti、Se	Cu	324.7	Fe、Al、Ti
	234.86	Fe	Mn	257.61	Fe、Al、Mg
Ba	233.53	Fe、V	Ni	231.60	Co
Ca	315.89	Co	Pb	220.35	Al
	317.93	Fe	V	290.88	Fe、Mo
Cd	214.44	Fe		292.40	Fe、Mo
	226.50	Fe		311.07	Ti、Fe、Mn
	228.80	As	Zn	213.86	Ni、Cu
Co	228.62	Ti	Ti	334.94	Cr、Ca

A.2 原理

等离子体发射光谱法可以同时测定样品中多元素的含量。当氩气通过等离子体火炬时，经射频发生器所产生的交变电磁场使其电离、加速并与其他氩原子碰撞。这种连锁反应使更多的氩原子电离，形成原子、离子、电子的粒子混合气体，即等离子体。过滤或消解处理过的样品经进样器中的物化器被物化并由氩载气带入等离子体火炬中，汽化的样品分子在等离子体火炬的高温下被汽化、电离、激发。不同元素的原子在激发或电离时可发射出特征光谱，所以等离子体发射光谱可用来定性测定样品中存在的元素。特征光谱的强弱与样品中原子浓度有关，与标准溶液进行比较，即可定量测定样品中各元素的含量。

A.3 试剂和材料

A.3.1 试剂水，为 GB/T 6682 规定的一级水。

A.3.2 硝酸，ρ（HNO_3）＝1.42 g/ml，优级纯。

A.3.3 盐酸，ρ（HCl）＝1.19 g/ml，优级纯。

A.3.4 硝酸（1＋1）溶液，用硝酸（A.3.2）配制。

A.3.5 氩气，钢瓶气，纯度不低于 99.9%。

A.3.6 标准溶液

A.3.6.1 单元标准贮备液的配制：可以从权威商业机构购买或用超高纯化学试剂及金属（＞99.99%）配制成 1.00 mg/ml 的标准贮备液。市售的金属有板状、线状、粒状、海绵状或粉末状等。为了称量方便，需将其切屑（粉末状除外），切屑时应防止由于剪切或车床削来的沾污，一般先用稀 HCl 或稀 HNO_3 迅速洗涤金属以除去表面的氧化物及附着的污物，然后用水洗净。为干燥迅速，可用丙酮等挥发性强的溶剂进一步洗涤，以除去水分，最后用纯氩气或氮气吹干。贮备溶液配制的酸度保持在 0.1 mol/L 以上（表 A.3）。

A.3.6.2 单元素中间标准溶液的配制：分取上述单元素标准贮备液，将 Cu、Cd、V、

Cr、Co、Ba、Mn、Ti 及 Ni 等 10 种元素稀释成 0.10 mg/ml；将 Pb、As 及 Fe 稀释成 0.5 mg/ml；将 Be 稀释成 0.01 mg/ml 的单元素中间标准溶液。稀释时，补加一定量相应的酸，使溶液酸度保持在 0.1 ml/L 以上。

表 A.3　单元素标准贮备液配制方法

元素	质量浓度/（mg/ml）	配制方法
Al	1.00	称取 1 g 金属铝，用 150 ml HCl(1+1)加热溶解，煮沸，冷却后用水定容至 1 L
Zn	1.00	称取 1 g 金属锌，用 40 ml HCl 溶解，煮沸，冷却后用水定容至 1 L
Ba	1.00	称取 1.516 3 g 无水 BaCl$_2$ (250℃烘 2 h)，用 20 ml HNO$_3$ (1+1)溶解，用水定容至 1 L
Be	0.1	称取 0.1 g 金属铍，用 150 ml HCl(1+1)加热溶解，冷却后用水定容至 1 L
Ca	1.00	称取 2.497 2 g CaCO$_3$(110℃干燥 1 h)，溶解于 20 ml 水中，滴加 HCl 至完全溶解，再加 10 ml HCl，煮沸除去 CO$_2$，冷却后用水定容至 1 L
Co	1.00	称取 1 g 金属钴，用 50 ml HNO$_3$ (1+1)加热溶解，冷却后用水定容至 1 L
Cr	1.00	称取 1 g 金属铬，加热溶解于 30 ml HCl(1+1)中，冷却后用水定容至 1 L
Cu	1.00	称取 1 g 金属铜，加热溶解于 30 ml HNO$_3$(1+1)中，冷却后用水定容至 1 L
Fe	1.00	称取 1 g 金属铁，用 150 ml HCl(1+1)溶解，冷却后用水定容至 1 L
K	1.00	称取 1.906 7 g KCl（在 400～450℃灼烧到无爆裂声）溶于水，用水定容至 1 L
Mg	1.00	称取 1 g 金属镁，加入 30 ml 水，缓慢加入 30 ml HCl，待完全溶解后，煮沸，冷却后用水定容至 1 L
Na	1.00	称取 2.542 1 g NaCl（在 400～450℃灼烧到无爆裂声）溶于水，用水定容至 1 L
Ni	1.00	称取 1 g 金属镍，用 30 ml HNO$_3$(1+1)加热溶解，冷却后用水定容至 1 L
Pb	1.00	称取 1 g 金属铅，用 30 ml HNO$_3$(1+1)加热溶解，冷却后用水定容至 1 L
Sr	1.00	称取 1.684 8 g SrCO$_3$ 用 60 ml HCl(1+1)加热溶解，冷却后用水定容至 1 L
Ti	1.00	称取 1 g 金属钛，用 100 ml HCl(1+1)加热溶解，冷却后用水定容至 1 L
V	1.00	称取 1 g 金属钒，用 30 ml 水加热溶解，浓缩至近干，加入 20 ml HCl 冷却后用水定容至 1 L
Cd	1.00	称取 1 g 金属镉，用 30 ml HNO$_3$ 溶解，用水定容至 1 L
Mn	1.00	称取 1 g 金属锰，用 30 ml HCl(1+1)加热溶解，冷却后用水定容至 1 L
As	1.00	称取 1.320 3 g As$_2$O$_3$，用 20 ml 10%的 NaOH 溶解（稍加热），用水稀释以 HCl 中和至溶液呈弱酸性，加入 5 ml HCl(1+1)，再用水定容至 1 L

A.3.6.3　多元素混合标准溶液的配制：为进行多元素同时测定，简化操作手续，必须根据元素间相互干扰的情况与标准溶液的性质，用单元素中间标准溶液，分组配制成多元素混合标准溶液。由于所用标准溶液的性质及仪器性能以及对样品待测项目的要求不同，元素分组情况也不尽相同。表 A.4 列出了本方法条件下的元素分组表参考。混合标准溶液的酸度应尽量保持与待测样品溶液的酸度一致。

表 A.4　多元素混合标准溶液分组情况

I		II		III	
元素	质量浓度/（mg/L）	元素	质量浓度/（mg/L）	元素	质量浓度/（mg/L）
Ca	50	K	50	Zn	1.0
Mg	50	Na	50	Co	1.0
Fe	10	Al	50	Cd	1.0
		Ti	10	Cr	1.0
				V	1.0
				Sr	1.0
				Ba	1.0
				Be	0.1
				Ni	1.0
				Pb	5.0
				Mn	1.0
				As	5.0

A.4　仪器、装置及工作条件

A.4.1　仪器

电感耦合等离子发射光谱仪和一般实验室仪器以及相应的辅助设备。常用的电感耦合等离子发射光谱仪通常分为多道式及顺序扫描式两种。

A.4.2　工作条件

一般仪器采用通用的气体雾化器时，同时测定多种元素的工作参数见表 A.5。

表 A.5　工作参数范围

高频功率/kW	反射功率/W	观测高度/mm	载气流量/（L/min）	等离子气流量/（L/min）	进样量/（ml/min）	测定时间/s
1.0～1.4	<5	6～16	1.0～1.5	1.0～1.5	1.5～3.0	1～20

A.5　样品的采集、保存和预处理

A.5.1　所有的采样容器都应预先用洗涤剂、酸和试剂水洗涤，塑料和玻璃容器均可使用。如果要分析极易挥发的硒、锑和砷的化合物，要使用特殊容器（如用于挥发性有机物分析的容器）。

A.5.2　水样必须用硝酸酸化至 pH 小于 2。

A.5.3　非水样品应冷藏保存，并尽快分析。

A.5.4　当分析样品中可溶性砷时，不要求冷藏，但应避光保存，温度不能超过室温。

A.5.5　银的标准和样品都应贮于棕色瓶中，并放置在暗处。

A.6　干扰的消除

ICP-AES 法通常存在的干扰大致可分为两类：一类是光谱干扰，主要包括了连续背景和谱线重叠干扰；另一类是非光谱干扰，主要包括了化学干扰、电离干扰、物理干扰以及去溶剂干扰等，在实际分析过程中各类干扰很难截然分开。在一般情况下，必须予以补偿和校正。

此外，物理干扰一般由样品的黏滞程度及表面张力变化而致，尤其是当样品中含有大量可溶盐或样品酸度过高，都会对测定产生干扰。消除此类干扰的最简单方法是将样品稀释。

A.6.1　基体元素的干扰

优化试验条件选择出最佳工作参数，无疑可减小 ICP-AES 法的干扰效应，但由于废水成分复杂，大量元素与微量元素间含量差别很大，因此来自大量元素的干扰不容忽视。表 A.2 列出了待测元素在建议的分析波长下的主要干扰元素。

A.6.2　干扰的校正

校正元素间干扰的方法很多，化学富集分离的方法效果明显并可提高元素的检出能力，但操作手续繁冗且易引入试剂空白；基体匹配法（配制与待测样品基体成分相似的标准溶液）效果十分令人满意。此种方法对于测定基体成分固定的样品，是理想的消除干扰的办法，但存在高纯度试剂难以解决的问题，而且废水的基体成分变幻莫测，在实际分析中，标准溶液的配制工作将是十分麻烦的；比较简便而且目前常用的方法是背景扣除法（凭试验，确定扣除背景的位置及方式）及干扰系数法，当存在单元素干扰时，可按公式

$$K_i = \frac{Q' - Q}{Q_i}$$ 求得干扰系数。

式中：K_i——干扰系数；

$\quad\quad Q'$——干扰元素加分析元素的含量；

$\quad\quad Q$ ——分析元素的含量；

$\quad\quad Q_i$——干扰元素的含量。

通过配制一系列已知干扰元素含量的溶液，在分析元素波长的位置测定其 Q'，根据上述公式求出 K_i，然后进行人工扣除或计算机自动扣除。

A.7　分析步骤

将预处理好的样品及空白溶液（溶液保持 5%的硝酸酸度），在仪器最佳工作参数条件下，按照仪器使用说明书的有关规定，两点标准化后，做样品及空白测定。扣除背景或以干扰系数法修正干扰。

A.8　结果计算

A.8.1　扣除空白值后的元素测定值即为样品中该元素的质量浓度。

A.8.2　如果试样在测定之前进行了富集或稀释，应将测定结果除以或乘以一个相应的倍数。

A.8.3　测定结果最多保留三位有效数字，单位以 mg/L 计。

A.9　注意事项

A.9.1　仪器要预热 1 h，以防波长漂移。

A.9.2 测定所使用的所有容器需清洗干净后,用 10%的热硝酸荡涤后,再用自来水冲洗、去离子水反复冲洗,以尽量降低空白背景。

A.9.3 若所测定样品中某些元素含量过高,应立即停止分析,并用 2%硝酸＋0.05%Triton X-100 溶液来冲洗进样系统。将样品稀释后,继续分析。

A.9.4 谱线波长小于 190 mm 的元素,宜采用真空紫外通道测定,可获得较高的灵敏度。

A.9.5 含量太低的元素,可浓缩后测定。

A.9.6 成批量测定样品时,每 10 个样品为一组,加测一个待测元素的质控样品,用以检查仪器的漂移程度。当质控样品测定值超出允许范围时,须用标准溶液对仪器重新调整,然后再继续测定。

A.9.7 铍和砷为剧毒致癌元素,配制标准溶液及测定时,防止与皮肤直接接触并保持室内有良好的排风系统。

附录 B（资料性附录）

固体废物　元素的测定　电感耦合等离子体质谱法

Solid Waste—Determination of Elements—Inductively Coupled Plasma-Mass Spectrometry (ICP-MS)

B.1　范围

本方法适用于固体废物和固体废物浸出液中银（Ag）、铝（Al）、砷（As）、钡（Ba）、铍（Be）、镉（Cd）、钴（Co）、铬（Cr）、铜（Cu）、汞（Hg）、锰（Mn）、钼（Mo）、镍（Ni）、铅（Pb）、锑（Sb）、硒（Se）、钍（Th）、铊（Tl）、铀（U）、钒（V）、锌（Zn）等元素的电感耦合等离子体质谱法测定。

本方法也可用于其他元素的分析，但应给出方法的精确度和精密度。

本方法中常见的分子离子干扰见表 B.1。

表 B.1　ICP-MS 常见的分子离子干扰

分子离子	相对分子质量	被干扰元素 [a]
背景形成的分子离子		
NH^+	15	
OH^+	17	
OH_2^+	18	
C_2^+	24	
CN^+	26	
CO^+	28	
N_2^+	28	
N_2H^+	29	
NO^+	30	
NOH^+	31	
O_2^+	32	
O_2H^+	33	
$^{36}ArH^+$	37	
$^{38}ArH^+$	39	
$^{40}ArH^+$	41	
CO_2^+	44	
CO_2H	45	Sc
ArC^+，ArO^+	52	Cr
ArN^+	54	Cr
$ArNH^+$	55	Mn
ArO^+	56	

分子离子	相对分子质量	被干扰元素 [a]
ArOH$^+$	57	
^{40}Ar^{36}Ar$^+$	76	Se
^{40}Ar^{38}Ar$^+$	78	Se
^{40}Ar$^+$	80	Se
基体形成的分子离子		
溴化物		
^{81}BrH$^+$	82	Se
^{79}BrO$^+$	95	Mo
^{81}BrO$^+$	97	Mo
^{81}BrOH$^+$	98	Mo
^{40}Ar^{81}Br$^+$	121	Sb
氯化物		
ClO	51	V
ClOH	52	Cr
ClO	53	Cr
ClOH	54	Cr
Ar^{35}Cl$^+$	75	As
Ar^{37}Cl$^+$	77	Se
硫酸盐		
^{32}SO$^+$	48	
^{32}SOH$^+$	49	
^{34}SO$^+$	50	V，Cr
^{34}SOH$^+$	51	V
SO$_2^+$，S$_2^+$	64	Zn
Ar^{32}S$^+$	72	
Ar^{34}S$^+$	74	
磷酸盐		
PO$^+$	47	
POH$^+$	48	
PO$_2^+$	63	Cu
ArP$^+$	71	
碱、碱土金属复合离子		
ArNa$^+$	63	Cu
ArK$^+$	79	
ArCa$^+$	80	
基体氧化物 [b]		
TiO	62~66	Ni，Cu，Zn
ZrO	106~112	Ag，Cd
MoO	108~116	Cd

注：a. 本方法中被分子离子干扰的测定元素或内标元素；

　　b. 氧化物干扰通常都非常低，当浓度比较高时才会对分析元素造成干扰。所给出的是一些须注意的基体氧化物的例子。

本方法对各种元素的检出限见表 B.2。

表 B.2　各元素的检出限

相对分子质量元素	扫描模式		选择性离子监控模式	
	总可回收测定		总可回收测定	直接分析
	水样/（μg/L）	固体/（mg/kg）	水样/（μg/L）	水样/（μg/L）
^{27}Al	1.0	0.4	1.7	0.04
^{123}Sb	0.4	0.2	0.04	0.02
^{75}As	1.4	0.6	0.4	0.1
^{137}Ba	0.8	0.4	0.04	0.04
^{9}Be	0.3	0.1	0.02	0.03
^{111}Cd	0.5	0.2	0.03	0.03
^{52}Cr	0.9	0.4	0.08	0.08
^{59}Co	0.09	0.04	0.004	0.003
^{63}Cu	0.5	0.2	0.02	0.01
$^{206,\ 207,\ 208}$Pb	0.6	0.3	0.05	0.02
^{55}Mn	0.1	0.05	0.02	0.04
^{202}Hg	n.a	n.a	n.a	0.2
^{98}Mo	0.3	0.1	0.01	0.01
^{60}Ni	0.5	0.2	0.06	0.03
^{82}Se	7.9	3.2	2.1	0.5
^{107}Ag	0.1	0.05	0.005	0.005
^{205}Tl	0.3	0.1	0.02	0.01
^{232}Th	0.1	0.05	0.02	0.01
^{238}U	0.1	0.05	0.01	0.01
^{51}V	2.5	1.0	0.9	0.05
^{66}Zn	1.8	0.7	0.1	0.2

注：n.a 表示不适用，总可回收性消解方法不适于有机汞化合物的测定。

本方法对各种元素估算的仪器检出限见表 B.3。

表 B.3　估算仪器检出限

元素	建议分析相对原子质量	扫描方式	选择离子监控方式
Ag	107	0.05	0.004
Al	27	0.05	0.02
As	75	0.9	0.02
Ba	137	0.5	0.03
Be	9	0.1	0.02
Cd	111	0.1	0.02
Co	59	0.03	0.002
Cr	52	0.07	0.04
Cu	63	0.03	0.004
Hg	202	n.a	0.2

元素	建议分析相对原子质量	扫描方式	选择离子监控方式
Mn	55	0.1	0.007
Mo	98	0.1	0.005
Ni	60	0.2	0.07
Pb	206，207，208	0.08	0.015
Sb	123	0.08	0.008
Se	82	5	1.3
Th	232	0.03	0.005
Tl	205	0.09	0.014
U	238	0.02	0.005
V	51	0.02	0.006
Zn	66	0.2	0.07

B.2　原理

　　将样品溶液以气动雾化方式引入射频等离子体，等离子体中的能量传输过程导致去溶、原子化和电离。等离子体产生的离子通过一个差级真空接口系统提取进入四极杆质谱分析器，然后根据其质荷比进行分离，其最小分辨率为 5%峰高处峰宽 1 u。四极杆传输的离子流用电子倍增器或法拉第检测器检测，数据处理系统处理离子信息。要充分认识本技术涉及的干扰并加以校正。校正应包括同量异位素干扰以及等离子气、试剂或样品基体产生的多原子离子干扰。样品基体引起的仪器响应抑制或增强效应以及仪器漂移必须使用内标补偿。

B.3　试剂和材料

　　B.3.1　试剂水，为 GB/T 6682 规定的一级水。

　　B.3.2　硝酸，$\rho(HNO_3)=1.42$ g/ml，优级纯。

　　B.3.3　硝酸（1+1），取 500 ml 浓硝酸加入到 400 ml 试剂级水中，然后稀释至 1 L。

　　B.3.4　硝酸（1+9），取 100 ml 浓硝酸加入到 400 ml 试剂级水中，然后稀释至 1 L。

　　B.3.5　盐酸，$\rho(HCl)=1.19$ g/ml，优级纯。

　　B.3.6　盐酸（1+1），取 500 ml 浓盐酸加入到 400 ml 试剂级水中，然后稀释至 1 L。

　　B.3.7　盐酸（1+4），取 200 ml 浓盐酸加入到 400 ml 试剂级水中，然后稀释至 1 L。

　　B.3.8　浓氨水，$\rho(NH_4OH)=0.90$ g/ml，优级纯。

　　B.3.9　酒石酸，优级纯。

　　B.3.10　标准储备液，可以从权威商业机构购买或用超高纯化学试剂及金属（99.99%～99.999%的纯度）配制。除非另作说明，所用的盐类必须在 105℃干燥 2 h。标准储备液建议保存在 FEP 瓶中，如果经逐级稀释制备的多元素储备标准（浓度）经验证有问题的话，需更换储备标准。

　　注意：许多金属盐类如吸入或吞下，毒性极大。取用之后要认真洗手。

　　标准储备液的制备过程如下：

　　有些金属（尤其是那些易形成表面氧化物的）称量前须要先清洗。将金属表面在酸中浸泡可以达到清洗目的。取部分金属（重量超过预计称取量）反复浸泡，再用水清洗，干燥后称量，直到达到所需要的重量为止。

B.3.10.1 铝标准溶液，1 ml＝1 000 μg Al：将金属铝在热盐酸（1＋1）中浸泡至准确的 0.100 μg，溶于 10 ml 浓盐酸和 2 ml 浓硝酸混合溶液中，加热至充分反应。持续加热至体积为 4 ml。冷却，加 4 ml 试剂水，加热至体积减为 2 ml。冷却，用试剂水稀释至 100 ml。

B.3.10.2 锑标准溶液，1 ml＝1 000 μg Sb：准确称取 0.100 g 锑粉末，溶于 2 ml 硝酸（1＋1）和 0.5 ml 浓盐酸混合溶液中，加热至充分反应，冷却，加 20 ml 试剂水和 0.15 g 酒石酸，加热至白色沉淀溶解，冷却，用试剂水稀释至 100 ml。

B.3.10.3 砷标准溶液，1 ml＝1 000 μg As：准确称取 0.132 0 g As_2O_3，溶于 50 ml 试剂水和 1 ml 浓氨水混合溶液中。缓慢加热至溶解，冷却，用 2 ml 硝酸酸化，试剂水稀释至 100 ml。

B.3.10.4 钡标准溶液，1 ml＝1 000 μg Ba：准确称取 0.143 7g $BaCO_3$，溶于 10 ml 试剂水和 2 ml 浓硝酸混合溶液中。加热，搅拌至反应完全，去气。试剂水稀释至 100 ml。

B.3.10.5 铍标准溶液，1 ml＝1 000 μg Be：准确称取 1.965 g $BeSO_4 \cdot 4H_2O$（不要烘干），溶于 50 ml 试剂水中。加入 1ml 浓硝酸，试剂水稀释至 100 ml。

B.3.10.6 镉标准溶液，1 ml＝1 000 μg Cd：将金属镉在硝酸（1＋9）中浸泡至准确的 0.100 g，溶于 5 ml 硝酸（1＋1）中，加热至反应完全。冷却，试剂水稀释至 100 ml。

B.3.10.7 铬标准溶液，1 ml＝1 000 μg Cr：准确称取 0.192 3 g CrO_3，溶于 10 ml 试剂水和 1 ml 浓硝酸混合溶液中。试剂水稀释至 100 ml。

B.3.10.8 钴标准溶液，1 ml＝1 000 μg Co：将金属钴在硝酸（1＋9）中浸泡至准确的 0.100 g，溶于 5 ml 硝酸（1＋1）中，加热至反应完全。冷却，试剂水稀释至 100 ml。

B.3.10.9 铜标准溶液，1 ml＝1000 μg Cu：将金属铜在硝酸（1＋9）中浸泡至准确的 0.100 g，溶于 5 ml 硝酸（1＋1）中，加热至反应完全。冷却，试剂水稀释至 100 ml。

B.3.10.10 铅标准溶液，1 ml＝1 000 μg Pb：将 0.159 9 g $PbNO_3$ 溶于 5 ml 硝酸（1＋1）中，试剂水稀释至 100 ml。

B.3.10.11 锰标准溶液，1 ml＝1 000 μg Mn：将锰薄片在硝酸（1＋9）中浸泡至准确的 0.100 g，溶于 5 ml 硝酸（1＋1）中，加热至反应完全。冷却，试剂水稀释至 100 ml。

B.3.10.12 汞标准溶液，1 ml＝1 000 μg Hg：不要烘干（警告：剧毒元素）。将 0.135 4 g $HgCl_2$ 溶于试剂水中，加入 5.0 ml 浓硝酸，试剂水稀释至 100 ml。

B.3.10.13 钼标准溶液，1 ml＝1 000 μg Mo：准确称取 0.150 0 g MoO_3，溶于 10 ml 试剂水和 1ml 浓氨水的混合溶液中，加热至反应完全。冷却，试剂水稀释至 100 ml。

B.3.10.14 镍标准溶液，1 ml＝1 000 μg Ni：准确称取 0.100 0 g 镍粉，溶于 5 ml 浓硝酸中，加热至反应完全。冷却，试剂水稀释至 100 ml。

B.3.10.15 硒标准溶液，1 ml＝1 000 μg Se：准确称取 0.140 5 g SeO_2，溶于 20 ml 试剂水中，稀释至 100 ml。

B.3.10.16 银标准溶液，1 ml＝1 000 μg Ag：准确称取 0.100 0 g Ag，溶于 5 ml 硝酸（1＋1）中，加热至反应完全。冷却，试剂水稀释至 100 ml。保存在黑色不透光容器中。

B.3.10.17 铊标准溶液，1 ml 含 1 000μg Tl：准确称取 0.130 3 g $TlNO_3$，溶于 10 ml

试剂水和 1 ml 浓硝酸的混合溶液中，试剂水稀释至 100 ml。

B.3.10.18　钍标准溶液，1 ml＝1 000 μg Th：准确称取 0.238 0 g Th(NO$_3$)$_4$•4H$_2$O（不要烘干），溶于 20 ml 试剂水中，试剂级水稀释至 100 ml。

B.3.10.19　铀标准溶液，1 ml 含 1 000 μg U：准确称取 0.2110 g UO$_2$(NO$_3$)$_2$•6H$_2$O（不要烘干），溶于 20 ml 试剂水中，稀释至 100 ml。

B.3.10.20　钒标准溶液，1 ml＝1000 μg V：将钒金属在硝酸（1＋9）中浸泡至准确的 0.100 g，溶于 5 ml 硝酸（1＋1）中，加热至反应完全。冷却，试剂水稀释至 100 ml。

B.3.10.21　锌标准溶液，1 ml＝1 000 μg Zn：将锌金属在硝酸（1＋9）中浸泡至准确的 0.100 g，溶于 5 ml 硝酸（1＋1）中，加热至反应完全。冷却，试剂水稀释至 100 ml。

B.3.10.22　金标准溶液，1 ml＝1 000 μg Au：将 0.100 g 高纯金粒（99.999 9%）溶于 10 ml 热硝酸中，逐滴加入 5 ml 浓 HCl，然后回流加热，排除氮和氯的氧化物。冷却，试剂水稀释至 100 ml。

B.3.10.23　铋标准溶液，1ml＝1 000 μg Bi：准确称取 0.111 5 g Bi$_2$O$_3$，溶于 5 ml 浓硝酸中。加热至反应完全。冷却，试剂水稀释至 100 ml。

B.3.10.24　钇标准溶液，1ml＝1 000 μg Y：准确称取 0.127 0 g Y$_2$O$_3$，溶于 5 ml 硝酸（1＋1）中，加热至反应完全。冷却，试剂水稀释至 100ml。

B.3.10.25　铟标准溶液，1 ml＝1 000 μg In：将金属铟在硝酸（1＋9）中浸泡至准确的 0.100 g，溶于 10 ml 硝酸（1＋1）中，加热至反应完全。冷却，试剂水稀释至 100 ml。

B.3.10.26　钪标准溶液，1 ml 含 1 000 μg Sc：准确称取 0.153 4 g Sc$_2$O$_3$，溶于 5 ml 硝酸（1＋1）中，加热至反应完全。冷却，试剂水稀释至 100 ml。

B.3.10.27　镁标准溶液，1 ml 含 1 000 μg Mg：准确称取 0.165 8 g MgO，溶于 10 ml 硝酸（1＋1）中，加热至反应完全。冷却，试剂水稀释至 100 ml。

B.3.10.28　铽标准溶液，1 ml＝1 000 μg Tb：准确称取 0.117 6 g Tb$_4$O$_7$，溶于 5 ml 浓硝酸中，加热至反应完全。冷却，试剂水稀释至 100 ml。

B.3.11　多元素储备标准溶液，制备多元素储备标准溶液时一定要注意元素间的相容性和稳定性。元素的原始标准储备溶液必须进行检查以避免杂质影响标准的准确度。新配好的标准溶液应转移至经过酸洗的、未用过的 FEP 瓶中保存，并定期检查其稳定性。元素可采用表 B.4 中的分组。

表 B.4　元素储备标准溶液分类

标准溶液 A		标准溶液 B
Al，　Sb，　As，　Be，　Cd，　Cr，　Co，　Cu，　Pb，　Mn，　Hg，　Mo，　Ni，　Se，　Th，　Tl，　U，　V，　Zn		Ba，Ag

除了 Se 和 Hg，多元素标准储备液 A 和 B（1 ml＝10 μg）可以通过直接分取 1 ml 列表中的单元素标准储备溶液，用含 1%（体积分数）硝酸的试剂水稀释至 100 ml 配制而成。对于 A 溶液中的 Hg 和 Se 元素，分别取各自的标准溶液 0.05 ml 和 5.0 ml，用试剂水稀释至 100 ml（1 ml 含 0.5 μg Hg 和 50 μg Se）。如果用质量监控样来核对经逐级稀释制备的多元素储备标准得不到验证的话，则需要更换。

B.3.12 校准工作溶液制备。多元素标准液应每隔两周或根据需要重新配制。根据仪器操作范围，用 1%（体积分数）硝酸介质的试剂水将溶液 A 和 B 稀释至合适的浓度。标准溶液中的元素浓度要足够高，以保证好的测定精密度和准确的响应曲线斜率。根据仪器灵敏度，建议质量浓度范围为 10～200 μg/L，但汞的质量浓度要限制在 5 μg/L 以内。须要指出，硒的质量浓度一般要比其他元素的浓度高 5 倍。如果采用直接加入方法，在校准标准中加入内标并储存在 FEP 瓶中，校准标准要先用质量控制样来核对。

B.3.13 内标储备溶液，1 ml＝100 μg。取 10 ml Sc、Y、In、Tb 和 Bi 标准储备溶液，试剂水稀释至 100 ml，储存在 FEP 瓶中。直接将该质量浓度的内标溶液加入到空白、校准标准和样品中。如果用蠕动泵加入，可用 1%（体积分数）硝酸稀释至适当质量浓度。

注：如果采用"直接分析"步骤测定汞，在内标溶液中加入适量金标准储备液，使最终的空白溶液、校正标准和样品中金质量浓度达 100 μg/L。

B.3.14 空白。本方法需要 3 种类型的空白溶液。（1）校准空白溶液，用来建立分析校准曲线；（2）实验室试剂空白溶液，用来评价样品制备过程中可能的污染和背景谱干扰；（3）清洗空白溶液，在测定样品过程中用来清洗仪器，以降低记忆效应干扰。

B.3.14.1 校准空白。1%（体积分数）硝酸介质的试剂水。采用直接加入法时，加内标。

B.3.14.2 实验室试剂空白（LRB），必须与样品处理过程一样加入相同体积的所有试剂。LRB 制备过程必须和样品处理步骤（需要的话，也要进行消解）完全相同，如果采用直接加入法，则样品处理完后加入内标。

B.3.14.3 清洗空白。含 2%（体积分数）硝酸的试剂水。

注：如果采用"直接分析"步骤测定汞，在内标溶液中加入金标准储备液，使清洗空白中金质量浓度为 100 μg/L。

B.3.15 调谐溶液。本溶液用于分析前的仪器调谐和质量校准。通过将 Be、Mn、Co、In 和 Pb 的储备液混合后，用 1%（体积分数）硝酸稀释而成，调谐溶液中每种元素质量浓度均为 100 μg/L。不需加入内标（根据仪器灵敏度，可将此溶液稀释 10 倍）。

B.3.16 质量控制样（QCS）。质量控制样制备所需的源溶液应来自本实验室之外，其浓度视仪器灵敏度而定。将合适的溶液用 1%（体积分数）硝酸稀释至质量浓度≤100 μg/L 配制而成。由于 Se 的灵敏度较低，稀释至质量浓度≤500 μg/L，但任何情况下，汞的质量浓度都要≤5 μg/L。如果采用直接加入法，稀释后加入内标，并储存在 FEP 瓶中。QCS 应视需要进行分析以满足数据质量要求，该溶液应每季或根据需要经常重新配制。

B.3.17 实验室强化空白（LFB）。在等分实验室试剂空白中加入适量多元素标准储备液 A 和 B 配制而成。根据仪器的灵敏度需要，强化空白溶液中每种元素（除 Se 和 Hg）的质量浓度一般都在 40～100 μg/L。Se 的质量浓度范围为 200～500 μg/L，而汞的质量浓度要限制在 2～5 μg/L。LFB 制备过程必须和样品处理步骤（需要的话，也要进行消解）完全相同，如果采用直接加入法，样品处理完后加入内标。

B.4 仪器、装置及工作条件

B.4.1 电感耦合等离子体质谱仪

B.4.1.1 仪器能对 5～250 u 质量范围内进行扫描，最小分辨率为 5%，峰高处峰宽 1 u。

仪器配有常规的或能扩展动态范围的检测系统。

B.4.1.2 射频发生器，符合 FCC 规范。

B.4.1.3 氩气源，高纯级（99.99%）。如果使用比较频繁，液氩比传统气瓶压缩氩气更经济，且不需经常更换。

B.4.1.4 变速蠕动泵，将溶液传输到雾化器。

B.4.1.5 雾化器气流需要一个质量流控制计。水冷雾室对于降低某些干扰非常有效（如多原子氧化物粒子）。

B.4.1.6 如果使用电子倍增器，应注意不要暴露在强离子流下，否则会引起仪器响应变化或损坏检测器。对于样品中元素浓度太高，超出仪器的线性范围以及在扫描窗口内下降的同位素，稀释后再进行分析。

B.4.2 分析天平。精确至 0.1 mg，用来称量固体样品，制备标准以及消解液或提取液中可溶性固体的测定。

B.4.3 温控式电热板。温度能够保持在 95℃。

B.4.4 （可选）可控温电热套（能保持 95℃）。配有 250 ml 的收缩型消解试管。

B.4.5 （可选）离心机。有保护套，电子计时和制动闸。

B.4.6 重力对流干燥烘箱。带有温控系统，能够维持在 180℃±5℃。

B.4.7 （可选）排气式移液器。能转移 0.1～2 500 μl 体积范围的溶液，且配有高质量的一次性移液头。

B.4.8 研钵和杵。陶瓷或其他非金属材料。

B.4.9 聚丙烯筛，5 目（4 mm）。

B.4.10 实验室器皿。对于痕量元素的测定来讲，污染和损失是首要考虑的问题。潜在的污染源包括实验室所用器皿的不正确清洗以及来自实验室环境的灰尘污染等。微量元素的样品处理必须保证干净的实验室操作环境。在痕量元素测定中，样品容器会通过以下途径给样品测定结果带来正负误差：（1）通过表面解吸附作用或浸析造成污染；（2）通过吸附过程降低元素浓度。所有可重复使用的实验室器皿（玻璃，石英，聚乙烯，PTFE，FEP 等材料）都应该充分清洗直到满足分析要求。采用以下的几个步骤能提供干净的实验室器皿：浸泡过夜，然后用实验室级的清洁剂和水彻底清洗，自来水洗，在 20%（体积分数）硝酸或稀的硝酸和盐酸混合酸（1+2+9）中浸泡 4 个小时或更长，最后用试剂水清洗，然后保存在干净的地方。

注：铬酸绝对不能用来清洗玻璃器皿。

B.4.10.1 玻璃器皿。容量瓶，量筒，漏斗和离心管（玻璃或塑料）。

B.4.10.2 多种校准过的移液管。

B.4.10.3 锥形 Pillips 烧杯，250 ml，带 50 mm 表面皿。

B.4.10.4 吉芬烧杯，250 ml，带 75 mm 的表面皿。

B.4.10.5 （可选）PTFE 和（或）石英烧杯，250 ml，带 PTFE 盖子。

B.4.10.6 蒸发皿或高型坩埚，陶瓷材料，容积 100 ml。

B.4.10.7 窄口储存瓶，FEP（氟化乙丙烯）材料，ETFE（四氟乙烯）螺旋封口，容积 125～250 ml。

B.4.10.8 FEP 洗瓶，螺旋封口，容积 125 ml。

B.4.11　仪器工作条件。建议按照仪器生产商提供的仪器工作条件操作。

B.5　样品的采集、保存和预处理

B.5.1　测定银之前应进行样品消解。本方法提供的总可回收样品消解步骤适用于水溶液样品中质量浓度低于 0.1 mg/L 的银测定，对于银的质量浓度高的水样分析，应取小体积进行稀释混匀，直至分析溶液中银的质量浓度小于 0.1 mg/L。银的质量比大于 50 mg/kg 的固体样品也要采用类似方法处理。

B.5.2　在有游离硫酸盐存在的情况下，本方法提供的总可回收样品消解步骤可能使钡产生硫酸钡沉淀。因此，对于样品中含有未知浓度的硫酸盐，样品处理后要尽快分析。

B.5.3　固体样品分析前不需要处理，只需在 4℃ 保存。没有确定的存放期限。

B.6　干扰的消除

ICP-MS 测定微量元素时，以下几种干扰将导致测定结果的不准确性。

B.6.1　同量异位素干扰（Isobaric elemental interferences）

不同元素的同位素所形成的具有相同标称质荷比的单电荷或双电荷离子，因其质量不能被所用的质谱仪分辨，引起同量异位素干扰。本方法测定的所有元素至少有一个同位素不受同量异位素干扰。本方法推荐使用的分析同位素中（表 B.5），只有 ^{98}Mo（Ru）和 ^{82}Se（Kr）受同量异位素干扰。如果选择其他天然丰度较高的同位素进行分析以获得更高的灵敏度时，就可能产生同量异位素干扰。此种情况下测得的数据要进行干扰校正，通过测定干扰元素的另外一个同位素的信号强度并按一定的比例减去其对待测同位素的干扰。数据报告中应包括这种干扰校正记录。需要指出，这种干扰校正的准确程度取决于用于数据计算的元素方程中同位素比值的准确性。因此，在进行任何校正前应先确定相关的同位素比值。

表 B.5　推荐的分析同位素和需要同时监测的同位素

同位素	被分析元素	同位素	被分析元素
107，109	Ag	60，62	Ni
27	Al	206，207，208	Pb
75	As	105	Pd
135，137	Ba	99	Ru
9	Be	121，123	Sb
106，108，111，114	Cd	77，82	Se
59	Co	118	Sn
52，53	Cr	232	Th
63，65	Cu	203，205	Tl
83	Kr	238	U
55	Mn	51	V
95，97，98	Mo	66，67，68	Zn

注：推荐选用的分析同位素用下划线标出。

B.6.2　丰度灵敏度（Abundance sensitivity）

表征一个质量峰的翼与相邻峰的重叠程度。丰度灵敏度受离子能和四极杆操作压力影响，当待测的小离子峰相邻处有一个较大的峰时，就可能产生重叠干扰。要认识到这种潜在的干扰并通过调整质谱分辨率将干扰降至最低。

B.6.3　同量多原子离子干扰（Isobaric polyatomic ion interferences）

由两个或多个原子结合成的复合离子，与待分析同位素具有相同的标称质荷比，所用的质谱仪不能将其分辨。这些多原子离子通常来自所用的工作气体或样品组分，形成于等离子体或接口系统。常见的绝大多数干扰都能被识别，干扰及被干扰元素见表 B.1。当选择的分析同位素无法避免此类干扰时，要充分考虑并采用适当的方法对所测定的数据进行校正。干扰校正公式应该在分析运行程序时确定，因为多原子离子干扰与样品基体和所选定的仪器条件有很大的关系。尤其是，在测定 As 和 Se 时会遇到 ^{82}Kr 的干扰，通过使用高纯不含 Kr 的氩气就能大大降低它的干扰。

B.6.4　物理干扰（Physical interferences）

与样品传输到等离子体、在等离子体中进行转换、通过等离子体质谱接口传输等物理过程有关的干扰。此类干扰将导致样品和校准标准的仪器响应不同，可能产生于溶液进入雾化器的传输过程（黏性效应）、气溶胶的形成及进入等离子体过程（表面张力）、在等离子体内的激发和离子化过程。样品中可溶固体含量高将导致物质在采样和截取锥的堆积，从而减小锥孔的有效直径而降低了离子的传输效率。为了减少此类干扰，建议可溶固体总量低于 0.2%（质量比）。采用内标法来补偿这些物理干扰效应也是很有效的，理想的内标元素要与被测元素具有相似的分析行为。

B.6.5　记忆干扰（Memory interferences）

由于先测定样品中的元素同位素信号对后面测定样品的影响。记忆效应来自样品在采样锥和截取锥的沉积以及等离子体炬管和雾室中样品的附着。此类记忆效应产生的位置与测定元素有关，可通过进样前用清洗液清洗系统来降低。对每个样品的分析都应该考虑记忆效应干扰并采取适当的清洗次数来降低干扰。在分析前就应该确定特定元素所必需的清洗时间，可采用如下方法：按常规样品的分析时间，连续喷入含待测元素浓度为线性动态范围上限 10 倍的标准溶液，随后在设定时间间隔测定清洗空白。记下将待测物信号降至 10 倍方法检出限以内的时间长度。记忆干扰也可通过在一个分析运行程序进行至少 3 次重复积分的数据采集来评估。如果测得的积分信号连续下降，就表明可能存在着记忆效应对待测物的干扰。这时就应该检查前一个样品中分析物的质量浓度是否偏高。如果怀疑有记忆效应干扰，就应该在长时间清洗后重新分析样品。在测定汞时会遇到严重的记忆效应，通过加入 100 μg/L 金在大约 2 min 内就能有效地清除 5 μg/L 汞的记忆效应。质量浓度越高需要的清洗时间越长。

B.7　分析步骤

B.7.1　校准和标准化

B.7.1.1　操作条件： 由于仪器硬件各不相同，在此不提供具体的仪器操作条件。建议按照仪器生产商提供的操作条件去做。应检验仪器配置和操作条件是否满足分析要求，并保存检验仪器性能和分析结果的质量控制数据。

B.7.1.2　预校准程序：仪器校准前要完成如下的预校准程序，直到具有证明仪器不需每日调谐就能满足如下要求的定期操作性能数据。

B.7.1.3　仪器和数据系统的最佳操作配置初始化。仪器点燃后至少预热 0.5 h，其间用调谐溶液进行质量校正和分辨率检查。低质量数的分辨率检查选用 Mg 同位素 24，25，26，高质量数选择 Pb 同位素 206，207，208。好的工作状态下分辨率要调至 5%峰高处能产生大约 0.75 u 的峰宽。如果漂移超过 0.1 u 就要进行质量校正。

B.7.1.4　运行调谐溶液至少 5 次，直到所有被分析元素绝对信号的相对标准偏差低于 5%才能证明仪器处于稳定状态。

B.7.1.5　内标标化：所有分析都必须用内标标化来校正仪器漂移和物理干扰。能用来作内标的元素见表 B.6，至少选择 3 种内标才能满足所有质量范围的元素测定。本方法具体介绍了实际应用中常用的 5 种内标：Sc、Y、In、Tb 和 Bi。用它们作内标来满足本方法要求的精密度和回收率。内标在样品、标准溶液和空白中的浓度必须完全相同。可以通过直接在校准标准、空白和样品溶液中加入内标或者在雾化前通过蠕动泵三通和混合线圈在线加入。内标质量浓度必须足够高，以保证用来校准数据的测定同位素获得好的精密度，如果内标在样品中自然存在，还可使可能的校准偏差降至最低。根据仪器的灵敏度，建议使用 20~200 μg/L 质量浓度范围的内标。内标要以相同的方式加入到空白、样品和标准中，这样就可以忽略加入时的稀释影响。

表 B.6　内标及其应用限制

内标	相对原子质量	可能的限制
Li	6	a
Sc	45	多原子离子干扰
Y	89	a，b
Rh	103	
In	115	Sn 的同量异位素干扰
Tb	159	
Ho	165	
Lu	175	
Bi	209	a

注：a. 环境样品中可能存在；
　　b. 有些仪器中 Y 可能形成 YO^+（相对原子质量 105）和 YOH^+（相对原子质量 106）。这种情况下，在 Cd 的干扰校正方程中要予以考虑。

B.7.1.6　校准：开始校准前要建立合适的仪器软件程序用于定量分析。仪器必须要选用 B.7.1.5 列举的一种内标进行校准。仪器要用校准空白和一种或多种质量浓度水平的标准进行校准。数据采集至少需要 3 个重复积分数据。取 3 次积分数据的平均值作为仪器校准和数据报告。

B.7.1.7　空白、标准和样品溶液之间转换时要用清洗空白清洗系统，要有充足的清洗时间去除上一样品的记忆效应。数据采集前要有 30 s 的溶液提升时间以保证建立平衡。

B.7.2　固体样品处理——总可回收分析物

B.7.2.1　固体样品中总可回收分析物的测定：充分混匀样品，取部分（>20 g）至称过皮重的盘中，称重并记录湿重（$m_{湿}$）。如果样品含水率低于 35%，20 g 称样量即可，含水率高于 35%时，需要 50~100 g 称样量。于 60℃烘干样品至恒重，记录干重（$m_{干}$），计算出固体所占百分比（样品在 60℃烘干是为了避免汞和其他易挥发金属化合物的挥发损失，便于过筛和研磨）。

B.7.2.2 为了保证样品均质，将干燥后的样品用 5 目聚丙烯筛过筛，然后用研钵研磨（样品更换时要清洗筛子和研钵）。准确称取经干燥研磨好的样品（1.0±0.01）g，转移到 250 ml Phillips 烧杯中进行酸提取处理。

B.7.2.3 在烧杯中加入 4 ml HNO$_3$（1+1）和 10 ml HCl（1+4）。用表面皿盖住，置于电热板上加热，回流提取分析物。电热板放在通风橱里，回流温度控制在 95℃左右。

注：装有 50 ml 水样的敞开的 Griffin 烧杯放在电热板中间，调节电热板的温度使溶液温度保持在 85℃左右，但不超过此温度（如果烧杯用表面皿盖住，水温会上升至大约 95℃）。也可以用能保持 95℃的电热套（配有 250 ml 收缩型容量消解管）来代替电热板和烧杯。

B.7.2.4 缓慢加热回流样品 30 min。可能会产生微沸现象，但一定要避免剧烈沸腾，以防 HCl-H$_2$O 恒沸物损失。会有部分溶液蒸发（3～4 ml）。

B.7.2.5 待样品冷却后，定量转移至 100 ml 容量瓶中。用试剂水稀释至刻度，加盖，摇匀。

B.7.2.6 将样品提取液放置过夜以便不溶物下沉或取部分溶液离心至澄清。如果放置过夜或离心后样品溶液中仍有悬浮物，要在分析前过滤以免堵塞雾化器。但滤时要小心，避免污染样品。

B.7.2.7 分析前调整氯化物的质量浓度，吸取 20 ml 处理好的溶液至 50 ml 容量瓶中，稀释至刻度，混匀。如果溶液中可溶性固体含量大于 0.2%，要进一步稀释以免采样锥或截取锥堵塞。如果选择直接加入步骤，加入内标，混匀。此样品可供上机分析。因为不同样品基体对稀释后样品稳定性的影响难以表征，所以样品处理完成后要尽快分析。

注：测出样品中的固体质量分数，用于在干质量基础上计算和报出数据。

B.7.3 样品分析

B.7.3.1 对于每个新的或特殊基体，最好先用半定量分析法扫描样品，确定其中的高质量浓度的元素。由此获取的信息可以避免样品分析期间对检测器的潜在损害，同时鉴别质量浓度超过线性范围的元素。基体扫描可以用智能软件完成，或者将样品稀释 500 倍在半定量模式下分析。同时要扫描样品中被选作内标元素的背景值，防止数据计算时产生偏差。

B.7.3.2 初始化仪器操作条件。针对待测分析物调谐并校准仪器。

B.7.3.3 建立定量分析的仪器软件运行程序。所有分析样品的数据采集都需要至少 3 次重复积分。取 3 次积分的平均值作为报出数据。

B.7.3.4 分析过程中对所有可能影响到数据质量的质量数都要监控。至少表 B.5 列举的相对原子质量必须和数据采集所用相对原子质量同时监控，这些数据可用来进行干扰校正。

B.7.3.5 样品分析时，实验室必须遵守质量控制措施。只有在分析混浊度小于 1 NTU 的饮用水中的可溶性分析物或"直接分析法"才不需要对 LRB、LFB 和 LFM 采取样品消解步骤。

B.7.3.6 样品之间应穿插清洗空白来清洗系统。要有充足的清洗时间去除上一样品的记忆效应或至少 1 min。数据采集前应有 30 s 的样品提升时间。

B.7.3.7 样品质量浓度高于设定的线性动态范围时，应将样品稀释至质量浓度范围内重新分析。最好先测定样品中的痕量元素，如果需要，通过选择合适的扫描窗口来避免高质量浓度元素损坏检测器。然后再将样品稀释后测定其他元素。另外，可以通过选择天然丰度低的同位素来调整动态范围，但要保证所选的同位素已建立了质量监控。不能随便改变仪器条件来调节动态范围。

B.8 结果计算

B.8.1 数据计算时建议采用的元素方程列于表 B.7。水溶液样品的数据单位是 μg/L，固体样品干重的单位是 mg/kg。元素质量浓度低于方法检出限（MDL）的不予报出。

B.8.2 报出的元素质量浓度数据值低于 10，要保留 2 位有效数字。数据值等于或大于 10，保留 3 位有效数字。

B.8.3 采用总可回收分析物测定步骤的水溶液样品的溶液质量浓度要乘以稀释倍数 1.25。样品如果另外稀释或采用酸溶方法处理，计算样品质量浓度时要乘以相应的稀释倍数。

表 B.7 推荐的元素数据计算公式

元素	元素数据计算方程	备注
Ag	(1.000) (^{107}C)	
Al	(1.000) (^{27}C)	
As	(1.000) $(^{75}C) - (3.127)$ $[(^{77}C) - (0.815)$ $(^{82}C)]$	（1）
Ba	(1.000) (^{137}C)	
Be	(1.000) (^{9}C)	
Cd	(1.000) $(^{111}C) - (1.073)$ $[(^{108}C) - (0.712)$ $(^{106}C)]$	（2）
Co	(1.000) (^{59}C)	
Cr	(1.000) (^{52}C)	（3）
Cu	(1.000) (^{63}C)	
Mn	(1.000) (^{55}C)	
Mo	(1.000) $(^{99}C) - (0.146)$ (^{99}C)	（5）
Ni	(1.000) (^{60}C)	
Pb	(1.000) $(^{206}C) + (1.000)$ $(^{207}C) + (1.000)$ (^{208}C)	（4）
Sb	(1.000) (^{55}C)	
Se	(1.000) (^{82}C)	（6）
Th	(1.000) (^{232}C)	
Tl	(1.000) (^{205}C)	
U	(1.000) (^{238}C)	
V	(1.000) $(^{51}C) - (3.127)$ $(^{53}C) - (0.113)$ (^{52}C)	（7）
Zn	(1.000) (^{66}C)	
Bi	(1.000) (^{209}C)	
In	(1.000) $(^{115}C) - (0.016)$ (^{118}C)	（8）
Sc	(1.000) (^{45}C)	
Tb	(1.000) (^{159}C)	

元素	元素数据计算方程	备注
Y	（1.000）（^{89}C）	

注：C——特定质量上减去校准空白后的计数。

（1）用 ^{77}Se 进行氯化物干扰校正。ArCl75/77 的比值可通过试剂空白测得。同量异位素质量 82 只能是来自 Se，而不可能是 BrH$^+$。

（2）MoO 的干扰校正。同量异位素质量 106 只能是 Cd 而不可能是 ZrO$^+$。如样品中含有 Pd，还需要增加对 Pd 的干扰校正。

（3）0.4%（体积分数）HCl 介质中，ClOH 的背景干扰一般很小。但试剂空白的贡献需要考虑。同量异位素质量只能是来自 ^{52}Cr，而不可能是 ArC$^+$。

（4）考虑到铅同位素的可变性。

（5）Ru 的同量异位素干扰校正。

（6）有的氩气中含有 Kr 杂质，通过扣除 ^{82}Kr 的干扰来校正 Se。

（7）通过 ^{53}Cr 校正氯化物干扰。ClO 51/53 的比值可通过试剂空白测得。同量异位素质量 52 只能是来自 ^{52}Cr 而不可能是 ArC$^+$。

（8）锡的同量异位素干扰校正。

B.8.4　关于固体样品中总可回收分析物的测定，按照 B.8.2 的规定对溶液中的分析物质量浓度进行修约。分析溶液质量浓度乘以 0.005 计算 100 ml 提取液中的分析物质量浓度（如果样品另外稀释，计算提取液中样品质量浓度时要乘以相应的稀释倍数）。报出换算为干样品质量比（ω），保留三位有效数字，除非另有规定。换算公式如下：

$$\omega = \frac{\rho V}{m}$$

式中：ω——干样品质量比，mg/kg；

　　　ρ——提取液中待测物质量浓度，mg/L；

　　　V——提取液体积，L；

　　　m——被提取样品的质量，kg。

低于估算的固体方法检出限（MDL）或根据（为完成分析而进行的）稀释而调整的 MDL 的分析结果不予报出。

B.8.5　固体样品中的固体质量分数用以下公式计算：

$$\omega_S = \frac{m_干}{m_湿} \times 100$$

式中：ω_S——固体质量分数，%；

　　　$m_干$——60℃烘干的样品质量，g；

　　　$m_湿$——烘干前的样品质量，g。

注：如果数据使用者，项目或实验室要求105℃烘干后测定固体质量分数，另取一份样品（>20 g）按 B.7.2 的步骤重新操作，在 103～105℃烘干至恒重。

B.8.6　采用内标法校正由于仪器漂移或样品基体引起的干扰。特征质谱干扰也要进行校正。不管有没有加入盐酸，所有样品都要进行氯化物干扰校正，因为环境样品中氯化物离子是常见组分。

B.8.7　如果一种待测元素选择了不止一个同位素，不同同位素计算的质量浓度或同位素比值可以为分析者检查可能的质谱干扰提供有用信息。衡量元素质量浓度时，主同位和次同位素都要考虑。有些情况下，次同位素的灵敏度可能比推荐的主同位素低或更容易受到干扰，因此，两种结果的差异并不能说明主同位素的数据计算有问题。

B.8.8　分析期间的质量监控样（QC）的结果可以为样品数据质量提供参考，应和样品结果一起提供。

B.9 质量保证和控制

B.9.1　基本要求

使用本方法的所有实验室都应执行正式的质量监控程序。程序至少应包括实验室初始能力证明，实验室试剂空白、强化空白和校准溶液的定期分析。要求实验室保存控制数据质量的操作记录。

B.9.2　能力初始证明

B.9.2.1　能力初始证明用来描述用本方法进行分析前的仪器性能（线性校准范围测定和质量监控样分析）和实验室性能（方法检出限测定）。

B.9.2.2　线性校准范围：线性校准范围主要受检测器限制。通过测定三种不同质量浓度的标准溶液的信号响应建立适合每个元素的线性校准范围上限，其中一份标准的质量浓度要接近线性范围的上限。此过程应注意避免对检测器造成可能的损坏。用于样品分析的线性校准范围由分析者根据分析结果进行判断。线性范围的上限应该是该质量浓度下的观测信号不低于通过较低标准外推信号水平的 90%。待测物质量浓度超过上限的 90% 时要稀释后重新分析。当仪器硬件或操作条件发生变化时，分析者要判断是否应验证线性校准范围，并决定是否需重新分析。

B.9.2.3　质量监控样（QCS）：使用本方法进行分析时，每个季度或对数据质量有要求时都要通过分析 QCS 来检验校准标准和仪器性能。用来检验校准标准的 QCS 的 3 次测定平均值必须在其标准值的 ±10% 范围内。如果用来确定可接受的仪器运行状态，质量浓度为 100 μg/L 的 QCS 的测定误差要小于 ±10% 或在表 B.8 列举的可接受限（以两值中之高者为判据）之内（如果不在可接受限内，马上对该监控样重新分析，以确认仪器状态）。如果校准标准或仪器性能超出可接受范围，必须查找问题根源并在测定方法检出限或在连续分析之前进行校正。

表 B.8　QC 监控样的允许限 [1]

元素	QC 监控样质量浓度/（μg/L）	平均回收率/%	标准偏差 [2]（S_r）	允许限 [3]/（μg/L）
Ag	100	101.1	3.29	91～111[5]
Al	100	100.4	5.49	84～117
As	100	101.6	3.66	91～113
Ba	100	99.7	2.64	92～108
Be	100	105.9	4.13	88～112[4]
Cd	100	100.8	2.32	94～108
Co	100	97.7	2.66	90～106
Cr	100	102.3	3.91	91～114
Cu	100	100.3	2.11	94～107
Mn	100	98.3	2.71	90～106

元素	QC 监控样质量浓度/（μg/L）	平均回收率/%	标准偏差 [2]（S_r）	允许限 [3]/（μg/L）
Mo	100	101.0	2.21	94～108
Ni	100	100.1	2.10	94～106
Pb	.100	104.0	3.42	94～114
Sb	100	99.9	2.4	93～107
Se	100	103.5	5.67	86～121
Th	100	101.4	2.60	94～109
Tl	100	98.5	2.79	90～107
U	100	102.6	2.82	94～111
V	100	100.3	3.26	90～110
Zn	100	105.1	4.57	91～119

注: 1. 方法性能表征数据由协作研究所得的回归方程计算而得;

2. 单个分析者的标准偏差, S_r;

3. 允许限按照平均回收值±3 S_r 计算;

4. 允许限中值为 100%回收率;

5. 48 和 64 μg/L 综合统计的估算值。

B.9.2.4　方法检出限（MDL）：采用强化试剂空白（质量浓度为估计检出限的 2～5 倍）来确定所有分析元素的方法检出限。具体步骤为：取 7 等份强化试剂空白溶液进行分析全流程处理，全部按方法规定的公式进行计算，然后报出合适单位的质量浓度值。计算公式如下：

$$MDL = tS$$

式中：t——99%置信水平时 Stduents 值，标准偏差按 $n-1$ 自由度计算[$n=7$ 时，$t=3.14$];

S——重份分析的标准偏差。

注: 如果需要进一步验证，可在不连续的两天重新分析这 7 份溶液并分别计算检出限，以 3 次检出限的平均值作为检出限更合理。如果 7 份溶液测定结果的相对标准偏差小于 10%，说明用来测定方法检出限的溶液质量浓度偏高，这将导致所计算出的检出限不切实际地偏低。同样，用试剂水测定的 MDL 也代表一种最理想的状态，不能反映实际样品中可能存在的基体干扰。然而，用实验室强化基体（LFMs）的成功分析能使试剂级水中测得的检出限更具有置信度。

B.9.3　实验室性能评价

B.9.3.1　实验室试剂空白（LRB）：分析相同基体的一组样品时，每 20 个或更少样品至少要插入一个实验室试剂空白。LRB 用来评价来自实验室环境的污染和样品处理过程所用试剂带来的背景干扰。试剂空白值高于方法检出限时应怀疑实验室或试剂污染。当空白值大于等于样品待测物质量浓度的 10%或大于等于方法检出限的 2.2 倍（两值中之高者）时，必须重新制备样品，在修正了污染源并获得可接受的 LRB 值后，重新测定被污染元素。

B.9.3.2　实验室强化空白（LFB）：每批样品都要分析至少一个实验室强化空白。以百分回收率表示的准确度计算公式如下：

$$R = \frac{LFB\text{-}LRB}{B} \times 100$$

式中：R——百分回收率，%;

LFB——实验室强化空白的质量浓度；

LRB——实验室试剂空白的质量浓度；

B——强化实验室试剂空白所加入的分析元素相当浓度。

如果某元素的回收率落在要求控制限 85%～115%之外，说明该元素超出控制范围，就要查明原因，解决后方可继续分析。

B.9.3.3　实验室必须用实验室强化空白（LFB）分析数据是否超出要求监控限 85%～115%来评价实验室操作性能。如果有充足的内部分析性能数据（通常至少分析 20～30 个），可以利用平均回收率（*X*）和平均回收率的标准偏差（*S*）建立自选监控限。这些数据可用来确定监控上下限：

$$监控上限＝X＋3S$$
$$监控下限＝X－3S$$

自选监控限必须等同或优于 85%～115%的要求控制限。测定 5～10 个新回收率后即可根据最近的 20～30 个测定数据重新计算新监控限。同时，标准偏差（*S*）应该用来表征 LFB 质量浓度水平的样品在测定时的精密度。这些数据要记录在案以便将来查看。

B.9.3.4　仪器性能：样品测定前必须检查仪器性能并确保仪器经常校准过。为了确认校准的可靠性，每次校准后，每分析 10 个样品及结束一次分析运行程序时，都要回测校准空白和标准。校准标准的回测值可用来判断校准是否有效。标准溶液中的所有待测元素质量浓度应在±10%偏差范围内。如果回测结果不在规定范围内就要重新校准仪器（校准检查时回测的仪器响应信号可用于重新校准，但必须在继续样品分析前确认）。如果连续校正检验超出±15%偏差范围，其前分析的 10 个样品就要在校正后重测。如果由于样品基体引起校准漂移，建议将前面测定过的 10 个样品按校准检查之间 5 个样品 1 组重新测定，以避免类似的漂移情况出现。

B.9.4　样品回收率和数据质量评价

B.9.4.1　样品均匀性和基体的化学性质将影响待测物的回收率和数据质量。从同一个样品中分取几份进行重份分析或强化分析可以评价此类影响。除非数据使用者、实验室或有关项目有其他的具体规定，否则必须进行以下（B.9.4.2 部分）实验室强化基体（LFM）步骤。

B.9.4.2　实验室必须在常规样品分析时对至少 10%的样品加入已知质量浓度的分析物。在每种情况下，实验室强化基体（LFM）必须是分析样品的重份，对于总可回收测定应在样品制备之前插入。对于水样，加入的分析物质量浓度必须等同于实验室强化空白加入的质量浓度。对固体样品，加入浓度相当于固体中 100 mg/kg（分析溶液中为 200 μg/L），但银要控制在 50 mg/kg 之内。如果放置时间长，所有样品都应强化。

B.9.4.3　计算每个被分析元素的百分回收率，用未强化样品的测定质量浓度作为背景进行校正，然后将这些数据同规定的实验室强化基体回收率范围 70%～130%进行比较。如果强化时加入的元素质量浓度低于样品背景浓度的 30%就不需计算回收率。百分回收率可采用如下的公式计算：

$$R = \frac{\rho_{\mathrm{S}} - \rho}{B} \times 100$$

式中：*R*——百分回收率，%；

ρ_S——强化样品质量浓度；

ρ——样品背景质量浓度；

B——样品强化时加入的分析元素相当浓度。

B.9.4.4 如果元素的回收率落在指定范围之外而实验室工作性能又正常（B.9.3），强化样品所遇到的回收问题应该是由强化样品的基体造成而非系统问题。同时，告知数据使用者未强化样品的元素分析结果可能由于样品不均匀或未校正基体效应有问题。

B.9.4.5 内标响应：应监控整个样品分析过程中的内标响应以及内标与各分析元素信号响应的比值。这些信息可用来检查以下原因引起的问题：质量漂移、加入内标引起的错误或由于样品中的背景引起个别内标质量浓度增加。任何一种内标的绝对响应值的偏差都不能超过校准空白中最初响应的 60%～125%。如果超过此偏差，要用清洗空白溶液清洗系统，并监测校准空白的响应值。如果清洗后内标响应值达到正常值，重新取一份试样，再稀释 1 倍，加入内标重新分析。如果响应值又超出监控限，中止样品分析并查明漂移原因。漂移可能是由于进样锥局部堵塞或仪器调谐条件发生改变造成的。

B.10 注意事项

B.10.1 分析中所用的玻璃器皿均需用 HNO_3（1+1）溶液浸泡 24 h，或热 HNO_3 荡洗后，再用去离子水洗净后方可使用。对于新器皿，应作相应的空白检查后才能使用。

B.10.2 对所用的每一瓶试剂都应作相应的空白实验，特别是盐酸要仔细检查。配制标准溶液与样品应尽可能使用同一瓶试剂。

B.10.3 所用的标准系列必须每次配制，与样品在相同条件下测定。

附录 C（资料性附录）

固体废物　金属元素的测定　石墨炉原子吸收光谱法

Solid wastes—determination of metal elements—graphite
Furnace atomic Absorption Spectrometry

C.1 范围

　　本方法适用于固体废物和固体废物浸出液中银（Ag）、砷（As）、钡（Ba）、铍（Be）、镉（Cd）、钴（Co）、铬（Cr）、铜（Cu）、铁（Fe）、锰（Mn）、钼（Mo）、镍（Ni）、铅（Pb）、锑（Sb）、硒（Se）、铊（Tl）、钒（V）、锌（Zn）的石墨炉原子吸收光谱测定。

　　本方法对各种元素的检出限和定量测定范围见表 C.1，灵敏度值可参考仪器操作手册。

表 C.1　各元素的检出限和定量测定范围

元素	检出限/（μg/L）	最佳质量浓度范围	
		波长/nm	质量浓度范围/（μg/L）
Ag	0.2	328.1	1～25
As	1（水样）	193.7	5～100（水样）
Ba		553.6	
Be	0.2	234.9	1～30
Cd	0.2	228.8	0.5～10
Co	1	240.7	5～100
Cr	1	357.9	5～100
Cu	1	324.7	5～100
Fe	1	248.3	5～100
Mn	0.2	279.5	1～30
Mo(p)	1	313.3	3～60
Ni	1	232.0	5～50
Pb	1	283.3	5～100
Sb	3	217.6	20～300
Se	2	196.0	
Tl	1	276.8	5～100
V(p)	4	318.4	10～200
Zn	0.05	213.9	0.2～4

注：1. 符号（p）指使用热解石墨管的石墨炉法；
　　2. 所列出的值是在 20 μl 进样量和使用通常的气体流量，As 和 Se 则是在原子化阶段停气。

C.2 原理

　　样品溶液雾化后在石墨炉中经过蒸发被干燥、灰化并原子化，成为基态原子蒸气，对元素空心阴极灯或无极放电灯发射的特征辐射进行选择性吸收。在一定质量浓度范围内，其吸收强度与试液中待测物的质量浓度成正比。

C.3 试剂和材料

C.3.1 试剂水，为 GB/T 6682 规定的一级水。

C.3.2 硝酸，$\rho(HNO_3)$＝1.42 g/ml，优级纯。

C.3.3 盐酸，$\rho(HCl)$＝1.19 g/ml，优级纯。

C.3.4 空气，可由空气压缩机或者压缩空气钢瓶提供。

C.3.5 氩气，高纯。

C.3.6 金属标准储备液，1 000 mg/L：使用市售的标准溶液；或用水和硝酸溶解高纯金属、氧化物或不吸湿的盐类制备。

各种元素的金属标准储备液配制具体要求见表 C.2。

表 C.2 各元素的金属标准储备液配制具体要求

元素	金属标准储备液配制具体要求
Ag	称取 0.787 4 g 无水硝酸银溶解于含 5 ml 浓 HNO_3 的试剂水中，定容至 1 L
As	称取 1.320 g 三氧化二砷溶解于 100 ml 含有 4 g NaOH 的试剂水中，用 20 ml 浓 HNO_3 酸化后，定容至 1 L
Ba	称取 1.778 7 g 氯化钡（$BaCl_2 \cdot 2H_2O$）溶解于试剂水中，定容至 1 L
Be	称取 11.658 6 g 硫酸铍溶解于含 2 ml 浓 HNO_3 的试剂水中，定容至 1 L
Ca	称取 2.500 g 碳酸钙（于 180℃干燥 1 h 后使用）溶解于含 2 ml 稀盐酸的试剂水中，定容至 1 L
Cd	称取 1.000 g 金属镉溶解于 20 ml 1:1 的 HNO_3 中，用试剂水定容至 1 L
Co	称取 1.000 g 金属钴溶解于 20 ml 1:1 HNO_3 溶液中，用试剂水定容至 1 L。也可用钴(Ⅱ)的氯化物或硝酸盐（不含结晶水）配制
Cr	称取 1.923 g 三氧化铬（CrO_3）溶解于用重蒸馏的 HNO_3 酸化的试剂水中，定容至 1 L
Cu	称取 1.000 g 电解铜溶解于 5 ml 重蒸馏的 HNO_3 中，用试剂水定容至 1 L
Fe	称取 1.000 g 金属铁溶解于 10 ml 重蒸馏的 HNO_3（为防止钝化应加少量水）中，用试剂水定容至 1 L
Mn	称取 1.000 g 金属锰溶解于 10 ml 重蒸馏的 HNO_3 中，用试剂水定容至 1 L
Mo	称取 1.840 g 钼酸铵$(NH_4)_6Mo_7O_{24} \cdot 4H_2O$ 溶解于试剂水中，定容至 1 L
Ni	称取 4.953 g 硝酸镍 $Ni(NO_3)_2 \cdot 6H_2O$ 溶解于试剂水中，定容至 1 L
Pb	称取 1.599 g 硝酸铅溶解于试剂水中，加入 10 ml 重蒸馏的 HNO_3 酸化，用试剂水定容至 1 L
Sb	称取 2.742 6 g 酒石酸锑钾 $K(SbO)C_4H_4O_6 \cdot 1/2H_2O$ 溶解于试剂水中，定容至 1 L
Se	称取 0.345 3 g 亚硒酸（H_2SeO_3 实际含量 94.6%）溶解于试剂水中，定容至 200 ml
Tl	称取 1.303 g 硝酸铊溶解于试剂水中，加入 10 ml 浓 HNO_3 酸化，用试剂水定容至 1 L
V	称取 1.785 4 g 五氧化二钒溶解于 10 ml 浓 HNO_3 中，用试剂水定容至 1 L
Zn	称取 1.000 g 金属锌溶解于 10 ml 浓 HNO_3 中，用试剂水定容至 1 L

C.3.7 标准使用液：逐级稀释金属储备液制备标准使用液，配制一个空白和至少 3 个浓度的标准使用液，其浓度由低至高按等比排列，且应落在标准曲线的线性部分。标准使用液中酸的种类和质量浓度应与处理后试样中的相同[0.5%（体积分数）HNO_3]。

有些元素的标准溶液和试样中需加入特定的基体改进剂以消除各种干扰，具体要求见表 C.3。

表 C.3　各元素的标准溶液和试样中要求的基体改进剂

元素	基体改进剂
As	校准溶液中应含 1 ml 浓 HNO_3、2 ml 30%H_2O_2 和 2 ml 5%的 $Ni(NO_3)_2$/100 ml 溶液 [1]
Cd	校准溶液中应含 2 ml 40%$(NH_4)_3PO_4$/100 ml 溶液 [2]
Cr	校准溶液中应含 0.5%(体积分数)HNO_3、1ml30%H_2O_2 和 1ml $Ca(NO_3)_2$/100 ml 溶液 [3]
Mo	试样和校准溶液中均应含 2 ml $Al(NO_3)_3$/100ml 溶液 [4]
Sb	校准溶液中应含 0.2%(体积分数)HNO_3 和 1%～2%(体积分数)HCl
Se	校准溶液中应含 1 ml 浓 HNO_3、2 ml 30%H_2O_2 和 2 ml 5%的 $Ni(NO_3)_2$/100 ml 溶液 [1]

注：1. $Ni(NO_3)_2$ 溶液（5%）：称取 24.780 g $Ni(NO_3)_2 \cdot 6H_2O$ 溶解于试剂水中，定容至 100 ml；
　　2. $(NH_4)_3PO_4$（40%）：称取 40 g $(NH_4)_2HPO_4$ 溶解于试剂水中，定容至 100 ml；
　　3. $Ca(NO_3)_2$：称取 11.8 g $Ca(NO_3)_2 \cdot 4H_2O$ 溶解于试剂水中，定容至 100 ml；
　　4. $Al(NO_3)_3$ 溶液：称取 139 g $Al(NO_3)_3 \cdot 9H_2O$ 溶解于 150 ml 水中（加热溶解），冷却并定容至 200 ml。

C.4　仪器、装置及工作条件

C.4.1　仪器及装置

C.4.1.1　石墨炉原子吸收分光光度计：单道或双道，单光束或双光束仪器具有光栅单色器、光电倍增检测器，可调狭缝，190～800 nm 的波长范围，有背景校正装置和数据处理。

C.4.1.2　单元素空心阴极灯。

C.4.1.3　各种量程微量移液器。

C.4.1.4　玻璃仪器：容量瓶、样品瓶、烧杯等。

C.4.2　工作条件

不同型号的仪器最佳测试条件不同，可根据厂家的使用说明书自行选择。采用的测量条件如下：

C.4.2.1　进样量为 20 μl。

C.4.2.2　各元素测定时使用的工作波长见表 C.1。

C.4.2.3　各元素测定时的干燥时间为 30 s，温度为 125℃。

C.4.2.4　各元素测定时的灰化时间和温度见表 C.4。

C.4.2.5　各元素测定时的原子化时间和温度见表 C.4。

表 C.4　各元素测定的灰化时间和温度

元素	灰化阶段		原子化阶段	
	时间/s	温度/℃	时间/s	温度/℃
Ag	30	400	10	2 700
Ba	30	1 200	10	2 800
Be	30	1 000	10	2 800
Cd	30	500	10	1 900

元素	灰化阶段		原子化阶段	
	时间/s	温度/℃	时间/s	温度/℃
Co	30	900	10	2 700
Cr	30	1 000	10	2 700
Cu	30	900	10	2 700
Fe	30	1 000	10	2 700
Mn	30	1 000	10	2 700
Mo	30	1 400	10	2 800
Ni	30	800	10	2 700
Pb	30	500	10	2 700
Sb	30	800	10	2 700
Tl	30	400	10	2 400
V	30	1 400	10	2 800
Zn	30	400		2 500

C.4.2.6　测定时使用的净化气为氩气。

C.5　样品的采集、保存和预处理

C.5.1　所有的采样容器都应预先用洗涤剂、酸和试剂水洗涤，塑料和玻璃容器均可使用。如果要分析极易挥发的硒、锑和砷化合物，要使用特殊容器（如：用于挥发性有机物分析的容器）。

C.5.2　水样必须用硝酸酸化至 pH<2。

C.5.3　非水样品应冷藏保存，并尽快分析。

C.5.4　当分析样品中可溶性砷时，不要求冷藏，但应避光保存，温度不能超过室温。

C.5.5　为了抑制六价铬的化学活性，样品和提取液分析前均应在 4℃下贮存，最长的保存时间为 24 h。

C.5.6　银的标准和样品都应贮于棕色瓶中，并放置在暗处。

C.6　干扰的消除

C.6.1　由于石墨炉法是在惰性气氛中发生原子化，使形成氧化物的问题大大减少，但该技术仍会遇到化学干扰。在分析中，试样的基体成分也会有很大影响。对于每种不同基体试样的分析，必须确定并考虑到这些干扰影响。为了帮助验证没有基体化学干扰存在，可使用逐次稀释技术（附录 1），如果表明这些试样中有干扰存在，应该用下述的一种或多种方法进行处理。

（1）逐次稀释并重复分析试样，以便消除干扰。

（2）改良试样基体，以消除干扰成分或稳定被分析物。例如：加入硝酸铵除去碱金属氯化物，加入磷酸铵稳定镉。将氢气和惰性气体混合，也可用于抑制化学干扰，氢能起到还原剂和帮助分子解离的作用。

（3）用标准加入法分析试样时要谨慎，注意使用标准加入法的局限性（C.9.8）。

C.6.2　在原子化过程中，产生的气体可能会有分子吸收带而覆盖分析波长。当发生这种情况时，可用背景校正或选择次灵敏波长加以解决。背景校正也能补偿非特征宽带吸收干扰。

C.6.3 连续背景校正不能校正所有的背景干扰。当背景校正不能补偿背景干扰时，可将被分析物进行化学分离，或者使用其他背景校正方法，如塞曼背景校正。

C.6.4 来自样品基体的烟雾干扰，往往在更高温下延长灰化时间，或者利用在空气中循环灰化加以消除，必须充分注意防止被分析物的损失。

C.6.5 对于含有大量有机质的试样，在进样之前应进行消解氧化，这样会使宽带吸收减至最小。

C.6.6 对石墨炉的阴离子干扰研究表明，在非恒温条件下，采用硝酸更为适宜。因此在消解或溶解过程中，常使用硝酸。如果除硝酸外还需使用其他酸，应该加入最小量，尤其是使用盐酸时更是如此，使用硫酸和磷酸时也不能多加。

C.6.7 石墨炉的化学环境会导致碳化物的生成，钼可是一个例证。当碳化物形成时，金属从形成的金属碳化物中释放很慢，且难以继续原子化。在信号回到基线以前，钼需要 30 s 或更长的原子化时间。用热解涂层石墨管能大大地减少碳化物的形成，并提高灵敏度。在表 C.1 中，用符号（p）标示出了易形成碳化物的元素。

C.6.8 由于石墨炉法可以达到极高的灵敏度，所以交叉污染和试样污染是误差的主要来源。制备试样的工作区域应该保持彻底的清洁。所有玻璃仪器应该用 1∶5 的硝酸浸泡，并用自来水和试剂水洗净。应该特别注意在分析过程中和分析结果校正中遇到的试剂空白的影响。热解石墨管的生产和处理过程也会受到污染，在使用前，需要用高温空烧 5～10 次，以净化石墨管。

部分元素测定过程中消除干扰的特殊要求见表 C.5。

表 C.5 测定过程消除干扰的特殊要求

元素	消除干扰的特殊要求
Ag	1. 标准溶液应贮于棕色瓶中； 2. 应避免使用盐酸； 3. 应用高于原子化温度的温度清洁石墨管，以消除记忆效应
As	1. 在样品处理过程中，应通过加标样或相应标准参考物质确定所选择的消解方法是否适宜； 2. 应注意在干燥和灰化过程中温度和时间的选择。在分析前，将硝酸镍加入消解液中，可减少干燥和灰化时 As 的挥发损失； 3. 用氘灯进行背景校正时，Al 有严重的正干扰，应使用塞曼背景校正或其他有效的背景校正技术； 4. 在原子化阶段，如果空烧发现有记忆效应，应在分析过程中定时用满负荷空烧石墨炉以清洁石墨管
Ba	1. 钡在石墨炉中可以形成不易挥发的碳化钡，造成灵敏度降低和记忆效应； 2. 被测物在石墨炉光路中长时间的滞留和高的质量浓度，会导致严重的物理和化学干扰，应对石墨炉参数进行最优化以减小这种影响； 3. 不得使用卤酸
Be	应对石墨炉参数进行最优化以减小被测物在石墨炉光路中长时间的滞留和高质量浓度导致严重的物理和化学干扰
Cd	1. 过量的氯会使 Cd 提前挥发，应用磷酸铵作基体改进剂以减少这种损失； 2. 应使用"无镉型"移液头
Co	应使用标准加入法消除过量氯化物干扰
Cr	低质量浓度的钙和（或）磷酸盐可能引起干扰。当质量浓度高于 200 mg/L 时，钙的影响是不变的，磷酸盐的影响消失，因此，可以加入硝酸钙以保持已知的恒定影响

元素	消除干扰的特殊要求
Mo	1. 钼易形成碳化物，应使用热解涂层石墨管； 2. 钼易产生记忆效应，在分析高质量浓度的样品或标准后，应消除石墨管的记忆效应
Ni	为避免记忆效应，用于 As 和 Se 分析的石墨管和连接环不可再用于 Ni 的分析
Pb	若回收率低，应加入基体改良剂：在石墨炉自动进样杯中，加入 10 μl 磷酸于 1 ml 样品中，混合均匀
Se	1. 在样品处理过程中，应通过加标样或相应标准参考物质确定所选择的消解方法是否适宜； 2. 应注意在干燥和灰化过程中温度和时间的选择。在分析前，将硝酸镍加入消解液中，可减少干燥和灰化时 Se 的挥发损失； 3. 用氘灯进行背景校正时，Fe 有严重的正干扰，应使用塞曼背景校正； 4. 在原子化阶段，应在分析过程中定时用满负荷空烧炉子以清洁石墨管，消除记忆效应； 5. 氯化物（＞800 mg/L）和硫酸盐（＞200 mg/L）将干扰 Se 的分析，应加入硝酸镍（Ni 的质量分数 1%）以减少干扰
Sb	当高质量浓度 Pb 存在时，在 217.6 nm 共振线处产生光谱干扰，应使用 231.1 nm 锑线测定；或用塞曼背景校正。
Tl	1. 对于每一种基体的样品，必须用加标样或标准加入法检验铊是否损失； 2. 可使用钯作为基体改良剂
V	在分析前后，应清洗石墨管，以消除记忆效应

C.7　分析步骤

C.7.1　配制试液，包括金属标准储备液和标准使用液。

C.7.2　进行干扰的消除和背景校正。

C.7.3　参照仪器说明书设定仪器最佳工作条件。

C.7.4　测定标准使用液的吸光度，用质量浓度及对应的吸光度值绘制标准曲线。

C.7.5　测定实验样品和质控样品的吸光度或质量浓度值。

C.8　结果计算

C.8.1　用本法进行金属质量浓度测定，可从校准曲线或者仪器的直读系统得到金属质量浓度（μg/L）值。

C.8.2　如果试样进行稀释，则试样中金属的质量浓度需要用下式计算：

$$\rho(\mu g/L) = A \times (\frac{C+B}{C})$$

式中：A——从校准曲线查出的稀释样份中的金属质量浓度，μg/L；

　　　B——稀释用的酸空白基体体积，ml；

　　　C——样份体积，ml。

C.8.3　对于固体试样，根据试样质量并用 μg/kg 报告含量：

$$w_{湿}(\mu g/kg) = (\frac{A \times V}{m})$$

式中：A——从校准曲线得到的处理后试样中的金属质量浓度，μg/L；

　　　V——处理后试样的最终体积，ml；

　　　m——试样重量，g。

C.9 质量保证和控制

C.9.1　所有的质控数据应该保留，以便参考或检查。

C.9.2　每天必须至少用一个试剂空白和三个标准制作一条标准曲线，用至少一个试剂空白和一个质量浓度位于或接近中间范围的验证标准（由参考物质或另一份标准物质配制）进行检验，验证标准的检验结果必须在真值的 10%以内，该标准曲线才可使用。

C.9.3　每测试 10 个试样后，应做一个校核标准。校核标准可以帮助检查石墨管的寿命和性能。若标准的再现性不好，或者标准信号有重大变化，表明应该更换石墨管。

C.9.4　如果每天分析的样品数多于 10 个，则每做完 10 个试样，要用质量浓度位于中间范围的标准或验证标准对工作曲线进行验证，检验结果必须在真值的±20%以内，否则要将前 10 个试样重新测定。

C.9.5　在每批测试试样中，至少应该有一个加标样和一个加标双样。

C.9.6　当试样基体十分复杂，以致其黏度、表面张力和成分不能用标准准确地匹配时，应使用 C.9.7 的方法判断是否需要使用标准加入法，标准加入法的相关内容见 C.9.8。

C.9.7　干扰试验

C.9.7.1　稀释试验：在试样中选一个有代表性的试样做逐次稀释以确定是否有干扰存在，试样中分析元素的质量浓度至少为其检出限的 25 倍。测定未稀释试样的质量浓度，将试样稀释至少 5 倍（1+4）后再进行分析。如果所有试样的质量浓度均低于检出限的 10 倍，要做下面所述的加标回收分析。若未稀释试样和稀释了 5 倍的试样的测定结果一致（相差在 10%以内），则表明不存在干扰，不必采用标准加入法分析。

C.9.7.2　回收率试验：如果稀释试验的结果不一致，则可能存在基体干扰，需要做加标样品分析以确认稀释试验的结论。另取一份试样，加入已知量的被测物使其质量浓度为原有质量浓度的 2～5 倍。如果所有样品所含的分析物质量浓度均低于检出限，按检出限的 20 倍加标。分析加标样品并计算回收率，如果回收率低于 85%或高于 115%，则所有样品均要用标准加入法测定。

C.9.8　标准加入法：标准加入法是向一份或多份备好的样品溶液中加入已知量的标准。通过增加待测组分，提高或降低分析信号，使其斜率与校准曲线产生偏差。不应加入干扰组分，这样会造成基线漂移。

C.9.8.1　标准加入技术的最简单形式是单点加入法。取两份相同的样份，每份体积为 V_X。在第 1 份（称为 A）加入已知体积为 V_S、质量浓度为 ρ_S 的标准溶液，在第 2 份（称为 B）中加入相同体积 V_S 的基体溶剂。测量 A 和 B 的吸收信号，并校正非被测元素的信号，则未知的试样浓度 ρ_X 计算如下：

$$\rho_X = \frac{S_B \times V_S \times \rho_S}{(S_A - S_B) \times V_X}$$

式中 S_A 和 S_B 分别是溶液 A 和 B 在校正空白后的吸收信号。应该选择 V_S 和 ρ_S，使 S_A 大约是 S_B 平均信号的 2 倍，以避免试样基体的过度稀释。如果使用了分离或浓缩手段，最好一开始就进行加标，使其能够经过制样的整个过程。

C.9.8.2　通过使用系列标准加入可使结果得到改善。加入一系列含有不同已知浓度的标准后，为了使试样的体积相同，所有试样都要稀释到相同的体积，例如：1 号加标样的质量浓度应该大约是样品中待测物所产生的吸收的 50%，2 号和 3 号加标样的质量浓度应该大约是样品中待测物所产生的吸收的 100%和 150%。测定每份试样的吸收值，以吸收值为纵坐标，以标准的已知质量浓度为横坐标作图，将曲线外推至零吸收处，其与横坐标的交点即为试样中待测组分的原有质量浓度。纵坐标左右两侧的横坐标的刻度值相同，大小相反。

C.9.8.3　标准加入法是十分有效的，但是必须注意以下的制约条件：（1）标准加入的质量浓度应该在标准曲线的线性范围内，为了得到最好的结果，标准加入法标准曲线的斜率应该与水标准曲线的斜率大体相同。如果斜率明显不同（大于 20%），使用时应该慎重。（2）干扰影响不应该随分析物质量浓度和试样基体比的改变而变化，并且加入标准应该与被分析物有同样的响应。（3）在测定中必须没有光谱干扰，并能校正非特征背景干扰。

固体废物　金属元素的测定　火焰原子吸收光谱法

Solid Wastes—Determination of Metal Elements—Flame Atomic Absorption Spectrometry

D.1　范围

本方法适用于固体废物和固体废物浸出液中银（Ag）、铝（Al）、钡（Ba）、铍（Be）、钙（Ca）、镉（Cd）、钴（Co）、铬（Cr）、铜（Cu）、铁（Fe）、钾（K）、锂（Li）、镁（Mg）、锰（Mn）、钼（Mo）、钠（Na）、镍（Ni）、锇（Os）、铅（Pb）、锑（Sb）、锡（Sn）、锶（Sr）、铊（Tl）、钒（V）、锌（Zn）的火焰原子吸收光谱测定。

本方法对各种元素的检出限、灵敏度及定量测定范围见表 D.1。

表 D.1　各元素的检出限、灵敏度及定量测定范围

元素	检出限/（mg/L）	灵敏度/（mg/L）	最佳浓度范围	
			波长/nm	质量浓度范围/（mg/L）
Ag	0.01	0.06	328.1	
Al	0.1	1	309.3	5～50
Ba	0.1	0.4	553.6	1～20
Be	0.005；低于 0.02 时建议用石墨炉法	0.025	234.9	0.05～2
Ca	0.01	0.08	422.7	0.2～7
Cd	0.005；低于 0.02 时建议用石墨炉法	0.025	228.8	0.5～2
Co	0.05；低于 0.1 时建议用石墨炉法	0.2	240.7	0.5～5
Cr	0.05；低于 0.2 时建议用石墨炉法	0.25	357.9	0.5～10
Cu	0.02	0.1	324.7	0.2～5
Fe	0.03	0.12	248.3	0.2～5
K	0.01	0.04	766.5	0.1～2
Li	0.002	0.04	670.8	0.1～2
Mg	0.001	0.007	285.2	0.02～0.05
Mn	0.01	0.05	279.5	0.1～3
Mo	0.1；低于 0.2 时建议用石墨炉法	0.4	313.3	1～40
Na	0.002	0.015	589.6	0.03～1
Ni	0.04	0.15	232.0	0.3～5
Os	0.3	1	290.0	
Pb	0.1；低于 0.2 时建议用石墨炉法	0.5	283.3	1～20
Sb	0.2；低于 0.35 时建议用石墨炉法	0.5	217.6	1～40
Sn	0.8	4	286.3	10～300
Sr	0.03	0.15	460.7	0.3～5
Tl	0.1；低于 0.2 时建议用石墨炉法	0.5	276.8	1～20
V	0.2；低于 0.5 时建议用石墨炉法	0.8	318.4	2～100
Zn	0.005；低于 0.01 时建议用石墨炉法	0.02	213.9	0.05～1

D.2 原理

样品溶液雾化后在火焰原子化器中被原子化，成为基态原子蒸气，对元素空心阴极灯或无极放电灯发射的特征辐射进行选择性吸收。在一定质量浓度范围内，其吸收强度与试液中待测物的质量浓度成正比。

D.3 试剂和材料

D.3.1　试剂水，为 GB/T 6682 规定的一级水。

D.3.2　硝酸，$\rho(HNO_3) = 1.42$ g/ml，优级纯。

D.3.3　盐酸，$\rho(HCl) = 1.19$ g/ml，优级纯。

D.3.4　乙炔，高纯。

D.3.5　空气，可由空气压缩机或压缩空气钢瓶提供。

D.3.6　氧化亚氮，高纯。

D.3.7　金属标准储备液，1 000 mg/L：使用市售的标准溶液；或用水和硝酸或盐酸，溶解高纯金属、氧化物或不吸湿的盐类制备。

各种元素标准储备液配制的具体要求见表 D.2。

表 D.2　各元素的金属标准储备液配制具体要求

元素	金属标准储备液配制具体要求
Ag	称取 0.787 4 g 无水硝酸银溶解于含 5 ml 浓 HNO_3 的试剂水中，定容至 1L
Al	称取 1.000 g 金属 Al 溶解于温热的稀盐酸中，用试剂水定容至 1L
Ba	称取 1.778 7 g 氯化钡（$BaCl_2 \cdot 2H_2O$）溶解于试剂水中，定容至 1L
Be	称取 11.658 6 g 硫酸铍溶解于含 2 ml 浓 HNO_3 的试剂水中，定容至 1L
Ca	称取 2.500 g 碳酸钙（于 180℃ 干燥 1 h 后使用）溶解含 2 ml 稀盐酸的试剂水中，定容至 1 L
Cd	称取 1.000 g 金属镉溶解于 20 ml 1:1 的 HNO_3 中，用试剂水定容至 1 L
Co	称取 1.000 g 金属钴溶解于 20 ml 1:1 HNO_3 溶液中，试剂水定容至 1 L。也可用钴(Ⅱ) 的氯化物或硝酸盐（不含结晶水）配制
Cr	称取 1.923 g 三氧化铬（CrO_3）溶解于用重蒸馏的 HNO_3 酸化的试剂水中，定容至 1L
Cu	称取 1.000 g 电解铜溶解于 5 ml 重蒸馏的 HNO_3 中，用试剂水定容至 1 L
Fe	称取 1.000 g 金属铁溶解于 10 ml 重蒸馏的 HNO_3（为防止钝化应加少量水）中，用试剂水定容至 1 L
K	称取 1.907 g 氯化钾（于 110℃ 干燥 1 h 后使用）溶解于试剂水中，定容至 1 L
Li	称取 5.324 g 碳酸锂溶于少量的 1:1 盐酸中，用试剂水定容至 1 L
Mg	称取 1.000 g 金属镁溶解于 20ml 1:1HNO_3 中，用试剂水定容至 1 L
Mn	称取 1.000 g 金属锰溶解于 10ml 重蒸馏的 HNO_3 中，用试剂水定容至 1 L
Mo	称取 1.840 g 钼酸铵$(NH_4)_6Mo_7O_{24} \cdot 4H_2O$ 溶解于试剂水中，定容至 1 L
Na	称取 2.542 g 氯化钠溶解于试剂水中，加入 10 ml 重蒸馏的 HNO_3 酸化，用试剂水定容至 1 L
Ni	称取 1.000 g 金属镍或 4.953 g 硝酸镍 $Ni(NO_3)_2 \cdot 6H_2O$ 溶解于 10 ml HNO_3 中，用试剂水定容至 1 L
Os	因 Os 及其化合物具有极高毒性，因此建议购买标准溶液

元素	金属标准储备液配制具体要求
Pb	称取 1.599 g 硝酸铅溶解于试剂水中，加入 10 ml 重蒸馏的 HNO_3 酸化，用试剂水定容至 1 L
Sb	称取 2.742 6 g 酒石酸锑钾 $K(SbO)C_4H_4O_6 \cdot 1/2H_2O$ 溶解于试剂水中，定容至 1 L
Sn	称取 1.000 g 金属锡溶解于 100 ml 浓盐酸中，用试剂水定容至 1 L
Sr	称取 2.415 g 硝酸锶溶解于 10 ml 浓盐酸和 700 ml 水中，用试剂水定容至 1 L
Tl	称取 1.303 g 硝酸铊溶解于试剂水中，加入 10 ml 浓 HNO_3 酸化，用试剂水定容至 1 L
V	称取 1.785 4 g 五氧化二钒溶解于 10 ml 浓 HNO_3 中，用试剂水定容至 1 L
Zn	称取 1.000 g 金属锌溶解于 10 ml 浓 HNO_3 中，用试剂水定容至 1 L

D.3.8 标准使用液：逐级稀释金属储备液制备标准使用液，配制一个空白和至少 3 个质量浓度的标准使用液，其质量浓度由低至高按等比排列，且应落在标准曲线的线性部分。标准使用液中酸的种类和质量浓度应与处理后试样中的相同[0.5%（体积分数）HNO_3]。

有些元素的标准溶液和试样中须加入特定的基体改进剂以消除各种干扰，具体要求见表 D.3。

表 D.3　各元素的标准溶液和试样中要求的基体改进剂

元素	基体改进剂
Al	试样和校准溶液中均应含 2 ml KCl/100 ml 溶液 [1]
Ba	试样和校准溶液中均应加入电离抑制剂
Ca	试样和校准溶液中均应含 20 ml $LaCl_3$/100 ml 溶液 [2]
Mg	校准溶液中应含 10 ml $LaCl_3$/100 ml 溶液 [2]
Mo	试样和校准溶液中均应含 2 ml $Al(NO_3)_3$/100 ml 溶液 [3]
Os	校准溶液中应含 1%(体积分数)HNO_3 和 1%(体积分数)H_2SO_4
Sb	校准溶液中应含 0.2%(体积分数)HNO_3 和 1%~2%(体积分数)HCl
Sr	校准溶液中应含 10 ml $LaCl_3$/KCl/100 ml 溶液 [4]
V	试样和校准溶液中均应含 2 ml $Al(NO_3)_3$/100 ml 溶液 [3]

注：1. KCl 溶液：称取 95 g 氯化钾（KCl）溶解于水中并定容至 1L；
　　2. $LaCl_3$ 溶液：称取 29 g 氧化镧（La_2O_3）溶解于 250 ml 浓 HCl（注意：反应激烈），并用试剂水定容至 500 ml；
　　3. $Al(NO_3)_3$ 溶液：称取 139 g 硝酸铝 $Al(NO_3)_3 \cdot 9H_2O$ 溶解于 150 ml 水中（加热溶解），冷却并定容至 200 ml；
　　4. $LaCl_3$/KCl 溶液：称取 11.73 g 氧化镧（La_2O_3）溶解少量的（大约 50 ml）浓 HCl 中（注意：反应激烈），加入 1.91 g 氯化钾（KCl），将溶液冷却至室温，用试剂水定容至 100 ml。

D.4 仪器、装置及工作条件

D.4.1　仪器及装置

D.4.1.1　原子吸收分光光度计：单道或双道，单光束或双光束仪器具有光栅单色器、光电倍增检测器，可调狭缝，190~800 nm 的波长范围，有背景校正装置和数据处理。

D.4.1.2　燃烧器，以氧化亚氮为助燃气的元素测定须使用高温燃烧器。

D.4.1.3　单元素空心阴极灯。

D.4.1.4　各种量程的微量移液器。

D.4.1.5　玻璃仪器：容量瓶、样品瓶、烧杯等。

D.4.2　工作条件

不同型号的仪器最佳测试条件不同，可根据厂家的使用说明书自行选择。本方法采用的测量条件如下：

D.4.2.1　各元素测定时使用的空心阴极灯工作波长见表 D.1。

D.4.2.2　燃气：乙炔。

D.4.2.3　各元素测定时使用的助燃气类型见表 D.4。

表 D.4　各元素测定时使用的助燃气类型

助燃气类型	元素
空气	Ag、Cd、Co、Cu、Fe、K、Li、Mg、Mn、Na、Ni、Pb、Sb、Sr、Tl、Zn
氧化亚氮	Al、Ba、Be、Ca、Cr、Mo、Os、Sn、V

D.4.2.4　各元素测定时使用的火焰类型见表 D.5。

表 D.5　各元素测定时使用的火焰类型

火焰类型	元素
富燃	Al、Ba、Be、Cr、Mo、Sn、V
贫燃	Ag、Cd、Co、Cu、Fe、K、Li、Mg、Na、Ni、Pb、Os、Sb、Sr、Tl、Zn
略贫燃	Ca、Mn

注：测定 Ca 时，乙炔量按 Ca 的化学计量调整。

D.4.2.5　测定时要求背景校正的元素包括：Ag、Be、Cd、Co、Cu、Fe、Mg、Mn、Mo、Ni、Os、Pb、Sb、Sn、Tl、V、Zn。

D.5　样品的采集、保存和预处理

D.5.1　所有的采样容器都应预先用洗涤剂、酸和试剂水洗涤，塑料和玻璃容器均可使用。如果要分析极易挥发的硒、锑和砷化合物，要使用特殊容器（如用于挥发性有机物分析的容器）。

D.5.2　水样必须用硝酸酸化至 pH 小于 2。

D.5.3　非水样品应冷藏保存，并尽快分析。

D.5.4　当分析样品中可溶性砷时，不要求冷藏，但应避光保存，温度不能超过室温。

D.5.5　为了抑制六价铬的化学活性，样品和提取液分析前均应在 4℃下贮存，最长的保存时间为 24 h。

D.5.6　银的标准和样品都应贮于棕色瓶中，并放置在暗处。

D.6　干扰的消除

D.6.1　当火焰温度不足以使分子解离时，会由于在火焰中原子受到分子的束缚而使吸收减少，如磷酸盐对 Mg 的干扰。或者当解离出的原子立刻被氧化成化合物时，在此火焰温度下将不能再解离。因此在 Mg、Ca 和 Ba 的测定中，加入 La 可以去除磷酸盐的干扰；在 Mn 的测定中加入 Ca 也能消除 Si 的干扰。这种干扰也可以通过从干扰物质中分离出待测金属来消除。此外，还可利用主要用于提高分析灵敏度的络合剂来消除或减少干扰。

　　D.6.2　试样中可溶解性固体的含量很高时，会产生类似光散射的非原子吸收干扰。当用背景校正仍无效时，应用非吸收波长校正，并应提取出试样所含有的大量固体物质。

　　D.6.3　当火焰温度高到足以导致中性原子失去电子而成为带正电荷的离子时，会发生电离干扰。在标准和试样中都加入过量的易电离元素如 K、Na、Li 或 Cs，可控制这类干扰。

　　D.6.4　试样中共存的某种非测定元素的吸收波长位于待测元素吸收线的带宽时，会发生光谱干扰。由于干扰元素的影响，将使原子吸收信号的测定结果异常高，当多元素灯的其他金属或阴极灯中的金属杂质产生的共振辐射恰在选定的狭缝通带的情况下，也会产生光谱干扰。应采用小的狭缝通带以减少这类干扰。

　　D.6.5　试样和标准的黏度差异会改变吸入速率，应引起注意。

　　D.6.6　在消解试液中各种金属的稳定性不同，尤其是消解液中仅含 HNO_3（不是同时含 HNO_3 和 HCl）时，消解液应尽快分析，并且优先分析 Sn、Sb、Mo、Ba 和 Ag。

　　部分元素测定过程中消除干扰的特殊要求见表 D.6。

表 D.6　测定过程消除干扰的特殊要求

元素	消除干扰的特殊要求
Ag	1. 标准溶液应贮于棕色瓶中； 2. 不能使用盐酸； 3. 应检测试样和标准的黏度差异
Ba	必须设定高的灯电流和窄的光谱通带
Be	质量浓度超过 100 mg/L 的 Al 会抑制 Be 的吸收，加入 0.1%的氟化物能有效地消除这一干扰。高质量浓度的 Mg 和 Si 也产生类似的干扰，须用标准加入法加以克服
Ca	1. 由于所有的环境样品中 Ca 的含量很高，应稀释至方法的线性范围； 2. PO_4^{3-}、SO_4^{2-} 和 Al 会产生干扰，高质量浓度的 Mg、Na 和 K 也干扰 Ca 的测定
Co	过量的其他过渡金属会轻微抑制 Co 的信号，应使用基体匹配或标准加入法
Cr	如果样品中的碱金属含量比标准高很多，应当在样品和标准中加入电离抑制剂
Ni	1. 高质量浓度的 Fe、Co 和 Cr 会造成干扰，应配制相同的基体或使用氧化亚氮作为助燃气； 2. 对中至高质量浓度的 Ni，应该对样品进行稀释或使用 352.4 nm
Os	1. 标准必须当日配制，且样品制备方法对样品基体的适用性必须经过验证； 2. 应检测样品和标准的黏度差异
Sb	1. 当 1 000 mg/L Pb 存在时，在 217.6 nm 共振线处产生光谱干扰，应使用 231.1 nm 锑线测定； 2. 高质量浓度的 Cu、Ni 会造成干扰，应配制相同的基体或使用氧化亚氮作为助燃气
Tl	不能使用盐酸
V	加入 1 000 mg/L Al 可控制高质量浓度的 Al 或 Ti，以及 Bi、Cr、Co、Fe、醋酸、磷酸、表面活性剂、洗涤剂或碱金属的存在造成的干扰
Zn	加入锶（1 500 mg/L）可消除 Cu 和磷酸盐的干扰

D.7　分析步骤

D.7.1　配制试液，包括金属标准储备液和标准使用液。

D.7.2　进行干扰的消除和背景校正。

D.7.3　参照仪器说明书设定仪器最佳工作条件。

D.7.4　测定标准使用液的吸光度，用质量浓度及对应的吸光度值绘制标准曲线。

D.7.5　测定实验样品和质控样品的吸光度或质量浓度值。

D.8　结果计算

D.8.1　火焰原子吸收光谱法进行金属质量浓度测定，可从校准曲线或者仪器的直读系统得到金属质量浓度（mg/L）值。

D.8.2　如果试样进行稀释，则试样中金属的质量浓度需要用下式计算：

$$\rho(\text{mg/L}) = \rho \times (\frac{V+B}{V})$$

式中：ρ——从校准曲线查出的稀释样份中的金属质量浓度，mg/L；

　　　B——稀释用的酸空白基体体积，ml；

　　　V——样份体积，ml。

D.8.3　对于固体试样，根据试样质量并用 mg/kg 报告：

$$\omega(\text{mg/kg}) = (\frac{\rho \times V}{m})$$

式中：ρ——从校准曲线得到的处理后试样中的金属质量浓度，mg/L；

　　　V——处理后试样的最终体积，ml；

　　　m——试样重量，g。

D.9　质量保证和控制

D.9.1　所有的质控数据应该保留，以便参考或检查。

D.9.2　每天必须最少用一个试剂空白和三个标准制作一条标准曲线，用至少一个试剂空白和一个质量浓度位于或接近中间范围的验证标准（由参考物质或另一份标准物质配制）进行检验，验证标准的检验结果必须在真值的10%以内，该标准曲线才可使用。

D.9.3　如果每天分析的样品数多于 10 个，则每做完 10 个试样，要用质量浓度位于中间范围的标准或验证标准对工作曲线进行验证，检验结果必须在真值的±20%以内，否则要将前 10 个试样重新测定。

D.9.4　在每批测试试样中，至少应该有一个加标样和一个加标双样。

D.9.5　当试样基体十分复杂，以致其黏度、表面张力和成分不能用标准准确地匹配时，应使用 D.9.6 的方法判断是否需要使用标准加入法，标准加入法的相关内容见 D.9.7。

D.9.6　干扰试验

D.9.6.1　稀释试验：在试样中选一个有代表性的试样做逐次稀释以确定是否有干扰存在，试样中分析元素的质量浓度至少为其检出限的 25 倍。测定未稀释试样的质量浓度，将试样稀释至少 5 倍（1+4）后再进行分析。如果所有试样的质量浓度均低于检出限的 10

倍，要做下面所述的加标回收分析。若未稀释试样和稀释了 5 倍的试样的测定结果一致（相差在 10%以内），则表明不存在干扰，不必采用标准加入法分析。

D.9.6.2　回收率试验：如果稀释试验的结果不一致，则可能存在基体干扰，需要做加标样品分析以确认稀释试验的结论。另取一份试样，加入已知量的被测物使其质量浓度为原有质量浓度的 2～5 倍。如果所有样品所含的分析物质量浓度均低于检出限，按检出限的 20 倍加标。分析加标样品并计算回收率，如果回收率低于 85%或高于 115%，则所有样品均要用标准加入法测定。

D.9.7　标准加入法

标准加入法是向一份或多份备好的样品溶液中加入已知量的标准。通过增加待测组分，提高或降低分析信号，使其斜率与校准曲线产生偏差。不应加入干扰组分，这样会造成基线漂移。

D.9.7.1　标准加入技术的最简单形式是单点加入法。取两份相同的样份，每份体积为 V_x。在第 1 份（称为 A）加入已知体积为 V_S、质量浓度为 ρ_S 的标准溶液，在第 2 份（称为 B）中加入相同体积 V_S 的基体溶剂。测量 A 和 B 的吸收信号，并校正非被测元素的信号，则未知的试样质量浓度 ρ_X 计算如下：

$$\rho_X = \frac{S_B \times V_S \times \rho_S}{(S_A - S_B) \times V_X}$$

式中 S_A 和 S_B 分别是溶液 A 和 B 在校正空白后的吸收信号。应该选择 V_S 和 ρ_S，使 S_A 大约是 S_B 平均信号的 2 倍，以避免试样基体的过度稀释。如果使用了分离或浓缩手段，最好一开始就进行加标，使其能够经过制样的整个过程。

D.9.7.2　通过使用系列标准加入可使结果得到改善。加入一系列含有不同已知质量浓度的标准后，为了使试样的体积相同，所有试样都要稀释到相同的体积，例如，1 号加标样的质量浓度应该大约是样品中待测物所产生的吸收的 50%，2 号和 3 号加标样的质量浓度应该大约是样品中待测物所产生的吸收的 100%和 150%。测定每份试样的吸收值，以吸收值为纵坐标，以标准的已知质量浓度为横坐标作图，将曲线外推至零吸收处，其与横坐标的交点即为试样中待测组分的原有质量浓度。纵坐标左右两侧的横坐标的刻度值相同，大小相反。

D.9.7.3　标准加入法是十分有效的，但是必须注意以下的制约条件：（1）标准加入的质量浓度应该在标准曲线的线性范围内，为了得到最好的结果，标准加入法标准曲线的斜率应该与水标准曲线的斜率大体相同。如果斜率明显不同（大于 20%），使用时应该慎重；（2）干扰影响不应该随分析物质量浓度和试样基体比的改变而变化，并且加入标准应该与被分析物有同样的响应；（3）在测定中必须没有光谱干扰，并能校正非特征背景干扰。

附录 E（资料性附录）

固体废物　砷、锑、铋、硒的测定　原子荧光法

Solid Wastes—Determination of As, Sb, Bi, Se—Atomic
Fluorescence Spectrometry

E.1 范围

本方法适用于固体废物中砷（As）、锑（Sb）、铋（Bi）和硒（Se）的原子荧光法测定。

本方法对 As、Sb、Bi 的检出限为 0.000 1～0.000 2 mg/L；Se 为 0.000 2～0.000 5 mg/L。

本方法存在的主要干扰元素是高含量的 Cu^{2+}、Co^{2+}、Ni^{2+}、Ag^+、Hg^{2+}，以及形成氢化物元素之间的互相影响等。其他常见的阴阳离子无干扰。

E.2 原理

在消解处理后的水样加入硫脲，把 As、Sb、Bi 还原成三价，Se 还原成四价。

在酸性介质中加入硼氢化钾溶液，三价 As、Sb、Bi 和四价硒 Se 分别形成砷化氢、锑化氢、铋化氢和硒化氢气体，由载气（氩气）直接导入石英管原子化器中，进而在氩氢火焰中原子化。基态原子受特种空心阴极灯光源的激发，产生原子荧光，通过检测原子荧光的相对强度，利用荧光强度与溶液中的 As、Sb、Bi 和 Se 含量成正比的关系，计算样品溶液中相应成分的含量。

E.3 试剂和材料

E.3.1　硝酸，优级纯。

E.3.2　高氯酸，优级纯。

E.3.3　盐酸，优级纯。

E.3.4　氢氧化钾或氢氧化钠，优级纯。

E.3.5　0.7%硼氢化钾溶液：称取 7 g 硼氢化钾于预先加有 2 g KOH 的 200 ml 去离子水中，用玻璃棒搅拌至溶解后，用脱脂棉过滤，稀释至 1000 ml。此溶液现用现配。

E.3.6　10%硫脲溶液：称取 10 g 硫脲微热溶解于 100 ml 去离子水中。

E.3.7　砷标准贮备溶液：称取 0.132 0 g 经过 105℃干燥 2 h 的优级纯 As_2O_3，溶于 5 ml 1 mol/L NaOH 溶液中，用 1 mol/L HCl 中和至酚酞红色褪去，稀释至 1 000 ml。此溶液 1.00 ml 含 0.1 mg As。

E.3.8　砷标准工作溶液：移取砷标准贮备溶液 5.00 ml 于 500 ml 容量瓶中，以 1 mol/L HCl 溶液定容，摇匀。此溶液 1.00 ml 含 100 μg As，再移取此溶液 10 ml 于 100 ml 容量瓶中，用 1 mol/L HCl 定容，摇匀。此溶液 1.00 ml 含 0.10 μg As。

E.3.9   锑标准贮备溶液：称取 0.119 7 g 经过 105℃干燥 2 h 的 Sb_2O_3 溶解于 80 ml HCl 中，转入 1 000 ml 容量瓶中，补加 HCl 120 ml，用水稀释至刻度，摇匀。此溶液 1 ml 含 0.1 mg Sb。

E.3.10   锑标准工作溶液：移取锑标准贮备溶液 5.00 ml 于 500 ml 容量瓶中，以 1 mol/L HCl 溶液定容，摇匀。此溶液 1.00 ml 含 1.00 µg Sb，再移取此溶液 10 ml 于 100 ml 容量瓶中，用 1 mol/L HCl 溶液定容，摇匀。此溶液 1.00 ml 含 0.10 µg Sb。

E.3.11   铋标准贮备溶液：称取高纯金属铋 0.100 0 g 于 250 ml 烧杯中，加入 20 ml HCl（1+1），于电热板上低温加热溶解，加入 3 ml $HClO_4$ 继续加热至冒白烟，取下冷却后转移入 1 000 ml 容量瓶中，加入浓 HCl 50 ml 后，用去离子水定容。此溶液 1.00 ml 含 0.1 mgBi。

E.3.12   铋标准工作溶液：移取铋标准储备溶液 5.00 ml 于 500 ml 容量瓶中，以 1 mol/L HCl 溶液定容，摇匀。此溶液 1.00 ml 含 1.00 µg Bi。再移取 10 ml 于 100 ml 容量瓶中，用 1 mol/L HCl 定容，摇匀。此溶液 1.00 ml 含 0.10 µg Bi。

E.3.13   硒标准储备溶液：称取 0.100 0 g 光谱纯硒粉于 100 ml 烧杯中，加 10 ml HNO_3，低温加热溶解后，加 3 ml $HClO_4$ 蒸至冒白烟时取下，冷却后用去离子水吹洗杯壁并蒸至刚冒白烟，加水溶解，移入 1 000 ml 容量瓶中，并稀释至刻度，摇匀。此溶液 1 ml 含 0.1 mg/L Se。

E.3.14   硒标准工作溶液：用硒的标准储备溶液逐级稀释至 1 ml 含 10 µg，1 ml 含 1 µg，1 ml 含 0.10 µg Se 的标准工作溶液，并保持 4 mol/L HCl 浓度。

E.4 仪器、装置及工作条件

E.4.1   仪器及装置

E.4.1.1   砷、锑、铋、硒高强度空心阴极灯。

E.4.1.2   原子荧光光谱仪。

E.4.2   工作条件

原子荧光光谱仪的工作条件见表 E.1。

表 E.1   测定条件

元素	灯电流/mA	负高压/V	氩气/（ml/min）	原子化温度/℃
砷	40～60	240～260	1 000	200
锑	60～80	240～260	1 000	200
铋	40～60	250～270	1 000	300
硒	90～100	260～280	1 000	200

E.5 样品的采集、保存和预处理

E.5.1   所有的采样容器都应预先用洗涤剂、酸和试剂水洗涤，塑料和玻璃容器均可使用。如果要分析极易挥发的硒、锑和砷化合物，要使用特殊容器（如用于挥发性有机物分析的容器）。

E.5.2   水样必须用硝酸酸化至 pH 小于 2。

E.5.3   非水样品应冷藏保存，并尽快分析。

E.5.4 当分析样品中可溶性砷时，不要求冷藏，但应避光保存，温度不能超过室温。

E.6 分析步骤

E.6.1 样品测定

移取 20 ml 清洁的水样或经过预处理的水样于 50 ml 烧杯中，加入 3 ml HCl，10%硫脲溶液 2 ml，混匀。放置 20 min 后，用定量加液器注入 5.0 ml 于原子荧光仪的氢化物发生器中，加入 4 ml 硼氢化钾溶液，进行测定，或通过蠕动泵进样测定（调整进样和进硼氢化钾溶液流速为 0.5 ml/s），但须通过设定程序保证进样量的准确性和一致性，记录相应的相对荧光强度值。从校准曲线上查得测定溶液中 As 或 Sb、Bi、Se 的质量浓度。

E.6.2 校准曲线的绘制

用含 As、Sb、Bi 和 Se 0.1 μg/ml 的标准工作溶液制备标准系列，在标准系列中各种金属元素的质量浓度见表 E.2。

表 E.2 标准系列各元素的浓度　　　　　　　　　　　　　　　　　　单位：μg/L

元素	标准系列						
As	0.0	1.0	2.0	4.0	8.0	12.0	16.0
Sb	0.0	0.5	1.0	2.0	4.0	6.0	8.0
Bi	0.0	0.5	1.0	2.0	4.0	6.0	8.0
Se	0.0	1.0	2.0	4.0	8.0	12.0	16.0

准确移取相应量的标准工作溶液于 100 ml 容量瓶中，加入 12 ml HCl、8 ml 10%硫脲溶液，用去离子水定容，摇匀后按样品测定步骤进行操作。记录相应的相对荧光强度，绘制校准曲线。

E.7 结果计算

由校准曲线查得测定溶液中各元素的质量浓度，再根据水样的预处理稀释体积进行计算。

$$\rho = \frac{V_1 \rho'}{V_2}$$

式中：ρ——样品中元素的实际质量浓度，μg/L；

　　　ρ'——从校准曲线上查得相应测定元素的质量浓度，μg/L；

　　　V_1——测量时水样的总体积，ml；

　　　V_2——预处理时移取水样的体积，ml。

E.8 注意事项

E.8.1 分析中所用的玻璃器皿均需用 HNO_3（1+1）溶液浸泡 24 h，或热 HNO_3 荡涤后，再用去离子水洗净后方可使用。对于新器皿，应作相应的空白检查后才能使用。

E.8.2 对所用的每一瓶试剂都应作相应的空白实验，特别是盐酸要仔细检查。配制标准溶液与样品应尽可能使用同一瓶试剂。

E.8.3 所用的标准系列必须每次配制，与样品在相同条件下测定。

固体废物 氟离子、溴酸根、氯离子、亚硝酸根、氰酸根、溴离子、硝酸根、磷酸根、硫酸根的测定 离子色谱法

Solid Wastes—Determination of Fluoride，Bromate，Chloride，Nitrite，Cyanate，Bromide，Nitrate，Phosphate and Sulfate—Ion Chromatography

F.1 范围

本方法适用于固体废物中氟离子（F^-）、溴酸根（BrO_3^-）、氯离子（Cl^-）、亚硝酸根（NO_2^-）、氰酸根（CN^-）、溴离子（Br^-）、硝酸根（NO_3^-）、磷酸根（PO_4^{3-}）、硫酸根（SO_4^{2-}）的离子色谱法测定。

本方法对各种阴离子的检出限见表 F.1。

表 F.1 各种阴离子的检出限

阴离子	检出限/（μg/L）	阴离子	检出限/（μg/L）
F^-	14.8	BrO_3^-	5
Cl^-	10.8	NO_2^-	12.4
CN^-	20	Br^-	24.2
NO_3^-	21.4	PO_4^{3-}	62.2
SO_4^{2-}	28.8		

F.2 术语与定义

下列定义适用于本方法。

F.2.1 离子色谱：一种液相色谱，通过离子交换分离离子组分，然后用适当的检测方法检测。

F.2.2 分析柱：在保护柱后连接一支或多支分离柱组成一系列用以分离待测离子的分析系统。系列中所有柱子对分析柱的总容量均有贡献。

F.2.3 保护柱：置于分离柱之前的柱子，用于保护分离柱免收颗粒物或不可逆保留物等杂质的污染。

F.2.4 分离柱：根据待测离子保留特性，在检测前将被检测离子分离的交换柱。

F.2.5 抑制器：在分析柱和检测器之间，安装抑制器来降低淋洗液中离子组分的检测响应，增加被测离子的检测响应，进而提高信噪比。

F.2.6 淋洗液：离子流动相，样品通过交换柱的载体。

F.3 原理

固体废物中的离子用水提取。而后水溶液中的常见阴离子随碳酸盐淋洗液进入阴离子交换分析柱中(由保护柱和分离柱组成)，根据分析柱对不同离子的亲和力不同进行分离，已分离的阴离子流经电解膜抑制器转化成具有高电导率的强酸，而淋洗液则转化成低电导率的弱酸，由电导检测器测量各种离子组分的电导率，以相对保留时间定性被测离子的类型，以峰面积或峰高定量被测离子的含量。

F.4 试剂和材料

除另有说明外，本方法中所用的试剂均为符合国家标准的优级纯试剂；实验用水的电导率应接近 0.057 μS/cm（25℃）并经过 0.22 μm 微孔膜过滤的水。

F.4.1　淋洗液，根据所用分析柱，选择适合的淋洗液，见图 F.1。

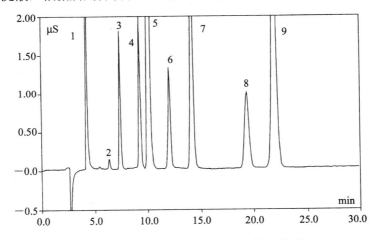

图 F.1　氟离子等九种阴离子的分离色谱图

1—氟离子；2—溴酸根；3—氯离子；4—亚硝酸根；5—氰酸根；6—溴离子；

7—硝酸根；8—磷酸根；9—硫酸根

色谱工作条件：

分析柱：IonPac AS23 型分离柱（4 mm×250 mm）和 IonPac AG23 型保护柱（4 mm×50 mm）。

淋洗液：4.5 mmol/L Na$_2$CO$_3$/0.8 mmol/L NaHCO$_3$ 淋洗液等度淋洗，流速为 1.0 ml/min。

抑制器：Atlas 4 mm 阴离子电解膜抑制器或选用性能相当的其他电解膜抑制器，抑制电流 45 mA。

柱箱温度：30℃。

进样体积：25μl。

F.4.1.1　碳酸钠储备液（碳酸根的浓度为 1.0 mol/L），称取 10.600 0 g 无水碳酸钠，溶于水，并定容到 100 ml 容量瓶中。置 4℃冰箱备用，可使用 6 个月。

F.4.1.2　碳酸氢钠储备液（碳酸氢根的浓度为 1.0 mol/L），称取 8.400 0 g 碳酸氢钠，溶于水，并定容到 100 ml 容量瓶中。置 4℃冰箱备用，可使用 6 个月。

F.4.1.3　淋洗液使用液（4.5 mmol/L Na$_2$CO$_3$～0.8 mmol/L NaHCO$_3$），吸取 4.5 ml 碳

酸钠储备液和 0.8 ml 碳酸氢钠储备液，用纯水稀释至 1000 ml，每日新配。

F.4.2　再生液，根据所用抑制器及其使用方式，选择去离子水为再生液，见图 F.1。

F.4.3　标准储备液

F.4.3.1　氟离子标准储备液（1 000 mg/L），称取 2.210 0 g 氟化钠（优级纯，105℃烘干 2 h）溶于水中，用水稀释至 1 L，储于聚丙烯或高密度聚乙烯瓶中，4℃冷藏存放。

F.4.3.2　氯离子标准储备液（1 000 mg/L），称取 1.648 4 g 氯化钠（优级纯，105℃烘干 2 h）溶于水中，用水稀释至 1 L，储于聚丙烯或高密度聚乙烯瓶中，4℃冷藏存放。

F.4.3.3　硫酸根离子标准储备液（1 000 mg/L），称取 1.478 7 g 无水硫酸钠（优级纯，105℃烘干 2 h）溶于水中，用水稀释至 1 L，储于聚丙烯或高密度聚乙烯瓶中，4℃冷藏存放。

F.4.3.4　磷酸根离子标准储备液（1 000 mg/L），称取 1.432 4 g 磷酸二氢钾（优级纯，105℃烘干 2 h）溶于水中，用水稀释至 1 L，储于聚丙烯或高密度聚乙烯瓶中，4℃冷藏存放。

F.4.3.5　硝酸根离子标准储备液（1 000 mg/L），称取 1.370 8 g 硝酸钠（优级纯，105℃烘干 2 h）溶于水中，用水稀释至 1 L，储于聚丙烯或高密度聚乙烯瓶中，4℃冷藏存放。

F.4.3.6　亚硝酸根离子储备液（1 000 mg/L），称取 1.499 7 g 亚硝酸钠（优级纯，干燥器中干燥 24 h）溶于水中，用水稀释至 1 L，储于聚丙烯或高密度聚乙烯瓶中，4℃冷藏存放。

F.4.3.7　溴离子离子储备液（1 000 mg/L），称取 1.287 5 g 溴化钠（优级纯，干燥器中干燥 24 h）溶于水中，用水稀释至 1 L，储于聚丙烯或高密度聚乙烯瓶中，4℃冷藏存放。

F.4.3.8　氰酸根离子储备液（1 000 mg/L），称取 1.595 7 g 氰酸钠（优级纯，干燥器中干燥 24 h）溶于水中，用水稀释至 1 L，储于聚丙烯或高密度聚乙烯瓶中，4℃冷藏存放。

F.4.3.9　溴酸根离子储备液（1 000 mg/L），称取 1.305 7 g 溴酸钾（优级纯，105℃烘干 2 h）溶于水中，用水稀释至 1 L，储于聚丙烯或高密度聚乙烯瓶中，4℃冷藏存放。

F.5　仪器

F.5.1　离子色谱仪

离子色谱仪由下列部件组成：

F.5.1.1　淋洗液泵，泵接触水的部件应为非金属材料，这样不会对分析柱造成金属污染。

F.5.1.2　分析柱，能辨认待测阴离子。

F.5.1.3　抑制器，电解膜抑制器。

F.5.1.4　电导检测器，可以进行温度补偿和自动调整量程。

F.5.1.5　数据处理系统，色谱工作站，用于数据的记录，处理和存储等。

F.5.2　特殊器皿

F.5.2.1　容量瓶，聚丙烯材质。

F.5.2.2　烧杯，聚丙烯材质。

F.5.2.3　样品瓶，聚丙烯或高密度聚乙烯材质。

F.5.2.4　尼龙滤膜，0.22 μm。

F.5.2.5　OnGuard RP 柱（或 C18 柱）和 OnGuard AgH 柱。

F.6　样品的采集、保存和预处理

F.6.1　用聚丙烯或高密度聚乙烯瓶取样，盖上盖子。不要使用玻璃瓶取样，否则易导致离子污染。

F.6.2　固体废物样品 4℃冷藏保存并于 1 个月内进行分析。

F.7　分析步骤

F.7.1　混合标准工作溶液

F.7.1.1　中间混合标准溶液的配制：根据待测阴离子种类和各种阴离子的检测灵敏度，准确量取适量所需阴离子标准储备液，用水稀释定容，制备成低 mg/L 级（如：10.0 mg/L 氟离子，1.0 mg/L 溴酸根）混合标准溶液，储于聚丙烯或高密度聚乙烯瓶中，置于 4℃冰箱中存放。

F.7.1.2　标准工作溶液的配制：准备一个空白，至少三个质量浓度水平含待测阴离子的标准工作溶液，标准工作溶液应当天配制，标准工作溶液的质量浓度范围包括被测样品中阴离子质量浓度。通常以配制标准溶液所用的水为空白，标准溶液中各阴离子质量浓度分别为 50 μg/L，100 μg/L，200 μg/L 或更高。

F.7.2　样品处理

称取 5 g（准确至 0.001 g）过 180 μm 筛且有代表性的固体废物于 250 ml 烧杯中，加入 80 ml 水，超声提取 30 min。然后将其全部转移到 100 ml 容量瓶中，用水定容。摇匀后，取部分溶液于 3 000r/min 速度离心 15 min，取上清液。依次经过 0.22 μm 尼龙滤膜和 OnGuardRP 柱（或 C18 柱）将提取液中的固体颗粒和有机物除去，而后进样分析。如果用于进样的溶液中氯离子质量浓度超过 50 mg/L，则需要过 OnGuard Ⅱ AgH 柱将绝大部分氯离子去除。OnGuard Ⅱ RP 柱（2.5 cc）使用前依次用 10 ml 甲醇、15 ml 水通过，活化 30 min。OnGuard Ⅱ AgH 柱（2.5 cc）用 15 ml 水通过，活化 30 min。

准确量取 50 ml 浸出液，依次经过 0.22 μm 尼龙滤膜和 OnGuard RP 柱（或 C18 柱）将提取液中的固体颗粒和有机物除去，而后进样分析。如果用于进样的溶液中氯离子质量浓度超过 50 mg/L，则需要过 OnGuard Ⅱ AgH 柱将绝大部分氯离子去除。

F.7.3　仪器的准备

F.7.3.1　按照仪器使用说明书调试准备仪器，平衡系统至基线平稳。选择合适的分析柱，抑制器及相应的工作条件，见图 F.1。

F.7.3.2　根据分析柱的性能，待测水样中阴离子含量等因素，选择使用大样品环或浓缩柱进样，确定进样体积。

F.7.4　校正

F.7.4.1　分析阴离子标准工作溶液，记录谱图上的出峰时间，确定各阴离子的保留时间。

F.7.4.2　分析空白，标准工作溶液（已知进样体积），以峰高或峰面积为纵坐标，以离子质量浓度为横坐标，选择合适的回归方式，确定标准工作曲线。

F.7.4.3　如果空白溶液谱图中有与被测离子保留时间相同的可测峰，外推校正曲线至横坐标，在横坐标上的截距代表空白溶液中该阴离子的质量浓度。将空白溶液中所含阴离子质量浓度加入标准工作溶液的质量浓度中，例如：氯离子标准工作溶液质量浓度为10.0 μg/L，空白离子质量浓度为 0.2 μg/L，则该标准工作溶液质量浓度修正为 10.2 μg/L。以修正后的标准溶液质量浓度对峰高或峰面积重新做标准工作曲线。

F.7.5　样品分析

在与分析标准工作溶液相同的测试条件下，对固体废物提取液以及浸出液进行分析测定，根据被测阴离子的峰高或峰面积由相应的标准工作曲线确定各阴离子质量浓度。

F.8　结果计算

固体废物中阴离子质量比按下式计算：

$$\omega = \frac{(\rho - \rho_0) \times V \times f}{m \times 1\,000}$$

式中：ω——试样中阴离子的质量比，mg/kg；

ρ——测定用试样液中的阴离子质量浓度（由回归方程计算出），μg/L；

ρ_0——试剂空白液中阴离子的质量浓度（由回归方程计算出），μg/L；

V——试样溶液体积，ml；

f——试样溶液稀释倍数；

m——试样的质量，g。

计算结果表示到小数点后两位。

附录 G（资料性附录）

固体废物　氰根离子和硫离子的测定　离子色谱法

Solid Wastes—Determination of Cyanide and Sulfide—Ion Chromatography

G.1 范围

本方法适用于固体废物中氰根离子和硫离子的离子色谱法测定。

本方法对氰根离子和硫离子的检出限为 0.1 μg/L。

G.2 术语与定义

下列定义适用于本方法。

G.2.1　离子色谱：一种液相色谱，通过离子交换分离离子组分，然后用适当的检测方法检测。

G.2.2　分析柱：在保护柱后连接一支或多支分离柱组成一系列用以分离待测离子的分析系统。系列中所有柱子对分析柱的总容量均有贡献。

G.2.3　保护柱：置于分离柱之前的柱子，用于保护分离柱免收颗粒物或不可逆保留物等杂质的污染。

G.2.4　分离柱：根据待测离子保留特性，在检测前将被检测离子分离的交换柱。

G.2.5　淋洗液：离子流动相，样品通过交换柱的载体。

G.3　原理

氰根离子和硫离子在实际样品中一般以络合态存在。加入浓硫酸后，络合的氰根和硫离子会被释放出来，与氢离子结合生成氰化氢和硫化氢。而后两者被强碱性溶液吸收，成为氰化钠和硫化钠。氰化钠和硫化钠进入色谱柱后，和其他阴离子随淋洗液进入阴离子交换分析柱中（由保护柱和分离柱组成），根据分析柱对不同离子的亲和力不同进行分离，具有电化学活性的氰根离子和硫离子被检测，以相对保留时间定性，以峰面积或峰高定量。

G.4 试剂和材料

除另有说明外，本方法中所用的试剂均为符合国家标准的优级纯试剂；实验用水的电导率应接近 0.057 μS/cm（25℃）并经过 0.22 μm 微孔膜过滤的水。

G.4.1　淋洗液：根据所用分析柱，选择适合的淋洗液。

G.4.1.1 50%（质量分数）NaOH 浓淋洗液；商品化溶液。

G.4.1.2 100 mmol/L NaOH/250 mmol/L NaOAc 淋洗液：溶解 20.5g AAA-Direct Certified 无水醋酸钠至 995 ml 水中，用 0.2 μm Nylon 过滤器过滤。而后加入 5.24 ml 50% NaOH

于 995 ml 醋酸钠溶液中，该溶液配制完毕立即放在 27.6～34.5 kPa（4～5 lb/in²）氮气条件下保存，以防止碳酸盐污染。

G.4.2 氰根离子标准储备液（10 000 mg/L）：称取 0.188 5 g 氰化钠（优级纯，干燥器中干燥 24 h）溶于 10 g 250 mmol/L NaOH 溶液中，贮于高密度聚乙烯瓶中，4℃冷藏存放。

G.4.3 硫离子标准储备液（10 000 mg/L）：称取 0.300 1 g 硫化钠（优级纯，干燥器中干燥 24 h）溶于 10 g 250 mmol/L NaOH 溶液中，贮于高密度聚乙烯瓶中，4℃冷藏存放。

G.5 仪器

G.5.1 离子色谱仪

离子色谱仪由下列部件组成：

G.5.1.1 淋洗液泵，泵接触水的部件应为非金属材料，这样不会对分析柱造成金属污染。

G.5.1.2 分析柱，能辨认氰根离子和硫离子，并能将氰根离子与硫离子分离。

G.5.1.3 安培检测器，银工作电极，Ag/AgCl 参比电极，三电位脉冲安培检测。

G.5.1.4 数据处理系统，色谱工作站，用于数据的记录，处理和存储等。

G.5.2 特殊器皿

G.5.2.1 容量瓶，聚丙烯材质。

G.5.2.2 烧杯，聚丙烯材质。

G.5.2.3 样品瓶，聚丙烯或高密度聚乙烯材质。

G.5.2.4 尼龙滤膜，0.2 μm。

G.5.2.5 0.2 μm 尼龙滤器。

G.6 样品的采集、保存和预处理

G.6.1 用聚丙烯或高密度聚乙烯瓶取样，盖上盖子。不要使用玻璃瓶取样，否则易导致离子污染。

G.6.2 固体废物样品 4℃冷藏保存并于 1 个月内进行分析。

G.7 分析步骤

G.7.1 标准工作溶液

G.7.1.1 中间标准溶液的配制：根据氰根离子/硫离子的检测灵敏度，准确量取适量所需标准储备液，用 250 mmol/L NaOH 溶液稀释定容，贮于聚丙烯或高密度聚乙烯瓶中，置于 4℃冰箱中存放。

G.7.1.2 标准工作溶液的配制：准备一个空白，至少三个质量浓度水平氰根离子/硫离子的标准工作溶液，标准工作溶液应当天用 250 mmol/L NaOH 溶液配制，标准工作溶液的质量浓度范围包括被测样品中离子质量浓度。通常以配制标准溶液所用的 250 mmol/L NaOH 溶液为空白，标准溶液中离子质量浓度分别为 5 μg/L，10 μg/L，20 μg/L 或更高。

G.7.2 样品处理

称取 5 g（准确至 0.001 g）过 180 μm 筛且有代表性的固体废物于 250 ml 烧杯中，加入 80 ml 水，超声提取 30 min。然后将其全部转移到 100 ml 容量瓶中，用水定容。摇匀后，取部分溶液于 3 000 r/min 速度离心 15 min，取上清液。上清液中加入浓硫酸，用蒸馏器进行蒸馏，而后用 1 mol/L NaOH 浓碱液吸收。测定溶于水部分的含量。

称取 5 g（准确至 0.001 g）过 180 μm 筛且有代表性的固体废物试样于 250 ml 烧瓶中，加入浓硫酸，用蒸馏器进行蒸馏，而后用 1 mol/L NaOH 浓碱液吸收。测定固体废物中氰根离子/硫离子的总含量。

准确量取 10 ml 浸出液，加入浓硫酸，用蒸馏器进行蒸馏，而后用 1 mol/L NaOH 浓碱液吸收。

G.7.3 仪器的准备

G.7.3.1 按照仪器使用说明书调试准备仪器，平衡系统至基线平稳。选择合适的分析柱，抑制器及相应的工作条件，见图 G.1。

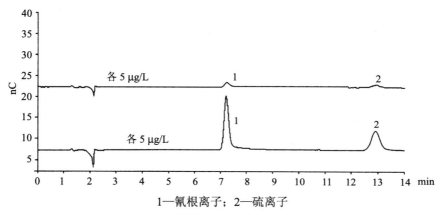

1—氰根离子；2—硫离子

图 G.1 氰根离子和硫离子分离色谱图

色谱工作条件：

分析柱：IonPac AS7 型分离柱（2 mm×250 mm）和 IonPac AG7 型保护柱（2 mm×50 mm）。

淋洗液：100 mmol/L NaOH/250 mmol/L NaOAc 淋洗液等度淋洗，流速为 0.25 ml/min。

检测器：安培检测器，银工作电极（氧化电位为 −0.1 V），Ag/AgCl 参比电极，三电位脉冲安培检测。

柱箱温度：30℃。

进样体积：25μl。

G.7.3.2 根据分析柱的性能，待测水样中氰根离子/硫离子含量等因素，确定进样体积。

G.7.4 校正

G.7.4.1 分析氰根离子/硫离子标准工作溶液，记录谱图上的出峰时间，确定保留时间。

G.7.4.2 分析空白，标准工作溶液（已知进样体积），以峰高或峰面积为纵坐标，以离子质量浓度为横坐标，选择合适的回归方式，确定标准工作曲线。

G.7.4.3 如果空白溶液谱图中有与氰根离子/硫离子保留时间相同的可测峰，外推校正曲线至横坐标，在横坐标上的截距代表空白溶液中该离子的质量浓度。将空白溶液中所含离子质量浓度加入标准工作溶液的质量浓度中，例如：氰根离子标准工作溶液质量浓度为 10.0 μg/L，空白离子质量浓度为 0.2 μg/L，则该标准工作溶液质量浓度修正为 10.2 μg/L。以修正后的标准溶液质量浓度对峰高或峰面积重新做标准工作曲线。

G.7.5 样品分析

在与分析标准工作溶液相同的测试条件下，对固体废物提取液进行分析测定，根据氰根离子和硫离子的峰高或峰面积由相应的标准工作曲线确定氰根离子和硫离子质量浓度。

G.8 结果计算

固体废物中氰根离子/硫离子质量比按下式计算：

$$\omega = \frac{(\rho - \rho_0) \times V \times f}{m \times 1\,000}$$

式中：ω——试样中氰根离子/硫离子的质量比，mg/kg；

ρ——测定用试样液中的氰根离子/硫离子质量浓度（由回归方程计算出），mg/L；

ρ_0——试剂空白液中氰根离子/硫离子的质量浓度（由回归方程计算出），mg/L；

V——试样溶液体积，ml；

f——试样溶液稀释倍数；

m——试样的质量，g。

计算结果表示到小数点后两位。

附录 H（资料性附录）

固体废物 有机氯农药的测定 气相色谱法

Solid Wastes—Determination of Organochlorine Pesticides—Gas Chromatography

H.1 范围

本方法规定了固体和液体基质的提取物中的各种有机氯农药含量的气相色谱（电子捕获检测器）法。适用于此方法的目标物质如下：艾氏剂、α-六六六、β-六六六、γ-六六六、δ-六六六、乙酯杀螨醇、α-氯丹、γ-氯丹、氯丹其他异构体、1,2-二溴-3-氯丙烷、4,4'-DDD、4,4'-DDE、4,4'-DDT、二氯烯丹、狄氏剂、硫丹Ⅰ、硫丹Ⅱ、硫丹硫酸盐、异狄氏剂、异狄氏醛、异狄氏酮、七氯、环氧七氯、六氯苯、六氯环戊二烯、异艾氏剂、甲氧氯、毒杀芬。

本方法还可以测定下列物质：甲草胺、敌菌丹、地茂散、丙酯杀螨醇、百菌清、氯酞酸二甲酯、二氯萘醌、大克螨、氯唑灵、多氯代萘-1000、多氯代萘-1001、多氯代萘-1013、多氯代萘-1014、多氯代萘-1051、多氯代萘-1099、灭蚁灵、除草醚、五氯硝基苯、氯菊酯、乙滴涕、毒草胺、氯化松节油、反-九氯、氟乐灵。

H.2 引用标准

下列文件中的条款通过在本方法中被引用而成为本方法的条款，与本方法同效。凡是不注明日期的引用文件，其最新版本适用于本方法。

GB/T 6682 分析实验室用水规格和实验方法

H.3 原理

对不同的基质采用适合的提取技术，取一定体积或者质量的样品（对于液体大约为1 L，对于固体为2~30 g），然后采用相应的净化技术，净化后的样品使用具有电子捕获检测器（ECD）或者电解电导率检测器（ELCD）的石英毛细柱气相色谱测定，每次进样1 μL。

H.4 试剂和材料

H.4.1 除有说明外，本方法中所用的水为 GB/T 6682 规定的一级水。

H.4.2 正己烷，色谱纯。

H.4.3 乙醚，色谱纯。

H.4.4 二氯甲烷，色谱纯。

H.4.5 丙酮，色谱纯。

H.4.6 乙酸乙酯，色谱纯。

H.4.7　异辛烷，色谱纯。

H.4.8　甲苯，色谱纯。

H.4.9　标准储备溶液：准确称取 0.010 0 g 纯的物质配制标准储备溶液。将该样品用异辛烷或者正己烷溶解在 10 ml 的容量瓶中，定容到刻度。β-六氯环己烷、狄氏剂和其他一些化合物在异辛烷中溶解度不好，可以在溶剂加入少量的丙酮或者甲苯。

H.4.10　混合标储备溶液：可以用各个标准品的储备溶液配制或者购买经过标定的溶液。

H.4.11　内标（可选）：对单柱系统，当五氯硝基苯不被认为是样品中的目标成分时，可以用作内标。邻硝基溴苯也可以用作内标。将其中任何一种配制成 5 000 mg/L 的溶液，在每 1 ml 的样品提取物中添加 10 μl。

对双柱系统，邻硝基溴苯配制成 5 000 mg/L 的溶液，在每 1 ml 的样品提取物中添加 10 μl。

H.5 仪器

H.5.1　气相色谱仪：配有电子捕获检测器。

H.5.2　容量瓶：10 ml 和 25 ml，用于配制标准样品。

H.6 样品的采集、保存和预处理

H.6.1　固体基质：250 ml 宽口玻璃瓶，有螺纹的 Teflon 盖子，冷却至 4℃保存。

液体基质：4 个 1 L 的琥珀色玻璃瓶，有螺纹的 Teflon 的盖子，在样品中加入 0.75 ml 10%的 NaHSO$_4$，冷却至 4℃保存。

H.6.2　提取物必须保存于 4℃，并于提取 40 d 内进行分析。

H.7 分析步骤

H.7.1　提取

采用二氯甲烷在 pH 为中性的条件下提取液体样品，可选用附录 U，或者其他合适的技术。固体样品用正己烷-丙酮（1:1）或者二氯甲烷-丙酮（1:1）提取，可选用附录 V（索氏提取法）或者其他合适的提取技术样品处理。

注意：使用正己烷-丙酮（1:1）提取较之二氯甲烷-丙酮（1:1）提取可以减少干扰物的提取量，从而获得较好的信噪比。

一般用基质加标样品测试方法的性能，每一种状态的样品均应当测试目标化合物的回收率和检测限。

H.7.2　净化

样品净化不是必须的，但是对大多数环境和废物样品均应净化。附录 W（硅酸镁柱净化法）可除去脂肪烃、芳香烃和含氮物质。

H.7.3　气相色谱条件（推荐）

可以使用单柱或者连接到同一进样口的双柱系统。使用单柱系统时，需进行二次分析以确认分析结果；或者使用 GC/MS 方法进行进一步确认。

H.7.3.1　单柱系统色谱柱：

H.7.3.1.1　小口径色谱柱（应使用两根柱确认化合物，除非采用另外一种确认技术，如 GC/MS）：

DB-5（30 m×0.25 m 或 0.32 mm ×1 μm）石英毛细管柱或同类产品者。

DB-608 或 SPB-608（30 m×0.25 mm×1 μm）石英毛细管柱或同类产品者。

H.7.3.1.2 大口径色谱柱（应从下列中挑选两根柱确认化合物，除非采用另外一种确认技术，如 GC/MS）。

DB-608 或 SPB-608（30 m×0.53 mm×0.5 μm 或 0.83 μm）石英毛细管柱或同类产品者。

DB-1701（30 m×0.53 mm×1 μm）石英毛细管柱或同类产品者。

DB-5 或 SPB-5 或 RTx-5（30 m×0.25 mm×1.5 μm）石英毛细管柱或同类产品者。

如果要求更高的色谱分离度，建议使用小口径柱。小口径柱适合相对比较干净的样品或者已经用本方法建议的净化方法净化了一次或以上的样品。大口径柱（0.53 mm ID）更加适合基体比较复杂的环境或者废物样品。

H.7.3.1.3 表 H.1 大口径柱分析土壤和水样基质中目标化合物的平均的保留时间与方法检测限（MDL）；表 H.2 列出了使用小口径柱分析土壤和水样基质中目标化合物的平均的保留时间与方法检测限。但在实际分析中 MDL 和基质中的干扰有关，因此有可能与表 H.1、H.2 中的数据有所差异。

H.7.3.1.4 用单柱系统时的色谱条件。

H.7.3.2 双柱系统色谱柱（从下列色谱柱对中挑选其一）：

H.7.3.2.1 A：DB-5，SPB-5，RTx-5（30 m×0.25 mm×1.5 μm）石英毛细管柱或同类产品者。

B：DB-1701（30 m×0.53 mm×1 μm）石英毛细管柱。

H.7.3.2.2 A：DB-5，SPB-5，RTx-5（30 m×0.25 mm×0.83 μm）石英毛细管柱或同类产品者。

B：DB-1701（30 m×0.53 mm×1 μm）石英毛细管柱或同类产品者。

H.7.3.2.3 保留时间和与之相对的色谱条件分别见表 H.6 和表 H.7。

H.7.3.2.4 如毒杀芬或氯化松节油这样的多组分混合物应按照表 H.7 的色谱条件单个的测定。

H.7.3.2.5 有机氯农药的保留时间见表 H.6。

H.7.3.2.6 对液膜更厚的 DB-5/DB-1701 双柱，色谱条件见表 H.8。这样的色谱柱对适于检测多组分混合物的有机氯农药。

H.7.3.2.7 对液膜更薄的 DB-5/DB-1701 双柱，使用不同的分流器，和较慢的程序升温速率的条件也见表 H.7。保留时间见表 H.6。在这个条件下大克螨和除草醚的峰形更好。

H.7.4 样品提取物的气相色谱分析

H.7.4.1 必须使用建立工作曲线的方法测定样品。

H.7.4.2 确认样品中各个组分的保留时间均应当落在方法的保留时间窗口中。

H.7.4.3 进样 2 μl，记录进样量到最接近的 0.05 μl 记录峰面积。

H.7.4.4 解谱，将保留时间窗口内的峰尝试性地鉴定为目标化合物。尝试性的鉴定须通过另一根不同固定相的色谱柱，或者另一种不同分析方法，如 GC/MS 确认。

H.7.4.5 每个样品的分析应在相同的条件下进行：在可接受的初始校准的基础上，

每 12h 进行校准标样的分析，或者将校准标样穿插在样品序列中进行分析。

H.7.4.6　校准样品进样后，就可以进样实际样品，最多每隔 20 个样品进样校准标准液（建议每隔 10 个样品进样，以减小因超过质量控制标准以需要重新进样的数量）。分析序列应在样品全部做完，或者质量控制样品不满足质量控制标准时中止。

H.7.4.7　当信噪比不足 2.5 倍时，定量结果的有效性难以保证。分析人员应参考样品的来源以确认是否需要继续浓缩样品。

H.7.4.8　GC 系统定性表现的确认：用标准工作曲线样品建立保留时间窗口。

H.7.4.9　对毒杀芬或者氯化松节油这样的多组分混合物的鉴定是通过和标准品的一系列指纹色谱峰的峰形和保留时间对照进行的。其定量基于样品中峰形和保留时间与标准品一致的特征峰的峰面积，通过外标法或者内标法进行。

H.7.4.10　如果样品的定性定量因为干扰（宽峰，基线隆起或基线不稳）无法进行，可能需要净化样品或者清理色谱柱或者检测器。可以在另一台仪器上平行测定以确认问题归属于样品或者仪器。净化过程见附录 W。

H.7.5　多组分混合物质（毒杀芬、氯化松节油、氯丹、六氯环己烷和 DDT）的定量

H.7.5.1　毒杀芬和氯化松节油：毒杀芬是莰烯的氯化产物，氯化松节油是莰烯和蒎烯的氯化产物。对这类化合物的定量时：

H.7.5.1.1　调整样品体积使毒杀芬的主峰高度为 10%～70% 的满标偏转（FSD）。

H.7.5.1.2　进一个毒杀芬标准品样，其进样量应为实际样品中含量估计值±10 ng。

H.7.5.1.3　使用包含 4～6 个峰的一组毒杀芬的色谱峰进行定量。

H.7.5.2　对氯丹的定量方法往往和结果数据的用途，以及分析人员对这类化合物的解谱能力有关。下述三种方式：以氯丹原料药计，以总氯丹计和以单个的氯丹组分计。

H.7.5.2.1　如果气相色谱显示的峰的模式类似于氯丹原料药，可以使用 3～5 个最高峰或者全部峰面积定量。

H.7.5.2.2　氯丹残余物的气相色谱的峰模式可能不同于氯丹原料药的标准品，因此很难建立起和标准品谱图的对应关系。用和样品出峰大小类似的标准品进样，用总面积和进样量计算校准因子，结果可以用总氯丹的形式给出。

H.7.5.2.3　第三种方式是用对应标准品分别定量样品中的反-氯丹、顺-氯丹和七氯的含量，给出的结果是每个单独化合物的含量。

H.7.5.3　六氯环己烷：六氯环己烷原料药是具有特殊气味的黄白色无定型固体，一般由六种异构体和部分七氯和八氯代环己烷组成。样品之间的峰形态可能不同，使用其中四个异构体（α-、β-、γ-、δ-）分别定量。

H.7.5.4　DDT：样品应分别使用 4,4'-DDE，4,4'-DDD 和 4,4'-DDT 标准品计算校准因子并定量。

H.7.6　如果不存在检测限的问题，可以用 GC/MS 方式对单柱或者双柱系统的分析进行确认。

H.7.6.1　全扫描模式（full scan）要求大约 10 ng/μl 的样品质量浓度，而选择离子监测（SIM）或者使用离子阱质谱，需要的质量浓度约为 1 ng/μl。

H.7.6.2　GC/MS 用于定量时需使用标准品预先制作工作曲线。

H.7.6.3　样品中质量浓度低于 1 ng/μl 的目标化合物不能用 GC/MS 方式确认。

H.7.6.4　GC/MS 确认时，必须使用和 GC/ECD 同一个样品和同一个空白。

H.7.6.5　如果替代物和内标不被干扰，而且目标物质在提取条件下稳定，可以使用酸性/中性/碱性的提取物和相应的空白用于分析。但是若在酸性/中性/碱性的提取物的分析中没有检测到目标物质，则必须重新分析未经划分的农药提取物。

H.7.6.6　质量控制样品必须也一并进行 GC/MS 分析，而且必须得到和 GC/ECD 相同的定量结果。

H.8　计算

使用外标法质量浓度计算方式如下：

H.8.1　对溶液样品，其质量浓度为：

$$\rho(\mu g/L) = \frac{A_x V_t D}{\overline{CF} V_i V_s}$$

式中：ρ——质量浓度，$\mu g/L$；

　　　A_x——样品中目标物质峰面积（或者峰高）；

　　　V_t——样品浓缩物的总体积，μl；

　　　D——稀释因子，分析前样品或者提取物的稀释倍数，未稀释则为 1，无量纲量；

　　　$\overline{CF}$——平均校准因子，即每纳克目标物质的峰面积（或峰高）；

　　　V_i——进样体积，μl；

　　　V_s——被提取的水样体积，ml。

H.8.2　对非水溶液的废物样品，其质量比为

$$\omega = \frac{A_x V_t D}{\overline{CF} V_i m_s}$$

式中：ω——质量比，$\mu g/kg$；

　　　m_s——被提取的样品质量，g；

　　　A_x、V_t、D、$\overline{CF}$、V_i 均与 H.8.1 中一致。

表 H.1　使用单柱系统大口径柱分析有机氯农药的保留时间

化合物		保留时间/min	
		DB 608	DB 1701
艾氏剂	Aldrin	11.84	12.50
α-六氯环己烷	α-BHC	8.14	9.46
β-六氯环己烷	β-BHC	9.86	13.58
δ-六氯环己烷	δ-BHC	11.20	14.39
γ-六氯环己烷	γ-BHC(Lindane)	9.52	10.84
α-氯丹	α-Chlordane	15.24	16.48
γ-氯丹	γ-Chlordane	14.63	16.20
4,4'-DDD	4,4'-DDD	18.43	19.56
4,4'-DDE	4,4'-DDE	16.34	16.76
4,4'-DDT	4,4'-DDT	19.48	20.10
狄氏剂	Dieldrin	16.41	17.32
硫丹 I	Endosulfan I	15.25	15.96

化合物		保留时间/min	
		DB 608	DB 1701
硫丹 II	Endosulfan II	18.45	19.72
硫丹硫酸盐	Endosulfan Sulfate	20.21	22.36
异艾氏剂	Endrin	17.80	18.06
异艾氏醛	Endrin aldehyde	19.72	21.18
七氯	Heptachlor	10.66	11.56
环氧七氯	Heptachlor epoxide	13.97	15.03
甲氧氯	Methoxychlor	22.80	22.34
毒杀芬	Toxaphene	MR	MR

注：MR：存在多个组分。

GC 条件见表 2。

表 H.2　使用单柱系统，大口径柱分析有机氯农药的色谱条件

柱 1 -DB-608，SPB-608，RTx-35（30 m×0.53 mm×0.5 μm 或 0.83 μm）石英毛细管柱或同类产品

柱 2 - DB-1701，（30 m×0.53 mm×1 μm）石英毛细管柱或同类产品

柱 1 和柱 2 使用相同条件	
载气	氦气
载气流量	5～7 ml/min
尾吹气	氩气/甲烷（P-5 或 P-10）或氮气
尾吹气流量	30 ml/min
进样口温度	250℃
检测器温度	290℃
色谱柱温度	150℃保持 0.5 min，然后以 5℃/min 程序升温至 270℃保持 10 min

柱 3-DB-5（330 m ×0.53 mm×1.5 μm）石英毛细管柱或同类产品。

载气	氦气
载气流量	6 ml/min
尾吹气	氩气/甲烷（P-5 或 P-10）或氮气
尾吹气流量	30 ml/min
进样口温度	205℃
检测器温度	290℃
色谱柱温度	140℃保持 2 min，然后以 10℃/min 程序升温至 240℃保持 5 min，再以 5℃/min 到 265℃，保持 18 min

表 H.3　使用单柱系统小口径柱分析有机氯农药的保留时间

化合物		保留时间/min	
		DB 608	DB 5$_{aa}$
艾氏剂	Aldrin	14.51	14.70
α-六氯环己烷	α-BHC	11.43	10.94
β-六氯环己烷	β-BHC	12.59	11.51
δ-六氯环己烷	δ-BHC	13.69	12.20
γ-六氯环己烷	γ-BHC (Lindane)	12.46	11.71
α-氯丹	α-Chlordane	NA	NA
γ-氯丹	γ-Chlordane	17.34	17.02
4,4'-DDD	4,4'-DDD	21.67	20.11
4,4'-DDE	4,4'-DDE	19.09	18.30
4,4'-DDT	4,4'-DDT	23.13	21.84

化合物		保留时间/min	
		DB 608	DB 5$_{aa}$
狄氏剂	Dieldrin	19.67	18.74
硫丹Ⅰ	Endosulfan I	18.27	17.62
硫丹Ⅱ	Endosulfan II	22.17	20.11
硫丹硫酸盐	Endosulfan sulfate	24.45	21.84
异艾氏剂	Endrin	21.37	19.73
异艾氏醛	Endrin aldehyde	23.78	20.85
七氯	Heptachlor	13.41	13.59
环氧七氯	Heptachlor epoxide	16.62	16.05
甲氧氯	Methoxychlor	28.65	24.43
毒杀芬	Toxaphene	MR	MR

注：MR：存在多个组分。
　　GC 条件见附录4。

表 H.4　使用单柱系统小口径柱分析有机氯农药的色谱条件

柱 1-DB-5（30 m×0.25 mm 或 0.32 mm×1 μm）石英毛细管柱或同类产品

载气	氦气
载气压力	110.3 kPa（16 lb/in²）
进样口温度	225℃
检测器温度	300 ℃
色谱柱温度	100℃保持 2 min，然后以 15℃/min 程序升温至 160℃，再以 5℃/min 升温至 270℃

柱 2-DB-608，SPB-608（30 m×0.25 mm×1 μm）石英毛细管柱或同类产品

载气	氦气
载气压力	137.9kPa（20 lb/in²）
进样口温度	225℃
检测器温度	300℃
色谱柱温度	160℃保持 2 min，然后以 5℃/min 程序升温至 290℃保持 1 min

表 H.5　对不同样品定量限估计值（EQL）的比例因子

基质	比例因子
地下水	10
超声提取，凝胶渗透净化的低浓度土壤样品	670
超声提取，高浓度土壤或淤泥样品	10 000
非水性混合废物	100 000

注：可以通过由试剂水为基质的标准添加样品测得的方法检测限(MDL)用下述公式得到实际样品的定量限估计值（EQL）。

　　定量限估计值（EQL）＝方法检测限(MDL)×比例因子

　　对非溶液样品以湿重计。

　　EQL 和基质性质非常相关，因此本表只能作为一个比例因子的说明，实际样品有可能和预期不符。

表 H.6 使用双柱系统分析有机氯农药的保留时间

化合物		保留时间/min	
		DB-5	DB-1701
1,2-二溴-3-氯丙烷	DBCP	2.14	2.84
六氯环戊二烯	Hexachlorocyclopentadiene	4.49	4.88
氯唑灵	Etridiazole	6.38	8.42
地茂散	Chloroneb	7.46	10.60
六氯苯	Hexachlorobenzene	12.79	14.58
二氯烯丹	Diallate	12.35	15.07
毒草胺	Propachlor	9.96	15.43
氟乐灵	Trifluralin	11.87	16.26
α-六氯环己烷	α-BHC	12.35	17.42
五氯硝基苯	PCNB	14.47	18.20
γ-六氯环己烷（林丹）	γ-BHC（Lindane）	14.14	20.00
七氯	Heptachlor	18.34	21.16
艾氏剂	Aldrin	20.37	22.78
甲草胺	Alachlor	18.58	24.18
百菌清	Chlorothalonil	15.81	24.42
β-六氯环己烷	β-BHC	13.80	25.04
异艾氏剂	Isodrin	22.08	25.29
氯酞酸二甲酯	DCPA	21.38	26.11
δ-六氯环己烷	δ-BHC	15.49	26.37
环氧七氯	Heptachlor epoxide	22.83	27.31
硫丹 I	Endosulfan- I	25.00	28.88
γ-氯丹	γ-Chlordane	24.29	29.32
α-氯丹	α-Chlordane	25.25	29.82
反-九氯	*trans*-Nonachlor	25.58	30.01
	4,4'-DDE	26.80	30.40
狄氏剂	Dieldrin	26.60	31.20
乙滴涕	Perthane	28.45	32.18
异艾氏剂	Endrin	27.86	32.44
丙酯杀螨醇	Chloropropylate	28.92	34.14
乙酯杀螨醇	Chlorobenzilate	28.92	34.42
除草醚	Nitrofen	27.86	34.42
	4,4'-DDD	29.32	35.32
硫丹 II	Endosulfan II	28.45	35.51
	4,4'-DDT	31.62	36.30
异艾氏醛	Endrin aldehyde	29.63	38.08
灭蚁灵	Mirex	37.15	38.79
硫丹硫酸盐	Endosulfan sulfate	31.62	40.05
甲氧氯	Methoxychlor	35.33	40.31
敌菌丹	Captafol	32.65	41.42
异艾氏酮	Endrin ketone	33.79	42.26
氯菊酯	Permethrin	41.50	45.81
开蓬	Kepone	31.10	ND

化合物		保留时间/min	
		DB-5	DB-1701
大克螨	Dicofol	35.33	ND
二氯萘醌	Dichlone	15.17	ND
α,α'-二溴间二甲苯	α,α'-Dibromo-m-xylene	9.17	11.51
2-溴代联苯	2-Bromobiphenyl	8.54	12.49

表 H.7 低分离温度，薄液膜的双柱分析系统分析有机氯农药色谱条件

柱 1	DB-1701（30 m×0.53 mm×1.0 μm）或同类产品
柱 2	DB-5（30 m×0.53 mm×0.83 μm）或同类产品
载气	氦气
载气流量	6 ml/min
尾吹气	氮气
尾吹气流量	20 ml/min
进样口温度	250℃
检测器温度	320℃
色谱柱温度	140℃保持 2 min，然后以 2.8℃/min 升温到 270℃，保持 1 min

表 H.8 高分离温度，厚液膜的双柱分析系统分析有机氯农药色谱条件

柱 1	DB-1701（30 m×0.53 mm×1.0 μm）或同类产品
柱 2	DB-5（30 m×0.53 mm×1.5 m）或同类产品
载气	氦气
载气流量	6 ml/min
尾吹气	氮气
尾吹气流量	20 ml/min
进样口温度	250℃
检测器温度	320℃
色谱柱温度	150℃保持 0.5 min，然后以 12℃/min 升温至 190℃保持 2 min，再以 4℃/min 升温至 275℃，保持 10 min

固体废物　有机磷化合物的测定　气相色谱法

Solid Wastes—Determination of Organophosphorus Compounds—Gas Chromatography

I.1 范围

本方法适用于固体废物中有机磷化合物的气相色谱法测定。采用火焰光度检测器(FPD)或氮-磷检测器(NPD)的毛细管 GC 可以检测出以下化合物：丙硫特普、甲基谷硫磷、乙基谷硫磷、硫丙磷、三硫磷、毒虫畏、毒死蜱、甲基毒死蜱、蝇毒磷、巴毒磷、内吸磷、S-内吸磷、二嗪农、除线磷、敌敌畏、百治磷、乐果、敌杀磷、乙拌磷、苯硫磷、乙硫磷、灭克磷、伐灭磷、杀螟硫磷、丰索磷、大福松、倍硫磷、对溴磷、马拉硫磷、脱叶亚磷、速灭磷、久效磷、二溴磷、乙基对硫磷、甲基对硫磷、甲拌磷、亚胺硫磷、磷胺、皮蝇磷、乐本松、硫特普、特普、地虫磷、硫磷嗪、丙硫磷、三氯磷酸酯、壤虫磷、六甲基磷酰胺、三邻甲苯磷酸酯、阿特拉津、西玛津。

以水和土壤为基质，15-m 柱检测分析物质的方法检出限（MDLs）为：0.04～0.8 μg/L（水），2.0～40.0 mg/kg（土壤）。30-m MDLs 和 EQLs 与 15-m 柱得到类似结果。

15-m 柱体系对于检测乙基-谷硫磷、乙硫磷、亚胺硫磷、特丁磷、伐灭磷、磷胺、毒虫畏、六甲基磷酸三胺、地虫磷、敌杀磷、对溴磷、TOCP 等化合物并不完全有效。使用这个体系，在检测这些或其他的分析物之前，必须确认所有分析物的色谱分辨率：回收率高于 70%，精密度不小于 RSD 的 15%。

I.2 原理

经过适当的样品制备技术处理样品，用火焰光度计检测器或氮-磷检测器的气相色谱进行多残留程序分析。在酸性和碱性条件下，有机磷酯和硫酯发生水解反应。本方法不适合检测酸或碱分离处理的样品。由于超声提取过程可能破坏分析物质，本方法不适用检测这种方法处理的样品。

I.3 试剂和材料

I.3.1　异辛烷：色谱纯。

I.3.2　正己烷：色谱纯。

I.3.3　丙酮：色谱纯。

I.3.4　四氢呋喃：色谱纯（唯一标准物三嗪）。

I.3.5　甲基-4-丁基醚：色谱纯（唯一标准物三嗪）。

I.3.6　标准储备溶液：用纯标准物配制或直接买经过标定的标液。

纯化合物质量精确到 0.010 0 g。用一定比例的丙酮和正己烷混合液将其溶解并于

10 ml 容量瓶稀释定容。西玛津和阿特拉津在正己烷中的溶解度低。如果需要西玛津和阿特拉津的标准液，可以将阿特拉津溶解在甲基-4-丁基醚中，而西玛津可以溶解在丙酮/甲基-4-丁基醚/四氢呋喃（1:3:1）的混合溶液里。

I.3.7　混合标准储液：可以用单组分储液配制而成。每种分析物及其氧化产物必须能溶于色谱体系。对于少于 25 种组分的混合标准储液，分别精确吸取 1 000 mg/L 的各单组分储液 1 ml，加入溶剂，在 25 ml 的容量瓶混合定容。

注意：在暗处 4℃密封的聚四氟乙烯的容器里储存的标准溶液应该每两个月更换一次或在程序 QC 出现问题时及时更换。对于很容易水解的化学品包括焦磷酸四乙酯、甲基硝基硫磷酯和脱叶亚磷，应该每 30 天进行检查是否还能使用。

I.3.8　配制至少 5 种不同质量浓度的校准标准溶液，可以采用异辛烷或正己烷稀释标准贮液。其质量浓度应当与实际样品质量浓度范围相一致，并在检测器检测范围内呈现线性。有机磷校准标准溶液每一到 2 个月应该更换一次，或在样品检测或历史数据出现问题时及时更换。实验室希望配制适用于上述易水解标准物的校准标准溶液。

I.3.9　内标：使用分析性好的样品作为内标。内标的使用很复杂，往往受到一些有机磷农药共流出以及检测器对不同化学品不同检测响应值的影响。

I.3.9.1　当磷原子上接有硫原子时，有机磷化合物 FPD 响应值增加。但硫代磷酸盐作为含不同硫原子的有机磷农药内标物并没有得到确认（例如：硫磷酯[P=S]或二硫磷酯[P=S$_2$]作为[PO$_4$]的内标）。

I.3.9.2　如果使用内标，必须选择一种或更多的与待测化合物分析性质相似的内标。必须进一步证实内标的测定不受所用方法或基质的干扰。

I.3.9.3　当使用 15-m 柱时，由于分析物质、方法的干扰以及基质的干扰，内标物可能很难完全溶解。必须进一步证实内标物不受所用方法或基质的干扰。

I.3.9.4　下面的 NPD 内标物可用于 30-m 柱子：配制 1 000 mg/L 的 1-溴-2 硝基苯溶液，稀释到 5 mg/L。在每毫升样品和校准标准液中加入 10 μl。1-溴-2-硝基苯不适合作为 FPD 这种小响应值检测器的内标，且没有适用于 FPD 的内标。

I.4 仪器

I.4.1　气相色谱仪。

I.4.2　检测器。

I.4.2.1　火焰光度检测器（FPD）置于磷检测模式。

I.4.2.2　氮-磷检测器（NPD）置于磷检测模式时选择性低，但可以用于检测三嗪类除草剂。

I.4.2.3　卤素检测器(电解传导器或微库仑检测器)：用于毒死蜱，皮蝇磷，蝇毒磷，丙硫磷，壤虫磷，敌敌畏，苯硫磷，二溴磷和乐本松等化合物的检测。

I.4.2.4　电子捕获检测器：对定量分析不受反相干扰的分析物才能使用 ECD 检测器进行检测。并且这种检测器的灵敏度能够很好地满足其常规限度。

I.5 样品的采集、保存和预处理

I.5.1　固体基质：250 ml 宽口玻璃瓶，有螺纹的 Teflon 盖子，冷却至 4℃保存。

液体基质：4个1L的琥珀色玻璃瓶，有螺纹的Teflon的盖子，在样品中加入0.75 ml 10%的NaHSO4，冷却至4℃保存。

I.5.2 提取物存放在4℃的冰箱里，并在40 d内进行分析。

I.5.3 酸性或碱性条件下，有机磷酯会发生水解。样品采集后立即用NaOH或H2SO4将样品调到pH=5～8，并记录使用的溶液体积。即使存放于4℃并加入一定量的氯化汞防腐剂，大多数地下水中有机磷农药的降解周期仅为14 d，应在采样后7 d内开始样品提取工作。

I.6 分析步骤

I.6.1 提取及净化

I.6.1.1 选择合适的提取过程

一般而言，在pH为中性条件下，用二氯甲烷在分液漏斗进行提取（附录U）。固体样品则采用二氯甲烷/丙酮（1:1）使用索氏提取法（附录V）。而无水和稀释的有机液体样品可以直接进样分析。

I.6.1.2 该种方法提取及清洗过程不适于使用pH<4或pH>8的溶液。

I.6.1.3 如果需要使用上述范围的溶液，样品可以采用硅酸镁载体柱净化（附录W）。

I.6.1.4 在进行气相色谱分析前，提取液可换为正己烷。要定量转移提取物使其质量浓度不改变。有机磷酯最好使用二氯甲烷或正己烷/丙酮混合溶剂转移。

I.6.1.5 在使用火焰光度检测器或氮-磷检测器时，可以使用二氯甲烷作为进样溶剂。

I.6.2 气相色谱条件

I.6.2.1 用该法检测有机磷酸酯，建议使用四根0.53-mm ID毛细管柱。如果有大量有机磷化合物要分析，推荐使用30-m色谱柱1（DB-210 或同类型柱子）和色谱柱2(SPB-608 或同类型柱子)。如果前级色谱分辨率不做要求，也可以使用15-m柱子。其操作条件列于表I.8。而30-m柱的操作条件则列于表I.9。

毛细管柱（0.53 mm，0.32 mm，或0.25 mm ID×15 m或30 m，依照所要求的分辨率）0.53 m ID柱通常用于大多数环境或废弃物质的分析。双柱、单进样器检测要求柱子等长内径相同。

色谱柱 1：DB-210 (15 m 或 30 m×0.53 mm×1.0μm)毛细管柱，或同类产品；

色谱柱 2：DB-608，SPB-608，RTx-35(15 m 或 30 m×0.53 mm×0.83 μm)毛细管柱，或同类产品；

色谱柱 3：DB-5，SPB-5，RTx-5(15 m 或 30 m×0.53 mm×1.0 μm)毛细管柱，或同类产品；

色谱柱 4：DB-1，SPB-1，RTx-35(15 m 或 30 m×0.53 mm×1.0 μm 或 1.5 μm)毛细管柱，或同类产品。

I.6.2.2 各组色谱柱的保留时间列于表I.3和表I.4。

I.6.3 校准曲线

选择合适的色谱校准曲线方法。采用表I.8和表I.9为分析选用一组色谱柱设置合适的操作参数。

I.6.4 气相色谱分析

推荐采用 1 μl 自动进样。如果证实分析物定量精密度小于（等于）10%的相对标准偏差，可选大于 2 μl 的手动进样。如果溶剂量控制在一个极小值，可采用溶剂冲洗技术。如果使用了内标校正技术，进样前每毫升样品加入 10 μl 内标。

I.6.5　记录最接近 0.05 μl 进样量的样品体积及对应峰的大小（峰面积或峰高）

使用内标校准法或外标校准法时，对于用于校准的化合物，将色谱图中各个物质峰进行定性和定量。

I.6.5.1　如果色谱峰的检测和鉴定受到干扰，则需要使用火焰光度检测器或对样品做进一步的净化。在采用任何净化操作之前，必须处理一系列的校准标准物并建立洗脱方案，且检测目标化合物的回收率。使用净化程序对试剂空白进行常规处理，必须保证不存在试剂干扰。

I.6.5.2　如果响应超出了体系的线性范围，则稀释提取液并重新进行分析。提取液最好稀释到所有的色谱峰都出现在合适的数值范围内。当色谱峰超出线性范围，峰重叠就不太明显。通过计算机对色谱图谱的再现，如果确保为线性关系，操作直到所有的色谱峰都在合适的数值范围内即可。当峰重叠导致峰面积积分出错时，建议测量色谱峰的峰高。

I.6.5.3　如果色谱峰的响应信号低于基线噪音信号的 2.5 倍，结果的定量分析的有效性就值得怀疑。则需要考虑样品的来源，确定是否应该对样品进一步浓缩。

I.6.5.4　如果出现了部分峰重叠或者共流出峰，需要更换色谱柱或者选用 GC/MS 技术。

表 I.1　以水和土壤为基质使用 15-m 柱火焰光度检测器的方法检出限

化合物	水 a/（μg/L）	土壤 b/（μg/kg）
甲基谷硫磷 Azinphos-methyl	0.10	5.0
硫丙磷(硫丙磷) Bolstar (Sulprofos)	0.07	3.5
毒死蜱 Chlorpyrifos	0.07	5.0
蝇毒磷 Coumaphos	0.20	10.0
O-,S-内吸磷 Demeton,-O,-S	0.12	6.0
二嗪农 Diazinon	0.20	10.0
敌敌畏（DDVP）Dichlorvos（DDVP）	0.80	40.0
乐果 Dimethoate	0.26	13.0
乙拌磷 Disulfoton	0.07	3.5
苯硫磷 EPN	0.04	2.0
灭克磷 Ethoprop	0.20	10.0
丰索磷 Fensulfothion	0.08	4.0
倍硫磷 Fenthion	0.08	5.0
马拉硫磷 Malathion	0.11	5.5
脱叶亚磷 Merphos	0.20	10.0
速灭磷 Mevinphos	0.50	25.0
二溴磷 Naled	0.50	25.0
乙基对硫磷 Parathion，ethyl	0.06	3.0
甲基对硫磷 Parathion，methyl	0.12	6.0

化合物	水 a/（μg/L）	土壤 b/（μg/kg）
甲拌磷 Phorate	0.04	2.0
皮蝇磷 Ronnel	0.07	3.5
硫特普 Sulfotepp	0.07	3.5
特普 TEPPc	0.80	40.0
杀虫畏 Tetrachlorovinphos	0.80	40.0
丙硫磷 Tokuthion (Protothiofos)c	0.07	5.5
壤虫磷 Trichloronatec	0.80	40.0

注：a. 采用附录 U 的方法提取样品，即分液漏斗液-液分离法。

b. 采用附录 V 的方法提取样品，即索氏提取法。

c. 这些标准物的纯度并不基于 EPA 农药和工业化学品库。

表 I.2　不同基质的数量评估限（EQLᵃs）的测定

基　质	影响因子
地下水	10b
Soxhlet 和非冲洗的低浓度土壤	10c
非水溶性废弃物	1 000 c

注：a. EQL =方法检出限（表 I.1）×影响因子（表 I.2）。对于非水样品，影响因子与湿重有关。样品的 EQLs 与基质密切相关。因此 EQLs 的测定可以作为一种参考，但并不是总能得到 EQLs 值。

b. 增加表 I.1 中试剂水 MDL 的影响因子的倍数。

c. 增加表 I.1 中土壤 MDL 的影响因子的倍数。

表 I.3　采用 15-m 柱子分析各物质的保留时间/（min）

化合物	DB-5	SPB-608	DB-210
特普 TEPP	6.44	5.12	10.66
敌敌畏（DDVP）Dichlorvos(DDVP)	9.63	7.91	12.79
速灭磷 Mevinphos	14.18	12.88	18.44
O-，S-内吸磷 Demeton，-O and -S	18.31	15.90	17.24
灭克磷 Ethoprop	18.62	16.48	18.67
二溴磷 Naled	19.01	17.40	19.35
甲拌磷 Phorate	19.94	17.52	18.19
单氯磷 Monochrotophos	20.04	20.11	31.42
硫特普 Sulfotepp	20.11	18.02	19.58
乐果 Dimethoate	20.64	20.18	27.96
乙拌磷 Disulfoton	23.71	19.96	20.66
二嗪农 Diazinon	24.27	20.02	19.68
脱叶亚磷 Merphos	26.82	21.73	32.44
皮蝇磷 Ronnel	29.23	22.98	23.19
毒死蜱 Chlorpyrifos	31.17	26.88	25.18
马拉硫磷 Malathion	31.72	28.78	32.58
甲基对硫磷 Parathion，methyl	31.84	23.71	32.17
乙基对硫磷 Parathion，ethyl	31.85	27.62	33.39
壤虫磷 Trichloronate	32.19	28.41	29.95
杀虫畏 Tetrachlorovinphos	34.65	32.99	33.68

化合物	DB-5	SPB-608	DB-210
丙硫磷 Tokuthion (Protothiofos)	34.67	24.58	39.91
丰索磷 Fensulfothion	35.85	35.20	36.80
硫丙磷 Bolstar (Sulprofos)	36.34	35.08	37.55
伐灭磷 Famphur*	36.40	36.93	37.86
苯硫磷 EPN	37.80	36.71	36.74
谷硫磷 Azinphos-methyl	38.34	38.04	37.24
倍硫磷 Fenthion	38.83	29.45	28.86
蝇毒磷 Coumaphos	39.83	38.87	39.47

注：*方法对伐灭磷并不完全有效。

初始温度	130℃	50℃	50℃
初始时间	3 min	1 min	1 min
程序 1 速率	5℃/min	5℃/min	5℃/min
程序 1 最终温度	180℃	140℃	140℃
程序 1 保持时间	10 min	10 min	10 min
程序 2 速率	2℃/min	10℃/min	10℃/min
程序 2 最终温度	250℃	240℃	240℃
程序 2 保持时间	15 min	10 min	10 min

表 I.4 采用 30-m 柱子分析各物质的保留时间 [a]

化合物	RT/min			
	DB-5	DB-210	DB-608	DB-1
三甲基磷酸盐 Trimethylphosphate	b	2.36		
敌敌畏(DDVP) Dichlorvos (DDVP)	7.45	6.99	6.56	10.43
六甲基磷酰胺 Hexamethylphosphoramide	b	7.97		
三氯磷酸酯 Trichlorfon	11.22	11.63	12.69	
特普 TEPP	b	13.82		
硫磷嗪 Thionazin	12.32	24.71		
速灭磷 Mevinphos	12.20	10.82	11.85	14.45
灭克磷 Ethoprop	12.57	15.29	18.69	18.52
二嗪农 Diazinon	13.23	18.60	24.03	21.87
硫特普 Sulfotepp	13.39	16.32	20.04	19.60
特丁磷 Terbufos	13.69	18.23	22.97	
三-邻-甲苯基磷酸盐 Tri-o-cresyl phosphate	13.69	18.23		
二溴磷 Naled	14.18	15.85	18.92	18.78
甲拌磷 Phorate	12.27	16.57	20.12	19.65
大福松 Fonophos	14.44	18.38		
乙拌磷 Disulfoton	14.74	18.84	23.89	21.73
脱叶亚磷 Merphos	14.89	23.22		26.23
氧化脱叶亚磷 Oxidized Merphos	20.25	24.87	35.16	
除线磷 Dichlorofenthion	15.55	20.09	26.11	
甲基毒死蜱 Chlorpyrifos，methyl	15.94	20.45	26.29	
皮蝇磷 Ronnel	16.30	21.01	27.33	23.67
毒死蜱 Chlorpyrifos	17.06	22.22	29.48	24.85
壤虫磷 Trichloronate	17.29	22.73	30.44	
丙硫特普 Aspon	17.29	21.98		
倍硫磷 Fenthion	17.87	22.11	29.14	24.63
S-内吸磷 Demeton-S	11.10	14.86	21.40	20.18

化合物	RT/min			
	DB-5	DB-210	DB-608	DB-1
O-内吸磷 Demeton-O	15.57	17.21	17.70	
久效磷 [c] Monocrotophosc	19.08	15.98	19.62	19.3
乐果 Dimethoate	18.11	17.21	20.59	19.87
丙硫磷 Tokuthion	19.29	24.77	33.30	27.63
马拉硫磷 Malathion	19.83	21.75	28.87	24.57
甲基对硫磷 Parathion，methyl	20.15	20.45	25.98	22.97
杀螟松 Fenithrothion	20.63	21.42		
毒虫畏 Chlorfenvinphos	21.07	23.66	32.05	
乙基对硫磷 Parathion，ethyl	21.38	22.22	29.29	24.82
硫丙磷 Bolstar	22.09	27.57	38.10	29.53
乐本松 Stirophos	22.06	24.63	33.40	26.90
乙硫磷 Ethion	22.55	27.12	37.61	
磷胺 Phosphamidon	22.77	20.09	25.88	
丁烯磷 Crotoxyphos	22.77	23.85	32.65	
对溴磷 Leptophos	24.62	31.32	44.32	
丰索磷 Fensulfothion	27.54	26.76	36.58	28.58
苯硫磷 EPN	27.58	29.99	41.94	31.60
亚胺硫磷 Phosmet	27.89	29.89	41.24	
甲基谷硫磷 Azinphos-methyl	28.70	31.25	43.33	32.33
乙基谷硫磷 Azinphos-ethyl	29.27	32.36	45.55	
伐灭磷 Famphur	29.41	27.79	38.24	
蝇毒磷 Coumaphos	33.22	33.64	48.02	34.82
阿特拉津 Atrazine	13.98	17.63		
西玛津 Simazine	13.85	17.41		
特丁磷 Carbophenothion	22.14	27.92		
敌杀磷 Dioxathion	d	d	22.24	
甲基三硫磷 Trithion methyl			36.62	
百治磷 Dicrotophos			19.33	
内标 Internal Standard				
1-溴-2-硝基苯 1-Bromo-2-nitrobenzene	8.11	9.07		
拟似标准品 Surrogates				
三丁基磷酸盐 Tributyl phosphate			11.1	
三苯基磷酸盐 Triphenyl phosphate			33.4	
4-氯-3-硝基三氟甲苯 4-Cl-3-nitrobenzotrifluoride	5.73	5.40		

注：a. GC 工作条件如下：

DB-5 和 DB-210：30 m×0.53 m，DB-5 (1.50 μm)和 DB-210（1.0 μm）都连接到适压 Y-型分离器进口。温度程序：从 120℃（保持 3 min）以 5℃/min 到 270℃（保持 10 min）；进样器温度：250℃；检测器温度：300℃；凹槽温度：400℃；电压偏差 4.0；氢气压力 137.9 kPa（20 lb/in²）；氦气流速 6 ml/min；氢气混合气 20 ml/min。DB-608：30 m×0.53 m，DB-608（1.50 μm）连接到 0.25-in 的填充柱进口。温度程序：从 110℃（保持 0.5 min）以 5℃/min 到 250℃（保持 4 min）；进样器温度：250℃；氦气流速 5 ml/min；火焰光度检测器。DB-1：30 m×0.32 mID 柱，DB-1（0.25 μm）采用分流/不分流，其柱头压位 68.9 kPa（10 lb/in²），分离管 45 s 关闭，进样器温度：250℃；温度程序：从 50℃（保持 1 min）以 6℃/min 到 280℃（保持 2 min）；在 35～550 u 质量检测器全面扫描。

b. 进样量为 20 ng 时没有检测到信号。

c. 进样量增加保留时间增长（Hatcher et al.观察到漂移超过 30 s）。

d. 显示为多峰；因此，在混合物中并不包含。

表 I.5　采用分液漏斗提取的 27 种有机磷的回收率

化合物	回收率/%		
	低	中	高
甲基谷硫磷　Azinphos methyl	126	143+8	101
硫丙磷　Bolstar	134	141+8	101
毒死蜱　Chlorpyrifos	7	89+6	86
蝇毒磷　Coumaphos	103	90+6	96
内吸磷　Demeton	33	67+11	74
二嗪农　Diazinon	136	121+9.5	82
敌敌畏　Dichlorvos	80	79+11	72
乐果　Dimethoate	NR	47+3	101
乙拌磷　Disulfoton	48	92+7	84
苯硫磷　EPN	113	125+9	97
灭克磷　Ethoprop	82	90+6	80
丰索磷　Fensulfonthion	84	82+12	96
倍硫磷　Fenthion	NR	48+10	89
马拉硫磷　Malathion	127	92+6	86
脱叶亚磷　Merphos	NR	79	81
速灭磷　Mevinphos	NR	NR	55
久效磷　Monocrotophos	NR	18+4	NR
二溴磷　Naled	NR	NR	NR
乙基对硫磷　Parathion，ethyl	101	94+5	86
甲基对硫磷　Parathion，methyl	NR	46+4	44
甲拌磷　Phorate	94	77+6	73
皮蝇磷　Ronnel	67	97+5	87
硫特普　Sulfotep	87	85+4	83
焦磷酸四乙酯　TEPP	96	55+72	63
杀虫畏　Tetrachlorvinphos	79	90+7	80
丙硫磷　Tokuthion	NR	45+3	90
三氯酯　Trichloroate	NR	35	94

注：NR = 没记录。

表 I.6　采用液-液分离方法提取的 27 种有机磷的回收率

化合物	回收率/%		
	低	中	高
保棉磷 Azinphos methyl	NR	129	122
硫丙磷 Bolstar	NR	126	128
毒死蜱 Chlorpyrifos	13	82+4	88
蝇毒磷 Coumaphos	94	79+1	89
内吸磷 Demeton	38	23+3	41
二嗪农 Diazinon	NR	128+37	118
敌敌畏 Dichlorvos	81	32+1	74
乐果 Dimethoate	NR	10+8	102
乙拌磷 Disulfoton	94	69+5	81

化合物	回收率/%		
	低	中	高
苯硫磷 EPN	NR	104+18	119
灭克磷 Ethoprop	39	76+2	83
伐灭磷 Famphur	—	63+15	—
丰索磷 Fensulfonthion	90	67+26	90
倍硫磷 Fenthion	8	32+2	86
马拉硫磷 Malathion	105	87+4	86
脱叶亚磷 Merphos	NR	80	79
速灭磷 Mevinphos	NR	87	49
久效磷 Monocrotophos	NR	30	1
二溴磷 Naled	NR	NR	74
乙基对硫磷 Parathion，ethyl	106	81+1	87
甲基对硫磷 Parathion，methyl	NR	50+30	43
甲拌磷 Phorate	84	63+3	74
皮蝇磷 Ronnel	82	83+7	89
硫特普 Sulfotep	40	77+1	85
特普 TEPP	39	18+7	70
杀虫畏 Tetrachlorvinphos	56	70+14	83
丙硫磷 Tokuthion	132	32+14	90
三氯酯 Trichloroate	NR	NR	21

注：NR = 没记录。

表 I.7　采用 SOXHLET 提取法提取的 27 种有机磷的回收率

化合物	回收率/%		
	低	中	高
甲基谷硫磷 Azinphos methyl	156	110+6	87
硫丙磷 Bolstar	102	103+15	79
毒死蜱 Chlorpyrifos	NR	66+17	79
蝇毒磷 Coumaphos	93	89+11	90
内吸磷 Demeton	169	64+6	75
二嗪农 Diazinon	87	96+3	75
敌敌畏 Dichlorvos	84	39+21	71
乐果 Dimethoate	NR	48+7	98
乙拌磷 Disulfoton	78	78+6	76
苯硫磷 EPN	114	93+8	82
灭克磷 Ethoprop	65	70+7	75
丰索磷 Fensulfonthion	72	81+18	111
倍硫磷 Fenthion	NR	43+7	89
马拉硫磷 Malathion	100	81+8	81
脱叶亚磷 Merphos	62	53	60
速灭磷 Mevinphos	NR	71	63
久效磷 Monocrotophos	NR	NR	NR
二溴磷 Naled	NR	48	NR

化合物	回收率/%		
	低	中	高
乙基对硫磷 Parathion，ethyl	75	80+ 8	80
甲基对硫磷 Parathion，methyl	NR	41+ 3	28
甲拌磷 Phorate	75	77+ 6	78
皮蝇磷 Ronnel	NR	83+ 12	79
硫特普 Sulfotep	67	72+ 8	78
特普 TEPP	36	34+ 33	63
杀虫畏 Tetrachlorvinphos	50	81+ 7	83
丙硫磷 Tokuthion	NR	40 + 6	89
三氯酯 Trichloroate	56	53	53

注：NR = 没记录。

表 I.8 15-m 柱的参考工作条件

色谱柱 1 和色谱柱 2（DB-210 和 SPB-608 或其同类产品）	
载气流速(He)	5 ml/min
初始温度	50℃，保持 1 min
温度程序	50℃到 140℃，5℃/min，140℃保持 10 min，140℃到 240℃，10℃/min，240℃保持 10 min（或保证足够时间将最后的化合物冲洗干净）
色谱柱 3（DB-5 或同类产品）	
载气流速（He）	5 ml/min
初始温度	130℃，保持 3 min
温度程序	130℃，到 180℃，5℃/min，180℃保持 10 min，180℃到 250℃，2℃/min，保持 15 min（或保证足够时间将最后的化合物冲洗干净）

表 I.9 30-m 柱的参考工作条件

色谱柱 1	检测器温度：300℃
型号：DB-210	进样量：2 μl
尺寸：30 m×0.53 mm ID	溶剂：正己烷
膜厚（μm）：1.0	进样器型号：火焰气雾器
色谱柱 2	检测器型号：双 NPD
型号：DB-5	极差：1
尺寸：30 m×0.53 mm ID	衰变：64
膜厚（μm）：1.5	分流器型号：Y 型或 T 型
载气流速（ml/min）：6（氦气）	数据系统：积分
混合气流速（ml/min）：20（氦气）	氢压：137.9 kPa（20 lb/in^2）
温度程序：120℃（保持 3 min）到 270℃（保持 10 min），5℃/min	凹槽温度：400℃
进样器温度：250℃	电压偏差：4

表 I.10　农药的离子质量和特征离子质量

化合物名称	离子质量	特征离子
甲基谷硫磷 Azinphos-methyl	160	77，132
硫丙磷 Bolstar（Sulprofos）	156	140，143，113，33
毒死蜱 Chlorpyrifos	197	97，199，125，314
蝇毒磷 Coumaphos	109	97，226，362，21
内吸磷-S Demeton-S	88	60，114，170
二嗪农 Diazinon	137	179，152，93，199，304
敌敌畏（DDVP）Dichlorvos（DDVP）	109	79，185，145
乐果 Dimethoate	87	93，125，58，143
乙拌磷 Disulfoton	88	89，60，61，97，142
苯硫磷 EPN	157	169，141，63，185
灭克磷 Ethoprop	158	43，97，41，126
丰索磷 Fensulfothion	293	97，125，141，109，308
倍硫磷 Fenthion	278	125，109，93，169
马拉硫磷 Malathion	173	125，127，93，158
脱叶亚磷 Merphos	209	57，153，41，298
速灭磷 Mevinphos	127	109，67，192
久效磷 Monocrotophos	127	67，97，192，109
二溴磷 Naled	109	145，147，79
乙基对硫磷 Parathion，ethy	291	97，109，139，155
甲基对硫磷 Parathion，methyl	109	125，263，79
甲拌磷 Phorate	75	121，97，47，260
皮蝇磷 Ronnel	285	125，287，79，109
乐本松 Stirophos	109	329，331，79
硫特普 Sulfotepp	322	97，65，93，121，202
特普 TEPP	99	155，127，81，109
丙硫磷 Tokuthion	113	43，162，267，309

附录 J（资料性附录）

固体废物　硝基芳烃和硝基胺的测定　高效液相色谱法

Solid Wastes—Determination of Nitro-aromatics and Nitrosamines—High Performance Liquid Chromatography

J.1 范围

本方法适用于固体废物中 14 种硝基芳烃和硝基胺，包括八氢-1,3,5,7-四硝基-1,3,5,7-双偶氮辛因（HMX）、六氢-1,3,5-三硝基-1,3,5-三嗪（RDX）、1,3,5-三硝基苯（1,3,5-TNB）、1,3-二硝基苯（1,3-DNB）、甲基-2,4,6-三硝基苯基硝基胺（Tetryl）、硝基苯（NB）、2,4,6-三硝基甲苯（2,4,6-TNT）、4-氨基-2,6-二硝基甲苯（4-Am-DNT）、2-氨基-4,6-二硝基甲苯（2-Am-DNT）、2,4-二硝基甲苯（2,4-DNT）、2,6-二硝基甲苯（2,6-DNT）、2-三硝基甲苯（2-NT）、3-三硝基甲苯（3-NT）、4-三硝基甲苯（4-NT）的高效液相色谱测定方法。

本方法对上述 14 种硝基芳烃和硝基胺物质在水和土壤中的定量限见表 J.1。

表 J.1　各物质的定量限

化合物	水/（μg/L）		土壤/（mg/kg）
	低浓度	高浓度	
八氢-1,3,5,7-四硝基-1,3,5,7-双偶氮辛因　HMX	—	13.0	2.2
六氢-1,3,5-三硝基-1,3,5-三嗪　RDX	0.84	14.0	1.0
1,3,5-三硝基苯　1,3,5-TNB	0.26	7.3	0.25
1,3-二硝基苯　1,3-DNB	0.1	4.0	0.65
甲基-2,4,6-三硝基苯基硝基胺　Tetryl	—	4.0	0.26
硝基苯　NB	—	6.4	0.25
2,4,6-三硝基甲苯　2,4,6 TNT	0.11	6.9	0.25—
4-氨基-2,6-二硝基甲苯　4-Am-DNT	0.060	—	—
2-氨基-4,6-二硝基甲苯　2-Am-DNT	0.035	—	—
2,4-二硝基甲苯　2,4-DNT	0.31	9.4	0.26
2,6-二硝基甲苯　2,6-DNT	0.020	5.7	0.25
2-三硝基甲苯　2-NT	—	12.0	0.25
3-三硝基甲苯　3-NT	—	8.5	0.25
4-三硝基甲苯　4-NT	—	7.9	—

J.2 原理

液态样品用乙腈和氯化钠盐析萃取操作法进行萃取和反萃取（高质量浓度的水体样

品可直接稀释后过滤；土壤和沉积物样品可用乙腈在超声浴中萃取后过滤），用高效液相色谱检测，经 C18 反相色谱柱分离，紫外检测器检测。

J.3 试剂和材料

J.3.1　水试剂水，纯水，其中不含任何超过检出限的目标待测物，或超过检出限 1/3 的干扰物质。

J.3.2　乙腈，HPLC 级。

J.3.3　甲醇，HPLC 级。

J.3.4　氯化钙，分析纯，配制成 5 g/L 水溶液。

J.3.5　氯化钠，分析纯。

J.3.6　标准溶液

J.3.6.1　标准储备溶液：将固体分析物标样放入避光真空干燥器内至恒重，取分析物 0.100 g（称重至 0.000 1 g）用乙腈稀释，定容至 100 ml。存放于 4℃冰箱中的避光保存。由实际称出的重量计算标准储备溶液的浓度（表观质量浓度为 1 000 mg/L），标准储备溶液可在 1 年内使用。

J.3.6.2　标准溶液：如果 2,4-DNT 和 2,6-DNT 均要测定，则分别配制两种标准工作溶液：（1）HMX，RDX，1,3,5-TNB，1,3-DNB，NB，2,4,6-TNT 和 2,4-DNT，（2）Tetryl，2,6-DNT，2-NT，3-NT，4-NT。标准工作溶液应配制成 1 000 mg/L，分析土壤样品时标准液中溶剂为乙腈，分析水体样品时标准液中溶剂为甲醇。

将上述两种标准液，用合适的溶剂稀释至质量浓度 2.5～1 000 μg/L，这些溶液在配制后应冷藏，保持期为 30 d。

若用此方法检测低质量浓度样品，必须测定检测限，并准备一系列与要求范围相适应的稀释后的标准溶液。低质量浓度样品分析所需的标准液必须在使用前即时配制。

J.3.6.3　标准工作溶液：校正用标准液至少要配制 5 个不同的质量浓度，用 5 g/L 氯化钙溶液（J.3.4）按 50%（体积分数）将标准溶液稀释，这些稀释液必须冷藏于阴暗处，并于校正的当天配制。

J.3.7　替代物配制液：应检查萃取和分析系统的性能以及方法对不同样品基质的回收率。每种样品基质加入每种样品，标样和含一种或两种替代物（即样品中不存在的分析物）的空白试剂水。

J.3.8　基体配制液：基体配制液用甲醇，样品质量浓度应是其实测定量限（表 J.1）的 5 倍。所有目标分析物均应包括在内。

J.4 仪器、装置

J.4.1　高效液相色谱仪，带有紫外检测器。

J.4.2　天平，±0.000 1 g。

J.4.3　Vortex 混合器。

J.4.4　带温度控制的超声水浴。

J.4.5　带搅拌子的磁搅拌器。

J.4.6　电炉，鼓风式，不加热。

J.4.7 高压注射针筒，500 μl。

J.4.8 一次性滤芯式过滤器，0.45 μm，Teflon 过滤器。

J.4.9 玻璃移液管，A 级。

J.4.10 Pasteur 移液管。

J.4.11 玻璃闪烁瓶，20 ml。

J.4.12 玻璃样品瓶，带 Teflon 衬里的盖，15 ml。

J.4.13 玻璃样品瓶，带 Teflon 衬里的盖，40 ml。

J.4.14 一次性注射器，Plastipak，3 ml 和 10 ml 或同类产品。

J.4.15 容量瓶，适当规格。

备注：作磁搅拌器萃取用的 100 ml 和 1 L 容量瓶必须是圆形。

J.4.16 真空干燥器，玻璃。

J.4.17 研钵和捣捶，钢制。

J.4.18 筛子，30 目。

J.5 分析步骤

J.5.1 样品制备

J.5.1.1 水质样品

工业流程废水样品先用高质量浓度方法筛选来决定是否需用低质量浓度方法（1~50 μg/L）处理。

J.5.1.1.1 低质量浓度处理法（盐析萃取）

J.5.1.1.1.1 加 251.3 g 氯化钠至 1 L 容量瓶（圆形）中，量出 770 ml 水样（用 1 L 带刻度量筒）倒入含盐的容量瓶内，加入搅拌子在磁搅拌器上用最高转速混合容量瓶内物质直至盐全部溶解为止。

J.5.1.1.1.2 在溶液搅拌时加 164 ml 乙腈（用 250 ml 带刻度量筒量出），并继续搅拌 15 min，关闭搅拌器，静止约 10 min，使相分离。

J.5.1.1.1.3 用 Pasteur 移液管将上层乙腈（约 8 ml）吸出转入 100 ml 容量瓶（圆形）中，加 10 ml 新鲜乙腈到含水样的 1 L 容量瓶中，再搅拌 15 min，静止 10 min，使相分离。将第二部分乙腈与第一部分合并。

J.5.1.1.1.4 将 84 ml 盐水（每 1 000 ml 试剂水含 325 g NaCl）加到 100 ml 容量瓶中的乙腈萃取液中，加入搅拌子放在磁搅拌器上搅拌溶液 15 min，再静止 10 min，使相分离。用 Pasteur 移液管小心转移乙腈相至一个 10 ml 带刻度量筒。此时随乙腈转移的水量必须降至最低，因为水含有高质量浓度的 NaCl，会在色谱图的起始部分产生一个大峰，干扰 HMX 的测定。

J.5.1.1.1.5 再加 1.0 ml 乙腈至 100 ml 容量瓶中，再次搅拌 15 min，静止 10 min，使相分离。把第二部分乙腈合并在第一次乙腈萃取物的 10 ml 量筒内（如果体积超过 5 ml 须转移至 25 ml 有刻度的量筒内）记下乙腈萃取液的总体积数至最接近的 0.1 ml[用此数为萃取液体积（V_t）]，分析前将 5~6 ml 萃取液用无有机物的试剂水按 1∶1 稀释（如 Tetryl 也要分析，必须 pH<3）。

J.5.1.1.1.6 如果稀释的萃取液混浊，用一次性针筒将溶液通过 0.45 μm Teflon 过滤器，进行过滤。丢弃最初的 0.5 ml，其余部分保留在带 Teflon 衬里瓶盖的样品瓶中备 HPLC 分析用。

J.5.1.1.2　高质量浓度处理法

样品过滤：取每种水样一份 5 ml 加到闪烁管内，再加 5 ml 乙腈充分摇动。用一次性注射器将溶液通过 0.45 μm Teflon 过滤器过滤，弃去前 3 ml 滤液，其余保留在带 Teflon 衬里瓶盖的样品瓶中备 HPLC 分析用。用甲醇替代乙腈进行稀释再过滤可以改善 HMX 的定量测定。

J.5.1.2　土壤和沉积物样品

J.5.1.2.1　样品均相化

在室温或低于室温的温度条件下，将土壤样品在空气中干燥至恒重，小心防止样品受阳光直射。在乙腈淋洗过的研钵中充分磨碎和混匀样品，过 30 目筛。

J.5.1.2.2　样品萃取

J.5.1.2.2.1　取土壤样品 2.0 g 放入一个 15 ml 的玻璃样品瓶内加 10.0 ml 乙腈用含 Teflon 衬里的瓶盖盖好，涡流振荡 1 min，再放入冷的超声浴中 18 h。

J.5.1.2.2.2　超声完成后，让样品静止 30 min，取出 5.0 ml 上清液与 20 ml 样品瓶内 5.0 ml 氯化钙溶液混合，摇匀后静止 15min。

J.5.1.2.2.3　用一次性注射器抽取上清液通过 0.45μm Teflon 过滤器过滤，弃去前 3 ml，其余保留在带 Teflon 衬里瓶盖的样品瓶中备 HPLC 分析用。

J.5.2　色谱条件（推荐用）

J.5.2.1　色谱柱：

色谱柱 1：C18 反相色谱柱 25 cm×4.6 mm（5 μm）；

色谱柱 2：CN 反相色谱柱 25 cm×4.6 mm（5 μm）。

J.5.2.2　流动相：甲醇/水（体积分数）50/50。

J.5.2.3　流速：1.5 ml/min。

J.5.2.4　进样体积：100 μl。

J.5.2.5　UV 检测器波长：254 nm。

J.5.3　HPLC 分析

J.5.3.1　分析样品用的色谱条件列于 J.6.2，所有在 C18 色谱柱上测得的阳性结果必须要在 CN 柱上进样得到证实。

J.5.3.2　用峰高或峰面积记录生成的峰的大小，建议对低浓度样品采用峰高可提高重复性。

表 J.2　LC-C18 和 LC-CN 色谱柱子上保留时间和容量因子

化合物	保留时间/min		容量因子/k*	
	LC-18	LC-CN	LC-18	LC-CN
八氢-1,3,5,7-四硝基-1,3,5,7-双偶氮辛因　HMX	2.44	8.35	0.49	2.52
六氢-1,3,5-三硝基-1,3,5-三嗪　RDX	3.73	6.15	1.27	1.59
1,3,5-三硝基苯　1,3,5-TNB	5.11	4.05	2.12	0.71
1,3-二硝基苯　1,3-DNB	6.16	4.18	2.76	0.76

化合物	保留时间/min		容量因子/k*	
	LC-18	LC-CN	LC-18	LC-CN
甲基-2,4,6-三硝基苯基硝基胺　Tetryl	6.93	7.36	3.23	2.11
硝基苯　NB	7.23	3.81	3.41	0.61
2,4,6-三硝基甲苯　2,4,6-TNT	8.42	5.00	4.13	1.11
4-氨基-2,6-二硝基甲苯　4-Am-DNT	8.88	5.10	4.41	1.15
2-氨基-4,6-二硝基甲苯　2-Am-DNT	9.12	5.65	4.56	1.38
2,4-二硝基甲苯　2,4-DNT	9.82	4.61	4.99	0.95
2,6-二硝基甲苯　2,6-DNT	10.05	4.87	5.13	1.05
2-三硝基甲苯　2-NT	12.26	4.37	6.48	0.84
3-三硝基甲苯　3-NT	13.26	4.41	7.09	0.86
4-三硝基甲苯　4-NT	14.23	4.45	7.68	0.88

注：*容量因子以硝酸盐的不保留峰作为基准，基在 LC-18 柱上为 1.64min，在 LC-CN 柱上为 2.37 min。

固体废物　半挥发性有机化合物的测定　气相色谱/质谱法

Solid Wastes-Determination of SVOCs-Gas Chromatography/ Mass Spectrometry（GC/MS）

K.1 范围

本方法规定了固体废物、土壤和地下水中半挥发性有机化合物含量气相色谱/质谱的测定方法。可分析的化合物及其特征离子见表 K.1。

表 K.1　半挥发性物质的特征离子

化合物	保留时间/min	主要离子	次要离子
2-甲基吡啶 2-Picoline	3.75ᵃ	93	66，92
苯胺 Aniline	5.68	93	66，65
苯酚 Phenol	5.77	94	65，66
Bis（2-chloroethyl） ether	5.82	93	63，95
2-氯氛 2-Chlorophenol	5.97	128	64，130
1,3-二氯苯 1,3-Dichlorobenzene	6.27	146	148，111
1,4-二氯苯-d（IS）4 1,4-Dichlorobenzene-d（IS）4	6.35	152	150，115
1,4-二氯苯 1,4-Dichlorobenzene	6.40	146	148，111
苯甲醇	6.78	108	79，77
1,2-二氯代苯 1,2-Dichlorobenzene	6.85	146	148，111
N-亚硝基甲基乙胺 N-Nitrosomethylethylamine	6.97	88	42，43，56
双（2-氯代异丙基）醚 Bis（2-chloroisopropyl） ether	7.22	45	77，121
氨基甲酸乙酯 Ethyl carbamate	7.27	62	44，45，74
苯硫酚 Thiophenol （Benzenethiol）	7.42	110	66，109，84
甲基甲磺酸 Methyl methanesulfonate	7.48	80	79，65，95
N-丙基胺亚硝基钠 N-Nitrosodi-n-propylamine	7.55	70	42，101，130
六氯乙烷 Hexachloroethane	7.65	117	201，199
顺丁烯二酸酐 Maleic anhydride	7.65	54	98，53，44
硝基苯 Nitrobenzene	7.87	77	123，65
异佛尔酮 Isophorone	8.53	82	95，138
N-亚硝基二乙胺 N-Nitrosodiethylamine	8.70	102	42，57，44，56
2-硝基酚 2-Nitrophenol	8.75	139	109，65
2,4-二甲苯酚 2,4-Dimethylphenol	9.03	122	107，121
p-苯醌 Benzoquinone	9.13	108	54，82，80
双-（2-氯乙氧基）甲烷 2-Bis（2-chloroethoxy）methane	9.23	93	95，123
安息香酸 Benzoic acid	9.38	122	105，77
2,4-二氯苯酚 2,4-Dichlorophenol	9.48	162	164，98
磷酸三甲酯 Trimethyl phosphate	9.53	110	79，95，109，140
乙基甲磺酸 Ethyl methanesulfonate	9.62	79	109，97，45，65

化合物	保留时间/min	主要离子	次要离子
1,2,4-三氯苯 1,2,4-Trichlorobenzene	9.67	180	182，145
萘-d（IS）8 Naphthalene-d（IS）8	9.75	136	68
萘 Naphthalene	9.82	128	129，127
六氯丁二烯 Hexachlorobutadiene	10.43	225	223，227
四乙基焦磷酸酯 Tetraethyl pyrophosphate	11.07	99	155，127，81，109
硫酸二乙酯 Diethyl sulfate	11.37	139	45，59，99，111，125
4-氯-3-甲基苯酚 4-Chloro-3-methylphenol	11.68	107	144，142
2-甲基萘 2-Methylnaphthalene	11.87	142	141
2-甲苯酚 2-Methylphenol	12.40	107	108，77，79，90
六氯丙烯 Hexachloropropene	12.45	213	211，215，117，106，141
六氯环戊二烯 Hexachlorocyclopentadiene	12.60	237	235，272
N-亚硝基吡咯烷 N-Nitrosopyrrolidine	12.65	100	41，42，68，69
苯乙酮 Acetophenone	12.67	105	71，51，120
4—甲基苯酚 4-Methylphenol	12.82	107	108，77，79，90
2,4,6-三氯苯酚 2,4,6-Trichlorophenol	12.85	196	198，200
邻甲基苯胺 o-Toluidine	12.87	106	107，77，51，79
3—甲基苯酚 3-Methylphenol	12.93	107	108，77，79，90
2-氯萘 2-Chloronaphthalene	13.30	162	127，164
N-亚硝基哌啶 N-Nitrosopiperidine	13.55	114	42，55，56，41
1,4-苯二胺 1,4-Phenylenediamine	13.62	108	80，53，54，52
1-氯萘 1-Chloronaphthalene	13.65[a]	162	127，164
2-硝基苯胺 2-Nitroaniline	13.75	65	92，138
5-氯-2-甲基苯胺 5-Chloro-2-methylaniline	14.28	106	141，140，77，89
邻苯二甲酸二甲酯 Dimethyl phthalate	14.48	163	194，164
苊 Acenaphthylene	14.57	152	151，153
2,6-二硝基甲苯 2, 6-Dinitrotoluene	14.62	165	63，89
邻苯二甲酸酐 Phthalic anhydride	14.62	104	76，50，148
邻甲氧基苯胺 o-Anisidine	15.00	108	80，123，52
3-硝基苯胺 3-Nitroaniline	15.02	138	108，92
苊-d（IS）10Acenaphthene-d（IS）10	15.05	164	162，160
苊 Acenaphthene	15.13	154	153，152
2,4-二硝基酚 2,4-Dinitrophenol	15.35	184	63，154
2,6-二硝基酚 2,6-Dinitrophenol	15.47	162	164，126，98，63
4-氯苯胺 4-Chloroaniline	15.50	127	129，65，92
异黄樟油素 Isosafrole	15.60	162	131，104，77，51
氧芴 Dibenzofuran	15.63	168	139
2,4-二氨基甲苯 2,4-Diaminotoluene	15.78	121	122，94，77，104
2,4-二硝基甲苯 2,4-Dinitrotoluene	15.80	165	63，89
4-硝基苯酚 4-Nitrophenol	15.80	139	109，65
2-萘胺 2-Naphthylamine	16.00[a]	143	115，116
1,4-萘醌 1,4-Naphthoquinone	16.23	158	104，102，76，50，130
3-氨基对甲苯甲醚 p-Cresidine	16.45	122	94，137，77，93
敌敌畏 Dichlorovos	16.48	109	185，79，145
邻苯二乙酸二以酯 Diethyl phthalate	16.70	149	177，150
芴 Fluorene	16.70	166	165，167
2,4,5-散甲基苯胺 2,4,5-Trimethylaniline	16.70	120	135，134，91，77
N-亚硝基正丁胺 N-Nitrosodi-n-butylamine	16.73	84	57，41，116，158
4-氯二苯醚 4-Chlorophenyl phenyl ether	16.78	204	206，141

化合物	保留时间/min	主要离子	次要离子
对苯二酚 Hydroquinone	16.93	110	81，53，55
4,6-二硝基-2-甲基苯酚 4,6-Dinitro-2-methylphenol	17.05	198	51，105
间苯二酚 Resorcinol	17.13	110	81，82，53，69
N-亚硝基二苯胺 N-Nitrosodiphenylamine	17.17	169	168，167
黄樟油精 Safrole	17.23	162	104，77，103，135
六甲基磷酰胺 Hexamethyl phosphoramide	17.33	135	44，179，92，42
3-氯甲基盐酸吡啶 3-(Chloromethyl)pyridine hydrochloride	17.50	92	127，129，65，39
二苯胺 Diphenylamine	17.54[a]	169	168，167
1,2,4,5-四氯苯 1,2,4,5-Tetrachlorobenzene	17.97	216	214，179，108，143，218
1-萘胺 1-Naphthylamine	18.20	143	115，89，63
1-乙酰基-2-硫尿 1-Acetyl-2-thiourea	18.22	118	43，42，76
4-溴苯基-苯基醚 4-Bromophenyl phenyl ether	18.27	248	250，141
甲苯二异氰酸盐 Toluene diisocyanate	18.42	174	145，173，146，132，91
2,4,5-三氯苯酚 2,4,5-Trichlorophenol	18.47	196	198，97，132，99
六氯苯 Hexachlorobenzene	18.65	284	142，249
尼古丁 Nicotine	18.70	84	133，161，162
五氯苯酚 Pentachlorophenol	19.25	266	264，268
5-硝基邻甲苯胺 5-Nitro-o-toluidine	19.27	152	77，79，106，94
硫磷嗪 Thionazine	19.35	107	96，97，143，79，68
4-硝基苯胺 4-Nitroaniline	19.37	138	65，108，92，80，39
菲-d（IS）10 Phenanthrene-d（IS）10	19.55	188	94，80
菲 Phenanthrene	19.62	178	179，176
蒽 Anthracene	19.77	178	176，179
1,4-二硝基苯 1,4-Dinitrobenzene	19.83	168	75，50，76，92，122
速灭磷 Mevinphos	19.90	127	192，109，67，164
二溴磷 Naled	20.03	109	145，147，301，79，189
1,3-二硝基苯 1,3-Dinitrobenzene	20.18	168	76，50，75，92，122
燕麦敌（顺式或反式）Diallate（cis or trans）	20.57	86	234，43，70
1,2-二硝基苯 1,2-Dinitrobenzene	20.58	168	50，63，74
燕麦敌（顺式或反式）Diallate （trans or cis）	20.78	86	234，43，70
五氯苯 Pentachlorobenzene	21.35	250	252，108，248，215，254
5-硝基-2-甲氧基苯胺 5-Nitro-o-anisidine	21.50	168	79，52，138，153，77
五氯硝基苯 Pentachloronitrobenzene	21.72	237	142，214，249，295，265
4-硝基喹啉氧化物 4-Nitroquinoline-1-oxide	21.73	174	101，128，75，116
邻苯二甲酸二丁酯 Di-n-butyl phthalate	21.78	149	150，104
2,3,4,6-四氯苯酚 2,3,4,6-Tetrachlorophenol	21.88	232	131，230，166，234，168
Dihydrosaffrole	22.42	135	64，77
内吸磷-O　Demeton-O	22.72	88	89，60，61，115，171
荧蒽 Fluoranthene	23.33	202	101，203
1,3,5-三硝基苯 1,3,5-Trinitrobenzene	23.68	75	74，213，120，91，63
百治磷 Dicrotophos	23.82	127	67，72，109，193，237
对二氨基联苯 Benzidine	23.87	184	92，185
氟乐灵 Trifluralin	23.88	306	43，264，41，290
溴苯腈 Bromoxynil	23.90	277	279，88，275，168

化合物	保留时间/min	主要离子	次要离子
芘 Pyrene	24.02	202	200，203
久效磷 Monocrotophos	24.08	127	192，67，97，109
甲拌磷 Phorate	24.10	75	121，97，93，260
菜草畏 Sulfallate	24.23	188	88，72，60，44
内吸磷-S　Demeton-S	24.30	88	60，81，89，114，115
非那西丁 Phenacetin	24.33	108	180，179，109，137，80
乐果 Dimethoate	24.70	87	93，125，143，229
苯巴比妥 Phenobarbital	24.70	204	117，232，146，161
克百威 Carbofuran	24.90	164	149，131，122
八甲基焦磷酰先安 Octamethyl pyrophosphoramide	24.95	135	44，199，286，153，243
4-氨基联苯 4-Aminobiphenyl	25.08	169	168，170，115
二嗪磷 Dioxathion	25.25	97	125，270，153
特丁硫磷 Terbufos	25.35	231	57，97，153，103
二甲基苯胺 Dimethylphenylamine	25.43	58	91，65，134，42
丙氨酸苄酯对甲苯磺酸盐 Pronamide	25.48	173	175，145，109，147
氨基偶氮苯 Aminoazobenzene	25.72	197	92，120，65，77
二氯萘醌 Dichlone	25.77	191	163，226，228，135，193
地乐酯 Dinoseb	25.83	211	163，147，117，240
乙拌磷 Disulfoton	25.83	88	97，89，142，186
氟消草 Fluchloralin	25.88	306	63，326，328，264，65
治克威 Mexacarbate	26.02	165	150，134，164，222
4,4'-Oxydianiline	26.08	200	108，171，80，65
邻苯二甲酸丁苄酯 Butyl benzyl phthalate	26.43	149	91，206
对硝基联苯 4-Nitrobiphenyl	26.55	199	152，141，169，151
磷胺 Phosphamidon	26.85	127	264，72，109，138
2-环己烷-4,6 二硝基酚 2-Cyclohexyl-4,6-Dinitrophenol	26.87	231	185，41，193，266
甲基对硫磷 Methyl parathion	27.03	109	125，263，79，93
胺甲萘 Carbaryl	27.17	144	115，116，201
二甲基苯胺 imethylaminoazobenzene	27.50	225	120，77，105，148，42
丙基硫脲嘧啶 Propylthiouracil	27.68	170	142，114，83
苯并[a]蒽 Benz(a) anthracene	27.83	228	229，226
䓛-d(IS)12Chrysene-d(IS)12	27.88	240	120，236
3,3'-二氨联苯胺 3,3'-Dichlorobenzidine	27.88	252	254，126
䓛 Chrysene	27.97	228	226，229
马拉硫磷 Malathion	28.08	173	125，127，93，158
十氯酮 Kepone	28.18	272	274，237，178，143，270
倍硫磷 Fenthion	28.37	278	125，109，169，153
对硫磷 Parathion	28.40	109	97，291，139，155
敌菌灵 Anilazine	28.47	239	241，143，178，89
邻苯二甲酸二（2-乙基己基）酯 Bis（2-ethylhexyl）phthalate	28.47	149	167，279
3,3'-二甲基联苯胺 3,3'-Dimethylbenzidine	28.55	212	106，196，180
三硫磷 Carbophenothion	28.58	157	97，121，342，159，199
硝酸铈铵 5-Nitroacenaphthene	28.73	199	152，169，141，115
美沙吡林 Methapyrilene	28.77	97	50，191，71
异艾氏剂 Isodrin	28.95	193	66，195，263，265，147

化合物	保留时间/min	主要离子	次要离子
克菌丹 Captan	29.47	79	149，77，119，117
毒虫畏 Chlorfenvinphos	29.53	267	269，323，325，295
巴毒磷 Crotoxyphos	29.73	127	105，193，166
亚胺硫磷 Phosmet	30.03	160	77，93，317，76
苯硫磷 EPN	30.11	157	169，185，141，323
杀虫畏 Tetrachlorvinphos	30.27	329	109，331，79，333
二-正辛基邻苯二甲酸酯 Di-n-octyl phthalate	30.48	149	167，43
2-氨基蒽醌 2-Aminoanthraquinone	30.63	223	167，195
燕麦灵 Barban	30.83	222	51，87，224，257，153
杀螨特 Aramite	30.92	185	191，319，334，197，321
苯并[b]荧蒽 Benzo(b)fluoranthene	31.45	252	253，125
除草醚 Nitrofen	31.48	283	285，202，139，253
苯并[k]荧蒽 Benzo(k)fluoranthene	31.55	252	253，125
杀螨酯 Chlorobenzilate	31.77	251	139，253，111，141
丰索磷 Fensulfothion	31.87	293	97，308，125，292
乙硫磷 Ethion	32.08	231	97，153，125，121
二乙基乙烯雌酚 Diethylstilbestrol	32.15	268	145，107，239，121，159
伐灭磷 Famphur	32.67	218	125，93，109，217
三-对甲基苯磷酸 Tri-p-tolyl phosphateb	32.75	368	367，107，165，198
苯并[a]芘 Benzo(a)pyrene	32.80	252	253，125
二萘嵌苯 Perylene-d（IS）12	33.05	264	260，265
7,12-二甲基苯并[a]蒽 7,12-Dimethylbenz(a)anthracene	33.25	256	241，239，120
5,5-苯妥英 5,5-Diphenylhydantoin	33.40	180	104，252，223，209
敌菌丹 Captafol	33.47	79	77，80，107
敌螨普 Dinocap	33.47	69	41，39
甲氧氯 Methoxychlor	33.55	227	228，152，114，274，212
2-乙酰氨基芴 2-Acetylaminofluorene	33.58	181	180，223，152
莫卡,4'-Methylenebis（2-chloroaniline）	34.38	231	266，268，140，195
3,3-二甲氧基对二氨基联苯 3,3'-Dimethoxybenzidine	34.47	244	201，229
3-甲胆蒽 3-Methylcholanthrene	35.07	268	252，253，126，134，113
伏杀硫磷 Phosalone	35.23	182	184，367，121，379
谷硫磷 Azinphos-methyl	35.25	160	132，93，104，105
对溴磷 Leptophos	35.28	171	377，375，77，155，379
灭蚁灵 Mirex	35.43	272	237，274，270，239，235
三（2,3-二溴苯）磷酸 Tris（2,3-dibromopropyl）phosphate	35.68	201	137，119，217，219，199
二苯（a,j）氮蒽 Dibenz（a,j）acridine	36.40	279	280，277，250
炔雌醇甲醚 Mestranol	36.48	277	310，174，147，242
香豆磷 Coumaphos	37.08	362	226，210，364，97，109
茚苯（1,2,3-cd）芘 Indeno（1,2,3-cd）pyrene	39.52	276	138，227
二苯[a,h]蒽 Dibenz（a,h）anthracene	39.82	278	139，279
苯并[g,h,I]二萘嵌苯 Benzo（g,h,i）perylene	41.43	276	138，277
1,2,4,5-二苯并芘 1,2,4,5-Dibenzopyrene	41.60	302	151，150，300
士的宁 Strychnine	45.15	334	334，335，333

化合物	保留时间/min	主要离子	次要离子
胡椒亚砜 Piperonyl sulfoxide	46.43	162	135，105，77
六氯酚 Hexachlorophene	47.98	196	198，209，211，406，408
氯甲桥萘 ldrin	—	66	263，220
多氯联苯 1016	—	222	260，292
多氯联苯 1221	—	190	224，260
多氯联苯 1232	—	190	224，260
多氯联苯 1242	—	222	256，292
多氯联苯 1248	—	292	362，326
多氯联苯 1254	—	292	362，326
多氯联苯 1260	—	360	362，394
α-BHC	—	183	181，109
β-BHC	—	181	183，109
δ-BHC	—	183	181，109
γ-BHC　（林丹）	—	183	181，109
4,4'-DDD	—	235	237，165
4,4'-DDE	—	246	248，176
4,4'-DDT	—	235	237，165
氧桥氯甲桥萘 Dieldrin	—	79	263，279
1,2-联苯肼 1,2-Diphenylhydrazine	—	77	105，182
硫丹Ⅰ Endosulfan I	—	195	339，341
硫丹Ⅱ Endosulfan Ⅱ	—	337	339，341
硫丹硫酸酯 Endosulfan sulfate	—	272	387，422
异狄试剂 Endrin	—	263	82，81
异狄氏醛 Endrin aldehyde	—	67	345，250
异狄氏酮 Endrin ketone	—	317	67，319
七氯 Heptachlor	—	100	272，274
七氯环氧化物 Heptachlor epoxide	—	353	355，351
N-亚硝基二甲胺 N-Nitrosodimethylamine	—	42	74，44
八氯莰烯 Toxaphene	—	159	231，233

注：IS：内标。
　　a. 推测保留时间。

本方法可用于大多数中性、酸性和碱性有机化合物的定量，这些化合物能溶解在二氯甲烷内，易被洗脱，无需衍生化便可在 GC 上出现尖锐的峰，该 GC 柱是涂有少量极性硅酮的融熔石英毛细管柱。这类化合物包括有：多环芳烃类、氯代烃类、农药、邻苯二甲酸酯类、有机磷酸酯类、亚硝胺类、卤醚类、醛类、醚类、酮类、苯胺类、吡啶类、喹啉类、硝基芳香化合物、酚类包括硝基酚。

多数情况下，本方法不适合定量分析多成分化合物。例如：多氯联苯，毒杀芬，氯丹等，因为本方法对这些分析物的灵敏度有限。如果这些分析物已经用其他技术分析出来，那么当提取质量物浓度足够高的时候可以使用本方法确证分析物的存在。

下列化合物在使用本方法测定时，先须经过特别处理，联苯胺在溶剂浓缩时会发生氧化而损失，其色谱图比较差，α-BHC、γ-BHC、硫丹Ⅰ和硫丹Ⅱ，以及异狄氏剂在碱性条件下会发生分解，如果希望分析这些化合物的话，则应在中性条件下提取。六氯环戊二烯在 GC 入口处会发生热分解，在丙酮溶液中发生化学反应以及光化学分解。在本方法所述的 GC 条件下，N-二甲基亚硝胺难以从溶剂中分离出来，它在 GC 入口处以发生热分解，且和二苯胺不易分离。五氯苯酚、2,4-二硝基苯酚、4-硝基苯酚、4,6-二硝基-2-甲葵苯酚、4-氯-3-甲基苯酚、苯甲酸、2-硝基苯胺、3-硝基苯胺、4-氯苯胺和苯甲醇都会有不稳定的色谱特征，特别是当 GC 系统被高沸点物质污染后更是如此。在本方法列举的 GC 进样口温度下，嘧啶的检测性能可能会很差。降低进样口的温度可以降低样品降解的量。如果要改变进样口温度，要注意其他样品的检测效果可能会受到影响。

甲苯二异氰酸酯在水中会快速水解（半衰期小于 30 min）。因此在水基质的回收率很低。而且，在固体基质中，甲苯二异氰酸酯常常会和醇、胺等反应产生氨基甲酸乙酯、尿素等。

在测定单个化合物时，此方法估计的定量限（EQL）对于土壤/沉淀物大约是 660 mg/kg（湿重）、对于废物是 1～200 mg/kg（取决于基质和制备方法）、对于地下水样品大约是 10 μg/L（表 K.2）。当提取物需要预先稀释以避免超出检测范围时，EQL 将成比例地提高。

表 K.2 半挥发性有机物的定量限（EQLs）

化合物	估计的定量限 [a]	
	地下水/（μg/L）	低土/沉淀物 [b]/（μg/kg）
苊 Acenaphthene	10	660
苊烯 Acenaphthylene	10	660
苯乙酮 Acetophenone	10	ND
2-乙酰氨基芴 2-Acetylaminofluorene	20	ND
1-乙酰-2-硫脲 1-Acetyl-2-thiourea	1 000	ND
2-氨基蒽醌 2-Aminoanthraquinone	20	ND
氨基偶氮苯 Aminoazobenzene	10	ND
4-氨基联苯 4-Aminobiphenyl	20	ND
敌菌灵 Anilazine	100	ND
o-氨基苯甲醚 o-Anisidine	10	ND
蒽 Anthracene	10	660
杀螨特 Aramite	20	ND
谷硫磷 Azinphos-methyl	100	ND
芒 Barban	200	ND
苯并蒽 Benz（a）anthracene	10	660
苯并[b]荧蒽 Benzo（b）fluoranthene	10	660
苯并[k]荧蒽 Benzo（k）fluoranthene	10	660
安息香酸 Benzoic acid	50	3 300
苯并[g,h,i]二萘嵌苯 Benzo（g,h,i）perylene	10	660
苯并[a]芘 Benzo（a）pyrene	10	660
对苯醌 p-Benzoquinone	10	ND
苯甲醇 Benzyl alcohol	20	1 300
双（2-氯环氧）甲烷 Bis（2-chloroethoxy）methane	10	660
双（2-氯乙基）醚 Bis（2-chloroethyl）ether	10	660
双（2-氯异丙基）醚 Bis（2-chloroisopropyl）ether	10	660
4-溴苯基醚 4-Bromophenyl phenyl ether	10	660
溴苯腈 Bromoxynil	10	ND
邻苯二甲酸丁苄酯 Butyl benzyl phthalate	10	660

化合物	估计的定量限 [a]	
	地下水/（μg/L）	低土/沉淀物 [b]/（μg/kg）
敌菌丹 Captafol	20	ND
克菌丹 Captan	50	ND
胺甲萘 Carbaryl	10	ND
克百威 Carbofuran	10	ND
三硫磷 Carbophenothion	10	ND
毒虫畏 Chlorfenvinphos	20	ND
4-氯苯胺 4-Chloroaniline	20	1 300
二氯二苯乙醇酸乙酯 Chlorobenzilate	10	ND
5-氯-2-甲苯胺 5-Chloro-2-methylaniline	10	ND
4-氯-3-甲基苯酚 4-Chloro-3-methylphenol	20	1 300
3-氯吡啶盐酸盐 3-（Chloromethyl）pyridine hydrochloride	100	ND
2-氯萘 2-Chloronaphthalene	10	660
2-氯酚 2-Chlorophenol	10	660
4-氯苯基苯醚 4-Chlorophenyl phenyl ether	10	660
䓛 Chrysene	10	660
蝇毒磷 Coumaphos	40	ND
3-氨基对甲苯甲醚 p-Cresidine	10	ND
巴毒磷 Crotoxyphos	20	ND
2-环己基-4,6-二硝基酚 2-Cyclohexyl-4,6-dinitrophenol	100	ND
内息磷-O Demeton-O	10	ND
内息磷-S Demeton-S	10	ND
燕麦敌（顺式或者反式）Diallate （cis or trans）	10	ND
燕麦敌（反式或者顺式）Diallate（trans or cis）	10	ND
2,4-二氨基甲苯 2,4-Diaminotoluene	20	ND
二苯并[a,j]吖啶 Dibenz（a,j）acridine	10	ND
二苯并[a,h]蒽 Dibenz（a,h）anthracene	10	660
二苯并呋喃 Dibenzofuran	10	660
二苯并[a,e]芘 Dibenzo（a,e）pyrene	10	ND
二-正丁基邻苯二甲酸酯 Di-n-butyl phthalate	10	ND
二氯萘醌 Dichlone	NA	ND
1,2-二氯苯 1,2-Dichlorobenzene	10	660
1,3-二氯苯 1,3-Dichlorobenzene	10	660
1,4-二氯苯 1,4-Dichlorobenzene	10	660
3,3'-二氯对氨基联苯 3,3'-Dichlorobenzidine	20	1 300
2,4-二氯芬 2,4-Dichlorophenol	10	660
2,6-二氯芬 2,6-Dichlorophenol	10	ND
敌敌畏 Dichlorovos	10	ND
百治磷 Dicrotophos	10	ND
二乙基邻苯二甲酸酯 Diethyl phthalate	10	660
二乙基己烯雄酚 Diethylstilbestrol	20	ND
二乙基硫酸酯 Diethyl sulfate	100	ND
乐果 Dimethoate	20	ND
3,3'-二甲氧基对氨基联苯 3,3'-Dimethoxybenzidine	100	ND
二乙基氨基偶氮苯 Dimethylaminoazobenzene	10	ND
7,12-二甲基苯蒽 7,12-Dimethylbenz（a）anthracene	10	ND
3,3'-二甲基联苯胺 3,3'-Dimethylbenzidine	10	ND
a,a-二甲基苯乙胺 a,a-Dimethylphenethylamine	ND	ND

化合物	估计的定量限 [a]	
	地下水/（μg/L）	低土/沉淀物 [b]/（μg/kg）
2,4-二甲苯酚 2,4-Dimethylphenol	10	660
二甲基邻苯二甲酸酯 Dimethyl phthalate	10	660
1,2-二硝基苯 1,2-Dinitrobenzene	40	ND
1,3-二硝基苯 1,3-Dinitrobenzene	20	ND
1,4-二硝基苯 1,4-Dinitrobenzene	40	ND
4,6-二硝基-2-甲基苯酚 4,6-Dinitro-2-methylphenol	50	3 300
2,4-二硝基苯酚 2,4-Dinitrophenol	50	3 300
2,4-二硝基苯 2,4-Dinitrotoluene	10	660
2,6-二硝基苯 2,6-Dinitrotoluene	10	660
敌螨普 Dinocap	100	ND
2-（1-甲基-正丙基）-4,6-二硝基苯酚 Dinoseb	20	ND
5,5-苯妥英 5,5-Diphenylhydantoin	20	ND
二正辛基邻苯二甲酸酯 Di-n-octyl phthalate	10	660
乙拌磷 Disulfoton	10	ND
EPN	10	ND
乙硫磷 Ethion	10	ND
乙基氨基甲酸盐 Ethyl carbamate	50	ND
双(2-乙基己基)邻苯二甲酸酯 Bis（2-ethylhexyl）phthalate	10	660
乙基甲磺酸 Ethyl methanesulfonate	20	ND
伐灭磷 Famphur	20	ND
丰索磷 Fensulfothion	40	ND
倍硫磷 Fenthion	10	ND
氟灭草 Fluchloralin	20	ND
荧蒽 Fluoranthene	10	660
芴 Fluorene	10	660
六氯苯 Hexachlorobenzene	10	660
六氯丁二烯 Hexachlorobutadiene	10	660
六氯环戊二烯 Hexachloro cyclopentadiene	10	660
六氯乙烷 Hexachloroethane	10	660
六氯酚 Hexachlorophene	50	ND
六氯丙烯 Hexachloropropene	10	ND
六甲基磷酰胺 Hexamethylphosphoramide	20	ND
对苯二酚 Hydroquinone	ND	ND
茚并 Indeno（1,2,3-cd）pyrene	10	660
异艾氏剂 Isodrin	20	ND
异氟乐酮 Isophorone	10	660
异黄樟油精 Isosafrole	10	ND
十氯酮 Kepone	20	ND
对溴磷 Leptophos	10	ND
马拉硫磷 Malathion	50	ND
顺丁烯二酸酐 Maleic anhydride	NA	ND
炔雌醇甲醚 Mestranol	20	ND
噻吡二胺 Methapyrilene	100	ND
甲氧滴滴涕 Methoxychlor	10	ND
3-甲（基）胆蒽 3-Methylcholanthrene	10	ND
4,4'-亚甲双（2-氯苯胺）4,4'-Methylenebis（2-chloroaniline）	NA	ND
甲基甲磺酸 Methyl methanesulfonate	10	ND

化合物	估计的定量限 a	
	地下水/（μg/L）	低土/沉淀物 b/（μg/kg）
2-甲基萘 2-Methylnaphthalene	10	660
甲基硝苯硫酸酯 Methyl parathion	10	ND
2-甲基苯酚 2-Methylphenol	10	660
3-甲基苯酚 3-Methylphenol	10	ND
4-甲基苯酚 4-Methylphenol	10	660
速灭磷 Mevinphos	10	ND
兹克威 Mexacarbate	20	ND
灭灵蚁 Mirex	10	ND
久效磷 Monocrotophos	40	ND
二溴磷 Naled	20	ND
萘 Naphthalene	10	660
1,4-萘醌 1,4-Naphthoquinone	10	ND
1-萘胺 1-Naphthylamine	10	ND
2-萘胺 2-Naphthylamine	10	ND
盐碱 Nicotine	20	ND
5-硝基苊 5-Nitroacenaphthene	10	ND
2-硝基苯胺 2-Nitroaniline	50	3 300
3-硝基苯胺 3-Nitroaniline	50	3 300
4-硝基苯胺 4-Nitroaniline	20	ND
5-硝基-邻-氨基苯甲醚 5-Nitro-o-anisidine	10	ND
硝基苯 Nitrobenzene	10	660
4-硝基联苯 4-Nitrobiphenyl	10	ND
除草醚 Nitrofen	20	ND
2-硝基苯酚 2-Nitrophenol	10	660
4-硝基苯酚 4-Nitrophenol	50	3 300
5-硝基-邻-甲苯胺 5-Nitro-o-toluidine	10	ND
4-硝基萘啉-1-氧化物 4-Nitroquinoline-1-oxide	40	ND
N-亚硝基二正丁基胺 N-Nitrosodi-n-butylamine	10	ND
N-硝基二乙胺 N-Nitrosodiethylamine	20	ND
N-亚硝基二苯胺 N-Nitrosodiphenylamine	10	660
N-亚硝基-对正丙胺 N-Nitroso-di-n-propylamine	10	660
N-硝基哌啶 N-Nitrosopiperidine	20	ND
N-硝基吡咯烷 N-Nitrosopyrrolidine	40	ND
八甲基焦磷酰胺 Octamethyl pyrophosphoramide	200	ND
4,4'-氨基联苯醚 4,4'-Oxydianiline	20	ND
硝苯硫酸酯 Parathion	10	ND
五氯苯 Pentachlorobenzene	10	ND
五氯硝基苯 Pentachloronitrobenzene	20	ND
五氯苯酚 Pentachlorophenol	50	3 300
乙酰对胺苯乙醚 Phenacetin	20	ND
菲 Phenanthrene	10	660
苯巴比妥 Phenobarbital	10	ND
苯酚 Phenol	10	660
1,4-苯乙胺 1,4-Phenylenediamine	10	ND
甲拌磷 Phorate	10	ND
裕必松 Phosalone	100	ND
亚胺硫磷 Phosmet	40	ND

化合物	估计的定量限 [a]	
	地下水/（μg/L）	低土/沉淀物 [b]/（μg/kg）
磷胺 Phosphamidon	100	ND
邻苯二甲酸酐 Phthalic anhydride	100	ND
2-甲基吡啶 2-Picoline	ND	ND
胡椒砜 Piperonyl sulfoxide	100	ND
戊炔草胺 Pronamide	10	ND
丙基硫脲嘧啶 Propylthiouracil	100	ND
芘 Pyrene	10	660
嘧啶 Pyridine	ND	ND
间苯二酚 Resorcinol	100	ND
黄樟油精 Safrole	10	ND
番木鳖碱 Strychnine	40	ND
菜草畏 Sulfallate	10	ND
托福松 Terbufos	20	ND
1,2,4,5-四氯苯 1,2,4,5-Tetrachlorobenzene	10	ND
2,3,4,6-四氯苯酚 2,3,4,6-Tetrachlorophenol	10	ND
杀虫畏 Tetrachlorvinphos	20	ND
四乙基焦磷酸酯 Tetraethyl pyrophosphate	40	ND
硫酸嗪 Thionazine	20	ND
硫酸酚 Thiophenol（Benzenethiol）	20	ND
邻甲苯胺 o-Toluidine	10	ND
1,2,4-三氯苯 1,2,4-Trichlorobenzene	10	660
2,4,5-三氯酚 2,4,5-Trichlorophenol	10	660
2,4,6—三氯苯酚 2,4,6-Trichlorophenol	10	660
氟乐灵 Trifluralin	10	ND
2,4,5-三甲基苯胺 2,4,5-Trimethylaniline	10	ND
三甲基磷酸酯 Trimethyl phosphate	10	ND
1,3,5-三硝基苯 1,3,5-Trinitrobenzene	10	ND
三（2,3-二溴丙基）磷酸酯 Tris（2,3-dibromopropyl）phosphate	200	ND
三对甲苯基磷酸酯（h）Tri-p-tolyl phosphate（h）	10	ND
硫代磷酸三甲酯 O,O,O-Triethyl phosphorothioate	NT	ND

注： a. 样品的定量限高度依赖于基质。

    b. 列举的定量限可以提供一个指导但不总是正确的。土/沉淀的定量限是基于湿重的。通常，数据是在干重为基础报告的。因此，如果是基于干重的话，每个样品的定量限会较高。这些定量限是基于 30 g 样品和凝胶色谱清洗的。

    ND = 没有测定。

    NA = 不适用。

    NT = 没有测定。

    其他基质影响因子：

    用超声提取高浓度土壤和淤泥：7.5

    无水易混合废物：75

    c. 定量限 =（低土/淤泥定量限）×（影响因子）

K.2 引用标准

下列文件中的条款通过在本方法中被引用而成为本方法的条款，与本方法同效。凡是不注明日期的引用文件，其最新版本适用于本方法。

GB/T 6682   分析实验室用水规格和实验方法

K.3 原理

样品先要用适当的方法制备（参考附录 U 或附录 V）和净化（参考附录 W）然后才

能作为色谱分析用的样品。这些半挥发性提取物引入气相色谱并在细孔硅胶柱上进行分析。柱子通过程序升温来进行物质的分离，接着它们通过气相色谱（GC）接口进入质谱（MS）进行检测。目标物质的定性鉴定是通过将它们的质谱图与标准物的电子轰击（或类似电子轰击）的谱图相比较；定量分析则是通过应用五点校准曲线比较一个主要（定量）离子与内标物质离子来完成的。

K.4　试剂和材料

K.4.1　除有说明外，本方法中所用的水为 GB/T 6682 规定的一级水。

K.4.2　标准储备溶液，该标准溶液可由纯标准物质来制备。

准确地称量大约 0.010 0 g 纯物质溶解在一定量的丙酮或其他适当的溶剂中，再移至 10 ml 容量瓶内稀释至刻度。转移标准储备溶液到有聚四氟乙烯垫的瓶内，在 4℃时避光保存。储备标准溶液要经常检查是否有降解或者挥发。储备标准溶液在存放一年以后一定要更换，或者在质量控制检验中发现有问题时则立即更换。推荐将亚硝胺类化合物置于单独校正液中，且不要与其他校正液混合。

K.4.3　内标溶液：推荐使用 1,4-二氯苯-d_4、萘-d_8、苊-d_{10}、菲-d_{12} 和䓛-d_{12} 作为内标物质。

K.4.3.1　将每种化合物各 200 mg 溶解在小量的二硫化碳中，然后转移到 50 ml 容量瓶内，用二氯甲烷稀释至溶液中二硫化碳大约占总体积的 20%，除了䓛-d_{12} 外，大多数的化合物也能溶解在小量的甲醇、丙酮或甲苯中，溶液中所含有内标物的质量浓度各为 4 000 ng/μl。在做分析时，每 1 ml 提取物内，应加入 10 μl 上述内标溶液，这时样品内每个内标物的质量浓度为 40 ng/μl。内标溶液应贮存在 −10℃ 或更低温度下。

K.4.3.2　如果质谱仪的灵敏度很高，检出限很低，需要稀释内标溶液。在中点校准分析中，内标物质的峰面积应该为目标物质峰面积的 50%～200%。

K.4.4　校准标准溶液：至少要配制 5 种不同质量浓度的校准标准溶液，其中 1 种质量浓度是接近又稍高于该方法的检测限，其他 4 种应与实际样品的质量浓度范围一致，但又不超过 GC/MS 系统的检测范围。每一种校准标准溶液内都包含有用该方法检测的每个待测物。在进行分析之前，每 1 ml 标准溶液分别加入 10 μl 内标溶液。

K.4.5　丙酮，色谱纯。

K.4.6　己烷，色谱纯。

K.4.7　二氯甲烷，色谱纯。

K.4.8　异辛烷，色谱纯。

K.4.9　二氯化碳，色谱纯。

K.4.10　甲苯，色谱纯。

K.5　仪器

K.5.1　气相色谱/质谱联用系统。

K.5.1.1　气相色谱仪。

K.5.1.2　质谱仪，配有电子轰击源（EI）。

K.5.2　注射器，10 μl。

K.5.3　容量瓶，合适体积，带有磨口玻璃塞。

K.5.4　分析天平，感量 0.000 1 g。

K.5.5　带有聚四氟乙烯（PTFE）纹线螺帽或卷盖的玻璃瓶。

K.6　样品的采集、保存和预处理

K.6.1　固体基质：250 ml 宽口玻璃瓶，有螺纹的 Teflon 盖子，冷却至 4℃保存。

液体基质：4 个 1 L 的琥珀色玻璃瓶，有螺纹的 Teflon 的盖子，在样品中加入 0.75 ml 10%的 NaHSO₄，冷却至 4℃保存。

K.6.2　保存样品提取物在−10℃，避光，且存放于密闭的容器中（如带螺帽的小瓶或卷盖小瓶）。

K.7　分析步骤

K.7.1　样品的制备

K.7.1.1　在进行 GC/MS 分析之前，土壤/沉积物/废弃物基质的样品须先按附录 V 进行预处理，水基质的样品须先按附录 U 进行预处理。

K.7.1.2　直接进样：这种应用极少，用 10 μl 注射器把样品直接注入 GC/MS 系统中。该检测限很高（约为 100 000 μg/L），因此，这只有当样品的质量浓度超过 10 000 μg/L 时才能采用，该系统还须用直接注入法来校准。

K.7.2　提取物的净化：在进行 GC/MS 分析之前，提取物须先按附录 W 来净化。

K.7.3　推荐的 GC/MS 操作条件是：

质量范围：35～500 u；

扫描时间：1 s/次；

柱温程序：初始温度 40℃，保持 4 min，然后以 10℃/min 速率升温至 270℃保持到苯并（ghi）芘被洗脱出来为止；

进样口温度：250～300℃；

色谱/质谱接口温度：250～300℃；

离子源温度：按制作商的操作说明书；

进样口：不分流（若质谱仪的灵敏度很高可以采用分流进样）；

样品体积：1～2 μl；

载气：氢气，流速 50 cm/s；氢气，流速 30 cm/s。

K.7.4　样品的 GC/MS 分析

K.7.4.1　色谱柱：DB-5（30 m×0.25 mm 或 0.32 mm×1 μm）石英毛细管柱或相当者。

K.7.4.2　需要对样品质量浓度进行预计，以尽量降低高质量浓度有机物对 GC/MS 系统的污染。建议先使用相同类型的色谱柱先在 GC/FID 上对样品提取液进行筛选。

K.7.4.3　所有的样品及标准溶液在分析前必须升温到室温。在分析前，要在 1 ml 浓缩提取准备的样品溶液中加入 10 μl 内标物溶液。

K.7.4.4　采用 7.4.1 的石英毛细管柱在 CC/MS 系统内对这 1 ml 的提取物进行分析。所推荐的 GC/MS 系统的操作条件可参考 K.7.3。

K.7.4.5　若定量离子的响应值超过了 GC/MS 系统的初始校准曲线的范围，则须将提取物进行稀释之后，再加内标物到稀释后的提取液中，以保持每种内标物在稀提取液中有 40 μg/μl 的含量，然后再对稀释后的提取液重新分析。

注意：在所有的样品，基质溶液，空白和标准溶液中监控内标物的保留时间和相应信号（峰面积），可很好地诊断方法性能的漂移、效率以及预见系统故障检查。

K.7.4.6　当检出限低于 EI 谱图的一般范围时可以采用选择离子模式（SIM）。但是，除非每个化合物有多个离子被检测，否则 SIM 模式对于化合物鉴定误测较高。

K.7.5　定性分析

K.7.5.1　用该方法对每个化合物进行定性分析时是基于保留时间以及扣除空白后将样品的质谱图与参考质谱图中的特征离子进行比较。参考质谱图必须在同一条件下由实验室获得。参考质谱图中的特征离子是最高强度的三个离子，如果参考质谱图中这样的离子少于三种，则特征离子是任何相对强度大于 30%的离子。满足以下标准后，化合物可以被定性。

K.7.5.1.1　在同样的全扫描或每一次全扫描时，化合物的特征离子强度都是最大。数据处理系统选择化合物谱峰进行目标化合物检索的做法与通常做法是一致的：在化合物的特定保留时间处，如果谱峰的质谱图碎片与目标化合物的特征离子的碎片一致，就可以对化合物定性。

K.7.5.1.2　样品成分的相对保留时间在标准化合物的保留时间的±0.06 单位范围内。

K.7.5.1.3　特征离子的相对强度在参考谱图中这些离子的相对强度的 30%以内。

K.7.5.1.4　当样品的成分没有被色谱有效分离，且产生的质谱图中包含一种以上分析物产生的离子，就无法进行有效地定性分析。当气相色谱峰明显地包括一个以上的样品成分时（如一个宽峰带有肩峰，或两个或更多最高峰之间出现谷峰），如何选择分析物谱图和背景谱图是很重要的。

K.7.5.1.5　分析适当的离子流谱图可以帮助选择谱图以及对化合物进行定性分析。当分析物共流出时，每个组分的谱图会包含其特征离子，可有效地定性。

K.7.5.2　当校正溶液中不包含样品中的某些成分时，数据库搜索可部分的帮助定性。需要时可以采用这种化合物定性方式。

K.7.6　定量分析

K.7.6.1　当化合物被定性后，其定量依据的是一级特征离子的积分强度。所选用的内标物应该与待测分析物有最相近的保留时间。

K.7.6.2　结果报告中的质量浓度应该包括：（1）质量浓度值是一个评估值，（2）哪一个内标化合物被用于定量分析。可使用无干扰的最相近的内标化合物。

K.7.6.3　多成分化合物（如毒杀芬，芳氯物）的定量分析已经超出了本方法的应用。但是，样品提取物浓缩后的质量浓度要达到 10 ng/μl 时，本方法可用来对这些化合物进行定量分析。

K.7.6.4　结构异构体如果有非常相似的质谱图，但是在 GC 上的保留时间有明显差别则被认为是不同的异构体。若两个异构体峰之间的峰谷高度小于两个峰的峰高之和的 25%，则认为这两个异构体已被 GC 有效分离。否则，结构异构体作为异构体对来定量。非对应异构体（如杀螨特和异黄樟脑）可被 GC 分离，则应被作为两种化合物来进行总计和报告。

固体废物　非挥发性化合物的测定　高效液相色谱/热喷雾/质谱或紫外法

Solid Wastes-Determination of Nonvolatility Compounds - HPLC/TS/MS or UV Detector

L.1 范围

本方法适用于固体废物中分散红 1、分散红 5、分散红 13、分散黄 5、分散橙 3、分散橙 30、分散棕 1、溶剂红 3、溶剂红 23 9 种偶氮染料；分散蓝 3、分散蓝 14、分散红 60、香豆素染料 4 种蒽醌染料；荧光增白剂 61、荧光增白剂 2 236 种荧光增白剂；咖啡因、士的宁 2 种生物碱；灭多威、久效威、伐灭磷、磺草灵、敌敌畏、乐果、乙拌磷、丰索磷、脱叶亚磷、甲基对硫磷、久效磷、二溴磷、甲拌磷、敌百虫、三（2,3-二溴丙基）磷酸酯 15 种有机磷化合物；毛草枯、麦草畏、2,4-滴、二甲四氯、二甲四氯丙酸、2,4-滴丙酸、2,4,5-涕、2,4,5-涕丙酸、地乐酚、2,4-滴丁酸、2,4-滴丁氧基乙醇酯、2,4-滴乙基己基酯、2,4,5-涕丁酯、2,4,5-涕丁氧基乙醇酯 14 种氯苯氧基酸化合物；涕灭威、涕灭威砜、涕灭威亚砜、灭害威、燕麦灵、苯菌灵、除草定、恶虫威、甲萘威、多菌灵、3-羟基克百威、克百威、枯草隆、氯苯胺灵、敌草隆、非草隆、伏草隆、利谷隆、灭虫威、灭多威、兹克威、灭草隆、草不隆、杀线威、毒鞍、苯胺灵、残杀威、环草隆、丁唑隆 29 种氨基甲酸酯化合物（共 75 种化合物）的测定。

可用热喷雾/质谱法分析的化合物为分散偶氮染料、次甲基染料、芳甲基染料、香豆素染料、蒽醌染料、氧杂蒽染料、阻燃剂、氨基甲酸酯、生物碱、芳香脲、酰胺、胺、氨基酸、有机磷化合物和氯苯氧基酸化合物。

L.2 原理

样品经过萃取等前处理之后利用反相高效液相色谱（RP-HPLC）、热喷雾（TS）、质谱（MS）和（或）紫外（UV）测定目标分析物。定量分析用 TS/MS，可用外标或内标的定量方式。样品萃取物可以直接进入热喷雾或进入高效液相色谱热喷雾界面进行分析。在色谱仪内用梯度洗脱程序分离化合物，单四极杆质谱既可用负电离（放电电极）也可用正电离方式进行检测。本方法依据的是 HPLC 技术，常规样品分析选用紫外（UV）检测。还可以用热喷雾/质谱/质谱（TS/MS/MS）方法进行确认，用 MS/MS 碰撞解离（CAD）或金属丝-排斥 CAD 加以确认。

L.3 试剂和材料

L.3.1　试剂水，不含有机物的试剂级水。

L.3.2　硫酸钠（无水，颗粒状），净化时可在浅盘内，加热 400℃达 4 h 或用二氯甲烷预先清洗硫酸钠。

L.3.3　乙酸铵溶液，0.1 mol/L，通过 0.45 μm 膜过滤器过滤。

L.3.4　乙酸，分析纯。

L.3.5　硫酸溶液

1：1 的硫酸溶液（体积分数），缓慢将 50 ml H₂SO₄（ρ=1.84）加到 50 ml 水中。

1：3 的硫酸溶液（体积分数），缓慢将 25 ml H₂SO₄（ρ=1.84）加到 75 ml 水中。

L.3.6　氩气，纯度＞99%。

L.3.7　二氯甲烷，农残级或同类级别。

L.3.8　甲苯，农残级或同类级别。

L.3.9　丙酮，农残级或同类级别。

L.3.10　乙醚，农残级或同类级别。必须用试纸（EM Quant 或同类品）检验无过氧化物存在。清除后每升乙醚中必须加入 20 ml 乙醇保护剂。

L.3.11　甲醇，HPLC 级或同类级别。

L.3.12　乙腈，HPLC 级或同类级别。

L.3.13　乙酸乙酯，农残级或同类级别。

L.3.14　标准物质，指纯的标准物质或每种目标分析物的标定溶液。分散偶氮染料必须在使用前按 L.3.15 加以纯化。

L.3.15　分散偶氮染料的纯化：用甲苯把染料进行索式萃取 24 h，再将萃取液用旋转蒸发器蒸发至干，被测物质再从甲苯中重结晶，并于约 100℃的干燥炉中干燥。若纯度仍达不到要求，应采用硅酸镁载体柱进行纯化，将重结晶的固体加在一根（3×8）英寸的硅胶柱上。用乙醚淋洗，杂质经色谱分离后，收集主要的染料馏分。

L.3.16　库存标准溶液：准确称量 0.010 0 g 纯物质，溶于甲醇或其他合适的溶剂（例如配制 Tris-BP 用乙酸乙酯）并在容量瓶中稀释至需要的体积。转移储备标准液至带 PTFE 衬里螺纹瓶盖或宽边瓶塞的玻璃样品瓶内。在 4℃下避光储存。储备标准液应经常检查，尤其在配校正标样前要检查是否有降解或蒸发的迹象。

备注：由于含氯除草剂的反应性强，标准液必须在乙腈中配制，如在甲醇中配制会出现甲基化。如果化合物的纯度经确认在 96%或更高，那么可以不必校正用重量直接计算储备标准液的质量浓度。商品化的储备标准液如果经制造商或由其他独立机构验证，均可使用。

L.3.17　校正标准液：用甲醇（或其他合适的溶剂）稀释储备标准液，对每个需分析的化合物最少要配制 5 个不同质量浓度，其中应该有一个接近或高于最低检测限。而其余的质量浓度应与实际样品的质量浓度范围相近或在 HPLC-UV/VIS 或 HPLC-TS/MS 的检测范围之内，校正标样必须每个月或每两个月更换一次，如果与核对的标样比较出现问题则应立即更换。

L.3.18　替代物标样：通过一种或两种替代物（例如样品中不存在的有机磷或氯代苯氧酸化合物）加入每个样品、标样及空白样中，测出萃取、清洗（如使用）和分析系统的性能，以及使用每种样品基体的方法效率。

L.3.19　HPLC/MS 调试标样：推荐用聚乙二醇 400（PEG-400），PEG-600 或 PEG-800 作调试标样，如果使用一种 PEG 溶液，要用甲醇稀释到 10%（体积分数）。使用哪种 PEG 取决于分析物的分子量范围。分子量小于 500，用 PEG-400；分子量大于 500，用 PEG-600

或 PEG-800。

L.3.20　内标物，采用内标校正方式时，最好使用相同化学品的稳定同位素标记化合物（例如分析氨基甲酸酯时可用 13C6 作为内标物）。

L.4 仪器

L.4.1　高效液相色谱仪（HPLC），带紫外检测器。

L.4.2　色谱柱

L.4.2.1　保护柱，C_{18} 反相保护柱，10 mm×2.6 mm。

L.4.2.2　分析柱，C_{18} 或 C_8 反相柱，100 mm×2 mm。

L.4.3　质谱系统，一个单四极杆质谱仪，能从 1 u 扫描到 1 000 u，质谱仪在 70 V（表观）电子能量以正离子或负离子轰击方式下在 1.5 s 内从 150 u 扫描到 450 u。此外，质谱仪必须能得到 PEG-400，PEG-600，PEG-800 或其他作校正用的化合物的校正质谱图。

L.4.4　可选的三重四极杆质谱仪，能用一种碰撞气体在二级四极杆产生子离子谱图，以一级四极杆方式运行。

L.4.5　偶氮染料标样的纯化设备

L.4.5.1　（Soxhlet）索式萃取仪。

L.4.5.2　硅胶柱，3 英寸×8 英寸，填充硅胶（60 型，EM 试剂 70/230 目）。

L.4.6　氯代苯氧酸化合物萃取仪

L.4.6.1　锥形瓶，500 ml 广口 Pyrex®，500 ml Pyrex®带 24/40 标准磨口玻璃接头，1 000 ml Pyrex®。

L.4.6.2　分液漏斗，2 000 ml。

L.4.6.3　有刻度的量筒，1 000 ml。

L.4.6.4　漏斗，直径 75 mm。

L.4.6.5　手提式振荡器，Burrell 75 型或同类产品。

L.4.6.6　pH 计

L.4.7　K-D 浓缩仪。

L.4.8　旋转蒸发仪，配备 1 000 ml 接收瓶。

L.4.9　分析天平，0.000 1 g，最大负载 0.01 g。

L.5 分析步骤

L.5.1　样品制备

分散偶氮染料和有机磷化合物的样品在做 HPLC/MS 分析前必须进行预处理，三（2,3-二溴丙基）磷酸酯废水在做 HPLC/MS 分析前样品必须按 L.5.1.1 进行制备，分析氯代苯氧酸化合物及其酯类的样品在做 HPLC/MS 分析前必须按 L.5.1.2 进行制备。

L.5.1.1　微量萃取三（2,3-二溴丙基）磷酸酯（Tris-BP）

L.5.1.1.1　固体样品

L.5.1.1.1.1 在量杯内放入称量好的 1 g 样品。如果样品潮湿，加入等量无水硫酸钠并充分混合。加 100 μl Tris-BP（近似质量浓度 1 000 mg/L）到样品中，加入的量应使 1 ml 萃取液中的最终质量浓度为 100 ng/μl。

L.5.1.1.1.2　除去一次性血清吸管中玻璃棉塞，插入 1 cm 用清洁硅烷处理过的玻璃棉至吸管底部（窄的一端）。在玻璃棉顶部填充 2 cm 无水硫酸钠，用 3～5 ml 甲醇清洗吸管及填充物。

L.5.1.1.1.3　把样品放入按 L.5.1.1.1.2 制备好的吸管内，如果填料干了，先用醇润洗，再把样品放入吸管内。

L.5.1.1.1.4　先用 3 ml 甲醇，再用 4 ml 50%（体积分数）甲醇/二氯甲烷萃取样品（加入含样品的吸管前，用萃取剂先洗样品杯）收集萃取后溶液于具刻度的 15 ml 玻璃管中。

L.5.1.1.1.5　用氮吹法（L.5.1.1.1.6）蒸发萃取后溶液至 1 ml，记下体积。

L.5.1.1.1.6　氮吹技术

L.5.1.1.1.6.1　将浓缩管放在温水浴（约 35℃）内，用一股缓慢的干燥清洁的 N_2（经活性炭柱过滤）蒸发溶剂，使其体积至所需的刻度。

L.5.1.1.1.6.2　操作过程中管的内壁要用二氯甲烷往下淋洗几次。蒸发过程中浓缩管内溶剂的液面必须浸于水溶液面以下，以免水汽凝入样品浓缩。在正常操作条件下，萃取物不能变干，按 L.5.1.1.1.7 继续操作。

L.5.1.1.1.7　将萃取物转移至带 PTFE 衬里瓶盖或宽边瓶塞的玻璃样品瓶内，在 4℃冷藏。以备 HPLC 分析用。

L.5.1.1.1.8　测定干重的质量比——在某些情况下，样品结果要求以干重为基准。在称出一份样品作分析测定的同时还应称出一份作干重测定。

注意：干燥炉应放在通风橱或排空至室外，否则可能会污染实验室。

L.5.1.1.1.9　称出萃取用的样品后，再称 5～10 g 样品至一个恒重的坩埚内，于 105℃干燥过夜，在干燥器内冷却后称重。

L.5.1.1.2　水溶液样品

L.5.1.1.2.1　用量筒量出 100 ml 样品倒入 250 ml 分液漏斗。加 200 μl Tris-BP（近似质量浓度 1 000 mg/L）至要加标的样品中，加入的量应使其在 1 ml 萃取物中的最终质量浓度为 200 ng/μl。

L.5.1.1.2.2　加 10 ml 二氯甲烷至分液漏斗内，加盖后摇动分液漏斗 3 次，每次约 30 s，并定时释放漏斗内的过量压力。

备注：二氯甲烷会很快产生过量压力，因此在加盖一摇后，马上要先放空，二氯甲烷是一种致癌物，使用时要特别注意安全。

L.5.1.1.2.3　静止至少 10 min 让有机相与水相分离，如果两相之间浑浊的界面超过溶剂层的 1/3，必须用机械方法完成相分离。

L.5.1.1.2.4　将萃取物收集在一个 15 ml 具刻度的玻璃管内，按 L.5.1.1.1.5 继续操作。

L.5.1.2　萃取含氯苯氧酸化合物——制备土壤、沉积物和其他固体样品必须按 GB 5085.6 的附录 N 进行制备，不同的是没有水解或酯化（若想把所有含氯苯氧酸基团的化合物均作酸来测定，可能要进行水解）。

L.5.1.2.1　固体样品的萃取

L.5.1.2.1.1　加 50 g 土壤/沉积物样品至一个 500 ml 的大口锥形瓶中，如果需要，再加入加标溶液，混合均匀后静止 15 min。加入 50 ml 无有机物的试剂水并搅拌 30 min。用 pH 计在样品溶液搅拌时测其 pH 值。用冷 H_2SO_4（1∶1）调节 pH 为 2，并在搅拌中检测 pH 值 15 min，如必要可再加 H_2SO_4 直至 pH 为 2 保持不变。

L.5.1.2.1.2　向容器中加 20 ml 丙酮，用振荡器混合瓶内物质 20 min，加 80 ml 乙醚再振荡 20 min，倒出萃取物并测量溶剂回收的体积。

L.5.1.2.1.3　再用 20 ml 丙酮，80 ml 醚萃取样品 2 次，每次溶剂加入后混合物用振荡器振荡 10 min，倒出丙酮-乙醚萃取物。

L.5.1.2.1.4　第三次萃取完成后萃取物回收的体积应至少为加入溶剂体积的 75%，如果达不到，要再提取一些。将萃取物合并倒入一个有 250 ml 5%酸化硫酸钠的 2 000 ml 分液漏斗内。如果生成乳浊液，缓慢加入 5 g 酸化硫酸钠（无水）直至溶剂与水混合物分离。如果需要可以加入与样品量相等的酸化硫酸钠。

L.5.1.2.1.5　检查萃取物的 pH，如果大于 2，加入较浓的 HCl 使萃取物稳定在所需的pH 值。轻轻混合分液漏斗内物质 1 min，再静止分层。将水相收集在干净烧杯中，萃取相（上层）倒入 500 ml 磨口锥形瓶中。将水相倒回分液漏斗中并用 25 ml 乙醚再萃取。两层分离后弃去水层，将乙醚萃取液合并入 500 ml 锥形瓶中。

L.5.1.2.1.6　加 45～50 g 酸化的无水硫酸钠到合并的乙醚萃取物中，萃取物与硫酸钠混合约 2 h。

注意：干燥步骤十分关键，乙醚中保留一点水分就会降低回收率，如果摇动烧瓶时可以见到一些自由滚动的晶体，硫酸钠的用量是合适的，如果全部硫酸钠结块成饼状，需再加几克酸化的硫酸钠，并再次摇动测试。干燥时间至少要 2 h，萃取物也可以与硫酸钠一起过夜。

L.5.1.2.1.7　将乙醚萃取液通过塞入酸洗玻璃棉的漏斗，转移至一个配有 10 ml 浓缩管的 500 ml K-D 烧瓶中，转移时可用玻璃棒打碎饼状的硫酸钠。用 20～30 ml 乙醚淋洗锥形瓶和柱子以达到定量转移的目的。用微量 K-D 技术浓缩萃取物。

L.5.1.2.1.8　加 1 或 2 块干净的沸石于烧瓶内并装上三球微量 Snyder 分馏柱。按冷凝管和收集容器接到 K-D 仪的 Snyder 分馏柱上。在顶部加入 1 ml 乙醚预先润湿。将仪器放入热水浴（60～65℃）使浓缩管部分浸入热水中并且烧瓶整个下半部的圆面处于蒸汽浴中。调节仪器的垂直位置和水温使浓缩在 15～20 min 内完成。当液体表观体积达到 5 ml 时，将 K-D 仪从水浴上撤出，排空并冷却至少 10 min。

L.5.1.2.1.9　用乙腈将萃取物定量地转移至氮吹仪中，共加入 5 ml 乙腈，浓缩萃取物体积并调节最终体积为 1 ml。

L.5.1.2.2　制备水溶液样品

L.5.1.2.2.1　用量筒量出 1 L 水样（表观体积），记录水样体积精确至 5 ml，转入分液漏斗。如果质量浓度很高，可少取一些，再用不含有机物的试剂水稀释至 1 L。用 1∶1 H_2SO_4 调节 pH 小于 2。

L.5.1.2.2.2　加 150 ml 乙醚到样品瓶中，加盖，摇动 30 s 淋洗瓶壁。倒入分液漏斗并摇动 2 min，定时放空分液漏斗内的过量压力。静止至少 10 min，让有机层与水层分离。如果两层之间乳浊液界面超过溶剂层的 1/3，必须用机械方法完成相分离，最佳方法与不同样品有关，可以用搅拌、玻璃棉、过滤、离心或其他物理方法。水相放入一个 1 000 ml 的锥形瓶中。

L.5.1.2.2.3　用 100 ml 乙醚再重复萃取 2 次，合并萃取物于一个 500 ml 的锥形瓶中。

L.5.1.2.2.4　按 L.5.1.2.1.6 继续操作（干燥，K-D 浓缩，溶剂转换及调节最终的体积）。

L.5.1.3 萃取氨基甲酸酯——制备土壤、沉积物和其他的固体样品必须按合适的样品前处理方法进行。

L.5.1.3.1 用二氯甲烷萃取 40 g 样品。

L.5.1.3.2 用旋转蒸发器或 K-D 浓缩器进行浓缩至体积为 5～10 ml。

L.5.1.3.3 最终质量浓度及溶剂转换为 1 ml 甲醇，最好用旋转蒸发器上的接收管完成。如果没有接收管，也可以在通风橱中用缓慢的 N_2 流浓缩到最终的质量浓度。

L.5.1.4 萃取氨基甲酸酯——制备水溶液样品必须按合适的样品前处理方法进行。

L.5.1.4.1 用二氯甲烷萃取 1 L 的水溶液。

L.5.1.4.2 最终质量浓度和转换溶剂与 L.5.1.3.2 和 L.5.1.3.3 中所用的相同。

L.5.2 作 HPLC 分析前，萃取溶剂必须转换成甲醇或乙腈，转换可以用 K-D 浓缩仪进行。

L.5.3 HPLC 色谱条件

L.5.3.1 特殊分析物的色谱条件见表 L.1。

表 L.1 HPLC 色谱条件

流动相/%	起始时间/min	最终梯度（线性）/min	最终流动相/%	时间/min
有机磷化合物				
50/50（水/甲醇）	0	10	100（甲醇）	5
偶氮染料（例如 Disperse Red 1）				
50/50（水/乙腈）	0	5	100（乙腈）	5
Tris（2,3-dibromopropyl）phosphate				
50/50（水/甲醇）	0	10	100（甲醇）	5
氯苯氧基酸化合物				
75/25（A/甲醇）	2	15	40/60（A/甲醇）	75/25
40/60（A/甲醇）	3	5	75/25（A/甲醇）	10
A = 0.1 mol/L 乙酸铵（1%乙酸）				
氨基甲酸酯				

选择 A：

时间 （min）	流动相 A （%）	流动相 B （%）
0	95	5
30	20	80
35	0	100
40	95	5
45	95	5

A = 5 mmol/L 乙酸铵溶液加入 0.1 mol/L 乙酸

B = 甲醇

选择性的柱后添加 0.5 mol/L 乙酸铵

选择 B：

时间 （min）	流动相 A （%）	流动相 B （%）
0	95	5
30	0	100
35	0	100
40	95	5
45	95	5

A = 加入 0.1 mol/L 乙酸铵和 1%乙酸的水溶液

B = 加入 0.1 mol/L 乙酸铵和 1%乙酸的甲醇

选择性的柱后添加 0.1 mol/L 乙酸铵

非特殊分析物的色谱条件如下：

流速：0.4 ml/min；

后柱流动相：0.1 mol/L 乙酸铵（1%甲醇）（苯氧酸化合物为 0.1 mol/L 乙酸铵）；

后柱流速：0.8 ml/min。

L.5.3.2 分析分散偶氮染料、有机磷化合物和三（2,3-二溴丙基）磷酸酯时，若化合物的保留导致出现色谱问题，则需要用连续的 2%二氯甲烷洗涤。二氯甲烷/含水甲醇溶液用作 HPLC 淋洗剂时必须小心。另一种流动相改性剂乙酸（1%）可用于带酸性官能团的化合物。

L.5.3.3 维持热喷雾电离需要的总流速为 1.0～1.5 ml/min。

L.5.4 推荐 HPLC/热喷雾/质谱的操作条件：在分析样品前应评定目标化合物对每种电离模式的相对灵敏度，以决定哪种模式在分析时能提供更好的灵敏度。这种评估可以根据分析物的分子结构式以及对两种电离模式的比较。

L.5.4.1 正电离模式

推斥极（金属丝或板，自选）：170～250 V（灵敏度优化）；

放电电极：关；

灯丝电极：开或关（自选，与分析物有关）；

质量范围：150～450 u（与分析物有关，高于化合物分子量 1～18 u）；

扫描时间：1.50 s/次。

L.5.4.2 负电离模式

放电电极：开；

灯丝：关；

质量范围：135～450 u；

扫描时间：1.50 s/次。

L.5.4.3　热喷雾温度

汽化室：110～130℃；

顶端：200～215℃；

喷口：210～220℃；

离子源体：230～265℃（某些化合物可能在高温的离子源体内分解。必须根据化学性质估计合适的离子源体温度）。

L.5.4.4　样品的进样体积通常用 20～100 μl。用手动进样时，至少要用 2 倍进样环体积的样品（例如用 20 μl 样品充满一个 10 μl 进样环使其溢出）充满进样环使液体溢出。如果萃取液中有固体，必须让其沉降或离心萃取，再从清透的液层中抽取进样。

L.5.5　校正

L.5.5.1　热喷雾/质谱系统——必须是在四极杆 1（和四极杆 3，对三级四级杆而言）调节质量分布、灵敏度和分辨率。推荐使用聚乙二醇（PEG）400，600 或 800，其平均相对分子质量分别为 400，600 或 800。选用的 PEG 应尽量接近分析时常用的质量范围。分析含氯苯氧酸化合物时用 PEG 400。PEG 直接进样，绕过 HPLC。

L.5.5.1.1　质量校正参数如下：

PEG 400 和 600　　　　　　　　　　PEG 800

质量范围：15～765 u　　　　　　　　质量范围：15～900 u

扫描时间：0.5～5.0 s/次　　　　　　扫描时间：0.5～5.0 s/次

进样 2～3 次应该扫描约 100 次。如果用其他校正物，质量范围应该从 15 u 到比校正用的最高质量数还要高约 20 u。扫描时间应该选择为越过校正物的峰时至少可扫描 6 次。

L.5.5.1.2　从 15～100 u 低质量范围包括了由热喷雾过程中应用的乙酸铵缓冲液生成的一些离子。NH_4^+（18），$NH_4^+·H_2O$（36），$CH_3OH·NH_4^+$（50）或 $CH_3CN·NH_4^+$（59）和 $CH_3COOH·NH_4^+$（78）。出现 m/z 50 还是 59 离子取决于用甲醇还是乙腈作有机改性剂。高端质量范围包括各种乙二醇氨离子的加合物[例如 $H（OCH_2CH_2）nOH$，当 $n=4$ 时在 m/z 212 处为 $H（OCH_2CH_2）nOH·NH_4^+$离子]。

L.5.5.2　液相色谱

L.5.5.2.1　制备校正标准

L.5.5.2.2　选择合适电离条件，用表 L.1 列出的色谱条件将每个校正标样注入HPLC。含氯苯氧酸分析物的相关系数（r^2）至少应该是 0.97。多数情况下只有（M^+H）$^+$和（M^+NH_4）$^+$加合离子是丰度显著的离子。

L.5.5.2.2.1　在要求检测限低于全谱分析正常范围的情况下，可以选用选择离子检测（SIM）但是未作化合物多重离子检测时，SIM 鉴别化合物的可信度较低。

L.5.5.2.2.2　使用三级四级杆 MS/MS 时也可以用选择反应检测（SRM）并需要提高灵敏度。

L.5.5.2.3　如果用 HPLC/UV 检测，先校正仪器。用表 L.1 中列出的色谱条件把每个校正标样注射到 HPLC 中。积分每种质量浓度下全部色谱峰的面积。如果已知样品无干扰和（或）无同流出的分析物，HPLC/UV 定量是最佳选择。

L.5.5.2.4 对 L.5.5.2.2 和 L.5.5.2.3 阐述的方法，色谱峰的保留时间是鉴别分析物的重要参数，因此样品分析物和标样分析物的保留时间比应该在 0.1～1.0。

L.5.5.2.5 用 L.5.5.2.2 和 L.5.5.2.3 中测得的校正曲线可以测定样品分析物的质量浓度。这些校正曲线必须在分析每个样品的同一天测得。质量浓度超过标样校正范围的样品，应稀释至校正范围内。

L.5.5.2.6 使用 MS 或 MS/MS 时，每种样品萃取物可以既做正离子分析物测定也可作负离子分析物测定。但是有些目标化合物只有正离子或负离子才有更高的灵敏度，因此只做一种分析更实际（如氨基甲酸酯通常正电离模式更灵敏，而苯氧酸通常负电离模式更灵敏）。样品分析前分析人员应评估目标化合物对每种电离模式的相对灵敏度，这种评估可以根据化合物的结构或把分析物导入每种电离模式作比较得到。

L.5.6 样品分析

系统校正后按上述步骤分析样品。

L.5.7 热喷雾/HPLC/MS 确认法

MS/MS 实验中，第一四极杆应设置为目标分析物的质子化分子或与氨结合的加合物，第三四级杆应扫描从 30 u 到刚好高于质子化分子的质量区为止。碰撞气压（Ar）应设为约 1.0 mTorr（0.13 Pa），而碰撞能量在 20 eV。如果这些参数无法使分析物解离，可以提高这些设定以形成更好的碰撞。

分析测定时，碰撞谱图的基峰应取作定量用的离子峰。选第二离子作为候补的定量用的离子。

L.5.8 金属丝排斥器 CAD 确认

一旦金属丝排斥器插入热喷雾流，电压可以增加到 500～700 V，要得到碎片离子必须有足够的电压，但不得出现断路。

L.6 计算

L.6.1 用外标和内标校正步骤测定样品生成的离子色谱图中每个色谱峰的属性和含量，该色谱图对应于校正过程中用的化合物。

L.6.2 色谱峰的保留时间是鉴别分析物的重要参数，但是由于基体干扰而改变色谱柱的状态，保留时间就没有意义，因此质谱图确证是鉴别分析物的重要依据。

附录M（资料性附录）

固体废物 半挥发性有机化合物（PAHs 和 PCBs）的测定 热提取气相色谱/质谱法

Solid Wastes—Determination of Semivolatile Organic Compounds（PAHs and PCBs） - Thermal Extraction/Gas Chromatography/Mass Spectrometry （TE/GC/MS）

M.1 范围

本方法适用于固体废物中苊、苊烯、蒽、苯并[a]蒽、苯并[a]芘、苯并[b]荧蒽、苯并[g,h,i]二萘嵌苯、苯并[k]荧蒽、4-溴苯基-苯基醚、1-氯代苯、䓛、氧芴、二苯并[a，h]蒽、硫芴、荧蒽、芴、六氯苯、茚苯[1,2,3-cd]芘、萘、菲、芘、1,2,4-三氯代苯、2-氯联苯、3,3'-二氯联苯胺、2,2',5-三氯联苯、2,3',5-三氯联苯、2,4',5-三氯联苯、2,2',5,5'-四氯联苯、2,2',4,5'-四氯联苯、2,2',3,5'-四氯联苯、2,3',4,4'-四氯联苯、2,2',4,5,5'-五氯联苯、2,3',4,4',5-五氯联苯、2,2',3,4,4',5'-六氯联苯、2,2',3,4',5,5',6-七氯联苯、2,2',3,3',4,4'-六氯联苯、2,2',3,4,4',5,5'-七氯联苯、2,2',3,3',4,4',5-七氯联苯、2,2',3,3',4,4',5,5'-八氯联苯、2,2',3,3',4,4',5,5',6-九氯联苯、2,2',3,3',4,4',5,5',6,6'-十氯联苯等多氯联苯（PCBs）和多环芳烃（PAHs）化合物的热提取气相色谱质谱法测定。

在土壤和沉淀物中方法的评估定量限（EQL）对于 PAH 化合物来说为 1.0 mg/kg（干重）（对于 PCB 化合物来说为 0.2 mg/kg）；而在潮湿的底泥和其他固体垃圾中 EQL 为 75 mg/kg（取决于水和溶质）。然而通过调整校准线或者在样品干扰因素较小的情况下引入大尺寸样品可以使 EQL 降低，随着本方法的发展，可探测到上述化合物界限含量为 0.01～0.5 mg/kg（干燥样品）。

M.2 引用标准

下列文件中的条款通过在本方法中被引用而成为本方法的条款，与本方法同效。凡是不注明日期的引用文件，其最新版本适用于本方法。

GB/T 6682 分析实验室用水规格和实验方法

M.3 原理

将少量样品称量至样品坩埚中，将坩埚放入一个热提取（TE）室中，升高温度至340℃，并且保温 3 min。从分流的进样口将经过热提取后的化合物注入 GC 实验装置中（含量低的样品分流比设置为 35：1、含量高的样品设置为 400：1），随后样品会集中在 GC 装置的顶部，热解吸附过程持续 13 min。GC 柱温箱的温度程序设定取决于分析物的特性，然后将分析物放入质谱仪中进行定性和定量测定。

M.4 试剂和材料

M.4.1 除有说明外，本方法中所用的水为 GB/T 6682 规定的一级水。

M.4.2 标准溶液储备液（1 000 mg/L）：标准溶液可以采用纯的原料进行配置或者购买已鉴定的标准溶液。

M.4.2.1 精确测量 0.010 0 g 纯物质用来配备标准溶液储备液。将其溶解在二氯甲烷中或者其他相配的溶液（某些 PAHs 可能需要预先在较少容量的甲苯或者二硫化碳中进行初溶）在 10 ml 容量瓶中进行稀释，如果化合物的纯度高于 96%，则质量计算时可以不进行纯度修正。

M.4.2.2 将配置好的标准溶液储备液转移至带有聚四氟乙烯衬里螺纹盖的玻璃瓶中，在－20℃～－10℃下避光储存。标准溶液应该经常进行检测以防止蒸发或者降解，尤其是在要用于校准标准的时候。

M.4.2.3 标准溶液储备液必须在一年后或者发现问题时进行更换。

M.4.3 中间标准溶液：中间标准溶液必须包含所有目标分析物作为校准标准溶液（PAHs 和 PCBs 溶液分别制备）或者包含所有内标物作为内标溶液。推荐的溶液质量浓度为 100 mg/L。

M.4.4 GC/MS 调谐标准：配制含 50 mg/L 调谐物（DFTPP）的二氯甲烷溶液，储存温度为－20～－10℃。

M.4.5 基体加标溶液：用甲醇配制基体加标溶液，该溶液中含有至少 5 种固体样品的目标化合物，质量浓度为 100 mg/L，且所选的化合物应能代表目标化合物的沸点范围。

M.4.6 用于配制校准标准土壤和内标土壤的空白土壤按下列步骤得到。

M.4.6.1 首先取一份干净的（不含目标分析物和干扰因素的）沉积土壤，将其烘干并在研钵中研碎。用 100 目筛网进行过筛，选取几个 50 mg 样品采用 TE/GC/MS 方法进行分析来测定其中是否含有可以干扰表 M.1 和表 M.2 中目标化合物的物质。

M.4.6.2 如果没有发现任何干扰因素，则选取 300～500 g 过筛后的干燥土壤放入一个带有聚四氟乙烯衬里盖的玻璃瓶中，放入摇床装置摇动 2 d，确保在向土壤中加入分析物前该空白土壤的均匀性。

M.4.7 内标土壤：内标土壤是在空白土壤的基础上准备的，须包含表 M.3 中所有内标化合物，每种化合物的质量分数为 50 mg/kg。同样商业购买经过鉴定后的土壤可以进行使用。

M.4.8 校准标准土壤：校准标准土壤也是在空白土壤的基础上准备的，校准标准土壤必须包含所有待测目标化合物，PAHs 和 PCBs 质量分数分别为 35 mg/kg 和 10 mg/kg。商业购买的标准土壤同样可以使用。

M.4.9 用空白土壤准备内标和校准标准土壤

M.4.9.1 50 mg/kg 的内标土壤、35 mg/kg 的 PAH 校准土壤以及 10 mg/kg 的 PCB 校准土壤采用相同的方法配制而成。内标溶液或者商业标准溶液用来给一个称量好的空白土壤定量给料。称取 20.0 g 空白土壤至一个 100 ml 的玻璃容器中，加入水（5%，质量分数）以便分析物很好的混合和分散。内标溶液每种化合物的浓度为 100 mg/L，向潮湿的空白土壤中加入 10 ml 作为内标土壤；加入 7.0 ml 作为 PAHs 校准标准土壤；加入 2 ml

作为 PCBs 校准标准土壤。加入更多的二氯甲烷可是使得溶液在土壤上面出现轻微的分层，可以使标准物质均匀地分散到土壤当中。

M.4.9.2 溶剂和水在室温下进行蒸发直至土壤变干（通常需要一整夜），装土壤的容器需要用聚四氟乙烯衬里盖子拧紧并放置在摇床上缓慢旋转混合，为了保持同次性至少需要旋转 5 d。

M.4.9.3 内标土壤和校准标准土壤应该用黄色的配有 PTFE 衬里盖子的玻璃瓶储藏，在−10℃～−20℃，避光、干燥储藏。在该条件下可以稳定储存 90 d。内标和校准标准应该经常进行检测以防止降解，检测的方法是采用同样质量浓度的未降解校准标准溶液放入样品坩埚中进行热提取，然后比对结果。

M.4.9.4 内标和校准标准土壤如果发现降解现象需要立即更换。

注意：在校准标准土壤中挥发性的 PAHs 和 PCBs 含量越多，越可能导致其质量浓度高于标准溶液的质量浓度，原因是在坩埚中蒸发作用造成的损失。

M.4.10 二氯甲烷、甲醇、二硫化碳、甲苯和其他适当溶剂须采用农残级或同等级别的纯度。

M.5 仪器

M.5.1 TE/GC/MS 实验系统

M.5.1.1 质谱仪，每秒可以扫描 35～500 u，在电子碰撞离子化模式下采用的电子能量为 70 V。

M.5.1.2 数据系统，将电脑连接在质谱仪上，并且能够保证在色谱分析程序过程中可以连续获得数据，并将大量光谱数据存储在易读的媒介上。

M.5.1.3 GC/MS 界面，任何 GC/MS 界面都应该能够提供在需求质量浓度范围内合理的校准点。

M.5.1.4 气相色谱。必须配备一个可加热的分流/不分流毛细管进样口、柱温箱、低温冷却（可选）设备。柱温箱的温度范围应该至少从室温到450℃，升温速率从 1～70℃/min 可程序控制。

M.5.1.5 推荐毛细管色谱柱。推荐使用熔融石英管，表层涂以非极性固定相（5%苯基甲基硅氧烷），长度为 25～50 m，内径 0.25～0.32 mm，膜厚为 0.1～1.0 μm（OV-5 或者等价物），这些参数最终取决于分析物的挥发性以及分离需求。

M.5.1.6 热提取器。在热提取和向 GC 进样口转移的过程中，TE 单元必须保证样品以及所有提取的化合物只和熔融石英表面相接触。还必须保证在样品转移的所有路线区域温度最小值为 315℃。在热提取室中应能够进行 650℃以上的烘干操作，在连接区域温度能够达到 450℃，还须注意的一点就是所有与样品接触的部分、坩埚、药勺和工具都必须由熔融石英制成，以便使所有残留物得到氧化。

M.5.2 石英药勺。

M.5.3 马弗炉盘，在清洗处理过程中可以用来支持坩埚。

M.5.4 不锈钢镊子，用来进行样品坩埚操作。

M.5.5 培养皿，用来储藏样品坩埚。

M.5.6 样品盘。

M.5.7 多孔熔融石英坩埚。

M.5.8 多孔熔融石英坩埚盖。

M.5.9 马弗炉，用来净化坩埚，最高加热温度 800℃。

M.5.10 冷却架，耐高温、陶瓷或者石英材料。

M.5.11 分析天平，最小 2 g 量程，灵敏度 0.01 mg。

M.5.12 研钵和槌。

M.5.13 网筛，100 目和 60 目。

M.5.14 样品瓶，玻璃制品，有聚四氟乙烯（PTFE）做内衬的旋盖。

M.6 样品的采集、保存和预处理

固体样品保存在有螺纹的 Teflon 盖子的 50 ml 宽口玻璃瓶中，冷却至 4℃保存。

M.7 分析步骤

M.7.1 坩埚处理

将马弗炉升温至 800℃，保温 30 min，将样品坩埚和盖子放入马弗炉盘然后放进炉箱。15 min 后取出炉盘放在冷却架上（放置 15～20 min），之后将其转入干净的培养皿中。

注意：使用不锈钢镊子夹取坩埚和坩埚盖。所有的坩埚都应进行清洗然后放入培养皿。准备足够多的坩埚和盖子来做五点校准曲线或者依照样品分析物的数量来定。

M.7.2 TE/GC/MS 系统的初始校准

M.7.2.1 将 TE/GC/MS 系统按如下推荐操作条件设定并进行烘干：

在线烘干操作：必须在每次校准之前进行此项操作，如果使用自动进样器，那么此项操作会在自动进样程序中完成。

注意：坩埚必须在进行烘干操作前从热提取单元中取出，虽然在方法空白的时候需要 GC/MS 数据来监控系统污染物，但是在烘干过程中不需要获得 MS 数据。

GC 色谱柱温度程序：35℃保持 4 min，然后以 20℃/min 升温至 325℃，保持 10 min，4 min 内冷却至 35℃。

GC 进样口温度：335℃，整个过程中采用不分流模式；

MS 传输管温度：290～300℃；

GC 载气量：氮气，30 cm/s；

TE 传输管温度：310℃；

TE 柱温箱接口温度：335℃；

TE 氮气流速：40 ml/min；

TE 样品室加热参数：60℃保温 2 min，12 min 内升温至 650℃，保温 2 min，冷却至 60℃。

M.7.2.2 假定为 30 m 的毛细管柱进行校准和样品分析，TE/GC/MS 系统设置如下：

光谱范围：45～450 u；

MS 扫描时间：1.0～1.4 次/s；

GC 色谱柱温度程序：35℃保持 12 min，在 8 min 内升温至 315℃保持 2 min，再在 4 min 内到 35℃；

GC 进样类型：分流/不分流毛细管，35：1 分流比例；

GC 进样口温度：325℃；

GC 进样口设置：不分流 30 s，之后整个操作过程一直分流；

MS 传输管温度：290～300℃；

MS 源温度：依照产品说明；

MS 溶剂延迟时间：15 min；

MS 数据获得：49 min 后停止采集；

载气：氦气，30 cm/s；

TE 传输管温度：310℃；

TE 柱温箱接口温度：335℃；

TE 氮气吹扫流速：40 ml/min。

TE 样品加热参数：60℃保持 2 min，8 min 内升温至 340℃，保持 3 min，4 min 内冷却至 60℃。

M.7.2.3　方法空白。在线烘干后进行空白测试，获得 MS 数据并且确保在测定方法检出限（MDL）的过程中系统不含有目标分析物和干扰因素，如果观察到污染则须采取适当的修改（例如：烘干、更换 GC 柱、更换 TE 样品室或者传输管）。

M.7.2.4　GC/MS 系统必须硬件调谐。

M.7.2.5　初始校准曲线。必须用至少 5 种以上的不同质量浓度进行初始校准和系统维护后的校准。如果曲线与初始校准曲线和校准校核存在 20%的偏移，还应该做校准程序，除非系统维护更正了这个错误。由于接下来的校准标准土壤分析将调整进样口分流比为 35：1，将来任何关于分流比的修改都需要进行新的初始校准曲线测定。

M.7.2.5.1　利用镊子将样品坩埚从干净的培养皿中移出放在分析天平上，精确测量到 0.1 mg 后将其放置在清洁的表面上。

M.7.2.5.2　称量 10 mg（±3%）的内标土壤放入样品坩埚。然后将坩埚放回天平重新称重，记录重量。

M.7.2.5.3　在坩埚中称量校准标准土壤并且记录质量，将其放入热提取单元或者自动进样器，记录所有的分析信息数据以及条件。

PAH 标准：分别称取 50、40、20、10 和 5 mg（±3%）的 35 mg/kg PAH 校准标准土壤，然后将其与 10 mg 50 mg/kg 的内标土壤放入不同的坩埚。

分别得到在校准标准中每个目标分析物为 50、40、20、10、5ng 时的分析结果。

PCB 标准：分别称取 50、40、20、10 和 5 mg（±3%）的 10 mg/kg PCB 校准标准土壤，然后和 10 mg 50 mg/kg 的内标土壤放入不同的坩埚。

分别得到在校准标准中每个目标分析物为 10、8、4、2、1 ng 时的分析结果。

注意：GC/MS 系统的敏感度可能要求对上述标准质量（校准或者内标）进行调整。

M.7.2.5.4　含量高的样品推荐使用 300：1 或者 400：1 的分流比。当采用一个适当质量浓度的目标分析物在高分流比下需要进行新的校准曲线测定。大约为原来质量浓度的 10 倍。

M.7.2.6　分析过程。在方法开始之前，样品被预装入熔融石英样品室。样品室升温至 340℃并且保温 3 min，氦气为载气/吹扫气，以 40 ml/min 的速率从样品室中流过，热提取化合物被吹扫通过去活的熔融石英衬管达到 GC 毛细管进样口,随后以一定的分流比(35∶1 或者 400∶1)进入 GC 柱,最后集中在 GC 柱的顶端,并在 35℃下进行保温。一旦热提取过程完成(13 min),样品室将会冷却。GC 柱温箱就会以 10℃/min 的速率加热至 315℃,精确的热提取参数依靠各种不同的需求进行调整。

M.7.2.7 计算每个分析物的响应因子(RFs)(采用表 M.4 中的内标物),并且评估出校准的线性关系。

M.7.3 TE/GC/MS 系统的校准确认

M.7.3.1 在分析样品之前先要对 DFTPP 调谐液进行分析。

M.7.3.2 每经过 6 h 操作以后,需要进行方法空白分析确认系统是否清洁。

M.7.4 样品准备、称量和载样

M.7.4.1 样品准备

轻轻倒出沉积物样品上的水相,并且剔除外来杂质例如玻璃、木屑等。样品准备需要均一化的潮湿或者干燥样品,并尽可能地选择具有代表性的分析试样。非常潮湿的样品会对 MS 系统造成过多的压力。

M.7.4.2 测定样品干重百分比

有些土壤和沉积物样品的测量需要基于干重,可以选取一部分样品进行称重同时选取另一部分样品进行分析测定。同时,对于任何看起来比较潮湿的样品都应该计算其湿重百分比来决定是否在研磨之前对该样品进行烘干。

注意:干燥烘箱应该包含出气孔,严重的实验室污染可能就源于大量有害的废物样品。

称取 5～10 g 的样品至坩埚中,在 105℃下进行干燥,通过失重来计算干重百分比,在称重前应放入干燥室冷却。计算干重质量分数的公式如下:

$$\omega = (\text{干燥后重量}/\text{样品总质重}) \times 100\%$$

M.7.4.3 潮湿样品(湿重质量分数超过 20%)

M.7.4.3.1 以萘为目标分析物的样品

尽可能使样品少暴露在空气中,因为空气中的湿度会造成萘的损失。称量坩埚质量,然后称量 10 mg 内标土壤,再加入 10～20 mg 有代表性的潮湿样品,记录下样品的质量并将坩埚放入 TE 进样系统。

M.7.4.3.2 不以萘为目标分析物的潮湿样品

在一个干净的浅的容器上铺开 3～5 g 有代表性的样品薄层,然后在室温条件(25℃)下覆盖进行干燥 30～40 min。当样品干燥以后,将其从容器壁上刮掉然后研磨成统一的粒径大小,并且保证其均匀性,经过 60 目筛网过筛后存储在样品瓶中。

M.7.4.4 干燥的样品(湿重质量分数小于 20%)

称量 5～10 g 的干燥样品进行研磨使其均一化,经过 60 目筛后储备在样品瓶中。

M.7.4.5 内标称重

M.7.4.5.1 用镊子将样品坩埚从干净的培养皿中取出放置在分析天平上,称重精确到 0.1 mg 后放在干净的表面上。

M.7.4.5.2 称取 10 mg(±3%)内标土壤放入样品坩埚中用熔融石英药勺混合,用分析天平称量坩埚质量,记录下当时的质量。

M.7.4.6 样品称重

用干净的熔融石英药勺量取 3～250 g 样品放入样品坩埚中，称重。装入热提取坩埚中的样品质量按下述情况确定：

M.7.4.6.1 如果含量低（0.02～5.0 mg/kg 和低的总有机含量），则需 100～250 mg 干燥样品（假定分流比为 35∶1）。

注意：此种方法的评估定量限为 1 mg/kg，任何测定低于 1 mg/kg 的质量分数将被认为是估测质量浓度（非精确）。

M.7.4.6.2 如果含量高（500～1 500 mg/kg 和高的总有机含量），则需要 3～5 mg 的干燥样品（假定分流比为 35∶1）。

M.7.4.6.3 如果含量在两者之间，则相应调节样品的质量

M.7.4.6.4 如果预期的含量超过 1 500 mg/kg，则需采用较高的分流比，推荐分流比为 300～400。当然对应于新的分流比还需要新的初始校准曲线。

M.7.4.6.5 对于含量未知的样品，初始测定时样品质量应小于 20 mg。

注意：推荐在对含量未知的样品进行 TE/GC/MS 分析之前进行筛选，可以防止重新分析样品以及保护系统以免过载造成停工。筛选可以选用 FID 装备（自选）或者用二氯甲烷半定量提取后用 GC/FID 测定相关质量浓度。

M.7.4.6.6 选择一个样品做基体加标分析测定。称取一到二份含有内标土壤的样品至坩埚中，然后直接向样品添加 5.0 μl 标液，立刻盖上盖子并转移到热提取单元或者自动进样器中。

M.7.4.7 装载样品

对样品含量进行评估，然后称量样品加入装有称量过的内标土壤的坩埚中。记录样品质量（精确到 0.1 mg），盖上盖子放入热提取单元或者自动进样器中。如果样品是潮湿的或者目标化合物的挥发性比正十二烷（n-dodecane）要强，自动进样器应设为 10～15℃。

M.7.4.8 分析：样品装载入热提取单元中的熔融石英样品室。

M.7.4.8.1 对于那些含量极低、信噪比小于 3∶1 的样品，重复 M.7.4.5 后增大进样量可以适当提高检测响应。

M.7.4.8.2 如果提取得到过量的样本并且 GC 柱的过载已经很明显的情况下，烘干系统并且做一个空白分析来决定是否需要清理系统。重复 M.7.4.5 后选用少量的样品（按要求降低进样量）。

M.7.5 维护烘干操作

系统烘干条件：对非在线条件（非自动进样）依照极端过载系统程序，进行日常清洗维护。

注意：在烘干程序开始前必须将样品坩埚移出热提取单元。在烘干程序开始前，TE 柱温箱接口首先应冷却以卸去熔融石英传输管。在烘干之后应安装新的传输管。

GC 初始柱温度和保温时间：335℃，保温 20 min；

GC 进样口温度：335℃，设置为分流模式；

MS 传输管温度：295～305℃；

GC 载气量：氦气 30 cm/s；

TE 传输管温度：关闭，直到安装新的毛细管；

TE 柱温箱接口温度：400℃；

TE 气体流速：最高大约为 60 ml/min；

TE 样品室加热参数：至 750℃，保温 3 min，然后冷却至 60℃。

M.7.6 定性分析

依照附录 J 中的定性方法来确定目标化合物。

M.8 结果计算

通过内标法利用第一特征离子的 EICP 的积分丰度对化合物进行定量。使用的内标依照表 M.4，由下式计算每种确定分析物的质量分数：

$$\omega_x = \frac{A_x \cdot \omega_{is} \cdot m_{is}}{\overline{RF} \cdot A_{is} \cdot m_x \cdot D}$$

式中：ω_x——化合物的质量浓度，mg/kg；

A_x——样品中被测化合物的特征离子的峰面积；

ω_{is}——内标土壤质量浓度，mg/kg；

m_{is}——内标土壤质量，kg；

m_x——样品质量，kg；

$\overline{RF}$——化合物从初始校准曲线测量得到的平均响应因数；

A_{is}——内标特征离子的峰面积；

D——样品干燥度[（100－湿样质量分数）/100]。

表 M.1　PAH/半挥发性校准标准土壤和定量离子

化合物名称	定量离子
1,2,4 三氯代苯（1,2,4-Trichlorobenzene[1]）	180
萘（Naphthalene）	128
苊（Acenaphthylene）	152
二氢苊（Acenaphthene）	153
氧芴（Dibenzofuran）	168
芴（Fluorene）	166
4-溴苯基-苯基醚（4-Bromophenyl phenyl ether[1]）	248
六氯苯（Hexachlorobenzene[1]）	284
菲（Phenanthrene）	178
蒽（Anthracene）	178
荧蒽（Fluoranthene）	202
芘（Pyrene）	202
苯并[a]蒽（Benzo（a）anthracene）	228
䓛（Chrysene）	228
苯并[b]荧蒽（Benzo（b）fluoranthene）	252
苯并[k]荧蒽（Benzo（k）fluoranthene）	252
苯并[a]芘（Benzo（a）pyrene）	252
茚苯[1,2,3-cd]芘（Indeno（1,2,3-cd）pyrene）	276
二苯并[a,h]蒽（Dibenzo（a,h）anthracene）	278
苯并[g,h,i]二萘嵌苯（Benzo（g,h,i）perylene）	276

注：[1] 如果目标分析物只是 PAHs，此项分析物可以删除；
所有化合物质量分数为 35 mg/kg。

表 M.2　PCB 校准标准土壤

IUPAC 序号	CAS 序号	化合物名称	定量离子
1	2051-60-7	2-氯联苯（2-Chlorobiphenyl）	188
11	2050-67-1	3,3'-二氯联苯胺（3,3'-Dichlorobiphenyl）	222
18	37680-65-2	2,2',5-三氯联苯　2,2',5-Trichlorobiphenyl	258
26	3844-81-4	2,3',5-三氯联苯　2,3',5-Trichlorobiphenyl	258
31	16606-02-3	2,4',5-三氯联苯　2,4',5-Trichlorobiphenyl	258
52	35693-99-3	2,2',5,5'-四氯联苯　2,2',5,5'-Tetrachlorobiphenyl	292
49	41464-40-8	2,2',4,5'-四氯联苯　2,2',4,5'-Tetrachlorobiphenyl	292
44	41464-39-5	2,2',3,5'-四氯联苯　2,2',3,5'-Tetrachlorobiphenyl	292
66	32598-10-0	2,3',4,4'-四氯联苯　2,3',4,4'-Tetrachlorobiphenyl	292
101	37680-73-2	2,2',4,5,5'-五氯联苯　2,2',4,5,5'-Pentachlorobiphenyl	326
118	31508-00-6	2,3',4,4',5-五氯联苯　2,3',4,4',5-Pentachlorobiphenyl	326
138	35065-28-2	2,2',3,4,4',5'-六氯联苯　2,2',3,4,4',5'-Hexachlorobiphenyl	360
187	52663-68-0	2,2',3,4',5,5',6-七氯联苯　2,2',3,4',5,5',6-Heptachlorobiphenyl	394
128	38380-07-3	2,2',3,3',4,4'-六氯联苯　2,2',3,3',4,4'-Hexachlorobiphenyl	360
180	35065-29-3	2,2',3,4,4',5,5'-七氯联苯　2,2',3,4,4',5,5'-Heptachlorobiphenyl	394
170	35065-30-6	2,2',3,3',4,4',5-七氯联苯　2,2',3,3',4,4',5-Heptachlorobiphenyl	394
194	35694-08-7	2,2',3,3',4,4',5,5'-八氯联苯　2,2',3,3',4,4',5,5'-Octachlorobiphenyl	430
206	40186-72-9	2,2',3,3',4,4',5,5',6-九氯联苯　2,2',3,3',4,4',5,5',6-Nonachlorobiphenyl	392
209	2051-24-3	2,2',3,3',4,4',5,5',6,6'-十氯联苯　2,2',3,3',4,4',5,5',6,6'-Decachlorobiphenyl	426

注：所有化合物的浓度为 10.0 mg/kg。

表 M.3　内标土壤

化合物名称	定量离子
2-氟联苯（2-Fluorobiphenyl）	172
氘代菲-d_{10}（Phenanthrene-d_{10} [1]）	188
苯并[g,h,i]二萘嵌苯（$^{13}C_{12}$）Benzo[g, h, i]perylene（$^{13}C_{12}$）	288

注：[1] 此内标容易受到土壤微生物降解的影响，建议使用带有 $^{13}C_{12}$ 标记的菲。

表 M.4　内标及对应的可定量的 PAH 分析物

内标	PAH 分析物
2-氟联苯（2-Fluorobiphenyl）	萘（Naphthalene）、苊（Acenaphthylene）、二氢苊（Acenaphthene）、芴（Fluorene）等所有表 M.2 内的 PCB 同类物质
氘代菲-d_{10}（Phenanthrene-d_{10}）	菲（Phenanthrene）、蒽（Anthracene）、荧蒽（Fluoranthene）、芘（Pyrene）
苯并[g,h,i]二萘嵌苯（$^{13}C_{12}$）（Benzo（g,h,i)perylene（$^{13}C_{12}$）	苯并[a]蒽（Benzo（a）anthracene）、䓛（Chrysene）、苯并[b]荧蒽（Benzo（b）fluoranthene）、苯并[k]荧蒽（Benzo（k）fluoranthene）、苯并[a]芘（Benzo（a）pyrene）、茚并[1,2,3-cd]芘（Indeno（1，2，3-cd）pyrene）、二苯并[a,h]蒽（Dibenzo（a,h）anthracene）、苯并[g,h,i]二萘嵌苯（Benzo（g,h,i）perylene）

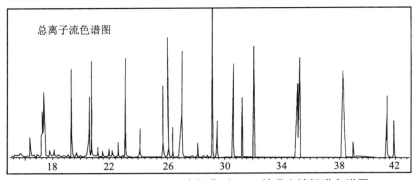

总离子流色谱图

图 M.1 由 TE/GC/MS 测定的典型 PAH 校准土壤标准色谱图

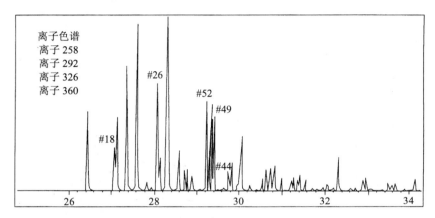

离子色谱
离子 258
离子 292
离子 326
离子 360

#26

#52

#49

#18

#44

图 M.2 用 TE/GC/MS 测定在河底沉积物中 NIST SRM1939

与 PCB 同类物质的色谱图

附录 N（资料性附录）

固体废物　多氯联苯的测定（PCBs）　气相色谱法

Solid wastes—determination of polychlorinated biphenyls（PCBs）— gas chromatography

N.1 范围

本方法规定了固体或者液体基质中多氯联苯的气相色谱的测定方法。下面列举的目标化合物可以采用单柱或双柱系统进行测定：Aroclor 1016、Aroclor 1221、Aroclor 1232、Aroclor 1242、Aroclor 1248、Aroclor 1254、Aroclor 1260、2-氯联苯、2,3-二氯联苯、2,2',5-三氯联苯、2,4',5-三氯联苯、2,2',3,5'-四氯联苯、2,2',5,5'-四氯联苯、2,3',4,4'-T 四氯联苯、2,2',3,4,5'-五氯联苯、2,2',4,5,5'-五氯联苯、2,3,3',4',6-五氯联苯、2,2',3,4,4',5'-六氯联苯、2,2',3,4,5,5'-六氯联苯、2,2',3,5,5',6-六氯联苯、2,2',4,4',5,5'-六氯联苯、2,2',3,3',4,4',5-七氯联苯、2,2',3,4,4',5,5'-七氯联苯、2,2',3,4,4',5',6-七氯联苯、2,2',3,4',5,5',6-七氯联苯、2,2',3,3',4,4',5,5',6-九氯联苯。

水中多氯联苯的方法检测限为 0.054～0.90 μg/L，泥土中的方法检测限为 57～70 μg/kg。定量检测限可以由表 N.1 的数据估算。

N.2 引用标准

下列文件中的条款通过在本方法中被引用而成为本方法的条款，与本方法同效。凡是不注明日期的引用文件，其最新版本适用于本方法。

GB/T 6682　分析实验室用水规格和实验方法

N.3 原理

针对特定的基质采用适合的提取技术提取一定体积或者质量的样品（对于液体大概为 1 L，对于固体为 2～30 g）。采用二氯甲烷在 pH 为中性的条件下提取液体样品，可选用分液漏斗或连续液-液萃取或其他合适的技术。固体样品用己烷-丙酮（1∶1）或者二氯甲烷-丙酮（1∶1）提取，可选用索氏提取、自动索氏提取或者其他合适的提取技术。萃取液采用硫酸/高锰酸钾溶液净化后，用小口径或大口径石英毛细管柱结合电子捕获检测器（GC/ECD）检测。

N.4 试剂和材料

N.4.1　除另有说明外，本方法中所用的水为 GB/T 6682 规定的一级水。

N.4.2　正己烷，色谱纯。

N.4.3　异辛烷，色谱纯。

N.4.4　丙酮，色谱纯。

N.4.5　甲苯，色谱纯。

N.4.6　标准储备溶液

可以用纯的标准物质配制或者购买经过鉴定的标准溶液。准确称取 0.010 0 g 纯的物质配制标准储备液。将该样品用异辛烷或者正己烷溶解在 10ml 的容量瓶中，定容到刻度。如果样品的纯度高于 96%，那么标准储备液的质量浓度就不需要经过校正。

N.4.7　Aroclor 的标准校正

N.4.7.1　用 5 份不同质量浓度的 Aroclor 1016 和 Aroclor 1260 的混合物做多点初始校正就足够显示仪器响应的线性，用异辛烷或正己烷稀释标准储备液，配制至少 5 份含有相同质量浓度的 Aroclor 1016 和 Aroclor 1260 的标准校正液。质量浓度范围必须和现实样品中估计的质量浓度范围以及检测器的线性范围相匹配。

N.4.7.2　需要借助其他 5 种 Aroclor 的单独标准液识别图谱。假设 N.4.7.1 中描述的 Aroclor 1016/1260 标准液已用于显示检测器的线性，剩余的 5 种 Aroclor 单独则用于确定其他校准因子。为其他 Aroclor 各配制 1 种标准液。质量浓度须和监测器线性范围的中点相匹配。

N.4.8　PCB 同类物的标准校正

N.4.8.1　如果需要测定单独的 PCB 同类物，则必须准备纯的同类物的标准液。

N.4.8.2　标准储备液可以按照 Aroclor 标准液的方法配制，或者可以购买商业的溶液。用异辛烷或者己烷稀释储备液，配成至少 5 种不同质量浓度的液体。这些液体的质量浓度必须和实际样品的质量浓度以及检测器的线性范围相匹配。

N.4.9　内标

N.4.9.1　如果需要测定 PCB 的同类物，强烈建议使用内标。十氯联苯（Decachlorobiphenyl）可以作为内标，在分析前加入样品提取液中，并加入初始校正标准液中。

N.4.9.2　当测定 Aroclor 时，不使用内标，十氯联苯作为替代物。

N.4.10　替代物

N.4.10.1　当测定 Aroclor 时，十氯联苯作为替代物，在萃取前加入每份样品中。配制 5 mg/L 十氯联苯的丙酮溶液。

N.4.10.2　当测定 PCB 同类物时，以四氯乙烯间二甲苯（tetrachloro-meta-xylene）作为替代物。配制 5 mg/L 四氯乙烯间二甲苯的丙酮溶液。

N.5 仪器

N.5.1　气相色谱仪，电子捕获检测器。

N.5.2　容量瓶，10 ml、25 ml，用于制备标准样品。

N.6 样品的采集、保存和预处理

N.6.1　固体基质：250 ml 宽口玻璃瓶，有螺纹的 Teflon 盖子，冷却至 4℃保存。液体基质：4 个 1 L 的琥珀色玻璃瓶，有螺纹的 Teflon 盖子，在样品中加入 0.75 ml 10%的 $NaHSO_4$，冷却至 4℃保存。

N.6.2　提取物必须放在冰箱里避光保存，并且在 40 d 内进行分析。

N.7　分析步骤

N.7.1　提取

N.7.1.1　参考附录 U、附录 V 选择合适的提取方法。通常来说，水样用二氯甲烷在中性 pH 下用分液漏斗（附录 U）或者其他合适的方法提取。固体样品用正己烷-丙酮（1∶1）或者二氯甲烷-丙酮（1∶1）提取，采用索氏提取法（附录 V）或者其他合适的方法提取。

注意：正己烷-丙酮通常可以降低提取过程中的干扰物质的含量和提高信噪比。

N.7.1.2　必须用参照物、土壤污染样品或基质加标样品检验所选的提取方法是否适用于新的样品类型。这些样品必须含有或者添加目标化合物，以确定该化合物的百分回收率和检测限。如果要加入目标分析物，特定的 Aroclor 或者 PCB 同类物都可以。如果没有特定的 Aroclor，那么 Aroclor 1016/1260 混合物也许是合适的加标物。

N.7.2　提取物净化

参考附录 W。

N.7.3　GC 条件

N.7.3.1　单柱分析色谱柱

N.7.3.1.1　小口径柱（使用两根柱确认化合物，除非采用其他确认技术，例如 GC/MS）。

DB-5（30 m×0.25 或 0.32 mm×1 μm）石英毛细管柱或同类产品。

DB-608，SPB-608（30 m×0.25 mm×1 μm）石英毛细管柱或同类产品。

N.7.3.1.2　大口径柱（使用两根柱确认化合物，除非采用其他确认技术，例如 GC/MS）。

DB-608，SPB-608，RTx-5，（30 m×0.53 mm×0.5 μm 或 0.83 μm）石英毛细管柱或同类产品。

DB-1701（30 m×0.53 mm×1 μm）石英毛细管柱或同类产品。

DB-5，SPB-5，RTx-5（30 m×0.53 mm×1.5 μm）石英毛细管柱或同类产品。

如果要求更高的色谱分辨率，建议使用小口径柱。小口径柱适合相对比较干净的样品或者已经清洗了 1 次或以上的样品。大口径柱更加适合基质比较复杂的环境或者废物样品。

N.7.3.2　双柱分析色谱柱（从下列色谱柱对中挑选其一）

N.7.3.2.1　A：DB-5，SPB-5，RTx-5（30 m×0.25 mm×1.5 μm）石英毛细管柱或同类产品。

B：DB-1701（30 m×0.53 mm ×1 μm）石英毛细管柱。

N.7.3.2.2　A：DB-5，SPB-5，RTx-5（30 m×0.25 mm ×0.83 μm）石英毛细管柱或同类产品。

B：DB-1701（30 m×0.53 mm ×1 μm）石英毛细管柱或同类产品。

N.7.3.3　GC 温度程序以及流速

表 N.2 列举了 GC 单柱法用于分析以 Aroclor 形式测定的 PCBs 的运行条件，可以选用小口径或者大口径柱。表 N.3 列举了双柱分析法的 GC 运行条件。参考这些表中的条件确定适合分析目标物的温度程序和流速。

N.7.4 校准

N.7.4.1 配制校准标准液。如果以同类物的形式测定 PCBs，强烈建议使用内标校准。因此，校准标准液中必须含有和样品提取液相同质量浓度的内标。如果以 Aroclor 的形式测定 PCBs，那么需要使用外标校准。

N.7.4.2 如果以同类物的形式测定 PCBs，初始的五点校准必须包括所有目标分析物（同类物）的标准物。

N.7.4.3 如果以 Aroclors 的形式测定 PCBs，那么初始校准包括以下两部分。

N.7.4.3.1 初始的五点校准使用 N.4.7 中的 Aroclor 1016 和 Aroclor 1260 混合物。

N.7.4.3.2 在图谱识别中需要使用其他 5 种 Aroclors 的标准品。

N.7.4.3.3 对于某些项目，只有一些 Aroclors 是感兴趣的，可以对感兴趣的 Aroclors 采用五点初始校准。

N.7.4.4 建立适合配置的色谱运行条件（单柱或者双柱，见 N.7.3）。优化仪器的条件以提高目标化合物的分辨率和灵敏度。最后温度也许需要到 240~270℃以洗脱十氯联苯。采用进样器压力程序可以改善色谱的峰洗出延迟。

N.7.4.5 建议每次校准标准液时进样 2 μl。如果可以证明目标化合物有合适的灵敏度，其他进样体积也可以选用。

N.7.4.6 记录每种同类物或者每种特定 Aroclor 的峰面积（或者峰高），用于定量计算。

N.7.4.6.1 每种 Aroclor 必须最少选择 3 个峰，建议选择 5 个峰。每个峰都须是目标 Aroclor 有特征性的。在 Aroclor 标准中选择的峰的高度必须至少有最高的峰的 25%。对于每种 Aroclor，所选的 3~5 个峰中必须最少有 1 个峰是其特有的。选用 Aroclor 1016/1260 混合物中最少 5 个峰，其中任何一个都不能在其他 Aroclor 找到。

N.7.4.6.2 迟流出的 Aroclor 峰一般来说是环境中最稳定的。表 N.5 列举了各种 Aroclor 的诊断峰，包括它们在两种单柱法色谱柱上的保留时间。表 N.7 列举了在 Aroclors 混合物中发现的 13 种特定的 PCB 同类物。表 N.8 列举了 PCB 的同类物以及它们在 DB-5 大口径 GC 柱上相应的保留时间。使用这些作为指导选择合适的峰。

N.7.4.7 如果用内标法测定 PCB 的同类物，采用下面的式子计算每种同类物的响应因子（RF），这个响应因子在校准标准中和内标十氯联苯（decachlorobiphenyl）相关。

$$RF = \frac{A_s \times \rho_s}{A_{is} \times \rho_{is}}$$

式中：A_s——分析物或者拟似标准品的峰面积（或峰高）；

A_{is}——内标的峰面积（或峰高）；

ρ_s——分析物或者拟似标准品的质量浓度，μg/L；

ρ_{is}——内标的质量浓度，μg/L。

N.7.4.8 如果用外标法以 Aroclors 的形式测定 PCBs，用下式计算每次初始校正标准中每个特征 Aroclors 峰的校正因子（CF）。

$$CF = \frac{标准品的峰高或峰面积}{标准品进样的总质量(ng)}$$

从 Aroclor 1016/1260 混合物中可以得到 5 套校准因子，每套包括从混合物选择的 5 个（或以上）峰的校准因子。其他 Aroclor 的单标可以产生至少 3 个校准因子，每个所选的峰各 1 个。

N.7.4.9　使用从初始校准中得到的响应因子或者校准因子来估计初始校准的线性范围。这包括计算每个同类物或者 Aroclors 峰的响应或者校准因子的平均值，标准偏差以及相对标准偏差（RSD）。

N.7.5　保留时间窗口

保留时间窗口对于识别目标化合物来说是至关重要的。以 Aroclors 形式识别 PCBs 时使用绝对保留时间。如果采用内标法以同类物的形式测定 PCBs，绝对保留时间可以和相对保留时间（和内标相对）一起使用。

N.7.6　提取样品的气相色谱分析

N.7.6.1　样品分析采用的 GC 运行条件必须和初始校准中使用的相同。

N.7.6.2　每隔 12 h 在样品分析前进样校准验证标准液以校准系统。每隔 20 个样品进样校准标准液（建议每隔 10 个样品进样，以减小当质量控制超过标准以需要重新进样的数量），在检测结束时也要进样校准标准液。对于 Aroclor 分析，校准验证标准液应该是 Aroclor 1016 和 Aroclor 1260 的混合物。校准验证过程不需要分析其他用于图谱识别的 Aroclor 标准，但是在分析序列中，当用 Aroclor 1016/1260 混合物校准后也建议分析其他 Aroclor 中的一种标准液。

N.7.6.3　进样 2 μl 浓缩的样品提取液。记录进样接近 0.05 μl 时的体积以及所得到的峰面积（或峰高）。

N.7.6.4　通过检查样品的色谱图定性识别目标分析物。

N.7.6.5　对于用内标或者外标校准的程序，可以采用 N.7.8 和 N.7.9 的方法对每个已经识别的峰进行处理，得到定量结果。如果样品的色谱响应超过了校准的范围，把样品稀释后再进行分析。如果峰重叠造成积分错误时，建议使用峰高而不是峰面积进行计算。

N.7.6.6　所有的样品分析都必须在一个可接受的初始校准，校准验证标准（每隔 12 h）或者散点标准校准的前提下进行。如果校准验证不能够满足质量控制的需求，所有在上一个可以满足质量控制要求的校准验证后做的样品都必须重新进样。

建议使用混合标准或者多组分标准物以保证检测器对于所有的分析物的响应都在校准范围内。

N.7.6.7　当校准验证标准和散点标准检测结果符合质量控制的要求时，可以连续进样。建议每隔 10 个样品分析一次标准（要求每隔 20 个以及在每批样品后）以减少因为不能满足要求而重新进样的样品数。

N.7.6.8　如果峰的响应低于基线噪音水平的 2 倍，定量结果的有效性可能有疑问。应根据样品的来源以确定是否能够提高样品的质量浓度。

N.7.6.9　在分析过程中分析校准标准物以评价保留时间的稳定性。如果任何一个标准物的检测结果不在日常时间窗口之内，那么系统就存在问题。

N.7.6.10　如果因为干扰不能进行化合物的识别或者定量测定（例如，出现峰展宽，基线鼓包或者基线不稳），就需要洗涤提取物或者更换毛细管柱或者监测器。在另外一台仪器上重新分析样品以确定问题的原因是在分析仪器硬件还是样品基质。

N.7.7　定性识别

以 Aroclors 或者同类物的形式鉴定 PCBs 是基于样品色谱图中峰的保留时间和目标分析物的标准物的保留时间窗口是否一致。

如果提取样中的色谱峰在特定目标分析物的保留时间窗口内，可以进行初步确认。每个初步确认都必须得到证实：采用另外一根不同固定相的 GC 柱（如双柱分析），基于一个能够明确识别的 Aroclor 峰，或者选用其他技术，例如 GC/MS。

N.7.7.1　如果在一次进样同时分析（GC 双柱结构），指定一根分析柱作样品分析而另外一根柱作样品确认是不实际的。因为校准标准是在 2 根柱子上分析的，2 根柱子都必须符合可以接受的校正标准。

N.7.7.2　单柱/单次进样分析的结果可以用另外一根不同的 GC 柱确认。

N.7.7.3　当已知分析物来源中含有特定的 Aroclor，从单柱分析得到的结果就可能根据清楚认定的 Aroclor 峰进行确证。这种方法不应用于确证未知或者不熟悉来源的样品或者似乎含有 Aroclors 混合物的样品。为了使用这种方法，必须记录：比较样品和 Aroclors 标准物色谱图时所用到的峰；缺失的代表任何一种 Aroclors 的主要的峰；能够指示 Aroclors 存在于样品中的关于来源的信息。

N.7.7.4　GC/MS 的确证。

N.7.8　以同类物的形式定量测定 PCBs

N.7.8.1　以同类物的形式定量测定 PCBs，通过比较样品和 PCB 同类物标准物的色谱图，用内标法得到定量结果。计算每种同类物的质量浓度。

N.7.8.2　根据项目的要求，PCB 同类物的测定结果可以以同类物或者以 PCBs 总量的形式报告。

N.7.9　以 Aroclors 的形式定量分析 PCBs

通过将样品的色谱图和最相近 Aroclors 标准物的色谱图进行比较，以 Aroclors 的形式定量测定 PCBs 的残留。必须决定哪种 Aroclors 和残留最相像以及该标准物是否真的能代表样品中的 PCBs。

N.7.9.1　采用独立 Aroclors 标准物（不是 Aroclor 1016/1260 混合物）来确定 Aroclor 1221，1232，1242，1248 和 1254 的峰的图谱。Aroclor 1016 和 Aroclor 1260 的图谱可以作为混合校正标准的证据。

N.7.9.2　一旦鉴别出 Aroclor 的图谱，比较 Aroclor 单点校正标准物中 3～5 个主要峰和样品提取液的响应。Aroclor 的量用 3～5 个特征峰的独立的校准因子计算，计算模型（线性或者非线性）由 Aroclors 1016/1260 混合物的多点校准确定。质量浓度由各个特征峰确定，然后再取这 3～5 个峰的平均值来确定 Aroclor 的质量浓度。

N.7.9.3　PCBs 在环境中的侵蚀或者在废物处理过程中的变化可能会使 PCBs 变到图谱不能再用某种特定的 Aroclor 识别。样品中含有超过一种 Aroclor 也有同样问题。如果分析的目的不在于对 Aroclors 的日常监控，更适合采用分析 PCB 同类物的方法。如果需要 Aroclor 的结果，可以通过计算 PCB 图谱的总的峰面积以及计算和样品最相像的 Aroclor 标准来定量测定 Aroclor。任何一个根据保留时间不能识别为 PCBs 的峰都必须从总面积中减去。

N.7.10　GC/MS 确认

如果质量浓度足够 GC/MS 的测定，GC/MS 确认可以和单柱或者双柱法结合起来使用。

N.7.10.1　通常全扫描四级杆 GC/MS 比全扫描离子阱或者选择离子检测技术需要更高的目标分析物质量浓度。需要的样品质量浓度取决于仪器，全扫描四级杆 GC/MS 需要 10 ng/μl 的质量浓度，但是离子阱或者 SIM 只需要 1 ng/μl。

N.7.10.2　对于特定的目标分析物 GC/MS 必须经过校正。当使用 SIM 技术时，离子以及保留时间都必须是代测多氯联苯中具有特征性的。

N.7.10.3　GC/MS 确证时必须和 GC/ECD 使用同一份提取物及空白。

N.7.10.4　只要替代物和内标物不影响，碱性/中性/酸性的提取物以及相应的空白都可以用作 GC/MS 确证。但是，如果在碱性/中性/酸性提取液中没有检测出目标物，就必须对农药提取物进行 GC/MS 分析。

N.7.10.5　必须用 GC/MS 分析一份质量控制参考样品。质量控制参考样品的浓度必须证明能够被 GC/ECE 所确认的 PCBs 都能被 GC/MS 确认。

表 N.1　测定定量评估限（EQLs）的因素（针对不同的基质）

基质	比例因子
地表水	10
低浓度土壤，用 GPC 超声洗涤	670
高浓度土壤和污泥，用超声波法处理	10 000
非水的易混溶的废料	100 000

注：[a] EQL = 水样的 MDL×比例因子
对于非水样品，这些数字是基于湿重的。样品的 EQLs 是高度依赖基质的。用这些数据确定的 EQLs 可以作为一个指导而不是任何情况下都有用。

表 N.2　PCBs 作为 Aroclors 的 GC 运行条件（单柱分析）

小口径柱	
小口径柱 1：DB-5（30 m ×0.25 mm 或 0.32 mm ×1 μm）石英毛细管柱或同类产品	
载气（He）	110 kPa（16 lb/in²）
进样温度	225℃
检测器温度	300℃
色谱柱温度	100℃ 保持 2 min，然后以 15℃/min 升温至 160℃，再以 5℃/min 升温至 270℃
小口径柱 2：DB-608，SPB-608（30 m × 0.25 mm ×1 μm）石英毛细管柱或同类产品	
载气（He）	138 kPa（20 lb/in²）
进样温度	225℃
检测器温度	300℃
起始温度	160℃ 保持 2 min，然后以 5℃/min 升温至 290℃ 保持 1 min
大口径柱	
大口径柱 1：DB-608，SPB-608，RTx-5（30 m × 0.53 mm ×0.5 μm 或 0.83 μm）石英毛细管柱或同类产品	
大口径柱 2：DB-1701（30 m × 0.53 mm×1 μm）石英毛细管柱或同类产品	
载气（He）	5～7 ml/min
补充气（氩气/甲烷[P-5 或 P-10] 或氮气）	30 ml/min
进样温度	250℃
检测器温度	290℃

色谱柱温度	150℃保持 0.5 min，然后以 5℃/min 升温至 270℃，保持 10min
大口径柱	
DB-5，SPB-5，RTx-5（30 m × 0.53 mm×1.5 μm）石英毛细管柱或同类产品	
载气（He）	6 ml/min
补充气 （氩气/甲烷[P-5 或 P-10] 或氮气）	30 ml/min
进样温度	205℃
检测器温度	290℃
色谱柱温度	140℃保持 2 min，然后以 10℃/min 升温至 240℃，保持 5min，再以 5℃/min 升温至 265℃，保持 18min

表 N.3　PCBs 作为 Aroclors 的 GC 运行条件（双柱分析法 高温，厚涂层）

柱 1：DB-1701（30 m×0.53 mm×1.0 μm）或同类产品	
柱 2：DB-5（30 m×0.53 mm×1.5 μm）或同类产品	
载气（He）流速	6 ml/min
补充气（N$_2$）流速	20 ml/min
色谱柱温度	150℃保持 0.5min，然后以 12℃/min 升温至 190℃，保持 2min，再以 4℃/min 升温至 275℃，保持 10min
进样温度	250℃
检测器温度	320℃
进样体积	2 μl
溶剂	正己烷
进样类型	闪蒸
双 ECD 检测器	
范围	10
Attenuation 64 （DB-1701）/64 （DB-5）	
分流器种类	J&W Scientific 压配 Y-型分流进样器

表 N.4　DB-5 柱上 Aroclors 的保留时间，双柱检测

峰序号	Aroclor 1016	Aroclor 1221	Aroclor 1232	Aroclor 1242	Aroclor 1248	Aroclor 1254	Aroclor 1260
1		5.85	5.85				
2		7.63	7.64	7.57			
3	8.41	8.43	8.43	8.37			
4	8.77	8.77	8.78	8.73			
5	8.98	8.99	9.00	8.94	8.95		
6	9.71			9.66			
7	10.49	10.50	10.50	10.44	10.45		
8	10.58	10.59	10.59	10.53			
9	10.90		10.91	10.86	10.85		
10	11.23	11.24	11.24	11.18	11.18		
11	11.88		11.90	11.84	11.85		
12	11.99		12.00	11.95			
13	12.27	12.29	12.29	12.24	12.24		

峰序号	Aroclor 1016	Aroclor 1221	Aroclor 1232	Aroclor 1242	Aroclor 1248	Aroclor 1254	Aroclor 1260
14	12.66	12.68	12.69	12.64	12.64		
15	12.98	12.99	13.00	12.95	12.95		
16	13.18		13.19	13.14	13.15		
17	13.61		13.63	13.58	13.58	13.59	13.59
18	13.80		13.82	13.77	13.77	13.78	
19	13.96		13.97	13.93	13.93	13.90	
20	14.48		14.50	14.46	14.45	14.46	
21	14.63		14.64	14.60	14.60		
22	14.99		15.02	14.98	14.97	14.98	
23	15.35		15.36	15.32	15.31	15.32	
24	16.01			15.96			
25			16.14	16.08	16.08	16.10	
26	16.27		16.29	16.26	16.24	16.25	16.26
27						16.53	
28			17.04		16.99	16.96	16.97
29			17.22	17.19	17.19	17.19	17.21
30			17.46	17.43	17.43	17.44	
31					17.69	17.69	
32				17.92	17.91	17.91	
33				18.16	18.14	18.14	
34			18.41	18.37	18.36	18.36	18.37
35			18.58	18.56	18.55	18.55	
36							18.68
37			18.83	18.80	18.78	18.78	18.79
38			19.33	19.30	19.29	19.29	19.29
39						19.48	19.48
40						19.81	19.80
41			20.03	19.97	19.92	19.92	
42						20.28	20.28
43					20.46	20.45	
44						20.57	20.57
45				20.85	20.83	20.83	20.83
46			21.18	21.14	21.12	20.98	
47					21.36	21.38	21.38
48						21.78	21.78
49				22.08	22.05	22.04	22.03
50						22.38	22.37
51						22.74	22.73
52						22.96	22.95
53						23.23	23.23
54							23.42
55						23.75	23.73
56						23.99	23.97

峰序号	Aroclor 1016	Aroclor 1221	Aroclor 1232	Aroclor 1242	Aroclor 1248	Aroclor 1254	Aroclor 1260
57							24.16
58						24.27	
59							24.45
60						24.61	24.62
61						24.93	24.91
62							25.44
63						26.22	26.19
64							26.52
65							26.75
66							27.41
67							28.07
68							28.35
69							29.00

注：a. GC 的运行条件在表 N.3 给出。所有的保留时间都是以分钟（min）为单位。

　　b. 表中列举的峰按流出顺序确定序号，和异构体序号没关。

表 N.5　DB-1701 柱上 Aroclors 的保留时间，双柱检测

峰序号	Aroclor 1016	Aroclor 1221	Aroclor 1232	Aroclor 1242	Aroclor 1248	Aroclor 1254
1		4.45	4.45			
2		5.38				
3		5.78				
4		5.86	5.86			
5	6.33	6.34	6.34 6.28			
6	6.78	6.78	6.79 6.72			
7	6.96	6.96	6.96 6.90	6.91		
8	7.64		7.59			
9	8.23	8.23	8.23 8.15	8.16		
10	8.62	8.63	8.63 8.57			
11	8.88		8.89 8.83	8.83		
12	9.05	9.06	9.06 8.99	8.99		
13	9.46		9.47 9.40	9.41		
14	9.77	9.79	9.78 9.71	9.71		
15	10.27	10.29	10.29 10.21	10.21		
16	10.64	10.65	10.66 10.59	10.59		
17			10.96	10.95	10.95	
18	11.01		11.02 11.02	11.03		
19	11.09		11.10			
20	11.98		11.99 11.94	11.93	11.93	
21	12.39		12.39 12.33	12.33	12.33	
22			12.77 12.71	12.69		
23	12.92		12.94	12.93		
24	12.99		13.00 13.09	13.09	13.10	
25	13.14		13.16			
26						13.24
27	13.49		13.49 13.44	13.44		

峰序号	Aroclor 1016	Aroclor 1221	Aroclor 1232	Aroclor 1242	Aroclor 1248	Aroclor 1254
28	13.58		13.61 13.54	13.54	13.51	13.52
29			13.67		13.68	
30			14.08 14.03	14.03	14.03	14.02
31			14.30 14.26	14.24	14.24	14.25
32				14.39	14.36	
33			14.49 14.46	14.46		
34					14.56	14.56
35				15.10	15.10	
36			15.38 15.33	15.32	15.32	
37		15.65	15.62	15.62	15.61	16.61
38		15.78	15.74	15.74	15.74	15.79
39		16.13	16.10	16.10	16.08	
40						16.19
41					16.34	16.34
42					16.44	16.45
43					16.55	
44		16.77	16.73	16.74	16.77	16.77
45		17.13	17.09	17.07	17.07	17.08
46					17.29	17.31
47			17.46	17.44	17.43	17.43
48			17.69	17.69	17.68	17.68
49				18.19	18.17	18.18
50			18.48	18.49	18.42	18.40
51					18.59	
52					18.86	18.86
53			19.13	19.13	19.10	19.09
54					19.42	19.43
55					19.55	19.59
56					20.20	20.21
57					20.34	
58						20.43
59				20.57	20.55	
60					20.62	20.66
61					20.88	20.87
62						21.03
63					21.53	21.53
64					21.83	21.81
65					23.31	23.27
66						23.85
67						24.11
68						24.46
69						24.59
70						24.87
71						25.85
72						27.05
73						27.72

注: a. GC 的运行条件在表 N.3 给出。所有的保留时间都是以 min 为单位。

b. 表中列举的峰按流出顺序确定序号，和异构体序号没关。

表 N.6　PCBs 在 0.53 mm ID 柱上的峰诊断，单柱分析

峰序号 [a]	化合物名称 Aroclor [c]	保留时间 DB-608 [b]	保留时间 DB-1701 [b]
I	1221	4.90	4.66
II	1221，1232，1248	7.15	6.96
III	1061，1221，1232，1242	7.89	7.65
IV	1016，1232，1242，1248	9.38	9.00
V	1016，1232，1242	10.69	10.54
VI	1248，1254	14.24	14.12
VII	1254	14.81	14.77
VIII	1254	16.71	16.38
IX	1254，1260	19.27	18.95
X	1260	21.22	21.23
XI	1260	22.89	22.46

注：a. 峰按流出顺序确定序号，和异构体序号没关。

b. 温度程序：$t_i = 150℃$，保持 30 s；以 5℃/min 的速度升高到 275℃。

c. 在图谱中 Aroclor 的最大峰用下划线标明。

表 N.7　Aroclor 中特定的 PCB 同类物

同类物	IUPAC 序号	1016	1221	1232	1242	1248	1254	1260
联苯	—		X					
2-CB	1	X	X	X	X			
23-DCB	5	X	X	X	X	X		
34-DCB	12	X		X	X	X		
244'-TCB	28*	X		X	X	X	X	
22'35'-TCB	44			X	X	X	X	X
23'44'-TCB	66*					X	X	X
233'4'6-PCB	110						X	
23'44'5-PCB	118*						X	X
22'44'55'-HCB	153							X
22'344'5'-HCB	138							X
22'344'55'-HpCB	180							X
22'33'44'5-HpCB	170							X

注：* 明显的共流出：28 和 31（2,4',5-三氯联苯）；

　　66 和 95（2,2',3,5',6-五氯联苯）；

　　118 和 149（2,2',3,4',5',6-六氯联苯）。

表 N.8　PCB 同类物在柱 DB-5 大口径柱的保留时间

IUPAC #	保留时间/min
1	6.52
5	10.07
18	11.62
31	13.43

IUPAC #	保留时间/min	
52	14.75	
44	15.51	
66	17.20	
101	18.08	
87	19.11	
110	19.45	
151	19.87	
153	21.30	
138	21.79	
141	22.34	
187	22.89	
183	23.09	
180	24.87	
170	25.93	
206	30.70	
209	32.63	（内标）

固体废物　挥发性有机化合物的测定　气相色谱/质谱法

Solid Wastes—Determination of VOCs—Gas Chromatography/ Mass Spectrometry（GC/MS）

O.1 范围

本方法适用于固体废物中挥发性有机化合物的气相色谱/质谱的测定方法。本方法几乎可以应用于所有种类的样品测试，无需考虑水分含量，包括各种气体捕集基质，地下水及地表水，软泥，腐蚀性液体，酸性液体，废弃溶剂，油性废弃物，奶油制品，焦油，纤维废弃物，聚合乳状液，过滤性物质，废弃碳化合物，废弃催化剂，土壤及沉积物。下列物质可由该方法进行测定：丙酮、乙腈、丙烯醛、丙烯腈、丙烯醇、烯丙基氯、苯、氯苯、双（2-氯乙基）硫醚（芥子气）、溴丙酮、溴氯甲烷、二氯溴甲烷、4-溴氟苯、溴仿、溴化甲烷、正丁醇、2-丁酮、叔-丁醇、二硫化碳、四氯化碳、水合氯醛、二溴氯代甲烷、氯代乙烷、2-氯乙醇、2-氯乙基-乙烯基醚、氯仿、氯甲烷、氯丁二烯、3-氯丙腈、巴豆醛、1,2-二溴-3-氯丙烷、1,2-二溴乙烷、二溴乙烷、1,2-二氯苯、1,3-二氯苯、1,4-二氯苯、氘代 1,4-二氯苯、顺式-1,4-二氯-2-丁烯、反式-1,4-二氯-2-丁烯、二氯二氟甲烷、1,1-二氯乙烷、1,2-二氯乙烷、氘代 1,2-二氯乙烷、1,1-二氯乙烯、反式-1,2-二氯乙烯、1,2-二氯丙烷、1,3-二氯-2-丙醇、顺式-1,3-二氯丙烯、反式-1,3-二氯丙烯、1,2,3,4-二环氧丁烷、二乙醚、1,4-二氟苯、1,4-二氧杂环乙烷、表氯醇、乙醇、乙酸乙酯、乙基苯、乙撑氧、甲基丙烯酸乙酯、氟苯、六氯丁二烯、六氯乙烷、2-己酮、2-羟基丙腈、碘代甲烷、异丁醇、异丙基苯、丙二腈、甲基丙烯腈、甲醇、二氯甲烷、甲基丙烯酸甲酯、4-甲基-2-戊酮、萘、硝基苯、2-硝基丙烷、N-亚硝基-二-正丁基胺、三聚乙醛、五氯乙烷、2-戊酮、2-甲基吡啶、1-丙醇、2-丙醇、炔丙醇、β-丙基丙酮、丙基腈、正丙基胺、吡啶、苯乙烯、1,1,1,2-四氯乙烷、1,1,2,2-四氯乙烷、四氯乙烯、甲苯、氘代甲苯、邻甲苯胺、1,2,4-三氯苯、1,1,1-三氯乙烷、1,1,2-三氯乙烷、三氯乙烯、三氯氟代甲烷、1,2,3-三氯丙烷、乙酸乙酯、氯乙烯、邻二甲苯、间二甲苯、对二甲苯。

许多技术可以将这些物质转入到 GC/MS 系统中进行分析。分析固体样品和液体样品时，应用静态顶空和吹扫捕集技术。

下列物质同样可以应用此方法进行分析：溴苯、1,3-二氯丙烷、正丁基苯、2,2-二氯丙烷、sec 丁基苯、1,1-二氯丙烷、t-丁基苯、p-异丙醇甲苯、氯代乙腈、甲基丙烯酸酯、1-氯丁烷、甲基 t 丁基醚、1-氯己烷、五氟苯、2-氯甲苯、正丙基苯、4-氯甲苯、1,2,3-三氯苯、二溴氟代甲烷、1,2,4-三甲基苯、顺式-1,2-二氯乙烯、1,3,5-三甲基苯。

本方法应用于定量分析大多数沸点低于 200℃的挥发性有机化合物。对于某一特定物质的定量检出限（EQL）在一定程度上依赖于仪器及样品预处理/样品导入方法的选择。

对于标准的四极杆仪器及吹扫捕集技术，土壤/沉积物样品的检出限应该为约 5μg/kg（净重），废物的为 0.5 mg/kg（净重），地下水为 5 μg/L。如果应用离子阱质谱仪或其他改良的仪器，检出限可能更低。但是不管使用何种仪器，对于样品提取物和那些需要稀释的样品或为避免检测器的信号饱和而不得不减少体积的样品，EQL 都会成比例地增加。

O.2　引用标准

下列文件中的条款通过在本方法中被引用而成为本方法的条款，与本方法同效。凡是不注明日期的引用文件，其最新版本适用于本方法。

GB/T 6682　分析实验室用水规格和实验方法

O.3　原理

挥发性化合物由静态顶空技术或其他方法引入气相色谱。这些物质在被瞬间挥发进入到细孔毛细管之前，被直接引入到大口径毛细管柱或在一根毛细管预柱上富集。通过柱子程序升温来进行物质的分离，再通过气相色谱（GC）接口进入质谱（MS）进行检测。从毛细管柱中流出的组分通过一个分流器或直接的连接器进入到质谱仪中（大口径毛细管柱通常需要一个分流器，而细孔毛细管柱可与离子源直接相连）。目标物质的鉴定是通过将它们的质谱图与标准物的电子轰击（或类似电子轰击）的谱图相比较；定量分析则是通过应用五点校准曲线比较一个主要（定量）离子与内标物质离子的响应来完成的。

O.4　试剂和材料

O.4.1　除有说明外，本方法中所用的水为 GB/T 6682 规定的一级水。

O.4.2　甲醇，色谱纯。

O.4.3　十六烷试剂，分析纯。十六烷的纯度要求在待测物的方法检出限中没有干扰物质的存在。十六烷纯度的鉴定通过直接注射空白样品进入 GC/MS。空白样品的分析结果应该表明所有干扰的挥发性物质已从十六烷中完全去除。

O.4.4　聚乙烯乙二醇，分析纯，在目标分析物的检出限中无干扰物质。

O.4.5　盐酸（1∶1，体积分数），小心地将浓 HCl 加入到相同体积的水中。

O.4.6　储备液，应该由纯的基准物质配制或通过购买已鉴定的溶液。

转移 9.8 ml 甲醇于 10 ml 带有磨口玻璃塞的容量瓶中。瓶身直立，不盖瓶塞，等待约 10 min 后或等到所有甲醇湿润过的地方风干后，准确称量容量瓶到 0.000 1 g。加入已验证过的标准物质，操作如下：

O.4.6.1　液体：使用 100 μl 注射器，快速加入 2 滴或更多的标准物质于容量瓶中，称重。液体必须直接滴入甲醇中避免沾到瓶颈处。

气体：配制沸点低于 30℃ 的标准溶液（如溴代乙烷，氯代乙烷，氯代甲烷或氯乙烯）时，用 5 ml 带阀门的密闭注射器取参照标准至 5 ml 刻度。将针头置于甲醇液面上方 5 mm 处，缓慢将参照标准放入液面上方，重的气体将很快溶于甲醇中。

O.4.6.2　再次称重，稀释至容量瓶体积，盖好塞子，然后倒置容量瓶数次以充分混匀。按称量的净重以毫克每升（mg/L）为单位计算质量浓度。如果化合物的纯度已达到或高于 96%，不需要再校准称重，可直接计算储备液质量浓度。

O.4.6.3 将储备液转移到带有 PTFE 螺帽的瓶中。储存时，使其保持尽量少的顶部空间，避光，保存于 -10℃ 或更低。

O.4.6.4 标准溶液制备频率：标准溶液必须随时与初始校正曲线对比以进行监控，如果产生了 20% 的漂移，则需配制新的标准溶液。气体标准溶液一般 1 周后就要重新配制，非气体物质的标准溶液一般在 6 个月内需要重新配制。化学活性高的化合物，如 2-氯乙基乙烯醚和苯乙烯需要更加频繁的配备。

O.4.7 二级稀释标准溶液：应用储备标准溶液制备二级稀释标准溶液于甲醇中，其中包含单一的或混合的目标化合物。二级稀释标准溶液储备时必须有很少的顶空空间，并需要时常监测其降解或挥发程度，尤其是在用其制备校准标准溶液之前。储存在没有顶空空间的瓶子里，每周更换一次。

O.4.8 替代物：建议使用氘代甲苯、4-溴代氟苯、氘代 1,2-二氯乙烷，及二溴氟代甲烷。分析要求其他化合物也可作为替代物。储存在甲醇中的替代物标准储备溶液必须按照储备溶液的配制方法来配制，替代物的稀释溶液由质量浓度为 50~250 µg/10 ml 的储备液来配制。样品在进行 GC/MS 分析前要先进行 10µl 替代物的分析。

O.4.9 内标：建议使用氟苯、氘代氯苯、氘代 1,4-二氯苯。其他化合物只要其保留时间与 GC/MS 待测的化合物相似也可以作为内标物质。二级稀释标准溶液必须控制每一个内标物质的质量浓度为 25 mg/L。往 5 ml 校准标准溶液中加入 10 µl 内标液使得其质量浓度为 50 µg/L。如果质谱仪的灵敏度可达到更低的检测水平，内标溶液需要进一步被稀释。在中点校准分析中，内标物质的峰面积应该在目标物质峰面积的 50%~200%。

O.4.10 4-溴代氟苯（BFB）标准溶液：在甲醇中配制质量浓度为 25 ng/µl BFB 标准溶液。如果使用灵敏度更高的质谱仪，则需要进一步稀释 BFB 标准液。

O.4.11 校准溶液：该方法存在 2 种校准溶液：初始校准溶液和校准确认溶液。

O.4.11.1 初始校准溶液必须从储备液的二级稀释液制备最少 5 种不同质量浓度（O.4.6 和 O.4.7），或直接从预先混合好的校正溶液中制备。至少应有一种校准标准液的质量浓度与样品质量浓度吻合，其他校准溶液质量浓度范围应该包含典型的样品质量浓度但又不能超出 GC/MS 系统的测试范围。当制作一条初始工作曲线时，必须保证初始校准溶液是由新鲜储备液和二次稀释液混合而成。

O.4.11.2 校准确认标准溶液的质量浓度应该在初始校准溶液质量浓度范围的中间，初始校准溶液来自储备液二级稀释液或预先混合好的校正溶液，用无有机物水制备该溶液。

O.4.11.3 初始校准液和校准确认溶液中应该包含一个特定分析中所有待分析的目标化合物。而这些目标化合物不一定是已论证方法中所分析的所有物质。但是，实验室不应报告一个未包含在校准溶液中目标化合物的定量分析结果。

O.4.11.4 校准溶液也必须包含分析方法中已选择的内标化合物。

O.4.12 基体加标样品和实验室控制样品（LCS）标准液：基体加标标准液必须由典型的挥发性有机化合物配制，且应包括可能在待测样品中发现的目标化合物。基体加标样品至少应包括：1,1-二氯乙烯、三氯乙烯、氯苯、甲苯和苯。

O.4.12.1 某些基体加标样品中可能要求含有特殊目标化合物，尤其是当含有待测的极性化合物时，因为上述基质加标样品对极性化合物并不具备代表性。基体加标样品由甲醇配制，每种化合物质量浓度控制在 250 µg/10ml。

O.4.12.2　基体加标样品不能用与标准标准液相同的标准溶液配制。由基体加标样品配制的相同标准液可用于实验室控制样品（LCS）。

O.4.12.3　如果为达到更低检测水平而使用灵敏度更高的质谱仪，则可能需要更多的基质加标样品溶液。

O.4.13　必须关注的一点是保持所有标准溶液的完整质量浓度。推荐所有在甲醇中制备的标准溶液都由带有 PTFE 螺帽的棕黄色瓶保存在 10℃ 或更低温度。

O.5　仪器

O.5.1　针对固体样品和液体样品的静态顶空装置或吹扫捕集装置。

O.5.2　进样器隔垫，进行改进的或直接的进样分析时须放置一个 1 cm 的玻璃毛衬管，其中 50～60 mm 的长度插入到柱温箱中。

O.5.3　气相色谱/质谱仪

O.5.3.1　气相色谱仪

O.5.3.1.1　GC 须配备各种连续微分流速控制器以便保持在解吸和程序升温过程时毛细管柱中气体流速恒定。

O.5.3.1.2　低于环境温度的柱温箱控制器。

O.5.3.1.3　毛细管预柱接口。这个装置是在样品导入装置和毛细管柱间的一个接口，当进行低温冷却时是必须存在的。这个接口浓缩了吸附的样品成分并将它们聚焦在无硅胶涂层毛细管预柱上一段窄的部分中。当接口被瞬间加热时，样品被传送到分析毛细管柱。

O.5.3.1.4　在冷富集过程中，接口中硅胶的温度在氮气气流中维持在 −150℃。在吸附过程之后，接口必须可以在 15 s 或更短的时间内快速加温到 250℃ 以保证分析物质的完全转移。

O.5.3.2　质谱仪，配有电子轰击源（EI）。

O.5.4　微量进样器，10，25，100，250，500 及 1 000 µl。

O.5.5　进样针，5，10 或 25 ml，有不漏气的关闭阀门。

O.5.6　分析天平，可精确至 0.000 1 g。

O.5.7　气体密闭装置，20 ml，带有 PTFE 螺帽或玻璃管路带有 PTFE 螺帽。

O.5.8　小瓶，2 ml，用于 GC 自动进样器。

O.5.9　容量瓶，10 ml 和 100 ml。

O.6　样品的采集、保存和预处理

O.6.1　固体基质：250 ml 宽口玻璃瓶，有螺纹的 Teflon 盖子，冷却至 4℃ 保存。

O.6.2　液体基质：4 个 1 L 的琥珀色玻璃瓶，有螺纹的 Teflon 盖子，在样品中加入 0.75 ml 10% 的 $NaHSO_4$，冷却至 4℃ 保存。

O.7　分析步骤

O.7.1　样品引入可由多种不同的方法完成。所有的内标物、替代物和基体加标物必须在进入 GC/MS 系统前加入样品中。

O.7.2 色谱条件（推荐）

O.7.2.1 色谱柱：色谱柱 1：VOCOL（60 m×0.75 mm×1.5 μm）毛细管柱或同类产品；

色谱柱 2：DB-624，Rt-502.2，或 VOCOL[（30～75）m×0.53 mm×3 μm]毛细管柱，或同类产品；

色谱柱 3：DB-5，Rt -5，SPB-5[30 m×（0.25～0.32）mm×1 μm]毛细管柱或同类产品；

色谱柱 4：DB-624（60 m×0.32 mm×1.8 μm）毛细管柱，或同类产品。

O.7.2.2 常规条件：进样温度：200～225℃；传输线温度：250～300℃。

O.7.2.3 可低温冷却的柱 1 和柱 2：

载气（氦气）流速：15 ml/min；初始温度：10℃保持 5 min，然后以 6℃/min 升温至 70℃，再以 15℃/min 升温至 145℃，保持该温度直到所有目标化合物全部流出。

O.7.2.4 直接进样柱 2：载气流速：4 ml/min；柱：DB-624，70 m×0.53 mm；初始温度：40℃保持 3 min 然后以 8℃/min 升温至 260℃，保持该温度直到所有目标化合物全部流出。柱烘干：75 min；注射器温度：200～225℃；传输线温度：250～300℃。

O.7.2.5 直接分流接口柱 4：载气（氦气）流速：1.5 ml/min；初始温度：35℃保持 2 min，然后以 4℃/min 升温至 50℃，再以 10℃/min 升温至 220℃，保持该温度直到所有目标化合物全部流出；分流比：100∶1；注射器温度：125℃。

O.7.3 样品的 GC/MS 分析

O.7.3.1 应对样品进行预测以尽量降低高质量浓度有机物对 GC/MS 系统污染的风险。

O.7.3.2 所有的样品及标准溶液在分析前必须升温到室温。按照所选方法中的要求建立好导入装置。

O.7.3.3 从水样中提取一小部分样品，将破坏余下体积的准确性，从而影响将来的分析。因此，当一份 VOA 样品提供到实验室时，分析人员应该一次准备两份分析溶液以保证样品的准确性。第二份样要保存好直到分析人员已确定第一份样品已被分析准确。对于液体样品，一支 20 ml 注射器可用来保存两份 5 ml 样品。第二份样品必须在 24 h 内进行分析，期间应小心不要让空气渗透进入注射器。

O.7.3.4 从 5 ml 的注射器中取出活塞然后加上一个关闭的注射器阀。打开样品或标准溶液的瓶子，使它们达到室温的状态，然后小心地将样品推入注射器中直到几乎充满。重新放好活塞并且压缩样品。打开注射器阀门后排出剩余的空气调整样品体积到 5.0 ml。如果需要达到更低的检出限，则要使用 25 ml 注射器并调整最后的体积到 25.0 ml。

O.7.3.5 下面的操作可用于稀释分析挥发性物质的液体样品。所有的步骤必须连续进行直到稀释后的样品进入密闭的注射器中。

O.7.3.5.1 稀释应在容量瓶中进行（10～100 ml）。如果需要大量的稀释溶液可以进行多次的稀释。

O.7.3.5.2 计算要加入容量瓶的无有机物水的合适体积，然后加入比此体积稍少的无有机物水到容量瓶中。

O.7.3.5.3 从注射器中注射合适体积的有机物样品进入到容量瓶中。样品体积不宜少于 1 ml。用无有机物水稀释样品到容量瓶的刻度线。盖上瓶盖，倒置摇匀 3 次。

O.7.3.5.4 将稀释的样品溶液注入 5 ml 注射器中。

O.7.3.6 GC/MS 分析前混合液体样品

O.7.3.6.1 往 25 ml 玻璃注射器中加入每份样品 5 ml。注意必须保持注射器的零顶空。如果样品的体积大于 5 ml，必须保证每份样品的体积一致。

O.7.3.6.2 在此操作期间必须保证样品冷却到 4℃ 以下以减少蒸发流失，样品瓶可以放在一个冰托盘中。

O.7.3.6.3 摇匀容量瓶后用 25 ml 注射器抽取 5 ml。

O.7.3.6.4 所有样品混合在注射器后，倒置注射器数次以将样品混匀。使用已选择的方法将混好的样品导入仪器。

O.7.3.6.5 如果用于混合的样品少于 5 个，则可以相应选择小一点的注射器，除非要求吹扫 25 ml 样品体积。

O.7.3.7 手动或自动加入 10 µl 替代物和 10 µl 内标物溶液到每个样品。若质谱仪的灵敏度可达到更低的检出限，则替代物和内标物溶液质量浓度可以再稀释。加 10 µl 基体加标液至一份 5 ml 样品中，制成 50 µg/L 的基体加标样；如果制备实验室质控样（LCS），则用空白代替样品即可。

O.7.3.8 按照已选的方法进行样品分析。

O.7.3.8.1 直接进样时注射 1～2 µl 样品进入 GC/MS。进样体积取决于所选择的色谱柱以及 GC/MS 系统对水的灵敏性（如果分析的是液体样品）。

O.7.3.8.2 往样品中加入的内标物，替代物或基体加标样的质量浓度需要调节，从而使得进入 GC/MS 的 1～2 µl 样品的质量浓度与吹扫 5 ml 样品体积的质量浓度是一致的。

注意：在所有的样品、基体加标样、空白和标准溶液中监控内标物的保留时间和响应信号（峰面积）是很好的监控方法，可以有效地诊断方法性能的漂移、注射操作的失败以及预见系统故障。

O.7.3.9 若初始的样品或已稀释的样品分析中发现有分析物的质量浓度已超过初始校正质量浓度范围，则样品需要进一步稀释后再重新分析。只有当一级离子定量出现干扰时可以利用二级离子来定量。

O.7.3.9.1 当样品中某个化合物的离子将检测器信号饱和了，则之后必须进行一次水的空白测试。如果空白测试中出现干扰，则系统一定被污染了。只有在空白测试保证干扰消除后才能继续进行样品分析。

O.7.3.9.2 所有的稀释溶液分析要保证主要成分（先前饱和的峰）的响应在曲线线性范围的上半部分。

O.7.3.10 当检出限被要求低于 EI 谱图的一般范围时可以采用选择离子模式（SIM）。但是，SIM 模式对于化合物鉴定存在一些弱点，除非对每个化合物分析时都检测多个离子。

O.7.4 定性分析

O.7.4.1 对每个化合物进行定性分析时是基于保留时间以及扣除空白后将样品的质谱图与参考质谱图中的特征离子进行比较。参考质谱图必须在同一条件下由实验室获得。参考质谱图中的特征离子来自最高强度的三个离子，或者在没有这样离子的情况下任一超过 30% 相对强度的离子。满足以下标准后，化合物可以被定性。

O.7.4.1.1 保留时间一致。

O.7.4.1.2 样品成分的相对保留时间（RRT）在标准化合物 RRT 的 ±0.06 RRT 范围

内。

O.7.4.1.3　特征离子的相对强度与参考谱图中这些离子的相对强度的 30%相当（例如：在参考谱图中，一个离子的丰度为 50%，样品谱图中相应的丰度范围在 20%～80%）。

O.7.4.1.4　结构异构体如果有非常相似的质谱图但是在 GC 上的保留时间有明显差别则被认为是不同的异构体。若两个异构体峰之间的峰谷高度小于两个峰的峰高之和的 25%，则认为这两个异构体已被 GC 有效分离。否则，结构异构体应被鉴定为一对异构体。

O.7.4.1.5　当样品的成分没有被色谱有效分离，使得产生的质谱中包含有不同分析物产生的离子，定性分析就出现了问题。

O.7.4.1.6　提取适当的离子流谱图可以帮助选择谱图以及对化合物进行定性分析。当分析物共流出时，定性标准也可得到满足，但每个组分的谱图会包含因共流化合物而产生的外部离子。

O.7.4.2　当校正溶液中不包含样品中的某些成分时，用数据库搜索可帮助进行初步定性。需要时可以采用这种定性方式。数据系统中数据库搜索程序不能使用归一化程序，因为这将误导数据库或产生未知的谱图。

O.7.5　定量分析

O.7.5.1　当化合物被定性后，其定量的依据是一级特征离子 EICP 的积分丰度。所选用的内标物应该与待测分析物有最相近的保留时间。

O.7.5.2　需要时，样品中任何确定的非目标化合物的浓度也必须评估。可以应用以下修饰后的方程进行计算：峰面积 A_x 和 A_{is} 应该来自于总离子流色谱，而化合物的响应因子 RF 假设为 1。

O.7.5.3　应报告质量浓度测试的结果，测试结果应表明：（1）质量浓度值是一个评估值；（2）哪种内标化合物被用于定量分析。应采用无干扰的最相近的内标化合物。

表 O.1　挥发性有机化合物在大口径毛细管柱上的色谱保留时间和方法检测限

化合物	保留时间/min			方法检测限 [d]
	柱 1 [a]	柱 2 [b]	柱 3 [c]	（μg/L）
二氯二氟甲烷	1.35	0.70	3.13	0.10
氯甲烷	1.49	0.73	3.40	0.13
氯乙烯	1.56	0.79	3.93	0.17
溴甲烷	2.19	0.96	4.80	0.11
氯乙烷	2.21	1.02	—	0.10
三氯氟甲烷	2.42	1.19	6.20	0.08
丙烯醛	3.19			
碘甲烷	3.56			
乙腈	4.11			
二硫化碳	4.11			
烯丙基氯	4.11			
亚甲基氯	4.40	2.06	9.27	0.03
1,1-二氯乙烯	4.57	1.57	7.83	0.12
丙酮	4.57			
反-1,2-二氯乙烯	4.57	2.36	9.90	0.06

化合物	保留时间/min			方法检测限 [d]/（μg/L）
	柱 1 [a]	柱 2 [b]	柱 3 [c]	
丙烯腈	5.00			
11-二氯乙烷	6.14	2.93	10.08	0.04
醋酸乙烯酯	6.43			
2,2-二氯丙烷	8.10	3.80	11.87	0.35
2-丁酮	—			
顺-1,2-二氯乙烯	8.25	3.90	11.93	0.12
丙腈	8.51			
氯仿	9.01	4.80	12.60	0.03
溴氯甲烷	—	4.38	12.37	0.04
甲基丙烯腈	9.19			
1,1,1-三氯乙烷	10.18	4.84	12.83	0.08
四氯化碳	11.02	5.26	13.17	0.21
1,1-二氯丙烯	—	5.29	13.10	0.10
苯	11.50	5.67	13.50	0.04
1,2-二氯乙烷	12.09	5.83	13.63	0.06
三氯乙烯	14.03	7.27	14.80	0.19
1,2 二氯丙烷	14.51	7.66	15.20	0.04
二氯溴甲烷	15.39	8.49	15.80	0.08
二溴甲烷	15.43	7.93	5.43	0.24
甲基丙烯酸甲酯	15.50			
1,4-二氧杂环己烷	16.17			
2-氯乙基乙烯基醚	—			
4-甲基-2-戊酮	17.32			
反-1,3-二氯丙烯	17.47	—	16.70	—
甲苯	18.29	10.00	17.40	0.11
顺-1,3 二氯丙烯	19.38	—	17.90	
1,1,2-三氯乙烷	19.59	11.05	18.30	0.10
甲基丙烯酸乙酯	20.01			
2-己酮	20.30			
四氯乙烯	20.26	11.15	18.60	0.14
1,3-二氯丙烷	20.51	11.31	18.70	0.04
二溴氯甲烷	21.19	11.85	19.20	0.05
1,2-二溴乙烷	21.52	11.83	19.40	0.06
1-氯己烷	—	13.29	—	0.05
氯苯	23.17	13.01	20.67	0.04
1,1,1,2-四氯乙烷	23.36	13.33	20.87	0.05
乙苯	23.38	13.39	21.00	0.06
p-二甲苯	23.54	13.69	21.30	0.13
m-二甲苯	23.54	13.68	21.37	0.05
o-二甲苯	25.16	14.52	22.27	0.11
苯乙烯	25.30	14.60	22.40	0.04
溴仿	26.23	14.88	22.77	0.12
异丙基苯（枯烯）	26.37	15.46	23.30	0.15
顺-1,4-二氯-2-丁烯	27.12			

化合物	保留时间/min			方法检测限 [d]/
	柱 1 [a]	柱 2 [b]	柱 3 [c]	（μg/L）
1,1,2,2-四氯乙烷	27.29	16.35	24.07	0.04
溴苯	27.46	15.86	24.00	0.03
1,2,3-三氯丙烷	27.55	16.23	24.13	0.32
正丙基苯	27.58	16.41	24.33	0.04
2-氯甲苯	28.19	16.42	24.53	0.04
反-1,4-二氯-2-丁烯	28.26			
1,3,5-三甲苯	28.31	16.90	24.83	0.05
4-氯甲苯	28.33	16.72	24.77	0.06
五氯乙烷	29.41			
1,2,4-三甲苯	29.47	17.70	31.50	0.13
仲丁基苯	30.25	18.09	26.13	0.13
特丁基苯	30.59	17.57	26.60	0.14
p-异丙基甲苯	30.59	18.52	26.50	0.12
1,3-二氯苯	30.56	18.14	26.37	0.12
1,4-二氯苯	31.22	18.39	26.60	0.03
氯苄	32.00			
正丁基苯	32.23	19.49	27.32	0.11
1,2-二氯苯	32.31	19.17	27.43	0.03
1,2-二溴-3-氯丙烷	35.30	21.08	—	0.26
1,2,4-三氯苯	38.19	23.08	31.50	0.04
六氯丁二烯	38.57	23.68	32.07	0.11
萘	39.05	23.52	32.20	0.04
1,2,3-三氯苯	40.01	24.18	32.97	0.03
内标物/替代物				
1,4-二氟苯	13.26			
氯苯	23.10			
1,4-二氯苯-d_4	31.16			
4-溴氟苯	27.83	15.71	23.63	
1,2-二氯苯-d_4	32.30	19.08	27.25	
二氯乙烷-d_4	12.08			
二溴氟甲烷	—			
甲苯-d_8	18.27			
五氟苯	—			
氟苯	13.00	6.27	14.06	

注: a. 柱 1: 60m×0.75mm 内径，VOCOL 毛细管柱。10℃维持 8min，然后 4℃/min 程序升温到 180℃。

b. 柱 2: 30m×0.53mm 内径，DB-624 大口径毛细管柱，采用冷冻富集。10℃维持 5min，然后 6℃/min 程序升温到 160℃。

c. 柱 2″: 30m×0.53mm 内径，DB-624 大口径毛细管柱，冷却 GC 柱温箱至环境温度。10℃维持 6min，10℃/min 程序升温到 70℃，再以 5℃/min 程序升温到 120℃，最后以 8℃/min 程序升温到 180℃。

d. 方法检测限基于 25ml 样品体积。

表 O.2 挥发性有机化合物在细孔毛细管柱上的色谱保留时间和方法检测限（MDL）

化合物	保留时间/min	方法检测限[b]/（μg/L）
	柱 3[a]	
二氯二氟甲烷	0.88	0.11
氯甲烷	0.97	0.05
乙烯基氯	1.04	0.04
溴甲烷	1.29	0.03
1,1-二氯乙烷	4.03	0.03
顺-1,2-二氯乙烯	5.07	0.06
2,2-二氯丙烷	5.31	0.08
氯仿	5.55	0.04
溴氯甲烷	5.63	0.09
1,1,1-三氯乙烷	6.76	0.04
1,2-二氯乙烷	7.00	0.02
1,1-二氯丙烯	7.16	0.12
四氯化碳	7.41	0.02
苯	7.41	0.03
1,2-二氯丙烷	8.94	0.02
三氯乙烯	9.02	0.02
二溴甲烷	9.09	0.01
二氯溴甲烷	9.34	0.03
甲苯	11.51	0.08
1,1,2-三氯乙烷	11.99	0.08
1,3-二氯丙烷	12.48	0.08
二溴氯甲烷	12.80	0.07
四氯乙烯	13.20	0.05
1,2-二溴乙烷	13.60	0.10
氯苯	14.33	0.03
1,1,1,2-四氯乙烷	14.73	0.07
乙苯	14.73	0.03
p-二甲苯	15.30	0.06
m-二甲苯	15.30	0.03
溴仿	15.70	0.20
o-二甲苯	15.78	0.06
苯乙烯	15.78	0.27
1,1,2,2-四氯乙烷	15.78	0.20
1,2,3-三氯丙烷	16.26	0.09
异丙基苯	16.42	0.10
溴苯	16.42	0.11
2-氯甲苯	16.74	0.08
正丙基苯	16.82	0.10
4-氯甲苯	16.82	0.06
1,3,5-三甲苯	16.99	0.06
特丁基苯	17.31	0.33

化合物	保留时间/min	方法检测限 b/（μg/L）
	柱 3ᵃ	
1,2,4-三甲苯	17.31	0.09
仲丁基苯	17.47	0.12
1,3-二氯苯	17.47	0.05
p-异丙基甲苯	17.63	0.26
1,4-二氯苯	17.63	0.04
1,2-二氯苯	17.79	0.05
正丁基苯	17.95	0.10
1,2-二溴-3-氯丙烷	18.03	0.50
1,2,4-三氯苯	18.84	0.20
萘	19.07	0.10
六氯丁二烯	19.24	0.10
1,2,3-三氯苯	19.24	0.14

注：a. 柱 3：30 m×0.32 mm 内径 DB-5 毛细管柱，涂层厚度为 1 μm。
　　b. 方法检测限基于 25 ml 样品体积。

表 O.3　挥发性分析物质的定量估算限 ᵃ

定量估算限		
5 ml 地表水吹扫/（μg/L）	25 ml 地表水吹扫/（μg/L）	低浓度土壤/沉积物 b/（μg/kg）
5	1	5
其他基质	影响因子 ᶜ	
水溶性液体废物	50	
高浓度土壤和淤泥	125	
不与水互溶的废物	500	

注：a. 评估定量检出限（EQL）：常规试验操作条件下，可以达到规定的分析精度和准确度时所能测得的最低质量浓度。
　　　EQL 通常是 MDL 的 5～10 倍，但为了简化数据报告，EQL 比 MDL 要更常用。对于大多数的分析物质来说，EQL
　　　分析质量浓度常由校准曲线中最低的非零标准物质量浓度表示。样品 EQL 很大程序上取决于基质。这里所列举
　　　的 EQL 有一定的指导意义但并不总是可得到的。
　　b. 用于土壤/沉积物的 EQL 是基于湿称量的，而一般的数据都是基于干重，因此对于每份样品中的干重所占比例
　　　的不同，EQL 会稍高一点。
　　c. EQL＝低浓度土壤沉积物的 EQL×影响因子
　　　对于非水样品，影响因子基于湿称量。

表 O.4　BFB（4-溴氟苯）质量强度标准

m/z	要求的强度（相对丰度）
50	m/z 95 的 15%～40%
75	m/z 95 的 30%～60%
95	基峰，100%相对丰度
96	m/z 95 的 5%～9%
173	少于 m/z 174 的 2%
174	超过 m/z 95 的 50%
175	m/z 174 的 5%～9%
176	m/z 174 的 95%～101%
177	m/z 176 的 5%～9%

表 O.5　可吹扫有机化合物的特征质量（m/z）

化合物	特征离子	
	一级质谱	二级质谱
丙酮	58	43
乙腈	41	40，39
丙烯醛	56	55，58
丙烯腈	53	52，51
烯丙醇	57	58，39
烯丙基氯	76	41，39，78
烯丙醇	78	—
烯丙基氯	91	126，65，128
烯丙醇	136	43，138，93，95
烯丙基氯	156	77，158
烯丙醇	128	49，130
烯丙基氯	83	85，127
烯丙醇	173	175，254
烯丙基氯	94	96
异丁醇	74	43
正丁醇	56	41
2-丁酮	72	43
正丁基苯	91	92，134
仲丁基苯	105	134
特丁基苯	119	91，134
二硫化碳	76	78
四氯化碳	117	119
水合三氯乙醛	82	44，84，86，111
氯乙腈	48	75
氯苯	112	77，114
1-氯丁烷	56	49
氯二溴甲烷	129	208，206
氯乙烷	64（49*）	66（51*）
2-氯乙醇	49	44，43，51，80
双（2-氯乙基）硫醚	109	111，158，160
2-氯乙基乙烯基醚	63	65，106
氯仿	83	85
氯甲烷	50（49*）	52（51*）
氯丁二烯	53	88，90，51
3-氯丙腈	54	49，89，91
2-氯甲苯	91	126
4-氯甲苯	91	126
1,2-二溴-3-氯丙烷	75	155，157
二溴氯甲烷	129	127
1,2-二溴乙烷	107	109，188
二溴甲烷	93	95，174
1,2-二氯苯	146	111，148
1,2-二氯苯-d_4	152	115，150
1,3-二氯苯	146	111，148

化合物	特征离子	
	一级质谱	二级质谱
1,4-二氯苯	146	111，148
顺-1,4-二氯-2-丁烯	75	53，77，124，89
反-1,4-二氯-2-丁烯	53	88，75
二氯二氟甲烷	85	87
1,1-二氯乙烷	63	65，83
1,2-二氯乙烷	62	98
1,1-二氯乙烯	96	61，63
顺-1,2-二氯乙烯	96	61，98
反-1,2-二氯乙烯	96	61，98
1,2-二氯丙烷	63	112
1,3-二氯丙烷	76	78
2,2-二氯丙烷	77	97
1,3-二氯-2-丙醇	79	43，81，49
1,1-二氯丙烯	75	110，77
顺-1,3-二氯丙烯	75	77，39
反-1,3-二氯丙烯	75	77，39
1,2,3,4-二环氧丁烷	55	57，56
乙醚		
1,4-二氧杂环己烷	74	45，59
1,4-二氧杂环己烷	88	58，43，57
表氯醇	57	49，62，51
乙醇	31	45，27，46
乙酸乙酯	88	43，45，61
乙苯	91	106
环氧乙烷	44	43，42
甲基丙烯酸乙酯	69	41，99，86，114
六氯丁二烯	225	223，227
六氯乙烷	201	166，199，203
2-己酮	43	58，57，100
2-羟基丙腈	44	43，42，53
碘甲烷	142	127，141
异丁醇	43	41，42，74
异丙基苯	105	120
p-异丙基甲苯	119	134，91
丙二腈	66	39，65，38
甲基丙烯腈	41	67，39，52，66
丙烯酸甲酯	55	85
甲基特丁基醚 r	73	57
二氯甲烷	84	86，49
甲基乙基酮	72	43
碘甲烷	142	127，141
甲基丙烯酸甲酯	69	41，100，39
4-甲基-2-戊酮	100	43，58，85
萘	128	—
硝基苯	123	51，77

化合物	特征离子	
	一级质谱	二级质谱
2-硝基丙烷	46	—
2-甲基吡啶	93	66，92，78
五氯乙烷	167	130，132，165，169
炔丙基醇	55	39，38，53
β-丙内酯	42	43，44
丙腈（乙基腈）	54	52，55，40
正丙胺	59	41，39
正丙基苯	91	120
嘧啶	79	52
苯乙烯	104	78
1,2,3-三氯苯	180	182，145
1,2,4-三氯苯	180	182，145
1,1,1,2,-四氯乙烷	131	133，119
1,1,2,2-四氯乙烷	83	131，85
四氯乙烯	164	129，131，166
甲苯	92	91
1,1,1-三氯苯	97	99，61
1,1,2-三氯苯	83	97，85
三氯乙烯	95	97，130，132
三氯氟甲烷	151	101，153
1,2,3-三氯丙烷	75	77
1,2,4-三甲苯	105	120
1,3,5-三甲苯	105	120
醋酸乙烯酯	43	86
氯乙烯	62	64
o-二甲苯	106	91
m-二甲苯	106	91
p-二甲苯	106	91
内标/替代品		
苯-d_6	84	83
溴苯-d_5	82	162
溴氯甲烷-d_2	51	131
1,4-二氟苯	114	
氯苯-d_5	117	
1,4-二氯苯-d_4	152	115，150
1,1,2-三氯乙烷-d_3	100	
4-溴氟苯	95	174，176
氯仿-d_1	84	
二溴氟甲烷	113	
内标物/拟似替代物		
二氯乙烷-d_4	102	
甲苯-d_8	98	
五氟苯	168	
氟苯	96	77

注：*离子阱质谱中的特征离子（用于观察离子-分子反应）。

表 O.6　平衡顶空制备分析物和替代物时所使用的内标物

氯仿-d_1	1,1,2-TCA-d_3	溴苯-d_5
二氯二氟甲烷	1,1,1-三氯乙烷	氯苯
氯甲烷	1,1-二氯丙烯	溴仿
氯乙烯	四氯化碳	苯乙烯
溴甲烷	苯	异丙基苯
氯乙烷	二溴甲烷	溴苯
三氯氟甲烷	1,2-二氯丙烷	正丙基苯
1,1-二氯乙烯	三氯乙烯	2-氯甲苯
亚甲基氯	溴二氯甲烷	4-氯甲苯
氯仿-d_1	1,1,2-TCA-d_3	溴苯-d_5
反-1,2-二氯乙烯	顺-1,3-二氯丙烯	1,3,5-三甲苯
1,1-二氯乙烷	反-1,3-二氯丙烯	特丁基苯
顺-1,2-二氯乙烯	1,1,2-三氯乙烷	1,2,4-三甲苯
溴氯甲烷	甲苯	仲丁基苯
氯仿	1,3-二氯丙烷	1,3-二氯苯
2,2-二氯丙烷	二溴氯甲烷	1,4-二氯苯
1,2-二氯乙烷	1,2 二溴乙烷	p-异丙基甲苯
	四氯乙烯	1,2-二氯苯
	1,1,2-三氯乙烷	正丁基苯
	乙苯	1,2-二溴-3-氯丙烷
	m-二甲苯	1,2,4-三氯苯
	p-二甲苯	萘
	o-二甲苯	六氯丁二烯
	1,1,2,2-四氯乙烷	1,2,3-三氯苯
	1,2,3-三氯丙烷	

附录 P（资料性附录）

固体废物 芳香族及含卤挥发物的测定 气相色谱法

Solid Wastes—Determination of Aromatic and Halogenated
Volatiles—Gas Chromatography

P.1 范围

本方法适用于固体废物中芳香族及含卤挥发物含量的气相色谱的测定。本方法可应用于几乎所有种类的样品，对于不同含水量的样品均适用，包括：地下水，含水淤泥，腐蚀性液体，酸液，废水溶液，废油，多泡液体，焦油（沥青，柏油），含纤维的废弃物，聚合物乳液，滤饼，废活性炭，废催化剂，土壤以及沉积物。

下列化合物可以用本方法检测：烯丙基氯、苯、苄基氯、二（2-氯异丙基）醚、溴丙酮、溴苯、溴氯甲烷、一溴二氯甲烷、三溴甲烷、甲基溴（一溴甲烷）、四氯化碳、氯苯、一氯二溴甲烷、氯代乙烷、2-氯乙醇、2-氯乙基乙烯醚、氯仿、氯甲基甲醚、氯丁二烯、甲基氯（一氯甲烷）、4-氯甲苯、1,2-二溴-3-氯丙烷、1,2-二溴乙烷、二溴甲烷、1,2-二氯苯、1,3-二氯苯、1,4-二氯苯、二氯二氟甲烷、1,2-二溴-3-氯丙烷、1,2-二溴乙烷、1,1-二氯乙烷、1,2-二氯乙烷、1,1-二氯乙烯、顺-1,2-二氯乙烯、反-1,2-二氯乙烯、1,2-二氯丙烷、1,3-二氯-2-丙醇、顺-1,3-二氯丙烯、反-1,3-二氯丙烯、表氯醇、乙苯、六氯丁二烯、二氯甲烷、萘、苯乙烯、1,1,1,2-四氯乙烷、1,1,2,2-四氯乙烷、四氯乙烯、甲苯、1,2,4-三氯苯、1,1,1-三氯乙烷、1,1,2-三氯乙烷、三氯乙烯、三氯氟甲烷、1,2,3-三氯丙烷、氯乙烯、邻二甲苯、间二甲苯、对二甲苯。

本方法对各种物质的检测限（MDLs）见表 P.1。实际应用时，该方法适用的质量浓度范围大致为 0.1～200 µg/L。对单个化合物，本方法的评估定量值（EQLs）大致如下：对固体废物的质量分数（湿重），为 0.1 mg/kg；对土壤或沉积物样品的质量分数（湿重），为 1 µg/kg；地下水的 EQLs 见表 P.2。对于萃取后的样品和需要稀释以防超出检测器检测上限的样品，EQLs 将相应的成比例增大。

本方法也可用于检测下列化合物：正丁基苯、异丁基苯、叔丁基苯、2-氯甲苯、1,3-二氯丙烷、2,2-二氯丙烷、1,1-二氯丙烯、异丙基苯、对-异丙基甲苯、正-丙基苯、1,2,3-三氯代苯、1,2,4-三甲基苯、1,3,5-三甲基苯。

P.2 引用标准

下列文件中的条款通过在本方法中被引用而成为本方法的条款，与本方法同效。凡是不注明日期的引用文件，其最新版本适用于本方法。

GB/T 6682 分析实验室用水规格和实验方法

P.3 原理

样品分析可采用顶空法、直接进样法或吹扫捕集法。用气相色谱仪（配有光电离或电导检测器）检测。

P.4 试剂和材料

P.4.1 除另有说明外，水为 GB/T 6682 规定的一级水。

P.4.2 甲醇：色谱纯。

P.4.3 氯乙烯：纯度 99%。

P.4.4 标准贮备溶液。将约 9.8 ml 甲醇加入 10 ml 容量瓶中，将容量瓶开口静置约 10 min，直至被甲醇润湿的表面全干，将容量瓶称重准确至 0.1 mg。用 100 µl 注射器快速将几滴标准品加入瓶内，液滴必须直接落入甲醇中，不能沾到瓶颈上。再次称重，稀释至刻度，盖上塞子，倒转容量瓶数次以便混匀溶液。从净重的增加值以毫克每升（mg/L）为单位计算溶液质量浓度。当化合物纯度大于等于 96% 时，计算贮备液质量浓度时可以不用校正质量。在带有聚四氟乙烯螺纹盖或压盖瓶内，−20℃～−10℃避光贮存。

注意：若采用直接进样法，标准品和样品的溶剂体系应匹配。直接进样法不必要配制高质量浓度的标准品水溶液。

P.4.5 根据需要，可用标准贮备溶液以甲醇稀释来制备含有目标化合物（单一或混合化合物）的二级稀释标准液。

P.4.6 校准标准溶液。根据需要用水稀释标准贮备液或者二级稀释标准液制备至少 5 个质量浓度的初始校准标准溶液。为了制备出准确质量浓度的标准水溶液，应该注意下列事项：配制时应根据质量浓度直接将所需要量的被分析物注射加入水中；请勿在 100 ml 水中加入超过 20 µl 的甲醇标准液；将甲醇标准液快速注射到装有液体的容量瓶中，注射完后尽快移去针头。

P.4.7 内标。使用氟苯和 2-溴-1-氯丙烷的甲醇溶液，建议在二级稀释标准液中每种内标物的质量浓度为 5 mg/L。也可以使用外标进行定量。

P.4.8 替代物。建议同时采用二氯丁烷和溴氯苯为替代物标准品，分析时向装有样品或标准的 5 ml 注射器中直接注入 10 µl 15 ng/µl 的替代物标准品。

P.5 仪器

P.5.1 气相色谱仪，配有低温柱温箱控制器，光电离（PID）和电导检测器（HECD）联用。

P.5.2 分析天平，感量 0.1 mg。

P.6 分析步骤

P.6.1 挥发性化合物的气相色谱进样可以采用直接进样法（用于油性基质）、顶空法或吹扫捕集法。

P.6.2 气相色谱条件（推荐）

P.6.2.1 色谱柱：

分析柱：VOCOL 大口径毛细管柱（60 m×0.75 mm×1.5 μm）或同类产品。用该色谱柱得到的样本色谱图见附录 D。

确证柱：SPB-624 大口径毛细管柱（60 m ×0.53 mm×1.3 μm）或同类产品。

P.6.2.2　色谱柱温度：10℃保持 8 min，然后以 4℃/min 程序升温至 180℃，保持至所有化合物流出。

P.6.2.3　载气：氦气，流速为 6 ml/min。在进入光电离检测器之前，载气流速应增加至 24 ml/min。为保证两个检测器都有最佳响应，必须采用尾吹气。

P.6.2.4　检测器操作条件：

反应管：镍，1/16 外径；

反应温度：810℃；

反应器底部温度：250℃；

电解液：100%正丙醇；

电解液流速：0.8 ml/min；

反应气：氢气，40 ml/min；

载气及尾吹气：氦气，30 ml/min。

P.6.3　气相色谱分析。

P.6.3.1　挥发性化合物的进样方法参见附录 Q 或直接进样法。如果内标定量，在吹扫前向样品中加入 10 μl 内标溶液。

在非常有限的应用范围内（例如废水），可用 10 μl 注射器将样品直接注入 GC 系统。检测限很高（约 10 000 μg/L），因此，只有在估计质量浓度超过 10 000 μg/L 时，或对于不被吹扫的水溶性化合物方可使用。

P.6.3.2　表 P.1 中列出了使用本方法时，2 个检测器上数种有机化合物的估计保留时间。

P.6.3.3　确证。使用确证柱进行化合物鉴定的确证，也可采用其他可对目标化合物提供合适分辨率的色谱柱进行确证，或采用 GC/MS 确证。

表 P.1　挥发性有机物用 PID 和 HECD

得到的色谱保留时间和方法检测限（MDL）

可测定的化合物	PID 保留时间 [a]/min	HECD 保留时间/min	PID MDL/（μg/L）	HECD MDL/（μg/L）
二氯二氟甲烷 Dichlorodifluoromethane	—[b]	8.47		0.05
氯甲烷 Chloromethane	—	9.47		0.03
氯乙烯　Vinyl Chloride	9.88	9.93	0.02	0.04
溴甲烷 Bromomethane		11.95		1.1
氯乙烷 Chloroethane	—	12.37		0.1
三氯一氟甲烷 Trichlorofluoromethane		13.49		0.03
1,1-二氯乙烯 1,1-Dichloroethene	16.14	16.18	ND[c]	0.07
二氯甲烷 Methylene Chloride	—	18.39		0.02
反-1,2-二氯乙烯 trans-1,2-Dichloroethene	19.3	19.33	0.05	0.06
1,1-二氯乙烷 1,1-Dichloroethane		20.99		0.07

可测定的化合物	PID 保留 时间 ᵃ/min	HECD 保留 时间/min	PID MDL/ (μg/L)	HECD MDL/ (μg/L)
2,2-二氯丙烷 2,2-Dichloropropane	—	22.88		0.05
顺-1,2-二氯乙烷 cis-1,2-Dichloroethane	23.11	23.14	0.02	0.01
氯仿 Chloroform	—	23.64		0.02
溴氯甲烷 Bromochloromethane		24.16		0.01
1,1,1-三氯乙烷 1,1,1-Trichloroethane	—	24.77		0.03
1,1-二氯丙烯 1,1-Dichloropropene	25.21	25.24	0.02	0.02
四氯化碳 Carbon Tetrachloride	—	25.47		0.01
苯 Benzene	26.1	—	0.009	
1,2-二氯乙烷 1,2-Dichloroethane	—	26.27		0.03
三氯乙烯 Trichloroethene	27.99	28.02	0.02	0.01
1,2-二氯丙烷 1,2-Dichloropropane	—	28.66		0.006
一溴二氯甲烷 Bromodichloromethane	—	29.43		0.02
二溴甲烷 Dibromomethane	—	29.59		2.2
甲苯 Toluene	31.95	—	0.01	
1,1,2-三氯乙烷 1,1,2-Trichloroethane		33.21		ND
四氯乙烯 Tetrachloroethene	33.88	33.9	0.05	0.04
1,3-二氯丙烷 1,3-Dichloropropane	—	34		0.03
二溴一氯甲烷 Dibromochloromethane	—	34.73		0.03
1,2-二溴乙烷 1,2-Dibromoethane	—	35.34		0.8
氯苯 Chlorobenzene	36.56	36.59	0.003	0.01
乙苯 Ethylbenzene	36.72	—	0.005	
1,1,1,2-四氯乙烷 1,1,1,2-Tetrachloroethane	—	36.8		0.005
间-二甲苯 m-Xylene	36.98	—	0.01	
对-二甲苯 p-Xylene	36.98	—	0.01	
邻-二甲苯 o-Xylene	38.39	—	0.02	
苯乙烯 Styrene	38.57	—	0.01	
异丙苯 Isopropylbenzene	39.58	—	0.05	
三溴甲烷 Bromoform	—	39.75		1.6
1,1,2,2-四氯乙烷 1,1,2,2-Tetrachloroethane	—	40.35		0.01
1,2,3-三氯丙烷 1,2,3-Trichloropropane	—	40.81		0.4
正丙基苯 n-Propylbenzene	40.87	—	0.004	
溴苯 Bromobenzene	40.99	41.03	0.006	0.03
1,3,5-三甲基苯 1,3,5-Trimethylbenzene	41.41	—	0.004	
2-氯甲苯 2-Chlorotoluene	41.41	41.45	ND	0.01
4-氯甲苯 4-Chlorotoluene	41.6	41.63	0.02	0.01
叔丁基苯 tert-Butylbenzene	42.92	—	0.06	
1,2,4-三甲基苯 1,2,4-Trimethylbenzene	42.71	—	0.05	
仲丁基苯 sec-Butylbenzene	43.31	—	0.02	
对-异丙基甲苯 p-Isopropyltoluene	43.81	—	0.01	
1,3-二氯苯 1,3-Dichlorobenzene	44.08	44.11	0.02	0.02
1,4-二氯苯 1,4-Dichlorobenzene	44.43	44.47	0.007	0.01
正丁基苯 n-Butylbenzene	45.2	—	0.02	
1,2-二氯苯 1,2-Dichlorobenzene	45.71	45.74	0.05	0.02
1,2-二溴-3-氯丙烷 1,2-Dibromo-3-Chloropropane		48.57		3.0

可测定的化合物	PID 保留时间 [a]/min	HECD 保留时间/min	PID MDL/(μg/L)	HECD MDL/(μg/L)
1,2,4-三氯苯 1,2,4-Trichlorobenzene	51.43	51.46	0.02	0.03
六氯丁二烯 Hexachlorobutadiene	51.92	51.96	0.06	0.02
萘 Naphthalene	52.38	—	0.06	
1,2,3-三氯苯 1,2,3-Trichlorobenzene	53.34	53.37	ND	0.03
内标 Internal Standards				
氟代苯 Fluorobenzene	26.84	—		
2-溴-1-氯丙烷 2-Bromo-1-chloropropane	—	33.08		

注：a. 保留时间是用一根 60 m × 0.75 mm×1.5 μm 的 VOCOL 的毛细管柱测定的。

　　b. 短横（—）表示检测器不响应。

　　c. ND =未确证。

表 P.2　各种基质检测的评估定量值（EQL）[ab]

基质	系数
地下水	10
低浓度污染的土壤	10
水溶性废液	500
高浓度污染的土壤和淤泥	1 250
非水溶性废液	1 250

注：a. 样品的 EQL 和基质有很大关系，这里列出的 EQL 值仅供参考，实际中会有差别。

　　b. EQL = [方法检测限（表 P.1）] × [系数（表 P.2）]，对非水样品，该系数为湿重情况的系数。

附录 Q（资料性附录）

固体废物　挥发性有机物的测定　平衡顶空法

Solid Wastes—Determination of Volatile Organic Compounds—Equlibrium Headspace Analysis

Q.1 范围

本方法适用于固体废物中挥发性有机物（VOCs）的气相色谱（GC）或气相色谱-质谱联用（GC/MS）检测。

具有足够的挥发性的化合物可以使用平衡顶空法有效地从土壤样品中分离出来，包括：苯、一溴一氯甲烷、一溴二氯甲烷、三溴甲烷、甲基溴、四氯化碳、氯苯、一氯乙烷、三氯甲烷、甲基氯、二溴一氯甲烷、1,2-二溴-3-氯丙烷、1,2-二溴乙烷、二溴甲烷、1,2-二氯苯、1,3-二氯苯、1,4-二氯苯、二氯二氟甲烷、1,1-二氯乙烷、1,2-二氯乙烷、1,1-二氯乙烯、反-1,2-二氯乙烯、1,2-二氯丙烷、乙苯、六氯丁二烯、二氯甲烷、萘、苯乙烯、1,1,1,2-四氯乙烷、1,1,2,2-四氯乙烷、四氯乙烯、甲苯、1,2,4-三氯苯、1，1，1-三氯乙烷、1,1,2-三氯乙烷、三氯乙烯、三氯一氟甲烷、1,2,3-三氯丙烷、氯乙烯、邻二甲苯、间二甲苯、对二甲苯。

本方法的检测质量分数范围为 10～200 μg/kg。

下列化合物也可用本方法进行分析，或作为替代物使用：溴苯、正丁基苯、仲丁基苯、叔丁基苯、2-氯甲苯、4-氯甲苯、顺-1,2-二氯乙烯、1,3-二氯丙烷、2,2-二氯丙烷、1,1-二氯丙烷、异丙基苯、4-异丙基甲苯、正丙基苯、1,2,3-三氯苯、1,2,4-三甲基苯、1,3,5-三甲基苯。

本方法也可用作一个自动进样装置，作为筛分含有易挥发性有机物样品的手段。

本方法也可用于在此方法条件下可以有效地从土壤基质中分离出来的其他化合物。此法也可用于其他基质中的目标被测物。对于土壤中含量超过 1%的有机物或者辛醇/水分配系数高的化合物，平衡顶空法测得的结果可能会略低于动态吹扫法或者先甲醇提取再动态吹扫法得到的结果。

Q.2 引用标准

下列文件中的条款通过在本方法中被引用而成为本方法的条款，与本方法同效。凡是不注明日期的引用文件，其最新版本适用于本方法。

GB/T 6682　分析实验室用水规格和实验方法。

Q.3 原理

取至少 2 g 的土壤样品，置于具有钳口盖或螺纹盖的玻璃顶空瓶中。每个土壤样品中须加入基质改性剂作为化学防腐剂，同时加入内标。加入可以在野外进行，也可在收到样品时进行。在一个 VOA 瓶收集附加样，用于干重测定或根据样品质量浓度需要进行高浓度测定。在实验室中，对样品瓶进行离心，以使内标在基质内扩散分布均匀。将样品瓶置入顶空分析仪器的自动进样器转盘内并于室温保存。大约在分析前 1 h，将独立的样品瓶移至加热区域平衡。样品由机械振动混合均匀，并保持加热温度。然后自动进样装置向瓶中通入氦气加压，使一部分顶空气体混合物通过加热的线路进入气相色谱柱，用 GC 或 GC/MS 方法进行分析。

Q.4 试剂和材料

Q.4.1 除另有说明外，本方法中所使用的水为 GB/T 6682 规定的一级水。

Q.4.2 甲醇：色谱纯。

Q.4.3 校正标准液，内标溶液的制备。

Q.4.3.1 校正标准液。制作 5 份以甲醇为溶剂并含所有目标分析物的标准溶液。校正溶液的质量浓度需要满足以下要求：当每个 22 ml 的瓶加入 1.0 μl 校正溶液时，所达到的量应在检测器的检测范围内。内标可以单独以 1.0 μl 量加入，或以 20 mg/L 配于校正配制液中。质量浓度可根据 GC/MS 系统或其他使用的检测方法的灵敏度改变。

Q.4.3.2 内标和替代物。参考检测方法的建议选择合适的内标和替代物。配制以甲醇为溶剂，质量浓度为 20 mg/L 的包含内标和替代物的溶液作为加标溶液。如果使用 GC 检测，更适合使用外标而不用内标。质量浓度可根据 GC/MS 系统或其他使用的检测方法的灵敏度改变。

Q.4.4 空白样制备。向一个样品瓶中加入 10.0 ml 的基质改性剂。加入指定量的内标和替代物并封口。将其置于自动进样器中，采用与未知样同样的方法进行分析。使用此法分析空白样可以监视自动进样器和顶空装置可能存在的问题。

Q.4.5 校正标准液的制备。使用制备好的配制液（Q.4.3.1）根据与制备空白样相同的方法制备校正标准液。

Q.4.6 基质改性剂。以 pH 计为指示，向 500 ml 不含有机物的试剂水中加入浓磷酸（H_3PO_4）至 pH 等于 2。加入 180 g NaCl 至全部溶解并混合均匀。每批取出 10 ml 进行分析，以确保溶液没有受到污染。在密封瓶中保存，置于远离有机物的地方。

注意：基质改性剂可能不适用于含有有机碳成分的土壤样品。

Q.5 仪器、装置

Q.5.1 样品容器

使用与分析系统配套的，干净的 22 ml 玻璃样品瓶。瓶子应可以在野外密封（钳口盖或螺纹盖）并用聚四氟乙烯衬垫，且在高温下也能保持密封。理想情况下，瓶子和密封薄膜应具有同样的皮重。在使用之前，用清洁剂洗涤瓶子和密封薄膜，然后依次用水和蒸馏水冲洗。将瓶子和密封薄膜置于 105℃恒温炉中烘干 1 h，然后取出冷却。置于没有有机溶剂的地方保存。其他规格的瓶也可使用，只要保证可以在野外密封并可用合适的衬垫。

Q.5.2 顶空系统

全自动的平衡顶空分析仪器。使用的系统必须达到以下标准：

Q.5.2.1 系统必须能将样品保持在需要的温度，对多种类型的样品建立起样品和顶空之间的可重现的平衡。

Q.5.2.2 系统必须能将分析所需进样体积的顶空通过合适的毛细管注入气相色谱。此过程不应对色谱和检测系统造成不利影响。

Q.5.3 野外样品采集仪器

Q.5.3.1 土壤取样器，至少需要能采集 2 g 土壤。

Q.5.3.2 经校准的自动进样器或者顶空进样器，需要能注入 10.0 ml 基质改性剂。

Q.5.3.3 经校准的自动进样器，需要能注入内标和替代物。

Q.5.4 VOA 瓶

40 ml 或 60 ml 的具有钳口盖或螺纹盖并可用聚四氟乙烯膜封口的 VOA 瓶。这些瓶子用来作样品筛分、高浓度分析（如果需要）和干重测定。

Q.6 样品的采集、保存和预处理

Q.6.1 不加基质改性剂和标准液时的取样

Q.6.1.1 使用标准的具有钳口盖或螺纹盖并用聚四氟乙烯衬垫的 22 ml 玻璃质顶空样品瓶。

Q.6.1.2 用吹扫捕集土壤取样器，将 2～3 cm（大约 2 g）土壤样品加入到称过皮重的 22 ml 顶空瓶中，迅速用衬垫密封，将聚四氟乙烯一面朝向样品。样品应轻轻地放入样品瓶中，防止易挥发性有机物挥发。

Q.6.2 加入基质改性剂和标准液时的取样

Q.6.2.1 用标准的具有钳口盖或螺纹盖并用聚四氟乙烯衬垫的 22 ml 玻璃质顶空样品瓶。

Q.6.2.2 在取样前预先向瓶中注入 10.0 ml 基质改性剂。

Q.6.2.3 用吹扫捕集土壤取样器，将 2～3 cm（大约 2 g）土壤样品加入到称过皮重的 22 ml 顶空瓶中。样品应轻轻地放入样品瓶中，防止易挥发性有机物挥发。然后立刻用衬垫密封，聚四氟乙烯一面朝向样品。

Q.6.2.4 使用合适规格的注射器小心地刺破衬垫，加入分析方法所需量的内标和替代物溶液。

注意：含有超过 1%有机碳的土壤样品如果加入基质改性剂有可能导致回收率低。对于这些样品使用基质改性剂可能不合适。

Q.6.3 第三种可选择的方法是将土壤样品加入装有 10.0 ml 水的样品瓶。

Q.6.3.1 用标准的具有钳口盖或螺纹盖并用聚四氟乙烯衬垫的 22 ml 玻璃质顶空样品瓶。

Q.6.3.2 用吹扫捕集土壤取样器（Q.5.3.1），将 2～3 cm（大约 2 g）土壤样品加入到称过皮重的含有 10 ml 试剂水的 22 ml 顶空瓶中。样品应轻轻地放入样品瓶中，防止易挥发性有机物挥发。然后立刻用衬垫密封，使聚四氟乙烯一面朝向样品。

Q.6.4 无论采用哪种方法采集土壤样品，均须制作野外空白。如果基质改性剂不是在野外加入，那么向一个干净的样品瓶中加入 10.0 ml 水然后立刻封口作为野外空白。如果基质改性剂和标准溶液是在野外加入，那么向一个干净的样品瓶中加入 10.0 ml 基质改性剂再加入内标和替代物溶液作为野外空白。

Q.6.5 在每个采样点采集土壤放入 40 ml 或 60 ml 的 VOA 瓶，用来作干重测定、样品筛分及高浓度分析（如果需要）。样品筛分并不是必要的，因为不存在高浓度样品残留物会污染顶空装置的危险。

Q.6.6　样品保存。分析前在 4℃低温下保存。贮存地点应不含有机溶剂蒸汽。所有样品应在采集后 14 d 内分析。如果分析不在此期间进行，应告知分析数据的使用者，结果作为最低含量参考。

Q.7　分析步骤

Q.7.1　样品筛分。本方法（使用低浓度法）可作为使用 GC 或 GC/MS 进样前的样品筛分方法，用以帮助分析者测定样品中易挥发性有机物的大概浓度。这在使用吹扫捕集方法分析易挥发性有机物的方法时很有效，用于防止高浓度的样品造成系统污染。在使用顶空法时也很有效，可以帮助决定使用低浓度方法还是高浓度方法。高浓度的有机物不会对顶空装置造成污染，但是，在 GC 或 GC/MS 系统中可能会造成污染问题。无论此方法是否是用于样品筛分，只需使用最小限度的校正和质量控制。在大部分情况下，一个试剂空白和一个单一校正标准就足够了。

Q.7.2　样品干重质量分数测定

当需要得到基于干重的样品数据时，需要从 40 ml 或 60 ml 的 VOA 管中称出一部分样品用于干重测定。

注意：干燥炉需置于通风橱中或具有排气口。

取出所需样品后，称量 5～10 g 样品置入称量过的坩埚中。于 105℃环境中干燥过夜，在干燥器中冷却后称重。用以下公式计算样品干重的质量分数。

$$样品干重质量分数\% = \frac{烘干后样品质量(g)}{烘干前样品质量(g)} \times 100\%$$

Q.7.3　使用顶空技术的低浓度方法见 Q.7.4，高浓度方法的样品处理方法见 Q.7.5。高浓度方法推荐用于明显含有油类物质或有机泥状废物的样品。

Q.7.4　用于分析土壤/沉积物和固体废物的低浓度方法适用于平衡顶空法。质量分数范围为 0.5～200 µg/kg，质量分数范围由分析方法及分析物的灵敏度决定。

Q.7.4.1　校正。一般在 GC 方法中使用外标校正，因为内标校正可能会造成干扰。如果根据历史数据不存在干扰的问题，也可使用内标校正。GC/MS 方法中一般使用内标校正。GC/MS 方法在校正前须先对仪器进行调试。

Q.7.4.1.1　GC/MS 调谐。如果使用 GC/MS 检测方法，准备一个含有试剂水和方法所需量 BFB 的 22 ml 瓶子。

Q.7.4.1.2　初始校正。准备 5 个 22 ml 瓶子（Q.4.5）和一个试剂空白。然后根据 Q.7.4.2 及所选择的分析方法进行操作。因为没有土壤样品，所以混合步骤可以省略。

Q.7.4.1.3　校正检查。准备一个 22 ml 瓶子，加入中间浓度的校正标准液。根据 Q.7.4.2.4（从将瓶子放入自动进样器开始）及所选择分析方法进行操作。如果使用 GC/MS 检测方法，准备水和方法所需量 BFB 的 22 ml 瓶子。

Q.7.4.2　顶空操作条件

Q.7.4.2.1　此方法设计样品质量为 2 g。在野外将大约 2 g 土壤样品加入到具有钳口盖或螺纹盖的 22 ml 玻璃顶空瓶中。

Q.7.4.2.2　在分析之前称量已知质量的瓶子和样品的总质量，精确至 0.01 g。如果制样时加入了基质改性剂（Q.6.2），瓶子的质量不包括 10 ml 的基质改性剂。因此，称量野外空白样以获得野外空白样中基质改性剂的质量，并将此作为样品中基质改性剂的质量。尽管本方法可能会对分析结果造成误差，此误差将远远小于未加入改良溶液的样品送到实验室过程中发生变化所产生的误差。

Q.7.4.2.3　如果制样时未加入基质改性剂，打开样品瓶，迅速加入 10 ml 基质改性剂和分析方法所需量的内标溶液，然后立刻重新密封样品瓶。

注意：每次仅打开和处理一个样品瓶以减少挥发损失。

Q.7.4.2.4　将样品至少混合 2 min（在离心机或摇床上进行）。将样品瓶置于室温下的自动进样器圆盘上。将每个取样管加热至 85℃，平衡 50 min。在平衡过程中至少机械振摇 10 min。每个取样管均用氦载气加压至至少 69 kPa（10 psi）。

Q.7.4.2.5　根据仪器说明书，将加压的顶空中一份具有代表性的可重现的样品通过加热的传输管路进样入气相色谱柱中。

Q.7.4.2.6　根据所选择的检测方法进行分析操作。

Q.7.5　高浓度方法

Q.7.5.1　如果样品根据 Q.6.1 中描述的方法收集，样品瓶没有加入基质改性剂和水，那么将样品称重精确至 0.01 g。向 22 ml 称过皮重的样品瓶中的样品加入 10.0 ml 的乙醇，然后迅速密封样品瓶。每次只打开和处理一个样品瓶以减少易挥发性有机物的损失。

Q.7.5.2　如果使用 Q.6.2 或 Q.6.3 中的方法采集样品，样品瓶中加入了基质改性剂和不含有机物的试剂水，那么用于高浓度方法测定的样品需要从 40 ml 或 60 ml 的 VOA 瓶（Q.6.5）中取得。将约 2 g 的样品从 40 ml 或 60 ml 的 VOA 瓶中取出加入到一个 22 ml 称过皮重的样品瓶中。向 22 ml 样品瓶中的样品加入 10.0 ml 的乙醇，然后迅速密封样品瓶和 VOA 瓶。每次只打开和处理一个样品瓶以减少易挥发性有机物的损失。

Q.7.5.3　将样品在室温下至少振摇混合 10 min。将 2 ml 甲醇移至一个具有螺纹盖和聚四氟乙烯衬垫的瓶中，密封。根据表 Q.2 吸取 10 μl 或适当量的提取液，注入一个含有 10 ml 基质改性剂和内标（如果需要）的 22 ml 样品瓶中。将样品瓶置于自动进样器中进行顶空分析。

表 Q.1　可与本方法连用的检测方法

方法编号	方法名称
附录 P	GC 与多种检测器联用检测芳香性及含卤有机物
附录 O	GC/MS 检测易挥发性有机物

表 Q.2　高浓度土壤/沉积物分析时甲醇提取物加样量 [a]

质量分数范围	甲醇提取物体积
500～10 000 μg/kg	100 μl
1 000～20 000 μg/kg	50 μl
5 000～100 000 μg/kg	10 μl
25 000～500 000 μg/kg	稀释 1/50 倍 [b] 后取 100 μl

注：超出表中所列浓度范围时以适当倍数稀释

　　a. 加入 5 ml 水中的甲醇量应保持不变。因此无论需要向 5 ml 注射器中加入多少甲醇提取物，须保持加入总体积为 100μl 甲醇不变。

　　b. 稀释一定量甲醇提取物，取 100 μl 分析。

附录 R（资料性附录）

固体废物 含氯烃类化合物的测定 气相色谱法

Solid Wastes—Determination of Chlorinated Hydrocarbons—Gas Chromatography

R.1 范围

本方法规定了环境样品和废物提取液中含氯烃类化合物含量的气相色谱测定方法，可以使用单柱/单检测器或多柱/多检测器。该方法适用于以下化合物：亚苄基二氯、三氯甲苯、苄基氯、2-氯萘、1,2-二氯苯、1,3-二氯苯、1,4-二氯苯、六氯苯、六氯丁二烯、α-六氯环己烷、β-六氯环己烷、γ-六氯环己烷、δ-六氯环己烷、六氯环戊二烯、六氯乙烷、五氯苯、1,2,3,4-四氯苯、1,2,4,5-四氯苯、1,2,3,5-四氯苯、1,2,4-三氯苯、1,2,3-三氯苯、1,3,5-三氯苯。

表 R.1 列出了对于无有机污染的水基质中各种化合物的方法检测限（MDL）。由于样品基质中存在干扰，因而特殊样品中化合物的检测限可能不同于表 R.1。表 R.2 列出了对于其他基质的定量限评估值（EQL）。

R.2 引用标准

下列文件中的条款通过在本方法中被引用而成为本方法的条款，与本方法同效。凡是不注明日期的引用文件，其最新版本适用于本方法。

GB/T 6682 分析实验室用水规格和实验方法

R.3 原理

对环境样品采用适当的样品提取技术，未经稀释或稀释过的有机液均可以通过直接进样进行分析。对于新样品，应使用标准加入样品验证对其选用的提取技术的适用性。分析通过气相色谱法完成，采用了大口径毛细管柱和单重或双重电子捕获检测器。

R.4 试剂和材料

R.4.1 除有说明外，本方法中所用的水为 GB/T 6682 规定的一级水。

R.4.2 正己烷：色谱纯。

R.4.3 丙酮：色谱纯。

R.4.4 异辛烷：色谱纯。

R.4.5 标准贮备液（1 000 mg/L）。可使用纯标准材料配制或购买经鉴定的溶液。标准贮备液的配制须准确称取约 0.010 0 g 纯化合物，将其溶解于异辛烷或正己烷中并定容至 10 ml 容量瓶中。对于不能充分溶解于正己烷或异辛烷中的化合物，可使用丙酮和正己烷混合溶剂。

R.4.6　混合贮备液。可由单独的贮备液配制。对于少于 25 种组分的混合贮备液，精确量取质量浓度均为 1 000 mg/L 的单个样品贮备液 1 ml，加入溶剂并将其混合定容至 25 ml 容量瓶中。

R.4.7　校正曲线至少应包含 5 个质量浓度，可利用异辛烷或正己烷稀释混合贮备液的方法配制。这些质量浓度应当与实际样品中预期的质量浓度范围相当并且在检测器线性范围之内。

R.4.8　推荐内标，配制 1 000 mg/L 的 1，3，5-三溴苯溶液（当基质干扰严重时建议使用另外两种内标，2，5-二溴苯和 α，α-二溴间二甲苯）。对于加入法，将该溶液稀释至 50 ng/μl，加入体积为 10μl 每 ml 的提取液。内标加入质量浓度对所有样品和校正标准液应保持恒定。内标标准加入溶液应置于聚四氟乙烯密封容器中于 4℃下避光保存。

R.4.9　推荐使用的替代物标准，使用替代物标准检测方法的性能。在所有样品、方法空白液、基质添加液以及校正标准液中加入替代物标准。配制 1 000 mg/L 的 1,4-二氯萘溶液并将其稀释至 100 ng/μl。1 L 水样加入体积为 100 μl。如果发生基质干扰问题，可选用两种替代物标准：α,2,6-三氯甲苯或 2,3,4,5,6-五氯四苯。

R.5 仪器

R.5.1　气相色谱仪，配有两个电子捕获检测器。

R.5.2　微量注射器，100 ml，50 ml，10 ml 和 50 ml（钝化）。

R.5.3　分析天平，感量 0.000 1 g。

R.5.4　容量瓶，10～1 000 ml。

R.6 样品的采集、保存和预处理

R.6.1　固体基质：250 ml 宽口玻璃瓶，有螺纹的 Teflon 盖子，冷却至 4℃保存。

液体基质：4 个 1 L 的琥珀色玻璃瓶，有螺纹的 Teflon 的盖子，在样品中加入 0.75 ml 10%的 NaHSO$_4$，冷却至 4℃保存。

R.6.2　提取物必须保存于 4℃，并于提取 40 d 内进行分析。

R.7 分析步骤

R.7.1　提取和纯化

R.7.1.1　一般而言，对于水样，依据附录 U 以二氯甲烷在中性或不改变其 pH 条件下进行提取。固体样品依据附录 V 以二氯甲烷/丙酮（1∶1）作为提取溶剂。

R.7.1.2　如需要，样品可以按照附录 W 进行纯化。

R.7.1.3　进行气相色谱分析之前，提取溶剂必须通过提取方法中的 Kudern-Danish 浓缩梯度步骤替换为正己烷。残留于提取物中的二氯甲烷将会引起相当宽的溶剂峰。

R.7.2　色谱柱

R.7.2.1　单柱分析：

色谱柱 1：DB-210（30 m×0.53 mm 内径，熔融石英毛细管柱，甲基三氟丙基-甲基聚硅氧烷键合固定相）或同类产品。

色谱柱 2：DB-WAX（30 m×0.53 mm 内径，熔融石英毛细管柱，聚乙二醇键合固定相）或同类产品。

R.7.2.2　双柱分析：

色谱柱 1：DB-5，RTx-5，SPB-5（30 m×0.53 mm×0.83 μm 或 1.5 μm 石英毛细管柱）或同类产品。

色谱柱 2：DB-1701，RTx-1701（30 m × 0.53 mm × 1.0 μm 石英毛细管柱）或同类产品。

R.7.3　每种被分析物的保留时间列于表 R.3 和表 R.4。推荐的气相色谱（GC）工作条件列于表 R.5 和表 R.6。

R.7.4　校正曲线。制备校正曲线标准液。可采用内标法或外标法。

R.7.5　气相色谱分析。

R.7.5.1　推荐 1 μl 自动进样。如果要求定量精度相对标准偏差小于 10%，则可以采用不多于 2 μl 手动进样。若溶剂量保持在最低值，则应采用溶剂冲洗技术。如果采用内标校准方法，在进样前于每毫升样品提取液中加入 10 μl 内标。

R.7.5.2　当样品提取液中某一个峰超出了其常规的保留时间窗口时需要采用假设性鉴定。

R.7.5.3　气相色谱定性性能的认证：使用中等质量浓度的标准物质溶液评估这一标准。如果任何标准物质超出了其日常保留时间窗口，则说明系统存在问题。找出问题的原因并将其修正。

R.7.5.4　记录进样体积至最接近 0.05 μl 的进样量及其相应峰的大小，以峰高或峰面积计。使用内标或外标法，确定样品色谱图中每一个与校正曲线上化合物相应的组分峰的属性和量。

R.7.5.5　如果响应超出了系统的线性范围，将提取液稀释并再次分析。推荐使用峰高测量优于峰面积积分，因为面积积分时峰重叠会引起误差。

R.7.5.6　如果存在部分重叠峰或共流出峰，改变色谱柱或采用 GC/MS 技术。影响样品定性和（或）定量的干扰物应使用上面所述纯化技术予以除去。

R.7.5.7　如果峰响应低于基线噪音的 2.5 倍，则定量结果的合理性值得怀疑。应根据数据质量目标确定是否需要对样品进一步浓缩。

表 R.1　对含氯烃类化合物单柱分析的方法检测限（MDL）

化合物名称	MDL[a]/（ng/L）
亚苄基二氯　（Benzal chloride）	2～5[b]
三氯甲苯　（Benzotrichloride）	6.0
苄基氯　（Benzyl chloride）	180
2-氯萘　（2-Chloronaphthale）	1 300
1,2-二氯苯　（1,2-Dichlorobenzene）	270
1,3-二氯苯　（1,3-Dichlorobenzene）	250
1,4-二氯苯　（1,4-Dichlorobenzene）	890
六氯苯　（Hexachlorobenzene）	5.6
六氯丁二烯　（Hexachlorobutadiene）	1.4
α-六氯环己烷　（α-Hexachlorocyclohexane　α-BHC）	11

化合物名称	MDL[a]/（ng/L）
β-六氯环己烷　（β-Hexachlorocyclohexane　β-BHC）	31
γ-六氯环己烷　（γ-Hexachlorocyclohexane　γ-BHC）	23
δ-六氯环己烷　（δ-Hexachlorocyclohexane　δ-BHC）	20
六氯环戊二烯　（Hexachlorocyclopentadiene）	240
六氯乙烷　（Hexachloroethane）	1.6
五氯苯　（Pentachlorobenzene）	38
1,2,3,4-四氯苯　（1,2,3,4-Tetrachlorobenzene）	11
1,2,4,5-四氯苯　（1,2,4,5-Tetrachlorobenzene）	9.5
1,2,3,5-四氯苯　（1,2,3,5-Tetrachlorobenzene）	8.1
1,2,4-三氯苯　（1,2,4-Trichlorobenzene）	130
1,2,3-三氯苯　（1,2,3-Trichlorobenzene）	39
1,3,5-三氯苯　（1,3,5-Trichlorobenzene）	12

注：a. MDL 是对无有机污染的水的方法检测限。MDL 由使用同样的完整分析方法（包括提取，Florisil 萃取柱纯化，以及 GC/ECD 分析）分析 8 个等组分样品得到。

其中 $t(n-10.99)$ 是适用于置信区间为 99%，标准偏差具有 $n-1$ 个自由度的 S 值，SD 是 8 次重复测定的标准偏差。

b. 由仪器检测限评估得到。

表 R.2　对不同基质的定量限评估值（EQL）因子 [a]

基质	因子
地下水	10
超声提取、凝胶渗透色谱（GPC）纯化的低倍浓缩土壤	670
超声提取的高倍浓缩土壤和淤泥	10 000
不溶于水的废弃物	100 000

注：a. EQL=[方法检测限（表 R.1）] × [本表列出的因子]。对于非水样品，该因子是基于净重原则。样品的 EQL 值很大程度上取决于基质。此处列出的 EQL 值仅作为指导参考，并非始终能达到。

表 R.3　对含氯烃类化合物单柱分析的色谱保留时间

化合物名称	保留时间/min	
	DB-210[a]	DB-WAX[b]
亚苄基二氯　（Benzal chloride）	6.86	15.91
三氯甲苯　（Benzotri chloride）	7.85	15.44
苄基氯　（Benzyl chloride）	4.59	10.37
2-氯萘　（2-Chloronaphthale）	13.45	23.75
1,2-二氯苯　（1,2-Dichlorobenzene）	4.44	9.58
1,3-二氯苯　（1,3-Dichlorobenzene）	3.66	7.73
1,4-二氯苯　（1,4-Dichlorobenzene）	3.80	8.49
六氯苯　（Hexachlorobenzene）	19.23	29.16
六氯丁二烯　（Hexachlorobutadiene）	5.77	9.98
α-六氯环己烷　（α-Hexachlorocyclohexane　α-BHC）	25.54	33.84
γ-六氯环己烷　（γ-Hexachlorocyclohexane　γ-BHC）	24.07	54.30
δ-六氯环己烷　（δ-Hexachlorocyclohexane　δ-BHC）	26.16	33.79
六氯环戊二烯　（Hexachlorocyclopentadiene）	8.86	c

化合物名称	保留时间/min	
	DB-210[a]	DB-WAX[b]
六氯乙烷（Hexachloroethane）	3.35	8.13
五氯苯（Pentachlorobenzene）	14.86	23.75
1,2,3,4-四氯苯（1,2,3,4-Tetrachlorobenzene）	11.90	21.17
1,2,4,5-四氯苯（1,2,4,5-Tetrachlorobenzene）	10.18	17.81
1,2,3,5-四氯苯（1,2,3,5-Tetrachlorobenzene）	10.18	17.50
1,2,4-三氯苯（1,2,4-Trichlorobenzene）	6.86	13.74
1,2,3-三氯苯（1,2,3-Trichlorobenzene）	8.14	16.00
1,3,5-三氯苯（1,3,5-Trichlorobenzene）	5.45	10.37
内标		
2,5-二溴甲苯　（2,5-Dibromotoluene）	9.55	18.55
1,3,5-三溴苯　（1,3,5-Tribromobenzene）	11.68	22.60
α,α'-二溴间二甲苯　（α,α'-Dibromo-meta-xylene）	18.43	35.94
替代物		
α,2,6-三氯甲苯（α,2,6-Trichlorotoluene）	12.96	22.53
1,4-二氯萘（1,4-Dichloronaphthalene）	17.43	26.83
2,3,4,5,6-五氯甲苯（2,3,4,5,6-Pentachlorotoluene）	18.96	27.91

注：a. GC 工作条件：DB-210（30 m×0.53 mm×1 μm）石英毛细管柱或同类产品；以 10 ml/min 氢气为载气；40ml/min 氮气为尾吹气；程序升温以 4℃/min 速度从 65℃～175℃（保持 20min）；进样温度为 220℃；检测温度为 250℃。

　　b. GC 工作条件：DB-WAX（30 m×0.53 mm×1μm）石英毛细管柱或同类产品；以 10 ml/min 氢气为载气；40 ml/min 氮气为尾吹气；程序升温以 4℃/min 速度从 60℃～170℃（保持 30min）；进样温度为 200℃；检测温度为 230℃。

　　c. 化合物在柱上分解。

表 R.4　对含氯烃类化合物双柱分析的色谱保留时间 [a]

化合物	相对保留时间/ min	
	DB-5	DB-1701
1,3-二氯苯（1,3-Dichlorobenzene）	5.82	7.22
1,4-二氯苯（1,4-Dichlorobenzene）	6.00	7.53
苄基氯（Benzyl chloride）	6.00	8.47
1,2-二氯苯（1,2-Dichlorobenzene）	6.64	8.58
六氯乙烷（Hexachloroethane）	7.91	8.58
1,3,5-三氯苯（1,3,5-Trichlorobenzene）	10.07	11.55
亚苄基二氯（Benzal chloride）	10.27	14.41
1,2,4-三氯苯（1,2,4-Trichlorobenzene）	11.97	14.54
1,2,3-三氯苯（1,2,3-Trichlorobenzene）	13.58	16.93
六氯丁二烯（Hexachlorobutadiene）	13.88	14.41
三氯甲苯（Benzotrichloride）	14.09	17.12
1,2,3,4-四氯苯（1,2,3,4-Tetrachlorobenzene）	19.35	21.85
1,2,4,5-四氯苯（1,2,4,5-Tetrachlorobenzene）	19.35	22.07
六氯环戊二烯（Hexachlorocyclopentadiene）	19.85	21.17
1,2,3,4-四氯苯（1,2,3,4-Tetrachlorobenzene）	21.97	25.71
2-氯萘（2-Chloronaphthale）	21.77	26.60
五氯苯（Pentachlorobenzene）	29.02	31.05
α-六氯环己烷　　（α-BHC）	34.64	38.79
六氯苯（Hexachlorobenzene）	34.98	36.52
β-六氯环己烷　　（β-BHC）	35.99	43.77

化合物	相对保留时间/ min	
	DB-5	DB-1701
γ-六氯环己烷　（γ-BHC）	36.25	40.59
δ-六氯环己烷　（δ-BHC）	37.39	44.62
内标		
1,3,5-三溴苯　（1,3,5-Tribromobenzene）	11.83	13.34
拟似标准品		
1,4-二氯萘　（1,4-Dichloronaphthalene）	15.42	17.71

注：a. GC 工作条件如下：DB-5 柱（30 m×0.53 mm×0.83 μm）或同类产品和 DB-1701（30 m×0.53 mm ×1.0μm）或同类产品连接至三通进样器。程序升温以 2℃/min 从 80℃（保持 1.5 min）升至 125℃（保持 1 min），再以 5℃/min 升至 240℃（保持 2 min）；进样温度为 250℃；检测温度为 320℃；氦载气流速为 6 ml/min；氮尾吹气流速为 20 ml/min。

表 R.5　含氯烃类化合物单柱分析方法的气相色谱工作条件

色谱柱 1：DB-210（30 m×0.53 mm 内径，熔融石英毛细管柱，甲基三氟丙基－甲基聚硅氧烷键合固定相）	
载气（氦，He）10 ml/min	
柱温	
起始温度	65℃
升温程序	4℃/min 速度从 65℃升至 175℃
最后温度	175℃，保持 20 min
进样温度	220℃
检测温度	250℃
进样体积	1～2 μl
色谱柱 2：DB-WAX（30 m ×0.53 mm，内径，熔融石英毛细管柱，聚乙二醇键合固定相）	
载气（氦，He）10 ml/min	
柱温	
起始温度	65℃
升温程序	4℃/min 速度从 60℃升至 170℃
最后温度	170℃，保持 30 min
进样温度	200℃
检测温度	230℃
进样体积	1～2 μl

表 R.6　含氯烃类化合物双柱分析方法的气相色谱工作条件

色谱柱 1：DB-1701（30 m× 0.53 mm× 1.0μm）或同类产品	
色谱柱 2：DB-5（30 m× 0.53 mm×0.83 μm）或同类产品	
载气流量（ml/min）	6（氦气）
尾吹气流量（ml/min）	20（氮气）
升温程序	以 2℃/min 从 80℃（保持 1.5 min）升至 125℃（保持 1 min），再以 5℃/min 升至 240℃（保持 2 min）
进样温度	250℃
检测温度	320℃
进样体积	2μl
溶剂	正己烷
进样类型	闪蒸

检测器类型	双重电子捕获检测器（ECD）
范围	10
衰减	32（DB-1701）/32（DB-5）
分流器类型	Supelco 三通进样器

表 R.7　校准溶液推荐质量分数 [a]

化合物名称	质量浓度/（ng/μl）				
亚苄基二氯　（Benzal chloride）	0.1	0.2	0.5	0.8	1.0
三氯甲苯（Benzotrichloride）	0.1	0.2	0.5	0.8	1.0
苄基氯（Benzyl chloride）	0.1	0.2	0.5	0.8	1.0
2-氯萘（2-Chloronaphthale）	2.0	4.0	10	16	20
1,2-二氯苯（1,2-Dichlorobenzene）	1.0	2.0	5.0	8.0	10
1,3-二氯苯（1,3-Dichlorobenzene）	1.0	2.0	5.0	8.0	10
1,4-二氯苯（1,4-Dichlorobenzene）	1.0	2.0	5.0	8.0	10
六氯苯（Hexachlorobenzene）	0.01	0.02	0.05	0.08	0.1
六氯丁二烯（Hexachlorobutadiene）	0.01	0.02	0.05	0.08	0.1
α-六氯环己烷　（α-BHC）	0.1	0.2	0.5	0.8	1.0
β-六氯环己烷　　（β-BHC）	0.1	0.2	0.5	0.8	1.0
γ-六氯环己烷　　（γ-BHC）	0.1	0.2	0.5	0.8	1.0
δ-六氯环己烷　　（δ-BHC）	0.1	0.2	0.5	0.8	1.0
六氯环戊二烯（Hexachlorocyclopentadiene）	0.01	0.02	0.05	0.08	0.1
六氯乙烷（Hexachloroethane）	0.01	0.02	0.05	0.08	0.1
五氯苯（Pentachlorobenzene）	0.01	0.02	0.05	0.08	0.1
1,2,3,4-四氯苯（1,2,3,4-Tetrachlorobenzene）	0.1	0.2	0.5	0.8	1.0
1,2,4,5-四氯苯（1,2,4,5-Tetrachlorobenzene）	0.1	0.2	0.5	0.8	1.0
1,2,3,5-四氯苯（1,2,3,5-Tetrachlorobenzene）	0.1	0.2	0.5	0.8	1.0
1,2,4-三氯苯（1,2,4-Trichlorobenzene）	0.1	0.2	0.5	0.8	1.0
1,2,3-三氯苯（1,2,3-Trichlorobenzene）	0.1	0.2	0.5	0.8	1.0
1,3,5-三氯苯（1,3,5-Trichlorobenzene）	0.1	0.2	0.5	0.8	1.0
替代物					
α,2,6-三氯甲苯　（α,2,6-Trichlorotoluene）	0.02	0.05	0.1	0.15	0.2
1,4-二氯萘　（1,4-Dichloronaphthalene）	0.2	0.5	1.0	1.5	2.0
2,3,4,5,6-五氯甲苯（2,3,4,5,6-Pentachlorotoluene）	0.02	0.05	0.1	0.15	0.2

注：a. 校准溶液进行 GC/ECD 分析之前应其中加入一种或多种内标。加入内标浓度应对所有的校准溶液保持恒定。

表 R.8　分别以石油醚（1 部分）和 1∶1 石油醚/乙醚（2 部分）为洗脱剂时含氯烃类
化合物从 Florisil 柱上的洗脱状况

化合物名称	数量/（μg）	回收率 [a] /%	
		1 部分 [b]	2 部分 [c]
亚苄基二氯 [d]　（Benzal chloride）	10	0	0
三氯甲苯　（Benzotrichloride）	10	0	0
苄基氯　（Benzyl chloride）	100	82	16
2-氯萘　（2-Chloronaphthale）	200	115	
1,2-二氯苯　（1,2-Dichlorobenzene）	100	102	

化合物名称	数量/（μg）	回收率 [a] /%	
		1 部分 [b]	2 部分 [c]
1,3-二氯苯（1,3-Dichlorobenzene）	100	103	
1,4-二氯苯（1,4-Dichlorobenzene）	100	104	
六氯苯　（Hexachlorobenzene）	1.0	116	
六氯丁二烯（Hexachlorobutadiene）	1.0	101	
α-六氯环己烷　（α-BHC）	10		95
β-六氯环己烷　（β-BHC）	10		108
γ-六氯环己烷　（γ-BHC）	10		105
δ-六氯环己烷　（δ-BHC）	10		71
六氯环戊二烯（Hexachlorocyclopentadiene）	1.0	93	
六氯乙烷　（Hexachloroethane）	1.0	100	
五氯苯　（Pentachlorobenzene）	1.0	129	
1,2,3,4-四氯苯（1,2,3,4-Tetrachlorobenzene）	10	104	
1,2,4,5-四氯苯 [e]（1,2,4,5-Tetrachlorobenzene）	10	102	
1,2,3,5-四氯苯 [e]（1,2,3,5-Tetrachlorobenzene）	10	102	
1,2,4-三氯苯（1,2,4-Trichlorobenzene）	10	59	
1,2,3-三氯苯（1,2,3-Trichlorobenzene）	10	96	
1,3,5-三氯苯（1,3,5-Trichlorobenzene）	10	102	

注：a. 给出值为数次重复实验的平均值。

　　b. 1 部分以 200 ml 石油醚洗脱。

　　c. 2 部分以 200 ml 石油醚/乙醚混合液（1∶1）洗脱。

　　d. 该化合物与 1,2,4-三氯苯共流出；用亚苄基二氯进行了独立实验以验证两种洗脱模式均不能使该化合物通过 Florisi 柱被洗脱。

　　e. 这两种化合物不能通过 DB-210 熔融石英毛细管柱分开。

表 R.9　加标黏土样品中含氯烃类化合物的单次测定精度数据（自动索氏提取） [a]

化合物名称	加标量/（μg/kg）	回收率/%	
		DB-5	DB-1701
1,3-二氯苯（1,3-Dichlorobenzene）	5 000	b	39
1,2-二氯苯（1,2-Dichlorobenzene）	5 000	94	77
亚苄基二氯（Benzal chloride）	500	61	66
三氯甲苯（Benzotrichloride）	500	48	53
六氯环戊二烯（Hexachlorocyclopentadiene）	500	30	32
五氯苯（Pentachlorobenzene）	500	76	73
α-六氯环己烷（α-BHC）	500	89	94
δ-六氯环己烷（δ-BHC）	500	86	b
六氯苯（Hexachlorobenzene）	500	84	88

注：a. 自动索氏提取工作条件如下：浸泡时间 45 min；提取时间 45 min；样品量为 10 g 黏土；提取溶剂为 1∶1 丙酮/正己烷混合液。加标后无须平衡。

　　b. 由于干扰而无法测定。

附录 S（资料性附录）

固体废物 金属元素分析的样品前处理 微波辅助酸消解法

Solid Wastes—Sample Prepration for Analyze of Metal Elements—Microwave Assisted Acid Degestion

S.1 范围

本方法为微波辅助酸消解方法，适用于两类样品基体：一类是沉积物、污泥、土壤和油，一类是废水和固体废物的浸出液。消解后的产物可用于对以下元素的分析：铝、镉、铁、钼、钠、锑、钙、铅、镍、锶、砷、铬、镁、钾、铊、硼、钴、锰、硒、钒、钡、铜、汞、银、锌、铍。

本方法消解后的产物适合用火焰原子吸收光谱（FLAA）、石墨炉原子吸收光谱（GFAA）、电感耦合等离子体发射光谱（ICP/ES）或者电感耦合等离子体质谱（ICP-MS）分析。

S.2 引用标准

下列文件中的条款通过在本方法中被引用而成为本方法的条款，与本方法同效。凡是不注明日期的引用文件，其最新版本适用于本方法。

GB/T 6682 分析实验室用水规格和实验方法

S.3 原理

将样品和浓硝酸定量地加入密封消解罐中，在设定的时间和温度下微波加热。利用微波对极性物质的"内加热作用"和"电磁效应"，对样品迅速加热，提高样品的消化速度和效果。消解液经过滤或离心后按一定的体积稀释，可选择适当的分析方法进行测试。

S.4 试剂和材料

S.4.1 除另有说明外，水为 GB/T 6682 规定的一级水。

S.4.2 硝酸：ρ（HNO_3）＝1.42 g/ml，优级纯。

S.5 仪器

S.5.1 微波消解仪，输出功率为 1 000～1 600 W。具有可编程控制功能，可对温度、压力和时间（升温时间和保持时间）进行全程监控；具有安全防护机制。

S.5.2 消解罐，由碳氟化合物（可溶性聚四氟乙烯 PFA 或改性聚四氟乙烯 TFM）制成的封闭罐体，可抗压 1 172～1 379 kPa（170～200 psi）、耐酸和耐腐蚀，具有泄压功能。用于水样消解的消解罐最好带有刻度。

S.5.3　量筒，体积 50 ml 或 100 ml。

S.5.4　定量滤纸。

S.5.5　玻璃漏斗。

S.5.6　分析天平，最大量程 300 g，精确度± 0.01 g。

S.5.7　离心管，30 ml，玻璃或塑料材质。

S.6 样品采集，保存和处理

S.6.1　样品容器必须提前用洗涤剂、酸和水清洗干净，选用塑料和玻璃容器均可。

S.6.2　收集到的样品必须冷藏存放，并尽早分析。

S.7 操作步骤

S.7.1　消解前的准备：所使用的消解罐和玻璃容器先用稀酸（约 10%，体积分数）浸泡，然后用自来水和试剂水依次冲洗干净，放在干净的环境中晾干。对于新使用的或怀疑受污染的容器，应用热盐酸（1：1）浸泡（温度高于 80℃，但低于沸腾温度）至少 2 h，再用热硝酸浸泡至少 2 h，然后用试剂水洗干净，放在干净的环境中晾干。

S.7.2　样品的消解

S.7.2.1　使用前，称量消解罐、阀门和盖子的质量，精确到 0.01 g。

S.7.2.2　取样

S.7.2.2.1　沉积物、污泥、土壤和油类样品：称量（精确到 0.001 g）一份混合均匀的样品，加入到消解罐中。土壤、沉积物和污泥的称样量少于 0.500 g，油则少于 0.250 g。

S.7.2.2.2　废水和固体废物的浸出液样品：用量筒量取 45 ml 样品倒入带刻度的消解罐中。

S.7.2.3　加酸

S.7.2.3.1　沉积物、污泥、土壤和油类样品：在通风橱中，向样品中加入（10±0.1）ml 浓硝酸。如果反应剧烈，在反应停止前不要给容器盖盖。按产品说明书的要求盖紧消解罐。称量带盖的消解罐，精确到 0.001 g。将消解罐放到微波炉转盘上。

S.7.2.3.2　废水和固体废物的浸出液样品：向样品中加入 5 ml 浓硝酸。按产品说明书的要求盖紧消解罐。称量带盖的消解罐，精确到 0.01 g。将消解罐放到微波炉转盘上。

注意 1：某些样品可能产生有毒的氮氧化物气体，因此所有的操作必须在通风条件下进行。分析人员也必须注意该剧烈实验的危险性。如果有剧烈反应，要等其冷却后才能盖上消解罐。

注意 2：当消解的固体样品含有挥发性或容易氧化的有机化合物，最初称重不能少于 0.10 g，如果反应剧烈，在加盖前必须终止反应。如果不反应，样品量称取 0.25 g。

注意 3：固体样品中如果已知或疑似含有多于 5%～10%的有机物质，必须预消解至少 15 min。

S.7.2.4　按说明书装好旋转盘，设定微波消解仪的工作程序。启动微波消解仪。

S.7.2.4.1　对于沉积物、污泥、土壤和油类样品：每一组样品微波辐射 10 min。每个样品的温度在 5 min 内升到 175℃，在 10 min 的辐射时间内平衡到 170～180℃。如果一批消解的样品量大，可以采用更大的功率，只要能按上述要求在相同的时间内达到相同的温度。

S.7.2.4.2　对于废水和固体废物的浸出液样品：选定的程序应可将样品在 10 min 内升高到 160℃±4℃，同时也允许在第二个 10 min 略微升高到 165～170℃。

S.7.2.5　消解程序结束后，在消解罐取出之前应在微波炉内冷却至少 5 min。消解罐冷却到室温后，称重，记录下每个罐的质量。如果样品加酸的质量减少超过 10%，舍弃该样品。查找原因，重新消解该样品。

S.7.2.6　在通风橱中小心打开消解罐的盖子，释放其中的气体。将样品进行离心或过滤。

S.7.2.6.1　离心：转速 2 000～3 000 r/min，离心 10 min。

S.7.2.6.2　过滤：过滤装置用 10%（体积分数）的硝酸润洗。

S.7.2.7　将消解产物稀释到已知体积，并使样品和标准物质基体匹配，选择适当的分析方法进行检测。

S.8　计算

在原始样品的实际质量（或体积）基础上确定其浓度。

S.9　质量控制

S.9.1　所有质量控制的数据都要保留。

S.9.2　每批或每 20 个样品做一个平行双样，对每种新的基体都必须做平行双样。

S.9.3　每批或每 20 个样品做一个加标样品，对每种新的基体都必须加标样品。

固体废物　六价铬分析的样品前处理　碱消解法

Solid Wastes—Sample Preparation for Analyze of Cr（Ⅵ）—Alkaline Degestion

T.1 范围

本方法是提取土壤、污泥、沉积物或类似的废物中各种可溶的、可被吸附的或沉淀的各种含铬化合物中的六价铬的碱消解实验方法。

对于被消解的样品基体，可以通过样品的各种理化参数 pH、亚铁离子、硫化物、氧化还原电势（ORP）、总有机碳（TOC）、化学需氧量（COD）、生物需氧量（BOD）等来分析其中 Cr（Ⅵ）的还原趋势。对 Cr（Ⅵ）的分析有干扰的物质见相关的分析方法。

T.2 原理

在规定的温度和时间内，将样品在 Na_2CO_3/NaOH 溶液中进行消解。在碱性提取环境中，Cr（Ⅵ）还原和 Cr（Ⅲ）氧化的可能性都被降到最小。含 Mg^{2+} 的磷酸缓冲溶液的加入也可以抑制氧化作用。

T.3 试剂和材料

T.3.1　硝酸（HNO_3）浓度为 5.0 mol/L，于 20～25℃暗处存放。不能用带有淡黄色的浓硝酸来稀释，因为其中有由 NO_3^- 通过光致还原形成的 NO_2，对 Cr（Ⅵ）具有还原性。

T.3.2　无水碳酸钠（Na_2CO_3）：分析纯。储存在 20～25℃的密封容器中。

T.3.3　氢氧化钠（NaOH）：分析纯。储存在 20～25℃的密封容器中。

T.3.4　无水氯化镁（$MgCl_2$）：分析纯。400 mg $MgCl_2$ 约含 100 mg Mg^{2+}。储存在 20～25℃的密封容器中。

T.3.5　磷酸盐缓冲溶液。

T.3.5.1　K_2HPO_4：分析纯。

T.3.5.2　KH_2PO_4：分析纯。

T.3.5.3　0.5 mol/L K_2HPO_4－0.5 mol/L KH_2PO_4 缓冲溶液：pH=7，将 87.09 g K_2HPO_4 和 68.04 g KH_2PO_4 溶于 700 ml 试剂水中，转移至 1 L 的容量瓶中定容。

T.3.6　铬酸铅（$PbCrO_4$）：分析纯。将 10～20 mg $PbCrO_4$ 加入一份试样中作为不可溶的加标物。在 20～－25℃的干燥环境下，储存在密封容器中。

T.3.7　消解溶液，将（20.0±0.05）g NaOH 与（30.0±0.05）g Na_2CO_3 溶于试剂水中，并定容于 1 L 的容量瓶中。于 20～25℃储存在密封聚乙烯瓶中，并保持每月新制。使用前必须测量其 pH 值，若小于 11.5 须重新配制。

T.3.8　重铬酸钾标准溶液（$K_2Cr_2O_7$）：1 000 mg/LCr（Ⅵ），将 2.829 g 于 105℃干燥过的 $K_2Cr_2O_7$ 溶于试剂水中，于 1 L 容量瓶中定容。也可使用 1 000 mg/L 的标定过的商

品 Cr（VI）标准溶液。于 20～25℃储存在密封容器中，最多可使用 6 个月。

T.3.9　基体加标液：100 mg/LCr（VI），将 10 ml1 000 mg/L 的 K$_2$Cr$_2$O$_7$标准溶液（T.3.8）加入 100 ml 容量瓶中，用试剂水定容，混匀。

T.3.10　试剂水：本方法中所使用的试剂水应满足相关的 Cr（VI）分析方法的要求。

T.4 仪器、装置

T.4.1　消解容器：250 ml，硅酸盐玻璃或石英材质。

T.4.2　量筒：100 ml。

T.4.3　容量瓶：1 000 ml 和 100 ml，具塞，玻璃。

T.4.4　真空过滤器

T.4.5　滤膜（0.45 μm）：纤维质或聚碳酸酯滤膜。

T.4.6　加热装置：可以将消解液保持在 90～95℃，并可持续自动搅拌。

T.4.7　玻璃移液管：多种规格。

T.4.8　pH 计：已校准。

T.4.9　天平：已校准。

T.4.10　测温装置：可测至 100℃，如温度计，热敏电阻，红外传感器等。

T.5 样品采集，保存与处理

T.5.1　样品应使用塑料或玻璃的装置和容器采集并保存，不得使用不锈钢制品。样品在检测前须在 4℃±2℃下保存，并保持野外潮湿状态。

T.5.2　在野外潮湿土壤样品中，收集 30 d 后 Cr（VI）仍可以保持含量的稳定。在碱性消解液中 Cr（VI）在 168 h 内是稳定的。

T.5.3　实验中产生的 Cr（VI）溶液或废料应当用适当方法处理，如用维生素 C 或其他还原性试剂处理，将其中的 Cr（VI）还原为 Cr（III）。

T.6 操作步骤

T.6.1　通过对试剂空白（一个装有 50 ml 消解液的 250 ml 容器）的温度监测，调节所有碱消解加热装置的温度设定。使消解液可以保持在 90～95℃下加热。

T.6.2　将（2.5±0.10）g 混合均匀的野外潮湿样品加入 250 ml 消解容器中。需要加标时，将加标物须直接加入该样品中。

T.6.3　用量筒向每一份样品中加入（50±1）ml 消解液，然后加入大约 400 mg MgCl$_2$和 0.5 ml 1.0 mol/L 磷酸缓冲溶液。将所有样品用表面皿盖上。

T.6.4　用搅拌装置将样品持续搅拌至少 5 min（不加热）。

T.6.5　将样品加热至 90～95℃，然后在持续搅拌下保持至少 60 min。

T.6.6　在持续搅拌下将每份样品逐渐冷却至室温。将反应物全部转移至过滤装置，用试剂水将消解容器冲洗 3 次，洗涤液也转移至过滤装置，用 0.45 μm 的滤膜过滤。将滤液和洗涤液转移至 250 ml 的烧杯中。

T.6.7　在搅拌器的搅拌下，向装有消解液的烧杯中逐滴缓慢加入 5.0 mol/L 的硝酸，调节溶液的 pH 值至 7.5±0.5。如果消解液的 pH 超出了需要的范围，必须将其弃去并重新消解。如果有絮状沉淀产生，样品要用 0.45 μm 滤膜过滤。

注意：CO_2 会干扰此过程，此操作应在通风橱内完成。

T.6.8　取出搅拌器并清洗，洗涤液收入烧杯中。将样品完全转入 100 ml 容量瓶中，用试剂水定容。混合均匀待分析。

T.7 计算

T.7.1　样品质量分数

$$质量分数 = \frac{ADE}{BC}$$

式中：A——消解液中测得的质量浓度，μg/ml；

B——最初湿样品的质量，g；

C——干固体质量分数，%；

D——稀释倍数；

E——最终消解液体积，ml。

T.7.2　相对偏差

$$RPD = \frac{S - D}{(S + D)/2}$$

式中：RPD——平行样品的相对偏差；

S——第一份样品检测结果；

D——平行样品检测结果。

T.7.3　加标回收率

$$回收率 = \frac{SSR - SR}{SA} \times 100\%$$

式中：SSR——加标样品检测结果；

SR——未加标样品检测结果；

SA——加标量。

T.8 质量控制

T.8.1　必须对每一批消解样品进行质量控制分析，在每批样品消解中必须制备一个空白样品，其所测得的 Cr（Ⅵ）浓度必须低于方法的检测限或 Cr（Ⅵ）标准限值的 1/10，否则整批样品都必须重新进行消解。

T.8.2　实验室控制样品（LCS）。作为方法性能的附加检测，将基体加标液或固体基体加标物加入 50 ml 消解液中。LCS 的回收率应在 80%～120%的范围内，否则整批样品必须重新检测。

T.8.3　对每一批样品都必须有平行样品的检测，且要求相对偏差 RPD 小于等于 20%。

T.8.4　对每一批小于等于 20 个样品来说，都要做可溶性和非可溶性的基体加标测定。可溶性基体加标是加入 1.0 ml 加标溶液（相当于 40 mgCr（Ⅵ）/kg）。非可溶性基体加标是向样品中加入 10～20 mg 的 $PbCrO_4$。消解后基体加标的回收率应该达到 85%～115%。否则，应对样品重新进行混匀、消解和检测。

附录 U（资料性附录）

固体废物　有机物分析的样品前处理　分液漏斗液-液萃取法

Solid Wastes—Sample Preparation for Analyze of Organic Compounds—Separatory Funnel Liquid-Liquid Extraction

U.1 范围

本方法规定了从水溶液样中分离有机化合物的分液漏斗液-液萃取法。后续使用色谱分析方法时，本方法可应用于水不溶性和水微溶性的有机物的分离和浓缩。

U.2 引用标准

下列文件中的条款通过在本方法中被引用而成为本方法的条款，与本方法同效。凡是不注明日期的引用文件，其最新版本适用于本方法。

GB/T 6682　分析实验室用水规格和实验方法

U.3 原理

取量好一定体积的样品，通常为 1 L，在规定的 pH 下，在分液漏斗中用二氯甲烷进行逐次提取，提取物干燥、浓缩后，必要时，更换为与用于净化或测定步骤相一致的溶剂。

U.4 试剂和材料

除另有说明外，本方法中所用的水为 GB/T 6682 规定的一级水。

U.4.1　硫酸钠（无水，粒状），需要置于浅碟 400℃烧灼 4 h 或使用二氯甲烷预洗以净化。

U.4.2　提取前调节 pH 的溶液。

U.4.2.1　硫酸溶液（1∶1，体积分数），缓慢添加 50 ml 浓硫酸到 50 ml 无有机物的试剂级水中。

U.4.2.2　氢氧化钠溶液（10 mol/L），溶解 40 g 氢氧化钠于无有机物的试剂级水中并定容到 100 ml。

U.4.3　二氯甲烷：色谱纯。

U.4.4　正己烷：色谱纯。

U.4.5　乙腈：色谱纯。

U.4.6　异丙醇：色谱纯。

U.4.7　环己烷：色谱纯。

U.5 仪器

U.5.1 分液漏斗：2 L，具聚四氟乙烯活塞。

U.5.2 干燥柱：20 mm 内径，硬质玻璃色谱柱在底部带有硬质玻璃棉和聚四氟乙烯活塞（注意：烧结玻璃筛板在高度污染的提取物通过之后很难去除。可购买无烧结筛板的柱子）。用一个小的硬质玻璃棉垫保持吸附剂。在用吸附剂装柱之前，用 50 ml 丙酮预先洗玻璃小垫，继续用 50 ml 的洗提溶液洗净。

U.5.3 Kuderna-Danish（K-D）装置

U.5.3.1 浓缩管：10 ml，带刻度。具玻璃塞以防止在短时间放置时样品挥发。

U.5.3.2 蒸发瓶：500 ml。使用弹簧或者夹子与蒸发器连接。

U.5.4 溶剂蒸发回收装置。

U.5.5 沸石：10/40 目（碳化硅，或同等装置）。

U.5.6 水浴：加热温度±5℃，具有同心环状盖板，使用时必须盖住盖板。

U.5.7 氮吹仪：12 位或 24 位（可选）。

U.5.8 玻璃样品瓶：2 ml 或 10 ml，具有聚四氟乙烯旋盖或压盖以存放样品。

U.5.9 pH 试纸：广泛试纸。

U.5.10 真空系统：可达到 8.8 MPa 真空度。

U.5.11 量筒。

U.6 操作步骤

U.6.1 用 1 L 量筒，量取 1 L 样品并移入分液漏斗中。

U.6.2 用广泛 pH 试纸检查样品的 pH，初始提取 pH＞11，必要时，用不超过 1 ml 的酸或碱调至提取方法所需的 pH。

U.6.3 用量筒取 60 ml 二氯甲烷洗涤，将其并入分液漏斗。

U.6.4 密闭分液漏斗，用力振摇 1～2 min，并间歇地排气以释放压力。

注意：二氯甲烷会很快地产生过大的压力，因此初次排气应在分液漏斗密闭并摇动一次后立即进行。排气应在通风橱中进行以防交叉污染。

U.6.5 有机层与水相分离至少需 10 min，若两层间的乳浊液界面大于溶剂层的 1/3，须采取机械技术来完成相分离。最佳技术依样品而定，包括搅拌、通过玻璃棉过滤乳浊液、离心或其他物理方法。收集溶剂提取物至锥形烧瓶中。

U.6.6 用一份新的溶剂再重复萃取二次（见步骤 U.6.3 至 U.6.5），合并 3 次的提取液。

U.6.7 进一步调节 pH 并提取，将水相的 pH 调节至低于 2。如 U.6.3 至 U.6.5 所述，用二氯甲烷连续提取 3 次，收集并合并提取液，并标明合并的提取液。

U.6.8 若进行 GC/MS 分析，酸性及碱或中性提取物可在浓缩之前合并。但在某些情况下，分别浓缩和分析酸性及碱或中性提取物更为可取。

U.6.9 K-D 浓缩技术。

U.6.9.1 组装一个包括 10 ml 浓缩管和 500 ml 蒸发瓶的 K-D 浓缩装置。

U.6.9.2 合并各步的洗脱液，流过一个装有 10 g 无水硫酸钠的干燥管。将干燥后的洗脱液收集到 K-D 浓缩装置。如果被分析物是酸性物质须使用酸化的硫酸钠（见 GB 5085.6 附录 K）。

U.6.9.3　用 20 ml 溶剂洗涤收集管和干燥管，将其合并到 K-D 浓缩装置蒸发瓶中。

U.6.9.4　在蒸发瓶中加入 1～2 片沸石，安装一个 3 球的常量斯奈德管。装上玻璃制的回收装置。用 1 ml 二氯甲烷润湿斯奈德管的顶端。将 K-D 装置放置在热水浴（温度设置在溶剂沸点以上 15～20℃）上，使浓缩管下端部分地浸入热水中，整个管的下表面被蒸汽加热。调整装置的垂直位置和水浴温度，使浓缩过程在 10～20 min 完成。在正常的加热速率下，只在管的球状部分可以观察到液体沸腾。当剩余的溶剂小于 1 ml 时，将 K-D 装置从水浴上取下，至少放置 10 min 冷却。移去斯奈德管，用 1～2 ml 溶剂洗涤浓缩管的下端。用二氯甲烷调节最终的萃取物体积到 1 ml，或者使用上述流程进一步浓缩。

U.6.10　如需进一步的浓缩，可使用微量斯奈德管或者氮吹浓缩。

U.6.10.1　微量斯奈德管浓缩技术。

U.6.10.1.1　在浓缩管重新加入干净的沸石，安装一个 2 球的微量斯奈德管。装上玻璃制的微量回收装置。用 0.5 ml 二氯甲烷润湿斯奈德管的顶端。将 K-D 装置放置在热水浴上，使浓缩管下端部分地浸入热水中，整个管的下表面被蒸汽加热。调整装置的垂直位置和水浴温度，使浓缩过程在 5～10 min 完成。在正常的加热速率下，只在管的球状部分可以观察到液体沸腾。

U.6.10.1.2　当剩余的溶剂约 0.5 ml 时，将 K-D 装置从水浴上取下，至少放置 10 min 以冷却。移去斯奈德管，用 0.2 ml 溶剂洗涤浓缩管的下端，调节最终的萃取物体积到 1 ml。

U.6.10.2　氮吹技术。

U.6.10.2.1　将浓缩管放在温水浴（大约 30℃）中，使用经过活性炭柱净化的干燥、洁净的适当流量的氮气流，吹干至约 1 ml。

注意：不要在活性炭柱后使用新的塑料管，否则有可能造成样品污染。

U.6.10.2.2　在氮吹过程中用溶剂润洗几次浓缩管内壁；注意不要将水溅到管中；一般来说不要把样品吹干。

注意：当溶剂体积剩余不足 1 ml 时，半挥发性被分析物会损失。

U.6.11　萃取物可以用于下一步的净化流程，或是用适当方法对目标物质进行分析。如果不是立即进行下一步操作，可以塞住浓缩管冷藏保存。当储藏时间超过 2 d 时，须使用聚四氟乙烯旋盖的样品瓶并做好标记。

附录 V（资料性附录）

固体废物　有机物分析的样品前处理　索氏提取法

Solid Wastes—Sample Preparation for Analyze of Organic Compounds—Soxhlet Extraction

V.1　范围

本方法适用于对固体废物、沉积物、淤泥以及土壤的索氏提取法。索氏提取保证了样品和提取溶剂之间快速而密切的接触。在制备各种色谱方法中测定的样品时，本法可用于分离和浓缩水不溶性和水微溶性有机物。

V.2　引用标准

下列文件中的条款通过在本方法中被引用而成为本方法的条款，与本方法同效。凡是不注明日期的引用文件，其最新版本适用于本方法。

GB/T 6682　分析实验室用水规格和实验方法

V.3　原理

固体样品与无水硫酸钠混合，置于提取套筒或 2 个玻璃棉塞之间，在索氏提取器中用适当的溶剂提取，提取液干燥后浓缩，必要时，置换溶剂使其与净化或测定步骤中所用的相一致。

V.4　试剂和材料

V.4.1　除另有说明外，本方法中所用的水为 GB/T 6682 规定的一级水。

V.4.2　硫酸钠（无水，粒状）：需要置于浅盘 400℃烧灼 4 h 或使用二氯甲烷预洗以净化。如果使用二氯甲烷预洗净化，必须测试试剂空白以证明没有由无水硫酸钠带来的干扰。

V.4.3　提取溶剂。

V.4.3.1　土壤或沉积物和水性污泥样品：丙酮/正己烷（1∶1，体积分数），或二氯甲烷/丙酮（1∶1，体积分数）。

V.4.3.2　其他样品：二氯甲烷，或甲苯/甲醇（10∶1，体积分数）。

V.4.4　更换溶剂：己烷、2-丙醇、环己烷、乙腈，色谱纯。

V.5　仪器

V.5.1　索氏提取器：40 mm 内径，带 500 ml 圆底烧瓶。

V.5.2　Kuderna-Danish（K-D）装置

V.5.2.1　浓缩管：10 ml，带刻度。具玻璃塞以防止在短时间放置时样品挥发。

V.5.2.2 蒸发瓶：500 ml。使用弹簧或者夹子与蒸发器连接。

V.5.2.3 斯奈德管：三球，大量。

V.5.2.4 斯奈德管：二球，微量（可选）。

V.5.3 溶剂蒸发回收装置。

V.5.4 沸石：10/40 目（碳化硅）。

V.5.5 水浴：加热精度±5℃，具有同心环状盖板，使用时必须盖住盖板。

V.5.6 氮吹仪：12 位或 24 位（可选）。

V.5.7 玻璃样品瓶：2 ml 或 10 ml，具有聚四氟乙烯旋盖或压盖。

V.5.8 玻璃或纸套筒或玻璃棉，无污染物质。

V.5.9 加热套，变阻器控制。

V.5.10 分析天平，感量 0.000 1 g。

V.6 操作步骤

V.6.1 样品处理

V.6.1.1 废物样品：样品若包含多相，应在萃取前按相分离方法进行制备。本操作步骤只用于固体。

V.6.1.2 沉积物/土壤样品：倾倒弃去样品上面的水层。充分混合样品，特别是复合样品。弃去外来异物，如树枝、树叶和石块。

V.6.1.3 黏稠、纤维或油脂类废物可采用切、撕等方式降低其粒径，使其在提取时有尽可能大的比表面。无水硫酸钠与样品 1:1 混合后可能适合于研磨。

V.6.1.4 适合于研磨的干燥废物样品：研磨或再细分废物，使其能通过 1 mm 筛，将足够样品倒入研磨器中，使经研磨后至少能得到 10 g 样品。

V.6.2 样品干重质量分数的测定

在某些情况下，希望样品以干重计。在这时应测定样品干重在总重量中的比例，并在实际分析中按比例折算被测样品的干重值。

称完提取用的样品，立即称取 5～10 g 样品于配衡坩埚中，105℃放置过夜干燥，于保干器内冷却后称重。

$$\omega（干重，\%）=样品干重/样品总重\times100\%$$

V.6.3 将 10 g 固体样品和 10 g 无水硫酸钠混合，放于提取套筒中。在提取过程中套筒须自由地沥干。在索氏提取器中，可在样品的上下两端放上玻璃棉塞以代替提取套筒。添加 1.0 ml 甲醇及测定方法中指定的替代物到各个样品和空白中。

V.6.4 在有 1～2 粒干净沸石的 500 ml 圆底烧瓶中加入 300 ml 提取溶剂，将烧瓶连接在提取器上，提取样品 16～24 h。

V.6.5 在提取完成后让提取液冷却。

V.6.6 组装一个包括 10 ml 浓缩管和 500 ml 蒸发瓶的 K-D 浓缩装置。

V.6.7 装上玻璃制的回收装置（冷凝与收集装置）。

V.6.8 将洗脱液流过一个含有 10 cm 无水硫酸钠的干燥管。将干燥后的洗脱液收集到 K-D 浓缩装置。利用 100～125 ml 提取溶剂洗涤容器和干燥管，保证完全转移。

V.6.9 在蒸发瓶中加入 1～2 片沸石，安装一个 3 球的常量斯奈德管。用 1 ml 二氯甲烷润湿斯奈德管的顶端。将 K-D 装置放置在热水浴（温度设置在溶剂沸点以上 15～20℃）上，使浓缩管下端部分地浸入热水中，整个管的下表面被蒸汽加热。调整装置的垂直位置和水浴温度，使浓缩过程在 10～20 min 之内完成。在正常的加热速率下，只在管的球状部分可以观察到液体沸腾。当剩余的溶剂为 1～2 ml 时，将 K-D 装置从水浴上取下，至少放置 10 min 以冷却。

V.6.10　如需要置换溶剂（见表 V.1），取下斯奈德管，加入 50 ml 置换溶剂和一片新的沸石。按 V.6.9 浓缩提取液，如必要则使用水浴加热，当剩余的溶剂为 1～2 ml 时，将 K-D 装置从水浴上取下，至少放置 10 min 以冷却。

V.6.11　移去斯奈德管，用 1～2 ml 二氯甲烷或置换溶剂洗涤浓缩管的下端。用最后使用的溶剂调节最终的萃取物体积到 10 ml，或者使用 V.6.12 的流程进一步浓缩。

V.6.12　如需进一步的浓缩，可使用微量斯奈德管或者氮吹。

V.6.12.1　微量斯奈德管浓缩技术

V.6.12.1.1　在浓缩管重新加入干净的沸石，安装一个 2 球的微量斯奈德管，装上玻璃微量回收装置，用 0.5 ml 二氯甲烷润湿斯奈德管的顶端。将 K-D 装置放置在热水浴上，使浓缩管下端部分地浸入热水中，整个管的下表面被蒸汽加热。调整装置的垂直位置和水浴温度，使浓缩过程在 5～10 min 之内完成。在正常的加热速率下，只在管的球状部分可以观察到液体沸腾。

V.6.12.1.2　当剩余的溶剂约 0.5 ml 时，将 K-D 装置从水浴上取下，至少放置 10 min 以冷却。移去斯奈德管，用 0.2 ml 溶剂洗涤浓缩管的下端，调节最终的萃取物体积到 1～2 ml。

V.6.12.2　氮吹技术。

V.6.12.2.1　将浓缩管放在温水浴（大约 30℃）中，使用经过活性炭柱净化的干燥、洁净的适当流量的氮气流，吹干至约 0.5 ml。

注意：不要在活性炭柱后使用新的塑料管，否则有可能给样品带来邻苯二甲酸酯污染。

V.6.12.2.2　在氮吹过程中用溶剂润洗几次浓缩管内壁；注意不要将水溅到管中；不要把样品吹干。

注意：当溶剂体积剩余不足 1 ml 时，半挥发性分析物会有损失。

V.6.13　萃取物可以用于下一步的净化流程，或是用适当方法对目标物质进行分析。如果不是立即进行下一步操作，可以塞住浓缩管冷藏保存。当储藏时间超过 2 d 时，须使用聚四氟乙烯旋盖的样品瓶并做好标记。在任何情况下都不推荐保存时间超过 2 d。

表 V.1　各个测定方法的溶剂置换

分析方法	提取 pH	分析时置换溶剂	净化时置换溶剂	用于净化的溶液体积/ml	用于分析的最终体积/ml [a]
5085.6 附录 H	不调节	正己烷	正己烷	10.0	10.0
5085.6 附录 N	不调节	正己烷	正己烷	10.0	10.0
5085.6 附录 R	不调节	正己烷	正己烷	2.0	1.0
5085.6 附录 I	不调节	正己烷	正己烷	10.0	10.0
5085.6 附录 K	不调节	不置换	—	—	1.0
5085.6 附录 L	不调节	甲醇	—	—	1.0

注：a. 对建议定容体积 10.0 ml 的方法，可以将提取物浓缩到 1.0 ml 以获得更低的检测限。

附录 W（资料性附录）

固体废物　有机物分析的样品前处理 Florisil（硅酸镁载体）柱净化法

Solid Wastes—Sample Preparation for Analyze of Organic—Florisil Cleanup

W.1 范围

本方法适用于气相色谱样品在进行分析之前，使用 Florisil（硅酸镁载体）进行柱色谱净化。本方法可以使用柱色谱或者装填 Florisil 的固相萃取柱。

本方法述及了含有下列物质的提取物的净化：邻苯二甲酸酯类、氯代烃、亚硝胺、有机氯农药、硝基芳香化合物、有机磷酸酯、卤代醚、有机磷农药、苯胺及其衍生物和多氯联苯等。

W.2 原理

本方法中净化柱装填 Florisil 后，上面附加一层干燥剂。上样后用适当溶剂洗脱，将干扰物留在 Florisil 柱上。将洗脱液浓缩，备作后续的分析。也可使用装填 40 μm（孔径 6 nm）Florisil 的固相萃取柱，上样前用溶剂活化。上样后用适当溶剂洗脱，将干扰物留在 Florisil 柱上。为了保证结果，应在固相萃取装置（真空缸）上完成。将洗脱液浓缩，备作后续的分析。

W.3 试剂和材料

W.3.1　除有说明外，本方法中所用的水为无有机物的试剂水。

W.3.2　Florisil：

本方法中涉及两种类型的 Florisil，Florisi PR 经过 675℃活化，一般用于净化杀虫剂样品，而 Florisi A 经过 650℃活化，一般用于净化其他样品。待用的 Florisil 必须贮存于带磨口玻璃塞或螺盖有内衬的玻璃容器中。

W.3.3　月桂酸，用于标定 Florisil 的活性，将 10.00 g 月桂酸用正己烷定容到 500 ml 待用。

W.3.4　酚酞指示剂：1%乙醇溶液。

W.3.5　氢氧化钠：称量 20 g 氢氧化钠定容到 500 ml，得到 1 mol/L 的溶液，稀释 20 倍得到 0.05 mol/L 的溶液后用月桂酸溶液标定；准确称取 100～200 mg 月桂酸于锥形瓶中，加入 50 ml 乙醇，溶解月桂酸，加 3 滴酚酞指示剂，用 0.05 mol/L 的氢氧化钠溶液滴定，将每毫升氢氧化钠溶液能中和的月桂酸毫克数作为"溶液强度"标记在 0.05 mol/L 的氢氧化钠溶液瓶上。

W.3.6　Florisil 的活化和去活化。

W.3.6.1　去活化，用于邻苯二甲酸酯净化。使用之前，盛放在一个大口烧杯中，

140℃加热至少 16 h。在加热后，转入 500 ml 试剂瓶中，密封并冷却至室温。加 3.3%（体积质量比）试剂水，充分混合，放置至少 2 h。密封保存。

W.3.6.2　活化，用于邻苯二甲酸酯净化之外的所有过程。无论是 Florisi PR 或者 Florisi A，使用之前，盛放在一个浅玻璃盘中，用金属箔松松地覆盖，130℃加热过夜，密封保存。

W.3.6.3　不同的批料或不同来源的 Florisil，其吸附能力可能不同。建议使用月桂酸值标定 Florisil 的吸附容量。

W.3.6.3.1　称取 2.000 g Florisil 盛放在一个 25 ml 锥形瓶中，用金属箔松松地覆盖，130℃加热过夜。冷却至室温。

W.3.6.3.2　加 20.0 ml 月桂酸正己烷溶液，塞上，振荡 15 min。

W.3.6.3.3　静置沉淀，吸取 10.0 ml 的液体到 125 ml 锥形瓶，不要引入固体。

W.3.6.3.4　加 60 ml 乙醇，3 滴酚酞指示剂。

W.3.6.3.5　用标定过的 0.05 mol/L 的氢氧化钠溶液滴定。

W.3.6.3.6　计算月桂酸值：月桂酸值＝200－滴定体积（ml）×溶液强度（mg/ml）。

W.3.6.3.7　装填柱色谱需要的 Florisil 的克数为：月桂酸值×20 g÷110。

W.3.7　硫酸钠（无水：粒状）：需要置于浅碟 400℃烧灼 4 h 或使用二氯甲烷预洗以净化。使用二氯甲烷洗涤处理的无水硫酸钠必须测定试剂空白。

W.3.8　装填 40 µm（孔径 6 nm）Florisil 的固相萃取柱。Florisil 固相萃取柱：装填 40 µm（孔径 6 nm）Florisil，用于净化邻苯二甲酸酯。1 g 氧化铝装填于 6 ml 血清学级的聚丙烯注射器针筒内，加有 20 µm 孔径筛板。0.5 g 和 2 g 规格的也可以使用，但其净化效果需要确认。

W.3.9　提取溶剂：所有试剂均为色谱纯级或同等质量。

W.3.9.1　二氯甲烷、正己烷、异丙醇、甲苯、石油醚（沸程 30～60℃）、正戊烷、丙酮。

W.3.9.2　乙醚（$C_2H_5OC_2H_5$）：必须不含过氧化物，请用相应的试纸测试。除去过氧化物的乙醚应当加入 20 ml/L 的乙醇以保存。

W.3.10　有机酚性能评价标准：0.1 mg/L 2,4,5-三氯苯酚的丙酮溶液。

W.3.11　农药测试标液：正己烷为溶剂，标准物质量浓度分别为：α-六氯环己烷、γ-六氯环己烷、七氯、硫丹 I，各 5 mg/L，狄氏剂、艾氏剂、4,4'-DDT、4,4'-DDT，各 10 mg/L，四氯间二甲苯、十氯联苯，各 20 mg/L，甲氧氯，50 mg/L。

W.3.12　氯代酚酸除草剂标液：含 2,4,5-T 甲酯 100 mg/L，五氯苯酚甲酯 50 mg/L，毒莠定 200 mg/L。

W.4　仪器、装置

W.4.1　色谱柱：300 mm，10 mm 内径，具聚四氟乙烯阀门。

W.4.2　烧杯。

W.4.3　试剂瓶。

W.4.4　马弗炉：至少可达 400℃。

W.4.5　玻璃样品瓶：2、5、25 ml，具有聚四氟乙烯旋盖或压盖以存放样品。

W.4.6　固相萃取装置：Empore™ 装置（真空多支管）带有 3～90 mm 或 6～47 mm 标准滤过装置，或者其同类装置。若具有良好的提取性能并可满足所有质量控制条件，可以使用为固相萃取设计的自动装置。

W.4.7　天平：精度 0.01 g。

W.5　样品的采集、保存和预处理

W.5.1　固体基质：250 ml 宽口玻璃瓶，有螺纹的 Teflon 的盖子，冷却至 4℃保存。

液体基质：4 个 1 L 的琥珀色玻璃瓶，有螺纹的 Teflon 的盖子，在样品中加入 0.75 ml 10%的 NaHSO$_4$，冷却至 4℃保存。

W.5.2　保存样品提取物在 -10℃，避光，且存放于密闭的容器中（如带螺帽的小瓶或卷盖小瓶）。

W.6　干扰的消除

W.6.1　实验试剂需要进一步的纯化。

W.6.2　必须测定溶剂空白，证实纯化方法带来的干扰低于后续分析方法的检测限时，纯化方法方可应用于实际样品。但是实验证明经过固相萃取小柱进行净化后，每个小柱会给空白样品中带来约 400 ng 的邻苯二甲酸酯干扰。这一部分由固相萃取小柱带来的干扰是无法去除的。

W.7　操作步骤

W.7.1　固相萃取柱的准备和活化。

W.7.1.1　将萃取柱装在真空萃取装置上。

W.7.1.2　抽真空到 250 mmHg。从萃取柱流出的流量可以通过阀门调节。

W.7.1.3　加 4 ml 正己烷到柱上，打开阀门，使溶剂流出几滴后关闭，浸润萃取柱柱床 5 min。期间真空不要关闭。

W.7.1.4　打开阀门，使溶剂流出到柱床上的液面只剩下 1 mm 时关闭，不可抽干。若柱床上的液面被抽干，必须重复活化。

W.7.2　样品处理

在大多数净化过程之前，必须将萃取液浓缩。上样体积会影响净化过程的性能，对固相萃取柱尤为如此，过大的上样体积会导致结果变差。

W.7.2.1　将下列样品浓缩到 2 ml：邻苯二甲酸酯类、氯代烃、亚硝胺、氯代酚酸除草剂（以上溶剂均为正己烷）、硝基芳香化合物和异佛尔酮（溶剂为二氯甲烷）、苯胺及其衍生物（溶剂为二氯甲烷）。

W.7.2.2　将下列样品浓缩到 10 ml：有机氯农药、有机磷酸酯、卤代醚、有机磷农药和多氯联苯，溶剂均为正己烷。在净化流程中只需要用其中 1 ml。

W.7.2.3　冷藏样品放置到室温。检查样品是否沉淀、分层或者溶剂蒸发损失。

W.7.3　柱色谱净化邻苯二甲酸酯。

W.7.3.1　将 10 g 去活化的 Florisil 放入 10 mm 内径色谱柱中装实，在顶部加 1 cm 的无水硫酸钠。

W.7.3.2 用 40 ml 己烷预先冲洗柱。所有的洗脱速度应约为 2 ml/min，弃去洗脱液，并在硫酸钠层刚要暴露于空气之前，定量地转移 2 ml 样品提取液至柱上。另用 2 ml 己烷使样品全部转移。

W.7.3.3 在硫酸钠层刚好暴露于空气之前，加 40 ml 的己烷继续洗脱。弃去此洗脱液。

W.7.3.4 用 100 ml 20∶80（体积分数）的乙醚/正己烷溶液洗脱，收集洗脱液。此流程的流出物包括：邻苯二甲酸二（2-乙基己基）酯，邻苯二甲酸二甲酯，邻苯二甲酸二乙酯，邻苯二甲酸苯基丁基酯，邻苯二甲酸二正丁酯，邻苯二甲酸二正辛酯。

W.7.4 固相萃取柱净化邻苯二甲酸酯。

W.7.4.1 按照 W.7.1 预处理含有 1g Florisil 填料的萃取柱。

W.7.4.2 上样 1 ml，打开阀门，使液体以 2 ml/min 速度流出。

W.7.4.3 在样品流出到填料上层将抽干时，用 0.5 ml 溶剂洗涤样品瓶，上样。

W.7.4.4 在填料上层将抽干之前，关上阀门。

W.7.4.5 将 5 ml 的样品瓶或锥形瓶放在出液口准备接收液体。

W.7.4.6 如果样品中可能存在有机氯农药，加入 10 ml 20∶80（体积分数）的二氯甲烷/正己烷溶液，抽真空到 250 mm Hg。洗脱液刚从萃取柱流出时关闭阀门，浸润 1 min。缓慢打开阀门使洗脱液流出到接收瓶，弃去。

W.7.4.7 加入 10 ml 10∶90（体积分数）的丙酮/正己烷溶液，缓慢打开阀门使洗脱液流出到接收瓶，此馏分包含邻苯二甲酸二酯，可用于后续分析。

W.7.5 柱色谱净化亚硝胺。

W.7.5.1 将 22 g 标定过的活化的 Florisil 放入 20 mm 内径色谱柱中装实，在顶部加 5 mm 的无水硫酸钠。

W.7.5.2 用 40 ml 15∶85（体积分数）的乙醚/正戊烷预先冲洗柱。所有的洗脱速度应约为 2 ml/min，弃去洗脱液，并在硫酸钠层刚要暴露于空气之前，定量地转移 2 ml 样品提取液至柱上。使用另外的 2 ml 正戊烷使样品全部转移。

W.7.5.3 在硫酸钠层刚好暴露于空气之前，加 90 ml 15∶85（体积分数）的乙醚/正戊烷继续洗脱。弃去此洗脱液。

W.7.5.4 用 100 ml 95∶5（体积分数）的乙醚/丙酮洗脱，收集洗脱液。此流程的流出物包括列表中所有亚硝胺。

W.7.6 柱色谱净化有机氯农药、卤代醚类和有机磷农药（洗脱顺序见表 W.2）。

W.7.6.1 将 20 g 标定过的活化的 Florisil 放入 20 mm 内径色谱柱中装实，在顶部加 1～2 cm 的无水硫酸钠。

W.7.6.2 用 60ml 己烷预先冲洗柱。所有的洗脱速度应约为 5 ml/min，弃去洗脱液，并在硫酸钠层刚要暴露于空气之前，定量地转移 10 ml 样品提取液至柱上。使用另外的 2 ml 己烷使样品全部转移。

W.7.6.3 在硫酸钠层刚好暴露于空气之前，加 200 ml 6∶94（体积分数）的乙醚/正己烷继续洗脱，得到馏分 1，其中包含卤代醚。

W.7.6.4 加 200 ml 15∶85（体积分数）的乙醚/正己烷继续洗脱，得到馏分 2。

W.7.6.5 加 200 ml 50∶50（体积分数）的乙醚/正己烷继续洗脱，得到馏分 3。

W.7.6.6　加 200 ml 乙醚继续洗脱，得到馏分 4。

W.7.7　固相萃取柱净化有机氯农药和 PCBs。

W.7.7.1　按照 W.7.1 预处理含有 1 g Florisil 填料的萃取柱。

W.7.7.2　上样 1 ml，打开阀门，使液体以 2 ml/min 速度流出。

W.7.7.3　在样品流出到填料上层将抽干时，用 0.5 ml 溶剂洗涤样品瓶，上样。

W.7.7.4　在填料上层将抽干之前，关上阀门。

W.7.7.5　将 10 ml 的样品瓶或锥形瓶放在出液口准备接收液体。

W.7.7.6　如果不需要分开有机氯农药和 PCBs，加入 9 ml 10∶90（体积分数）的丙酮/正己烷溶液，抽真空到 250 mmHg。洗脱液刚从萃取柱流出时关闭阀门，浸润 1 min。缓慢打开阀门使洗脱液流出到接收瓶，馏分包含有机氯农药和 PCBs，浓缩到适当体积并需置换溶剂。

W.7.7.7　加入 3 ml 正己烷，抽真空到 250 mmHg。洗脱液刚从萃取柱流出时关闭阀门，浸润 1 min。得到馏分 1，其中包含 PCBs 和少数几种有机氯农药。

W.7.7.8　加 5 ml 26∶74（体积分数）的二氯甲烷/正己烷继续洗脱，得到馏分 2，含大多数有机氯农药。

W.7.7.9　加 5 ml 10∶90（体积分数）的丙酮/正己烷溶液继续洗脱，得到馏分 3，含剩余的有机氯农药。

W.7.8　柱色谱净化硝基芳香化合物和异佛尔酮。

W.7.8.1　将 10 g 标定过的活化的 Florisil 放入 10 mm 内径色谱柱中装实，在顶部加 1 cm 的无水硫酸钠。

W.7.8.2　用 10∶90（体积分数）的二氯甲烷/正己烷溶液预先冲洗柱。所有的洗脱速度应约为 2 ml/min，弃去洗脱液，并在硫酸钠层刚要暴露于空气之前，定量地转移 2 ml 样品提取液至柱上。使用另外的 2 ml 正己烷使样品全部转移。

W.7.8.3　在硫酸钠层刚好暴露于空气之前，加 30 ml 10∶90（体积分数）的二氯甲烷/正己烷溶液继续洗脱。弃去此洗脱液。

W.7.8.4　用 90 ml 15∶85（体积分数）的乙醚/正戊烷洗脱，弃去此洗脱液（洗脱二苯胺）。

W.7.8.5　加 100 ml 5∶95（体积分数）的丙酮/乙醚继续洗脱，得到馏分 1，含有硝基芳香化合物。

W.7.8.6　加入 15 ml 甲醇后，浓缩到适当体积。

W.7.8.7　加 30 ml 10∶90（体积分数）的丙酮/二氯甲烷继续洗脱，得到馏分 2，含所有的硝基芳香化合物。

W.7.8.8　将洗脱液浓缩到适当体积后，将溶剂置换为己烷。馏分包含：2,4-二硝基甲苯，2,6-二硝基甲苯，异佛尔酮，硝基苯。

W.7.9　柱色谱净化氯代烃。

W.7.9.1　将 12 g 去活化的 Florisil 放入 10 mm 内径色谱柱中装实，在顶部加 1～2 cm 的无水硫酸钠。

W.7.9.2　用 100 ml 石油醚预先冲洗柱。弃去洗脱液，并在硫酸钠层刚要暴露于空气之前，定量地转移样品提取液至柱上。

W.7.9.3 用 200 ml 石油醚洗脱，收集洗脱液。此流程的流出物包括：2-氯萘、1,2-二氯苯、1,3-二氯苯、1,4-二氯苯、1,2,4-三氯苯、六氯联苯、六氯丁二烯、六氯环戊二烯、六氯乙烷。

W.7.10 固相萃取柱净化氯代烃。

W.7.10.1 按照 W.7.1 预处理含有 1 g Florisil 填料的萃取柱。

W.7.10.2 上样，打开阀门，使液体以 2 ml/min 速度流出。

W.7.10.3 在样品流出到填料上层将抽干时，用 0.5 ml 10：90（体积分数）的丙酮/正己烷洗涤样品瓶，上样。

W.7.10.4 在填料上层将抽干之前，关上阀门。

W.7.10.5 将 5 ml 的样品瓶或锥形瓶放在出液口准备接收液体。

W.7.10.6 加入 10 ml 10：90（体积分数）的丙酮/正己烷溶液，抽真空到 250 mmHg。洗脱液刚从萃取柱流出时关闭阀门，浸润 1 min。缓慢打开阀门使洗脱液流出到接收瓶。

W.7.11 柱色谱净化苯胺及其衍生物（见表 W.4）。

W.7.11.1 将适量标定过的活化的 Florisil 放入 20 mm 内径色谱柱中装实。

W.7.11.2 用 100 ml 5：95（体积分数）的异丙醇/二氯甲烷，100 ml 50：50（体积分数）的正己烷/二氯甲烷溶液，100 ml 正己烷依次冲洗柱。弃去洗脱液，并在剩余 5 cm 高度的正己烷时，关闭阀门。

W.7.11.3 定量地转移 2 ml 样品提取液到盛有 2 g 活化的 Florisil 的烧杯，氮气吹干。

W.7.11.4 将这部分 Florisil 上样，并用 75 ml 正己烷洗净烧杯，淋洗色谱柱。在硫酸钠层刚好暴露于空气之前，关闭阀门，弃去正己烷洗脱液。

W.7.11.5 用 50 ml 50：50（体积分数）的正己烷/二氯甲烷以 5 ml/min 速度洗脱，收集馏分 1。

W.7.11.6 用 50 ml 5：95（体积分数）的异丙醇/二氯甲烷洗脱，收集馏分 2。

W.7.11.7 用 50 ml 5：95（体积分数）的甲醇/二氯甲烷洗脱，收集馏分 3。一般而言三种馏分被混合测定。但也可单独测定。

W.7.12 柱色谱净化有机磷酸酯化合物。

W.7.12.1 将适量标定过的活化的 Florisil 放入 20 mm 内径色谱柱中装实，在顶部加 1～2 cm 的无水硫酸钠。

W.7.12.2 用 50～60 ml 正己烷预先冲洗柱。所有的洗脱速度应约为 2 ml/min，弃去洗脱液，并在硫酸钠层刚要暴露于空气之前，定量地转移 10 ml 样品提取液至柱上。使用另外的少量正己烷使样品全部转移。

W.7.12.3 在硫酸钠层刚好暴露于空气之前，加 100 ml 10：90（体积分数）的二氯甲烷/正己烷继续洗脱。弃去此洗脱液。

W.7.12.4 用 200 ml 30：70（体积分数）的乙醚/正己烷洗脱，收集洗脱液。其中包括除了三（2,3-二溴丙基）磷酸酯之外的有机磷化合物。

W.7.12.5 用 200 ml 40：60（体积分数）的乙醚/正己烷洗脱三（2,3-二溴丙基）磷酸酯。

W.7.13 柱色谱净化氯代苯酚除草剂。

W.7.13.1 将 4 g 标定过的活化的 Florisil 放入 20 mm 内径色谱柱中装实，在顶部加

5 mm 的无水硫酸钠。

W.7.13.2 用 15 ml 正己烷预先冲洗柱。所有的洗脱速度应约为 2 ml/min，弃去洗脱液，并在硫酸钠层刚要暴露于空气之前，定量地转移 2 ml 样品提取液至柱上。使用另外的 2 ml 正己烷使样品全部转移。

W.7.13.3 在硫酸钠层刚好暴露于空气之前，加 35 ml 20：80（体积分数）的二氯甲烷/正己烷继续洗脱。收集馏分 1，其中含有五氯苯酚甲酯。

W.7.13.4 用 60 ml 50：0.035：49.65（体积分数）的二氯甲烷/乙腈/正己烷洗脱，收集馏分 2。

W.7.13.5 需要测定毒莠定时，用二氯甲烷洗脱，得到馏分 3。三种馏分被混合测定。但也可单独测定。

W.8 质量控制

W.8.1 固相萃取柱的性能必须测试，每一个批次的固相萃取柱以及同样填料的每 300 根萃取柱必须测试一次。

W.8.2 对有机氯农药，可以如下测试净化回收率。将前述的 0.5 ml 2,4,5-三氯苯酚液与 1.0 ml 有机氯农药标准溶液及 0.5 ml 正己烷混合，使用对应的净化方法洗脱。如果各个有机氯农药的回收率在 80%～110%，且 2,4,5-三氯苯酚回收率低于 5%，并且不存在基线干扰，则证明该批号 Florisil 可用。

W.8.3 对氯代苯酚除草剂，可以如下测试净化回收率。将前述的氯代苯酚除草剂标准液，使用对应的净化方法处理。如果各个氯代苯酚除草剂被定量回收，且三氯苯酚回收率低于 5%，并且不存在基线干扰，则证明该批号 Florisil 可用。

W.8.4 对于应用此法进行净化的样品提取液，有关的质量控制样品也必须通过此净化方法进行处理。

表 W.1 使用 Florisil 对邻苯二甲酸酯的柱色谱净化回收率

化合物		平均回收率/%
邻苯二甲酸二甲酯	Dimethyl phthalate	40
邻苯二甲酸二乙酯	Diethyl phthalate	57
邻苯二甲酸二异丁酯	Diisobutyl phthalate	80
邻苯二甲酸二正丁酯	Di-n-butyl phthalate	85
邻苯二甲酸双 4-甲基-2-戊基酯	Bis（4-methyl-2-pentyl）phthalate	84
邻苯二甲酸双 2-甲基氧乙基酯	Bis（2-methoxyethyl）phthalate	0
邻苯二甲酸二戊酯	Diamyl phthalate	82
邻苯二甲酸双 2-乙基氧乙基酯	Bis（2-ethoxyethyl）phthalate	0
邻苯二甲酸己基 2-乙基己基酯	Hexyl 2-ethylhexyl phthalate	105
邻苯二甲酸二己酯	Dihexyl phthalate	74
邻苯二甲酸苯基丁基酯	Benzyl butyl phthalate	90
邻苯二甲酸双 2-正丁基氧乙基酯	Bis（2-n-butoxyethyl）phthalate	0
邻苯二甲酸双 2-乙基己基酯	Bis（2-ethylhexyl）phthalate	82
邻苯二甲酸二环己基酯	Dicyclohexyl phthalate	84
邻苯二甲酸二正辛酯	Di-n-octyl phthalate	115
邻苯二甲酸二正癸酯	Dinonyl phthalate	72

注：两次测定平均值。

表 W.2　使用 Florisil 固相萃取柱对邻苯二甲酸酯净化回收率

化合物		平均回收率/%
邻苯二甲酸二甲酯	Dimethyl phthalate	89
邻苯二甲酸二乙酯	Diethyl phthalate	97
邻苯二甲酸二异丁酯	Diisobutyl phthalate	92
邻苯二甲酸二正丁酯	Di-n-butyl phthalate	102
邻苯二甲酸双 4-甲基-2-戊基酯	Bis（4-methyl-2-pentyl）phthalate	105
邻苯二甲酸双 2-甲基氧乙基酯	Bis（2-methoxyethyl）phthalate	78
邻苯二甲酸二戊酯	Diamyl phthalate	94
邻苯二甲酸双 2-乙基氧乙基酯	Bis（2-ethoxyethyl）phthalate	94
邻苯二甲酸己基 2-乙基己基酯	Hexyl 2-ethylhexyl phthalate	96
邻苯二甲酸二己酯	Dihexyl phthalate	97
邻苯二甲酸苯基丁基酯	Benzyl butyl phthalate	99
邻苯二甲酸双 2-正丁基氧乙基酯	Bis（2-n-butoxyethyl）phthalate	92
邻苯二甲酸双 2-乙基己基酯	Bis（2-ethylhexyl）phthalate	98
邻苯二甲酸二环己基酯	Dicyclohexyl phthalate	90
邻苯二甲酸二正辛酯	Di-n-octyl phthalate	97
邻苯二甲酸二正癸酯	Dinonyl phthalate	105

注：两次测定平均值。

表 W.3　使用 Florisil 对有机氯农药和 PCBs 的柱色谱净化各馏分回收率

化合物		回收率/%		
		馏分 1	馏分 2	馏分 3
艾氏剂	Aldrin	100		
α-六氯环己烷	α-BHC	100		
β-六氯环己烷	β-BHC	97		
γ-六氯环己烷	γ-BHC	98		
δ-六氯环己烷	δ-BHC	100		
氯丹	Chlordane	100		
	4,4'-DDD	99		
	4,4'-DDE	98		
	4,4'-DDT	100		
狄氏剂	Dieldrin	0	100	
硫丹 Ⅰ	Endosulfan Ⅰ	37	64	
硫丹 Ⅱ	Endosulfan Ⅱ	0	7	91
硫丹硫酸盐	Endosulfan sulfate	0	0	106
异狄氏剂	Endrin	4	96	
异狄氏醛	Endrin aldehyde	0	68	26
七氯	Heptachlor	100		
环氧七氯	Heptachlor epoxide	100		
毒杀芬	Toxaphene	96		
	Aroclor1016	97		
	Aroclor1221	97		
	Aroclor1232	95	4	
	Aroclor 1242	97		
	Aroclor1248	103		
	Aroclor 1254	90		
	Aroclor1260	95		

注：各馏分的洗脱剂参见相应部分。

表 W.4　使用 Florisil 固相萃取柱对 PCBs 的净化回收率

化合物	平均回收率/%	化合物	平均回收率/%
Aroclor1016	105	Aroclor 1242	94
Aroclor1221	76	Aroclor 1248	97
		Aroclor1254	95
Aroclor1232	90	Aroclor1260	90

表 W.5　使用 Florisil 对有机氯农药和PCBs 的柱色谱净化各馏分回收率

化合物		馏分 1		馏分 2		馏分 3	
		平均回收率/%	RSD/%	平均回收率/%	RSD/%	平均回收率/%	RSD/%
α-六氯环己烷	α-BHC	—	—	111	8.3	—	—
β-六氯环己烷	β-BHC	—	—	109	7.8	—	—
γ-六氯环己烷	γ-BHC	—	—	110	8.5	—	—
δ-六氯环己烷	δ-BHC	—	—	106	9.3	—	—
氯丹	Heptachlor	98	11	—	—	—	—
	Aldrin	97	10	—	—	—	—
	Heptachlor epoxide	—	—	109	7.9	—	—
	Chlordane	—	—	105	3.5	—	—
狄氏剂	Endosulfan I	—	—	111	6.2	—	—
硫丹 I	4,4'-DDE	104	5.7	—	—	—	—
硫丹 II	Dieldrin	—	—	110	7.8	—	—
硫丹硫酸盐	4,4'-DDD	—	—	111	6.2	—	—
异狄氏剂	Endosulfan II	—	—	—	—	111	2.3
异狄氏醛	Endrin aldehyde	—	—	49	14	48	12
七氯	4,4'-DDTb	40	2.6	17	24	63	3.2
环氧七氯	Endosulfan sulfateb						
毒杀芬	Methoxychlor	—	—	85	2.2	37	29

注：使用 0.5 μg 的标品进行标准添加。
　　各馏分洗脱液参见相关部分。

表 W.6　使用 Florisil 对有机磷农药的柱色谱净化各馏分回收率

化合物		各馏分的回收率/%			
		馏分 1	馏分 2	馏分 3	馏分 4
甲基谷硫磷	Azinphos methyl			20	80
硫丙磷	Bolstar （Sulprofos）	ND	ND	ND	ND
毒死蜱	Chlorpyrifos	>80			
蝇毒磷	Coumaphos	NR	NR	NR	
内吸磷	Demeton	100			
二嗪农	Diazinon		100		
敌敌畏	Dichlorvos	NR	NR	NR	
乐果	Dimethoate	ND	ND	ND	ND
乙拌磷	Disulfoton	25～40			

化合物		各馏分的回收率/%			
		馏分 1	馏分 2	馏分 3	馏分 4
苯硫磷	EPN		>80		
灭克磷	Ethoprop	V	V	V	
杀螟硫磷	Fensulfothion	ND	ND	ND	ND
倍硫磷	Fenthion	R	R		
马拉硫磷	Malathion			5	95
脱叶亚磷	Merphos	V	V	V	
速灭磷	Mevinphos	ND	ND	ND	ND
久效磷	Monochrotophos	ND	ND	ND	ND
二溴磷	Naled	NR	NR	NR	
对硫磷	Parathion		100		
甲基对硫磷	Parathion methyl		100		
甲拌磷	Phorate	0~62			
皮蝇磷	Ronnel	>80			
乐本松	Stirophos（Tetrachlorvinphos）	ND	ND	ND	ND
硫特普	Sulfotepp	V	V		
特普	TEPP	ND	ND	ND	ND
丙硫磷	Tokuthion（Prothiofos）	>80			
三氯磷酸酯	Trichloronate	>80			

注：各馏分洗脱液参见相关部分。
   NR=没有回收，V=回收率不确定，ND=未测定

表 W.7 使用 Florisil 固相萃取柱对氯代烃净化回收率

化合物		馏分 2	
		平均回收率/%	RSD/%
六氯乙烷	Hexachloroethane	95	2.0
1,3-二氯苯	1,3-Dichlorobenzene	101	2.3
1,4-二氯苯	1,4-Dichlorobenzene	100	2.3
1,2-二氯苯	1,2-Dichlorobenzene	102	1.6
氯苯	Benzyl chloride	101	1.5
1,3,5-三氯苯	1,3,5-Trichlorobenzene	98	2.2
六氯丁二烯	Hexachlorobutadiene	95	2.0
苄叉二氯	Benzal chloride	99	0.8
1,2,4-三氯苯	1,2,4-Trichlorobenzene	99	0.8
苄川三氯	Benzotrichloride	90	6.5
1,2,3-三氯苯	1,2,3-Trichlorobenzene	97	2.0
六氯环戊二烯	Hexachlorocyclopentadiene	103	3.3
1,2,4,5-四氯苯	1,2,4,5-Tetrachlorobenzene	98	2.3
1,2,3,5-四氯苯	1,2,3,5-Tetrachlorobenzene	98	2.3
1,2,3,4-四氯苯	1,2,3,4-Tetrachlorobenzene	99	1.3
2-氯萘	2-Chloronaphthalene	95	1.4
五氯苯	Pentachlorobenzene	104	1.5
六氯联苯	Hexachlorobenzene	78	1.1

化合物		馏分 2	
		平均回收率/%	RSD/%
α-六氯环己烷	alpha-BHC	100	0.4
β-六氯环己烷	gamma-BHC	99	0.7
γ-六氯环己烷	beta-BHC	95	1.8
δ-六氯环己烷	delta-BHC	97	2.7

表 W.8　使用 Florisil 对苯胺类化合物的柱色谱净化各馏分回收率

化合物		各馏分的回收率/%		
		馏分 1	馏分 2	馏分 3
苯胺	Aniline		41	52
2-氯代苯胺	2-Chloroaniline		71	10
3-氯代苯胺	3-Chloroaniline		78	4
4-氯代苯胺	4-Chloroaniline	7	56	13
4-溴代苯胺	4-Bromoaniline		71	10
3,4-二氯苯胺	3,4-Dichloroaniline		83	1
2,4,6-三氯苯胺	2,4,6-Trichloroaniline	70	14	
2,4,5-三氯苯胺	2,4,5-Trichloroaniline	35	53	
2-硝基苯胺	2-Nitroaniline		91	9
3-硝基苯胺	3-Nitroaniline		89	11
4-硝基苯胺	4-Nitroaniline		67	30
2,4-二硝基苯胺	2,4-Dinitroaniline			75
4-氯-2-硝基苯胺	4-Chloro-2-nitroaniline		84	
2-氯-4-硝基苯胺	2-Chloro-4-nitroaniline		71	10
2,6-二氯-4-硝基苯胺	2,6-Dichloro-4-nitroaniline		89	9
2,6-二溴-4-硝基苯胺	2,6-Dibromo-4-nitroaniline		89	9
2-溴-6-氯-4-硝基苯胺	2-Bromo-6-chloro-4-nitroaniline		88	16
2-氯-4,6-二硝基苯胺	2-Chloro-4,6-dinitroaniline			76
2-溴-4,6-二硝基苯胺	2-Bromo-4,6-dinitroaniline			100

注：各馏分洗脱液参见相关部分。

中华人民共和国国家标准

危险废物鉴别标准　易燃性鉴别

Identification standards for hazardous wastes　Identification for ignitability

GB 5085.4—2007

前　言

　　为贯彻《中华人民共和国环境保护法》和《中华人民共和国固体废物污染环境防治法》，防治危险废物造成的环境污染，加强对危险废物的管理，保护环境，保障人体健康，制定本标准。

　　本标准是国家危险废物鉴别标准的组成部分。国家危险废物鉴别标准规定了固体废物危险特性技术指标，危险特性符合标准规定的技术指标的固体废物属于危险废物，须依法按危险废物进行管理。国家危险废物鉴别标准由以下7个标准组成：

　　1．危险废物鉴别标准　通则
　　2．危险废物鉴别标准　腐蚀性鉴别
　　3．危险废物鉴别标准　急性毒性初筛
　　4．危险废物鉴别标准　浸出毒性鉴别
　　5．危险废物鉴别标准　易燃性鉴别
　　6．危险废物鉴别标准　反应性鉴别
　　7．危险废物鉴别标准　毒性物质含量鉴别

　　本标准为新增部分。

　　按照有关法律规定，本标准具有强制执行的效力。

　　本标准由国家环境保护总局科技标准司提出。

　　本标准起草单位：中国环境科学研究院环境标准研究所、固体废物污染控制技术研究所。

　　本标准国家环境保护总局2007年3月27日批准。

　　本标准自2007年10月1日起实施。

　　本标准由国家环境保护总局解释。

1　范围

本标准规定了易燃性危险废物的鉴别标准。

本标准适用于任何生产、生活和其他活动中产生的固体废物的易燃性鉴别。

2　规范性引用文件

下列文件中的条款通过GB 5085的本部分的引用而成为本标准的条款。凡是不注日期的引用文件，其最新版本适用于本标准。

GB/T 261　石油产品闪点测定法（闭口杯法）

GB 19521.1　易燃固体危险货物危险特性检验安全规范

GB 19521.3　易燃气体危险货物危险特性检验安全规范

HJ/T 298　危险废物鉴别技术规范

3　术语和定义

下列术语和定义适用于本标准。

3.1　闪点　**flash point**

指在标准大气压（101.3 kPa）下，液体表面上方释放出的易燃蒸气与空气完全混合后，可以被火焰或火花点燃的最低温度。

3.2　易燃下限　**lower flammable limit**

可燃气体或蒸气与空气（或氧气）组成的混合物在点火后可以使火焰蔓延的最低浓度，以%表示。

3.3　易燃上限　**upper flammable limit**

可燃气体或蒸气与空气（或氧气）组成的混合物在点火后可以使火焰蔓延的最高浓度，以%表示。

3.4　易燃范围　**flammable range**

可燃气体或蒸气与空气（或氧气）组成的混合物能被引燃并传播火焰的浓度范围，通常以可燃气体或蒸气在混合物中所占的体积分数表示。

4　鉴别标准

符合下列任何条件之一的固体废物，属于易燃性危险废物。

4.1　液态易燃性危险废物

闪点温度低于60℃（闭杯试验）的液体、液体混合物或含有固体物质的液体。

4.2　固态易燃性危险废物

在标准温度和压力（25℃，101.3 kPa）下因摩擦或自发性燃烧而起火，经点燃后能剧烈而持续地燃烧并产生危害的固态废物。

4.3　气态易燃性危险废物

在20℃，101.3 kPa状态下，在与空气的混合物中体积分数≤13%时可点燃的气体，或者在该状态下，不论易燃下限如何，与空气混合，易燃范围的易燃上限与易燃下限之差大于或等于12个百分点的气体。

5 实验方法

5.1 采样点和采样方法按照HJ/T 298的规定进行。

5.2 第4.1条按照GB/T 261的规定进行。

5.3 第4.2条按照GB 19521.1的规定进行。

5.4 第4.3条按照GB 19521.3的规定进行。

6 标准实施

本标准由县级以上人民政府环境保护行政主管部门负责监督实施。

中华人民共和国国家标准

危险废物鉴别标准　反应性鉴别

Identification standards for hazardous wastes identification for reactivity

GB 5085.5— 2007

前　言

为贯彻《中华人民共和国环境保护法》和《中华人民共和国固体废物污染环境防治法》，防治危险废物造成的环境污染，加强对危险废物的管理，保护环境，保障人体健康，制定本标准。

本标准是国家危险废物鉴别标准的组成部分。国家危险废物鉴别标准规定了固体废物危险特性技术指标，危险特性符合标准规定的技术指标的固体废物属于危险废物，须依法按危险废物进行管理。国家危险废物鉴别标准由以下7个标准组成：

1．危险废物鉴别标准　通则
2．危险废物鉴别标准　腐蚀性鉴别
3．危险废物鉴别标准　急性毒性初筛
4．危险废物鉴别标准　浸出毒性鉴别
5．危险废物鉴别标准　易燃性鉴别
6．危险废物鉴别标准　反应性鉴别
7．危险废物鉴别标准　毒性物质含量鉴别

本标准为新增部分。

按照有关法律规定，本标准具有强制执行的效力。

本标准由国家环境保护总局科技标准司提出。

本标准起草单位：中国环境科学研究院环境标准研究所、固体废物污染控制技术研究所。

本标准国家环境保护总局 2007年3月27日批准。

本标准自2007年10月1日起实施。

本标准由国家环境保护总局解释。

1 范围

本标准规定了反应性危险废物的鉴别标准。

本标准适用于任何生产、生活和其他活动中产生的固体废物的反应性鉴别。

2 规范性引用文件

下列文件中的条款通过GB 5085的本部分的引用而成为本标准的条款。凡是不注日期的引用文件，其最新版本适用于本标准。

GB 19452 氧化性危险货物危险特性检验安全规范

GB 19455 民用爆炸品危险货物危险特性检验安全规范

GB 19521.4—2004 遇水放出易燃气体危险货物危险特性检验安全规范

GB 19521.12 有机过氧化物危险货物危险特性检验安全规范

HJ/T 298 危险废物鉴别技术规范

3 术语和定义

3.1 爆炸 explosion

在极短的时间内，释放出大量能量，产生高温，并放出大量气体，在周围形成高压的化学反应或状态变化的现象。

3.2 爆轰 detonation

以冲击波为特征，以超音速传播的爆炸。冲击波传播速度通常能达到上千到数千米每秒，且外界条件对爆速的影响较小。

4 鉴别标准

符合下列任何条件之一的固体废物，属于反应性危险废物。

4.1 具有爆炸性质

4.1.1 常温常压下不稳定，在无引爆条件下，易发生剧烈变化。

4.1.2 标准温度和压力下（25℃，101.3 kPa），易发生爆轰或爆炸性分解反应。

4.1.3 受强起爆剂作用或在封闭条件下加热，能发生爆轰或爆炸反应。

4.2 与水或酸接触产生易燃气体或有毒气体

4.2.1 与水混合发生剧烈化学反应，并放出大量易燃气体和热量。

4.2.2 与水混合能产生足以危害人体健康或环境的有毒气体、蒸气或烟雾。

4.2.3 在酸性条件下，每千克含氰化物废物分解产生≥250 mg氰化氢气体，或者每千克含硫化物废物分解产生≥500 mg硫化氢气体。

4.3 废弃氧化剂或有机过氧化物

4.3.1 极易引起燃烧或爆炸的废弃氧化剂。

4.3.2 对热、振动或摩擦极为敏感的含过氧基的废弃有机过氧化物。

5 实验方法

5.1 采样点和采样方法按照HJ/T 298的规定进行。

5.2　4.1爆炸性危险废物的鉴别主要依据专业知识，在必要时可按照GB 19455中6.2和6.4的规定进行试验和判定。

5.3　4.2.1按照GB 19521.4—2004中5.5.1和5.5.2的规定进行试验和判定。

5.4　4.2.2主要依据专业知识和经验来判断。

5.5　4.2.3按照本标准的附录A进行。

5.6　4.3.1按照GB 19452的规定进行。

5.7　4.3.2按照GB 19521.12的规定进行。

6　标准实施

本标准由县级以上人民政府环境保护行政主管部门负责监督实施。

附录A（资料性附录）

固体废物　遇水反应性的测定

Solid Waste—Determination of the reactivity with water

A.1 范围

本方法规定了与酸溶液接触后氢氰酸和硫化氢的比释放率的测定方法。

本方法适用于遇酸后不会形成爆炸性混合物的所有废物。

本方法只检测在实验条件下产生的氢氰酸和硫化氢。

A.2 原理

在装有定量废物的封闭体系中加入一定量的酸，将产生的气体吹入洗气瓶，测定被分析物。

A.3 试剂和材料

A.3.1　试剂水，不含有机物的去离子水。

A.3.2　硫酸（0.005 mol/L），加2.8 ml浓H_2SO_4于试剂水中，稀释至1 L。取100 ml此溶液稀释至1 L，制得0.005 mol/L H_2SO_4。

A.3.3　氰化物参比溶液（1 000 mg/L），溶解约2.5 g KOH和2.51 g KCN于1 L试剂水中，用 0.019 2 mol/L AgNO$_3$标定，此溶液中氰化物的质量浓度应为1 mg/ml。

A.3.4　NaOH溶液（1.25 mol/L），溶解50 g NaOH于试剂水中，稀释至1 L。

A.3.5　NaOH溶液（0.25 mol/L），用试剂水将200 ml 1.25 mol/L NaOH溶液（A.3.4）稀释至1 L。

A.3.6　硝酸银溶液（0.019 2 mol/L），研碎约5 g AgNO$_3$晶体，于40℃干燥至恒重。称取3.265 g干燥过的AgNO$_3$，用试剂水溶解并稀释至1 L。

A.3.7　硫化物参比溶液（1 000 mg/L），溶解4.02 g $Na_2S \cdot 9H_2O$于1 L试剂水中，此溶液中H_2S质量浓度为570 mg/L，根据要求的分析范围（100～570 mg/L）稀释此溶液。

A.4 仪器、装置

A.4.1　圆底烧瓶，500 ml，三颈，带24/40磨口玻璃接头。

A.4.2　洗气瓶，50 ml刻度洗气瓶。

A.4.3　搅拌装置，转速可达到约30 r/min，可以将磁转子与搅拌棒联合使用，也可以使用顶置马达驱动的螺旋搅拌器。

A.4.4　等压分液漏斗，带均压管、24/40磨口玻璃接头和聚四氟乙烯套管。

A.4.5　软管，用于连接氮气源与设备。

A.4.6　氮气：贮于带减压阀的气瓶中。

A.4.7　流量计：用于监测氮气流量。

A.4.8　分析天平：可称重至0.001 g。

实验装置见图A.1。

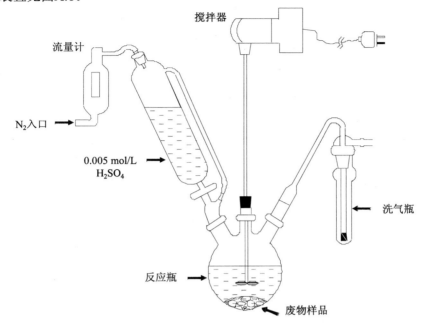

图 A.1　测定废物中氰化物或硫化物释放的实验装置

A.5　样品的采集、保存和预处理

　　采集含有或怀疑含有硫化物或硫化物与氰化物混合物的废物样品时，应尽量避免将样品暴露于空气。样品瓶应完全装满，顶部不留任何空间，盖紧瓶盖。样品应在暗处冷藏保存，并尽快进行分析。

　　对于含氰化物的废物样品，建议尽快进行分析。尽管可以用强碱将样品调至pH12进行保存，但这样会使样品稀释，提高离子强度，并有可能改变废物的其他理化性质，影响氢氰酸的释放速率。样品应在暗处冷藏保存。

　　对于含硫化物的废物样品，建议尽快进行分析。尽管可以用强碱将样品调至pH12并在样品中加入醋酸锌进行保存，但这样会使样品稀释，提高离子强度，并有可能改变废物的其他理化性质，影响硫化氢的释放速率。样品应在暗处冷藏保存。

　　实验应在通风橱内进行。

A.6　分析步骤

A.6.1　加 50 ml 0.25 mol/L的NaOH溶液于刻度洗气瓶中，用试剂水稀释至液面高度。

A.6.2　封闭测量系统，用转子流量计调节氮气流量，流量应为60 ml/min。

A.6.3　向圆底烧瓶中加入10 g待测废物。

A.6.4　保持氮气流量，加入足量硫酸使烧瓶半满，同时开始30 min的实验过程。

A.6.5 在酸进入圆底烧瓶的同时开始搅拌，搅拌速度在整个实验过程应保持不变。

注意：搅拌速度以不产生旋涡为宜。

A.6.6 30 min后，关闭氮气，卸下洗气瓶，分别测定洗气瓶中氰化物和硫化物的含量。

A.7 结果计算

固体废物试样中氰化物或硫化物含量（mg/kg）由下式计算：

$$R = \frac{X \cdot L}{W \cdot t}$$

$$总有效 HCN（或 H_2S）= R \cdot t$$

式中：R——比释放率，mg/（kg·s）；

X——洗气瓶中HCN的质量浓度，mg/L，洗气瓶中H_2S的质量浓度，mg/L；

L——洗气瓶中溶液的体积，L；

W——取用的废物质量，kg；

t——测量时间，s

$$t = 关掉氮气的时间 - 通入氮气的时间$$

中华人民共和国国家标准

危险废物鉴别标准　毒性物质含量鉴别

Identification standards for hazardous wastes identification for toxic substance content

GB 5085.6—2007

前　言

为贯彻《中华人民共和国环境保护法》和《中华人民共和国固体废物污染环境防治法》，防治危险废物造成的环境污染，加强对危险废物的管理，保护环境，保障人体健康，制定本标准。

本标准是国家危险废物鉴别标准的组成部分。国家危险废物鉴别标准规定了固体废物危险特性技术指标，危险特性符合标准规定的技术指标的固体废物属于危险废物，须依法按危险废物进行管理。国家危险废物鉴别标准由以下 7 个标准组成：

1. 危险废物鉴别标准　通则
2. 危险废物鉴别标准　腐蚀性鉴别
3. 危险废物鉴别标准　急性毒性初筛
4. 危险废物鉴别标准　浸出毒性鉴别
5. 危险废物鉴别标准　易燃性鉴别
6. 危险废物鉴别标准　反应性鉴别
7. 危险废物鉴别标准　毒性物质含量鉴别

本标准为新增部分。

按有关法律规定，本标准具有强制执行的效力。

本标准由国家环境保护总局科技标准司提出。

本标准起草单位：中国环境科学研究院固体废物污染控制技术研究所、环境标准研究所。

本标准国家环境保护总局 2007 年 3 月 27 日批准。

本标准自 2007 年 10 月 1 日起实施。

本标准由国家环境保护总局解释。

1 范围

本标准规定了含有毒性、致癌性、致突变性和生殖毒性物质的危险废物鉴别标准。

本标准适用于任何生产、生活和其他活动中产生的固体废物的毒性物质含量鉴别。

2 规范性引用文件

下列文件中的条款通过 GB 5085 的本部分的引用而成为本标准的条款。凡是不注日期的引用文件，其最新版本适用于本标准。

HJ/T 298   危险废物鉴别技术规范

3 术语和定义

下列术语和定义适用于本标准。

3.1 剧毒物质 **acutely toxic substance**

具有非常强烈毒性危害的化学物质，包括人工合成的化学品及其混合物和天然毒素。

3.2 有毒物质 **toxic substance**

经吞食、吸入或皮肤接触后可能造成死亡或严重健康损害的物质。

3.3 致癌性物质 **carcinogenic substance**

可诱发癌症或增加癌症发生率的物质。

3.4 致突变性物质 **mutagenic substance**

可引起人类的生殖细胞突变并能遗传给后代的物质。

3.5 生殖毒性物质 **reproductive toxic substance**

对成年男性或女性性功能和生育能力以及后代的发育具有有害影响的物质。

3.6 持久性有机污染物 **persistent organic pollutants**

具有毒性、难降解和生物蓄积等特性，可以通过空气、水和迁徙物种长距离迁移并沉积，在沉积地的陆地生态系统和水域生态系统中蓄积的有机化学物质。

4 鉴别标准

符合下列条件之一的固体废物是危险废物。

4.1 含有本标准附录 A 中的一种或一种以上剧毒物质的总含量≥0.1%。

4.2 含有本标准附录 B 中的一种或一种以上有毒物质的总含量≥3%。

4.3 含有本标准附录 C 中的一种或一种以上致癌性物质的总含量≥0.1%。

4.4 含有本标准附录 D 中的一种或一种以上致突变性物质的总含量≥0.1%。

4.5 含有本标准附录 E 中的一种或一种以上生殖毒性物质的总含量≥0.5%。

4.6 含有本标准附录 A 至附录 E 中两种及以上不同毒性物质，如果符合下列等式，按照危险废物管理：

$$\sum\left[\left(\frac{p_T^+}{L_T^+}+\frac{p_T}{L_T}+\frac{p_{Carc}}{L_{Carc}}+\frac{p_{Muta}}{L_{Muta}}+\frac{p_{Tera}}{L_{Tera}}\right)\right]\geqslant 1$$

式中：p_T^+——固体废物中剧毒物质的含量；

p_T ——固体废物中有毒物质的含量；

p_{Carc} ——固体废物中致癌性物质的含量；

p_{Muta} ——固体废物中致突变性物质的含量；

p_{Tera} ——固体废物中生殖毒性物质的含量；

L_T^+、L_T、L_{Carc}、L_{Muta}、L_{Tera} ——分别为各种毒性物质在 4.1～4.5 中规定的标准值。

4.7　含有本标准附录 F 中的任何一种持久性有机污染物（除多氯二苯并对二噁英、多氯二苯并呋喃外）的含量≥50 mg/kg。

4.8　含有多氯二苯并对二噁英和多氯二苯并呋喃的含量≥15 μg TEQ/kg。

5　实验方法

5.1　采样点和采样方法按照 HJ/T 298 进行。

5.2　无机元素及其化合物的样品（除六价铬、无机氟化物、氰化物外）的前处理方法见 GB 5085.3 附录 S；六价铬及其化合物的样品的前处理方法参照 GB 5085.3 附录 T。

5.3　有机样品的前处理方法参照 GB 5085.3 附录 U、附录 V、附录 W 和本标准附录 G。

5.4　各毒性物质的测定，除执行规定的标准分析方法外，暂按附录中规定的方法执行；待适用于测定特定毒性物质的国家环境保护标准发布后，按标准的规定执行。

6　标准实施

本标准由县级以上人民政府环境保护行政主管部门负责监督实施。

附录 A（规范性附录）

剧毒物质名录

序号	中文名称		英文名称	CAS 号	分析方法
	化学名	别名			
1	苯硫酚	硫代苯酚；苯硫醇	Thiophenol; Benzenethiol	108-98-5	GB 5085.3 附录 K
2	丙酮氰醇	2-羟基-2-甲基丙腈；2-羟基异丁腈	Acetone cyanohydrin; 2-Hydroxy-2-methylpropionitrile; 2-Hydroxuisobutyronitrile	75-86-5	GB 5085.3 附录 O
3	丙烯醛	2-丙烯醛；败脂醛	Acrolein; 2-Propenal	107-02-8	GB 5085.3 附录 O
4	丙烯酸	2-丙烯酸	Acrylic acid; 2-Propenoic acid	79-10-7	GB 5085.3 附录 I
5	虫螨威	卡巴呋喃；2,3-二氢-2,2-二甲基-7-苯并呋喃基-N-甲基氨基甲酸酯	Furadan; Carbofuran; 2,2-Dimethyl-2,3-dihydro-7-benzofuranyl-N-methylcarbamate	1563-66-2	GB 5085.3 附录 K、本标准附录 H
6	碘化汞	碘化高汞；二碘化汞	Mercuric iodide; Mercury diiodide	7774-29-0	GB 5085.3 附录 B
7	碘化铊	碘化亚铊；一碘化铊	Thallium iodide; Thallous iodide	7790-30-9	GB 5085.3 附录 A、B、C、D
8	二硝基邻甲酚	2-甲基-4,6-二硝基苯酚	Dinitro-ortho-cresol; 2-Methyl-4,6-dinitrophenol	534-52-1	GB 5085.3 附录 K
9	二氧化硒	亚硒酸	Selenium dioxide; Selenious acid	7783-00-8	GB 5085.3 附录 B、C、E
10	甲拌磷	O,O-二乙基-S-（乙硫基甲基）二硫代磷酸酯；三九一一	Phorate; O,O-Diethyl-S-（ethylthio）methyl phosphorodithioate	298-02-2	GB 5085.3 附录 I、K、L
11	磷胺	2-氯-2-二乙氨基甲酰基-1-甲基乙烯基二甲基磷酸酯；大灭虫	Phosphamidon; 2-Chloro-2-diethylcarbamoyl-1-methylvinyl dimethylphosphate	13171-21-6	GB 5085.3 附录 I、K
12	硫氰酸汞	二硫氰酸汞	Mercuric thiocyanate; Mercury dithiocyanate	592-85-8	GB 5085.3 附录 B
13	氯化汞	氯化汞（II）；二氯化汞	Mercuric chloride; Mercury(II) chloride; Mercury dichloride	7487-94-7	GB 5085.3 附录 B
14	氯化硒	一氯化硒	Selenium chloride; Selenium monochloride	10025-68-0	GB 5085.3 附录 B、C、E
15	氯化亚铊	氯化铊	Thallous chloride; Thallium chloride	7791-12-0	GB 5085.3 附录 A、B、C、D

序号	中文名称		英文名称	CAS 号	分析方法
	化学名	别名			
16	灭多威	1-（甲基硫代）亚乙基氨基甲基氨基甲酸酯；灭多虫；灭索威	Methomyl；1-(Methylthio) ethylideneamino methylcarbamate	16752-77-5	GB 5085.3 附录 L、本标准附录 H
17	氰化钡	二氰化钡	Barium cyanide；Barium dicyanide	542-62-1	GB 5085.3 附录 G
18	氰化钙	—	Calcium cyanide；Calcyanide	592-01-8	GB 5085.3 附录 G
19	氰化汞	二氰化汞	Mercuric cyanide；Mercury dicyanide	592-04-1	GB 5085.3 附录 G
20	氰化钾	氢氰酸钾盐；山奈钾	Potassium cyanide；Hydrocyanic acid, Potassium salt	151-50-8	GB 5085.3 附录 G
21	氰化钠	氢氰酸钠盐；山奈；山奈钠	Sodium cyanide；Hydrocyanic acid，sodium salt	143-33-9	GB 5085.3 附录 G
22	氰化锌	二氰化锌	Zinc cyanide；Zinc dicyanide	557-21-1	GB 5085.3 附录 G
23	氰化亚铜	氰化铜（I）	Cuprous cyanide；Copper（I）cyanide	544-92-3	GB 5085.3 附录 G
24	氰化亚铜钠	氰化铜钠；紫铜盐	Sodium cuprocyanide；Copper sodium cyanide	14264-31-4	GB 5085.3 附录 G
25	氰化银	氰化银（1+）	Silver cyanide；Silver（1+）cyanide	506-64-9	GB 5085.3 附录 G
26	三碘化砷	碘化亚砷	Arsenic triiodide；Arsenous iodide	7784-45-4	GB 5085.3 附录 C、E
27	三氯化砷	氯化亚砷	Arsenic trichloride；Arsenous chloride	7784-34-1	GB 5085.3 附录 C、E
28	砷酸钠（以元素砷为分析目标，以该化合物计）	原砷酸钠；砷酸三钠盐	Sodium arsenate；Arsenic acid，trisodium salt	7631-89-2	GB 5085.3 附录 C、E
29	四乙基铅	—	Lead tetraethyl；Plumbane，tetraethyl-	78-00-2	GB 5085.3 附录 A、B、C、D
30	铊	金属铊	Thallium；Thallium metal	7440-28-0	GB 5085.3 附录 A、B、C、D
31	碳氯灵	八氯六氢亚甲基异苯并呋喃；碳氯特灵	Isobenzan；Octachloro-hexahydro-methanoisobenzo furan	297-78-9	GB 5085.3 附录 K
32	羰基镍	四羰基镍	Nickel carbonyl；Nickel tetracarbonyl	13463-39-3	GB 5085.3 附录 A、B、C、D
33	涕灭威	2-甲基-2-（甲硫基）-O-（（甲氨基）甲酰基）丙醛肟；丁醛肟威；涕灭克	Aldicarb；Propanal，2-methyl-2-(methylthio)-，O-[(methylamino) carbonyl]oxime	116-06-C	本标准附录 H

序号	中文名称		英文名称	CAS 号	分析方法
	化学名	别名			
34	硒化镉	—	Cadmium selenide	1C06-24-7	GB 5085.3 附录 A、B、C、D
35	硝酸亚汞	硝酸亚汞（一水合物）	Mercurous nitrate; Mercurous nitrate（monohydrate）	7782-86-7	GB 5085.3 附录 B
36	溴化亚铊	—	Thallous bromide	7789-40-4	GB 5085.3 附录 A、B、C、D
37	亚碲酸钠（以元素碲为分析目标，以该化合物计）	三氧碲酸二钠	Sodium tellurite; Disodium trioxotellurate	10102-20-2	GB 5085.3 附录 B
38	亚砷酸钠（以元素砷为分析目标，以该化合物计）	亚砷酸钠盐；偏亚砷酸钠	Sodium arsenite; Arsenenous acid, sodium salt; Sodium metaarsenite	7784-46-5	GB 5085.3 附录 C、E
39	烟碱	尼古丁；1-甲基-2-（3-吡啶基）吡咯烷	Pyridine; Nicotine; 1-Methyl-2-（3-pyridyl）pyrrolidine	54-11-5	GB 5085.3 附录 K

附录 B （规范性附录）

有毒物质名录

序号	中文名称		英文名称	CAS 号	分析方法
	化学名	别名			
1	氨基三唑	杀草强	Aminotriazole; Amitrole	61-82-5	本标准附录 I
2	钯	海绵（状）钯	Palladium; Palladium sponge	7440-05-3	GB 5085.3 附录 B
3	百草枯	1,1'二甲基-4,4'-联吡啶二氯化物；对草快	Paraquat; 4,4'-Bipyridinium,1,1'-dimethyl-, dichloride	1910-42-5	本标准附录 A0
4	百菌清	2,4,5,6-四氯-1,3-苯二腈	Chlorothalonil; 1,3-Benzenedicarbonitrile, 2,4,5,6-tetrachloro-	1897-45-6	GB 5085.3 附录 H、K
5	倍硫磷	O,O-二甲基-O-4-甲基硫代间甲苯基硫代磷酸酯；百治屠；蕾硫磷	Fenthion; O,O-Dimethyl-O-4-methylthio-m-tolyl phosphorothioate	55-38-9	GB 5085.3 附录 I、K
6	苯胺	氨基苯	Aniline; Aminobenzene; Benzeneamine	62-53-3	本标准附录 K
7	1,4-苯二胺	对苯二胺；1,4-二氨基苯	1,4-Phenylenediamine; p- Phenylenediamine; 1,4-Diaminobenzene	106-50-3	GB 5085.3 附录 K
8	1,3-苯二酚	间苯二酚；雷琐辛	1,3-Benzenediol; m-Benzenediol; Resorcin	108-46-3	GB 5085.3 附录 K
9	1,4-苯二酚	对苯二酚；氢醌	1,4-Benzenediol; p-Benzenediol; Hydroquinone	123-31-9	GB 5085.3 附录 K
10	苯肼	肼基苯	Phenylhydrazine; Hydrazobenzene	100-63-0	GB 5085.3 附录 K
11	苯菌灵	苯来特	Benomyl; Benlate	17804-35-2	GB 5085.3 附录 L
12	苯醌	对苯醌；1,4-环己二烯二酮	Quinone; p-Quinone; 1,4-Cyclohexadienedione	106-51-4	GB 5085.3 附录 K
13	苯乙烯	乙烯基苯	Styrene; Vinyl benzene	100-42-5	GB 5085.3 附录 O、P
14	表氯醇	1-氯-2,3-环氧丙烷；环氧氯丙烷	Epichlorohydrin; 1-Chloro-2,3-epoxypropane	106-89-8	GB 5085.3 附录 O、P
15	丙酮	2-丙酮	Acetone; 2-Propanone	67-64-1	GB 5085.3 附录 O
16	铂	海绵（状）铂；白金	Platinum; Platinum sponge	7440-06-4	GB 5085.3 附录 B
17	草甘膦	N-（磷酰甲基）甘氨酸；镇草宁	Glyphosate; N-(Phosphonomethyl) glycine	1071-83-6	本标准附录 L
18	除虫脲	1-（4-氯苯基）-3-（2,6-二氟苯甲酰基）脲；伏脲杀、杀虫脲、二氟脲	Diflubenzuron; 1-(4-Chlorophenyl)-3-(2,6-difluorobenzoyl)urea	35367-38-5	本标准附录 M

序号	中文名称		英文名称	CAS 号	分析方法
	化学名	别名			
19	2,4-滴（含量＞75%）	2,4-二氯苯氧乙酸	2,4-D（content >75%）；2,4-Dichlorophenoxyacetic acid	94-75-7	GB 5085.3 附录 L、本标准附录 N
20	敌百虫	二甲基（2,2,2-三氯-1-羟基乙基）膦酸酯	Trichlorfon；Dimethyl(2,2,2-trichloro-1-hydroxyethyl)phosphonate	52-68-6	GB 5085.3 附录 I、L
21	敌草快	杀草快；1,1'-亚乙基- 2,2'-联吡啶二溴盐	Diquat；Diquat dibromide；1,1'-Ethylene 2,2'-bipyridylium dibromide	85-00-7	本标准附录 J
22	敌草隆	N-（3,4-二氯苯基）-N',N'-二甲基脲	Diuron；N-（3,4-Dichlorophenyl）-N',N'-dimethyl urea	330-54-1	GB 5085.3 附录 L、本标准附录 M
23	敌敌畏	O,O-二甲基-O-（2,2-二氯）乙烯基磷酸酯	Dichlorvos；O,O-Dimethyl-O-(2,2-dichloro) vinyl phosphate	62-73-7	GB 5085.3 附录 I、K、L
24	1-丁醇	正丁醇	1-Butanol；n-Butanol	71-36-3	GB 5085.3 附录 O
25	2-丁醇	仲丁醇	2-Butanol；sec-Butanol	78-92-2	GB 5085.3 附录 O
26	异丁醇	2-甲基丙醇	Isobutanol；2-Methyl propanol	78-83-1	GB 5085.3 附录 O
	叔丁醇	1,1-二甲基乙醇	tert-Butyl alcohol；1,1-Dimethy lethanol	75-65-0	GB 5085.3 附录 O
27	毒草胺	2-氯-N-异丙基乙酰苯胺	Propachlor；2-Chloro-N-isopropylacetanilide	1918-16-7	GB 5085.3 附录 L
28	多菌灵	棉菱灵	Carbendazim；Carbendazol	4697-36-3	GB 5085.3 附录 L
29	多硫化钡	硫化钡；硫钡合剂	Barium polysulfide；Barium sulfide	50864-67-0	GB 5085.3 附录 A、B、C、D
30	1,1-二苯肼	N,N-二苯基联胺	1,1-Diphenylhydrazine；N,N-Diphenylhydrazine	530-50-7	GB 5085.3 附录 K
31	N,N-二甲基苯胺	（二甲基氨基）苯	N,N-Dimethylaniline；（Dimethylamino）benzene	121-69-7	GB 5085.3 附录 K
32	二甲基苯酚	二甲酚	Dimethyl phenol；Xylenol	1300-71-6	GB 5085.3 附录 K
33	二甲基甲酰胺	N,N-二甲基甲酰胺	Dimethylformamide；N,N-Dimethylformamide	68-12-2	GB 5085.3 附录 K
34	1,2-二氯苯	邻二氯苯	1,2-Dichlorobenzene；o-Dichlorobenzene	95-50-1	GB 5085.3 附录 K、O、P、R
35	1,3-二氯苯	间二氯苯	1,3-Dichlorobenzene；m-Dichlorobenzene	541-73-1	GB 5085.3 附录 K、O、P、R
36	1,4-二氯苯	对二氯苯	1,4-Dichlorobenzene；p-Dichlorobenzene	106-46-7	GB 5085.3 附录 K、O、P、R
37	2,4-二氯苯胺	2,4-DCA	2,4-Dichloroaniline；2,4-Dichlorobenzenamine	554-00-7	本标准附录 K
38	2,5-二氯苯胺	对二氯苯胺	2,5-Dichloroaniline；p-Dichloroaniline	95-82-9	本标准附录 K
39	2,6-二氯苯胺	—	2,6-Dichloroaniline；Benzenamine, 2,6-dichloro-	608-31-1	本标准附录 K

序号	中文名称		英文名称	CAS 号	分析方法
	化学名	别名			
40	3,4-二氯苯胺	1-氨基-3,4-二氯苯	3,4-Dichloroaniline; 1-Amino-3,4-dichlorobenzene	95-76-1	本标准附录 K
41	3,5-二氯苯胺	3,5-DCA	3,5-Dichloroaniline; Benzenamine, 3,5-dichloro-	626-43-7	本标准附录 K
42	1,3-二氯丙烯,1,2-二氯丙烷及其混合物	滴滴混剂;氯丙混剂	1,3-Dichloropropene, 1,2-dichloropropane and mixtures	542-75-6 78-87-5	GB 5085.3 附录 O、P
43	2,4-二氯甲苯	2,4-二氯-1-甲苯	2,4-Dichlorotoluene; Benzene, 2,4-dichloro-1- methyl-	95-73-8	GB 5085.3 附录 K、O、P、R
44	2,5-二氯甲苯	1,4-二氯-2-甲基苯	2,5-Dichlorotoluene; Benzene, 1,4-dichloro-2- methyl-	19398-61-9	GB 5085.3 附录 K、O、P、R
45	3,4-二氯甲苯	1,2-二氯-4-甲苯	3,4-Dichlorotoluene; Benzene, 1,2-dichloro-4- methyl-	95-75-0	GB 5085.3 附录 K、O、P、R
46	二氯甲烷	亚甲基氯	Dichloromethane; Methylene chloride	75-09-2	GB 5085.3 附录 O、P
47	二嗪农	地亚农;二嗪磷	Diazinon; Diazide	333-41-5	GB 5085.3 附录 I
48	1,2-二硝基苯	邻二硝基苯	1,2-Dinitrobenzene; o- Dinitrobenzene	528-29-0	GB 5085.3 附录 K
49	1,3-二硝基苯	间二硝基苯	1,3-Dinitrobenzene; m-Dinitrobenzene	99-65-0	GB 5085.3 附录 J、 K
50	1,4-二硝基苯	对二硝基苯	1,4- Dinitrobenzene; p- Dinitrobenzene	100-25-4	GB 5085.3 附录 K
51	2,4-二硝基苯胺	间二硝基苯胺	2,4-Dinitroaniline; m-Dinitroaniline	97-02-9	GB 5085.3 附录 K、 本标准附录 K
52	2,6-二硝基苯胺	二硝基苯胺	2,6-Dinitroaniline; Dinitrobenzenamine	606-22-4	GB 5085.3 附录 K、 本标准附录 K
53	1,2-二溴乙烷	二溴化乙烯	1,2-Dibromoethane; Ethylene dibromide	106-93-4	GB 5085.3 附录 O、P
54	钒	钒粉尘	Vanadium; Vanadium dust	7440-62-2	GB 5085.3 附录 A、B、C、D
55	氟化铝	三氟化铝	Aluminium fluoride; Aluminium trifluoride	7784-18-1	GB 5085.3 附录 F
56	氟化钠	一氟化钠	Sodium fluoride; Sodium monofluoride	7681-49-4	GB 5085.3 附录 F
57	氟化铅	二氟化铅	Lead fluoride; Lead difluoride	7783-46-2	GB 5085.3 附录 F
58	氟化锌	二氟化锌	Zinc fluoride; Zinc difluoride	7783-49-5	GB 5085.3 附录 F
59	氟硼酸锌	双(四氟硼酸)锌	Zinc fluoborate; Zinc bis（tetrafluoroborate）	13826-88-5	GB 5085.3 附录 F
60	甲苯二胺	二氨基甲苯	Toluenediamine; Diaminotoluenes	25376-45-8	GB 5085.3 附录 K
61	甲苯二异氰酸酯	2,4-甲苯二异氰酸酯; 2,6-甲苯二异氰酸酯	Toluene diisocyanates; 2,4-Toluene diisocyanate; 2,6-Toluene diisocyanate	584-84-9 91-08-7	GB 5085.3 附录 K
62	4-甲苯酚	对甲酚	4-Cresol; p-Cresol	106-44-5	GB 5085.3 附录 K
63	甲醇	木醇;木酒精	Methanol; Methyl alcohol	67-56-1	GB 5085.3 附录 O

序号	中文名称		英文名称	CAS 号	分析方法
	化学名	别名			
64	甲酚（混合异构体）	混合甲酚	Cresol（mixed isomers）；Methylphenol, mixed	1319-77-3	GB 5085.3 附录 K
65	3-甲基苯胺	间甲苯胺；间氨基甲苯；3-氨基甲苯	3-Toluidine; m-Toluidine; m- Aminotoluene; 3-Aminotoluene	108-44-1	GB 5085.3 附录 K
66	4-甲基苯胺	对甲苯胺；对氨基甲苯；4-氨基甲苯	4-Toluidine; p-Toluidine; p-Aminotoluene; 4-Aminotoluene	106-49-0	GB 5085.3 附录 K
67	2-甲基苯酚	邻甲苯酚	2-Cresol; o-Cresol	95-48-7	GB 5085.3 附录 K
68	3-甲基苯酚	间甲酚	3-Cresol; m-Cresol	108-39-4	GB 5085.3 附录 K
69	甲基叔丁基醚	2-甲氧基-2-甲基丙烷	Methyl tertiary-butyl ether; Propane, 2-methoxy-2-methyl-	1634-04-4	GB 5085.3 附录 O
70	甲基溴	一溴甲烷	Methyl bromide；Bromomethane	74-83-9	GB 5085.3 附录 O、P
71	甲基乙基酮	2-丁酮	Methyl ethyl ketone; 2-Butanone	78-93-3	GB 5085.3 附录 O
72	甲基异丁酮	4-甲基-2-戊酮；2-甲基丙基甲酮；MIBK	Methyl isobutyl ketone; 4-Methyl-2-pentanone; 2-Methylpropyl methyl ketone	108-10-1	GB 5085.3 附录 O
73	3-甲氧基苯胺	间甲氧基苯胺；间氨基苯甲醚；间茴香胺	3- Methoxyaniline; m- Methoxyaniline; m-Aminoanisole; m-Anisidine	536-90-3	GB 5085.3 附录 K
74	4-甲氧基苯胺	对甲氧基苯胺；对氨基苯甲醚；对茴香胺	4- Methoxyaniline; p-Methoxyaniline; p-Aminoanisole; p-Anisidine	104-94-9	GB 5085.3 附录 K
75	2-甲氧基乙醇,2-乙氧基乙醇及其醋酸酯	—	2-Methoxyethanol, 2-ethoxyethanol, and their acetates	109-86-4	GB 5085.3 附录 O
76	开蓬	十氯酮	Chlordecone; Decachloroketone	143-50-0	GB 5085.3 附录 K
77	克来范	—	Kelevan	4234-79-1	GB 5085.3 附录 H
78	邻苯二甲酸二乙基己酯	邻苯二甲酸二（2-乙基己基）酯	Diethylhexyl phthalate; Phthalic acid, bis (2-ethylhexyl) ester	117-81-7	GB 5085.3 附录 K
79	林丹	γ-六六六	Lindane; γ-Hexachlorocyclohexane	58-89-9	GB 5085.3 附录 H、K、R
80	磷酸三苯酯	三苯基磷酸酯	Phosphoric acid, triphenyl ester;Triphenyl phosphate	115-86-6	GB 5085.3 附录 K
81	磷酸三丁酯	磷酸三正丁酯	Tributyl phosphate; Phosphoric acid, tri-n-butyl ester	126-73-8	GB 5085.3 附录 K
82	磷酸三甲苯酯	磷酸三甲酚酯；增塑剂 TCP	Phosphoric acid, tritolyl ester; Tricresyl phosphate	1330-78-5	GB 5085.3 附录 K

序号	中文名称		英文名称	CAS 号	分析方法
	化学名	别名			
83	硫丹	1,2,3,4,7,7-六氯双环[2,2,1]庚烯-5,6-双羟甲基亚硫酸酯	Endosulfan; 1,2,3,4,7,7-Hexachlorobicyclo(2,2,1)hepten-5,6-bioxymethylenesulfite	115-29-7	GB 5085.3 附录 H
84	六氯丁二烯	六氯-1,3-丁二烯	Hexachlorobutadiene; Hexachloro-1,3-butadiene	87-68-3	GB 5085.3 附录 K、O、P、R
85	六氯环戊二烯	全氯环戊二烯	Hexachlorocyclopentadiene; Perchlorocyclopentadiene	77-47-4	GB 5085.3 附录 H、K、R
86	六氯乙烷	全氯乙烷	Hexachloroethane; Perchloroethane	67-72-1	GB 5085.3 附录 K、O、R
87	2-氯-4-硝基苯胺	邻氯对硝基苯胺	2-Chloro-4-nitroaniline; o-Chloro-p-nitroaniline	121-87-9	本标准附录 K
88	2-氯苯胺	邻氯苯胺；邻氨基氯苯	2-Chloroaniline; o-Chloroaniline; o-Aminochlorobenzene	95-51-2	本标准附录 K
89	3-氯苯胺	间氯苯胺；间氨基氯苯	3-Chloroaniline; m-Chloroaniline; m-Aminochlorobenzene	108-42-9	本标准附录 K
90	4-氯苯胺	对氯苯胺；对氨基氯苯	4-Chloroaniline; p- Chloroaniline; p-Aminochlorobenzene	106-47-8	GB 5085.3 附录 K、 本标准附录 K
91	2-氯苯酚	邻氯苯酚；2-氯-1-羟基苯；2-羟基氯苯	2-Chlorophenol; o-Chloropheno; 2-Chloro-1-hydroxybenzene; 2-Hydroxychlorobenzene	95-57-8	GB 5085.3 附录 K
92	3-氯苯酚	间氯苯酚；3-氯-1-羟基苯；间羟基氯苯	3-Chlorophenol; m-Chlorophenol; 3-Chloro-1-hydoxybenzene; m-Hydroxychlorobenzene	108-43-0	GB 5085.3 附录 K
93	氯酚	一氯苯酚	Chlorophenols; Phenol, chloro-	25167-80-0	GB 5085.3 附录 K
94	氯化钡	二氯化钡	Barium chloride; Barium dichloride	10361-37-2	GB 5085.3 附录 A、B、C、D
95	2-氯乙醇	乙撑氯醇；氯乙醇	2-Chloroethanol; Ethylene chlorohydrin; Chloroethanol	107-07-3	GB 5085.3 附录 O
96	锰	元素锰	Manganese; Manganese, elemental	7439-96-5	GB 5085.3 附录 A、B、C、D
97	1-萘胺	α-萘胺；1-氨基萘	1-Naphthylamine; α- Naphthylamine; 1-Aminonaphthalene	134-32-7	GB 5085.3 附录 K
98	三（2,3-二溴丙基）磷酸酯和二（2,3-二溴丙基）磷酸酯	—	Tris-and bis(2,3-dibromopropyl) phosphate	126-72-7	GB 5085.3 附录 K、L
99	三丁基锡化合物	—	Tributyltin compounds	—	GB 5085.3 附录 D
100	1,2,3-三氯苯	连三氯苯	1,2,3-Trichlorobenzene; vic-Trichlorobenzene	87-61-6	GB 5085.3 附录 R
101	1,2,4-三氯苯	不对称三氯苯	1,2,4-Trichlorobenzene; unsym-Trichlorobenzene	120-82-1	GB 5085.3 附录 K、M、O、P、R
102	1,3,5-三氯苯	对称三氯苯	1,3,5-Trichlorobenzene; sym-Trichlorobenzene	108-70-3	GB 5085.3 附录 R

序号	中文名称		英文名称	CAS 号	分析方法
	化学名	别名			
103	2,4,5-三氯苯胺	1-氨基-2,4,5-三氯苯	2,4,5-Trichloroaniline; 1-Amino-2,4,5-trichlorobenzene	636-30-6	本标准附录 K
104	2,4,6-三氯苯胺	1-氨基-2,4,6-三氯苯	2,4,6-Trichloroaniline; 1-Amino-2,4,6-trichlorobenzene	634-93-5	本标准附录 K
105	1,2,3-三氯丙烷	三氯丙烷；烯丙基三氯	1,2,3-Trichloropropane; Trichlorohydrin; Allyl trichloride	96-18-4	GB 5085.3 附录 O、P
106	1,1,1-三氯乙烷	甲基氯仿； α-三氯乙烷	1,1,1-Trichloroethane; Methylchloroform; α- Trichloroethane	71-55-6	GB 5085.3 附录 O、P
107	1,1,2-三氯乙烷	β-三氯乙烷	1,1,2-Trichloroethane; beta-Trichloroethane	79-00-5	GB 5085.3 附录 O、P
108	杀螟硫磷	O,O-二甲基-O-4-硝基间甲苯基硫代磷酸酯；杀螟松；速灭虫	Fenitrothion; O,O-Dimethyl O-4-nitro-m-tolyl phosphorothioate	122-14-5	GB 5085.3 附录 I
109	石油溶剂	石油溶剂油	White spirit	63394-00-3	本标准附录 O
110	1,2,3,4-四氯苯	1,2,3,4-四氯代苯	1,2,3,4-Tetrachlorobenzene; Benzene,1,2,3,4-tetrachloro-	634-66-2	GB 5085.3 附录 R
111	1,2,3,5-四氯苯	1,2,3,5-四氯代苯	1,2,3,5-Tetrachlorobenzene; Benzene,1,2,3,5-tetrachloro-	634-90-2	GB 5085.3 附录 R
112	1,2,4,5-四氯苯	四氯苯	1,2,4,5-Tetrachlorobenzene; Benzene tetrachloride	95-94-3	GB 5085.3 附录 K
113	2,3,4,6-四氯苯酚	1-羟基-2,3,4,6-四氯苯	2,3,4,6-Tetrachlorophenol; 1-Hydroxy-2,3,4,6-tetrachlorobenzene	58-90-2	GB 5085.3 附录 K
114	四氯硝基苯	2,3,5,6-四氯硝基苯	Tecnazene; 2,3,5,6-Tetrachloronitrobenzene	117-18-0	GB 5085.3 附录 K
115	四氧化三铅	红丹；铅丹	Lead tetroxide; Orange lead; CI Pigment Red 105	1314-41-6	GB 5085.3 附录 A、B、C、D
116	钛	钛粉	Titanium; Titanium powder	7440-32-6	GB 5085.3 附录 A、B
117	碳酸钡	碳酸钡盐	Barium carbonate; Carbonic acid, barium salt	513-77-9	GB 5085.3 附录 A、B、C、D
118	锑粉	金属锑	Antimony powder; Antimony, metallic	7440-36-0	GB 5085.3 附录 A、B、C、D、E
119	五氯硝基苯	硝基五氯苯；PCNB	Quintozene; Nitropentachlorobenzene; Pentachloronitrobenzene	82-68-8	GB 5085.3 附录 K
120	五氯乙烷	—	Pentachloroethane; Ethane, pentachloro-	76-01-7	GB 5085.3 附录 K
121	五氧化二锑	五氧化锑	Diantimony pentoxide; Antimony pentoxide	1314-60-9	GB 5085.3 附录 A、B、C、D、E
122	西维因	1-萘基甲基氨基甲酸酯；胺甲萘	Carbaryl; 1-Naphthyl methylcarbamate	63-25-2	GB 5085.3 附录 K、本标准附录 H
123	锡及有机锡化合物	—	Tin and organotin compounds	—	GB 5085.3 附录 B、D
124	2-硝基苯胺	邻硝基苯胺；1-氨基-2-硝基苯	2-Nitroaniline; o- Nitroaniline; 1-Amino-2-nitrobenzene	88-74-4	GB 5085.3 附录 K、本标准附录 K

序号	中文名称		英文名称	CAS 号	分析方法
	化学名	别名			
125	3-硝基苯胺	间硝基苯胺；1-氨基-3-硝基苯	3-Nitroaniline; m-Niroaniline; 1-Amino-3- nitrobenzene	99-09-2	GB 5085.3 附录 K、本标准附录 K
126	4-硝基苯胺	对硝基苯胺；1-氨基-4-硝基苯	4-Nitroaniline; p-Nitroaniline; 1-Amino-4-nitrobenzene	100-01-6	GB 5085.3 附录 K、本标准附录 K
127	2-硝基苯酚	邻硝基苯酚	2-Nitrophenol; o- Nitrophenol	88-75-5	GB 5085.3 附录 K
128	3-硝基苯酚	间硝基苯酚	3-Nitrophenol; m-Nitrophenol	554-84-7	GB 5085.3 附录 K
129	4-硝基苯酚	对硝基苯酚	4-nitrophenol; p-Nitrophenol	100-02-7	GB 5085.3 附录 K
130	2-硝基丙烷	二甲基硝基甲烷；2-NP	2-Nitropropane; Dimethylnitromethane	79-46-9	GB 5085.3 附录 O
131	2-硝基甲苯	邻硝基甲苯	2-Nitrotoluene; o-Nitrotoluene	88-72-2	GB 5085.3 附录 J
132	3-硝基甲苯	间硝基甲苯	3-Nitrotoluene; m-Nitrotoluene	99-08-1	GB 5085.3 附录 J
133	4-硝基甲苯	对硝基甲苯	4-Nitrotoluene; p-Nitrotoluene	99-99-0	GB 5085.3 附录 J
134	4-溴苯胺	对溴苯胺	4-Bromoaniline; p-Bromoaniline	106-40-1	本标准附录 K
135	溴丙酮	1-溴-2-丙酮	Bromoacetone; 1-Bromo-2-propanone	598-31-2	GB 5085.3 附录 O、P
136	溴化亚汞	一溴化汞	Mercurous bromide; Mercury monobromide	10031-18-2	GB 5085.3 附录 B
137	亚苄基二氯	（二氯甲基）苯；苄基二氯；α,α-二氯甲苯	Benzal chloride; （Dichloromethyl）benzene; Benzyl dichloride; α,α-Dichlorotoluene	98-87-3	GB 5085.3 附录 R
138	N-亚硝基二苯胺	N-亚硝基-N-苯基苯胺	N-Nitrosodiphenylamine; N-Nitroso-N-phenylbenzenamine	86-30-6	GB 5085.3 附录 K
139	亚乙烯基氯	1,1-二氯乙烯	Vinylidene chloride; 1,1-Dichloroethylene	75-35-4	GB 5085.3 附录 O、P
140	一氧化铅	氧化铅；黄丹；密陀僧	Lead monoxide; Lead oxide; Lead Oxide Yellow	1317-36-8	GB 5085.3 附录 A、B、C、D
141	乙腈	氰化甲烷；甲基氰	Acetonitrile; Cyanomethane; Methyl cyanide	75-05-8	GB 5085.3 附录 O
142	乙醛	醋醛	Acetaldehyde; Acetyl aldehyde	75-07-0	本标准附录 P
143	异佛尔酮	3,5,5-三甲基-2-环己烯-1-酮	Isophorone; 3,5,5-Trimethyl-2-cyclohexen-lone	78-59-1	GB 5085.3 附录 K

附录 C（规范性附录）

致癌性物质名录

序号	中文名称		英文名称	CAS 号	分析方法
	化学名	别名			
1	4-氨基-3-氟苯酚	2-氟-4-羟基苯胺	4-Amino-3-fluorophenol; 2-Fluoro-4-hydroxyaniline	399-95-1	GB 5085.3 附录 K
2	4-氨基联苯	联苯基-4-胺；联苯基胺	4-Aminobiphenyl; Biphenyl-4-ylamine; Xenylamine	92-67-1	GB 5085.3 附录 K
3	4-氨基偶氮苯	对氨基偶氮苯	4-Aminoazobenzene; p-Aminoazobenzene	60-09-3	GB 5085.3 附录 K
4	苯	环己三烯	Benzene; Cyclohexatriene	71-43-2	GB 5085.3 附录 O、P
5	苯并[a]蒽	1,2-苯并蒽	Benzo[a]anthracene; 1,2-Benzanthracene	56-55-3	GB 5085.3 附录 K、M、本标准附录 Q
6	苯并[b]荧蒽	3,4-苯并荧蒽；2,3-苯并荧蒽	Benzo[b]fluoranthene; 3,4-Benzofluoranthene; 2,3-Benzofluoranthene	205-99-2	GB 5085.3 附录 K、M、本标准附录 Q
7	苯并[j]荧蒽	7,8-苯并荧蒽；10,11-苯并荧蒽	Benzo [j] fluoranthene; 7,8-Benzofluoranthene; 10,11-Benzofluoranthene	205-82-3	本标准附录 Q
8	苯并[k]荧蒽	8,9-苯并荧蒽；11,12-苯并荧蒽	Benzo [k] fluoranthene; 8,9-Benzofluoranthene; 11,12-Benzofluoranthene	207-08-9	GB 5085.3 附录 K、M、本标准附录 Q
9	丙烯腈	2-丙烯腈	Acrylonitrile; 2-Propenenitrile	107-13-1	GB 5085.3 附录 O
10	除草醚	2,4-二氯苯基-4-硝基苯基醚	Nitrofen; 2,4-Dichlorophenyl-4-Nitrophenyl ether	1836-75-5	GB 5085.3 附录 K
11	次硫化镍	二硫化三镍	Nickel subsulphide; Trinickel disulfide	12035-72-2	GB 5085.3 附录 A、B、C、D
12	二苯并[a,h]蒽	1,2：5,6-二苯并蒽	Dibenz[a,h]anthracene; 1,2:5,6-Dibenzanthracene	53-70-3	GB 5085.3 附录 M
13	1,2：3,4-二环氧丁烷	2,2'-双环氧乙烷	1,2:3,4-Diepoxybutane; 2,2'-Bioxirane	1464-53-5	GB 5085.3 附录 O
14	二甲基硫酸酯	硫酸二甲酯	Dimethyl sulphate; Sulfuric acid, dimethyl ester	77-78-1	GB 5085.3 附录 K
15	1,3-二氯-2-丙醇	1,3-二氯-2-羟基丙烷	1,3-Dichloro-2-propanol; 1,3-Dichloro-2-hydroxypropane	96-23-1	GB 5085.3 附录 P
16	二氯化钴	氯化钴	Cobalt dichloride; Cobaltous chloride	7646-79-9	GB 5085.3 附录 A、B、C、D
17	3,3'-二氯联苯胺	3,3'-二氯联苯-4,4'-二胺	3,3'-Dichlorobenzidine; 3,3'-Dichlorobiphenyl-4,4'-diamine	91-94-1	GB 5085.3 附录 K

序号	中文名称		英文名称	CAS 号	分析方法
	化学名	别名			
18	3,3′-二氯联苯胺盐	3,3′-二氯联苯胺盐；3,3′-二氯联苯-4,4′-二胺盐	Salts of 3,3′-dichlorobenzidine; Salts of 3,3′,-dichlorobiphenyl-4,4′-diamine	—	GB 5085.3 附录 K
19	1,2-二氯乙烷	二氯化乙烯	1,2-Dichloroethane; Ethylene dichloride	107-06-2	GB 5085.3 附录 O、P
20	2,4-二硝基甲苯	1-甲基-2,4-二硝基苯	2,4-Dinitrotoluene; 1-Methyl-2,4-dinitrobenzene	121-14-2	GB 5085.3 附录 J、K
21	2,5-二硝基甲苯	2-甲基-1,4-二硝基苯	2,5-Dinitrotoluene; 2-Methyl-1,4-dinitrobenzene	619-15-8	GB 5085.3 附录 J、K
22	2,6-二硝基甲苯	2-甲基-1,3-二硝基苯	2,6-Dinitrotoluene; 2-Methyl-1,3-dinirobenzene	606-20-2	GB 5085.3 附录 J、K
23	二氧化镍	氧化镍	Nickel dioxide; Nickel oxide	12035-36-8	GB 5085.3 附录 A、B、C、D
24	铬酸镉	—	Cadmium chromate	14312-00-6	GB 5085.3 附录 A、B、C、D
25	铬酸铬（Ⅲ）	铬酸铬	Chromium(Ⅲ)chromate; Chromic chromate	24613-89-6	GB 5085.3 附录 A、B、C、D
26	铬酸锶	锶黄；C.I.颜料黄32	Strontium chromate; Strontium Yellow; C.I. Pigment Yellow 32	7789-06-2	GB 5085.3 附录 A、B、C、D
27	环氧丙烷	1,2-环氧丙烷；甲基环氧乙烷	Propylene oxide; 1,2-Epoxypropane; Methyloxirane	75-56-9	GB 5085.3 附录 O
28	4-甲基间苯二胺	2,4-二氨基甲苯；1,3-二氨基-4-甲苯	4-Methyl-m-phenylenediamine; 2,4-Diaminotoluene; 1,3-Diamino-4-methylbenzene	95-80-7	GB 5085.3 附录 K
29	甲醛	蚁醛；福尔马林	Formaldehyde; Methanal; Formalin	50-00-0	本标准附录 P
30	2-甲氧基苯胺	邻茴香胺	2-Methoxyaniline; o-Anisidine	90-04-0	GB 5085.3 附录 K
31	联苯胺	4,4′-二氨基联苯；对二氨基联苯	Benzidine; 4,4′-Diaminobiphenyl; p- Diaminobiphenyl	92-87-5	GB 5085.3 附录 K
32	联苯胺盐	对二氨基联苯盐	Salts of benzidine; Salts of p- diaminobiphenyl	—	GB 5085.3 附录 K
33	邻甲苯胺	2-甲苯胺	o-Toluidine; 2-Toluidine	95-53-4	GB 5085.3 附录 K、O
34	邻联茴香胺	3,3′-二甲氧基联苯胺	o-Dianisidine; 3,3′-Dimethoxybenzidine	119-90-4	GB 5085.3 附录 K
35	邻联甲苯胺	3,3′-二甲基联苯胺	o-Tolidine; 3,3′-Dimethylbenzidine	119-93-7	GB 5085.3 附录 K
36	邻联甲苯胺盐	3,3′-二甲基联苯胺盐	Salts of o-tolidine; Salts of 3,3′-dimethylbenzidine	—	GB 5085.3 附录 K
37	硫化镍	一硫化镍	Nickel sulphide; Nickel monosulfide	16812-54-7	GB 5085.3 附录 A、B、C、D

序号	中文名称		英文名称	CAS 号	分析方法
	化学名	别名			
38	硫酸镉	硫酸镉盐（1:1）	Cadmium sulphate; Sulfuric acid, cadmium salt (1:1)	10124-36-4	GB 5085.3 附录 A、B、C、D
39	硫酸钴	硫酸钴（Ⅱ）	Cobalt sulphate; Cobalt(Ⅱ) sulfate	10124-43-3	GB 5085.3 附录 A、B、C、D
40	六甲基磷 三酰胺	六甲基磷酰胺	Hexamethylphosphoric triamide; Hexamethylphosphoramide	680-31-9	GB 5085.3 附录 I、K
41	氯化镉	二氯化镉	Cadmium chloride; Cadmium dichloride	10108-64-2	GB 5085.3 附录 A、B、C、D
42	α-氯甲苯	苄基氯	α-Chlorotoluene; Benzyl chloride	100-44-7	GB 5085.3 附录 O、P、R
43	氯甲基甲醚	氯二甲基醚	Chloromethyl methyl ether; Chlorodimethyl ether	107-30-2	GB 5085.3 附录 P
44	氯甲基醚	二（氯甲基）醚； 氯（氯甲氧基） 甲烷	Chloromethyl ether; Bis (chlor omethyl) ether; Chloro(chlorome thoxy)methane	542-88-1	GB 5085.3 附录 P
45	氯乙烯	一氯乙烯	Vinyl chloride; Chloroethylene;Monochloroethene	75-01-4	GB 5085.3 附录 O、P
46	2-萘胺	ß-萘胺	2-Naphthylamine; ß-Naphthylamine	91-5999-8	GB 5085.3 附录 K
47	2-萘胺盐	ß-萘胺盐	Salts of 2-naphthylamine; Salts of ß -naphthylamine	—	GB 5085.3 附录 K
48	铍	金属铍	Beryllium; Beryllium metal	7440-41-7	GB 5085.3 附录 A、B、C、D
49	铍化合物（硅 酸铝铍除外）	—	Beryllium compounds with the exception of aluminium beryllium silicates		GB 5085.3 附录 A、B、C、D
50	α,α,α-三氯甲 苯	三氯甲苯	α,α,α-Trichlorotoluene; Benzotrichloride	98-07-7	GB 5085.3 附录 R
51	三氯乙烯	1,1,2-三氯乙烯；1- 氯-2,2-二氯乙烯	Trichloroethylene; 1,1,2-Trichloroethylene; 1-Chloro-2,2-dichloroethylene	79-01-6	GB 5085.3 附录 O、P
52	三氧化二镍	氧化高镍	Dinickel trioxide; Nickelic oxide	1314-06-3	GB 5085.3 附录 A、B、C、D
53	三氧化二砷	三氧化砷；砒霜	Diarsenic trioxide; Arsenic trioxide	1327-53-3	GB 5085.3 附录 C、E
54	三氧化铬	铬酸酐	Chromium trioxide; Chromic anhydride	1333-82-0	GB 5085.3 附录 A、B、C、D
55	砷酸及其盐 （以元素砷为 分析目标，以 该化合物计）	—	Arsenic acid and its salts	—	GB 5085.3 附录 C、E
56	五氧化二砷	砷酸酐	Arsenic pentoxide; Arsenic acid anhydride	1303-28-2	GB 5085.3 附录 C、E

序号	中文名称		英文名称	CAS 号	分析方法
	化学名	别名			
57	2-硝基丙烷	二甲基硝基甲烷；异硝基丙烷	2-Nitropropane; Dimethylnitromethane; Isonitropropane	79-46-9	GB 5085.3 附录 O
58	硝基联苯	对硝基联苯；1-硝基-4-苯基苯	4-Nitrobiphenyl; p-Nitrobiphenyl; 1-Nitro-4-phenylbenzene	92-93-3	GB 5085.3 附录 K
59	1,2-亚肼基苯	1,2-二苯肼	Hydrazobenzene; 1,2-Diphenylhydrazine	122-66-7	GB 5085.3 附录 K
60	N-亚硝基二甲胺	二甲基亚硝胺	N-Nitrosodimethylamine; Dimethylnitrosamine	62-75-9	GB 5085.3 附录 K
61	氧化镉	一氧化镉	Cadmium oxide; Cadmium monoxide	1306-19-0	GB 5085.3 附录 A、B、C、D
62	氧化铍	一氧化铍	Beryllium oxide; Beryllium monoxide	1304-56-9	GB 5085.3 附录 A、B、C、D
63	一氧化镍	氧化镍	Nickel monoxide; Nickel oxide	1313-99-1	GB 5085.3 附录 A、B、C、D

附录 D （规范性附录）

致突变性物质名录

序号	中文名称		英文名称	CAS 号	分析方法
	化学名	别名			
1	苯并[a]芘	苯并[d, e, f]䓛	Benzo[a]pyrene; Benzo[d,e,f]chrysene	50-32-8	GB 5085.3 附录 K、M
2	丙烯酰胺	2-丙烯酰胺	Acrylamide; 2-Propenamide	79-06-1	本标准附录 R
3	1,2-二溴- 3-氯丙烷	二溴氯丙烷	1,2-Dibromo-3-chloropropane; Dibromochloropropane	96-12-8	GB 5085.3 附录 H、K、O、P
4	二乙基硫酸酯	硫酸二乙酯	Diethyl sulphate; Sulfuric acid，diethyl ester	64-67-5	GB 5085.3 附录 K
5	氟化镉	二氟化镉	Cadmium fluoride; Cadmium difluoride	7790-79-6	GB 5085.3 附录 A、B、C、D
6	铬酸钠（以元素铬为分析目标，以该化合物计）	铬酸二钠盐	Sodium chromate; Chromic acid，disodium salt	7775-11-3	GB 5085.3 附录 A、B、C、D
7	环氧乙烷	氧化乙烯	Ethylene oxide; Oxirane	75-21-8	GB 5085.3 附录 O

附录 E （规范性附录）

生殖毒性物质名录

序号	中文名称		英文名称	CAS 号	分析方法
	化学名	别名			
1	醋酸铅	二乙酸铅	Lead acetate; Lead diacetate	301-04-2 1335-32-6	GB 5085.3 附录 A、B、C、D
2	叠氮化铅	二叠氮化铅	Lead azide; Lead diazide	13424-46-9	GB 5085.3 附录 A、B、C、D
3	二醋酸铅	乙酸铅盐 （2：1）	Lead diacetate; Acetic acid, lead salt （2：1）	301-04-2	GB 5085.3 附录 A、B、C、D
4	铬酸铅	铬酸铅（2+） 盐（1：1）	Lead chromate; Chromic acid, lead（2+） salt （1：1）	7758-97-6	GB 5085.3 附录 A、B、C、D
5	甲基磺酸铅 （Ⅱ）	甲磺酸铅 （2+）盐	Lead(Ⅱ) methanesulphonate; Methanesulfonic acid, lead(2+) salt	17570-76-2	GB 5085.3 附录 A、B、C、D
6	邻苯二甲酸 二丁酯	1，2-苯二甲酸 二丁酯	Dibutyl phthalate; 1,2-Benzenedicarboxylic acid, dibutyl ester	84-74-2	GB 5085.3 附录 K
7	磷酸铅	二正磷酸三铅	Lead phosphate; Trilead bis(orthophosphate)	7446-27-7	GB 5085.3 附录 A、B、C、D
8	六氟硅酸铅	氟硅酸铅（Ⅱ）	Lead hexafluorosilicate; Lead(Ⅱ) fluorosilicate	25808-74-6	GB 5085.3 附录 A、B、C、D
9	收敛酸铅	2，4，6-三硝基间 苯二酚氧化铅	Lead styphnate; Lead 2,4,6-trinitroresorcinoxide	15245-44-0	GB 5085.3 附录 A、B、C、D
10	烷基铅	—	Lead alkyls	—	GB 5085.3 附录 A、B、C、D
11	2-乙氧基 乙醇	乙二醇单乙醚	2-Ethoxyethanol; Ethylene glycol monoethyl ether	110-80-5	GB 5085.3 附录 O

附录 F（规范性附录）

持久性有机污染物名录

序号	中文名称		英文名称	CAS 号	分析方法
	化学名	别名			
1	多氯联苯	氯化联苯；PCBs	Polychlorinated biphenyls; Polychlorodiphenyls		GB 5085.3 附录 N
2	氯丹	八氯	Chlordane	12789-03-6	GB 5085.3 附录 H
3	滴滴涕	二氯二苯三氯乙烷	2,2-bis（4-Chlorophenyl）-1,1,1-trichloroethane,DDT	50-29-3	GB 5085.3 附录 H
4	六氯苯	灭黑穗药	Hexachlorobenzene ,HCB	118-74-1	GB 5085.3 附录 H
5	灭蚁灵	十二氯代八氢-亚甲基-环丁并[cd]戊搭烯	Mirex	2385-85-5	GB 5085.3 附录 H
6	毒杀芬	氯化莰烯	Toxaphene	8001-35-2	GB 5085.3 附录 H
7	艾氏剂	六氯-六氢-二甲撑萘	Aldrin		GB 5085.3 附录 H
8	狄氏剂	六氯-环氧八氢-二甲撑萘	Dieldrin		GB 5085.3 附录 H
9	异狄氏剂	1,2,3,4,10,10-六氯-6,7-环氧-1,4,4a,5,6,7,8,8a-八氢-1,4-挂-5,8-挂-二甲撑萘	Endrin, Hexadrin		GB 5085.3 附录 H
10	七氯	七氯-四氢-甲撑茚；七氯化茚	Heptachlor; Velsicol		GB 5085.3 附录 H
11	多氯二苯并对二噁英和多氯二苯并呋喃		PCDDs/PCDFs		本标准附录 S

附录 G（资料性附录）

固体废物　半挥发性有机物分析的样品前处理　加速溶剂萃取法

G.1 范围

本方法适用于从固体废物中用加速溶剂萃取法萃取不溶于水或微溶于水的半挥发性有机化合物的过程。包括半挥发有机化合物、有机磷农药、有机氯农药、含氯除草剂、PCBs。

本方法仅适用于固体样品，尤其适用于干燥的小颗粒物质。只有固体样品适用这个萃取过程，因此多相的废物样品必须经过分离。土壤/沉积物样品在萃取前要晾干和粉碎。需往土壤/沉积物样品中添加无水硫酸钠或硅藻土，以减少样品干燥过程中被分析物的流失。样品量的多少要依检测方法说明和分析灵敏度而定，通常需要 10～30 g 的物质。

G.2 原理

晾干后的样品，或样品直接与无水硫酸钠或硅藻土混合后，将其粉碎至 100～200 目的粉末（150～75 μm）并放入萃取池中，加热到萃取温度，同时加入适当的溶剂，增加压力，然后萃取 5 min（或根据厂家的建议）。采用的溶剂要根据被分析物而定。热的萃取液自动从萃取池进入收集瓶并冷却。如必要，萃取物可进行浓缩。可根据需要加入与净化和检测条件兼容的溶剂。

G.3 试剂和材料

G.3.1　本方法中对水的要求均指不含有机物的试剂级水。

G.3.2　干燥剂

G.3.2.1　硫酸钠（无水，颗粒状），Na_2SO_4。

注意：对于含水量高的样品且萃取温度高于 110℃时，若预先在样品中加入无水硫酸钠，会发生熔融和重结晶堵塞管路，所以建议无水硫酸钠在完成萃取后的萃取液中加入以脱水。

G.3.2.2　粒状硅藻土：用于分散样品颗粒，以使样品与溶剂接触表面积最大，同时可以吸附样品中的部分水分。

G.3.2.3　干燥剂的净化：在浅盘中以 400℃的温度加热 4 h 或用二氯甲烷萃取。如果用二氯甲烷萃取，则需要做试剂空白实验来证明萃取后的干燥剂不会给样品的分析带来影响。

G.3.3　磷酸溶液：用 3.1 中所指水制备磷酸（H_3PO_4）溶液（体积比为 1：1）。

G.3.4　萃取溶剂：萃取溶剂依被萃取的分析物而定。所有试剂均为试剂级或同等质量，使用前都应进行脱气。

G.3.4.1　萃取有机氯农药，丙酮/己烷（1：1，体积分数），或丙酮/二氯甲烷（1：1，体积分数）。

G.3.4.2　萃取半挥发性有机化合物：丙酮/二氯甲烷（1∶1，体积分数）或丙酮/己烷（1∶1，体积分数）。

G.3.4.3　萃取 PCBs，丙酮/己烷（1∶1，体积分数）或丙酮/二氯甲烷（1∶1，体积分数）或己烷。

G.3.4.4　萃取有机磷农药，二氯甲烷（CH_2Cl_2），或丙酮/二氯甲烷（CH_3COCH_3/CH_2Cl_2）（1∶1，体积分数）。

G.3.4.5　萃取含氯除草剂：丙酮/二氯甲烷/磷酸（250∶125∶15，体积分数），或丙酮/二氯甲烷/三氟乙酸（250∶125∶1，体积分数）。若采取后者，三氟乙酸溶液应是将1%的三氟乙酸加入乙腈制取。在每次萃取前，应制备新鲜的溶液。

G.3.4.6　如果分析人员能对样品基质中的相关分析物进行合理的分析，那么也可以采用其他的溶剂体系。

注意：对于含水量大的样品（湿度≥30%），应减少亲水性溶剂的用量。

G.3.5　高纯度气体，如氮气、二氧化碳或氦气可用于吹扫或给萃取池加压。按仪器生产商的说明选择气体。

G.4 仪器、装置

G.4.1　加速溶剂萃取装置，配有 10、34、66、100 ml 不锈钢萃取池，转盘式自动连续萃取。

G.4.2　测定干重百分数的装置。

G.4.2.1　马弗炉。

G.4.2.2　干燥器。

G.4.2.3　坩埚：瓷的或一次性铝制。

G.4.3　粉碎或研磨装置：使样品颗粒大小<1 mm。

G.4.4　分析天平：精确度 0.01 g。

G.4.5　萃取液收集瓶：250 ml，洁净的，具有聚四氟乙烯螺旋盖。

G.4.6　过滤膜：直径与萃取池相应，D28 型。

G.4.7　萃取池密封盖。

G.5 分析步骤

G.5.1　样品准备

G.5.1.1　沉积物/土壤样品

倒掉沉积物样品中的水层，彻底混合样品，尤其是混合样品。除掉其中的树枝、树叶或石子。在室温条件下将样品放在玻璃盘或己烷清洗的铝箔中晾干 48 h。样品和等体积的无水硫酸钠或硅藻土混合，直到样品充分干燥。（注意：G.3.2.1 中的注意事项同样适用本项）

G.5.1.2　多相废物样品

多相废物样品在萃取前应先进行相相分离。本萃取方法仅适用于固体样品或样品的固体部分的萃取。

G.5.1.3　干燥的沉积物/土壤样品和干燥的固体废物样品

这类样品不需做任何处理可直接加到萃取池中，除非有些样品需要与硅藻土混合，如果样品粒径过大，需要粉碎达到可以过 10 目的筛子。

G.5.2 干重质量分数的计算

G.5.2.1 如果样品是基于干重计算的，在分析检测的同时，另取一部分样品称重。

G.5.2.2 在称量萃取样品以后，立即称取 5～10 g 样品放入配衡坩埚，在 105℃ 条件下干燥这份样品过夜，称量前在干燥器中冷却。按如下公式计算干重质量分数（%）：

$$干重质量分数（\%）=样品干重/样品总质量×100\%$$

G.5.3 粉碎足够质量的干燥的样品过 10 目筛（通常 10～30 g），如必要与硅藻土混合（1：1，体积比）。

G.5.4 将粉碎的样品装填到已经放有过滤膜的合适尺寸的萃取池中。样品池能容纳的样品的质量是由样品的密度以及干燥剂的量决定。一般来说，10 ml 的萃取池能容纳 10 g 样品，34 ml 的可容纳 30 g 样品。分析员可根据必须达到的检测灵敏度的样品质量来选择萃取池的大小。若样品的量不足，可用 20～30 目的石英砂来填补，以节省溶剂。

G.5.5 将检测方法使用的替代物添加到每一样品里。加标和平行加标化合物应分别加到另外的两份样品中。

G.5.6 将萃取池放置在萃取转盘上。

G.5.7 将清洁的收集瓶放置到收集瓶转盘上。收集的萃取液的总体积取决于具体的萃取池体积并与萃取条件的设定有关，其变化范围是 0.5～1.4 倍的萃取池的体积。

G.5.8 推荐的萃取条件。

萃取温度：100℃；

压力：10.34～13.79 MPa（1 500～2 000 lb/in^2）；

静态萃取时间：5 min（在 5 min 的预热后）；

冲洗体积：60%的萃取池的体积；

氮气吹扫：60 s，压力 1.03 MPa（150 lb/in^2）（对于大体积萃取池可延长吹扫时间）；

静态萃取循环次数：1 次。

G.5.8.1 条件优化。可以通过调整温度来改变萃取效率，可以增加静态萃取循环次数增加萃取的效率，也可以根据"相似者相溶"的原理选择适当的溶剂来提高萃取的效率。压力不是提高萃取效率的决定性的参数，因为加压的目的是为了阻止溶剂在萃取温度下沸腾，确保溶剂与样品有良好的接触。压力通常采用 10.34～13.79 MPa（1 500～2 000 lb/in^2）。

G.5.8.2 萃取同一样品必须采用同样的压力。

G.5.9 启动仪器开始全自动萃取。

G.5.10 干净的收集瓶自动收集每次的萃取液。

G.5.11 浓缩、净化、分析萃取物。萃取物中过量的水分可用无水硫酸钠除去。在净化时和样品分析前可按需要改变溶剂。

G.5.12 如果用磷酸溶液萃取含氯除草剂，则需要丙酮来清洗萃取仪管线。该清洗步骤中不使用其他的溶剂。

G.6 质量控制

G.6.1　在萃取之前，需进行固体基质（如干净的沙子）的空白实验。每次萃取时，当试剂变化时，都应进行相关的空白实验。在样品制备和检测过程中都应有空白实验。

G.6.2　本方法需采用标准质量保证措施，必须留有平行现场样品来检验采样过程的精确性。如果该检测方法没有提供其他的用法说明，必须分析每一批样品中的加标/平行加标样品和实验室质量控制样品。

G.6.3　在合适的检测方法中需往所有样品中添加替代标样。

附录 H（资料性附录）

固体废物　N-甲基氨基甲酸酯的测定　高效液相色谱法

H.1　范围

本方法适用于土壤、水体和废物介质中涕灭威 Aldicarb（Temik），涕灭威砜 Aldicarb Sulfone，西维因 Carbaryl（Sevin），虫螨威 Carbofuran（Furadan），二氧威 Dioxacarb，3-羟基虫螨威 3-Hydroxycarbofuran，灭虫威 Methiocarb（Mesurol），灭多威 Methomyl（Lannate），猛杀威 Promecarb，残杀威 Propoxur（Baygon）等 10 种 N-甲基氨基甲酸酯的高效液相色谱测定。

本方法测定了各种目标分析物在无有机物的试剂水体中和土壤中的检测限，见表 H.1。

表 H.1　洗脱顺序，保留时间和检出限

目标分析物	保留时间/ min	检出限	
		不含有机物的试剂水/（μg/L）	土壤/（μg/kg）
涕灭威砜 Aldicarb Sulfone	9.59	1.9	44
灭多威 Methomyl（Lannate）	9.59	1.7	12
3-羟基虫螨威 3-Hydroxycarbofuran	12.70	2.6	10
二氧威 Dioxacarb	13.5	2.2	>50
涕灭威 Aldicarb（Temik）	16.05	9.4	12
残杀威 Propoxur（Baygon）	18.06	2.4	17
虫螨威 Carbofuran（Furadan）	18.28	2.0	22
西维因 Carbaryl（Sevin）	19.13	1.7	31
α-萘酚 α-Naphthol	20.30	—	
灭虫威 Methiocarb（Mesurol）	22.56	3.1	32
猛杀威 Promecarb	23.02	2.5	17

H.2　原理

水体中的 N-甲基氨基甲酸酯用二氯甲烷萃取，土壤、含油固体废物和油中的 N-甲基氨基甲酸酯用乙腈萃取。萃取溶剂再转换至甲醇/乙二醇，然后萃取物经 C18 固相提取小柱净化，过滤，并在 C18 分析柱上洗脱分离，分离后目标分析物经水解和柱后衍生，再用荧光检测器定量。

H.3　试剂和材料

H.3.1　试剂水：不含有机物的试剂级水。

H.3.2　乙腈：HPLC 级。

H.3.3 甲醇：HPLC 级。

H.3.4 二氯甲烷：HPLC 级。

H.3.5 己烷：农残级。

H.3.6 乙二醇：试剂级。

H.3.7 氢氧化钠：试剂级。

H.3.8 磷酸：试剂级。

H.3.9 硼酸盐缓冲液：pH 为 10。

H.3.10 邻-苯二甲醛：试剂级。

H.3.11 2-巯基乙醇：试剂级。

H.3.12 N-甲基氨基甲酸酯：准标准物。

H.3.13 氯乙酸：0.1 mol/L。

H.3.14 反应液：将 0.5 g 邻-苯二甲醛在 1 L 容量瓶内溶于 10 ml 甲醇中，再加 900 ml 不含有机物的试剂水，50 ml 硼酸盐缓冲液（pH=10）。经充分混匀后加入 1 ml 2-巯基乙醇，再用不含有机物的试剂水稀释至刻度，充分混合溶液。按需每周制备新鲜溶液，避光冷藏。

H.3.15 标准液

H.3.15.1 标准贮备液：将 0.025 g 氨基甲酸酯加到 25 ml 容量瓶中用甲醇稀释至刻度制成单一的 1 000 mg/L 溶液。溶液冷藏于带聚四氟乙烯衬里的螺纹盖或宽边瓶塞的玻璃样品瓶内，每 6 个月更换一次。

H.3.15.2 间接标准液：将 2.5 ml 每种库存溶液加到 50 ml 容量瓶中用甲醇稀释至刻度，制成混合的 50.0 mg/L 溶液。溶液冷藏于带聚四氟乙烯衬里的螺纹盖或宽边瓶塞的玻璃样品瓶内，每 3 个月更换一次。

H.3.15.3 工作标准液：将 0.25、0.5、1.0、1.5 和 2.5 ml 的间接混合标准液分别加入 25 ml 容量瓶，每个容量瓶用甲醇稀释至刻度，制成 0.5、1.0、2.0、3.0 和 5.0 mg/L 的溶液。溶液冷藏于带聚四氟乙烯衬里的螺纹盖或宽边瓶塞的玻璃样品瓶内，每 2 个月更换一次，或按需随时更换。

H.3.15.4 混合 QC 标准液：从另一组标准贮备液制备 40.0 mg/L 溶液。将每种库存标准液 2.0 ml 加到一个 50 ml 容量瓶并用甲醇稀释至刻度。溶液冷藏于带聚四氟乙烯衬里的螺纹盖或宽边瓶塞的玻璃样品瓶内，每 3 个月更换一次。

H.4 仪器

H.4.1 高效液相色谱仪：带荧光检测器。

H.4.2 离心机。

H.4.3 分析天平：±0.000 1 g。

H.4.4 大负荷天平：±0.01 g。

H.4.5 台式振荡器。

H.4.6 加热板或同类设备：能适用有 10 ml 刻度的容器。

H.5 样品的采集、保存和预处理

H.5.1 由于 N-甲基氨基甲酸酯在碱性介质中极不稳定，水、废水和浸出液采集后必须立即用 0.1 mol/L 氯乙酸酸化至 pH 为 4～5 后保存。

H.5.2 样品从采集后至分析前须避免阳光直射外，在 4℃下保存，N-甲基氨基甲酸酯易碱性水解对热敏感。

H.5.3 所有样品必须在采集后 7 d 内萃取，在萃取后 40 d 内分析完。

H.6 分析步骤

H.6.1 萃取

H.6.1.1 水、生活废水、工业废水及浸出液

量取 100 ml 样品至 250 ml 分液漏斗内，用 30 ml 二氯甲烷萃取，猛烈摇动 2 min 再重复萃取 2 次，将 3 次萃取液合并至 100 ml 容量瓶内并用二氯甲烷稀释至容积，若需要清洗按 H.6.2 进行，若不需要清洗直接按 H.6.3.1 进行。

H.6.1.2 土壤、固体、污泥和高悬浮物的水体

H.6.1.2.1 样品干重的测定：如果样品的结果要求以干重为基准，必须在称出样品供分析测定的同时称出部分样品供此测定用。

注意：干燥炉应该放在通风橱内或可放在室外。有些污染严重的危险废物样品可能会导致实验室的严重污染。

将萃取部分的样品称量后，再称 5～10 g 样品放入恒重的坩埚，在 105℃干燥过夜后，测出样品干重的百分比，样品需在干燥器内冷却后再称重。

$$干重质量分数(\%)=\frac{干样质量(g)}{样品质量(g)}\times100$$

H.6.1.2.2 萃取

称量（20±0.1）g 样品于 250 ml 带特弗龙衬里螺纹盖的锥形烧瓶中，加 50 ml 乙腈并在台式振荡器上振动 2 h，混合物静止 5～10 min 后，再把萃取液倒入 250 ml 离心管内，重复萃取 2 次，每次用 20 ml 乙腈，振荡 1 h，倒出并合并 3 次萃取液，混合的萃取液在 2 000 r/min 下离心 10 min，小心倒出上清液至 100 ml 容量瓶内，用乙腈稀释至定容（稀释指数＝5），按 H.6.3.2 继续操作。

H.6.1.3 受非水溶物质（如油）严重污染的土壤

H.6.1.3.1 样品干重的测定参照 H.6.1.2.1。

H.6.1.3.2 萃取

称量（20±0.1）g 样品于 250 ml 带特弗龙衬里螺纹盖的锥形烧瓶中，加 60 ml 己烷并在台式振荡器上振动 1 h，再加 50 ml 乙腈并振荡 3 h。混合物静止 5～10 min 后，再倒出溶剂层至 250 ml 分液漏斗。取出乙腈（下层）通过滤纸滤入 100 ml 容量瓶中，加 60 ml 己烷和 50 ml 乙腈至萃取样品瓶中并振荡 1 h，混合物静止后，将其倒入含第一次萃取留下的己烷的分液漏斗中，振荡分液漏斗 2 min，等待相分离后，放出乙腈通过滤纸流入容量瓶，用乙腈稀释至定容（稀释指数＝5），按 H.6.3.2 继续操作。

H.6.1.4 非水液体（油等）

称取（20±0.1）g 样品至 125 ml 分液漏斗，加 40 ml 己烷和 25 ml 乙腈并剧烈摇动样品混合物 2 min，等待相分离后，放出乙腈（下层）至 100 ml 容量瓶中，再加 25 ml 乙腈至含样品的分液漏斗，振荡 2 min，等待相分离后，放出乙腈至容量瓶中，用 25 ml 乙腈重复萃取，合并萃取液，用乙腈稀释至定容（稀释指数＝5），按 H.6.3.2 继续操作。

H.6.2　清洗

抽取 20.0 ml 萃取液至内含 100 μl 乙二醇的 20 ml 玻璃样品瓶内，将样品瓶放在 50℃的加热板上在 N_2 气流下缓慢蒸发萃取液（在通风橱内进行）直至仅剩下乙二醇残留物，将乙二醇残留物溶于 2 ml 甲醇中，通过已冲洗过的 C18 反相柱芯柱，并把流出物收集在 5 ml 容量瓶内，用甲醇淋洗柱芯柱收集流出液直至最终体积达 5 ml 为止（稀释指数＝0.25）。用一次性 0.45 μm 过滤器，过滤一份清洗过的萃取液，过滤液直接流入已标记好的自动进样器样品瓶内，这时的萃取液已可用作分析，按 H.6.4 继续进行。

H.6.3　溶剂转换

H.6.3.1　水、生活废水、工业水及浸出液

将 10.0 ml 萃取液移入含 100 μl 乙二醇的 10 ml 带刻度的玻璃样品瓶内，将样品瓶放在设置为 50℃的加热板上，缓缓地在 N_2 气流下缓慢蒸发萃取液（在通风橱内进行）直至仅剩下乙二醇残留物，滴加甲醇至乙二醇残留物上直至总容积为 1 ml（稀释指数＝0.1）。用一次性 0.45 μm 过滤器将此萃取液直接滤入已标记好的自动进样器样品瓶内，此时的萃取液已可用作分析，按 H.6.4 继续进行。

H.6.3.2　土壤、固体、污泥和高悬浮物水体和非水液体

将 15 ml 乙腈萃取液流过先用 5 ml 乙腈清洗过的 C18 反相柱芯柱，弃去最初的 2 ml 流出液，再收集其余的部分，将 10.0 ml 干净的萃取液移入内含 100 μl 乙二醇的 10 ml 带刻度的玻璃样品瓶内，将样品瓶置于设定 50℃的加热板上，缓缓地在 N_2 气流下缓慢蒸发萃取液（在通风橱内进行）直至仅剩下乙二醇残留物，滴加甲醇至乙二醇残留物上直至总容积为 1 ml（附加稀释指数＝0.1；总稀释指数＝0.5）。用一次性 0.45 μm 过滤器将此萃取液直接滤入已标记好的自动进样器样品瓶内，这时的萃取液已可用作分析，按 H.6.4 继续进行。

H.6.4　样品分析

H.6.4.1　分析样品用的色谱条件。

H.6.4.1.1　色谱条件

　　溶剂 A：不含有机物的试剂水，每升水用 0.4 ml 磷酸酸化；

　　溶剂 B：甲醇/乙腈（1∶1，体积分数）；

　　流速：1.0 ml/min；

　　进样体积：20 μl。

H.6.4.1.2　柱后的水解参数

　　溶液：0.05 mol/L 氢氧化钠水溶液；

　　流速：0.7 ml/min；

　　温度：95℃；

　　滞留时间：35 s（1 ml 反应管）。

H.6.4.1.3　柱后衍生反应条件

溶液：邻-苯二甲醛/2-巯基乙醇；

流速：0.7 ml/min；

温度：40℃；

滞留时间：25 s（1 ml 反应管）。

H.6.4.1.4　荧光检测器条件

池体积：10 μl；

激发波长：340 nm；

发射波长：418 nm 截止滤光片；

灵敏度波长：0.5 μA；

PMT 电压：－800 V；

时间常数：2 s。

H.6.4.2　如果样品信号的峰面积超过校正范围，需将萃取液作必要的稀释，并重新分析稀释后的萃取液。

H.6.5　校正

H.6.5.1　分析溶剂空白（20 μl 甲醇）确保系统清洁，分析校正用的标准物（从 0.5 mg/L 标准液开始至 5.0 mg/L 标准液为止），如果每种分析物的响应因子（*RF*）平均值的相对百分标准偏差（*RSD*，%）未超过 20%，系统校正合格可以进行样品分析，如果任何一个分析物的 *RSD*（%）超过 20%，系统需再行检查并用新制备的校正液再作校正。

H.6.5.2　用已建立的校正平均响应因子，在每天开始分析时均对仪器进行校正核对。分析 2.0 mg/L 混合标准液。如果每种分析物质量浓度在 1.70～2.30 mg/L 范围内（即真值的±15%内）认可仪器校正合格，可以进行样品分析。如果任何一个分析物的测得值超过它真值的±15%，仪器必须作再次校正（H.6.5.1）。

H.6.5.3　每分析 10 个样品，要用 2.0 mg/L 标准液作一次分析，以确认保留时间和响应因子在可接受的范围内，偏差较大（即测得质量浓度超过真值质量浓度±15%）时，需要把样品再次分析。

H.7　结果计算

H.7.1　响应因子（*RF*）如下（根据 5 点作平均值）：

$$RF = \frac{标准液质量浓度}{信号的面积}$$

$$\overline{RF} = \frac{\left(\sum\limits_{i}^{5} RF_1\right)}{5}$$

$$\overline{RF}的RSD(\%) = \frac{\left[\left(\sum\limits_{i}^{5} RF_1 - \overline{RF}\right)^2\right]^{\frac{1}{2}} \Big/ 4}{\overline{RF}} \times 100\%$$

H.7.2　N-甲基氨基甲酸酯的质量浓度（ρ）如下：

ρ（μg/g 或 mg/L）＝（$\overline{RF}$）（信号的面积）（稀释指数）

H.8 质量保证和控制

H.8.1　在分析任何样品前，分析人员必须通过对每种基质做空白分析实验来确认所有玻璃器皿和试剂均无干扰，每当试剂改变时必须重做空白分析以确保实验室无任何污染。

H.8.2　每分析一批样品时，必须要配制并分析检查 QC 的溶液，可以从 40.0 mg/L 的混合 QC 标准溶液制成每种分析物质量浓度为 2.0 mg/L 的溶液，它们可接受的响应范围为 1.7～2.3 mg/L。

H.8.3　由于湮灭而引起负干扰可以用合适标样配成适当质量浓度的加标萃取液来测定，也可用实测值与预期值的差来衡量。

H.8.4　用去离子水替代柱后反应系统中的 NaOH 和 OPA 试剂，可以确认任何检测出的分析物并重新分析可疑的萃取液，持续的荧光响应说明存在干扰（因为荧光响应并非由柱后的衍生产生），在解释色谱图时需格外注意。

附录 I（资料性附录）

固体废物　杀草强测定　衍生/固相提取/液质联用法

I.1　范围

本方法适用于固体废物中杀草强的衍生/固相提取/液质联用法测定。

方法检出限为 0.02 μg/L。

I.2　原理

液体样品用氯甲酸己酯衍生，得到的衍生产物用 C18 固相提取小柱净化，用液相色谱/质谱联用系统进行检测。

I.3　试剂和材料

I.3.1　水：HPLC 级。

I.3.2　甲醇：HPLC 级。

I.3.3　乙醇：HPLC 级。

I.3.4　乙腈：HPLC 级。

I.3.5　醋酸铵：分析纯或更高纯度。

I.3.6　吡啶：分析纯或更高纯度。

I.3.7　固相提取小柱：C18，内含 500 mg 填料。

I.3.8　滤膜：0.2 μm，3 mm，尼龙。

I.3.9　色谱柱：C18，3.5 μm，3 mm×150 mm 色谱柱。

I.3.10　杀草强。

I.3.11　内标物。

I.4　仪器

I.4.1　高效液相色谱仪：具有梯度分离能力。

I.4.2　四极杆质谱检测器。

I.5　分析步骤

I.5.1　衍生

I.5.1.1　向 50 ml 水样中加入 25 ng 内标物（取 250 μl 质量浓度为 100 μg/L 的内标物甲醇贮备液）。

I.5.1.2　加入体积比为 60∶32∶8 的水/乙醇/吡啶混合溶液共 2.5 ml。

I.5.1.3　加入 200 μl 氯甲酸己酯溶液（取 100 μl 氯甲酸己酯用 10 ml 乙腈配制的溶液）。

I.5.1.4 涡旋搅拌 30 s，作为固相提取上样溶液。

I.5.2 固相提取

I.5.2.1 小柱活化：依次用下列溶剂活化小柱：两份 3 ml 体积比 1：1 的乙腈/甲醇混合溶液；3 ml 甲醇；两份 3 ml 水。

I.5.2.2 上样：加入 50 ml 经过衍生的水样。

I.5.2.3 洗涤：用两份 3 ml 水清洗小柱，并继续抽真空使小柱干涸。

I.5.2.4 洗脱：用三份 1 ml 体积比 1：1 的乙腈/甲醇混合溶液洗脱。

I.5.2.5 挥发并配制：将洗脱液挥发至近干。用 200 μl 水复溶，涡旋搅拌 10 s，过滤。

I.5.3 液相色谱条件

流动相：溶剂 A：10 mmol/L 醋酸铵水溶液；溶剂 B：甲醇。

梯度：

时间/min	溶剂 A	溶剂 B
0	35	65
10	35	65
15	0	100
20	35	65

分析时间：20 min；

平衡时间：6 min；

流速：0.4 ml/min；

柱温：30℃；

进样体积：100 μl。

I.5.4 质谱分析条件

离子化模式：APCI$^+$；

选择离子监测（SIM）参数：

时间/min	离子	增益
4	213（杀草强）	10
8	259（内标物）	1

碎裂电压：100 V；

选择离子分辨率（SIM Resolution）：低；

挥发器温度（Vaporizer）：325℃；

干燥气（N$_2$）：5.0 L/min；

气体温度：350℃；

喷雾器压力（Nebulizer pressure）：0.41 MPa（60 lb/in^2）；

毛细管电压（Vcap）：4 000 V；

电晕电流（Corona）：4.0 μA。

I.6 结果计算

样品中杀草强的质量浓度ρ（μg/L）以下式计算：

$$\rho(\mu g/L) = \frac{\text{测定质量浓度（}\mu g/ml\text{）} \times \text{萃取液体积（ml）}}{\text{水样体积（L）}}$$

固体废物　百草枯和敌草快的测定　高效液相色谱紫外法

J.1　范围

本方法适用于固体废物中的百草枯和敌草快（杀草快）的高效液相色谱紫外法测定。本方法检出限分别为：百草枯 0.68 mg/L 和敌草快 0.72 mg/L。

J.2　原理

水样用 C8 固相提取小柱或 C8 圆盘型固相提取膜提取，之后用反相离子对液相色谱法分离，紫外检测器（光电二极管阵列检测器）进行检测。

J.3　试剂和材料

J.3.1　固相提取所用材料与试剂

J.3.1.1　固相提取小柱：C8，500 mg。

J.3.1.2　固相提取装置。

J.3.1.3　真空泵：能够保持 1～1.3 kPa（8～10 mmHg）真空度。

J.3.1.4　活化溶液 A：取 0.500 g 十六烷基三甲基溴化铵和 5 ml 浓氨水，配成 1 000 ml 水溶液。

J.3.1.5　活化溶液 B：取 10.0 g 己烷磺酸钠盐和 10 ml 浓氨水，加入 250 ml 去离子水中，配成 500 ml 水溶液。

J.3.1.6　盐酸：10%（体积分数），取 50 ml 浓盐酸，用去离子水配制成 500 ml 水溶液。

J.3.1.7　小柱洗脱液：取 13.5 ml 浓磷酸和 10.3 ml 二乙胺，用去离子水配制成 1 000 ml 水溶液。

J.3.1.8　离子对试剂溶液：取 3.75 g 己烷磺酸，用 3.1.7 洗脱液稀释至 25 ml。

J.3.2　过滤膜：0.45 m，47 mm 直径，尼龙材质。

J.3.3　己烷磺酸：色谱纯。

J.3.4　三乙胺：色谱纯。

J.3.5　浓磷酸：分析纯。

J.3.6　百草枯和敌草快贮备液（1 000 mg/L）：将百草枯和敌草快盐样品在 110℃烘箱中烘干 3 h，重复上述过程使之恒重。准确称取 0.196 8 g 干燥敌草快和 0.177 0 g 干燥百草枯，放入硅烷化的 100 ml 玻璃瓶或聚丙烯容量瓶中。用 50 ml 去离子水溶解，并稀释至刻度。

J.4 仪器

J.4.1 高效液相色谱仪：带多波长、可变波长紫外检测器或二极管阵列检测器。

J.4.2 色谱柱：ODS（C18）色谱柱，5 μm，2.1 mm×100 mm 色谱柱。

J.4.3 保护柱：与分析柱填料相同。

J.5 分析步骤

J.5.1 样品的制备

J.5.1.1 样品的提取

土壤样品的目标物质提取可采用索氏提取或超声提取方法进行；水相样品提取采用固液提取或液液萃取技术进行。

J.5.1.2 固相提取小柱样品净化方法

如果样品含有颗粒，需将样品用 0.45 m 的尼龙滤膜过滤。如果样品不马上处理，应该储存在 4℃环境中。

J.5.1.2.1 在样品提取前，应将 C8 提取小柱用以下步骤活化。将小柱放在固相提取装置上，按以下次序用下列溶液洗脱通过小柱。该过程中需注意保持小柱浸润，不能干涸，且溶剂通过小柱的流速大约为 10 ml/min。

a. 去离子水：5 ml；

b. 甲醇：5 ml；

c. 去离子水：5 ml；

d. 活化溶液 A：5 ml；

e. 去离子水：5 ml；

f. 甲醇：10 ml；

g. 去离子水：5 ml；

h. 活化溶液 B：20 ml。

J.5.1.2.2 上述过程结束后，保持活化溶液 B 于 C8 小柱中，以保持活化状态。48 h 内使用该小柱，则无需活化。活化后，小柱两头应该密封，并存于 4℃环境下。

J.5.1.2.3 取 250ml 液体样品，将样品溶液 pH 调至 7.0～9.0。如果不在此范围内，用 10% NaOH 水溶液或 10%盐酸水溶液调节。

J.5.1.2.4 将活化后的小柱放在固相提取装置上。用合适的接头将 60 ml 储液器连接在小柱上。将 250 ml 烧杯放入提取装置中以接收废液和样品。将样品放入储液器，打开真空，将样品通过小柱的流速调节为 3～6 ml/min。样品通过小柱后，用 5 ml 的 HPLC 级甲醇冲洗小柱。连续抽真空约 1 min 使小柱干涸。放掉真空，丢弃样品废液和甲醇。

J.5.1.2.5 打开真空，调节流速 1～2 ml/min，用 4.5 ml 洗脱液洗脱小柱。洗脱出来的样品用 5 ml 容量瓶收集。

J.5.1.2.6 将装有洗脱液的容量瓶取出，加入 100 μl 离子对试剂溶液。加入洗脱液至刻度，混匀。溶液可直接用于测定。

J.5.2 色谱条件

流动相：0.1%己磺酸（hexanesulfonic acid），0.35%三乙胺，pH2.5（用 H_3PO_4 调节）；

流速：0.4 ml/min；

检测：256 nm 与 310 nm（参比波长：450/100 nm）；

进样：10 μl。

J.6 结果计算

样品中目标物质的质量浓度 ρ（μg/L）以下式计算：

$$\rho(\mu g/L) = \frac{\text{测定质量浓度（μg/ml）} \times \text{萃取液体积(ml)}}{\text{水样体积（L）}}$$

附录 K（资料性附录）

固体废物 苯胺及其选择性衍生物的测定 气相色谱法

K.1 范围

本方法适用于固体废物的提取液中苯胺及某些苯胺衍生物含量的检测。分析方法为气相色谱测定方法。分析化合物包括：苯胺、4-溴苯胺、6-氯-2-溴-4-硝基苯胺、2-溴-4,6-二硝基苯胺、2-氯苯胺、3-氯苯胺、4-氯苯胺、2-氯-4,6-二硝基苯胺、2-氯-4-硝基苯胺、4-氯-2-硝基苯胺、2,6-二溴-4-硝基苯胺、3,4-二氯苯胺、2,6-二氯-4-硝基苯胺、2,4-二硝基苯胺、2-硝基苯胺、3-硝基苯胺、4-硝基苯胺、2,4,6-三硝基苯胺、2,4,5-三硝基苯胺。

本方法对所有目标化合物的方法检测限（MDL）列于表 K.1。对于特定样品的 MDL 值可能不同于表 K.1 中所列值，主要取决于干扰物及样品基质的性质。表 K.2 为对不同基质计算其定量极限评估值（EQL）的说明。

K.2 引用标准

下列文件中的条款通过在本方法中被引用而成为本方法的条款，与本方法同效。凡是不注明日期的引用文件，其最新版本适用于本方法。

GB/T 6682 分析实验室用水规格和实验方法

K.3 原理

经过相应的提取和净化之后，提取液中的目标化合物采用毛细管气相色谱和氮磷检测器（GC/NPD）进行测定。

K.4 试剂和材料

K.4.1 除另有说明外，本方法所使用的水为 GB/T 6682 规定的一级水。

K.4.2 氢氧化钠：分析纯，配制成 1.0 mol/L 的不含有机物的水溶液。

K.4.3 硫酸：分析纯，高浓度，ρ=1.84 g/ml。

K.4.4 丙酮：色谱纯。

K.4.5 甲苯：色谱纯。

K.4.6 标准贮备液：可使用纯标准物质配制或购买经鉴定的溶液。

准确称取约 0.010 0 g 纯化合物，将其溶解于甲苯中，稀释并定容至 10 ml 容量瓶中。将标准贮备液转移至 PTFE 密封瓶中，于 4℃下避光保存。应经常检查标准贮备液是否分解或挥发，特别是在将要用其配置校正标准液之前。标准贮备液在 6 个月内必须更换，如果与验证标准液比较表明存在问题的话则必须在更短时间内更换。

K.4.7 工作标准溶液：每周均要配制工作标准溶液，在容量瓶中加入一定体积的一种或多种标准贮备液，以甲苯稀释至相应体积。至少应配制 5 个不同质量浓度溶液，且样品的浓度应低于标准溶液的最高质量浓度。苯胺及其衍生物如同很多半挥发性有机物一样均不太稳定，必须严格检测工作标准溶液是否有效。

K.5 仪器

K.5.1　气相色谱仪：配有氮磷检测器。

K.5.2　推荐用的色谱柱：SE-54，30 m×0.25 mm×0.32 μm；SE-30，30 m×0.25 mm×0.32 μm。

K.5.3　样品瓶：适当大小，玻璃制，配备聚四氟乙烯（PTFE）螺纹盖或压盖。

K.5.4　分析天平：可精确称量至 0.000 1 g。

K.5.5　玻璃器皿：参考 GB 5085.3 附录 U、附录 V、附录 W。

K.6 样品的采集、保存和预处理

K.6.1　液体基质应保存在有特弗龙螺纹瓶盖的 1 L 琥珀色玻璃瓶，向样品中加入 0.75 ml 10%的 $NaHSO_4$，冷却至 4℃保存。

K.6.2　样品采集后必须被冷冻或冷藏于 4℃，直至进行提取。对于含氯样品，立即在其中加入硫代硫酸钠，如果 1 L 样品中含 $1×10^{-6}$ 游离氯，则应加入 35 mg 硫代硫酸钠。取样后立即用氢氧化钠或硫酸将样品 pH 调整至 6～8。

K.7 分析步骤

K.7.1　提取和纯化

K.7.1.1　一般而言，依据 GB 5086.3 附录 U，以二氯甲烷为溶剂，在 pH＞11 时进行提取。固体样品依据 GB 5086.3 附录 V 以二氯甲烷/丙酮（1∶1）作为提取溶剂。

K.7.1.2　必要时，样品可以采用 GB 5086.3 附录 W 进行纯化。

K.7.1.3　在进行气相色谱氮磷检测器分析之前，提取溶剂必须更换为甲苯，可以在用 N_2 最后浓缩样品之前在样品瓶中加入 3～4 ml 甲苯。

K.7.2　色谱条件（推荐）

K.7.2.1　色谱柱 1：SE-54　熔融石英柱 30 m×0.25 mm；

载气：氦气；

载气流速：室温下 28.5 cm/s；

升温程序：起始温度为 80℃，保持 4 min，以 4℃/min 升温至 230℃保持 4 min。

K.7.2.2　色谱柱 2：SE-30 熔融石英柱　30 m×0.25 mm；

载气：氦气；

载气流速：室温下 30 cm/s；

升温程序：始温度为 80℃，保持 4 min，4℃/min 升温至 230℃，230℃保持 4 min。

色谱条件应当优化至能得到附录 A 所示同等分离效果。

K.7.3　校正

制备校正标准液。可采用内标或外标校正过程。苯胺及许多苯胺衍生物不稳定，因此需要经常进行色谱柱维护和重校准。

K.7.4 样品气相色谱分析

K.7.4.1 推荐 1 μl 自动进样。如果分析者要求定量精度相对标准偏差＜10%，则可以采用小于 2 μl 手动进样。若溶剂量保持在最低值，则应采用溶剂冲洗技术。如果采用内标校准方法，在进样前于每 ml 样品萃取液中加入 10 μl 内标。

K.7.4.2 当样品萃取液中某一个峰超出了其常规的保留时间窗口时需要采用假设性鉴定。

K.7.4.3 记录进样体积精确至 0.05 μl 及其相应峰的大小，以峰高或峰面积计。使用内标或外标校正过程，确定样品色谱图中与校正所使用的化合物相应的每个组分峰的归属和数量。

K.7.4.4 如果响应超出了系统的线性范围，将萃取液稀释并再次分析。在由于峰重叠引起面积积分误差的情况下，建设使用峰高测量而不是峰面积积分。

K.7.4.5 如果存在部分重叠峰或共流出峰，改换色谱柱或采用 GC/MS 技术（GB 5086.3 附录 K）。影响样品定性和（或）定量的干扰物应使用上面所述纯化技术予以除去。

K.7.4.6 如果峰响应低于基线噪音的 2.5 倍，则定量分析的结果是不准确的。需根据样品来源进行分析，以确定是否对样品进一步浓缩。

K.7.5 GC/MS 确认

K.7.5.1 本方法应当合理选择 GC/MS 技术作为定性鉴定的辅助。依据 GB 5086.3 附录 K 中所列的 GC/MS 工作条件。确保用作 GC/MS 分析的萃取液中，被分析物的浓度足够大以对其进行确认。

K.7.5.2 有条件时，可采用化学电离质谱进行辅助定性鉴定过程。

K.7.5.3 为准确鉴定一种化合物，其由样品萃取液测得的扣除背景后的质谱图必须与在相同的色谱工作条件下测得的标准贮备液或校正标准液的质谱图相一致。使用 GC/MS 鉴定时，进样量至少为 25 ng。定性确认必须遵照 GB 5086.3 附录 K 所列的鉴定标准。

K.7.5.4 如果 MS 不能提供满意的结果，在重新测定之前可采用一些另外的措施。这些措施包括更换气相色谱柱，或进一步的样品纯化。

表 K.1 保留时间和方法检测限

被测物	保留时间/min		方法检测限 [a]/
	色谱柱 1	色谱柱 2	(μg/L)
苯胺（Aniline）	7.5	6.3	2.3
2-氯苯胺（2-Chloroaniline）	12.1	7.1	1.4
3-氯苯胺（3-Chloroaniline）	14.6	9.0	1.8
4-氯苯胺（4-Chloroaniline）	14.7	9.1	0.66
4-氯苯胺（4-Chloroaniline）	18.0	12.1	4.6
2-硝基苯胺（2-Nitroaniline）	21.9	15.6	1.0
2,4,6-三氯苯胺（2,4,6-Trichloroaniline）	21.9	16.3	5.8
3,4-二氯苯胺（3,4-Dichloroaniline）	22.7	16.6	3.2
3-硝基苯胺（3-Nitroaniline）	24.5	18.0	3.3
2,4,5-三氯苯胺（2,4,5-Trichloroaniline）	26.3	20.4	3.0
4-硝基苯胺（4-Nitroaniline）	28.3	21.7	11.0
4-氯-2-硝基苯胺（4-Chloro-2-nitroaniline）	28.3	22.0	2.7
2-氯-4-硝基苯胺（2-Chloro-4-nitroaniline）	31.2	24.8	3.2

被测物	保留时间/min		方法检测限 a/
	色谱柱 1	色谱柱 2	（μg/L）
2,6-二氯-4-硝基苯胺（2,6-Dichloro-4-nitroaniline）	31.9	26.0	2.9
6-氯-2-溴-4-硝基苯胺（2-Bromo-6-chloro-4-nitroaniline）	34.8	28.8	3.4
2-氯-4,6-二硝基苯胺（2-Chloro-4,6-dinitroaniline）	37.1	30.1	3.6
2,6-二溴-4-硝基苯胺（2,6-Dibromo-4-nitroaniline）	37.6	31.6	3.8
2,4-二硝基苯胺（2,4-Dinitroaniline）	38.4	31.6	8.9
2-溴-4,6-二硝基苯胺（2-Bromo-4,6-dinitroaniline）	39.8	33.4	3.7

注：a. MDL 值为基于对不含有机物的水重复 7 次测定的结果。

表 K.2　对不同基体的定量极限评估值（EQL）a

基体	因数 b
地下水	10
超声提取、凝胶渗透色谱（GPC）纯化的低倍浓缩土壤	670
超声提取的高倍浓缩土壤和淤泥	10 000
非水溶性废弃物	100 000

注：a. 样品的 EQL 值主要取决于基体。此处列出的 EQL 值仅作为指导参考，并非始终能达到。
　　b. EQL=对水样的检测限（表 K.1）×因数。对于非水样品，该因数基于湿重基础。

附录L（资料性附录）

固体废物　草甘膦的测定　高效液相色谱/柱后衍生荧光法

L.1 范围

本方法适用于固体废物中的草甘膦的高效液相色谱/柱后衍生荧光法测定。

本方法在试剂水、地下水和脱氯处理过的自来水中的检出限分别为6、8.99、5.99 μg/L。

L.2 原理

水样过滤后，用阳离子交换柱进行 HPLC 等度分析。在 65℃下，被测物用次氯酸钙氧化，其产物氨基乙酸（glycine）用含有 2-巯基乙醇的邻苯二甲醛在 38℃进行反应，得到有荧光相应的物质。荧光检测的激发波长为 340 nm，发射波长＞455 nm。

L.3 试剂和材料

L.3.1　HPLC 流动相。

L.3.1.1　试剂水：高纯水。

L.3.1.2　取 0.005 mol/L $KHPO_4$（0.68 gm）溶于 960 ml 试剂水中，加入 40 ml HPLC 级甲醇，用浓磷酸将 pH 调至 1.9。混匀后用 0.22 μm 过滤膜过滤并脱气。

L.3.2　柱后衍生溶液

L.3.2.1　次氯酸钙溶液：取 1.36 g $KHPO_4$、11.6 g NaCl 和 0.4 g NaOH 溶于 500 ml 去离子水中。加入将 15 mg $Ca(ClO)_2$ 溶于 50 ml 去离子水的溶液。将溶液用去离子水稀释至 1 000 ml。用 0.22 μm 膜过滤备用。建议该溶液每天新鲜配制。

L.3.2.2　邻苯二甲醛（OPA）反应液：

L.3.2.2.1　将 10 ml 2-巯基乙醇和 10 ml 乙腈以 1∶1 比例混合，密封储存在通风橱中。

L.3.2.2.2　硼酸钠（0.025 mol/L），将 19.1 g 硼酸钠（$Na_2B_4O_7 \cdot 10H_2O$）溶于 1.0 L 试剂水中。如果在使用前一天配制，硼酸钠在室温下会完全溶解。

L.3.2.2.3　OPA 反应液：将（100±10）mg 邻苯二甲醛（OPA）（熔点：55～58℃）溶于 10 ml 甲醇中。加入 1.0 L 0.025 mol/L 硼酸钠溶液，混匀，用 0.45 μm 膜过滤后，脱气。加入 10 μl 2-巯基乙醇溶液并混匀。除非能够隔绝氧气保存，否则此溶液应该每天新鲜配制。溶液在空气中低温（4℃）保存两周没有明显增加的荧光本底噪声；如果在氮气保护条件下可长期保存。亦可以买到商品化的荧光醛。

L.3.3　样品保护试剂：硫代硫酸钠，颗粒，分析纯。

L.3.4　标准贮备液，1.00 μg/ml，准确称取 0.100 0 g 纯草甘膦，溶于 1 000 ml 去离子水中。

L.4 仪器和设备

L.4.1 高效液相色谱仪：具有荧光检测器，200 μl 定量环。

L.4.2 色谱柱：250 mm×4 mm，钾型阳离子交换柱，在 pH 为 1.9，65℃下填装。

L.4.3 保护柱：C18 填料，或者与色谱柱填料相近的保护柱。

L.4.4 柱温箱。

L.4.5 柱后反应装置：包括两个柱后衍生泵，一个三通，两个 1.0 ml 特富龙材质延迟管线（控温在 38℃）。

L.5 分析步骤

L.5.1 样品净化，HPLC 方法直接用水溶液进样，用过滤方法对样品进行净化。自来水、地下水和市政污水用过滤方法处理均未发现明显的干扰。如果特殊情况下需要其他的净化步骤，需要符合本方法指定的回收率要求。

L.5.2 分析条件。

L.5.2.1 HPLC 分析。

色谱柱：250 mm×4 mm，阳离子交换柱，柱温：65℃；

流动相：0.005 mol/L $KHPO_4$-水-甲醇（24∶1），pH = 1.9；

流速：0.5 ml/min；

进样体积：200 μl；

检测：激发波长：340 nm，发射波长：455 nm。

L.5.2.2 柱后衍生条件。

次氯酸钙溶液流速：0.5 ml/min；

OPA 溶液流速：0.5 ml/min；

反应温度：38℃。

L.6 结果计算

样品中草甘膦的质量浓度 ρ（μg/L）用以下公式计算：

$$\rho = A/RF$$

式中：A——样品中草甘膦的峰面积；

　　　RF——从校正数据得到的相应校正因子。

附录 M（资料性附录）

固体废物　苯基脲类化合物的测定　固相提取/高效液相色谱紫外分析法

M.1　范围

本方法适用于固体废物中苯基脲类农药包括除虫脲（Diflubenzuron）、敌草隆（Diuron）、氟草隆（Fluometuron）、利谷隆（Linuron）、敌稗（Propanil）、环草隆（Siduron）、丁噻隆（Tebuthiuron）和赛苯隆（Thidiazuron）的固相提取/高效液相色谱紫外分析法测定。

M.2　原理

500 ml 水样用 C18 固相提取小柱提取，用甲醇洗脱，最后提取液浓缩至 1 ml。样品用 C18 色谱柱在配有紫外检测器的 HPLC 系统上进行分离检测。

M.3　试剂和材料

M.3.1　试剂水：纯水，其中不含任何超过检出限的目标待测物，或超过检出限之 1/3 的干扰物质。

M.3.2　乙腈：HPLC 级。

M.3.3　甲醇：HPLC 级。

M.3.4　丙酮：HPLC 级。

M.3.5　磷酸缓冲液：（25 mmol/L）：用于 HPLC 流动相。取 0.5 mol/L 磷酸钾贮备液（M.3.5.1）和 0.5 mol/L 磷酸贮备液（M.3.5.2）各 100 ml，与试剂水稀释至 4 L。溶液 pH 应该约为 2.4。该值应该用 pH 计测量。用 0.45 μm 尼龙膜过滤备用。

M.3.5.1　磷酸钾贮备液（0.5 mol/L）：称取 68 g KH_2PO_4，用 1 L 试剂水溶解。

M.3.5.2　磷酸贮备液（0.5 mol/L）：取 34.0 ml 磷酸（85%，HPLC 级），用试剂水稀释至 1 L。

M.3.6　样品保护试剂：硫酸铜（$CuSO_4 \cdot 5H_2O$），分析纯，作为杀菌剂，防止微生物将被测物降解。

M.3.7　标准样品溶液

M.3.7.1　待测物贮备标准溶液：除了赛苯隆（Thidiazuron）和除虫脲（Diflubenzuron）外，其他化合物用甲醇溶解。赛苯隆（Thidiazuron）和除虫脲（Diflubenzuron）在甲醇中溶解度有限，用丙酮溶解。只要进样体积如方法指定尽可能小，丙酮就不干扰分析。贮备液在 −10℃ 以下可储存 6 个月。

M.3.7.1.1　准确称取 25～35 mg（精确到 0.1 mg）可在甲醇中溶解的待测化合物，放入 5 ml 容量瓶，用甲醇稀释至刻度。

M.3.7.1.2　赛苯隆（Thidiazuron）和除虫脲（Diflubenzuron）可溶于丙酮中。准确称取纯物质（精确到 0.1 mg）10～12 mg，置于 10 ml 容量瓶中。赛苯隆难以溶解，但 10 mg 纯物质可溶于 10 ml 丙酮中。超声可有助于溶解。

M.3.7.2　分析用标准样品（200 μg/ml 和 10 μg/ml），由储备标准溶液稀释而来。先用适量甲醇将储备标准溶液稀释至 200 μg/ml 溶液。如需 10 μg/ml 质量浓度的标准溶液，可用 200 μg/ml 的标准溶液进行进一步的稀释而得。上述标准溶液可以用于校正标样，并可以在－10℃下稳定存放 3 个月。

M.3.8　固相提取用材料

M.3.8.1　固相提取小柱：6 ml 装有 500 mg（40 μm 直径）硅胶基质 C18 填料的小柱。

M.3.8.2　真空提取装置：带流速/真空控制功能。使用导入针或阀避免交叉污染。

M.3.8.3　离心管：15 ml，或其他适于容纳小柱提取洗脱液的容器。

M.3.8.4　提取液浓缩系统 1：可以使 15 ml 试管在 40℃水浴下加热，并同时用氮气吹扫到一定体积。

M.4　仪器

M.4.1　高效液相色谱仪：配紫外检测器或光电二极管阵列检测器。

M.4.2　首选色谱柱：4.6 mm×150 mm，3.5 μm C18 色谱柱。

M.4.3　确认色谱柱：4.6 mm×150 mm，5 μm 氰基柱，必须与首选色谱柱具有不同的选择性，具有不同的洗脱次序。

M.5　分析步骤

M.5.1　固相提取步骤

M.5.1.1　小柱活化

小柱一旦被活化，则需在进样完成前一直保持浸润状态，不能干涸，否则降低回收率。用 5 ml 甲醇浸润小柱填料约 30 s（暂时停止真空），使之活化。期间不能让甲醇液面低于填料上部。用甲醇活化后，用两份 5 ml 试剂水平衡小柱。小心控制真空使填料保持浸润状态。在进样之前，在小柱上再加入约 5 ml 试剂水。

M.5.1.2　上样

打开真空，以 20 ml/min（minus9～10，Hg）的流速让样品溶液通过小柱。

注意：在所有样品通过小柱前，小柱不能干涸。样品全部通过小柱后，抽真空（minus10～15，Hg）约 15 min，放掉真空。

M.5.1.3　小柱洗脱

在小柱中加入 3 ml 甲醇，使小柱让甲醇充分浸润。放掉真空，将小柱填料用甲醇浸润 30 s。打开真空，以低真空度（minus2～4，Hg）将样品用甲醇从小柱中洗脱出来，洗脱溶液应成滴流出至收集管。用 2 ml 甲醇再重复上述操作。第三次用 1 ml 甲醇洗脱。

M.5.1.4　洗脱液浓缩

用 40℃以上的水浴在氮气流的吹扫下，将洗脱液浓缩至 0.5 ml。转移至 1 ml 容量瓶。用少量甲醇洗涤收集管。

M.5.2　液相色谱分析

M.5.2.1　首选分析柱：C18，4.6 mm×150 mm，3.5 μm C18 色谱柱。

条件：溶剂 A：25 mmol/L 磷酸缓冲液；溶剂 B：乙腈。梯度变化见下表：

时间/min	B/%	流速	时间/min	B/%	流速
0	40	1.5	14	60	1.5
9.5	40	1.5	15.0	40	1.5
10.0	50	1.5			

检测波长：245 nm。下次进样前平衡 15 min。

M.5.2.2　确认色谱柱：4.6 mm×150 mm，5 μm 氰基固定相色谱柱。

条件：溶剂 A：25 mmol/L 磷酸缓冲液；溶剂 B：乙腈。梯度变化见下表：

时间/min	B/%	流速	时间/min	B/%	流速
0	20	1.5	16.01	40	2.0
11	20	1.5	20	40	2.0
12	40	1.5	20.1	20	2.0
16	40	1.5			

平衡时间：15 min。检测波长：240 nm。

固体废物 氯代除草剂的测定 甲基化或五氟苄基衍生气相色谱法

N.1 范围

本方法用于毛细管气相色谱来分析水体、土壤或废物中的氯代除草剂和相关化合物。本方法特别适用于测定下列化合物：2,4-滴、2，4-滴丁酸、2,4,5-滴丙酸、2,4,5-涕、茅草枯、麦草畏、1,3-二氯丙烯、地乐酚、2-甲-4-氯、2-（4-氯苯氧基-2-甲基）丙酸、4-硝基苯酚、五氯酚钠。

表 N.1 列出了水体和土壤中每一种化合物检出限的估计值。因干扰物和样品状态的差异，测定具体水样时的检出限会与表中所列有所不同。

N.2 引用标准

下列文件中的条款通过在本方法中被引用而成为本方法的条款，与本方法同效。凡是不注明日期的引用文件，其最新版本适用于本方法。

GB/T 6682 分析实验室用水规格和实验方法

N.3 原理

水样用乙醚进行萃取，用重氮甲烷或五氟苄溴进行酯化。土壤和废物样品用重氮甲烷或五氟苄溴萃取并酯化。衍生化后的产物用带有电子捕获检测器的气相色谱仪（GC/ECD）测定。所得结果应以酸的形式给出。

N.4 试剂和材料

N.4.1 除有说明外，本方法中所用的水为 GB/T 6682 规定的一级水。

N.4.2 氢氧化钠溶液：把 4 g 氢氧化钠溶于水中，稀释至 1.0 L。

N.4.3 氢氧化钾溶液（37%，质量分数）：把 37 g 的氢氧化钾溶于水中，稀释至 100 ml。

N.4.4 磷酸缓冲溶液（0.1 mol/L，pH 为 2.5）：把 12 g 的 NaH_2PO_4 溶于水中，稀释至 1.0 L。加磷酸把 pH 值调节到 2.5。

N.4.5 二甲基亚硝基苯磺酰胺：高纯。

N.4.6 硅酸：过 100 目筛，130℃下贮存。

N.4.7 碳酸钾：分析纯。

N.4.8 2,3,4,5,6-五氟苄溴（PFBBr，$C_6F_5CH_2Br$）：纯度足够高或等同类产品。

N.4.9 无水经过酸化的硫酸钠颗粒：置于浅盘，加热至 400℃下纯化 4 h，或者用二氯甲烷预先洗涤。必须做一个空白样，以确保硫酸钠中无杂物干扰。酸化时，先用乙醚把 100 g 硫酸钠调成糊状，加入 0.1 ml 浓硫酸搅拌均匀。真空除去乙醚。把 1 g 所得固体与 5 ml 水混合，测定 pH。要求 pH 必须低于 4，在 130℃下贮存。

N.4.10　二氯甲烷：色谱纯。

N.4.11　丙酮：色谱纯。

N.4.12　甲醇：色谱纯。

N.4.13　甲苯：色谱纯。

N.4.14　乙醚：色谱纯，除去过氧化合物，可用试纸检测是否除尽。

N.4.15　异辛醇：色谱纯。

N.4.16　正己烷：色谱纯。

N.4.17　卡必醇（二乙醇单乙醚）：色谱纯，制无醇重氮甲烷备选。

N.4.18　贮备标准溶液：可用纯标准物质配制或直接购买市售溶液。准确称取 0.010 g 纯酸来配置贮备标准溶液。用纯度足够高的丙酮溶解样品，稀释定容至 10 ml 的容量瓶中。由纯甲酯制得的贮备液，用体积分数为 10%的丙酮和异辛醇来溶解。把贮备液转移至聚四氟乙烯封口的瓶子里面。4℃下避光保存。贮备标准溶液要经常检查，看是否发生降解或蒸发，尤其是用它们配制校准用的标准物前。取代酸的贮备标液保存一年后必须更换，若与标准对照后发现问题，更换时间要适当缩短。自由酸降解更快，应该 2 个月后或在更短的时间内更换成新溶液。

N.4.19　内标溶液：若选用此法，需要选与目标化合物分析特性相似的内标，而且必须保证内标物不会带来基底干扰。

N.4.19.1　4,4'-二溴辛氟联苯（DBOB）是很好的内标物。若 DBOB 有干扰，用 1,4-二氯苯也是很好的选择。

N.4.19.2　准确称取 0.002 5 g 纯 DBOB 配置内标溶液，丙酮溶解后定容至 10 ml 容量瓶。之后转移到聚四氟乙烯封口试剂瓶，室温下保存。往 10 ml 样品提取物中加 10 μl 内标溶液，内标的最终质量浓度为 0.25 μg/L。当内标响应值比原响应值改变大于 20%时，需更换溶液。

N.4.20　校准标准物：对应于每个需要检测的成分，用乙醚或正己烷稀释贮备标准溶液来配制至少 5 个不同浓度的溶液。其中有一个浓度应该接近（但要高于）方法检出限。其余标准溶液应该与实际样品的预测浓度相近，或者定义气相色谱的检测浓度范围。校准溶液在配制好的 6 个月后必须更换，或者若发现问题要及时更换。

N.4.20.1　参照 N.7.5 开始的步骤，在 10 ml 的 K-D 浓缩管中，把每个预先制备好的标准溶液从自由酸中衍生化。

N.4.20.2　往每一个衍生化校准标准溶液中，加入已知浓度的一种或多种内标，稀释至适当体积。

N.4.21　调节 pH 溶液

N.4.21.1　氢氧化钠：6g/L。

N.4.21.2　硫酸：12 g/L。

N.5　仪器、装置

N.5.1　气相色谱仪：配有电子捕获检测器。

N.5.2　Kuderna-Danish（K-D）装置。

N.5.2.1 浓缩管：10 ml，带刻度。具玻璃塞以防止样品挥发。

N.5.2.2 蒸发瓶：500 ml。使用弹簧或者夹子与蒸发器连接。

N.5.2.3 斯奈德管：三球，大量。

N.5.2.4 斯奈德管：二球，微量（可选）。

N.5.2.5 弹簧夹。

N.5.2.6 溶剂蒸气回收系统。

N.5.3 重氮甲烷发生器

N.5.3.1 二甲基亚硝基苯磺酰胺发生器：推荐使用重氮甲烷发生装置。

N.5.3.2 两根 20 mm×150 mm 的试管，两个氯丁（二烯）橡胶塞和一个氮气源组合起来作为替代品。用带孔氯丁（二烯）橡胶塞来连接玻璃管，玻璃管的出口通入重氮甲烷，对样品萃取物进行鼓泡处理。这种发生器的装置图参见图 N.1。

N.5.4 大口杯：厚壁，400 ml。

N.5.5 漏斗：直径 75 mm。

N.5.6 分液漏斗：500 ml，聚四氟乙烯（PTFE）塞子。

N.5.7 离心瓶：500 ml。

N.5.8 锥形瓶：250 ml 和 500 ml，磨口玻璃塞。

N.5.9 巴斯德玻璃移液管：140 mm×5 mm。

N.5.10 玻璃瓶：10 ml，聚四氟乙烯带螺纹盖。

N.5.11 容量瓶：10～1 000 ml。

N.5.12 滤纸：直径 15 cm。

N.5.13 玻璃毛：Pyrex®，酸洗过。

N.5.14 沸石：用二氯甲烷作溶剂萃取，约 10/40 网孔（碳化硅或者同类产品）。

N.5.15 带盖水浴锅加热：可控温（±2℃）。

N.5.16 分析天平：可精确至 0.000 1 g。

N.5.17 离心机。

N.5.18 超声萃取系统：配备钛尖的喇叭形装置，或者具有类似功能的装置。功率至少要在 300 W，可脉冲调制。推荐使用有降噪设备的装置。按照使用说明来进行萃取。

N.5.19 声呐：推荐使用有降噪设备的装置。

N.5.20 广泛 pH 试纸。

N.5.21 硅胶净化柱。

N.5.22 微量进样针，10 μl。

N.5.23 搅拌器。

N.5.24 烘干柱：400 mm×20 mm ID Pyrex®色谱柱，底部衬有 Pyrex®玻璃棉，配有聚四氟乙烯塞子。

N.6 样品的采集、保存和预处理

N.6.1 固体基质：250 ml 宽口玻璃瓶，特弗龙螺纹瓶盖，冷却至 4℃保存。

液体基质：4 个 1 L 的琥珀色玻璃瓶，特弗龙螺纹瓶盖，在样品中加入 0.75ml 10%的 $NaHSO_4$，冷却至 4℃保存。

N.6.2 提取物必须在 4℃下保存，并于提取 40 d 内进行分析。

N.7 分析步骤

N.7.1 高浓度废物样品的提取与消解

N.7.1.1 对有机氯杀虫剂或者多氯联苯类须使用 GC/ECD 检测的样品，用正己烷稀释；对半挥发的碱性/中性和酸性的污染物使用二氯甲烷稀释。

N.7.1.2 若分析样品中的除草剂酯和酸，则提取物必须经过消解。移取 1 ml 样品（更少的体积或者加溶剂稀释，这要视除草剂浓度而定）到 250 ml 的带磨口塞的锥形瓶中。若只分析除草剂的酸形式，进行 N.7.2.3 的操作；若在二氯甲烷分析除草剂衍生物，参照 N.7.5。若用五氟苄溴衍生的话，乙醚体积要减少至 0.1～0.5 ml，再用丙酮稀释到 4 ml。

N.7.2 土壤、沉降物或其他固体样品中的提取与消解

一般包括超声提取和振摇提取两步。N.7.2.3 消解步骤对两种提取方法都是适用的。

N.7.2.1 超声提取

N.7.2.1.1 往 400 ml 烧杯中加入干重 30 g 的混合固体样品，加盐酸，或者加 pH 为 2.5，0.1 mol/L 的磷酸缓冲溶液 85 ml，把试样的 pH 调节到 2，然后用玻璃棒搅匀。

N.7.2.1.2 对不同类型的样品，要优化超声提取条件。若有效地对固体样品进行超声提取，样品在加入溶剂后必须能够自由流动。对于黏土型土壤，一般要按 1∶1 的比例加入酸化了的无水硫酸钠，其他沙状非自由流动的土壤混合物需要处理成可自由流动的样品。

N.7.2.1.3 按 1∶1 的比例往烧杯中加入 100 ml 的二氯甲烷和丙酮。把输出控制到 10（满额），超声提取 3 min，然后改为 50%的输出进行脉冲式提取（50%时间通电，50%时间断电）。待固体沉降后，把有机物转入到 500 ml 的离心管。

N.7.2.1.4 相同条件下，用 100 ml 二氯甲烷对样品进行超声提取两次。

N.7.2.1.5 合并 3 份有机提取物，放到离心管中，离心 10 min 使细小颗粒沉降。用滤纸过滤，将滤液倒入放有 7～10 g 酸化硫酸钠的 500 ml 的锥形瓶中。加入 10 g 无水硫酸钠。周期性剧烈振摇提取物和干燥剂，使其保证 2 h 的充分接触。需要强调的是，在酯化前要进行干燥提取，参照 N.7.3.6 的备注。

N.7.2.1.6 把锥形瓶中的提取物定量转移到 10 ml 的 K-D 浓缩器中。加入沸石，连上 Snyder 柱。水浴加热把提取物蒸至 5 ml。停火，冷却。

N.7.2.1.7 若无须消解或进一步纯化，且样品是干燥的，则参照 N.7.4.4 来处理。否则，根据 N.7.2.3 来消解，参照 N.7.2.4 来纯化。

N.7.2.2 振摇提取

N.7.2.2.1 往 500 ml 锥形瓶中加入净重为 50 g 混匀的潮湿的土壤样品。用浓盐酸把 pH 调节到 2，偶尔振摇监测酸度 15 min。若必要，加盐酸调节 pH 维持在 2。

N.7.2.2.2 锥形瓶中加入 20 ml 丙酮，手摇 20 min。再加入 80 ml 乙醚，振摇 20 min。倾出萃取物，测定回收溶剂的体积。

N.7.2.2.3 依次用 20 ml 丙酮和 80 ml 乙醚萃取试样两次。每次加溶剂后，要手摇 10 min，然后倒出丙酮和乙醚萃取物。

N.7.2.2.4 第三次萃取后，回收所得萃取物至少是所加溶剂体积的 75%。合并萃取物，

转入盛有 250 ml 水的 2 L 分液漏斗中。若形成乳液，缓慢加入 5 g 酸化无水硫酸钠，直到溶剂和水分开为止。若有必要，可以加入和样品等量的酸化硫酸钠。

N.7.2.2.5　检查萃取物的 pH。若其 pH 低于 2，加浓盐酸调节。缓慢混匀分液漏斗内容物，约 1 min，然后静置分层。把水相收集在干净的烧杯中，萃取相（上层）转入 500 ml 的磨口锥形瓶内。把水相再次转入分液漏斗，用 25 ml 乙醚再次萃取。静置分层后，弃去水相。合并乙醚萃取物到 500 ml 的 K-D 瓶内。

N.7.2.2.6　若无须消解或进一步纯化操作，且样品干燥，则参照 N.7.4.4。否则，参考 N.7.2.3 进行消解，或参看 N.7.2.4 进行纯化操作。

N.7.2.3　土壤、沉降物或者其他固体样品萃取物的消解。此步仅用于除草剂的酯形式的测定，除草剂的酸形式除外。

N.7.2.3.1　往萃取物中加入 5 ml，36%的氢氧化钾水溶液和 30 ml 水。往 K-D 瓶中加入沸石。水浴控温在 60～65℃下回流，直至消解完全（一般要 1～2 h）。从水浴加热器上移去 K-D 瓶，冷却至室温。

注意：残留丙酮会导致羟醛缩合，给气相色谱带来干扰。

N.7.2.3.2　把消解后的水溶液转移到 500 ml 的分液漏斗中，用 100 ml 的二氯甲烷萃取三次。弃去二氯甲烷相。此时，除草剂的盐存在于碱性水溶液中。

N.7.2.3.3　用 4℃左右冷的硫酸（1∶3）把溶液 pH 调至 2 以下，先用 40 ml 乙醚萃取一次，再用 20ml 醚萃取一次。合并萃取液，倒入预先已经洗好的干柱中，内含 7～10 cm 的酸化无水硫酸钠。把不含水的萃取物收集于内含 10 g 酸化无水硫酸钠的锥形瓶中（24/40 接口）。周期性地剧烈振摇萃取物和干燥剂，确保它们至少接触 2 h。酯化前一定要把萃取物进行除水处理，参见 N.7.3.6 的备注。确保除水完毕后，把待分析物从锥形瓶内转移到 500 ml 的带有 10 ml 浓缩管的 K-D 瓶中。

N.7.2.3.4　参照 N.7.4 来进行萃取物浓缩操作。若需进一步纯化，则参照 N.7.2.4 处理。

N.7.2.4　纯化未消解的除草剂，若需进一步纯化，参照此步操作。

N.7.2.4.1　参照 N.7.2.1.7，用二氯甲烷三次萃取除草剂（或者参照 N.7.2.3.4，用乙醚作为萃取用溶剂），用 15 ml 碱性水溶液分离出来。碱性溶液配制方法，混合 15 ml，37% 的氢氧化钾水溶液和 30 ml 水。弃去二氯甲烷或乙醚相。此时，碱性的水相中含有除草剂的盐形式。

N.7.2.4.2　用 4℃左右冷的硫酸（1∶3）把溶液 pH 调至 2 以下，先用 40 ml 乙醚萃取一次，再用 20 ml 醚萃取一次。合并萃取液，倒入预先已经洗好的干柱中，内含 7～10 cm 的酸化无水硫酸钠。把不含水的萃取物收集于内含 10 g 酸化无水硫酸钠的锥形瓶中（24/40 接口）。周期性地剧烈振摇萃取物和干燥剂，确保它们至少接触 2 h。酯化前一定要把萃取物进行除水处理，参见 N.7.3.6 的备注。确保除水完毕后，把待分析物从锥形瓶内转移到 500 ml 的带有 10 ml 浓缩管的 K-D 瓶中。

N.7.2.4.3　参照 N.7.4 来进行萃取浓缩步骤。

N.7.3　制备水样

N.7.3.1　用带刻度量筒移取 1 L 样品到 2 L 的分液漏斗中。

N.7.3.2　往样品中加入 250 g 的 NaCl，封口，振摇溶解盐。

N.7.3.3 此步仅用于除草剂的酯形式测定,除草剂的酸形式除外。

N.7.3.3.1 往样品中加入 17 ml,6 mol/L 的氢氧化钠溶液,封口,振摇。用 pH 试纸检查样品 pH。若样品的 pH 低于 12,则通过加 6 mol/L 的氢氧化钠溶液来调节 pH。样品置于室温下,确保消解步骤完全(一般需要 1~2 h),周期性地振摇分液漏斗和内容物。

N.7.3.3.2 往相同的瓶子里面加入 60 ml 二氯甲烷,润洗瓶子和刻度量筒。把二氯甲烷转入分液漏斗,剧烈振摇 2 min 来萃取试样,注意要周期性地放空来减小瓶内气压。静置分层至少 10 min,使有机相和水相分离。若两相之间出现乳浊界面超过溶剂层的 1/3 体积,必须采用机械技术使两相完全分离。采取的最佳技术视样品而定,可用搅拌、玻璃棉过滤、离心或者其他物理方法除去二氯甲烷相。

N.7.3.3.3 往分液漏斗中再次加入 60 ml 的二氯甲烷,重复萃取操作,弃去二氯甲烷层。再重复操作一遍。

N.7.3.4 往样品(或消解后的样品)中加入 17 ml,12 g/L,4℃的冷硫酸,封口,振摇混合均匀。用 pH 试纸检查样品酸度。若试样 pH 高于 2,用更多的酸把酸度调过来。

N.7.3.5 往样品中加入 120 ml 乙醚,封口,剧烈振摇分液漏斗来萃取样品,并周期性地放空以减小瓶内气压。静置至少 10 min 使漏斗内两相分离。若两相界面出现乳浊的体积超过溶剂层的 1/3,必须采用机械技术完成相分离操作。最佳的技术取决于具体的样品,可用搅拌、玻璃棉过滤、离心或者其他物理方法。把水相转移到 2 L 的锥形瓶内,把乙醚相收集到内装 10 g 酸化无水硫酸钠的磨口锥形瓶中。周期性地振摇萃取物和干燥剂。

N.7.3.6 把水相转回分液漏斗中,把 60 ml 乙醚加入样品,再次重复萃取步骤,把萃取物合并到 500 ml 的锥形瓶中。相同操作再用 60 ml 乙醚重复萃取一遍。要使硫酸钠与萃取物保持接触在 2 h 左右,较为彻底地除去水分。

注意:干燥对于整个酯化过程是非常关键的。乙醚内残留的任何水分都会使除草剂的回收率下降。旋摇锥形瓶,检查是否有自由移动的晶体存在,以测定硫酸钠是否足量。若硫酸钠固化结饼,需要补加数克,并再次旋摇检验是否足量。至少要干燥 2 h,萃取物可以与硫酸钠放置在一起过夜。

N.7.3.7 把干燥过的萃取物倒入塞有酸洗过的玻璃棉的漏斗里面,收集 K-D 浓缩装置中的萃取物。转移过程中,用玻璃棒轻轻压碎结饼的硫酸钠。用 20~30 ml 乙醚润洗锥形瓶和漏斗完成定量转移。参见 N.7.4,进行萃取浓缩。

N.7.4 萃取浓缩

N.7.4.1 往浓缩管中加 1~2 颗干净的沸石,连到三球的 Snyder 微柱上。在柱的顶端加入 0.5 ml 的乙醚进行预湿处理。把溶剂蒸气回收玻璃装置(含冷凝器和收集器)连到 K-D 装置的 Snyder 柱上(按厂方提供的使用说明操作)。热水浴中(高于溶剂沸点 15~20℃以上)放置好 K-D 装置,以便浓缩管能够部分浸入热水中,且整个瓶子的底部圆形部分都在热水浴中。根据需要调节装置的垂直高度和水温,在 10~20 min 内完成浓缩操作。柱内的蒸馏球会以一定速率活跃起来,但是不会发生溢出现象。当装置内液体体积达到 1 ml 时,从水浴上移去 K-D 装置,至少淋洗冷却 10 min。

N.7.4.2 移去 Snyder 柱,用 1~2 ml 乙醚洗净瓶子和接头。萃取物可以通过 Snyder 微柱法(参照 N.7.4.3)或氮气吹下技术(参见 N.7.4.4)来进行进一步浓缩。

N.7.4.3 Snyder 微柱技术。往浓缩管中加一到两颗干净的沸石,连到双球的 Snyder 微柱上。在柱的顶端加入 0.5 ml 的乙醚进行预湿处理。热水浴中放置好 K-D 装置,以便浓缩管能够部分浸入热水中。根据需要调节装置的垂直高度和水温，在 5～10 min 内完成浓缩操作。柱内的蒸馏球会以一定速率活跃起来，但是不会发生溢出现象。当装置内液体体积达到 0.5 ml 时，从水浴上移去 K-D 装置，至少淋洗冷却 10 min。移去 Snyder 柱，用 0.2 ml 乙醚洗净瓶子和接头，加到浓缩管上。继续步骤 N.7.4.5。

N.7.4.4　氮气吹干

N.7.4.4.1　把浓缩管置于 35℃ 左右的温水浴，缓缓通入干燥氮气（经过活性炭柱过滤）使得溶剂体积降下来。

注意：在活性炭柱和样品之间连接处不要用塑料管。

N.7.4.4.2　操作中管内壁必须用乙醚润洗多次。蒸发过程中，管内溶剂水平必须低于外围的水浴水平，这样可以防止水浓缩进入样品。一般情况下，萃取物不允许成为无水状态。继续 N.7.4.5 的操作。

N.7.4.5　用 1 ml 异辛醇和 0.5 ml 甲醇稀释萃取物。用乙醚稀释至 4 ml 的终态体积。此时样品可以用二氯甲烷处理进行甲基化操作了。若用五氟苄溴进行衍生化，则用丙酮稀释至 4 ml。

N.7.5　酯化

参见 N.7.5.1，进行重氮甲烷衍生化。参见 N.7.5.2，进行五氟苄溴衍生化。

N.7.5.1　重氮甲烷衍生化：可以用两种方法包括鼓泡法和二甲基亚硝基苯磺酰胺法，参见 N.7.5.1.2。

注意：二甲基亚硝基苯磺酰胺是致癌物，一定条件下可能会爆炸。

鼓泡法适用于小批量（10～15 个）的酯化操作。此法对低浓度除草剂溶液（比如水溶液）效果甚好，而且要比二甲基亚硝基苯磺酰胺法更为安全易行。后者适用于大批量酯化处理，尤其是对土壤或样品中的高浓度除草剂处理起来更为有效，比如在土壤中萃取出的黄色样品就很难用鼓泡法来达到目的。

注意：使用如下防护措施：使用安全罩；使用机械式移液器；加热时不要超过 90℃，否则容易发生爆炸；避免摩擦表面，玻璃磨口接头，棘齿轴承和玻璃搅拌棒，否则容易发生爆炸；存放时，远离碱金属，否则容易发生爆炸；二氯甲烷容易遇到铜粉、氯化钙和沸石等固体材料时，会快速分解掉。

N.7.5.1.1　鼓泡法：

N.7.5.1.1.1　第一个试管中加入 5 ml 乙醚，1 ml 卡必醇，1.5 ml 的 36% 的氢氧化钾，第二个试管内加入 0.1～0.2 g 的二甲基亚硝基苯磺酰胺。立刻把试管出口放到盛有萃取试样的浓缩管中。把 10 ml/min 的氮气流通过重氮甲烷进入萃取物，维持 10 min，直至二氯甲烷黄色稳定不变为止。二甲基亚硝基苯磺酰胺的用量要足够酯化三份样品萃取物。消耗掉最初加入的二甲基亚硝基苯磺酰胺之后，可能要另外加入 0.1～0.2 g，使重氮甲烷再生。溶液内有足够多的氢氧化钾，来完成全部酯化过程，大约需要 20 min。

N.7.5.1.1.2　移取浓缩管，用 Neoprene 或 PTFE 包封。加盖在室温下保存 20 min。

N.7.5.1.1.3　往浓缩管里加入 0.1～0.2 g 硅酸，破坏未反应的重氮甲烷。静置至氮气流停止。用正己烷调节试样体积至 10 ml。卸去浓缩管，移取 1 ml 样品到 GC 小瓶，若不立即使用，则放在冰箱里保存。样品用气相色谱分析。

N.7.5.1.1.4　提取物应在 4℃ 下避光保存。研究表明，分析物可以稳定 28 d，但建议对于甲基化的提取物，宜立即分析，以免发生酯化或者其他反应。

N.7.5.1.2　二甲基亚硝基苯磺酰胺方法：参照制备重氮甲烷发生器的装置。

N.7.5.1.2.1　加入 2 ml 重氮甲烷，不断搅拌下放置 10 min。重氮甲烷呈现并保持明显的黄色。

N.7.5.1.2.2　用乙醚清洗瓶内壁。在室温下挥发溶剂，使样品体积变为大约 2 ml。或者可以加入 10 mg 的硅酸除去多余重氮甲烷。

N.7.5.1.2.3　用正己烷把样品稀释至 10.0 ml，用气相色谱分析。对于甲基化的提取物，建议立即分析，以免发生酯化或其他反应。

N.7.5.2　五氟苄溴衍生物

N.7.5.2.1　往丙酮中加入 30 µl，10%的 K_2CO_3 和 200 µl，3%的五氟苄溴。用玻璃塞盖好试管，旋转混匀。60℃下加热 3 h。

N.7.5.2.2　缓通氮气流，蒸发溶液至 0.5 ml。加入 2 ml 正己烷，在室温下挥发至干态。

N.7.5.2.3　用 1∶6 的甲苯和正己烷溶解干态残留，用玻璃柱净化。

N.7.5.2.4　硅柱上加盖 0.5 cm 厚的无水硫酸钠。用 5 ml 正己烷预湿柱子，让溶剂流经顶部的吸附剂。用甲苯和正己烷的混合溶液（总量 2~3 ml）反复洗涤，把反应残留物定量转移到柱子上。

N.7.5.2.5　用足量的甲苯和正己烷的混合溶液洗涤柱子，收集到 8 ml 的流出液。弃去此部分。

N.7.5.2.6　用 9∶1 的甲苯和正己烷混合溶液洗涤柱子，收集到 8 ml 的流出液，包含在 10 ml 容量瓶中的五氟苄溴衍生物。用 10 ml 正己烷稀释，样品用 GC/ECD 进行分析。

N.7.6　气相色谱条件（推荐使用）

N.7.6.1　色谱柱

N.7.6.1.1　窄内径柱

色谱柱 1-1：DB-5（30 m×0.25 mm×0.25 µm）或同类产品。

色谱柱 1-2（GC/MS）：DB-5（30 m×0.32 mm×1 µm）或同类产品。

色谱柱 2：DB-608（30 m×0.25 mm×0.25 µm）或同类产品。

确认柱：DB-1701（30 m×0.25 mm×0.25 µm）或同类产品。

N.7.6.1.2　宽内径柱

色谱柱 1：DB-608（30 m×0.53 mm×0.83 µm）或同类产品。

确认柱：DB-1701（30 m×0.53 mm×1.0 µm）或同类产品。

N.7.6.2　窄内径柱子

程序升温：60~300℃，升温速率 4℃/min；

氦气流速：30 ml/s；

进样体积：2 µl，不分流，45 s 延迟；

进样口温度：250℃；

检测器温度：320℃。

N.7.6.3　宽内径柱子

程序升温：150℃初始柱温，保持 0.5 min，150~270℃，升温速率 5℃/min；

氦气流速：7ml/min；

进样体积：1 µl；

进样口温度：250℃；

检测器温度：320℃。

N.7.7 校准

表 N.1 可作为选择校准曲线最低点的参考。

N.7.8 气相色谱法分析样品

N.7.8.1 若用了内标，在进样前往样品里面加 10 μl 内标。

N.7.8.2 确定分析次序，适当稀释，建立一般保留时间窗口和定性标准，包括分析次序中每组 10 个样品的浓度中点标准。

N.7.8.3 表 N.2 和表 N.3 给出了酯化后目标化合物的保留时间，分别对应于重氮甲烷衍生化和五氟苄溴衍生化。

N.7.8.4 记下进样体积和峰大小（用峰高或者峰面积来计）。

N.7.8.5 用内标或者外标法测定样品色谱图中的每个峰的组分和含量，旨在校准时寻找对应的化合物。

N.7.8.6 若用甲酯化合物（不是用此法进行酯化的）来作为校准标准物，那么求算浓度时必须与除草剂的酸形式进行比较来对甲酯的分子量校正。

N.7.8.7 若因干扰无法对色谱峰进行检测和确认时，需要进一步纯化处理。在进行纯化前，分析人必须在整个操作中使用一系列标准物，以确保无试剂干扰发生。

N.7.9 气相色谱质谱联用（GC/MS）确认

N.7.9.1 GC/MS 能提供很好的定性支持。可参照 GB 5085.3 附录 K 的 GC/MS 实验条件和分析步骤。

N.7.9.2 如果可以，化学电离源质谱能支持定性确认过程。

N.7.9.3 若用 MS 仍给不出令人满意的结果，则再次分析前必须考虑另外的辅助步骤。比如说换一下色谱柱或者进行更好的预处理。

表 N.1 重氮甲烷衍生化对应的检出限估计值

化合物	水样	土壤	
	GC/ECD 检出限估计值/（μg/L）	GC/ECD 检出限估计值/（μg/kg）	GC/MS 检出限估计值/ng
三氟羧草醚（Acifluorfen）	0.096	—	—
灭草松（Bentazon）	0.2	—	—
草灭平（Chloramben）	0.093	4.0	1.7
2,4-滴（2,4-D）	0.2	0.11	1.25
茅草枯（Dalapon）	1.3	0.12	0.5
2,4-滴丁酸（2,4-DB）	0.8	—	—
DCPA 二元酸（DCPA diacide）	0.02	—	—
麦草畏（Dicamba）	0.081	—	—
3,5-二氯代苯甲酸（3,5-Di- chlorobenzoic acid）	0.061	0.38	0.65
1,3-二氯丙烯（Dichloroprop）	0.26	—	—
地乐酚（Dinoseb）	0.19	—	—

化合物	水样	土壤	
	GC/ECD 检出限估计值/（μg/L）	GC/ECD 检出限估计值/（μg/kg）	GC/MS 检出限估计值/ng
5-羟基麦草畏（5-Hydroxydicamba）	0.04	—	—
2-（4-氯苯氧基-2-甲基）丙酸（MCPP）	0.09d	66	0.43
2-甲基-4-氯苯氧乙酸（MCPA）	0.056d	43	0.3
4-硝基苯酚（4-Nitrophenol）	0.13	0.34	0.44
五氯苯酚（Pentachlorophenol）	0.076	0.16	1.3
氨氯吡啶酸（Picloram）	0.14	—	—
2,4,5-涕（2,4,5-T）	0.08	—	—
2,4,5-滴丙酸（2,4,5-TP）	0.075	0.28	4.5

表 N.2 氯代除草剂用甲基衍生化后对应的保留时间

化合物	保留时间/min		容量因子/k	
	LC-18	LC-CN	LC-18	LC-CN
茅草枯（Dalapon）	3.4	4.7	—	—
3,5-二氯代苯甲酸（3,5-Dichlorobenzoic acid）	18.6	17.7	—	—
4-硝基苯酚（4-Nitro- phenol）	18.6	20.5	—	—
二氯乙酸（DCAA：替代品）	22.0	14.9	—	—
麦草畏（Dicamba）	22.1	22.6	4.39	4.39
1,3-二氯丙烯（Dichloroprop）	25.0	25.6	5.15	5.46
2,4-滴（2,4-D）	25.5	27.0	5.85	6.05
（DBOB：内标）	27.5	27.6	—	—
五氯酚钠（Pentachlorophenol）	28.3	27.0	—	—
草灭平（Chloramben）	29.7	32.8	—	—
2,4,5-滴丙酸（2,4,5-TP）	29.7	29.5	6.97	7.37
5-羟基麦草畏（5-Hydroxydicamba）	30.0	30.7	—	—
2,4,5-涕（2,4,5-T）	30.5	30.9	7.92	8.20
2,4-滴丁酸（2,4-DB）	32.2	32.2	8.74	9.02
地乐酚（Dinoseb）	32.4	34.1	—	—
灭草松（Bentazon）	33.3	34.6	—	—
氨氯吡啶酸（Picloram）	34.4	37.5	—	—
DCPA 二元酸（DCPA 二元酸）	35.8	37.8	—	—
三氟羧草醚（Acifluorfen）	41.5	42.8	—	—
2-（4-氯苯氧基-2-甲基）丙酸（MCPP）	—	—	4.24	4.55
2-甲基-4-氯苯氧乙酸（MCPA）	—	—	4.74	4.94

注：a. 分析柱：5%苯基95%甲基硅烷；

　　　确认柱：14% 氰丙基苯基聚硅氧烷；

　　　程序升温：60～300℃，升温速率 4℃/min；

　　　氢气流速：30 cm/s；

　　　进样体积：2 μl，不分流，45 s 延迟；

　　　进样口温度：250℃；

　　　检测器温度：320℃；

　　b. 分析柱：DB-608；

　　　确认柱：14% 氰丙基苯基聚硅氧烷；

　　　程序升温：初始柱温 150℃，维持 0.5 min，由 150～270℃，升温速率 5℃/min；

　　　氢气流速：7 ml/min；

　　　进样体积：1 μl。

表 N.3　氯代除草剂的五氟苄溴衍生物的保留时间（min）

化合物	气相色谱柱		
	薄膜 DB-5	SP-2550	厚膜 DB-5
茅草枯（Dalapon）	10.41	12.94	13.54
2-（4-氯苯氧基-2-甲基）丙酸（MCPP）	18.22	22.30	22.98
麦草畏（Dicamba）	18.73	23.57	23.94
2-甲基-4-氯苯氧乙酸（MCPA）	18.88	23.95	24.18
1,3-二氯丙烯（Dichloroprop）	19.10	24.10	24.70
2,4-滴（2,4-D）	19.84	26.33	26.20
2.4.5-涕丙酸（Silvex）	21.00	27.90	29.02
2,4,5-涕（2,4,5-T）	22.03	31.45	31.36
地乐酚（Dinoseb）	22.11	28.93	31.57
2,4-滴丁酸（2,4-DB）	23.85	35.61	35.97

注：a. DB-5 毛细管柱，膜厚 0.25 μm，内径 0.25 mm，长 30 m，初始柱温 70℃维持 1 min，升温速率每分钟 10～240℃，
　　　维持 17 min。
　　b. SP-2550 毛细管柱，膜厚 0.25 μm，内径 0.25 mm，长 30 m，初始柱温 70℃维持 1 min，升温速率每分钟 10～240℃，
　　　维持 10 min。
　　c. DB-5 毛细管柱，膜厚 1.0 μm，内径 0.32 mm，长 30 m，初始柱温 70℃维持 1 min，升温速率每分钟 10～240℃，
　　　维持 10 min。

表 N.4　不含有机物试剂水基底重氮甲烷衍生后的准确度和精密度

化合物	加标质量浓度/（μg/L）	平均回收率	回收率标准偏差
三氟羧草醚（Acifluorfen）	0.2	121	15.7
灭草松（Bentazon）	1	120	16.8
草灭平（Chloramben）	0.4	111	14.4
2,4-滴（2,4-D）	1	131	27.5
茅草枯（Dalapon）	10	100	20.0
2,4-滴丁酸（2,4-DB）	4	87	13.1
DCPA 二元酸（DCPA diacidb）	0.2	74	9.7
麦草畏（Dicamba）	0.4	135	32.4
3,5-二氯代苯甲酸（3,5-Dichlorobenzoic acid）	0.6	102	16.3
1,3-二氯丙烯（Dichloroprop）	2	107	20.3
地乐酚（Dinoseb）	0.4	42	14.3
5-羟基麦草畏（5-Hydroxydicamba）	0.2	103	16.5
4-硝基苯酚（4-Nitrophenol）	1	131	23.6
五氯酚钠（Pentachlorophenol）	0.04	130	31.2
氨氯吡啶酸（Picloram）	0.6	91	15.5
2,4,5-滴丙酸（2,4,5-TP）	0.4	117	16.4
2,4,5-涕（2,4,5-T）	0.2	134	30.8

注：平均回收率由 7～8 个不含有机试剂水的加标测定得出。

表 N.5 黏土基底重氮甲烷衍生后的准确度和精密度

化合物	平均回收率	线性范围/（ng/g）	标准偏差（n=20）
麦草畏（Dicamba）	95.7	0.52～104	7.5
2-（4-氯苯氧基-2-甲基）丙酸（MCPP）	98.3	620～61 800	3.4
2-甲-4-氯（MCPA）	96.9	620～61 200	5.3
1,3-二氯丙烯（Dichloroprop）	97.3	1.5～3 000	5.0
2,4-滴（2,4-D）	84.3	1.2～2 440	5.3
2,4,5-滴丙酸（2,4,5-TP）	94.5	0.42～828	5.7
2,4,5-涕（2,4,5-T）	83.1	0.42～828	7.3
2,4-滴丁酸（2,4-DB）	90.7	4.0～8 060	7.6
地乐酚（Dinoseb）	93.7	0.82～1 620	8.7

注：a. 以线性范围内 10 次加标黏土和黏土/底样的测定得出平均回收百分率。
　　b. 线性范围由标准溶液测定，校正至 50 g 固态样品。
　　c. 相对标准偏差百分率由标准溶液计算，10 个高浓度点，10 个低浓度点。

表 N.6 除草剂五氟溴苄衍生物的相对回收率

化合物	标准质量浓度（mg/L）	回收百分率/%								
		1	2	3	4	5	6	7	8	平均
2-（4-氯苯氧基-2-甲基）丙酸（MCPP）	5.1	95.6	88.8	97.1	100	95.5	97.2	98.1	98.2	96.3
麦草畏（Dicamba）	3.9	91.4	99.2	100	92.7	84.0	93.0	91.1	90.1	92.7
2-甲-4-氯（MCPA）	10.1	89.6	79.7	87.0	100	89.5	84.9	92.3	98.6	90.2
1,3-二氯丙烯（Dichloroprop）	6.0	88.4	80.3	89.5	100	85.2	87.9	84.5	90.5	88.3
2,4-滴（2,4-D）	9.8	55.6	90.3	100	65.9	58.3	61.6	60.8	67.6	70.0
2.4.5-涕丙酸（Silvex）	10.4	95.3	85.8	91.5	100	91.3	95.0	91.1	96.0	93.3
2,4,5-涕（2,4,5-T）	12.8	78.6	65.6	69.2	100	81.6	90.1	84.3	98.5	83.5
2,4-滴丁酸（2,4-DB）	20.1	99.8	96.3	100	88.4	97.1	92.4	91.6	91.6	95.0
平均值		86.8	85.7	91.8	93.4	85.3	89.0	87.1	91.4	

注：以 8 次加标水样得出平均回收率。

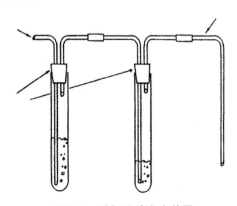

图 N.1 重氮甲烷发生装置

附录 O（资料性附录）

固体废物　可回收石油烃总量的测定　红外光谱法

O.1　范围

本方法适用于土壤、水体和废物介质中 Aldicarb（Temik），Aldicarb Sulfone，Carbaryl（Sevin），Carbofuran（Furadan），Dioxacarb，3-Hydroxycarbofuran，Methiocarb（Mesurol），Methomyl（Lannate），Promecarb，Propoxur（Baygon）10 种 N-甲基氨基甲酸酯的红外光谱测定。

本方法适用于固体废物中由超临界色谱法可提取的石油烃总量（TRPHs）的测定。本方法不适于测定汽油或其他挥发性组分。

本方法可检测质量浓度 10 mg/L 的提取物。当提取 3 g 样品时（假设提取率为 100%），则折合对土壤的检测质量分数浓度为 10 mg/kg。

O.2　原理

样品用 SFE 提取，干扰物质用散装的硅胶除去，或者通过硅胶固相提取小柱。样品通过与标准样品对比红外光谱方法（IR）分析。

O.3　试剂和材料

O.3.1　四氯化碳：光谱级。

O.3.2　对照品油混合物原料：光谱级。

O.3.2.1　正十六烷。

O.3.2.2　异辛烷。

O.3.2.3　氯苯。

O.3.3　硅胶

O.3.3.1　硅胶固相提取小柱（40 μm 粒度，6 nm），0.5 g。

O.3.3.2　硅胶，60～200 目（用 112% 的水去活）。

O.3.4　校正混合物

O.3.4.1　对照品油：取 15.0 ml 正己烷，15.0 ml 异辛烷和 10.0 ml 氯苯，加入一个 50 ml 带玻璃塞的瓶中。盖紧瓶塞以避免样品挥发损失。在 4℃ 下保存。

O.3.4.2　贮存标准样品：取 0.5 ml 上述对照品油（O.3.4.1），加入 100 ml 已称重的容量瓶中，立即盖紧瓶盖。称重，并用四氯化碳稀释到刻度。

O.3.4.3　工作标准溶液：根据比色皿大小，取适量贮备标准样品放入 100 ml 容量瓶中。用四氯化碳稀释至刻度。根据贮备标准样品浓度，计算工作标准溶液浓度。

O.3.5　硅胶净化的校正

O.3.5.1　取玉米油和矿物油各 1 ml（0.5～1 g），置于 100 ml 已称重的容量瓶中，制成玉米油和矿物油的贮备液。称重，精确到毫克。用四氯化碳稀释至刻度，摇匀，溶解使所有内容物溶解。

O.3.5.2　根据需要，制备目标浓度的稀释液。

O.3.5.3　将 2 ml（或适当体积）稀释的玉米油/矿物油样品加入样品瓶。再加入 0.3 g 散装硅胶，将混合物振摇 5 min，或通过含硅胶填料 0.5 g 的固相提取小柱。若使用固相提取小柱，需将小柱事先用 5 ml 四氯化碳活化。用四氯化碳洗脱，收集 3 ml 洗脱液。如果使用散装硅胶，需要将提取液用洗净的玻璃毛过滤（用一次性玻璃吸液管）。

O.3.5.4　将上述洗脱液或提取液加入洁净的红外比色皿中。在 2 800～3 000 cm（烃）和 1 600～1 800 cm（酯）波数下，确定哪一洗脱流分中烃类被洗脱出来且没有玉米油的存在。如果扫描的结果显示硅胶的吸附能力过强或者不足（玉米油与目标烃类一同在提取液中），则需选择新的硅胶或固相提取小柱。

O.4　仪器

O.4.1　红外光谱仪：扫描型或固定波长型，可在 950 cm^{-1} 附近进行扫描。

O.4.2　比色皿：10、50 和 100 mm 规格，氯化钠或 IR-级玻璃。

O.4.3　磁力搅拌器：带表面材质 PTFE 的搅拌棒。

O.5　分析步骤

O.5.1　采用液-液萃取或正向固相萃取方法制备样品。

O.5.2　将 0.3 g 散装硅胶加入提取液，振摇混合物 5 min，或者将提取液通过含硅胶填料 0.5 g 的固相提取小柱（小柱事先用 5 ml 四氯化碳活化）。如果使用散装硅胶，需要将提取液用洗净的玻璃毛过滤（用一次性玻璃吸液管）。

O.5.3　硅胶净化后，将溶液加入红外比色皿，确定提取液的吸光度。如果吸光度超过红外光度计的线性范围，则需将样品进行适当稀释之后重新分析。通过重复净化和分析过程，亦可以判断硅胶的吸附能力是否过强。

O.5.4　选择适当浓度的工作标准溶液，并根据浓度选择合适大小的比色皿（可参考如下范围）：

池长/mm	质量浓度范围/（μg/ml，提取液）	体积/ml
10	5～500	3
50	1～100	15
100	0.5～50	30

O.5.5　用一系列工作标准溶液和适当的比色皿校正仪器。在约 2 950 cm^{-1} 的最大波数下直接确定每一溶液吸光度，作石油烃浓度对吸光度的校正曲线。

O.6　结果计算

样品中 TRPHs 的质量分数（mg/kg）用下式计算：

$$\omega(\text{TRPHs}) = \frac{\rho DV}{M}$$

式中：ρ——由校准曲线得出的 TRPHs 的质量浓度，mg/ml；

V——提取液体积，ml；

D——提取液稀释因子；

M——固体样品的重量，kg。

附录 P（资料性附录）

固体废物 羰基化合物的测定 高效液相色谱法

P.1 范围

本方法适用于固体废物中的多种羰基化合物包括乙醛（Acetaldehyde）、丙酮（Acetone）、丙烯醛（Acrolein）、苯甲醛（Benzaldehyde）、正丁醛[Butanal（Butyraldehyde）]、巴豆醛（Crotonaldehyde）、环己酮（Cyclohexanone）、癸醛（Decanal）、2,5-二甲基苯甲醛（2,5-Dimethylbenzaldehyde）、甲醛（Formaldehyde）、庚醛（Heptanal）、己醛（Hexanal（Hexaldehyde））、异戊醛（Isovaleraldehyde）、壬醛（Nonanal）、辛醛（Octanal）、戊醛[Pentanal （Valeraldehyde）]、丙醛[Propanal（Propionaldehyde）]、间-甲基苯甲醛（m-Tolualdehyde）、邻-甲基苯甲醛（o-Tolualdehyde）、对-甲基苯甲醛（p-Tolualdehyde）的高效液相色谱法测定。

本方法对各种羰基化合物的检出限为 4.4～43.7 μg/L。

P.2 原理

样品提取后用玻璃纤维漏斗过滤，在缓冲 pH3 条件用 2,4-二硝基苯肼（DNPH）进行衍生化。经固相提取或溶剂提取，HPLC 分离和检测提取物中各种羰基化合物，检测波长为 360 nm。

P.3 试剂和材料

除非特别说明，本方法所使用的都是试剂级的无机化学药品。

P.3.1 试剂水：不含有机物的水，在目标化合物的方法检测限并未观察到水中有干扰物。

P.3.2 福尔马林：甲醛在试剂水中配成溶液，通常为 37.6%（质量分数）。

P.3.3 醛和酮：分析纯级别，用于为除甲醇外的其他目标分子准备 DNPH 衍生标准。

P.3.4 二氯甲烷（CH_2Cl_2）：HPLC 级高效液相色谱纯或同等纯度。

P.3.5 乙腈（CH_3CN）：HPLC 级或同等纯度。

P.3.6 氢氧化钠溶液（NaOH）：1.0 mol/L 和 5 mol/L。

P.3.7 氯化钠（NaCl）：饱和溶液，用过量的试剂纯氯化钠固体溶于试剂水中制得。

P.3.8 亚硫酸钠（Na_2SO_3）：0.1 mol/L。

P.3.9 硫酸钠（Na_2SO_4）：粒状，无水。

P.3.10 柠檬酸（$C_8H_8O_7$）：1.0 mol/L 溶液。

P.3.11 柠檬酸钠（$C_6H_5Na_3O_7 \cdot 2H_2O$）：1.0 mol/L 二水化合物的三钠盐溶液。

P.3.12 乙酸（冰）（CH_3CO_2H）。

P.3.13　醋酸钠（CH_3CO_2Na）。

P.3.14　盐酸（HCl）：0.1 mol/L。

P.3.15　柠檬酸缓冲液：1 mol/L。pH3。将 80 ml 1 mol/L 柠檬酸溶液加入到 20 ml 1 mol/L 柠檬酸钠溶液中配制，充分混匀。如果需要，用 NaOH 或 HCl 调节 pH。

P.3.16　pH=5.0 醋酸盐缓冲（5 mol/L）：仅用甲醛分析。40 ml 5 mol/L 醋酸溶液加入到 60 ml 5 mol/L 醋酸钠溶液中，充分混匀。如果需要，用 NaOH 或 HCl 调节 pH。

P.3.17　2,4-二硝基苯肼：$[2,4-(O_2N)_2C_6H_3]NHNH_2$（DNPH），试剂水配成 70%溶液（质量分数）。将 428.7 mg 70%（质量分数）DNPH 溶于 100 ml 乙腈中配成 3.00 mg/ml 溶液。

P.3.18　提取溶液，64.3 ml 1.0 mol/L 的 NaOH 和 5.7 ml 冰醋酸用 900 ml 试剂水稀释。用试剂水稀释到 1 L。pH 为 4.93±0.02。

P.3.19　标准贮备溶液。

P.3.19.1　甲醛贮备液（约 1 000 mg/L）：用试剂水稀释适当量的已鉴定的标准甲醛（约 265 μl）至 100 ml 配制。如果已鉴定的标准甲醛不可用或者已鉴定的标准甲醛有任何质量问题，溶液可能需要用 P.3.19.2 的操作步骤重新标定。

P.3.19.2　甲醛标准贮备液：移取 25 ml 0.1 mol/L Na_2SO_3 溶液到烧杯中，记录其 pH。加入 25.0 ml 甲醛贮备液（P.3.19.1）并记录其 pH。用 0.1 mol/L HCl 滴定混合溶液至最初的 pH。甲醛的质量浓度可以用如下方程计算得出：

$$\rho(\text{甲醛}) = \frac{30.03 \cdot c(\text{HCl}) \cdot V(\text{HCl})}{0.025}$$

式中：ρ（甲醛）——甲醛的质量浓度，mg/L；

　　　c（HCl）——所用的盐酸溶液的浓度，mmol/L；

　　　V（HCl）——所用的盐酸标准溶液的体积，ml；

　　　30.03——甲醛的摩尔质量，mg/mmol；

　　　0.025——甲醛的体积，L。

P.3.19.3　醛和酮的贮备液：将适量的纯原料溶于 90 ml 乙腈中，稀释到 100 ml，最终质量浓度为 1 000 mg/L。

P.3.20　配制 HPLC 分析用的标准 DNPH 衍生物溶液和工作曲线标准品。

P.3.20.1　标准贮备液：溶解准确质量的单个各个目标分析物的 DNPH 衍生物于乙腈中，分别配成标准贮备液。每个标准储备液的质量浓度约为 100 mg/L，可以通过溶解 0.010 g 固体衍生物于 100 ml 乙腈中制得。

P.3.20.2　二次稀释标准液：用上述所得单个标准贮备液乙腈中混匀，制备含有从目标分析物中得到的 DNPH 衍生物的二级稀释标准液。100 μg/L 的溶液可由 100 μl，100 mg/L 的溶液用乙腈稀释到 100 ml 配制。

P.3.20.3　工作曲线标准品：二次稀释标准品以配制工作曲线混合标准品的时候，使 DNPH 衍生物质量浓度范围在 0.5～2.0 μg/L（该范围包含了大部分室内空气分析目标分析物的质量浓度）。DNPH 衍生物标准混合溶液的浓度可能需要调整以反映真实样品中的相对浓度分配比例。

P.4 仪器、装置及工作条件

P.4.1　高效液相色谱

P.4.1.1　泵系统：梯度泵，能够控制 1.50 ml/min 的稳定流量。

P.4.1.2　20 μl 定量环的高压进样阀。

P.4.1.3　色谱柱：250 mm×4.6 mm ID，5 μm 粒径，C18 色谱柱。

P.4.1.4　紫外吸收检测器。

P.4.1.5　流动相贮液器和吸滤头：用于存放和过滤 HPLC 的流动相。过滤系统需全部是玻璃和聚四氟乙烯且使用 0.22 μm 聚酯滤膜。

P.4.1.6　进样针：用于将样品加载到 HPLC 定量环中，容量至少是定量环体积的 4 倍。

P.4.2　反应器：250 ml 抽滤瓶。

P.4.3　分液漏斗：250 ml，带聚四氟乙烯活塞。

P.4.4　Kunderna-Danish（K-D）仪器。

P.4.5　沸石碎片：用于二氯甲烷溶剂提取。

P.4.6　pH 计：能检测 0.01pH 单位。

P.4.7　玻璃纤维滤纸：1.2 μm 孔径（费歇尔等级 G4 或等价）。

P.4.8　固相提取柱：填充 2 g C18。

P.4.9　真空提取装置：能够同时提取 12 个以上样品。

P.4.10　样品容器：60 ml 容量。

P.4.11　吸量管：能精确转移 0.10 ml 溶液。

P.4.12　水浴：加热，带有同心圆环盖，能够控温（±2℃）。水浴需要在防风罩中使用。

P.4.13　样品混合器：带振荡轨的能够控温的恒温箱（±2℃）。

P.4.14　进样针：5 ml，500 μl，100 μl。

P.4.15　进样针过滤器：0.45 μm 过滤盘。

P.4.16　注射器：10 ml，带 Luer-Lok 类适配器，用于支持重力作用加载样品的小柱。

P.4.17　注射器架。

P.4.18　容量瓶：5 ml，10 ml 和 250 或 500 ml。

P.5 样品的采集、保存和预处理

P.5.1　样品需在 4℃冷藏。水相样品必须在采集到样品的 3 日以内衍生化和提取。固体样品浸析液的放置时间需尽量短。所有样品衍生化后的提取物需在 3 日内完成分析。

P.5.2　所有的标准液放在带聚四氟乙烯内衬的螺纹盖玻璃仪器中，顶部空间尽量小，避光保存在 4℃下。标准液需要在 6 周内保持稳定。所有的标准液需要经常检验以标明降解或挥发，特别是在用它们配制工作曲线标准品前。

P.6 分析步骤

P.6.1　固体样品的提取

P.6.1.1　所有固体样品都需要进行以下类似的处理，搅拌和除去树枝，石头和其他无关材料。当样品不够干燥时，取具有代表性的部分测定样品干重。

P.6.1.2　测定干重

在某些情况下，样品结果需要基于干重来得到。当需要或要求这种数据时，样品的一部分在被用于分析测定的同时也需要称出干重。

注意：干燥箱必须在通风橱中使用。实验室的大量污染物可能来源于烘干严重污染的有害废物样品。

P.6.1.3　称取样品后立即做衍生化，将 5～10 g 的样品加入到扣除重量的坩埚中。在 105℃测量样品的干重百分率。将样品在 105℃过夜后测定样品的干重的质量分数。在称重前允许在干燥器重冷却。

$$干重质量分数(\%) = \frac{干样品的质量(g)}{样品质量(g)} \times 100$$

P.6.1.4　在 500 ml 带聚四氟乙烯内衬螺纹盖或者压盖的瓶中加入 25 g 固体，加入 500 ml 提取液。在摇床上以 30 r/min 旋摇样品瓶约带 18 h 来提取固体。用玻璃漏斗和纤维滤纸过滤提取物并在密封瓶中 4℃储存。每毫升提取物对应 0.050 g 固体。更小量的固体样品可能需要用相对小体积的提取液，保证固体、提取液的质量体积比为 1：20。

P.6.2　净化和分离

P.6.2.1　对于相对干净的样品，可能不需要进行基质净化操作。本方法中推荐的净化操作用于多种不同样品的分析。如果某些特殊样品要求使用其他可选择的净化操作，分析者必须保证洗脱图并证明甲醛在加标样品中的回收率大于 85%。形成乳状液的样品回收率可能会低一些。

P.6.2.2　如果不清楚样品是什么，或者是未知的复杂样品，整个样品需要用 2 500 r/min 的速度离心 10 min。移出离心管中的上层液体，玻璃漏斗纤维滤纸过滤到密封性优良的容器中。

P.6.3　衍生化

P.6.3.1　对于水样品，适用于测量一定量（通常 100 ml）的预先确定被分析物浓度范围的部分样品。定量转移一定量的部分样品到反应容器中。

P.6.3.2　对于固体样品，通常需要 1～10 ml 提取物。特定样品使用的总量必须通过预实验来确定。

注意：在选定的样品或提取液的量小于 100 ml 的情况下，水层的总量需要用试剂水调整到 100 ml。稀释前记录原始样品量。

P.6.3.3　目标分析物的衍生化和提取可能通过液-固（P.6.3.4）或液-液（P.6.3.5）操作完成。

P.6.3.4　液-固衍生化和提取。

P.6.3.4.1　对于除了甲醛以外的被分析物，加入 4 ml 柠檬酸缓冲液，用 6 mol/LHCl 或 6 mol/L NaOH 调节 pH 至 3.0± 0.1。加入 6 ml DNPH 试剂，将容器密封，放入加热（40℃）的回旋式振荡器搅拌 1 h。调节振荡搅拌使溶液形成温和的旋涡。

P.6.3.4.2　如果甲醛是唯一的目标分析物，加入 4 ml 醋酸缓冲液，用 6 mol/L HCl 或 6 mol/L NaOH 调节 pH 至 5.0±0.1。加入 6 ml DNPH 试剂，将容器密封，放入加热（40℃）的回旋式振荡器搅拌器 1 h。调节振荡搅拌使溶液形成温和的旋涡。

P.6.3.4.3　将真空提取装置和水流式抽气管或真空泵连接好。将含 2 g 吸附剂的萃取柱连接在真空提取装置上。每根萃取柱用 10 ml 稀柠檬酸缓冲液（10 ml 1 mol/L 柠檬酸缓冲液用试剂水稀释到 250 ml）冲洗以达到要求的条件。

P.6.3.4.4　严格控制反应过程为 1 h，到时间立即取出反应容器，加入 10 ml 饱和 NaCl 溶液到容器中。

P.6.3.4.5　定量移取反应溶液到固相萃取柱上，并且抽真空使溶液以 3～5 ml/min 的速度从萃取小柱流出。液体样品从萃取柱流出后继续抽真空约 1 min。

P.6.3.4.6　当维持真空条件时，每根提取柱用 9 ml 乙腈直接淋洗至 10 ml 容量瓶中。用乙腈稀释溶液并定容，充分混匀，存入密封优良的小瓶中待分析。

注意：因为本方法使用了过量的 DNPH，完成 P.6.3.4.5 操作后，提取柱仍然是黄色的。此颜色的出现并不表示还有被分析物的衍生物残留在柱上。

P.6.3.5　液-液衍生化和提取

P.6.3.5.1　对于除了甲醛以外的其他分析物，加入 4 ml 柠檬酸缓冲液，用 6 mol/L HCl 或 6 mol/L NaOH 调节 pH 至 3.0±0.1。加入 6 ml DNPH 试剂，将容器密封，放入加热（40℃）的回旋式振荡器搅拌器 1 h。调节振荡搅拌使溶液形成温和的旋涡。

P.6.3.5.2　如果甲醛是唯一的目标分析物，加入 4 ml 醋酸缓冲液，用 6 mol/L HCl 或 6 mol/L NaOH 调节 pH 至 5.0±0.1。加入 6 ml DNPH 试剂，将容器密封，放入加热（40℃）的回旋式振荡器搅拌器 1 h。调节振荡搅拌使溶液形成温和的旋涡。

P.6.3.5.3　用二氯甲烷在 250 ml 分液漏斗中连续提取溶液 3 次，每次 20 ml。如果提取过程中形成乳状液，将乳状液全部取出，在 2 000 r/min 离心 10 min。分离上下层液体，进行下一步提取。合并二氯甲烷层到一个装有 5.0 g 无水硫酸钠的 125 ml 锥形瓶中。摇动瓶中物质完成提取物的干燥过程。

P.6.3.5.4　把一个 10 ml 浓缩管的 Kuderna-Danish（K-D）浓缩器和一个 500 ml 蒸馏烧瓶连接在一起。将提取物转移到蒸馏烧瓶中，注意尽量少转移硫酸钠。用 30 ml 二氯甲烷洗涤锥形瓶，将洗涤液也加入到蒸馏烧瓶中，以完成定量的转移。用 K-D 技术将提取液浓缩至 5 ml。分析前将溶剂更换为乙腈。

P.6.4　校准

P.6.4.1　建立液相色谱操作条件。

推荐色谱条件为：

色谱柱：C18 4.6 mm×250 mm ID，5 μm 粒径；

流动相梯度：70/30 乙腈/水（体积分数），20 min；70/30 乙腈/水到 100%乙腈 15 min；100%乙腈 15 min；

流速：1.2 ml/min；

检测器：紫外检测器，360 nm；

进样体积：20 μl。

P.6.4.2　从衍生和提取物中配制绘制标准曲线所用溶液的方法与从样品中配制的方法一样。

P.6.4.3　分析溶剂背景以保证体系干净无干扰。

P.6.4.4　分析每一个处理好的标准曲线样品，按峰面积对标准溶液的质量浓度（μg/L）列表。

P.6.4.5 沿进样的标准浓度对峰面积列表以确定分析物在每个浓度的校准因子（*CF*）（见 P.7.1 的方程）。平均标准曲线样品的 *CF* 的百分比相对标准偏差（*RSD*，%）应该是≤20%。

P.6.4.6 标准工作曲线每天分析前后都需要通过分析一个或多个标准曲线所需的样品进行检查。*CF* 值需要落在初始测定的 *CF* 值±15%以内。

P.6.4.7 在检测最多 10 个样品后，就需要对某一个标准曲线测定溶液进行重新分析以保证 DNPH 衍生化的 *CF* 值仍然落在初始 *CF* 值的±15%范围内。

P.6.5 样品分析

P.6.5.1 用 P.6.4.1 中建立的条件对样品进行 HPLC 分析。

P.6.5.2 如果峰面积超过标准曲线的线性范围，需要减小样品的进样体积，或者将溶液用乙腈稀释重新测量。

P.6.5.3 目标分析物洗脱后，用 P.7.2 中的方程或者特殊取样方法计算出样品中被分析物的质量浓度。

P.6.5.4 如果由于观察到干扰物影响了峰面积的测量，则需要进行进一步的净化。

P.7 结果计算

P.7.1 计算各个校准因子、平均校准因子、标准偏差和百分比相对标准偏差的方法如下：

$$CF = \frac{标准样中化合物的峰面积}{化合物的进样质量浓度（\mu g/L）}$$

$$\overline{CF} = \frac{\sum_{i=1}^{n} CF}{n}$$

$$SD = \sqrt{\frac{\sum_{i=1}^{n}(CF_i - \overline{CF})^2}{n-1}}$$

$$RSD = \frac{SD}{\overline{CF}} \times 100$$

式中：$\overline{CF}$——用 5 个标准浓度作出的平均校准因子；

CF——对于标准溶液 i 的校准因子（$i = 1 \sim 5$）；

RSD——校准因子的相对标准偏差；

n——标准溶液的个数；

SD——标准偏差。

P.7.2 样品浓度的计算

P.7.2.1 液体样品质量浓度的计算方式如下：

$$醛质量浓度（\mu g/L） = \frac{（样品峰面积）\times 100}{\overline{CF} \times V_s}$$

式中：$\overline{CF}$——被分析物的平均校准因子；

V_s——样品体积（ml）。

P.7.2.2　固体样品的浓度计算方法如下：

$$醛质量浓度（\mu g/L）=\frac{(样品峰面积)\times100}{\overline{CF}\times V_{ex}}$$

其中：$\overline{CF}$——被分析物的平均校准因子；

　　　V_{ex}——提取溶液部分体积（ml）。

附录 Q（资料性附录）

固体废物　多环芳烃类的测定　高效液相色谱法

Q.1 范围

本方法适用于固体废物中苊、苊烯、蒽、苯并[a]蒽、苯并[a]芘、苯并[b]荧蒽、苯并[ghi]芘、苯并[k]荧蒽、二苯并[ah]蒽、荧蒽、芴、茚并[1,2,3-cd]芘、萘、菲、䓛等多环芳烃（PAHs）的高效液相色谱法测定。各分析物的保留时间见表 Q.1。

表 Q.1　PHAs 的高效液相色谱测定

化合物	保留时时/min	柱容量因子（K'）	方法检测限/（μg/L）	
			紫外	荧光
萘	16.6	12.2	1.8	
苊烯	18.5	13.7	2.3	
苊	20.5	15.2	1.8	
芴	21.2	15.8	0.21	
菲	22.1	16.6		0.64
蒽	23.4	17.6		0.66
荧蒽	24.5	18.5		0.21
芘	25.4	19.1		0.27
苯并[a]蒽	28.5	21.6		0.013
䓛	29.3	22.2		0.15
苯并[b]荧蒽	31.6	24.0		0.018
苯度[k]荧蒽	32.9	25.1		0.017
苯并[a]芘	33.9	25.9		0.023
二苯并[ah]蒽	34.7	27.4		0.030
苯并[ghi]芘	36.3	27.8		0.076
茚并[1,2,3-cd]芘	37.4	28.7		0.043

注：HPLC 条件：反相柱 HC-ODS Sil-x，5μm，不锈钢 250mm×φ2.6mm；流动相：乙腈-水=4：6（体积分数）；流速 0.5ml/min，在洗脱 5min 以后，以线性梯度上升，在 25min 内乙腈上升到 100%。如果使用是其他柱的内径值，则应保持线速度为 2mm/s。

Q.2 原理

本方法提供了用高效液相色谱检测 10^{-9} 级含量的多环芳烃的 HPLC 条件。在使用这种方法之前，必须采用适当的样品提取技术。提取物 5～25 μl 进入 HPLC，经色谱分离后流出物用紫外（UV）和荧光检测器检测。

Q.3 试剂和材料

Q.3.1 试剂水：无有机物的试剂级水。

Q.3.2 乙腈：HPLC 纯，经玻璃装置蒸馏过。

Q.3.3 贮备标准溶液

Q.3.3.1 制备质量浓度为 1.00 µg/µl 的贮备标准溶液，制备方法是将 0.010 0 g 的标准参考物质溶解在乙腈中，然后转移到 10 ml 容量瓶内，用乙腈稀释至刻度。如果市售的贮备标准溶液的纯度已由制造商或独立来源所确认，可直接配成各种浓度来使用。

Q.3.3.2 转移贮备标准溶液到有聚四氟乙烯衬里密封的旋盖瓶内，在 4℃ 避光保存。贮备标准溶液要经常检查是否有降解和蒸发的迹象。

Q.3.3.3 贮备标准溶液在贮放 1 年以后，或者在检查中一旦发现有问题时都应立即重新配制。

Q.3.4 校准标准溶液：可利用添加乙腈稀释贮备标准溶液的方法制备，至少要配制 5 种不同浓度的校准溶液。其中 1 种浓度含量是接近但高出于方法检测限，其他 4 种浓度含量相当于实际样品中预期的浓度范围，或者能符合 HPLC 的分析范围要求。校准标准溶液在贮放半年以后，或者在检查中一旦发现有问题时都应即时重新配制。

Q.3.5 内标标准溶液（如果使用内标校准法的话）。使用这种方法时，必须选择和待测物具有相似特性的一种或多种内标标准物，同时分析者还需证实，内标标准物在测量中不受该方法和基体干扰的影响，由于上述这些条件的限制，没有一种内标能应用于所有样品。

Q.3.5.1 对每个待测物，都至少要配制 5 种不同浓度的校准溶液。

Q.3.5.2 对每一种校准溶液，应加入已知含量一种或多种内标溶液，然后用乙腈稀释到定容体积。

Q.3.6 替代标准物，在处理各种样品基体时加入 1 种或 2 种适合于本方法的温度程序范围的替代标准物到各种样品、标准物和试剂水中（替代标准物，如十氟代联苯，或样品中不存在的其他多环芳烃），以监测提取、净化（如需要的话）和分析系统的性能以及本方法的有效性。由于共同的洗涤问题的影响，在 HPLC 分析中不用待测物的，氘的同系物将作为替代标准物。

Q.4 仪器、设备

Q.4.1 K-D 浓缩器。

Q.4.1.1 浓缩管：10 ml 带刻度用磨口玻璃塞以避免提取物的挥发。

Q.4.1.2 蒸发烧瓶：500 ml 用弹簧与浓缩器相连。

Q.4.1.3 Snyder 柱：三球微型。

Q.4.1.4 Snyder 柱：两球微型。

Q.4.2 沸片：用溶剂提取过，10～40 目（硅碳化物或其相当物）。

Q.4.3 水浴：能控温在±5℃，该水浴应在通风橱内使用。

Q.4.4 注射器：5 ml。

Q.4.5 高压注射器。

Q.4.6　HPLC 仪器。

Q.4.6.1　梯度泵系统：恒流量。

Q.4.6.2　反相色谱柱：ODS 色谱柱，填料粒径为 5 μm，250 mm×4.6 mm。

Q.4.6.3　检测器：紫外或荧光检测器。

Q.4.7　容量瓶：10、15 和 100 ml。

Q.5　分析步骤

Q.5.1　提取

Q.5.1.1　一般来说，水样的提取是按照 GB 5085.3 附录 U，先把水样 pH 调为中性后用二氯甲烷提取。固体样品的提取则按照 GB 5085.3 附录 V。为使该方法达到最高灵敏度，提取物的体积应浓缩到 1 ml。

Q.5.1.2　在 HPLC 分析之前，提取物的溶剂必须更换为乙腈。可以用 K-D 浓缩器来进行这种更换，具体操作如下：

Q.5.1.2.1　将 Snyder 微柱连接到 K-D 浓缩器后，把二氯甲烷的提取物浓缩到 1 ml，然后冷却和沥干至少 10 min。

Q.5.1.2.2　先将水浴温度上升到 95～100℃，然后把 K-D 浓缩器上 Snyder 微柱迅速移出，加入 4 ml 乙腈和新的沸片，安装上二球 Snyder 微柱并用 1 ml 乙腈将柱润湿，最后把这套 K-D 浓缩器放置到水浴上，让浓缩管的一部分被热水浸没。根据需要调整装置的垂直位置和水的温度，以使在 15～20 min 内完成浓缩。在适合蒸发比时，Snyder 柱内微球将会有"吱吱"声，但球室内不会有液体溢流。当浓缩的液体表观体积达到 0.5 ml 时，从水浴上移出 K-D 装置，让它冷却沥干至少 10 min。

Q.5.1.2.3　当 K-D 装置冷却以后，移去 Snyder 微柱，并用约 0.2 ml 乙腈洗涤下部连接端，洗涤液流入浓缩管内，推荐用 5 ml 注射器来完成这一步骤，并调整提取物总体积到 1.0 ml。如不立即进行以下步骤，把浓缩管取下盖上塞后贮放在 4℃冰箱内。如果提取物贮放时间超过 2 d，则应转移到有聚四氟乙烯衬垫密封的旋盖瓶内贮放，如不需要进一步纯化即可作 HPLC 分析用。

Q.5.2　HPLC 分析条件

先用乙腈：水=4：6（体积分数）以 0.5 ml/min 流速洗脱 5 min，然后作线性梯度洗脱，在 25 min 内乙腈含量由 40%上升到 100%。如果使用其他内径的柱，则应调整流速使其线速度保持在 2 mm/s。

附录 R（资料性附录）

固体废物　丙烯酰胺的测定　气相色谱法

R.1 范围

本方法用于固体废物中丙烯酰胺的气相色谱法测定。

本方法的方法检测限为 0.032 μg/L。

R.2 引用标准

下列文件中的条款通过在本方法中被引用而成为本方法的条款，与本方法同效。凡是不注明日期的引用文件，其最新版本适用于本方法。

GB/T 6682　分析实验室用水规格和实验方法

R.3 原理

本方法是基于丙烯酰胺的双键溴化的。在经过硫酸钠盐析之后，以乙酸乙酯将反应产物（2,3-二溴丙酰胺）从反应混合物中萃取出来。萃取物经硅酸镁载体柱净化之后，用电子捕获检测器的气相色谱进行分析（GC/ECD）。化合物鉴定结果应该以至少一种其他的定性手段进行辅证。可采用另一根气相色谱确认柱或气相色谱/质谱联用来进行化合物确证。

R.4 试剂和材料

R.4.1　除另有说明外，本方法中所用的水为 GB/T 6682 规定的一级水。

R.4.2　乙酸乙酯：色谱纯。

R.4.3　二乙醚：色谱纯。必须用试纸检测不含过氧化氢。净化后，必须在每升二乙醚中加入 20 ml 乙醇作为防腐剂。

R.4.4　甲醇：色谱纯。

R.4.5　苯：色谱纯。

R.4.6　丙酮：色谱纯。

R.4.7　饱和溴水溶液：将溴和水混合摇动，在暗处 4℃下静置 1 h，使用水相溶液。

R.4.8　硫酸钠（无水，粒状）：分析纯，置于在浅托盘中，在 400℃加热 4 h，或用二氯甲烷预洗涤硫酸钠。若用二氯甲烷预洗涤硫酸钠的方法，则必须分析方法空白，以证明硫酸钠不会造成干扰。

R.4.9　硫代硫酸钠：分析纯，配制成 1 mol/L 水溶液。

R.4.10　溴化钾：分析纯，为红外检测准备。

R.4.11　浓氢溴酸：$\rho=1.48$ g/ml。

R.4.12　丙烯酰胺单体：纯度大于等于 95%。

R.4.13　邻苯二甲酸二甲酯：纯度 99.0%。

R.4.14　硅酸镁载体（60～100 目）：将硅酸镁载体在 130℃活化至少 16 h，或者将其在烘箱中 130℃储存。将 5 g 硅酸镁载体，悬浮在苯中，在玻璃柱中装柱。

R.4.15　标准贮备溶液：在 100 ml 容量瓶中，将 105.3 mg 丙烯酰胺单体溶于水中，以水稀释至刻度。将该丙烯酰胺溶液稀释，以获得质量浓度在 0.1～10 mg/L 范围内的丙烯酰胺单体标准溶液。

R.4.16　校正标准：将丙烯酰胺标准贮备溶液以水稀释，以制得质量浓度为 0.1～5 mg/L 的丙烯酰胺。在进样之前，将校正标准以和环境样品相同的方式反应和萃取。

R.4.17　内标：内标化合物为邻苯二甲酸二甲酯。在乙酸乙酯中配制质量浓度为 100 mg/L 的邻苯二甲酸二甲酯溶液。在样品萃取物和校正标准中邻苯二甲酸二甲酯的质量浓度应该为 4 mg/L。

R.5　仪器、装置

R.5.1　气相色谱仪：配有电子捕获检测器。

R.5.2　分液漏斗：150 ml。

R.5.3　容量瓶：100 ml，带有磨口玻璃塞。25 ml，棕色，带有磨口玻璃塞。

R.5.4　注射器：5 ml。

R.5.5　微量注射器：5、100 μl。

R.5.6　取液器：A 级。

R.5.7　玻璃气相色谱柱：30 cm×2 cm。

R.5.8　机械摇床。

R.6　分析步骤

R.6.1　溴化

移取 50 ml 样品到 100 ml 磨口玻璃塞容量瓶中，将 7.5 g 溴化钾溶于样品中。用浓氢溴酸调整溶液 pH 为 1～3。将容量瓶外包裹铝箔用来避光。边搅拌边加入 2.5 ml 饱和溴水溶液。将这瓶溶液在 0℃下暗处存放至少 1 h。在反应进行至少 1 h 之后，逐滴加入 1 mol/L 的硫代硫酸钠以分解过量的溴，直到溶液变为无色。加入 15 g 硫酸钠，用磁子剧烈搅拌。

R.6.2　萃取

将溶液移入一个 150 ml 的分液漏斗内。用水润洗反应瓶 3 次，每次 1 ml。将洗涤液倒入分液漏斗中。用乙酸乙酯萃取水溶液 2 次，每次 10 ml，每次萃取 2 min，用机械摇床以 240 r/min 的速度摇动。将有机相用 1 g 硫酸钠干燥后移入一个 25 ml 棕色容量瓶，用乙酸乙酯洗涤硫酸钠 3 次，每次 1.5 ml，将洗涤液和有机相合并。准确称量 100 μg 邻苯二甲酸二甲酯，加入容量瓶中，用乙酸乙酯定容至 25 ml 刻度线。每次向气相色谱注射 5 μl 该溶液。

R.6.3　净化：只要还能看到液液界面，样品就需用以下方法净化

将干燥后的提取液移入蒸发皿中，加入 15 ml 苯。在 70℃下将溶剂减压蒸发，使溶

液浓缩至约 3 ml。加入 50 ml 苯，使该溶液以 3 ml/min 的流速流入硅酸镁载体柱。先用 50 ml 的二乙醚-苯（1：4）以 5 ml/min 的流速洗脱，然后用 25 ml 的丙酮-苯（2：1）以 2 ml/min 的流速洗脱。弃去所有第一次洗脱的洗脱液以及第二次洗脱的最初 9 ml 洗脱液，用其余洗脱液进行检测。采用邻苯二甲酸二甲酯（4 mg/L）作为内标。

R.6.4　气相色谱条件

氮气载气流速：40 ml/min；

柱温：165℃；

进样温度：180℃；

检测温度：185℃；

进样体积：5 μl。

R.6.5　样品分析

将样品萃取液取 5 μl（含有 4 mg/L 内标）进样。图 R.1 为一个样品的 GC/ECD 色谱图的例子。

R.6.6　空白试验

除不称取试样外，均按上述步骤进行。

R.7　计算

根据以下公式来计算丙烯酰胺单体在样品中的质量浓度：

$$质量浓度（\mu g/L）= \frac{A_x \cdot \rho_{is} \cdot D \cdot V_i}{A_{is} \cdot \overline{RF} \cdot V_s \cdot 1\,000}$$

式中：A_x——样品中被分析物的峰面积（或峰高）；

A_{is}——内标的峰面积（或峰高）；

ρ_{is}——浓缩样品萃取液中内标的质量浓度，$\mu g/L$；

D——稀释系数，如果样品或萃取液在分析前被稀释，没有稀释时 $D = 1$，稀释系数是无量纲的；

V_i——萃取液的进样体积 μL，样品和校正标准液的进样体积必须相同；

$\overline{RF}$——初始校正的平均响应系数；

V_s——被提取或吹扫的水溶液样品体积。如果该变量的单位用升，则结果需乘以 1 000；

1 000——1 ml 等于 1000 μl。如果进样体积（V_i）以 ml 表示，则可省去 1 000。

用此处说明的变量单位计算得到的结果质量浓度单位为 ng/ml，也等同于 μg/L。

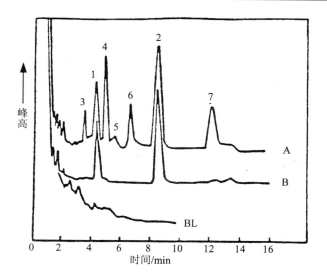

A. 未经处理；

B. 经硅酸镁载体净化；

BL. 空白的色谱图，气相色谱分析之前浓缩5倍。

峰：

1. 2,3-二溴丙酰胺；

2. 邻苯二甲酸二甲酯；

4～7. 溴化钾引起的杂质；

样品体积＝100 ml；丙烯酰胺 ＝0.1 μg。

图 R.1　水溶液中丙烯酰胺溴化产物得到的典型色谱图

附录 S（资料性附录）

固体废物　多氯代二苯并二噁英和多氯代二苯并呋喃的测定 高分辨气相色谱/高分辨质谱法

S.1 范围

本方法适用于固体废物中多氯代二苯并二噁英（4～8 个氯的取代物；PCDDs）和多氯代二苯并呋喃（4～8 个氯的取代物；PCDFs）的 10^{-6} 和 10^{-9} 量级的高分辨气相色谱/高分辨质谱法检测。包括：2,3,7,8-四氯二苯并对二噁英、1,2,3,7,8-五氯二苯并对二噁英、1,2,3,6,7,8-六氯二苯并对二噁英、1,2,3,4,7,8-六氯二苯并对二噁英、1,2,3,7,8,9-六氯二苯并对二噁英、1,2,3,4,6,7,8-七氯二苯并对二噁英、1,2,3,4,6,7,8,9-八氯二苯并对二噁英、2,3,7,8-四氯二苯并呋喃、1,2,3,7,8-五氯二苯并呋喃、2,3,4,7,8-五氯二苯并呋喃、1,2,3,6,7,8-六氯二苯并呋喃、1,2,3,7,8,9-六氯二苯并呋喃、1,2,3,4,7,8-六氯二苯并呋喃、2,3,4,6,7,8-六氯二苯并呋喃、1,2,3,4,6,7,8-七氯二苯并呋喃、1,2,3,4,7,8,9-七氯二苯并呋喃、1,2,3,4,6,7,8,9-八氯二苯并呋喃。

S.2 原理

本方法分析过程包括针对特定基质的提取，对特定分析物的纯化，以及 HRGC/HRMS 分析技术。不同基质使用不同方法进行提取，提取物随后进行酸洗处理和干燥。经过一步溶剂交换后，提取物经过纯化，在加入 10～50 μl（视基质而定）含有 50 pg/μl 回收率标准物 $^{13}C_{12}$-1,2,3,4-TCDD 和 $^{13}C_{12}$-1,2,3,7,8,9-HxCDD 的壬烷溶液后，用于 HRGC/HRMS 分析的最终提取物即制备完成。

S.3 试剂和材料

S.3.1　无有机物试剂水，本方法中使用的所有水均为不含有机物的试剂水。

S.3.2　柱色谱试剂：

S.3.2.1　氧化铝：中性，80～200 目（超 1 级）在室温下贮放于用硅胶干燥剂的密封容器内。

S.3.2.2　氧化铝：酸性 AG4，若空白检测显示有污染，以二氯甲烷为溶剂用索氏体取法提取 24 h，然后放入箔片覆盖的玻璃容器内以 190℃加热活化 24 h。最终贮存在有 Teflon TM 螺纹盖的密封玻璃瓶中。

S.3.2.3　硅胶：高纯级，60 型，70～230 目。若空白检测显示有污染，以二氯甲烷为溶剂用索氏体取法提取 24 h，然后放入箔片覆盖的玻璃容器内以 190℃加热活化 24 h。最终贮存在有 Teflon TM 螺纹盖的密封玻璃瓶中。

S.3.2.4　氢氧化钠浸泡的硅胶。在 2 份（重量）的硅胶（经萃取和活化）中加入 1 份（重量）的 1 mol/L NaOH 溶液，在有螺纹盖的玻璃瓶中混合并用玻璃棒搅拌，使没有块状物。贮存在有 Teflon TM 螺纹盖的密封玻璃瓶中。

S.3.2.5 用 40%（质量分数）硫酸浸泡的硅胶：在 3 份（重量）的硅胶（经萃取和活化）中加入 2 份的浓硫酸，在有螺纹盖的玻璃瓶中混合并用玻璃棒搅拌至无块状物。贮存在有 Teflon TM 螺纹盖的密封玻璃瓶中。

S.3.2.6 Celite 助滤剂。

S.3.2.7 活性炭：用甲醇冲洗并在 110℃ 真空干燥。贮存在有 Teflon TM 螺纹盖的密封玻璃瓶中。

S.3.3 试剂：

S.3.3.1 硫酸（H_2SO_4）：浓硫酸，ACS 级，ρ = 1.84。

S.3.3.2 氢氧化钾（KOH）：ACS 级，20%（质量分数）溶解于无有机物试剂水中。

S.3.3.3 氯化钠（NaCl）：分析纯试剂，5%（质量分数）溶解于无有机物试剂水中。

S.3.3.4 碳酸钾（K_2CO_3）：无水，分析纯试剂。

S.3.4 干燥试剂：硫酸钠（Na_2SO_4），粉末状，无水，在表面皿中 400℃ 加热纯化 4 h，或用二氯甲烷预清洗。若硫酸钠用二氯甲烷预清洗过，必须做空白分析以证明硫酸钠不会引入干扰。

S.3.5 溶剂：

S.3.5.1 二氯甲烷（CH_2Cl_2）：高纯，用玻璃瓶蒸馏或最高级纯。

S.3.5.2 正己烷（C_6H_{14}）：高纯，用玻璃瓶蒸馏或最高级纯。

S.3.5.3 甲醇（CH_3OH）：高纯，用玻璃瓶蒸馏或最高级纯。

S.3.5.4 壬烷（C_9H_{20}）：高纯，用玻璃瓶蒸馏或最高级纯。

S.3.5.5 甲苯（$C_6H_5CH_3$）：高纯，用玻璃瓶蒸馏或最高级纯。

S.3.5.6 环己烷（C_6H_{12}）高纯，用玻璃瓶蒸馏或最高级纯。

S.3.5.7 丙酮（CH_3COCH_3）：高纯，用玻璃瓶蒸馏或最高级纯。

S.3.6 高分辨浓度校准溶液，用 5 种含有已知浓度未标记和同位素碳-13 标记的 PCDDs 和 PCDFs 的壬烷溶液校准仪器。质量浓度范围依不同物质而定，四氯化的二噁英和呋喃质量浓度最低（1.0 pg/µl），八氯化的二噁英和呋喃质量浓度最高（1 000 pg/µl）。

S.3.6.1 溶液应该在分析员的实验室配制。实验室必须在分析样品前确保所获得的（或配制的）标准溶液在适当的浓度范围内。

S.3.6.2 浓度校准溶液贮存在 1 ml 小瓶中室温暗处存放。

S.3.7 气相色谱柱性能鉴定溶液。

S.3.8 样品加标溶液：含有 9 种微量内标物的壬烷溶液。

S.3.9 基体加标混合液：用来制备 MS 和 BSD 样品的溶液。

S.4 仪器

S.4.1 高分辨气相色谱/高分辨质谱/数据系统（HRGC/HRMS/DS）——气相色谱必须安装程序升温，并且所有需要的附件齐备，如进样器、载气和毛细管柱。

S.4.1.1 气相色谱进样口。

S.4.1.2 气相色谱/质谱（GC/MS）接口。

S.4.1.3 质谱：仪器的静态分辨率必须保持至少 10 000（10%谷底）。

S.4.1.4 数据系统：一个专用的数据系统控制快速的多离子检测和获得数据。

S.4.2 色谱柱。

S.4.2.1 60 m DB-5 熔融石英毛细管柱。

S.4.2.2 30 m DB-225 熔融石英毛细管柱或同类物产品。

S.5 样品的采集、保存和预处理

S.5.1 样品采集。

S.5.1.1 样品采集人员应该尽可能在装入样品容器前将样品混匀。

S.5.1.2 随机和复合样品都应采集在玻璃容器内，瓶子在采样之前不要用样品预洗涤，采样装置必须是没有潜在污染源。

S.5.2 保存和存放时间。所有样品必须在 4℃暗处存放，在 30 d 内要提取，在提取后 45 d 内应分析完毕。分析的样品一旦超过保存期限，测定结果只能被认为是样品当中至少含有的量。

S.5.3 相分离。对水分含量＞25%的土壤、沉积物和纸浆样品，将 50 g 样品放入合适的离心瓶中以 2 000 r/min 离心 30 min，取出离心瓶，在瓶上标记液面位置，估计两相的相对体积。用移液管将液层移入另一干净瓶中。用不锈钢刮刀混合固相物质，并取出一部分进行称重和分析（干重质量分数测定，提取）。将剩余固相物质装入原始的样品瓶（空）或装入一个干净的适合标记的样品瓶，适当保存。记录液相的粗略体积，然后作为废弃物处理。

S.5.4 干重质量分数的测定。土壤、沉积物或纸浆样品中若含有可检测量级（见下面备注）的至少一种 2,3,7,8-取代的 PCDD/PCDF 同类化合物，其干重百分比可按以下程序测定。以 3 位有效数字称取 10 g 土壤或沉积物样品（±0.5g）在通风烘箱里 110℃烘至衡重，然后在干燥器中冷却。称准干燥后样品至 3 位有效数字，计算并记录干重百分比。不要使用这部分样品进行提取，将其按有毒废弃物处理。

备注：除非检测限被确定，否则方法定量下限将用做估测最低检出限。

$$干重质量分数（\%）=\frac{干燥后样品质量}{原样品质量}\times100$$

注意：分散良好的被 PCDDs/PCDFs 污染的土壤和沉积物是危险的，因为含有 PCDDs/PCDFs（包括 2,3,7,8-TCDD）的微粒可能被吸入或摄取。这些样品因该在有限空间进行处理（如密闭的通风橱或手套箱）。

S.6 分析步骤

S.6.1 加入内标物

S.6.1.1 取待测样品 1～100 g 的进行分析。表 S.1 提供了不同基体所需的典型样品量。然后将样品转移到配衡烧瓶中测定其质量。

S.6.1.2 在样品中加入适量的样品加标混合物。所有样品都加入 100 μl 样品加标混合物，使样品中的内标物含量如表 S.1 所示。

S.6.1.2.1 对土壤、沉积物、灰尘、水、纸浆和淤泥样品加标时，将样品加标液与 1.0 ml 丙酮混合。

S.6.1.2.2 对于其他基体，不要稀释壬烷溶液。

S.6.2 提取及纯化纸浆样品

S.6.2.1 在 10 g 混匀的纸浆样品中加入 30 g 无水硫酸钠并用不锈钢刮刀彻底混匀。在粉碎所有块状物后，将纸浆/硫酸钠混合物加入索氏提取器的玻璃棉塞上方，然后加入 200 ml 甲苯，回流 16 h。容积必须每小时在体系中完全循环一次。

S.6.2.2 将 S.6.2.1 的提取物转移到一个 250 ml 容量瓶中用二氯甲烷滴定到刻度线，充分混合，定量地将全部纸浆提取液转移到配有 Snyder 柱的 KD 装置中。

备注：也可以选用旋转蒸发仪代替 KD 装置进行提取液浓缩。

S.6.2.3 加入 Teflon TM 沸石或同类产品。将提取液在水浴中浓缩到表观体积 10 ml。从水浴中取出装置冷却 5 min。

S.6.2.4 向 KD 瓶中加入 50 ml 正己烷和一新沸石。在水浴中浓缩至表观体积 5 ml。从水浴中取出装置冷却 5 min。

备注：二氯甲烷必须在下步之前被完全除去。

S.6.2.5 取出并倒转 Snyder 柱，然后用正己烷向 KD 装置中冲洗两次，每次 1 ml。将 KD 装置和浓缩管中的溶液倒入 125 ml 分液漏斗。用正己烷冲洗 KD 装置两次，每次 5 ml，合并入分液漏斗。然后按照 S.6.5.1.1 开始的说明进行纯化。

S.6.3 环境和废弃物样品的提取和纯化

S.6.3.1 淤泥/燃料油

S.6.3.1.1 将约 2 g 含水淤泥或燃料油样品放入盛有 50 ml 甲苯的 125 ml 连有一个 Dean-Stark 分水器的烧瓶内回流提取。连续回流样品直到水被全部除去为止。

备注：若淤泥或燃料油样品溶解于甲苯，则按 S.6.3.2 进行处理。若标记的淤泥样品来源于纸浆（造纸厂），则按从 S.6.2 开始的方法处理，但不加硫酸钠。

S.6.3.1.2 样品冷却后，用玻璃纤维过滤器或与其相当的过滤器过滤甲苯提取物到 100 ml 圆底烧瓶内。

S.6.3.1.3 用 10 ml 甲苯洗涤过滤器，合并洗液和提取液。

S.6.3.1.4 在旋转蒸发仪内于 50℃下浓缩近干。也可在惰性气氛下浓缩提取液，然后按 S.6.3.4 进行操作。

S.6.3.2 釜脚/油：

S.6.3.2.1 为提取釜脚样品，先将 10 g 样品和 10 ml 甲苯（苯）在小烧杯中混合，然后用玻璃纤维滤纸（或相当物）过滤，滤液装入 50 ml 圆底烧瓶内，再用 10 ml 甲苯洗涤烧杯和过滤器。

S.6.3.2.2 合并滤液和洗液，用旋转蒸发器在 50℃下浓缩近干，下步处理见 S.6.4。

S.6.3.3 浮尘：

备注：因浮尘有漂浮倾向，所有操作步骤应在通风处内进行，使污染最小化。

S.6.3.3.1 称取 10 g 浮尘，准确到小数点后第二位，并装入提取瓶中。加入 100 μl 样品加标液用丙酮稀释至 1 ml，再加入 150 ml 1 mol/L HCl。用 Teflon TM 螺纹盖密封广口瓶，室温震荡 3 h。

S.6.3.3.2 用甲苯冲洗玻璃纤维滤器，样品经 Buchner 漏斗中的滤纸过滤后，流入 1 L 烧瓶。用约 500 ml 无有机物试剂水冲洗浮尘块并在干燥器中室温干燥过夜。

S.6.3.3.3 加入 10 g 无水硫酸钠粉末，充分混合，放置在密闭容器中 1 h，再混合，再放置 1 h，第三次混合。

S.6.3.3.4 将样品和滤纸一起放入提取套管中，用 200 ml 甲苯在索氏提取装置按 5 个/h 循环的程序提取 16 h。

备注：也可以甲苯为溶剂，用 Soxhlet/Dean Stark 萃取器进行操作，此法必须要加入硫酸钠。

S.6.3.3.5 待样品冷却后，经玻璃纤维滤膜过滤到 500 ml 圆底烧瓶内，再用 10 ml 甲苯洗涤过滤器，合并洗液和滤液，在旋转蒸发器内 50℃下浓缩近干，下步处理见 S.6.4.4。

S.6.3.4 用 15 ml 己烷将接近干涸样品转移到 125 ml 分液漏斗中，用两份 5 ml 正己烷先后洗涤烧瓶，将洗涤液也倒入漏斗内，加入 50 ml 质量分数为 5% NaCl 溶液一起振荡 2 min，弃去水层后，下步处理见 S.6.4。

S.6.3.5 含水样品

S.6.3.5.1 样品达到室温，为了能最后确定样品的确切体积，在 1 L 样品瓶的外壁上做一个水样弯月面的标记。按要求加入丙酮稀释的样品加标液。

S.6.3.5.2 当样品中含有 1%或更多固体物质，必须先用玻璃纤维滤纸进行过滤，然后用甲苯冲洗滤纸。若悬浮的固体物质多到无法用 0.45 μm 滤纸过滤，要将样品离心，倒出水相进行过滤。

备注：造纸厂流出水样通常含有 0.02%～0.2%固体物质，不需要过滤。但为得到最佳分析结果，所有流出水样应该过滤，固相合液相分别提取，再合并提取液。

S.6.3.5.3 合并离心管中的固体物质和滤纸及其上面的颗粒，用 S.6.4.6.1～S.6.4.6.4 描述的索氏提取方法提取。取出倒转 Snyder 柱，并用 1 ml 正己烷冲洗到 KD 装置中。

S.6.3.5.4 将滤液倒入 2 L 分液漏斗，向样品瓶内加入 60 ml 氯甲烷，密封后摇荡 30 min 以洗涤瓶的内壁后，转移到分液漏斗内，摇荡 2 min，并定时排气以提取样品。

S.6.3.5.5 至少静置 10 min 待有机相和水相分离，如果在两相的层间出现乳化层，且乳化层高度大于溶液层高度的 1/3，那么分析者必须使用机械技术来完成相分离（如玻璃搅棒）。

S.6.3.5.6 把样品提取液通过装有玻璃棉滤团和 5 g 无水硫酸钠的过滤漏斗后，将二氯甲烷层直接收集到 500 ml K-D 装置内（装有一个 10 ml 浓缩管）。

备注：也可用旋蒸仪代替 KD 装置进行提取液浓缩。

S.6.3.5.7 用二氯甲烷重复提取两次，每次 60 ml。第三次提取后，用 30 ml 二氯甲烷冲洗硫酸钠，确保定量转移。混合所有提取物和洗液，加入 KD 装置中。

备注：如果在实验中样品发生了严重乳化问题或者在分液漏斗中遇到了乳化问题，则应使用连续的液-液提取器来代替分液漏斗。将 60 ml 的二氯甲烷加入到样品瓶内，密封后摇荡 30 min 以洗涤瓶的内壁，将溶剂转移入提取器内；再用 50～100 ml 二氯甲烷加入样品瓶内重复操作。另外，用 200～500 ml 二氯甲烷加入与提取器相连蒸馏烧瓶内，为了便于操作还添加入足够量的无有机物试剂水，然后提取 24 h。冷却后，拆下蒸馏烧瓶，按 S.6.3.5.6 和 S.6.3.5.8 到 S.6.3.5.10 要求干燥和浓缩提取物。再按 S.6.3.5.11 继续进行下步操作。

S.6.3.5.8 将 Snyder 柱连接到浓缩器上，在水浴上将提取物浓缩到大约 5 ml 体积，移下 K-D 浓缩器，并至少冷却 10 min。

S.6.3.5.9 取下 Snyder 柱，加入 50 ml 正己烷和用索氏提取法得到的固体悬浮物提取液（S.6.3.5.3），再重新连上 Snyder 柱，浓缩到大约 5 ml 体积。在进行第二次浓缩之前，应加入新沸石到 K-D 浓缩器内。

S.6.3.5.10　用正己烷洗涤烧瓶和低处借口两次，每次 5 ml，合并提取液和洗液，最后体积大约为 15 ml。

S.6.3.5.11　为确定原始样品体积，在样品瓶中装水至标记处，并转移到 1 000 ml 量筒。记录样品体积，精确到 5 ml，然后按 S.6.5 处理。

S.6.3.6　土壤/沉积物：

S.6.3.6.1　在样品（如 10 g）中加入 10 g 无水硫酸钠粉末，用不锈钢刮刀混合均匀。所有块状物被粉碎后，将土壤/硫酸钠混合物加入带有玻璃棉塞的索氏提取器中（也可用提取管）。

备注：也可用 Soxhlet/Dean Stark 提取器代替，以甲苯为溶剂。此时不加硫酸钠。

S.6.3.6.2　在索氏提取器中加入 200～250 ml 甲苯，回流 16 h。溶剂必须每小时在体系中完全循环 5 次。

备注：若干燥样品物自由流动黏度，必须多加硫酸钠。

S.6.3.6.3　提取物冷却后经玻璃纤维滤纸，流入 500 ml 圆底烧瓶，以蒸发甲苯。用甲苯洗涤滤纸，与滤液合并后用旋蒸仪在 50℃蒸发近干。从水浴取出烧瓶，冷却 5 min。

S.6.3.6.4　用 15 ml 正己烷将残渣转移入 125 ml 分液漏斗，用正己烷冲洗烧瓶两次，也加入漏斗。按 S.6.5 进行下步操作。

S.6.4　纯化

S.6.4.1　分离：

S.6.4.1.1　用 40 ml 浓盐酸分离正己烷提取物，振荡 2 min。取出并弃置浓硫酸层（底层）。重复酸洗直到酸层没有可见颜色（酸洗最多 4 次）。

S.6.4.1.2　用 40 ml 5%（质量分数）氯化钠水溶液分离提取液。振荡 2 min，取出并弃置水层（底层）。

S.6.4.1.3　用 40 ml 20%（质量分数）氢氧化钾（KOH）水溶液分离提取液。振荡 2 min，放出下部水层弃去，重复用碱洗至下部水层内观察不到颜色时止（碱洗最多只进行 4 次），因为强碱（KOH）会使某些 PCDDs 或 PCDFs 降解，所以与碱接触时间应越短越好。

S.6.4.1.4　用 40 ml 5%（质量分数）氯化钠水溶液分离提取液。振荡 2 min，取出并弃去水层（底层）。使提取液流经玻璃棉上带有硫酸钠的漏斗进行干燥，收集流出液倒 50 ml 圆底烧瓶。用正己烷冲洗含硫酸钠的漏斗两次，每次 15 ml，然后用旋蒸仪（35℃水浴）浓缩正己烷溶液至近干，确保全部甲苯被蒸干。也可吹惰性气体浓缩提取液。

S.6.4.2　硅/铝柱纯化：

S.6.4.2.1　填充一根带有聚四氟乙烯旋塞的硅胶柱（玻璃，30 cm×10.5 mm）：在柱的底部插入玻璃棉滤团，加入 1 g 硅胶，轻轻敲击柱，使硅胶沉降。再加入 2 g 氢氧化钠浸泡的硅胶，4 g 硫酸浸泡的硅胶和 2 g 硅胶。每次加入后都轻敲柱。可能需要使用微弱正压力的纯净氮气（0.03 MPa）。用 10 ml 正己烷淋洗柱子，当加入的正己烷逐渐往下移动到顶层硅胶将要接触到空气前时，立即关闭聚四氟乙烯旋塞，流出柱外的淋洗液弃去。检查柱内是否出现沟槽，如果有沟槽出现则此柱不能使用。切勿敲击湿柱。

S.6.4.2.2　填充一根带有聚四氟乙烯旋塞的氧化铝柱（玻璃，300 mm×10.5 mm）：

在柱的底部插入玻璃棉滤团，然后加入 4g 硫酸钠层，再加入 4g Woelm® Super 1 中性氧化铝层，轻轻敲击柱的顶部使硫酸钠层和氧化铝层逐渐填充紧密。Woelm® Super 1 中性氧化铝使用前不需要活化和清洗，但要保存在密封的干燥器内。在氧化铝层上部再加入 4 g 无水硫酸钠覆盖氧化铝，再用 10 ml 正己烷淋洗柱子，当加入的己烷逐渐往下移动到上层硫酸钠将要接触到空气前时，立即关闭聚四氟乙烯旋塞，流出柱外的淋洗液弃去。检查柱内是否出现沟槽：如果有沟槽出现则此柱不能使用。切勿敲击湿柱。

备注：酸性氧化铝（S.5.2.2）也可用来代替中性氧化铝。

S.6.4.2.3 将 S.6.4.1.4 的残留物，用 2 ml 正己烷溶解，将此己烷溶液加入柱的顶部。再用足够量正己烷（3～4 ml）冲洗烧瓶，将样品定量转移到硅胶柱表面。

S.6.4.2.4 用 90 ml 正己烷冲洗硅胶柱，用旋蒸仪（35℃水浴）浓缩流出液至约 1 ml，然后将浓缩液加入氧化铝柱顶部（S.6.4.2.2）。用 2 ml 正己烷冲洗旋蒸仪两次，洗液也加入氧化铝柱顶部。

S.6.4.2.5 将 20 ml 正己烷加入氧化铝柱，然后使正己烷流出，直至液面刚好低于硫酸钠顶部。不要弃去流出的正己烷，用另一烧瓶收集贮存待后面使用。如果回收率不理想，可以用其来检测标记分析物的流失位置。

S.6.4.2.6 在氧化铝柱中加入 15 ml 含 60%二氯甲烷的正己烷溶液（体积分数），用 15 ml 锥形浓缩管收集流出液。通入仔细调节的氮气流，浓缩 60%二氯甲烷的正己烷溶液至 2 ml。

S.6.4.3 碳柱纯化：

S.6.4.3.1 制备 AX-21/Celite 545®柱：彻底混合 5.4 g 活性炭 AX-21 和 62.0 g Celite 545®，制备 8%（质量分数）混合物。130℃活化该混合物 6 h，并贮存在保干器中。

S.6.4.3.2 一次性血清学用的 10 ml 吸液管，切割两端制成 10 cm（4in）的柱，然后在火上把管的两头烧圆滑，必要时还扩成喇叭口。在一端塞入玻璃棉滤团后填充进足够的 Celite 545®形成 1 cm 堵头，加入 1 g AX-21/Celite 545®混合物，顶端再加 Celite 545®（足够形成 1 cm 堵头），用另一玻璃棉将填充物盖上。

备注：每批新的 AX-21/Celite 545®必须进行如下检测：在 950 μl 正己烷中加入 50 μl 连续标准液，使之经过碳柱纯化操作，浓缩到 50 μl 进行分析。若任何分析物的回收率小于 80%，弃去这批 AX-21/Celite 545®。

S.6.4.3.3 依次用 5 ml 甲苯、2 ml 75：20：5（体积分数）二氯甲烷/甲醇/甲苯，1 ml 1：1（体积分数）环己烷/二氯甲烷和 5 ml 正己烷冲洗 AX-21/Celite 545®柱。弃去洗液。当柱还被正己烷浸润时，在柱顶加入样品浓缩液（S.6.4.2.6）。用 1 ml 正己烷冲洗样品浓缩管（盛放样品浓缩液）两次，洗液也加入柱顶。

S.6.4.3.4 依次用正己烷冲洗两次，2 ml 环己烷/二氯甲烷（50：50，体积分数）和 2 ml 二氯甲烷/甲醇/甲苯（75：20：5，体积分数）各一次。洗液混合，该混合液可以用来检测柱效。

S.6.4.3.5 将柱倒置，用 20 ml 甲苯冲洗 PCDD/PCDF 组分。确保流出液中没有碳粒，若有，则用玻璃纤维滤纸（0.45 μm）过滤，并用 2 ml 甲苯冲洗滤纸。将洗液加入流出液中。

S.6.4.3.6 用旋蒸仪在 50℃水浴中将甲苯溶液浓缩至约 1 ml，小心转移浓缩液到 1 ml 小瓶中。然后在升温（50℃）的沙浴中通入氮气流，使体积减至约 100 μl。用 300 μl 1%

甲苯的二氯甲烷溶液冲洗旋蒸烧瓶 3 次，洗液并入浓缩液。在土壤、沉积物、水、纸浆样品中加入 10 μl 壬烷回收标准液，或在淤泥、釜脚和浮尘样品中加入 50 μl 该标准液。室温暗处存放样品。

S.6.5　色谱/质谱条件和数据采集参数

S.6.5.1　气相色谱：

柱涂料：DB-5；

涂膜厚：0.25 μm；

柱尺寸：60 m×0.32 mm；

进样口温度：270℃；

不分流阀时间：45 s；

接口温度：随最终温度而定；

程序升温：200℃，保持 2 min，5℃/min；到 220℃，保持 16 min，5℃/min；到 235℃，保持 7 min，5℃/min；到 230℃，保持 5 min。

S.6.5.2　质谱：

S.6.5.2.1　质谱必须使用选择离子监测（SIM）模式，循环时间为 1 s 或更短（S.6.5.3.1）。至少对于 5 个 SIMMRM 时间序列中每一种应监测的离子必须进行监测。除最后一个 MRM 时间序列（OCDD/OCDF）外，所有 MRM 时间序列都包含 10 种离子。对于本身含有较高浓度 HxCDDs 和 HpCDDs 的样品，即使在高分辨质谱条件下，也要选择 M 和 M+2 作为 13C-HxCDF 和 13C-HpCDF 分子离子，而不是 M+2 和 M+4（保持连续性），是为了消除这两个离子通道中的干扰。对于标准液和样品提取液，保持一致的离子设定是非常重要的。锁定质量由操作实验室自行选择。

S.6.5.2.2　建议质谱的调谐条件选择离子组而定。使用调谐液，在 m/z 为 304.982 4 或其他任何靠近 m/z 303.901 6（源于 TCDF）的参考信号，调整仪器到最低要求的分辨率 10 000（10% 谷底）。通过峰匹配条件和上述的 PFK 参照峰，确定 m/z 380.976 0（PFK）的精确质量在 5×10^{-6} 的要求值内。

注意：选择高、低质量离子时，必须保证它们在 5 个质量检测器中的任何一个内有最大的电压跳跃。

S.6.5.3　数据采集：

S.6.5.3.1　数据采集的总时间必须小于 1 s。总时间包括所有弛豫时间和电压重设时间之和。

S.6.5.3.2　采集所有 5 种 MRM 时间序列监测的全部离子的 SIM 数据。

S.6.6　校准

S.6.6.1　初始校准：

初始校准分析样品中 PCDDs 和 PCDFs 之前，和任何常规校准方法（S.6.6.3）不能达到 S.6.6.2 所列标准时所需的校准方法。

S.6.6.2　良好校准的标准：

17 种未标记的标准物平均响应因子[RFn 和 RFm]的相对标准差百分数必须不超过 ±20%，对于 9 种标记的参照化合物必须不超过 ±30%。每个 SICP（包括加标化合物）中 GC 信号的信噪比必须大于 10。

S.6.6.3　常规校准（连续校准检测）：

常规校准必须在成功的质量分辨和 GC 分辨验收后，在 12 h 期间开始时进行。在 12 h 末尾交替时也需要作常规校准。

S.6.6.4 合格常规校准的标准：

在下一步操作前，下面的标准必须满足。

S.6.6.4.1 在常规校准中得到的 *RFs* 值 [未标记标准物的 *RFn* 值] 必须在初始校准测得的平均值的±20%范围内。

S.6.6.4.2 在常规校准中得到的 *RFs* 值 [标记标准物的 *RFm* 值] 必须在初始校准测得的平均值的±30%范围内。

S.6.6.4.3 离子强度比必须在允许的控制限内。

S.6.7 分析

S.6.7.1 取出贮存的样品或空白提取液（S.6.4.3.6），通入干燥纯净的氮气，使提取物体积减小至 10～50 μl。

注意：最终体积为 20 μl 或更多的溶液用来测试。最终 10 μl 的体积很难操作，并且从 10 μl 中取出 2 μl 进样，几乎没有剩余样品用来确认和重复进样。

S.6.7.2 向 GC 中进样 2 μl 提取液，在对性能鉴定溶液能得到满意结果的条件下进行操作（S.6.5.1 和 S.6.5.2）。

S.6.7.3 鉴定标准

一个气相色谱峰被鉴定为一种 PCDD 或 PCDF，必须符合下列全部标准：

S.6.7.3.1 保留时间

S.6.7.3.1.1 对于 2,3,7,8-取代的组分，若样品提取液（代表总共含有 10 种共存物包括 OCDD；其中含有一个同位素标记的内标物或回收率标准物，样品组分的保留时间（RRT，在最大峰高处）必须在同位素标记标准物的－1～+3 s 内。

S.6.7.3.1.2 对于样品提取液中不含其同位素取代的内标物的 2,3,7,8-取代的化合物，保留时间必须落入常规校准测定的相对保留时间的 0.005 个保留时间单位内。鉴定 OCDF 是基于其相对于 13C12-OCDD 在每日常规校准结果中的保留时间。

S.6.7.3.1.3 对于非 2,3,7,8-取代的化合物（4～8；共 119 个组分），其保留时间必须在柱性能溶液检测中建立的该种系列化合物的保留时间窗内。

S.6.7.3.1.4 用于定量的两种离子的离子流响应（例如，对于 TCDDs：m/z 319.896 5 和 321.893 6）必须同时（±2 s）达到最大值。

S.6.7.3.1.5 标记标准物的两种离子的离子流响应必须同时（±2 s）达到最大值。

S.6.7.3.2 信噪比

对于确定一个 PCDD/PCDF 化合物或者一组共流出异构体的存在，所有的离子流强度必须≥2.5 倍噪音。

S.6.7.3.3 多氯代二苯醚干扰

除上述标准外，只有当在相应的多氯代二苯醚（PCDPE）通道没有检测到具有相同保留时间（±2 s）且 S/N＞2.5 的峰，才能鉴定一个 GC 峰为 PCDF。

S.7 结果计算

用下列公式计算 PCDD 或化合物质量分数：

$$W_x = \frac{A_x \cdot M_{is}}{A_{is} \cdot W \cdot \overline{RF_n}}$$

式中：W_x——用 pg/g 表示的为标记的 PCDD/PCDF 组分的质量分数（或一组属于同类化合物的共流出异构体）；

A_x——未标记的 PCDDs/PCDFs 的定量离子的积分离子强度总和；

A_{is}——内标物的定量离子（表 S.2）的积分离子强度总和；

M_{is}——样品提取前加入内标物的质量，pg；

$\overline{W}$——以 g 为单位的样品质量（固体或有机液体），或以 ml 为单位的水样体积；

$\overline{RF_n}$——计算得到的分析物平均相对响应因子（其中 $n = 1 \sim 17$）。

表 S.1　基体类型，样品量和基于 2,3,7,8-TCDD 的方法校准限（10^{-12} 量级）

	水	土壤沉积物纸浆 b	浮尘	鱼组织 c	人类脂肪组织	淤泥燃料油	釜脚
MCL^a 下限	0.01	1.0	1.0	1.0	1.0	5.0	10
MCL^a 上限	2	200	200	200	200	1 000	2 000
质量/g	1 000	10	10	20	10	2	1
内标量/10^{-12}	1	100	100	100	100	500	1 000
最终提取液体积/μL	10～50	10～50	50	10～50	10～50	50	50

注：a. 对于其他物质，TCDF/PeCDD/PeCDF 乘以 1，HxCDD/HxCDF/HpCDD/HpCDF 乘以 2.5，OCDD/OCDF 乘以 5。

　　b. S.5.3.样品除水，见 S.5.3。

　　c. 20 g 样品提取液中的一半用来测定油脂含量。

备注：若表观状态相似，化学反应器残渣处理方法同釜脚。

表 S.2　HRGC/HRMS 分析 PCDDs/PCDFs 的监测离子

MRM 时间序列	准确质量（a）	离子 ID	元素组成	分析物
1	303.9016	M	$C_{12}H_4{}^{25}Cl_4O$	TCDF
	305.8987	M+2	$C{}^{12}H{}^4Cl_3{}^{37}ClO$	TCDF
	315.9419	M	$^{13}C_{12}H_4Cl_4O$	TCDF（S）
	317.9389	M+2	$^{13}C_{12}H_4{}^{35}Cl_3{}^{37}ClO$	TCDF（S）
	319.8965	M	$C_{12}H_4{}^{35}Cl_4O_2$	TCDD
	321.8936	M+2	$C_{12}H_4{}^{35}Cl_3{}^{37}ClO_2$	TCDD
	331.9368	M	$^{13}C_{12}H_4{}^{35}Cl_4O_2$	TCDD（S）
	333.9338	M+2	$^{13}C_{12}H_4{}^{35}Cl_3{}^{37}ClO_2$	TCDD（S）
	375.8364	M+2	$C_{12}H_4{}^{35}Cl_3{}^{37}ClO_2$	HxCDPE
	[354.9792]	LOCK	C_9F_{13}	PFK
2	339.8597	M+2	$C_{12}H_3{}^{35}Cl_4{}^{37}ClO$	PeCDF
	341.8567	M+4	$C_{12}H_3{}^{35}Cl_4{}^{37}Cl_2O$	PeCDF
	351.9000	M+2	$^{13}C_{12}H_3{}^{35}Cl_4{}^{37}ClO$	PeCDF（S）
	353.8970	M+4	$^{13}C_{12}H_3{}^{35}Cl_3{}^{37}Cl_2O$	PeCDF（S）
	355.8546	M+2	$C_{12}H_3{}^{35}Cl_4{}^{37}ClO_2$	PeCDD
	357.8516	M+4	$C_{12}H_3{}^{35}Cl_3{}^{37}Cl_2O_2$	PeCDD
	367.8949	M+2	$^{13}C_{12}H_3{}^{35}Cl_4{}^{37}ClO_2$	PeCDD（S）
	369.8919	M+4	$^{13}C_{12}H_3{}^{35}Cl_3{}^{37}Cl_2O_2$	PeCDD（S）
	409.7974	M+2	$C_{12}H_3{}^{35}Cl_6{}^{37}ClO$	HpCDPE
	[354.9792]	LOCK	C_9F_{13}	PFK

MRM 时间序列	准确质量（a）	离子 ID	元素组成	分析物
3	373.8208	M+2	$C_{12}H_2{}^{35}Cl_5{}^{37}ClO$	HxCDF
	375.8178	M+4	$C_{12}H_2{}^{35}Cl_4{}^{37}Cl_2O$	HxCDF
	383.8639	M	$^{13}C_{12}H_2{}^{35}Cl_6O$	HxCDF（S）
	385.8610	M+2	$^{13}C_{12}H_2{}^{35}Cl_5{}^{37}ClO$	HxCDF（S）
	389.8156	M+2	$C_{12}H_2{}^{35}Cl_5{}^{37}ClO_2$	HxCDD
	391.8127	M+4	$C_{12}H_2{}^{35}Cl_{54}{}^{37}Cl_2O_2$	HxCDD
	401.8559	M+2	$^{13}C_{12}H_2{}^{35}Cl_5{}^{37}ClO_2$	HxCDD（S）
	403.8529	M+4	$^{13}C_{12}H_2{}^{35}Cl_{54}{}^{37}Cl_2O_2$	HxCDD（S）
	445.7555	M+4	$C_{12}H_2{}^{35}Cl_6{}^{37}Cl_2O$	OCDPE
	[430.9728]	LOCK	C_9F_{17}	PFK
4	407.7818	M+2	$C_{12}H{}^{35}Cl_6{}^{37}ClO$	HpCDF
	409.7788	M+4	$C_{12}H{}^{35}Cl_5{}^{37}Cl_2O$	HpCDF
	417.8250	M	$C_{12}H{}^{35}Cl_7O$	HpCDF（S）
	419.8220	M+2	$^{13}C_{12}H{}^{35}Cl_6{}^{37}ClO$	HpCDF
	423.7767	M+2	$C_{12}H{}^{35}Cl_6{}^{37}ClO_2$	HpCDD
	425.7737	M+4	$C_{12}H{}^{35}Cl_5{}^{37}Cl_2O_2$	HpCDD
	435.8169	M+2	$^{13}C_{12}H{}^{35}Cl_6{}^{37}ClO_2$	HpCDD（S）
	437.8140	M+4	$^{13}C_{12}H{}^{35}Cl_5{}^{37}Cl_2O_2$	HpCDD（S）
	479.7165	M+4	$C_{12}H{}^{35}Cl_7{}^{37}Cl_2O$	NCDPE
	[430.9728]	LOCK	C_9F_{17}	PFK
5	441.7428	M+2	$C_{12}{}^{35}Cl_7{}^{37}ClO$	OCDF
	443.7399	M+4	$C_{12}{}^{35}Cl_6{}^{37}Cl_2O$	OCDF
	457.7377	M+2	$C_{12}{}^{35}Cl_7{}^{37}ClO_2$	OCDD
	459.7348	M+4	$C_{12}{}^{35}Cl_6{}^{37}Cl_2O_2$	OCDD
	469.7780	M+2	$^{13}C_{12}{}^{35}Cl_7{}^{37}ClO_2$	OCDD（S）
	471.7750	M+4	$^{13}C_{12}{}^{35}Cl_6{}^{37}Cl_2O_2$	OCDD（S）
	513.6775	M+4	$C_{12}{}^{35}Cl_8{}^{37}Cl_2O$	DCDPE
	[442.9728]	LOCK	$C_{10}F_{17}$	PFK

注：（a）采用下列元素质量：

H = 1.007 825　　　　O = 15.994 915

C = 12.000 000　　　^{35}Cl = 34.968 853

^{13}C = 13.003 355　　^{37}Cl = 36.965 903

F = 18.998 4　　　　S = 内标/回收率标准物

中华人民共和国国家标准

危险废物鉴别标准　通则

Identification standards for hazardous wastes general specifications

GB 5085.7—2007

前　言

为贯彻《中华人民共和国环境保护法》和《中华人民共和国固体废物污染环境防治法》，防治危险废物造成的环境污染，加强对危险废物的管理，保护环境，保障人体健康，制定本标准。

本标准是国家危险废物鉴别标准的组成部分。国家危险废物鉴别标准规定了固体废物危险特性技术指标，危险特性符合标准规定的技术指标的固体废物属于危险废物，须依法按危险废物进行管理。国家危险废物鉴别标准由以下 7 个标准组成：

1. 危险废物鉴别标准　通则
2. 危险废物鉴别标准　腐蚀性鉴别
3. 危险废物鉴别标准　急性毒性初筛
4. 危险废物鉴别标准　浸出毒性鉴别
5. 危险废物鉴别标准　易燃性鉴别
6. 危险废物鉴别标准　反应性鉴别
7. 危险废物鉴别标准　毒性物质含量鉴别

本标准为新增部分。

按照有关法律规定，本标准具有强制执行的效力。

本标准由国家环境保护总局科技标准司提出。

本标准起草单位：中国环境科学研究院环境标准研究所、固体废物污染控制技术研究所。

本标准国家环境保护总局 2007 年 3 月 27 日批准。

本标准自 2007 年 10 月 1 日起实施。

本标准由国家环境保护总局解释。

1 范围

本标准规定了危险废物的鉴别程序和鉴别规则。

本标准适用于任何生产、生活和其他活动中产生的固体废物的危险特性鉴别。

本标准适用于液态废物的鉴别；但不适用于排入水体的废水的鉴别。

本标准不适用于放射性废物。

2 规范性引用文件

下列文件中的条款通过 GB 5085 的本部分的引用而成为本标准的条款。凡是不注日期的引用文件，其最新版本适用于本标准。

GB 5085.1　危险废物鉴别标准　腐蚀性鉴别

GB 5085.2　危险废物鉴别标准　急性毒性初筛

GB 5085.3　危险废物鉴别标准　浸出毒性鉴别

GB 5085.4　危险废物鉴别标准　易燃性鉴别

GB 5085.5　危险废物鉴别标准　反应性鉴别

GB 5085.6　危险废物鉴别标准　毒性物质含量鉴别

《固体废物鉴别导则（试行）》（国家环境保护总局、国家发展和改革委员会、商务部、海关总署、国家质量监督检验检疫总局公告，2006 年第 11 号）

《国家危险废物名录》

3 术语和定义

下列术语和定义适用于本标准。

3.1 固体废物　solid waste

是指在生产、生活和其他活动中产生的丧失原有利用价值或者虽未丧失利用价值但被抛弃或者放弃的固态、半固态和置于容器中的气态的物品、物质以及法律、行政法规规定纳入固体废物管理的物品、物质。

3.2 危险废物　hazardous waste

是指列入国家危险废物名录或者根据国家规定的危险废物鉴别标准和鉴别方法认定的具有腐蚀性、毒性、易燃性、反应性和感染性等一种或一种以上危险特性，以及不排除具有以上危险特性的固体废物。

4 鉴别程序

危险废物的鉴别应按照以下程序进行：

4.1 依据《中华人民共和国固体废物污染环境防治法》、《固体废物鉴别导则》判断待鉴别的物品、物质是否属于固体废物，不属于固体废物的，则不属于危险废物。

4.2 经判断属于固体废物的，则依据《国家危险废物名录》判断。凡列入《国家危险废物名录》的，属于危险废物，不需要进行危险特性鉴别（感染性废物根据《国家危险废物名录》鉴别）；未列入《国家危险废物名录》的，应按照第 4.3 条的规定进行危险特性鉴别。

4.3 依据 GB 5085.1～GB 5085.6 鉴别标准进行鉴别,凡具有腐蚀性、毒性、易燃性、反应性等一种或一种以上危险特性的,属于危险废物。

4.4 对未列入《国家危险废物名录》或根据危险废物鉴别标准无法鉴别,但可能对人体健康或生态环境造成有害影响的固体废物,由国务院环境保护行政主管部门组织专家认定。

5 危险废物混合后判定规则

5.1 具有毒性(包括浸出毒性、急性毒性及其他毒性)和感染性等一种或一种以上危险特性的危险废物与其他固体废物混合,混合后的废物属于危险废物。

5.2 仅具有腐蚀性、易燃性或反应性的危险废物与其他固体废物混合,混合后的废物经 GB 5085.1、GB 5085.4 和 GB 5085.5 鉴别不再具有危险特性的,不属于危险废物。

5.3 危险废物与放射性废物混合,混合后的废物应按照放射性废物管理。

6 危险废物处理后判定规则

6.1 具有毒性(包括浸出毒性、急性毒性及其他毒性)和感染性等一种或一种以上危险特性的危险废物处理后的废物仍属于危险废物,国家有关法规、标准另有规定的除外。

6.2 仅具有腐蚀性、易燃性或反应性的危险废物处理后,经 GB 5085.1、GB 5085.4 和 GB 5085.5 鉴别不再具有危险特性的,不属于危险废物。

7 标准实施

本标准由县级以上人民政府环境保护行政主管部门负责监督实施。

中华人民共和国环境保护行业标准

危险废物鉴别技术规范

Technical specifications on identification for hazardous waste

HJ/T 298—2007

前 言

为贯彻《中华人民共和国固体废物污染环境防治法》及相关法律和法规，加强危险废物管理，保证危险废物鉴别的科学性，制定本标准。

本标准由国家环境保护总局科技标准司提出。

本标准由中国环境科学研究院固体废物污染控制技术研究所起草。

本标准国家环境保护总局 2007 年 5 月 21 日批准。

本标准自 2007 年 7 月 1 日起实施。

本标准由国家环境保护总局解释。

1 适用范围

本标准规定了固体废物的危险特性鉴别中样品的采集和检测，以及检测结果的判断等过程的技术要求。

本标准中的固体废物包括固态、半固态废物和液态废物（排入水体的废水除外）。

本标准适用于固体废物的危险特性鉴别，不适用于突发性环境污染事故产生的危险废物的应急鉴别。

2 规范性引用文件

下列文件中的条款通过在本标准中被引用而成为本标准的条款，与本标准同效。凡是不注明日期的引用文件，其最新版本适用于本标准。

HJ/T 20 工业固体废物采样制样技术规范

GB 5085 危险废物鉴别标准

3 术语和定义

本标准中份样、份样数、份样量的定义参见 HJ/T 20 的规定。下列定义适用于本标准。

固体废物产生量：产生固体废物的装置按设计生产能力满负荷运行时所产生的固体废物量。

4 样品采集

4.1 采样对象的确定

对于正在产生的固体废物，应在确定的工艺环节采取样品。

4.2 份样数的确定

4.2.1 表 1 为需要采集的固体废物的最小份样数。

表 1　固体废物采集最小份样数

固体废物量（以 q 表示）/t	最小份样数/个	固体废物量（以 q 表示）/t	最小份样数/个
$q{\leqslant}5$	5	$90{<}q{\leqslant}150$	32
$5{<}q{\leqslant}25$	8	$150{<}q{\leqslant}500$	50
$25{<}q{\leqslant}50$	13	$500{<}q{\leqslant}1\,000$	80
$50{<}q{\leqslant}90$	20	$q{>}1\,000$	100

4.2.2 固体废物为历史堆存状态时，应以堆存的固体废物总量为依据，按照表 1 确定需要采集的最小份样数。

4.2.3 固体废物为连续产生时，应以确定的工艺环节一个月内的固体废物产生量为依据，按照表 1 确定需要采集的最小份样数。如果生产周期小于一个月，则以一个生产周期内的固体废物产生量为依据。

样品采集应分次在一个月（或一个生产周期）内等时间间隔完成；每次采样在设备稳定运行的 8 h（或一个生产班次）内等时间间隔完成。

4.2.4 固体废物为间歇产生时，应以确定的工艺环节一个月内的固体废物产生量为依据，按照表 1 确定需要采集的最小份样数。如果固体废物产生的时间间隔大于一个月，以每次产生的固体废物总量为依据，按照表 1 确定需要采集的份样数。

每次采集的份样数应满足下式要求：

$$n = \frac{N}{p}$$

式中：n —— 每次采集的份样数；

N —— 需要采集的份样数；

p —— 一个月内固体废物的产生次数。

4.3 份样量的确定

4.3.1 固态废物样品采集的份样量应同时满足下列要求：

（1）满足分析操作的需要；

（2）依据固态废物的原始颗粒最大粒径，不小于表 2 中规定的质量。

表 2　不同颗粒直径的固态废物的一个份样所需采取的最小份样量

原始颗粒最大粒径（以 d 表示）/cm	最小份样量/g	原始颗粒最大粒径（以 d 表示）/cm	最小份样量/g
$d{\leqslant}0.50$	500	$d{>}1.0$	2\,000
$0.50{<}d{\leqslant}1.0$	1\,000		

4.3.2　半固态和液态废物样品采集的份样量应满足分析操作的需要。

4.4　采样方法

4.4.1　固体废物采样工具、采样程序、采样记录和盛样容器参照 HJ/T 20 的要求进行。

4.4.2　在采样过程中应采取必要的个人安全防护措施，同时应采取措施防止造成二次污染。

4.4.3　固态、半固态废物样品应按照下列方法采集：

（1）连续产生

在设备稳定运行时的 8 h（或一个生产班次）内等时间间隔用勺式采样器采取样品。每采取一次，作为一个份样。

（2）带卸料口的贮罐（槽）装

应尽可能在卸除废物过程中采取样品；根据固体废物性状分别使用长铲式采样器、套筒式采样器或者探针进行采样。

当只能在卸料口采样时，应预先清洁卸料口，并适当排出废物后再采取样品。采样时，用布袋（桶）接住料口，按所需份样量等时间间隔放出废物。每接取一次废物，作为一个份样。

（3）板框压滤机

将压滤机各板框顺序编号，用 HJ/T 20 中的随机数表法抽取 N 个板框作为采样单元采取样品。采样时，在压滤脱水后取下板框，刮下废物。每个板框采取的样品作为一个份样。

（4）散状堆积

对于堆积高度小于或者等于 0.5 m 的散状堆积固态、半固态废物，将废物堆平铺成厚度为 10～15 cm 的矩形，划分为 5N 个（N 为份样数，下同）面积相等的网格，顺序编号；用 HJ/T 20 中的随机数表法抽取 N 个网格作为采样单元，在网格中心位置处用采样铲或锹垂直采取全层厚度的废物。每个网格采取的废物作为一个份样。

对于堆积高度小于或者等于 0.5 m 的数个散状堆积固体废物，选择堆积时间最近的废物堆，按照散状堆积固体废物的采样方法进行采取。

对于堆积高度大于 0.5 m 的散状堆积固态、半固态废物，应分层采取样品；采样层数应不小于 2 层，按照固态、半固态废物堆积高度等间隔布置；每层采取的份样数应相等。分层采样可以用采样钻或者机械钻探的方式进行。

（5）贮存池

将贮存池（包括建筑于地上、地下、半地下的）划分为 5N 个面积相等的网格，顺序编号；用 HJ/T 20 中的随机数表法抽取 N 个网格作为采样单元采取样品。采样时，在网格的中心处用土壤采样器或长铲式采样器垂直插入废物底部，旋转 90° 后抽出。每采取一次，作为一个份样。

池内废物厚度大于或等于 2 m 时，应分为上部（深度为 0.3 m 处）、中部（1/2 深度处）、下部（5/6 深度处）三层分别采取样品；每层等份样数采取。

（6）袋、桶或其他容器装

将各容器顺序编号，用 HJ/T 20 中的随机数表法抽取 $\frac{(N+1)}{3}$（四舍五入取整数）个袋作为采样单元采取样品。根据固体废物性状分别使用长铲式采样器、套筒式采样器或者探针进行采样。打开容器口，将各容器分为上部（1/6 深度处）、中部（1/2 深度处）、下部（5/6 深度处）三层分别采取样品；每层等份样数采取。每采取一次，作为一个份样。

只有一个容器时，将容器按上述方法分为三层，每层采取 2 个样品。

4.4.4 液态废物的样品采集

根据容器的大小采用玻璃采样管或者重瓶采样器进行采样。将容器内液态废物混匀（含易挥发组分的液态废物除外）后打开容器，将玻璃采样管或者重瓶采样器从容器口中心处垂直缓慢插入液面至容器底；待采样管（采样器）内装满液态废物后，缓缓提出，将样品注入采样容器。每采取一次，作为一个份样。

5 制样、样品的保存和预处理

采集的固体废物应按照 HJ/T 20 中的要求进行制样和样品的保存，并按照 GB 5085 中分析方法的要求进行样品的预处理。

6 样品的检测

6.1 固体废物特性鉴别的检测项目应依据固体废物的产生源特性确定。根据固体废物的产生过程可以确定不存在的特性项目或者不存在、不产生的毒性物质，不进行检测。固体废物特性鉴别使用 GB 5085 规定的相应方法和指标限值。

6.2 无法确认固体废物是否存在 GB 5085 规定的危险特性或毒性物质时，按照下列顺序进行检测。

（1）反应性、易燃性、腐蚀性检测；
（2）浸出毒性中无机物质项目的检测；
（3）浸出毒性中有机物质项目的检测；
（4）毒性物质含量鉴别项目中无机物质项目的检测；
（5）毒性物质含量鉴别项目中有机物质项目的检测；
（6）急性毒性鉴别项目的检测。

在进行上述检测时，如果依据第 6.1 条规定确认其中某项特性不存在时，不进行该项目的检测，按照上述顺序进行下一项特性的检测。

6.3 在检测过程中，如果一项检测的结果超过 GB 5085 相应标准值，即可判定该固体废物为具有该种危险特性的危险废物。是否进行其他特性或其余成分的检测，应根据实际需要确定。

6.4 在进行浸出毒性和毒性物质含量的检测时，应根据固体废物的产生源特性首先对可能的主要毒性成分进行相应项目的检测。

6.5 在进行毒性物质含量的检测时，当同一种毒性成分在一种以上毒性物质中存在时，以分子量最高的毒性物质进行计算和结果判断。

6.6 无法确认固体废物的产生源时，应首先对这种固体废物进行全成分元素分析和水分、有机分、灰分三成分分析，根据结果确定检测项目，并按照第 6.2 条规定进行检测。

6.7 根据第 6.1、6.4、6.6 条规定确定固体废物特性鉴别检测项目时，应就固体废物的产生源特性向与该固体废物的鉴别工作无直接利害关系的行业专家咨询。

7 检测结果判断

7.1 在对固体废物样品进行检测后，如果检测结果超过 GB 5085 中相应标准限值的份样数大于或者等于表 3 中的超标份样数下限值，即可判定该固体废物具有该种危险特性。

表 3　分析结果判断方案

份样数	超标份样数下限	份样数	超标份样数下限
5	1	32	8
8	3	50	11
13	4	80	15
20	6	100	22

7.2 如果采取的固体废物份样数与表 3 中的份样数不符，按照表 3 中与实际份样数最接近的较小份样数进行结果的判断。

7.3 如果固体废物份样数大于 100，应按照下列公式确定超标份样数下限值：

$$N_{限} = \frac{N \times 22}{100}$$

式中：$N_{限}$—— 超标份样数下限值，按照四舍五入法则取整数；

　　　　N —— 份样数。

8 标准实施

本标准由县级以上人民政府环境保护行政主管部门负责监督实施。

中华人民共和国国家标准

危险废物填埋污染控制标准

Standard for pollution control on the security landfill site for hazardous wastes

GB 18598—2001

前 言

为贯彻《中华人民共和国固体废物污染环境防治法》，防止危险废物填埋处置对环境造成的污染，制订本标准。

本标准对危险废物安全填埋场在建造和运行过程中涉及的环境保护要求，包括填埋物入场条件、填埋场选址、设计、施工、运行、封场及监测等方面作了规定。

本标准的附录 A 是标准的附录。

本标准为首次发布。

本标准由国家环境保护总局科技标准司提出。

本标准由中国环境科学研究院固体废物污染控制技术研究所负责起草。

本标准由国家环境保护总局 2001 年 11 月 26 日批准。

本标准由国家环境保护总局负责解释。

1 主题内容与适用范围

1.1 主题内容

本标准规定了危险废物填埋的入场条件，填埋场的选址、设计、施工、运行、封场及监测的环境保护要求。

1.2 适用范围

本标准适用于危险废物填埋场的建设、运行及监督管理。

本标准不适用于放射性废物的处置。

2 引用标准

下列标准所含的条文，在本标准中被引用即构成本标准的条文，与本标准同效。

GB 5085.1 危险废物鉴别标准 腐蚀性鉴别

GB 5085.3 危险废物鉴别标准 浸出毒性鉴别

GB 5086.1~2　固体废物浸出毒性浸出方法

GB/T 15555.1~12　固体废物　浸出毒性测定方法

GB 16297　大气污染物综合排放标准

GB 12348　工业企业厂界噪声标准

GB 8978　污水综合排放标准

GB/T 4848　地下水水质标准

GB 15562.2　环境保护图形标志——固体废物贮存（处置）场

当上述标准被修订时，应使用最新版本。

3　定义

3.1　危险废物

列入国家危险废物名录或者根据国家规定的危险废物鉴别标准和鉴别方法认定具有危险特性的废物。

3.2　填埋场

处置废物的一种陆地处置设施，它由若干个处置单元和构筑物组成，处置场有界限规定，主要包括废物预处理设施、废物填埋设施和渗滤液收集处理设施。

3.3　相容性

某种危险废物同其他危险废物或填埋场中其他物质接触时不产生气体、热量、有害物质，不会燃烧或爆炸，不发生其他可能对填埋场产生不利影响的反应和变化。

3.4　天然基础层

填埋场防渗层的天然土层。

3.5　防渗层

人工构筑的防止渗滤液进入地下水的隔水层。

3.6　双人工衬层

包括两层人工合成材料衬层的防渗层，其构成见附录 A 图1。

3.7　复合衬层

包括一层人工合成材料衬层和一层天然材料衬层的防渗层，其构成见附录 A 图2。

4　填埋场场址选择要求

4.1　填埋场场址的选择应符合国家及地方城乡建设总体规划要求，场址应处于一个相对稳定的区域，不会因自然或人为的因素而受到破坏。

4.2　填埋场场址的选择应进行环境影响评价，并经环境保护行政主管部门批准。

4.3　填埋场场址不应选在城市工农业发展规划区、农业保护区、自然保护区、风景名胜区、文物（考古）保护区、生活饮用水源保护区、供水远景规划区、矿产资源储备区和其他需要特别保护的区域内。

4.4　填埋场距飞机场、军事基地的距离应在 3 000 m 以上。

4.5　填埋场场界应位于居民区 800 m 以外，并保证在当地气象条件下对附近居民区大气环境不产生影响。

4.6　填埋场场址必须位于百年一遇的洪水标高线以上，并在长远规划中的水库等人工蓄水设施淹没区和保护区之外。

4.7 填埋场场址距地表水域的距离不应小于 150 m。

4.8 填埋场场址的地质条件应符合下列要求：

a. 能充分满足填埋场基础层的要求；

b. 现场或其附近有充足的黏土资源以满足构筑防渗层的需要；

c. 位于地下水饮用水水源地主要补给区范围之外，且下游无集中供水井；

d. 地下水位应在不透水层 3 m 以下，否则，必须提高防渗设计标准并进行环境影响评价，取得主管部门同意；

e. 天然地层岩性相对均匀、渗透率低；

f. 地质构结构相对简单、稳定，没有断层。

4.9 填埋场场址选择应避开下列区域：破坏性地震及活动构造区；海啸及涌浪影响区；湿地和低洼汇水处；地应力高度集中，地面抬升或沉降速率快的地区；石灰熔洞发育带；废弃矿区或塌陷区；崩塌、岩堆、滑坡区；山洪、泥石流地区；活动沙丘区；尚未稳定的冲积扇及冲沟地区；高压缩性淤泥、泥炭及软土区以及其他可能危及填埋场安全的区域。

4.10 填埋场场址必须有足够大的可使用面积以保证填埋场建成后具有 10 年或更长的使用期，在使用期内能充分接纳所产生的危险废物。

4.11 填埋场场址应选在交通方便、运输距离较短，建造和运行费用低，能保证填埋场正常运行的地区。

5 填埋物入场要求

5.1 下列废物可以直接入场填埋：

a. 根据 GB 5086 和 GB/T 15555.1～11 测得的废物浸出液中有一种或一种以上有害成分浓度超过 GB 5085.3 中的标准值并低于表 5-1 中的允许进入填埋区控制限值的废物；

b. 根据 GB 5086 和 GB/T 15555.12 测得的废物浸出液 pH 值在 7.0～12.0 之间的废物。

5.2 下列废物需经预处理后方能入场填埋：

a. 根据 GB 5086 和 GB/T 15555.1～11 测得废物浸出液中任何一种有害成分浓度超过表 5-1 中允许进入填埋区的控制限值的废物；

表 5-1　危险废物允许进入填埋区的控制限值

序　号	项　目	稳定化控制限值/（mg/L）
1	有机汞	0.001
2	汞及其化合物（以总汞计）	0.25
3	铅（以总铅计）	5
4	镉（以总镉计）	0.50
5	总铬	12
6	六价铬	2.50
7	铜及其化合物（以总铜计）	75
8	锌及其化合物（以总锌计）	75
9	铍及其化合物（以总铍计）	0.20

序　号	项　目	稳定化控制限值/（mg/L）
10	钡及其化合物（以总钡计）	150
11	镍及其化合物（以总镍计）	15
12	砷及其化合物（以总砷计）	2.5
13	无机氟化物（不包括氟化钙）	100
14	氰化物（以 CN 计）	5

b．根据 GB 5086 和 GB/T 15555.12 测得的废物浸出液 pH 值小于 7.0 和大于 12.0 的废物；

c．本身具有反应性、易燃性的废物；

d．含水率高于 85% 的废物；

e．液体废物。

5.3 下列废物禁止填埋：

a．医疗废物；

b．与衬层具有不相容性反应的废物。

6 填埋场设计与施工的环境保护要求

6.1 填埋场应设预处理站，预处理站包括废物临时堆放、分捡破碎、减容减量处理、稳定化养护等设施。

6.2 填埋场应对不相容性废物设置不同的填埋区，每区之间应设有隔离设施。但对于面积过小，难以分区的填埋场，对不相容性废物可分类用容器盛放后填埋，容器材料应与所有可能接触的物质相容，且不被腐蚀。

6.3 填埋场所选用的材料应与所接触的废物相容，并考虑其抗腐蚀特性。

6.4 填埋场天然基础层的饱和渗透系数不应大于 1.0×10^{-5} cm/s，且其厚度不应小于 2 m。

6.5 填埋场应根据天然基础层的地质情况分别采用天然材料衬层、复合衬层或双人工衬层作为其防渗层。

6.5.1 如果天然基础层饱和渗透系数小于 1.0×10^{-7} cm/s，且厚度大于 5 m，可以选用天然材料衬层。天然材料衬层经机械压实后的饱和渗透系数不应大于 1.0×10^{-7} cm/s，厚度不应小于 1 m。

6.5.2 如果天然基础层饱和渗透系数小于 1.0×10^{-6} cm/s，可以选用复合衬层。复合衬层必须满足下列条件：

a．天然材料衬层经机械压实后的饱和渗透系数不应大于 1.0×10^{-7} cm/s，厚度应满足表 6-1 所列指标，坡面天然材料衬层厚度应比表 6-1 所列指标大 10%；

表 6-1　复合衬层下衬层厚度设计要求

基础层条件	下衬层厚度
渗透系数≤1.0×10^{-7} cm/s，厚度≥3 m	厚度≥0.5 m
渗透系数≤1.0×10^{-6} cm/s，厚度≥6 m	厚度≥0.5 m
渗透系数≤1.0×10^{-6} cm/s，厚度≥3 m	厚度≥1.0 m

b. 人工合成材料衬层可以采用高密度聚乙烯（HDPE），其渗透系数不大于 10^{-12} cm/s，厚度不小于 1.5 mm。HDPE 材料必须是优质品，禁止使用再生产品。

6.5.3 如果天然基础层饱和渗透系数大于 $1.0×10^{-6}$ cm/s，则必须选用双人工衬层。双人工衬层必须满足下列条件：

a. 天然材料衬层经机械压实后的渗透系数不大于 $1.0×10^{-7}$ cm/s，厚度不小于 0.5 m；

b. 上人工合成衬层可以采用 HDPE 材料，厚度不小于 2.0 mm；

c. 下人工合成衬层可以采用 HDPE 材料，厚度不小于 1.0 mm。

衬层要求的其他指标同第 6.5.2 条。

6.6 填埋场必须设置渗滤液集排水系统、雨水集排水系统和集排气系统。各个系统在设计时采用的暴雨强度重现期不得低于 50 年。管网坡度不应小于 2%；填埋场底部应以不小于 2%的坡度坡向集排水管道。

6.7 采用天然材料衬层或复合衬层的填埋场应设渗滤液主集排水系统，它包括底部排水层、集排水管道和集水井；主集排水系统的集水井用于渗滤液的收集和排出。

6.8 采用双人工合成材料衬层的填埋场除设置渗滤液主集排水系统外，还应设置辅助集排水系统，它包括底部排水层、坡面排水层、集排水管道和集水井；辅助集排水系统的集水井主要用作上人工合成衬层的渗漏监测。

6.9 排水层的透水能力不应小于 0.1 cm/s。

6.10 填埋场应设置雨水集排水系统，以收集、排出汇水区内可能流向填埋区的雨水、上游雨水以及未填埋区域内未与废物接触的雨水。雨水集排水系统排出的雨水不得与渗滤液混排。

6.11 填埋场设置集排气系统以排出填埋废物中可能产生的气体。

6.12 填埋场必须设有渗滤液处理系统，以便处理集排水系统排出的渗滤液。

6.13 填埋场周围应设置绿化隔离带，其宽度不应小于 10 m。

6.14 填埋场施工前应编制施工质量保证书并获得环境保护主管部门的批准。施工中应严格按照施工质量保证书中的质量保证程序进行。

6.15 在进行天然材料衬层施工之前，要通过现场施工试验确定合适的施工机械，压实方法、压实控制参数及其他处理措施，以论证是否可以达到设计要求。同时在施工过程中要进行现场施工质量检验，检验内容与频率应包括在施工设计书中。

6.16 人工合成材料衬层在铺设时应满足下列条件：

a. 对人工合成材料应检查指标合格后才可铺设，铺设时必须平坦，无皱褶；

b. 在保证质量条件下，焊缝尽量少；

c. 在坡面上铺设衬层，不得出现水平焊缝；

d. 底部衬层应避免埋设垂直穿孔的管道或其他构筑物；

e. 边坡必须锚固，锚固形式和设计必须满足人工合成材料的受力安全要求；

f. 边坡与底面交界处不得设角焊缝，角焊缝不得跨过交界处。

6.17 在人工合成材料衬层在铺设、焊接过程中和完成之后，必须通过目视，非破坏性和破坏性测试检验施工效果，并通过测试结果控制施工质量。

7 填埋场运行管理要求

7.1 在填埋场投入运行之前，要制订一个运行计划。此计划不但要满足常规运行，而且要提出应急措施，以便保证填场的有效利用和环境安全。

7.2 填埋场的运行应满足下列基本要求：

a. 入场的危险废物必须符合本标准对废物的入场要求；

b. 散状废物入场后要进行分层碾压，每层厚度视填埋容量和场地情况而定；

c. 填埋场运行中应进行每日覆盖，并视情况进行中间覆盖；

d. 应保证在不同季节气候条件下，填埋场进出口道路通畅；

e. 填埋工作面应尽可能小，使其得到及时覆盖；

f. 废物堆填表面要维护最小坡度，一般为 1：3（垂直：水平）；

g. 通向填埋场的道路应设栏杆和大门加以控制；

h. 必须设有醒目的标志牌，指示正确的交通路线。标志牌应满足 GB 15562.2 的要求；

i. 每个工作日都应有填埋场运行情况的记录，应记录设备工艺控制参数，入场废物来源、种类、数量，废物填埋位置及环境监测数据等；

j. 运行机械的功能要适应废物压实的要求，为了防止发生机械故障等情况，必须有备用机械；

k. 危险废物安全填埋场的运行不能暴露在露天进行，必须有遮雨设备，以防止雨水与未进行最终覆盖的废物接触；

l. 填埋场运行管理人员，应参加环保管理部门的岗位培训，合格后上岗。

7.3 危险废物安全填埋场分区原则

7.3.1 可以使每个填埋区能在尽量短的时间内得到封闭。

7.3.2 使不相容的废物分区填埋。

7.3.3 分区的顺序应有利于废物运输和填埋。

7.4 填埋场管理单位应建立有关填埋场的全部档案，从废物特性、废物倾倒部位、场址选择、勘察、征地、设计、施工、运行管理、封场及封场管理、监测直至验收等全过程所形成的一切文件资料，必须按国家档案管理条例进行整理与保管，保证完整无缺。

8 填埋场污染控制要求

8.1 严禁将集排水系统收集的渗滤液直接排放，必须对其进行处理并达到 GB 8978《污水综合排放标准》中第一类污染物最高允许排放浓度的要求及第二类污染物最高允许排放浓度标准要求后方可排放。

8.2 危险废物填埋场废物渗滤液第二类污染物排放控制项目为：pH 值，悬浮物（SS），五日生化需氧量（BOD_5），化学需氧量（COD_{Cr}），氨氮（NH_3-N），磷酸盐（以 P 计）。

8.3 填埋场渗滤液不应对地下水造成污染。填埋场地下水污染评价指标及其限值按照 GB/T 14848 执行。

8.4 地下水监测因子应根据填埋废物特性由当地环境保护行政主管部门确定，必须具有代表性，能表示废物特性的参数。常规测定项目为：浊度，pH 值，可溶性固体，氯化物，硝酸盐（以 N 计），亚硝酸盐（以 N 计），氨氮，大肠杆菌总数。

8.5 填埋场排出的气体应按照 GB 16297 中无组织排放的规定执行。监测因子应根据填埋废物特性由当地环境保护行政主管部门确定，必须具有代表性，能表示废物特性的参数。

8.6 填埋场在作业期间，噪声控制应按照 GB 12348 的规定执行。

9 封场要求

9.1 当填埋场处置的废物数量达到填埋场设计容量时，应实行填埋封场。

9.2 填埋场的最终覆盖层应为多层结构，应包括下列部分：

a. 底层（兼作导气层）：厚度不应小于 20 cm，倾斜度不应小于 2%，由透气性好的颗粒物质组成；

b. 防渗层：天然材料防渗层厚度不应小于 50 cm，渗透系数不大于 10^{-7} cm/s；若采用复合防渗层，人工合成材料层厚度不应小于 1.0 mm，天然材料层厚度不应小于 30 cm。其他设计要求同衬层相同；

c. 排水层及排水管网：排水层和排水系统的要求同底部渗滤液集排水系统相同，设计时采用的暴雨强度不应小于 50 年；

d. 保护层：保护层厚度不应小于 20 cm，由粗砥性坚硬鹅卵石组成；

e. 植被恢复层：植被层厚度一般不应小于 60 cm，其土质应有利于植物生长和场地恢复；同时植被层的坡度不应超过 33%。在坡度超过 10%的地方，须建造水平台阶；坡度小于 20%时，标高每升高 3 m，建造一个台阶；坡度大于 20%时，标高每升高 2 m，建造一个台阶。台阶应有足够的宽度和坡度，要能经受暴雨的冲刷。

9.3 封场后应继续进行下列维护管理工作，并延续到封场后 30 年：

a. 维护最终覆盖层的完整性和有效性；

b. 维护和监测检漏系统；

c. 继续进行渗滤液的收集和处理；

d. 继续监测地下水水质的变化。

9.4 当发现场址或处置系统的设计有不可改正的错误，或发生严重事故及发生不可预见的自然灾害使得填埋场不能继续运行时，填埋场应实行非正常封场。非正常封场应预先作出相应补救计划，防止污染扩散。实施非正常封场必须得到环保部门的批准。

10 监测要求

10.1 对填埋场的监督性监测的项目和频率应按照有关环境监测技术规范进行，监测结果应定期报送当地环保部门，并接受当地环保部门的监督检查。

10.2 填埋场渗滤液

10.2.1 利用填埋场的每个集水井进行水位和水质监测。

10.2.2 采样频率应根据填埋物特性、覆盖层和降水等条件加以确定，应能充分反映填埋场渗滤液变化情况。渗滤液水质和水位监测频率至少为每月一次。

10.3 地下水

10.3.1 地下水监测井布设应满足下列要求：

a. 在填埋场上游应设置一眼监测井，以取得背景水源数值。在下游至少设置三眼井，组成三维监测点，以适应于下游地下水的羽流几何型流向；

b. 监测井应设在填埋场的实际最近距离上，并且位于地下水上下游相同水力坡度上；

c. 监测井深度应足以采取具有代表性的样品。

10.3.2 取样频率

10.3.2.1 填埋场运行的第一年，应每月至少取样一次；在正常情况下，取样频率为每季度至少一次。

10.3.2.2 发现地下水质出现变坏现象时，应加大取样频率，并根据实际情况增加监测项目，查出原因以便进行补救。

10.4 大气

10.4.1 采样点布设及采样方法按照 GB 16297 的规定执行。

10.4.2 污染源下风方向应为主要监测范围。

10.4.3 超标地区、人口密度大和距工业区近的地区加大采样点密度。

10.4.4 采样频率。填埋场运行期间，应每月取样一次，如出现异常，取样频率应适当增加。

11 标准监督实施

本标准由县以上地方人民政府环境保护行政主管部门负责监督实施。

附录 A（标准的附录）

衬层系统示意图（参考件）

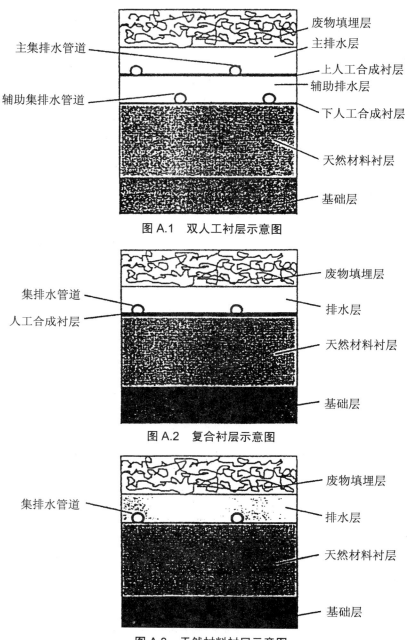

图 A.1　双人工衬层示意图

图 A.2　复合衬层示意图

图 A.3　天然材料衬层示意图

中华人民共和国国家标准

危险废物贮存污染控制标准

Standard for pollution control on hazardous waste storage

GB 18597—2001

前 言

为贯彻《中华人民共和国固体废物污染环境防治法》，防止危险废物贮存过程造成的环境污染，加强对危险废物贮存的监督管理，制订本标准。

本标准规定了对危险废物贮存的一般要求，对危险废物包装、贮存设施的选址、设计、运行、安全防护、监测和关闭等要求。

本标准为首次发布。

本标准中附录 A 是标准的附录，附录 B 是提示性附录。

本标准由国家环境保护总局科技标准司提出。

本标准由沈阳环境科学研究所负责起草。

本标准由国家环境保护总局 2001 年 11 月 26 日批准。

本标准由国家环境保护总局负责解释。

1 主题内容与适用范围

1.1 主题内容

本标准规定了对危险废物贮存的一般要求，对危险废物的包装、贮存设施的选址、设计、运行、安全防护、监测和关闭等要求。

1.2 适用范围

本标准适用于所有危险废物（尾矿除外）贮存的污染控制及监督管理，适用于危险废物的产生者、经营者和管理者。

2 引用标准

下列标准所含的条文，通过在本标准中引用而构成本标准的条文，与本标准同效。

GB 16297 大气污染物综合排放标准

GB 8978 污水综合排放标准

GB 5085.1～3　　　　危险废物鉴别标准

GB 15562.2　　　　　环境保护图形标志——固体废物贮存（处置）场

GB 14554　　　　　　恶臭污染物排放标准

GB/T 15555.1～12　　固体废弃物浸出毒性测定方法

当上述标准被修订时，应使用其最新版本。

3 定义

3.1 危险废物
指列入国家危险废物名录或者根据国家规定的危险废物鉴别标准和鉴别方法认定的具有危险特性的废物。

3.2 危险废物贮存
指危险废物再利用或无害化处理和最终处置前的存放行为。

3.3 贮存设施
指按规定设计、建造或改建的用于专门存放危险废物的设施。

3.4 集中贮存
指危险废物集中处理、处置设施中所附设的贮存设施和区域性的集中贮存设施。

3.5 容器
指按标准要求盛载危险废物的器具。

4 一般要求

4.1 所有危险废物产生者和危险废物经营者应建造专用的危险废物贮存设施，也可利用原有构筑物改建成危险废物贮存设施。

4.2 在常温常压下易爆、易燃及排出有毒气体的危险废物必须进行预处理，使之稳定后贮存，否则，按易爆、易燃危险品贮存。

4.3 在常温常压下不水解、不挥发的固体危险废物可在贮存设施内分别堆放。

4.4 除 4.3 规定外，必须将危险废物装入容器内。

4.5 禁止将不相容（相互反应）的危险废物在同一容器内混装。

4.6 无法装入常用容器的危险废物可用防漏胶袋等盛装。

4.7 装载液体、半固体危险废物的容器内须留足够空间，容器顶部与液体表面之间保留 100 mm 以上的空间。

4.8 医院产生的临床废物，必须当日消毒，消毒后装入容器。常温下贮存期不得超过 1 d，于 5℃ 以下冷藏的，不得超过 7 d。

4.9 盛装危险废物的容器上必须粘贴符合本标准附录 A 所示的标签。

4.10 危险废物贮存设施在施工前应做环境影响评价。

5 危险废物贮存容器

5.1 应当使用符合标准的容器盛装危险废物。

5.2 装载危险废物的容器及材质要满足相应的强度要求。

5.3 装载危险废物的容器必须完好无损。

5.4 盛装危险废物的容器材质和衬里要与危险废物相容（不相互反应）。

5.5 液体危险废物可注入开孔直径不超过 70 mm 并有放气孔的桶中。

6 危险废物贮存设施的选址与设计原则

6.1 危险废物集中贮存设施的选址

6.1.1 地质结构稳定，地震烈度不超过 7 度的区域内。

6.1.2 设施底部必须高于地下水最高水位。

6.1.3 场界应位于居民区 800 m 以外，地表水域 150 m 以外。

6.1.4 应避免建在溶洞区或易遭受严重自然灾害如洪水、滑坡，泥石流、潮汐等影响的地区。

6.1.5 应建在易燃、易爆等危险品仓库、高压输电线路防护区域以外。

6.1.6 应位于居民中心区常年最大风频的下风向。

6.1.7 集中贮存的废物堆选址除满足以上要求外，还应满足 6.3.1 款要求。

6.2 危险废物贮存设施（仓库式）的设计原则

6.2.1 地面与裙脚要用坚固、防渗的材料建造，建筑材料必须与危险废物相容。

6.2.2 必须有泄漏液体收集装置、气体导出口及气体净化装置。

6.2.3 设施内要有安全照明设施和观察窗口。

6.2.4 用以存放装载液体、半固体危险废物容器的地方，必须有耐腐蚀的硬化地面，且表面无裂隙。

6.2.5 应设计堵截泄漏的裙脚，地面与裙脚所围建的容积不低于堵截最大容器的最大储量或总储量的 l/5。

6.2.6 不相容的危险废物必须分开存放，并设有隔离间隔断。

6.3 危险废物的堆放

6.3.1 基础必须防渗，防渗层为至少 1 m 厚黏土层（渗透系数 $\leqslant 10^{-7}$ cm/s），或 2 mm 厚高密度聚乙烯，或至少 2 mm 厚的其他人工材料，渗透系数 $\leqslant 10^{-10}$ cm/s。

6.3.2 堆放危险废物的高度应根据地面承载能力确定。

6.3.3 衬里放在一个基础或底座上。

6.3.4 衬里要能够覆盖危险废物或其溶出物可能涉及到的范围。

6.3.5 衬里材料与堆放危险废物相容。

6.3.6 在衬里上设计、建造浸出液收集清除系统。

6.3.7 应设计建造径流疏导系统，保证能防止 25 年一遇的暴雨不会流到危险废物堆里。

6.3.8 危险废物堆内设计雨水收集池，并能收集 25 年一遇的暴雨 24 h 降水量。

6.3.9 危险废物堆要防风、防雨、防晒。

6.3.10 产生量大的危险废物可以散装方式堆放贮存在按上述要求设计的废物堆里。

6.3.11 不相容的危险废物不能堆放在一起。

6.3.12 总贮存量不超过 300 kg（L）的危险废物要放入符合标准的容器内，加上标签，容器放入坚固的柜或箱中，柜或箱应设多个直径不少于 30 mm 的排气孔。不相容危险废物要分别存放或存放在不渗透间隔分开的区域内，每个部分都应有防漏裙脚或储漏盘，防漏裙脚或储漏盘的材料要与危险废物相容。

7 危险废物贮存设施的运行与管理

7.1 从事危险废物贮存的单位，必须得到有资质单位出具的该危险废物样品物理和化学性质的分析报告，认定可以贮存后，方可接收。

7.2 危险废物贮存前应进行检验，确保同预定接收的危险废物一致，并登记注册。

7.3 不得接收未粘贴符合 4.9 规定的标签或标签没按规定填写的危险废物。

7.4 盛装在容器内的同类危险废物可以堆叠存放。

7.5 每个堆间应留有搬运通道。

7.6 不得将不相容的废物混合或合并存放。

7.7 危险废物产生者和危险废物贮存设施经营者均须作好危险废物情况的记录，记录上须注明危险废物的名称、来源、数量、特性和包装容器的类别、入库日期、存放库位、废物出库日期及接收单位名称。

危险废物的记录和货单在危险废物回取后应继续保留 3 年。

7.8 必须定期对所贮存的危险废物包装容器及贮存设施进行检查，发现破损，应及时采取措施清理更换。

7.9 泄漏液、清洗液、浸出液必须符合 GB 8978 的要求方可排放，气体导出口排出的气体经处理后，应满足 GB 16297 和 GB 14554 的要求。

8 危险废物贮存设施的安全防护与监测

8.1 安全防护

8.1.1 危险废物贮存设施都必须按 GB 15562.2 的规定设置警示标志。

8.1.2 危险废物贮存设施周围应设置围墙或其他防护栅栏。

8.1.3 危险废物贮存设施应配备通讯设备、照明设施、安全防护服装及工具，并设有应急防护设施。

8.1.4 危险废物贮存设施内清理出来的泄漏物，一律按危险废物处理。

8.2 按国家污染源管理要求对危险废物贮存设施进行监测。

9 危险废物贮存设施的关闭

9.1 危险废物贮存设施经营者在关闭贮存设施前应提交关闭计划书，经批准后方可执行。

9.2 危险废物贮存设施经营者必须采取措施消除污染。

9.3 无法消除污染的设备、土壤、墙体等按危险废物处理，并运至正在营运的危险废物处理处置场或其他贮存设施中。

9.4 监测部门的监测结果表明已不存在污染时，方可摘下警示标志，撤离留守人员。

10 标准的实施与监督

本标准由县级以上人民政府环境保护行政主管部门负责实施与监督。

附录 A（标准的附录）

危险废物标签

危 险 废 物	
主要成分 化学名称	危险类别
危险情况：	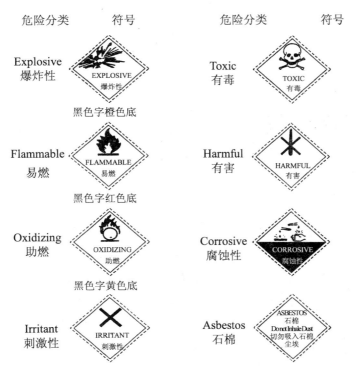
安全措施：	
废物产生单位：＿＿＿＿＿＿＿＿＿＿＿＿＿＿＿＿＿＿＿＿＿＿＿＿＿＿＿＿＿＿	
地址：＿＿＿＿＿＿＿＿＿＿＿＿＿＿＿＿＿＿＿＿＿＿＿＿＿＿＿＿＿＿＿＿＿＿	
电话：＿＿＿＿＿＿＿＿＿＿＿＿＿＿＿＿＿＿＿　联系人：＿＿＿＿＿＿＿＿＿＿	
批次：＿＿＿＿＿＿＿＿＿　数量：＿＿＿＿＿＿＿＿＿　出厂日期：＿＿＿＿＿	

危险废物标签

M　1∶1

字体为黑体字。

底色为醒目的桔黄色。

危险废物种类标志

危险分类	符号		危险分类	符号
Explosive 爆炸性	EXPLOSIVE 爆炸性 黑色字橙色底		Toxic 有毒	TOXIC 有毒
Flammable 易燃	FLAMMABLE 易燃 黑色字红色底		Harmful 有害	HARMFUL 有害
Oxidizing 助燃	OXIDIZING 助燃 黑色字黄色底		Corrosive 腐蚀性	CORROSIVE 腐蚀性
Irritant 刺激性	IRRITANT 刺激性		Asbestos 石棉	ASBESTOS 石棉 Do not Inhale Dust 切勿吸入石棉 尘埃

附录 B（提示性附录）

表 B.1　不同危险废物种类与一般容器的化学相容性

	容器或衬垫的材料							
	高密度聚乙烯	聚丙烯	聚氯乙烯	聚四氟乙烯	软碳钢	不锈钢		
						$OCr_{18}N_{i9}$（GB）	$M_{03}T_i$（GB）	$9Cr_{18}M_0V$（GB）
酸（非氧化）如硼酸、盐酸	R	R	A	R	N	*	*	*
酸（氧化）如硝酸	R	N	N	R	N	R	R	*
碱	R	R	A	R	N	R	*	R
铬或非铬氧化剂	R	A*	A*	R	N	A	A	*
废氰化物	R	R	R	A*—N	N	N	N	N
卤化或非卤化溶剂	*	N	N	*	A*	A	A	A
金属盐酸液	R	A*	A*	R	A*	A*	A*	A*
金属淤泥	R	R	R	R	R	*	R	*
混合有机化合物	R	N	N	A	R	R	R	R
油腻废物	R	N	N	R	A*	R	R	R
有机淤泥	R	R	R	R	R	*	R	*
废漆油（原於溶剂）	R	N	N	R	R	R	R	R
酚及其衍生物	R	A*	A*	R	N	A*	A*	A*
聚合前驱物及产生的废物	R	N	N	*	R	*	*	*
皮革废物（铬鞣溶剂）	R	R	R	R	N	*	R	*
废催化剂	R	*	*	A*	A*	A*	A*	A*

A：可接受；N：不建议使用；R：建议使用。
*：因变异性质，请参阅个别化学品的安全资料。

表 B.2　部分不相容的危险废物

不相容危险废物		混合时会产生的危险
甲	乙	
氰化物	酸类、非氧化	产生氰化氢、吸入少量可能会致命
次氯酸盐	酸类、非氧化	产生氯气，吸入可能会致命
铜、铬及多种重金属	酸类、氧化，如硝酸	产生二氧化氮、亚硝酸盐，引致刺激眼睛及烧伤皮肤
强酸	强碱	可能引起爆炸性的反应及产生热能
氨盐	强碱	产生氨气，吸入会刺激眼目及呼吸道
氧化剂	还原剂	可能引起强烈及爆炸性的反应及产生热能

表 B.3　一些危险废物的危险分类

废物种类	危险分类
废酸类	刺激性/腐蚀性（视其强度而定）
废碱类	刺激性/腐蚀性（视其强度而定）
废溶剂如乙醇、甲苯	易燃
卤化溶剂	有毒
油—水混合物	有害
氰化物溶液	有毒
酸及重金属混合物	有害/刺激性
重金属	有害
含六价铬的溶液	刺激性
石棉	石棉

表4 危险废物相容性质列表

危险废物相容性质列表
反应编号
U——可能是危险但不详
H——产生热
F——火警
G——产生无害或不易燃气体
GT——产生有毒气体
E——爆炸
P——强烈聚合作用
S——溶解有毒物质

例子
　　H
　　F　产生热、火警及有毒气体
　　GT

编号	名称
1	酸类、矿物、非氧化
2	酸类、矿物、氧化
3	有机酸
4	醇类及二醇
5	醛
6	酰液或氯化物
7	胺类、脂肪族的及芳香族的
8	偶氮及重氮化合物及肼
9	氨基甲酸酯
10	强碱
11	氧化物
12	二硫化氨基甲酸酯
13	酯
14	醚
15	无机氧化物
16	芳香族氢氧化合物
17	卤化有机物
18	异氰酸盐
19	酮
20	硫醇及其他有机硫化物
21	碱及碱土金属
22	粉状、气体或海绵状的金属及合金
23	片状、棒状、模状金属及合金
24	有毒的金属及其化合物
25	氢化物
26	腈类
27	硝基化合物
28	饱和脂肪族碳氢化合物
29	碳氧化合物、脂肪族的、不饱和
30	有机过氧化物及氢过氧化物
31	酚及甲酚类
32	有机磷酸盐、磷酸硫代化
33	无机硫代化
34	环氧化物
35	可燃及易燃物料
36	爆炸物
37	可聚合的化合物
38	强氧化剂
39	强还原剂
40	水及含水混合物
41	与水起反应物质

——起激烈反应——

标签上的危险用语

1. 干燥时容易爆炸。
2. 振动、摩擦、接触火焰或其他火源即可能爆炸。
3. 振动、摩擦、接触火焰或其他火源极易爆炸。
4. 形成极度敏感的爆炸性金属化合物。
5. 加热可能引起爆炸。
6. 不论是否与空气接触都容易爆炸。
7. 可能引起火警。
8. 与可燃物料接触可能引起火警。
9. 与可燃物料混合时容易爆炸。
10. 易燃。
11. 高度易燃。
12. 极度易燃。
13. 极度易燃的液化气体。
14. 遇水即产生强烈反应。
15. 遇水即放出高度易燃气体。
16. 与助燃物质混合时容易爆炸。
17. 在空气中会自动燃烧。
18. 使用时，可能产生易燃/爆炸性气体及空气混合气体。
19. 可能产生容易爆炸的过氧化物。
20. 吸入后会对人体有害。
21. 沾及皮肤后会对人体有害。
22. 吞食后会对人体有害。
23. 吸入后会中毒。
24. 沾及皮肤后会中毒。
25. 吞食后会中毒。
26. 吸入后会中剧毒。
27. 沾及皮肤后会中剧毒。
28. 吞食后会中剧毒。
29. 遇水即放出毒气。
30. 使用时，可以变得高度易燃。
31. 与酸接触后即放出毒气。
32. 与酸接触后即放出剧毒气体。
33. 有累积效果的危险。
34. 引致灼伤。
35. 引致严重灼伤。
36. 刺激眼睛。
37. 刺激呼吸系统。

38．刺激皮肤。

39．有对人体造成非常严重及永不复原的损害的危险。

40．可能对人体造成永不复原的损害。

41．可能对眼睛造成严重损害。

42．吸入后可能引起敏感。

43．沾及皮肤后可能引起敏感。

44．在密封情况下加热可能爆炸。

45．可能引致癌症。

46．可能造成遗传性的基因损害。

47．可能引致先天性缺陷。

48．长期接触可能严重危害健康。

49．当潮湿时，在空气中会自动燃烧。

同时出现的危险情况时标签上的参考危险用语

14/15　遇水即产生强烈反应，并放出高度易燃气体。

15/29　遇水即放出有毒及高度易燃气体。

20/21　吸入或沾及皮肤后都对人体有害。

20/21/22　吸入、沾及皮肤或吞食后都对人体有害。

20/22　吸入或吞食后都对人体有害。

21/22　沾及皮肤或吞食后都对人体有害。

23/24　吸入或沾及皮肤后会中毒。

23/24/25　吸入、沾及皮肤或吞食后会中毒。

23/25　吸入或吞食后会中毒。

24/25　沾及皮肤或吞食后会中毒。

26/27　吸入或沾及皮肤后会中剧毒。

26/27/28　吸入、沾及皮肤或吞食后会中剧毒。

26/28　吸入或吞食后会中剧毒。

27/28　沾及皮肤或吞食后会中剧毒。

36/37　刺激眼睛及呼吸系统。

36/37/38　刺激眼睛、呼吸系统及皮肤。

36/38　刺激眼睛及皮肤。

37/38　刺激呼吸系统及皮肤。

42/43　吸入或沾及皮肤后都可能引起敏感。

标签上的安全用语

1．必须锁紧。

2．放在阴凉地方。

3．切勿放近住所。

4．容器必须盖紧。

5．容器必须保持干燥。

6．容器必须放在通风的地方。

7．切勿将容器密封。

8．切勿放近食物、饮品及动物饲料。

9．切勿放近（须指定互不相容的物质）。

10．切勿受热。

11．切勿近火不准吸烟。

12．切勿放近易燃物质。

13．处理及打开容器时、必须小心。

14．使用时严禁饮食。

15．使用时，严禁吸烟。

16．切勿吸入尘埃。

17．切勿吸入气体（烟雾、蒸气、喷雾或其他）。

18．避免沾及皮肤。

19．避免沾及眼睛。

20．如沾及眼睛，立即用大量清水来清洗，并尽快就医诊治。

21．所有受污染的衣物必须立即脱掉。

22．沾及皮肤后，立即用大量（指定液来清洗）。

23．切勿倒入水渠。

24．切勿加水。

25．防止静电发生。

26．避免震荡和摩擦。

27．穿上适当防护服。

28．戴上防护手套。

29．如通风不足，则须配戴呼吸器。

30．配戴护眼、护面用具。

31．使用（须予指定）来清理受这种物质污染的地面及物件。

32．遇到火警时，使用灭火设备，切勿使用。

33．存放温度不超过摄氏度。

34．以保持湿润。

35．只可放在原用的容器内。

36．切勿与混合。

37．只可放在通风的地方。

各种安全用语的配合使用

38．容器必须锁紧，存在阴凉通风的地方。

39．存放在阴凉通风的地方，切勿放近（须指明互不相容的物质）。

40．容器必须盖紧，保持干燥。

41．只可放在原用的容器内，并放在阴凉通风的地方，切勿放近（须指明不互不相容的物质)。

42．容器必须盖紧，并存放在通风的地方。

43．使用时严禁饮食或吸烟。

44．避免沾及皮肤和眼睛。

45．穿上适当的防护服和戴上适当防护手套。

46．穿上适当的防护服，戴上适当防护手套，并戴上护眼、护面用具。

中华人民共和国国家标准

生活垃圾填埋场污染控制标准

Standard for Pollution control on the landfill site of municipal solid waste

GB 16889—2008 代替 GB 16889—1997

前　言

为贯彻《中华人民共和国环境保护法》《中华人民共和国固体废物污染环境防治法》《中华人民共和国水污染防治法》《国务院关于落实科学发展观　加强环境保护的决定》等法律、法规和《国务院关于编制全国主体功能区规划的意见》，保护环境，防治生活垃圾填埋处置造成的污染，制定本标准。

本标准规定了生活垃圾填埋场选址要求，工程设计与施工要求，填埋废物的入场条件，填埋作业要求，封场及后期维护与管理要求，污染物排放限值及环境监测等要求。生活垃圾填埋场排放大气污染物（含恶臭污染物）、环境噪声适用相应的国家污染物排放标准。

为促进地区经济与环境协调发展，推动经济结构的调整和经济增长方式的转变，引导工业生产工艺和污染治理技术的发展方向，本标准规定了水污染物特别排放限值。

本标准首次发布于 1997 年。

此次修订的主要内容：

1. 修改了标准的名称；

2. 补充了生活垃圾填埋场选址要求；

3. 细化了生活垃圾填埋场基本设施的设计与施工要求；

4. 增加了可以进入生活垃圾填埋场共处置的生活垃圾焚烧飞灰、医疗废物、一般工业固体废物、厌氧产沼等生物处理后的固态残余物、粪便经处理后的固态残余物和生活污水处理污泥的入场要求；

5. 增加了生活垃圾填埋场运行、封场及后期维护与管理期间的污染控制要求；

6. 增加了生活垃圾填埋场污染物控制项目数量。

自本标准实施之日起，《生活垃圾填埋污染控制标准》（GB 16889—1997）废止。

按照有关法律规定，本标准具有强制执行的效力。

本标准由环境保护部科技标准司组织制定。

本标准主要起草单位：中国环境科学研究院、同济大学、清华大学、城市建设研究院。

本标准环境保护部 2008 年 4 月 2 日批准。

本标准自 2008 年 7 月 1 日起实施。

本标准由环境保护部解释。

1 适用范围

本标准规定了生活垃圾填埋场选址、设计与施工、填埋废物的入场条件、运行、封场、后期维护与管理的污染控制和监测等方面的要求。

本标准适用于生活垃圾填埋场建设、运行和封场后的维护与管理过程中的污染控制和监督管理。本标准的部分规定也适用于与生活垃圾填埋场配套建设的生活垃圾转运站的建设、运行。

本标准只适用于法律允许的污染物排放行为；新设立污染源的选址和特殊保护区域内现有污染源的管理，按照《中华人民共和国大气污染防治法》《中华人民共和国水污染防治法》《中华人民共和国海洋环境保护法》《中华人民共和国固体废物污染环境防治法》《中华人民共和国放射性污染防治法》《中华人民共和国环境影响评价法》等法律、法规、规章的相关规定执行。

2 规范性引用文件

本标准内容引用了下列文件中的条款。凡是不注日期的引用文件，其有效版本适用于本标准。

GB 5750—1985　生活饮用水标准检验法

GB 7466—1987　水质　总铬的测定

GB 7467—1987　水质　六价铬的测定　二苯碳酰二肼分光光度法

GB 7468—1987　水质　总汞的测定　冷原子吸收分光光度法

GB 7469—1987　水质　总汞的测定　高锰酸钾-过硫酸钾消解法双硫腙分光光度法

GB 7470—1987　水质　铅的测定　双硫腙分光光度法

GB 7471—1987　水质　镉的测定　双硫腙分光光度法

GB 7485—1987　水质　总砷的测定　二乙基二硫代氨基甲酸银分光光度法

GB 7488—1987　水质　五日生化需氧量（BOD_5）的测定　稀释与接种法

GB 11893—1989　水质　总磷的测定　钼酸铵分光光度法

GB 11901—1989　水质　悬浮物的测定　重量法

GB 11903—1989　水质　色度的测定

GB 11914—1989　水质　化学需氧量的测定　重铬酸盐法

GB 13486　便携式热催化甲烷检测报警仪

GB 14554　恶臭污染物排放标准

GB/T 14675　空气质量　恶臭的测定　三点式比较臭袋法

GB/T 14678　空气质量　硫化氢、甲硫醇、甲硫醚和二甲二硫的测定气相色谱法

GB/T 14848　地下水质量标准

GB/T 15562.1　环境保护图形标志——排放口（源）

GB/T 50123　土工试验方法标准

HJ/T 38—1999　固定污染源排气中非甲烷总烃的测定气相色谱法

HJ/T 195—2005　水质　氨氮的测定　气相分子吸收光谱法

HJ/T 199—2005　水质　总氮的测定　气相分子吸收光谱法

HJ/T 228　医疗废物化学消毒集中处理工程技术规范（试行）

HJ/T 229　医疗废物微波消毒集中处理工程技术规范（试行）

HJ/T 276　医疗废物高温蒸汽集中处理工程技术规范（试行）

HJ/T 300　固体废物浸出毒性浸出方法醋酸缓冲溶液法

HJ/T 341—2007　水质　汞的测定冷原子荧光法（试行）

HJ/T 347—2007　水质　粪大肠菌群的测定多管发酵法和滤膜法（试行）

CJ/T 234　垃圾填埋场用高密度聚乙烯土工膜

《医疗废物分类目录》（卫医发[2003]287 号）

《排污口规范化整治技术要求》（环监字[1996]470 号）

《污染源自动监控管理办法》（国家环境保护总局令　第 28 号）

《环境监测管理办法》（国家环境保护总局令　第 39 号）

3　术语和定义

下列术语和定义适用于本标准。

3.1　运行期生活垃圾填埋场进行填埋作业的时期。

3.2　后期维护与管理期

生活垃圾填埋场终止填埋作业后，进行后续维护、污染控制和环境保护管理直至填埋场达到稳定化的时期。

3.3　防渗衬层

设置于生活垃圾填埋场底部及四周边坡的由天然材料和（或）人工合成材料组成的防止渗漏的垫层。

3.4　天然基础层位于防渗衬层下部，由未经扰动的土壤等构成的基础层。

3.5　天然黏土防渗衬层由经过处理的天然黏土机械压实形成的防渗衬层。

3.6　单层人工合成材料防渗衬层

由一层人工合成材料衬层与黏土（或具有同等以上隔水效力的其他材料）衬层组成的防渗衬层。

3.7　双层人工合成材料防渗衬层

由两层人工合成材料衬层与黏土（或具有同等以上隔水效力的其他材料）衬层组成的防渗衬层。

3.8　环境敏感点

指生活垃圾填埋场周围可能受污染物影响的住宅、学校、医院、行政办公区、商业区以及公共场所等地点。

3.9　场界

指法律文书（如土地使用证、房产证、租赁合同等）中确定的业主所拥有使用权（或所有权）的场地或建筑物边界。

3.10 现有生活垃圾填埋场指本标准实施之日前，已建成投产或环境影响评价文件已通过审批的生活垃圾填埋场。

3.11 新建生活垃圾填埋场指本标准实施之日起环境影响文件通过审批的新建、改建和扩建的生活垃圾填埋场。

4 选址要求

4.1 生活垃圾填埋场的选址应符合区域性环境规划、环境卫生设施建设规划和当地的城市规划。

4.2 生活垃圾填埋场场址不应选在城市工农业发展规划区、农业保护区、自然保护区、风景名胜区、文物（考古）保护区、生活饮用水水源保护区、供水远景规划区、矿产资源储备区、军事要地、国家保密地区和其他需要特别保护的区域内。

4.3 生活垃圾填埋场选址的标高应位于重现期不小于 50 年一遇的洪水位之上，并建设在长远规划中的水库等人工蓄水设施的淹没区和保护区之外。

拟建有可靠防洪设施的山谷型填埋场，并经过环境影响评价证明洪水对生活垃圾填埋场的环境风险在可接受范围内，前款规定的选址标准可以适当降低。

4.4 生活垃圾填埋场场址的选择应避开下列区域：破坏性地震及活动构造区；活动中的坍塌、滑坡和隆起地带；活动中的断裂带；石灰岩熔洞发育带；废弃矿区的活动塌陷区；活动沙丘区；海啸及涌浪影响区；湿地；尚未稳定的冲积扇及冲沟地区；泥炭以及其他可能危及填埋场安全的区域。

4.5 生活垃圾填埋场场址的位置及与周围人群的距离应依据环境影响评价结论确定，并经地方环境保护行政主管部门批准。

在对生活垃圾填埋场场址进行环境影响评价时，应考虑生活垃圾填埋场产生的渗滤液、大气污染物（含恶臭物质）、滋养动物（蚊、蝇、鸟类等）等因素，根据其所在地区的环境功能区类别，综合评价其对周围环境、居住人群的身体健康、日常生活和生产活动的影响，确定生活垃圾填埋场与常住居民居住场所、地表水域、高速公路、交通主干道（国道或省道）、铁路、飞机场、军事基地等敏感对象之间合理的位置关系以及合理的防护距离。环境影响评价的结论可作为规划控制的依据。

5 设计、施工与验收要求

5.1 生活垃圾填埋场应包括下列主要设施：防渗衬层系统、渗滤液导排系统、渗滤液处理设施、雨污分流系统、地下水导排系统、地下水监测设施、填埋气体导排系统、覆盖和封场系统。

5.2 生活垃圾填埋场应建设围墙或栅栏等隔离设施，并在填埋区边界周围设置防飞扬设施、安全防护设施及防火隔离带。

5.3 生活垃圾填埋场应根据填埋区天然基础层的地质情况以及环境影响评价的结论，并经当地地方环境保护行政主管部门批准，选择天然黏土防渗衬层、单层人工合成材料防渗衬层或双层人工合成材料防渗衬层作为生活垃圾填埋场填埋区和其他渗滤液流经或储留设施的防渗衬层。填埋场黏土防渗衬层饱和渗透系数按照 GB/T 50123 中 13.3

节"变水头渗透试验"的规定进行测定。

5.4 如果天然基础层饱和渗透系数小于 1.0×10^{-7} cm/s,且厚度不小于 2 m,可采用天然黏土防渗衬层。采用天然黏土防渗衬层应满足以下基本条件:

(1)压实后的黏土防渗衬层饱和渗透系数应小于 1.0×10^{-7} cm/s;

(2)黏土防渗衬层的厚度应不小于 2 m。

5.5 如果天然基础层饱和渗透系数小于 1.0×10^{-5} cm/s,且厚度不小于 2 m,可采用单层人工合成材料防渗衬层。人工合成材料衬层下应具有厚度不小于 0.75 m,且其被压实后的饱和渗透系数小于 1.0×10^{-7} cm/s 的天然黏土防渗衬层,或具有同等以上隔水效力的其他材料防渗衬层。

人工合成材料防渗衬层应采用满足 CJ/T 234 中规定技术要求的高密度聚乙烯或者其他具有同等效力的人工合成材料。

5.6 如果天然基础层饱和渗透系数不小于 1.0×10^{-5} cm/s,或者天然基础层厚度小于 2 m,应采用双层人工合成材料防渗衬层。下层人工合成材料防衬层下应具有厚度不小于 0.75 m,且其被压实后的饱和渗透系数小于 1.0×10^{-7} cm/s 的天然黏土衬层,或具有同等以上隔水效力的其他材料衬层;两层人工合成材料衬层之间应布设导水层及渗漏检测层。

人工合成材料的性能要求同第 5.5 条。

5.7 生活垃圾填埋场应设置防渗衬层渗漏检测系统,以保证在防渗衬层发生渗滤液渗漏时能及时发现并采取必要的污染控制措施。

5.8 生活垃圾填埋场应建设渗滤液导排系统,该导排系统应确保在填埋场的运行期内防渗衬层上的渗滤液深度不大于 30 cm。为检测渗滤液深度,生活垃圾填埋场内应设置渗滤液监测井。

5.9 生活垃圾填埋场应建设渗滤液处理设施,以在填埋场的运行期和后期维护与管理期内对渗滤液进行处理达标后排放。

5.10 生活垃圾填埋场渗滤液处理设施应设渗滤液调节池,并采取封闭等措施防止恶臭物质的排放。

5.11 生活垃圾填埋场应实行雨污分流并设置雨水集排水系统,以收集、排出汇水区内可能流向填埋区的雨水、上游雨水以及未填埋区域内未与生活垃圾接触的雨水。雨水集排水系统收集的雨水不得与渗滤液混排。

5.12 生活垃圾填埋场各个系统在设计时应保证能及时、有效地导排雨、污水。

5.13 生活垃圾填埋场填埋区基础层底部应与地下水年最高水位保持 1 m 以上的距离。当生活垃圾填埋场填埋区基础层底部与地下水年最高水位距离不足 1 m 时,应建设地下水导排系统。地下水导排系统应确保填埋场的运行期和后期维护与管理期内地下水水位维持在距离填埋场填埋区基础层底部 1 m 以下。

5.14 生活垃圾填埋场应建设填埋气体导排系统,在填埋场的运行期和后期维护与管理期内将填埋层内的气体导出后利用、焚烧或达到9.2.2的要求后直接排放。

5.15 设计填埋量大于 250 万 t 且垃圾填埋厚度超过 20 m 生活垃圾填埋场,应建设甲烷利用设施或火炬燃烧设施处理含甲烷填埋气体。小于上述规模的生活垃圾填埋场,应采用能够有效减少甲烷产生和排放的填埋工艺或采用火炬燃烧设施处理含甲烷填埋气体。

5.16 生活垃圾填埋场周围应设置绿化隔离带，其宽度不小于 10 m。

5.17 在生活垃圾填埋场施工前应编制施工质量保证书并作为环境监理和环境保护竣工验收的依据。施工过程中应严格按照施工质量保证书中的质量保证程序进行。

5.18 在进行天然黏土防渗衬层施工之前，应通过现场施工实验确定压实方法、压实设备、压实次数等因素，以确保可以达到设计要求。同时在施工过程中应进行现场施工检验，检验内容与频率应包括在施工设计书中。

5.19 在进行人工合成材料防渗衬层施工前，应对人工合成材料的各项性能指标进行质量测试；在需要进行焊接之前，应进行试验焊接。

5.20 在人工合成材料防渗衬层和渗滤液导排系统的铺设过程中与完成之后，应通过连续性和完整性检测检验施工效果，以确定人工合成材料防渗衬层没有破损、漏洞等。

5.21 填埋场人工合成材料防渗衬层铺设完成后，未填埋的部分应采取有效的工程措施防止人工合成材料防渗衬层在日光下直接暴露。

5.22 在生活垃圾填埋场的环境保护竣工验收中，应对已建成的防渗衬层系统的完整性、渗滤液导排系统、填埋气体导排系统和地下水导排系统等的有效性进行质量验收，同时验收场址选择、勘察、征地、设计、施工、运行管理制度、监测计划等全过程的技术和管理文件资料。

5.23 生活垃圾转运站应采取必要的封闭和负压措施防止恶臭污染的扩散。

5.24 生活垃圾转运站应设置具有恶臭污染控制功能及渗滤液收集、贮存设施。

6 填埋废物的入场要求

6.1 下列废物可以直接进入生活垃圾填埋场填埋处置：

（1）由环境卫生机构收集或者自行收集的混合生活垃圾，以及企事业单位产生的办公废物；

（2）生活垃圾焚烧炉渣（不包括焚烧飞灰）；

（3）生活垃圾堆肥处理产生的固态残余物；

（4）服装加工、食品加工以及其他城市生活服务行业产生的性质与生活垃圾相近的一般工业固体废物。

6.2 《医疗废物分类目录》中的感染性废物经过下列方式处理后，可以进入生活垃圾填埋场填埋处置。

（1）按照 HJ/T 228 要求进行破碎毁形和化学消毒处理，并满足消毒效果检验指标；

（2）按照 HJ/T 229 要求进行破碎毁形和微波消毒处理，并满足消毒效果检验指标；

（3）按照 HJ/T 276 要求进行破碎毁形和高温蒸汽处理，并满足处理效果检验指标；

（4）医疗废物焚烧处置后的残渣的入场标准按照第 6.3 条执行。

6.3 生活垃圾焚烧飞灰和医疗废物焚烧残渣（包括飞灰、底渣）经处理后满足下列条件，可以进入生活垃圾填埋场填埋处置。

（1）含水率小于 30%；

（2）二噁英含量低于 3 μg TEQ/kg；

（3）按照 HJ/T 300 制备的浸出液中危害成分浓度低于表 1 规定的限值。

表 1 浸出液污染物浓度限值

序号	污染物项目	浓度限值/（mg/L）
1	汞	0.05
2	铜	40
3	锌	100
4	铅	0.25
5	镉	0.15
6	铍	0.02
7	钡	25
8	镍	0.5
9	砷	0.3
10	总铬	4.5
11	六价铬	1.5
12	硒	0.1

6.4　一般工业固体废物经处理后，按照 HJ/T 300 制备的浸出液中危害成分浓度低于表 1 规定的限值，可以进入生活垃圾填埋场填埋处置。

6.5　经处理后满足第 6.3 条要求的生活垃圾焚烧飞灰和医疗废物焚烧残渣（包括飞灰、底渣）和满足第 6.4 条要求的一般工业固体废物在生活垃圾填埋场中应单独分区填埋。

6.6　厌氧产沼等生物处理后的固态残余物、粪便经处理后的固态残余物和生活污水处理厂污泥经处理后含水率小于 60%，可以进入生活垃圾填埋场填埋处置。

6.7　处理后分别满足第 6.2、6.3、6.4 和 6.6 条要求的废物应由地方环境保护行政主管部门认可的监测部门检测、经地方环境保护行政主管部门批准后，方可进入生活垃圾填埋场。

6.8　下列废物不得在生活垃圾填埋场中填埋处置。

（1）除符合第 6.3 条规定的生活垃圾焚烧飞灰以外的危险废物；

（2）未经处理的餐饮废物；

（3）未经处理的粪便；

（4）禽畜养殖废物；

（5）电子废物及其处理处置残余物；

（6）除本填埋场产生的渗滤液之外的任何液态废物和废水。国家环境保护标准另有规定的除外。

7　运行要求

7.1　填埋作业应分区、分单元进行，不运行作业面应及时覆盖。不得同时进行多作业面填埋作业或者不分区全场敞开式作业。中间覆盖应形成一定的坡度。每天填埋作业结束后，应对作业面进行覆盖；特殊气象条件下应加强对作业面的覆盖。

7.2　填埋作业应采取雨污分流措施，减少渗滤液的产生量。

7.3　生活垃圾填埋场运行期内，应控制堆体的坡度，确保填埋堆体的稳定性。

7.4　生活垃圾填埋场运行期内，应定期检测防渗衬层系统的完整性。当发现防渗衬层系统发生渗漏时，应及时采取补救措施。

7.5 生活垃圾填埋场运行期内，应定期检测渗滤液导排系统的有效性，保证正常运行。当衬层上的渗滤液深度大于 30 cm 时，应及时采取有效疏导措施排除积存在填埋场内的渗滤液。

7.6 生活垃圾填埋场运行期内，应定期检测地下水水质。当发现地下水水质有被污染的迹象时，应及时查找原因，发现渗漏位置并采取补救措施，防止污染进一步扩散。

7.7 生活垃圾填埋场运行期内，应定期并根据场地和气象情况随时进行防蚊蝇、灭鼠和除臭工作。

7.8 生活垃圾填埋场运行期以及封场后期维护与管理期间，应建立运行情况记录制度，如实记载有关运行管理情况，主要包括生活垃圾处理、处置设备工艺控制参数，进入生活垃圾填埋场处置的非生活垃圾的来源、种类、数量、填埋位置，封场及后期维护与管理情况及环境监测数据等。运行情况记录簿应当按照国家有关档案管理等法律法规进行整理和保管。

8 封场及后期维护与管理要求

8.1 生活垃圾填埋场的封场系统应包括气体导排层、防渗层、雨水导排层、最终覆土层、植被层。

8.2 气体导排层应与导气竖管相连。导气竖管应高出最终覆土层上表面 100 cm 以上。

8.3 封场系统应控制坡度，以保证填埋堆体稳定，防止雨水侵蚀。

8.4 封场系统的建设应与生态恢复相结合，并防止植物根系对封场土工膜的损害。

8.5 封场后进入后期维护与管理阶段的生活垃圾填埋场，应继续处理填埋场产生的渗滤液和填埋气，并定期进行监测，直到填埋场产生的渗滤液中水污染物浓度连续两年低于表 2、表 3 中的限值。

9 污染物排放控制要求

9.1 水污染物排放控制要求

9.1.1 生活垃圾填埋场应设置污水处理装置，生活垃圾渗滤液（含调节池废水）等污水经处理并符合本标准规定的污染物排放控制要求后，可直接排放。

9.1.2 现有和新建生活垃圾填埋场自 2008 年 7 月 1 日起执行表 2 规定的水污染物排放浓度限值。

9.1.3 2011 年 7 月 1 日前，现有生活垃圾填埋场无法满足表 2 规定的水污染物排放浓度限值要求的，满足以下条件时可将生活垃圾渗滤液送往城市二级污水处理厂进行处理：

（1）生活垃圾渗滤液在填埋场经过处理后，总汞、总镉、总铬、六价铬、总砷、总铅等污染物浓度达到表 2 规定浓度限值；

（2）城市二级污水处理厂每日处理生活垃圾渗滤液总量不超过污水处理量的 0.5%，并不超过城市二级污水处理厂额定的污水处理能力；

（3）生活垃圾渗滤液应均匀注入城市二级污水处理厂；

（4）不影响城市二级污水处理场的污水处理效果。

2011 年 7 月 1 日起，现有全部生活垃圾填埋场应自行处理生活垃圾渗滤液并执行表 2 规定的水污染排放浓度限值。

9.1.4　根据环境保护工作的要求，在国土开发密度已经较高、环境承载能力开始减弱，或环境容量较小、生态环境脆弱，容易发生严重环境污染问题而需要采取特别保护措施的地区，应严格控制生活垃圾填埋场的污染物排放行为，在上述地区的现有和新建生活垃圾填埋场自 2008 年 7 月 1 日起执行表 3 规定的水污染物特别排放限值。

表 2　现有和新建生活垃圾填埋场水污染物排放浓度限值

序号	控制污染物	排放浓度限值	污染物排放监控位置
1	色度（稀释倍数）	40	常规污水处理设施排放口
2	化学需氧量（COD_{Cr}）/（mg/L）	100	常规污水处理设施排放口
3	生化需氧量（BOD_5）/（mg/L）	30	常规污水处理设施排放口
4	悬浮物/（mg/L）	30	常规污水处理设施排放口
5	总氮/（mg/L）	40	常规污水处理设施排放口
6	氨氮/（mg/L）	25	常规污水处理设施排放口
7	总磷/（mg/L）	3	常规污水处理设施排放口
8	粪大肠菌群数/（个/L）	10 000	常规污水处理设施排放口
9	总汞/（mg/L）	0.001	常规污水处理设施排放口
10	总镉/（mg/L）	0.01	常规污水处理设施排放口
11	总铬/（mg/L）	0.1	常规污水处理设施排放口
12	六价铬/（mg/L）	0.05	常规污水处理设施排放口
13	总砷/（mg/L）	0.1	常规污水处理设施排放口
14	总铅/（mg/L）	0.1	常规污水处理设施排放口

9.2　甲烷排放控制要求

9.2.1　填埋工作面上 2 m 以下高度范围内甲烷的体积百分比应不大于 0.1%。

9.2.2　生活垃圾填埋场应采取甲烷减排措施；当通过导气管道直接排放填埋气体时，导气管排放口的甲烷的体积百分比不大于 5%。

9.3　生活垃圾填埋场在运行中应采取必要的措施防止恶臭物质的扩散。在生活垃圾填埋场周围环境敏感点方位的场界的恶臭污染物浓度应符合 GB 14554 的规定。

9.4　生活垃圾转运站产生的渗滤液经收集后，可采用密闭运输送到城市污水处理厂处理、排入城市排水管道进入城市污水处理厂处理或者自行处理等方式。排入设置城市污水处理厂的排水管网的，应在转运站内对渗滤液进行处理，总汞、总镉、总铬、六价铬、总砷、总铅等污染物浓度限值达到表 2 规定浓度限值，其他水污染物排放控制要求由企业与城镇污水处理厂根据其污水处理能力商定或执行相关标准。排入环境水体或排入未设置污水处理厂的排水管网的，应在转运站内对渗滤液进行处理并达到表 2 规定的浓度限值。

10　环境和污染物监测要求

10.1　水污染物排放监测基本要求

10.1.1　生活垃圾填埋场的水污染物排放口须按照《排污口规范化整治技术要求》(试行)建设，设置符合 GB/T 15562.1 要求的污水排放口标志。

表 3　现有和新建生活垃圾填埋场水污染物特别排放限值

序号	控制污染物	排放浓度限值	污染物排放监控位置
1	色度（稀释倍数）	30	常规污水处理设施排放口
2	化学需氧量（COD_{Cr}）/（mg/L）	60	常规污水处理设施排放口
3	生化需氧量（BOD_5）/（mg/L）	20	常规污水处理设施排放口
4	悬浮物/（mg/L）	30	常规污水处理设施排放口
5	总氮/（mg/L）	20	常规污水处理设施排放口
6	氨氮/（mg/L）	8	常规污水处理设施排放口
7	总磷/（mg/L）	1.5	常规污水处理设施排放口
8	粪大肠菌群数/（个/L）	1 000	常规污水处理设施排放口
9	总汞/（mg/L）	0.001	常规污水处理设施排放口
10	总镉/（mg/L）	0.01	常规污水处理设施排放口
11	总铬/（mg/L）	0.1	常规污水处理设施排放口
12	六价铬/（mg/L）	0.05	常规污水处理设施排放口
13	总砷/（mg/L）	0.1	常规污水处理设施排放口
14	总铅/（mg/L）	0.1	常规污水处理设施排放口

10.1.2　新建生活垃圾填埋场应按照《污染源自动监控管理办法》的规定，安装污染物排放自动监控设备，并与环保部门的监控中心联网，并保证设备正常运行。各地现有生活垃圾填埋场安装污染物排放自动监控设备的要求由省级环境保护行政主管部门规定。

10.1.3　对生活垃圾填埋场污染物排放情况进行监测的频次、采样时间等要求，按国家有关污染源监测技术规范的规定执行。

10.2　地下水水质监测基本要求

10.2.1　地下水水质监测井的布置应根据场地水文地质条件，以及时反映地下水水质变化为原则，布设地下水监测系统。

（1）本底井，一眼，设在填埋场地下水流向上游 30～50 m 处；

（2）排水井，一眼，设在填埋场地下水主管出口处；

（3）污染扩散井，两眼，分别设在垂直填埋场地下水走向的两侧各 30～50 m 处；

（4）污染监视井，两眼，分别设在填埋场地下水流向下游 30、50 m 处。大型填埋场可以在上述要求基础上适当增加监测井的数量。

10.2.2　在生活垃圾填埋场投入使用之前应监测地下水本底水平；在生活垃圾填埋场投入使用之时即对地下水进行持续监测，直至封场后填埋场产生的渗滤液中水污染物浓度连续两年低于表 2 中的限值时为止。

10.2.3　地下水监测指标为 pH、总硬度、溶解性总固体、高锰酸盐指数、氨氮、硝酸盐、亚硝酸盐、硫酸盐、氯化物、挥发性酚类、氰化物、砷、汞、六价铬、铅、氟、镉、铁、锰、铜、锌、粪大肠菌群，不同质量类型地下水的质量标准执行 GB/T 14848 中的规定。

10.2.4　生活垃圾填埋场管理机构对排水井的水质监测频率应不少于每周一次，对污染扩散静和污染监视井的水质监测频率应不少于每 2 周一次，对本底井的水质监测频率应不少于每个月。

10.2.5　地方环境保护行政主管部门应对地下水水质进行监督性监测，频率应不少于每 3 个月一次。

10.3　生活垃圾填埋场管理机构应每 6 个月进行一次防渗衬层完整性的监测。

10.4　甲烷监测基本要求

10.4.1　生活垃圾填埋场管理机构应每天进行一次填埋场区和填埋气体排放口的甲烷浓度监测。

10.4.2　地方环境保护行政主管部门应每 3 个月对填埋区和填埋气体排放口的甲烷浓度进行一次监督性监测。

10.4.3　对甲烷浓度的每日监测可采用符合 GB 13486 要求或者具有相同效果的便携式甲烷测定器进行测定。对甲烷浓度的监督性监测应按照 HJ/T 38 中甲烷的测定方法进行测定。

10.5　生活垃圾填埋场管理机构和地方环境保护行政主管部门均应对封场后的生活垃圾填埋场的污染物浓度进行测定。化学需氧量、生化需氧量、悬浮物、总氮、氨氮等指标每 3 个月测定一次，其他指标每年测定一次。

10.6　恶臭污染物监测基本要求

10.6.1　生活垃圾填埋场管理机构应根据具体情况适时进行场界恶臭污染物监测。

10.6.2　地方环境保护行政主管部门应每 3 个月对场界恶臭污染物进行一次监督性监测。

10.6.3　恶臭污染物监测应按照 GB/T 14675 和 GB/T 14678 规定的方法进行测定。

10.7　污染物浓度测定方法采用表 4 所列的方法标准，地下水质量检测方法采用 GB 5750 中的检测方法。

10.8　生活垃圾填埋场应按照有关法律和《环境监测管理办法》的规定，对排污状况进行监测，并保存原始监测记录。

11　实施要求

11.1　本标准由县级以上人民政府环境保护行政主管部门负责监督实施。

11.2　在任何情况下，生活垃圾填埋场均应遵守本标准的污染物排放控制要求，采取必要措施保证污染防治设施正常运行。各级环保部门在对生活垃圾填埋场进行监督性检查时，可以现场即时采样，将监测的结果作为判定排污行为是否符合排放标准以及实施相关环境保护管理措施的依据。

11.3　对现有和新建生活垃圾填埋场执行水污染物特别排放限值的地域范围、时间，由国务院环境保护主管部门或省级人民政府规定。

表 4　污染物浓度测定方法标准

序号	污染物项目	方法标准名称	方法标准编号
1	色度（稀释倍数）	水质色度的测定	GB 11903—1989
2	化学需氧量（COD$_{Cr}$）	水质化学需氧量的测定重铬酸盐法	GB 11914—1989
3	生化需氧量（BOD$_5$）	水质五日生化需氧量（BOD$_5$）的测定稀释与接种法	GB 7488—1987
4	悬浮物	水质悬浮物的测定重量法	GB 11901—1989
5	总氮	水质总氮的测定气相分子吸收光谱法	HJ/T 199—2005
6	氨氮	水质氨氮的测定气相分子吸收光谱法	HJ/T 195—2005
7	总磷	水质总磷的测定钼酸铵分光光度法	GB 11893—1989
8	粪大肠菌群数	水质粪大肠菌群的测定多管发酵法和滤膜法（试行）	HJ/T 347—2007
9	总汞	水质总汞的测定冷原子吸收分光光度法	GB 7468—1987
		水质总汞的测定高锰酸钾-过硫酸钾消解法双硫腙分光光度法	GB 7469—1987
		水质汞的测定冷原子荧光法（试行）	HJ/T 341—2007
10	总镉	水质镉的测定双硫腙分光光度法	GB 7471—1987
11	总铬	水质总铬的测定	GB 7466—1987
12	六价铬	水质六价铬的测定二苯碳酰二肼分光光度法	GB 7467—1987
13	总砷	水质总砷的测定二乙基二硫代氨基甲酸银分光光度法	GB 7485—1987
14	总铅	水质铅的测定双硫腙分光光度法	GB 7470—1987
15	甲烷	固定污染源排气中非甲烷总烃的测定气相色谱法	HJ/T 38—1999
16	恶臭	空气质量恶臭的测定三点式比较臭袋法	GB/T 14675
17	硫化氢、甲硫醇、甲硫醚和二甲二硫	空气质量硫化氢、甲硫醇、甲硫醚和二甲二硫的测定气相色谱法	GB/T 14678

中华人民共和国国家标准

城镇垃圾农用控制标准

Control standards for urban wastes for agricultural use

UDC 628.44：631.879

GB 8172－87

　　根据《中华人民共和国环境保护法（试行）》，为防止城镇垃圾农用对土壤、农作物、水体的污染，保护农业生态环境，保证农作物正常生长，特制定本标准。

　　本标准适用于供农田施用的各种腐熟的城镇生活垃圾和城镇垃圾堆肥工厂的产品，不准混入工业垃圾及其他废物。

1 标准值

　　农田施用城镇垃圾要符合下表规定。

城镇垃圾农用控制标准值

编号	项 目		标准限值
1	杂物，%	≤	3
2	粒度，mm	≤	12
3	蛔虫卵死亡率，%		95～100
4	大肠菌值		10^{-1}～10^{-2}
5	总镉（以 Cd 计），mg/kg	≤	3
6	总汞（以 Hg 计），mg/kg	≤	5
7	总铅（以 Pb 计），mg/kg	≤	100
8	总铬（以 Cr 计），mg/kg	≤	300
9	总砷（以 As 计），mg/kg	≤	30
10	有机质（以 C 计），%，	≥	10
11	总氮（以 N 计），%，	≥	0.5
12	总磷（以 P_2O_5 计），%	≥	0.3
13	总钾（以 K_2O 计），%	≥	1.0
14	pH		6.5～8.5
15	水分，%		25～35

注：① 表中除 2，3，4 项外，其余各项均以干基计算。

　　② 杂物指塑料、玻璃、金属、橡胶等。

2 其他规定

2.1 上表中 1～9 项全部合格者方能施用于农田；在 10～15 项中，如有一项不合格，其他五项合格者，可适当放宽。但不合格项目的数值，不得低于我国垃圾的平均数值。即有机质不少于 8%，总氮不少于 0.4%，总磷不少于 0.2%，总钾不少于 0.8%，pH 值最高不超过 9，最低不低于 6，水分含量最高不超过 40%。

2.2 施用符合本标准的垃圾，每年每亩农田用量，黏性土壤不超过 4 t，砂性土壤不超过 3 t，提倡在花卉、草地、园林和新菜地、黏土地上施用。大于 1 mm 粒径的渣砾含量超过 30%及粘粒含量低于 15%的渣砾化土壤、老菜地、水田不宜施用。

2.3 对于表中 1～9 项都接近本标准值的垃圾，施用时其用量应减半。

3 标准的监督实施

3.1 农业、环卫和环保部门，必须对城镇垃圾农用的土壤、作物进行长期定点监测，农业部门建立监测电，环卫部门提供合乎标准化的城镇垃圾，环保部门进行有效的监督。

3.2 发现因施用垃圾导致土壤污染、水源污染或影响农作物的生长、发育和农产品中有害物质超过食品卫生标准时，要停止施用垃圾，并向有关部门报告。

3.3 在分析方法国家标准颁布之前，暂时参照《城镇垃圾农用监测分析方法》进行监测。

附加说明：

本标准由中华人民共和国农牧渔业部提出。

本标准由中国农业科学院土壤肥料研究所负责起草。

本标准由国家环保局负责解释。

中华人民共和国国家标准

农用粉煤灰中污染物控制标准

Control standards of pollutants in fly ash for agricultural use

GB 8173—87

为贯彻执行《中华人民共和国环境保护法（试行）》，防止农用粉煤灰对土壤、农作物、地下水、地面水的污染，保障农牧渔业生产和人体健康，特制订本标准。

本标准适用范围是火力发电厂湿法排出的、经过一年以上风化的、用于改良土壤的粉煤灰。

1 标准值

1.1 农用粉煤灰中污染物的最高允许含量应符合下表规定。

农用粉煤灰中污染物控制标准值 mg/kg 干粉煤灰

项目		最高允许含量	
		在酸性土壤上（pH＜6.5）	在中性和碱性土壤上（pH≥6.5）
总镉（以 Cd 计）		5	10
总砷（以 As 计）		75	75
总钼（以 Mo 计）		10	10
总硒（以 Se 计）		15	15
总硼（以水溶性 B 计）	敏感作物	5	5
	抗性较强作物	25	25
	抗性强作物	50	50
总镍（以 Ni 计）		200	300
总铬（以 Cr 计）		250	500
总铜（以 Cu 计）		250	500
总铅（以 Pb 计）		250	500
全盐量与氯化物		非盐碱土	盐碱土
		3 000（其中氯化物 1 000）	2 000（其中氯化物 600）
pH		10.0	8.7

1.2 施用符合本标准的粉煤灰时，每亩累计用量不得超过 30 000 kg（以干灰计）。

2 其他规定

2.1 粉煤灰宜用于黏质土壤,而壤质土壤和缺乏微量元素的土壤应酌情使用,沙质土壤不宜施用。

2.2 对于同时含有多种有害物质而含量都接近本标准值的粉煤灰,施用时应酌情减少用量。

2.3 当粉煤灰污染物中个别元素超标时,在相应减少粉煤灰的施用量后方能使用,其计算公式如下:

$$M_x = \frac{M \cdot C_{si}}{C_i}$$

式中:M_x——i 元素超标的粉煤灰每亩允许施用量,kg;

M——本标准规定的粉煤灰每亩累计施用量,kg;

C_{si}——粉煤灰中 i 元素的最高允许含量,mg/kg;

C_i——粉煤灰中 i 元素实测含量,mg/kg。

2.4 发现因施用粉煤灰而对农业环境造成污染,影响农作物生长发育或农产品中有害物质超过食品卫生标准或饲料标准时,应该停止使用并立即向有关部门报告,同时可采取施有机肥料,改种不敏感的作物或进行深翻等措施加以解决。

2.5 农田施用粉煤灰受各省市农业、环保部门指导与监督。

3 监测

3.1 农业和环保部门必须对农用粉煤灰和施用粉煤灰的土壤、作物、水体进行监测。

3.2 在分析方法国家标准颁布之前,暂时参照《农用粉煤灰监测分析方法》进行监测。

附加说明:

本标准由原国务院环境保护领导小组提出。

本标准由农牧渔业部《农用粉煤灰中污染物控制标准》编制组负责起草。

本标准主要起草人曹仁林、李应学、吴家华、潘顺昌、姚炳贵、李白庚。

本标准由国家环境保护局负责解释。

中华人民共和国国家标准

农用污泥中污染物控制标准

Control standards for pollutants in sludges from agricultural use

GB 4284－84

为贯彻执行《中华人民共和国环境保护法（试行）》，防治农用污泥对土壤、农作物、地面水、地下水的污染，特制订本标准。

本标准适用于在农田中施用城市污水处理厂污泥、城市下水沉淀池的污泥、某些有机物生产厂的下水污泥以及江、河、湖、库、塘、沟、渠的沉淀底泥。

1 标准值

1.1 农田施用污泥中污染物的最高允许含量应符合下表规定。

农用污泥中污染物控制标准值　　　　　　　　　　mg/kg 干污泥

项目	最高允许含量	
	在酸性土壤上（pH<6.5）	在中性和碱性土壤上（pH≥6.5）
镉及其化合物（以 Cd 计）	5	20
汞及其化合物（以 Hg 计）	5	15
铅及其化合物（以 Pb 计）	300	1 000
铬及其化合物（以 Cr 计）*	600	1 000
砷及其化合物（以 As 计）	75	75
硼及其化合物（以水溶性 B 计）	150	150
矿物油	3 000	3 000
苯并（a）芘	3	3
铜及其化合物（以 Cu 计）**	250	500
锌及其化合物（以 Zn 计）**	500	1 000
镍及其化合物（以 Ni 计）**	100	200

* 铬的控制标准适用于一般含六价铬极少的具有农用价值的各种污泥，不适用于含有大量六价铬的工业废渣或某些化工厂的沉积物。

** 暂作参考标准。

2 其他规定

2.1 施用符合本标准污泥时，一般每年每亩用量不超过 2 000 kg（以干污泥计）。污泥中任何一项无机化合物含量接近于本标准时，连续在同一块土壤上施用，不得超过 20 年。含无机化合物较少的石油化工污泥，连续施用可超过 20 年。在隔年施用时，矿物油和苯并（a）芘的标准可适当放宽。

2.2 为了防止对地下水的污染，在沙质土壤和地下水位较高的农田上不宜施用污泥；在饮水水源保护地带不得施用污泥。

2.3 生污泥须经高温堆腐或消化处理后才能施用于农田。污泥可在大田、园林和花卉地上施用，在蔬菜地和当年放牧的草地上不宜施用。

2.4 在酸性土壤上施用污泥除了必须遵循在酸性土壤上污泥的控制标准外，还应该同时年年施用石灰以中和土壤酸性。

2.5 对于同时含有多种有害物质而含量都接近本标准值的污泥，施用时应酌情减少用量。

2.6 发现因施污泥而影响农作物的生长、发育或农产品超过卫生标准时，应该停止施用污泥和立即向有关部门报告，并采取积极措施加以解决。例如施石灰、过磷酸钙、有机肥等物质控制农作物对有害物质的吸收，进行深翻或用客土法进行土壤改良等。

3 标准的监测

3.1 农业和环境保护部门必须对污泥和施用污泥的土壤作物进行长期定点监测。

3.2 制订本标准依据的监测分析方法是《农用污泥监测分析方法》。

附加说明：

本标准由原国务院环境保护领导小组提出。

本标准由农牧渔业部环境保护科研监测所、北京农业大学负责起草。

本标准委托农牧渔业部环境保护科研监测所负责解释。